集成电路基础与实践技术丛书

基于 SiP 技术的微系统

李　扬　编著

電子工業出版社
Publishing House of Electronics Industry
北京 • BEIJING

内 容 简 介

本书采用原创概念、热点技术和实际案例相结合的方式，讲述了 SiP 技术从构思到实现的整个流程。全书分为三部分：概念和技术、设计和仿真、项目和案例，共 30 章。

第 1 部分基于 SiP 及先进封装技术的发展，以及作者多年积累的经验，提出了功能密度定律、Si^3P 和 4D 集成等原创概念，介绍了 SiP 和先进封装的最新技术，共 5 章。

第 2 部分依据最新 EDA 软件平台，阐述了 SiP 和 HDAP 的设计、仿真和验证方法，涵盖了 Wire Bonding、Cavity、Chip Stack、2.5D TSV、3D TSV、RDL、Fan-In、Fan-Out、Flip Chip、分立式埋入、平面埋入、RF、Rigid-Flex、4D SiP 设计、多版图项目及多人协同设计等热点技术，以及 SiP 和 HDAP 的各种仿真、电气验证和物理验证，共 16 章。

第 3 部分介绍了不同类型 SiP 实际项目的设计仿真和实现方法，共 9 章。

本书适合 SiP 设计用户、先进封装设计用户，所有对 SiP 技术和先进封装技术感兴趣的设计者和课题领导者，以及寻求系统小型化、低功耗、高性能解决方案的科技工作者。

图书在版编目（CIP）数据

基于 SiP 技术的微系统/李扬编著. —北京：电子工业出版社，2021.5
（集成电路基础与实践技术丛书）
ISBN 978-7-121-40949-3

Ⅰ. ①基…　Ⅱ. ①李…　Ⅲ. ①电子电路－电路设计－计算机辅助设计　Ⅳ. ①TM702.2

中国版本图书馆 CIP 数据核字（2021）第 065318 号

责任编辑：满美希
印　　刷：涿州市般润文化传播有限公司
装　　订：涿州市般润文化传播有限公司
出版发行：电子工业出版社
　　　　　北京市海淀区万寿路 173 信箱　　邮编：100036
开　　本：787×1092　1/16　印张：41　　字数：1115 千字
版　　次：2021 年 5 月第 1 版
印　　次：2024 年 11 月第 8 次印刷
定　　价：198.00 元

凡所购买电子工业出版社图书有缺损问题，请向购买书店调换。若书店售缺，请与本社发行部联系，联系及邮购电话：（010）88254888，88258888。

质量投诉请发邮件至 zlts@phei.com.cn，盗版侵权举报请发邮件至 dbqq@phei.com.cn。

本书咨询联系方式：manmx@phei.com.cn。

关于作者

李　扬

李扬（Suny Li），SiP 技术专家，毕业于北京航空航天大学，获航空宇航科学与技术专业学士及硕士学位。

拥有 20 年工作经验，曾参与指导各类 SiP 项目 40 多项。2012 年出版技术专著《SiP 系统级封装设计与仿真》（电子工业出版社），2017 年出版英文技术专著 *SiP System-in-Package design and simulation*（WILEY）。

IEEE 高级会员，中国电子学会高级会员，中国图学学会高级会员，已获得 10 余项国家专利，发表 10 余篇论文。

曾在中国科学院国家空间中心、SIEMENS（西门子）中国有限公司工作。曾经参与中国载人航天工程“神舟飞船”和中欧合作的“双星计划”等项目的研究工作。

目前在奥肯思（北京）科技有限公司（AcconSys）工作，担任技术专家，主要负责 SiP 及微系统产品的研发工作，以及 SiP 和 IC 封装设计软件的技术支持和项目指导工作。

前　言

电子系统的集成主要分为三个层次，即芯片上的集成、封装内的集成、PCB 板级集成。

1958 年，Jack Kilby 发明了世界第一款集成电路（IC），内含 5 个元器件，从此，芯片上的集成就开始了。60 多年后的今天，在 1 mm^2 的芯片上可以集成 1 亿个晶体管，单个芯片上的晶体管数量已经达到百亿量级。随着晶体管特征尺寸逐渐向 1nm 迈进，芯片上的集成难以为继，摩尔定律也就走到了尽头。

1936 年，Paul Eisler 发明了世界上第一块 PCB，其主要目的也是集成。今天，PCB 上的布线密度和组装密度也逐渐趋于极限，多年来已没有明显的提升，并且受芯片封装尺寸的影响，PCB 上的器件组装密度也难以继续提高。

1947 年，第一款电子封装出现。与 IC、PCB 不同，电子封装最初并没有集成的概念，其主要的目的是保护芯片、尺度放大以及电气互联，几乎所有的封装都是单芯片封装。直到 40 多年后，20 世纪 80 年代，电子封装才开始有了集成的概念，其中以 MCM 多芯片模块最具代表性。随着封装内集成规模的扩大，功能的增强，以及 3D 集成技术的应用，系统级封装（SiP）技术的概念出现了，并逐渐为人们普遍接受并广泛应用。

现代电子产品先进性的重要指标就是在更小的空间内集成更多的功能，也就是具有更高的功能密度。今天，芯片和 PCB 上的集成由于技术的原因难以为继，封装内的集成却有着广阔的空间和灵活的实现方法。这正是 SiP 及先进封装技术近些年广受关注的最主要原因。

SiP 是一种封装，更是一个系统，需要从系统的角度去理解 SiP。在 SiP 中实现的系统尺度相对比较微小，因此我们称之为微系统，这也正是本书名称的由来。

笔者近十多年来一直从事 SiP 技术的研究和 SiP 项目的研发与技术支持工作，参与了国内几十款 SiP 产品的开发。在参与这些项目的过程中，笔者了解到越来越多的技术人员对 SiP 设计、仿真和验证有着迫切需求，设计者都希望自己的 SiP 项目能取得成功，迫切需要一本全面综合的 SiP 技术指导书籍。正是基于这种原因笔者编写了此书。

本书分为三部分：概念和技术、设计和仿真、项目和案例，共 30 章。

其中第 1 部分、第 2 部分均由李扬编著，第 3 部分各章分别由不同的作者编著，全书由李扬统一审核定稿。

第 1 部分：概念和技术

针对 SiP 及先进封装技术的发展，以及笔者多年的经验积累，对 SiP 及相关技术提出了全新思考和原创概念，内容涵盖 SiP 及先进封装的最新技术介绍，共 5 章。

➢ 第 1 章　从摩尔定律到功能密度定律，提出了原创概念——功能密度定律，并阐述了电子系统的层次划分方法。

➢ 第 2 章　从 SiP 到 Si^3P，基于对 SiP 概念的深入和全面理解，提出了全新的从 SiP 到 Si^3P 的概念和思考，并对 Si^3P 的概念进行了详细的阐述。

➢ 第 3 章　SiP 技术与微系统，讲述了 SiP 与微系统的关系，以及 SiP 技术对微系统概念及发展的影响。

➢ 第 4 章　从 2D 到 4D 集成技术，介绍了电子集成技术的概念和演变，涵盖了多种集成技术，并对电子集成技术进行了定义和分类。

➢ 第 5 章　SiP 与先进封装技术，讲述了 SiP 相关的基板技术和集成技术，并介绍了当今最为流行的多种类型的先进封装技术。

第 2 部分：设计和仿真

依据最新EDA软件平台，阐述了SiP及HDAP的设计仿真验证方法，涵盖了Wire Bonding、Cavity、Chip Stack、2.5D TSV、3D TSV、RDL、Fan-In、Fan-Out、Flip Chip、分立式埋入、平面埋入、RF、Rigid-Flex、4D SiP 设计、多版图项目及多人协同设计等热点技术，以及 SiP 和 HDAP 的各种仿真、电气验证和物理验证，共 16 章。

➢ 第 6 章　SiP 设计仿真验证平台，介绍了通用的 SiP 设计流程和基于先进封装的 SiP 设计流程以及 SiP 仿真验证流程。

➢ 第 7 章　中心库的建立及管理，介绍了中心库的建立，原理图符号、版图单元、Part 库的创建方法，以及中心库的维护和管理等功能。

➢ 第 8 章　SiP 原理图设计输入，介绍了网表输入、原理图设计输入、基于 DataBook 的原理图输入及文件输入/输出。

➢ 第 9 章　版图的创建与设置，介绍了版图模板和项目的创建，版图相关设置与操作，版图布局，以及封装引脚定义优化和版图中文输入。

➢ 第 10 章　约束规则管理，介绍了 SiP 设计中的约束规则管理以及典型规则设置实例等。

➢ 第 11 章　Wire Bonding 设计详解，介绍了 Bond Wire 模型定义、参数设置以及详细的 Wire Bonding 设计方法和使用技巧。

➢ 第 12 章　腔体、芯片堆叠及 TSV 设计，介绍了腔体、芯片堆叠的概念、定义和设计方法，以及 2.5D TSV、3D TSV 的概念、定义和详细设计方法。

➢ 第 13 章　RDL 及 Flip Chip 设计，介绍了 RDL 及 Flip Chip 的概念和应用，以及 RDL 和 Flip Chip 的设计方法。

➢ 第 14 章　版图布线与敷铜，介绍了 SiP 版图布线和敷铜处理的各种操作及应用。

➢ 第 15 章　埋入式无源器件设计，介绍了埋入式无源器件的工艺、材料及设计方法等。

➢ 第 16 章　RF 电路设计，介绍了 RF SiP 技术及设计流程，RF 原理图和版图的设计方法以及与 RF 仿真工具的连接。

➢ 第 17 章　刚柔电路和 4D SiP 设计，介绍了刚柔电路的概念、设计方法，以及基于基板技术和基于 4D 集成的 SiP 设计等。

➢ 第 18 章　多版图项目与多人协同设计，介绍了多版图项目的概念和设计方法，并介绍了原理图多人协同设计和版图多人实时协同设计的实现方法。

➢ 第 19 章　基于先进封装（HDAP）的 SiP 设计流程，介绍了先进封装的详细设计流程，以及最新的 3D 数字化样机技术在 HDAP 设计中的应用等。

➢ 第 20 章　设计检查和生产数据输出，介绍了设计完成后的 DRC 设计规则检查方法及各种相关生产数据的输出。

➢ 第 21 章　SiP 仿真验证技术，介绍了 SiP 及 HDAP 中常用的各种仿真和验证技术。

第 3 部分：项目和案例

基于实际的 SiP 项目和产品案例，介绍了多种不同类型的 SiP 设计、仿真验证和实现方法，对 SiP 项目的研发具有很强的参考意义，共 9 章。

➢ 第 22 章　基于 SiP 技术的大容量存储芯片设计案例，介绍了一款基于 SiP 技术的大容量存储芯片的研发流程，从方案、设计到生产、测试及应用，由李扬、安军社编著。

➢ 第 23 章　SiP 项目规划及设计案例，介绍了 SiP 项目的规划，设计规则导入，以及 SiP 产品设计，由祝天瑞、王枭鸿编著。

➢ 第 24 章　2.5D TSV 技术及设计案例，介绍了 2.5D TSV 技术的特点、工艺流程，设计方法以及实际案例等，由徐健编著。

➢ 第 25 章　数字 T/R 组件 SiP 设计案例，在简要介绍雷达系统后，介绍了 SiP 技术的采用、数字 T/R 组件的电路设计、金属壳体及一体化封装设计，由包孟兼、李培、陆文斌编著。

➢ 第 26 章　MEMS 验证 SiP 设计案例，介绍了一款应用于 MEMS 验证技术的 SiP 设计方案、原理图、版图设计、产品组装及测试，由周博远编著。

➢ 第 27 章　基于刚柔基板的 SiP 设计案例，介绍了一款基于刚柔基板的 RF SiP 原理、设计方案、电学仿真、热设计仿真、工艺组装实现，由曹立强、吴鹏、刘丰满、何慧敏编著。

➢ 第 28 章　射频系统集成 SiP 设计案例，介绍了射频系统集成技术、射频系统集成 SiP 的设计与仿真、组装与测试，由曹立强、田更新编著。

➢ 第 29 章　基于 PoP 的 RF SiP 设计案例，介绍了一款基于 PoP 技术的 RF SiP 设计案例，包括 RF SiP 结构与基板设计、SI/PI 仿真、热设计仿真，组装和测试等，由曹立强、何毅编著。

➢ 第 30 章　SiP 基板生产数据处理案例，介绍了 SiP 项目中的 LTCC、厚膜及异质异构集成技术、Gerber 数据和钻孔数据生成、版图拼版和多种掩模生成，由何汉波编著。

本书基本涵盖了 SiP 项目和产品研发中可能遇到的各种情况和问题。

本书通过原创概念、热点技术、实际案例的结合，全面且深入地讲述了 SiP 从开始构思到最终实现的整个流程，并使读者从中获益。

笔者致力于将此书编写成一本综合而全面的 SiP 及微系统设计的技术指导书，虽然尽了最大的努力，力求完美，但是由于笔者水平和知识领域的限制，本书难免会出现纰漏和谬误。恳请专家和广大读者能够给予指正，以便在后续的版本中得到更正。

希望本书的出版能够对 SiP 及微系统技术的发展起到一定的推动作用。

李扬 Suny Li

2020 年 10 月 于北京

目　　录

第 1 部分　概念和技术

第 1 章　从摩尔定律到功能密度定律……3

1.1　摩尔定律……3
1.2　摩尔定律面临的两个问题……4
1.2.1　微观尺度的缩小……4
1.2.2　宏观资源的消耗……6
1.3　功能密度定律……10
1.3.1　功能密度定律的描述……10
1.3.2　电子系统 6 级分类法……11
1.3.3　摩尔定律和功能密度定律的比较……13
1.3.4　功能密度定律的应用……14
1.3.5　功能密度定律的扩展……17
1.4　广义功能密度定律……17
1.4.1　系统空间定义……18
1.4.2　地球空间和人类宇宙空间……18
1.4.3　广义功能密度定律……20

第 2 章　从 SiP 到 Si³P……21

2.1　概念深入：从 SiP 到 Si³P……21
2.2　Si³P 之 integration……23
2.2.1　IC 层面集成……23
2.2.2　PCB 层面集成……26
2.2.3　封装层面集成……28
2.2.4　集成（Integration）小结……30
2.3　Si³P 之 interconnection……31
2.3.1　电磁互联……31
2.3.2　热互联……36
2.3.3　力互联……37
2.3.4　互联（interconnection）小结……39
2.4　Si³P 之 intelligence……39
2.4.1　系统功能定义……40
2.4.2　产品应用场景……41

2.4.3 测试和调试 ······ 41
2.4.4 软件和算法 ······ 42
2.4.5 智能（intelligence）小结 ······ 44
2.5 Si³P 总结 ······ 44
2.5.1 历史回顾 ······ 44
2.5.2 联想比喻 ······ 45
2.5.3 前景预测 ······ 46

第 3 章 SiP 技术与微系统 ······ 47

3.1 SiP 技术 ······ 47
3.1.1 SiP 技术的定义 ······ 47
3.1.2 SiP 及其相关技术 ······ 48
3.1.3 SiP 还是 SOP ······ 50
3.1.4 SiP 技术的应用领域 ······ 51
3.1.5 SiP 工艺和材料的选择 ······ 55
3.2 微系统 ······ 57
3.2.1 自然系统和人造系统 ······ 57
3.2.2 系统的定义和特征 ······ 58
3.2.3 微系统的新定义 ······ 59

第 4 章 从 2D 到 4D 集成技术 ······ 61

4.1 集成技术的发展 ······ 61
4.1.1 集成的尺度 ······ 61
4.1.2 一步集成和两步集成 ······ 62
4.1.3 封装内集成的分类命名 ······ 63
4.2 2D 集成技术 ······ 64
4.2.1 2D 集成的定义 ······ 64
4.2.2 2D 集成的应用 ······ 64
4.3 2D+集成技术 ······ 65
4.3.1 2D+集成的定义 ······ 65
4.3.2 2D+集成的应用 ······ 66
4.4 2.5D 集成技术 ······ 67
4.4.1 2.5D 集成的定义 ······ 67
4.4.2 2.5D 集成的应用 ······ 67
4.5 3D 集成技术 ······ 68
4.5.1 3D 集成的定义 ······ 68
4.5.2 3D 集成的应用 ······ 69
4.6 4D 集成技术 ······ 70
4.6.1 4D 集成的定义 ······ 70
4.6.2 4D 集成的应用 ······ 71

4.6.3　4D 集成的意义 ······ 73
4.7　腔体集成技术 ······ 73
4.7.1　腔体集成的定义 ······ 73
4.7.2　腔体集成的应用 ······ 74
4.8　平面集成技术 ······ 76
4.8.1　平面集成技术的定义 ······ 76
4.8.2　平面集成技术的应用 ······ 76
4.9　集成技术总结 ······ 78

第 5 章　SiP 与先进封装技术 ······ 80

5.1　SiP 基板与封装 ······ 80
5.1.1　有机基板 ······ 80
5.1.2　陶瓷基板 ······ 82
5.1.3　硅基板 ······ 85
5.2　与先进封装相关的技术 ······ 85
5.2.1　TSV 技术 ······ 86
5.2.2　RDL 技术 ······ 87
5.2.3　IPD 技术 ······ 88
5.2.4　Chiplet 技术 ······ 89
5.3　先进封装技术 ······ 92
5.3.1　基于 *XY* 平面延伸的先进封装技术 ······ 93
5.3.2　基于 *Z* 轴延伸的先进封装技术 ······ 96
5.3.3　先进封装技术总结 ······ 103
5.3.4　先进封装的四要素：RDL、TSV、Bump 和 Wafer ······ 104
5.4　先进封装的特点和 SiP 设计需求 ······ 105
5.4.1　先进封装的特点 ······ 105
5.4.2　先进封装与 SiP 的关系 ······ 106
5.4.3　先进封装和 SiP 设计需求 ······ 107

第 1 部分参考资料及说明 ······ 108

第 2 部分　设计和仿真

第 6 章　SiP 设计仿真验证平台 ······ 111

6.1　SiP 设计技术的发展 ······ 111
6.2　SiP 设计的两套流程 ······ 112
6.3　通用 SiP 设计流程 ······ 112
6.3.1　原理图设计输入 ······ 112
6.3.2　多版图协同设计 ······ 112
6.3.3　SiP 版图设计 9 大功能 ······ 113

6.4 基于先进封装 HDAP 的 SiP 设计流程 …… 118
6.4.1 设计整合及网络优化工具 XSI …… 119
6.4.2 先进封装版图设计工具 XPD …… 120
6.5 设计师如何选择设计流程 …… 121
6.6 SiP 仿真验证流程 …… 122
6.6.1 电磁仿真 …… 122
6.6.2 热学仿真 …… 124
6.6.3 力学仿真 …… 125
6.6.4 设计验证 …… 125
6.7 SiP 设计仿真验证平台的先进性 …… 127

第 7 章 中心库的建立和管理 …… 129

7.1 中心库的结构 …… 129
7.2 Dashboard 介绍 …… 130
7.3 原理图符号（Symbol）库的建立 …… 131
7.4 版图单元（Cell）库的建立 …… 136
7.4.1 裸芯片 Cell 库的建立 …… 136
7.4.2 SiP 封装 Cell 库的建立 …… 141
7.5 Part 库的建立和应用 …… 145
7.5.1 映射 Part 库 …… 145
7.5.2 通过 Part 创建 Cell 库 …… 147
7.6 中心库的维护和管理 …… 148
7.6.1 中心库常用设置项 …… 149
7.6.2 中心库数据导入导出 …… 149

第 8 章 SiP 原理图设计输入 …… 152

8.1 网表输入 …… 152
8.2 原理图设计输入 …… 154
8.2.1 原理图工具介绍 …… 154
8.2.2 创建原理图项目 …… 162
8.2.3 原理图基本操作 …… 163
8.2.4 原理图设计检查 …… 167
8.2.5 设计打包 Package …… 169
8.2.6 输出元器件列表 Partlist …… 172
8.2.7 原理图中文菜单和中文输入 …… 173
8.3 基于 DataBook 的原理图输入 …… 175
8.3.1 DataBook 介绍 …… 175
8.3.2 DataBook 使用方法 …… 176
8.3.3 元器件属性的校验和更新 …… 178
8.4 文件输入/输出 …… 179

8.4.1 通用输入/输出 …… 179
8.4.2 输出到仿真工具 …… 181

第 9 章 版图的创建与设置 …… 183

9.1 创建版图模板 …… 183
9.1.1 版图模板定义 …… 183
9.1.2 创建 SiP 版图模板 …… 184
9.2 创建版图项目 …… 194
9.2.1 创建新的 SiP 项目 …… 194
9.2.2 进入版图设计环境 …… 195
9.3 版图相关设置与操作 …… 196
9.3.1 版图 License 控制介绍 …… 196
9.3.2 鼠标操作方法 …… 197
9.3.3 四种常用操作模式 …… 199
9.3.4 显示控制（Display Control） …… 202
9.3.5 编辑控制（Editor Control） …… 207
9.3.6 智能光标提示 …… 213
9.4 版图布局 …… 213
9.4.1 元器件布局 …… 213
9.4.2 查看原理图 …… 217
9.5 封装引脚定义优化 …… 218
9.6 版图中文输入 …… 218

第 10 章 约束规则管理 …… 221

10.1 约束管理器（Constraint Manager） …… 221
10.2 方案（Scheme） …… 222
10.2.1 创建方案 …… 223
10.2.2 在版图设计中应用 Scheme …… 223
10.3 网络类规则（Net Class） …… 224
10.3.1 创建网络类并指定网络到网络类 …… 224
10.3.2 定义网络类规则 …… 225
10.4 间距规则（Clearance） …… 226
10.4.1 间距规则的创建与设置 …… 226
10.4.2 通用间距规则 …… 227
10.4.3 网络类到网络类间距规则 …… 228
10.5 约束类（Constraint Class） …… 229
10.5.1 新建约束类并指定网络到约束类 …… 229
10.5.2 电气约束分类 …… 230
10.5.3 编辑约束组 …… 231
10.6 Constraint Manager 和版图数据交互 …… 232

10.6.1 更新版图数据 ······ 232
10.6.2 与版图数据交互 ······ 233
10.7 规则设置实例 ······ 233
10.7.1 等长约束设置 ······ 233
10.7.2 差分约束设置 ······ 236
10.7.3 Z 轴间距设置 ······ 237

第 11 章 Wire Bonding 设计详解 ······ 239

11.1 Wire Bonding 概述 ······ 239
11.2 Bond Wire 模型 ······ 240
11.2.1 Bond Wire 模型定义 ······ 241
11.2.2 Bond Wire 模型参数 ······ 245
11.3 Wire Bonding 工具栏及其应用 ······ 246
11.3.1 手动添加 Bond Wire ······ 246
11.3.2 移动、推挤及旋转 Bond Finger ······ 247
11.3.3 自动生成 Bond Wire ······ 248
11.3.4 通过导引线添加 Bond Wire ······ 249
11.3.5 添加 Power Ring ······ 251
11.4 Bond Wire 规则设置 ······ 252
11.4.1 针对 Component 的设置 ······ 253
11.4.2 针对 Die Pin 的设置 ······ 256
11.4.3 在 Die Pin 和 Bond Finger 之间添加多根 Bond Wire ······ 258
11.4.4 从单个 Die Pin 扇出多根 Bond Wire 到多个 Bond Finger ······ 258
11.4.5 多个 Die Pin 同时键合到一个 Bond Finger 上 ······ 259
11.4.6 Die to Die Bonding ······ 259
11.5 Wire Model Editor 和 Wire Instance Editor ······ 261

第 12 章 腔体、芯片堆叠及 TSV 设计 ······ 265

12.1 腔体设计 ······ 265
12.1.1 腔体的定义 ······ 265
12.1.2 腔体的创建 ······ 267
12.1.3 将芯片放置到腔体中 ······ 269
12.1.4 在腔体中键合 ······ 270
12.1.5 通过腔体将分立式元器件埋入基板 ······ 271
12.1.6 在 Die Cell 中添加腔体实现元器件埋入 ······ 273
12.2 芯片堆叠设计 ······ 275
12.2.1 芯片堆叠的概念 ······ 275
12.2.2 芯片堆叠的创建 ······ 276
12.2.3 并排堆叠芯片 ······ 277
12.2.4 芯片堆叠的调整及键合 ······ 278

12.2.5 芯片和腔体组合设计 279
12.3 2.5D TSV 的概念和设计 281
12.4 3D TSV 的概念和设计 281
12.4.1 3D TSV 的概念 281
12.4.2 3D TSV Cell 创建 283
12.4.3 芯片堆叠间引脚对齐原则 284
12.4.4 3D TSV 堆叠并互联 284
12.4.5 3D 引脚模型的设置 286
12.4.6 网络优化并布线 287
12.4.7 DRC 检查并完成 3D TSV 设计 289

第 13 章 RDL 及 Flip Chip 设计 291

13.1 RDL 的概念和应用 291
13.1.1 Fan-In 型 RDL 292
13.1.2 Fan-Out 型 RDL 293
13.2 Flip Chip 的概念及特点 294
13.3 RDL 设计 295
13.3.1 Bare Die 及 RDL 库的建立 295
13.3.2 RDL 原理图设计 297
13.3.3 RDL 版图设计 297
13.4 Flip Chip 设计 301
13.4.1 Flip Chip 原理图设计 301
13.4.2 Flip Chip 版图设计 302

第 14 章 版图布线与敷铜 307

14.1 版图布线 307
14.1.1 布线综述 307
14.1.2 手工布线 307
14.1.3 半自动布线 312
14.1.4 自动布线 315
14.1.5 差分对布线 316
14.1.6 长度控制布线 319
14.1.7 电路复制 323
14.2 版图敷铜 325
14.2.1 敷铜定义 325
14.2.2 敷铜设置 325
14.2.3 绘制并生成敷铜数据 328
14.2.4 生成敷铜排气孔 331
14.2.5 检查敷铜数据 333

第 15 章　埋入式无源器件设计 ······ 334

15.1　埋入式元器件技术的发展 ······ 334

15.1.1　分立式埋入技术 ······ 334

15.1.2　平面埋入式技术 ······ 336

15.2　埋入式无源器件的工艺和材料 ······ 336

15.2.1　埋入工艺 Processes ······ 337

15.2.2　埋入材料 Materials ······ 342

15.2.3　电阻材料的非线性特征 ······ 346

15.3　无源器件自动综合 ······ 347

15.3.1　自动综合前的准备 ······ 347

15.3.2　电阻自动综合 ······ 349

15.3.3　电容自动综合 ······ 353

15.3.4　自动综合后版图原理图同步 ······ 357

第 16 章　RF 电路设计 ······ 359

16.1　RF SiP 技术 ······ 359

16.2　RF 设计流程 ······ 360

16.3　RF 元器件库的配置 ······ 360

16.3.1　导入 RF 符号到设计中心库 ······ 360

16.3.2　中心库分区搜索路径设置 ······ 361

16.4　RF 原理图设计 ······ 362

16.4.1　RF 原理图工具栏 ······ 362

16.4.2　RF 原理图输入 ······ 364

16.5　原理图与版图 RF 参数的相互传递 ······ 365

16.6　RF 版图设计 ······ 368

16.6.1　RF 版图工具箱 ······ 368

16.6.2　RF 单元的 3 种类型 ······ 369

16.6.3　Meander 的绘制及编辑 ······ 370

16.6.4　创建用户自定义的 RF 单元 ······ 372

16.6.5　Via 添加功能 ······ 374

16.6.6　RF Group 介绍 ······ 376

16.6.7　Auto Arrange 功能 ······ 377

16.6.8　通过键合线连接 RF 单元 ······ 377

16.7　与 RF 仿真工具连接并传递数据 ······ 378

16.7.1　连接 RF 仿真工具 ······ 378

16.7.2　原理图 RF 数据传递 ······ 380

16.7.3　版图 RF 数据传递 ······ 381

第 17 章　刚柔电路和 4D SiP 设计 ······ 383

17.1　刚柔电路介绍 ······ 383

17.2　刚柔电路设计 384
17.2.1　刚柔电路设计流程 384
17.2.2　刚柔电路特有的层类型 384
17.2.3　刚柔电路设计步骤 385
17.3　复杂基板技术 394
17.3.1　复杂基板的定义 394
17.3.2　复杂基板的应用 394
17.4　基于 4D 集成的 SiP 设计 395
17.4.1　4D 集成 SiP 基板定义 395
17.4.2　4D 集成 SiP 设计流程 396
17.5　4D SiP 设计的意义 400

第 18 章　多版图项目与多人协同设计 401

18.1　多版图项目 401
18.1.1　多版图项目设计需求 401
18.1.2　多版图项目设计流程 402
18.2　原理图多人协同设计 405
18.2.1　原理图协同设计的思路 405
18.2.2　原理图协同设计的操作方法 406
18.3　版图多人实时协同设计 409
18.3.1　版图实时协同软件的配置 411
18.3.2　启动并应用版图实时协同设计 412

第 19 章　基于先进封装（HDAP）的 SiP 设计流程 415

19.1　先进封装设计流程介绍 415
19.1.1　HDAP 设计环境需要的技术指标 415
19.1.2　HDAP 设计流程 416
19.1.3　设计任务 HBM（3D+2.5D） 417
19.2　XSI 设计环境 418
19.2.1　设计数据准备 418
19.2.2　XSI 常用工作窗口介绍 419
19.2.3　创建项目和设计并添加元器件 420
19.2.4　通过 XSI 优化网络连接 428
19.2.5　版图模板选择 429
19.2.6　设计传递 431
19.3　XPD 设计环境 432
19.3.1　Interposer 数据同步检查 432
19.3.2　Interposer 布局布线 433
19.3.3　Substrate 数据同步检查 434
19.3.4　Substrate 布局布线 435

19.4 3D 数字化样机模拟 ······ 436
19.4.1 数字化样机的概念 ······ 436
19.4.2 3D View 环境介绍 ······ 437
19.4.3 构建 HDAP 数字化样机模型 ······ 438

第 20 章 设计检查和生产数据输出 ······ 444

20.1 Online DRC ······ 444
20.2 Batch DRC ······ 445
20.2.1 DRC Settings 选项卡 ······ 445
20.2.2 Connectivity and Special Rules 选项卡 ······ 447
20.2.3 Batch DRC 方案 ······ 448
20.3 Hazard Explorer 介绍 ······ 449
20.4 设计库检查 ······ 453
20.5 生产数据输出类型 ······ 453
20.6 Gerber 和钻孔数据输出 ······ 454
20.6.1 输出钻孔数据 ······ 454
20.6.2 设置 Gerber 文件格式 ······ 457
20.6.3 输出 Gerber 文件 ······ 458
20.6.4 导入并检查 Gerber 文件 ······ 460
20.7 GDS 文件和 Color Map 输出 ······ 461
20.7.1 GDS 文件输出 ······ 461
20.7.2 Color Map 输出 ······ 462
20.8 其他生产数据输出 ······ 463
20.8.1 元器件及 Bond Wire 坐标文件输出 ······ 463
20.8.2 DXF 文件输出 ······ 465
20.8.3 版图设计状态输出 ······ 465
20.8.4 BOM 输出 ······ 466

第 21 章 SiP 仿真验证技术 ······ 468

21.1 SiP 仿真验证技术概述 ······ 468
21.2 信号完整性（SI）仿真 ······ 469
21.2.1 HyperLynx SI 信号完整性仿真工具介绍 ······ 469
21.2.2 HyperLynx SI 信号完整性仿真实例分析 ······ 471
21.3 电源完整性（PI）仿真 ······ 476
21.3.1 HyperLynx PI 电源完整性仿真工具介绍 ······ 477
21.3.2 HyperLynx PI 电源完整性仿真实例分析 ······ 478
21.4 热分析（Thermal）仿真 ······ 483
21.4.1 HyperLynx Thermal 热分析软件介绍 ······ 484
21.4.2 HyperLynx Thermal 热仿真实例分析 ······ 484
21.4.3 FloTHERM 软件介绍 ······ 488

21.4.4 T3Ster 热测试设备介绍 ········ 489
21.5 先进 3D 解算器 ········ 491
21.5.1 全波解算器（Full-Wave Solver）介绍 ········ 491
21.5.2 快速 3D 解算器（Fast 3D Solver）介绍 ········ 491
21.6 数/模混合电路仿真 ········ 492
21.7 电气规则验证 ········ 493
21.7.1 HyperLynx DRC 工具介绍 ········ 493
21.7.2 电气规则验证实例 ········ 494
21.8 HDAP 物理验证 ········ 499
21.8.1 Calibre 3DSTACK 工具介绍 ········ 499
21.8.2 HDAP 物理验证实例 ········ 500

第 2 部分参考资料及说明 ········ 506

第 3 部分　项目和案例

第 22 章　基于 SiP 技术的大容量存储芯片设计案例 ········ 509
22.1 大容量存储器在航天产品中的应用现状 ········ 509
22.2 SiP 技术应用的可行性分析 ········ 510
22.2.1 裸芯片选型 ········ 510
22.2.2 设计仿真工具选型 ········ 512
22.2.3 生产测试厂家选择 ········ 512
22.3 基于 SiP 技术的大容量存储芯片设计 ········ 513
22.3.1 方案设计 ········ 513
22.3.2 详细设计 ········ 514
22.4 大容量存储芯片封装和测试 ········ 519
22.4.1 芯片封装 ········ 519
22.4.2 机台测试 ········ 522
22.4.3 系统测试 ········ 523
22.4.4 后续测试及成本比例 ········ 523
22.5 新旧产品技术参数比较 ········ 525

第 23 章　SiP 项目规划及设计案例 ········ 526
23.1 SiP 项目规划 ········ 526
23.1.1 SiP 的特点和适用性 ········ 526
23.1.2 SiP 项目需要明确的因素 ········ 529
23.2 设计规则导入 ········ 530
23.2.1 项目要求及方案分析 ········ 530
23.2.2 SiP 实现方案 ········ 532
23.3 SiP 产品设计 ········ 534

23.3.1 符号及单元库设计 ······ 534
23.3.2 原理设计 ······ 535
23.3.3 版图设计 ······ 535
23.3.4 产品封装测试 ······ 538

第 24 章 2.5D TSV 技术及设计案例 ······ 539

24.1 2.5D 集成的需求 ······ 539
24.2 传统封装工艺与 2.5D 集成的对比 ······ 539
24.2.1 倒装焊（Flip Chip）工艺 ······ 539
24.2.2 引线键合（Wire Bonding）工艺 ······ 540
24.2.3 传统工艺与 2.5D 集成的优劣势分析 ······ 541
24.3 2.5D TSV 转接板设计 ······ 542
24.3.1 2.5D TSV 转接板封装结构 ······ 542
24.3.2 2.5D 转接板封装设计实现 ······ 543
24.4 转接板、有机基板工艺流程比较 ······ 544
24.4.1 硅基转接板 ······ 544
24.4.2 玻璃基转接板 ······ 545
24.4.3 有机材料基板 ······ 546
24.4.4 两种转接板及有机基板工艺能力比较 ······ 546
24.5 掩模版工艺流程简介 ······ 546
24.6 2.5D 硅转接板设计、仿真、制造案例 ······ 547
24.6.1 封装结构设计 ······ 547
24.6.2 封装布线、信号及结构仿真 ······ 549
24.6.3 生产数据 Tape Out 及掩模版准备 ······ 552
24.6.4 转接板的加工及整体组装 ······ 553

第 25 章 数字 T/R 组件 SiP 设计案例 ······ 554

25.1 雷达系统简介 ······ 554
25.2 SiP 技术的采用 ······ 555
25.3 数字 T/R 组件电路设计 ······ 556
25.3.1 数字 T/R 组件的功能简介 ······ 556
25.3.2 数字 T/R 组件的结构及原理设计 ······ 557
25.3.3 数字 T/R 组件的 SiP 版图设计 ······ 559
25.4 金属壳体及一体化封装设计 ······ 560

第 26 章 MEMS 验证 SiP 设计案例 ······ 563

26.1 项目介绍 ······ 563
26.2 SiP 方案设计 ······ 563
26.3 SiP 电路设计 ······ 564
26.3.1 建库及原理图设计 ······ 565

26.3.2　SiP 版图设计 566
26.4　产品组装及测试 571

第 27 章　基于刚柔基板的 SiP 设计案例 572

27.1　刚柔基板技术概述 572
27.2　射频前端系统架构和 RF SiP 方案 573
27.2.1　微基站系统射频前端架构 573
27.2.2　RF SiP 封装选型 574
27.2.3　RF SiP 基板层叠设计 575
27.3　基于刚柔基板 RF SiP 电学设计仿真 576
27.3.1　信号完整性设计和仿真 576
27.3.2　电源完整性设计与仿真 579
27.4　基于刚柔基板 RF SiP 的热设计仿真 581
27.4.1　封装结构的热阻网络分析 581
27.4.2　RF SiP 的热性能仿真研究 583
27.5　基于刚柔基板 RF SiP 的工艺组装实现 587

第 28 章　射频系统集成 SiP 设计案例 589

28.1　射频系统集成技术 589
28.1.1　射频系统简介 589
28.1.2　射频系统集成的小型化趋势 590
28.1.3　RF SiP 和 RF SoC 592
28.2　射频系统集成 SiP 的设计与仿真 594
28.2.1　RF SiP 封装结构设计 594
28.2.2　RF SiP 电学互连设计与仿真 595
28.2.3　RF SiP 的散热管理与仿真 597
28.4　射频系统集成 SiP 的组装与测试 598
28.4.1　RF SiP 的组装 598
28.4.2　RF SiP 的测试 599

第 29 章　基于 PoP 的 RF SiP 设计案例 602

29.1　PoP 技术简介 602
29.2　射频系统架构与指标 603
29.3　RF SiP 结构与基板设计 606
29.3.1　结构设计 606
29.3.2　基板设计 607
29.4　RF SiP 信号完整性与电源完整性仿真 610
29.4.1　信号完整性（SI）仿真 610
29.4.2　电源完整性（PI）仿真 610
29.5　RF SiP 热设计仿真 612

29.6 RF SiP 组装与测试 …… 613

第 30 章 SiP 基板生产数据处理案例 …… 616

30.1 LTCC、厚膜及异质异构集成技术介绍 …… 616
30.1.1 LTCC 技术 …… 616
30.1.2 厚膜技术 …… 617
30.1.3 异质异构集成技术 …… 617
30.2 Gerber 数据和钻孔数据 …… 618
30.2.1 Gerber 数据的生成及检查 …… 618
30.2.2 钻孔数据的生成及比较 …… 621
30.3 版图拼版 …… 622
30.4 多种掩模生成 …… 624
30.4.1 掩模生成器 …… 624
30.4.2 掩模生成实例 …… 626

第 3 部分参考资料 …… 630

后记和致谢 …… 632

第 1 部分

概念和技术

第 1 章　从摩尔定律到功能密度定律

关键词：摩尔定律，功能密度定律，功能密度，功能单位，电子系统 6 级分类法，功能细胞，功能块，功能单元，微系统，常系统，大系统，功能密度定律的扩展，认知革命，科学革命，电子技术革命，系统空间，地球空间，人类宇宙空间，广义功能密度定律

众所周知，目前集成电路芯片制造工艺的特征尺寸已经达到了 5 nm，随着 IC 制造工艺的特征尺寸向 3 nm 甚至 1 nm 迈进，摩尔定律已经要走到尽头了，人们将摩尔定律结束后的时期称为后摩尔定律时代，那么，有没有什么定律能接替摩尔定律呢？

本章提出了一个新的定律：功能密度定律（Function Density Law），可以简称 FD Law。笔者认为，功能密度定律将是后摩尔定律时代普遍适用的一条定律。

首先，让我们了解一下摩尔定律，并从两个方面分析一下摩尔定律所面临的问题。

1.1　摩尔定律

摩尔定律（Moore's Law）是由英特尔（Intel）创始人之一的戈登·摩尔（Gordon Moore）于 1965 年提出来的，至今已有 56 年。

摩尔定律的内容为：当价格不变时，集成电路上可容纳的元器件的数目，每隔 18～24 个月便会增加一倍，性能也将提升一倍。换言之，每一美元所能买到的计算机性能，每隔 18～24 个月将提升为原来的 4 倍。

总的来说，关于摩尔定律有以下 3 种说法：

（1）集成电路芯片上所集成的电路的数目，每隔 18～24 个月就增加一倍。

（2）微处理器的性能每隔 18～24 个月提高一倍，而价格降低一半。

（3）用一美元所能买到的计算机性能，每隔 18～24 个月将提升为原来的 4 倍。

以上 3 种说法中，第 1 种说法最为普遍，后面两种说法涉及价格因素，其实质也是一样的。3 种说法虽然各有千秋，但在一点上是相同的，即“翻番”的周期都是 18～24 个月，至于翻一番（或翻两番）的是“集成电路芯片上所集成的电路的数目”“微处理器的性能”，还是“用一美元所能买到的计算机性能”就见仁见智了。

摩尔定律揭示了信息技术进步的速度，尽管这种趋势已经持续了超过半个世纪，但摩尔定律仍被认为是一种观测或推测，而不是一种物理或自然法。

图 1-1 所示为摩尔定律的增长曲线，因为纵轴采用了对数坐标，所以摩尔定律的增长曲线实际上是一条指数曲线。由图可知，现实中的采样点基本位于曲线的附近，可以看出摩尔定律基本上还是很准确的。

摩尔定律并不是具有严格数学意义的定律，而是对集成电路技术发展趋势的一种预测。因此，无论是文字表述还是定量计算，都应当容许一定的宽裕度。从这个意义上看，摩尔的预言是相当准确了，所以才会被业界公认，并产生巨大的反响。

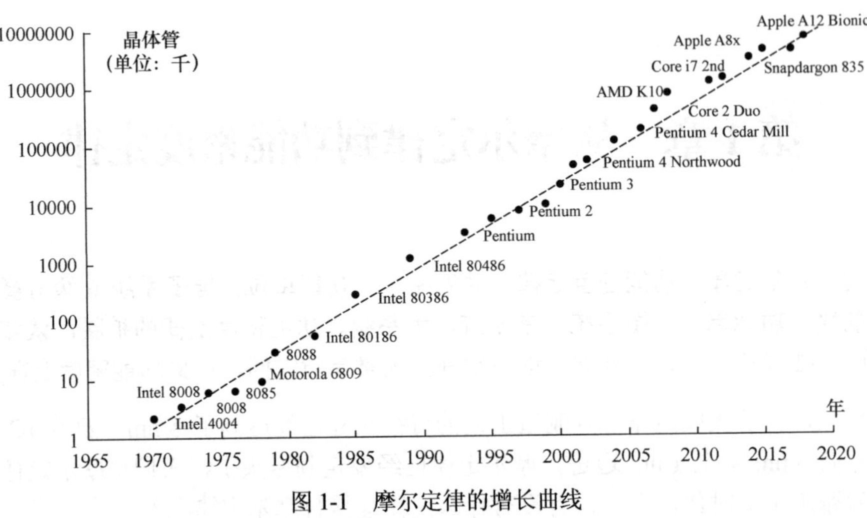

图 1-1　摩尔定律的增长曲线

我们知道，芯片上元器件的几何尺寸不可能无限制地缩小，这就意味着总有一天，芯片单位面积上可集成的晶体管数量会达到极限。

从技术层面看，随着硅芯片上线路密度的增加，其复杂性和差错率也将呈指数增长，同时也使全面而彻底的芯片测试几乎难以完成。当芯片上特征尺寸达到 1 nm 时，相当于只有几个硅原子的大小，在这种情况下，材料的物理、化学性能将发生质的变化，导致采用现行工艺的半导体器件不能正常工作，摩尔定律也就走到尽头了。

1.2　摩尔定律面临的两个问题

戈登·摩尔最初在 1965 年提出摩尔定律时，其内容为半导体芯片上集成的晶体管数量将每年增加一倍。1975 年，摩尔在 IEEE 国际电子器件会议会上提交了一篇论文，根据当时的实际情况对摩尔定律进行了修正，将上述“每年增加一倍”的推断修改为“每两年增加一倍”，而普遍流行的说法是“每 18～24 个月增加一倍”。

摩尔定律发展至今已有 50 多年的历史，在这 50 多年间，不断有人唱衰，甚至有人提出“摩尔定律已死”的观点。

在本章中，我们将从两方面看待摩尔定律终结的原因，即微观角度（Micro-view）和宏观角度（Macro-view）。我们可以称之为摩尔定律面临的两个问题。

1.2.1　微观尺度的缩小

芯片制造商已经使用了各种手段来跟上摩尔定律的步伐，譬如增加更多的核，驱动芯片内部的线程，以及利用各种加速器，但还是无法避免摩尔定律的加倍效应已经开始放缓的事实，不断地缩小芯片的尺寸总会有物理极限：现在最新工艺制程的特征尺寸仅为 5 nm，而硅原子的晶格常数为 0.54 nm（硅原子直径为 0.117 nm），也就是说，在 5 nm 工艺的芯片中，晶体管的特征尺寸仅能并排放置 10 个硅原子，随着特征尺寸的进一步减小，其数量还会进一步减少。在相同面积的区域里，随着电路集成的晶体管越来越多，漏电流增加、散热问题大、时钟频率增长速度减慢等问题将难以解决。

1．特征尺寸的定义

我们先来看晶体管的微观结构，图 1-2 左侧所示为目前最主流的鳍式场效应晶体管（Fin Field-Effect Transistor，FinFET）结构，右侧为电子显微镜下的微观结构。通常认为，在 CMOS 工艺中，特征尺寸指的是栅极的宽度（Gate Width），即 MOS 器件的沟道长度（Channel Length）。目前最先进的芯片制造工艺，晶体管的特征尺寸为 5 nm。

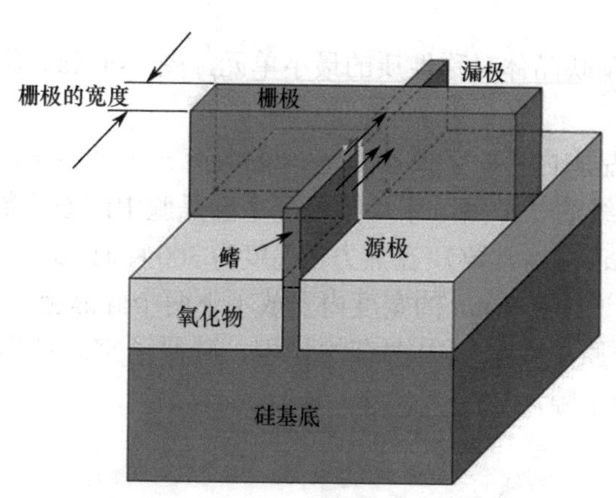

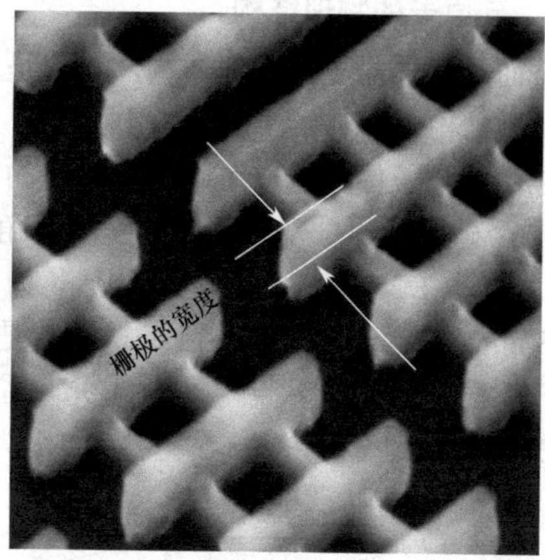

图 1-2　鳍式场效应晶体管结构及其微观结构

由图 1-2 可知，其实特征尺寸并非晶体管里的最小尺寸，Fin（鳍）的宽度至少是小于特征尺寸的。因此，按照标准定义，在特征尺寸为 5 nm 的晶体管中，所需要制造的最小尺寸其实是小于 5 nm 的。

还有一些学者认为，晶体管从平面场效应晶体管（Planar FET）转变成鳍式场效应晶体管（FinFET）时，其特征尺寸不再以栅极的宽度作为度量标准，而应该以半导体器件中的最小尺寸作为特征尺寸，这时候，我们就需要寻找晶体管中的最小尺寸了。其实在不同的半导体厂家，对特征尺寸的定义也不尽相同，例如，Intel 和 TSMC（台湾积体电路制造股份有限公司，简称台积电）对特征尺寸的定义就不完全相同。

一般认为，当特征尺寸在 22 nm 以上时可以采用平面场效应晶体管；当特征尺寸在 22 nm 以下时，需要采用鳍式场效应晶体管；当特征尺寸缩小为 3 nm 时，就需要采用堆叠纳米片场效应晶体管（Stacked nanosheet FET）。

图 1-3 为三种晶体管的微观结构。

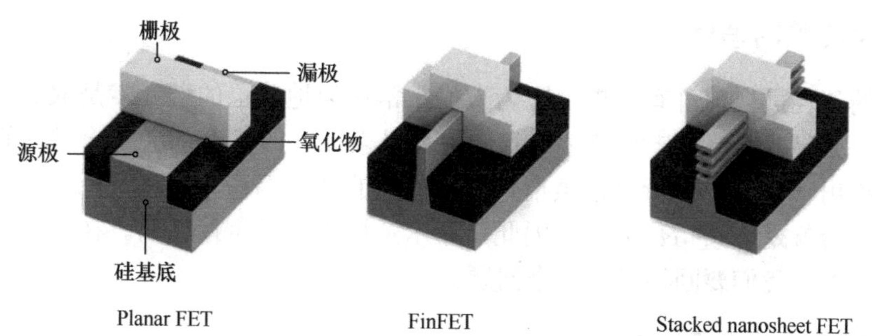

图 1-3　三种晶体管的微观结构

当特征尺寸缩小为 3 nm 时，就需要采用堆叠纳米片场效应晶体管结构，如果以栅极宽度作为特征尺寸的标准定义，由图 1-3 可知，在栅极宽度为 3 nm 的堆叠纳米片场效应晶体管中，估计需要最小制造尺寸（如纳米片的厚度）小于 3 nm，甚至要小于 1 nm。

此外，按照前面提过的另一种说法，认为特征尺寸是指半导体器件中的最小尺寸，例如，当纳米片的厚度小于栅极宽度时，纳米片的厚度可被称为特征尺寸。但无论如何，尺度的缩小总会有极限值。

2．硅原子的物理结构

下面介绍硅原子的物理结构，晶胞是反映晶体对称性质的最小单元，图 1-4（a）所示为硅的晶胞结构。

在由硅原子构成的一个面心立方体的晶胞内，8 个顶点和 6 个面各有一个硅原子，另外还有 4 个硅原子，分别位于四个空间对角线的 1/4 处，平均到每一个硅晶胞中的原子数为 8（$8\times1/8+6\times1/2+4=8$）。硅的晶胞边长为 a（晶格常数），在热力学温度为 300 K 时，a=5.4305Å（0.543 nm），1 nm 相当于不到 2a，也就是说，在 1 nm 的宽度内安放不下两个硅晶胞。

硅原子空间利用率=硅原子体积/单位原子在晶胞中占有的体积，硅原子空间利用率约为 34%，即晶胞空间内 1/3 为原子、2/3 为空隙，如图 1-4（b）所示。

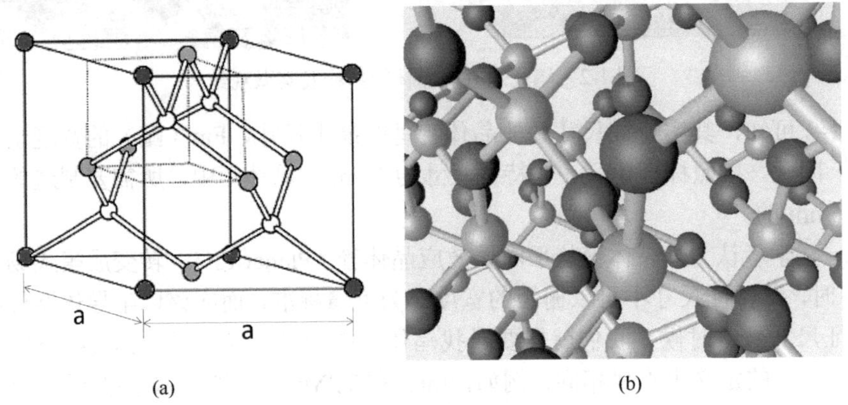

(a) (b)

图 1-4 硅的晶胞结构和硅原子空间利用率

也就是说，在微观世界，我们看到的硅已经不再是平滑连续的，而是由离散的原子团组成的。此时，在连续系统中适用的定律和法则很多都会失效。因此，从微观角度看，摩尔定律是不可持续的。

1.2.2 宏观资源的消耗

硅元素的消耗量以前鲜有人提，因为人们常常认为地球上的硅元素是取之不尽、用之不竭的。但是，如果按照摩尔定律持续增长的消耗量来计算，就不是这么一回事了。

这里先给出一个结论：所有按照指数规律增长的曲线，在物理意义上都是不可持续的。而摩尔定律恰恰就是一条指数曲线，因此，摩尔定律也是不可持续的。在论证摩尔定律是否可持续的过程中，我们要回答以下几个问题。

1．地球上有多少个硅原子

硅是一种极为常见的元素，广泛存在于岩石、砂砾、尘土之中。在地壳中，硅是含量第二丰富的元素，硅元素占地壳总质量的 26.4%，仅次于第一位的氧。

坐在沙滩上，望着浩瀚无边的大海，双手捧起一捧沙子，让沙粒从指间慢慢滑落，我们可能会想，沙子应该是取之不尽、用之不竭的吧！我们就估算一下地球上到底有多少硅原子。

我们知道地球的总质量：5.965×10^{24} kg，地壳约占地球总质量的 0.42%，硅占地壳总质量的 26.4%。那么可以计算得出地球上硅的总质量：

$$5.965\times10^{24}\times0.42\%\times26.4\% = 6.614\times10^{21}\ \text{kg}$$

这大约是地球总质量的千分之一。

1 个硅原子的质量等于硅的相对原子质量乘以 1 个氢原子的质量，即

$$28\times1.674\times10^{-27}\ \text{kg} = 4.687\times10^{-26}\ \text{kg}$$

因此，可以通过地球上硅的总质量除以硅原子的质量估算硅原子的数量，即

$$6.614\times10^{21}\div4.687\times10^{-26}\approx1.41\times10^{47}$$

通过计算得出，地球上硅原子的总数约为 1.41×10^{47} 个。

2. 生产一个晶体管需要多少个硅原子

晶体管有大有小，不同的晶体管消耗的硅原子数量也千差万别，我们需要以一款典型的晶体管为例进行宏观估算。

我们需要知道晶体管的体积，人们经常说的 7 nm、5 nm、3 nm 指的是晶体管的特征尺寸。特征尺寸是晶体管的最小尺寸，通常指 CMOS 工艺的栅极宽度，而晶体管的边长自然要比特征尺寸大得多，那应该是多少呢？

以华为麒麟（Kirin）990 5G 芯片为例做一个估算，麒麟 990 5G 芯片是华为研发的新一代手机处理器，采用台积电 7 nm FinFET Plus EUV 工艺制造，集成了 103 亿个晶体管，面积约为 113.3 mm^2。表 1-1 所示为麒麟系列芯片技术参数。

表 1-1　麒麟系列芯片技术参数

	麒麟 990 5G	麒麟 990	麒麟 980	麒麟 970
特征尺寸	7 nm + EUV	7 nm	7 nm	10 nm
晶体管数量	10.3 billion	～8.0 billion	6.9 billion	5.5 billion
芯片面积	113.3 mm^2	～90 mm^2	75.6 mm^2	96.7 mm^2

通过表 1-1 中麒麟 990 5G 芯片的参数，可以计算出每平方毫米芯片包含 9100 万个晶体管（晶体管数量除以芯片面积），即

$$(10.3\times10^{9})\div(113.3\ \text{mm}^2)=9.1\times10^{7}/\text{mm}^2$$

用芯片尺寸除以晶体管数量，可以得到晶体管的尺寸，即

$$(113.3\ \text{mm}^2)\div(10.3\times10^{9})=1.1\times10^{-8}\ \text{mm}^2=1.1\times10^{4}\ \text{nm}^2$$

因此，对于麒麟 990 5G，1 个晶体管的面积是 11000 nm^2，在表 1-1 中，对于其他 7 nm 特征尺寸的芯片，我们可以得到几乎相同的晶体管面积。

假设晶体管的高度约为 100 nm，那么 1 个晶体管的体积为约为 1.1×10^{6} nm^3。

我们知道，硅的密度为 2328.3 kg/m^3，硅原子的质量为 $28\times1.674\times10^{-27}$ kg，可以得到 1 nm^3 晶体管中的硅原子数，即

$$2328.3\times10^{-27}\div(28\times1.674\times10^{-27})=49.7\approx50$$

由上面的推导可知，1 个晶体管中包含的硅原子数应为 $50\times1.1\times10^{6}=5500$ 万个。

到这里，是否有可能计算出地球上的硅能生产多少个晶体管呢？请稍等，我们还需要了解硅晶圆的结构。硅晶圆结构如图 1-5 所示。

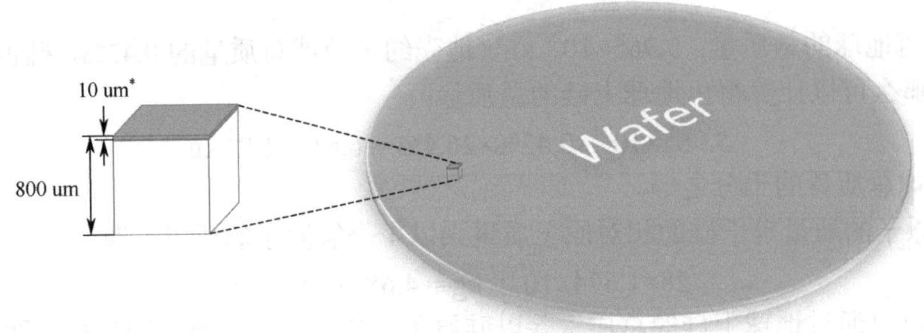

图 1-5 硅晶圆结构

在图 1-5 中可以看到，虽然晶体管本身的高度约为 100 nm，并且硅芯片的有源层厚度小于 10 um*，但是晶体管下支撑的硅芯片约为 1 mm。怎样才能得到呢？硅芯片的厚度一般为 800 um，硅芯片的切割损耗约为 200 um，800 + 200 =1000 um =1 mm。

因此，1 个晶体管消耗的硅原子数约为 50×110 nm（长）×100 nm（宽）×10^6 nm（晶圆厚度）=5.5×10^{11}=5500 亿个。

可以得到，使用台积电 7 nm 技术生产的每 1 个晶体管，消耗的硅原子不是 5500 万个，而是 5500 亿个。

3. 地球上的硅能生产多少个晶体管

采用台积电 7 nm FinFET+EUV 工艺制造的晶体管，地球上的硅可生产的晶体管数量为地球上硅原子的数量除以每个晶体管消耗的硅原子数，即

$$(1.41\times10^{47}) \div (5.5\times10^{11}) = 2.56\times10^{35}\text{（个）}$$

得到了这个答案之后，问题到此为止了吗？没有，这仅仅是个开始。

4. 地球上的硅总共能生产多少个芯片

如上所述，麒麟 990 5G 处理器包含约 103 亿个晶体管，面积约为 113.3 mm^2。

实际上，硅的消耗量与晶体管的数量无关，而与硅芯片的面积有关。由于工艺参数的不同，晶体管的尺寸和每个晶体管消耗的硅原子数也不同。在晶圆厚度保持不变的情况下，芯片的面积与硅原子的数量直接相关。

前文推导出 1 nm^3 硅芯片中的原子数约为 50 个，因此 1 mm^3 硅中的原子数约为 50×10^{18}，相当于厚度为 1 mm 的晶圆，每 1 mm^2 所含的硅原子数为 50×10^{18} 个。

对于一个 100 mm^2 的芯片（比麒麟 990 5G 处理器的 113.3 mm^2 稍小），一个芯片消耗的硅原子数为 100×50×10^{18} 个，即 5×10^{21} 个硅原子。

以这类芯片为例，地球上可设计并制造的芯片总数为

$$1.41\times10^{47} \div (5\times10^{21}) = 2.82\times10^{25}\text{（个）}$$

5. 地球上的硅能用多久

这才是我们真正需要关注的！

---

* 注：在国际单位制中，微米对应的符号为μm，但在 EDA 设计软件中通常写作 um。为了保持图文一致，本书中微米对应的符号均写作 um。

2019 年，中国总共生产芯片 201.82 亿个，约占全球芯片产量的 10%，据此估算，2019 年全球芯片产量为 2018.2 亿个，约为 2×10^{12} 个。

普通芯片的面积大于或小于 100 mm^2。如果以 100 mm^2 为芯片面积的中位数，并以此估算，则每年生产芯片需要消耗的硅原子数为（2×10^{12}）×（5×10^{21}）=10^{34} 个。

假设芯片的年产量保持不变，那么地球上硅的可用时间是 $1.41\times10^{47}\div10^{34}=1.41\times10^{13}$ 年，即 14.1 万亿年，这是一个非常长的时间。看来我们不用担心了，地球的寿命都不一定有那么长。

然而，现实是，芯片的需求和产量每年都会持续增加。2019 年，全球芯片产值 4376 亿美元，产量约为 2×10^{12}（2018.2 亿）片。假设全球芯片产值基本不变，但芯片价格会越来越便宜，1 美元买到的芯片数量每 9～12 个月就会翻一番。（这只是一种假设，实际上芯片产值每年会有所增加，但这会导致估算更加复杂，最后的结论是一样的，因此为了简化，此处假设每年产值不变。）

可以得出以下公式：$2\times10^{12}\times(1+2+2^2+2^3+\cdots+2^n)=2.82\times10^{25}$。公式中的 n 代表从 2019 年开始，地球上可以生产硅芯片的年数。

$$(1+2+2^2+2^3+\cdots+2^n)=1.41\times10^{13}$$

$$[2^{(n+1)}-1]=1.41\times10^{13}$$

$$2^n=7.05\times10^{12}$$

$$n=42.68<43$$

也就是说，如果 1 美元买到的芯片数量每 9～12 个月翻一番，那么从现在起，在 43 个周期内，我们将耗尽地球上的硅。

这有可能吗？一定是我们的假设有问题。在这个时候，笔者耳边传来着这样一句话：“1 美元能买到的计算机性能，每 18～24 个月翻两番。”这正是摩尔定律的描述。

每 18～24 个月翻两番和每 9～12 个月翻一番应该是同一回事，即使计算机的性能与芯片或晶体管的数量不能完全等同，但也有一定的强相关性。

那么，地球上的硅到底能维持 14 万亿年还是 43 年呢？

我们在估算时只考虑了硅在芯片制造上的应用，即硅仅仅用来制作高纯硅半导体。实际上，除此之外，硅被广泛应用于航空航天、电子电气、运输、能源、化工、纺织、食品、轻工、医疗、农业等行业，被用于生产耐高温材料、光导纤维通信材料、有机硅化合物、合金等。另外，我们还没有考虑其他的应用，如修路、修桥、修房子等大量应用石头和沙子等硅化合物的领域。

6．摩尔定律为什么不可持续？

摩尔定律，无论是 1965 年提出时的“半导体芯片上集成的晶体管数量将每年增加一倍”，还是 1975 年修正的“每 18～24 个月增加一倍”，从数学意义上来看，其曲线都是指数增长的。假设某一个时间点上，芯片上集成的晶体管数量为 X，则 18 个月后为 $2X$，36 个月后为 $4X$，$n\times18$ 个月后为 $2^n\times X$，那么从现在开始，我们就可以估算人类生产的晶体管数量为 $Y=X(1+2+4+8\cdots2^n)$，等式两边同时乘（2−1）可得 $Y=X(2^{(n+1)}-1)$。

从公式 $1+2+4+8\cdots+2^n=2^{(n+1)}-1$ 可以看出，无论以前生产的数量有多少，到了下一个周期，一个周期内生产（消耗）数量将比以前所有周期生产的数量的总和还要多 1。

从另外一个角度，只要晶体管数量的增长继续遵循指数曲线，那么未来的每一代人回过头来看时，过去的时代都会是几乎没有进步的时代，这其实就是一个悖论。

宇宙中的原子数量才有 10^{80} 个，如果晶体管的数量按照指数曲线增长，那么仅仅需要一个半世纪（150 多年），宇宙中的原子就要消耗殆尽了，这显然是不太可能的！

需要读者注意的是，本节在估算的时候，做了一些前提假设，实际的数值会和前提条件的变化有关，但不会发生数量级上的变化，因此，本节估算是有一定参考意义的。

回到开始给出的结论：所有按照指数规律增长的曲线，在物理意义上都是不可持续的，因此，摩尔定律也是不可持续的。

我又想起了一个故事，甲问乙："你觉得一张报纸能对折 40 次吗？" 乙说："我觉得可以啊"，说完就找到一张最大的报纸折叠起来……

最后的结果如何呢？

这实际是一项不可能完成的任务，因为一张报纸对折 40 次的厚度超过了 11 万公里。

一张报纸只要对折 27 次，其厚度就会超过珠穆朗玛峰的高度，对折 36 次，就超越了中国最北端到最南端的距离，对折 42 次，就超过了地球到月球的距离。

薄薄的一张报纸对折之后为什么会有这么惊人的厚度？这就是指数曲线的魔力，因为报纸对折后的厚度也是一个指数曲线。

指数曲线的增长就是如此惊人，越往后，其增长越惊人，前面所有的增长相对于后面的增长来说几乎都可以忽略不计！

既然摩尔定律已经要走到尽头了，就需要有一个新的定律来接替摩尔定律，那么，有什么定律能接替摩尔定律呢？

1.3 功能密度定律

1.3.1 功能密度定律的描述

下面我们要提出一个新的定律：功能密度定律（Function Density Law）。

功能密度定律：对于所有的电子系统来说，沿着时间轴，系统空间内的功能密度总是在持续不断地增大的，并且会一直持续下去。

图 1-6 所示为功能密度定律曲线。

从功能密度定律曲线上可以看出，电子系统的功能密度会随着时间延续而持续地增长，其增长的速度在不同的历史时期会有所不同，如果有新技术突破，其增长的速度就会比较快，如果没有新技术突破，其增长速度会比较慢，但总的趋势是不断增长的。

另外，摩尔定律也包含在功能密度定律曲线中，属于功能密度曲线的初始阶段。在曲线的某些区域，如摩尔定律适用区域，曲线会呈现指数增长，但从长远来看，应该是非指数曲线的单调增长。

要理解功能密度定律，首先需要理解什么是功能密度。

功能密度：单位体积内包含的功能单位的数量。

功能密度中的关键词是功能单位（Function UNITs），那什么又是功能单位呢？我们需要了解一下电子系统 6 级分类法。

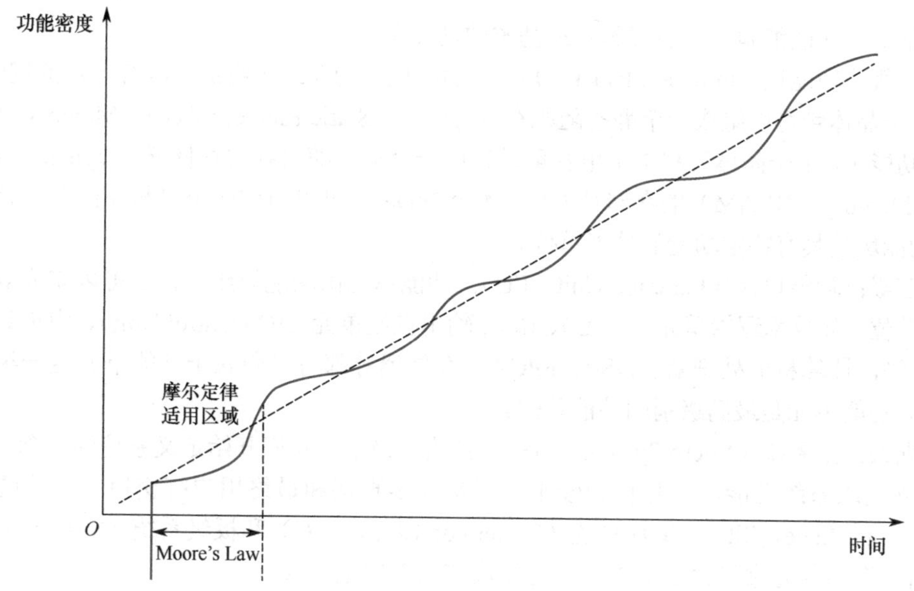

图 1-6　功能密度定律曲线

1.3.2　电子系统 6 级分类法

系统是由相互作用、相互依赖的若干组成部分相互结合而成的，具有特定功能的有机整体，并且这个有机整体又是它从属的更大系统的组成部分。人们研究系统、设计系统，并利用系统为人类服务。

系统通常是由若干功能单位组成的，电子系统也是如此。

目前，尚未有明确的针对系统的层级分类方法。本书将首次提出电子系统 6 级分类法对电子系统进行层级分类，如图 1-7 所示。

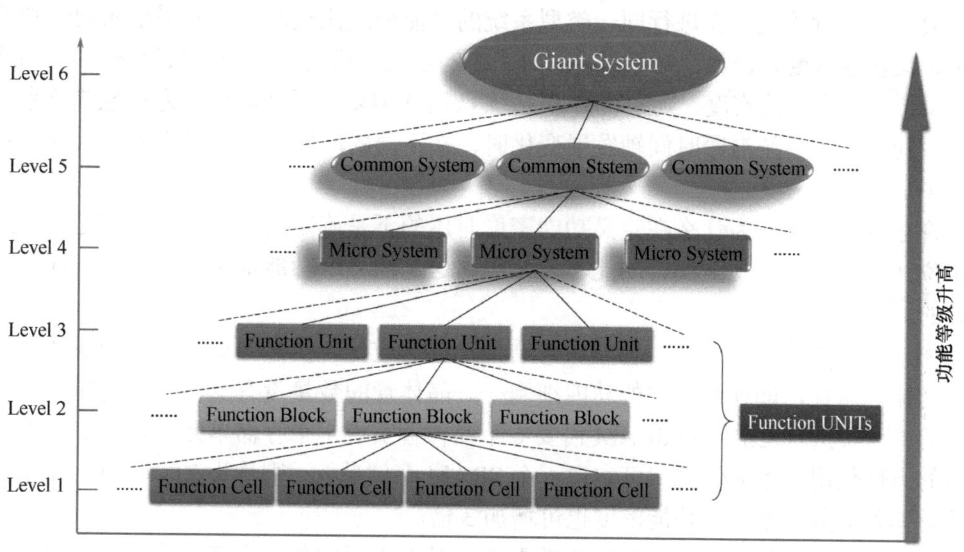

图 1-7　电子系统 6 级分类法

第一级：功能细胞（Function Cell，FC）。功能细胞是电子系统组成的最小功能单位，不可拆分，如果拆分，则系统功能会丧失，不能恢复。例如，晶体管（Transistor）、电阻、电容、电感等都属于功能细胞。功能细胞是最基本的功能单位。

第二级：功能块（Function Block，FB）。功能块由功能细胞组成，具有一定的逻辑功能。例如，6 个晶体管可以组成一个静态随机存取存储器（Static Random-Access Memory，SRAM）的存储功能块，1 个晶体管和 1 个电容可以组成一个动态随机存取存储器（Dynamic Random Access Memory，DRAM）的存储功能块，4 个 MOS 管可以组成一个“与非门”或者“或非门”。功能块是具有特定功能的功能单位。

第三级：功能单元（Function Unit，FU）。功能单元由功能块组成，是可以完成复杂功能的功能单位，如算术逻辑单元（ALU）、输入/输出控制单元（IO Control Unit）、中央处理单元（CPU）等，计算机的处理器、DSP、FPGA、存储器等都可以归属于功能单元这一级别的功能单位。功能单元是最高级别的功能单位。

第四级：微系统（Micro System，MS）。到这一级别，我们开始定义系统的概念，微系统可以独立完成系统功能，并且体积较小，通常并不直接和最终用户打交道，如系统级封装（System in Package，SiP）、单片系统（System on Chip，SoC）和板级系统（System on PCB，SoP）等。微系统通常可由功能单元、功能块或功能细胞组成。

第五级：常系统（Common System，CS）。常系统也称常规系统，顾名思义，就是常人能接触到的系统，一般是指和最终用户直接打交道的系统，这里的最终用户指的是人，如手机、计算机、家用电器等都可称为常系统，常系统通常由微系统、功能单元等组成。

第六级：大系统（Giant System，GS）。大系统一般指复杂而庞大的系统，如无线通信网络系统、互联网系统、载人航天系统和空间站系统等。大系统通常由常系统、微系统等组成。

在以上的定义中，功能细胞、功能块和功能单元这三级都可以称为功能单位（Function UNITs，FUs）。它们分别属于不同级别的功能单位。

回顾一下功能密度的定义：单位体积内包含功能单位的数量，其中的功能单位可以是功能细胞、功能块或功能单元。

需要读者注意的是，在进行同一类型系统的功能密度比较时，需要采用相同级别的功能单位来定义功能密度。例如，对系统 A、B、C 的功能密度进行比较，系统 A 采用功能块作为功能单位来定义功能密度，则系统 B 和系统 C 同样需要采用功能块作为功能单位来定义功能密度。同理，当系统沿着时间轴发展变化时，在不同的时间段，也需要采用相同级别的功能单位来定义功能密度。

也许会有读者问，为什么在定义功能密度时用的不是确定的功能单位，而是三个级别的功能单位（功能细胞、功能块、功能单元）呢？这是由系统功能定义本身的复杂性和不确定性导致的。

例如，随着新技术的发展，功能块的结构发生了进化，仅需要更小的功能块就可以实现同样的功能，这样，即使最底层的功能细胞——晶体管的数量没有变化，其功能密度也同样是增加的。比如我们通常用的 SRAM 需要 6 个晶体管实现 1 个存储单元，称为 6T，如果一种新技术的出现仅用 2 个晶体管即可实现一个 SRAM 存储单元，则称为 2T，这样，即使单位体积内的晶体管的数量不变，功能密度也可增加 3 倍。

此外，系统种类繁多，系统功能千差万别，对于不同的系统而言，采用不同的功能单位更加合理且更具针对性。

有些系统采用最小的功能单位——功能细胞来描述功能密度更有针对性，例如某些 SoC 或者 SiP 可以采用单位体积内晶体管的数量来定义功能密度；有些系统适合用功能块来描述功能密度，例如某些存储系统可采用单位体积内存储单元的数量来描述功能密度；有些系统更适合用功能单元来描述功能密度，例如在大系统或常系统中可采用单位体积内包含的 CPU、GPU 或者 FPGA 的数量来定义功能密度。

因此，设置三个级别的功能单位灵活性更高，更方便针对不同类型的系统来定义功能密度。只是需要读者注意，在进行横向或者纵向比较时，应该采用同样的功能单位。

1.3.3　摩尔定律和功能密度定律的比较

下面对摩尔定律和功能密度定律进行比较。

（1）摩尔定律的对象是半导体晶圆平面，功能密度定律的对象是电子系统空间，两者一个是二维平面，一个是三维空间；

（2）摩尔定律描述的是单位面积内晶体管的数量，功能密度定律描述的是单位体积内功能单位的数量；

（3）摩尔定律是于 1965 年提出的，已被历史证实，功能密度定律刚刚被提出，是对未来的预期；

（4）摩尔定律即将走向终结，如日落西山，功能密度定律襁褓新生，如初升的太阳；

（5）如果将功能密度定义中的功能单位具体定为功能细胞（如晶体管），并将其空间二维化，时间具体化，那么，功能密度定律就会缩化为摩尔定律；

（6）如果将集成电路中晶体管的集成从二维平面扩展至三维空间，晶体管扩展为功能单位，时间由具体变为趋势化，那么，摩尔定律就会扩展为功能密度定律。

对于电子系统的集成来说，摩尔定律是功能密度定律在集成电路中的特例，而功能密度定律则是摩尔定律在整个电子系统中的扩展。图 1-8 显示了摩尔定律和功能密度定律的关系。

图 1-8　摩尔定律和功能密度定律的关系

摩尔定律是关于人类创造力的定律，实际上是关于人类信念的定律，当人们相信某件事情一定能做到时，就会努力去实现它。摩尔当初提出他的观察报告时，实际上是给了人们一种信念，使人们相信他预言的趋势一定会持续。功能密度定律同样是关于人类创造力的定律，也是关于人类信念的定律，当人们相信电子系统空间内的功能密度一定能会持续增加时，同样会努力去实现，不再纠结于二维平面尺度上晶体管的缩放，而把思维投入更广阔的空间，从多维度的集成、结构化的创新和更灵活的尺度去评判、去发展。

理解并运用功能密度定律，我们就不会再纠结摩尔定律的终结，因为新的空间已经为我们打开，并且更为广阔！正如人们常说的“山重水复疑无路，柳暗花明又一村”！

功能密度定律由笔者于 2020 年 1 月 20 日首次正式提出。在此之前，笔者经历了 20 年的电子系统设计工作，10 余年 SiP 设计工作，积累了丰富的项目经验，通过长久的分析和独立思考得出了这一理论模型。

功能密度定律将预测电子系统集成的趋势，并将成为判断电子系统先进性的重要指标。

功能密度定律会不会像摩尔定律一样，成为电子系统集成的最重要定律呢？这里，我们不急着给出定论，还是交给时间来检验吧。

1.3.4 功能密度定律的应用

下面介绍应用功能密度定律的几个例子。

1. 巨型芯片 Cerebras WSE

2019 年 8 月 20 日，来自美国创企 Cerebras 的巨型芯片 WSE（Wafer Scale Engine）吸引了足够的关注。这款芯片的面积达到了惊人的 46225 mm^2，每条边长约为 22 cm（约 8.5 英寸），比 iPad 还要大，如图 1-9 所示。Cerebras WSE 是世界上第一款晶圆级处理器。

图 1-9 目前世界上最大的芯片 Cerebras WSE（2019 年）

WSE 的惊人参数还包括：拥有 1.2 万亿个晶体管（同时代的主流芯片都还在百亿级别），并且拥有 40 万个 AI 核心、18GB SRAM 缓存、9 Pb/s 内存带宽、100 Pb/s 互联带宽等，功耗为 1.5 万瓦。

WSE 采用台积电 16 nm 工艺制造，可以用于基础和应用科学、医学研究，充分发挥超大规模 AI 的优势，与传统超级计算机合作，可加速 AI 工作。

由于 WSE 芯片工作的功耗超过 6 台电磁炉的功率，因此可以毫不夸张地说，这款芯片工作起来消耗的热量，完全可以供几十人一起围着吃火锅。

然而，这款产品只能被归类于小众产品，其实用性并不强，在实际应用中只限于某些特定的应用领域。

为什么呢？芯片本身很脆弱，需要保护，就需要封装起来，除了封装测试难度很大，封装后的体积也会超大。另外，考虑到超大的功耗，其散热系统也会非常复杂和庞大，所以整个系统工作起来，体积一定非常大。

从功能密度的角度来说，这款芯片的功能密度会远远低于普通芯片，所以它并不符合功能密度定律。

大家可以关注 WSE 的后续发展，并关注一下 WSE 如何散热，实际工作时系统的体积有多大，并应用功能密度定律对其进行评价。

WSE 因为并不符合功能密度定律，所以我们认为它是没有生命力的。

2. 电子封装技术的发展

先来回顾一下电子封装技术的发展。

1947 年，世界上出现了第一款电子封装。

1955 年出现了 TO 型圆形金属封装，封装引脚数为 3～12。

1965 年出现了双列直插封装（Dual In-Line Package，DIP），封装引脚数为 6～64，引脚间距为 2.54 mm。

TO 型封装和 DIP 一般都属于 THT 形式的外壳封装，封装面积和厚度都比较大，引脚在插拔过程中容易损坏，对可靠性有一定的影响。

1980 年出现了支持表面安装技术（SMT）工艺的器件。表面安装技术体现在器件的封装形式上，主要包括 SOT、SOP、SOJ、特殊引脚芯片封装（Plastic Leaded Chip Carrier，PLCC）、四面扁平封装（Quad Flat Package，QFP）等，封装引脚数为 3～300，引脚间距为 1.27～3 mm。其中，QFP 的应用范围最广。为了减少引脚带来的寄生效应，提高高频性能，人们直接采用 Land 作为连接引脚，从而演变出方形扁平无引脚封装（Quad Flat No-lead Package，QFN）。

随着芯片引脚数的急剧增加，球阵列封装（Ball Grid Array，BGA）开始大规模应用。BGA 的外引脚为焊球，以阵列形式分布在封装的底面，球间距为 0.8～1.27 mm，可支持 2000 个以上的引脚数目。

随着技术的革新，先进封装的驱动力越来越强，封装技术由传统的 DIP、PLCC、QFP 等中低端形式向 BGA、芯片级封装（Chip Scale Package，CSP）、SiP 等高端形式逐渐转变。

在 DIP 封装形式下，芯片的面积占封装面积的不到 5%，而在 CSP 封装形式下，硅芯片面积占基板面积的比例为 80%～100%，如图 1-10 所示。

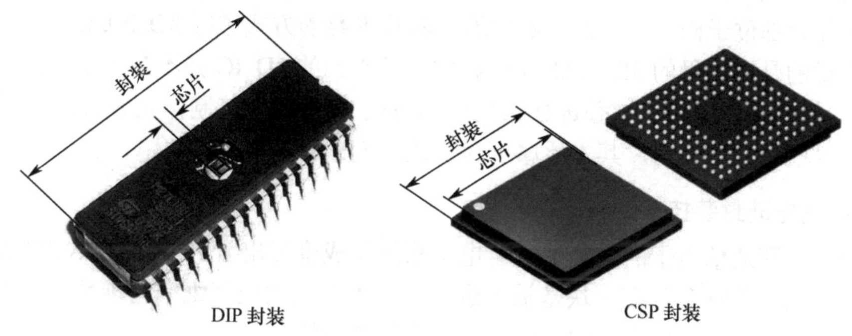

图 1-10　DIP 封装和 CSP 封装形式中的芯片尺寸和封装尺寸

CSP 单位体积内集成的晶体管（功能细胞）数量要远大于 DIP。也就是说，CSP 的功能密度要远大于 DIP。这是符合功能密度定律的。

封装技术的发展，经历了从 TO、DIP 到 PLCC、QFP，再到 BGA、CSP，从封装体来看，单位体积内封装的功能细胞越来越多，功能密度越来越大，这也是符合功能密度定律的。

我们可以这么理解，集成电路技术的发展到现在是符合摩尔定律的，而集成电路技术的发展和电子封装技术的发展到现在为止都是符合功能密度定律的。

3. 3D NAND 技术的发展

普通 IC 中的晶体管本身还处于一个平面层，为了提升单位体积的功能密度，是否可以将晶体管也进行多层堆叠呢？答案确实是肯定的。下面介绍的 3D NAND 就是一个典型的例子。

在 2D NAND 中的存储单元（Memory Cell）是平面排列的，如普通的平房，而在 3D NAND 中的存储单元则是堆叠起来的，如同高楼大厦。图 1-11 所示为 2D NAND 与 3D NAND 的物理结构对比。

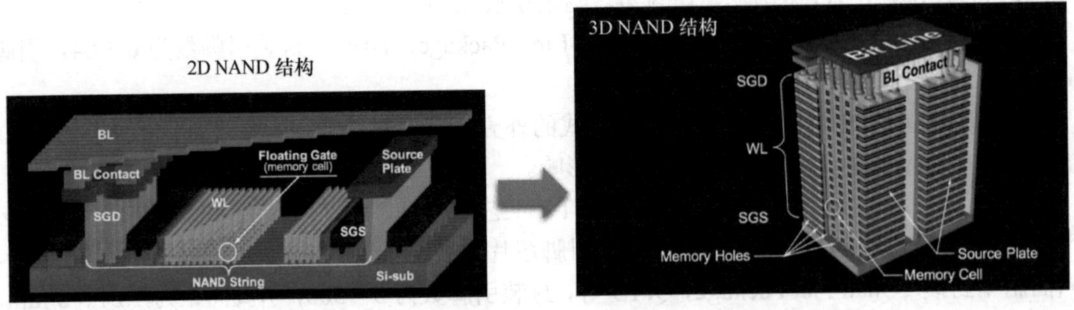

图 1-11　2D NAND 与 3D NAND 的物理结构

此前的闪存多为平面闪存（Planar NAND），而 3D NAND 是指存储单元是立体结构的闪存。从 2D NAND 到 3D NAND 就像从平房到高楼大厦，存储空间一下就多起来了。把存储单元立体化，意味着单位体积内可以包含更多的存储单元。现在，堆叠 96 层的 3D NAND 技术已经非常成熟，每层晶体管的厚度约为 60 nm，整体闪存堆栈的厚度也仅仅只有大约 6 um。

NAND FLASH 的集成向 3D 方向发展，在单位体积内集成更多的存储单元（功能单位），符合功能密度定律。

目前，在 IC 层面的 3D 集成还仅限于 3D NAND，其他类型的芯片基本都是平面 2D 集成，即所有的晶体管都位于同一个平面，然后通过芯片堆叠的方式进行 3D 集成。

需要注意的是，这里的 3D NAND 与我们通常听到的 3D IC 并不是一个概念，请不要混淆。3D IC 一般是指通过芯片堆叠进行 3D 集成，属于在芯片工艺制作完成后，将晶圆减薄后，再进行堆叠以增加功能密度，其本质属于封装或者 SiP 的范畴。

4．SiP 及先进封装技术的发展

消费类电子和通信电子的快速发展对电子系统集成度提出了更高的要求，SiP 和先进封装可将具有不同功能的裸芯片在一块基板上进行二维平面集成或三维空间堆叠，以混合技术封装到同一封装体之内，构成完整的、可独立工作的微系统。

SiP 和先进封装技术的出现极大地增加了系统的功能密度，因此 SiP 和先进封装技术受到了越来越多的关注，近几年在产业界已得到了大规模的应用。而 SiP 和先进封装技术的出现及发展则是功能密度定律的最直接体现。

现在，我们甚至可以说，几乎每个人都离不开 SiP 技术了！因为现在的每一款手机都采用了 SiP 技术，而且 SiP 技术也开始被更加广泛地应用到了国民生产和生活的各个领域。那为什么 SiP 和先进封装技术在短期内会受到如此多的关注和快速的发展呢？

在 SiP 技术尚未出现之前，所有的芯片通常都要单独封装，然后在 PCB 上进行集成，芯片封装本身占据了大量的空间，因此在 PCB 单位体积内的功能单位相对比较少，即功能密度比较低，而 SiP 技术出现后，所有的芯片都封装在一起，单位体积内的功能单位集成度更高，即具有更高的功能密度。先进封装技术采用了更加先进的工艺，通过 RDL 和 TSV 等技术，使得封装内的集成度更高，进一步提升了封装内的功能密度。

集成电路在晶圆上的微观结构已经发展到了极限（几个原子排列），而 SiP 和先进封装内的 3D 集成却有着广阔的发展空间。

从以上四个例子我们可以看出：功能密度定律确实是电子技术发展的趋势，也必将成为

电子系统集成的最重要定律。虽然功能密度定律刚刚被提出，还没有经过长期的实践检验，但是笔者预测，功能密度定律本身具有强大的生命力，将代表电子技术发展的趋势。

当然，它是否能真正代表电子技术发展的趋势，还是让我们拭目以待吧！

1.3.5　功能密度定律的扩展

功能密度定律是针对电子系统提出的，所覆盖的对象可以是 SiP、SoC 这类微系统，也包含手机、计算机等常系统，还可以是移动通信网络、互联网这类大系统。

环顾我们周围的各种系统，其功能大多都变得越来越丰富了。有些系统在功能变得越来越多的同时，体积还在不断变小，而有些系统在功能丰富的同时，体积却不会明显减小。

下面通过三句话对功能密度定律进行扩展。

（1）所有的集成都会提升系统的功能密度。

这里的集成指的是系统集成（System Integration），是将不同的功能单位或子系统组合到一起并彼此有机地协调工作，发挥整体功效，从而达到整体优化的目的。

（2）所有人造系统的功能密度都会持续增加。

注意这里说的是人造系统而非人造物品，有些人造物品千百年来功能都不会改变。人造系统是由人类创造的，是由若干组成部分结合而成的，具有特定功能的有机整体，会随着人类的进步而发展进化，在发展进化的过程中，其功能密度会持续增加。

（3）功能单位的定义也需要包含软件单元。

在前面描述功能密度的时候，并没有包含软件。同样的硬件系统，如果安装了不同的软件，则功能密度也会不同。例如，同一款手机，安装的软件功能越丰富，其功能密度也就越大，即在同样的空间内集成了更多的功能，这里的功能单位是软件单元或模块。

最后，需要提醒读者的是，系统的进化是不可逆的，系统功能密度的增加也是如此。因此，不符合功能密度定律的系统最终都将会被淘汰。

1.4　广义功能密度定律

茫茫宇宙，人类会是其中的主宰吗？

约 70000 年前开始的“认知革命”（Cognitive Revolution）将人类和动物区分开，并使得现代人的祖先——智人在至少 6 种人类中脱颖而出，一跃成为食物链顶端的物种，进而统治了整个地球。

约 500 年前开始的“科学革命”（Scientific Revolution），把人类对客观世界的认识提高到一个新水平，并提出新的认识客观世界的原则，科学革命的重要性在于承认人类自己的无知，以观察、数学和实验为中心。实际上，科学革命改变了人类的思维模式，使人类崇尚事实、崇尚实践、崇尚结果，从而推动了人类文明的巨大进步。

1958 年，集成电路的发明可以看作一场“电子技术革命”（Electronic Technology Revolution），从这时起，电子系统的功能细胞——晶体管的尺度逐渐从宏观走向微观，摩尔定律也成为集成电路发展的最重要定律。

20 世纪 60 年代，全世界每年生产大约 10 亿个晶体管，今天，一个手机芯片中就能集成超过 100 亿个晶体管，平均每平方毫米集成的晶体管数量已经超过 1 亿个。

随着晶体管中的特征尺寸逐渐接近 1 nm（相当于只有几个硅原子直径大小），连续系统中的定律将会失效，现有的晶体管结构也将彻底失效。

那么，我们该如何应对呢？

大致有两条路可以走：一条就是彻底改变电子系统功能细胞（如晶体管）现有的结构，发明出全新的功能细胞；另一条路则是从整个电子系统的角度考虑，在整个电子系统空间内集成更多的功能单位。这里的功能单位可以是功能细胞（如晶体管），也可以是其他的功能单位（功能块，功能单元），这时就需要深入理解功能密度定律的内容。

1.4.1 系统空间定义

功能密度定律的描述如下：对于所有的电子系统来说，沿着时间轴，系统空间内的功能密度总是在持续不断地增大，并且会一直持续下去的。

功能密度定律描述里面有个关键词：系统空间，如何定义系统空间呢？

先看一个例子，1946 年，世界上第一台计算机问世，用了 1.8 万个电子管，占地 170 平方米，重 30 吨，耗电 150 kW/h，每秒运算 5000 次。这台计算机的体积就可以定义为系统空间。它的功能密度为功能单位数量/计算机体积。可以看出，这台计算机的功能单位（功能细胞）为 18000 个晶体管。由于计算机体积巨大，所以功能密度很小。

2020 年，一台手机内集成的晶体管数量达到了百亿量级，而手机的体积仅有手掌大小，与世界上第一台计算机相比，可以看出，短短的 70 多年时间，系统空间内功能密度的增加是超乎想象的。

下面给出系统空间的定义。

系统空间定义：一个独立系统处于运行状态时，其体积所占的空间。

SiP 的系统空间为其封装体的体积、手机的系统空间为手机的体积、笔记本电脑的系统空间为其处于工作状态时所占用的空间、移动通信网络的系统空间为其所覆盖的区域空间等。系统空间的定义有一定的灵活性，需要保证的是，对于任何一个独立系统，系统空间的定义在该系统沿着时间轴不变即可。

1.4.2 地球空间和人类宇宙空间

我们可以充分发挥想象力，放大系统空间到更大的范围，如一间办公室、一栋大楼、一个小区、一个城市、一个地区、一个国家，甚至整个地球，都可以用功能密度定律来评判技术的发展程度。

1947 年，人类发明了第一个晶体管。1958 年，人类发明了第一块集成电路。此后，电子技术被广泛应用到电子、通信、航空、航天、兵器、船舶、车辆、建筑、服务业等各行各业。总的来说，地球上的晶体管数量一直在持续增加。

假想以某一个球体将整个地球包裹，并以该球体作为系统空间，空间内的功能密度总是在持续不断增加，并且会在人类可以预见的未来，一直持续下去。

1. 地球空间

地球空间（Earth Space）定义：以地球中心为圆心，以地心到地球同步卫星轨道距离（距离地面 36000 km）为半径的球体内所包含的空间，如图 1-12 所示。图中的小白点代表人造卫星。

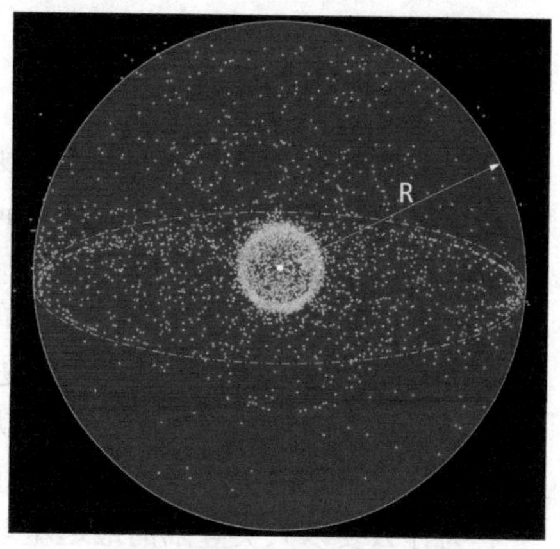

图 1-12　地球空间的定义

从图 1-12 中可以看出，绝大多数的人造卫星都处于地球空间内，在地球空间内，同样也是遵循功能密度定律的，即沿着时间轴，地球空间内的功能密度会持续增加。

1900 年之前，地球上几乎没有什么电子元器件，100 多年后的今天，电子系统已经遍布地球表面，深入到地球内部并扩展到地球空间，伴随着人类对宇宙开发的深入，功能密度定律所囊括的范围也会越来越大。

2. 人类宇宙空间

人类宇宙空间（Human Cosmic Space）定义：以地球为中心，以人类目前已经登陆的最远星球到地球的平均距离为半径画一个球体，这个球体内所包含的空间称作人类宇宙空间，如图 1-13 所示。

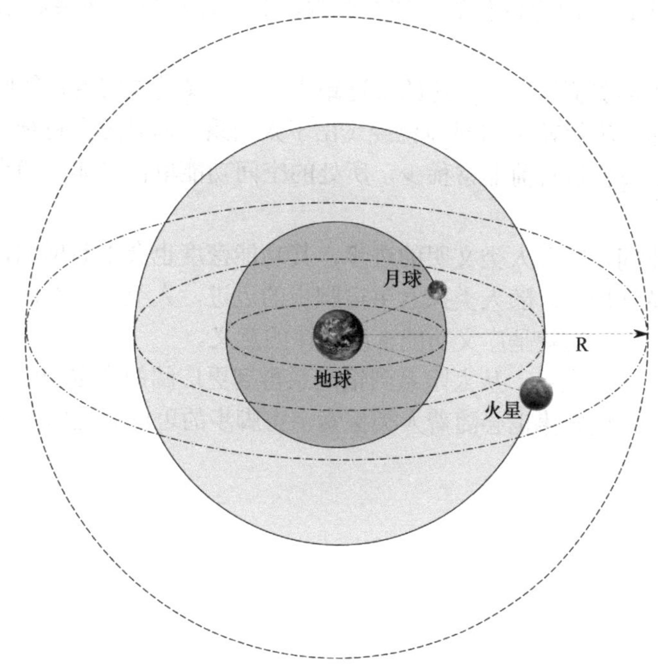

图 1-13　人类宇宙空间示意图

目前，因为人类已经登上月球，人类宇宙空间是为以地球为中心，以地球到月球的平均距离为半径的球体。

如果未来人类成功登陆火星，则人类宇宙空间就扩大为以地球为中心，以地球轨道到火星轨道的平均距离为半径的一个球体。因为火星的公转周期和地球不同，地球与火星的距离以火星冲日点进行计算，因此，地球到火星的平均距离以两者轨道的平均间距来计算。

随着人类探索宇宙的深入，人类宇宙空间这个球体也会越来越大，由于人类登陆新的星球只能一步一步进行，每一步都会间隔较长的时间，因此，在某个相对较长的时间区域内，人类宇宙空间是相对固定的，这也便于我们定义其空间内的功能密度。

当人类又登陆了新的星球时，人类宇宙空间的范围就需要重新定义了。

1.4.3 广义功能密度定律

广义功能密度定律是在功能密度定律和人类宇宙空间的基础上定义的。

广义功能密度定律（General Function Density Law）：在人类宇宙空间所包含的球体内，沿着时间轴，功能密度会持续增加。

在广义功能密度定律中，功能单位如何定义呢？

可在功能密度定律的基础上，进行相应的扩展，因此，在广义功能密度定律中，其功能单位可以是功能细胞、功能块或者功能单元，也可以扩展到微系统、常系统甚至大系统。需要读者注意的是，在沿着时间轴进行纵向对比时，需要保持相同的定义。

为什么要以人类登陆的最远星球来定义人类宇宙空间呢？因为这样定义，人类宇宙空间具有相对确定性，随着人类成功登上其他星球后，必然在星球上逐步建立根据地，往返地球和根据地的飞行器也会越来越多，同时，辅助的通信或者服务中转站也会在太空逐步建立，所以在人类宇宙空间所包含的球体空间内，其功能单位必然会越来越多，功能密度会持续增加。

为什么不以人类探测器所能到达的最远距离定义广义功能密度定律呢？这是因为其空间的不确定性，例如，旅行者 1 号目前已经飞出了太阳系，而且还在持续飞行，其空间在不断变化，而且，此类飞行器目前非常稀少，所处的空间功能单位也非常稀少，无须用功能密度来定义。

在人类宇宙空间，随着人类文明的进步，其功能密度也会不断增加，即单位空间内的功能单位数量也会持续增加。随人类探索宇宙脚步的迈进，人类宇宙空间会变得越来越大，功能密度也会持续增大，这就是广义功能密度定律的意义。

从地球到月球再到火星，从太阳系到银河系再到更广阔的宇宙空间，人类探索的脚步永不停止，广义功能密度定律也会随着人类探索宇宙脚步的迈进而适用到更大的空间。

第2章　从SiP到Si³P

关键词：SiP，Si³P，integration，集成，interconnection，互联，intelligence，智能，物理结构，能量传递，功能应用，IC层面集成，PCB层面集成，封装层面集成，电磁互联，热互联，力互联，系统功能定义，产品应用场景，测试和调试，软件及算法

2.1　概念深入：从SiP到Si³P

系统级封装（System-in-Package，SiP）中的两个关键词是系统（System）和封装（Package），其中的in看似无关紧要，其实也起到重要的作用，表明整个系统是包含在一个封装体之内的。

本章提出一个新的概念：Si³P，当然，并不是要给SiP改名字，而是为了使读者更加深入、全面地理解SiP的含义。通过图2-1至图2-5，读者可以清楚地理解Si³P所代表的意义。

图2-1所示为SiP→SiiiP，图中将1个i扩展为3个i，它们分别代表integration（集成），interconnection（互联）和intelligence（智能）。

图2-2所示为integration——集成，integration有“集成”“整合”的含义，是SiP的第一层次含义。在这个层面的主要关注点包括：①SiP采用的封装结构；②SiP采用的先进工艺；③SiP采用的先进材料。与integration相关的关键词包括FOWLP，InFO、CoWos等。

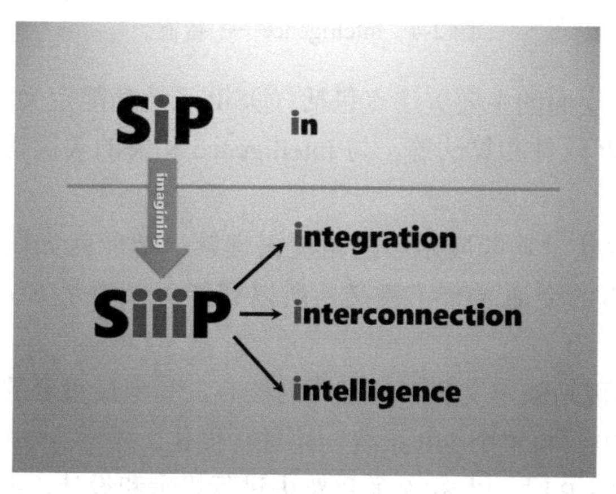

图2-1　SiP→SiiiP

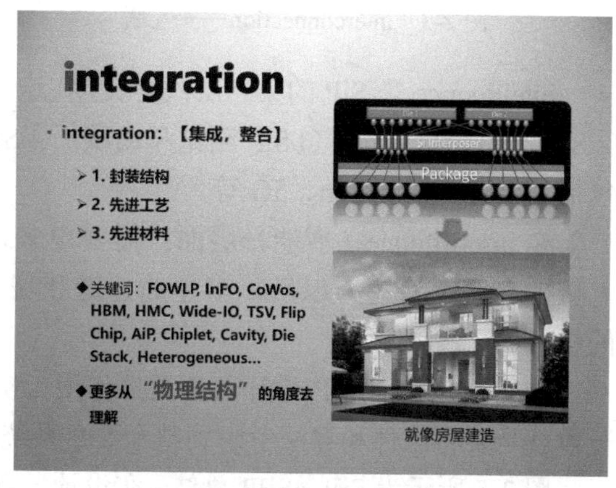

图2-2　integration——集成

在integration（集成）层面，需要更多地从“物理结构”的角度去理解SiP，集成就像建造房屋一样，无论是盖平房还是盖高楼大厦，都需要对房屋的结构、材料、工艺有详细的规划，并严格按照规范进行。integration也是当今SiP技术的热点，每一种先进的封装结构、先进的工艺技术或者先进的材料，都会成为业内瞩目的焦点。integration 是 SiP 实现的基础，也是大多数人对 SiP 最直观的认知。

图 2-3 所示为 interconnection——互联，interconnection 有“互联”“传递”的含义，是 SiP 的第二层次含义，在这个层面的主要关注点包括：①SiP 中的电磁互联；②SiP 中的热互联；③SiP 中的力互联。与 interconnection 相关的关键词包括 Die pin、Bond wire、Trace 等。

在 interconnection（互联）层面，需要更多地从“能量传递”的角度去理解 SiP，互联如同城市交通，车辆要驶往不同的地方，就需要修建城市道路和相应的设施。SiP 基板中的布线就如同城市中的各种道路，分别负责传输各式各样的电磁信号。此外，还需要关注热互联和力互联，将芯片的热量通过基板或散热通道传递到外界，同时还需要考虑变形产生的应力，并进行合理的应力释放。

interconnection 是 SiP 实现功能和提升性能的关键，现在也越来越受到人们的重视。

图 2-4 所示为 intelligence——智能，intelligence 有“智能”“智力”的含义，目前最受关注的就是人工智能（Artificial Intelligence）。

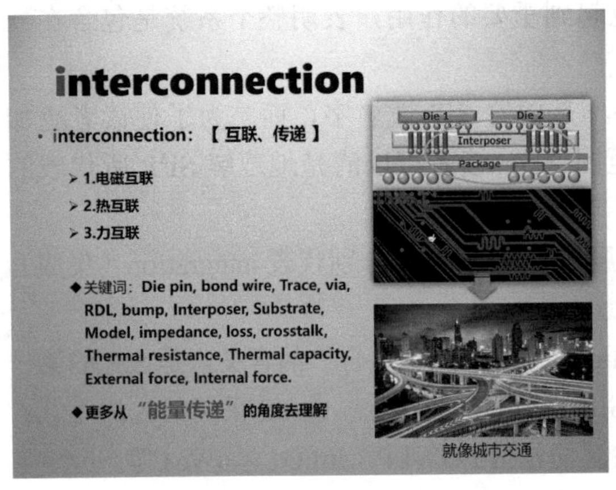

图 2-3 interconnection——互联

图 2-4 intelligence——智能

intelligence 是 SiP 的第三层次含义，在这个层面的主要关注点包括：①SiP 系统功能定义；②SiP 产品应用场景；③SiP 测试和调试；④SiP 软件和算法等。与 intelligence 相关的关键词包括 System、Function、5G 等。

在 intelligence（智能）层面；需要更多地从“功能应用”的角度去理解，智能就如同人类的存在，有了人以后，房屋的建造和城市的交通才有了意义，所以智能可以说是 SiP 的核心。

intelligence 是 SiP 设计真正发挥作用、实现功能定义和产品应用的核心，其中最重要的一点就是要将软件和算法考虑到整个 SiP 系统中，与整个 SiP 系统一起进行优化。

图 2-5 所示为 SiP→Si³P 总结。在设计一款 SiP 时，以 Si³P 的思路去进行思考和设计，不仅要从 integration——“物理结构”（盖房子）的方面考虑，还要重点考虑 interconnection——“能量传递”（修路）以及 intelligence——“功能应用”（人）。

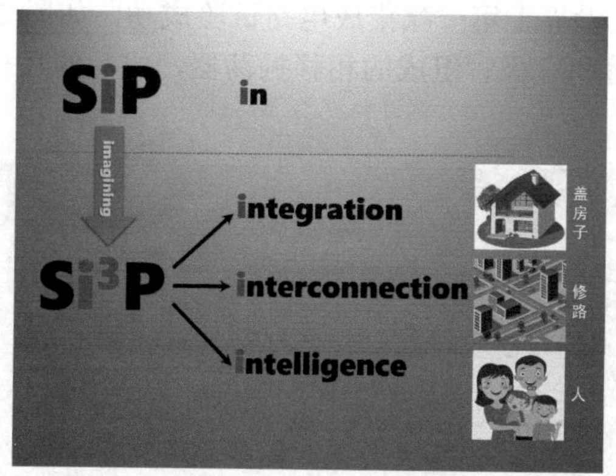

图 2-5　SiP → Si³P 总结

2.2　Si³P 之 integration

下面对 Si³P 中的集成（integration）进行详细解读。

从电子系统集成的角度看，集成可分为三个层次（Level），如图 2-6 所示。

（1）IC 层面集成（Integration on Chip），其中最具代表性的就是 SoC；

（2）PCB 层面集成（Integration on PCB），其中最具代表性的就是 SoP（PCB）。

（3）封装层面集成（Integration in Package），其中最具代表性的就是 SiP；

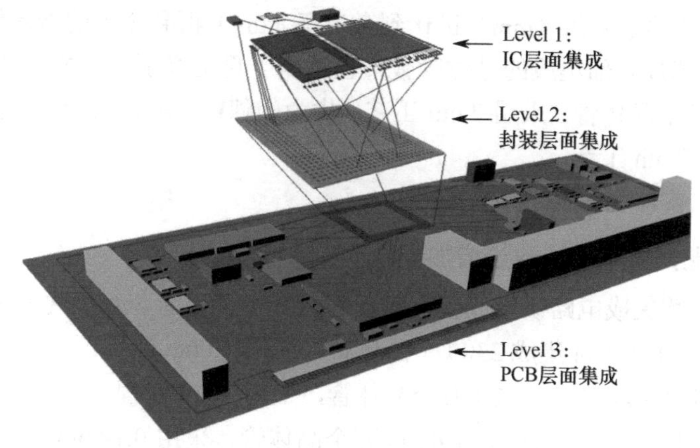

图 2-6　电子系统集成的三个层次

2.2.1　IC 层面集成

IC（Integrated Circuit，集成电路）层面集成——Integration on Chip，就是在一块极小的硅晶片上，利用半导体工艺制作出许多晶体管、电阻、电容等元件，并连接成具有特定功能的电子电路。

集成电路的发明者基尔比（Jack Kilby）认为，电路所需的所有元器件都可以用硅这一种材料来制作。由电阻、电容、二极管和三极管组成的电路可以被集成在一块硅晶片上，只需要一种半导体材料就能将所有电子元器件集成起来。今天，我们称这种集成方式为同构集成。

1958 年 9 月 12 日，世界上第一款集成电路试验成功，如图 2-7 所示。这款集成电路是由电阻、电容、二极管和三极管组成的相移振荡器，成品的尺寸为 0.12 英寸×0.4 英寸（3.05 mm×10.2 mm）。

图 2-7　世界第一款集成电路（1958 年）

42 年后，基尔比因为发明了集成电路，获得了 2000 年的诺贝尔物理学奖。

今天，集成电路深刻地影响着我们社会的每一个角落。集成电路本身也发生了天翻地覆的变化，尺度从最初的毫米级（mm）进化到微米级（um）再到今天的纳米级（nm），缩小了百万倍，集成电路芯片内部集成的晶体管数量也达到了百亿级别。例如，苹果的 Apple A13 处理器集成了 85 亿个晶体管，采用 7 nm 工艺；华为的麒麟 990 5G 处理器集成了 103 亿个晶体管，同样采用了 7 nm 工艺。

IC 层面集成主要体现在以下三方面。

1．晶体管工艺尺寸缩小，数量增加

1958 年，第一款集成电路研发成功，仅仅包含几个晶体管，尺度为 mm 级别；

1971 年，Intel 4004 内部集成 2300 个晶体管，采用 10 um 制程；

1989 年，Intel 486 内部集成 120 万个晶体管，采用 1 um 制程；

2000 年，Intel Pentium 4 内部集成 4200 万个晶体管，采用 0.18 um 制程；

2010 年，Intel Core i7-980X 内部集成 11.7 亿个晶体管，采用 32 nm 制程；

2018 年，Intel i9-9980 内部集成约 100 亿个晶体管，采用 14 nm 制程；

2019 年，华为麒麟 990 5G 处理器内部集成 103 亿个晶体管，采用 7 nm 制程；

2020 年，苹果的 Apple A14 处理器内部集成 118 亿个晶体管，采用 5 nm 制程。

IC 层面集成经过 60 多年的发展，已经发展得足够充分，也已经快走到尽头了。

工艺尺寸的缩小最终会到达极限，目前主流工艺尺寸已经到达 5 nm，正在向 3 nm、1 nm 迈进，而硅原子的半径是 0.117 nm，硅的晶格边长是 0.54 nm，1 nm 的宽度最多存放 3 个硅原子。

2. 芯片面积的扩大

为了增加硅片上的集成度，除了缩小单个晶体管的体积，另一种方法就是增大芯片的面积。不过长期以来，由于工艺限制和成本约束等原因，芯片面积的变化一直不大，面积在 400 mm^2（20 mm×20 mm）以上的就算是比较大的芯片了。

2017 年，Tesla V100 曾经以 815 mm^2 创造了芯片尺寸的记录。

2019 年 8 月，美国创企 Cerebras 推出的巨型芯片 WSE（Wafer Scale Engine）的尺寸达到了惊人的 46225 mm^2，每条边长约 22 厘米（约 8.5 英寸），比 iPad 还要大。

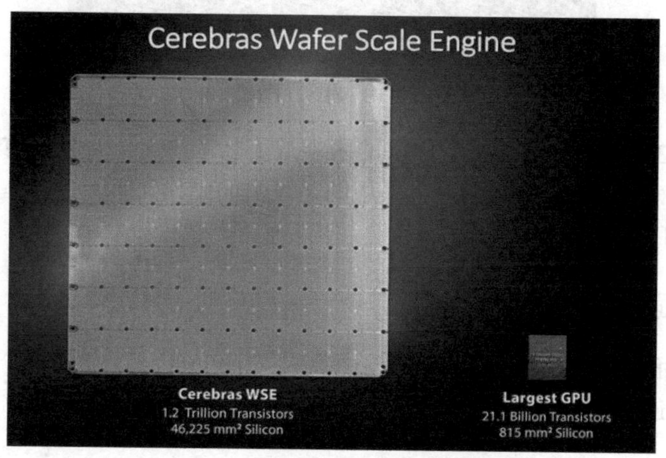

图 2-8　世界最大芯片 WSE（2019 年）

然而，在本书 1.3.4 节中已经介绍过，WSE 超大的面积和 12000 亿个晶体管数量也给封装测试带来了很大的挑战。这款产品的实用性并不强，在长期的实际应用中应该没有太大市场。

看来，芯片面积的增长也会有一个限制，并不是面积越大越好。

3. 向 3D 立体化方向发展

图 2-9 所示为三种类型的晶体管的物理结构，从左到右依次是 Planar FET（平面场效应晶体管）、FinFET（鳍式场效应晶体管）和 Stacked nano sheet FET（堆叠纳米片场效应晶体管）。

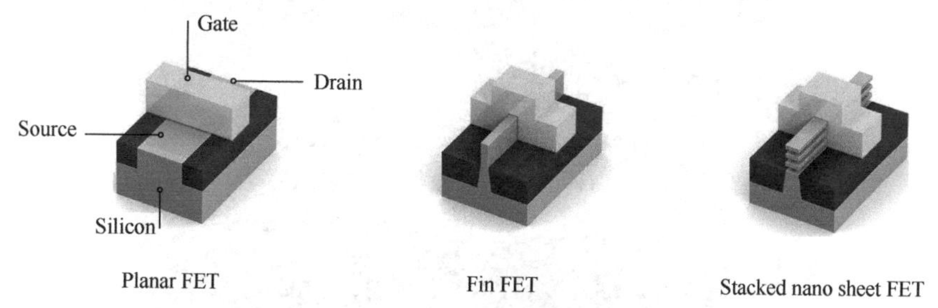

图 2-9　三种类型的晶体管的物理结构

由图 2-9 可知，晶体管的微观结构已经由平面化向 3D 立体化方向发展，不过在集成电路晶圆平面上，晶体管本身还处于一个平面层。

那么，可不可以将晶体管也进行多层堆叠呢？答案是肯定的，图 2-10 所示的 3D NAND Flash 结构就是一个典型的例子。

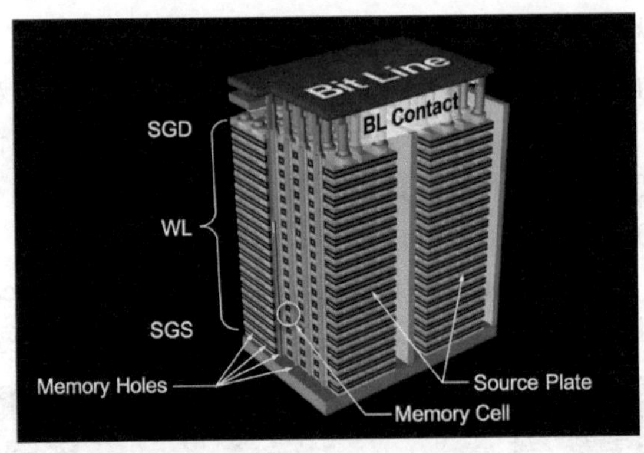

图 2-10　3D NAND Flash 结构

IC 的集成向 3D 方向发展，主要面临的困难是工艺难度大，并且目前适用的范围局限在 3D NAND 领域。对于其他类型的芯片，采用的是还平面结构，即所有的晶体管处于一个平面层。当然，未来可期，技术的发展往往也会超出我们的想象。

2.2.2　PCB 层面集成

讨论完 IC 层面集成，下面介绍 PCB 层面集成（Integration on PCB）。

PCB（Print Circuit Board）中文名称为印制电路板，又称印刷电路板，是电子元器件电气连接的重要载体。

几乎所有电子设备，从电子手表、计算器、手机到计算机，从汽车，火车、飞机、轮船到卫星，从可穿戴设备到通信网络、互联网系统，只要有电子元器件，想要使他们之间实现电气互连，都要使用 PCB。可以说 PCB 是现代电子工业中最重要的部件之一。PCB 上的电子系统集成如图 2-11 所示。

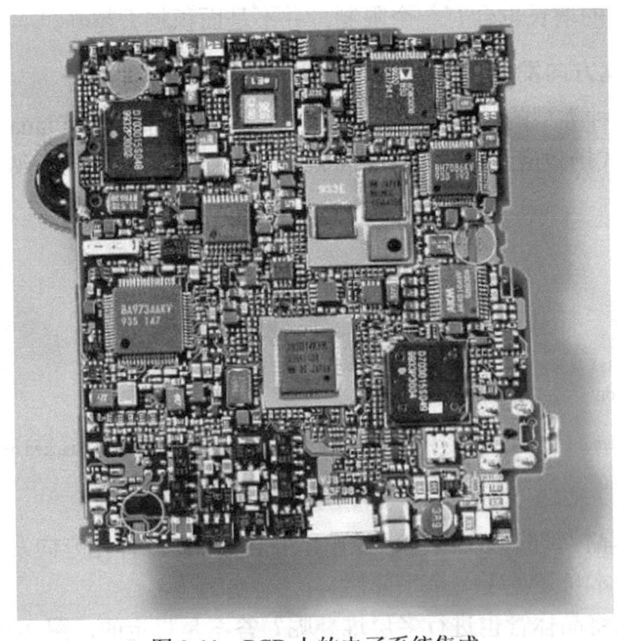

图 2-11　PCB 上的电子系统集成

自 PCB 诞生至今已有 80 多年的历史。1936 年，奥地利人 Paul Eisner 博士在英国提出了“印刷电路（Print Circuit）”这个概念，Paul Eisner 博士被人们称为“印制电路板之父”。

1. PCB 集成密度的提升

PCB 技术从诞生发展到今天，PCB 上的集成度也得到了极大的提升。

PCB 上的集成主要体现在两个方面：①PCB 基板上集成度的提升，主要包括线条密度的增大和层数的增加；②元器件组装密度的提高，这主要得益于元器件封装尺寸的缩小和元器件引脚密度的增大。

目前，PCB 基板线条的宽度和间距已经达到了 50 um 级甚至更小，层数最多的 PCB 甚至已经能达到 100 层以上。随着封装技术的发展，元器件封装尺寸越来越小，引脚密度越来越大，引脚排列从线阵到面阵，大大促进了 PCB 集成度的提高。

在 PCB 层面上，集成已经得到了充分的发展，要想再进一步，如继续缩小线宽和线间距，或者再提高布线层数，已经没有太多的余地了。所以人们开始考虑在 PCB 层面进行 3D 集成。

2. PCB 层面的 3D 集成

虽然 PCB 层面的集成大多是 2D 集成，但目前也有一些 3D 技术的尝试。通常包括两种方式：一种是在 PCB 基板中埋入器件，包括无源器件和有源器件，但是由于工艺难度和生产成本等原因，应用并不广泛，反而是在封装或 SiP 基板中，这种技术得到了比较多的应用；另一种方式就是将 PCB 堆叠起来，例如，在 iPhone X 中就采用了这种堆叠 PCB 技术。图 12-12 所示为采用堆叠 PCB 技术的 iPhone X 主板。

图 2-12　采用堆叠 PCB 技术的 iPhone X 主板

目前绝大多数 PCB 上的集成基本上还是在 XY 平面进行的。

PCB 并不适合进行 3D 集成，主要原因有以下几点：

①相对而言，PCB 的尺寸比较大，进行 3D 集成的局限性比较大；②安装在 PCB 上的元器件通常不支持 3D 堆叠安装；③PCB 要进行 3D 集成，在结构强度上往往要借助结构件，这就使得结构设计变得复杂。

2.2.3 封装层面集成

下面重点介绍封装层面集成（Integration in Package）。

1. 封装层面集成的发展历史

第一款微电子封装可以追溯到 1947 年，比集成电路早了 11 年，比 PCB 晚了 11 年。

1947 年，贝尔实验室的三位科学家巴丁、布莱顿和肖克莱发明了第一个晶体管，同时也开创了微电子封装的历史。最早的电子封装以三根引线的 TO 型封装为主，逐渐发展到了以双列直插封装（DIP）为主流。

从 DIP 开始，由于芯片本身的复杂度提高，需要向外引出的引点数也变多，封装开始向高密度多引脚发展，逐渐由双列引脚的 DIP 发展到四边引脚安装的 PLCC、单芯片封装（QFP），以及面阵列安装的 PGA 和 BGA 等。图 2-13 所示为单芯片封装（QFP）。

传统电子封装的主要功能是尺度放大、电气互连和保护芯片。因为传统的电子封装内通常只包含一个 IC 芯片，也就没有集成（Integration）的概念了。

直到多芯片模块（Multi-chip Module，MCM）横空出世，顾名思义，多芯片模块就是在一个模块中集成多个芯片。MCM 的发展与混合集成电路（Hybrid Integrated Circuit，HIC）密不可分，混合集成电路包括厚膜混合集成电路和薄膜混合集成电路，是和本章前面提到的 IC 单片集成电路相对应的技术。随着混合集成电路的迅速发展，逐渐出现了 MCM 技术，并开始在封装内部实现集成。

MCM 大致出现于 20 世纪 80 年代后期（电子封装技术发展了大约 40 年后），到 20 世纪 90 年代后开始迅速发展。图 2-14 所示为一款大功率舵机驱动控制 MCM。

图 2-13 单芯片封装（QFP）

图 2-14 一款大功率舵机驱动控制 MCM

大多数 MCM 应用在航空、航天、兵器、船舶等领域，它与传统的电子封装本没有太多交集，而是作为混合集成电路发展到一定程度出现的一种技术。但是 MCM 本身就是在封装内部实现的集成，可以看作是封装层面集成的先驱技术。

MCM 主要以 2D 集成为主，通常芯片在 XY 平面分布，此外，MCM 采用的芯片规模都比较小，功能比较单一。所以 MCM 还不能被称为独立的系统，我们称之为模块。

直到 SiP 概念出现后，封装层面集成技术的春天才真正来到了。从某种程度上来说，SiP

技术是封装内部集成的最典型的代表。

真正的 SiP 技术是什么时间出现的呢？确切的时间并不好追溯，大致是在 20 世纪末期，在 2009 年前后，SiP 技术开始在中国得到了较为广泛的应用。在中国，笔者是最早参与 SiP 研发的工程人员之一。

在 SiP 技术出现后，商业公司很少明确表明他们是否采用 SiP 技术，SiP 并不为大众所知晓，只是在相关技术人员中间讨论和流传。直到 2014 年 9 月，苹果公司推出了万众期待的 Apple Watch，明确提出采用了 SiP 技术，SiP 技术开始一下子变得炙手可热，很多大公司纷纷表示向 SiP 技术进军。

基于 SiP 的概念和思路，新的概念和技术层出不穷，先进封装技术也不断涌现，例如 FOWLP、InFO、CoWos、HBM、HMC、Wide-IO、AiP、Chiplet、Cavity、Die stack、Heterogeneous，等等，请不要让这些字眼弄花了你的眼睛，这些技术只是基于不同的结构、工艺和材料，实现在封装内的集成。

之后，包括封测代工厂（Out Sourced Assembly and Testing，OSAT）、IC Foundry 和系统厂商都开始关注 SiP 技术，并积极展开研发和应用。

2．封装内的 3D 集成

在封装内部进行 3D 集成具有天然的优势，3D 集成的方式可以分为多种类型。

基于芯片堆叠的 3D 集成技术，目前仍广泛应用于封装集成领域，是将功能相同的裸芯片从下至上堆在一起，形成 3D 堆叠，再由两侧的键合线连接，最后以系统级封装的外观呈现。

三种基于芯片堆叠的 3D 集成技术如图 2-15 所示，图中从左至右分别是金字塔形堆叠、悬臂形堆叠和并排堆叠。

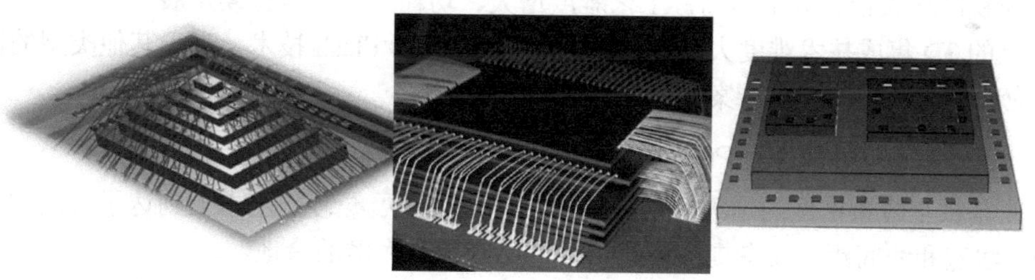

图 2-15　三种基于芯片堆叠的 3D 集成技术

另一种常见的集成方式是将一颗倒装焊（Flip Chip）裸芯片安装在 SiP 基板上，将另外一颗裸芯片以键合的方式安装在其上方，如图 2-16 所示，这种 3D 集成方案在手机中比较常用。

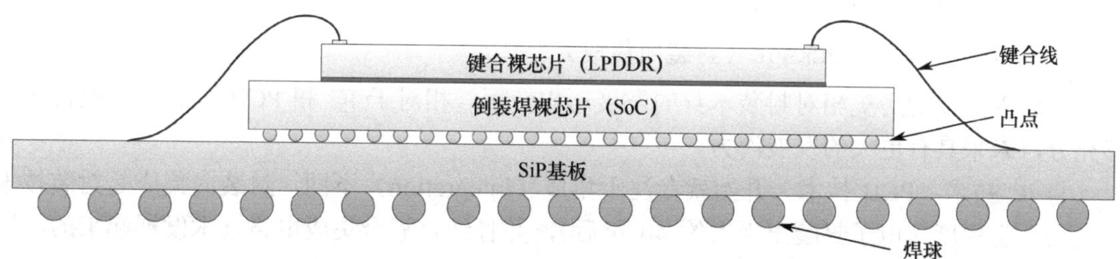

图 2-16　键合芯片和倒装焊芯片堆叠的 3D 集成技术

基于无源 TSV 的 2.5D IC 如图 2-17（a）所示，在基板与裸芯片之间放置一个作为中介层的硅基板，中介层上具备硅通孔（TSV），通过 TSV 连接硅基板上方与下方表面的金属层。这种集成技术通常被称为 2.5D IC，因为作为中介层的硅基板是无源被动元件，TSV 并没有打在芯片本身。

基于有源 TSV 的 3D IC 如图 2-17（b）所示，在这种 3D 集成技术中，至少有一个裸芯片与另一个裸芯片叠放在一起，位于下方的裸芯片采用了 TSV 技术，通过 TSV 让上方的裸芯片与下方裸芯片、SiP 基板通信。

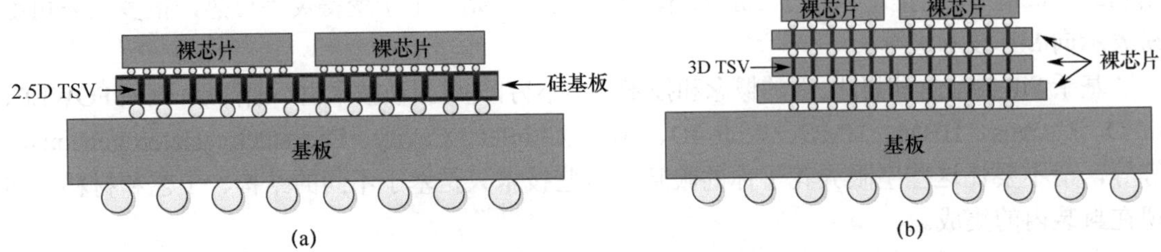

图 2-17　基于无源 TSV 的 2.5D IC 和基于有源 TSV 的 3D IC

以上技术都是指在芯片工艺制作完成后，再通过堆叠实现 3D 集成，这些手段基本都是在封装阶段进行的，我们可以称之为封装内的 3D 集成、3D 封装或 3D SiP 技术。

2.2.4　集成（Integration）小结

最后，比较一下在 IC、PCB 和 Package 中集成的特点，并做出总结和相关预测。

1．Integration on Chip（IC 层面集成）

IC 上晶体管的微观尺度已经接近理论极限，难以为继。

IC 面积的增大带来成本提高，工艺难度增大、功耗大，不可持续发展。

IC 上的 3D 集成技术难度大，目前仅限于 3D NAND Flash 技术，对于其他类型的器件还没有相应的产品和最终解决方案。

2．Integration on PCB（PCB 层面集成）

PCB 基板上线条密度的增大和层数的增加多年来发展缓慢，基本上到达了实用的极限，继续缩小线宽和线间距，或者提高布线层数，已经没有太多的余地。

PCB 器件组装密度的提高依赖于器件封装尺寸的缩小和器件引脚密度的增大。

PCB 尺寸比较大，3D 集成的局限性比较大，安装在 PCB 上的元器件通常不支持 3D 堆叠安装，PCB 本身要进行 3D 集成，在结构强度上往往要借助结构件，这就使得的结构设计变得复杂，实用性不强。

3．Integration in Package（封装内集成）

封装内集成的历史相对封装本身的发展历史较短，相对于 IC 和 PCB 而言，发展得还不够充分，未来具有更大的发展潜力。

与 IC 技术、PCB 技术一开始就专注于集成（Integration）不同，封装内集成是封装技术发展到一定程度（电子封装出现大约 40 年后），并且结合混合集成电路技术发展起来的，所以其发展历史相对较短，具有更大的发展潜力。

在 3D 集成领域，封装内集成具有天然的优势，芯片向上的引出点通过键合线连接到基板的结构便于堆叠安装，倒装焊芯片和键合线可以堆叠在一起，加上中介层和 TSV 技术的发展，在封装内进行 3D 集成更是如虎添翼。

不像 IC 在微观上已经发展到了极限（十几个原子排列），也不像 PCB 在宏观上尺寸已经较大，其集成往往要借助结构件进行加固，封装内集成在尺度上比较适合目前技术发展的要求。

综上可知，以 SiP 技术为代表的封装内集成，目前看来，必将成为电子系统集成技术中发展最快、最有潜力的技术！

需要注意的是，集成是 SiP 技术发展的基础，但 SiP 技术可不仅仅局限于集成技术，下面讨论的 interconnection 和 intelligence，同样是 SiP 技术的精华所在。

2.3　Si³P 之 interconnection

前面对 Si³P 中的第一个“i”——integration 进行了详细阐述，下面对 Si³P 中的第二个“i”——interconnection 进行详细解读。

Interconnection 中文翻译为“互联”，在这里我们理解为互联以及通过互联进行信息或能量传递。

对于 SiP 来说，互联主要可分为以下三个领域：

- 电磁互联（Interconnection of EM）
- 热互联（Interconnection of Thermo）
- 力互联（Interconnection of Force）

本节内容中会用到比较多的比喻来说明问题，虽然在严格物理意义上来说这些比喻未必精确，但却比较形象化，具有一定的画面感，便于形象记忆，也更容易被读者所理解。因此，需要读者积极开动大脑，充分发挥想象力。

图 2-18 所示为所有 SiP 设计都需要考虑的互联技术示意图。

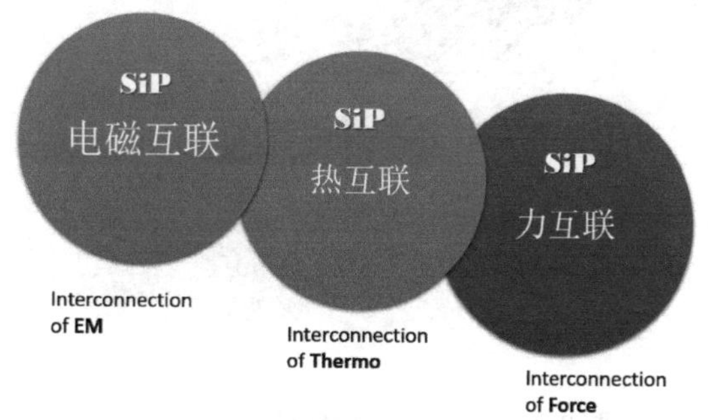

图 2-18　所有 SiP 设计都需要考虑的互联技术示意图

2.3.1　电磁互联

电磁互联（interconnection of EM）研究的对象是信号。信号的传递是需要特定的路径的，这些路径就是 SiP 中属于不同网络的导体，这些导体包括芯片引脚、键合线、芯片的 Bump（凸点）、基板中的布线、过孔、封装引脚等。那么，如何做到每个网络的导体互联都是最佳的呢？

1．网络优化

在 SiP 设计中，电磁互联的第一步就是互联关系的网络优化，这与 IC 和 PCB 设计不同。因为在 SiP 设计中，无论封装引脚是几十个、几百个还是几千个，都需要设计师对每个引脚的功能进行定义。那么，如何能做到最佳的定义呢？这就是网络优化需要关注的内容，网络优化的基本原则就是交叉最少、互联最短。

在有些 EDA 软件中有专门的网络优化工具，也可以通过软件自动交换引脚来优化互联关系。如果软件自动优化还不能满足要求，则可通过手动交换 SiP 封装引脚来达到网络互联最优的目的。图 2-19 所示为网络自动优化前后的比较。

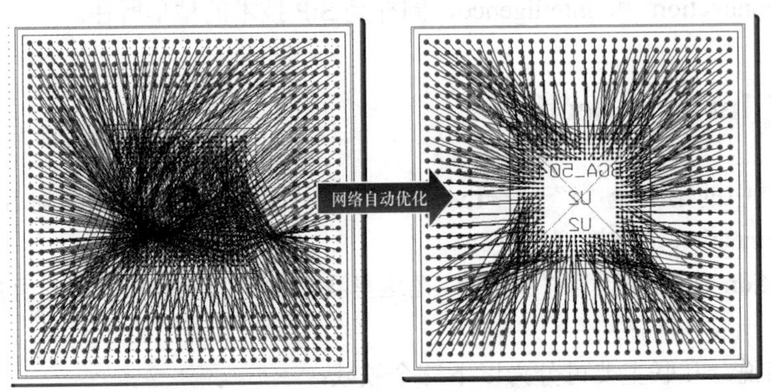

图 2-19　网络自动优化前后的比较

网络优化完成后，需要将这些互联关系通过金属导体连接起来，这时候就需要用 Bond Wire、Trace、Via、Bump 等将芯片相同网络的引脚互连，以及从芯片引脚连接到 SiP 封装引脚，信号就是在这些金属导体上传输的。图 2-20 所示为信号从芯片到封装的传输路径。

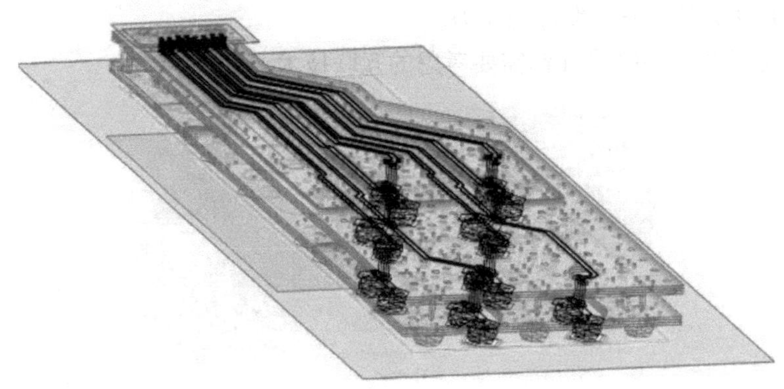

图 2-20　信号从芯片到封装的传输路径

2．上升时间

信号伴随着信号所产生的电磁场一起传输，当信号在导体中传输时，它所产生的电场和磁场在其周围的介质中一同传输。

信号有两个“速度”，一个是其传输的物理速度，另一个是信号的变化速率。

信号传输的物理速度非常快，在真空中与光速相同（3×10^8 m/s），在基板中约为光速的 1/2（有机材料）或 1/3（陶瓷材料）。信号传输的物理速度与信号的频率无关。

信号的变化速率则是有慢有快，并且是可以控制的，通常以从低电平变化到高电平的时间来衡量，称之为上升时间。图 2-21 所示为信号上升时间和下降时间示意图。

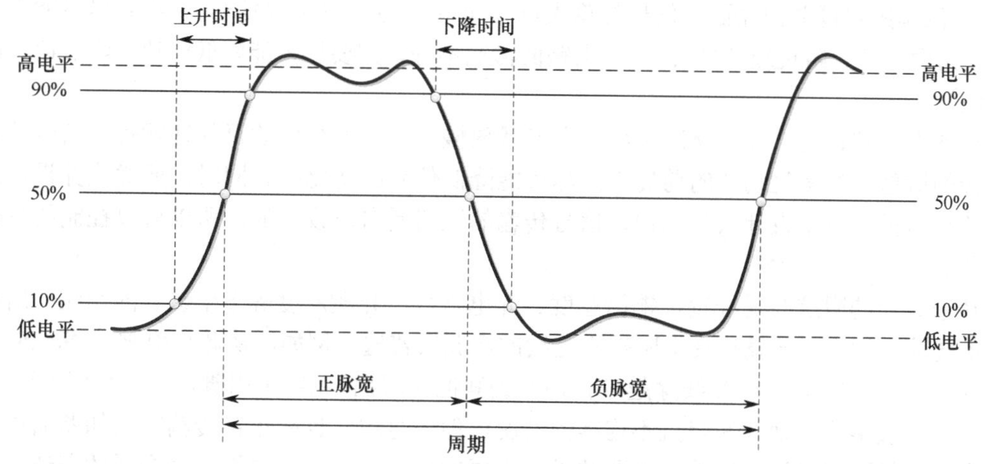

图 2-21　信号上升时间和下降时间示意图

一般来说，信号上升时间并不是信号从低电平上升到高电平所经历的时间，而是其中的一部分时间。信号上升时间通常有两种定义：一种是信号从高电平的 10%上升到 90%所经历的时间。另一种是信号从高电平的 20%上升到 80%所经历的时间。

3．特征阻抗

信号沿着导体传输，导体通常被看作传输线。在分析传输线时，一定要考虑信号的返回路径，单根导体和信号回流路径一起构成传输线。

传输线的特征阻抗是指在信号传输过程中，传输线中某一点的瞬时电压和电流的比值，用 Z0 表示。信号在传输的过程中，如果传输路径上的特征阻抗发生变化，信号就会在阻抗不连续的点处产生反射。影响传输线特征阻抗的因素有介电常数、介质厚度、线宽、铜箔厚度和表面粗糙度等。

通常，信号变化得越快，对特征阻抗的连续性要求越高。我们可以用汽车在公路上行驶来比喻信号在传输线上传输，如图 2-22 所示。将信号的变化率比作行驶中的汽车，将传输线比作公路，将特征阻抗的变化比作路况的变化。

图 2-22　用汽车在公路上行驶比喻信号在传输线上传输

如果路面平整（特征阻抗连续），汽车则会很平稳地前进（信号顺利传输）；如果路面出现坑洼（阻抗不连续），汽车则可能发生颠簸（信号反射）；如果路面出现大坑（严重阻抗不连续），汽车则可能驶出路面（信号传输失败）。如果车速快（高速信号），需要尽可能走高速公路（路面平整，阻抗连续性好），如果路面情况不好，则要尽可能降低车速（降低信号的上升时间）。

正如人们常说的，如果路况不好，车速就放慢一点，安全到达目的地就行。信号传输也是同样的道理，在满足功能的前提下，尽可能降低信号的变化率。同时，要优化并设计好信号的传输路径，对于设计人员来说，信号传输的道路是自己设计的，所以可以控制的参数更多一些。

传输线上的阻抗会受线宽、铜箔厚度、介电常数、介质厚度等多个参数的影响，所以在信号的传输过程中，传输路径上阻抗不连续的情况很普遍。例如，从芯片引脚（Die Pin）到键合线，从键合线到基板，布线穿越过孔切换到其他层，连接到封装引脚，从封装引脚到 PCB，等等，都会或多或少地存在阻抗不连续的情况，但信号通常也能正常传输。正如路面虽有坎坷，车辆也能正常到达目的地，重要的是在不同的路面上行驶，要控制好合适的车速。针对不同类型的高速信号，则要规划、设计并建造好相应的“道路”。

4．信号完整性、串扰、延时和 EMI

研究信号的传输，除了要理解特征阻抗，还需要深入理解信号完整性、串扰、延时和电磁干扰（EMI）。

信号完整性（Signal Integrity，SI）是指接收端能正确地辨识信号，从而做出正确的响应。当接收端不能正常响应或者信号质量不能使系统稳定工作时，就出现了信号完整性问题。有关信号完整性主要研究过冲、反射、时序、振荡、等方面的问题。图 2-23 所示为是信号完整性眼图。

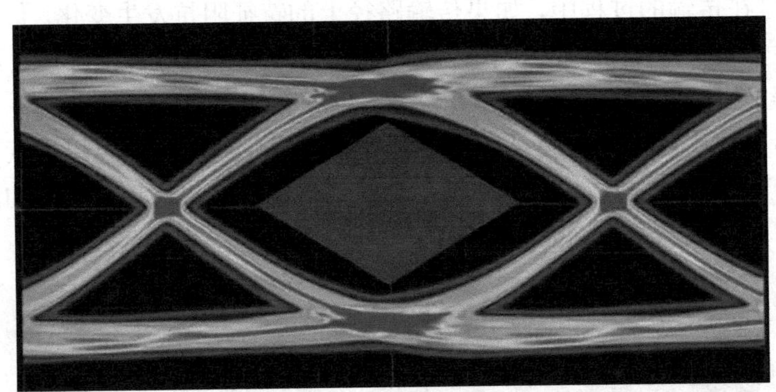

图 2-23　信号完整性眼图

串扰（Crosstalk）研究的是信号线之间的耦合和干扰、信号线之间的互感和互容引起信号线上的干扰。

可以用下面的现象来比喻串扰：当我们乘坐高铁飞驰时，遇到旁边有一辆高铁相向而驰，车身会受到一股巨大的扰动力。这个扰动力主要由三个因素决定：①车速；②车间距；③车身长度。这个现象可以帮助我们理解串扰，串扰也主要由三个因素造成：①信号的上升时间（车速）；②两根信号线的间距（车间距）；③信号线并行的长度（车身长度）。

延时（Delay）指信号从发送端传输到接收端的时间差。虽然信号传输的速度很快，但是随着频率的提高，对延时的要求也越来越高。在有机材料基板中，介电常数接近 4，信号的传输速度约为光速的 1/2；在陶瓷基板中，介电常数接近 9，信号的传输速度约为光速的 1/3。一组信号为了达到相等的延时，通常采用蛇形绕线来控制，如图 2-24 所示。

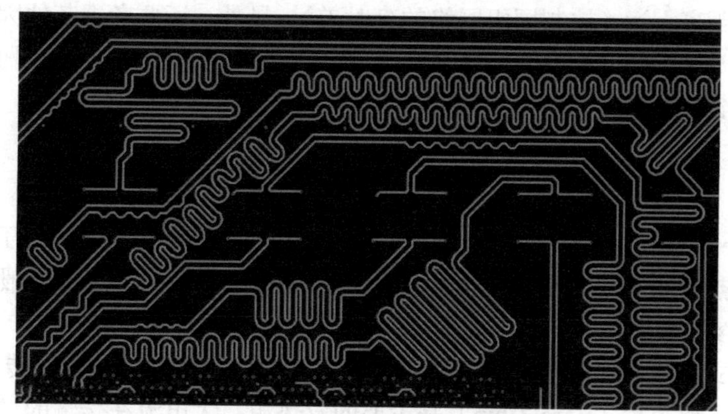

图 2-24　通过蛇形绕线控制延时

虽然信号传输的速度很快，但如果时间很短，信号传输的距离也有限，如在 1 ps 内，信号在有机材料基板中的传输距离为 0.15 mm，而在陶瓷基板中的传输距离仅为 0.1 mm。如果在陶瓷基板上布线，长度差距 1 mm，延迟为 10 ps。

同一组高速信号，需要尽可能保持同样的延时，在就需要在布线中采取等长的策略，对于差分信号，N 和 P 两根网络的延时也需要尽可能保持一致。

下面介绍电磁干扰/电磁兼容性（EMI/EMC）。EMI 指电子设备在工作过程中，产生电磁波并向外发射，从而对设备其他部分或外部设备造成干扰。EMC 指设备所产生的电磁能量既不对其他设备产生干扰，也不受其他设备的电磁能量干扰的能力。

通常，EMI 和信号完整性有强相关性，信号完整性好的信号 EMI 指标通常比较好，信号完整性较差的信号 EMI 指标也比较差。EMI/EMC 研究的对象和信号完整性有些不同，信号完整性研究的对象通常在 PCB 或 SiP 基板级别，而 EMI/EMC 的研究对象通常为设备级别。

5．电源和地

介绍完信号传输的相关内容，接下来介绍电源和地（Power and Ground）。

电源和地也是一类特殊的信号，一般以平面层的形式出现，并作为信号的参考平面，传输线的回流路径通常是信号在参考平面上投影。如果参考平面不完整，信号的投影被切断，回流路径出现问题，同样会产生信号完整性问题。

电源完整性（Power Integrity，PI）和信号完整性相对应。随着系统复杂程度的提高，电源轨的增多以及对电源要求的提高，电源平面通常要分割成很多小块，随之出现了电源完整性的概念。

PI 研究通常包括直流（Direct Current，DC）分析和交流（Alternating Current，AC）分析。DC 分析主要研究电源的压降和电流密度，确保器件能够正常供电，同时基板的局部不能电流密度过大，可以通过修改平面层分割形状、增加过孔、加粗布线来优化。AC 分析主要研究的是平面层阻抗、电源纹波、平面层噪声等问题，可以通过合理地电容分配，平面层位置/平面层形状的调整来进行优化。

下面对 SiP 中的电磁互联做总结。

当我们用一辆行驶中的车辆来比喻信号传输时，首先要规划好行车路线（网络优化），然后把路修平整（阻抗控制布线），接着要控制好车速（缩短信号上升时间），还要考虑行车间距（防止串扰），保证不干扰其他车辆也不受其他车辆干扰（EMI/EMC）。如果组队出行，车辆相互之间不要距离太远（控制同组网络的延时差）。另外，还要考虑其他因素，例如，加满燃油、充满电、天气不能太恶劣等环境因素（供电电源的稳定性、参考地平面的完整性），只有这样才能顺利到达目的地（信号传输成功）。

2.3.2 热互联

热互联（interconnection of Thermo）与电磁互联的不同之处在于，电磁互联需要关注特定的网络布线，而热互联需要有更为广泛的视角。在 SiP 设计中，热互联一般主要通过选择合适的导热材料来实现，此外，热互联有时也需要设计特定的热通道。

热的传递方式有传导、对流和辐射三种，在 SiP 中，热传递的方式以传导为主。

在 SiP 内部，裸芯片（Bare Chip）是主要的发热源；大电流在传输的过程中也会使导体发热，是次要的发热源。

1. 传热比拟

关于 SiP 中的热传递，我们可以想象成泉水漫过大地。泉眼就是发热源，水从泉眼涌出向四面八方流动，水更容易流向地势低的地方（热阻小）。水流经过水泥地、草地、沙地等（代表不同的导热层），有的地方水流速度快（热阻小），有的地方水流速度慢（热阻大），有的地方存的水多（热容大），有的地方存的水少（热容小）。最终，水会流入大海（热容无限大）。图 2-25 所示为通过泉水流过大地比喻 SiP 中的热传递示意图。

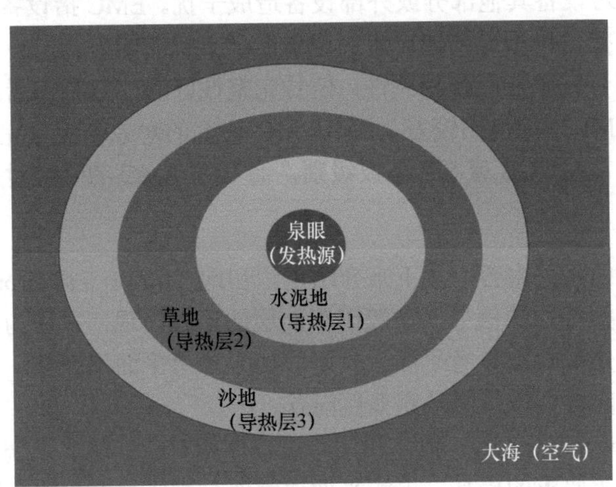

图 2-25 通过泉水流过大地比喻 SiP 中的热传递示意图

2. 热结构函数曲线

图 2-26 所示为热结构函数曲线，该曲线可以表示热阻与热容的关系。

热结构函数曲线的横坐标代表热阻，由不同层的热阻叠加；纵坐标代表热容，由不同层的热容叠加。曲线从裸芯片的有源区开始，到外界的空间结束。

因为不同材料的热阻和热容的不同，热结构函数曲线的斜率会随材料变化而变化，曲线上的拐点是不同材料的分界点，这种特性可以帮助我们分析 SiP 封装结构中出现的缺陷。例如，某个 SiP 的热结构函数曲线和大样本值发生了明显偏离，说明在这一层出现了空洞、接触不良等缺陷。

有了热结构函数曲线，就可以通过特定的测试方法（人为制造结构函数曲线分离点的方法）得到芯片或者 SiP 的结壳热阻（Junction to Case），以及结到空气的热阻（Junction to Air）。

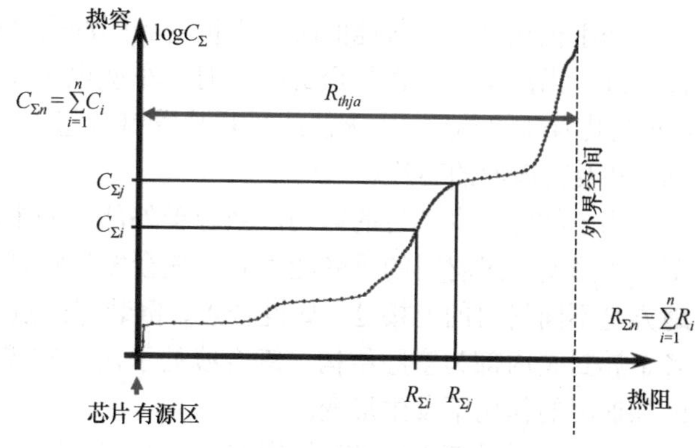

图 2-26　热结构函数曲线

有效控制热传递过程中不同材料层的热阻和热容，就可以解决 SiP 中的热互联和热传递问题。SiP 中通常有多个芯片（发热源），我们可以想象成有多个“泉眼”一起涌出泉水并流过不同类型的地面，这比单个发热源的传热情况要复杂一些，但其道理是相通的。

3．特别散热通道

在 SiP 中还有一种情况，个别芯片的功耗非常大，需要通过特别的散热通道进行散热，如图 2-27 所示。图中芯片 1 和芯片 2 的功耗非常大，普通的散热通道无法解决其散热问题，可为其设计特别的散热通道。通过金属连接块将芯片直接与热沉相连，可以最大限度地减小热阻，顺利地将热量散发出去，其他芯片采用常规设计即可。

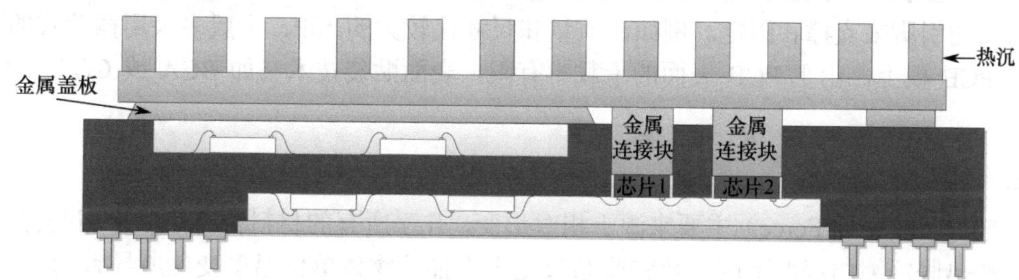

图 2-27　通过特别的散热通道进行散热

在实际项目中，这种设计方法取得了良好的散热效果，但这种方法结构复杂、成本高。另外，金属连接块和壳体的气密性也需要特殊的工艺，所以还要酌情使用。

简言之，热互联就是将芯片散发的热量及时且有效地导出到外部空间，降低 SiP 内外温度差，保证芯片的结温不超过限定的温度。

2.3.3　力互联

力互联（interconnection of Force）包括外部力（来自 SiP 外部的力）和内部力（内部产生的力）。

对 SiP 设计来说，考虑力互联主要的关注点是不同器件或不同材料的接触面。外部力主要来自冲击、震动、加速度等。内部力主要来自相对变形，产生相对变形最主要的原因是温度的变化。

1．外部力

下面介绍外部力（External Force）的影响。

当手机从高处跌落地面时，手机受到的冲击会传递到电路板进而传递到 SiP 及其内部的裸芯片；当汽车行驶在颠簸的路面时，车载电子设备受到的震动会传递到电路板进而传递到 SiP 及其内部的芯片；当火箭或导弹从发射台起飞时，产生的加速度会传递到电路板进而传递到 SiP 及其内部的芯片。

由于物体本身惯性的影响，当源于外部的冲击、震动或加速度作用于 SiP 时，会产生形变，当形变超过材料的承受能力时，就会发生物理损坏。对于 SiP 来说，最容易发生形变的地方是不同材料的连接处，如键合点、倒装焊凸点、SiP 封装的引脚等处。另外，陶瓷封装或者金属封装内部为空腔结构，键合线处于两端支撑、中间悬空的状态，也容易在冲击、震动或加速度的作用下发生形变。

为了应对外部力对 SiP 的影响，一般需要做到以下几点：

① SiP 器件的质量不能超标，要严格控制器件选用的的材料和尺寸，如果质量超标，则要考虑结构上的加固措施。

② SiP 内部器件固定采用的胶或者焊接材料，也需要通过试验验证其强度是否能满足冲击、震动、加速度的要求。

③ 需要严格控制键合线的长度和弯曲形状，避免由于冲击、震动产生形变而搭丝的现象。通常不同丝径键合线的最大长度有严格的规定，长度超过限定的键合线，在塑封灌胶时，容易被塑封胶体的流动冲击发生形变或者断开；在陶瓷或者金属封装中，则会造成塌丝现象，或者在剧烈震动时互相碰撞搭丝从而发生短路。

④ 在选用 SiP 封装的引脚类型时也要充分考虑其承受力的情况，质量越大的 SiP，越需要强有力的引脚来支撑和固定。例如，质量和尺寸比较大的 SiP，一般多采用插针式的 PGA 安装在 PCB 板上，由于 PCB 表面的承载力有限，表面贴装技术（如 BGA 或 CGA）需要慎重选择。

2. 内部力

内部力（Internal Force）主要来源于相对形变，几乎所有的材料都有热胀冷缩的特性，但不同材料热胀冷缩的程度不同。热膨胀系数是用来描述物体单位温度变化所导致的长度变化的参数，热膨胀系数不同的材料结合在一起，会由于温度的变化而产生相对形变，从而产生相互作用力。

此外，SiP 中不同的部件也会由于温度的不同而导致其相对形变，从而产生相互作用力。例如，器件发热导致膨胀，而安装基板并未发热，因而器件相对尺寸变大，产生热应力，在引脚处引起形变。

需要注意的是，温度的变化一般是反复的、长期的，即使短期内的物理形变并没有损坏器件，但长期的疲劳变形会导致器件损坏，所以设在计时需要考虑足够的余量。

在 SiP 内部，由于热而产生的相对形变很常见，因此，芯片和基板的接触面、中介层、倒装焊凸点等都是需要重点考虑的。同时，要考虑 SiP 本身和其安装的 PCB 板也会由于热膨胀系数的不同导致 SiP 引脚变形而产生应力。通过键合线进行电气连接的芯片一般通过胶或者胶膜固定在 SiP 基板上，其固定胶或者胶膜都需要经过严格的热冲击和热循环试验。对于倒装焊芯片，为了缓冲应力集中，在倒装焊芯片的底部，需要底部填充（Underfill）填充胶。

在 SiP 外部，SiP 的引脚和 PCB 的接触点的形变，则是需要重点考虑的。

这里有一个引脚类型的选择问题，例如，我们通常看到的 QFN（Quad Flat No-leads

Package，方形扁平无引脚封装）尺寸都很小，LCC（Leaded Chip Carrier，有引线芯片载体）尺寸可以稍大，QFP（Quad Flat Package，方形扁平封装）则可以做得更大，其原因在于，不同的引脚类型可以承受的相对变形大小是不同的。所以在选择 SiP 封装类型时，要充分考虑不同类型的封装引脚可以承受的变形能力。一般来说，封装尺寸越大，引脚需要承受的变形能力也要越强。

图 2-28 所示为 QFN 封装与 QFP 封装引脚的比较，可以看出 QFP 封装的引脚可以承受较大的变形，因此 QFP 可应用在尺寸较大的封装上，而 QFN 封装引脚由于承受变形的能力非常有限，所以只能用在小尺寸封装上。

图 2-28　QFN 封装 QFP 封装引脚的比较

SiP 中的芯片通过胶（Bond Wire Chip）或者 Bump（Flip Chip）固定在 SiP 基板上，SiP 本身也通过引脚固定在 PCB 板上。

可以将力互联想象成这样的情景：芯片的引脚或者 SiP 的引脚固定后是不能移动的，就如同我们双脚站在黏性很大的地面上。如果受到外力的拉扯（例如有人在推你或者在拉你），我们腿部和身体都可以承受一定的变形，但如果外力太大，我们的脚就可能从鞋子中脱离（芯片引脚和与基板分离）。所以，除了鞋子要结实（引脚强度大），鞋带要系好（焊接强度大），我们的腿和身体所能承受的变形也是有一定程度的（器件体和引脚承受变形的能力），太大的变形或者力，再结实的鞋子也会脱落（引脚脱落）。

2.3.4　互联（interconnection）小结

对于一个 SiP 来说，互联主要可分为以下三个领域：

- 电磁互联（interconnection of EM）；
- 热互联（interconnection of Thermo）；
- 力互联（interconnection of Force）。

每一种互联都足够重要，都是 SiP 成功的关键因素，用形象的语言总结一下，对 SiP 中的互联来说：

- 电，如同城市繁忙车流——四通八达；
- 热，如同泉水涌过大地——有缓有急；
- 力，如同双脚踩着黏泥——站住了别挪窝。

集成（Integration）是 SiP 技术发展的基础，互联（interconnection）是 SiP 技术发展的关键，后面要继续讨论 Si³ P 中的智能（intelligence），同样是 SiP 技术的精髓所在。

2.4　Si³P 之 intelligence

intelligence 中文翻译为智能、智慧。智能，通常认为是智力和能力的总称。

从感觉到思维再到记忆这一过程被称为智力，智力结果产生了行为和语言，将行为和语言的表达过程称为能力，两者合称智能。

将感觉、思维、记忆、行为、语言的整个过程称为智能过程，它是智力和能力的表现。

我们可以将智能（智力+能力）和“智能系统”对应来理解。智力与智能系统的对应关系如图 2-29 所示。

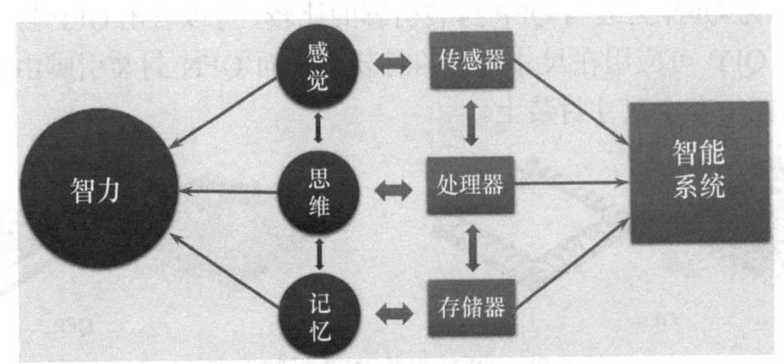

图 2-29　智力与智能系统的对应关系

智力所包含的感觉、思维和记忆，可分别对应智能系统的传感器、处理器和存储器，如图 2-29 所示。

能力包含的行为和语言对应智能系统的“硬件执行”和“软件执行”，简称硬件和软件，如图 2-30 所示。

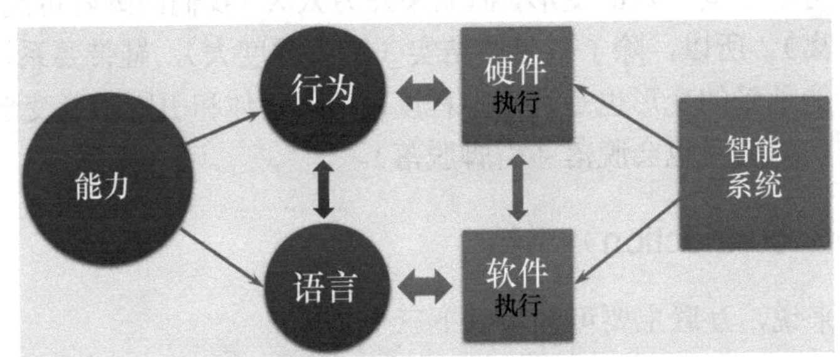

图 2-30　能力与智能系统的对应关系

用计算机语言来描述，智力更强调“输入+运算+存储”，而能力则强调“执行+输出”。

对于实现微系统平台的 SiP 来说，设计一个结构合理、工作可靠、功能完备的系统是设计的目的。

对于一款 SiP 来说，“结构合理”可以从 integration（2D、3D）着手，“工作可靠”需要重点关注 interconnection（电磁、热、力），而“功能完备性”要依靠 intelligence。

下面从四方面对 SiP 的功能完备性和智能性进行讨论。

2.4.1　系统功能定义

1．输入+运算+存储；执行+输出

智能系统需要包含输入、运算、存储、执行和输出单元。

SiP 可以作为独立的智能系统，或者作为智能系统的一部分。在很多情况下，我们设计的 SiP 本身并非一个完整的智能系统，而是需要和其他系统一起协作，最终成为完备的智能系统。

SiP 作为智能系统的一部分，随着系统对智能化的要求越来越高，SiP 也需要具备智能化的元素，设计人员要从智能化的角度去考虑 SiP 的研发和设计。

如果一个 SiP 要成为一个完整的智能系统，则需要包含输入、运算、存储、执行和输出等单元。这样的 SiP 需要配备传感器、CPU、存储器、执行机构、输出接口，以及相配套的软件等，才能成为真正的智能系统。

2. 功能的合理裁剪

多个 SiP 配合工作可以形成完整的智能系统，例如：封装了多种传感器的 SiP 配合封装了 CPU+存储器的 SiP，以及封装了视频、音频输出单元的 SiP 等，可以组合形成相对完备的智能系统。

现在的智能手机里面集成了多个 SiP，它们相互配合，并和其他的单元一起成为智能系统。SiP 通常不会和最终客户直接打交道，所以 SiP 的智能性主要体现在其作为智能单元，并成为智能系统的有机组成部分。

在设计一个 SiP 的时候，根据其实际的使用情况，对其功能进行合理的裁剪，既要考虑其功能的完备性、智能性，同时也要考虑系统过于复杂所带来的风险性。

3. 解决兼容性问题

兼容性问题是在 SiP 设计中需要重点考虑的，从处理器型号的选择到封装引脚功能的定义，以及封装类型的选择，都需要考虑兼容性问题。因为 SiP 作为智能系统的组成部分，需要和其他单元一起配合工作。

此外，兼容性好的 SiP 也会使其使用者工作效率更高，更容易被市场接受。

2.4.2 产品应用场景

在 SiP 产品研发中，要充分考虑产品最终应用场景和应用环境的需要，并在设计中采用相应的策略。

例如，应用在用于深空探测的宇宙飞船或者卫星中的 SiP，需要在考虑空间环境中工作的可靠性，除了采用辐照性能好的芯片，还需要在设计中采用诸如三模冗余等设计方法。此外，由于深空探测距离远，无法及时与地球进行通信，需要其系统的处理能力足够强，遇到紧急情况可自主决策。如果 SiP 作为主控计算机，则需要有足够强大的处理器来进行自主决策。

应用在智能手机中的 SiP，其设计思路则会完全不同，除了要功能强大以满足智能手机的各种 App 需求，还需要考虑低功耗设计，使手机有更长的续航时间。

应用在智能汽车中的 SiP 的要求又会有所不同，设计人员的设计思路同样需要相应的调整。

2.4.3 测试和调试

一般情况下，测试是去发现潜在的问题，调试是想办法解决已经发现的问题。

一个 SiP，测试和调试时间可能需要占其研发时间的一半以上。

测试的种类很多，包括功能测试、性能测试，以及机械强度、热冲击、扫频震动、恒定加速度等测试，还包括老练试验、ESD 试验、抗辐照试验等，需要根据产品的应用场景来合理安排相关测试项目。

调试通过模拟实际的工作环境，并通过软硬件配置和工作状态的改变来解决或者确认已经发现的问题，对于无法通过调试解决的问题，则需要重新进行设计。

在定义 SiP 和外界通信的通道时，除了满足正常工作时的功能需求，还需要满足测试、调试以及问题分析的需求。在 SiP 封装引脚的定义上，需要专门为测试和调试留有通道，这样就便于发现潜藏的问题和后续进行问题分析。

SiP 的功能测试和性能测试通常分为机台测试和板级测试两部分。

机台测试：一般是测试 SiP 在不同工作状态下（即满足不同功能需求情况下）的电参数。例如，不同网络在不同工作模式下的电流值和电压值，通常包括常温测试（25℃），低温测试（−40℃，−55℃）和高温测试（85℃，125℃），根据使用环境的不同定义不同的低温和高温。

板级测试：通过模拟 SiP 的实际工作情况，对 SiP 的各种功能和性能进行测试。为了测试充分，需要编写相应的测试案例，同时也需要在常温、低温和高温下进行测试。

2.4.4 软件和算法

软件和硬件是一个电子系统中互相依存的两部分，在 SiP 系统中二者缺一不可，软件和硬件的关系主要体现在以下三方面。

（1）软件和硬件互相依存，硬件是软件赖以工作的物质基础，软件的正常工作是硬件发挥作用的途径。

（2）硬件和软件无严格界限，在许多情况下，系统的某些功能既可以由硬件实现，也可以由软件来实现。因此，软件与硬件在一定意义上说没有绝对严格的界限。

（3）硬件和软件协同发展，软件随硬件技术的发展而发展，而软件的不断发展与完善又促进硬件的更新，两者交织发展，缺一不可。

从上面软件和硬件的关系和可以看出软件对于系统的重要性，如果没有软件，SiP 就不能实现正常功能，其智能化更是空中楼阁。

通常，与 SiP 研发过程及产品应用相关的软件包括以下类型。

1. 测试软件

机台测试软件通过 Verilog 或者 VHDL 语言编写测试激励和器件模型，然后通过仿真工具将其转成“*.vcd”等格式的文件（波形文件），并导入测试机台作为测试向量。

测试向量（Test Vector）是每个时钟周期作用于器件引脚上，用于测试或者操作的逻辑 1 和逻辑 0 数据，其中逻辑 1 和逻辑 0 是由带定时特性和电平特性的波形代表的，与波形形状、脉冲宽度、脉冲边缘或斜率，以及上升沿和下降沿的位置都有关系。测试向量波形如图 2-31 所示。

依据被测器件（Device Under Test，DUT）的特点和功能，通过机台提供测试向量（包括输入 DUT 的测试激励和预期响应），测量 DUT 的输出响应并与预期响应做比较，从而判断 DUT 是否合格。

图 2-32 所示为机台测试的基本原理，通过机台模拟被测器件的实际工作状态，输入一系列有序的测试向量（波形），以电路规定的速率作用于被测器件，再在电路输出端检测输出信号是否与预期图形相符，以此判别被测器件功能是否正常。

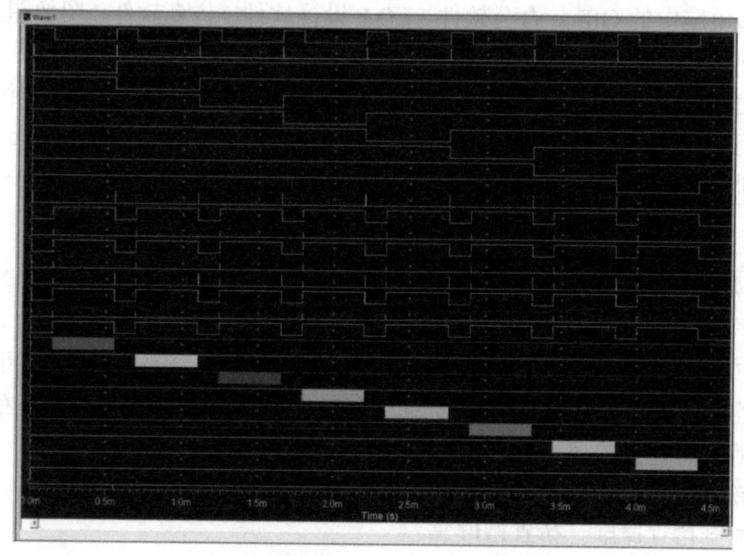

图 2-31　测试向量波形

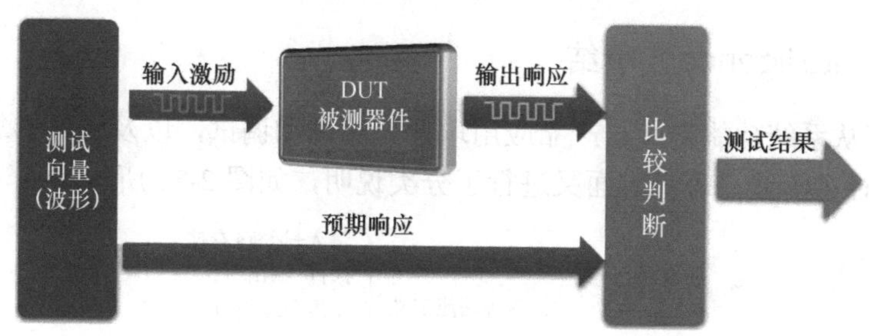

图 2-32　机台测试的基本原理

板级测试软件与 SiP 的实际工作状态相关，通过模拟 SiP 的实际工作情况，对 SiP 的各种功能和性能进行测试。

为了测试充分，需要编写相应的测试案例，同时也需要在常温、低温和高温条件下进行各种功能的测试。为了提高测试效率，板级测试软件需要能同时测量多个 SiP，这一点与 SiP 实际工作状态会有所区别。

2．系统软件

系统软件是指控制和协调 SiP 系统及外部设备，支持应用软件开发和运行的系统，无须用户干预，能调度、监控和维护整个 SiP 系统。

系统软件负责管理 SiP 系统中各种独立的模块，使之可以协调工作。系统软件使用户将 SiP 当作一个整体而不需要顾及到底层每个硬件单元是如何工作的。

例如，电脑上的 Windows 操作系统，手机上的 iOS、Android 操作系统，嵌入式系统中的 VX Works 操作系统等都属于系统软件。

3．应用软件

应用软件可以拓展 SiP 系统的应用领域，放大硬件的功能，它可以解决不同问题，满足不同应用需求。

应用软件是使用多种程序设计语言编写的应用程序的集合，是专门针对解决某类问题而设计的程序。如电脑中的 Office 办公软件，EDA 设计软件、仿真软件，图像图形处理软件等，手机中的各种 App 等都属于应用软件。

应用软件通常根据特定的任务需求而研发，例如，需要监测某个传感器传递来的信号进行分析，并执行相应的任务，如步数监测、心率监测等。

系统的智能化需要通过各种各样的应用软件来实现并与用户进行交互。

4．算法

算法就是软件的灵魂。一个需要实现特定功能的软件，实现它的算法可以有很多种，算法的优劣决定着软件的好坏。

例如，在 EDA 工具中的自动布线器就有不同的实现算法，设计人员在使用时可以选择不同的算法从而得到不同的布线结果。好的算法可以提高布通率，同时能提升布线效果，保证信号传输质量的同时也更美观。

对于仿真软件来说，同一个问题，不同的软件采用不同的算法会得到不同的结果，算法的优劣性会影响到仿真速度、仿真精度等。

所以，好的算法不仅会影响软件的运行结果，也会影响整个系统的执行效果。

2.4.5 智能（intelligence）小结

前面，我们从系统功能定义、产品应用场景、测试和调试，以及软件和算法四个方面对 SiP 的智能性进行了阐述，每个方面又进行了分类说明，如图 2-33 所示。

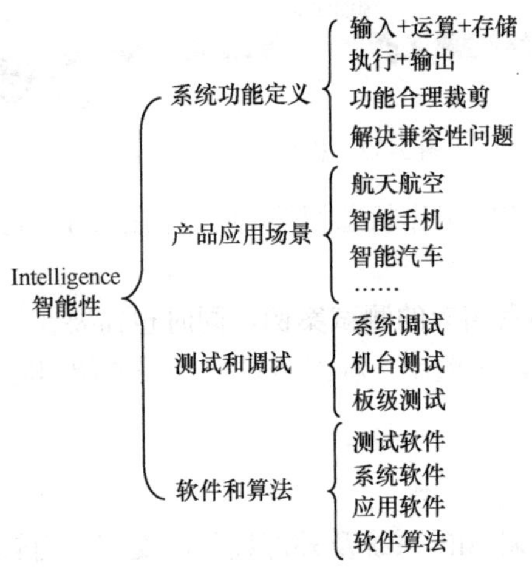

图 2-33　SiP 智能性的相关内容

这里，笔者想强调的是：智能性是系统实现的目的，SiP 也同样如此。

2.5 Si³P 总结

2.5.1 历史回顾

1936 年，人类历史上第一块 PCB 诞生，1947 年，世界上第一个电子封装（Package）问世，又过了 11 年（1958 年），出现了第一个集成电路 IC。

PCB 和 IC 自一出现，其目的就是把更多的功能单元集成到一起，PCB 上的集成是先在基板布线，再安装元器件，IC 上的集成则是先在硅基板制作元器件，然后再布线互连。而 Package 则不同，它是为了保护芯片、放大尺度和电气连接，本身并无集成的概念。

随着技术和需求的发展，PCB 和 IC 的集成度越来越高，密度越来越大，功能单元越来越多，逐渐向系统方向发展。这时候，Package 的主要功能还没有任何变化，只是随着 IC 复杂程度的提升，逐渐从 TO、DIP 等插针式，发展到 QFP、LCC 等表面贴装以及面阵的 BGA CGA 等，封装引脚密度也越来越高，这也在很大程度上促进了 PCB 集成度的提高。

在 IC 上集成一个系统被称为 SoC（System on Chip），在 PCB 上集成一个系统被称为 SoP（System on PCB），然而，传统 Package 中依然没有集成的趋势。而在另一个技术领域，混合集成电路中（包括厚膜集成和薄膜集成），逐渐发展出了多芯片模块（MCM），封装中逐渐开始集成，这距离第一款电子封装的出现已过去了大约 40 年。

MCM 多用在模拟和射频领域，以金属封装为主，与传统的大规模数字电路封装并无交集，后者则多采用塑封和陶瓷封装。

到了 2007 年，封装的密度逐步提高，引脚阵列越来越大，SoC 和 PCB 也在继续发展，封装内的集成也仅限于 MCM，而且多应用于混合集成领域。

当 MCM 需要更大的规模、更多的功能时，原有的概念已经不适用，SiP 终于横空出世，并带有其独特优势——3D 集成技术。图 2-34 所示为 PCB、Package、IC 的出现时间和集成的发展历史。

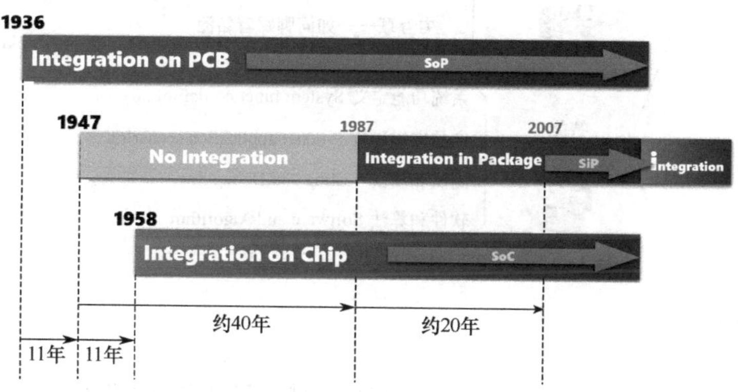

图 2-34　PCB、Package、IC 的出现时间和集成的发展历史

随着技术的推进，IC 上的集成逐渐达到了物理尺度的极限，摩尔定律也将要终结，PCB 上的集成也发展到了一定程度而进展缓慢。带有 3D 集成优势的 SiP 则成为人们关注的热点，成为后摩尔定律时代的关键技术。

从系统厂商（苹果、华为等）到传统封装测试企业（Amkor Technology、日月光等），再到芯片厂商（Intel，TSMC 等）都开始关注并积极应用 SiP。

在 SiP 中，新的封装形式层出不穷，新的集成方式不断涌现，从 2D 到 2.5D 再到 3D，人们关注的热点还是集成技术。

2.5.2　联想比喻

笔者从事 SiP 技术十余年，参与了国内四十多项 SiP 项目，深刻领会到 SiP 首先是系统，然后才是封装。集成是 SiP 的基础，基础当然非常重要，没有基础，其他一切都是空中楼阁。但是，我们的认知不能总停留在基础阶段，应该从更全面的角度去理解 SiP 技术。

因此，笔者提出了 Si^3P 的概念，其中 i^3 代表着三个以 i 开头的英文单词 integration（集成），interconnection（互联）和 intelligence（智能）。对于 SiP 来说，集成是基础，互联是关键，智能是目的。

这里，笔者做个联想比喻，集成就像是盖房子，互联就像是修路，智能就像是人。

盖房子可以修平房（2D 集成），也可以盖高楼大厦（3D 集成）；修路可以修普通公路、高速公路，也可以修高铁，车辆运行速度越高，对路线的平整度要求越高（阻抗连续性）。此外，还要合理考虑地势的高低，以便水（热量）能顺利排出；最后，人的出现，赋予了系统的功能和智能性。

集成关注的是物理结构；互联关注的是能量传递；智能关注的是功能应用。Si^3P 概念总结如图 2-35 所示。

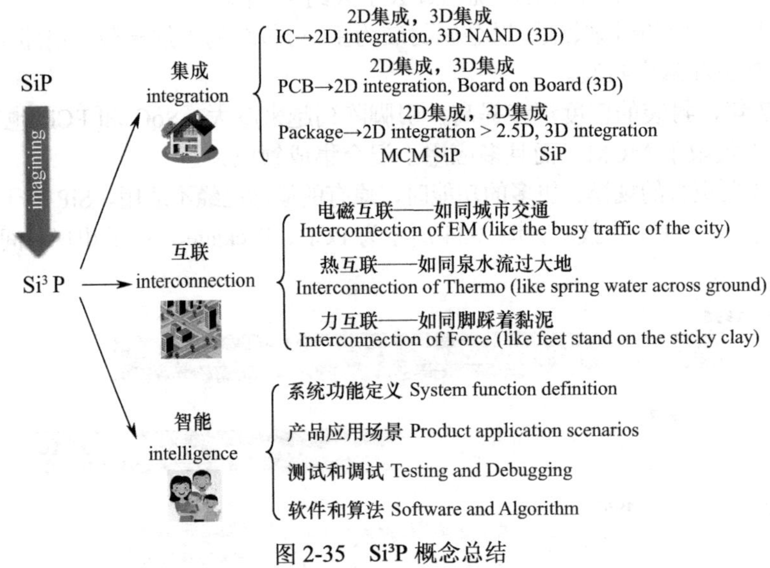

图 2-35　Si^3P 概念总结

2.5.3　前景预测

在问世约 40 年后，Package 才开始走上集成之路，虽然是“半路出家”，但由于后来掌握了 3D 集成的独特优势，并成功由 Package（封装）转变为 SiP（系统级封装）。

PCB 和 IC 则是一开始就走上集成之路，到目前为止已经发展得足够充分，加上尺度的影响，后续的发展空间比较有限。

SiP 技术在集成之路上时间较短，加上新技术的加持，目前还有很大的发展空间。因此，SiP 技术必将成为电子系统集成技术中最具前景、发展最快的技术。图 2-36 可以帮助读者真正理解 Si^3P。

SiP 技术出现后，微系统的定义发生了一些变化，SiP 是微系统实现的重要载体，在 SiP 中实现的系统，我们亦可以称之为微系统。

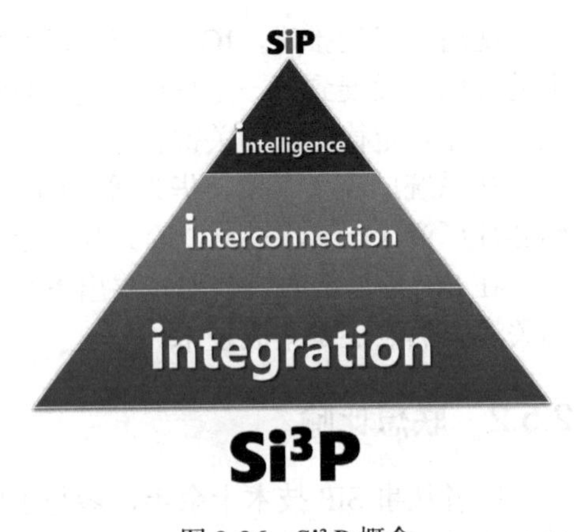

图 2-36　Si^3P 概念

第3章　SiP技术与微系统

关键词：SiP，SoC，微系统，MEMS，Package，MCM，PCB，SoP，SoB，SiP应用领域，塑料封装SiP，陶瓷封装SiP，金属封装SiP，自然系统，人造系统，系统定义，系统特征，微系统传统定义，微系统新定义

3.1　SiP技术

3.1.1　SiP技术的定义

系统级封装（System in Package，SiP）技术将多个具有不同功能的有源电子元器件，通常是集成电路裸芯片，与可选无源元器件，通常是电阻、电容、电感等，以及诸如微机电系统（Micro Electro Mechanical System，MEMS）或光学元器件等其他元器件优先组装到一个封装体内部，成为能实现一定功能的单个标准封装元器件，形成一个系统或者子系统。这样的系统或者子系统通常可称为微系统（MicroSystem）。

从系统架构上来讲，SiP将多种功能裸芯片，包括处理器、存储器、输入/输出接口、FPGA等功能的裸芯片集成在一个封装内，从而实现一个基本完整的系统功能。

SiP与SoC（System on Chip，系统级芯片）相对应，如图3-1所示，两者都可以称为微系统。

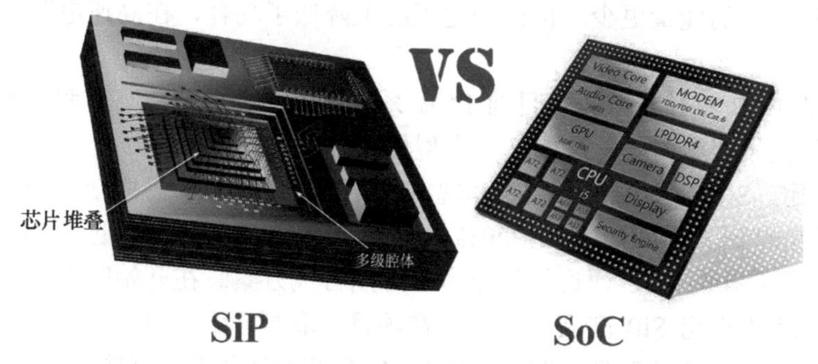

图3-1　SiP与SoC

SoC也被称为片上系统，是独立在单一硅片上实现专用目标的集成电路，包含完整的系统与嵌入式软件的内容。从狭义角度讲，SoC是多种信息系统的芯片集成，是将系统关键部件集成在一块硅片上；从广义角度讲，SoC是一个微系统，如果说中央处理器（CPU）是大脑，那么SoC就是包括大脑、心脏、眼睛和手的微系统。学术界一般将SoC定义为将中央处理器、模拟IP核、数字IP核、存储器或片外存储控制接口等集成在单一硅片上的产品。

SoC通常是由客户定制的，面向特定用途的标准产品。SoC也是一种技术，用以实现从确定系统功能开始，到软/硬件划分，并完成设计的整个过程。

SiP 与 SoC 都是微系统，可以实现相同或者相似的功能，只不过两者实现的范畴有所不同，SoC 是在单一硅片上实现系统的功能，也可以说是在晶圆上制造的过程中实现 SoC 的功能。SiP 则是在单一封装内实现，也可以说是在封装测试的过程中实现 SiP 的功能。

此外，SiP 可以在封装基板上针对不同的裸芯片采用 2D、2.5D、3D 甚至 4D 的方式进行集成，并通过基板上的布线和过孔等进行互连，最后封装在一个封装体内；SoC 则是在同一硅片上，将不同的功能单元集成于同一个芯片平面，并通过硅片上的布线进行互连，形成高度集成的芯片产品。

在 SiP 或者 SoC 的基础上都可以实现微系统的功能，所以说二者都是微系统的载体。

3.1.2 SiP 及其相关技术

1. SiP 受到多方面的关注

SiP 技术正成为当前电子技术发展的热点，受到了来自多方面的关注，这些关注既来源于传统封装 Package 设计者，也来源于传统的 MCM 设计者，更多的来源于传统的 PCB 设计者，此外，SoC 的设计者也开始关注 SiP。

与 Package 相比，SiP 是系统级的多芯片封装，能够完成独立的系统功能，Package 本身没有集成的概念，而在 SiP 中可以进行多种方式的集成。

与 MCM 相比，SiP 是 3D 立体化的多芯片封装，其 3D 主要体现在芯片堆叠和基板腔体上，同时，SiP 的芯片规模和所能完成的功能也比 MCM 有较大提升。

对于传统 Package 和 MCM 的设计者来说，SiP 增强了产品的功能，提升了产品的性能，使得 Package 和 MCM 产品的适应性更广泛。

与 PCB 相比，SiP 技术的优势主要体现在小型化、低功耗和高性能方面。实现与 PCB 相同的功能，SiP 只需要占 PCB 面积的 10%～20%，功耗的 40%左右，性能也会有比较大的提升。与 PCB 相比，由于 SiP 面积更小，互连线更短，所以其高频特性更好。同时，由于互连线短，消耗在传输线的能量更少，也在一定程度上降低了功耗，在高速电路设计中这种效果尤其明显。

对于传统的 PCB 设计者来说，目前 PCB 系统除了向高性能、高速率、多功能的方向发展，另一个重要的发展方向就是高密度、小型化和低功耗。

与 SoC 相比，SiP 技术的优势主要体现在周期短、成本低、易成功方面。实现同样的功能，SiP 只需要 SoC 研发时间的 10%～20%，成本的 10%～20%，并且更容易取得成功。因此，SiP 被很多行业用户作为 SoC 建设的低成本、短期替代方案。在开始时可以以 SiP 作为先行者，迅速且低成本地做出 SiP 产品，当 SiP 在项目上取得一定的阶段性成果之后，受到多方认可和支持，再将重心转到 SoC 研发上。此外，SoC 和 SiP 并没有直接冲突和竞争关系，SoC 产品设计开发完成，同样可以应用在 SiP 项目中。

SiP 是 IC 产业链中知识、技术和方法相互交融渗透及综合应用的结晶，它能最大限度地灵活应用各种不同芯片资源和封装互连的优势。

SiP 技术能在最大程度上优化系统性能、缩短开发周期、避免重复封装、降低成本并提高集成度，提升系统功能密度，掌握 SiP 技术是未来主流封装领域的关键。

目前，全世界封装测试产值只占 IC 产业总产值很小的比例，当 SiP 技术被封装企业或者更多企业掌握后，产业格局就要开始调整了，封装行业将会出现一个跳跃式的发展，毋庸置疑，SiP 技术将面临更大的机遇和挑战，同时也孕育着更为广阔的发展空间。

SiP 技术是近年来国内外研究的重点，是电子系统小型化的重要手段，可以通过传统的微组装技术来实现 3D 系统级封装，可采用芯片堆叠、基板堆叠、封装堆叠等方式来实现 SiP，也因此衍生出各种各样的先进封装技术，具体可参看本书第 4 章和第 5 章的内容。

2. SiP 与相关技术的层次化关系

前面提到，SoC 产品设计开发完成后可以应用在 SiP 项目中，所以两者并没有直接的冲突关系，SiP 并不会取代 SoC。同样道理，SiP 产品设计开发完成后可以应用在 PCB 项目中，所以两者也没有直接的冲突关系，SiP 也不会取代 PCB。

从 SoC 到 SiP 再到 PCB 属于层次化的关系，我们可以将其分为三个层次。

第一个层次为芯片级（Chip Level），包含 SoC、FPGA、Chiplet 等多种类型的裸芯片；

第二个层次为封装级（Package Level），包含 SiP、MCM、PoP、PiP、AiP 等多种类型的 Package；

第三个层次为板级（Board Level），包含 PCB、FPC（Flex Print Circuit）、Rigid-Flex 等多种类型的 Board。

图 3-2 所示为 SiP 与相关技术的层次化关系。

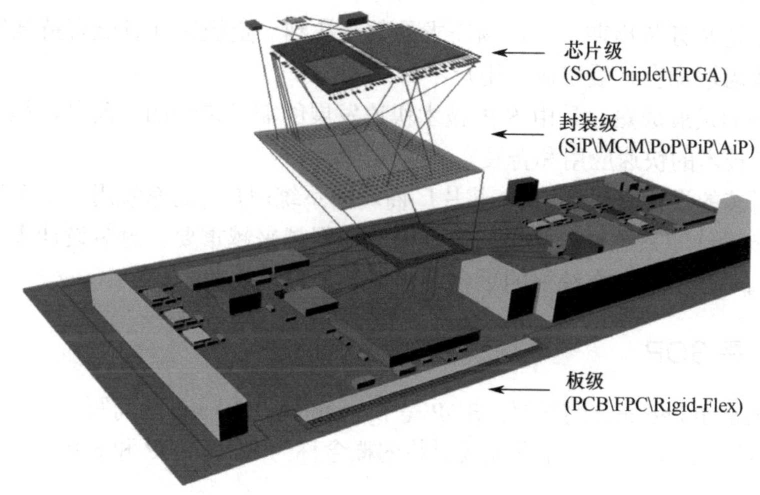

图 3-2　SiP 与相关技术的层次化关系

传统意义上来说，这三个层次一般分别由不同的角色来完成，对于第一个层次，芯片级，一般由芯片厂商来负责设计和生产，包括芯片设计公司（Fabless）和晶圆代工厂（Foundry）等；对于第二个层次，封装级，由专门的封装测试企业（Outsourced Semiconductor Assembly and Test，OSAT）负责封装和测试；对于第三个层次，板级，则由系统整机厂商负责设计、生产和测试，如手机厂商，笔记本电脑厂商。

通常，三个层次有明确的分工，SiP 技术出现后，这种分工发生了一些变化。

SiP 技术发展带来的变化是：传统协作模式中通常由芯片厂商或者 OSAT 考虑的封装设计、生产和测试逐渐转变为由系统厂商来提出封装需求、选择封装形式、进行封装设计，然后再委托 OSAT 进行封装和测试，或者直接将需求提给 OSAT 或者 Foundry，并由他们设计和生产。而以往的做法通常是芯片厂商委托 OSAT 把芯片封装好后再交付给用户。图 3-3 所示为传统协作模式以及由 SiP 技术发展带来的新协作模式。

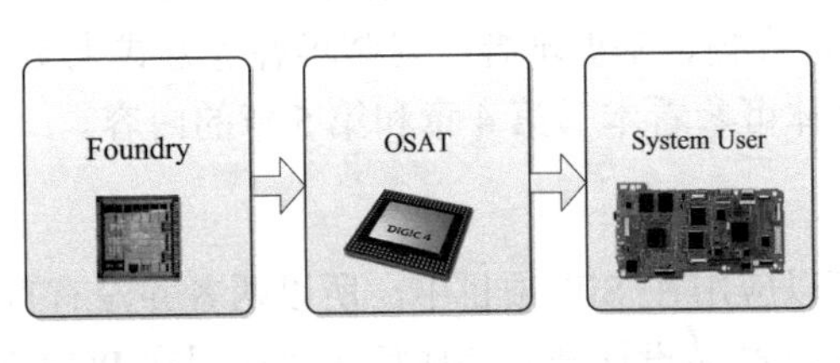

(a) 传统协作模式

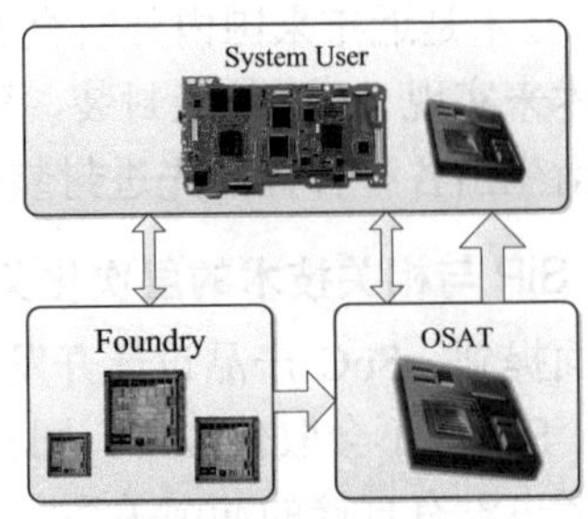

(b) 新协作模式

图 3-3 传统协作模式以及由 SiP 技术发展带来的新协作模式

现在，随着 SiP 技术的快速发展，基于小型化、低功耗、高性能的设计要求，越来越多的系统用户希望能够获取裸芯片，在裸芯片的基础上进行系统设计、封装和测试。随之而来的是市场上裸芯片的需求大大增加，越来越多的系统设计人员通过多方途径咨询如何能够获取裸芯片。随着这种需求的不断增长，传统的芯片代理商也会不断拓展其裸芯片业务，以满足市场增长的需求。在需求量没有达到一定数量的情况下，通常采用订货的方式从 IC 厂商获取裸芯片，这会带来一些时间上的延迟。所以对于 SiP 设计人员来说，在设计初期，就应该充分考虑订货渠道和订货周期。当市场需求的数量达到一定级别并且能有持续需求时，裸芯片代理商会就考虑增加存货量以满足用户不时之需。

裸芯片市场的发展成熟，是由 SiP 技术快速发展的需求推动的。反之，裸芯片市场的发展又会推动 SiP 技术的快速应用和普及。

由于 SiP 封装的设计会逐渐由 IC 芯片厂商转向系统用户，而系统用户最关注的是系统的设计，所以封装设计和系统设计的协同也会因此变得越来越重要。封装设计本身也会成为系统设计中重要的一环，需要在统一的平台下实现整个系统的功能。

3.1.3 SiP 还是 SOP

SiP 是 System in Package 的简写，SOP 是 System On Package 的简写。目前 SiP 已经成为国际公认的标准写法。但也有人称系统级封装的概念称为 SOP，SOP 和 SiP 又有什么关系呢？到底哪一个名称更为准确呢？

首先，我们从 Package 的含义来分析，Package 本身的意思为包、包裹、包装，我们对包裹，包装的理解都是有内外之分的，而非上下之分，所以从 Package 从本意上来说与 in 结合更为确切。

其次，传统的封装英文也为 Package，无论是最早的 TO 封装、DIP 封装，还是目前主流的 BGA、CSP 封装，芯片通常都是被包裹起来的，位于封装内部，SiP 本质上来说还是属于封装范畴的，从这一点来讲，也是 in 更为合理，如图 3-4 所示。

因此，在本书中，统一以 SiP 作为系统级封装的名称，因为 SiP 更准确地描述了系统级封装的含义。

那是不是 SOP 就没有用武之地了呢？不是的，我们可以用 SOP（SoP）指代 System on PCB，或者也可以称之为 System on Board（SoB），这样反而更准确。因为板级也是一个系统，系统位于板上，其概念和尺度范围比 SiP 更大一些。

这样，SoC→SiP→SoP（SoB），分别代表了芯片级（Chip Level）→封装级（Package Level）→板级（PCB\Board Level）三个不同的系统层次。

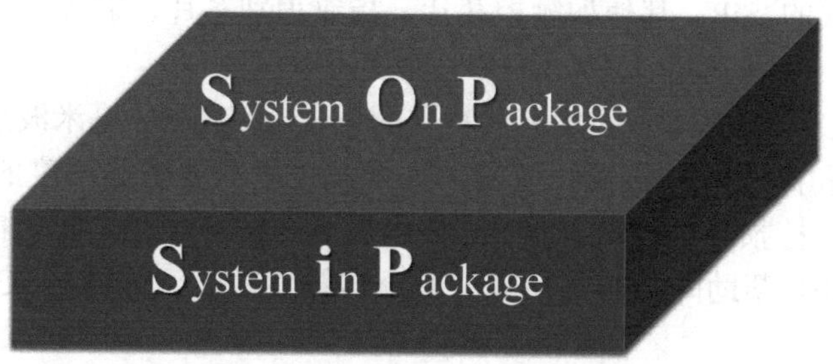

图 3-4　SiP 中 in 表达的含义更准确

这里需要特别注意的是中间字母“I”为大写的 SIP 还有另外的含义，SIP（Session Initiation Protocol，会话初始协议）是由 IETF（Internet Engineering Task Force，因特网工程任务组）制定的多媒体通信协议。请不要将两者混淆。

此外，SiP 的标准写法中既有不带连字符的 System in Package 也有带连字符的 System-in-Package，这两种写法目前在国内和国外都有，因为两种写法并不会引起任何歧义，我们可以认为两者都是标准的写法。

3.1.4　SiP 技术的应用领域

在国际上，SiP 技术被广泛应用于航空航天、军工、无线通信、传感器、计算机和网络等方面。SiP 技术在现代产品中的应用主要包含四大领域。

1. SiP 在手机中的应用

手机是现代人最亲密的伙伴，几乎人人都离不开智能手机。SiP 最具代表性的应用就是在手机中的应用。目前，苹果、三星、华为、小米、OPPO 等几乎所有手机厂商都积极采用 SiP 技术。

一直以来，智能手机的发展方向就是机身更轻薄、功能更加强大，除了要从整机结构做优化，更需要从核心部件——芯片上做文章，特别是集成度更高的芯片，SiP 封装成为必然的解决方案。

智能手机未来的发展趋势是实现模块化设计，将手机的零部件集成为不同功能模块，逐步集成实现手机功能。智能手机的基带模块一般采用 SiP 技术集成，包括基带处理器、SRAM、LPDDR、Flash 和一些无源元器件。根据散热与布线的情况，将 2～3 个芯片堆叠，通过芯片堆叠减少面积。这种解决方案可以将大多数系统的布线转移到 SiP 基板中，可以降低 OEM 厂商对装配的技术要求，减少 PCB 主板的复杂性，降低主板成本，最大限度地缩小手机 PCB 主板的体积。

目前智能手机是 SiP 最大的应用市场，且不仅限于高端手机，因为 SiP 技术本身并不会造成成本的提高，相反，相对于传统封装，SiP 技术可使 PCB 组装更简单，使耗费在芯片封装上的成本大大降低，从而降低整体手机 BOM 成本，所以无论是价格较高的 iPhone X、iPhone11、华为 Mate 系列手机，还是价格较低的荣耀系列手机都采用了 SiP 技术。

在智能手机中，目前 SiP 应用比较普遍的是在 CPU 处理器和 DDR 存储器集成上，如苹果 A12 处理器+三星 LPDDR 内存、苹果 A13 处理器+海力士 LPDDR 内存、华为麒麟 950 处理器+美光 LPDDR 内存、高通骁龙 820 处理器+三星 LPDDR 内存等，这些都是将处理器和存储器封装在一起形成的 SiP，其他如触控芯片、指纹识别芯片、射频前端芯片等也开始采用 SiP 技术。

此外，SiP 封装对 5G 毫米波技术有着特殊的意义。目前 5G 毫米波技术面临的最大挑战是芯片的功耗控制和高速信号传输线效应，毫米波技术需要更高密度的芯片集成，以实现最小化信号路径并保持损耗的控制，而 SiP 技术所具有的小型化、低功耗和高性能特点，能够有效缩小封装体积，帮助降低芯片功耗并减小传输线效应，所以在 5G 网络中会有更广泛的应用。

目前智能手机芯片生产厂商主要集中在高通（Qualcomm）、苹果（Apple）、联发科技（MTK）、三星（Samsung）、华为海思（Huawei HiSilicon）等几家，这些芯片厂商基本都已经普遍采用 SiP 技术。

2. SiP 在可穿戴设备及传感器中的应用

基于 SiP 技术带来的产品尺寸的大幅度缩小、成本降低和组装简单等优势，很大比例的可穿戴设备都采用了 SiP 技术。

一般可穿戴设备包括智能手表、智能手环、头戴显示器、智能眼镜、智能服装、书包、配饰等。如何提高可穿戴设备的便捷性和功能性，将会是决定可穿戴设备市场未来市场发展的关键。这也对可穿戴设备及其相关技术的发展提出了更高的要求，尤其是在可穿戴设备的核心部件——传感器方面。

传感器与可穿戴设备相辅相成，根据产品不同，传感器在可穿戴设备中起到的作用也不同。一般来说，传感器的高度集成与多元化测量，能够为可穿戴设备集成更多的监测功能；传感器的新材料开发与应用，柔性可穿戴传感器的研发能够提高可穿戴设备的易佩戴性；传感器的功耗降低也能够提升可穿戴设备的续航能力。图 3-5 所示为智能手表及其传感器。

图 3-5　智能手表及其传感器

传感器的体积、质量、功耗、可靠性、稳定性等对可穿戴设备的用户体验、穿戴舒适度等有十分重要的影响。而另一方面，可穿戴设备也对传感器的发展提出了更高的要求。可穿戴设备上的传感器在性能、功耗、体积等方面都与传统设备中的传感器有很大不同，主要体现在以下几方面。

（1）高度集成与多元化测量。可穿戴设备的功能不断增加，就需要集成更多的传感器，但是可穿戴设备的体积有限，如何在保证体积不变的情况下增加传感器呢？这就要求传感器高度集成。

（2）降低传感器功耗，提高续航能力。提高产品续航能力和研发低能耗产品，关键技术主要在于提高电池能量密度和环境能量获取能力。但是，在电池技术获得新的突破之前，可穿戴设备只能通过降低传感器功耗等途径来增加续航能力。

（3）为了提高用户体验，可穿戴设备对传感器的敏感度、响应时间都有严格要求，对其性能的提升速度也提出了更高的要求。

通过 SiP 技术小型化、低功耗、高性能的特点，可以很好地满足上述三方面要求。

此外，在越来越多的便携式电子产品（如手机、导航仪、数码相机等）中，基本都集成有传感器，如指纹识别传感器、CMOS 成像传感器、MEMS 传感器等。SiP 在这些应用中以尺寸小、成本低和便于集成等特性，对于传感器的成功与否十分关键。

目前较好的 CMOS 成像传感器，在一个单独的传感器芯片上可以达到上千万像素。

如果想要缩小 CMOS 成像传感器的体积并降低成本，要求能够简单地将此照相模块直接插入 PCB 主板，可以采用 SiP 技术将透镜组合集成到标准的封装内，实现传感器芯片和透镜组合之间的精密对准和安装，并简化透镜焦距的调整工作。此外，还可以将驱动器 IC 和其他的无源元器件一起安装在 SiP 基板的底部，再增加一个柔性连接器就可以很容易将其安装到 PCB 主板中。

3．SiP 在计算机和互联网领域的应用

在计算机、互联网的许多应用中要求将微处理器 ASIC 和存储器集成在一起。这些高速数字器件一般采用 SiP 技术集成。

在互联网路由器的分组交换应用装置中，通常有大规模的 ASIC，需要和多达 8～16 个 SDRAM 器件进行通信。按照传统的设计方法，ASIC 封装在独自的 BGA 封装内，而存储器一般采用标准的 TSOP 封装，这些存储器围绕着 ASIC，一起安装在 PCB 主板上。此外，还有大约上百个无源元器件也一同被安装在 PCB 主板上，形成完整的子系统。这种解决方式占用了相当大的主板面积。同时，整个子系统的信号完整性问题、存储器与 ASIC 之间通信时序等问题都需要在主板设计阶段来解决。随着系统复杂性日益增加，主板的复杂程度与成本也越来越难以控制。

针对上述情况，采用 SiP 解决方案将 ASIC 按照通常的倒装芯片方法安装在 SiP 基板上，存储器采用 FBGA（Fine-Pitch Ball Grid Array）或 CSP 封装，然后采用常规的 SMT 技术将存储器安装在 ASIC 周围的 SiP 基板上，去耦电容器以及其他的无源元器件也同样被安装在 SiP 基板上。由于 ASIC 与存储器之间的连线都在 SiP 基板上解决了，PCB 主板的复杂程度明显降低，导电层数减少，主板的成本也明显降低。

此外，SiP 作为系统中的一个单独的功能模块，可以很方便地被安置在一系列产品中的其他 PCB 或者整机系统中，这提高了系统的复用性。

4．SiP 在航空航天和军工领域的应用

得益于 SiP 的小型化、低功耗和高性能的特性，美国国家航空航天局（NASA），欧洲太空总署（ESA）已经采用 SiP 技术多年，在高精尖产品中都采用了 SiP 技术。目前行业内领先的航空航天和军工领域的研究所都开始积极应用 SiP 技术。

SiP 技术除了可以大大缩小电子产品的体积，也能大幅度提升产品的性能，并在一定程度上降低电子产品的功耗。

应用于高速数字产品中的 SiP 技术可以提高系统的性能。随着开关速度的提高，芯片内核心区电压的降低，噪声成为器件性能的主要限制性因素。按照传统的方法在 PCB 主板上安置无源元器件解决信号完整性问题已经无济于事。对于采用标准引线键合的 SiP 封装，可以在标准 BGA 封装内添加去耦电容器或者安装终端电阻以改进器件的性能，减少地线的反弹，从而减少位错率。

系统设计人员能够将一个完整子系统，包括一组芯片和所有其他无源元器件安装在一个

SiP 内。使用一个 SiP 封装代替所有其他的单个封装，缩小了系统体积，节约了系统总成本，同时也提高了系统性能。

在 SiP 中，利用先进的互联技术可以将芯片进行堆叠封装。例如，某电子子系统的芯片集共包含 4 个芯片，以及 10 多个无源元器件。这个完整的子系统可以整个安装在一个边长为 35mm 的 SiP 内；如果再将多个芯片叠加起来，可以进一步采用更小尺寸的 25mm 边长的 SiP 封装。这样不但降低了成本，还减少了占用的主板面积，缩小了整个系统的体积。

5. SiP 应用领域小结

综上所述，SiP 系统级封装作为当前先进的封装技术之一，在小型化、低功耗、高性能以及低成本等方面的优势令广大芯片和系统厂商受益，特别是对轻薄化设计要求非常高的方案更是一种福音。

在智能手机、可穿戴设备及传感器、计算机及互联网、航空航天等高科技领域，SiP 技术受到越来越多的青睐。

为什么 SiP 技术受到的关注度越来越高呢？因为相对而言，芯片如果单独封装，会占据较大的 PCB 安装空间，而采用 SiP 三维封装技术可以有效减小封装面积，提高基板利用率，有效提高系统的功能密度。此外，将芯片共同封装在一个 SiP 中，也有利于提高芯片之间高速信号的传输质量。

SiP 技术本身采用的大都是成熟的封测工艺，所以风险相对较小，其关键是提出并应用完善 SiP 的解决方案，这个需要芯片厂商、封测厂商和系统厂商协作来完成。

对于封测厂而言，随着 SiP 的需求量日益增多，为了赢得客户，主要需要做到以下 3 点：

一是掌握最新的 SiP 封装新技术，这从部分封测厂的并购中可以获悉。

二是协调多方资源，比如一款为华为智能手机设计并生产的采用 SiP 封装的解决方案，用到了高通的处理芯片和三星的内存，就需要协调包括华为、高通、三星多方面的资源，设计并生产出最佳的 SiP 产品。

三是提升系统整合能力，增强 SiP 的设计和仿真能力，目前在封测厂商的所有产品中 SiP 的占比还不是很大，封测厂本身的 SiP 设计和仿真也相对较弱，需要紧随技术的发展不断提升，才能争取到更多的客户。

SiP 系统级封装的技术含量有高有低，需要具备 Wire Bonding、Flip Chip、PoP、TSV、RDL、Fan-in、Fan-Out、C2W（Chip to Wafer）、W2W（Wafer to Wafer） 等多种封装技术手段，同时具有设计仿真多种技术能力，才能支撑高端 SiP 技术研发和产业化。因此，提高封装技术水平、具备多种技术的能力是获得订单的重要手段。

日益激烈的市场竞争促使封测企业试图进一步做大做强，而通过并购实现先进封装量产化的跨越发展，这是集团化的趋势出现的主要原因。具体而言，没有规模化就没有足够的竞争优势，也就没有足够的研发资源，高端封装研发和产业化所需的大量资金也都无法得到保证。封装厂必须掌握最新的 SiP 封装新技术才能赢得更多的客户，而这也促使行业并购整合的进程加剧。从当前的封测发展格局来看，封测企业集团化的趋势愈发明显，这给半导体产业链带来不小的影响。

封测企业集团化是大势所趋，这样更能集中资源优化产业效率，同时也实现了技术和客户共享。因为合并后能给客户更强大的封测技术支撑，获得一站式的解决方案；另一方面，封测厂商减少了会给客户增加一些成本及供应链上的风险，但总体来看利大于弊。

从全球封测竞争格局来看，封测并购整合形成的集团化趋势日渐明显，这些并购整合，最终为半导体业技术革新带来真正的推动力。

3.1.5 SiP 工艺和材料的选择

对于一个新的 SiP 产品或者项目，设计者首先需要了解的就是采用什么样的工艺和材料来实现 SiP 产品，不同的选择会带来哪些不同，成本、周期有多大的区别。这是我在和用户进行项目探讨的时候，发现用户最需要了解的，下面就进行详细阐述。

SiP 产品按工艺或材料通常主要分为三种类型：塑料封装 SiP、陶瓷封装 SiP 和金属封装 SiP，其他的封装类型基本都可以归到这三类里面。

1. 塑料封装 SiP

塑料封装 SiP 通常称为塑封 SiP，其显著的特点就是采用了有机基板，所以塑封 SiP 也称有机封装 SiP。

塑封 SiP 主要应用于商业级产品，具有低成本优势，但在芯片散热、稳定性、气密性方面相对较差。其主要特点总结如下：

- 密封性稍差，无法阻挡湿气和腐蚀性气体对芯片的腐蚀；
- 不容易拆解，模封灌胶后，几乎无法打开，强行打开会损坏芯片；
- 散热性能较差，因为有机基板和模封胶的传热系数低；
- 工作温度范围小，一般工作温度范围为 0～+70℃，工业级产品的工作温度的是 −40～+85℃；
- 生产周期短，一般生产周期为 2～3 个月；
- 价格便宜，成本低廉，一次打样需要人民币 10 万元；
- 适合大批生产，在商业领域得到广泛的应用。

塑封 SiP 一般采用有机基板对芯片进行互连和承载，然后通过模封灌胶（Molding）的方式对芯片进行加固和密封，塑封 SiP 的基本结构示意图如图 3-6 所示。

图 3-6 塑封 SiP 的基本结构示意图

2. 陶瓷封装 SiP

陶瓷封装 SiP 通常被称为陶封 SiP，其显著的特点是采用了陶瓷基板，并且陶封 SiP 的基板和外壳是一体化的。

陶封 SiP 多用于工业级产品和航空航天、军工等领域的产品，其散热优良，气密性好、可靠性高。同时，陶瓷具有可拆解的优势，便于故障查找和问题“归零”。其主要特点总结如下：

- 密封性好、气密性好，可以阻挡湿气和腐蚀性气体；
- 散热性能好，陶瓷基板外壳的热传导系数比较大，利于芯片散热；

- 对极限温度的抵抗性好，陶封 SiP 工作温度可达到军品要求，−55～+150℃；
- 容易拆解，便于问题分析，陶瓷封装体内部芯片都处于真空裸露状态；
- 相对于金属封装而言体积小，适合大规模复杂芯片；
- 相对于塑封而言质量大，有时需要在 PCB 板上特别加固；
- 生产周期长，一般生产周期 6～8 个月；
- 价格高，一次打样需要人民币 40～100 万元；
- 适合军工和航空航天应用，目前在全球军工和航空航天领域应用普遍。

陶瓷封装 SiP 一般采用 HTCC 陶瓷基板对芯片进行互联和承载，其外壳和基板通常为一体化结构，结构多采用腔体结构，用可伐合金焊接密封，密封腔内抽真空或者充氮气。对于有些大功率的倒装焊器件，通常放置于密封腔之外，便于外接热沉，陶封 SiP 的基本结构示意图如图 3-7 所示。

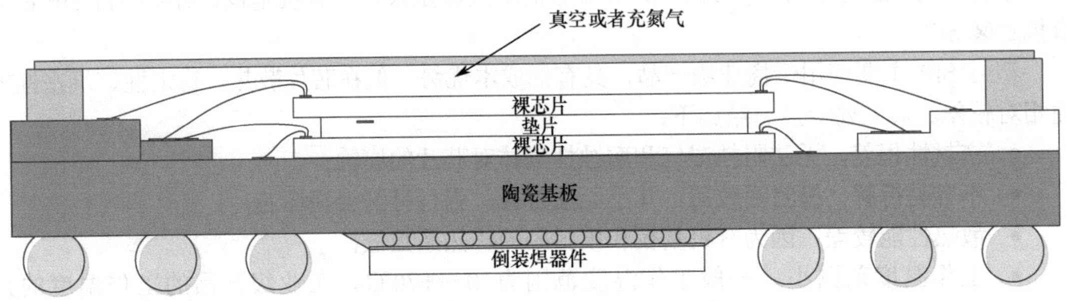

图 3-7　陶封 SiP 的基本结构示意图

3．金属封装 SiP

金属封装 SiP 和陶瓷封装 SiP 类似，多用于工业级产品和航空航天、军工等领域的产品，其气密性好、可靠性高，散热性能优良。金属封装也可拆解，便于故障查找和问题“归零”。其主要特点总结如下：

- 金属封装密封性好，气密性好，可以阻挡湿气和腐蚀性气体；
- 散热性能好，对极限温度的抵抗性高；
- 容易拆解，开盖后即可直接看到内部裸芯片；
- 体积较大、质量大、扇出引脚较少，不太适合复杂芯片；
- 通常用在 MCM 领域、射频微波和模拟 SiP 领域；
- 生产周期较长，一般生产周期为 4～6 个月；
- 价格较高，一次打样需要人民币 30～80 万元；
- 比较适合军工和航空航天应用。

金属封装 SiP 一般采用低温共烧陶瓷（Low Temperature Co-fired Ceramic，LTCC）、厚膜或者薄膜陶瓷基板对芯片进行互连和承载。

金属封装与陶瓷封装的基板外壳一体化结构不同，金属封装 SiP 的基板和外壳是独立设计和加工的，采用黏结法将基板固定到金属外壳上，电气上采用键合线与外部引脚连接，金属壳体采用气密性设计，内部抽真空或者充氮气。金属封装 SiP 的基本结构示意图如图 3-8 所示。

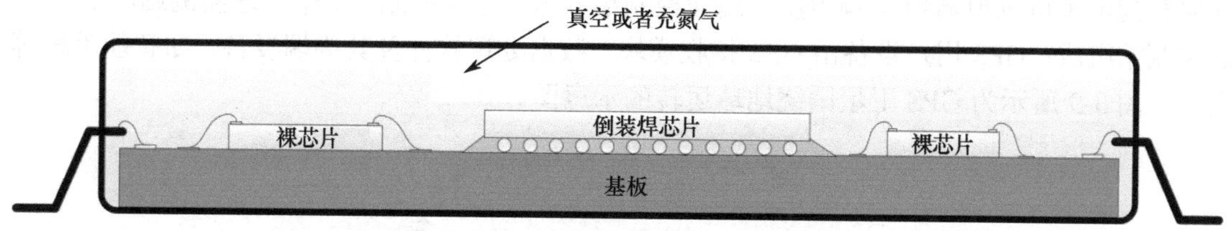

图 3-8 金属封装 SiP 的基本结构示意图

设计者需要结合实际情况，确定选择什么样的工艺和材料来完成自己的 SiP 项目和产品。每种类型的 SiP 产品都有其特点和优势，需要设计者根据项目的用途、项目周期、项目经费等情况进行合理选择。

3.2 微系统

3.2.1 自然系统和人造系统

系统是由相互作用、相互依赖的若干组成部分结合而成的具有特定功能的有机整体，并且这个有机整体又是其从属的更大系统的组成部分。

系统通常由若干功能单位组成，系统可大可小、可复杂可简单。在这里，我们把系统分为两类：自然系统和人造系统。

1. 自然系统

自然系统也叫天然系统，通常来说，自然系统是宇宙中亿万年来天然形成的各种自循环系统，如天体、地球、海洋、生态及生态系统、气象、各种生物等。

自然系统是一个高阶复杂的自平衡系统，如天体的运转、季节的周而复始、地球上动植物的生态循环，食物链系统、以及维持生命的各种系统都属于自然系统。

自然系统包括生态平衡系统、生命机体系统、天体系统、物质微观结构系统等，系统内的个体按自然法则存在或演变，产生或形成一种自然现象与特征。

自然环境系统没有尽头，只有循环往复，并从一个层次发展到另一个层次。地球上所有生命赖以生存的自然系统是庞大而复杂的，是由各种自然力量彼此交错形成的。

自然系统可以小到一个原子，也可以大到整个宇宙。

2. 人造系统

人造系统是由于人类的参与而形成的系统，如 GPS、宇宙飞船、人造卫星、飞机、汽车、轮船、机械设备等。人造系统与自然系统之间存在着界面，两者互相影响和渗透。

原始人类对自然系统的影响不大，近几百年来随着科学技术的快速发展，人造系统对自然系统的影响越来越大。下面介绍最为典型的人造系统：GPS。

GPS 即全球定位系统（Global Positioning System），又称全球卫星定位系统，是美国从 20 世纪 70 年代开始研制，历时 20 余年，耗资 300 亿美元，于 1994 年全面建成。GPS 系统包括三大部分：空间部分——GPS 星座，是由 24 颗卫星组成的星座，其中 21 颗是工作卫星，3 颗是备份卫星；地面控制部分——地面监控系统；用户设备部分——GPS 信号接收机。

24 颗卫星均匀分布在 6 个轨道平面内，卫星的平均高度为 20200 km，在全球任何地点、任何时刻至少可以观测到 4 颗卫星；地面控制部分由一个主控站、5 个全球监测站和 3 个地面控制站组成；GPS 用户设备由 GPS 接收模块、数据处理软件及其终端设备，如智能手机等组成。图 3-9 所示为 GPS 卫星围绕地球运转的示意图。

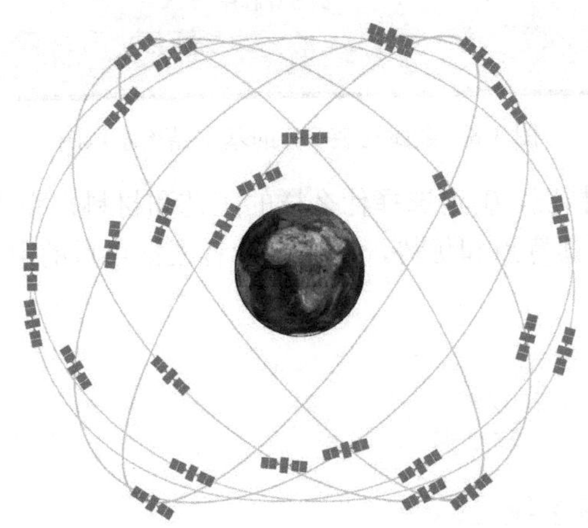

图 3-9　GPS 全球卫星定位系统示意图

科技的快速发展，人造系统能既造福于人类，也可能危害自然系统，甚至带来灾难。所以，人造系统和自然系统的和谐共处也受到人们越来越多的关注。

人造系统和自然系统也会结合在一起形成复合系统，复合系统是一个动态复杂系统，人造系统通常是复合系统的部分或者要素，而自然系统常常是复合系统的最上一级。

银河系是一个系统，太阳系是一个系统，地球是一个系统，这些都属于自然系统。

GPS 是一个系统，卫星是一个系统，有效载荷是一个系统，一块 PCB 是一个系统，一个 SiP 是一个系统，一颗 SoC 也是一个系统，这些都属于人造系统。

3.2.2　系统的定义和特征

本书研究的主要对象是人造系统，因此，在后面的描述中所提到的系统皆指人造系统。

1. 系统的定义

系统是指能够完成一种或者几种功能的，组合在一起的结构，是将零散的东西进行有序的整理、编排形成的整体。系统是由相互作用、相互依赖的若干组成部分结合而成的，具有特定功能的有机整体，而且这个有机整体又是更大系统的组成部分。

2. 系统的特征

系统主要具有六大特征，如图 3-10 所示。

下面分别解释系统的六大特征，并对应 SiP 做简单阐述。

（1）集合性，系统至少是由两个或两个以上可以相互区别的要素组成的，单个要素不能构成系统。对应到 SiP 上，表明 SiP 内包含至少两个以上的裸芯片，以及数量不一的无源元器件。

（2）相关性，系统内的要素相互依存、相互制约、相互作用而形成了一个相互关联的整体，某个要素发生了变化，其他要素也随之变化，并引起系统变化。对应到 SiP 上，一个芯片的状态发生变化，其他芯片都会有相应的调整，才能满足 SiP 定义的功能，一个芯片失效，整个 SiP 的功能失效或者部分功能缺失。所以在设计 SiP 时，在满足功能的前提下要尽可能简单，用最少的芯片实现 SiP 的功能，否则，其中一个芯片失效了，其他已知好芯片（Known Good Die，KGD）往往也就跟着“陪葬”了。

图 3-10　系统的六大特征

（3）目的性，系统都具有明确目的，即系统表现出的特定功能。这种目的必须是系统的整体目的，不是构成系统要素或子系统的局部目的，一个系统可能有多重目的性。对应到 SiP 上，就涉及 SiP 功能的定义，如果有明确的应用目的，SiP 的功能定义就容易明确，应当避免目的不明确而将功能定义得含糊，从而增加 SiP 设计实现的难度。

（4）层次性，一个复杂的系统由多个子系统组成，子系统可能又分成多个更小的子系统，而这个系统本身又是一个更大系统的组成部分，系统是有层次的。系统的结构与功能都是指相应层次上的结构与功能。对应到 SiP 上，SiP 应该属于一个复杂系统的子系统，同时 SiP 中还会包含更小的系统，例如一个 SiP 中可能包含一个或者多个 SoC。

（5）环境性，也称环境适应性，系统所具有的随外部环境变化相应进行自我调节，以适应新环境的能力。系统必须在环境变化时对自身功能做出相应调整。没有环境适应性的系统是没有生命力的。对应到 SiP 上，在设计 SiP 时，应当考虑到环境的变化对 SiP 产品的影响，考虑到 SiP 可能的应用领域以及 SiP 产品的生命周期。

（6）动态性，系统的生命周期所体现出的系统本身也处在孕育、产生、发展、衰退、湮灭的变化过程中。对应到 SiP 上，同样存在 SiP 产品构思、规划、设计、生产、测试、推广、应用、更新换代等过程。

3.2.3　微系统的新定义

1．微系统的传统定义

微系统通常是指在很小的尺度内实现的系统，这个尺度通常指在一个芯片内部或者一个封装的内部。在传统意义上，微系统通常和微电子机械系统（Micro Electro Mechanical System，MEMS）联系在一起，常见的应用包括各种传感器、微电机、微泵等。

微系统技术是由集成电路技术发展而来的，集成电路技术可以说是微系统技术的起点。图 3-11 所示为采用集成电路技术加工的微系统。

随着技术发展，微系统技术研究进入一个突飞猛进、日新月异的发展阶段，光学微系统技术、生物微系统技术也都发展迅速。

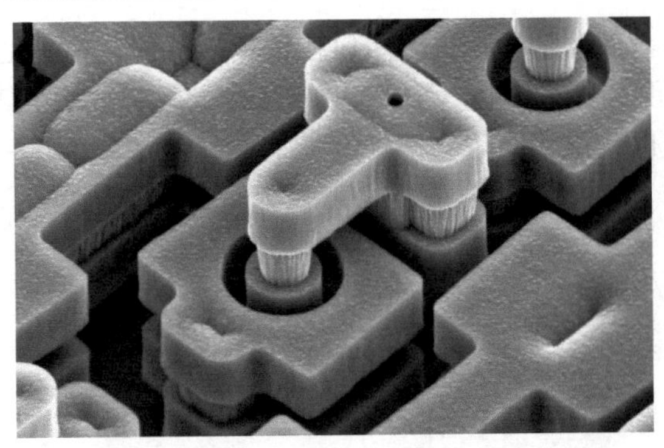

图 3-11　采用集成电路技术加工的微系统

微系统技术开始主要是对微结构的零散研究，到如今已经是百花齐放。例如，人们开发了硅各向异性腐蚀技术，并将其用于在平面硅衬底上加工三维结构；利用集成电路的加工技术制造微系统技术器件，如悬臂梁、麦克风、加速度传感器、微机械陀螺等部件；利用 MEMS 技术加工的微机械结构，如弹簧、传动机械和曲柄、集成惯性传感器等；利用光学微系统技术加工的自适应光学系统、可调滤波器、气体光谱分析仪等；利用生物微系统技术加工的人工视网膜、人工耳蜗、嵌入生理传感器，以及含有传感器的智能手术工具等。

2．微系统的新定义

自 SoC、SiP 技术出现后，微系统的定义逐渐发生了一些变化，由原来的偏重于 MEMS，微机械结构等专用的领域，逐渐扩展到更为通用的领域，其尺度也扩展到了 SiP 系统级封装的尺度。

现在，我们可以这样定义：封装在一个 SiP 内的系统可以称之为微系统，其中可包含电子元器件（裸芯片、电阻、电容、电感等）、MEMS、光学器件、传感器、陀螺等。

目前来说，大多数的 SiP 内封装的是纯电子系统，我们可称之为电子微系统，随着技术的发展以及需求的不断增加，SiP 内部封装的系统会逐渐从电子微系统转向混合微系统，在电子器件的基础上，纳入光学器件、传感器、微机械结构、微泵等。

可以说，目前 SiP 是实现微系统的重要载体，也是目前实现微系统的最佳途径。在 SiP 的基础上更易实现微系统的小型化、低功耗、高性能，以及灵活性、多样性的特点，并在一定程度上能降低成本、缩短研发周期。所以，SiP 的设计需要从微系统的角度着手，而微系统则需要通过 SiP 技术来实现。

第 4 章　从 2D 到 4D 集成技术

关键词：集成，集成的尺度，IC 内部的集成，封装内部的集成，一步集成，两步集成，2D 集成，2D+集成，2.5D 集成，3D 集成，4D 集成，腔体集成，平面集成，集成技术总结

4.1　集成技术的发展

集成（integration）就是将孤立的元素通过特定的方式改变其原有的分散状态，将其组合在一起，并产生相互联系，从而构成一个有机整体的过程。当这个有机整体可以被称为系统时，集成也被称为系统集成。因此，集成是构建系统的必要手段。

4.1.1　集成的尺度

对于电子系统来说，可以按照尺度对集成进行分类。

从芯片内部的集成到封装内部的集成，再到 PCB 板级集成，可以按照其常用度量单位及其包含的主要元素的尺度来定义。

- 纳米级集成（Nano-scale Integration）：IC 中的集成主要以 nm 作为度量单位，并且其包含的晶体管的尺度为纳米级，我们称之为纳米级集成；
- 微米级集成（Micron-scale Integration）：SiP 或者先进封装中的集成主要以 um 作为度量单位，并且内部包含的裸芯片、键合线、重新布线层（Redistribution Layer，RDL）、硅通孔（Through Silicon Via，TSV）的尺度通常为微米级，我们称之为微米级集成；
- 毫米级集成（Milli-scale Integration）：PCB 中的集成主要以 mm 作为度量单位，并且内部包含的元器件、引脚、布线和过孔的尺度通常为毫米级，我们称之为毫米级集成。

图 4-1 所示为集成的尺度示意图，可以看出 IC、SiP、PCB 三者尺度主要的分布区域。它们之间并非界限明确，有一些重叠。随着技术的发展，在某些领域三者甚至有融合的趋势。

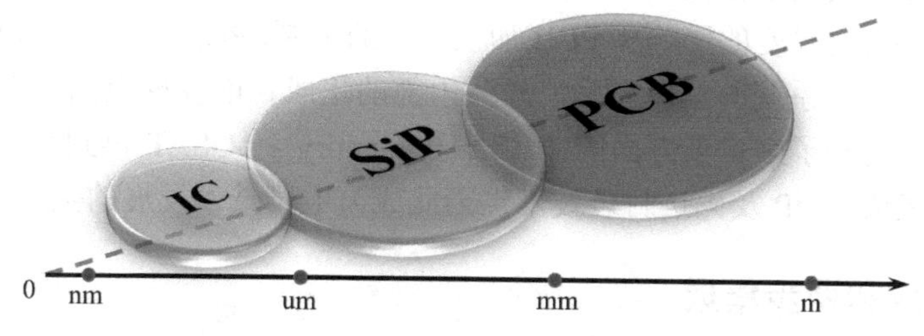

图 4-1　集成的尺度示意图

1．IC 内部的集成

IC 内部的集成从集成电路诞生就开始了，它一直基于 2D 平面集成技术，并逐渐从最初的毫米级发展到微米级，直到今天的纳米级集成。今天的集成电路可以在 1 mm^2 的面积上集成 1 亿个以上的晶体管，这些晶体管水平排列在硅基板上。虽然集成的密度越来越大，但直到今天，除 3D NAND Flash 之外，在 IC 内部的集成还是以 2D 集成为主。近些年随着 IC 工艺逐渐逼近物理极限，IC 上的集成也面临集成密度难以再提高的困境。

2．封装内的集成

封装内的集成开始于多芯片模块（Multi Chip Module，MCM），最初在封装内的集成均基于 2D 集成，所有的芯片和无源元器件均水平安装在一块基板上，随着 MCM 功能和性能需求的提升，以及芯片规模的不断增大，当原有的概念已经不再适用时，SiP 技术终于出现，并带有其独特优势：3D 集成技术。

最初的 3D 集成将不同功能的裸芯片从下至上堆在一起，再由两侧的键合线连接，最后以系统级封装的外观呈现。堆叠的方式包括金字塔型堆叠、悬臂型堆叠、并排堆叠等多种方式。

随后，出现了基于硅中介板（Interposer）的 3D 集成方式，在硅中介板上布线和打孔，并在其上方安装芯片，与此同时，在芯片上直接打孔和布线的 3D 集成方式也越来越普遍，为了便于区分，人们将在硅中介板上打孔的集成方式称为 2.5D IC，将在芯片上直接打孔的集成方式称为 3D IC，这种叫法虽然有其合理性，但也容易让人混淆，例如，很多人都会把基于 IC 制造工艺的 3D NAND Flash 和基于芯片堆叠的 NAND Flash 弄混，前者是在 IC 内部的 3D 集成，而后者是封装内部的 3D 集成。

随着封装内集成需求的多样化和灵活性，基于刚柔结合板或者基板折叠的集成技术也在很多领域得到了广泛的应用，我们又该如何将其与其他集成方式进行区分呢？

3．PCB 板级集成

印制电路板（Printed Circuit Board，PCB），是电子工业的重要部件之一。几乎每种电子设备，小到智能手环、遥控器、手机，大到计算机、无线通信设备、军用武器系统，任何设备，只要有集成电路等电子元器件，为了使各个元器件之间电气互连，都要使用 PCB 进行集成。

PCB 由绝缘底板、连接导线、过孔和装配焊接电子元器件的焊盘组成，具有导电线路和绝缘底板的双重作用。现代 PCB 具有良好的产品一致性，可以采用标准化设计，有利于在生产过程中实现机械化和自动化。目前，PCB 的品种已从单面板发展到双面板、多层板、HDI 高密度板、柔性板、刚柔结合板等。

由于受元器件封装尺度的影响和 PCB 加工工艺的限制，PCB 上的集成密度多年来变化不大。因此，要提升电子系统的集成密度，封装内部的集成目前发展空间最大，并且由于其集成方式的灵活性，受到了来自多方面的关注，从 Foundry 到 OSAT 再到系统厂商都积极研究并应用封装内的集成，SiP 及先进封装技术也因此成为电子技术发展的热点。

4.1.2　一步集成和两步集成

从前面的内容了解到，集成是电子技术的基础，也是实现微系统的基础。下面按照 4.1.1 节的分类方法，重点介绍目前主流的集成技术。

在介绍集成技术之前，先介绍一步集成和两步集成。

1．一步集成（One Step Integration）

在本书中，将在一套工艺流程中完成的集成定义为一步集成。

例如，集成电路裸芯片的生产就是一步集成。首先，在一个完整的晶圆上涂上光阻剂，通过掩模版，用紫外光照射晶圆，使得光线以特定的形状照射在晶圆上，将微电路的版图形状影印在晶圆上；然后，通过光刻过程生成电路图形，然后通过离子注入，改变这些地区硅的导电性，形成晶体管电路；最后，通过多层金属建立各种晶体管的互连，完成复杂的集成电路生产。整个过程可能需要两千多个步骤才能最终完成，但整个电路从开始到完成都没有离开晶圆本身，一般在一个 Foundry 中完成整个加工过程，所以我们称之为一步集成。

一步集成基本以 2D 集成为主，应用在集成电路制造上的绝大多数的 IC 制造属于 2D 一步集成，目前仅有 3D NAND Flash 属于 3D 一步集成。3D NAND 已经能做到 128 层甚至更高，其产量正在超越 2D NAND，而且层数还会进一步扩展，因此，3D NAND 能将摩尔定律很好地延续。随着技术的发展，当 3D 一步集成技术也能应用到其他的 IC 领域时，真正的 3D IC 时代就到来了。

2．两步集成（Two Steps Integration）

在本书中，将需要进行基板生产和组装两套工艺流程的集成定义为两步集成，常见的 SiP、所有带基板的封装、MCM、PCB 都属于两步集成。

在 SiP 的生产过程中，基板由专门的基板厂负责生产和测试，在基板生产完成后，再由封测厂商完成整个 SiP 的粘片、键合、焊接、封装、测试等流程。基板生产和封测通常是由不同的专业厂商，或者由不同的专业部门来完成的，所以我们称之为两步集成。

在下面介绍的封装内集成技术中，均是以基板作为集成的基础进行定义的，所以均属于两步集成的范畴。

4.1.3　封装内集成的分类命名

从传统意义上来讲，凡是有堆叠的集成都可以称为 3D 集成，无论此堆叠是位于芯片内部还是芯片外部，因为在 *Z* 轴上有了功能和信号的延伸。

由于封装内集成的多样性以及新技术的不断出现，人们在集成的定义上容易混淆。为了使读者对集成技术有更清晰的理解和深入的认识，笔者根据自己的经验，梳理了目前各种集成方式，并结合现有定义，对封装内集成技术进行了分类命名，如表 4-1 所示。

在进行集成技术分类时，遵循了两个标准：物理结构和电气互连。

表 4-1　封装内集成技术分类命名

位置	基板上集成					基板内集成	
类型	2D 集成	2D+集成	2.5D 集成	3D 集成	4D 集成	腔体集成	平面集成
描述	芯片平铺安装在基板上	芯片堆叠在基板上，通过键合线连接到基板	通过硅转接板集成	芯片直接通过 TSV 电气连接	通过基板折叠集成	通过将芯片部分或者全部嵌入基板的方式集成	通过材料生成平面无源元器件，并集成在基板
物理结构	平铺	堆叠	堆叠	堆叠	基板折叠	嵌入基板	嵌入基板
电气互连	通过基板	通过基板	硅转接板	芯片直连	通过基板	通过基板	通过基板

4.2 2D 集成技术

前提条件：以下定义均以基板的上表面安装元器件为准，对于基板下表面安装元器件的情况，只需将基板做镜像反转，即可采用同样的定义来判断。在后面描述的 2D 集成、2D+集成、2.5D 集成、3D 集成、4D 集成 5 种类别的定义中，均采用此前提条件。

4.2.1 2D 集成的定义

2D 集成又称平面集成，是指在基板的表面水平安装所有芯片和无源元器件的集成方式，如图 4-2 所示。

2D 集成的定义：以基板上表面的左下角为原点，基板上表面所处的平面为 *XY* 平面，基板法线为 *Z* 轴，创建坐标系。物理结构：所有芯片和无源元器件均安装在基板平面，芯片和无源元器件与 *XY* 平面直接接触，基板上的布线和过孔均位于 *XY* 平面下方。电气连接：均需要通过基板（除了极少数通过键合线直接连接的键合点）。

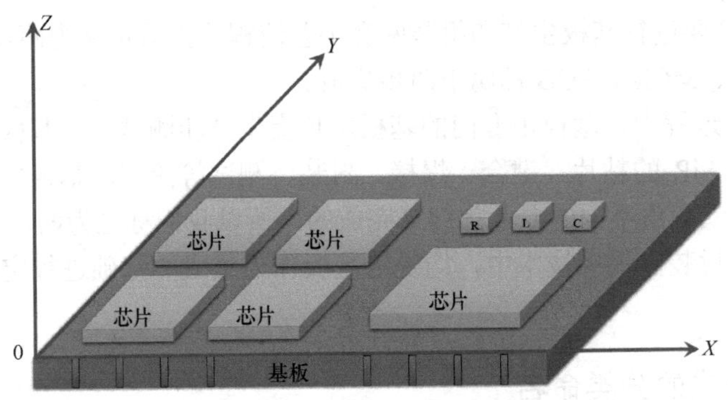

图 4-2　2D 集成定义示意图

4.2.2 2D 集成的应用

我们最常见的 2D 集成技术应用于 MCM、部分 SiP 以及 PCB 中。

1. MCM

MCM（多芯片模块）是将多个裸芯片高密度安装在同一基板上构成一个完整的部件。

在传统的封装领域，所有的封装都是面向元器件的，为芯片服务，起到保护芯片、尺度放大和电气连接的作用，是没有任何集成的概念的。随着 MCM 的兴起，封装中才有了集成的概念，封装也发生了本质的变化，MCM 将封装的概念由芯片转向模块、部件或者系统。

MCM 一般分为以下 3 种类型。

（1）MCM-L（Multi Chip Module-Laminate）是采用多层印制电路板制成的多芯片模块。MCM-L 制造工艺较为成熟，生产成本较低，因芯片的安装方式和基板的结构有限，高密度布线困难，因此，电性能相对较差，主要用于工作频率 30 MHz 以下的产品。

（2）MCM-C（Multi chip Module-Ceramic）是采用厚膜技术和高密度多层布线技术在陶瓷基板上制成的多芯片模块。MCM-C 主要用于工作频率 30 ~ 500 MHz 的高可靠性产品。

（3）MCM-D（Multi Chip Module-Deposited Thin Film）采用薄膜技术将金属材料淀积到

陶瓷或硅、铝基板上，光刻出信号线、电源线地线，并依次做成多层基板。主要用在工作频率 500 MHz 以上的高性能产品中，具有组装密度高、信号通道短、寄生效应小、噪声小等优点。

2．2D 集成的 SiP

2D 集成的 SiP，其工艺路线和 MCM 非常相似，与 MCM 主要的区别在于 2D 集成的 SiP 规模比 MCM 大，并且能够形成独立的系统，如图 4-3 所示。首先制作有机基板或者高密度陶瓷基板，然后在此基础上进行封装和测试。

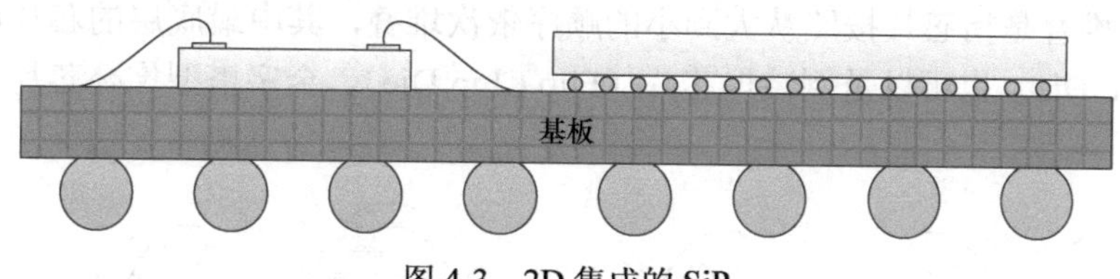

图 4-3　2D 集成的 SiP

4.3　2D+集成技术

4.3.1　2D+集成的定义

2D+集成指的是传统的通过键合线连接的芯片堆叠集成。也许会有人问，芯片堆叠不就是 3D 吗，为什么要定义为 2D+集成呢？主要有以下两点原因：①3D 集成目前在很大程度上特指通过 3D TSV 的集成，为了避免概念混淆，我们定义这种传统的芯片堆叠为 2D+集成；②虽然传统的通过键合线连接的芯片堆叠在物理结构上是 3D 的，但其电气互连均需要通过基板，即先通过键合线键合到基板，然后再在基板上进行电气互连。这一点与 2D 集成相同，但在 2D 集成的基础上改进了结构上的堆叠，能够节省封装的空间，因此称之为 2D+集成。

2D+集成定义示意图如图 4-4 所示，以基板上表面的左下角为原点，基板上表面所处的平面为 *XY* 平面，基板法线为 *Z* 轴，创建坐标系。所有芯片和无源元器件均位于 *XY* 平面上方，部分芯片不直接接触基板，基板上的布线和过孔均位于 *XY* 平面下方；2D+集成的电气连接均需要通过基板（除了极少数通过键合线直接连接的键合点）。

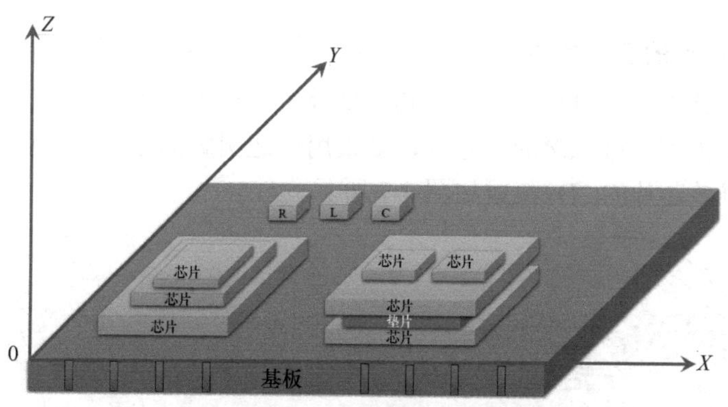

图 4-4　2D+集成定义示意图

2D+集成技术在水平表面安装芯片和无源元器件，在芯片的上方进行芯片堆叠，堆叠的方式主要有 3 种：金字塔型堆叠、悬臂型堆叠和并排堆叠。金字塔型堆叠芯片从大到小依次向上堆叠，中间无须插入介质，悬臂型堆叠则需要插入垫片（Spacer）垫高上层的芯片，从而方便下层芯片进行键合，并排堆叠是将多个小芯片并排堆叠在一颗大芯片上方。上层芯片的电气连接需要通过键合线连接到基板，最下层芯片则可采用键合线或倒装焊两种连接方式。

4.3.2 2D+集成的应用

1. 金字塔型堆叠芯片的 2D+集成

金字塔型堆叠是指芯片按照从大到小的顺序依次堆叠，其中最底层的芯片可以是键合芯片（Bond Wire Die）也可以是倒装焊芯片（Flip Chip Die），金字塔型堆叠芯片的 2D+集成如图 4-5 所示。

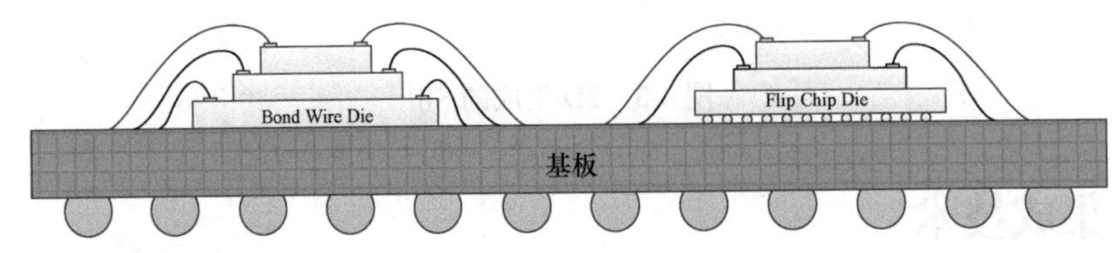

图 4-5 金字塔型堆叠芯片的 2D+集成

2. 悬臂型堆叠芯片的 2D+集成

在芯片堆叠设计中，经常需要将同样大小的芯片，或将不同形状的芯片进行堆叠，这时就不可避免地用到悬臂型堆叠，堆叠中须插入一定厚度的介质，用以垫高上层芯片，避免影响下层芯片的键合线。其加工方法则是从下往上，堆叠一层键合一层，然后再堆叠，再键合，以此类推，悬臂型堆叠芯片的 2D+集成如图 4-6 所示。

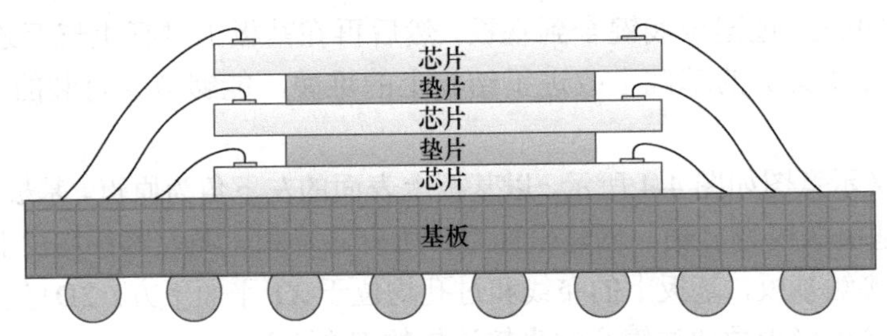

图 4-6 悬臂型堆叠芯片的 2D+集成

3. 并排堆叠芯片的 2D+集成

在芯片堆叠设计中，有时会将多个小芯片堆叠在一个大芯片的上方，并通过键合线与基板直接相连，对于上方并排堆叠的小芯片，多采用单边引脚的芯片，可以直接通过键合线连接到基板，并排堆叠芯片的 2D+集成如图 4-7 所示。

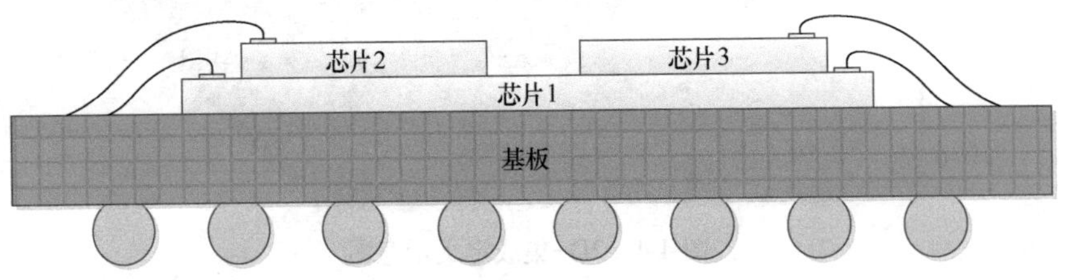

图 4-7 并排堆叠芯片的 2D+集成

4.4　2.5D 集成技术

4.4.1　2.5D 集成的定义

2.5D 顾名思义是介于 2D 和 3D 之间，通常是指既有 2D 的特点，又有部分 3D 特点的一种维度，现实中并不存在 2.5D 这种维度。

2.5D 集成定义示意图如图 4-8 所示。以基板上表面的左下角为原点，基板上表面所处的平面为 *XY* 平面，基板法线为 *Z* 轴，创建坐标系。物理结构：所有芯片和无源元器件均位于 *XY* 平面上方，至少有部分芯片和无源元器件安装在中介层上，在 *XY* 平面的上方有中介层的布线和过孔，在 *XY* 平面的下方有基板的布线和过孔。电气连接：中介层可提供位于中介层上的芯片的电气连接。

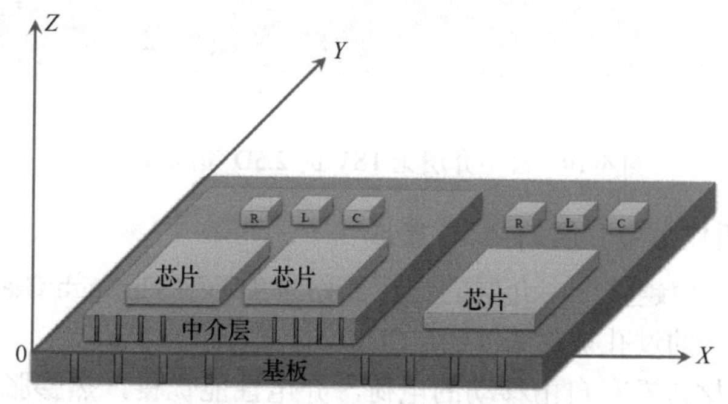

图 4-8　2.5D 集成定义示意图

2.5D 集成在芯片和基板之间插入中介层，中介层上面有布线和过孔，在中介层上安装芯片和无源元器件。此外，也可能会有部分芯片和无源元器件直接安装在基板上。

4.4.2　2.5D 集成的应用

2.5D 集成的关键在于中介层，一般会有几种情况：①中介层是否采用硅转接板；②中介层是否采用 TSV 技术；③采用其他材质的转接板作为中介层。在硅转接板上，穿越中介层的过孔被称为 TSV，在玻璃转接板穿越中介层的过孔被称为 TGV。

1. 硅中介层有 TSV 的 2.5D 集成

硅中介层有 TSV 的集成是最常见的一种 2.5D 集成技术，芯片通常通过 MicroBump 和中介层相连接，作为中介层的硅基板采用 Bump 和基板相连，硅基板表面通过 RDL 布线，TSV 作为硅基板上下表面电气连接的通道，这种 2.5D 集成适合芯片规模比较大，引脚密度高的情况，芯片一般以倒装焊形式安装在硅基板上。硅中介层有 TSV 的 2.5D 集成示意图如图 4-9 所示。

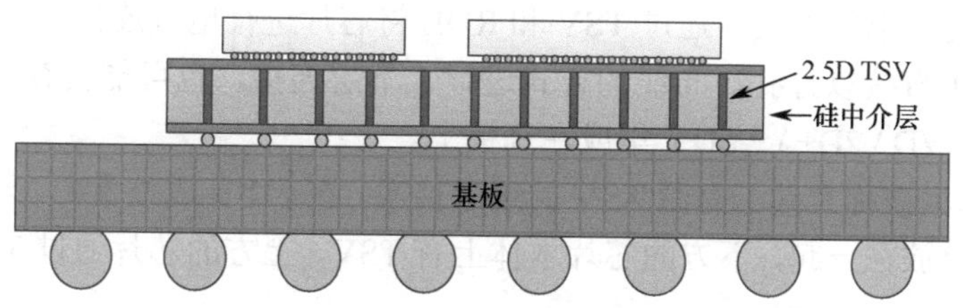

图 4-9　硅中介层有 TSV 的 2.5D 集成示意图

2. 硅中介层无 TSV 的 2.5D 集成

硅中介层无 TSV 的 2.5D 集成示意图如图 4-10 所示，有一个面积较大的裸芯片直接安装在基板上，该芯片和基板的连接可以采用键合线或倒装焊两种方式，大芯片上方面积较大，可以安装多个较小的裸芯片，但小芯片无法直接连接到基板上，需要插入一块中介层，在中介层上方安装多个裸芯片，中介层上有 RDL 布线，可将芯片的信号引出到中介层的边沿，然后通过键合线连接到基板。这类中介层通常不需要 TSV，只需要通过上表面的布线进行电气互连，利用硅基板的高密度特性，提高互联密度，硅基板上表面可进行多层布线（一般不大于 3 层），中介层采用键合线与封装基板连接。

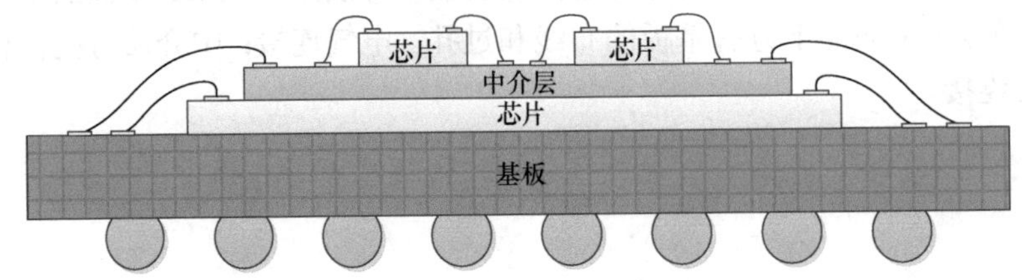

图 4-10　硅中介层无 TSV 的 2.5D 集成示意图

3. 采用其他材质作为中介层的 2.5D 集成

在玻璃转接板上，穿越整个中介层的过孔被称为 TGV（Through Glass Via），在陶瓷转接板上，穿越整个中介层的过孔被称为 TCV（Through Ceramic Via）。

玻璃材料和陶瓷材料没有自由移动的电荷，介电性能优良，热膨胀系数与硅接近，以玻璃或陶瓷材料替代硅材料技术可以避免 TSV 绝缘性不良的问题，是理想的 2.5D 集成解决方案。TGV、TCV 技术无须制作专门的绝缘层，降低了工艺复杂度和加工成本。

目前，TGV、TCV 及相关技术在光通信、射频、微波、微机电系统、微流体元器件的 2.5D 集成领域有广泛的应用前景。

4.5　3D 集成技术

4.5.1　3D 集成的定义

3D 集成和 2.5D 集成的主要区别在于，2.5D 集成是在中介层上进行打孔和布线的，而 3D 集成是直接在芯片上打孔和布线的，对上下层芯片进行电气连接。

3D 集成定义示意图如图 4-11 所示，以基板上表面的左下角为原点，基板上表面所处的平面为 *XY* 平面，基板法线为 *Z* 轴，创建坐标系。物理结构：所有芯片和无源元器件均位于 *XY* 平面上方，芯片堆叠在一起，在 *XY* 平面的上方有穿过芯片的 TSV，在 *XY* 平面的下方有基板的布线和过孔。电气连接：通过 TSV 和 RDL 将芯片进行电气连接。

除了在芯片上直接以打孔、布线的方式进行上下层连接，也可能会有部分芯片和无源元器件以其他方式（2D \ 2D+ \ 2.5D）集成在基板上。

3D 集成技术也被称为基于有源 TSV 的集成技术，在 3D 集成技术中，至少有一个裸芯片与另一个裸芯片叠放在一起，下方的芯片本体上有 TSV，上方的芯片通过 TSV 与下方芯片和封装基板通信。

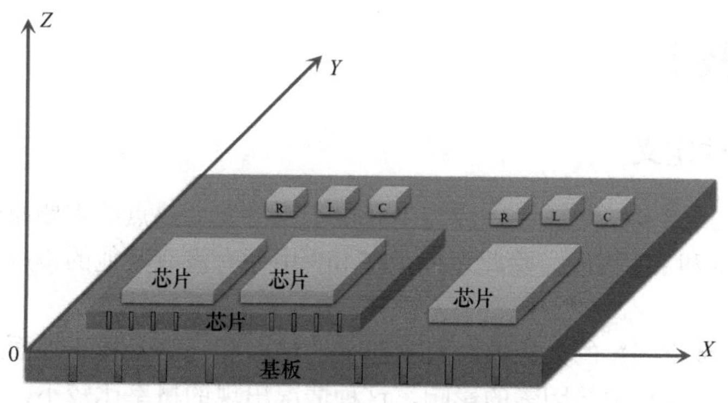

图 4-11　3D 集成定义示意图

4.5.2　3D 集成的应用

1. 同类芯片的 3D 集成

3D 集成多数应用于同类芯片堆叠中，多个相同的芯片垂直堆叠在一起，通过穿过芯片堆叠的 TSV 互连。同类芯片的 3D 集成示意图如图 4-12 所示。同类芯片集成大多应用于存储器集成中，如 DRAM Stack，Flash Stack 等。

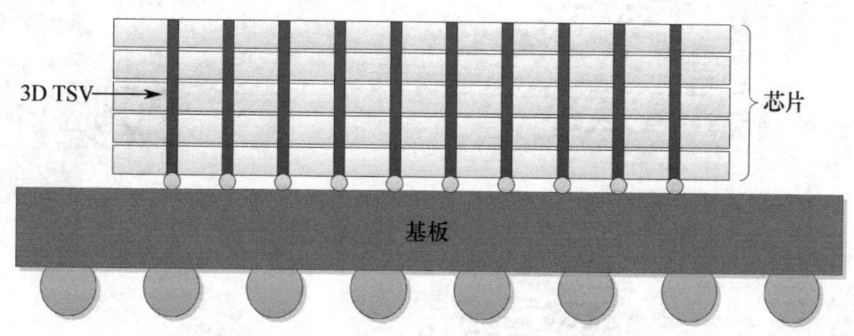

图 4-12　同类芯片的 3D 集成示意图

2. 不同类型芯片的 3D 集成

在不同类型芯片的 3D 集成中，一般将两种不同的芯片垂直堆叠，并通过 TSV 电气连接在一起，与下方的基板互连，有时候需要在芯片表面制作 RDL 来连接上下层的 TSV。不同类型芯片的 3D 集成示意图如图 4-13 所示，上层芯片通过穿越下层芯片的 TSV 进行互连，并与基板进行电气连接。

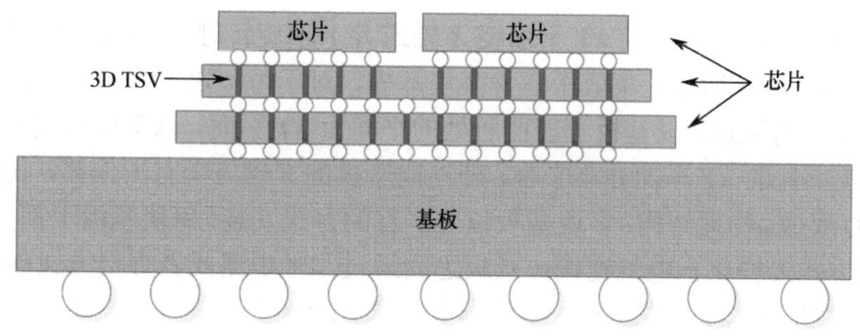

图 4-13　不同类型芯片的 3D 集成示意图

4.6 4D 集成技术

4.6.1 4D 集成的定义

封装内集成方式的多样性是 SiP 成为当今电子系统发展热点的重要原因，前面分别讲述了 2D、2D+、2.5D 和 3D 集成，除此之外，在 SiP 中还有没有其他的集成方式呢？如果有，又该如何命名呢？

看过电影《盗梦空间》的人应该对直立起来的地面和高高悬挂于地面之上的建筑印象深刻。在地球上，由于受重力等因素的影响，这种情况出现的概率比较小，然而，在未来的太空城，则有很大概率会出现空间折叠的城市风景。那时，我们的城市功能将会发生巨变。

在本书中，将图 4-14 所示的空间结构定义为“4D”空间。

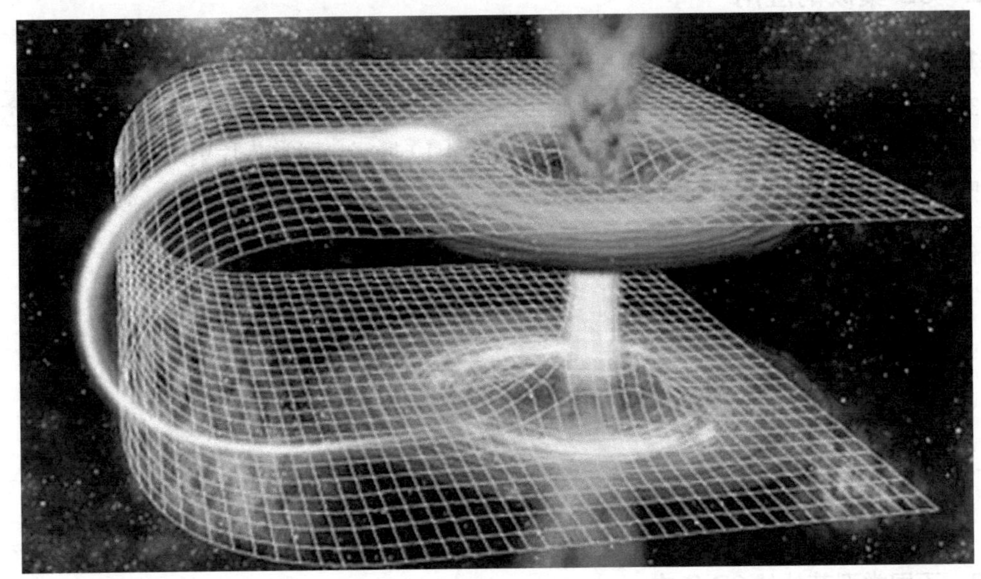

图 4-14 “4D”空间结构示意图

下面讨论 SiP 中的 4D 集成技术。

现有 SiP 中的集成技术包括 2D、2D+、2.5D 和 3D 集成，所有的芯片、中介层和基板在三维坐标系中，*Z* 轴均是竖直向上的，即所有的基板和芯片都是平行安装的。在 4D 集成中，这种情况会发生改变。

在传统的三维坐标系中，当 *XY* 平面绕 *X* 轴或者 *Y* 轴旋转时，*Z* 轴均会发生偏移。4D 集成定义示意图如图 4-15 所示。集成中包含多块基板，对于每一块基板分别创建坐标系，以基板上表面的左下角为原点，以基板上表面所处的平面为 *XY* 平面，以基板法线为 *Z* 轴，创建坐标系。不同基板所处的 *XY* 平面并不平行，即不同基板的 *Z* 轴方向有所偏移，我们可定义此类集成方式为 4D 集成。物理结构：多块基板以非平行的方式安装，每块基板上都安装有元器件，元器件的安装方式多样化。电气连接：基板之间通过柔性电路或者焊接方式连接，基板上芯片电气连接方式多样化。

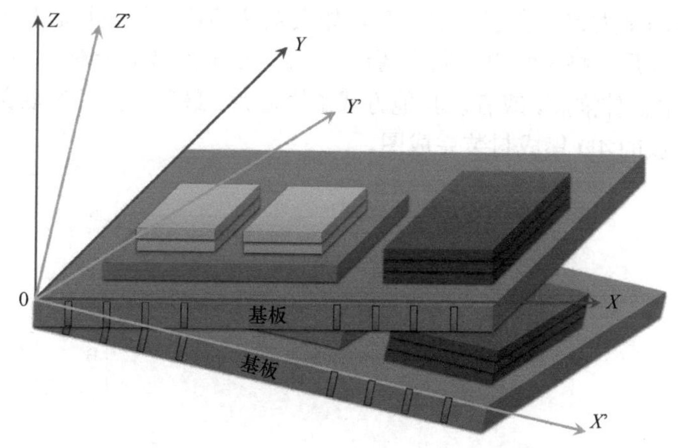

图 4-15　4D 集成定义示意图

4D 集成的定义主要是针对多块基板的方位和相互连接方式的，因此 4D 集成也包含 2D、2D+、2.5D、3D 的集成方式。

在实际应用中，我们通常以产品中所包含的最高维度的集成为其集成方式命名，例如，在一个 SiP 中既包含了 2.5D 集成，又包含了 3D 集成，那么通常称其为 3D 集成，以此类推。

4.6.2　4D 集成的应用

1．通过刚柔结合板实现 4D 集成

图 4-16 所示为基于刚柔结合板的 4D 集成封装展开图，图中 A、B、C、D、E、F 为刚性基板，共 6 块，这些刚性基板通过 5 个柔性电路连接起来。在 6 块刚性基板上均可安装芯片等元器件，柔性电路主要起到电气互连和物理连接的作用。有柔性电路连接的边做金属化处理，用于后期的焊接。

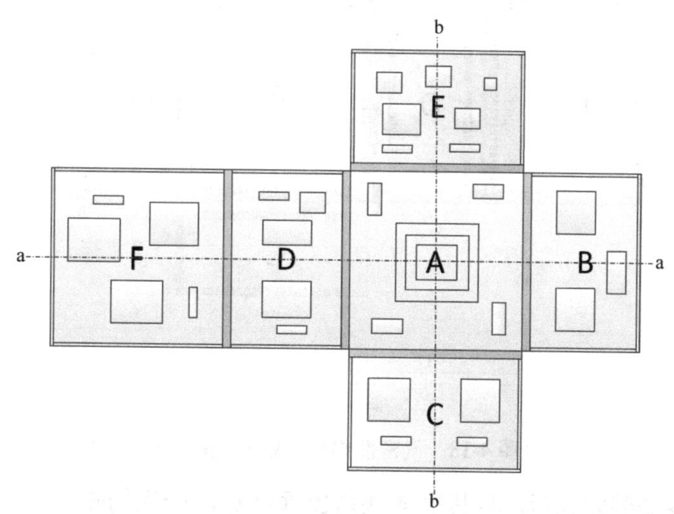

图 4-16　基于刚柔结合板的 4D 集成封装展开图

每块刚性基板上可安装元器件，安装元器件的原则是尽可能将高度大的元器件安装在基板中央位置，高度小的元器件可安装在基板外侧，避免与基板上的其他元器件产生干涉，每

块基板上的元器件高度大致呈金字塔型排布，如果是裸芯片，可进行芯片堆叠安装。

元器件安装完成后，将柔性电路向上弯曲 90 度，形成开放式盒体，并对刚性基板相邻的边进行焊接，然后给盒体灌胶，或者以其他方式加固芯片，最后密封并给底部植球，图 4-17 所示为基于刚柔结合板的 4D 集成封装完成图。

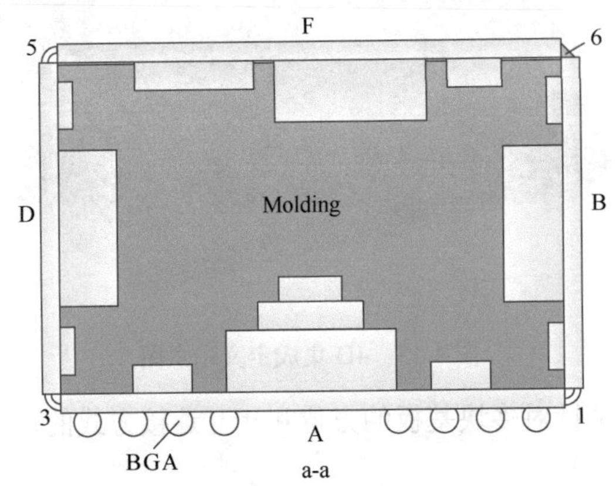

图 4-17　基于刚柔结合板的 4D 集成封装完成图

2. 通过陶瓷基板实现气密性 4D 集成

下面描述的 4D 集成结构，其封装基板采用了陶瓷基板，整个封装体包含 6 块陶瓷基板，每一块陶瓷基板上均可安装芯片等元器件，并设计了电气连接点，基板之间通过焊接进行物理和电气连接。气密性 4D 集成封装展开图如图 4-18 所示。

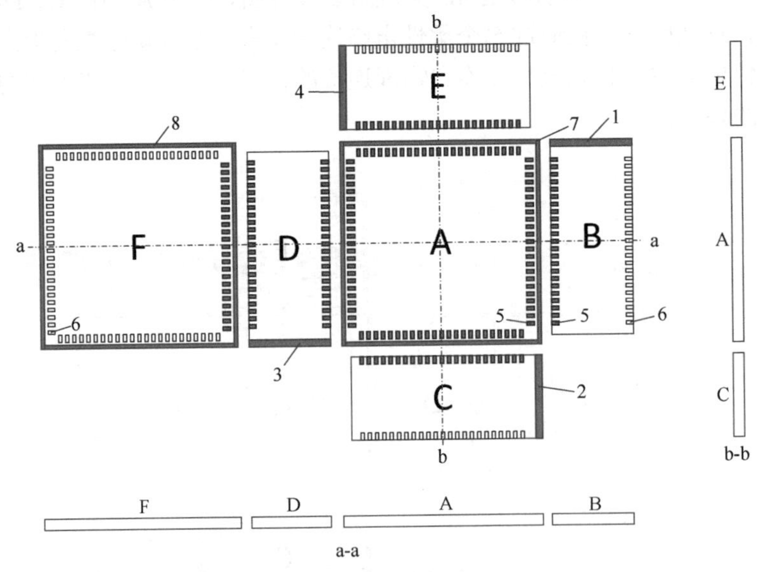

图 4-18　气密性 4D 集成封装展开图

在所有元器件安装完成后，将其中 4 块基板垂直安装并焊接成一个框式结构，然后将其他两块基板焊接到框式结构的上下两面，形成一个完整的封装体，因为对其接缝处设计了气密性焊接环，所以焊接完成后整个封装体内部和外部实现了气密性隔离。

该 4D 集成封装基板分为 6 块，在设计基板时可进行整体设计，也可对每块基板单独进行设计，在设计基板时需要重点考虑各个基板之间的电气连接点，同时在基板边缘做金属化处理，用于后期的气密性焊接。封装完成后，所有元器件位于封装体内部，与外部空间隔绝，气密性 4D 集成封装完成图如图 4-19 所示。

给 A 基板底部植球，用于 4D 集成封装和外部电气连接。如果有需求，也可以进行封装体堆叠，进一步增加空间的利用率。

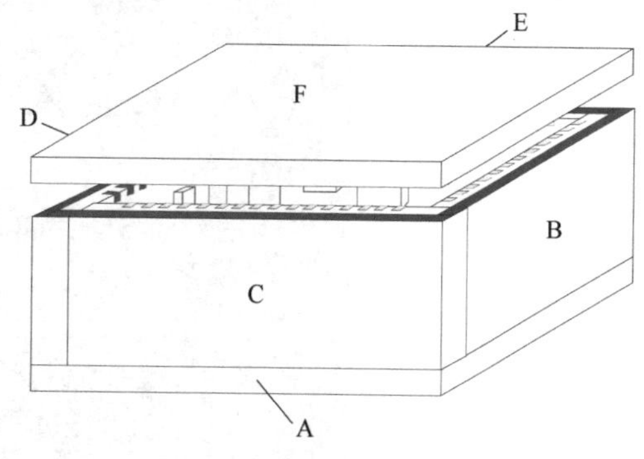

图 4-19　气密性 4D 集成封装完成图

4.6.3　4D 集成的意义

在严格的物理意义上来说，从现有的人类认知出发，所有的物体都是三维的，科幻作品中的“二向箔”并不存在，四维空间更有待考证。为了便于区分多种不同的集成方式，我们将集成方式分为 2D、2D+、2.5D、3D 和 4D 五种。

目前，在 SiP 中增加集成度主要采用平行堆叠的方式（2D+、2.5D、3D），包括芯片堆叠和基板堆叠等方式。平行堆叠方式目前应用比较普遍，在很大程度上提高了封装的集成度，但也有一些难以解决的问题。例如：①芯片堆叠中对芯片的尺寸、功耗等都有比较严格的要求；②基板堆叠中对上下基板的尺寸及引脚对位也有严格的要求；③互联的金属球或柱占用了大量的芯片安装空间；④散热问题也无法很好地解决。因此，实际项目应用有很大的局限性。另外，这种平行堆叠技术通常无法实现气密性封装，而这是航空航天、军工等很多领域特定应用的基本的要求。

通过 4D 集成技术可以解决平行三维堆叠所无法解决的问题，提供更多、更灵活的芯片安装空间，解决大功率芯片的散热问题，以及航空航天、军工等领域应用中十分重要的气密性问题。

4D 集成技术提升了集成的灵活性和多样化。展望未来，在 SiP 的集成方式中，4D 集成技术必将占有一席之地，并将成为继 2D、2D+、2.5D、3D 集成技术之后重要的集成技术。

4.7　腔体集成技术

4.7.1　腔体集成的定义

1. 什么是腔体？

腔体（Cavity）是在基板上开的一个孔槽，通常不会穿越所有的板层，在特殊情况下的通腔称为 Contour。腔体可以是开放式的，也可以是密封在内层空间的；腔体可以是单级腔体也可以是多级腔体，所谓多级腔体就是在一个腔体的内部再挖腔体，逐级缩小。如同城市中的下沉广场一样，底部区域供人们活动，台阶可以当看台。

图 4-20 所示为 SiP 设计中常见的腔体结构，在底部安装芯片，多级腔体的台阶上可以放置键合指（Bond Finger）。

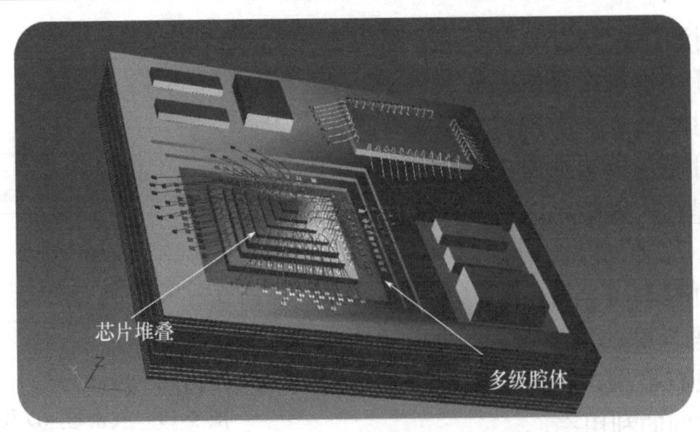

图 4-20 SiP 设计中常见的腔体结构

腔体作为陶瓷封装中最常见的一种基板工艺，受到越来越多的重视。目前，随着技术的发展，在许多塑封基板中也开始使用腔体，如最新的龙芯 CPU 塑封基板就采用了腔体结构。腔体是一种 3D 立体结构，为了真实地模拟腔体结构，需要设计软件支持 3D 立体结构设计。

2. 腔体的定义

图 4-21 为多级腔体的示意图，分别是 1～3 层、3～5 层和 5～7 层，这种台阶式多级腔体在陶瓷封装中比较常见，台阶上可以放置键合指。

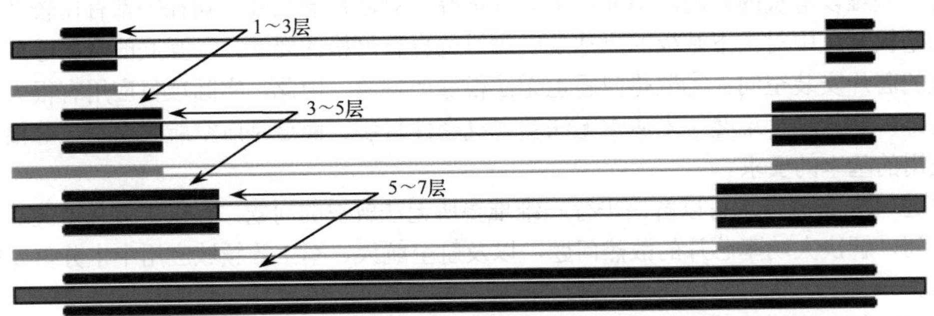

图 4-21 多级腔体的示意图

图 4-22 为埋入式腔体示意图，通过这种腔体可以实现芯片或者分立式无源元器件的嵌埋。

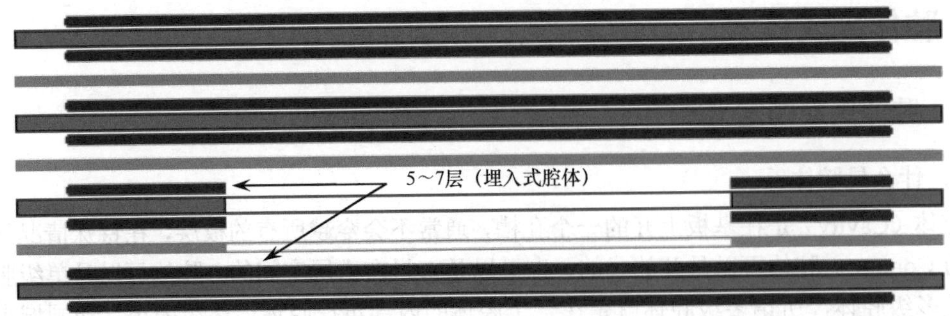

图 4-22 埋入式腔体示意图

4.7.2 腔体集成的应用

介绍完腔体的定义后，下面介绍腔体的应用。

1. 通过腔体结构提升键合线的稳定性

对于芯片堆叠或者复杂的芯片，常常要采用多层键合线，键合指的排列经常有 3～4 排，这样外层键合线就会很长，跨度很大，不利于键合线的稳定性，而腔体结构能有效改善这种问题，如图 4-23 所示。对比左右两侧可以看出，右侧腔体结构可以大大缩短键合线的长度，从而有效地提高键合线的稳定性。

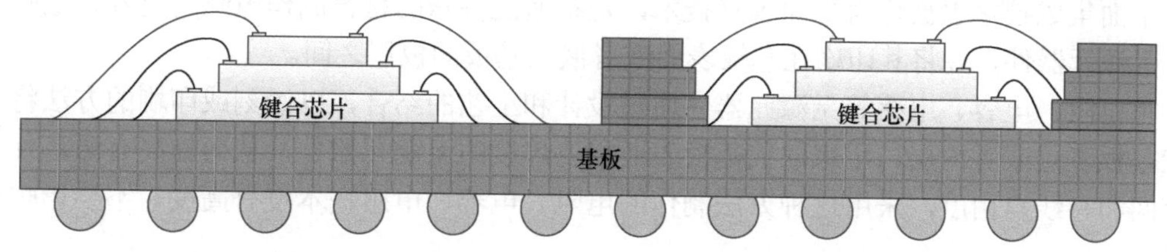

图 4-23 腔体结构能缩短键合线长度并提高其稳定性

2. 通过腔体结构增强陶瓷封装的气密性

采用腔体结构的陶瓷基板，芯片和键合线均位于腔体内部，只需要用密封盖板将 SiP 封装密封即可，如图 4-24（a）所示。如果无腔体结构，则需要专门焊接金属框架来抬高盖板的位置，这样就多了一道焊接工序，焊缝也需要经过严格考核才能达到气密性要求，如图 4-24（b）所示。

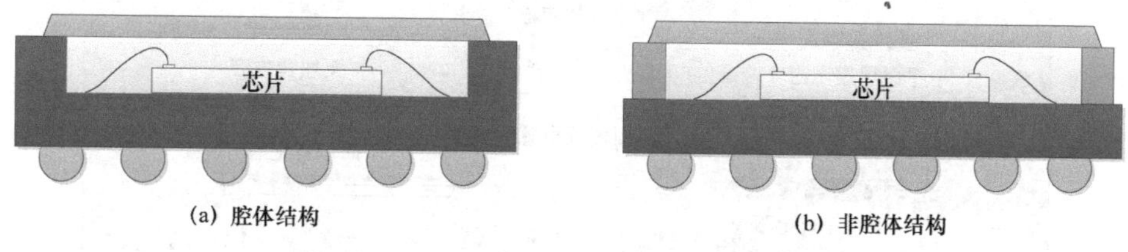

(a) 腔体结构 (b) 非腔体结构

图 4-24 腔体结构能增强陶瓷封装的气密性

3. 通过腔体双面安装元器件

目前 SiP 复杂程度很高，需要安装的元器件很多，在基板单面常常无法安装所有元器件，需要双面安装元器件，此时腔体结构就显得尤为重要。通过腔体可以将一部分芯片安装在 SiP 封装的底面，在封装底面外侧植上焊接球，通过腔体结构双面安装芯片如图 4-25 所示。

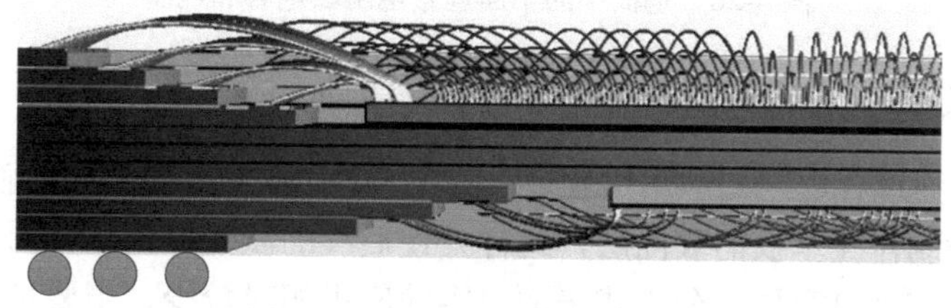

图 4-25 通过腔体结构双面安装芯片

如果没有腔体结构就很难在基板底面安装元器件；如果元器件只允许安装在基板的顶面，则不可避免要扩大封装的面积，设计的灵活性则会大打折扣，并且这与 SiP 小型化的概念背道而驰。

当然，凡事都有两面性，腔体也会给设计和生产带来不利的影响。例如，腔体增加了基板的复杂程度，对设计软件的要求也比较高，需要设计软件能很好地支持 3D 基板设计功能等。

4.8 平面集成技术

4.8.1 平面集成技术的定义

平面集成技术也被称为平面埋置技术，是指通过特殊的材料制作电阻、电容、电感等平面化无源元器件，并将其印刷在基板表面或者嵌入基板的板层之间。

将电阻、电容、电感等无源元器件通过设计和工艺的结合，以蚀刻或印刷的方法将其安装在基板表层或者内层，用来取代基板表面需要焊接的无源元器件，从而提高有源芯片的布局空间和布线自由度，采用这种方法制作的电阻、电容、电感基本没有高度，不会影响基板的厚度。

图 4-26 所示为基板中的平面埋置电阻、电容和电感。电阻通常为采用阻性材料制作的分立式平面电阻，电阻可分布于基板不同层的不同位置；电容则分为两种情况，一种为采用容性材料制作的分立式的平面电容，可分布于基板的不同层的不同位置，另一种是将电容材料作为介质形成整个电容层；电感则通过特殊的线圈图形来实现，电感可能跨越多个板层，中间通过过孔连接。

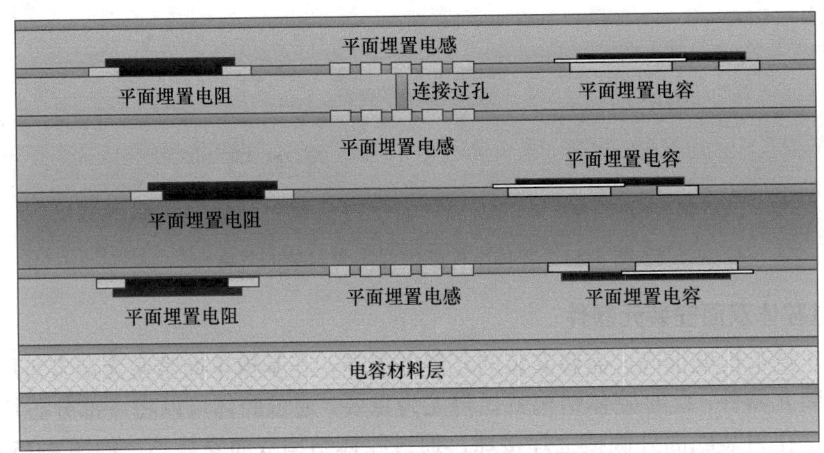

图 4-26　基板中的平面埋置电阻、电容和电感

4.8.2 平面集成技术的应用

目前，国内平面埋置电阻的应用比较多，其在 SiP、MCM、厚膜、薄膜电路中应用普遍，平面埋置电阻一般制作在基板的表面层，这样方便后续的激光调整。平面埋置电容多将电容材料作为介质形成整个电容层，分立式平面电容的应用相对较少，主要是工艺比较复杂。例如，印刷型电容需要至少 3 层材料，而夹层型电容更复杂，除了需要多层材料，还需要通过过孔将相邻的层连接起来。平面埋置电阻、电容、电感基本结构如图 4-27 所示。

1. 平面埋置电阻技术

平面埋置电阻技术通常采用高电阻率的材料，将其制成各种形状和不同电阻值的平面电阻，目前国外有多家公司生产埋置电阻材料（如 DuPont、Ohmega 和 TICER 等），工艺包括厚膜和薄膜两种。

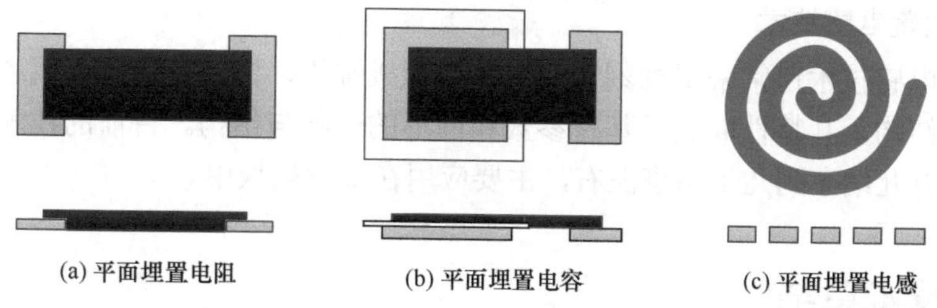

图 4-27　平面埋置电阻、电容、电感基本结构

相对而言，平面埋置电阻结构比较简单，常采用厚膜工艺，即加工工艺，需要在两个金属端子之间印刷出电阻形状，目前比较常用的四种平面埋置电阻结构有矩形、大礼帽形、折叠形和蜿蜒形，如图 4-28 所示。矩形结构简单，最为常见；大礼帽形的突出部分便于进行激光调阻；折叠形占用空间较小，适合阻值较小的印刷电阻；蜿蜒形则适合阻值较大的印刷电阻。

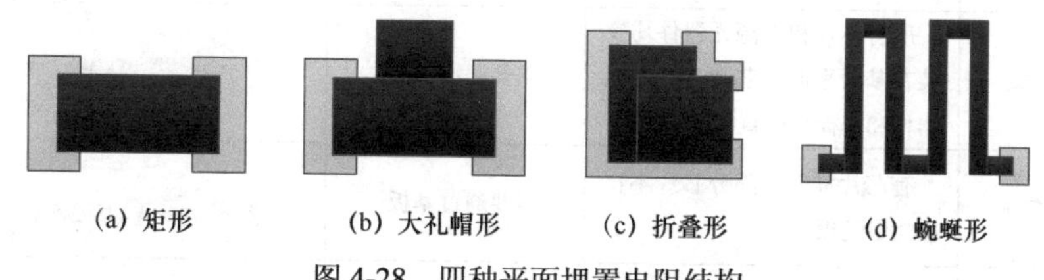

图 4-28　四种平面埋置电阻结构

2. 平面埋置电容技术

平面埋置电容技术通常采用较大介电常数的介质材料制作。它的结构与平行板电容类似，两侧是金属层，中间是高介电常数、低介质损耗的介质薄层，这种结构可以提升电容量。可选材料为容性材料，有 3M、DuPont、Gould 和 Huntsman 等多个厂家的容性材料。

平面埋置电容结构相对复杂，一般分为交叉指形、印刷式和夹层式结构，如图 4-29 所示。

① 交叉指形电容的形状如同两只手的手指相对交叉，这种电容作为一个完整的元器件放置在电气层中，中间填充介质，如图 4-29（a）所示；②印刷式电容，其结构为底部两块金属分别作为此电容的两个端子，其中一块面积较大，上面覆盖介质，然后上面再印刷一层导体，导体一端位于介质层上方，另一端和面积较小的金属端子搭接，其有效面积为被介质隔开的底层金属与印刷导体重叠的面积，如图 4-29（b）所示；③夹层式电容，其结构比较复杂，包含顶层金属、介质、底层金属和一个过孔，如图 4-29（c）所示。

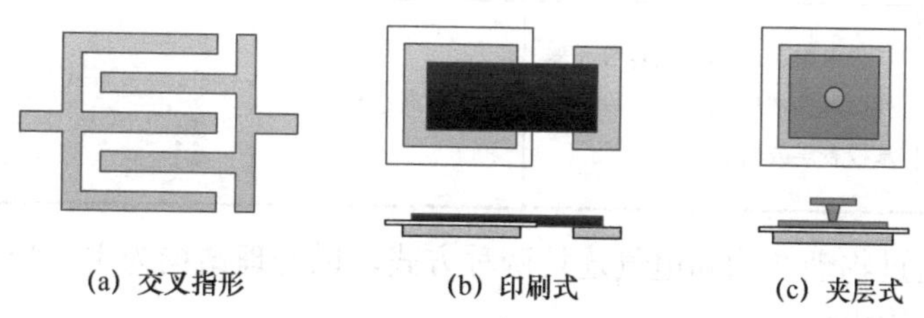

图 4-29　三种平面埋置电容结构

另外，还有一种埋置电容的方法就是在整个介质层中加入一层电容层，这种方法的工艺相对简单，如图 4-26 中所示的电容材料层。

3. 平面埋置电感技术

平面埋置电感技术通常采用蚀刻铜箔或镀铜形成螺旋、弯曲等形状，或者利用层间过孔形成螺旋多层结构。其特性取决于基材参数和图形的形状与结构。目前的技术能实现的电感值比较小，仅有几纳亨到几十纳亨左右，主要应用在高频模块中。

4.9 集成技术总结

下面通过表格对本章描述的封装内集成技术进行总结。

表 4-2 所列为封装内集成技术总结，其中序号为 1～5 的集成方式主要与组装工艺有关，序号为 6～7 的集成方式主要与基板工艺有关。

表 4-2 封装内集成技术总结

序号	名称	物理结构	电气连接	图例
1	2D 集成	所有芯片和无源元器件均安装在基板平面，芯片、无源元器件和基板平面直接接触	需要通过基板	
2	2D+ 集成	有芯片堆叠，部分芯片不直接接触基板	需要通过基板	
3	2.5D 集成	至少有部分芯片安装在中介层	中介层可提供电气连接	
4	3D 集成	有芯片堆叠，部分芯片不直接接触基板	通过 TSV 直接连接上下层芯片	
5	4D 集成	基板产生折叠，或者多块基板非平行组合安装	需要通过基板	
6	腔体集成	基板上有腔体，包括开放式腔体和埋置腔体	需要通过基板	
7	平面集成	将电阻、电容、电感等元器件以蚀刻或印刷的方式安置在基板表层或内层	需要通过基板	

判断依据是通过物理结构和电气连接两种方式，以物理结构为主，当物理结构不便区分时，辅助以电气连接进行区分。

图 4-30 所示为 SiP 集成技术汇总图，图中展示了本章提到的 2D、2D+、2.5D、3D、4D 集成技术及腔体集成和平面集成技术。读者结合表 4-2 可以清楚地区分各种集成技术的差异，并根据 SiP 项目的需求选择合适的集成技术。

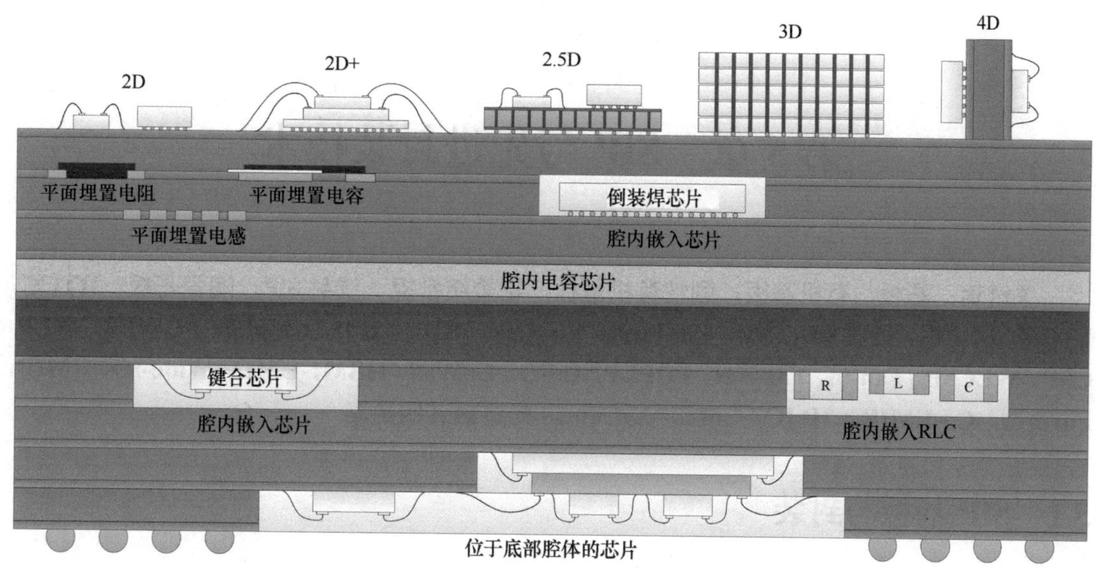

图 4-30　SiP 集成技术汇总图

在本书的第 2 部分“设计与仿真”中，对不同的集成技术如何在 EDA 软件中进行设计均有详细介绍，读者可结合相应章节进行实际操练，熟练地掌握不同集成技术的设计方法。

第 5 章　SiP 与先进封装技术

关键词：基板，有机基板，刚性有机基板，刚柔结合板，塑封 SiP，陶瓷基板，HTCC，LTCC，氮化铝，硅基板，TSV，Via-First，Via-Last，RDL，IPD，Chiplet，FOWLP，WLP，CSP，WLCSP，Fan-in，Fan-out，FOPLP，InFO，CoWoS，HBM，HMC，Wide-IO，EMIB，Foveros，Co-EMIB，3D IC，SoIC，X-Cube，先进封装四要素

5.1　SiP 基板与封装

需要说明的是，SiP 与传统封装不同，由于 SiP 内部电气互连的复杂性，绝大多数 SiP 都是需要基板的，基板是 SiP 电气互连和物理支撑的重要载体。下面就先从基板的角度对 SiP 进行分类和论述。

基板技术发展到现在有 80 多年的历史，从最初的单面板发展到了今天的高密度互连（High Density Interconnection，HDI）板、刚柔结合板、微波电路板、埋入式元器件板、HTCC/LTCC 基板、IC 载板、MCM 基板、SiP 基板，等等。

基板技术的发展对电子技术的发展起到了巨大的推动作用，下面就对基板技术及其相关的封装技术作简单阐述。

5.1.1　有机基板

1．刚性有机基板

有机基板一般指刚性有机基板，是由有机树脂和玻璃纤维布为主要材料制作而成的，导体通常为铜箔。有机树脂通常包括环氧树脂（FR4）、双马来酰亚胺-三嗪（BT）树脂、聚苯醚（PPE）树脂和聚酰亚胺（PI）树脂等。

有机基板常用的铜箔厚度有 17 um（半盎司）、35 um（一盎司）、70 um（两盎司）等多种，有时候也通过电镀、沉积等方式形成多种厚度类型。例如，17 um 铜箔通过沉铜工艺形成 28 um 的厚度，铜箔厚度和载流量成正比关系，如果需要通过比较大的电流，则需要选择较厚的铜箔和较宽的布线。表 5-1 所示为线宽、铜厚、温升及电流的关系表，可供设计者参考。

有机基板介质也可以分为多种类型，以 FR4 为例，介质材料根据树脂和玻璃纤维含量的不同，可分为 106、1080、2116、7628 等多种型号。一般型号数值越大，树脂含量越低，玻璃纤维含量越高，硬度越大，介电常数也越大。例如，106 树脂含量为 75%，1080 树脂含量为 63%，2116 树脂含量为 53%，7628 树脂含量为 44%。另外，还有一种 RCC（Resin Coated Copper，树脂铜箔），树脂含量为 100%。树脂含量越高，材质越软，激光打孔效率越高。

表 5-1　线宽、铜厚、温升及电流的关系表

布线载流能力										
温升		10℃			20℃			30℃		
铜厚		1/2 oz.	1 oz.	2 oz.	1/2 oz.	1 oz.	2 oz.	1/2 oz.	1 oz.	2 oz.
		17 um	35 um	70 um	17 um	35 um	70 um	17 um	35 um	70 um
线宽（mil）	线宽（mm）	最大电流								
10	0.25	0.5	1	1.4	0.6	1.2	1.6	0.7	1.5	2.2
15	0.375	0.6	1.2	1.6	0.8	1.3	2.4	1	1.6	3
20	0.5	0.7	1.3	2.1	1	1.7	3	1.2	2.4	3.6
25	0.625	0.9	1.7	2.5	1.2	2.2	3.3	1.5	2.8	4
30	0.75	1.1	1.9	3	1.4	2.5	4	1.7	3.2	5
50	1.25	1.5	2.6	4	2	3.6	6	2.6	4.4	7.3
75	1.875	2	3.5	5.7	2.8	4.5	7.8	3.5	6	10
100	2.5	2.6	4.2	6.9	3.5	6	9.9	4.3	7.5	12.5

表 5-2 中展示了不同型号有机基板介质材料的树脂含量，以及在 100 MHz～1.2 GHz 之间的介电常数（DK）和介质损耗（DF），可供设计者参考。

表 5-2　不同型号有机基板介质材料的树脂含量、介电常数和介质损耗

序号	介质种类	树脂含量	介电常数	介质损耗
1	RCC	100%	3.60	0.018
2	106	75%	3.70	0.018
3	1080	63%	3.90	0.017
4	2116	53%	4.20	0.017
5	7628	44%	4.35	0.016

有机基板主要应用于塑封元器件，由于其成本上的优势，它是目前应用最为广泛的 SiP 封装基板。通常为了兼顾各方面的性能，SiP 有机基板会采用多种型号的介质材料，一般表层采用树脂含量较高的介质材料（如 RCC、106、1080），而内层则采用硬度较大的介质材料（如 2116、7628），用于增强支撑强度。

有机基板有其自身的特点和优点。与陶瓷基板相比，有机基板不需要烧结，加工难度较小，并且可制作大型基板。同时有机基板具有成本优势，有机基板介电常数低，有利于高速信号的传输。

有机基板也存在缺点，如传热性能较差，有机基板的传热系数通常只有 0.2～1 W/(m·K)，而氧化铝陶瓷材料的传热系数可以达到 18 W/(m·K)左右，氮化铝材料更是可达到 200 W/(m·K)左右。

此外，有机基板的热膨胀系数（Coefficient of Thermal Expansion，CTE）也通常（相对芯片）比较大，一般为（8～18）$\times10^{-6}$/℃，半导体芯片的主要成分是硅，而硅的热膨胀系数只有 2.5×10^{-6}/℃，如果半导体芯片与基板的热膨胀系数相差过大，在温度变化时，就容易在 IC 的焊接处产生较大的应力，并导致电气连接失效。因此，为了保证 SiP 或封装基板微细电路的精度，适宜用低热膨胀系数的基板材料。

SiP 设计者在选用有机基板时，要综合考虑成本和可靠性（主要考虑其热膨胀系数、玻化温度、吸湿性能等），从而选择 FR4、BT 树脂、PPE 树脂和 PI 树脂等基板。同时，需要设置合理的铜箔厚度和层叠结构，选用不同型号的基材，控制好介电常数（DK）和损耗因子（DF），从而使 SiP 或封装的性能在成本优化的前提下达到最优。

2．刚柔结合板

刚柔结合板是指将柔性电路板（FPC）和刚性的印制电路板（PCB）结合在一起的板子，通常将柔性电路作为运动部位的连接。这种板子设计的一个特点就是柔性电路和刚性电路的层数往往会不一致。例如，刚性电路有 6 层，而柔性电路只有 2 层，通常这 2 层和刚性 PCB 的第 3 层或第 4 层压合连接，如果柔性电路上也要放置元器件，则需要采用开槽或腔体等方式，将元器件直接放到第 3 层或第 4 层（柔性电路的表层），焊盘可直接从第 3 层或第 4 层出线。

刚柔结合板在翻盖、滑盖手机中的应用比较多，在航天设备中的应用也比较多，目前比较流行的折叠屏幕手机也采用刚柔结合板。

关于刚柔结合板的详细内容，请参考本书第 17 章内容和第 27 章内容。

3．基于有机基板的塑封 SiP

在通常情况下，采用有机基板的封装或者 SiP，其封装材料也采用有机材料，我们称之为塑封或者塑料封装。

从微观结构上看，塑封材料都是致密程度较低的，无法实现气密性，因此塑封 SiP 的密封性稍差。由于采用灌胶封装，塑封材料不容易拆解，需要通过强酸腐蚀等方法才能剥离封装，露出内部的裸芯片，这在一定程度上影响了问题的发现和分析。此外，塑封散热性能较差，塑封器件工作温度范围小，不太适合在严苛环境中使用。

但是在同样的条件下，塑封 SiP 体积小、质量小、价格便宜，适合大批生产，因此其在商业领域得到了广泛的应用，目前在各行各业应用十分普遍。图 5-1 所示为苹果 iWatch 及其采用的塑封 SiP。

图 5-1　苹果 iWatch 及其采用的塑封 SiP

5.1.2　陶瓷基板

陶瓷基板通常包含 HTCC、LTCC、氮化铝等基板，下面分别进行介绍。

1．HTCC 基板

高温共烧陶瓷（High Temperature Co-fired Ceramic，HTCC）基板通常是氧化铝（Al_2O_3）陶瓷基板在 1600℃左右烧结而成的，一般采用熔点较高的钨（W）或钼（Mo）等金属作为导体。HTCC 将钨、钼、锰等高熔点金属按照电路设计要求印刷于 92%～96%的氧化铝流延陶瓷生坯上，加上 4%～8%的烧结助剂后多层叠合，在 1500～1600℃高温下共烧成一体，HTCC 基板具有耐腐蚀、耐高温、寿命长、高效节能、温度均匀、导热性能良好、热补偿速度快等优点。

HTCC 基板目前已经发展得相当成熟，在陶瓷封装材料中有大量的应用，主要在高密度陶瓷封装电路和大功率陶瓷基板中应用较多。

HTCC 具有机械强度高、布线密度高、化学性能稳定、散热系数高和材料成本低等优点，它在热稳定性要求更高、高温挥发性气体要求更小、密封性要求更高及发热量较大的封装领域，得到了广泛的应用。

随着 SiP 及封装内集成时代的到来，电子整机对电路小型化、高密度、多功能、高性能、高可靠性及大功率化提出了更高的要求，因为 HTCC 基板能够满足电子整机对电路的诸多要求，所以在近几年获得了广泛的应用。

2. LTCC 基板

低温共烧陶瓷（Low Temperature Co-fired Ceramic，LTCC）基板是将低温烧结陶瓷粉制成厚度精确且致密的生瓷带，在生瓷带上利用激光打孔、微孔注浆、精密导体浆料印刷等工艺制作出所需要的电路图形。将多种无源元器件（电容、电阻、电感、耦合器等）埋入多层陶瓷基板中，制成内置无源元器件的三维电路基板，然后在 800～900℃烧结而成陶瓷基板。

LTCC 具有熔点低、金属电导率高、生产成本低、可以印刷电阻和电容等优势。在其表面可以贴装 IC 和有源元器件，制成无源/有源集成的功能模块，可进一步实现电路小型化与高密度化。

HTCC 基板通常呈深灰色，LTCC 则呈乳白色或浅蓝色，HTCC 基板与 LTCC 基板如图 5-2 所示。

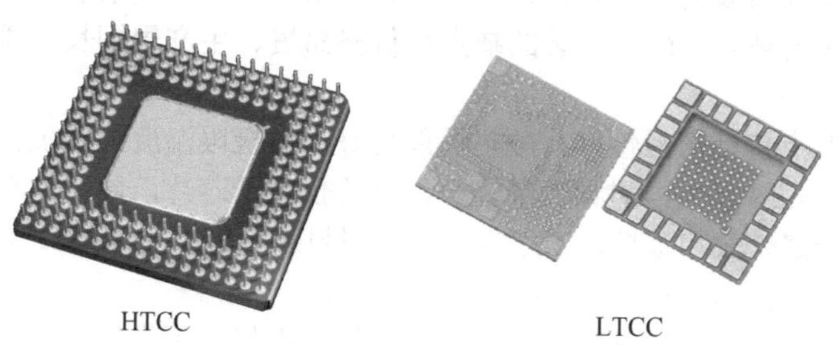

图 5-2　HTCC 基板与 LTCC 基板

由图 5-2 也可以看出，HTCC 基板的引脚排列比较紧密，LTCC 基板的引脚通常排列比较稀疏。因为 HTCC 强度较大，可以成为独立的管壳，所以 HTCC 陶瓷封装也被称为陶瓷管壳，而 LTCC 作为基板通常需要安装在金属封装内。

LTCC 多用于微波射频、模拟电路等领域，特别适合用于高频通信用组件，HTCC 则多用作高速陶瓷基板和高密度互连基板，它们在很长一段时间内将相互补充、相互借鉴、共同发展。

LTCC 是目前封装材料界的重要发展方向，随着材料的不断改进、工艺控制的完善和技术日趋成熟，LTCC 的优势会更为突出。

3．氮化铝陶瓷基板

氮化铝（AlN）基板导热性极好，热膨胀系数小，是良好的耐热冲击材料，电绝缘性能、介电性能均良好。

热传导率代表基板材料本身直接传导热能的一种能力，数值越高代表其散热能力越好。因此，散热基板热传导效果的优劣成为在大功率封装或 SiP 设计中选用散热基板重要的评估项目之一。

氮化铝呈白色或灰白色，单晶无色透明，常压下的升华分解温度为 2450 ℃，是一种高温耐热材料。氮化铝热导率可达 260 W/(m·K)，是氧化铝的 5～10 倍；耐热冲击性能好，能耐 2200 ℃的极热。此外，氮化铝具有不受铝液和其他熔融金属及砷化镓侵蚀的特性，特别是对熔融铝液具有极好的耐侵蚀性。

氮化铝的性能指标如下。

① 热导率高，可达到 260 W/(m·K)，是氧化铝的 5～10 倍；

② 热膨胀系数为 4.5×10^{-6}/℃，与 Si（3～5）$\times10^{-6}$/℃和 GaAs（6×10^{-6}/℃）比较匹配；

③ 各种电性能，如介电常数、介质损耗、体电阻率、介电强度均比较优良；

④ 机械性能好，抗折强度高于氧化铝和氧化铍陶瓷，可以常压烧结；

⑤ 光传输特性好且无毒。

4．基于陶瓷基板的陶瓷封装和金属封装 SiP

SiP 封装按工艺或材料通常分为塑封 SiP、陶瓷封装 SiP 和金属封装 SiP 三种类型。

前文提到，塑封 SiP 主要基于有机基板，多应用于商业级产品，具有体积小、质量小、价格便宜、可大批量生产的优势，但其在芯片散热、稳定性和气密性方面相对较差。

陶瓷封装和金属封装主要基于陶瓷基板，陶瓷封装一般采用 HTCC 基板，金属封装则多采用 LTCC 基板，对于大功耗产品，其散热性要求很高，可选用氮化铝基板。

陶瓷封装的优点包括密封性好、散热性能良好、对极限温度的抵抗性好和容易拆解；与金属封装相比，陶瓷封装的体积相对较小，适合应用于大规模复杂芯片，以及航空航天等对气密性有严格要求的环境；陶瓷封装的缺点是价格昂贵、生产周期长，质量和体积都比同类塑封产品大。

金属封装的特点包括密封性好、散热性能良好、对极限温度的抵抗性好、容易拆解和灵活性高；但其体积相对较大，引脚数量较少，不适合复杂芯片，同时，其价格较贵、生产周期长，需要组装金属外壳和基板，工序复杂。金属封装多应用于 MCM 设计，在航空航天领域应用较为普遍。

陶瓷封装和金属封装都具备散热性能优良、气密性好、可靠性高的特点，与塑封相比，陶瓷封装和金属封装内部均为空腔结构，具有可拆解的优势，便于故障查找和问题“归零”，因而也受到了航空航天等领域用户的欢迎。陶瓷封装和金属封装如图 5-3 所示。

图 5-3　陶瓷封装和金属封装

5.1.3　硅基板

在 SiP 封装中，硅基板通常是作为转接板的形式出现的。

硅是一种极为常见的元素，广泛存在于岩石、砂砾、尘土之中，硅元素占地壳总质量的 26.4%，仅次于氧。随着半导体工业的发展，硅的提纯与应用把人类带到了硅时代，硅成为现代人类社会的重要元素。

随着先进封装技术的发展及其应用的日益广泛，运用硅工艺制作出高精度的布线，同时利用硅材料的高热导率和较小翘曲满足与芯片的热膨胀系数相匹配，并结合先进的 TSV 技术生产出的硅基板，能有效减小封装体积，实现高密度先进封装，提高系统功能密度。

人们对 3D 集成封装和晶圆级封装技术的需求日益增加，硅基板可以迅速适应这些要求，且具有便利的技术移植性。将成熟的大规模集成电路的生产技术移植到硅基板生产上，可在硅基板上形成高质量的电路结构，并使得硅基板具有较低的制造成本。

硅是一种半导体材料，且硅的电导率会随着温度升高而增大，因此需要在硅基体与导电层之间增加一层绝缘层，将导电层与硅基体隔离。通常选用二氧化硅作为绝缘层，这是因为其工艺成熟、绝缘性良好、对导热性能影响较小，一般选择铜作为硅基板导电层的材料。

下面将前面介绍的 HTCC 基板、LTCC 基板、氮化铝基板、有机基板、硅基板 5 种基板材料的特性做比较，如表 5-3 所示，设计人员可根据实际项目的需求选择合适的基板。

表 5-3　5 种基板材料特性比较

特性	HTCC 基板	LTCC 基板	氮化铝	有机基板	硅基板
介电常数	9.8	4.2～8.0	8.8	3.6～4.7	11.5
介质损耗（$\times10^{-4}$）1MHz～2GHz	5～9	5～9	1～170	5～9	5～9
热膨胀系数（$\times10^{-6}$）/℃	6.8	4～6	4.5	14～18	3～5
热导率 W/(m·K)	18～25	3～5	140～260	0.2～0.6	150
烧结温度℃	1500～1650	800～900	1650～1800	—	—
抗弯强度（Mpa）	290	150	400	—	3～8
绝缘耐压（kV/cm）	150	200～400	140～170	—	1～2

前面介绍完基板后，都会接着讨论与其相对应的封装，例如，有机基板对应塑封，陶瓷基板中的 HTCC 基板对应陶封，LTCC 基板对应金属封装。那么，硅基板应该与什么封装相对应呢？

硅基板目前应用最多的就是下面要讨论的与先进封装相关的技术。

5.2　与先进封装相关的技术

本节介绍 4 种与先进封装相关的技术，其中 2 种（TSV 和 RDL）技术用于解决先进封装里的互连问题：TSV 解决垂直互连问题，RDL 解决平面互连问题。另外 2 种（IPD 和 Chiplet）技术用于解决先进封装里的元器件问题：IPD 解决无源元器件问题，Chiplet 解决有源元器件问题。

5.2.1 TSV 技术

硅通孔（Through Silicon Via，TSV）技术是通过在芯片和芯片之间、晶圆和晶圆之间制作垂直导通孔，实现芯片之间互连的最新技术，图 5-4 所示为硅通孔的示意图及实物照片。

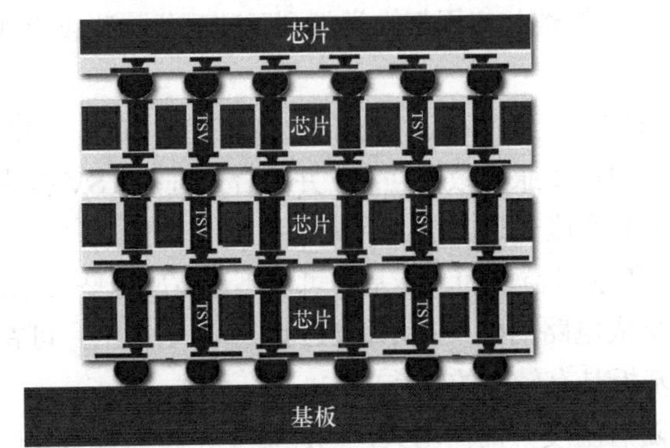

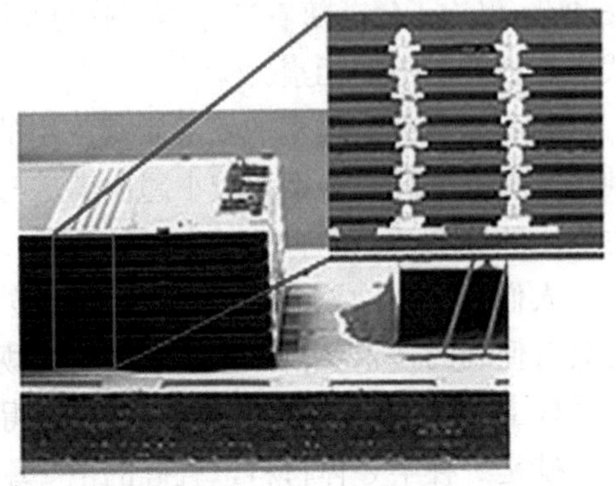

图 5-4 硅通孔的示意图及实物照片

与 Wire Bonding 的芯片堆叠技术不同，TSV 技术能够使芯片在三维方向堆叠的密度最大，外形尺寸最小，并且大大改善芯片运行速度，降低功耗。因此，TSV 技术曾被称为继 Wire Bonding、TAB 和 Flip Chip 之后的第 4 代封装技术。

1. TSV 技术的特点

TSV 与常规封装技术有一个明显的不同点，TSV 技术可以集成到制造工艺的不同阶段。TSV 技术主要有 Via-first 和 Via-last 两种方案。表 5-4 所列为 Via-first 与 Via-last 方案的比较。

表 5-4 Via-first 与 Via-last 方案的比较

	Via-first	Via-last
设计阶段	CMOS 或 BEOL 之前	BEOL 之后
介入时间	IC 设计阶段介入	晶圆生产完成后开始
加工地点	IDM 晶圆厂	OSAT 封测厂
通孔大小	通孔宽度 5～20 μm	通孔宽度 20～50 μm
关键尺寸	控制严格	控制相对宽松
纵宽比	3∶1 到 10∶1	3∶1 到 15∶1

注：BEOL（Back End of the Line，芯片制程的后段），IDM（Integrated Design and Manufacture，集成设计和生产）。

在晶圆制造完成之前生成 TSV 通常被称作 Via-first。此时，TSV 的制作可以在 Fab 厂前端金属互连之前进行，实现 Core-to-Core 的连接。这种方案目前在微处理器等高性能器件领域应用较多，主要作为系统级芯片（System on a Chip，SoC）的替代方案。Via-first 也可以在 CMOS 完成之后在晶圆厂进行 TSV 的制作，然后再完成后端的封装。而将 TSV 放在封装生产阶段，通常被称作 Via-last，该方案的明显优势是可以不改变现有集成电路生产和设计流程。目前，部分厂商已开始在高端的 Flash 和 DRAM 领域采用 Via-last 方案，即在芯片的周边进行打孔，然后进行芯片或晶圆的堆叠。由表 5-4 可知，Via-first 方案的设计需要在 IC 设计阶段进行，对关键尺寸（CD）控制的要求比 Via-last 制程更为严格。

通过 TSV 技术将多层平面型芯片进行堆叠互连，减小芯片面积，大大缩短整体互连线的长度，互连线长度的缩短能有效降低驱动信号所需的功耗。

TSV 通常可分为 3D TSV 和 2.5D TSV，下面分别介绍。

2．3D TSV 的定义和特点

3D TSV 指芯片本体上的 TSV，并通过 3D TSV 将芯片进行电气互连，至少有一个裸芯片与另一个裸芯片叠放在一起，并且芯片本体上有 TSV，通过 TSV 让上方的裸芯片与下方裸芯片以及基板进行电气互连和通信。3D TSV 根据上下芯片的空间关系可以分为两类：堆叠中上/下芯片完全相同、堆叠中上/下芯片不相同。

上下完全相同的芯片可通过 TSV 直接进行电气互连，上下芯片不相同的则需要通过 RDL 重新布线使得上下芯片的凸点和焊盘对准。关于 3D TSV 的设计方法可参考本书第 12 章和第 19 章内容。

3D TSV 技术可以将处于芯片外的存储器件集成在存储器芯片之上，在一定程度上消除芯片外存储器件总线速度慢且功耗高的缺点，并且可将他们替换成具有宽带宽、低延时传输性能的垂直互连结构。

通过 3D TSV 技术集成的产品通常称为 3D IC，其关键技术包括以下三点：①3D TSV 制造；②将芯片、晶圆减薄到 50um 以下；③芯片、晶圆的相互对准和键合。

3．2.5D TSV 的定义和特点

与直接在芯片上打孔的 3D TSV 不同，2.5D TSV 是指在硅基板或硅转接板上的 TSV。常见的模式是在 SiP 基板与裸芯片之间放置一个硅转接板（通常也被称为中介层），通过硅转接板上的 TSV 连接转接板上方与下方表面的金属层，这种 TSV 被称为 2.5D TSV，作为中介层的硅基板是被动元器件，TSV 并没有打在芯片本身上。

这种 2.5D TSV 目前在先进封装中应用得比较广泛，例如，TSMC 的 CoWoS（Chip on Wafer on Substrate，晶圆级封装）采用的就是 2.5D TSV 技术。CoWoS 技术把芯片安装到硅转接板上，并使用硅转接板上的高密度走线进行互连。

通过硅转接板上的重布线层，也可以协助解决不同类型芯片堆叠的 I/O 配位问题。

关于 2.5D TSV 的设计方法可参考本书第 12 章、第 19 章以及第 24 章内容。

图 5-5 所示为 3D TSV 和 2.5D TSV 示意图。

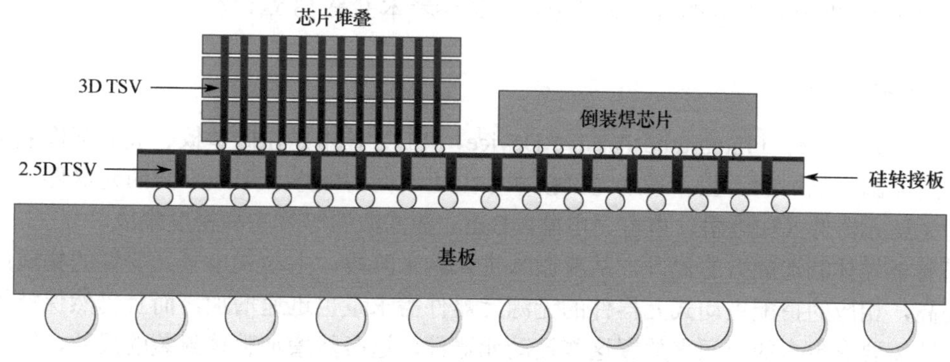

图 5-5　3D TSV 和 2.5D TSV 示意图

5.2.2　RDL 技术

重新布线层（Re-Distribution Layer，RDL）是将原来设计的集成电路芯片引脚（Die Pad）

位置，通过晶圆级金属重新布线制程和凸点（Bump）制程改变，使集成电路能适用于不同的封装形式。

根据重新分布的凸点位置不同，RDL 可分为扇入型（Fan-in）和扇出型（Fan-out）两种，扇入型 RDL 是指 RDL Bump 位于芯片本体之上，扇出型 RDL 则是指 RDL Bump 位于芯片外的模型（Molding）之上，Fan-in 和 Fan-out 型 RDL 示意图如图 5-6 所示。

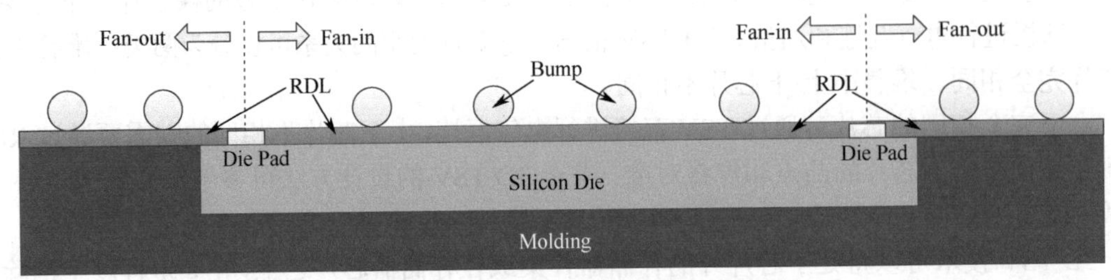

图 5-6　Fan-in 和 Fan-out 型 RDL 示意图

晶圆级金属重新布线制程是在 IC 上涂布一层绝缘保护层，再以曝光显影的方式定义新的导线图案，然后利用电镀技术制作新的金属线路，以连接原来的芯片引脚和新的凸点，达到芯片引脚重新分布的目的。重新布线的金属线路以电镀铜材料为主，根据需要也可在铜线路上镀镍金或者镍钯金。

重新布线的优点：①可改变芯片引脚原有的设计，增加原有设计的附加价值；②可加大 I/O 的间距，提供较大的凸点面积，降低基板与元器件间的应力，增加元器件的可靠性；③将引脚以面阵列分布，支持更多的引脚数量；④代替部分 IC 线路设计，加速 IC 开发时间。

随着芯片对更多输入/输出（I/O）接口要求的提高，传统 Bond Wire 工艺将不能有效支持包含上千个 I/O 接口的芯片，采用重新布线层将 I/O 焊盘重新分配到凸点焊盘，并采用倒装的形式安装在 PCB 上。倒装芯片不仅能减小芯片面积，而且支持更多 I/O，同时还能极大地减小电感，支持更高速的信号，并拥有更好的热传导性能。

在 Flip Chip 设计中经常使用 RDL 将芯片 I/O 焊盘重新分配到凸点焊盘，整个过程无须改变芯片原有的 I/O 焊盘布局。然而，传统布线能力可能不足以处理大规模的设计，因为在这些设计中重新布线层可能非常拥挤，这种情况可能需要采用多个 RDL 层才能完成所有布线。

关于 RDL 和 Flip Chip 的具体设计方法，请参考本书第 13 章内容。

5.2.3　IPD 技术

集成无源元器件（Integrated Passive Device，IPD）技术是在硅基板、玻璃基板或陶瓷基板上利用晶圆代工厂的工艺，采用光刻技术蚀刻出不同的图形，形成不同的元器件，从而实现各种无源元器件（如电阻、电容、电感、Balun 和滤波器等）的高密度集成。

随着半导体制造能力的提升，从亚微米进入纳米阶段，主动式电子元器件的集成度随之大幅提高，相应的搭配主动式元器件的无源元器件需求量也迅速增加，而且仍然保持增加趋势，封装需要有更多的空间来放置这些被动元器件，这必然增加整体封装的尺寸，需要一种技术来解决无源元器件日益增多的问题。

IPD 出现的初衷是为了替代传统的片式无源元器件，现在 IPD 技术已经在高亮度 LED 硅集成、RF 元器件、数字和混合电路中得到了广泛应用。

目前，IPD 技术已经成为半导体前道和后道工序沟通的桥梁，也会成为晶圆封装和 TSV

应用的重要组成部分。IPD 芯片本身具备更优异的电性能，同时在先进封装集成中，可以与有源芯片进行各种层叠封装，实现最短的互连，使整个系统的电性能得到提升，尺寸大幅缩小。

IPD 技术具有可节省 PCB 空间、成本更低、IP 保护以及电性能更好等特点。

图 5-7 所示为采用 IPD 前后的电路对比图。58 个无源元器件用 3 个 IPD 芯片替代，不仅物料供应更为简单，需要的焊接点也更少，电路变得简单，可靠性也会提升。

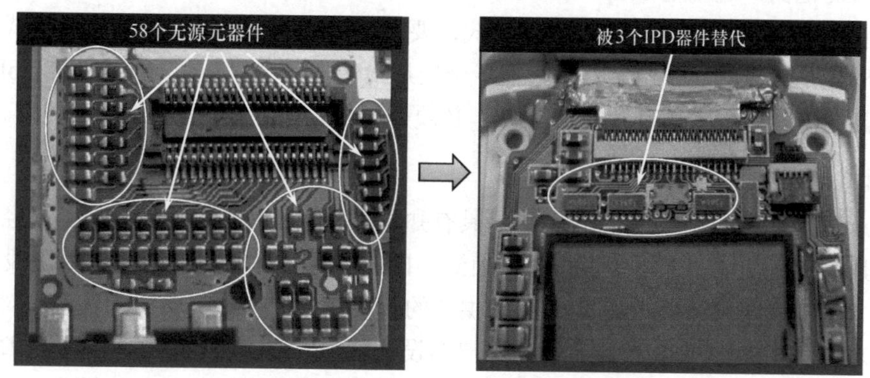

图 5-7　采用 IPD 前后的电路对比图

5.2.4　Chiplet 技术

1．什么是 Chiplet

Chiplet 顾名思义就是小芯片，我们可以把它想象成乐高积木的高科技版本。首先，将芯片的复杂功能进行分解，然后，开发出多种具有单一特定功能（如数据存储、计算、信号处理、数据流管理等功能）、可进行模块化组装的“小芯片”（Chiplet），并以此为基础，建立一个“小芯片”的集成系统。

简单来说，Chiplet 技术就像搭积木一样，把一些预先生产好的，可实现特定功能的裸芯片通过先进的集成技术封装在一起，形成一个系统级芯片，而这些基本的裸芯片就是 Chiplet。

Chiplet 可以使用更可靠、更便宜的技术制造。较小的硅片本身也不太容易产生制造缺陷，此外，不同工艺生产制造的 Chiplet 可以通过 SiP 技术有机地结合在一起。Chiplet 示意图如图 5-8 所示。

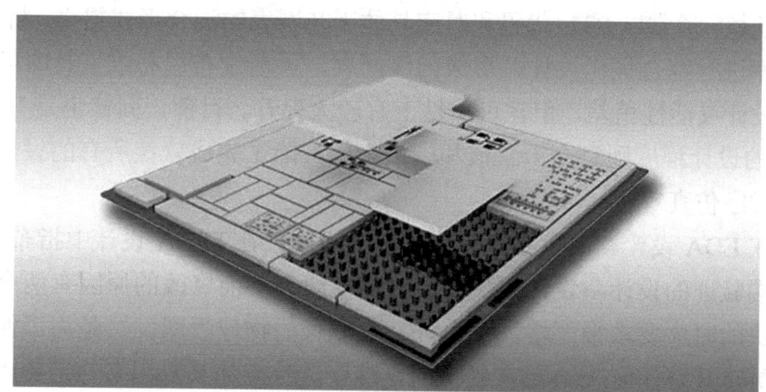

图 5-8　Chiplet 示意图

Chiplet 概念现在备受关注，从美国国防部高级研究计划局（DARPA）的通用的异构集成与知识产权重用战略（Common Heterogeneous Integration and IP Reuse Strategies，CHIPS）项目到 Intel（英特尔）的 Foveros 技术，都把 Chiplet 看成是未来芯片的重要基础技术。Chiplet 概念最早来自 DARPA 的 CHIPS 项目。由于最先进的 SoC 并不总能被小批量应用所接受，为了提高系统的整体灵活性，减少产品的设计时间，CHIPS 计划寻求在 IP（知识产权）重用中建立一个新的范例，这就是 Chiplet。

Chiplet 可以说是一种新的芯片设计模式，要实现 Chiplet 这种新的 IP 重用模式，要具备的技术基础就是先进的芯片封装技术，把多个硅片封装在一个封装内。要实现 Chiplet 这种高灵活度、高性能、低成本的硅片重用愿景，必须采用 3D 集成技术等先进封装技术。

2. 什么是 IP

IP（Intelligent Property，知识产权）是具有知识产权核的集成电路的总称，是经过反复验证过的、具有特定功能的宏模块，可以移植到不同的半导体工艺中。到了 SoC 阶段，IP 核设计已成为 ASIC 电路设计公司和 FPGA 提供商的重要任务，也是其实力的体现。对于 FPGA 开发软件来说，能提供的 IP 核越丰富，用户的设计就越方便，其市场占用率就越高。目前，IP 核已经变成 SoC 设计的基本单元，并作为独立设计成果被交换、转让和销售。

IP 核对应描述功能行为的不同可分为三类，即软核（Soft IP Core）、固核（Firm IP Core）和硬核（Hard IP Core）。

（1）软核在 EDA 设计领域指的是综合之前的寄存器传输级（RTL）模型；在 FPGA 设计中指的是对电路的硬件语言描述，包括逻辑描述、网表和帮助文档等。软核只经过功能仿真，需要经过综合以及布局布线才能使用。软核的优点是灵活性高、可移植性强，允许用户自配置；缺点是对模块的预测性较低，在后续设计中存在发生错误的可能性，有一定的设计风险。软核是 IP 核应用最广泛的形式，通常是以 HDL 文本的形式提交给用户，它经过 RTL 级设计优化和功能验证，但其中不含有任何具体的物理信息。据此，用户可以综合出正确的门电路级设计网表，并可以进行后续的结构设计，具有很大的灵活性，借助于 EDA 综合工具可以很容易地与其他外部逻辑电路合成一体，根据各种不同半导体工艺，设计成具有不同性能的元器件。软 IP 核也被称为虚拟组件（Virtual Component，VC）。

（2）固核在 EDA 设计领域指的是带有平面规划信息的网表；在 FPGA 设计中可以看作带有布局规划的软核，通常以 RTL 代码和对应具体工艺网表的混合形式提供。将 RTL 描述结合具体标准单元库进行综合优化设计，形成门级网表，再通过布局布线工具即可使用。与软核相比，固核的设计灵活性稍差，但在可靠性上有较大提升。目前，固核也是 IP 核的主流形式之一。IP 固核的设计程度则是介于软核和硬核之间，除了完成软核所有的设计，还完成了门级电路综合和时序仿真等设计环节。

（3）硬核在 EDA 设计领域指经过验证的设计版图；在 FPGA 设计中指布局和工艺固定、经过前端和后端验证的设计，设计人员不能对其修改。不能修改的原因有两个：一是是系统设计对各个模块的时序要求很严格，不允许打乱已有的物理版图；二是为了保护知识产权，不允许设计人员对其有任何改动。IP 硬核的不准修改特点使其复用有一定的困难，因此只能用于某些特定应用，使用范围较窄。IP 硬核是基于半导体工艺的物理设计，已有固定的拓扑布局和具体工艺，并已经过工艺验证，具有可保证的性能。其提供给用户的形式是电路物理结构掩模版图和全套工艺文件，是可以拿来就用的全套技术。

从完成 IP 核所花费的成本来讲，硬核代价最大；从使用灵活性方面来讲，软核的可复用使用性最高，固核介于两者之间。

3. 从 IP 到 Chiplet

当 IP 硬核以芯片的形式提供时就变成了 Chiplet。

可以这样理解：SiP 中的 Chiplet 对应于 SoC 中的 IP 硬核。Chiplet 就是一个新的 IP 重用模式，是硅片级别的 IP 重用。

设计一个 SoC，以前的方法是从不同的 IP 供应商购买一些 IP（软核、固核或硬核），结合自研的模块，集成为一个 SoC，然后在某个芯片工艺节点上完成芯片设计和生产的完整流程。有了 Chiplet 以后，对于某些 IP，就不需要自己做设计和生产了，而只需要购买别人实现好的硅片，将其在一个封装里集成起来形成一个 SiP。所以 Chiplet 可以看作是一种硬核形式的 IP，但它是以芯片的形式提供的。

以 Chiplet 模式集成的芯片会是一个“超级”异构系统，可以带来更多的灵活性和新的机会。

4. Chiplet 的优势

Chiplet 的优势包含以下几个方面。

（1）工艺选择的灵活性。

采用 Chiplet 模式在一个系统里可以集成多个工艺节点的芯片。这也是 Chiplet 支持快速开发、降低实现成本的一个重要因素。在芯片设计中，对于不同目的和类型的电路，并不是最新的工艺就总是最合适的。在目前的单硅 SoC 系统里，系统只能在一个工艺节点上实现。而对于很多功能来说，使用成本高、风险大的最新工艺既没有必要又非常困难。例如，一些专用加速功能和模拟设计，如果采用 Chiplet，在进行系统设计的时候就有了更多的选择。对于追求性能极限的模块，如高性能 CPU，可以使用最新工艺。而特殊的功能模块，如存储器、模拟接口和一些专用加速器，则可以按照需求选择性价比最高的方案。

（2）架构设计的灵活性。

由 Chiplet 构成的系统可以说是一个“超级”异构系统，它给传统的异构 SoC 增加了新的维度，至少包括空间维度和工艺选择的维度。先进的集成技术在 3D 空间的扩展可以极大地扩大芯片规模。同时，我们可能在架构设计中有更合理的功能/工艺的权衡。此外，在系统的架构设计上，特别是针对功能模块间的互连，有更多优化的空间。Chiplet 是硅片的互连，对系统带宽、延时和功耗都会有巨大的改善。

（3）商业模式的灵活性。

Chiplet 模式在传统的 IP 供应商和芯片供应商之外提供了一个新的选择：Chiplet 芯片供应商。Chiplet 提供了一个新的产品形式，增加了潜在的市场，一些硅工艺实现能力较强的晶圆厂会逐渐演变成专门生产 Chiplet 的供应商，这也进一步有利于 SiP 和先进封装技术的发展。

5. Chiplet 面临的挑战

（1）集成技术的挑战。Chiplet 模式的基础是先进封装技术，必须能够做到低成本和高可靠性。随着先进工艺部署的速度减缓，封装技术逐渐成为大家关注的重点，从 TSMC 积极转向封装并开发出 InFo、CoWos 等先进封装技术就可以看出这一点。

（2）质量及良品率的挑战。在目前的 IP 重用方法中，对 IP 的测试和验证已经有比较成熟的方法。但对于 Chiplet 来说，这还是个需要探索的问题。虽然 Chiplet 是经过验证的产品，但它仍然有良率的问题，而且如果 SiP 中的一个 Chiplet 硅片有问题，那么整个系统都受影响，代价很高。因此，集成到 SiP 中的 Chiplet 应尽可能保证 100%无故障。

（3）测试覆盖率的挑战，即集成后的 SiP 如何进行测试。将多个 Chiplet 封装在一起后，每个 Chiplet 能够连接到的芯片引脚更为有限，有些 Chiplet 可能完全无法直接从芯片外部引脚直接访问，这也给芯片测试带来的新的挑战。

在后摩尔定律时代，IP 硬核会逐渐芯片化，形成 Chiplet，然后以 SiP 的形式封装形成系统，摩尔定律也会逐渐被功能密度定律所取代，这也是摩尔定律的一次革命。

5.3 先进封装技术

先进封装（Advanced Packaging）又称高密度先进封装（High Density Advanced Packaging，HDAP）。什么样的封装才被称为先进封装呢？笔者根据多年的设计经验，给出先进封装的定义：采用先进的设计思路和先进的集成工艺对芯片进行封装级重构，并且能有效提高功能密度的封装，可以称之为先进封装。

在上述定义中有 4 个关键词：先进的设计思路、 先进的集成工艺、封装级重构、提高功能密度，下面分别介绍。

① 先进的设计思路是指有别于传统封装的设计方法，并且能有效提高封装内功能密度的设计思路，如多芯片封装、芯片堆叠、芯片埋置、Chiplet 等。

② 先进的集成工艺是指有别于传统的封装技术，并且同样能提升功能密度的工艺技术，如 TSV、RDL、Flip Chip、IPD 等。

③ 封装级重构，重构（Restruction）一词的含义是在不改变系统原有功能的基础上的重新构建，并优化系统性能，封装级重构是指将原本在芯片级别实现的功能放到封装级别进行重构，并且保持原有的性能，甚至性能有所提升。例如，Chiplet 的概念就非常符合封装级重构的含义，因为有了 TSV 和 3D 集成技术，原本 SoC 上距离较远的功能单元可能在封装级重构时空间距离更近，性能会得到提升。

④ 功能密度是指单位体积内功能单元的数量，可直观地理解为单位体积内晶体管的数量，对于封装或者 SiP 来说，空间内的功能密度越大，其先进性也就越高。关于功能密度的详细定义和解释，请参考本书第 1 章内容。

先进的设计思路需要先进的集成工艺来支撑，先进的集成工艺也需要由先进的设计思路来指引，二者相辅相成，密不可分。封装级重构和功能密度则可以作为先进性的判定标准。

近年来，先进封装技术不断涌现，名词也层出不穷，让人有些眼花缭乱，目前可以列出的与先进封装相关的名称至少有几十个。如前面讲到的 TSV、RDL、IPD、Chiplet，以及后面要介绍的 WLP（Wafer Level Package）、FIWLP（Fan-in Wafer Level Package）、FOWLP（Fan-Out Wafer Level Package）、eWLB（embedded Wafer Level Ball Grid Array）、CSP（Chip Scale Package），等等。

为了便于区分，本书将先进封装分为两大类：① 基于 *XY* 平面延伸的先进封装技术，主要通过 RDL 进行信号的延伸和互连；② 基于 *Z* 轴延伸的先进封装技术，主要通过 TSV 进行信号延伸和互连。

说到先进封装，有三个厂商是绕不开的，那就是台湾积体电路制造股份有限公司（简称台积电或 TSMC），英特尔（Intel）和三星（SAMSUNG）。也许大家会觉得奇怪，这几个厂商都是集成电路的著名厂商，怎么也开始研发封装了？确实如此，这也反映了先进封装的一个特点：芯片制造与封装的融合。

5.3.1　基于 *XY* 平面延伸的先进封装技术

基于 *XY* 平面延伸的先进封装技术中的 *XY* 平面指的是晶圆或芯片的 *XY* 平面，这类封装的特点就是不具备 TSV，其信号延伸的手段或技术主要通过 RDL 层来实现，通常没有基板，所以其 RDL 依附在芯片的硅体上，或者在附加的 Molding 上。

因为最终的封装产品中通常没有基板，所以此类封装都比较薄，目前这类封装技术在智能手机领域得到了广泛的应用。

1. FOWLP（Fan-out Wafer Level Package）

扇出型晶圆级封装（Fan-out Wafer Level Package，FOWLP）是晶圆级封装（Wafer Level Package，WLP）技术的一种。我们需要先了解 WLP 技术，WLP 于 2000 年左右问世，包括两种类型：Fan-in（扇入式）和 Fan-out（扇出式），Fan-in 和 Fan-out 的定义请参考图 5-6。

在 WLP 技术出现之前，传统封装流程是先对晶圆（Wafer）进行切割分片（Dicing），然后再封装（Packaging）成各种形式，如图 5-9 所示。

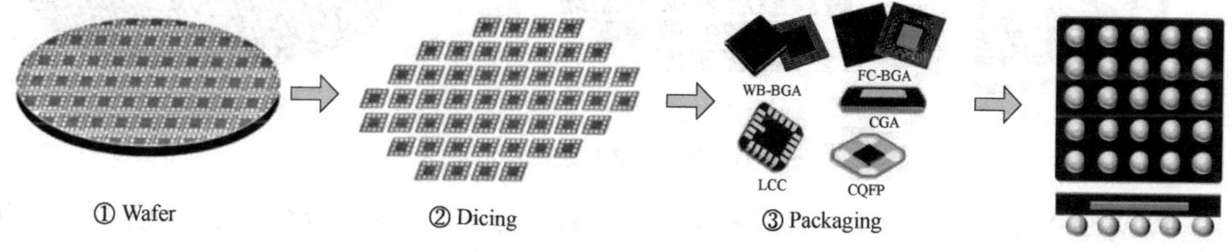

图 5-9　传统封装流程示意图

WLP 技术在封装过程中，大部分工艺过程都是对晶圆进行操作的，即在晶圆上进行整体封装，封装完成后再切割分片。WLP 流程示意图如图 5-10 所示。

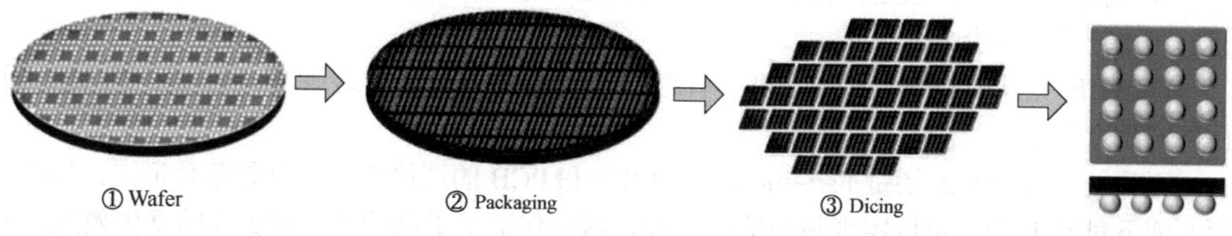

图 5-10　WLP 流程示意图

由于 WLP 是封装完成后再切割分片，所以封装后的芯片尺寸与裸芯片尺寸几乎一致，因此 WLP 也被称为 CSP（Chip Scale Package，芯片尺寸封装）或 WLCSP（Wafer Level Chip Scale Packaging，晶圆级芯片尺寸封装），此类封装符合消费类电子产品轻、小、短、薄化的市场趋势，寄生电容、电感都比较小，并具有低成本、散热性能好等优点。

最初的 WLP 多采用 Fan-in 形态，可称之为 Fan-in WLP 或 FIWLP。FIWLP 在晶圆未切割时就已经在裸片上生产 RDL 和 Bump，最终封装元器件的二维平面尺寸与芯片本身尺寸相同，元器件完全封装后再通过划片实现元器件的单一化分离。FIWLP 是一种独特的封装形式，并具有真正裸片尺寸的显著特点，通常用于引脚数量较少和尺寸较小的裸芯片。

随着芯片制造工艺的提升，芯片面积缩小，芯片面积内无法容纳足够多的引脚，因此衍生出 Fan-Out 形态的 WLP，又称 FOWLP，FOWLP 可在芯片面积范围外充分利用 RDL 进行连接，以获取更多的引脚数量。

由于 FOWLP 要将 RDL 和 Bump 引出到裸芯片的外围，因此需要先进行裸芯片晶圆的划片分割，然后将独立的裸芯片重新配置到晶圆工艺中，并以此为基础，通过批量处理、金属化布线互连，形成最终封装。FOWLP 封装流程示意图如图 5-11 所示。

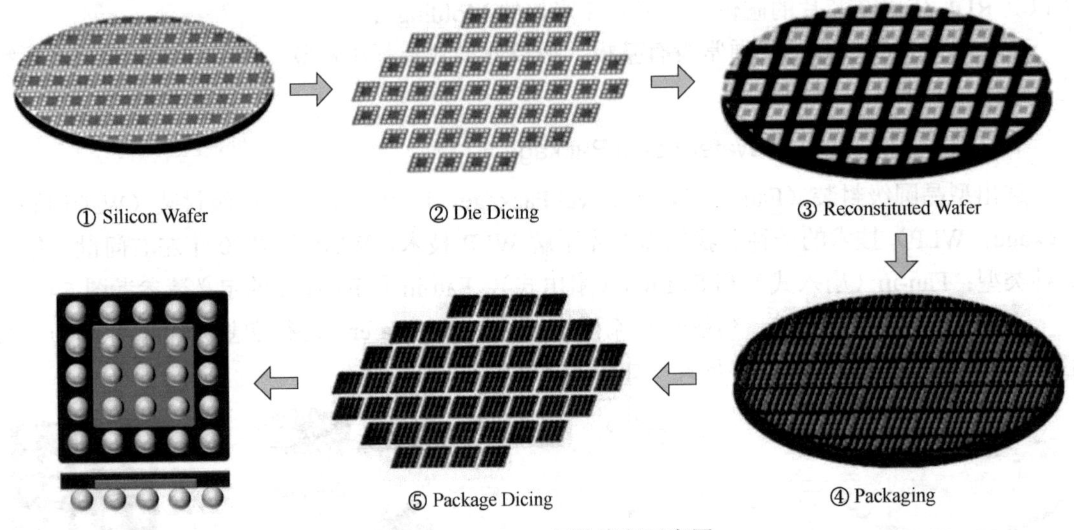

图 5-11　FOWLP 封装流程示意图

FOWLP 采取在芯片引脚上直接通过 RDL 布线的方式，无须键合线，也无须基板，具有成本相对便宜、封装尺寸比较小、比较薄等优势。但在大尺寸封装中（如超过 30 mm×30 mm），蠕变疲劳和焊接缝的问题比较明显。

FOWLP 可分为芯片先上（Die First）和芯片后上（Die Last）两种工艺。芯片先上工艺，简单地说就是先把芯片放上，再做 RDL 布线；芯片后上工艺就是先做 RDL 布线，测试合格的单元再把芯片放上去。

FOWLP 无须使用载板材料，可节省近 30%封装成本，且封装厚度也更加轻薄，有助于提升产品竞争力。

无论是采用 Fan-in 还是 Fan-out 形态，WLP 和 PCB 的连接都采用倒装芯片形式，芯片有源面朝下对着 PCB，可以实现最短的电路径，这也保证了更高的速度和更少的寄生效应。另一方面，由于采用批量封装，整个晶圆能够实现一次全部封装，成本的降低也是晶圆级封装的另一个推动力量。

eWLB 是应用比较广泛的一种 FOWLP 封装，由英飞凌（Infineon）、恩智浦等公司推出。此外，还有其他名称的 FOWLP，尽管名字有些不同，但他们的工艺基本相似。

2．InFO（Integrated Fan-out）

InFO（Integrated Fan-out，集成扇出型封装）是台积电于 2017 年开发出来的 FOWLP 先进封装技术，是在 FOWLP 工艺上的集成，可以理解为多个芯片 Fan-Out 工艺的集成，而 FOWLP 则偏重于 Fan-Out 封装工艺本身。

InFO 给予了多个芯片集成的空间，可应用于射频和无线芯片的封装，处理器和基带芯片封装，图形处理器和网络芯片的封装。图 5-12 所示为 FIWLP、FOWLP 和 InFO 对比示意图。

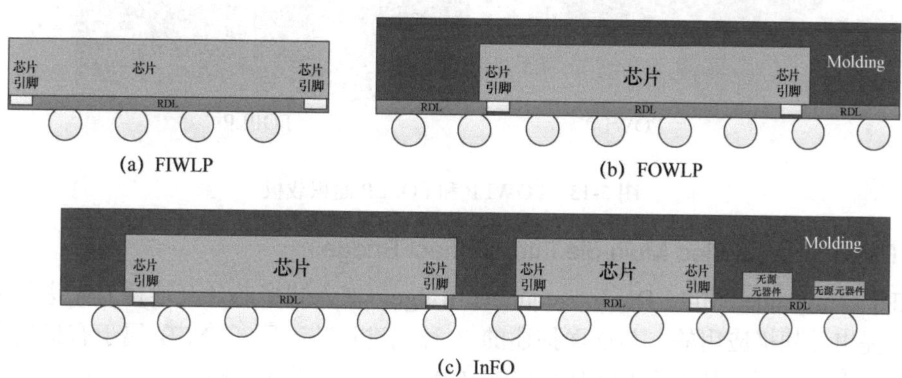

图 5-12　FIWLP、FOWLP 和 InFO 对比示意图

iPhone 的处理器早年一直由三星公司生产，但台积电却从苹果 A11 开始，接连独拿两代 iPhone 处理器订单，关键之一就在于台积电全新的封装技术 InFO，能让芯片与芯片之间直接互连，减少厚度，腾出宝贵的空间给电池或其他零件使用。

苹果公司从 iPhone 7 就开始采用 InFO 封装，后续继续在用，iPhone 8、iPhone X，包括以后其他品牌的手机也会开始普遍使用这个技术。

苹果公司和台积电的加入改变了 FOWLP 技术的应用状况，将使市场开始逐渐接受并普遍应用 FOWLP（InFO）封装技术。

3．FOPLP（Fan-out Panel Level Package）

FOPLP（Fan-out Panel Level Package，扇出型面板级封装）借鉴了 FOWLP 的思路和技术，采用了更大的面板，一次制程可以量产出数倍于 300 mm 硅晶圆芯片的封装产品。

FOPLP 技术是 FOWLP 技术的延伸，在比 300 mm 晶圆更大面积的方形载板上进行 Fan-out 制程，因此被称为 FOPLP 技术，其 Panel 载板可以采用 PCB 载板，或者用于制作液晶面板的玻璃载板。

目前，FOPLP 技术采用如 24 英寸×18 英寸（610 mm×457 mm）的 PCB 载板，其面积大约是 300 mm 硅晶圆的 4 倍，因而可以简单地视为一次制程就可以量产出 4 倍于 300 mm 硅晶圆的先进封装产品。

与 FOWLP 工艺相同，FOPLP 技术可以将封装前后段制程整合进行，可以将其视为一次封装制程，可大幅降低生产与材料成本等各项成本。图 5-13 所示为 FOWLP 和 FOPLP 载板面积。

FOPLP 采用了 PCB 上的生产技术进行 RDL 的生产，目前其线宽、线间距均大于 10 um，采用表面贴装（SMT）设备进行芯片和无源元器件的帖装，由于其面板面积远大于晶圆面积，所以可以一次封装更多的产品。相对 FOWLP，FOPLP 具有更大的成本优势。目前，全球各大封装业公司，包括三星电子、日月光集团等，均积极投入到 FOPLP 制程技术中。

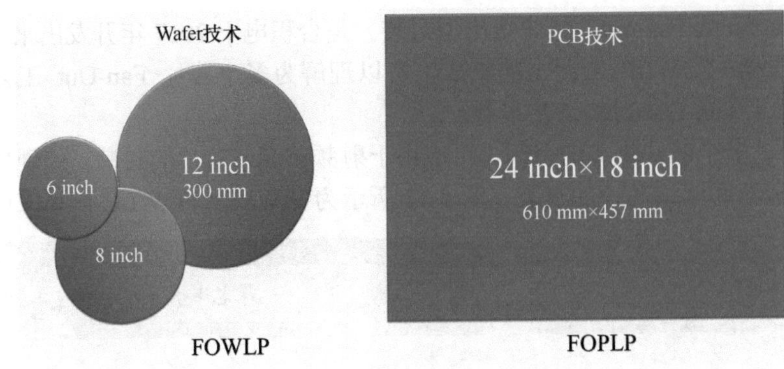

图 5-13　FOWLP 和 FOPLP 面积载板

4．EMIB（Embedded Multi-die Interconnect Bridge）

EMIB（Embedded Multi-Die Interconnect Bridge，嵌入式多芯片互连桥）先进封装技术是由英特尔提出并积极应用的，与前面描述的 3 种先进封装不同，EMIB 属于有机板类封装，之所以放到本节介绍，是因为 EMIB 也没有 TSV，也是基于 *XY* 平面延伸的先进封装技术。

EMIB 的理念与基于硅中介层的 2.5D 封装类似，是通过硅片进行局部高密度互连的。EMIB 封装与传统 2.5D 封装的相比，由于没有 TSV，所以具有正常的封装良率、无须额外工艺以及设计简单等优点。

传统的 SoC、CPU、GPU、内存控制器及 I/O 控制器都只能使用一种工艺制造。采用 EMIB 技术，对工艺要求高的 CPU、GPU 可以使用 10 nm 工艺制造，I/O 单元、通信单元可以使用 14 nm 工艺制造，内存部分则可以使用 22 nm 工艺制造。采用 EMIB 先进封装技术可以把三种不同工艺整合到一起成为一个处理器。

与硅中介层相比，EMIB 硅片面积更微小、更灵活、更经济。EMIB 封装技术可以根据需要将 CPU、I/O、GPU 甚至 FPGA、AI 等芯片封装到一起，能够把 10 nm、14 nm、22 nm 等多种不同工艺的芯片封装在一起做成单一芯片，适应灵活的业务的需求。图 5-14 所示为 EMIB 先进封装示意图和实物剖面图。

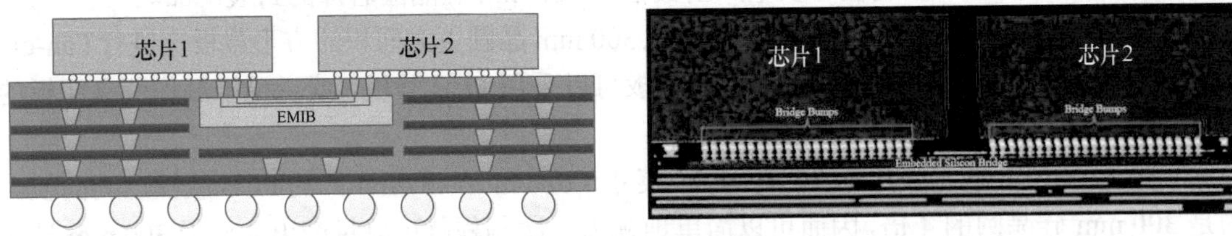

图 5-14　EMIB 先进封装示意图和实物剖面图

通过 EMIB 先进封装技术，KBL-G 平台将英特尔酷睿处理器与 AMD Radeon RX Vega M GPU 整合在一起，同时具备了英特尔处理器强大的计算能力与 AMD GPU 出色的图形处理能力，并且还有着极佳的散热性能。

5.3.2　基于 Z 轴延伸的先进封装技术

基于 *Z* 轴延伸的先进封装技术主要通过 TSV 进行信号延伸和互连，前面介绍过，TSV 可分为 2.5D TSV 和 3D TSV，通过 TSV 技术可以将多个芯片进行垂直堆叠并互连。

在 3D TSV 技术中，芯片相互靠得很近，所以延迟会更少，此外互连长度的缩短能减少相关寄生效应，使元器件以更高的频率运行，从而改善性能，并更大程度地降低成本。

TSV 技术是三维封装的关键技术，许多半导体集成制造商、集成电路制造代工厂、封装代工厂、新兴技术开发商、大学与研究所以及技术联盟等研究机构都对 TSV 的工艺进行了多方面的研发。

需要注意的是，虽然基于 Z 轴延伸的先进封装技术主要通过 TSV 进行信号延伸和互连，但 RDL 同样是不可或缺的。例如，如果上下层芯片的 TSV 无法对齐时，就需要通过 RDL 进行局部互连。

1. CoWoS（Chip-on-Wafer-on-Substrate）

CoWoS（Chip-on-Wafer-on-Substrate）是台积电推出的 2.5D 封装技术，CoWoS 是将芯片封装到硅转接板上，并使用硅转接板上的高密度布线进行互连，然后再将硅转接板安装在封装基板上。CoWoS 结构示意图如图 5-15 所示。

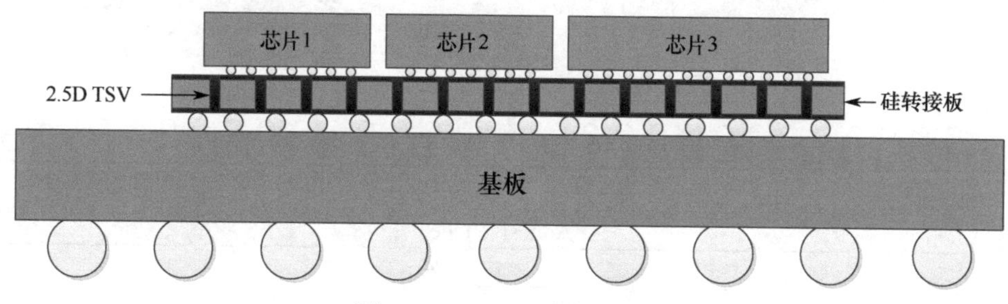

图 5-15　CoWoS 结构示意图

CoWoS 和前面介绍的 InFO 都来自台积电，CoWoS 有硅转接板，InFO 无硅转接板。CoWoS 针对高端市场，连线数量和封装尺寸都比较大；InFO 针对高性价比市场，封装尺寸较小，连线数量也比较少。

CoWoS 工艺流程图如图 5-16 所示。①先将芯片通过 uBump 安装在 Silicon Interposer Wafer 上，并填入 underfill 保护芯片的连接结构；②将 Interposer Wafer 连同芯片反转安装在载板（Carrier）上；③将 Interposer Wafer 减薄，并制作 RDL 和 Bump；④将 Interposer Wafer 从载板上转移到胶带上并切割 Wafer；⑤将切割后的芯片从胶带上取下并安装在基板上。

台积电自 2012 年就开始采用 CoWoS 技术，通过该技术把多个芯片封装到一起，通过硅转接板高密度互连，达到了封装体积小、性能高、功耗低、引脚少的效果。

CoWoS 技术应用很广泛，英伟达的 GP100、战胜柯洁的 AlphaGo 背后的 Google 芯片 TPU 2.0 都采用 CoWoS 技术，人工智能的发展也有 CoWoS 的贡献。目前，CoWoS 已经获得 NVIDIA、AMD、Google、XilinX、华为海思等高端芯片厂商的支持。

2. HBM（High Bandwidth Memory）

HBM（High Bandwidth Memory，高带宽内存），主要针对高端显卡市场。HBM 采用了 3D TSV 和 2.5D TSV 技术，通过 3D TSV 技术将多块内存芯片堆叠在一起，并通过 2.5D TSV 技术将堆叠内存芯片和 GPU 在载板上实现互连。图 5-17 所示为 HBM 技术示意图和实物剖面图。

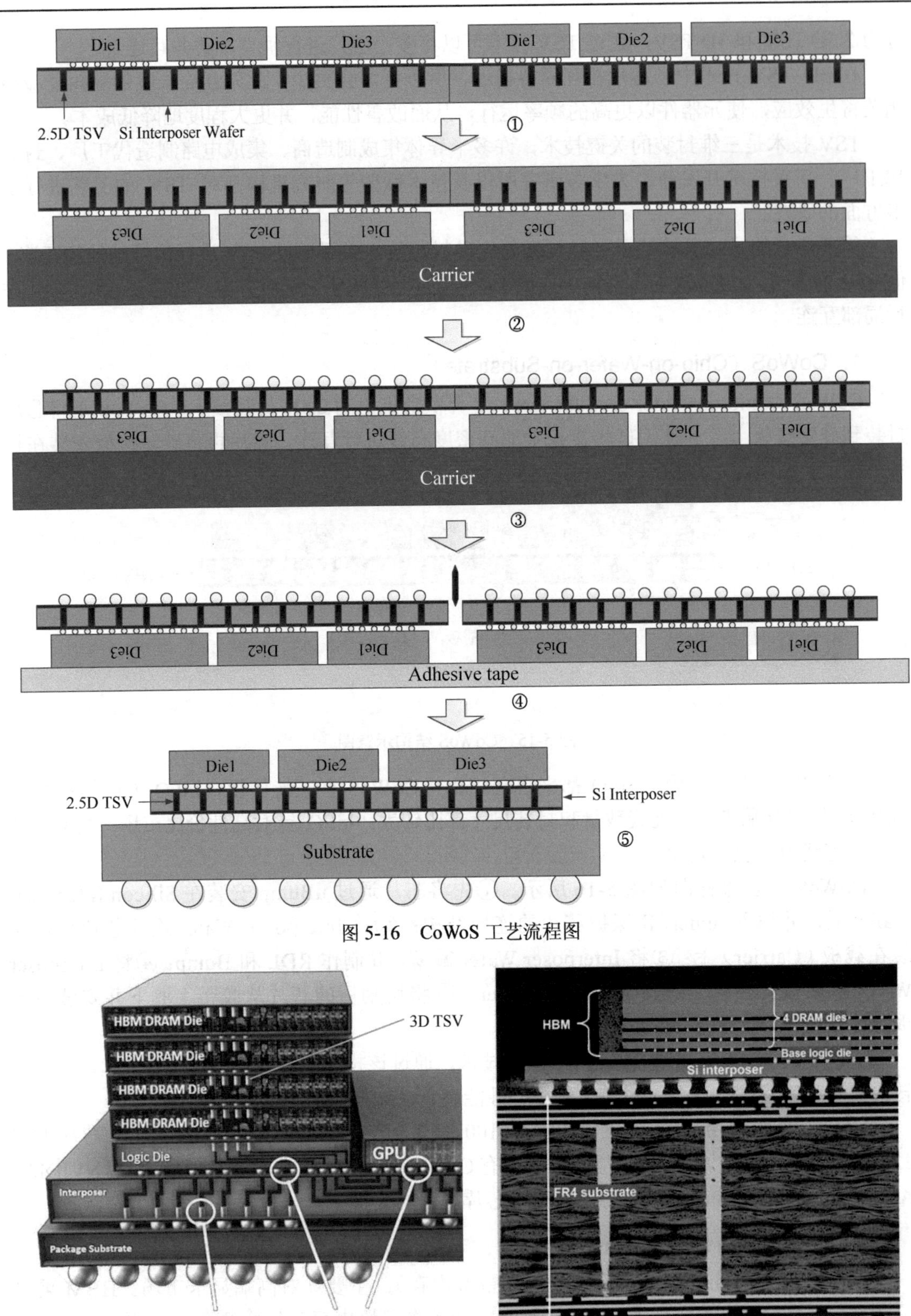

图 5-16 CoWoS 工艺流程图

图 5-17 HBM 技术示意图和实物剖面图

HBM 目前有 3 个版本，分别是 HBM、HBM2 和 HBM2E，其带宽分别为 128 GBps/Stack、256 GBps/Stack 和 307 GBps/Stack，最新的 HBM3 版本还在研发中。

AMD、NVIDIA 和海力士主推的 HBM 标准，AMD 首先在其旗舰显卡首先使用 HBM 标准，显存带宽可达 512 GBps，NVIDIA 也紧追其后，使用 HBM 标准实现 1TBps 的显存带宽。和 DDR5 相比，HBM 性能提升超过了 3 倍，但功耗却降低了 50%。

3. HMC（Hybrid Memory Cube）

HMC（Hybrid Memory Cube，混合存储立方体）的标准由美光公司主推，其目标市场是高端服务器市场，尤其是针对多处理器架构。HMC 使用堆叠的 DRAM 芯片实现更大的内存带宽。另外 HMC 通过 3D TSV 集成技术把内存控制器（Memory Controller）集成到 DRAM 堆叠封装里。图 5-18 所示为 HMC 示意图和实物剖面图。

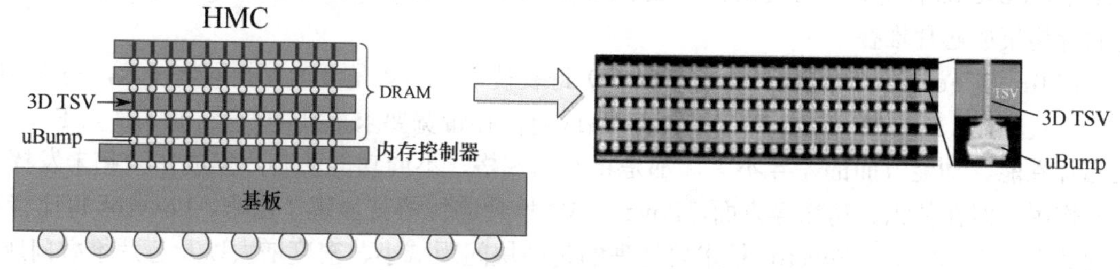

图 5-18　HMC 示意图和实物剖面图

对比 HBM 和 HMC 可以看出，两者很相似，都是将 DRAM 芯片堆叠并通过 3D TSV 互连，下方都有逻辑控制芯片；两者的不同在于，HBM 通过中介层与 GPU 互连，而 HMC 则是直接安装在基板上，中间缺少了中介层和 2.5D TSV。

在 HMC 堆叠中，3D TSV 的直径为 5～6 um，数量超过 2000 个，DRAM 芯片通常减薄到 50 um，芯片之间通过 20 um 的 MicroBump 相连。

以往内存控制器都设置在处理器中，所以在高端服务器中，当需要使用大量内存模块时，内存控制器的设计非常复杂。现在将内存控制器集成到内存模块内，则内存控制器的设计就被简化了。此外，HMC 使用高速串行接口（SerDes）来实现高速接口，适合于处理器和内存距离较远的情况。

4. Wide-IO（Wide Input Output）

Wide-IO（Wide Input Output，宽带输入输出）技术由三星集团推出，目前已经到了第二代，可以实现最多 512 bit 的内存接口位宽，内存接口操作频率最高可达 1 GHz，总的内存带宽可达 68 GBps，是 DDR4 接口带宽（34 GBps）的两倍。

Wide-IO 技术通过将存储芯片堆叠在逻辑芯片上来实现，存储芯片通过 3D TSV 与 Logic 芯片及基板相连接，Wide-IO 示意图和实物剖面图如图 5-19 所示。

Wide-IO 具备 TSV 架构的垂直堆叠封装优势，有助于打造兼具速度、容量与功率特性的移动存储器，满足智慧型手机、平板电脑、掌上游戏机等行动装置的需求，其主要目标市场是要求低功耗的移动设备。

JEDEC 指出，固有的垂直堆叠架构允许 Wide-IO2 在四分之一的 I/O 速度下，实现优于 LPDDR4 四倍的带宽。

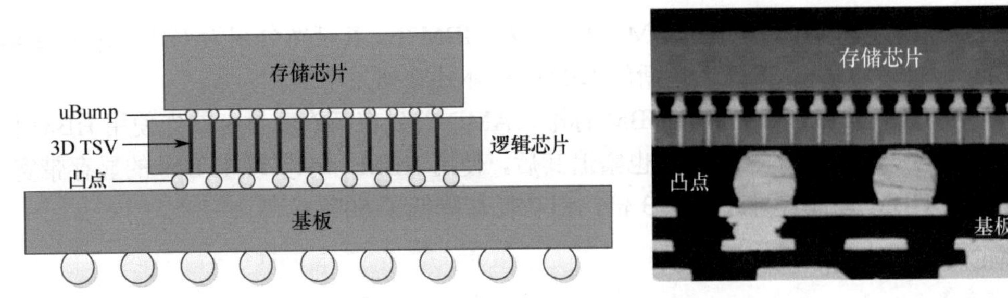

图 5-19 Wide-IO 示意图和实物剖面图

5. Foveros（Active Interposer）

除了 EMIB 先进封装技术，英特尔还推出了有源板载技术（Foveros）。在英特尔的技术介绍中，Foveros 被称作“3D Face to Face Chip Stack for Heterogeneous Integration”，即三维面对面异构集成芯片堆叠。

EMIB 与 Foveros 的区别在于前者是 2D 封装技术，后者是 3D 堆叠封装技术，与 EMIB 封装方式相比，Foveros 更适用于小尺寸产品或对内存带宽要求更高的产品。EMIB 与 Foveros 在芯片性能、功能方面的差异不大，都是将不同规格、不同功能的芯片集成在一起来发挥不同的作用，但在体积、功耗等方面，Foveros 3D 堆叠的优势就显现了出来。Foveros 每比特传输的数据功率非常低，Foveros 技术要处理的是凸块间距减小、密度增大以及芯片堆叠问题。

首款通过 Foveros 3D 堆叠设计的主板芯片 LakeField 集成了 10 nm Ice Lake 处理器以及 22 nm 核心，具备完整的 PC 功能，但体积只有几枚硬币大小。

虽说 Foveros 是更为先进的 3D 封装技术，但它与 EMIB 之间并非取代关系，英特尔在后续的制造中会将二者结合起来使用。

图 5-20 所示为 Foveros 3D 封装技术示意图和产品剖面图。

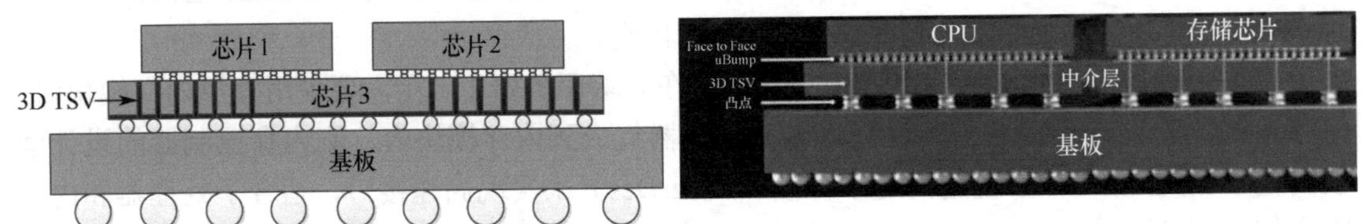

图 5-20 Foveros 3D 封装技术示意图和产品剖面图

6. Co-EMIB（Foveros + EMIB）

Co-EMIB 是 EMIB 与 Foveros 的结合体，EMIB 主要负责横向的连接，让不同内核的芯片像拼图一样拼接起来，而 Foveros 则是纵向堆栈，就像盖高楼一样，每层楼都可以有完全不同的设计，比如一层为健身房，二层当写字楼，三层作公寓，等等。

将 EMIB 与 Foveros 合并起来的封装技术被称作 Co-EMIB，Co-EMIB 技术可以制造弹性更大的芯片，可以让芯片在堆叠的同时继续横向拼接。因此，该技术可以将多个 3D Foveros 芯片通过 EMIB 拼接在一起，以制造更大的芯片系统。图 5-21 所示为 Co-EMIB 技术示意图。

Co-EMIB 封装技术能提供堪比单芯片的性能，实现这个技术的关键，就是全向互连技术（Omni-Directional Interconnect，ODI）。ODI 具有两种不同形态，除了打通不同层的电梯形态连接外，也有连通不同立体结构的天桥，以及层之间的夹层，让不同的芯片组合可以有极高的弹性。ODI 封装技术可以让芯片既实现水平互连，又可以实现垂直互连。

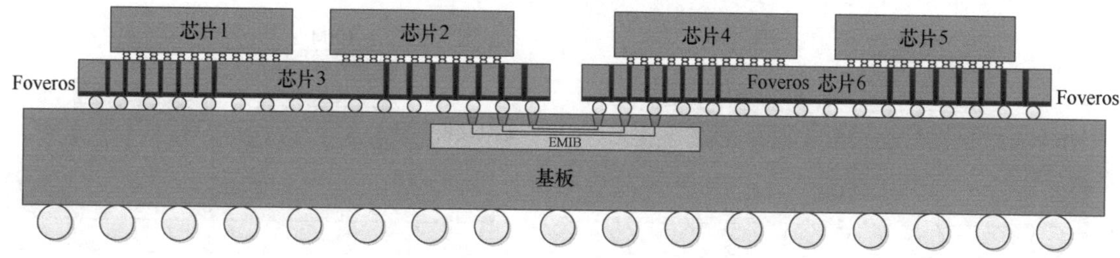

图 5-21 Co-EMIB 技术示意图

ODI 进行布线和连接的引脚密度比传统的 TSV 更大，能进一步降低芯片的电阻和延时，拥有比 TSV 更高的互联带宽。ODI 在裸芯片中需要的通孔数量也比传统的 TSV 要少得多，可以最大限度地减小裸芯片面积，容纳更多的晶体管，进一步提高性能。

Co-EMIB 通过全新的 3D + 2D 封装方式，将芯片设计思维从过去的平面拓展到立体。因此，除了量子计算等革命性的全新计算架构，CO-EMIB 可以说是维持并延续现有计算架构与生态的最佳作法。

图 5-22 所示为 EMIB、Foveros 和 Co-EMIB 技术示意图及产品剖面图。

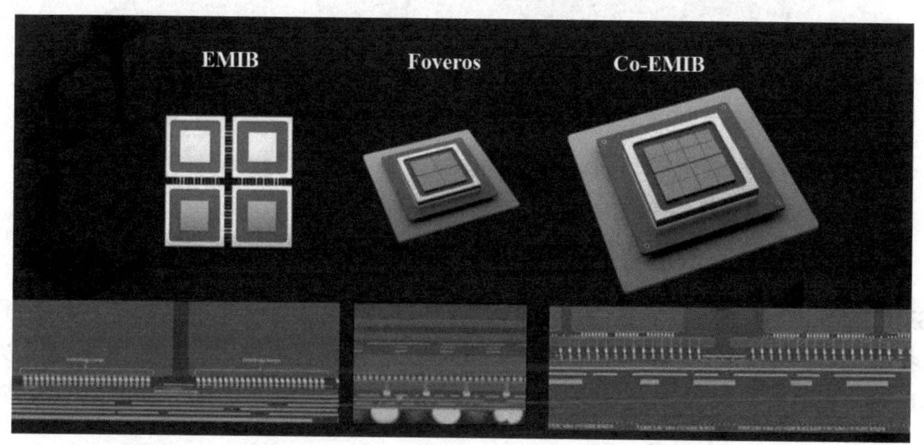

图 5-22 EMIB、Foveros 和 Co-EMIB 技术示意图及产品剖面图

7. SoIC（System on Integrated Chips）

SoIC 又称 TSMC-SoIC，是 TSMC 提出的一项新技术——集成片上系统（System on Integrated Chips），预计在 2021 年，台积电的 SoIC 技术就将进行量产。

SoIC 是一种创新的多芯片堆栈技术，能对 10 nm 以下的制程进行晶圆级的集成。该技术最鲜明的特点是没有凸点（no-Bump）的键合结构，因此具有更高的集成密度和更佳的运行性能。

SoIC 包含芯片对晶圆（Chip on Wafer，CoW）和晶圆对晶圆（Wafer on Wafer，WoW）两种技术形态，从 TSMC 的描述来看，SoIC 就是一种 WoW 或 CoW 的直接键合技术，属于 Front-End 3D 技术(FE 3D)，而前面提到的 InFO 和 CoWoS 则属于 Back-End 3D 技术(BE 3D)。TSMC 和 Mentor 两家公司曾就 SoIC 技术进行合作，推出了相关的设计与验证工具。

图 5-23 所示为 SoC 集成和 TSMC 提出的 SoIC 集成。从图中可以看出，SoIC 技术将一个大的 SoC 分割成多个小的 SoC，并通过 3D 技术集成在一起。

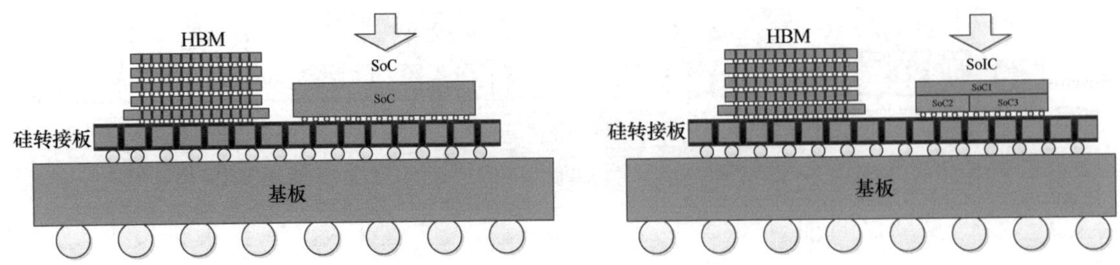

图 5-23　SoC 集成和 TSMC 提出的 SoIC 集成

SoIC 与 3D IC 的制程有些类似，SoIC 的关键就在于实现没有凸点的接合结构，并且其 TSV 的密度也比传统的 3D IC 密度更高，直接通过极微小的 TSV 来实现多层芯片之间的互连。3D IC 与 SoIC 中 TSV 密度和 Bump 尺寸的比较如图 5-24 所示。可以看出，SoIC 的 TSV 密度要远远高于 3D IC，同时其芯片间的互连也采用 no-Bump 的直接键合技术，芯片间距更小，集成密度更高，因而其产品也比传统的 3D IC 有更高的功能密度。

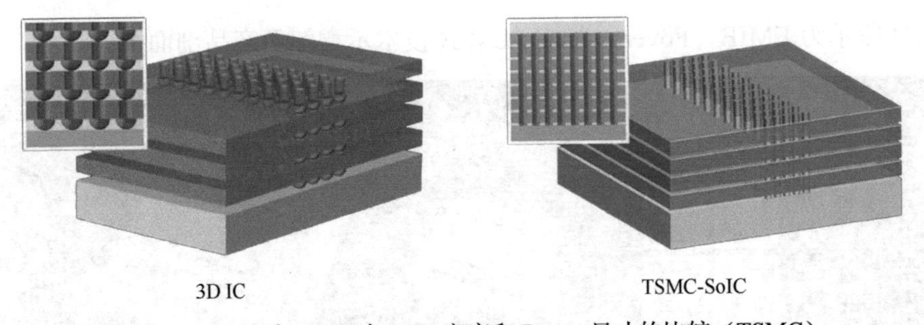

图 5-24　3D IC 与 SoIC 中 TSV 密度和 Bump 尺寸的比较（TSMC）

TSMC 的 SoIC 技术可以支持 10 nm 以下的制程，这意味着未来的芯片能在接近相同的体积里，获得比普通 3D IC 更好的性能，因此业界非常看好这项技术。该技术不仅可以持续维持摩尔定律，也有望进一步突破单一芯片运行效能，实际上也是功能密度定律的具体体现。

8. X-Cube（eXtended-Cube）

X-Cube（eXtended-Cube，扩展立方体）是三星推出的一项 3D 集成技术，可以在较小的空间中容纳更多的内存，并缩短单元之间的信号距离。

X-Cube 用于需要高性能和带宽的工艺，例如 5G、人工智能、可穿戴或移动设备，以及需要高计算能力的应用中。X-Cube 利用 TSV 技术将 SRAM 堆叠在逻辑单元顶部，可以在更小的空间中容纳更多的存储器。

图 5-25 所示为三星集团的 X-Cube 技术展示图，从图中可以看到，不同于以往多个芯片 2D 平行封装，X-Cube 3D 封装允许多个芯片堆叠封装，使得成品芯片结构更加紧凑。芯片之间采用了 TSV 技术连接，在降低功耗的同时提高了传输的速率。该技术将会应用于最前沿的 5G、AI、AR、高性能计算集群（HPC）、移动芯片以及 VR 等领域。

X-Cube 技术极大地提升了性能，因为它最大限度地缩短了存储单元之间的信号距离。为工程师提供了更大的灵活性。

X-Cube 技术大幅缩短了芯片间的信号传输距离，提高了数据传输速度，降低了功耗，并且还可以按客户需求定制内存带宽及密度。目前 X-Cube 技术已经可以支持 7 nm 和 5 nm 工艺，三星集团将继续与全球半导体公司合作，将该技术部署在新一代高性能芯片中。

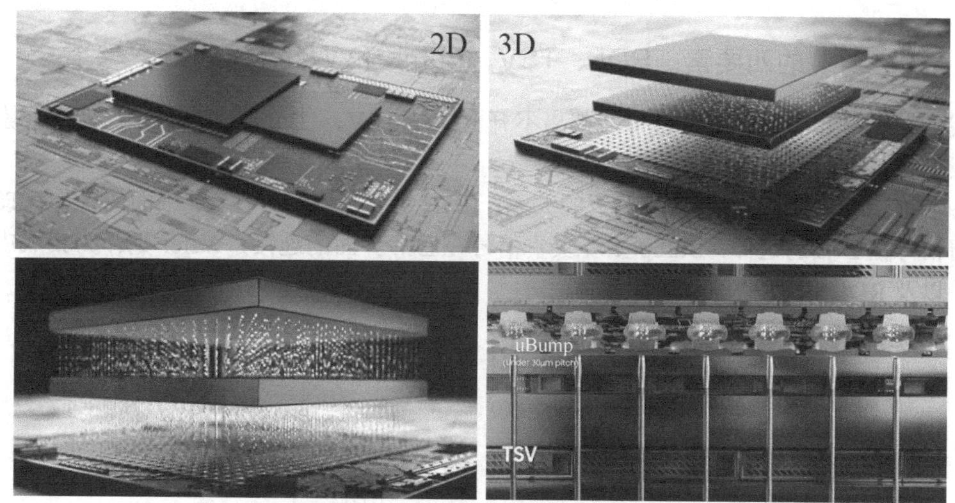

图 5-25　三星公司的 X-Cube 技术展示图

5.3.3 先进封装技术总结

前面讲述了 12 种当今最主流的先进封装技术。表 5-5 是对这些主流先进封装技术横向比较。从对比中可以看出，先进封装的出现和快速发展都是在近 10 年间，其集成技术主要包括 2D、2.5D、3D、3D+2D、3D+2.5D 几种类型，功能密度也有低、中、高、极高几种，应用领域包括 5G、AI、可穿戴设备、移动设备、高性能服务器、高性能计算机、高性能显卡等领域，主要应用厂商包括 TSMC、Intel、SAMSUNG 等著名芯片厂商，这也反映出先进封装和芯片制造融合的趋势。

表 5-5　当今主流先进封装技术比较

先进封装		时间（年）	2D/2.5D/3D	功能密度	应用领域	主要厂商
1	FOWLP	2009	2D	低	智能手机、5G、AI	Infineon/NXP
2	INFO	2016	2D	中等	iphone,、5G、AI	TSMC
3	FOPLP	2017	2D	中等	移动设备、 5G、AI	SAMSUNG
4	EMIB	2018	2D	中等	Graphics、HPC	Intel
5	CoWoS	2012	2.5D	中等	高端服务器、高端企业、HPC	TSMC
6	HBM	2015	3D+2.5D	高	Graphics、高性能计算集群	AMD/ NVIDIA/Hynix/ Intel/ SAMSUNG
7	HMC	2012	3D	高	高端服务器、高端企业、HPC	Micron/SAMSUNG/IBM/ ARM/MicroSoft
8	Wide-IO	2012	3D	中等	高端智能手机	SAMSUNG
9	Foveros	2018	3D	中等	高端服务器、高端企业、HPC	Intel
10	Co-EMIB	2019	3D+2D	高	高端服务器、高端企业、HPC	Intel
11	TSMC-SoIC	2020	3D	非常高	5G，AI，可穿戴或移动设备	TSMC
12	X-Cube	2020	3D	高	5G，AI，可穿戴或移动设备	SAMSUNG

总结一下，先进封装的目的就是：提升功能密度、缩短互连长度、提升系统性能、降低整体功耗。

5.3.4 先进封装的四要素：RDL、TSV、Bump 和 Wafer

我们发现，几乎所有的先进封装都离不开 RDL、TSV、 Bump 和 Wafer 这四个要素，因此，我们将其称之为先进封装的四要素。

图 5-26 显示的是先进封装四要素的关系：RDL 主要负责信号在 *XY* 平面的延伸，TSV 主要负责信号在 *Z* 轴的延伸，Bump 主要负责信号在芯片界面的连接，Wafer 则作为集成电路的载体，以及 RDL 和 TSV 的介质和载体。

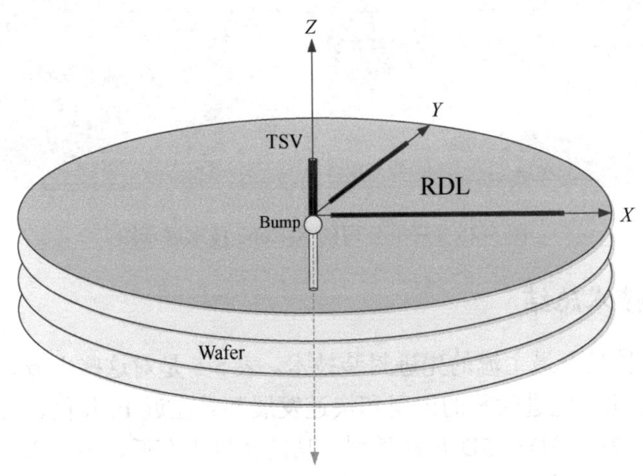

图 5-26 先进封装四要素的关系

表 5-6 列出了先进封装四要素的特点，其中 TSV 主要应用在 2.5D 和 3D 先进封装中，而其他三者在 2D、2.5D、3D 先进封装中都普遍应用；RDL 和 TSV 随着技术的发展，尺寸会越来越小，密度会越来越大；Bump 也会变得越来越小；Wafer 则会变得越来越大，从以前的 6 英寸到 8 英寸，再到现在的 12 英寸，甚至将来要应用的 18 英寸。

表 5-6 先进封装的四要素的特点

先进封装关键要素		功能	应用	发展趋势	持续时间
1	RDL	在 *XY* 平面的延伸	2D/2.5D/3D	尺寸变小，密度越来越大	与硅片相同
2	TSV	在 *Z* 轴的延伸	2.5D/3D	尺寸变小，密度越来越大	与硅片相同
3	Bump	在芯片界面的连接	2D/2.5D/3D	越来越小	硅–硅界面最终将趋于消失
4	Wafer	作为集成电路的载体，以及 RDL 和 TSV 的介质和载体	2D/2.5D/3D	越来越大	与硅片相同

从表 5-6 中还可以看出，RDL、TSV 和 Wafer 将会和硅基芯片一同长期存在，而 Bump 则会越变越小。

图 5-27 给出了 Bump 的发展趋势，100 um→50 um→30 um→20 um→10 um→5 um，对于硅–硅界面，Bump 最终将趋于消失，在芯片界面上下芯片的 TSV 延伸部分将会直接键合，但是对于硅材料和封装基板的界面，Bump 依然起着分散应力等重要作用而继续存在，因此先进封装的四要素将会和硅基芯片一同存在。

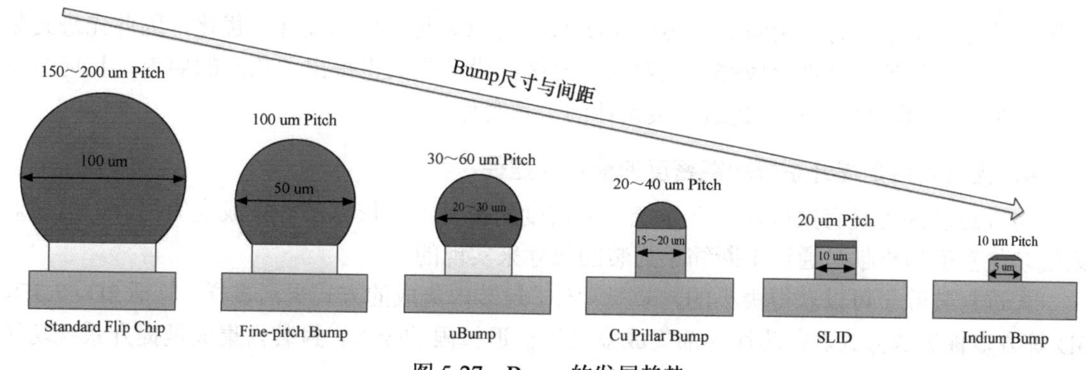

图 5-27　Bump 的发展趋势

在 TSMC 的前端 3D 集成技术 SoIC 技术中，硅–硅界面的连接已经不再通过 Bump，不过在芯片制程后端的先进封装中，Bump 还会继续存在，先进封装的四要素也会长期存在。

5.4　先进封装的特点和 SiP 设计需求

5.4.1　先进封装的特点

1．先进封装“重内不重外”

先进封装的关注点与传统封装有所不同，传统封装“重外不重内”，先进封装“重内不重外”。

传统封装的关注点更多是引脚排布和引出方式，如 TO、DIP、SOP、SOJ、PLCC、QFP、QFN、PGA、LGA、BGA 等，这些都是封装的外在表现形式，这是因为传统封装内部基本没有集成的概念，内部缺少变化。Bond Wire、TAB 和 Flip Chip 是传统封装中芯片的 3 种连接方式，模式比较固定。所以我们可以说，传统封装“重外不重内”。

与传统封装多种多样的外在表现形式不同，先进封装基本都采用 BGA 类型的封装形式，其外部缺少变化，因而关注点不多。先进封装内部集成的方式多种多样，可研究的技术和问题很多，其主要目的在于提升封装内的功能密度。所以我们可以说，先进封装“重内不重外”。

2．先进封装生产和芯片制造的融合

传统封装都是在芯片生产完成后再进行封装和测试，所以封测行业是一个比较独立的行业。到了先进封装，封装生产和芯片制造融合度提高。主要体现在以下几方面：① 晶圆在切割之前就进行封装，如 FIWLP，FOWLPD 等；② 封装需要在硅片上有更多的加工工艺，如 RDL、TSV 等；③ 传统芯片厂商加入先进封装产业链，如 TSMC、Intel、SAMSUNG 等。

3．先进封装设计和芯片设计的交互

传统封装设计比较独立，通常是在芯片设计完成后，芯片的引脚位置和信号定义确定后再进行封装设计。因为传统封装中没有集成的概念，所以传统封装设计的主要任务是将芯片引脚与封装引脚连接，为信号分配合理的封装引脚，并分配电源和地，以保证信号有良好的质量。

先进封装设计阶段经常与芯片设计阶段有所重合，在进行先进封装设计时，芯片的引脚

位置和信号定义还没有完全固定，芯片 I/O 接口可以和封装协同设计并优化，因此先进封装设计与芯片设计的交互性比较强，这对先进封装的设计工具也提出了相应的要求。目前全球三大 EDA 厂商都推出了针对先进封装设计的工具套件。

4．先进封装是提升系统功能密度的最重要途径

传统封装因为没有集成功能，系统功能密度的提升主要依靠芯片集成度的提升，封装对系统功能密度的贡献是通过不断缩小封装的尺寸来实现的。

先进封装除了可以获得极小的封装尺寸外，封装内集成的方式灵活多样，包括 2D、2.5D、3D 等方多种集成方式。在芯片内部集成度已经接近极限的今天，封装内集成是提升系统功能密度重要途径，受到了芯片厂商与系统厂商的重点关注。

5.4.2 先进封装与 SiP 的关系

先进封装技术有两大发展方向：一种是晶圆级封装（WLP），在更小的封装面积上容纳更多的引脚；另一种是系统级封装（SiP），整合多种功能芯片于一体，可压缩模块体积，提升系统整体功能性、性能和灵活性。

广义上来讲，SiP 属于先进封装，但他们涵盖的范围又有所不同，图 5-28 所示为先进封装（HDAP）与 SiP 的关系，可以看出 HDAP 与 SiP 既有共同涵盖的区域，又有各自不同的覆盖区域。

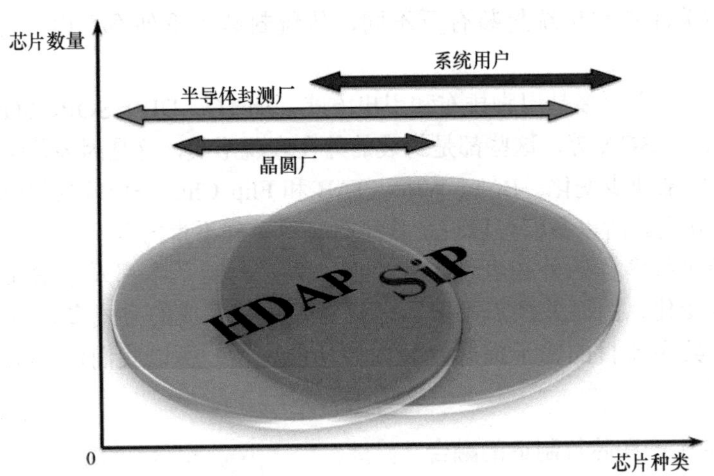

图 5-28　先进封装（HDAP）与 SiP 的关系

HDAP 涵盖了单芯片封装，如 WLCSP；SiP 则均为多芯片封装，SiP 中包含的芯片种类和芯片数量比先进封装更多，工艺灵活度也更高。例如，SiP 中可能包含键合线、倒装焊、RDL、TSV 的混合工艺，而先进封装一般不包含键合线等传统工艺。

通常来说，先进封装更强调工艺的先进性，InFO、CoWoS、HBM、HMC、EMIB、Foveros 都采用了先进工艺，属于先进封装技术，先进封装的四要素 RDL、TSV、Bump、Wafer 至少具备一到两个。而 SiP 则更强调系统功能的实现，只要是在一个封装中封装了多个裸芯片并实现了相应的系统功能，就可称之为 SiP，对工艺的先进性并不做过多强调。

因此，HDAP 和 SiP 有共同涵盖的区域，但它们又有各自的特点。

从晶圆厂到半导体封测厂，再到板级电路装配运营商，半导体的整个产业和供应链对于

HDAP 和 SiP 的关注点有所不同。晶圆厂关注 HDAP 中密度最高、工艺难度最高的部分；半导体封测厂的关注面比较广泛，从单芯片的 WLCSP 到 SiP 都有所关注；系统用户则对 SiP 关注较多。

5.4.3 先进封装和 SiP 设计需求

最后，根据先进封装的特点总结先进封装和 SiP 的设计需求。

（1）跨设计领域（芯片设计、封装设计、PCB 设计）互连规划，可视化的网络优化，支持 Die-Interposer-Package-PCB 四级网络连接优化；

（2）支持输入多种数据格式来创建芯片和封装库，同时支持参数化快速创建封装库；

（3）支持多种复杂工艺，支持 3D TSV、2.5D TSV 和 RDL 设计，支持 Wire Bonding、FlipChip、Cavity 和 Die Stack 设计；

（4）支持复杂层叠结构、盲埋孔工艺和高密度多层互连，支持浆料电阻、电容综合工具，用于自动生成可印刷的无源元器件，支持基板埋置芯片设计；

（5）具备优秀的 3D 设计环境，支持 3D 环境和 2D 环境的实时同步更新、3D 元器件布局操作、3D 测量、3D DRC 检查、3D 数据输入输出，数字化样机模拟等功能；

（6）先进的仿真验证平台，支持 SI、PI、热仿真分析，支持先进的工艺验证功能。

以上 6 点功能需求是基于先进封装及 SiP 的特点得出的设计需求总结。

具体设计工具能否满足设计需要，则需要读者仔细阅读本书的第 2 部分（本书第 6 章至第 21 章）内容。此外，本书的第 3 部分“项目和案例”，通过实际案例详细介绍了 SiP 及先进封装产品的设计、仿真和验证方法，具有很强的参考价值。

第 1 部分参考资料及说明

第 1 部分参考资料：

[1] Suny Li (Li Yang)，SiP System-in-Package design and simulation[M]. New Jersey: WILEY, 2017.

[2] 李扬, 刘杨. SiP 系统级封装设计与仿真[M]. 北京：电子工业出版社, 2012.

[3] 李国良，刘帆. 微电子器件封装与测试技术[M]. 北京：清华大学出版社, 2018.

[4] 王阳元等. 集成电路产业全书[M]. 北京：电子工业出版社, 2018.

[5] 图马拉，斯瓦米纳坦. 系统级封装导论：整体系统微型化[M]. 刘胜译. 北京：化学工业出版社, 2014.

[6] 王喆垚. 微系统设计与制造[M]. 北京：清华大学出版社, 2015.

[7] 金玉丰，王志平. 微系统封装技术概论[M]. 北京：科学出版社 2006.

[8] Garrou P , Lwona Turlik, et al. 多芯片组件技术手册[M]. 北京：电子工业出版社, 2006.

[9] Gupta T K . 厚薄膜混合微电子学手册[M]. 北京：电子工业出版社, 2005.

[10] Ulrich R , Brown W. 高级电子封装[M]. 北京：机械工业出版社, 2010.

[11] 谢源, 丛京生, 斯巴肯纳等. 3D 集成电路设计[M]. 北京：机械工业出版社, 2016.

[12] Chuan Seng Tan. 晶圆级 3D IC 工艺技术[M]. 北京：中国宇航出版社, 2016.

[13] 张汝京. 纳米集成电路制造工艺[M]. 北京：清华大学出版社, 2014.

[14] 姚玉，周文成. 芯片先进封装制造[M]. 广州：暨南大学出版社, 2019.

[15] Rino Micheloni. 三维存储芯片技术[M]. 北京：清华大学出版社, 2020.

[16] SiP Technology, WeChat public account，Suny Li (Li Yang).

[17] 此外有部分资料和信息来源于网络，恕不一一列出.

第 1 部分说明：

（1）关于长度单位微米，对应的符号为 μm，在 EDA 设计软件中通常写作 um。因此，为了保持图文一致，在本书正文中，微米对应的英文均采用 um 的写法。

（2）Interconection：互连和互联，互连是一个具体概念，用于有形物体，如连接、连续、连队等，互联是一个抽象概念，用于抽象事物，如联系、联合、关联等。

第 2 部分

设计和仿真

第 6 章　SiP 设计仿真验证平台

关键词：Xpedition Designer，Xpedition Layout 301，HDAP，XSI，XPD，两套设计流程，通用的 SiP 设计流程，基于先进封装的 SiP 设计流程，原理图驱动，网表驱动，多级优化，协同设计，仿真验证，电学仿真，热学仿真，力学仿真，设计验证，电气验证，物理验证

从本章开始，我们基于 EDA 工具来详细讲述 SiP 的设计仿真验证流程以及相关技术在 EDA 工具中的实现方法。

SiP 的设计师大致来源于两方面：①系统用户、②IC 和封装用户。系统用户以前通过 PCB 实现其设计目的，他们习惯的设计流程和 PCB 设计流程相似，以原理图作为设计的开端；IC 和封装用户主要包括芯片设计、芯片制造、封装测试用户，他们通常习惯以网表作为版图的设计输入。为了适应不同客户的需求，SiP 工具也分为两种不同的设计流程。

6.1　SiP 设计技术的发展

Mentor 公司也称 Siemens EDA，它是全球三大 EDA 厂商之一，也是全球最大的 PCB 及 IC 封装设计仿真验证软件提供商，为全球众多的电子企业与科研机构提供了先进的解决方案，连续多年在市场上占有领先地位，目前属于西门子（SIEMENS）软件事业部。

图 6-1 所示为 SiP 及 HDAP 设计仿真平台的发展历程及现状。

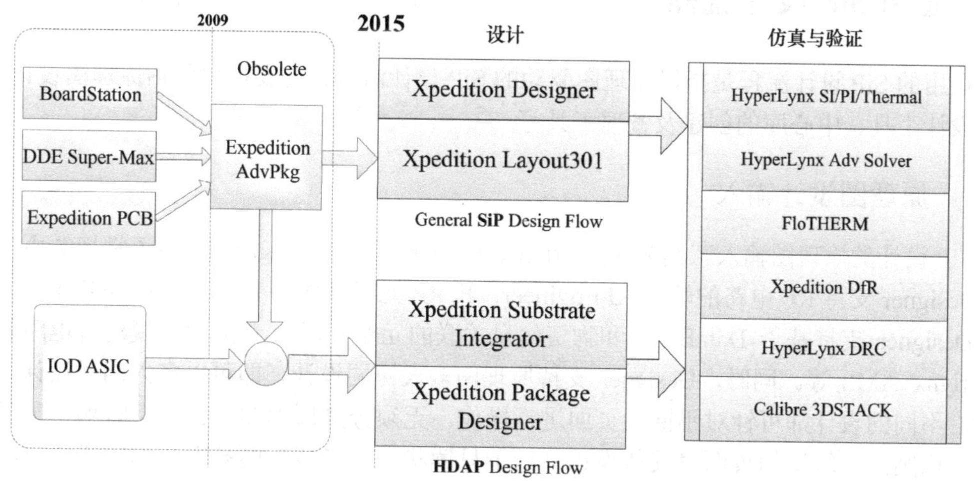

图 6-1　SiP 及 HDAP 设计仿真平台的发展历程及现状

2009 年，Mentor 公司基于 EE2007.5 推出了用于支持 SiP 和高级封装设计的功能模块 Xpedition Advanced Packaging bundle，简称 Expedition AdvPkg。Expedition AdvPkg 吸取了 Mentor 优秀的版图设计工具 BoardStation 中的 MCM、厚膜、薄膜、Hybrid 电路设计功能，

以及 Mentor 公司收购的 DDE Super-Max 里的 Embedded Passives、IC Package 和 RF 等设计功能，并继承了 Xpedition PCB 优秀的布局、布线等功能，这些强大的功能使得 Expedition AdvPkg 全面支持 SiP 及相关的复杂设计。

2015 年，Mentor 公司推出了全新的 Xpedition 设计平台，Expedition AdvPkg 也整合并升级成为 Xpedition Layout 301，在设计功能进一步增强的同时，平台的 3D 设计功能有了质的提升。在 Xpedition 3D 环境下可以模拟出产品的真实状态，用于指导设计和生产，SiP 设计师使用起来更是得心应手，并且 Xpedition Layout 301 可以与结构软件数据交互，实现数字化样机设计。

与此同时，针对先进封装的强劲需求，Mentor 公司开发了专门针对 HDAP 的设计流程，包含网表优化工具 XSI 和封装版图设计工具 XPD。XSI 继承并发展了经典网络优化工具 IOD ASIC 的优秀功能，XPD 源于 Expedition AdvPkg 的功能提升。

针对 SiP 和 HDAP 的仿真验证，Mentor 公司推出了 HyperLynx Advanced Solver、HyperLynx DRC、HyperLynx SI/PI/Thermal 和 Calibre 3DSTACK。

在专业热分析和测试领域，他们推出了 FloTHERM 热分析工具和 T3Ster 热测试系统，可以确保设计完成后 SiP 的散热问题得到妥善解决。

6.2 SiP 设计的两套流程

根据前面的描述将 SiP 设计流程分为两类：

① 通用 SiP 设计流程——General SiP Design Flow；

② 基于先进封装（HDAP）的 SiP 设计流程——HDAP Design Flow。

具体哪套设计流程更适合自己呢，看完下面的流程介绍，读者应该就比较清楚了。

6.3 通用 SiP 设计流程

通用的 SiP 设计流程是指以原理图驱动的 SiP 设计流程，主要模块包括原理图设计工具、版图设计工具、中心库的创建及管理工具等。

6.3.1 原理图设计输入

SiP 设计的原理图输入工具为 Xpedition Designer（简称 Designer），除了常规的原理图输入，Designer 支持 RF 电路的输入 RFEngineer，其 RF 元器件库与 Agilent ADS RF 元器件库同步。Designer 支持基于 DataBook 和物资信息关联的元器件调用，以及数/模混合电路的仿真 Hyperlynx AMS 等。同时，Designer 支持原理图多人协同设计，即可以多人同时设计一份原理图，不同的设计师可针对不同的页面进行操作，无须分割原理图。在同一时刻，基于先到先得的原则，被编辑的页面对其他设计师处于只读状态，当该页面被现有编辑者释放时，其他设计师可获得编辑权限，不会产生冲突，这对复杂的大型 SiP 项目尤其重要。

6.3.2 多版图协同设计

随着 SiP 设计复杂程度的提高，一款 SiP 设计中经常要包含多个版图设计，如常见的 2.5D 集成技术就包含 Interposer 和 Package Substrate 设计。同时，SiP 还需要以元器件的形式放置到 PCB 上，Interposer-Substrate-PCB 之间的联合设计也会变得越来越紧密。

多版图协同设计如图 6-2 所示，图中展示了在 1 个项目中管理 3 个版图设计，Interposer、Package_Substrate 和 PCB_Board 分别对应 3 个原理图，各原理图可独立设计完成，它们之间又相互关联，Interposer 需要安装在 Package Substrate 上，Substrate 最终也需要安装在 PCB 主板上，一起协同工作。

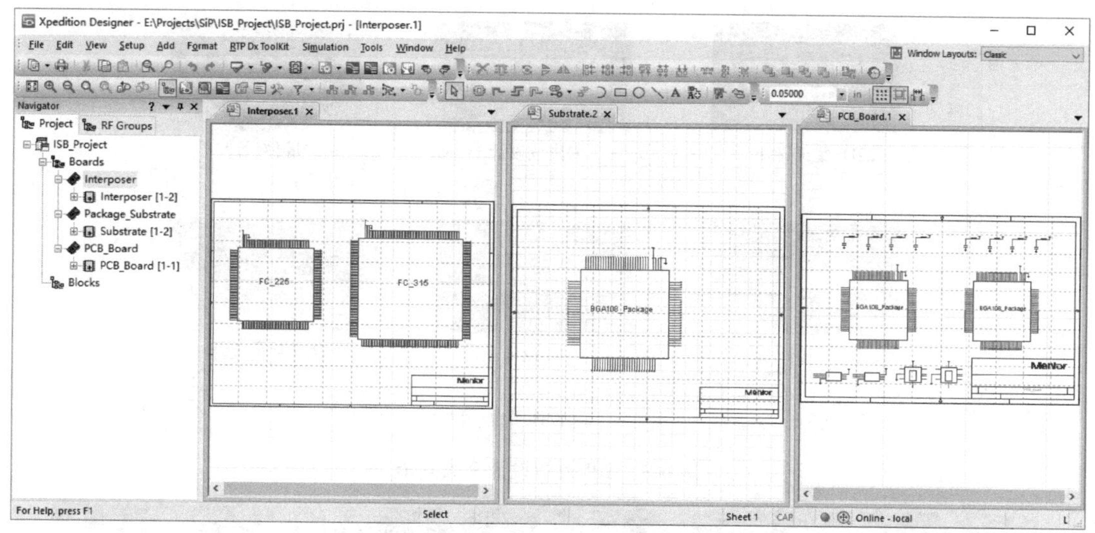

图 6-2　多版图协同设计

上述设计模式比采用 3 个单独的项目进行设计更加科学和合理，由于考虑到了 3 个版图之间的关联性和网络关系，在后续 PCB 系统设计和 SiP 设计过程中，引脚分配可以达到最优化。

6.3.3　SiP 版图设计 9 大功能

在 PCB 及 IC 封装设计领域，Siemens EDA 占据了超过全球 50%的市场份额，PCB 设计中的所有优势功能在 SiP 设计中都可以同样方便地应用。

在此基础上，针对 SiP 和 IC 封装设计中的核心功能——版图设计，Siemens EDA 在 PCB 设计工具 Xpedition PCB 的基础上，开发出多项专门针对 SiP 和先进封装的设计功能，支持用户完成 SiP 及先进封装设计的各种需求，SiP 版图设计 9 大功能如图 6-3 所示，下面分别介绍。

1．3D 集成设计功能

本书第 4 章定义了 3D 集成：芯片直接通过 TSV 进行电气连接，3D 集成在物理结构上采用芯片堆叠的形式，芯片之间通过 TSV 实现电气连接。

图 6-4 所示为 Xpedition 3D 集成设计截图，芯片堆叠安装在基板上，芯片之间通过 TSV 和 MicroBump 实现电气连接，最底部的芯片通过 MicroBump 和基板实现电气连接。

2．2.5D 集成设计功能

本书第 4 章定义了 2.5D 集成：2.5D 集成在物理结构上采用芯片堆叠在硅转接板上的形式，通过硅转接板上的 RDL 和 TSV 实现电气连接。

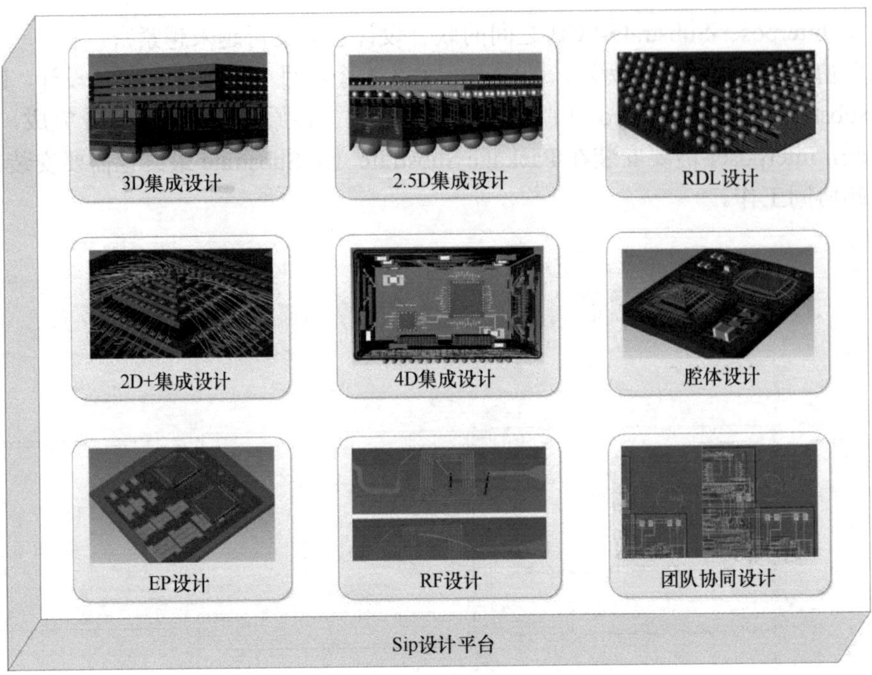

图 6-3　SiP 版图设计 9 大功能

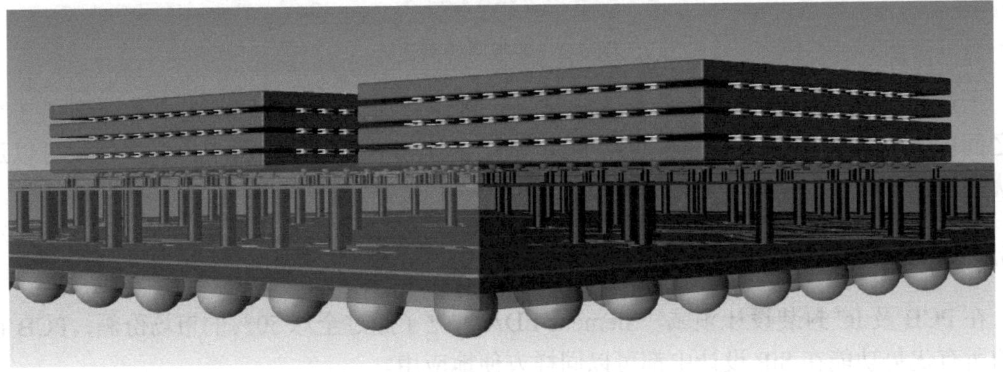

图 6-4　Xpedition 3D 集成设计截图

图 6-5 所示为 Xpedition 2.5D 集成设计截图，芯片安装在硅转接板上，芯片通过 MicroBump 连接硅转接板，然后通过硅转接板上的布线和 TSV 实现电气连接，硅转接板通过 Bump 和基板实现电气连接。

图 6-5　Xpedition 2.5D 集成设计截图

3. RDL 设计功能

RDL（ReDistribution Layer）指在芯片表面进行重新布线，用于改变芯片上的 I/O 引脚位置。RDL 可以分为 Fan-in 和 Fan-out 两种类型，分别指向芯片内部或芯片外部进行布线。此外，硅转接板上的布线一般也称为 RDL。

图 6-6 所示为 Xpedition 中的 RDL 设计截图，该设计为 Fan-in 型 RDL，通过 RDL 将原本位于芯片边沿用于键合的 I/O 引脚重新以面阵列形式分布于芯片表面，并将其通过 Bump 以 Flip Chip（倒装焊）的形式安装在基板上。

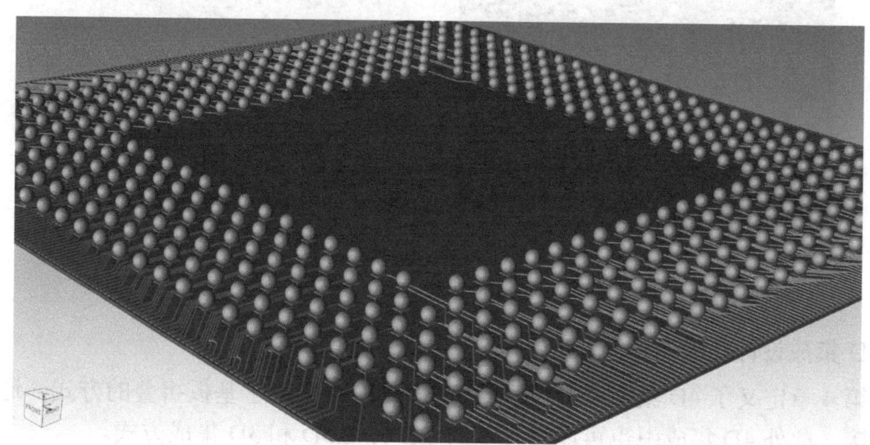

图 6-6　Xpedition 中的 RDL 设计截图

4. 2D+集成设计功能

本书第 4 章定义了 2D+集成：芯片堆叠在基板上，并通过 Bond Wire（键合线）和基板相连，2D+集成在物理结构上采用芯片堆叠形式，在电气连接方面，上层芯片通过 Bond Wire 连接基板，最下层芯片可能通过 Bond Wire 连接基板也可能以 Flip Chip 形式安装在基板上。

图 6-7 所示为 Xpedition 2D+集成设计截图，芯片堆叠在基板上并通过 Bond Wire 连接基板，Xpedition 支持无层数限制的 IC Die 叠片设计，并可配合腔体设计，有利于外层 Bond Wire 的稳定性。

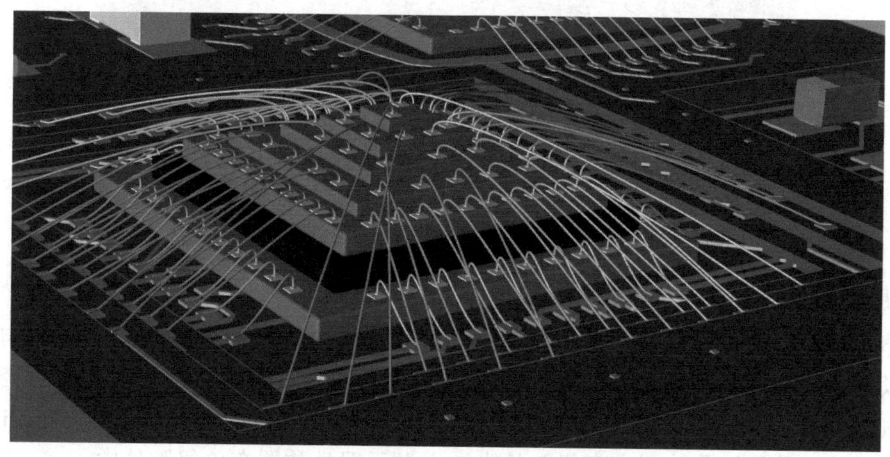

图 6-7　Xpedition 2D+集成设计截图

由图 6-7 可以看出，复杂多层键合对 Bond Wire 模型的精度要求较高，Xpedition 的 Bond Wire 模型支持多种形式的弯曲，可以通过直角弯曲（Corner）、圆角弯曲（Round）和样条曲线拟合（Spline）三种方式创建更加精确且接近实际的 Bond Wire 形状，能够有效地帮助设计师提高设计精度，从而提高产品良率。Xpedition 中的 Bond Wire 模型如图 6-8 所示。

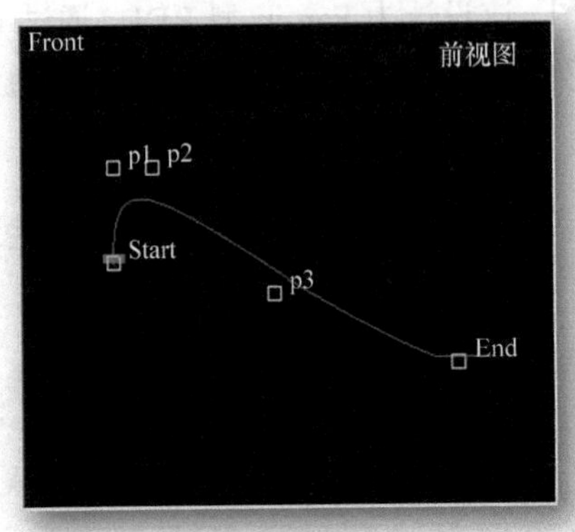

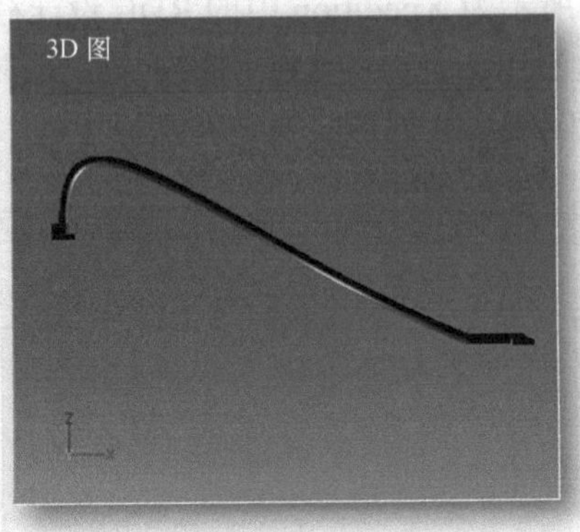

图 6-8　Xpedition 中的 Bond Wire 模型

5. 4D 集成设计功能

本书第 4 章定义了 4D 集成：4D 集成在物理结构上采用了基板折叠的方式，通过基板进行电气连接。此外 4D 集成中也可能包含 2D、2D+、2.5D 和 3D 集成方式。

图 6-9 所示为 Xpedition 4D 集成设计剖面图，在其封装内部的多个面上安装有芯片，其中底面安装了 3D 集成芯片，左侧面和后面为 2D 集成芯片，右侧面和顶面为 2D+集成芯片。

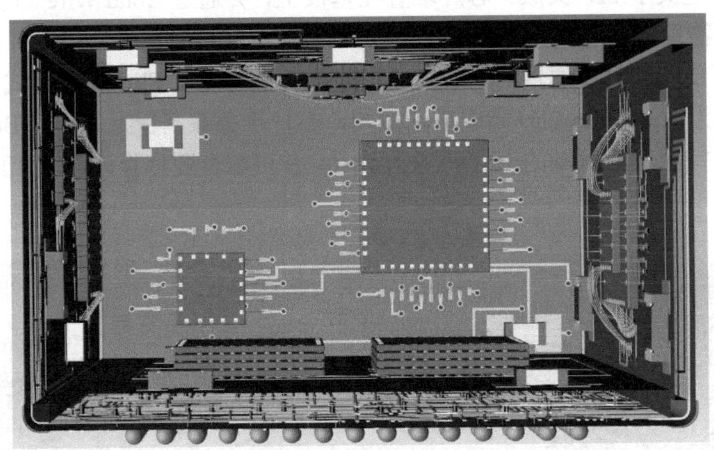

图 6-9　Xpedition 4D 集成设计剖面图

6. 腔体设计功能

腔体集成是指通过腔体将芯片和无源元器件部分或全部嵌入基板，从而提高集成密度，腔体可以是单级腔体或多级腔体，也可以是埋置腔体。

Xpedition 支持单级腔体、复杂多级腔体和埋置腔体设计，图 6-10 所示为 Xpedition 腔体设计截图，其中芯片堆叠放置在多级腔体中，无源元器件放置在单级腔体中。

图 6-10　Xpedition 腔体设计截图

7. EP 设计功能

本书第 4 章定义了平面集成，平面集成技术也称平面埋置技术，通过特殊的材料制作电阻、电容、电感等平面化无源元器件，并将其印刷在基板表面或者嵌入基板的板层之间。

EP（Embedded Passive）功能支持埋入式无源元器件，支持平面电阻和电容的自动综合；根据所选浆料和阻容参数，可自动综合出所需平面电阻或电容，并支持激光精确调整。设计师可将平面电阻、电容放在基板的任意层。通过 EP 设计，可节省表面安装空间并减少焊点，从而增加可靠性。图 6-11 所示为 Xpedition 中表面贴装电阻电容和平面电阻电容的对比。

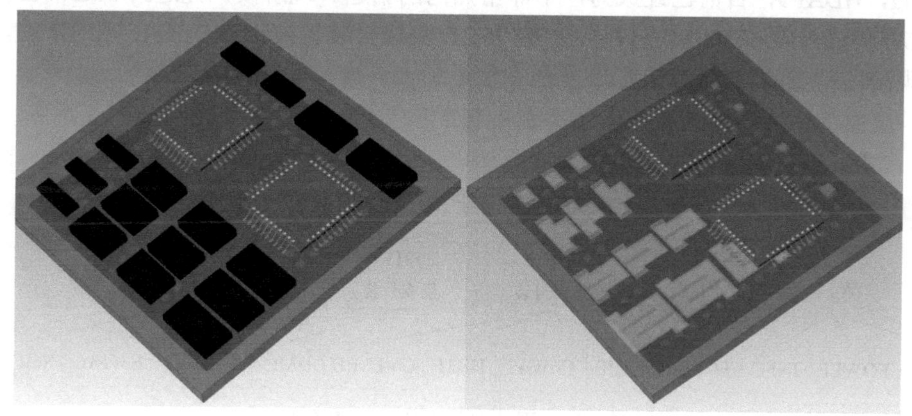

图 6-11　Xpedition 中表面贴装电阻电容和平面电阻电容对比

8. RF 设计功能

RF（Radio Frequency，射频）设计功能模块可实现射频电路设计，RF 设计功能模块包含与 ADS/AWR 相同的射频元器件库，支持原理图和版图之间射频参数的相互传递，并且可通过动态链接工具将射频电路传递到 ADS/AWR 进行仿真。RF 设计功能模块还可以满足版图电路的特殊设计要求，如渐变线宽、缝合过孔、电源设计中的环形电感等。图 6-12 所示为 Xpedition 中 RF 电路设计截图。

9. 团队协同设计功能

实时团队协同设计功能针对复杂 SiP 版图，可进行多人实时协同设计，不需要任何设计分割，设计数据可实时更新到每个设计师，大大减少了设计难度和设计师的压力。根据实际项目的统计，采用实时团队协同设计功能可提高设计效率 50%以上，这对设计复杂 SiP 项目，工期又非常紧的用户尤其重要。图 6-13 所示为版图实时团队协同设计示意图。

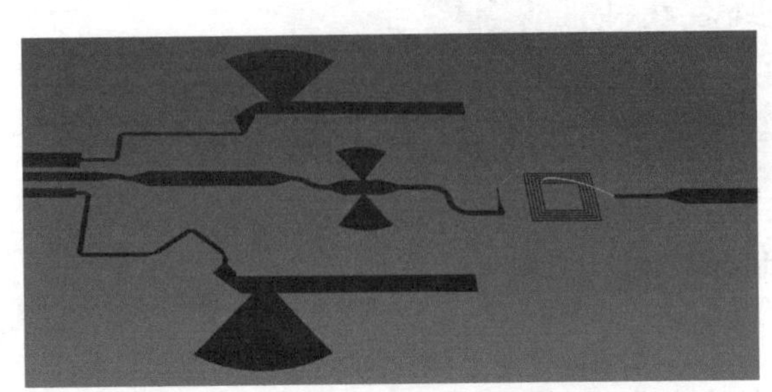

图 6-12　Xpedition 中 RF 电路设计截图

图 6-13　版图实时团队协同设计示意图

6.4　基于先进封装 HDAP 的 SiP 设计流程

先进封装（Advanced Packaging），在本书中也称为高密度先进封装（High Density Advanced Packaging，HDAP），目前已经成为一个非常热门的话题。现阶段，先进封装通常包含 WLP、PLP、2.5D 集成封装和 3D 集成封装，2.5D 和 3D 集成封装也被称为 2.5D IC 和 3D IC，图 6-14 所示为现阶段常见的 HDAP 分类。

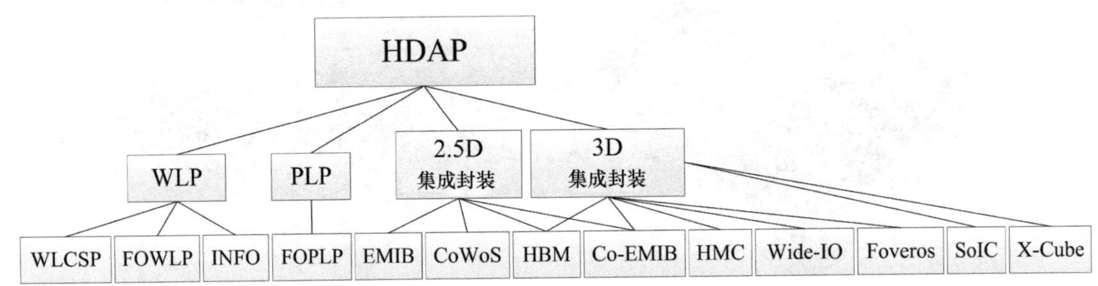

图 6-14　现阶段常见的 HDAP 分类

上图中，WLCSP 属于 Fan-In WLP（FIWLP）；FOWLP 指单芯片 Fan-Out WLP；INFO 指多芯片 Fan-Out WLP；PLP 通常只有 Fan-Out 类型；EMIB 比较特殊，是一种嵌入基板的局部硅互联桥，按照本书第 4 章的定义，应该被划分为 2D 集成，业内通常也以 2D 来定义 EMIB，但 EMIB 的功能与 2.5D 集成类似，并且其设计思路也与 2.5D 集成类似，因此这里根据功能和设计思路将其划归 2.5D 集成；CoWos 是标准的 2.5D 集成技术，HBM 和 Co-EMIB 则包含了 2.5D 和 3D 集成技术；其他如 HMC、Wide-IO、Foveros、SoIC 和 X-Cube 则属于 3D 集成技术。

关于以上先进封装技术的详细介绍请参考本书第 5 章内容。此外，随着技术的发展，先进封装的定义也会有所变化，新的先进封装技术会不断涌现，原有的先进封装可能逐渐会成为传统封装。

6.4.1　设计整合及网络优化工具 XSI

XSI（Xpedition Substrate Integrator）作为 HDAP 的设计输入工具，主要包括以下功能：①元器件库的创建；②网络连接定义及优化；③版图初始化创建。图 6-15 所示为 XSI 设计界面。

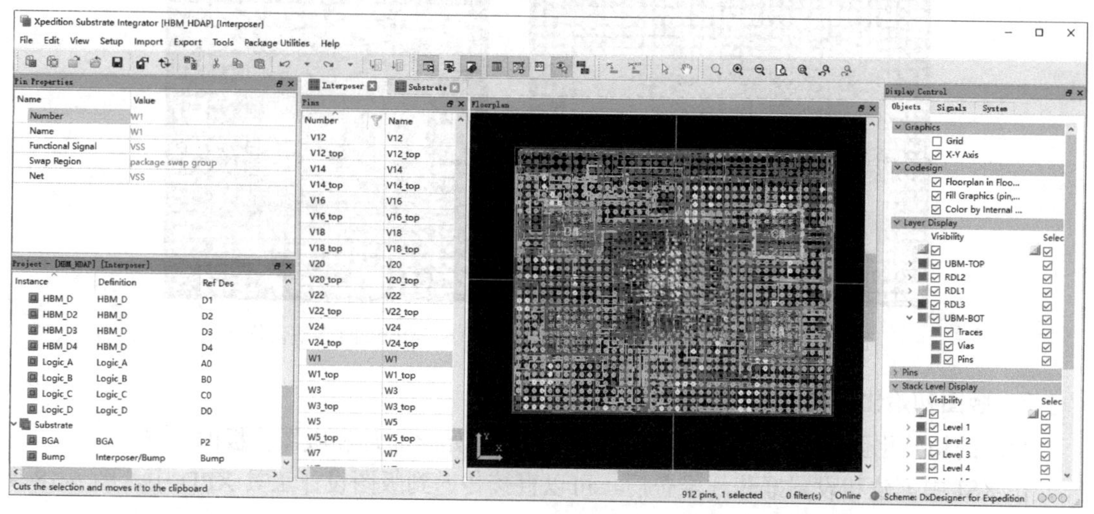

图 6-15　XSI 设计界面

1．元器件库的创建

任何项目都是由不同的原件组合而成的，因此元器件库是在项目开始时首先需要解决的问题。在 XSI 中创建元器件库有以下三种方式。

① 可以通过导入 AIF、CSV、DEF\LEF 文件生成元器件信息，裸芯片（Bare Die）、Flip Chip、BGA 等都可以通过文件导入创建。

② 调用中心库中的元器件数据，设置相应的中心库，并在库中选择需要的 Part Number 和 Cell Name。

③ 以用户自定义形式创建，XSI 中具有 JEDEC 标准的建库模板，可以方便准确地创建元器件库，只需要设定好相应的参数值，XSI 就会自动创建 Cell 和 Part。图 6-16 所示为 XSI 中的参数模板和元器件引脚位置的定义。

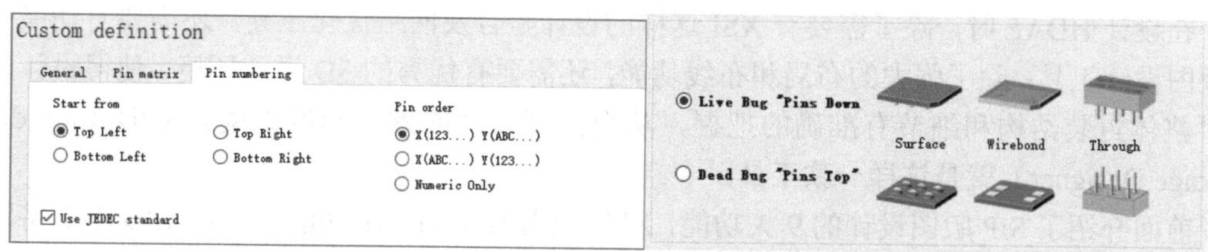

图 6-16　XSI 中的参数模板和元器件引脚位置的定义

2．网络连接定义及优化

网络连接定义是在元器件建库时，给元器件引脚指定相应的网络名称，通常也是通过文件导入的方式进行网络定义的，支持导入的文件格式包括 VDHL\Verilog、CSV。

此外，在设计 SiP 和先进封装时，最好的选择是在整个设计流程中对 Die、Interposer、Substrate 进行信息共享以及整个信号路径的整体优化。XSI 提供了集成设计环境，能够在设计芯片封装（Package）的同时与集成电路（IC）和 PCB 系统设计关联。XSI 设计环境提供了 Die、Interposer、Substrate 以及 PCB 整体优化的可能性。图 6-17 所示为在 XSI 中进行 Die、Interposer、Substrate 网络整体优化。

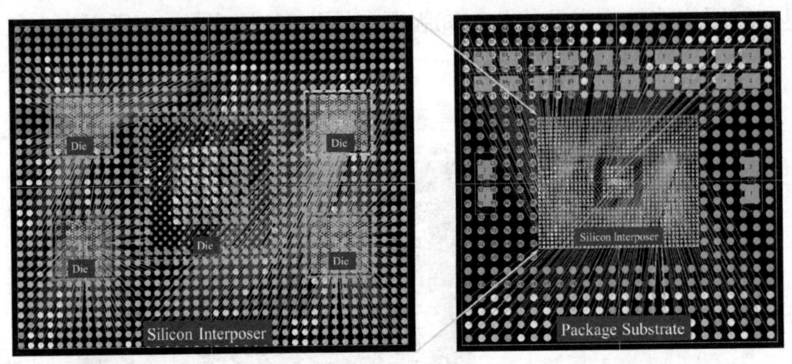

图 6-17　在 XSI 中进行 Die、Interposer、Substrate 网络整体优化

3. 版图初始化创建

版图的初始化创建包括芯片堆叠的创建、版图初始化布局和版图模板的选择。

在 XSI 中创建和设置好芯片堆叠后，可以直接传递到版图设计工具 XPD 中，图 6-18 所示为在 XSI 中创建和设置芯片堆叠。

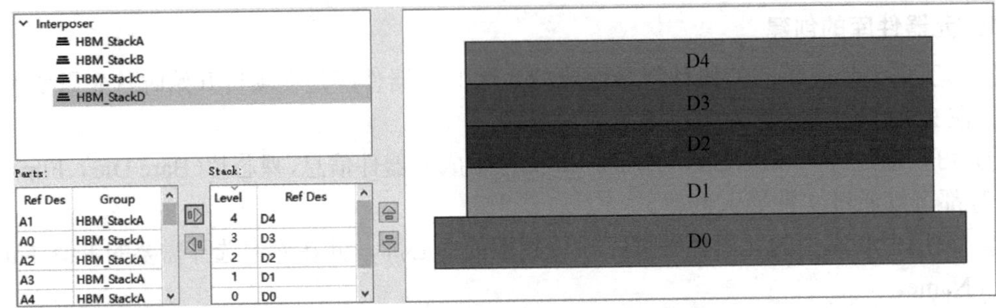

图 6-18　在 XSI 中创建和设置芯片堆叠

6.4.2　先进封装版图设计工具 XPD

在设计 HDAP 时，除了需要有 XSI 这样的设计整合及网络优化工具，还需要有功能强大的版图设计工具；除了强大的布局和布线功能，还需要有优秀的 3D 设计环境，使得设计师能够对整体封装结构和细节有准确的把握，从而提高设计的效率和准确度。XPD（Xpedition Package Designer）就是这样一款工具。

前面介绍了 SiP 版图设计的 9 大功能，XPD 具备其中的 7 项功能，由于 XPD 不支持刚柔结合板设计而无法实现 4D 集成设计功能，XPD 也不具备 RF 设计功能。此外，XDP 也具备一些特色功能。

1. 3D+2.5D 设计功能

针对目前先进封装的发展趋势，2.5D 设计和 3D 设计已经非常普遍，此外，有些先进封装中既包括 2.5D 又包括 3D，我们可以称之为 3D+2.5D 先进封装设计，XSI+XPD 可以说是针对这类设计的“黄金组合”。图 6-19 所示为 2.5D+3D 先进封装设计在 XPD 中的截图。

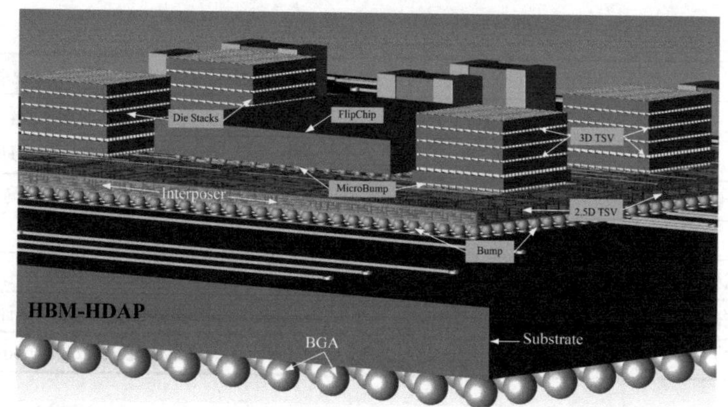

图 6-19　2.5D+3D 先进封装设计在 XPD 中的截图

2. XPD 的特色功能

XPD 源于 Xpedition Layout，其功能与 Xpedition Layout 301 功能相似，但也有一些不同。XPD 专门针对先进封装设计，其封装设计功能更强，例如，XPD 可导入 AIF、CSV Netlist 和 ODB++文件，可导出 AIF、Color Map、PCB library Data 文件，而 Xpedition Layout 301 则没有相应功能，XPD 具备的 External Component Wizard 功能模块也是 Xpedition Layout 301 所不具备的。

除了与 XSI 配合进行设计，XPD 还可从零开始独立设计（Design from Nothing）。这样，对于比较简单的 SiP 或者 Package 设计，仅需 XPD 就可以应付了。

6.5　设计师如何选择设计流程

通用的 SiP 和 HDAP 在很多地方是相同的，但又有各自的特点，Siemens EDA 提供的两套设计流程也是如此，设计师如何确定哪种流程更适合自己呢？

先确定自己属于哪一类用户，是系统用户还是 IC 和封装用户，然后结合自己之前的使用习惯就能确定哪种更适合自己。两种设计流程功能比较如表 6-1 所示。

表 6-1　两种设计流程功能比较

条目	通用 SiP 设计流程	HDAP 设计流程	说明
设计工具配置	Designer +Layout 301	XSI+XPD	XSI+Layout 301 也可配合
1. 原理图输入	√	—	包含原理图协同设计功能
2. RF 射频电路设计	√	—	Designer +Layout 301 功能
3. Rigid Flex 设计	√	—	Layout 301 的功能
4. Layout 派生管理	√	—	Layout 301 的功能
5. 多版图网络优化	—	√	XSI 特有功能
6. LEF/DEF 支持	—	√	XSI 特有功能
7. AIF\CSV\ODB++导入	—	√	用户建库及设计数据
8. JEDEC 标准 Cell 模板	—	√	XSI 特有功能
9. 3D IC 集成设计	√	√	Die to Die Connected by TSV
10. 2.5D IC 集成设计	√	√	RDL/TSV in Silicon Interposer
11. EP 埋入式无源器件	√	√	平面电阻电容自动综合

（续表）

条目	通用 SiP 设计流程	HDAP 设计流程	说明
12. Cavity 设计	√	√	开放式腔体，埋置腔体
13. Die Stack 设计	√	√	金字塔、悬臂、并排堆叠
14. Bond Wire 设计	√	√	多种类型 Bond Wire 弯曲
15. 3D 模型输入输出	√	√	3D 版图设计环境
16. 电子结构协同设计	√	√	3D 版图设计环境
17. 版图多人协同设计	√	√	多人实时参与版图设计
18. 无限制设计规模	√	√	Layers\Pins\Connections 无限制

从上表可以看出，Designer+Layout 301 和 XSI+XPD 设计流程各有各的优势和特色，但在很多方面又基本相同。对于 XPD 和 Layout 301，可以说它们就如同一对孪生兄弟，基本功能相似，但也有各自的特点。XPD 专门针对 Package 设计，Layout 301 则可支持 Package、PCB 和 Rigid-Flex 设计。

设计师如果只做 Package 设计，尤其关注 HDAP 设计，那么建议采用 XSI+XPD 设计流程；如果既做 Package 设计，也涉及 RF 和 Rigid-Flex 设计，同时习惯以原理图作为网络连接的输入方式，则建议采用 Designer+Layout 301 设计流程。

6.6 SiP 仿真验证流程

本书第 2 章提出了 Si^3P 的概念，并指出 Si^3P 中的第二个“i”代表 interconnection（互联）。互联的目的是进行信息或能量的传递，对于 SiP 来说，互联主要可分为三个领域：电磁互联、热互联和力互联。

SiP 中的仿真也主要围绕这三方面开展，即电磁仿真、热学仿真和力学仿真。

6.6.1 电磁仿真

本书第 4 章将 SiP 中的集成分为 2D 集成、2D+集成、2.5D 集成、3D 集成、4D 集成、腔体集成和平面集成 7 种方式，这些集成方式都可以很完美地在设计工具 Layout 301 和 XPD 中实现。

仿真工具一项重要的功能就是识别设计工具中构建的物理互联模型，并将其正确导入仿真工具，这通常是在仿真开始时就需要实现的。

1. 针对平面设计（Planar Design）

这里不采用 2D 集成设计的说法而采用平面设计的说法，是因为它们的定义所包含的范畴有些不同，2D 集成设计中包含 2D Bond Wire 和 2D Flip Chip 两种类型，其中 2D Bond Wire 虽然在集成上来讲属于 2D，但在电气互连方面由于有了 Bond Wire，所以其对仿真工具来说实际是非 2D 的。2D Flip Chip 和 Embedded Passive 都位于基板上或者基板内，所以使用 2D 仿真工具就可以很好地处理。图 6-20 所示为 2D 集成设计和平面设计的范畴。

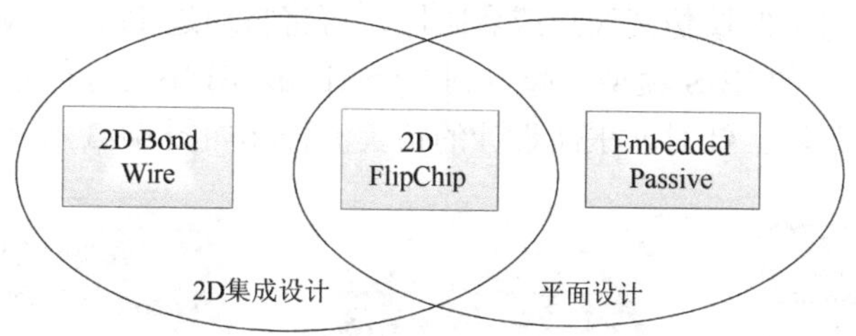

图 6-20 2D 集成设计和平面设计的范畴

针对平面设计，可以采用 HyperLynx SI/PI/Thermal 工具进行仿真分析。该工具包含三个模块：① 信号完整性分析工具 HyperLynx SI；② 电源完整性分析工具 HyperLynx PI；③ 热分析工具 HyperLynx Thermal。三个模块位于同一个软件环境中，可以进行协同仿真，如 SI-PI 协同仿真和电热协同仿真。

HyperLynx SI 支持信号完整性、串扰和 EMC 仿真分析，支持示波器（常规、眼图方式）、频谱仪显示方式。HyperLynx SI 内嵌了 FCC、CISPR 和 VCCI 三种国际通用的 EMC 标准，并且支持用户定义自己的标准，HyperLynx SI 还内嵌了 DDRx 和 SerDes 的分析向导，专门用于 DDRx 和 SerDes 的分析。

电源完整性分析工具 HyperLynx PI 可支持直流压降、交流去耦和平面噪声分析，支持 2D 和 3D 波形显示。

HyperLynx Thermal 可支持热分析、与 HyperLynx PI 联合做电热协同分析。

图 6-21 显示了针对平面设计的仿真流程，可以直接将设计数据传递到 HyperLynx 进行 SI/PI/Thermal 分析。

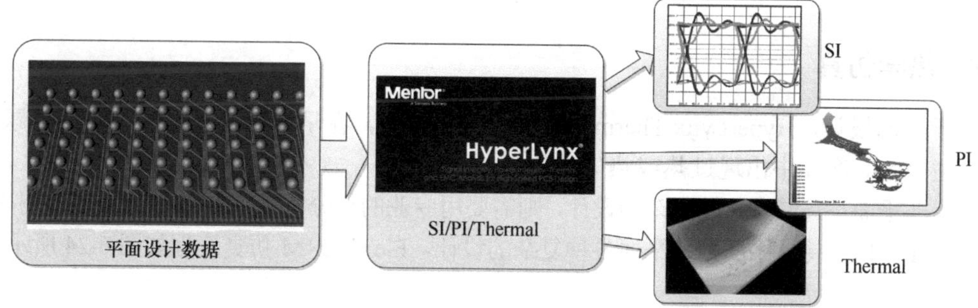

图 6-21 针对平面设计的仿真流程

2. 针对非平面设计（No-Planar Design）

大多数 SiP 和先进封装设计是非平面设计，如 2D Bond Wire、2D+、2.5D、3D、4D 以及腔体集成设计均是非平面设计，此类设计需要用到 3D 电磁场仿真工具 HyperLynx Advanced Solver。

HyperLynx Advanced Solver 包含 3 个解算器：Fast 3D、Full Wave 和 Hybrid。Full Wave Solver HPC 可以看作 Full Wave Solver 的高性能版本，每个解算器的功能都有所不同，将设计数据导入 HyperLynx Advanced Solver，然后采用不同的解算器得到 RLGC、S-Parameter、Z-Parameter、Currenty Density、IR Drop、EMI/EMC 等，图 6-22 所示为针对非平面设计的仿真流程①。

如果需要查看信号的时域仿真波形或者眼图，可将将通过 Full Wave Solver 得到的网络 S-Parameter 模型与芯片的 IBIS 模型一起放到 HyperLynx SI 中进行信号完整性仿真，即可得到时域仿真波形或者眼图。针对非平面设计的仿真流程②如图 6-23 所示。

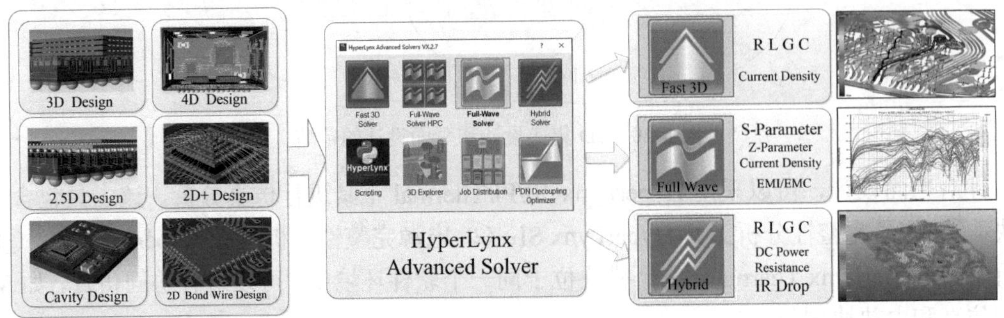

图 6-22　针对非平面设计的仿真流程①

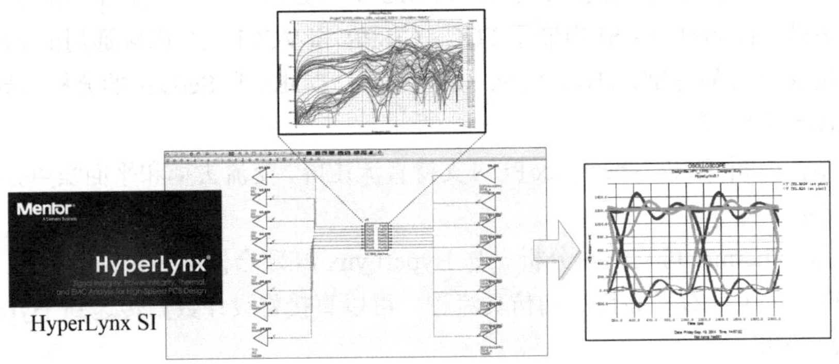

图 6-23　针对非平面设计的仿真流程②

6.6.2　热学仿真

对于平面设计，HyperLynx Thermal 可以进行热分析，在早期对 SiP 设计中的热问题进行诊断，避免 SiP 产品中出现过热或热失效的问题。

对于非平面设计或者比较复杂的设计，则需要用专业的热分析工具 FloTHERM 进行热分析，FloTHERM 可以支持从平面到非平面各种复杂的设计，FloTHERM 仿真流程如图 6-24 所示。

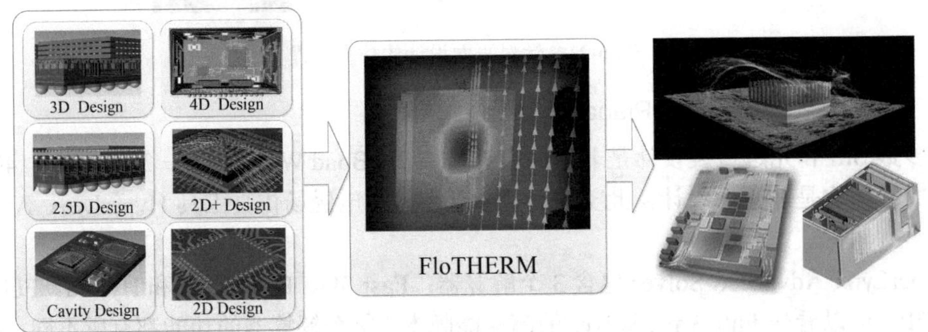

图 6-24　FloTHERM 仿真流程

FloTHERM 专注于电子器件/设备散热分析，是业界最早针对电子器件/设备散热分析和优化的软件，求解电子设备热传导、对流及辐射三种传热方式，具备丰富强大的经验数据积累，可预测产品内部气流流动、温度分布及热量传递过程。

FloTHERM 全方位覆盖多尺度散热问题，支持封装级（IC 器件、LED）、板级和模块级（PCB、电源模块）、系统级（机箱、机柜及舱）、环境级（机房、外太空等）的热分析。

6.6.3　力学仿真

力互联（Interconnection of Force）需要考虑来自 SiP 外部的力和内部产生的力。

对于 SiP 设计师来说，对力互联主要的关注点是不同元器件或不同材料间的接触面。外部的力主要来自冲击、震动和加速度等。内部的力主要来自相对的形变，产生相对形变最主要的原因是温度的变化。

Mentor 提供了力学仿真工具 Xpedition DfR，Xpedition DfR 可提供震动分析和加速度分析，主要对外部的力造成的影响进行分析。其中震动分析可给出震动引起的可靠性/失效预测，给出失效频率、元器件级别的应力，以及包含六自由度震动仿真；加速度分析可给出一定加速度下的安全系数、引脚级别的 Von-Mises 应力、详细的应力应变图，以及 3 自由度力矢量。

不过目前该工具功能还具有一定的局限性，仅能支持 SiP 的平面集成设计和 PCB 设计，图 6-25 所示为平面集成设计的 Xpedition DfR 力学仿真流程。

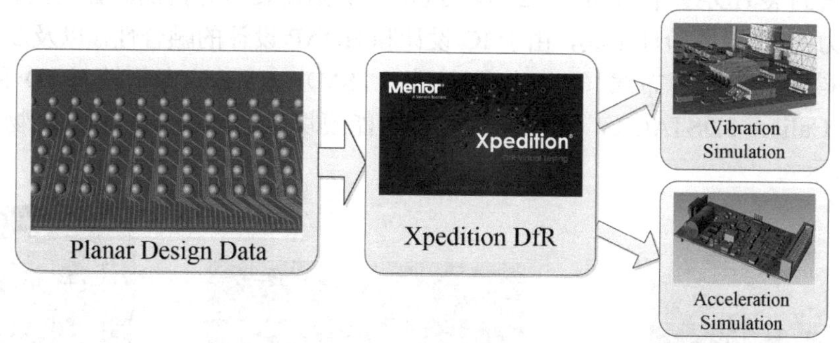

图 6-25　平面集成设计的 Xpedition DfR 力学仿真流程

如果设计师有更多的力学仿真需求，则需要借助第三方的力学仿真工具，如 SIEMENS Simcenter 或 ANSYS 等。

6.6.4　设计验证

1. 电气验证

电气验证不同于仿真工具，电气验证是以经验规则对设计进行检查的，电气规则检查工具 HyperLynx DRC 内嵌 5 大类总共 82 种电气规则：Analog（3 种）、EMI（18 种）、PI（10 种）、SI（43 种）、Safety（8 种），这些规则分别对不同方面进行验证。图 6-26 所示为 HyperLynx DRC 电气验证流程。

HyperLynx DRC 分析的核心是先进的物理和电气规则检查器，基于物理和电参数验证设计、测定问题的区域，结合所允许使用的工具进行全面的 Analog、EMI、PI、SI、Safety 分析。强有力的 API 能够创建复杂的规则检查，包括基于频率可改变的物理规则参数。验证结果也能进行交互探测，快速地定位问题，并且可以与 SiP 版图设计工具进行交互，快速修改设计数据中的错误。

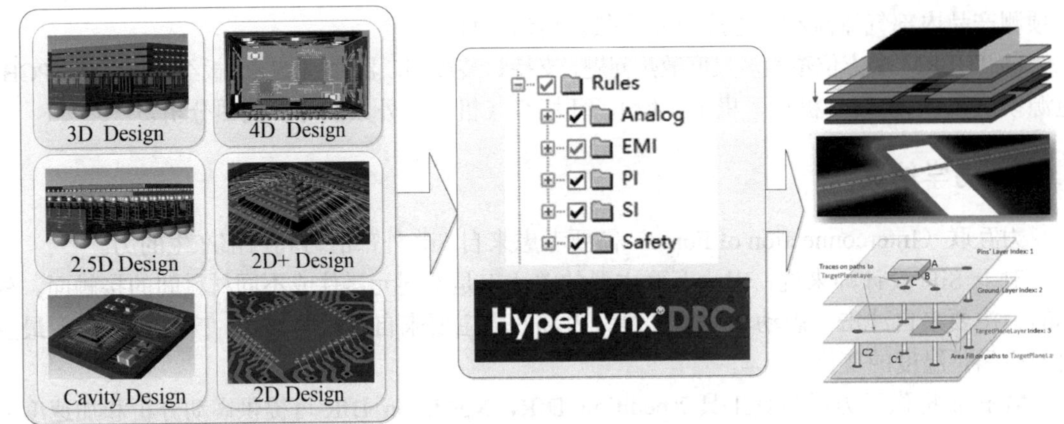

图 6-26 HyperLynx DRC 电气验证流程

2. 物理验证

版图设计工具 Layout 301 和 XPD 内嵌的 DRC 检查工具可以帮助设计师对传统的封装和 SiP 进行检查和验证。

对于先进封装 HDAP 中的 3D 和 2.5D 集成设计，则需要有专门的验证工具，Calibre 是业界最具影响力的 IC 版图验证工具，由于 IC 设计和 HDAP 设计的融合性，以及 3D 和 2.5D 集成都需要在硅材料上进行布线（RDL）和打孔（TSV），Calibre 专门针对 3D 和 2.5D 集成设计开发了 Calibre 3DSTACK，其中包含 6 个功能模块。Calibre 3DSTACK 物理验证流程如图 6-27 所示。

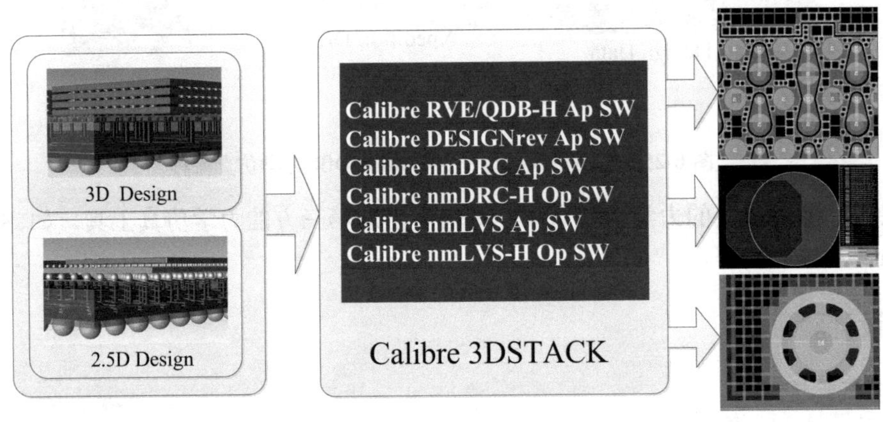

图 6-27 Calibre 3DSTACK 物理验证流程

Calibre 3DSTACK 具备功能强大的图形化调试和结果观察工具 RVE，可在原理图和版图之间实现交互探测和网表浏览。为了保证芯片成功流片且具有更高的成品率，代工厂商都会依据工艺水平设定众多的设计规则，对版图图形进行约束。进行版图设计必须遵守这些设计规则，由于人为或者工具的因素，不可避免会违反设计规则，要确保设计的质量必须进行 DRC 验证，确保整个设计都是满足设计规则的。

Calibre 3DSTACK 采用层次优化处理的算法，不仅可以提高效率，还可以避免错误地重复输出，确保版图设计和经过验证的电路图连接关系一致，保证最终产品达到预期设计参数。

6.7　SiP 设计仿真验证平台的先进性

通过前面的描述，相信读者已经对 SiP 及先进封装设计仿真验证平台有了基本的了解。下面从 5 个方面对 SiP 设计仿真验证平台的先进性进行总结。

1．先进封装技术的全面支持

先进封装技术能够在最大程度上提升系统的功能密度，因此受到了业界空前的关注。SiP 及先进封装设计平台对先进封装技术提供了全面支持，从 3D 集成、2.5D 集成到 FOWLP 都可以很方便地在设计工具中实现，结合其强大的基板设计功能，使得设计师可以轻松应对复杂的 SiP 及先进封装设计。具体可参考本书第 12 章、第 13 章和第 19 章内容。

2．传统封装技术的重点优化

传统封装指的是采用传统的工艺（如键合线、芯片堆叠、腔体等工艺）实现的封装，SiP 及先进封装设计平台对这些技术进行了全面的优化和提升，例如：Wire Bond 模型的定义、Bond Finger 的共享、导引线的设置、复杂芯片堆叠的设置、复杂腔体结构的支持，等等。在版图布线方法上，都较之前的版本有了很大程度的提升和优化。具体可参考本书第 11 章、第 12 章和第 14 章内容。

3．多种技术提升集成的灵活度

SiP 及先进封装设计平台除了能很好地支持先进封装和传统封装技术，还能够很好地支持如埋入式无源元器件、RF 设计、刚柔电路设计、多人实时协同设计等多种技术，这些技术在很大程度上提升了 SiP 集成的灵活度。例如，埋入式无源元器件可以节省表面安装空间，减少焊点，提升可靠性；RF 设计可以将射频电路集成到 SiP 中，实现 RF SiP 设计，这在无线通信领域非常普遍；刚柔电路设计能提升微系统集成的灵活度，实现 4D 集成设计；多人实时协同设计可以提高设计效率，对于复杂、紧急的项目具有独特的优势。具体可参考本书第 15 章、第 16 章、第 17 章及第 18 章内容。

4．3D 设计环境实现数字化样机

源于强大的 3D 设计环境，SiP 及先进封装设计平台在业界处于领先的地位。3D 设计的优势并非仅仅体现在给观察者带来直观的视觉感受，更重要的在于对客观事物的精确描述。从每一根键合线中的每一个弯曲，键合线起始点和终止点的形状和工艺选择，Bond Pad 相对于芯片的高度的+/–值，到每一个芯片堆叠、腔体、电阻和电容，每一根布线、每一个过孔，每一个 Bump 和 Ball 等都能够精准地通过 3D 模型来展现。

这种精准的描述可以使设计模型与产品实物有一一对应关系，甚至在很大程度上替代实物样机，这就是所谓的“数字化样机”概念。

在强大的 3D 设计环境下，可以实现数字化样机设计。因为 SiP 工具对设计规模没有任何限制，因此无论简单还是极其复杂的设计，都可以通过 3D 化境来展现其数字化样机设计。图 6-28 所示为通过 3D 设计环境实现电源模块的数字化样机模拟。

从图中我们可以看出每种元器件精确的模型，如裸芯片、电阻、电容、电感，以及键合线、布线、过孔、BGA Ball 等，Substrate 和 Molding 也可以精准地显示，3D 环境还包括 3D DRC 和 3D 测量功能，基本上可以实现代替实物样机的展示功能。

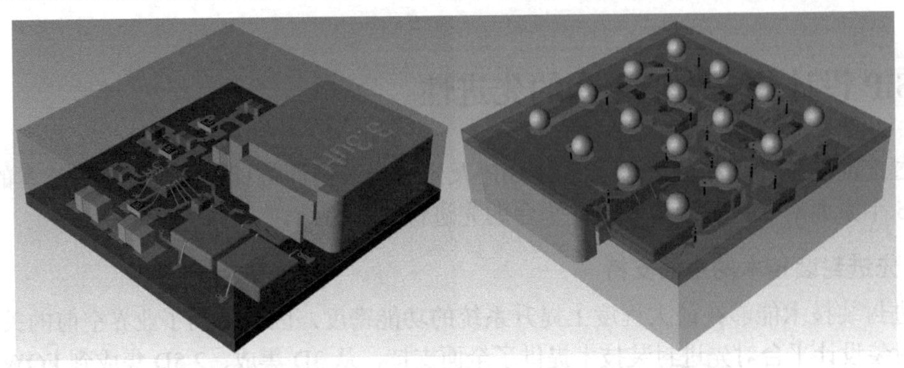

图 6-28　通过 3D 设计环境实现电源模块的数字化样机模拟

除了对所有的设计元素进行精确的模拟，3D 设计环境还支持平面切割功能。可以从 *X*、*Y*、*Z* 三个平面对 3D 模型进行切割，切割平面可以移动和旋转，从而显示内部元素的精细结构。这一特点超越了实物样机，因为切割实物样机会损坏样机，并且实物样机无法实现在任意平面、任意角度的切割，而数字化样机在这方面则要灵活得多。

同时，3D 设计环境支持结构软件的协同设计功能，ECAD-MCAD 协同设计使电子产品设计和结构设计可以实时并行。

5．仿真及验证技术保证产品成功

数字化样机只是从静态展示了实物产品的形态，如果需要模拟产品实际工作状态，则可以借助仿真工具。

目前，SiP 仿真验证平台可以支持从电磁、热、力三个领域进行全面的仿真分析，模拟实际产品工作时的状态，除了力学仿真功能目前还不够完善，需要借助第三方工具进行全面分析外，SiP 仿真验证平台在电磁和热分析方面已经能够解决实际遇到的各种问题。

此外，SiP 仿真验证平台独特的电气验证工具 HyperLynx DRC 和设计物理验证工具 Calibre 3DSTACK，从电气和工艺两方面保证了从设计数据到实物产品的一致性，从而最大限度地保证了产品研发的成功。具体可参考本书第 21 章内容。

第 7 章　中心库的建立和管理

关键词：中心库，中心库结构，本地库，Symbol，Cell，Part，Padstack，Pad，Hole，Dashboard，Active Project，Excel 中管理库数据，Symbol Wizard，裸芯片 Cell，SiP 封装 Cell，Die Wizard，Pin Mapping，映射 Part 库，通过 Part 创建 Cell，库的维护和管理

7.1　中心库的结构

在 SiP 的设计流程中，建库和库管理是设计师最先遇到的问题。

首先，让我们了解一下中心库的结构。在 Xpedition 中，原理图对应的设计单元称为 Symbol，中文名为原理图符号，版图对应设计单元称为 Cell，中文可称为版图单元或者封装（含义不同于我们前面提到的封装）。根据元器件种类的不同，Cell 会引用不同类型的 Padstack。对于表面安装元器件或者裸芯片，Padstack 通常由不同层的 Pad 组成，如焊盘层、阻焊层、锡膏层、镀金层等。而对于通孔元器件，Padstack 通常由不同层的 Pad 和 Hole 一起构成。

Symbol 和 Cell 组合到一起并对引脚进行映射，就形成了 Part，称为元器件。图 7-1 所示为 Xpedition 中心库的结构。

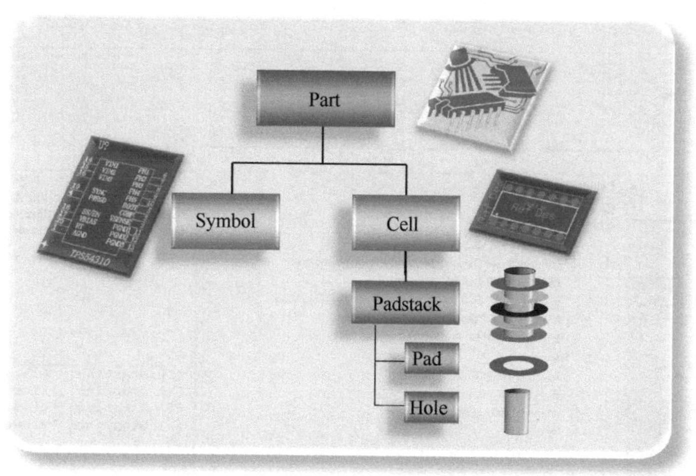

图 7-1　Xpedition 中心库的结构

中心库（Central Library）是不依赖于任何设计项目而独立存在的，可被多个设计同时引用。中心库中包含了相关联的 Symbol、Cell、Part 和 Padstack、仿真模型、版图模板等。中心库可以有多个，但每个设计只能与一个中心库关联。

一个 SiP 设计的原理图或网表（netlist）中要用到的 Part，以及与它们相对应的 Symbol、Cell 和 Padstack 等，都是从中心库中提取出来的。首先将 Symbol 放置到原理图中进行互连，并进行 Package CDB 打包，然后通过前向标注（Forward Annotation）自动提取相应的 Cell 和 Packstack 等，并传递到版图设计中。图 7-2 所示为中心库和原理图、版图设计的关系。

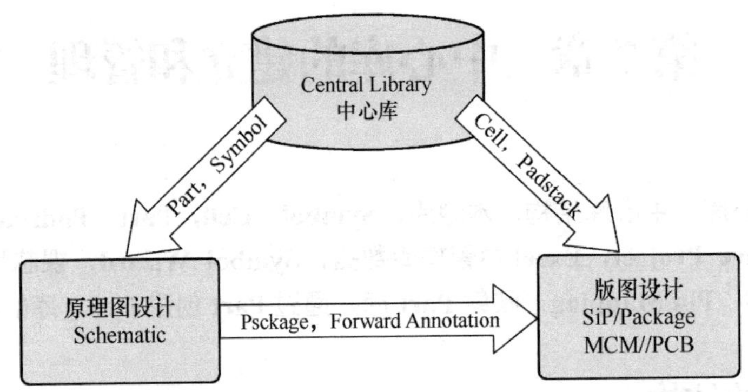

图 7-2　中心库和原理图、版图设计的关系

下面介绍本地库（Local Library），在每一个设计中都有一个本地库，它仅包含在该设计中用到的 Part、Symbol、Cell 和 Padstacks 等数据。修改本地库中的数据将自动更新原理图或版图设计，但不会改变与之相关联的中心库数据。本地库数据可以被与设计相关联的中心库数据更新。

7.2　Dashboard 介绍

从现在开始，我们真正接触到 Xpedition 工具的使用，在软件安装完成后，可以在软件列表 Xpedition Enterprise 下方找到图标，双击此图标可启动 Dashboard，启动后的窗口如图 7-3 所示。

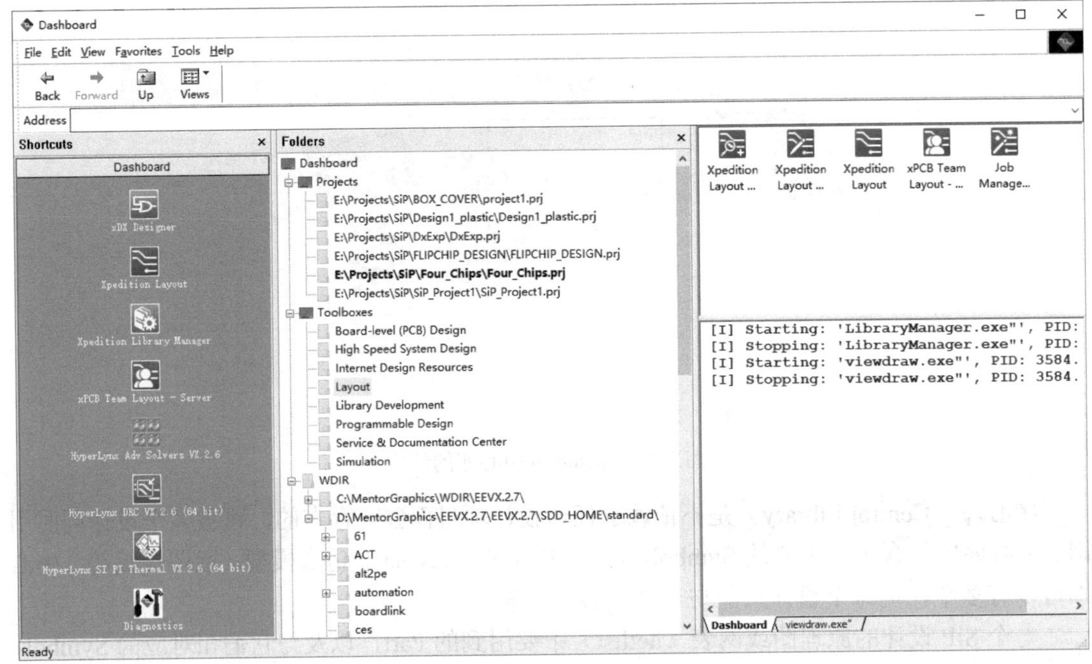

图 7-3　Dashboard 窗口

Dashboard 是一个集成的设计环境窗口，其中包含了 SiP 设计和仿真中所用到的各种工具，这些工具都可以从 Dashboard 中直接启动。

这里主要关注 Folders 栏和 Shortcuts 栏。

对于设计师经常用到的工具，可以用鼠标左键单击图标选中并拖到 Shortcut 栏中，如图 7-3 所示 Shortcuts 栏中显示的 xDx Designer、Xpedition Layout 和 Xpedition Library Manager 等。在 Shortcuts 栏中，只需用鼠标单击工具图标即可启动相应工具，对于已经放置到 Shortcuts 栏中的工具，也可以通过单击鼠标右键弹出菜单，选择 Remove From Shortcuts 移除。

在 Folders 栏中有 Projects、Toolboxes、WDIR 等子目录。

Projects 子目录中包含当前 Dashboard 管理的项目，可通过选择 File→Add Project 菜单命令添加项目到 Projects 中。其中，粗体字标识的为激活的项目（Active Project）。可通过鼠标单击项目名称来激活项目，当前激活的项目只能有一个。当原理图工具 xDx Designer 打开时，激活的项目会自动打开，如图 7-4 所示。

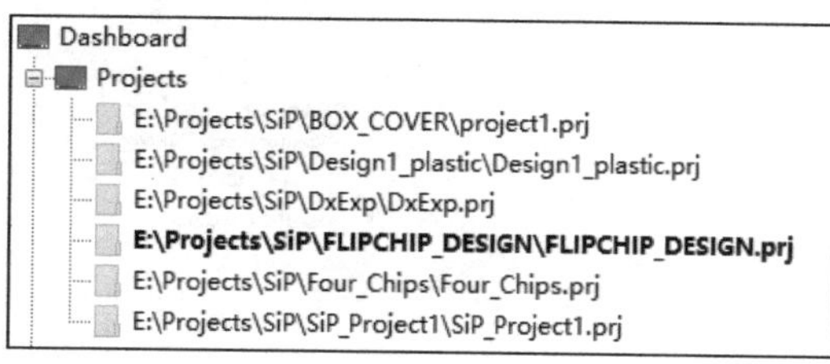

图 7-4　激活的项目为粗体字显示

Toolboxes 工具箱下有 8 个子目录，分别包含了 Xpedition 中各种类型的工具，Toolboxes 将不同功能的工具进行区分，分别放在不同的子目录下。可以通过鼠标左键双击每个子目录，查看其中的设计工具，并选中某一个工具图标，将其拖动到 Shortcuts 栏。图 7-5 所示为 Toolboxes 中包含的部分工具图标。

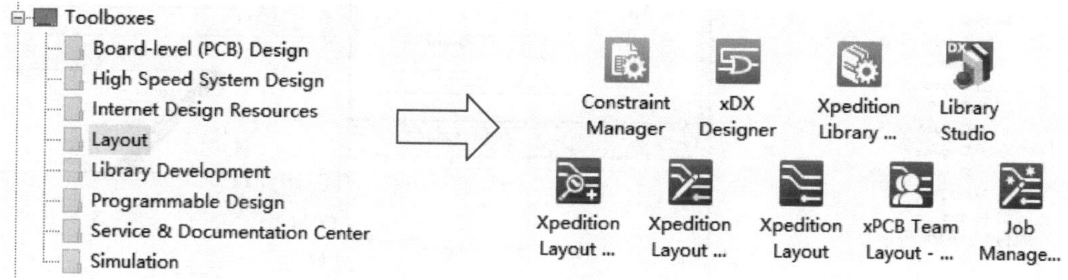

图 7-5　Toolboxes 中包含的部分工具图标

7.3　原理图符号（Symbol）库的建立

在 Shortcuts 栏中单击图标，启动 Xpedition Library Manager。在 Xpedition Library Manager 中可以打开已有的中心库，从中可以查看 Symbol、Cell、Part、Padstacks 等设计元素。

设计师也可选择新建中心库，选择 File→New 菜单命令，系统会弹出 Select a new Central Library directory 窗口，设置新中心库的路径。新建文件夹并将其命名为 SiP_lib2020，然后双击鼠标左键进入此文件夹（这点需要注意）。进入文件夹后，页面下方的 Flow type 选项框中默认选择 Xpedition Designer/Xpedition Layout 选项，保持不变，如图 7-6 所示。单击 OK 按钮后，稍等片刻，系统会自动复制一些基本的库元素到新建的中心库中。

中心库建立完成后，在 Symbols 目录下已经有了三个分区。这三个分区是系统自动生成的，分别是 Borders、builtin 和 Globals，其中包含了原理图图框、连接符、电源、地符号等元素，创建完成的中心库如图 7-7 所示。

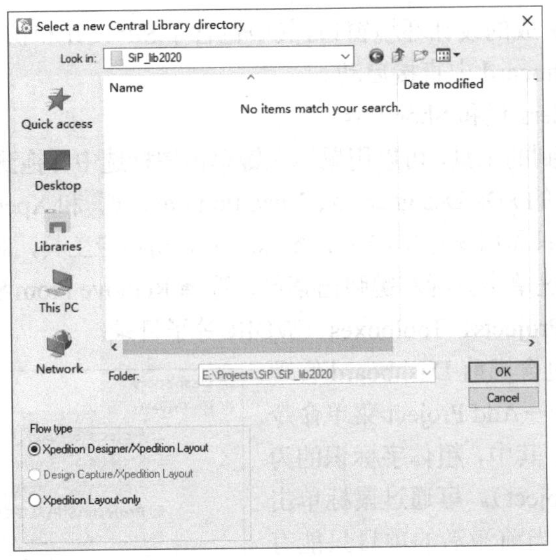

图 7-6　新建中心库

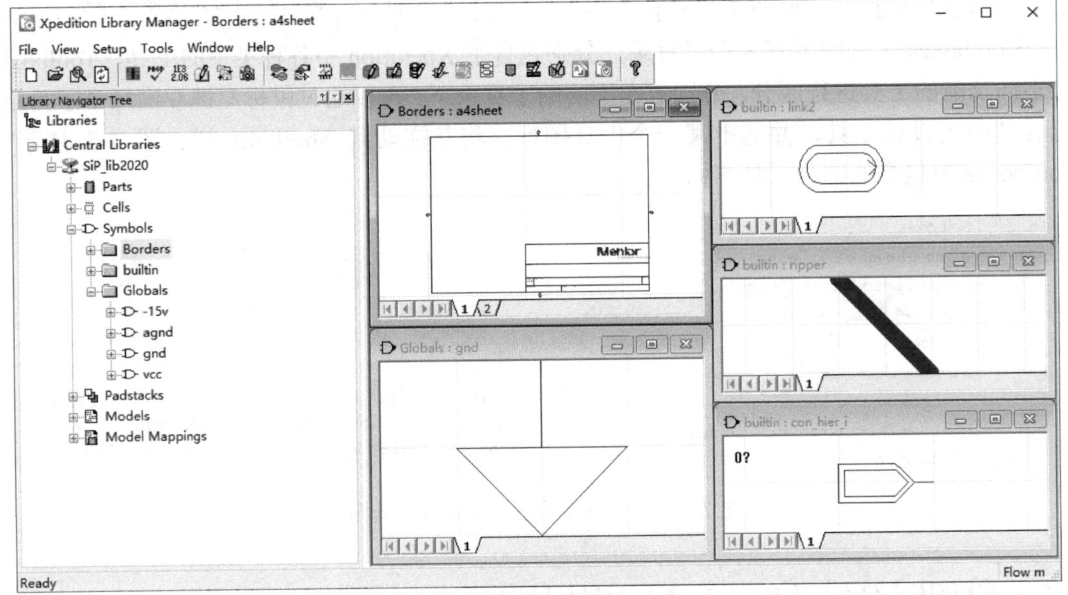

图 7-7　创建完成的中心库

接下来，在中心库中创建新的 Symbol，为了便于区分，需要新建一个分区。在 Symbols 上单击鼠标右键选择 New Partition，在弹出窗口中输入 SiP_SYM，单击 OK 按钮后，可看到 SiP_SYM 文件夹出现在列表中。在 SiP_SYM 上单击鼠标右键，选择符号向导（Symbol Wizard），在弹出的对话框中输入 Sym1，如图 7-8 所示。

单击 OK 按钮后，出现向导窗口 Symbol Wizard Step1，按默认选择 block type 为 module，并在 Will you Fracture the symbol into smaller 中选择 Do not fracture symbol，即不做符号拆分；单击“下一步”按钮，在 Step2 中选择 Symbol 名称和路径，保持默认即可；单击“下一步”按钮，在 Step3 中设置 Symbol 的一些参数，如引脚的长度、间距、引脚号的可见性及位置属性，以及 Symbol 中的字体参数等，这里同样保持默认值。

单击“下一步”按钮，在 Step4 中主要设置 Symbol 的 5 个基本属性，如图 7-9 所示。

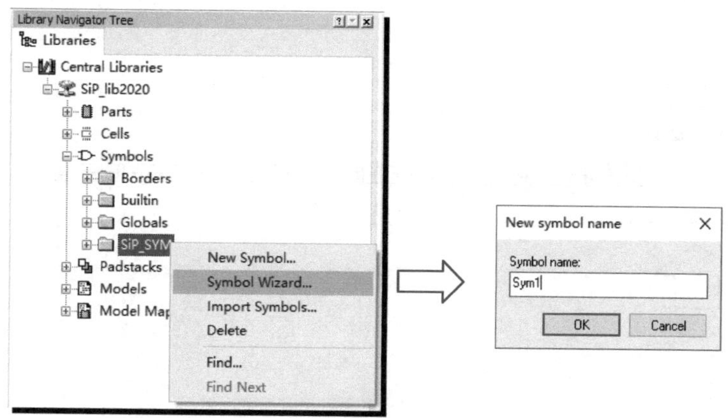

图 7-8　通过 Symbol Wizard 创建新的 Symbol

	Property	Value	Visible	Color
	Part Number	Part001	Invisible	Automatic
	Ref Designator	U?	Invisible	Automatic
	PARTS	1	Invisible	Automatic
	Level	STD	Invisible	Automatic
	PKG_TYPE	Die_Cell1	Invisible	Automatic
*			Invisible	Automatic

图 7-9　设置 Symbol 的 5 个基本属性

① Part Number，元器件号，在一个中心库中具有唯一性。

② Ref Designator，参考位号，“U？” 表明该 Symbol 在原理图中以 U 为前缀进行排序，设计师可进行修改，如“N?”“R?”等。

③ PARTS，元器件信息，表明在一个 PART 中包含几个同样的 Symbol。

④ Level，Symbol 层次，通常保持 STD 即可。

⑤ PKG_TYPE，封装类型，Symbol 对应的版图设计单元的名称。

将 Part Number 属性更改为 Part001，将 PKG_TYPE 属性改为 Die_Cell1，其他保持不变。

单击“下一步”按钮，Step5 主要用于设置 Symbol 引脚的属性，如图 7-10 所示。Step5 共有 11 项，其中前 4 项 Pin Name（引脚名）、Pin Number（引脚号）、Type（输入输出类型）、Symbol Side（引脚位置）比较重要，需要根据 Symbol 引脚的相关属性进行填写。

这里采用比较快捷简便的方法建立原理图符号库，即复制粘贴法。

在介绍复制粘贴法之前，先介绍在 Excel 表格中管理 Symbol 和 Cell 数据的方法。

SiP 设计中所有元器件的属性信息都可以通过 Excel 表格来管理，将一个项目中所用到的元器件属性信息按照图 7-11 所示方式进行管理，图中左侧为 Cell 属性区，右侧为 Symbol 属性区。将不同的元器件分成不同的 Sheet，如图中的 Die1、Die2、Die3、Package 等。在实际设计中，最好用元器件的实际名称来命名 Sheet，这样更便于区分。

Symbol 和 Cell 的信息均来自芯片供应商，这些信息可能是 Excel 格式，也可能是 PDF 等其他格式。无论采用何种格式，都先将其中的有用信息复制粘贴到 Excel 中，并按照图 7-11 的方式进行排列。需要注意的是，Symbol 中的引脚名不能重复，所以需要重新命名。为了保留原始的引脚名，我们创建两列，分别是“引脚名（原始）”和“引脚名（去重复）”，后面是引脚号、输入输出和引脚位置属性。

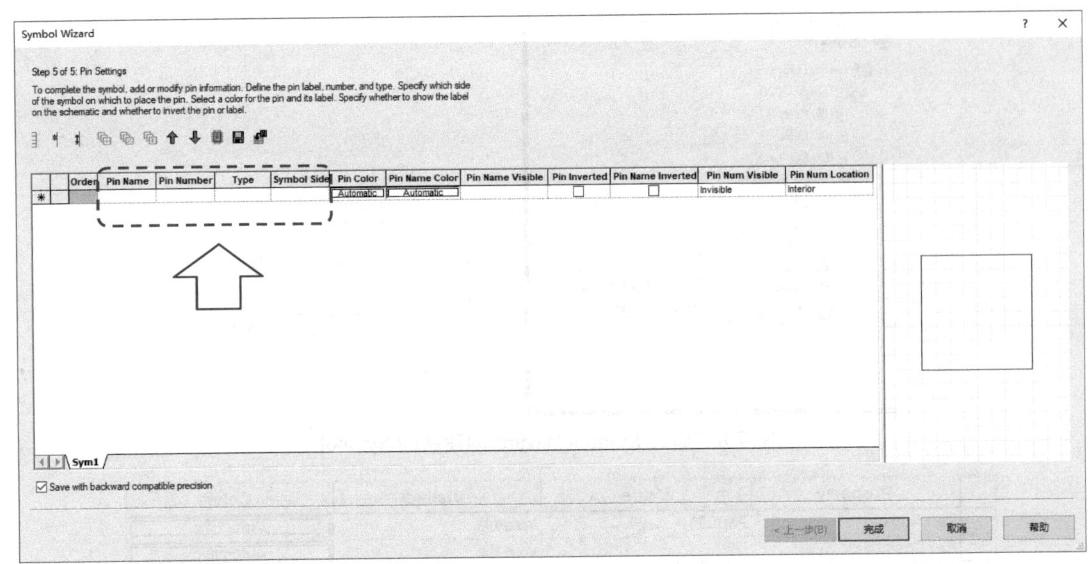

图 7-10　设置 Symbol 引脚的属性

A1　CELL　Cell属性区　Symbol属性区

	A	B	E	F	G	H	I	J	K
1	CELL				SYMBOL				
2	X 坐标(um)	Y坐标(um)	引脚号		引脚名(原始)	引脚名（去重复）	引脚号	输入输出	引脚位置
3	3227.005	1451.8	1		A22	A22	1	BI	LEFT
4	3087.005	1451.8	2		A15	A15	2	BI	LEFT
5	2947.005	1451.8	3		A14	A14	3	BI	LEFT
6	2481.655	1451.8	4		A13	A13	4	BI	LEFT
7	2341.655	1451.8	5		A12	A12	5	BI	LEFT
8	2201.655	1451.8	6		A11	A11	6	BI	LEFT
9	2061.655	1451.8	7		A10	A10	7	BI	LEFT
10	1750.4	1451.8	8		VSS	VSS_1	8	BI	LEFT
11	1601.005	1451.8	9		A9	A9	9	BI	LEFT
12	1461.005	1451.8	10		A8	A8	10	BI	LEFT
13	1321.005	1451.8	11		A19	A19	11	BI	LEFT
14	1181.005	1451.8	12		A20	A20	12	BI	LEFT
15	1036.565	1451.8	13		VCC	VCC_1	13	BI	LEFT
16	732.38	1451.8	14		WE#	WE#	14	BI	LEFT
17	-721.045	1451.8	15		RESET#	RESET#	15	BI	LEFT
18	-868.795	1451.8	16		A21	A21	16	BI	LEFT

Die1　Die2　Die3　Package

图 7-11　在 Excel 表格中管理元器件属性信息

将重复的引脚名重新命名，如芯片有很多引脚名为 VSS，则将其更名为 VSS1、VSS2、VSS3 等，以此类推。

Excel 表格中左侧的 Cell 属性区包含创建 Cell 所需要的重要信息，通过 Die Wizard 导入这些信息即可进行 Cell 的自动创建。

在创建 Symbol 时，参考图 7-11，选取 Symbol 属性区中虚线包围的区域，按<Contrl+C>组合键复制，然后将鼠标光标放置在 Symbol Wizard 窗口 Pin Name 的第一行，按<Contrl+V>组合键，即可将 Excel 表格中的 Symbol 信息粘贴到 Symbol Wizard 中，如图 7-12 所示。可以看出，其他 7 列虽然没有粘贴信息，但系统也按照默认值显示了。这时在 Symbol Wizard 窗口的右侧可以看到 Symbol 的预览图。

单击“完成”按钮，原理图 Symbol 创建成功，系统自动打开 Symbol Editor 窗口。在 Symbol Editor 中可对 Symbol 进行调整（如图 7-13 所示），例如，修改外框形状，调整引脚的位置、字体等，使 Symbol 尽可能简洁美观，从而提高原理图设计的质量和可读性。

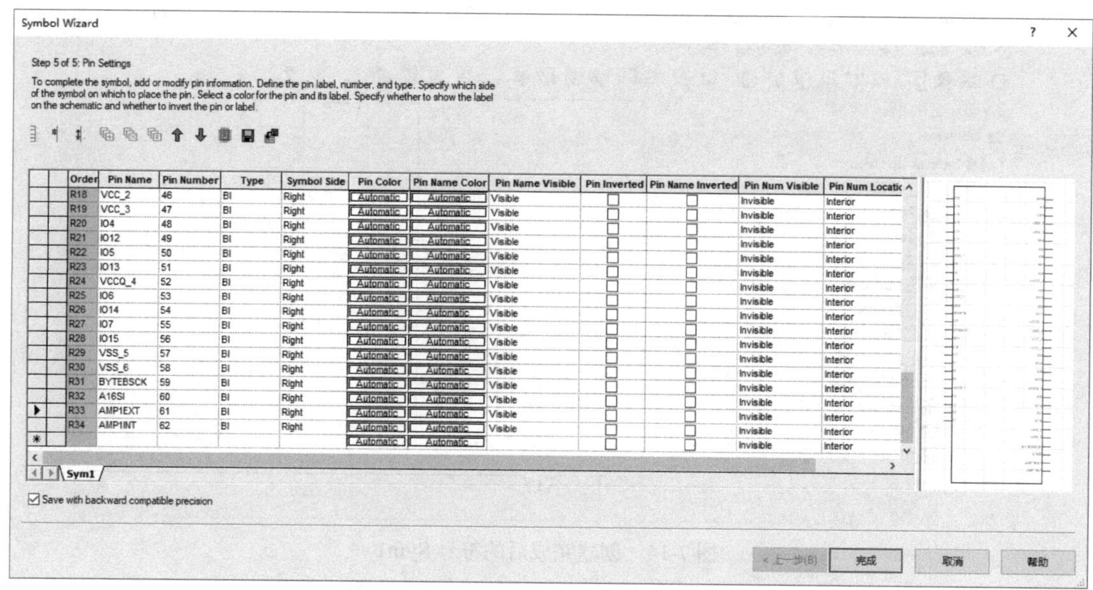

图 7-12　将 Excel 表格中的 Symbol 信息粘贴到 Symbol Wizard 中

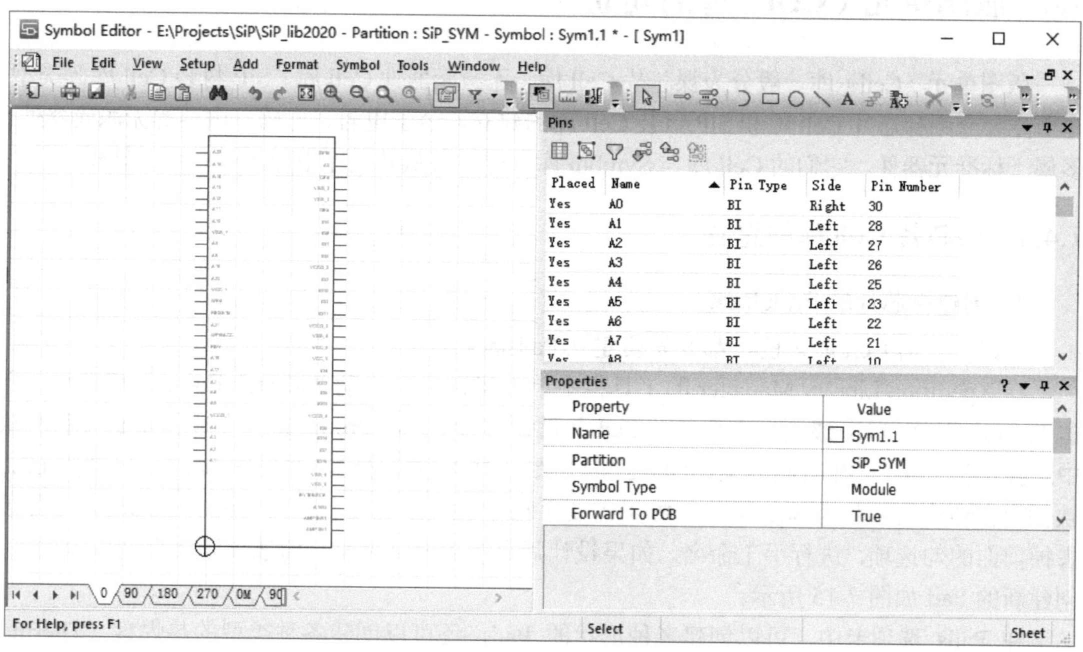

图 7-13　在 Symbol Editor 中调整 Symbol

此时，在 Xpedition Library Manager 主界面中，可以看到 Sym1 已经出现在 SiP_SYM 分区下面，在右侧的视图窗格也显示出该符号的预览图，如图 7-14 所示。

采用同样的方法可以创建其他芯片的 Symbol 以及 SiP 封装（BGA、QFP 等）的 Symbol。可以先在 Excel 中编辑 Symbol 信息，再通过复制并粘贴到 Symbol Wizard 中的方法来创建。至于电阻、电感、电容等无源元器件，属于标准元器件，其 Symbol 可从其他库中导入或者手工创建。

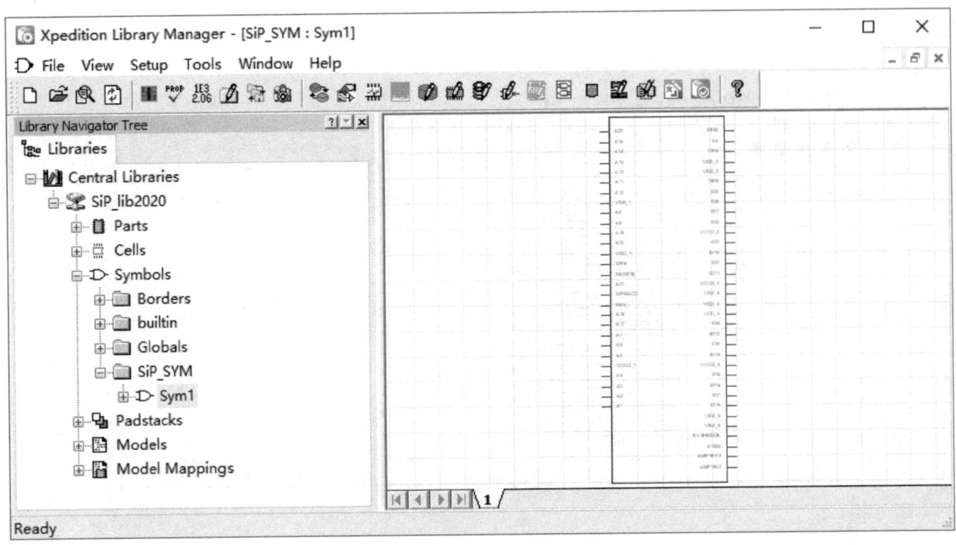

图 7-14　创建完成后的符号 Sym1

7.4　版图单元（Cell）库的建立

版图单元（Cell）库一般分为裸芯片 Cell 库、无源元器件 Cell 库、SiP 封装 Cell 库等类型。本节主要介绍裸芯片 Cell 库和 SiP 封装 Cell 库的建立，至于电阻、电感、电容等无源元器件，多属于标准元器件，它们的 Cell 库与 Symbol 库一样，可从其他库中导入或者手工创建。

7.4.1　裸芯片 Cell 库的建立

1. 创建裸芯片的 Padstack

在建立任何 Cell 库之前，都要先要建立 Padstack。

在 Xpedition Library Manager 的工具栏中单击图标，启动 Padstack Editor。启动后，单击 Pads 选项卡，单击图标创建新的 Pad 并设置其大小，在 Properties 功能区 Units 下拉列表中选择单位 um，选择右侧列表中的 Square（图 7-15 中方框处），并设置 Square 尺寸为 62，软件会自动将其命名为 Square 62。如果需要手动命名（如更改名称为 Square 62um），则需要去掉前面的勾选项，进行手工命名。如果设计师直接更改其名称，勾选项则会自动取消勾选。创建新的 Pad 如图 7-15 所示。

在 Pads 选项卡中，可以创建多种形状的 Pad，还可以创建各种类型的热焊盘（Thermal Pad）。

如果设计中需要创建特殊的异形 Pad，则需要切换到 Custom Pads &Drill Symbols 选项卡中，用户可在此选项卡中绘制任意形状的异形 Pad，如图 7-16 所示。

Pad 创建完成后，切换到 Padstacks 选项卡，单击图标创建新的 Padstack，将其命名为 Die_Pad1，如图 7-17 所示。Type 类型选择 Pin-Die，通过鼠标在需要指定 Pad 的后面空白处单击，在 Available pads 选项框中选择 Square 62um，并单击向左的箭头，指定 Pad Square 62um 给 Padstacks Die_Pad1，保存并退出 Padstacks Editor。

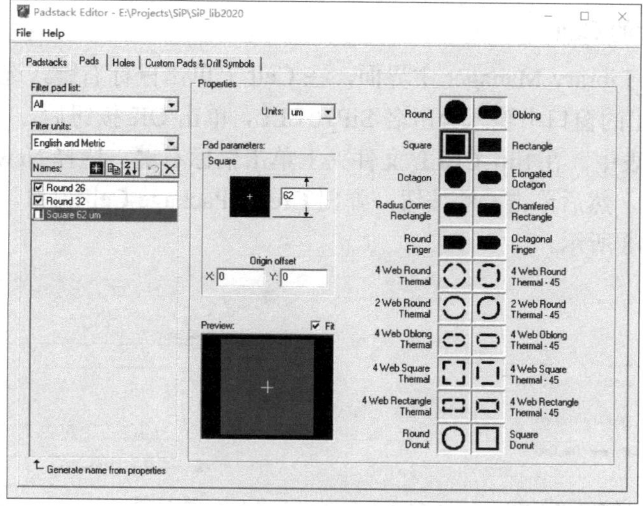

图 7-15　创建新的 Pad

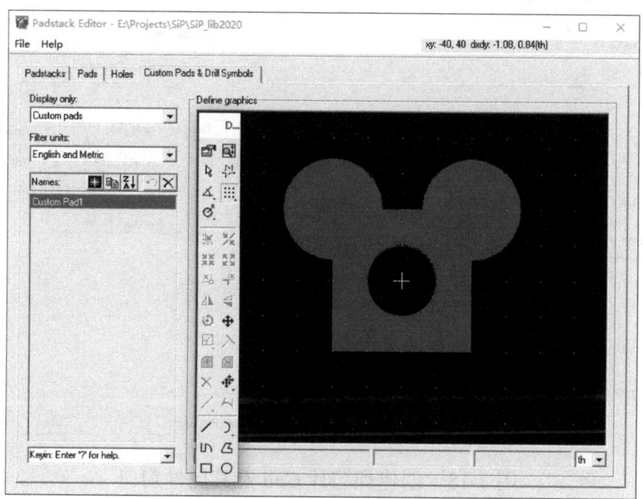

图 7-16　创建异形 Pad

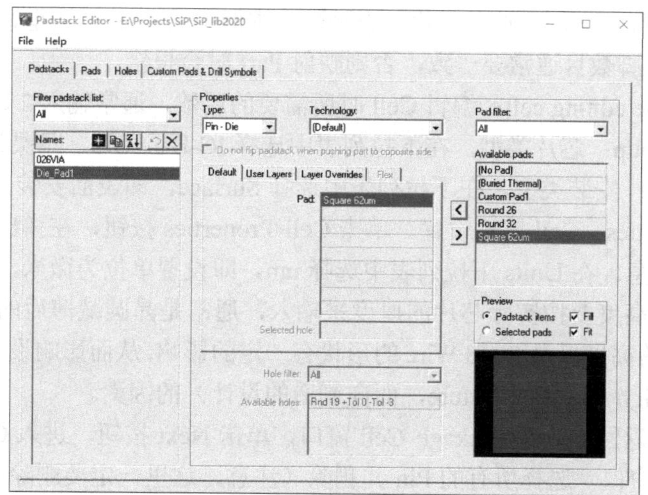

图 7-17　指定 Pad Square 62um 给 Padstacks Die_Pad1

2．创建裸芯片的 Cell

回到 Xpedition Library Manager 主界面，在 Cell 上单击鼠标右键，选择 New Partition 创建新的分区，在弹出的窗口中输入分区名 SiP_CELL，单击 OK 按钮后，可看到 SiP_CELL 文件夹出现在 Cell 列表中。在 Sip_CELL 文件夹上单击鼠标右键，选择 New Cell，在弹出的窗口中输入 Die_Cell1，然后单击 OK 按钮，弹出 Create Package Cell 窗口。创建裸芯片 Cell 及其属性窗口如图 7-18 所示。

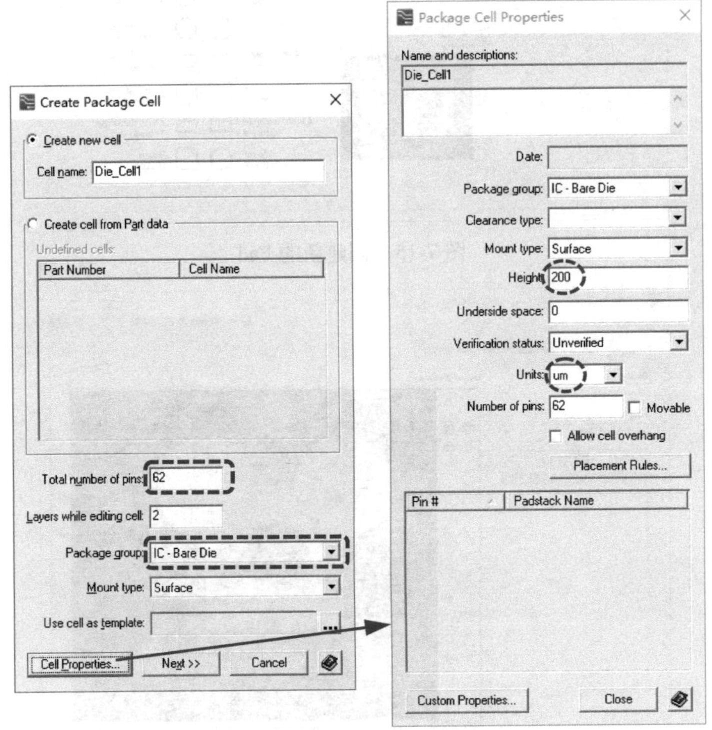

图 7-18　创建裸芯片 Cell 及其属性窗口

上图中的具体参数介绍如下。

① Total number of pins：输入芯片的引脚数，本例中输入 62，这里输入的数目与对应的 Symbol 中定义的引脚数目通常要一致，否则映射 Part 时会报错。

② Layers while editing cell：编辑 Cell 时所需要的层数，通常输入 2 即可。

③ Package group：芯片类型，在下拉列表中选择 IC-Bare Die，即裸芯片。

④ Mount type：安装类型，在下拉列表中选择 Surface，即表面安装。

⑤ Cell Properties：Cell 属性设置。单击 Cell Properties 按钮，在弹出的窗口中输入芯片的单位和高度等信息。在 Units 下拉列表中选择 um，即设置单位为微米，然后输入芯片高度为 200。注意芯片高度要按实际芯片的厚度来输入，通常是晶圆减薄后的厚度。这对后面的 Bond Wire 起始点的高度以及 Bond Wire 的形状有一定的影响，从而影响设计和生产的一致性，即考虑 DFM（Design For Manufacture，面向制造的设计）的因素。

设置完成后，返回 Create Package Cell 窗口，单击 Next 按钮，进入 Cell Editor，系统自动弹出 Place Pins 窗口，选择所有的 Pin 并删除（注意，这里一定要删除所有的 Pin，否则会与后面通过 Die Wizard 导入的 Pin 产生冲突），如图 7-19 所示，之后单击 Close 按钮。

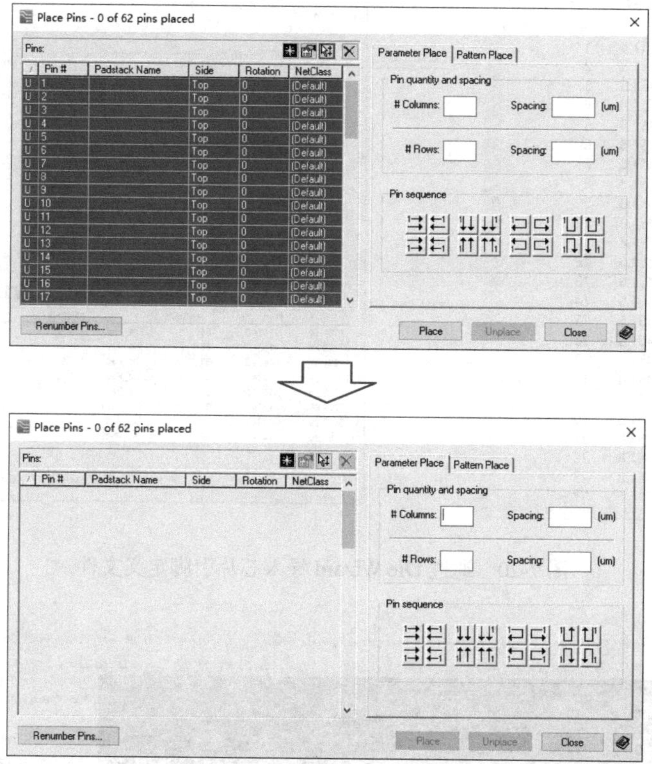

图 7-19　进入 Cell Editor 删除所有的 Pin

在 Cell Editor 界面，单击 Die Wizard 图标，选择导入芯片的引脚定义文件，文件内容通常包括裸芯片引脚的 X 坐标，Y 坐标和引脚号等信息，这些信息在前面已经在 Excel 表格中编辑好了（详见图 7-11 的内容）。

在 Excel 表格中，选中 Cell 属性区虚线框内的内容（如图 7-11 左侧所示），首先将此内容复制粘贴至文本文件并保存为 Die_Cell1.txt 格式（保存成文本格式是为了在 Die Wizard 导入时更方便）。然后在 Die Wizard 中选择 Die_Cell1.txt 文件，如本例中的 E:\Projects\SiP\Die_Cell1.txt。

图 7-20 所示为通过 Die Wizard 导入芯片引脚定义文件。注意，在 Die Wizard 窗口中，Unit 下拉列表的值要与导入文件的单位保持一致，如 um；Format 下拉列表也要设置与导入文件内容一致的格式，如图 7-20 中的 X、Y、Pin Name。根据文件的格式选择 Separator（分隔符），如本例中的 Tab。在 Pad stacks 选区选择 User defined，并在 Pad stack name 下拉列表中选择前面创建的 Die_Pad1。单击新建按钮和导入按钮，完成 Die_Cell1 数据的导入。

导入完成后，单击 OK 按钮，可以看到 IC 裸芯片的引脚已经放置在 Cell Editor 窗口工作区，并按照文件中的坐标进行了排列，如图 7-21 所示。根据设计需要，设计师可以手工添加 Placement Outline（放置外框）、Assembly Outline（装配外框）等。

如果不添加任何外框，在保存时系统也会自动添加 Placement Outline，添加的原则是用最小的矩形包围所有的引脚。选择 File→Save 菜单命令保存配置后，退出 Cell Editor。

Die_Cell1 创建完成效果如图 7-22 所示。可以看出在 Xpedition Library Manager 主界面的 SiP_CELL 分区下方已经有了 Die_Cell1，与其关联的 Padstacks 为 Die_Pad1，目前还没有 Part 与之相关联，需要后续进行 Part 映射，图 7-22 中右侧为 Die_Cell1 的预览图，可以看出外框已经自动添加。

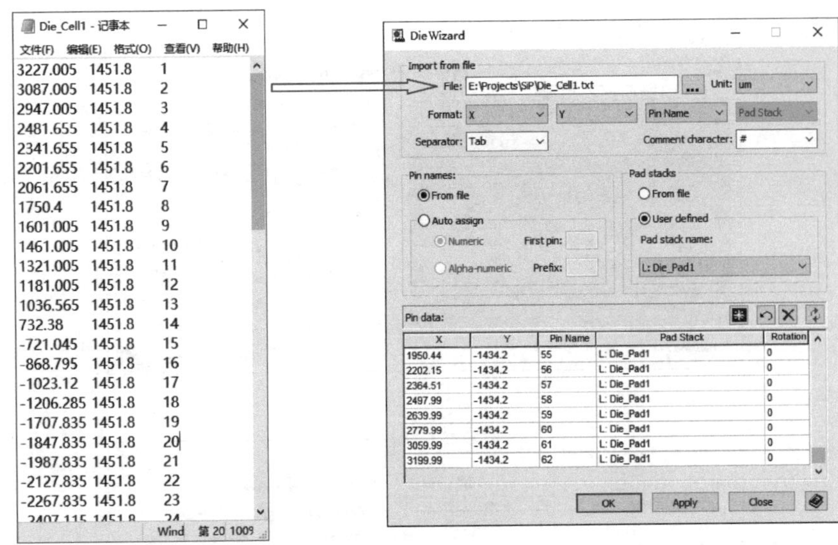

图 7-20　通过 Die Wizard 导入芯片引脚定义文件

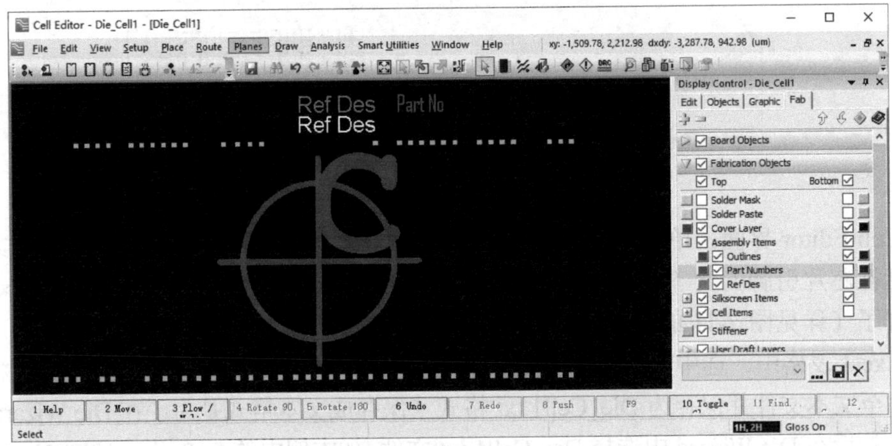

图 7-21　通过 Die Wizard 导入的芯片引脚分布

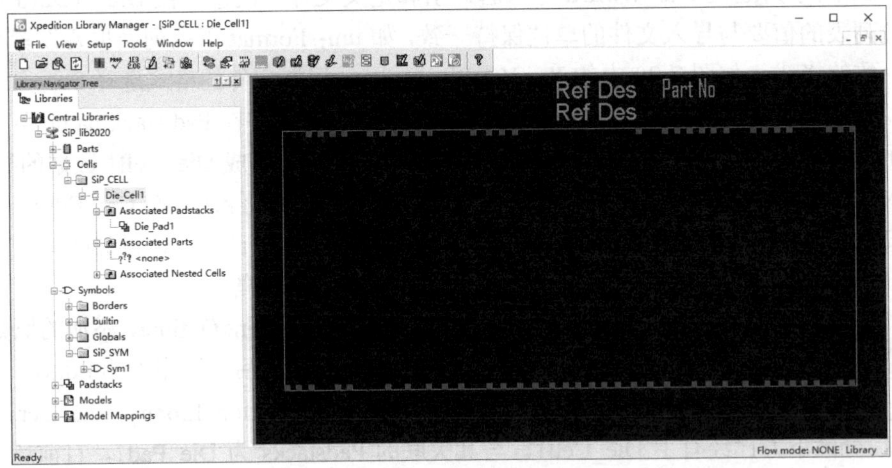

图 7-22　Die_Cell1 创建完成效果

7.4.2　SiP 封装 Cell 库的建立

1. 创建 BGA Padstack

下面以 BGA 封装为例介绍。在建立 SiP 封装 Cell 库之前，同样，也要先建立 Padstack，在 Xpedition Library Manager 界面启动 Padstack Editor。Padstack Editor 窗口如图 7-23 所示。

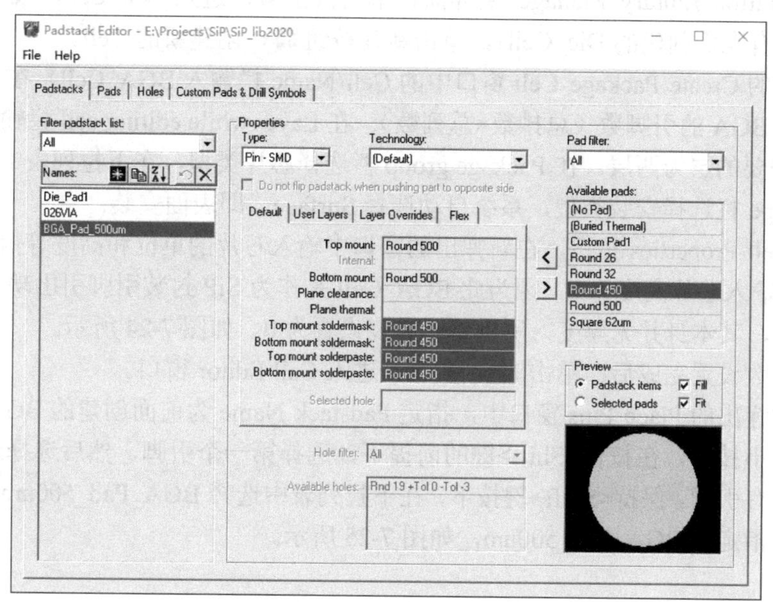

图 7-23　Padstack Editor 窗口

先设置 Pad 的大小，在 Pad 选项卡中，选择单位为 um，在右边列表中形状选择 Round，设置尺寸为 500，软件会自动为该 Pad 命名 Round 500，以同样的方法创建直径为 450 um 的圆形 Pad Round 450。

切换到 Padstacks 选项卡，新建 Padstack 并命名为 BGA_pad_500um，在 Type 下拉列表中选择 Pin-SMD。Pin-SMD 需要多层定义：

① 按住<Ctrl>键分别选中 Top mount、Bottom mount，在右侧 Available pads 栏中选中 Round 500，单击向左的箭头，将 Round 500 指定到金属层。

② 按住<Ctrl>键选择 Top mount soldermask、Bottom mount soldermask、Top mount solderpaste、Bottom mount solderpaste，在右侧 Available pads 栏选中 Round 450，单击向左的箭头，将 Round 450 指定给相应 Pad，保存后退出 Padstack Editor。

在实际设计中，根据工艺的不同，Padstacks 每一层定义的尺寸并不一定完全相同。在封装或 SiP 基板的 BGA Padstacks 中，Soldermask（阻焊层）通常会比 Pad 小，而在 PCB 设计的 BGA Padstacks 中，Soldermask 通常会比 Pad 大，放大、缩小的尺寸比例一般控制在 10%左右。对于 Solderpaste（焊膏层），其大小和钢网的厚度控制了实际锡膏的量，需要根据实际的工艺进行设置，既要焊接牢固又要避免因为锡膏量太大而导致粘连短路。

而对于 Plane Clearance 层，如果不进行定义，则在版图设计时根据设计约束规则统一设置。如果定义了其大小，那么在生成负片敷铜 Negative Plane 时，根据其大小进行 Padstacks 和铜皮的避让，对正片敷铜（Positive Plane）则没有影响。

对于 Plane Thermal 层，如果不进行定义，则在版图设计的时候根据 Plane Class and

Parameter 中定义的规则进行统一设置。如果定义了其大小，并且在勾选了 Use thermal definition from padstack 选项的情况下，会优先选择在 Padstacks 中定义的 Plane Thermal，这对于某些特殊的 Padstack，在需要定义与其他 Padstacks 不同的热焊盘时非常有用。

2. 手工创建 BGA Cell

在 Xpedition Library Manager 主界面，单击按钮，进入 Cell Editor 窗口。可看到 Cell 列表中已经有上面创建的 Die_Cell1，单击新建按钮，创建新的 Cell。

在弹出的 Create Package Cell 窗口中的 Cell Name 栏输入 BGA_Cell，在 Total number of pins 栏输入 BGA 的引脚数（总排数×总列数）。在 Layer while editing cell 栏输入 2，代表编辑此 Cell 时需要的层为两层。在 Package group 栏选择芯片类型，在下拉列表中选择 IC-BGA。在 Mount type 栏选择安装类型，系统自动选择 Surface，即表面安装。

单击 Cell Properties 按钮，在新弹出的窗口中输入芯片的单位和高度等信息。在 Units 中选择 mm，输入芯片高度为 0，因为此 BGA Cell 是作为 SiP 封装引脚引出功能的单元，位于基板的底部，其本身并无厚度，所以将其高度设置为 0。如图 7-24 所示。

所有参数设置完成后，单击 Next 按钮，进入 Cell Editor 窗口。

在自动弹出的 Place Pins 窗口中，指定 Padstack Name 为前面创建的 BGA_Pad_500um。这里有一个小技巧，在按住<Shift>键的前提下，选择第一个引脚，然后选择最后一个引脚，即可选中所有引脚。保持<Shift>键按下，在下拉列表中选择 BGA_Pad_500um，可以看到所有的引脚都被指定为 BGA_Pad_500um，如图 7-25 所示。

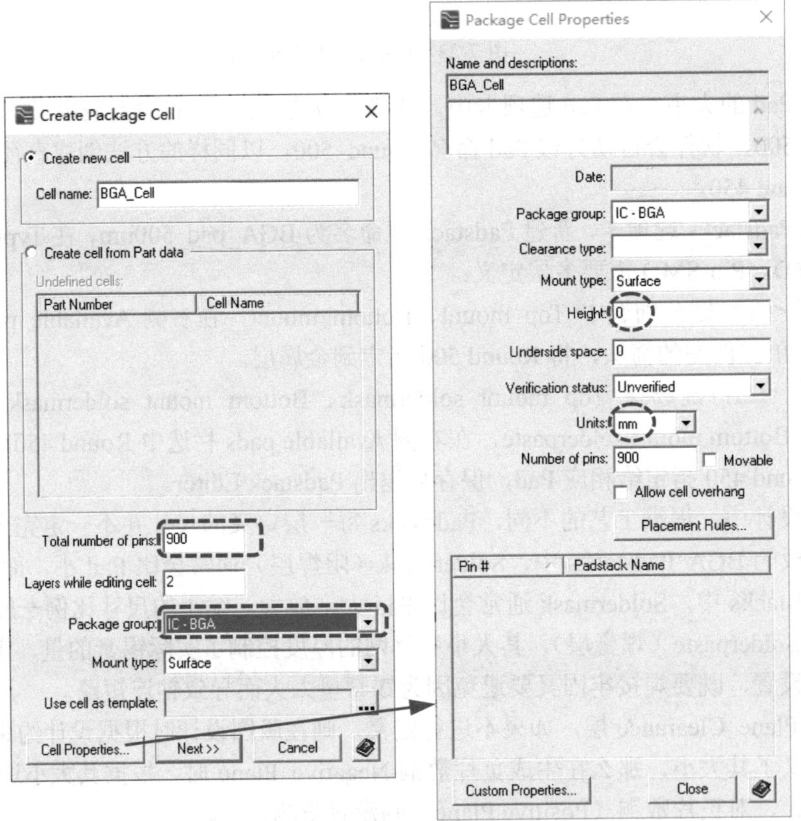

图 7-24　创建 SiP 封装 Cell 及其属性窗口

接下来设置引脚参数。有多种引脚放置方法供选择，这里选择 Pattern Place，在 Pattern type 下拉列表中选择 BGA 选项，其他参数设置如图 7-25 所示。

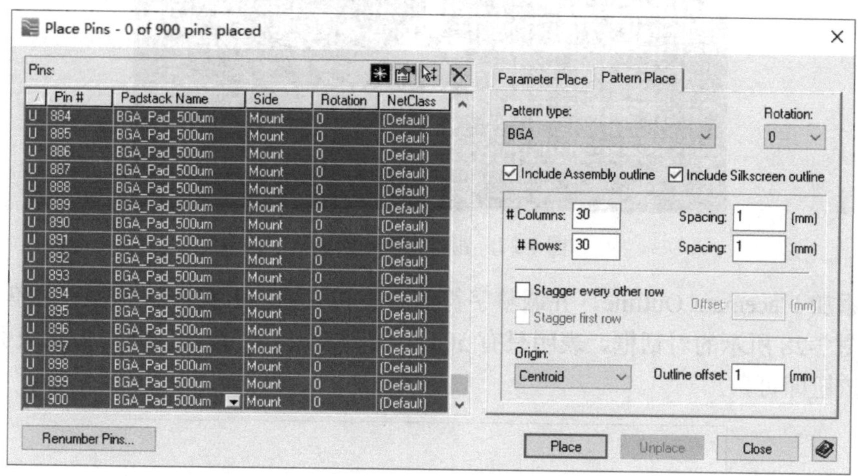

图 7-25　指定 Padstack Name 并设置参数

在图 7-25 中的 Pin #列，默认的引脚号为数字排列的 1、2、3、4、5……，需要重新命名。选中 1～30 引脚，单击 Renumber Pins 按钮，在弹出的 Auto Generate Numbers 对话框中设置 Prefix 为 A，Starting number 为 1，Increment 也为 1，单击 OK 按钮，可以看到引脚号已经更改为 A1、A2、A3、…、A30。用同样的方法，选中 31～60 引脚，命名为 B1～B30；选中 61～90 引脚，命名为 C1～C30，以此类推。

有 3 点需要设计师特别注意：① BGA 引脚的前缀中是不包含有些字母的，如 I、O、Q、S、X 等，所以在排列时应略过这些字母。② 由于 BGA 的引脚 Pin 是从基板底面引出的，所以在创建 Cell 时，引脚的 Side 需要设置为 Opposite，这样当 BGA Cell 被放置到基板顶面时，其引脚 Pin 位于基板的底面。③ 如果引脚的 Side 设置为 Mount，则需要对引脚号排列顺序做镜像反转，如 A1～A31 变为 A31～A1，在布局时，BGA Cell 需要放置在基板底面，这样，从顶视图看依然为 A1～A31。重新命名 BGA 引脚并设置 Side 为 Opposi te 如图 7-26 所示。

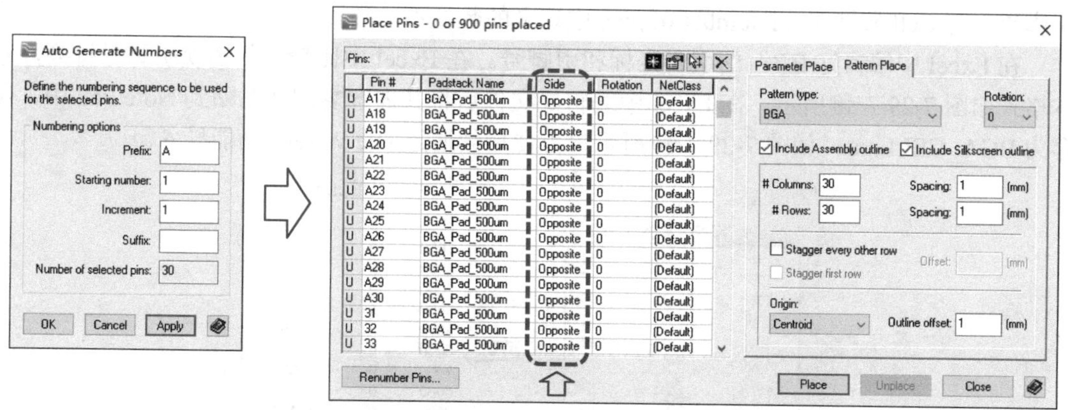

图 7-26　重新命名 BGA 引脚并设置 Side 为 Opposite

放置后的引脚为 30×30 的全矩阵，需要手工删除中间的空腔，选中需要删除的引脚然后按<Delete>键即可，如图 7-27 所示。

图 7-27　删除空腔中的引脚

最后添加 Placement Outline，并调整字符的大小和位置。选择 File→Save 菜单命令保存，会弹出如图 7-28 所示的对话框，表明只有 504 个引脚被放置，是否以此作为新的引脚数，单击“是”按钮即可。

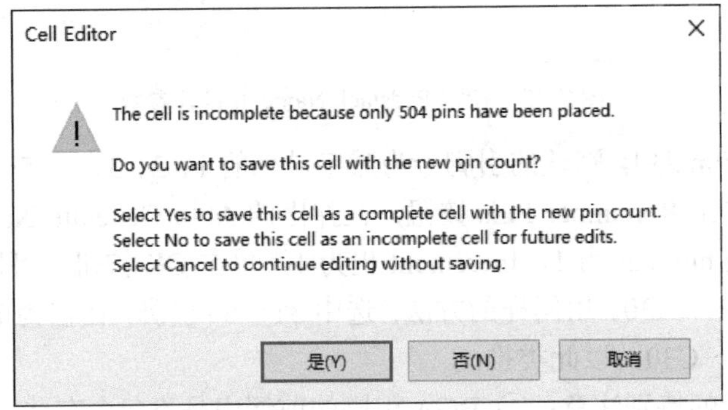

图 7-28　保存时提示引脚数更新

3．使用 Die Wizard 创建 BGA Cell

设计师可以利用 Die Wizard 功能进行 BGA Cell 库的创建。

在 Place pins 窗口删除所有预先定义的 Pin 后，关掉 Place pins 窗口，如果不删除预先定义的 Pin，就会与后面通过 Die Wizard 导入的引脚发生冲突，实际引脚数=预先定义引脚数+导入引脚数，与 Cell 属性 Total number of pins 中定义的数量不一致。

在 Excel 中编辑好 BGA 的引脚坐标和引脚号。在 Excel 中比较容易实现引脚号排列，基本格式如图 7-29 左侧所示。在 Excel 中编辑好文件后将其内容复制并粘贴到 Note Pad 中，保存为 BGA_CELL.txt，如图 7-29 右侧所示，方便后续通过 Die Wizard 功能导入。

	A	B	C
1	CELL		
2	X 坐标(um)	Y 坐标(um)	管脚号
3	0	0	A1
4	1000	0	A2
5	2000	0	A3
6	3000	0	A4
7	4000	0	A5
8	5000	0	A6
9	6000	0	A7
10	7000	0	A8
11	8000	0	A9
12	9000	0	A10
13	10000	0	A11
14	11000	0	A12

复制粘贴

BGA_CELL.txt

```
0       0    A1
1000    0    A2
2000    0    A3
3000    0    A4
4000    0    A5
5000    0    A6
6000    0    A7
7000    0    A8
8000    0    A9
9000    0    A10
10000   0    A11
11000   0    A12
12000   0    A13
```

图 7-29　BGA 引脚坐标及引脚号定义

接下来，用 Die Wizard 导入 BGA_CELL.txt 文件。

在 Die Wizard 中，操作同上面的方法一样，需要注意的是在 Pad Stacks name 中只能选择 Die_Pad1（因为目前 Die Wizard 只能识别 Die Pin 类型的引脚）。

导入完成后，在 Cell Editor 中再替换成 BGA Pad。进入 Cell Editor 中，在 Place Pins 窗口中选中所有的 Pin。选中的方法如下：先选中第一行，然后按住<Shift>键，再选中最后一行，在保持按住<Shift>键的前提下，在最后一行的 Padstack Name 上单击，并在弹出的下拉列表中选择前面创建的 BGA_Pad_500um，完成替换，然后保存退出即可。

7.5　Part 库的建立和应用

7.5.1　映射 Part 库

在创建完成 Symbol 库和 Cell 库后，需要通过 Part 将原理图 Symbol 和版图设计单元 Cell 映射起来，并加入元器件属性相关的信息，如厂家、功耗、成本以及用于电路仿真的模型等。

Part 库的创建与 Symbol 库和 Cell 库的创建相同。要先创建分区，如 SiP_PART，然后在 Xpedition Library Manager 的工具栏单击 Part Editor 按钮，打开 Part Editor 对话框，如图 7-30 左侧所示。单击此对话框中的新建按钮创建 Part，将 Part Number 命名为 Die_Part1。

Part Number 作为元器件的唯一性标识通常不能与其他元器件重复。而 Part Name 和 Part Label 可由设计师根据需要设定，其名称相对灵活，主要帮助使用者方便辨识元器件。同时，根据设计需要，设计师可在 Component properties 下的文本框中输入元器件功率、工艺、模型等参数。

单击 Part Editor 窗口右下角的 Pin Mapping 按钮，会弹出 Pin Mapping 窗口，如图 7-30 右侧所示。

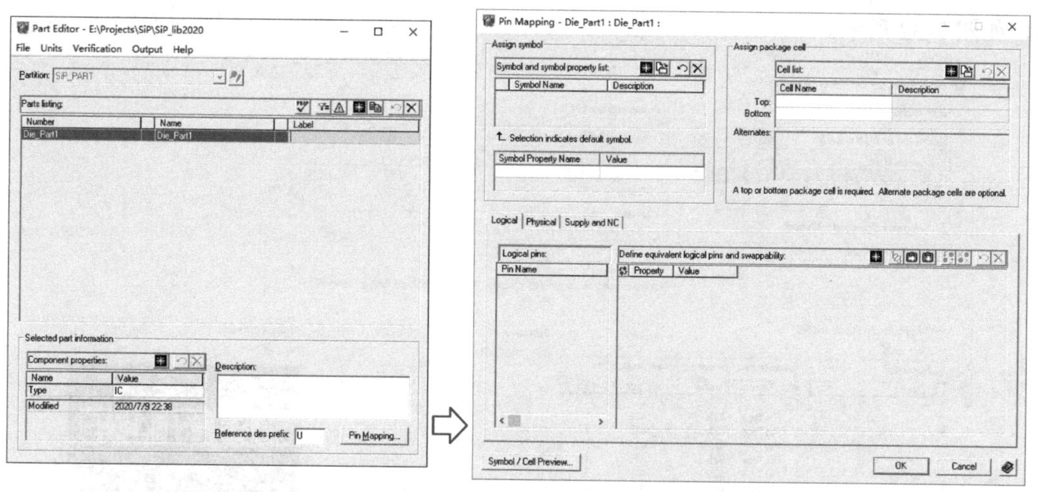

图 7-30　Part Editor 窗口和 Pin Mapping 窗口

在 Pin Mapping 窗口左侧的 Assign symbol 栏中单击图标，会弹出导入 Symbol 窗口；在 Pin Mapping 窗口右侧的 Assign package cell 栏中单击图标，会弹出导入 Cell 窗口。导入 Symbol 窗口和导入 Cell 窗口如图 7-31 所示。

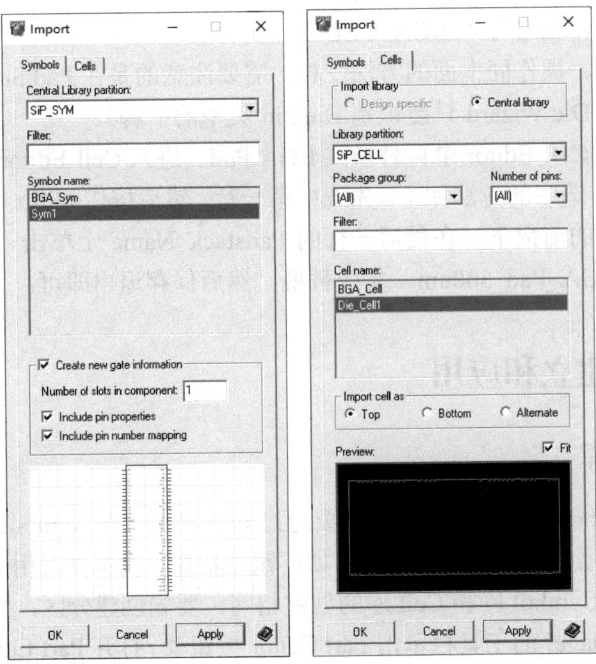

图 7-31　导入 Symbol 窗口和导入 Cell 窗口

在弹出窗口中选择对应的 Symbol，在 Number of slots in component 文本框中输入 1，表明此 Part 只包含一个这样的 Symbol，并按图 7-31 左侧窗口所示，勾选 Include Pin Properties 和 Include pin number mapping 复选框，单击 OK 按钮。同样，在弹出窗口（图 7-31 右侧窗口）中选择对应的 Cell，单击 OK 按钮。

导入完成后，可以看到 Symbol 和 Cell 已经映射完成，并且引脚名和引脚号已经对应完成。单击 Pin Mapping 窗口左下角的 Symbol/Cell Preview 按钮，可查看 Symbol 和 Cell 的预览图，如图 7-32 所示。

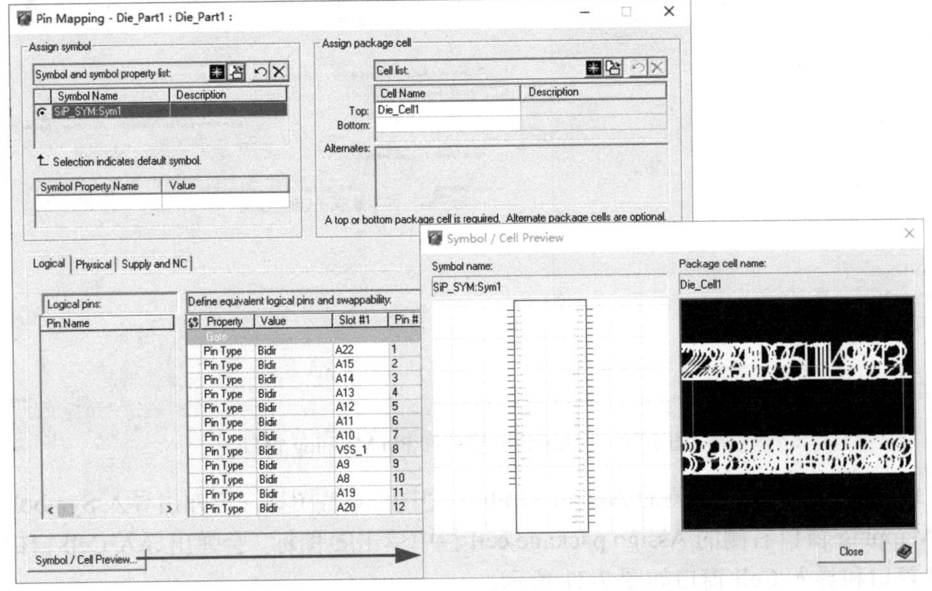

Property	Value	Slot #1	Pin #
Pin Type	Bidir	A22	1
Pin Type	Bidir	A15	2
Pin Type	Bidir	A14	3
Pin Type	Bidir	A13	4
Pin Type	Bidir	A12	5
Pin Type	Bidir	A11	6
Pin Type	Bidir	A10	7
Pin Type	Bidir	VSS_1	8
Pin Type	Bidir	A9	9
Pin Type	Bidir	A8	10
Pin Type	Bidir	A19	11
Pin Type	Bidir	A20	12

图 7-32　Symbol 和 Cell 映射完成并查看预览图

如果 Symbol/Cell 对应有问题，如引脚名与引脚号数目对应不上，在保存时会弹出警告窗口，提示问题所在，只有 Symbol 与 Cell 完全对应了才能够正常保存，这样就有效地避免了在使用库时出现问题。在信号列表栏的最左侧可以定义引脚可交换信息，对于 Die_Part1 来说，因为引脚定义是固定的，无须定义可交换信息。映射完成后，在 Part Editor 中进行保存，Die_Part1 创建完成。

采用相同的方法创建 BGA 的 Part，并进行 Symbol/Cell 的映射，将 BGA 的引脚设置为可交换的，同时选择多个引脚，然后单击按钮可交换引脚，如图 7-33 左侧所示，映射预览窗口如图 7-33 右侧所示。

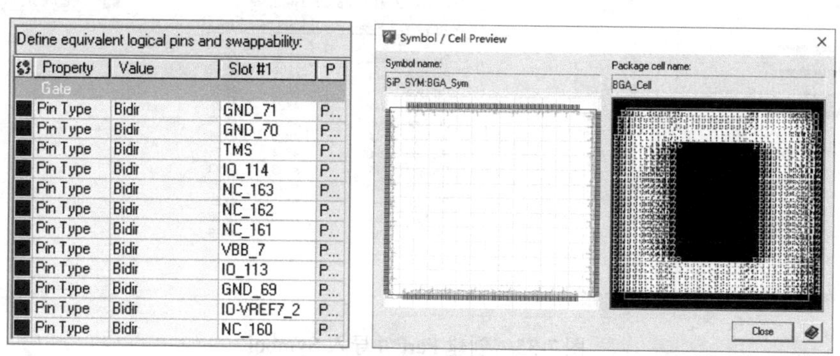

图 7-33　BGA Symbol/Cell 引脚可交换设置及映射预览窗口

在 Xpedition 设计流程中，所有的元器件包括裸芯片和 SiP 封装等都需要映射为 Part，才能在设计中正常使用。而电源、地及网络连接符、图框等，因为不存在对应的封装单元 Cell，所以不需要映射 Part，可直接从 Symbol 分区中将其添加到原理图中。

7.5.2　通过 Part 创建 Cell 库

在手工创建 BGA Cell 时要对 Pin #重新命名，工作量比较大。如果在创建 Symbol 时已经添加了 Pin Number（Pin #）属性，就可以先创建 Part，导入 Symbol 中的 Pin Number 属性，然后再创建 Cell，并通过 Part 将 Pin Number 属性传递给 Cell。这样，就无须在 Cell 中给 Pin #重新命名了。Pin Number（Pin #）属性的传递流程如图 7-34 所示。

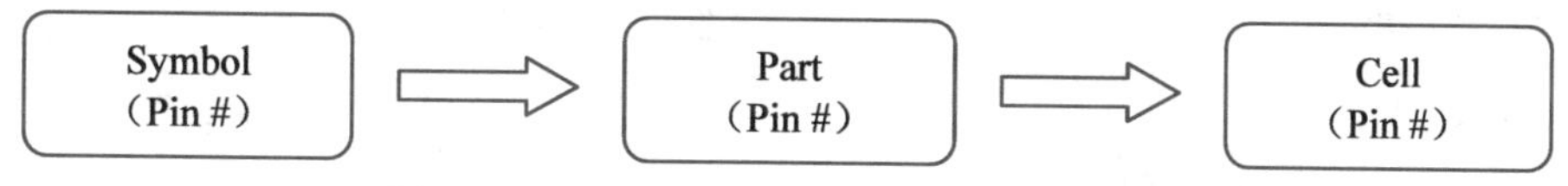

图 7-34　Pin Number（Pin #）属性的传递流程

软件具体操作流程如下。

（1）Symbol 创建完成后（Symbol 信息中包含 pin properties 和 pin number mapping），新建 Part。在 Assign symbol 区导入 Symbol，注意在导入时要勾选 Include pin properties 和 Include pin number mapping 两个选项。在 Assign package cell 区直接输入需要新建 Cell 的名称（如 BGA_Cell416），此时还无 Cell 与 Symbol 对应。创建 Part 并导入 Symbol 如图 7-35 所示。

（2）通过 Part 创建 Cell 如图 7-36 所示。Part 创建完成后，新建 Cell，选择 Create cell from Part data 单选按钮，这时可以看到，上一步定义的 Part Number 和 Cell Name 已经出现在 Undefined cells 列表中。输入相关参数后，单击 Next 按钮进入 Cell Editor，在 Place Pins 对话框可以看到 Pin #区域已经继承了 Symbol 中定义的 Pin Number，无须重新命名。

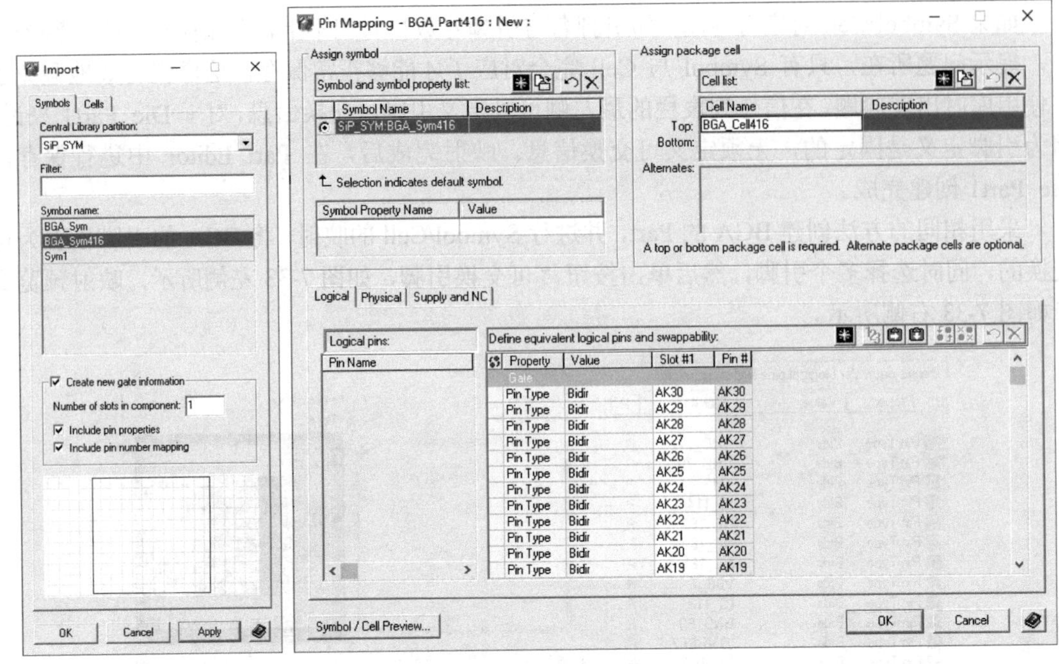

图 7-35 创建 Part 并导入 Symbol

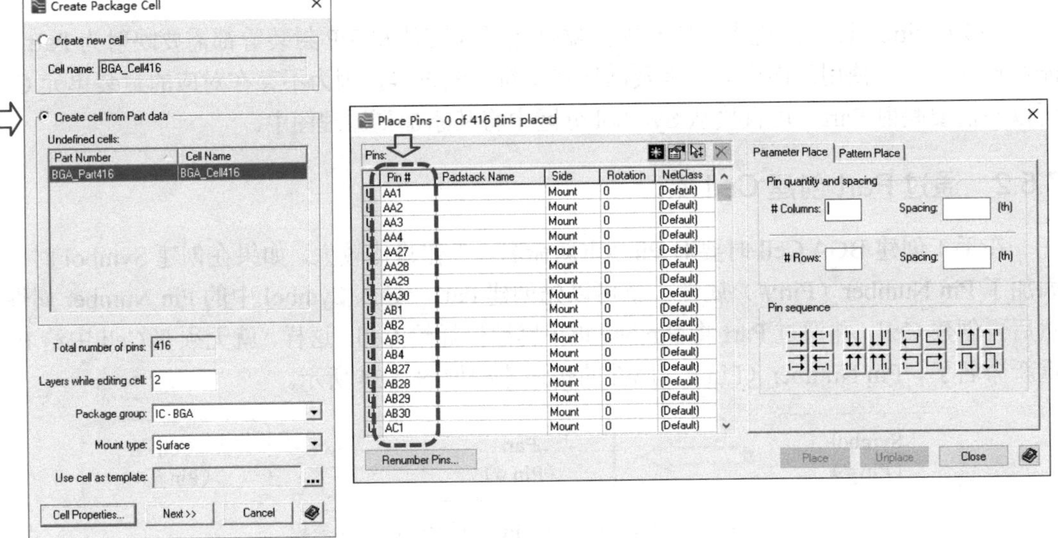

图 7-36 通过 Part 创建 Cell

7.6 中心库的维护和管理

在 SiP 设计流程中，中心库是设计的起点，维护管理好中心库不仅能提高设计效率，同时也能有效保证产品的质量。

一般情况下，中心库需要有专人负责管理，不同的设计人员具有不同的权限，他们要保证中心库及时更新，以及中心库与物资系统信息的关联与共享。

下面介绍中心库维护和管理的常用功能。

7.6.1　中心库常用设置项

1. 中心库参数设置

选择 Setup→Setup parameters 菜单命令，调出参数设置窗口，这里主要设置默认的设计单位 Design units，在下拉列表中有 4 种可选择的默认设计单位，根据库的类型选择，如果是 SiP 库，裸芯片比较多，建议选择 Microns（微米），如图 7-37 所示。

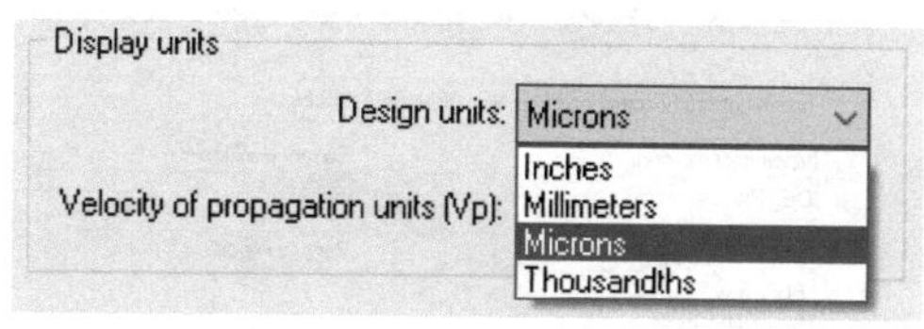

图 7-37　选择默认设计单位

2. 分区搜索路径管理

Partition Search Paths（分区搜索路径）主要用于设置分区在设计环境中的可见性，如图 7-38 所示。如果在中心库 Partition Search Paths 中该分区被勾选，则在设计环境中放置元器件的时候，该分区是可见的，如果不勾选该分区，则在设计环境中放置元器件的时候，该分区不可见。

这给库管理带来一些便利，例如，某些新元器件在评估时可放置在 Evaluation 分区，对设计师不可见；正式发布后放置在 Release 分区，设计师可用。

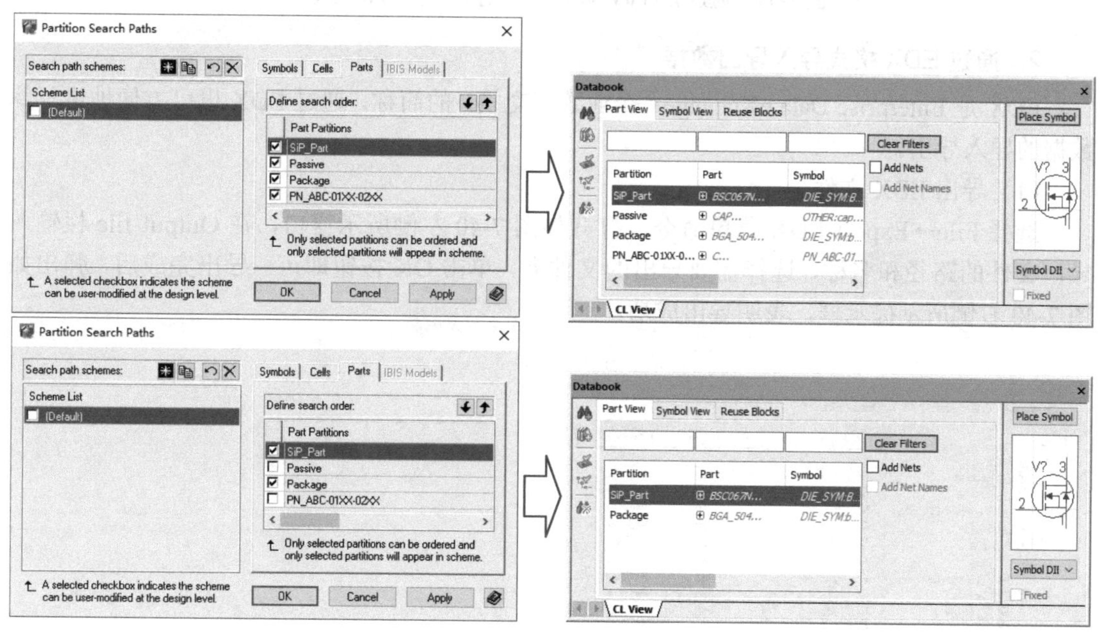

图 7-38　Partition Search Paths 设置分区在设计中的可见性

7.6.2　中心库数据导入导出

1. 通过 Library Services 导入导出数据

选择 Tools→Library Services 命令或者单击工具栏图标可打开 Library Services 窗口。在 Library Services 窗口可导入/导出各种库元素，在此窗口中也可以进行库元素的移动、复制和删除等操作。例如，在不同的分区之间进行 Part、Symbol、Cell 的移动和复制。通过 Library Services 进行库数据的导入/导出如图 7-39 所示。

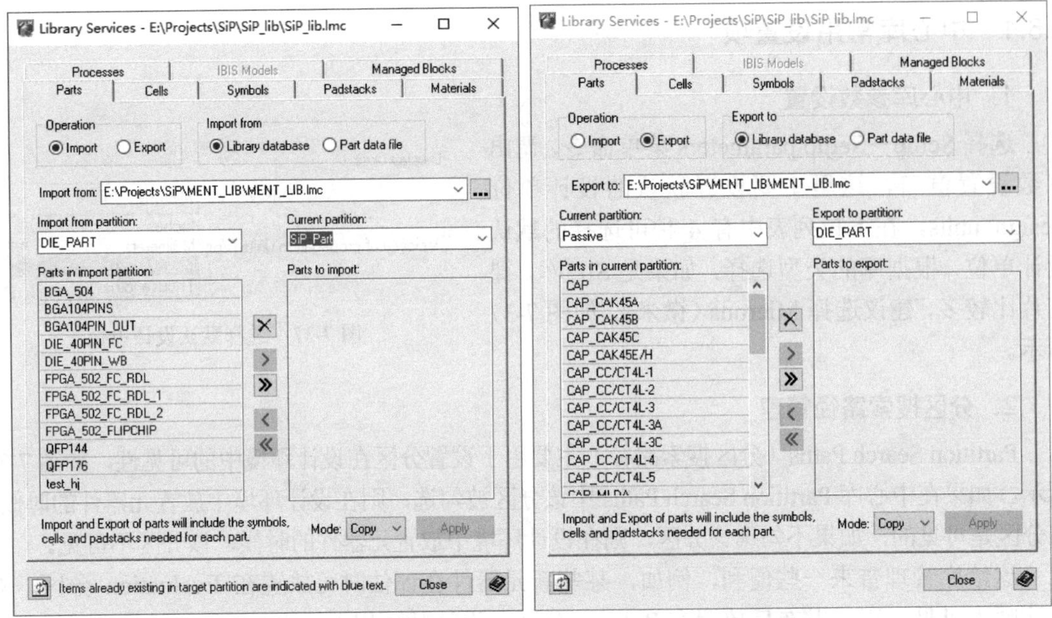

图 7-39 通过 Library Services 进行库数据的导入/导出

2. 通过 EDX 格式导入导出数据

EDX 是 Enterprise Data eXchange（企业数据交换）的简称，通过 EDX 也可方便地进行库数据的导入导出。

（1）导出 EDX 文件。

选择 File→Export EDX 菜单命令，打开如图 7-40 左侧所示窗口，在 Output file 栏输入导出文件的路径和名称，选择需要导出的文件夹，单击 OK 按钮即可。导出完成后，弹出如图 7-40 右侧所示提示框，表明导出成功。

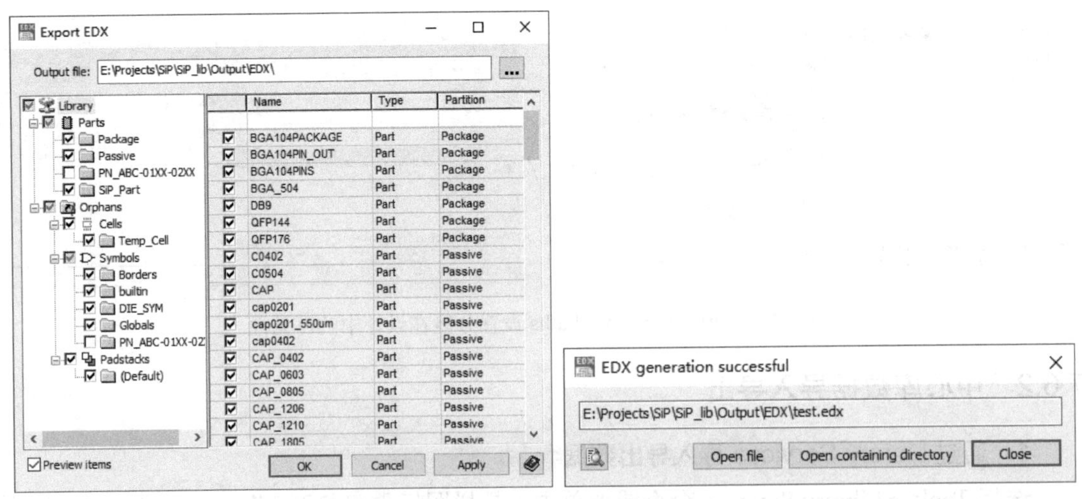

图 7-40 通过 EXD 导出库数据

单击 Open file 按钮可预览导出内容，系统自动打开 EDX Navigator 窗口，导出文件内容预览如图 7-41 所示，可以看到所选的内容都已经导出。

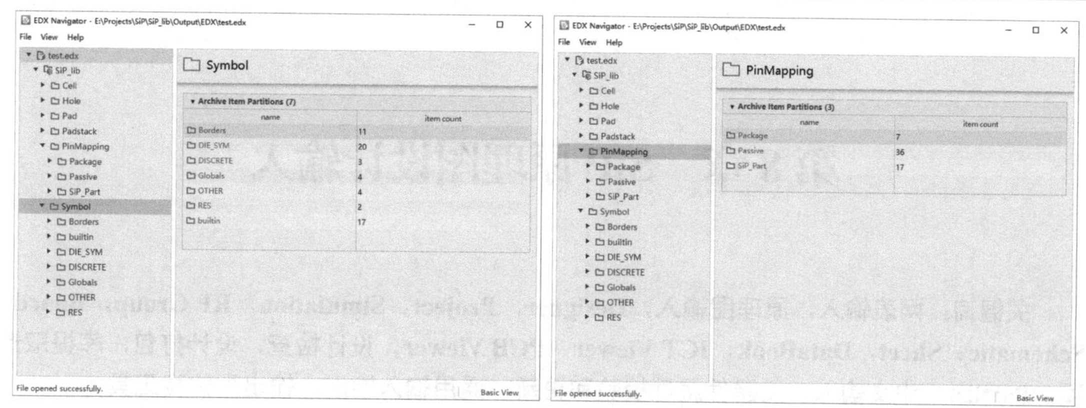

图 7-41　导出文件内容预览

（2）导入 EDX 文件。

新建中心库 EDX_Test_lib，选择 File→Import EDX 菜单命令，打开如图 7-42 左侧所示窗口，在 Input file 栏输入需要导入的文件的路径和名称，勾选 Bulk mode 选项。单击 OK 按钮，弹出如图 7-42 右侧所示窗口，显示可导入的数据，单击 OK 按钮，开始数据导入。

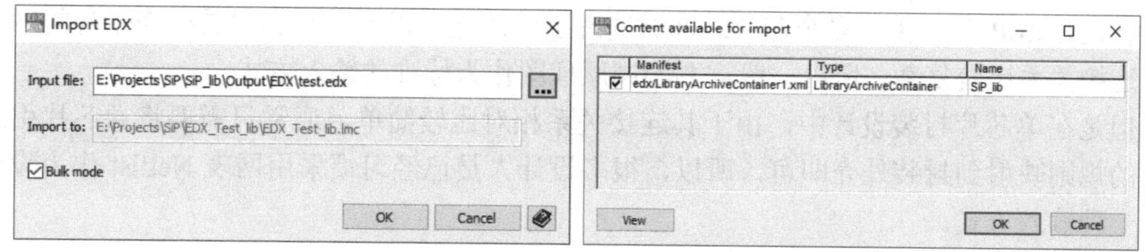

图 7-42　通过 EXD 导入库数据窗口

数据导入完成后，出现导入成功提示窗口，单击 Close 按钮。此时在新中心库 EDX_Test_lib 的导航栏 Library Navigator Tree 中，可看到 EDX 库数据已经成功导入，如图 7-43 所示。

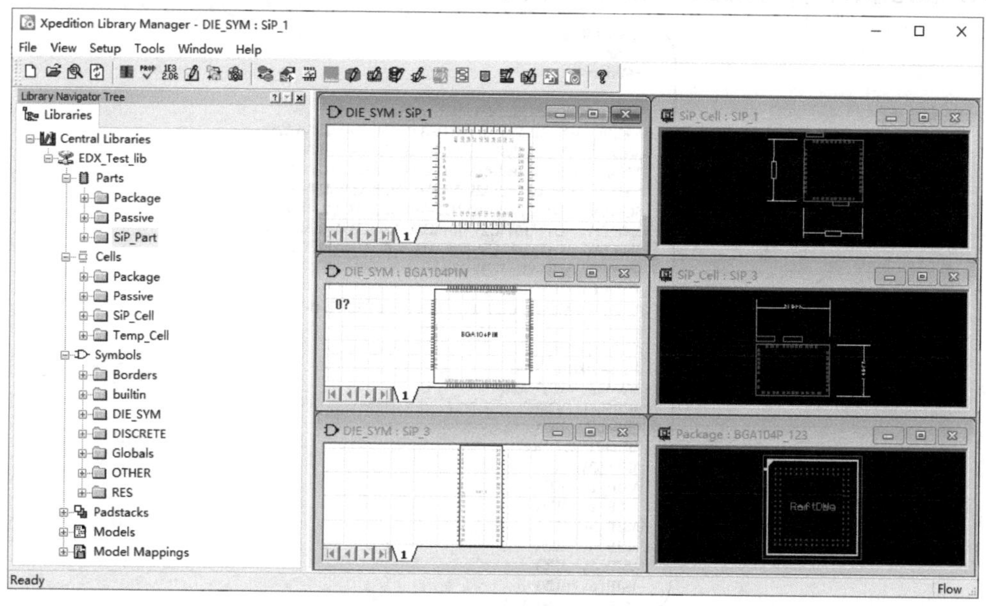

图 7-43　EXD 库数据成功导入

第 8 章　SiP 原理图设计输入

关键词：网表输入，原理图输入，Designer，Project，Simulation，RF Group，Board、Schematic、Sheet，DataBook，ICT Viewer，PCB Viewer，设计检查，设计打包，库提取选项，Partlist，中文输入，元器件属性校验和更新，通用输入输出，输出到仿真工具

第 6 章介绍了 SiP 的设计流程分为 2 种：① 通用的 SiP 设计流程；② 基于先进封装的 SiP 设计流程。本章主要讲述通用的 SiP 设计流程，基于原理图的设计输入。

8.1　网表输入

在设计 SiP 时，由于多个芯片之间有物理上的连接，以及芯片和封装外壳本身的网络互联，连接关系比较复杂，所以一般需要绘制原理图作为标准的输入方式。

但是在单芯片封装设计中，由于其连接关系相对比较简单，通常只需要将裸芯片引脚以一定的规则映射到封装外壳即可，所以，很多设计人员已经习惯采用网表 Netlist 作为设计原理的一种输入方式。

首先我们了解一下 Xpedition 的网表格式。

Xpedition 可以支持多种网表格式，这里介绍最常用的 Keyin Netlist。这种网表格式文件是以 kyn 为后缀的 ASCII 码文件，通常保存为“*.kyn”。其内容主要分为两部分：网络部分（%net）和元器件部分（%part），如图 8-1 所示。

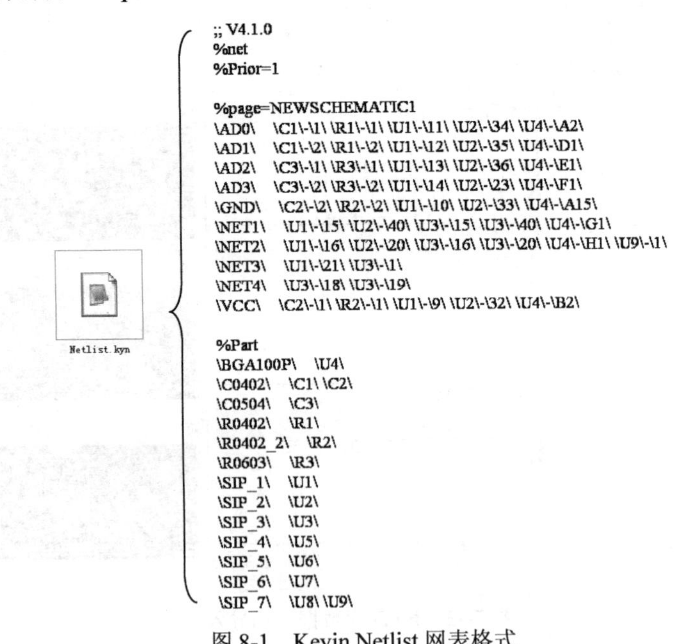

```
;; V4.1.0
%net
%Prior=1

%page=NEWSCHEMATIC1
\AD0\   \C1\-\1\ \R1\-\1\ \U1\-\11\ \U2\-\34\ \U4\-\A2\
\AD1\   \C1\-\2\ \R1\-\2\ \U1\-\12\ \U2\-\35\ \U4\-\D1\
\AD2\   \C3\-\1\ \R3\-\1\ \U1\-\13\ \U2\-\36\ \U4\-\E1\
\AD3\   \C3\-\2\ \R3\-\2\ \U1\-\14\ \U2\-\23\ \U4\-\F1\
\GND\   \C2\-\2\ \R2\-\2\ \U1\-\10\ \U2\-\33\ \U4\-\A15\
\NET1\   \U1\-\15\ \U2\-\40\ \U3\-\15\ \U3\-\40\ \U4\-\G1\
\NET2\   \U1\-\16\ \U2\-\20\ \U3\-\16\ \U3\-\20\ \U4\-\H1\ \U9\-\1\
\NET3\   \U1\-\21\ \U3\-\1\
\NET4\   \U3\-\18\ \U3\-\19\
\VCC\   \C2\-\1\ \R2\-\1\ \U1\-\9\ \U2\-\32\ \U4\-\B2\

%Part
\BGA100P\   \U4\
\C0402\   \C1\ \C2\
\C0504\   \C3\
\R0402\   \R1\
\R0402_2\   \R2\
\R0603\   \R3\
\SIP_1\   \U1\
\SIP_2\   \U2\
\SIP_3\   \U3\
\SIP_4\   \U5\
\SIP_5\   \U6\
\SIP_6\   \U7\
\SIP_7\   \U8\ \U9\
```


图 8-1　Keyin Netlist 网表格式

网络部分从%page=NEWSCHEMATIC1 开始，第一列是网络名称，如\AD0\。后面是连接此网络的引脚名称，如\C1\-\1\，表明是 C1 的第 1 个引脚，\U1\-\11\表明是 U1 的第 11 个引脚。%Part 之后是元器件列表，第一列是元器件的 Part number，如/BGA100/，第二列为元器件的 Reference Designator，如/U4/。

如果是一个单芯片封装，编写网表就会非常简单，按照上面的文件格式，除了电源、地等公共引脚根据设计需要进行特别分配以外，信号引脚基本是一一对应地从芯片分配到封装，而元器件也只有两个，就是 IC 裸芯片和 Package 封装。

按照标准格式将网表编辑好后，就可以进行项目的创建了。

在 Xpedition Layout 环境中，选择 File→New 菜单命令，启动 Job Management Wizard 创建新项目，设定项目的存放路径，输入项目名称，然后单击“下一步”按钮，如图 8-2 所示。

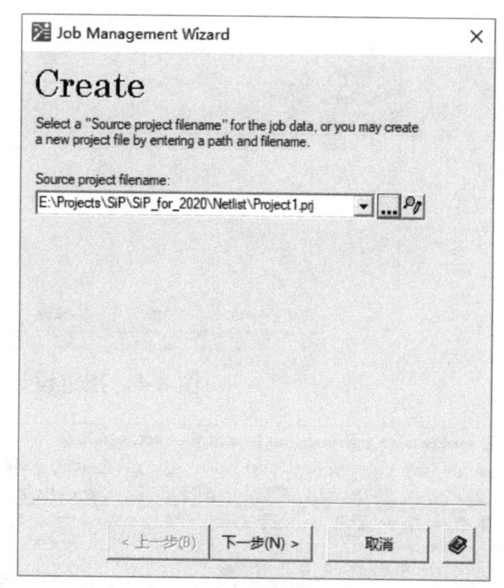

图 8-2　通过 Job Manage ment Wizard 创建新项目

在 Project Editor 界面中选择中心库，如 SiP_lib2020.lmc，以及事先编辑好的 Keyin 网表文件，如 netlist.kyn。注意，网表类型选择 Keyin Netlist，然后单击 OK 按钮，中心库和网表就被指定给该新项目了，如图 8-3 所示。

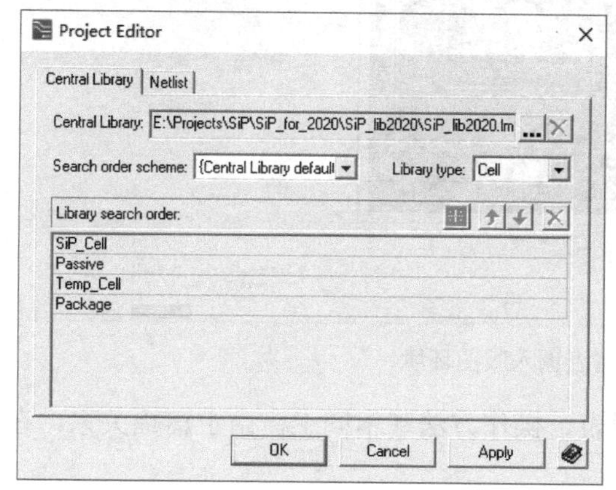

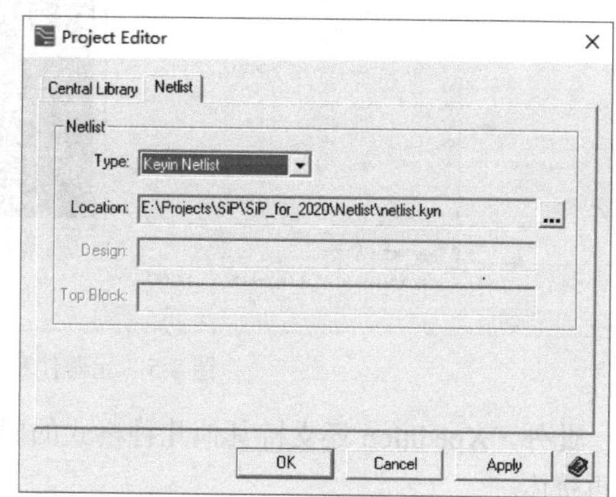

图 8-3　给新项目指定中心库和网表

进入下一步，选择设计工艺类型，在 Design Technology 下拉列表中有 3 个选项：PCB、Package 和 RigidFlex，这里选择 Package 选项；在版图模板 Template 下拉列表中选择 HDI 2+4+2 Template 选项；版图设计路径保持软件默认选项即可，单击“完成”按钮，出现 Summary 对话框，此对话框显示项目的一些状态信息，单击 Close 按钮即可，如图 8-4 所示。

软件自动进入版图设计工具 Xpedition Layout，选择 Setup→Project integration 菜单命令，进行设计前向标注（简称前标），前标成功后，元器件和网表调入版图环境，如图 8-5 所示，此时即可进行版图设计。

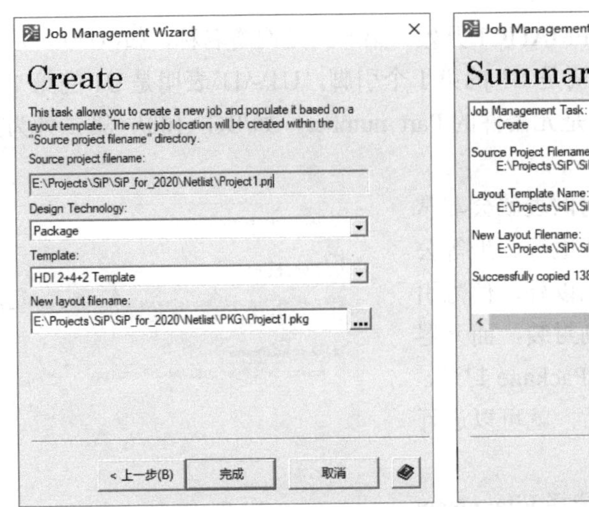

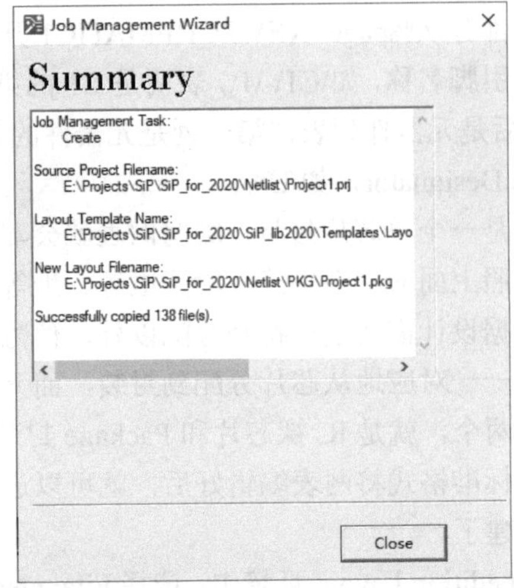

图 8-4　指定设计路径和设计模板，完成项目创建

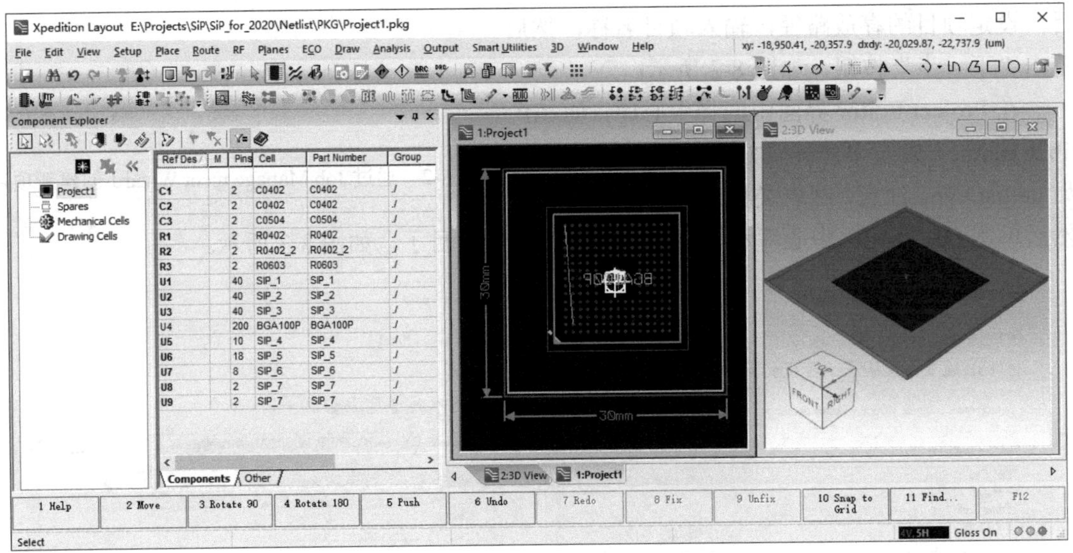

图 8-5　元器件和网表调入版图环境

此外，Xpedition 还支持其他几种格式的网表，操作方法基本同上，由于篇幅关系，在此不再赘述。

8.2　原理图设计输入

8.2.1　原理图工具介绍

在通用的 SiP 设计流程中，通常以原理图作为标准的输入方式。

在 Xpedition 工具的设计流程中，以 Xpedition Designer（后面简称 Designer）作为标准的原理图输入工具。Designer 可以支持基本的原理图输入、基于 DataBook 和物资信息关联的元器件调用、RF 射频原理图设计（RFEngineer），以及数/模混合电路的仿真（AMS）等。这些模块都需要相应的 License 支持，基本原理图模块之上可扩充的 Licsense 如图 8-6 所示。

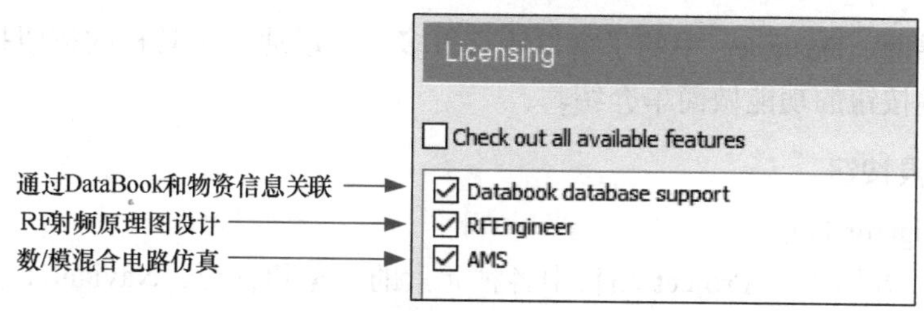

图 8-6　基本原理图模块之上可扩充的 License

在 Dashboard 的快速启动栏 Shortcuts 中，单击图标，启动 Designer 工具。

在启动 Designer 工具之前，如果 Dashboard 中的 Projects 列表中有项目被设置为 Active Project，如图 8-7 中的黑体字显示的 Project，则 Designer 工具启动后会自动打开该 Project，可通过鼠标单击列表中的其他项目将其切换为 Active Project。

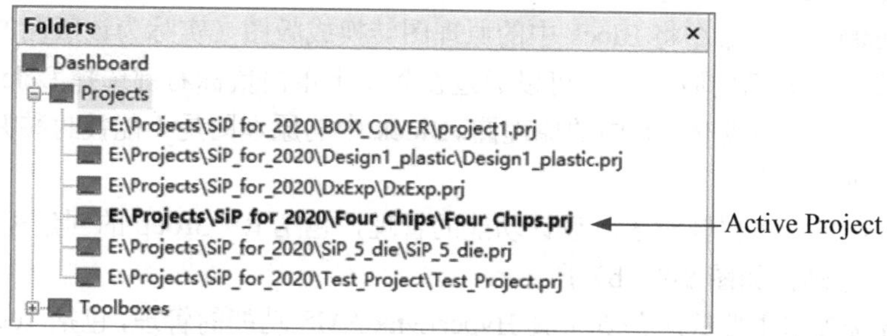

图 8-7　黑体字表明 Four_Chips 项目为 Active Project

启动后，Designer 界面包含多个子窗口，分别是导航窗口 Navigator，原理图绘图工作区，元器件放置窗口 DataBook 等，如图 8-8 所示。在导航窗口中，可以看到 Active Project 已经自动打开。

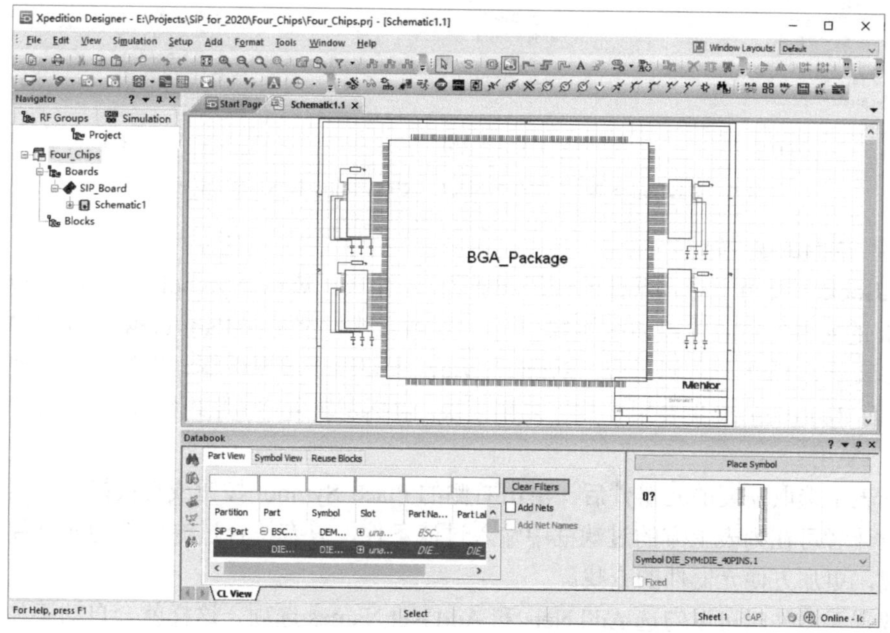

图 8-8　Designer 启动后自动打开 Active Project

除了以上界面，Designer 中的子窗口还有很多，可以通过工具栏的按钮打开或者关闭，下面对一些关键按钮的功能做简单介绍。

1. 常用工具按钮

- Navigator 按钮

Navigator 主要用于对 Project 项目中各种元素的浏览和管理。Navigator 窗口打开后，一般会在出现在主界面的左边。在所有功能模块的 License 启动的情况下，Navigator 窗口中会有 3 个选项卡：Project、RF Groups 和 Simulation，如图 8-9 所示。

其中，Project 选项卡主要针对项目的管理。Designer 支持多版图（Board）项目的管理，如图 8-9（a）所示，在一个项目中分别管理了 FC_PACKAGE、PCB_Board 和 RDL 3 个版图设计。每个版图下面都包含自己的原理图，每个原理图可以由一页或多个页面组成。

通常每个版图只有一个有效原理图，其他的原理图会被放置到 Block 中，用户可以用鼠标右键单击 Create Board 命令将 Block 中的原理图转换成版图（实际为该版图的有效原理图，即通过此原理图可创建新的版图）。也可以通过在版图上单击鼠标右键选择 Delete 命令将版图删除，其原理图自动转换成 Block 中的原理图。Block 中的原理图是不能被封装并生成版图的，但可以被其他原理图引用。

RF Groups 选项卡主要针对射频设计功能的管理，包括 RF Group 的创建和管理、其他射频功能的调用和管理，如图 8-9（b）所示。

Simulation 选项卡主要针对仿真工具 HyperLynx AMS 功能的管理，包括 TestBenches 的生成和管理、仿真模型库的导入和管理等，如图 8-9（c）所示。

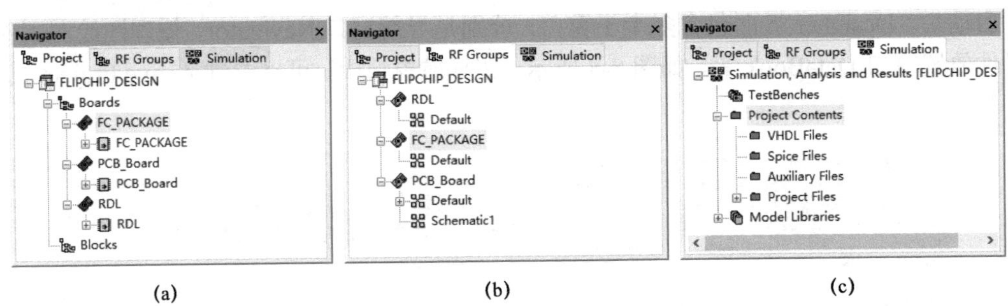

图 8-9 Navigator 窗口中的 Project、RF Groups 和 Simulation 选项卡

- DataBook 按钮

DataBook 主要用于对元器件的调用和放置，包含 Part View、Symbol View 和 Reuse Blocks，DataBook 的元器件放置窗口如图 8-10 所示。普通元器件都是在 Part View 中选取的，通常都有物理封装单元 Cell 与之相对应，Symbol View 主要用于放置板框、电源、地、连接符号之类符号，而 Reuse Block 主要用于放置复用模块，包括逻辑复用（原理图复用）和物理复用（原理图+版图复用）。

在列表中选取需要的元器件后，单击右侧的 Place Symbol 按钮或直接拖动元器件到原理图中，设计者可在列表上方的过滤框中输入过滤条件，只有符合过滤条件的元器件才会在列表中出现，更加方便元器件的查找。

在放置元器件时可以勾选 Add Nets 和 Add Net Names 选项，这样就会自动添加网络和网络名，效果如图 8-11 所示。

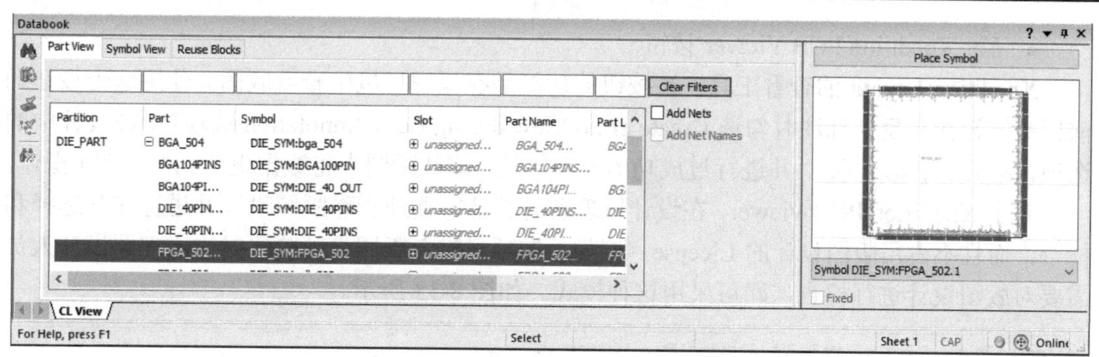

图 8-10　DataBook 的元器件放置窗口

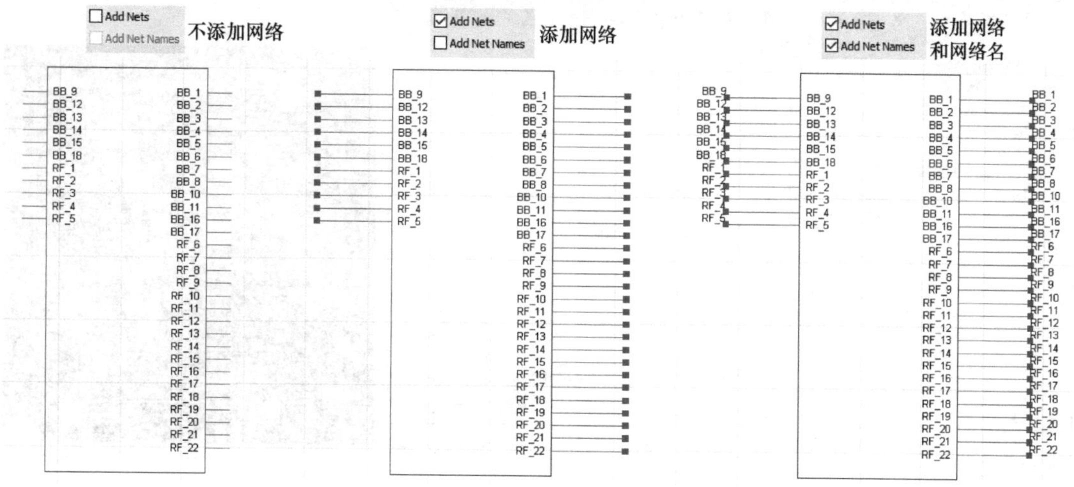

图 8-11　Add Nets 和 Add Net Names 自动添加网络和网络名

DataBook 的另外一项强大功能体现在 Search 窗口上，单击 DataBook 左上角的 New Search Window 按钮 ，启动 Search 窗口，具体功能的描述详见本书 8.3 节的内容。

- ICT Viewer 按钮

ICT Viewer（互联表格查看器）包含 3 个选项卡：Hierarchy、Net Properties 和 Symbol Properties。三者分别用于对元器件的网络连接关系、网络属性和元器件属性的查看，可用于对设计元素快速过滤、分类察看和排序搜索等，如图 8-12 所示。

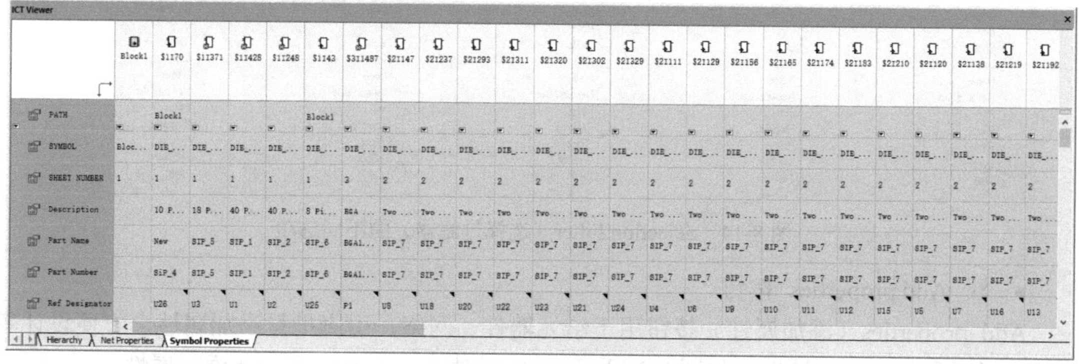

图 8-12　ICT Viewer 互联表格查看器

- Xpedition PCB Viewer 按钮

Xpedition Layout 的查看工具，该按钮的功能是在原理环境中查看版图。使用这个按钮的前提是该设计在反向标注时勾选 Create eExp View during Back Annotation 选项（版图设计中的选项，详见本书第 9 章），并进行过成功的反向标注（即从版图中将数据更新到原理图）操作。

有了 Xpedition PCB Viewer，在设计原理图时就能方便地查看版图设计并进行交互选择和检查，而且不占用版图设计的 License。例如，在项目进入版图设计阶段时，原理图设计人员需要对版图设计进行检查，即可采用这种模式。如图 8-13 所示。

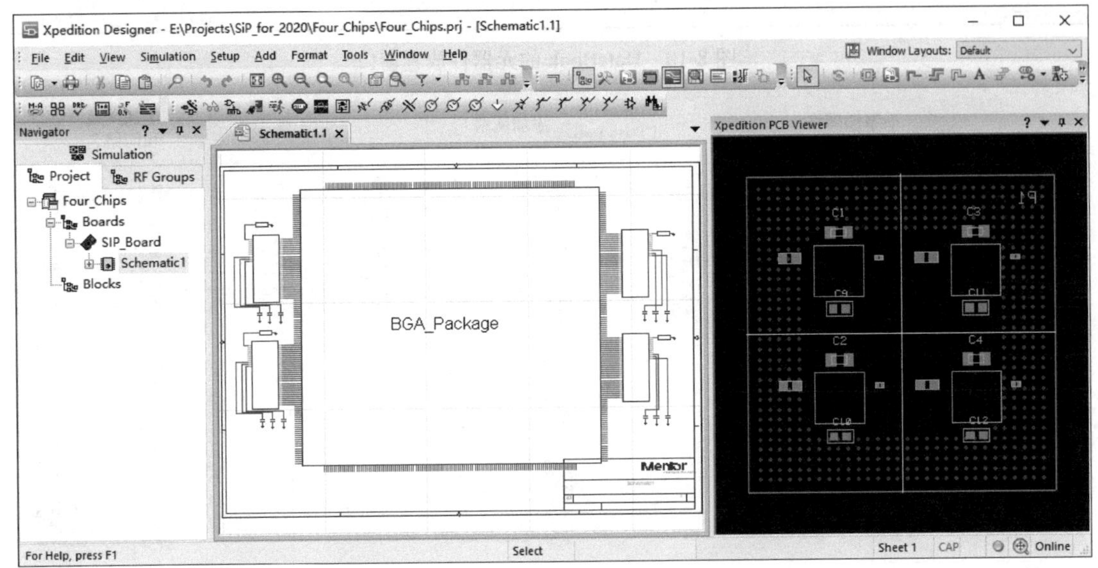

图 8-13 原理图中的 Xpedition PCB Viewer

- Selection Filter 按钮

Selection Filter（选择过滤器）按钮可方便设计者对原理图中不同对象进行选择，Select 窗口中最上方的下拉列表使得设计者可以快速地选择、取消所有选项，或者按照不同的类型进行选择，图 8-14 所示为 Selection Filter（选择过滤器）的不同选项。

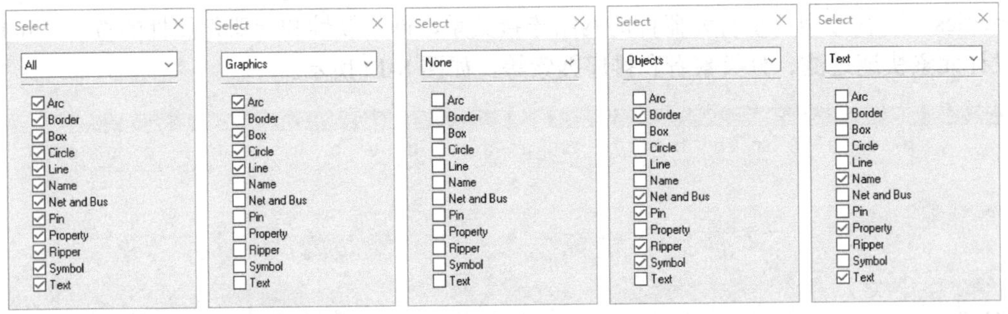

图 8-14 Selection Filter（选择过滤器）的不同选项

- Add properties 按钮

Add properties（添加属性）按钮用于给元器件、网络、引脚批量添加属性，方便设计者对同一类对象统一添加属性，如图 8-15 所示，分别对 Component 和 Net 添加属性。

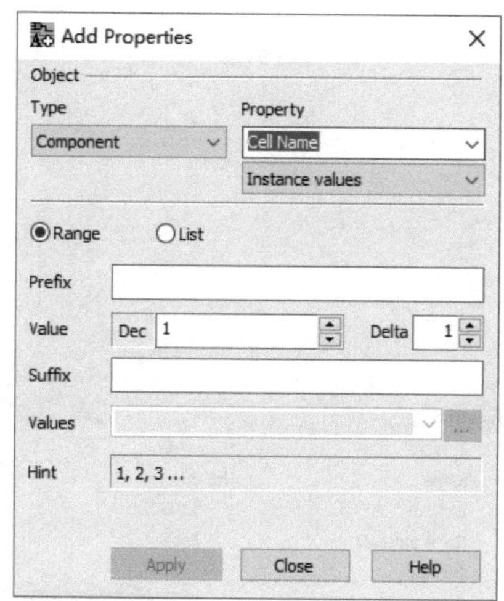

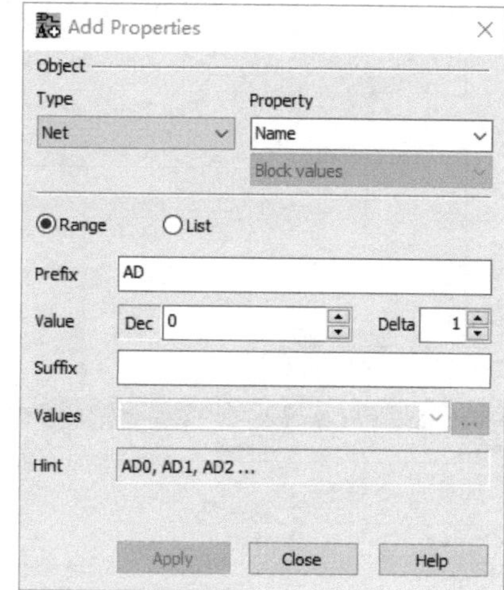

图 8-15　Add property（添加属性）按钮

- Color by net 按钮

Color by net（网络着色）按钮可方便地给网络添加不同的颜色，与在属性窗口更改网络颜色不同，Color by net 功能可即时开启或者关闭，非常个性化，能有效提高原理图浏览的可读性。

Color by net 设置也很方便，单击按钮，然后选择某个网络，在网络旁边出现灰色箭头，单击箭头可给网络添加特殊颜色属性，如图 8-16 所示。设置完成后，可通过单击 Color by net 按钮切换是否显示该颜色的状态。

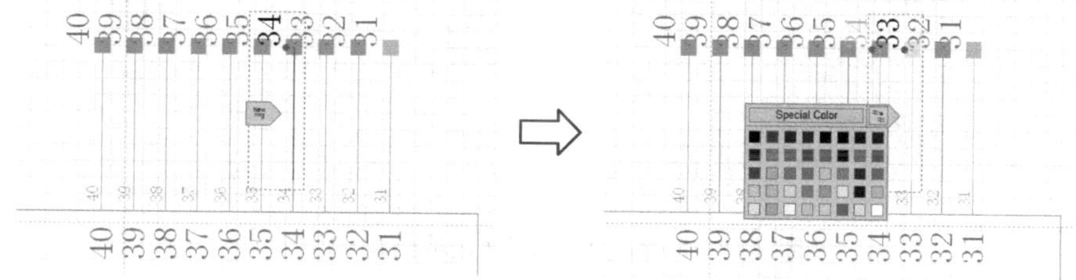

图 8-16　给网络添加特殊颜色属性

当 Color by net 按钮被按下时，按钮图标为（带线框，选中状态），特殊颜色显示，当再次单击 Color by net 按钮时，按钮图标为（不带线框，未选中状态），特殊颜色不显示。图 8-17 左右两侧分别显示了当 Color by net 选中和未选中时的网络颜色显示变化和“Color”属性栏的变化。

如果要删除 Color by net 属性，需要选择 Setup→Settings→Display→Colored nets 菜单命令，选中相应的网络名称，单击下方的“删除”按钮即可。另外请注意，Color by net 的打开和关闭也会影响输出文件的显示，例如，输出的 PDF 文档会与 Designer 当时的显示状态一致。

2．显示控制及原理图图层

选择 View→Display Control 菜单命令，或者在工具栏单击按钮可打开 Display Control（显示控制）窗口，如图 8-18 所示。显示控制功能是从 Xpedition Layout 学习过来的功能，可以方便地对原理图的显示进行控制，增强原理图的可读性。

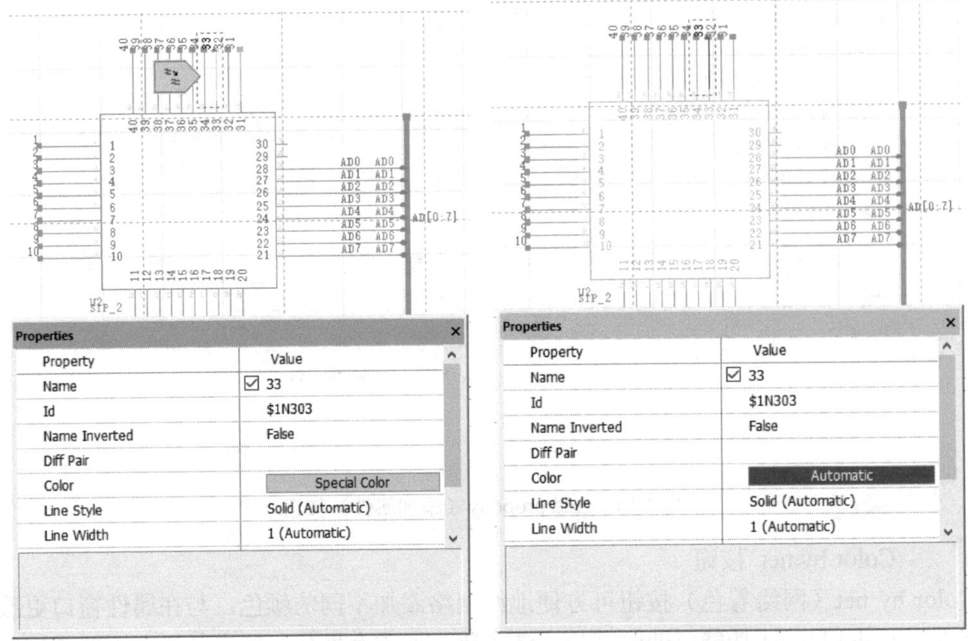

图 8-17　网络颜色显示变化和“Color”属性栏的变化

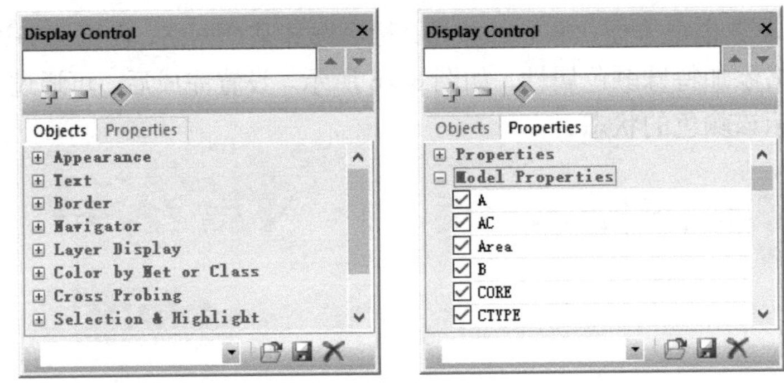

图 8-18　Display Control（显示控制）窗口

Display Control 窗口包含 2 个选项卡，分别是 Objects 和 Properties，均可以通过上方的 图标进行展开或者合并。

Objects 下属列表框中有 8 项，分别控制显示外观、文字、板框、导航器、层、网络颜色、交互选择以及选择和高亮，每一项下面又分为多个子项，可通过前面的加号展开；Properties 下属列表框中有 2 项，分别为属性和模型属性。由于篇幅有限，不能一一解释，建议读者点开每个选项，勾选其子选项并对应查看原理图中显示状态的变化，这对熟悉设计环境很有帮助。在窗口上方的输入栏输入关键字，可快速找到需要显示的项目，也可以单击下方的保存按钮，保存设置好的显示方案。

值得一提的是在 Designer 中也有了图层的概念，设计者可以添加用户定义层，并在不同的用户定义层中添加相应的标注和文字等信息，只需在需要时打开相应的层，不用时关闭即可，而不影响原理图本身的信息，非常方便。图 8-19 所示为添加图形和文字到用户定义层，图中添加了 3 个用户定义层：Layer0、Layer1 和 Layer2，并分别将方形、圆形和文字添加到相应的层。

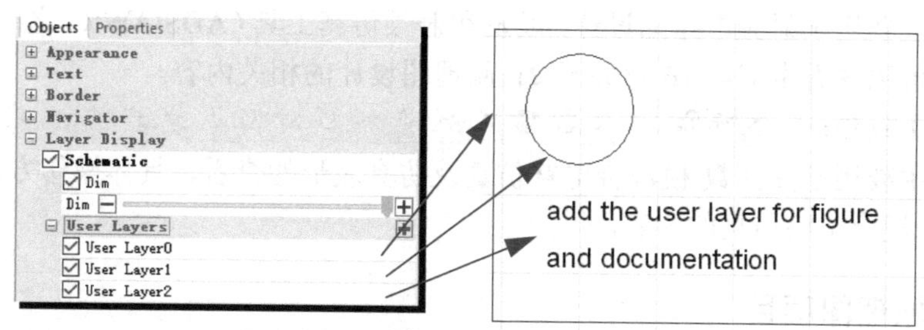

图 8-19　添加图形和文字到用户定义层

另外需要特别注意的是，原理图中有了层的概念之后，只有当前层（Current Layer）的数据才是可编辑的，而非当前层的数据不可编辑，这就有效避免了误操作。

如果想要编辑某一层的数据，需要通过鼠标右键单击选择菜单中的 Set as Current Layer，此时该层的数据才可编辑，Current Layer 显示为黑体字，如图 8-19 左侧图中的 Schematic 即为当前层，此时，Layer0，Layer1 和 Layer2 的数据均是不可编辑的。所以，如果出现数据不可编辑的情况，应检查该元素是否位于当前层，可通过鼠标左键双击，打开属性窗口查看 User Layer 属性。

元器件、连线等有电气特性的元素都放在 Schematic 层，且不可更改，这些元素没有 User Layer 属性，这一点也需要注意。

3．工具栏视频帮助

开始学习一门工程设计软件的时候，设计师少不了要查阅帮助文件，这在一定程度上影响了学员的学习效率和积极性。Xpedition 独创的工具栏视频帮助形式，更加直观、形象化、非常方便设计师自学，在一定程度上可以提升学习效率。

当鼠标光标在工具图标上停留时，会出现文字提示框，提示框的末尾如果出现（VIDEO）字样，则说明该工具图标具有视频帮助。如果鼠标光标在该工具图标上停留超过三秒，则自动播放视频帮助，非常便于设计师理解工具的功能。

图 8-20 所示为 Multi-net connection 和 Special Components 的视频帮助截图，如果鼠标光标始终停留在该工具图标上，则视频会反复播放，直到设计师完全领会为止。

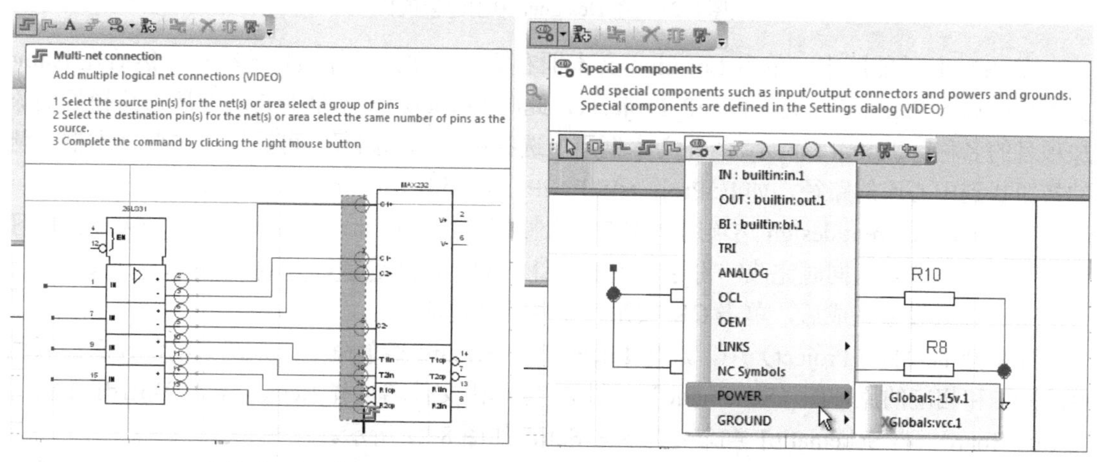

图 8-20　Multi-net connection 和 Special Components 的视频帮助截图

4．射频电路设计及电路仿真工具栏

射频电路设计工具栏：。

该工具栏主要用于射频电路的设计，以及和射频仿真工具（ADS/AWR）之间数据的传递，具体操作方法可以参看本书第 16 章关于 RF 原理图设计的相关内容。

电路仿真工具栏：。

该工具栏主要用于支持数/模混合电路仿真及仿真波形的查看，具体操作方法可以参看本书第 21 章关于混合电路仿真的内容。

8.2.2 创建原理图项目

启动 Designer，选择 File→New→Project 菜单命令，弹出如图 8-21 所示对话框，在左侧的 Project Templates 列表下选择 Xpedition→default。如果需要做数/模混合电路仿真的原理图，则可选择 Xpedition→Xpedition AMS。

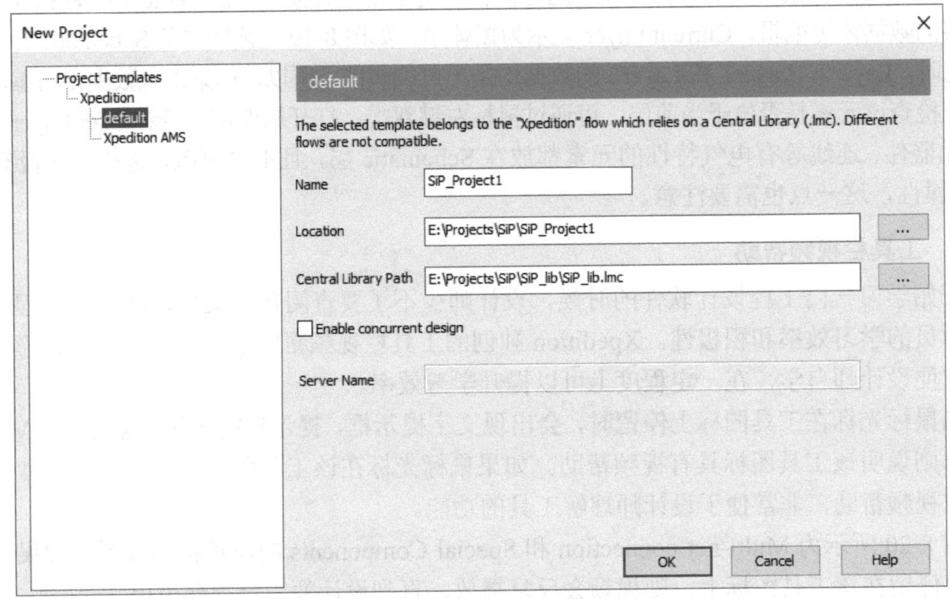

图 8-21　在 Designer 中创建新项目

在 default 功能区中，单击 Location 文本框右侧的按钮，选择项目的路径，然后在 Name 文本框中输入 Project Name，如 SiP_Project1，此时 Location 文本框会自动在所选路径后面添加项目的名称。Central Library Path 文本框用于选择中心库的路径，可通过单击此文本框右侧的按钮找到中心库的路径，如 E:\Projects\SiP\SiP_ lib\ SiP_ lib.lmc。

Enable concurrent design 选项用于支持多人原理图协同设计，通常不勾选。如果要做原理图协同设计，即多人同时完成一份原理图的设计，则勾选此选项，并输入 Server name。

所有参数设置完成后，单击 OK 按钮，新项目创建成功。

在新建的项目（Project）中，选择 File→New→Board 菜单命令，系统自动创建新的版图（Board）和相应的原理图（Schematic）。鼠标右键单击文件名选择 Rename，将 Board1 重命名为 SiP_Board，将 Schematic1 重命名为 SiP_Sch，如图 8-22 所示。

下一步就是选择调用设计中需要的元器件进行原理图设计了。通常 SiP 设计的元器件主要包含两类：① 封装内的元器件（包括裸芯片、阻容类无源元器件等）；② BGA 等类型的封装外壳。

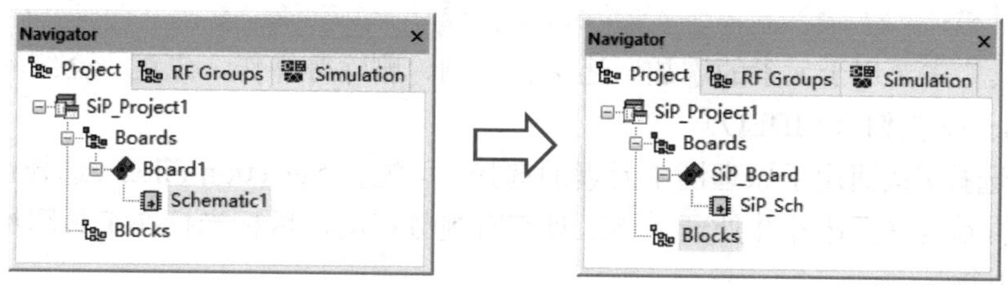

图 8-22　新建版图及相应原理图并重命名

单击 DataBook 按钮，并在 CL View 模式中放置元器件。在查找元器件时，使用过滤功能可以更快速准确地选取到元器件。例如，在 Part 上方的空白文本框中输入 SiP，则系统会自动只显示名称以 SiP 开头的元器件，如图 8-23 所示。过滤功能针对所有的文本框都有效，Partition、Symbol 上方的文本框都可以使用过滤功能。

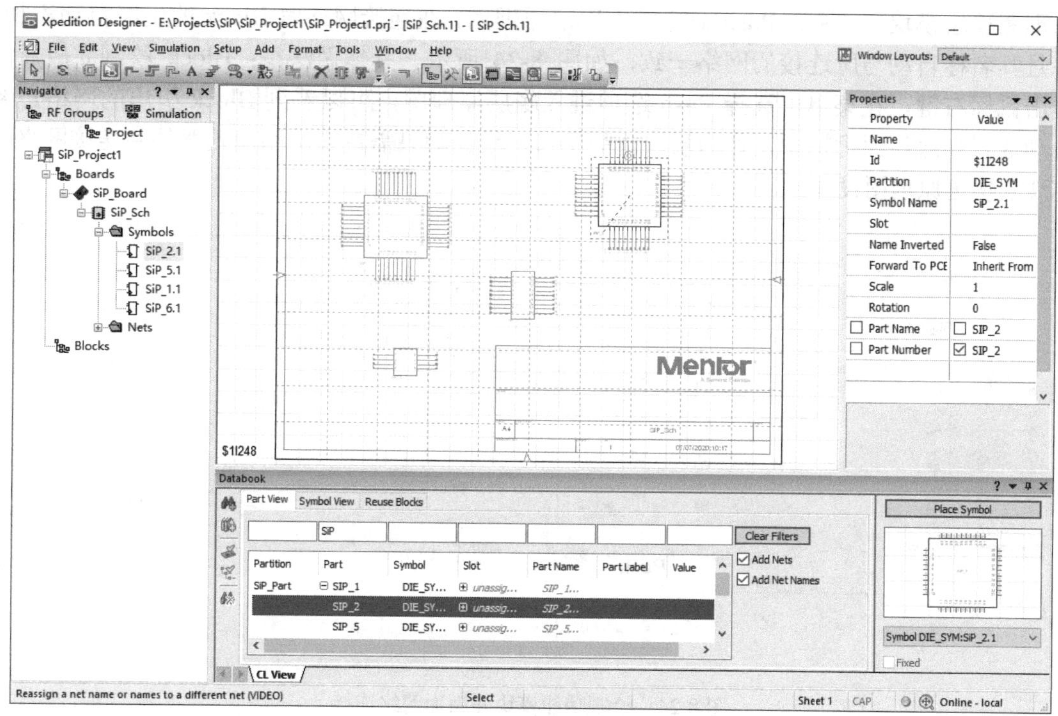

图 8-23　使用过滤功能查找元器件

从元器件库中选取合适的元器件并放置到原理图上后，即可关闭 DataBook 元器件放置窗口，这样工作区面积也会扩大，更便于操作。

接下来就是对元器件之间进行互连，互连有多种方法。如果在放置元器件时勾选 Add Nets 和 Add Net Names 选项，原理图会自动添加网络和网络名，添加的网络名和 Symbol 的 Pin Name 一致。此时，原理图中引脚名称相同的网络就会自动连接在一起，这对于用信号名称作为引脚名的设计来说非常方便。

8.2.3　原理图基本操作

原理图基本操作中用到的工具多位于 Add 工具栏，下面结合工具的相应功能介绍原理图基本操作。

Add 工具栏：。

Add 工具栏主要用于元素的添加、连接、复制、删除等操作，先逐一介绍其使用方法。

- Select 按钮（VIDEO）

Select（选择）按钮用于原理图中元素的选择，可配合 Selection Filter（选择过滤器）使用，对不同的元素进行选择并处理。该工具带有视频帮助，鼠标光标在工具图标上停留 3 秒后自动播放视频。

- Rotate 90 Degrees（旋转 90°）按钮（VIDEO）

选中元器件符号后，该图标自动点亮，每单击一次此按钮，元器件符号旋转 90 度。该工具带有视频帮助，鼠标光标在工具图标上停留 3 秒后自动播放视频。

- Block 按钮（VIDEO）

Block（模块绘制）按钮用于在原理图中直接绘制功能模块 Block。作为层次化设计的原理图顶层模块，可通过 Push 命令进入底层原理图，在连接网络时 Block 的引脚自动添加，并且其名称自动与所连接的网络一致，如图 8-24 所示。具体做法是：Block 绘制完成后，单击鼠标右键，在菜单中选择 Push 选项进入底层原理图，可以看到 Block 引出的网络已经自动放置到底层原理图中，作为层次化的接口，设计师只需在底层添加元器件并连接网络，实现层次化原理图设计。

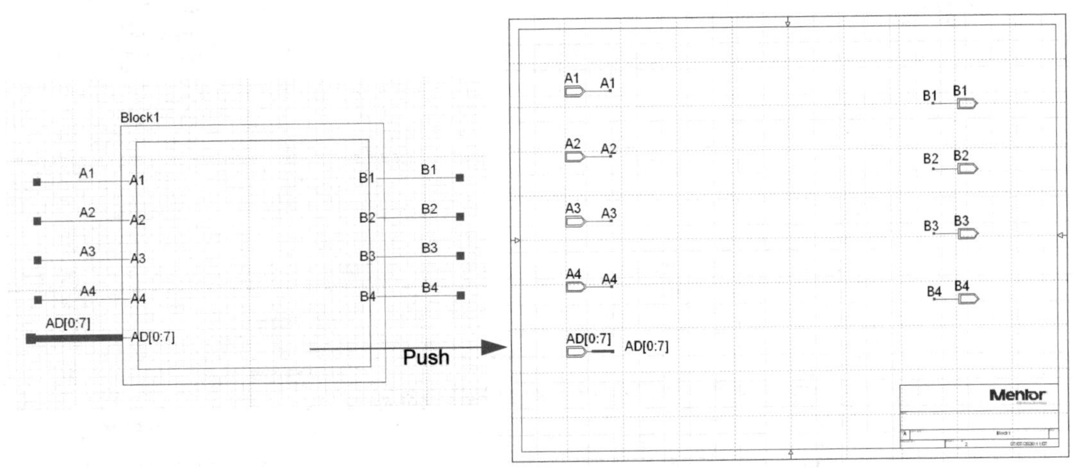

图 8-24　绘制功能模块并添加网络连接

- Add Part（添加元器件）按钮

该工具功能与 DataBook 工具功能相同，图标也相同，都用于放置元器件。

- Net 按钮（VIDEO）

Net（添加网络）按钮用于在原理图中给元器件添加网络连接，在添加的过程中，鼠标光标也带有添加网络的符号。该工具带有视频帮助可供参考。

- Multi-Net Connection 按钮（VIDEO）

Multi-Net Connection（多网络连接）按钮，可同时连接多个网络，先通过鼠标选择一组引脚，再选择另一组引脚，软件根据选择的先后顺序自动连接，能有效提高设计效率。在添加的过程中，鼠标光标也带有多网络连接的符号，该工具也带有视频帮助。

- Bus 按钮（VIDEO）

Bus（总线）按钮用于在原理图中添加总线连接，Designer 的总线相当智能，总线绘制好后，网络或者元器件引脚只要靠近总线，系统会自动分配总线上的分支给网络或者元器件引脚。在添加的过程中，鼠标光标也带有总线连接的符号。该工具带有视频帮助可供参考。

- A Text 按钮

Text（文字）按钮用于在原理图中添加文字注释，文字可以添加到用户定义层，单独进行显示和编辑。可设置用户定义层也是 Designer 设计工具的一个特色。

- Array（阵列化复制电路图）按钮（VIDEO）

先在原理图中选中需要复制的电路图模块，单击 Array 图标后，弹出 Array 对话框，对话框中包含 2 个选区：①Rectangular array，在文本框中输入行数和列数，并移动鼠标光标调整模块间的距离，即可得到如图 8-25（a）所示的电路复制结果；② Diagonal vector，在文本框中输入需要复制的模块数量，并移动鼠标光标选择合适的位置，即可得到如图 8-25（b）所示的电路复制结果。该工具带有视频帮助可供参考。

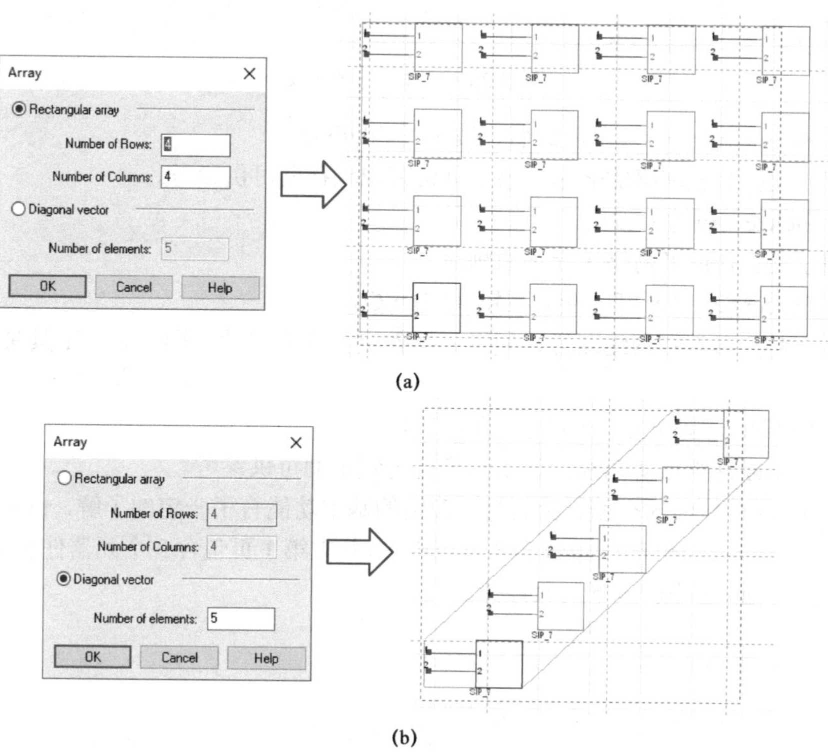

(a)

(b)

图 8-25　阵列化复制电路图

- Special Components（特殊符号）按钮（VIDEO）

主要用于定义输入/输出、跨页连接，以及电源、地等公共引脚。在第一次使用时，需要通过 Settings 窗口进行定义，并从中心库的符号库中选取对应的符号与之对应，定义好后即可直接使用。在特殊符号下拉列表中选取没有定义的符号，如 BI，系统自动弹出 Setting 窗口。单击新建按钮 ，在弹出的窗口中选择中心库中对应的符号即可，如图 8-26 所示。单击 OK 按钮，在 Special Components 下拉列表中看到此符号已经定义，此时，直接选取此符号即可将其放置到原理图中。该工具带有视频帮助可供参考。

- Add Properties（添加属性）按钮

主要用于给元器件、网络、引脚批量添加属性。

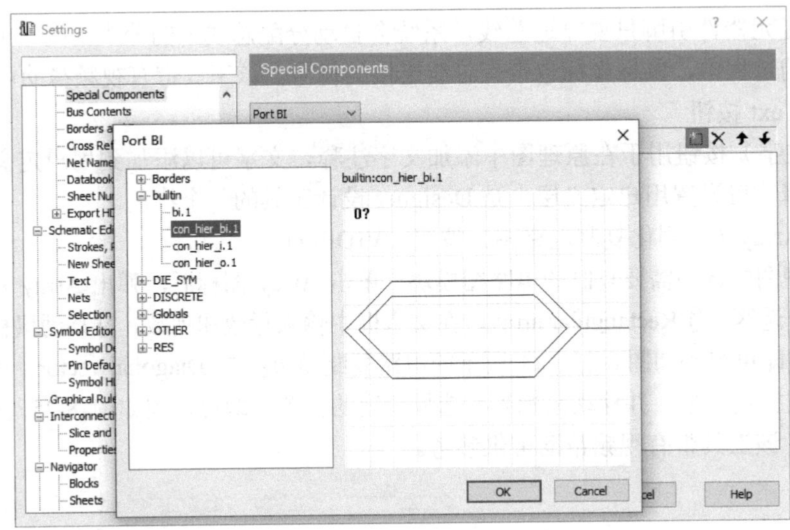

图 8-26 特殊符号的定义

- Reassign names（重新命名）按钮（VIDEO）

主要用于交换临近网络的名称。该工具带有视频帮助可供参考。

- Delete（删除）按钮

主要用于元器件或者网络等元素的删除。

- Disconnect（断开连接）按钮（VIDEO）

主要用于将元器件和网络断开，便于元器件更换或者移动等操作。该工具带有视频帮助可供参考。

- Cut Net（剪切网络）按钮（VIDEO）

主要用于剪断网络或者总线。该工具带有视频帮助可供参考。

结合以上 15 个按钮的介绍，我们对原理图的基本功能有了一定的了解，也绘制了一份完整的原理图，如图 8-27 所示。图中包含 3 页原理图，其中第 1 页包含 3 个元器件和 1 个 Block1，Block1 可通过 Push 命令进入下层原理图。

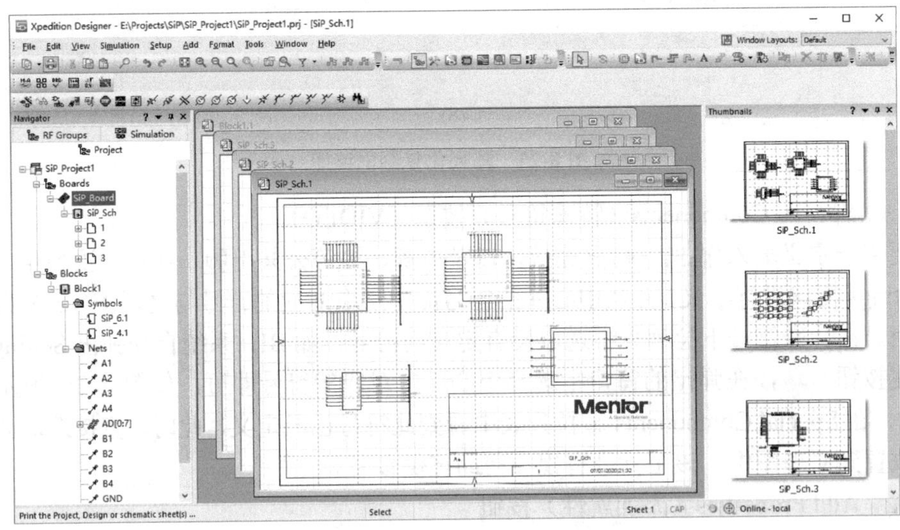

图 8-27 绘制完成的原理图

8.2.4　原理图设计检查

原理图绘制完成后，进行原理图设计检查验证，选择 Tools→Verify 菜单命令，在弹出的 Verify 窗口中进行设置，在左侧的列表框可以看到 Verify 总共有 11 个子标题可以设置。下面分别解释说明。

① Settings，Verify 的基本选项，可选择检查 Board、Schematic 的名称，检查的范围包括 Board、Schematic、Sheet、配置文件等，通常保持 Default 默认选项即可。

② Interconnectivity，互联性检查。a）检查不同类型的引脚是否可以直接连接，经过排列组合总共有 54 项，每一项可设定 4 种不同的报告形式：⊗ 忽略检查，ⓘ 给出报告，⚠ 给出警告，ERR 提示错误，可通过鼠标单击该检查项进行切换；b）检查不同类型的引脚是否可以通过电阻或者可以连接，经过排列组合总共有 45 项。如图 8-28 所示。正确报告的前提是在元器件建库时，引脚类型指定的是和实际相符的类型，建库时引脚类型的指定如图 8-29 所示。

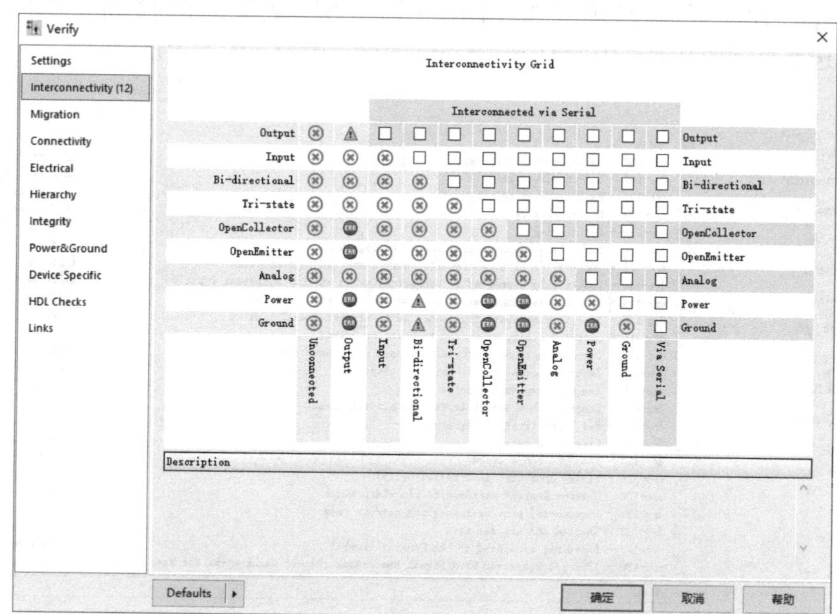

图 8-28　原理图 Verify 窗口 Interconnectivity 检查项

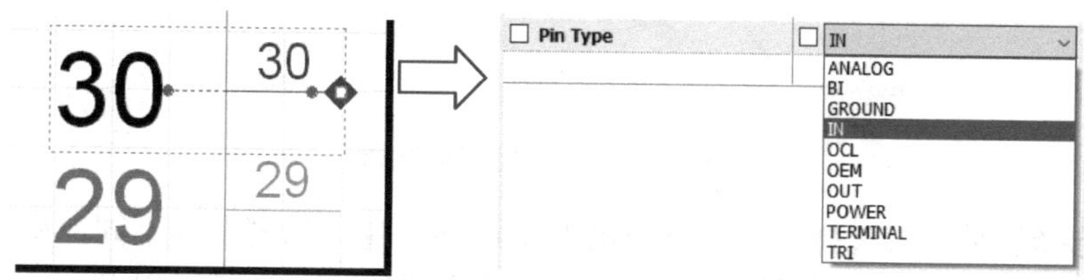

图 8-29　建库时引脚类型的指定

③ Migration，对名称的格式和长度进行检查，总共有 9 个检查项，可全部选择。

④ Connectivity，连接性检查，部分检查项与互联性检查有所重复，总共有 29 个检查项。这里可以选择 DRC-109、DRC-110、DRC-119、DRC-123、DRC-127、DRC-128 六项进行检查。

⑤ Electrical，电气性检查，检查原理图电气设计是否合规，如 OC 是否上拉，电源压降检查等，总共有 6 个检查项，有些选项需要设定检查范围，可以选择全部检查。

⑥ Hierarchy，层次化检查，主要检查层次化原理图不同层次之间的连接关系是否正确，总共有 5 个检查项目，可选择全部检查。

⑦ Integrity，完整性检查，主要检查原理图符号 Symbol 属性是否完整，符号的映射是否正常等，总共有 12 个检查项，可选择除 DRC-403、DRC-404 之外的 10 项进行检查。

⑧ Power&Ground，电源和地检查，总共有 11 个检查项，可选择除 DRC-501，DRC-404 外的 9 项进行检查。

⑨ Device Specific，元器件特定检查，总共有 5 个检查项，每一项里面又包含子项，可选择全部检查。

⑩ HDL Checks，总共包含 8 个检查项，如果设计中包含由 VHDL 或者 Verilog 编写的代码，则需要对此项进行检查。

⑪ Links，对连接符进行检查，总共有 4 个检查项，可全部选择检查。

最后选择的 DRC 检查项如图 8-30 所示，图中左侧列表框显示的是每一项的检查项目的数量，右侧选取显示的是被选中的 Connectivity 的检查中勾选的 6 项。

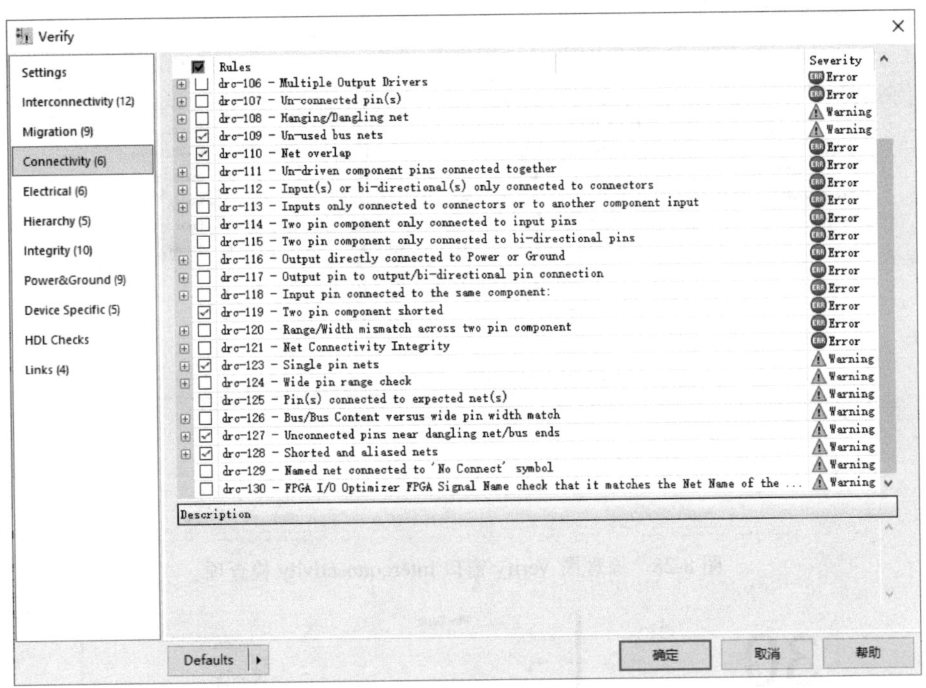

图 8-30　DRC 检查项选择

以上的选择仅是建议选择，不同项目的要求不同，建库的规范性不同，检查项目也需要进行相应的修改。设计者也可根据需要更改相关检查项的 Value 值，以及调整检查报告提示的严重程度 Severity，分别为 Note（提示），Warning（警告）和 Error（错误）。在没有特别的检查需求的情况下，也可以选择保持默认。

设置完成后，单击“确定”按钮，软件开始检查。

检查完成后，可在 Output DRC 报告窗口中查看检查结果。该设计的检查结果中出现了 2 个 Error 和 18 个 Warning，如图 8-31 所示。

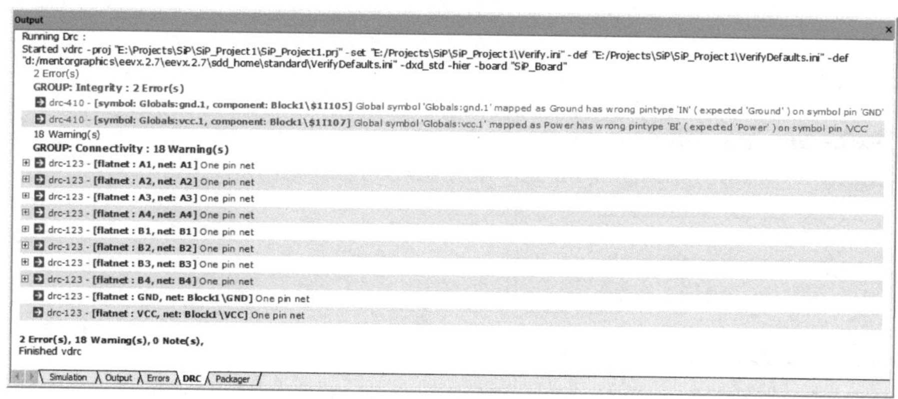

图 8-31　DRC 报告信息

分析检查结果可知，2 个错误是由电源和接地符号引脚类型定义和网络 VCC、GND 不一致造成的，18 个警告是由于存在单点网络。

引脚类型定义需要在中心库中进行修改，单点网络只需要在原理图中修改即可。

在中心库（Library Manager）中，将电源和接地符号引脚类型分别更改为 POWER 和 GROUND 类型，在 Designer 菜单中选择 Tools→Update Libraries 更新库，随后选择 Tools→Update Symbol 更新符号即可。重新运行 Verify，这两个错误消失，问题部分得到解决。

在原理图中修改单点网络，这里需要注意，有时在修改的过程中会产生其他的错误或者警告，需要认真确认该错误或警告是否会对设计造成影响，对设计本身不会造成影响的检查项目也可以选择忽略，直至最终检查通过，如图 8-32 所示。如果检查结果显示没有错误或警告信息，或者在设计者对错误或警告等提示信息已经确认的情况下，可进行下一步工作。

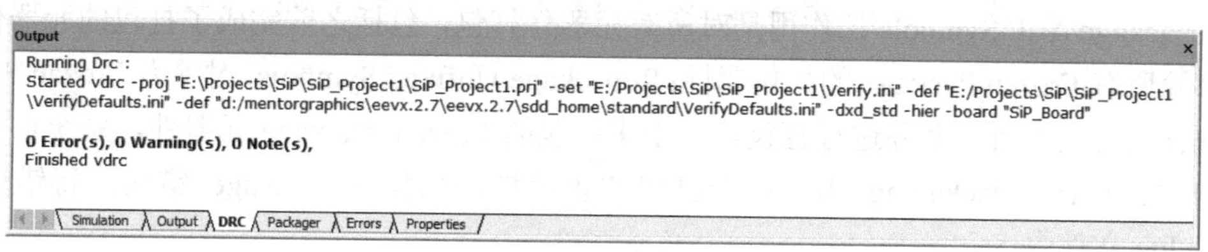

图 8-32　检查通过

8.2.5　设计打包 Package

选择 Tools→Package 菜单命令，弹出 Package 窗口，如图 8-33 所示。

注意，这里讲述的 Package 与前面章节中 Package（封装）的含义是完全不同的，这里的 Package 是指“设计打包”，即通过 Package 将原理图中的元器件信息、网络连接关系、规则定义等数据打包并传递给版图设计。

下面对 Package 的一些选项进行简要的解释。

Project 文本框中默认指向当前的项目文件，通常不需要更改。

Package 窗口中包含两个选区：Packaging Options 和 PDB Extraction Options，如图 8-33 所示。

1. Packaging Options 选区中包含的选项

（1）Operation 下拉列表包含 Package Symbols、Repackage All Symbols、Repackage Unfixed Symbols 和 Verify Packaging 四个选项，如图 8-34 所示。

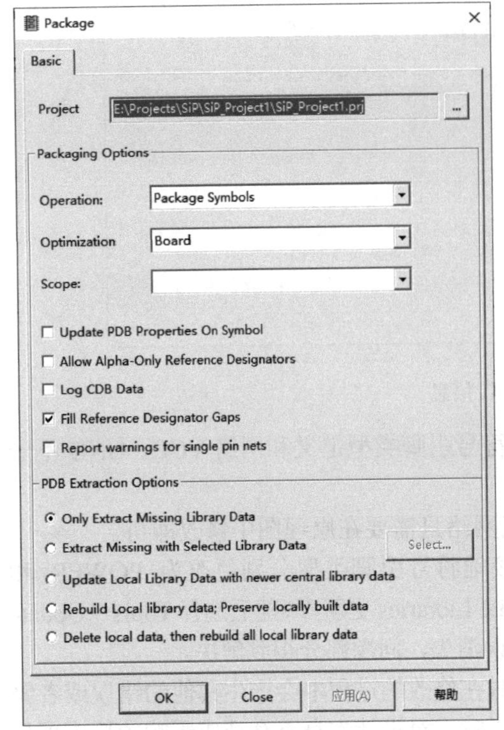

图 8-33　Package 窗口

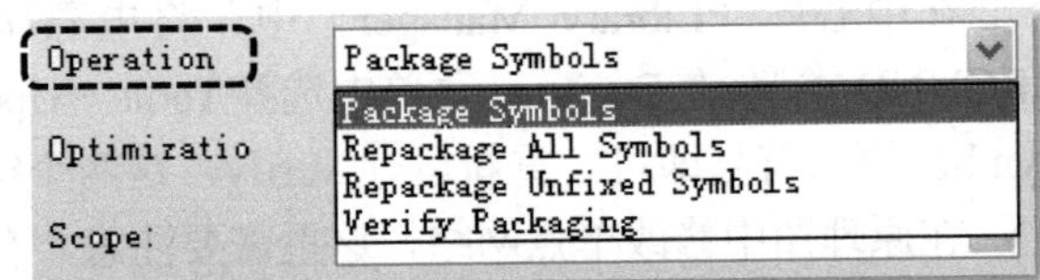

图 8-34　Operation 下拉列表

其中 Package Symbols 最为常用，用于对未指定参考位号 Ref 及未打包的元器件进行打包；Repackage ALL Symbols 的作用是对所有元器件打包，包括之前完成了打包的元器件，并且会移除所有 Frozen Package 的打包属性；Repackage Unfixed Symbols，对除有 Frozen Package 打包属性之外的所有元器件进行打包，对于未打包的 Frozen Package 元器件，系统也会对其进行打包；Verify Packaging 用于检查打包的正确性，如果有 Package 错误，将错误写入 Partpkg.log 文件中。

如果元器件的属性 Frozen Package = Fix，则 Package Symbols 和 Repackage Unfixed Symbols 选项不能更改已存在的参考位号和引脚号，但 Repackage All Symbols 选项会移除这一属性并能更改参考位号和引脚号。

（2）Optimization 下拉列表包含 Board、Block 和 Page 三个选项，分别表明针对整个版图（Board）、模块（Block）或页面（Page）内部的可合并到同一个元器件 Part 的符号（Symbol）进行合并打包（针对一个 Part 中包含多个 Symbol 的情况）如图 8-35 所示。

（3）Scope 下拉列表用于设定打包范围，可选项包括设计中所有的版图、原理图、页面、模块等。如果留空，则表明对整个设计打包。

（4）Packaging Options 中其他复选框如图 8-36 所示。

① Update PDB Properties On Symbol：从 Part 数据库中更新元器件属性到原理图符号。

② Allow Alpha-Only Reference Designators：允许只有字母的参考位号存在。

③ Log CDB Data：向 log 文件中写入打包信息。

④ Fill Reference Designator Gaps：在打包时填充参考位号的编号断点，使之进行连续编号。

⑤ Report warnings for single pin nets：报告单点网络信息。

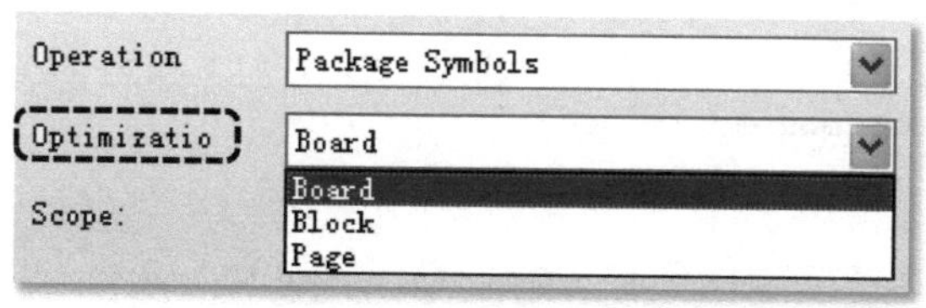

图 8-35　Optimization 下拉列表

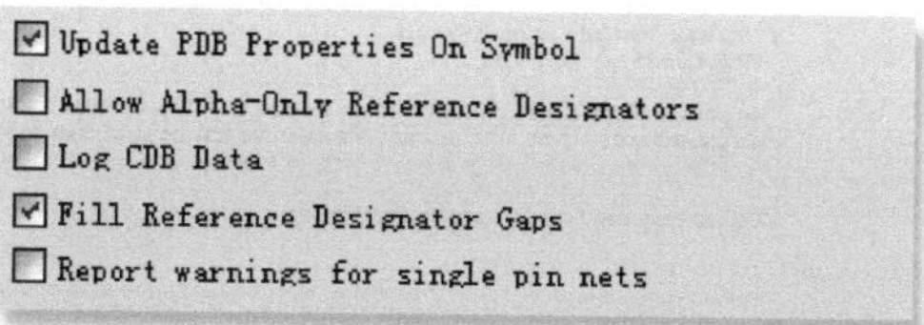

图 8-36　Packaging Options 中其他复选框

2. PDB Extraction Options 选区中包含的选项

PDB Extraction Options 选区主要包含以下 5 个选项，如图 8-37 所示。

① Only Extract Missing Library Data：只提取本地数据库中不存在的元器件。

② Extract Missing with Selected Library Data：如果在设计过程中库有更新，但打包时并不想所有的元器件都选用库中最新的元器件，则可单击后面的 Select 按钮进行选择，如果所有的元器件都和库中的版本一样新，则提示 There are no out-of-date parts in this design。

③ Update Local Library Data with newer central library data：从中心库中提取新的数据，更新已存在本地库的元器件。

④ Rebuild Local library data；Preserve locally built data：重新构建本地库数据，保留本地生成的数据。

⑤ Delete local data，then rebuild all local library data：删除所有本地数据并重新从中心库中提取数据。

实际设计中，在打包时可根据设计的需要进行相应的选择。通常，在进行新设计的情况下选择第①项即可，但如果在设计过程中，中心库数据有了更新（包括原理图符号 Symbol、版图单元 Cell 的更新，以及元器件映射 Part 的变化），则根据需要选择后面的②③④⑤项，从中心库来更新本地库数据。

需要特别注意的是，除了此处选择更新数据，在版图设计工具 Xpedition Layout 的 Project integration 窗口也需要选择对应的选项，两个选项需要保持一致。例如，若在 Package 窗口中的 PDB Extraction Options（库提取选项）选区选择了第②项，则在 Xpedition Layout 环境中 Project integration 窗口的 Library extraction options 选区也需要选择第②项，如图 8-38 所示，才能达到预期的效果。

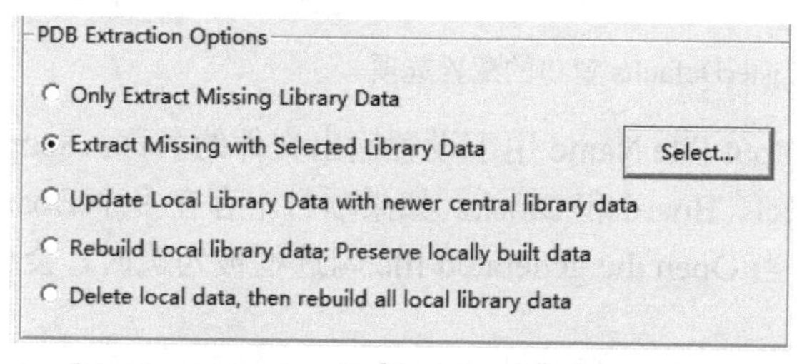

图 8-37　PDB Extraction Options 选区

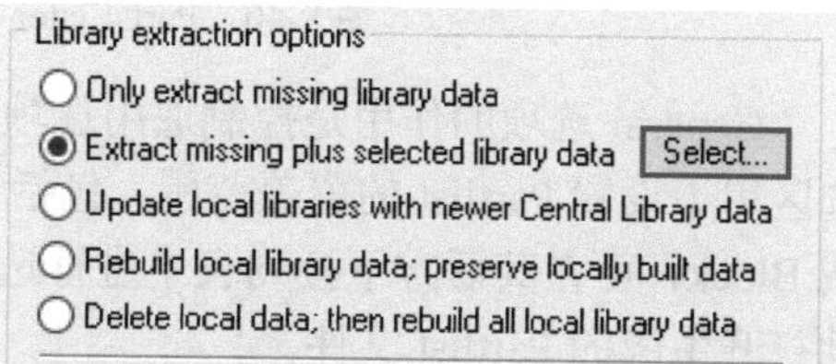

图 8-38　Xpedition Layout 环境中的库提取选项

打包（Package）完成后，如果出现如图 8-39 所示的报告信息，则表明 Package 成功。如果 Package 不成功，则会出现错误提示，并且 Package 窗口会自动重新弹出。这时需要查看报错信息，并根据信息对原理图中的元器件进行修改，直到 Package 成功，才能进入版图设计。

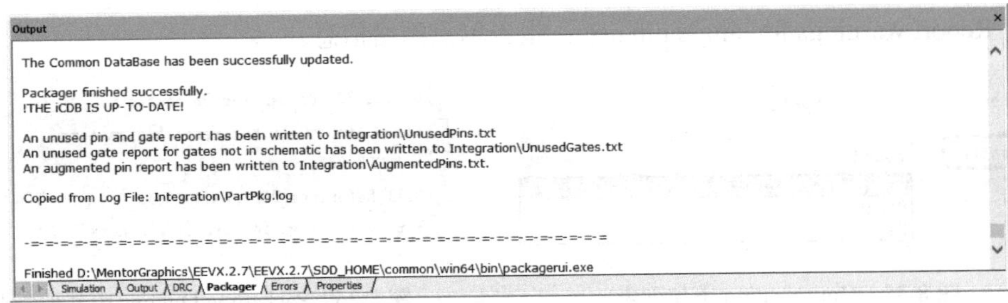

图 8-39　Package 成功后的报告信息

8.2.6　输出元器件列表 Partlist

在 Designer 主界面，选择 Tool→Part Lister 菜单命令，可输出元器件列表 Partlist，用于生产或采购。在 PartsLister-PartsListerDefaults 窗口左侧列表框中有 4 个配置选项，分别是 General、Advanced、Columns 和 Header，如图 8-40 所示。

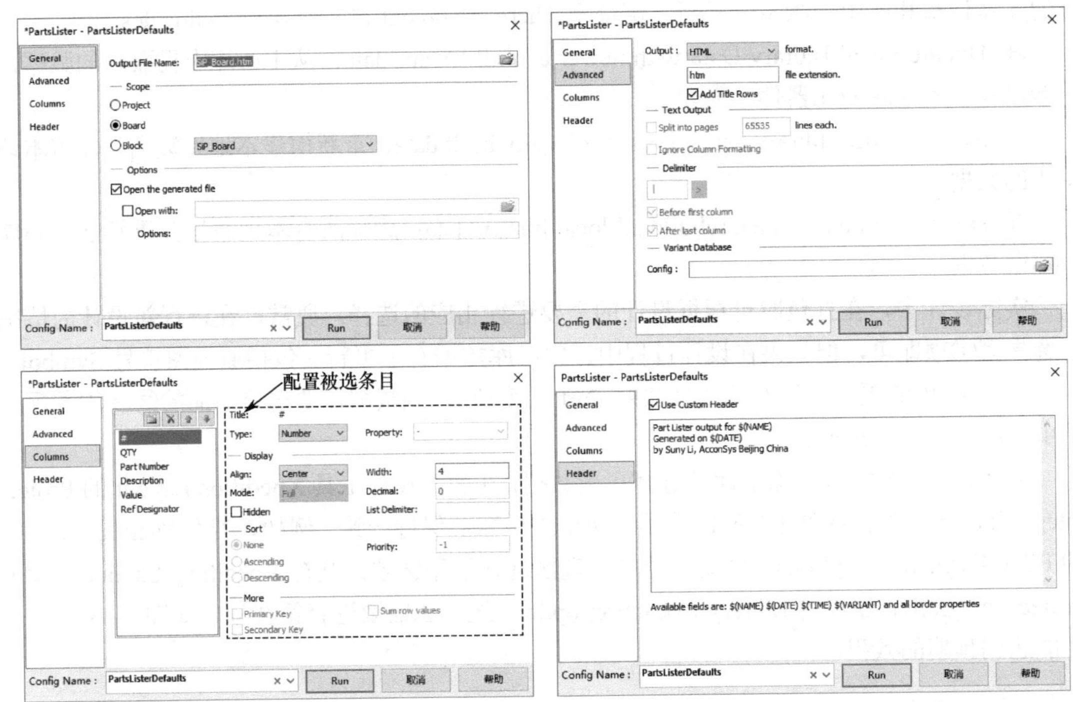

图 8-40　PartsLister-PartsListerDefaults 窗口的配置选项

General 选项的作用是控制通用选项。Output File Name 用于设置输出文件的名称；Scope 选区用于设置 Partlist 的覆盖范围，包括 Project、Board 和 Block。如果项目中存在多个 Board 或 Block，可在其后方下拉列表中进行选择；当 Open the generated file 勾选框被勾选时，会自动打开生成的 Partlist 文件。

Advanced 选项的 Output format 用于选择输出格式，可选格式包括 Text、HTML 和 EXCEL 三种，可在下拉列表中选择。

Columns 选项主要用于对 Partlist 中输出文件的内容进行设置。左边列表中显示 Partlist 中输出的条目列表，可通过上方的工具按钮新建条目或者删除条目，并对条目间的顺序进行排列，右侧的虚线框用于对被选中的条目进行配置。

Header 选项用于配置头文件，可配置需要输出的信息，如设计名称、输出日期，创建者姓名及公司等信息。

设置完成后，单击窗口底部的 Run 按钮，即可输出元器件列表 Partlist 文件，并自动打开，如图 8-41 所示。该设计包含 7 种类型的元器件，其中 BGA104PACKAGE 属于封装对外的引出点，无须放在 BOM 中，其他类型的元器件共有 26 只，其中 SIP_7 是 Two Pins Die，有 21 只，参考位号为 U4-U24。

根据项目需要，可对 Part Lister 设置项进行相应的调整，输出不同内容和格式的 Partlist。

Part Lister output for SiP_Board
Generated on Wednesday, July 08, 2020
by Suny Li, AcconSys Beijing China

#	QTY	Part Number	Description	Value	Ref Designator
1	1	BGA104PACKAGE	BGA _Package, no BOM needed		P1
2	1	SIP_1	40 Pins Die		U1
3	1	SIP_2	40 Pins Die		U2
4	1	SIP_5	18 Pins Die		U3
5	21	SIP_7	Two Pins Die		U4-U24
6	1	SIP_6	8 Pins Die		U25
7	1	SIP_4	10 Pins Die		U26

图 8-41　HTML 格式的 Partlist 文件

8.2.7　原理图中文菜单和中文输入

对于国内的设计者来说，英文并不能取代作为母语的中文。国内设计者对母语的偏好主要体现在两个方面：①希望有中文菜单，②希望在原理图输入过程中，可以输入中文，作为设计规范和说明。目前在 Xpedition 工具中，这两者都得到了很好的解决。

1. 中文菜单

Designer 目前支持 5 种语言：英语（English）、日语（Japanese）、葡萄牙语（Portuguese）、中文（Chinese）和俄语（Russian），软件默认的语言和操作系统的语言一致。

选择 Setup→Settings 菜单命令，在 Advanced 界面的 Language 下拉列表中可以选择语言，Default 是和操作系统的语言保持一致，所以在中文操作系统环境下，设置成 Default 即可显示中文菜单。菜单语言设置窗口如图 8-42 所示。

设置完成后，需要重新打开 Designer 设置才会生效，重新打开 Designer 可以看到菜单已经切换为中文，除了菜单显示中文，视频帮助的解释文字也变成了中文，中文菜单及中文提示如图 8-43 所示。

2. 中文输入

除了显示中文菜单，在 Designer 中输入中文也非常方便。

先进行中文字库的配置，选择 Setup→Settings→Display→Font Styles 菜单命令，进行中文字体映射，如在 Style 列表框中选择 Fixed，在 Font 下拉列表中选择“宋体”，在 Charset 下拉列表中选择 Simplified Chinese，即可将 Fixed 字体映射为“宋体”；在 Style 列表框中选择 Kanji，在 Font 下拉列表中选择“隶书”，在 Charset 下拉列表中选择 Simplified Chinese，即可将 Kanji 字体映射为“隶书”，如图 8-44 所示。用同样的方法，也可以将其他中文和西文字体映射，例如，将 Script 字体映射为“楷体”等。

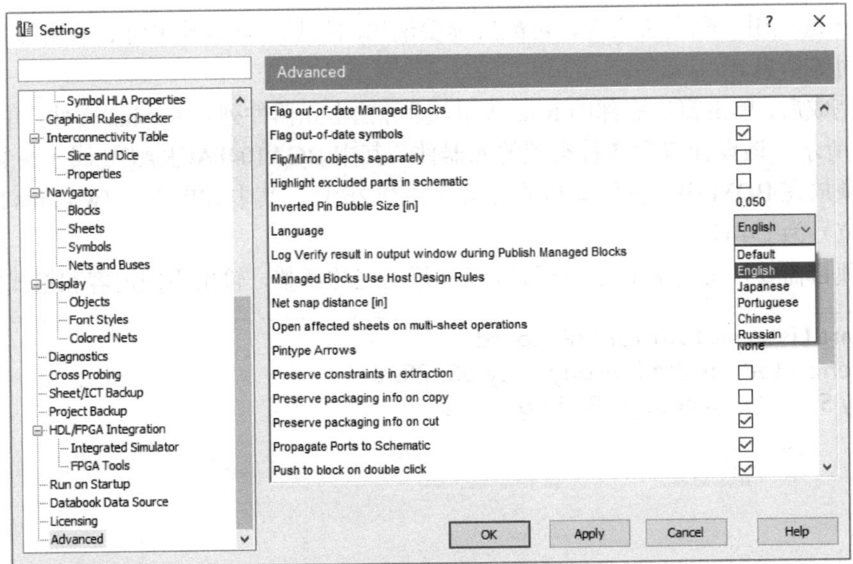

图 8-42　菜单语言设置窗口

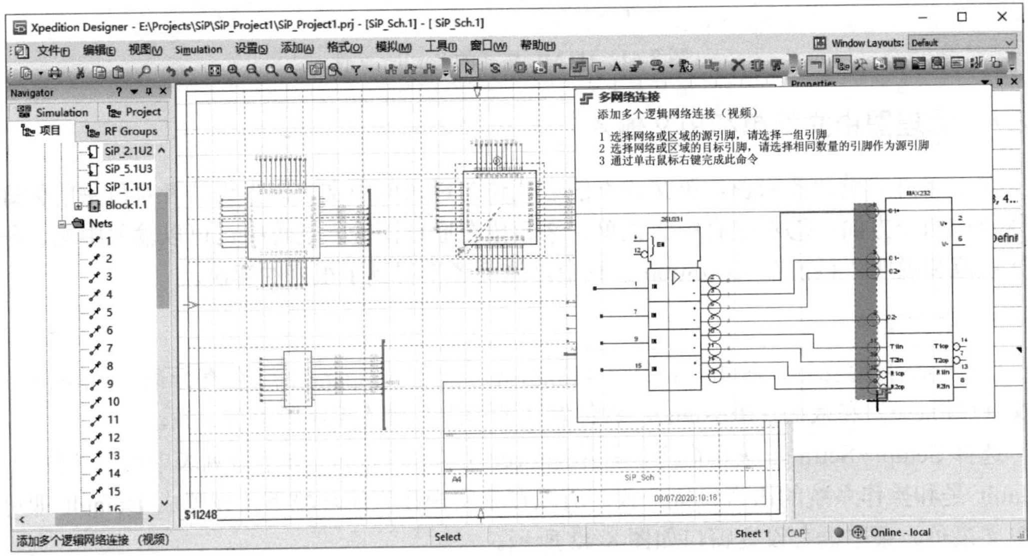

图 8-43　中文菜单及中文提示

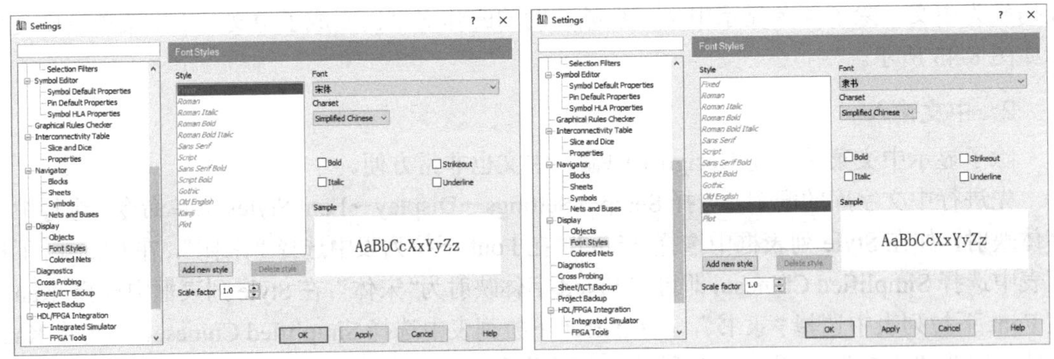

图 8-44　中文字体映射

字体映射完成后，单击 Apply 或 OK 按钮，就可以在 Designer 页面中输入中文了。单击 Text 按钮 A，在工作区单击鼠标左键，在弹出的窗口中直接输入中文即可。文本默认选择 Fixed 字体，因为前面已经将其映射为“宋体”，所以文字显示为宋体。如果要显示其他字体，如“隶书”，则更改字体为已经映射为隶书的 Kanji 字体即可，如果要显示“楷体”，则更改字体为已经映射为楷体的 Script 字体即可。

图 8-45 所示为在原理图中输入中文（多种字体），可以看出，在同一页原理图中可输入多种中文字体。在实际项目中可以将文字说明放在用户自定义层（User Layer），这样既方便管理，不容易误操作删除或者移动，也可以方便地分层打开或者关闭，关于自定义层的设置和使用方法，请参考本书 8.2.1 节的内容。

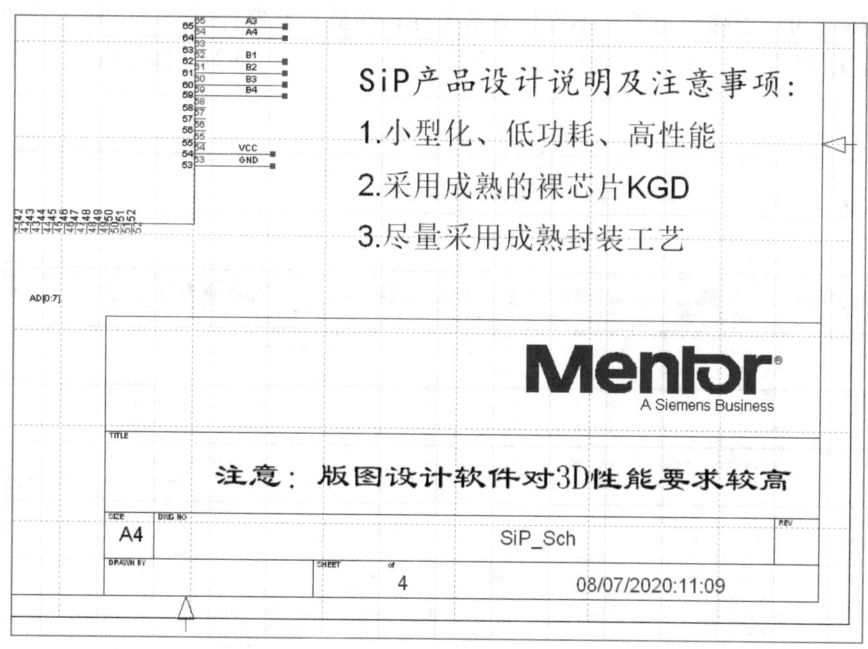

图 8-45　在原理图中输入中文（多种字体）

除了中文需要映射字体，有时为了设计的整洁和美观，对西文也需要映射字体。例如西文中的 Fixed 字体，其字符间距比较大，而且笔触比较细，将其映射为“宋体”或 Arial 字体后页面整洁程度和显示效果有了很大的改观。

在一台计算机的设计环境中，字体只需要映射一次即可，以后无论打开 Designer 进行原理图编辑或者在 Library Mananger 中的 Symbol Editor 中编辑符号，其字体映射都是有效的。如果软件进行了重新安装，则需要重新进行字体映射。

8.3　基于 DataBook 的原理图输入

8.3.1　DataBook 介绍

DataBook 模块为设计工作提供了高效率的元器件信息管理和查找功能，它可以让研发（包括原理图设计和版图设计）、采购、生产等各个职能部门在统一的数据平台上共享元器件信息，协同工作，保证了设计中采用的元器件均符合企业标准。

研发、采购和生产等各环节的最新元器件信息可以通过 DataBook 进行快速反馈，有效避免了因产品信息不完整造成开发或生产的延误，同时有助于元器件的最优化选型。DataBook 还可以根据物资系统中的元器件价格信息，在原理图设计阶段即可进行成本核算。

DataBook 是一座搭建在原理图符号库和元器件属性信息库之间的桥梁，可以节省大量的原理图符号建库时间，用户只需为每种元器件创建一个符号即可，符号本身可以不带属性，其所有属性都可在设计时从 DataBook 中调用。

DataBook 具备属性校验功能，可根据物资系统中标准的元器件属性信息对设计中的元器件信息进行检验，找出设计中不规范的元器件并提出警告，为产品备料、生产等流程的顺利实施提供了有效保证。

DataBook 可以连接公司的元器件信息数据库，在放置元器件时，可以把元器件的相关信息一起放到原理图中，如元器件的参数、价格、库存和生产厂商等。DataBook 界面如图 8-46 所示。

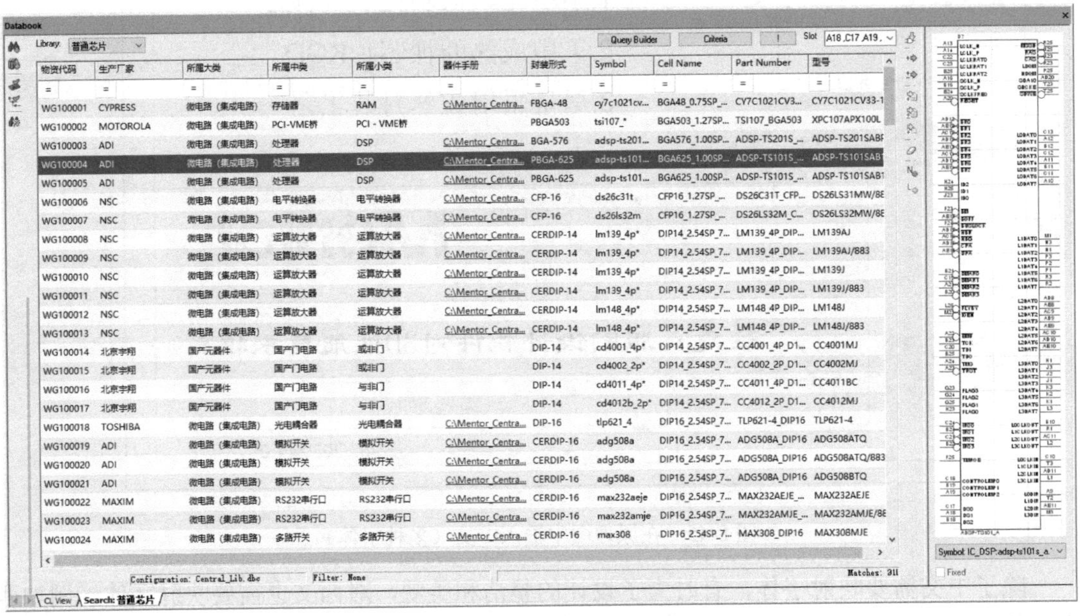

图 8-46　DataBook 界面

使用 DataBook 可以有效地减小建库时的工作量。比如电阻有多种类型、阻值、功率、精度等，虽然参数不一样，但在原理图中的 Symbol 是一样的，如果不用 DataBook，那么库中就需要映射很多 Part，这样费时费力。有了 DataBook，设计者可以只做一个 Part，然后再通过在 DataBook 数据源里输入多种属性信息即可。

DataBook 需要配置后才可以正常使用，由于篇幅关系，本书不描述 DataBook 的详细配置方法，只讲述其使用方法。

8.3.2　DataBook 使用方法

单击 DataBook 窗口左上角的 New Search Window 按钮，打开一个新的 Search 窗口，在新窗口中单击鼠标右键并选择 Configure→Open，打开中心库中事先配置好的 Central_Lib.dbc 文件。这时，再单击 Library 栏右侧的下拉箭头，会出现如图 8-47 左侧所示的列表。选中其中的任意一项，如逻辑芯片，会自动弹出“选择数据库”窗口，选择中心库中配置好的 CIS.mdb 数据库文件，如图 8-47 右侧所示。

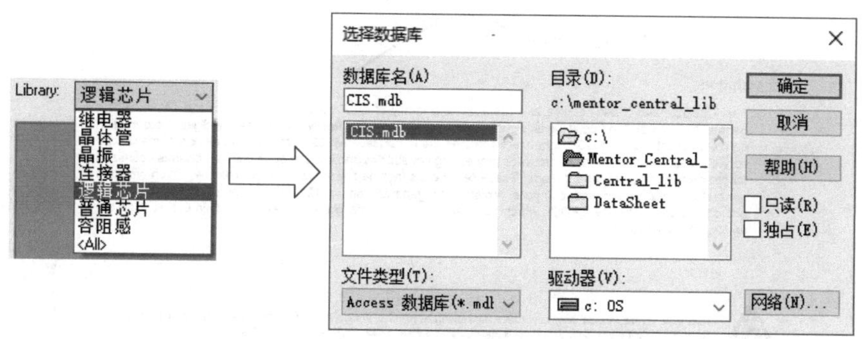

图 8-47　选择数据库文件

单击“确定”按钮后，出现如图 8-48 所示原理图中的元器件及其部分属性列表。

在此列表中，可以看到物资代码、型号、生产厂家、所属大类、所属中类、所属小类、元器件手册、封装形式等属性。这些属性除了能方便设计人员进行元器件选择，还可在放置元器件到原理图的过程中，自动加载到原理图的元器件属性中。在设计完成后进行文件标准化归档的过程中，可通过软件自动提取这些属性形成标准化的文档，完全不需要设计师手工填写，节省了大量的时间，同时有效地避免了手工操作易发生的错误，保证了设计和文档的一致性。

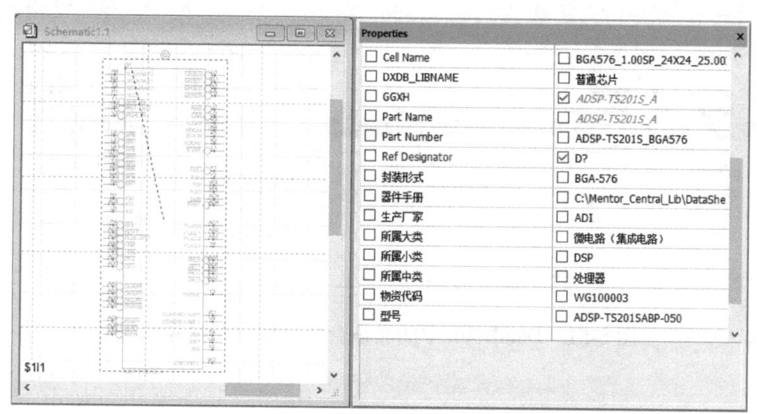

图 8-48　原理图中的元器件及其部分属性列表

在每个属性栏的下面都有相应的过滤器帮助设计者对元器件进行过滤选择。在设置好搜索准则后，如生产厂家为 TI，单击按钮［ ! ］，列表中就会只列出生产厂家为 TI 的所有元器件，如图 8-49 所示。

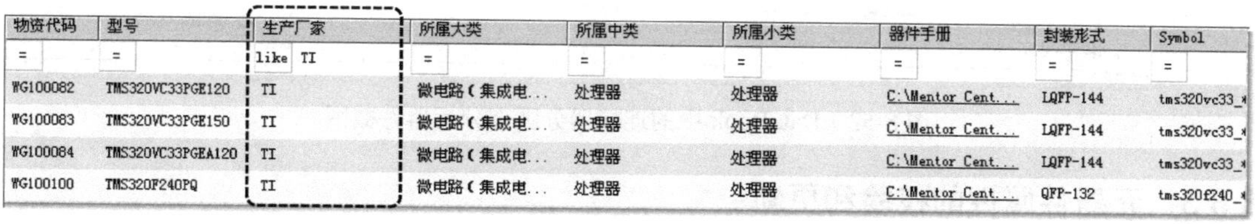

物资代码	型号	生产厂家	所属大类	所属中类	所属小类	器件手册	封装形式	Symbol
=	=	like TI	=	=	=	=	=	=
WG100082	TMS320VC33PGE120	TI	微电路（集成电...	处理器	处理器	C:\Mentor Cent...	LQFP-144	tms320vc33_*
WG100083	TMS320VC33PGE150	TI	微电路（集成电...	处理器	处理器	C:\Mentor Cent...	LQFP-144	tms320vc33_*
WG100084	TMS320VC33PGEA120	TI	微电路（集成电...	处理器	处理器	C:\Mentor Cent...	LQFP-144	tms320vc33_*
WG100100	TMS320F240PQ	TI	微电路（集成电...	处理器	处理器	C:\Mentor Cent...	QFP-132	tms320f240_*

图 8-49　只列出生产厂家为 TI 的所有元器件

在元器件手册栏的动态链接上单击鼠标左键，可直接打开与该元器件相关的元器件手册 DataSheet，如图 8-50 所示，使用起来非常方便。

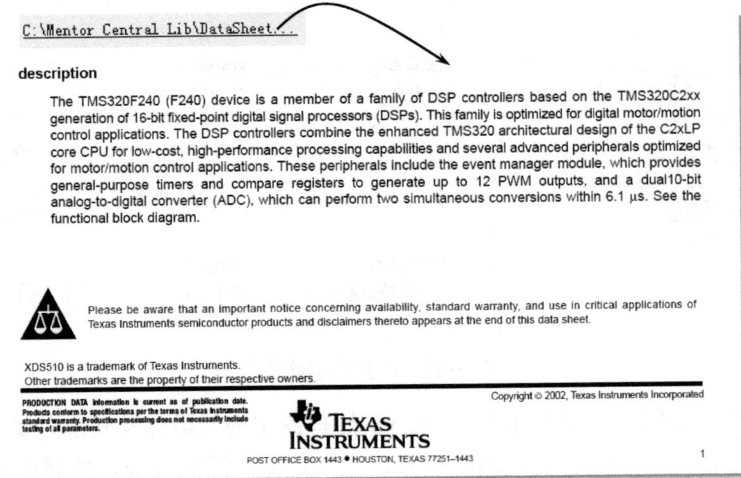
C:\Mentor Central Lib\DataSheet...

description

The TMS320F240 (F240) device is a member of a family of DSP controllers based on the TMS320C2xx generation of 16-bit fixed-point digital signal processors (DSPs). This family is optimized for digital motor/motion control applications. The DSP controllers combine the enhanced TMS320 architectural design of the C2xLP core CPU for low-cost, high-performance processing capabilities and several advanced peripherals optimized for motor/motion control applications. These peripherals include the event manager module, which provides general-purpose timers and compare registers to generate up to 12 PWM outputs, and a dual10-bit analog-to-digital converter (ADC), which can perform two simultaneous conversions within 6.1 μs. See the functional block diagram.

Please be aware that an important notice concerning availability, standard warranty, and use in critical applications of Texas Instruments semiconductor products and disclaimers thereto appears at the end of this data sheet.

XDS510 is a trademark of Texas Instruments.
Other trademarks are the property of their respective owners.

PRODUCTION DATA information is current as of publication date. Products conform to specifications per the terms of Texas Instruments standard warranty. Production processing does not necessarily include testing of all parameters.

Copyright © 2002, Texas Instruments Incorporated

TEXAS INSTRUMENTS
POST OFFICE BOX 1443 • HOUSTON, TEXAS 77251–1443

1

图 8-50　通过动态链接打开元器件手册

如果要访问其他分区的元器件，只需在下拉列表中选择其他分区即可。图 8-51 所示为 DataBook 中的晶体管分区部分元器件截图。图 8-52 所示为 DataBook 中的连接器分区部分元器件截图。

Databook　Library: 晶体管　Query Builder　Criteria　!　Slot 1 2

物资代码	生产厂家	所属大类	所属中类	所属小类	器件手册	封装形式	Symbol	Cell Name	Part Number	型号
=	=	=	=	=	=	=	=	=	=	=
WG600016	873厂	国产元器件	二极管	开关二极管		DO-35	diode	DIODE_THRU_12....	DIODE_DO-35	2CK4148
WG600017	873厂	国产元器件	二极管	齐纳稳压二极管		DO-35	zener	DIODE_THRU_12....	ZENER_DO-35	2CW5243(BWB13)
WG600018	873厂	国产元器件	二极管	齐纳稳压二极管		DO-35	zener	DIODE_THRU_12....	ZENER_DO-35	2CW5260(BWB43)
WG600019	873厂	国产元器件	二极管	齐纳稳压二极管		DO-35	zener	DIODE_THRU_12....	ZENER_DO-35	2CW5261(BWB47)
WG600020	873厂	国产元器件	二极管	齐纳稳压二极管		DO-35	zener	DIODE_THRU_12....	ZENER_DO-35	2CW5266(BWB68)
WG600021	873厂	国产元器件	二极管	整流二极管		DO-35	diode	DIODE_THRU_12....	DIODE_D2-10A	2CZ023C
WG600022	873厂	国产元器件	二极管	整流二极管		DO-35	diode	DIODE_THRU_12....	DIODE_D2-10A	2CZ32K
WG600023	873厂	国产元器件	二极管	整流二极管		DO-35	diode	DIODE_THRU_12....	DIODE_D2-10A	BZ15K
WG600024	MSC\VISHAY	进口元器件	三极管	三极管	C:\Mentor_Centra...	TO-18	npn_b2e1c3	TO18_3P_1.27SP_...	2NXX_N_TO18	2N2222A

Configuration: Central_Lib.dbc　Filter: None　Matches: 104

Symbol: DISCRETE:zener.1　Fixed

CL View　Search: 晶体管

图 8-51　DataBook 中的晶体管分区部分元器件截图

Databook　Library: 连接器　Query Builder　Criteria　!　Slot

物资代码	生产厂家	所属大类	所属中类	所属小类	Symbol	Cell Name	Part Number	型号
=	=	=	=	=	=	=	=	=
WG300002	3419厂	国产元器件	面板矩形连接器	矩形连接器	j30j-37zk	J30J-37ZKN-J	J30J-37ZKN-J	J30J-37ZKNP
WG300003	158厂	国产元器件	面板矩形连接器	矩形连接器	j30j-51tj-1	J30J-51TJN	J30J-51TJN	J30J-51TJN
WG300004	158厂	国产元器件	面板矩形连接器	矩形连接器	j30j-51zk_j	J30J-51ZKN	J30J-51ZKN	J30J-51ZKN-.
WG300005	3419厂	国产元器件	面板矩形连接器	矩形连接器	j30j-74tj	J30J-74TJW-J	J30J-74TJW-J	J30J-74TJWP
WG300006	3419厂	国产元器件	面板矩形连接器	矩形连接器	j30j-74zk	J30J-74ZKW-J	J30J-74ZKW-J	J30J-74ZKWF
WG300007	3419厂	国产元器件	面板矩形连接器	矩形连接器	j30j-9tj	J30J-9TJN-J	J30J-9TJN-J	J30J-9TJNP5-
WG300008	3419厂	国产元器件	面板矩形连接器	矩形连接器	j30j-37tj	J30J-37TJW-Q8	J30J-37TJW-Q8	J30J-37TJWP
WG300009	3419厂	国产元器件	面板矩形连接器	矩形连接器	j30j-37zk	J30J-37ZKW-Q8	J30J-37ZKW-Q8	J30J-37ZKWF
WG300010	3419厂	国产元器件	面板矩形连接器	矩形连接器	j30j-9tj	J30J-9TJW-Q8	J30J-9TJW	J30J-9TJWP1

Configuration: Central_Lib.dbc　Filter: None

Symbol: CONNECTOR:j30j-51zk_j.1　Fixed

CL View　Search: 连接器

图 8-52　DataBook 中的连接器分区部分元器件截图

8.3.3　元器件属性的校验和更新

DataBook 的一个重要的功能是元器件属性的校验和更新。例如，在设计中已使用过某种元器件，其有些属性因为某种原因后来在中心库中做了更新，DataBook 可以自动检查出与中心库不一致的属性，并对设计原理图进行更新。

可以通过实验模拟这个过程。先将原理图中某元器件的所属大类、所属小类和所属中类属性值删除或者更改，如图 8-53 中箭头所指。

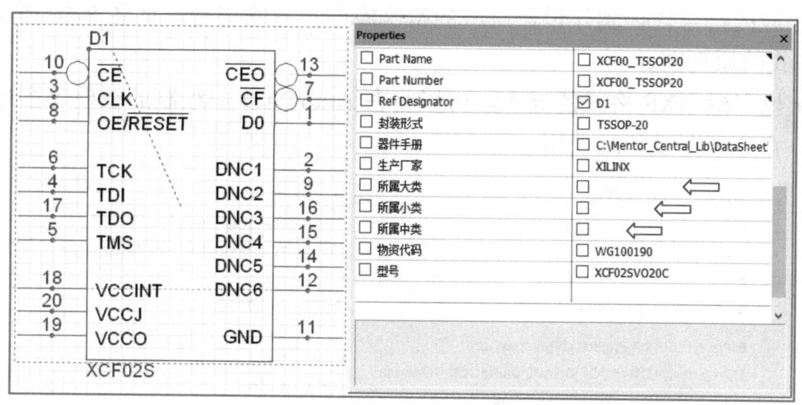

图 8-53　人为删除所属大类、所属小类和所属中类的属性值

单击 DataBook 左端工具栏中的 New Live Verification Window 按钮，系统打开 Verify 窗口。可以看到，此元器件左端的状态灯为黄色，表明原理图中的元器件属性和 DataBook 中的属性有不一致情况出现，并在 Status 栏显示属性缺失，与 DataBook 中的属性不一致。

单击 Verify 窗口右上方的 Update all Unique Match 按钮，可以看到窗口的右侧出现该元器件列表，所属中类和所属小类属性值已经更新，同时左端元器件的状态由黄灯变成了绿灯，状态栏显示 OK，表明此元器件的属性已经被 DataBook 更新。重新回到原理图进行检查，选中该元器件，可以看到，刚才被删除掉的属性已经自动从 DataBook 标注到元器件的属性栏，如图 8-54 所示。

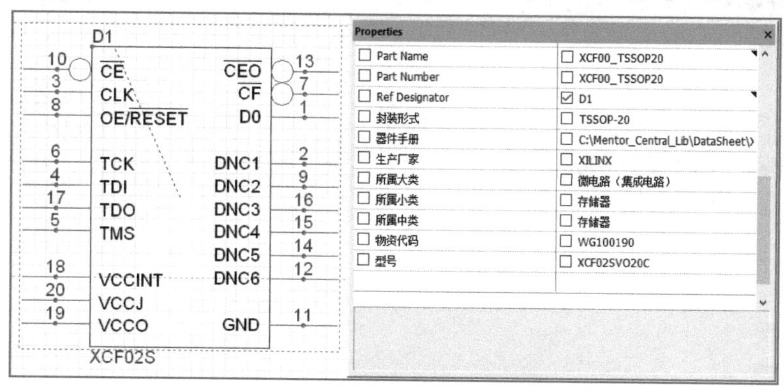

图 8-54　元器件的属性值被更新

8.4　文件输入/输出

8.4.1　通用输入/输出

在原理图设计时，经常需要和外界进行数据交互，Designer 作为标准的原理图输入工具，

提供了丰富的数据接口，可以导入 17 种不同格式的数据，其中包括业界主流的原理设计工具，包括 Altium、P-CAD、CADStar、OrCAD、EAGLE、PADS Logic、Concept HDL、Zuken CR 等，如图 8-55 所示。

在选择这些格式数据时，软件会自动调用相应的转换器，将其原理图转换成 Designer 的格式，并将相应的符号转换到该设计对应的符号库中，非常方便。如图 8-56 所示为 Designer 的 OrCAD 格式的原理图。

Designer 也支持 DXF 格式的导入，可以将在 AutoCAD 中绘制的板框等图形导入，转换成板框符号，在原理图设计时使用。

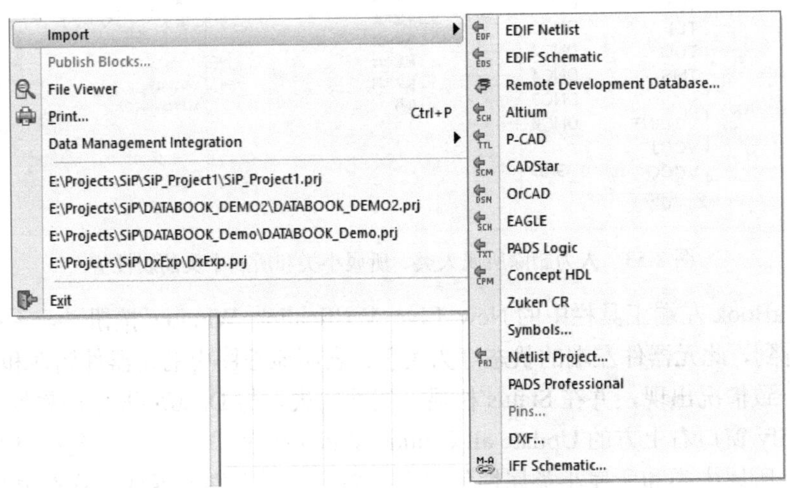

图 8-55　Designer 可导入的数据格式

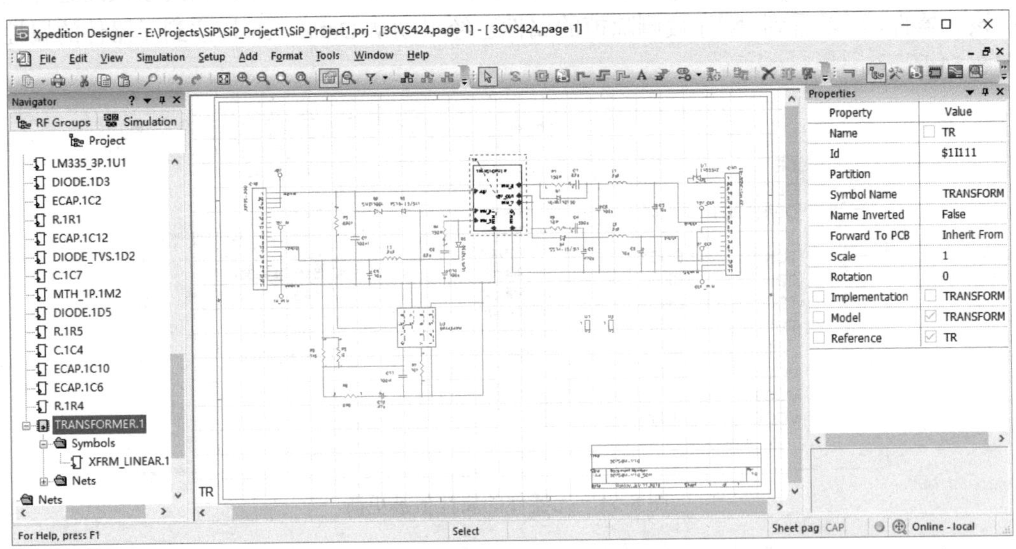

图 8-56　Designer 的 OrCAD 格式原理图

同样，在设计原理图时，也需要将设计数据输出到其他工具，进行数据交互，Designer 同样可以导出 17 种不同格式的数据，如图 8-57 所示。其中包括多种格式的网表文件：EDIF Netlist、VHDL Netlist、Verilog Netlist、Analog Netlist、Keyin Netlist、RINF Netlist 等。这些不同网表格式的数据可输入不同的工具，进行后续设计。

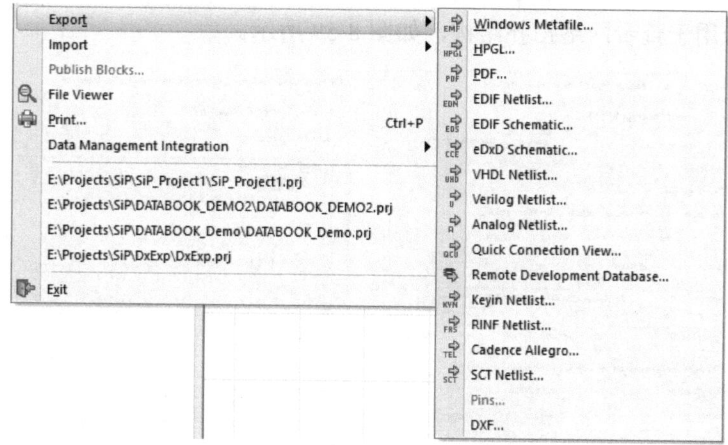

图 8-57　Designer 可导出的数据格式

同时，Designer 也支持 DXF 格式文件的导出，可以将在 Designer 中绘制的原理图输出到 AutoCAD 中，进行文件的归档和输出。Designer 也支持 PDF 格式文件的导出，导出的 PDF 文档可带有元器件属性信息，便于进行设计的审核检查等工作。图 8-58 所示为 Designer 导出的 PDF 文件，单击元器件可查看其属性信息。

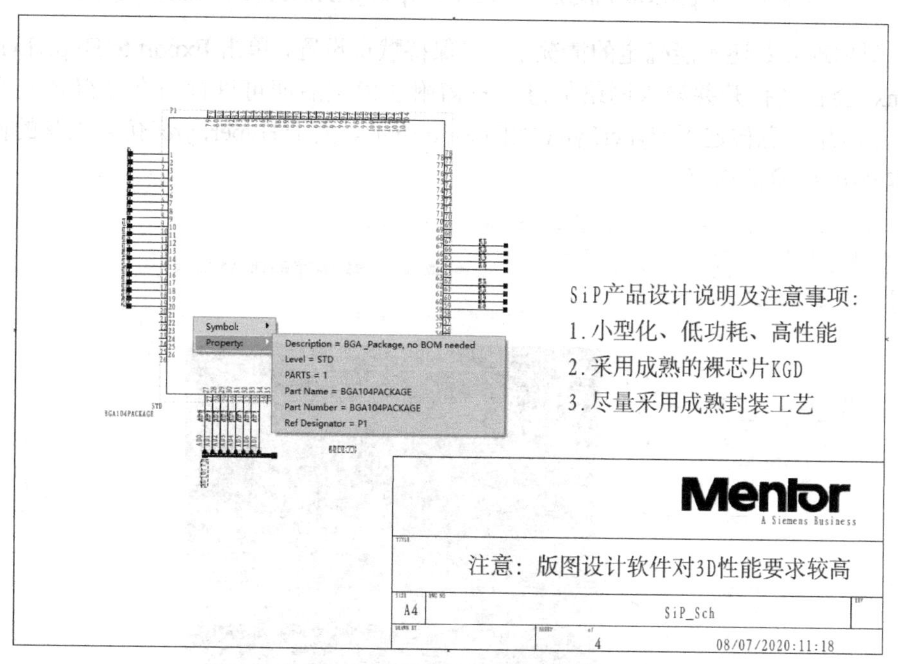

图 8-58　Designer 导出的 PDF 文件

8.4.2　输出到仿真工具

在原理图设计的过程中，有时需要对信号网络进行仿真，用于确定拓扑结构，匹配电阻、元器件驱动能力等参数，可在 Designer 中将网络导出到 HyperLynx 中进行仿真分析。

选择需要仿真的网络，如 AD1 网络，然后单击鼠标右键在弹出菜单中选择 HyperLynx LineSim，打开 HyperLynx LineSim-Designer/HyperLynx LineSim interface 对话框，对话框中包含 Options 和 Schematic Topology 两个选项卡，Options 选项卡用于配置输出信息，Schematic

Topology 选项卡用于查看网络拓扑结构，如图 8-59 所示。

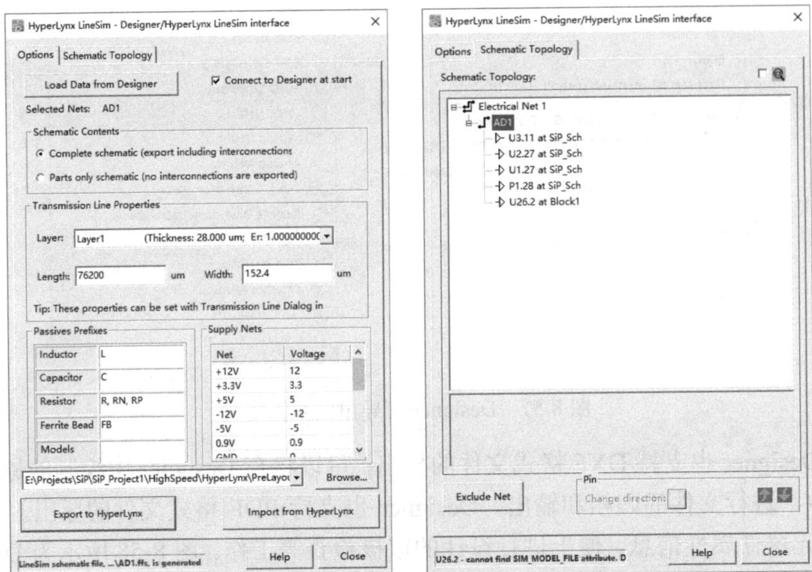

图 8-59　HyperLynx LineSim-Designer/HyperLynx LineSim interface 对话框

在版图物理参数还不能确定的情况下，可保持默认设置，单击 Export to HyperLynx 即可，HyperLynx 会自动打开并导入网络信息，只需附加模型后即可进行仿真并得到波形信息，Designer 中网络信息传递到 HyperLynx 如图 8-60 所示。关于 HyperLynx 仿真工具的使用方法请参考本书第 21 章的内容。

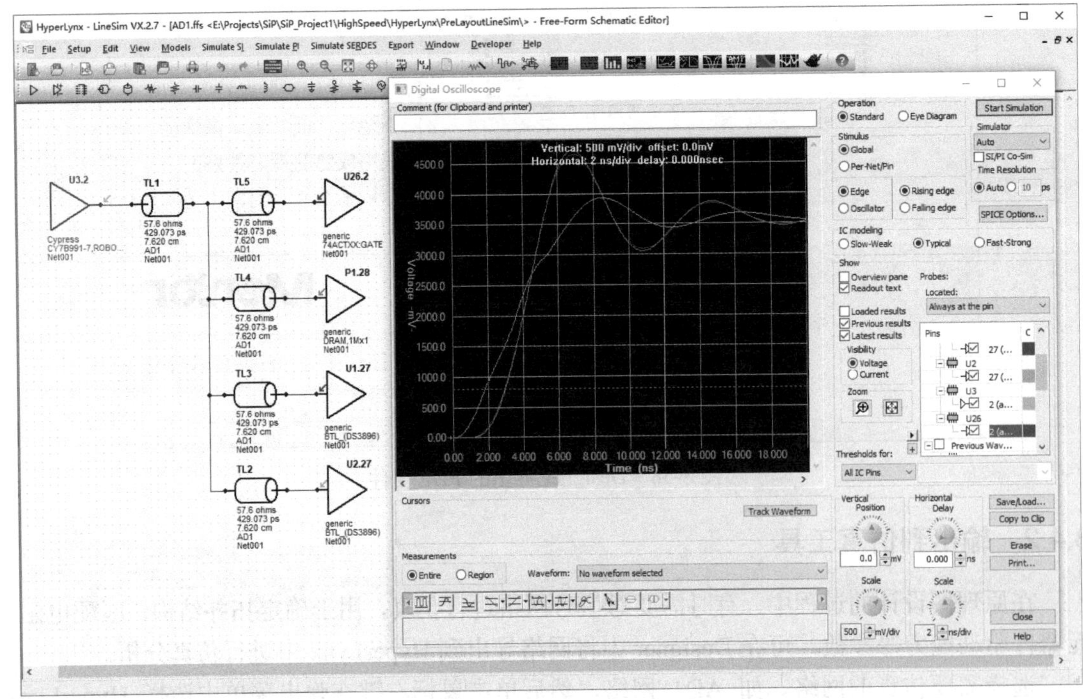

图 8-60　Designer 中网络信息传递到 HyperLynx

第 9 章　版图的创建与设置

关键词：版图模板 Layout Template，有机基板，陶瓷基板，硅基板，HDI 基板，*m*+*N*+*m* 层叠结构，Remap Layers，Drill Symbol，层叠结构定义，盲埋孔定义，Stroke 笔画键，选择模式，布局模式、布线模式、绘图模式，显示控制，编辑控制，智能光标提示，参数设置，原理图交互布局，网络自动优化，Schematic View，版图中文输入，DXF 导入中文

9.1　创建版图模板

9.1.1　版图模板定义

版图模板（Layout Template）是指在中心库中定义好的，并可以被版图设计所引用的标准版图。模板中包含的信息主要有层叠结构、材料参数、基板外形、安装孔、固定位置的接插件等。对于经常用到的层叠结构或者基板外形，可事先在中心库中定义好版图模板，设计时直接引用模板，这样可以节省设计时间，并且有利于版图设计的标准化。

SiP 常用的基板一般包括有机基板、陶瓷基板、硅基板等。不同材质的基板，其层叠结构和材料参数差别很大，通常需要创建不同的版图模板。

1．有机基板

有机基板通常采用高密度互联（High Density Interconnection，HDI）基板。目前比较常用的是 *m*+*N*+*m* 型层叠结构：*m* 指的是激光微孔所占的层，通常称为 Buildup（积层）；*N* 指的是机械钻孔所占的层，通常称为 Laminate（叠层）。图 9-1 所示为 HDI 有机基板的 2+4+2 型层叠结构。通常的制作方法是先将 Laminate 层压在一起，打上机械孔后，再用积层法制作 Buildup 层。

图 9-1　HDI 有机基板的 2+4+2 型层叠结构

2．陶瓷基板

陶瓷基板一般包括 HTCC、LTCC、氮化铝等基板。陶瓷基板在制作过程中都是先在每层陶瓷基片上打孔，然后孔金属化处理，通过印刷制作金属图形，再将基片层压在一起进行共烧，最后形成陶瓷基板。

陶瓷基板的每层基片都会单独打孔，其层叠设置更加灵活，无须设置像 HDI 有机基板的 *m*+*N*+*m* 型层叠结构，过孔只需连接相邻的层即可。这些过孔将自由组合形成穿越不同层的孔。例如，（1→4）的孔可以通过（1→2）+（2→3）+（3→4）的孔组合而成，依次类推。图 9-2 所示为陶瓷基板层叠结构示意图。

图 9-2　陶瓷基板层叠结构示意图

3．硅基板

随着先进封装技术的快速发展，硅基板技术也得到了广泛的应用，在 2.5D 集成中，普遍以硅基板作为转接板，硅基板成为封装基板和裸芯片之间的桥梁，同时也完成了 SiP 中裸芯片之间的高密度互联。

从结构上看，硅基板类似于有机基板，中间层的 TSV 需要在硅材料上蚀刻出来后，再用类似积层法的技术制作正面的 RDL 层和背面的 RDL 层。

一般情况下，硅基板正面可做 2 层 RDL，背面可做 1 层 RDL，形成如图 9-3 所示的硅基板 2+2+1 型层叠结构，也可以称之为 3+2 结构，即硅基板上表面有 3 层金属，下表面有 2 层金属。

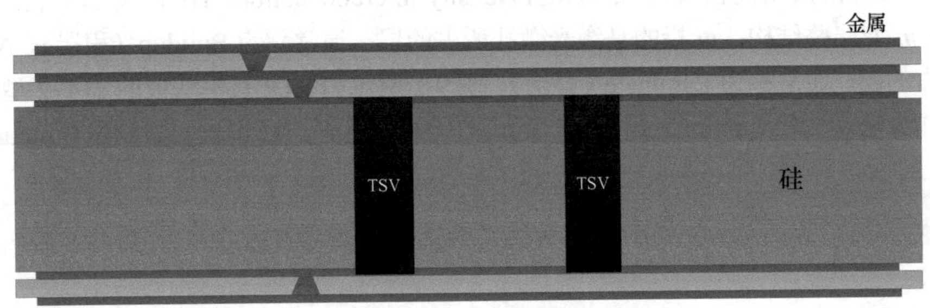

图 9-3　硅基板 2+2+1 型层叠结构

在 Xpedition 的设计流程中，可以在版图设计过程中设置层叠结构，也可以提前在中心库定义好版图的模板，在设计中引用此模板即可。对于比较成熟且常用的层叠结构，通常采用第二种方法。

下面将分别在中心库创建有机基板、陶瓷基板、硅基板的版图模板。

9.1.2　创建 SiP 版图模板

1．创建有机基板版图模版

在 Library Manager 中打开中心库，如 SiP_lib2020.lmc 文件，在菜单中选择 Tools→Layout

Template Editor，启动版图模板编辑窗口，如图 9-4 所示。在 Templates 窗口中的 Type 下拉列表选择相应的类型，目前 Xpedition 支持的模板类型有 5 种，分别是绘图（Drawing）、封装设计（Package Design）、拼版（Panel）、PCB 设计（PCB Design）以及刚柔结合板设计（RigidFlex Design）。这里我们选择 Package Design。

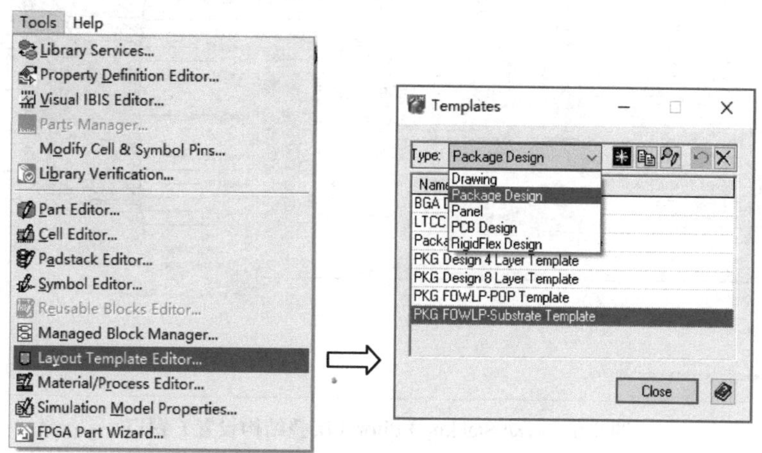

图 9-4　启动版图模板编辑窗口

在版图模板编辑窗口，单击新建按钮新建模板，在弹出窗口的 Source design file 文本框中输入模板所需要引用的源设计的名称，并在 Template name 文本框中输入模板的名称，单击 OK 按钮后，系统自动会复制源设计到 New Template 中。源设计中的元素，包括层叠结构、基板外形、安装孔等均会自动被继承到新模板中，并通过模板应用到新的设计中。

另外，设计师可以复制现有的任意模板，并在此基础上进行编辑。例如，复制 Package Design 8 Layer Template，选中该模板后，单击复制模板按钮，并将复制后的模板重新命名为 HDI 2+4+2 Template，如图 9-5 所示。

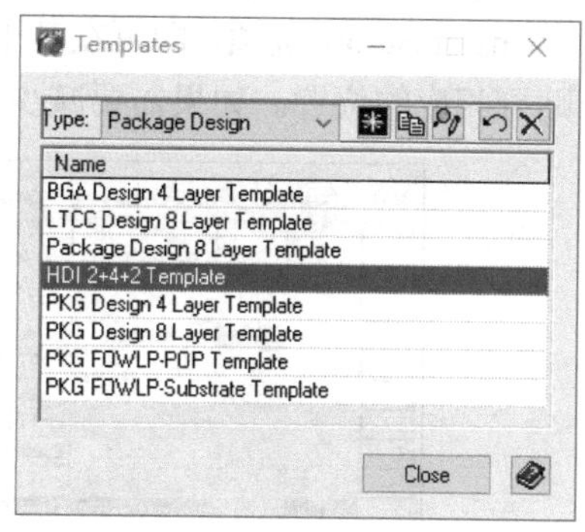

图 9-5　复制模板并重新命名

单击模板编辑按钮，进入模板编辑状态，系统会自动打开 Xpedition Layout 窗口并进入一个空的版图设计，选择 Setup→Stackup Editor，启动 Stackup Editor（层叠结构设置）窗口，如图 9-6 所示，可以看到已经有一个现有的层叠结构，这是从复制的模板上继承过来的。

无论是在 Hyperlynx SI/PI 中进行仿真，还是在 Constraint Manager 中进行布线网络的阻抗计算，都需要在 Stackup Editor 窗口中设置正确的层叠结构及其物理参数。

在 Xpedition Layout 中的 Stackup Editor 窗口中的设置可以继承到 Constraint Manager 和 Hyperlynx SI/PI 中，从而保证了版图、设计规则、仿真环境中层叠的一致性。

在 Stackup Editor 窗口，可对 Layer Name 进行修改以适合设计师的习惯，同时也可对介质层和金属层的厚度等参数进行设置。

Stackup Editor 窗口中包含 Basic、Dielectric、Metal、Z0 Planning、Manufacturing、Custom View 等 6 个选项卡，分别用于不同的参数设置。

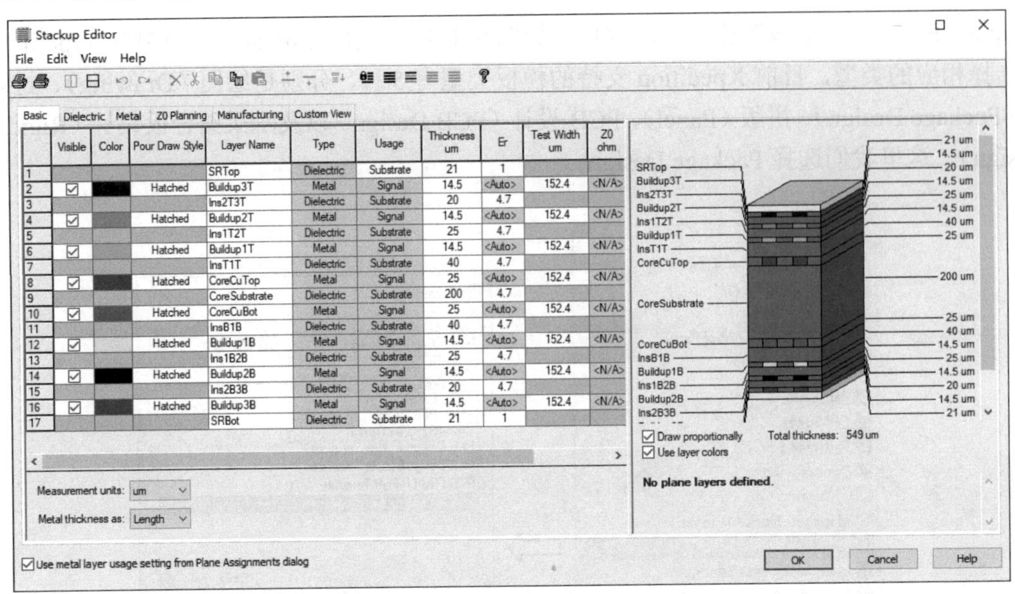

图 9-6 启动 Stackup Editor（层叠结构设置）窗口

如果在 Xpedition 的 Stackup Editor 中修改了层叠结构等参数，则可自动继承到 Constraint Manager 中。同样，如果在 Constraint Manager 中的 Stackup Editor 对层叠结构进行更改，则也可以更新到 Xpedition 版图设计。在 Xpedition 中的层叠设置可以在版图仿真时自动传递到 HyperLynx 中，这样在 HyperLynx 中就无须重新设置了。

若想在 Stackup Editor 中增加层，则可以选中某一层，单击鼠标右键，选择 Insert Abover 或 Insert Below 选项，即可在其上方或者下方增加相应的层；也可以选中某些层，将其复制粘贴到相应的位置。如果需要减少层，则可以通过 Delete 命令删除该层，如图 9-7 所示。

Basic Dielectric Metal Z0 Planning Manufacturing Custom View

	Visible	Color	Pour Draw Style	Layer Name	Type	Usage	Thickness um	Er	Test Width um	Z0 ohm	Thermal Conductivity W/m-C
1				SRTop	Dielectric	Substrate	21	1			0.3
2	☑		Hatched	Buildup3T	Metal	Signal	14.5	<Auto>	152.4	<N/A>	393.69
3				Ins2T3T	Dielectric	Substrate	20	4.7			0.3
4	☑		Hatched	Buildup2T	Metal	Signal	14.5	<Auto>	152.4	<N/A>	393.69
5				Ins1T2T	Dielectric	Substrate	25	4.7			0.3
6	☑		Hatched	Buildup1T	Metal	Signal	14.5	<Auto>	152.4	<N/A>	393.69
7				InsT1T	Dielectric	Substrate	40	4.7			0.3
8	☑		Hatched	CoreCuTop	Metal	Signal	25	<Auto>	152.4	<N/A>	393.69
9				strate	Dielectric	Substrate	200	4.7			0.3
1							25	<Auto>	152.4	<N/A>	393.69
1							40	4.7			0.3
1							14.5	<Auto>	152.4	<N/A>	393.69
1							25	4.7			0.3
1							14.5	<Auto>	152.4	<N/A>	393.69
1							20	4.7			0.3
1							14.5	<Auto>	152.4	<N/A>	393.69
1							21	1			0.3

Apply to Selection
Insert Above
Insert Below
Cut Ctrl-X
Copy Ctrl-C
Paste Ctrl-V
Delete Del

Most Suitable
Signal
Solid Plane
Split-Mixed
Flooded Signal
Plating
Substrate
Solder Mask

Measurement units: um
Metal thickness as: Length

图 9-7 在 Stackup Editor 中增加或减少层

设计师可根据实际的基板参数创建相应的模板，例如，修改 Layer Name，设置平面层、板层厚度、介质参数等。在 Stackup Editor 中修改基板参数如图 9-8 所示。

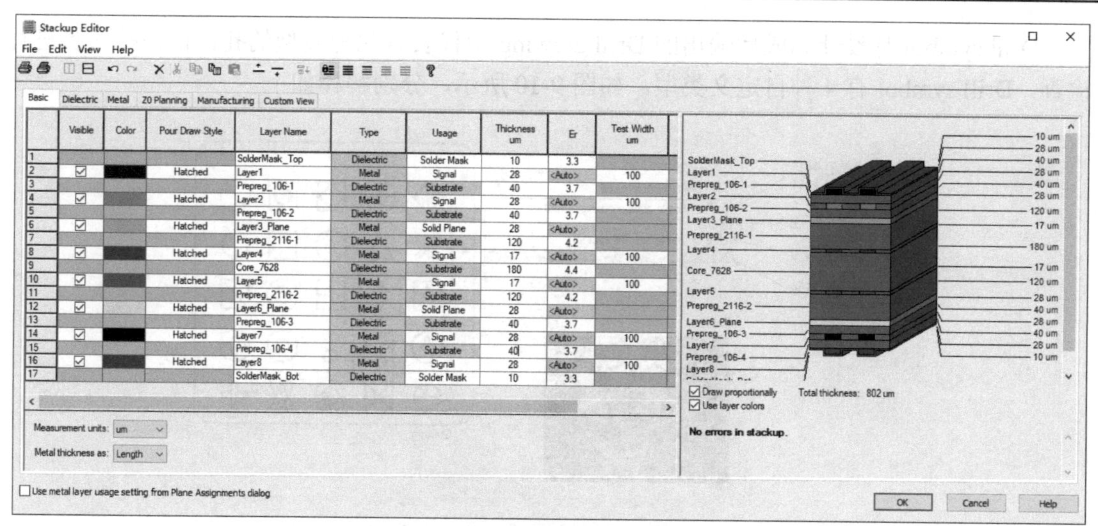

图 9-8　在 Stackup Editor 中修改基板参数

为了保证生产和设计的一致性，设置完层叠参数后，选择 Edit→Copy Special→Manufacturing Documentation，可将层叠参数复制成生产文档格式，并粘贴到 Word 文档中，这在标准化生产文档的准备中是非常方便的。适用于标准化生产文档的层叠参数如图 9-9 所示。

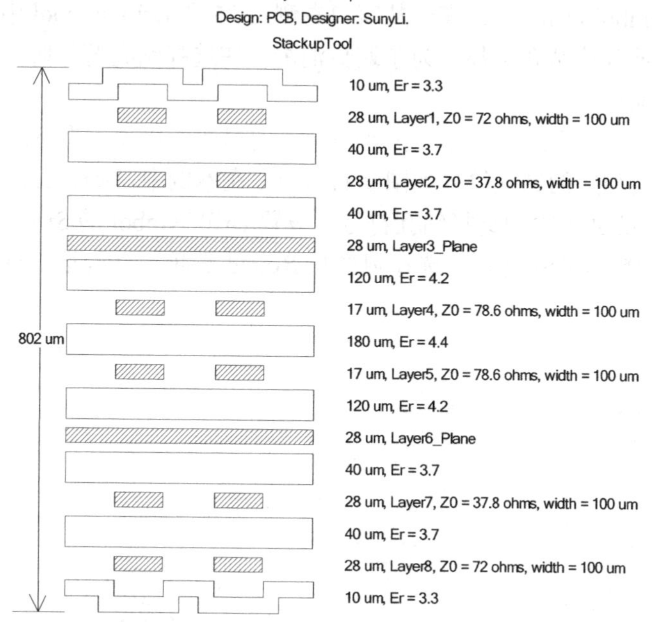

图 9-9　适用于标准化生产文档的层叠参数

层数更改完成后，需要进行过孔设定。此时，如果中心库还没有定义好过孔，则需要先在中心库中对过孔进行定义。

选择 Setup→Libraries→Padstack Editor，进入焊盘创建窗口。创建直径为 75 um 和 150 um 的两种过孔，Tolerance 参数均设置为 2。在勾选 Generate name from property 选项的情况下，过孔被系统自动命名为 Rnd75+/−Tol2 和 Rnd150+/−Tol2，并在 Drill symbol（钻孔符号）列表为两个孔分别选择相对应的 Drill symbol。

Drill symbol 是设计完成后输出的 Drill drawing 中代表着此种类型的孔，供钻孔人员进行检查。Drill symbol 有 4 种自定义类型，如图 9-10 所示，分别解释如下。

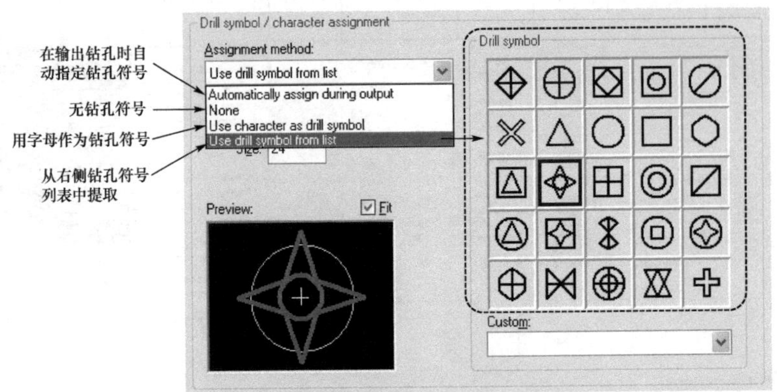

图 9-10　Drill symbol 的 4 种自定义类型

① Automatically assign during output，表明在输出钻孔时由系统自动指定钻孔符号。

② None，表明对该钻孔不设置钻孔符号。

③ Use character as drill symbol，表明可从 26 个英文字母中进行选择，包含大写、小写两种字母形式，总共可选类型为 52 种。

④ Use drill symbol from list，表明从窗口右侧的 25 个 Drill symbol 中进行选择，蓝色表明此钻孔符号已经被其他钻孔选择。为了避免混淆，在选择钻孔符号时，对不同的钻孔要选择不同的 Drill symbol。

Size 栏主要用于定义钻孔符号的大小。通常钻孔符号的大小设置为与钻孔的大小相当即可。

创建钻孔及指定相应的钻孔符号如图 9-11 所示。在本例中，选择 Use drill symbol from list 选项，并在 Drill symbol 列表中选择钻孔符号，设置 Drill symbol 的 Size 为 200，在钻孔类型 Type 下拉列表中选择 Drilled 选项，选择圆形孔 Round 选项，并勾选 Plated 选项，表示该孔需要做金属化处理。

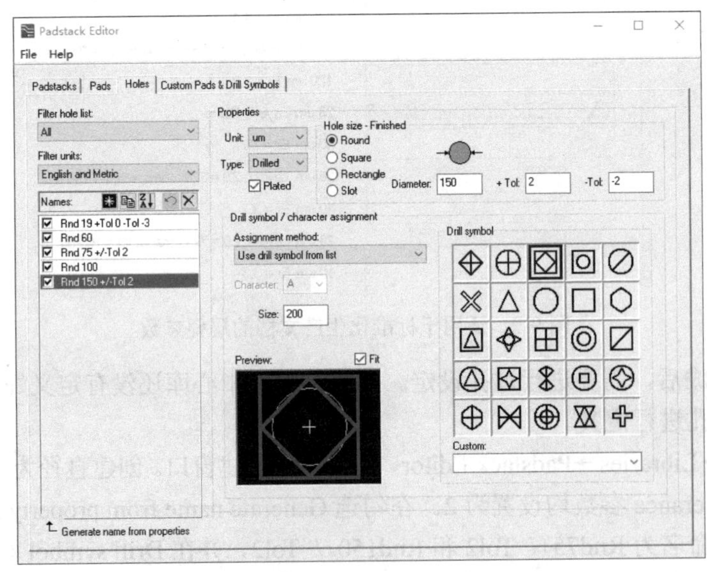

图 9-11　创建钻孔及指定相应的钻孔符号

创建完钻孔后，切换到 Pads 选项卡，创建 175um 和 250um 的圆形 Pad，在勾选 Generate name from properties 选项的情况下，系统会自动根据属性命名 Pad 为 Round 175 和 Round 250，如图 9-12 所示。

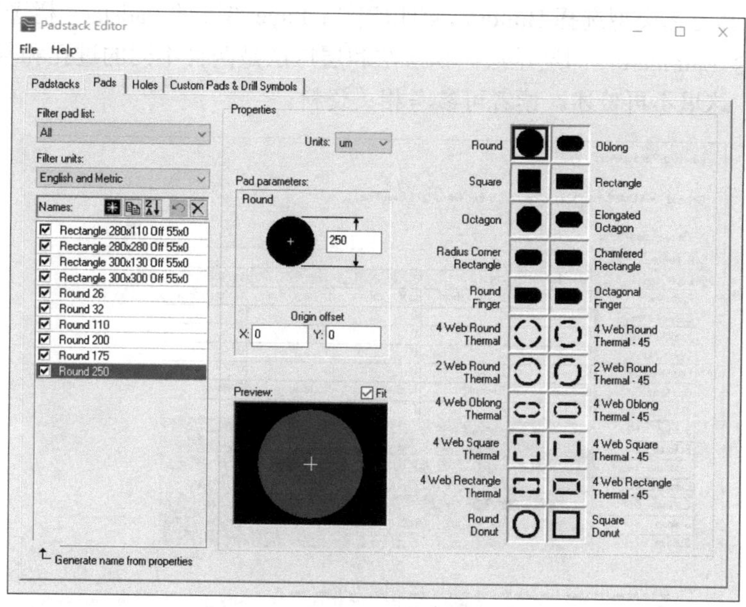

图 9-12　创建 Pads 并自动命名

切换到 Padstacks 选项卡，创建类型为 Via 的 Padstacks Via_175um，在 Available pads 列表中选择 Round175，通过向左箭头 < 指定到 Via_175um 的 Mount side\internal\Opposite side，并在 Available holes 列表中选择 Rnd75+/−Tol2 选项后，创建类型为 Via 的 Padstacks Via_250um，在 Available pads 列表中选择 Round 250，通过向左箭头 < 指定到 Via_250um 的 Mount side\Internal\Opposite side，并在 Available holes 列表中选择 Rnd150+/−Tol2 选项，如图 9-13 所示。

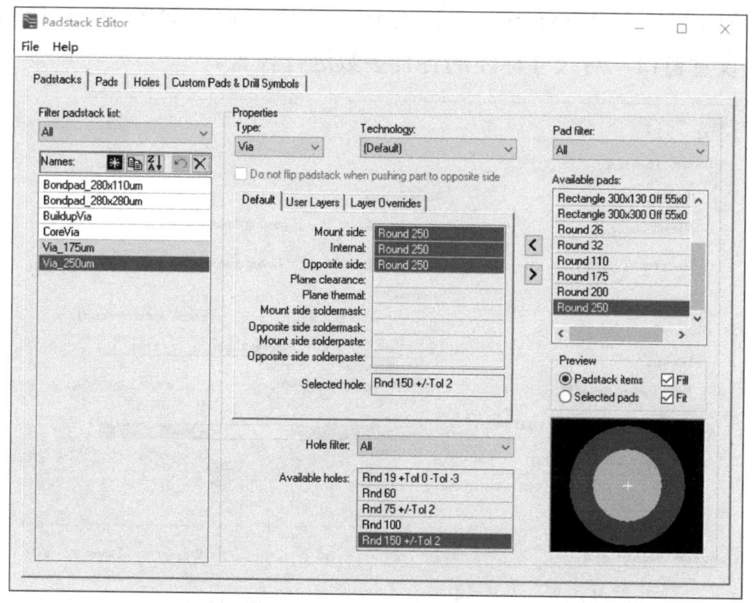

图 9-13　创建类型为 Via 的 Padstacks

两个 Via 创建完成后，选择 File→save，保存创建的过孔，退出此窗口。

选择 Setup→Setup Parameters，并切换到 Via Definitions 选项卡，按照图 9-14 所示进行 2+4+2 层叠过孔的设置。其中，Layer 1-2、Layer 2-3 及 Layer 6-7、Layer 7-8 的 Padstack 栏选择 Via_175um，其工艺类型选择 Buildup，即积层法；Layer 3-6 的 Padstack 栏选择 Via_250um，其工艺类型选择 Laminate，即层压法。积层法和层压法是两种不同的过孔和基板制作工艺。由于篇幅关系，这里不再赘述。读者可参考相关资料。

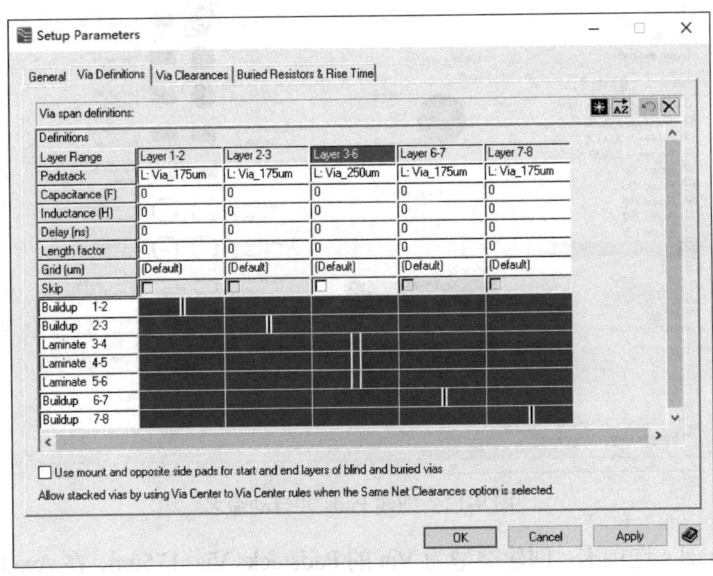

图 9-14　2+4+2 层叠过孔的设置

设置完成后，单击 OK 按钮，退出 Setup Parameters 窗口。

在 Xpedition 窗口的工具栏中单击 Draw Mode 按钮，进入绘图模式。

选择 View→Toolbars→Dimension，打开绘图工具栏，对基板进行尺寸标注。单击第一个 Dimension Parameters 按钮，弹出如图 9-15 所示的 Dimension Parameters 参数设置窗口，对尺寸标注的各种参数进行设置。

Dimension Parameters
General | Placement
Dimension
Method: Associative
Measurement: Actual
Layer: Assembly Top
Text (um)
Font: VeriBest Gerber 1
Height: 1,000
Pen width: 200
Additional data
Diameter prefix: D
Leading dimension text:
Radius prefix: R
Trailing dimension text:
Format
Enforce ASME standard
Enable dual dimensioning
	Single/Upper	Lower
Dimension style	Standard	
Tolerance style	Blank	
+ Value		
- Value		
Units	mm	
Precision	.12	
Scheme: System: Default
OK
Cancel

图 9-15　Dimension Parameters 参数设置窗口

这里对单位 Units 参数进行更改，更改为 mm，将 Text 选区的 Height 参数值修改为 1000，Pen width 参数值修改为 200，单击 OK 按钮即可。

对板框进行标注，单击 Place Dimension Along a Linear Element 按钮，选择需要标注的板框位置，单击鼠标左键，标注会自动放置到板框外，尺寸标注默认会放置到 Assembly Top 层。如果需要放置到其他层，如用户自定义层，则可事先在 Dimension Parameters 窗口中的 Layer 中进行定义。

标注完成后，如果修改板框的大小，则可以看见尺寸标注会跟随板框大小的变化自动更新，在本例中，设置模板的板框 Board Outline 的大小为 30 mm×30 mm，在此基础上将布线边框 Route Board 向内缩小 0.5 mm（500 um）。

关于 Route Board 尺寸的设置方法如下：①按住<Ctrl>键，在 Board Outline 上双击鼠标左键，此时复制出 Draw Object 类型的边框；②将 Draw Object 类型更改为 Route Board，在 Grow/Shrink 栏输入−500 并按<Enter>回车键；③在属性栏查看 Route Board 的尺寸属性，并检查版图中的 Route Board 是否已经得到更新。这种方法对于复杂的板框外形非常有效。

至此，模板创建完成。版图模板的三要素包括：①层叠结构及参数定义；②过孔定义；③基板外形及尺寸，如图 9-16 所示。选择 File→Save 后，退出模板编辑环境。

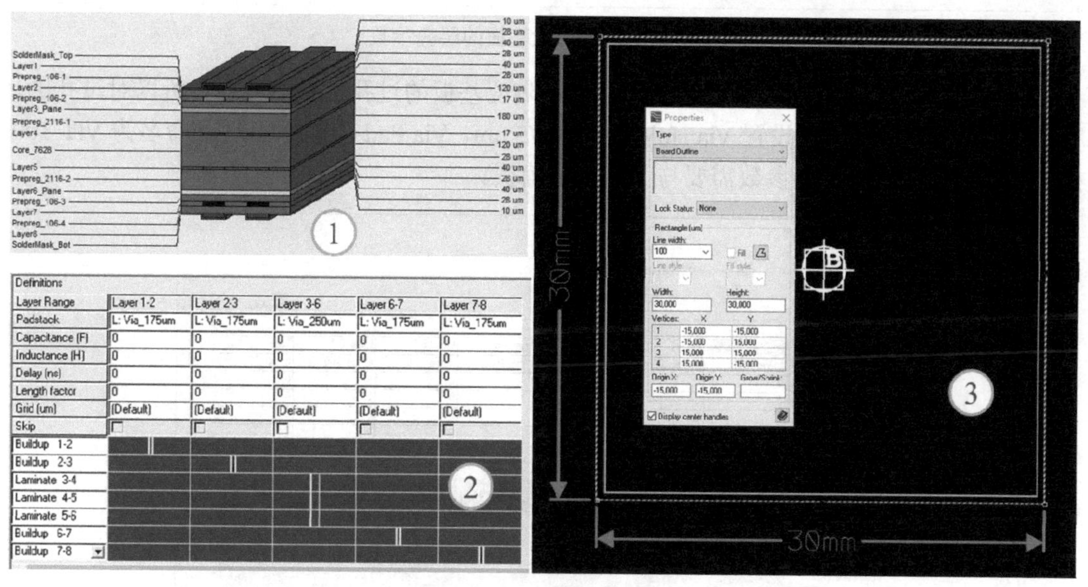

图 9-16　版图模板的三要素

2．创建陶瓷基板版图模版

陶瓷基板的版图模板创建方法和有机基板的流程类似，也是先在现有的模板中找到与要新建的模板类型最接近的模板，复制后修改名称，进入编辑环境中，修改层叠参数，设置过孔，绘制板框。

这里，我们选择复制现有的 LTCC Design 8 Layer Template 模板，并将其更名为 HTCC 8 Layer Template 后，单击按钮进入编辑环境，如图 9-17 所示。

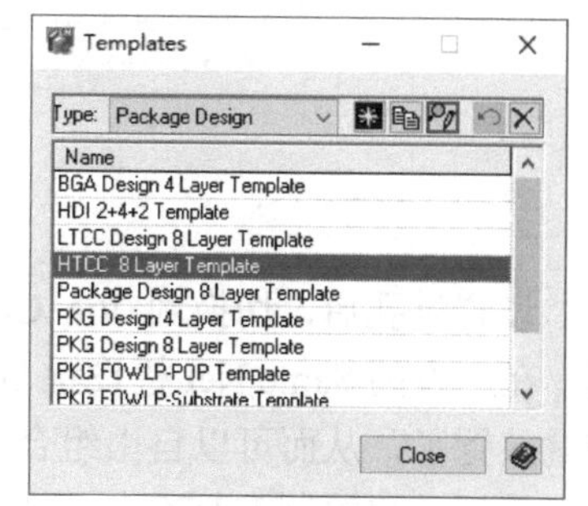

图 9-17　复制现有模板并更名为 HTCC 8 Layer Template

设置陶瓷基板的层叠参数如图 9-18 所示。图中，介质厚度均为 100 um，金属厚度为 18 um，介质参数 Er 为 9.3。

	Visible	Color	Pour Draw Style	Layer Name	Type	Usage	Thickness um	Er	Test Width um
1				SRTop	Dielectric	Substrate	10	1	
2	☑		Hatched	Conductor1	Metal	Signal	18	<Auto>	100
3				Tape1	Dielectric	Substrate	100	9.3	
4	☑		Hatched	Conductor2	Metal	Signal	18	<Auto>	100
5				Tape2	Dielectric	Substrate	100	9.3	
6	☑		Hatched	Conductor3	Metal	Solid Plane	18	<Auto>	
7				Tape3	Dielectric	Substrate	100	9.3	
8	☑		Hatched	Conductor4	Metal	Signal	18	<Auto>	100
9				Tape4	Dielectric	Substrate	100	9.3	
10	☑		Hatched	Conductor5	Metal	Signal	18	<Auto>	100
11				Tape5	Dielectric	Substrate	100	9.3	
12	☑		Hatched	Conductor6	Metal	Solid Plane	18	<Auto>	
13				Tape6	Dielectric	Substrate	100	9.3	
14	☑		Hatched	Conducto7	Metal	Signal	18	<Auto>	100
15				Tape7	Dielectric	Substrate	100	9.3	
16	☑		Hatched	Conductor7	Metal	Signal	18	<Auto>	100
17				SRBot	Dielectric	Substrate	10	1	

Stackup Editor — Measurement units: um；Metal thickness as: Length；Draw proportionally；Use layer colors；Total thickness: 864 um；No errors in stackup.

图 9-18 设置陶瓷基板的层叠参数

设置陶瓷基板的过孔如图 9-19 所示。由于陶瓷基板的过孔都是填充孔，所以对过孔的环宽没有特别的要求，可以设置 Via Hole 的值为 75 um，Via Pad 为 100 um，并命名为 Via_100。在实际项目中，相关工艺参数需要与工艺人员确认。

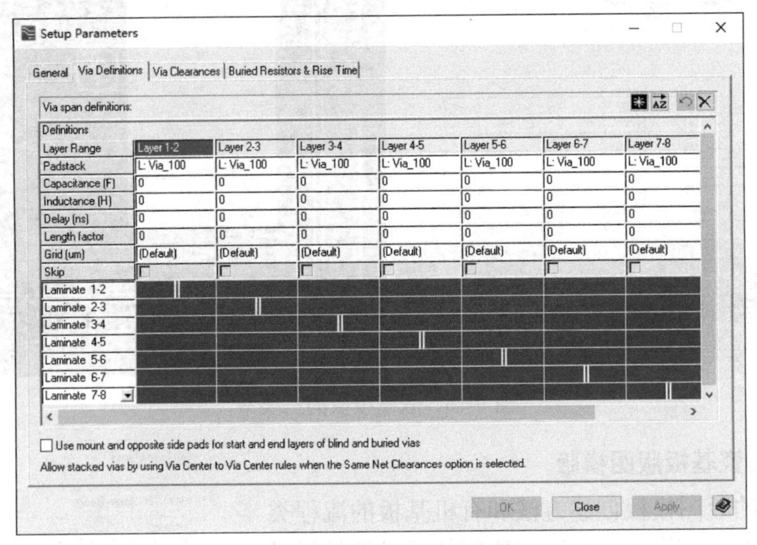

图 9-19 设置陶瓷基板的过孔

设置过孔后，切换到 Via Clearances 选项卡，主要设置相同网络不同层间过孔的间距规则，在下方的 Same Net 栏设置 Distance=0，Type=P（Pitch）后，不同层的孔在布线时就可以重叠放置了，从而可以自由组合不同层的过孔，穿越不同的板层，如图 9-20 所示。

最后，再绘制 HTCC 板框的尺寸，并进行尺寸标注，HTCC 陶瓷基板的版图模板就创建完成了，在设计 HTCC 基板的时候可直接调用，并在此基础上根据项目需求调整参数。

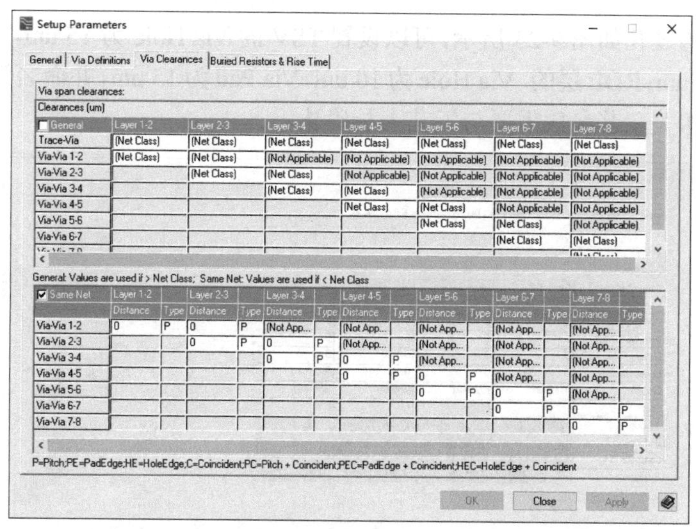

图 9-20　设置相同网络不同层间的过孔间距

3．创建硅基板版图模版

硅基板版图模板的创建方法和前面两种基板的流程类似，首先也是在现有的模板中寻找类型最接近的模板，复制后修改名称，进入编辑环境中，修改层叠参数，设置过孔，绘制板框。

这里，我们选择复制现有的 HDI 2+4+2 Template 模板，并将其更名为 Si_Interposer 2+2+1 Template，如图 9-21 所示，单击按钮进入编辑环境。

设置硅基板的层叠参数如图 9-22 所示。图中，Silicon 厚度为 100 um，介质参数 Er 为 11.5，Dielectric 的厚度设置为 10 um，介质参数 Er 为 3.6，金属层则均设置为 5 um。

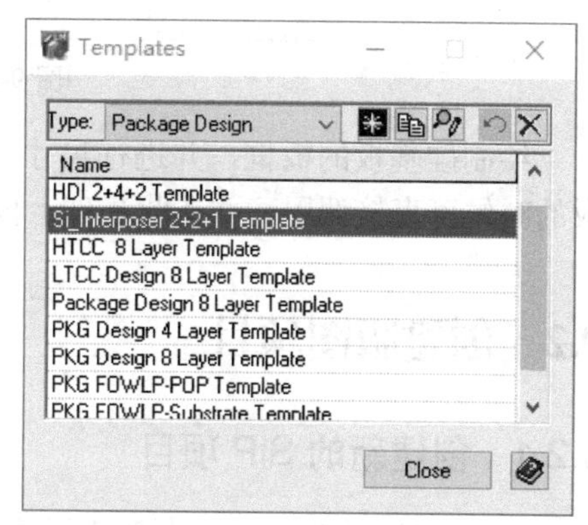

图 9-21　复制现有模板并更名为 Si_Interposer 2+2+1 Template

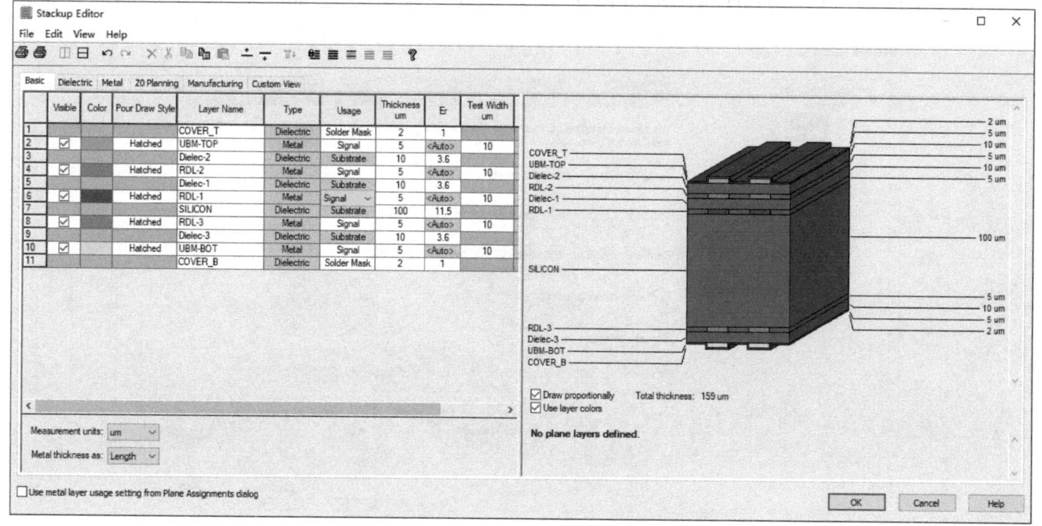

图 9-22　设置硅基板的层叠参数

设置硅基板的过孔如图 9-23 所示，可以设置 TSV 的 Via Hole 为 15 um，Via Pad 为 20 um，并命名为 TSV_15um；RDL 层的 Via Hole 为 10 um，Via Pad 为 15 um，并命名为 RDL_Via10um。在实际项目中，相关工艺参数需要与工艺人员确认。

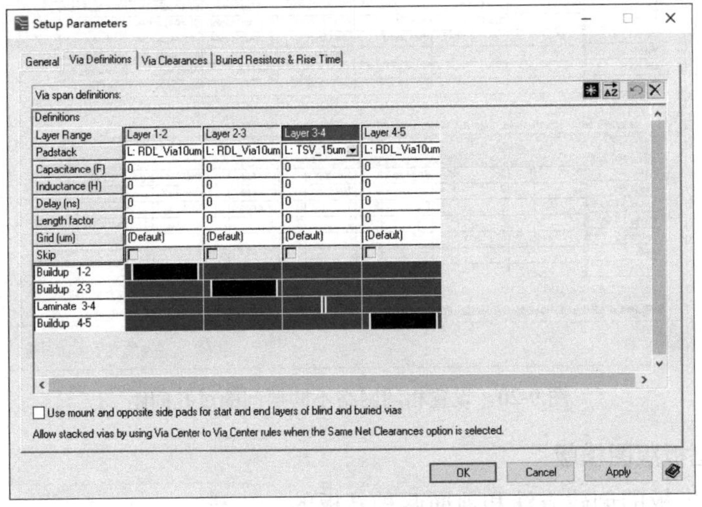

图 9-23　设置硅基板的过孔

绘制硅基板的板框，并进行尺寸标注后，硅基板的版图模板就创建完成了，在设计硅基板的时候可直接调用，并在此基础上根据项目的需求调整相应参数。

9.2　创建版图项目

9.2.1　创建新的 SiP 项目

在 Xpedition Designer 中创建新的项目，选择 File→New→Project 菜单命令，在左侧列表栏选择 Project Templates→Xpedition→default，在右侧窗格设置项目的名称、路径，并选择相应的中心库。在本例中，选择前面创建好的版图模板的中心库 SiP_lib2020.lmc，如图 9-24 所示。

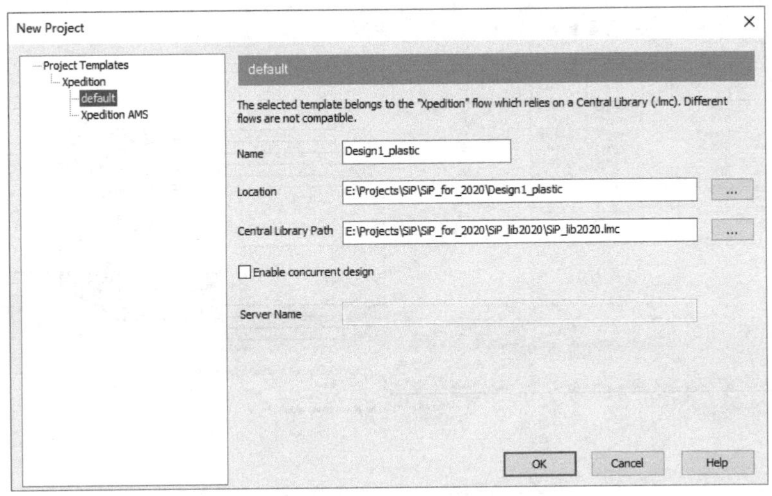

图 9-24　创建新项目并选择相应的中心库

新建原理图 Schematic 并绘制原理图。原理图绘制完成后，通过 Verify 命令检查原理图，检查通过后进行 Package 打包。打包完成后，单击工具栏的按钮，在弹出的对话框中，在 Design Technology 下拉列表中选择 Package，在 Template 下拉列表中选择 HDI 2+4+2 Template，并在 Design directory 中设置版图路径，如图 9-25 所示。

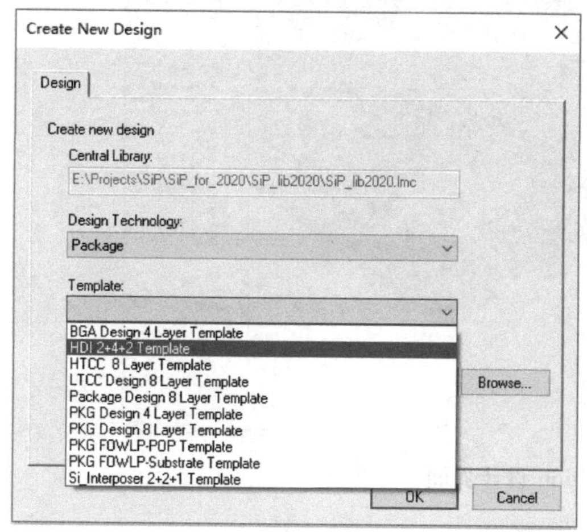

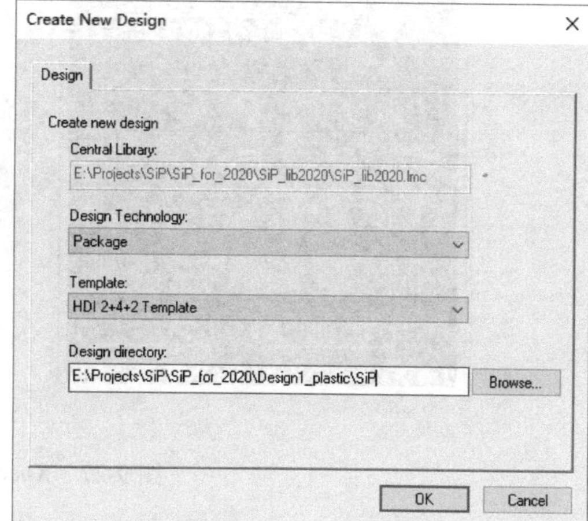

图 9-25　版图模板的选择及版图路径设置

设置完成后，单击 OK 按钮，进入版图设计环境 Xpedition。

9.2.2　进入版图设计环境

进入 Xpedition 后，系统会自动提示原理图有更新，单击提示框上的 Yes 按钮，系统自动打开 Project Integration 窗口，系统提示：Forward Annotation Required，connectivity changed，单击前面的橙色按钮（橙色表明有更新），如图 9-26 所示。

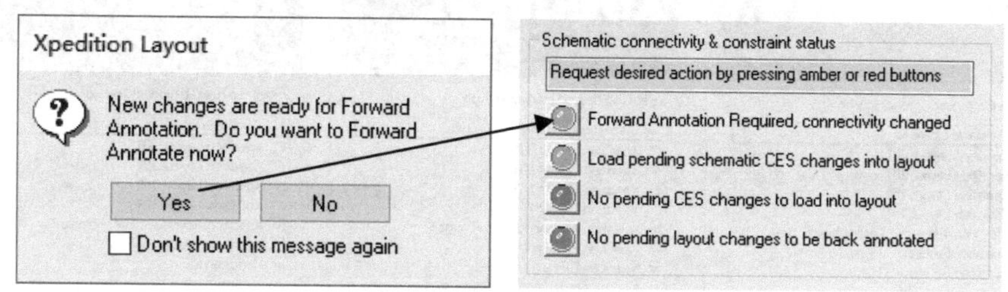

图 9-26　前向标注提示及操作

系统会自动弹出窗口，提示正在进行系统同步，同步包含 Package、Database Load、Net Load 等几步。同步完成后，Message 窗口提示 Forward Annotation（前向标注，简称前标）成功，原理图和版图数据库同步，状态指示灯也会全部变绿色。

如果前向标注有问题产生，则提示 Warning 或者 Error，并将具体信息写到相应的文本文件中。通过工具栏中的按钮，打开 File Viewer 并在列表中打开 Forward Annotation.txt 文件，检查警告或出错的详细报告信息。通过信息确认是否会对设计造成影响，对于影响设计的问题需要做出相应的修改后，再重新 Package、前标，直到问题不再出现为止。有些警告信息如果不会对设计有实质性的影响，则可忽略。

进入 Xpedition 设计界面，如图 9-27 所示。可以检查版图模板的三要素：层叠结构、参数定义、过孔定义以及基板外形及尺寸，都已经被继承到设计中了。

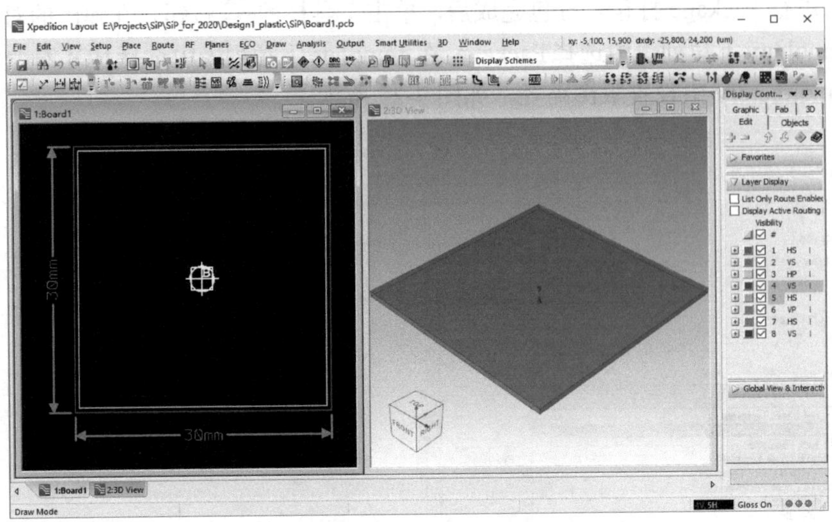

图 9-27　Xpedition 设计界面

9.3　版图相关设置与操作

9.3.1　版图 License 控制介绍

首先了解一下 Xpedition 的 License 控制。在进入 Xpedition Layout 设计环境时，可看到如图 9-28 所示的 Xpedition License 控制选项，可由设计师进行选择。下面将逐一介绍。

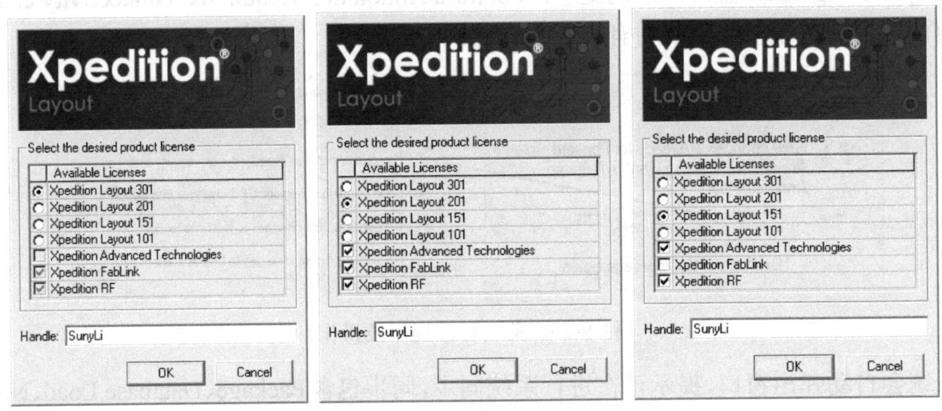

图 9-28　Xpedition License 控制选项

① **Xpedition Layout 101**，基本 PCB 设计工具，支持基本 PCB 设计、3D PCB 设计、3D 元器件库、电子结构协同设计、原理图浏览器、草图布线、背钻等功能。

② **Xpedition Layout 151**，高速自动 PCB 设计模块，在 Xpedition Layout101 的基础上增加了自动布线、盲埋孔自动布线、高速 PCB 设计（差分、绕线、延时）、参数化过孔添加、测试点自动添加等功能。

③ **Xpedition Layout 201**，高级协同 PCB 设计模块，在 Xpedition Layout151 的基础上增加了多人实时协同设计、拓扑规划和布线、自动网络优化（交换引脚、元器件）功能。

④ **Xpedition Layout 301**，SiP 及高级封装设计模块，在 Xpedition Layout201 的基础上增加了以下功能：a.高级封装 SiP 设计需要的键合线、芯片堆叠、腔体、电源环等；b.电阻、电容埋入基板综合工具；c.RF 电路设计、RF 仿真工具链接；d.生产数据检查编辑工具，拼版设计；e.派生版本管理工具；f.刚柔结合板设计工具。

此外，Xpedition Advanced Technologies、Xpedition Fablink 和 Xpedition RF 是三个可选项，当选择 Layout 301 时，默认包含此三项的功能，如果选择 Layout 201、Layout 151、Layout 101，则可以由设计师根据设计需要进行可选项的勾选。

这里需要说明一点，版图多人实时协同设计是 Siemens EDA（Mentor）在业界领先多年的技术，目前已经开放给客户，只要客户拥有 Xpedition Layout 201 以上的 License，就自动拥有了协同设计功能，而无须配置专门的 License，这一点比以前有了很大的提升，既给客户带来了便利和实惠，也有利于版图多人实时协同设计技术的推广。

9.3.2 鼠标操作方法

下面对 Xpedition 的操作界面及基本操作方法做介绍。

首先来了解 Xpedition 环境中鼠标的操作方法。

① 选取：左键用于进行对象的选取。

② 缩放：中间的滚轮用于画面缩放和平移。滚轮向前滚，画面放大；滚轮向后滚，画面缩小。

③ 平移：按下中间滚轮，移动鼠标，画面平移。

④ Stroke 笔画键：右键默认用作 Stroke 笔画键。如果在按下右键的同时滑动鼠标，则 Stroke 功能启动。

⑤ 右键菜单：右键也用于弹出右键菜单。如果右键按下并保持鼠标不动，则会弹出右键菜单。

鼠标键的功能如图 9-29 所示。

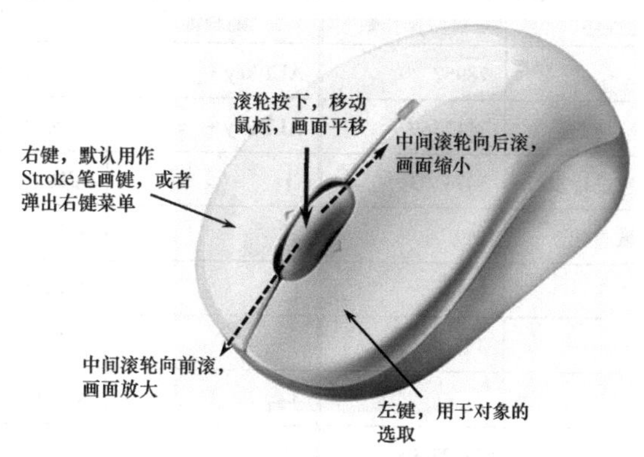

图 9-29 鼠标键的功能

Stroke 笔画键（也称手绘图），是一种快捷的鼠标命令操作方式。按下鼠标右键并移动鼠标，启动 Stroke 功能，笔画路径以一个 3×3 的矩阵为基础。在该矩阵中创建一条鼠标右键的滑动路径，将生成一段数字序列。该数字序列对应系统中的某个操作命令。

例如，按下鼠标右键，从矩阵左上角开始，沿对角线滑动鼠标，到右下角结束，生成 159 序列，将调用放大到区域命令 View Area；从矩阵右下角开始，沿对角线滑动鼠标，到左上角结束，生成 951 序列，将调用查看全部命令 View All，如图 9-30 所示。

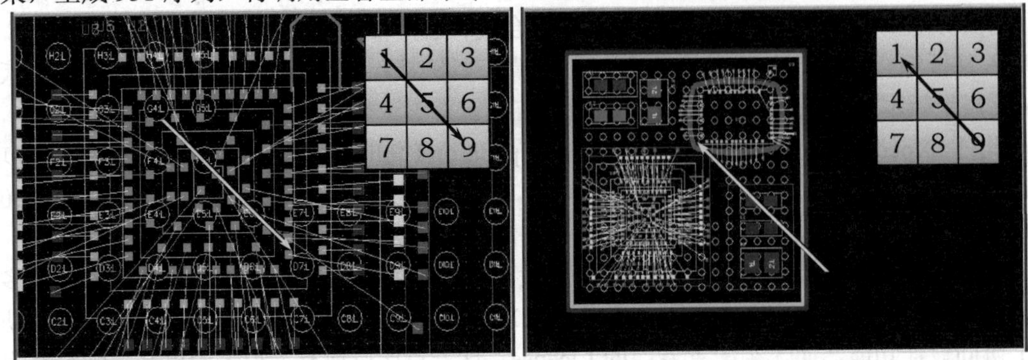

(a) 159 放大到区域　　(b) 951 查看全部

图 9-30　鼠标右键笔画键操作

Stroke 功能也可通过鼠标中键实现，选择 View→Mouse Mapping→Middle Button Strokes，将笔画键从鼠标右键修改为鼠标中键，如图 9-31 所示。

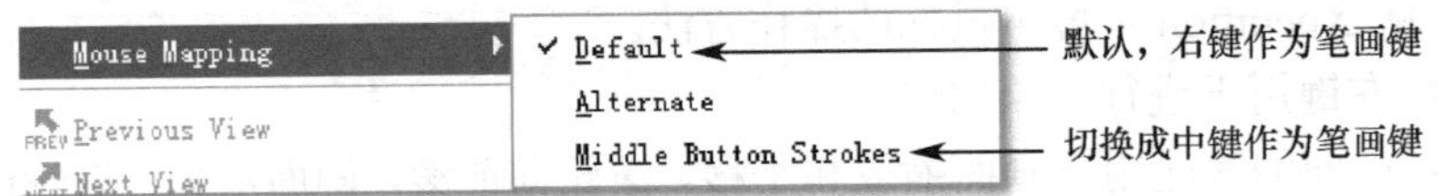

图 9-31　将笔画键从鼠标右键修改为鼠标中键

笔画键切换到鼠标中键后，按下中间滚轮就可以进行笔画键 Stroke 的操作了。此时鼠标右键的功能和中键做了交换，变成了画面平移。

表 9-1 所列为常用的笔画键功能及对应操作数，可以看出 Xpedition 所支持的笔画键功能非常丰富，对笔画键命令的熟练掌握可以有效提高设计效率。

表 9-1　常用的笔画键功能及对应操作数

笔画键	功能描述	对应操作数	笔画键	功能描述	对应操作数
	启动帮助	78952	ALT key +	启动布局模式	321
	Undo 命令	7412369	ALT key +	启动绘图模式	147
	对所选对象进行报告	1474123		布线	852
	放大到区域	159		布线中切换方向	9632147
	查看全部	951		显示控制窗口	1478
	放大	357		切换只显示当前层	96541
	缩小	753		编辑控制	14569
	删除	74123698		自动完成	258
	复制	3214789		取消选择	1478963
	打开、关闭网线	321478965		移动元器件	74159
	定义临时参考点	729		旋转元器件	3698741
	定义静态参考点	927		完成（OK）	654
ALT key +	启动布线模式	123		取消（Cancel）	456

9.3.3　四种常用操作模式

在 Xpedition 中，有四种常用操作模式：Select Mode（选择模式）、Place Mode（布局模式）、Route Mode（布线模式）和 Draw Mode（绘图模式），分别对应四个工具图标。

选择模式：单击 Select Mode 按钮，进入选择模式。该模式最为灵活，可用于选择元器件、选择布线、选择绘图，并进行相应操作，由于可选择多种对象，有可能会造成误操作。

布局模式：单击 Place Mode 按钮，进入布局模式。该模式主要用于布局操作，在此模式下只能选中元器件，可进行放置元器件、移动元器件、元器件换层、元器件对齐、锁定等操作。

布线模式：单击 Route Mode 按钮，进入布线模式。该模式主要用于布线操作，有手动布线、半自动布线、全自动布线等，还可用于调整网线。只有在布线模式中，才能选中布线、引脚和网线等与布线相关的元素。

绘图模式：单击 Draw Mode 按钮，进入绘图模式。该模式主要用于绘制图形，可绘制电路板外框、布线外框、敷铜形状等，以及添加文字、各种标号、尺寸标注等。

根据当前所进入的操作模式，选择相关对象。通常在布局模式下选择元器件；在布线模式下选择导线、引脚和网线；在绘图模式下选择绘图类型的对象；选择模式虽然支持所有类型的选择，但对鼠标的位置有较为严格的要求，因此选择起来没有专用的模式便捷。

1．选择元器件（Select Parts）

Select Parts 通常需要在布局模式下进行，元器件被选中后，元器件外框的颜色会高亮显示，可以通过元器件外框的颜色，来判断该元器件是否被选中。

在 Display Control 对话框中，勾选 Object 选项卡下的 Place→Place Outlines→ Fill On Hover &Selection 选项，当鼠标在元器件上方移动（Hover）或者元器件被选中时，会自动填充外框，元器件三种状态显示对比如图 9-32 所示。

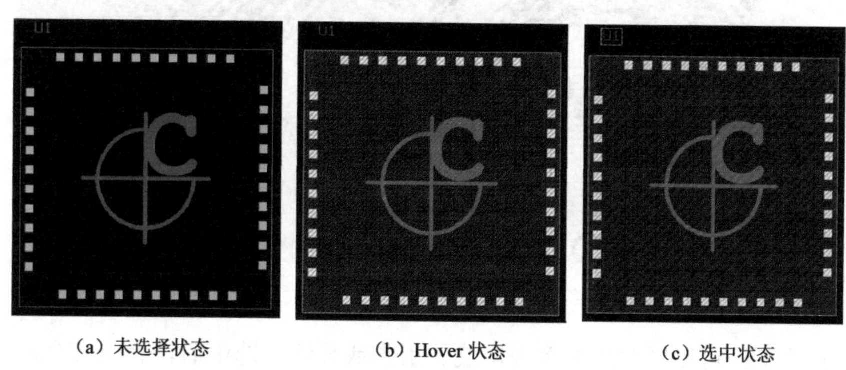

（a）未选择状态　　（b）Hover 状态　　（c）选中状态

图 9-32　元器件三种状态显示对比

① Single Select，用鼠标左键单击元器件外框内的任何部分，就能选中一个元器件。先前选中的元器件将不再被选中。若想选择更多的元器件，则可按下<Ctrl>键，再将其他元器件选中。<Ctrl>键可用于选择多个元器件或取消选择其中的某一个元器件。若想简单地取消所有选中的元器件，则只需用鼠标左键单击任意空白区域。

② Group Select，若想选中一组元器件，则可用鼠标左键框选，全部或部分被框住的元器件会被选中。

③ Select All，在布局模式下，选择 Edit→Select All，就可选中所有元器件。

④ Edit→Add to Select Set 命令，包含一些选项，可对固定的、非固定的和锁定的元器件进行选择。

⑤ Edit→Find 命令（在布局模式下可使用<Ctrl> + <F>组合键快捷方式）用于查找元器件，并在找到元器件之后，对其进行选择、高亮或放大居中显示等操作，如图 9-33 所示。

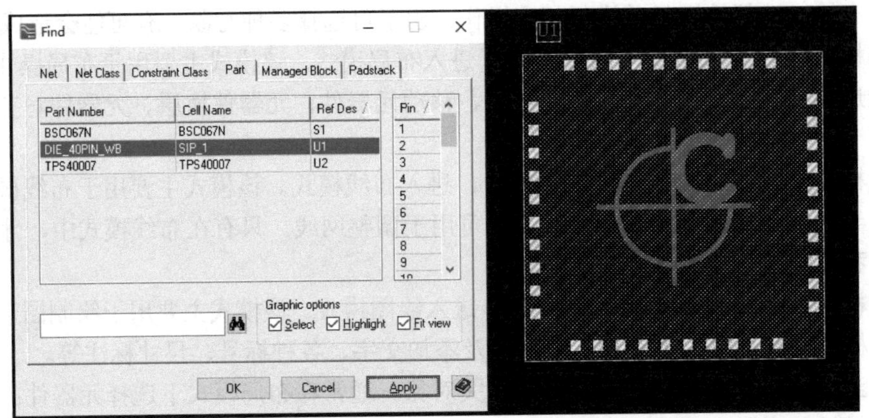

图 9-33　在布局模式下通过 Find 命令查找并选择元器件

2. 选择网络（Select Net）

Select Net 需要在布线模式下进行，当网络被选中后，网络的颜色会显示成高亮的条纹状，可以通过颜色来判断该网络是否被选中，如图 9-34 所示。

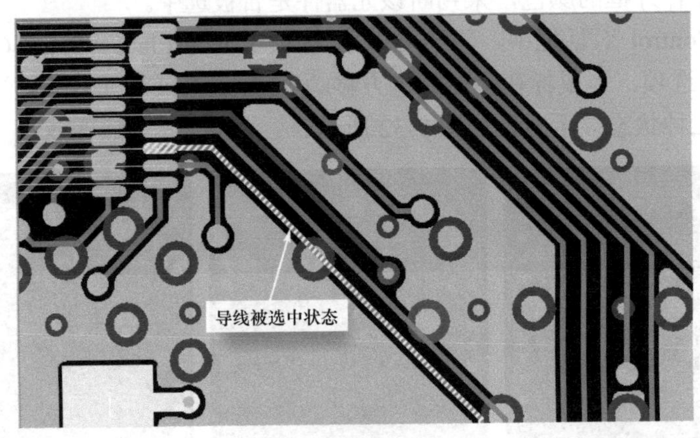

图 9-34　选择网络或导线

在布线模式下，可以同时选择多根网线、引脚或导线。选中后，有些命令才可以执行，如扇出、布线、重新布线、平滑、长度调整和删除等命令。

① Single Select，用鼠标左键单击某个引脚，就能将其选中，与该引脚相连的所有网线也将同时被选中；单击某根网线，将选中该网线；单击某根导线，将选中该导线的直线段部分。

② Double Select，用鼠标左键双击某根导线，将选中两个引脚对之间的所有导线线段。

③ Triple Select，用鼠标快速地三次单击某个引脚、网线或导线，将选中该网络中所有的引脚、网线和导线。

④ Group Select，要选中一组相关网络对象，可以用鼠标左键进行框选。那些全部或部

分被框住的网线、引脚和导线线段，可以被选中。之前选中的对象，若在该框之外，则不再被选中。若想在保持当前已选中对象的基础上选择更多的对象，则可按下<Ctrl>键后，再用鼠标框选需要选择的对象。

⑤ Select All，在布线模式下，运行 Edit→Select All 命令，将选中所有的导线、引脚和网线。

⑥ 在 Edit→Add to Select Set 菜单中包含一些命令，可对固定的、非固定的导线和过孔，以及其他一些特殊的网络对象进行选择。

⑦ Edit→Find 命令（在布线模式下可使用<Ctrl>＋<F>组合键快捷方式）用于查找网络，并在找到网络之后，对其进行选择、高亮或放大居中显示等操作，如图 9-35 所示。

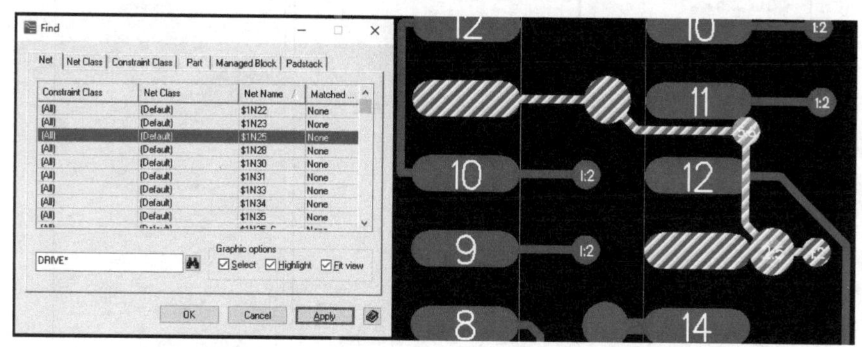

图 9-35　在布线模式下通过 Find 命令查找并选择网络

3. 选择绘图（Select Draw Objects）

在绘图模式下，可以同时选中多个绘图类型的对象。被选中的对象可以被修改或删除。警告：需要设计师注意的是，绘图模式可以选中布线，并可执行删除操作，所以在使用绘图模式进行编辑或删除操作时，不要误编辑或者删除布线。

和布线模式一样，绘图模式所选中的元素也是用高亮的条纹状显示，并覆盖在对象原有颜色上的，方便用户识别被选中的对象。

在 Edit Control（编辑控制）中的 Place 选项卡下的 General Options 中，如果勾选了 Allow Cell Graphics Edits 选项，则可以在绘图模式下编辑元器件外框。

图 9-36 所示为在绘图模式下选中并编辑敷铜形状和元器件外框。

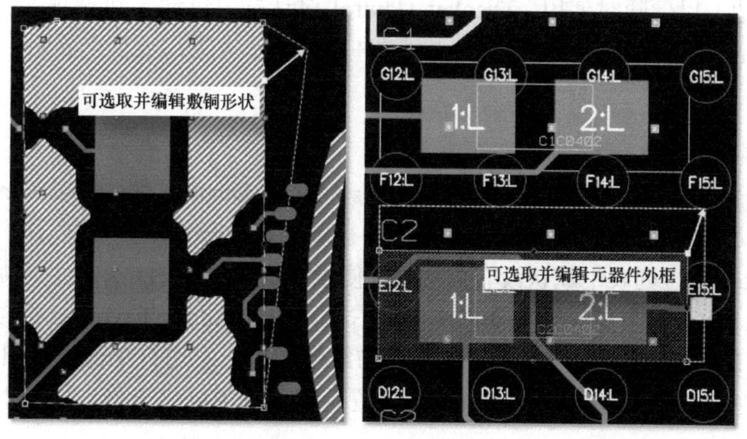

图 9-36　在绘图模式下选中并编辑敷铜形状和元器件外框

在绘图模式中，可绘制的图形种类有 32 种之多，如图 9-37 所示。根据 License 支持的功能不同，可绘制的种类数量也会有所区别。图形绘制完成后，其类型也可以更改，但并非所有的类型之间都可以相互更改。

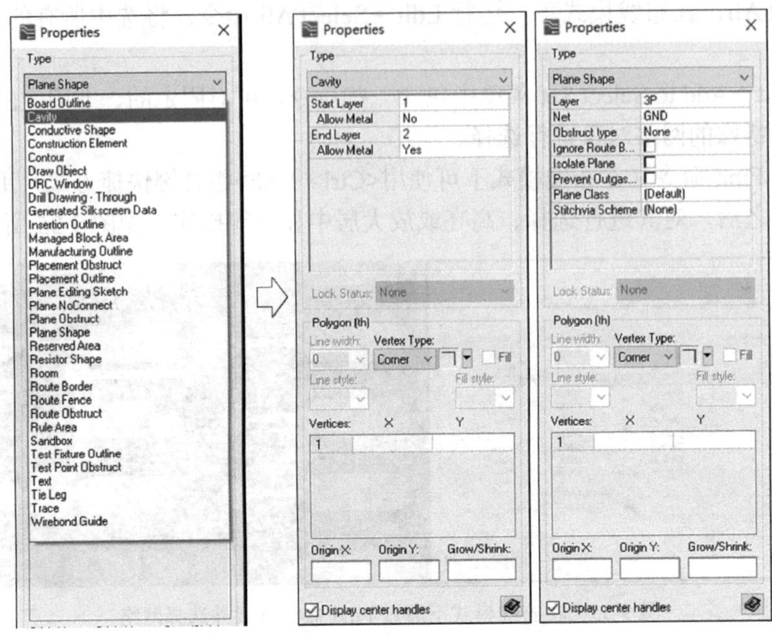

图 9-37　绘图模式下可绘制多种图形

① Single Select，单击一个绘图对象，可将其选中。若要选中更多的绘图对象或取消已选中的对象，则可按下<Ctrl>键，同时逐个单击需要选择的对象。

② Group Select，若要选择一组绘图对象，用鼠标左键将它们框选即可。

另外，在基板上加入文字，如中英文标识、注解等，也是在绘图模式中进行操作的。

9.3.4　显示控制（Display Control）

Display Control 对话框主要用于控制图形显示。同时，Display Control 也具有其他的一些独特功能，如布线时辅助层的切换等。在布线过程中，可以将该对话框打开，放置在桌面上工作区域的旁边，以便随时使用。Display Control 对话框中包含 5 个选项卡，分别是 Edit、Objects、Graphic、Fab 和 3D 选项卡，共“29+”个显示大类，数百个显示小类，如图 9-38 所示。

1．Edit 选项卡

Edit 选项卡中包含 3 个下拉列表：Favorites、Layer Display 和 Global View & Interactive Selection，可以通过单击对话框上的+ −符号进行展开或者合并操作。

① Favorites 下拉列表中默认没有内容，方便设计师将常用的显示项目添加到此，随后可快速选取。设计师可以在其他选项上单击鼠标右键，单击 Add to Favorites 选项进行添加。

② Layer Display 下拉列表用于显示物理布线层，每一层均有 Trace、Pad、Plane 可供选择，并可以单独设置颜色和花纹，在其顶部位置有两个选项可供选择：a.只列出允许布线层；b.只显示当前层。

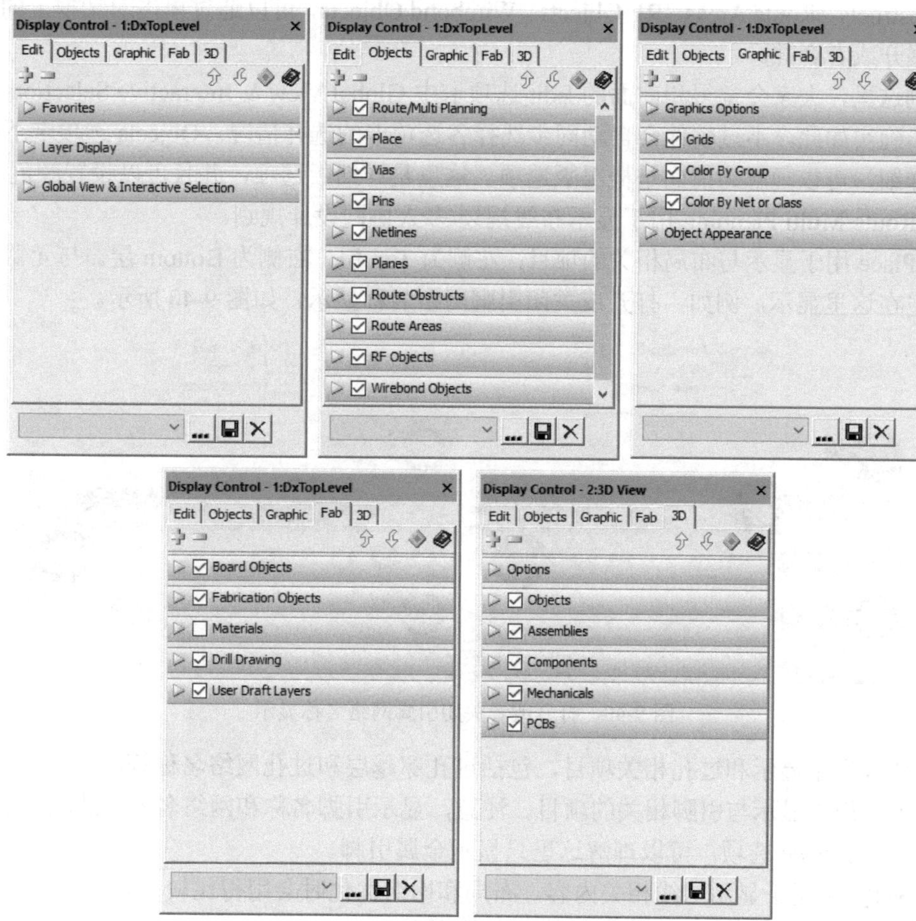

图 9-38　Display Control 对话框中的 5 个选项卡

③ Global View & Interactive Selection 下拉列表中包含 7 个选项，分别用于显示 Route/Multi Planning、Place、Route、RF、Wirebond、Board 以及 Draw 等相关的内容，每个选项下面又有多项。需要注意的是，该选项和 Layer Display 选项有些内容相同，如果有一边没有打开或选择，就不会在版图上显示。

在 Layer Display 下拉列表和 Global View & Interactive Selection 下拉列表中均有快速选择按钮，如图 9-39 所示。单击按钮后可全部选中或者全不选，并且可以保存显示选项以重新调用。

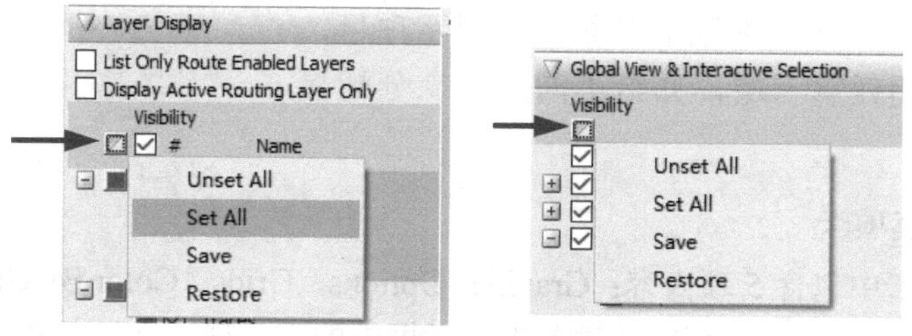

图 9-39　快速选择按钮

2．Objects 选项卡

Objects 选项卡下包含 10 项内容：Route/Multi Planning、Place、Vias、Pins、Netlines、Planes、

Route Obstructs、Route Areas、RF Objects、Wirebond Objects，可以通过单击对话框上的 + − 符号进行展开或者合并。

看到这里，大家会觉得和前面的 Edit 选项卡中 Global View & Interactive Selection 功能有所重复，确实如此，不过软件会自动同步选择各选项卡的选择情况。Objects 选项卡下面的选项更为详细，可以理解为前面是概况版选项，这里是详细版选项，并且可以设置颜色。

① Route/Multi Planning 用于显示布线规划/多人协同设计规划。

② Place 用于显示与布局相关的项目，左侧为 Top 层，右侧为 Bottom 层。与元器件相关的选项也在这里显示，例如，打开或关闭引脚网络名称显示，如图 9-40 所示。

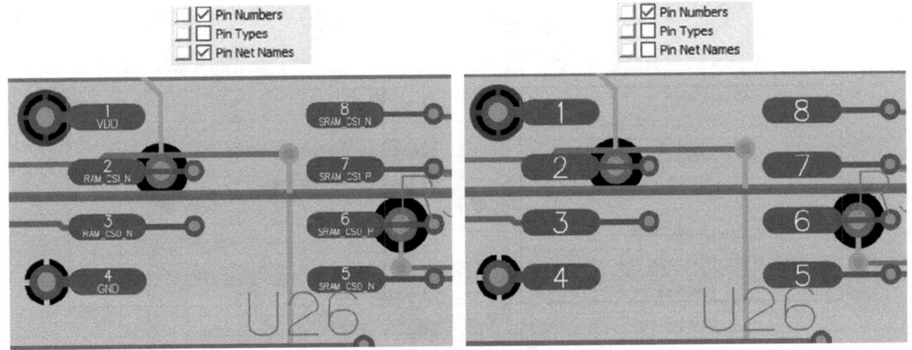

图 9-40　打开或者关闭引脚网络名称显示

③ Vias 用于显示和过孔相关项目，包括过孔穿越层和过孔网络名称等。

④ Pins 用于显示与引脚相关的项目。注意，显示引脚名称和网络名称的选项并非这里，而是其上方的 Place 选项，可以理解这里只显示金属引脚。

⑤ Netlines 用于显示网线相关内容，布局和网络优化时会用得比较多。

⑥ Planes 用于显示和平面层及敷铜相关的内容。

⑦ Route Obstructs 用于显示和布线限制相关的内容。

⑧ Route Areas，布线区域显示选项，布线边框、规则区域均在此显示。

⑨ RF Objects，RF 元素相关显示选项，如 RF Nodes，Shapes 均在此显示。

⑩ Wirebond Objects，包括 Die Pin、Bond Wire、Bond Guides 的显示，根据堆叠层数的多少，显示层数也不相同。图 9-41 所示为 8 层芯片堆叠的显示项目，可单独打开和关闭任意一层，并给不同层独立分配显示的颜色。

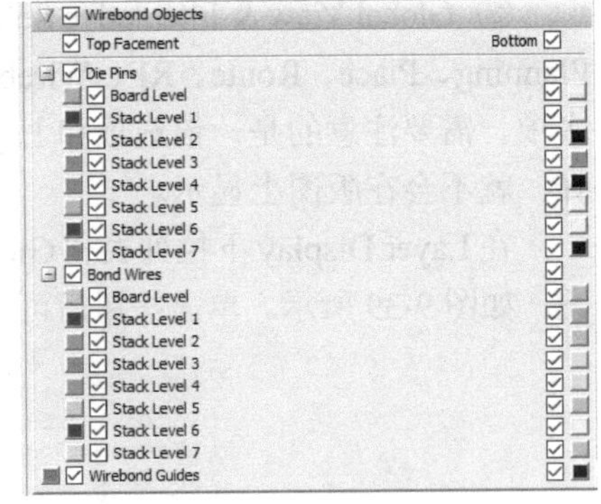

图 9-41　8 层芯片堆叠的显示项目

3. Graphic 选项卡

Graphic 选项卡中包含 5 项内容：Graphics Options、Grids、Color By Group、Color By Net or Class、Object Appearance，可以通过单击对话框中的 + − 符号进行展开或者合并操作。

① Graphics Options 用于控制图形的显示模式，例如，高亮、图案、全屏光标、背景颜色、布线上的网络名称、镜像显示、绕线标尺等都在此显示，图 9-42 显示的是当 Dim Mode 滑动条处于不同位置时的显示效果，可以方便地对网络布线的整体结构及与周边元素的相关

信息进行检查。

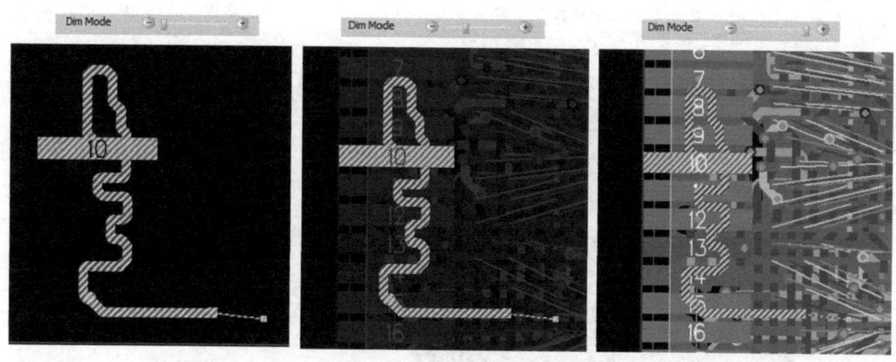

图 9-42　当 Dim Mode 滑动条处于不同位置时的显示效果

② Grids，用于控制不同类型格点的显示情况。

③ Color By Group，对组的颜色进行选择显示。

④ Color By Net or Class，对网络和类的颜色进行选择和显示，可选择关键网络进行不同颜色显示，如果勾选了 ☑ Use Colors from Constraint Manager 选项，则会继承在 Constraint Manager 中设置的颜色。

⑤ Object Appearance 用于控制布线、焊盘、敷铜的显示模式。

4．Fab 选项卡

Fab 选项卡下包含 5 项内容：Board Objects、Fabrication Objects、Materials、Drill Drawing 和 User Draft Layers，可以通过单击窗口上方的 + − 符号进行展开或者合并操作。

① Board Objects，用于控制显示和 Board 相关的项目，包括板框、腔体、安装孔、基准点、原点等。

② Fabrication Objects，用于控制显示和生产相关的项目，包括焊膏、阻焊、装配层、丝印层、元器件原点、点胶点。

③ Materials，用于显示和材料相关的项目，主要用于埋入式电阻电容材料的显示，包括电阻、电容和导体材料。

④ Drill Drawing，用于显示钻孔图。

⑤ User Draft Layers，用于显示用户自定义层，包括从外部导入的 DXF、Gerber 等图层均在此显示。

5．3D 选项卡

3D 选项卡主要控制 3D View 下的显示元素和显示效果，包含 6 项内容：Options、Objects、Assemblies、Components、Mechanicals、PCBs，主要是与 3D View 窗口相关的内容的显示控制，可以通过单击对话框上的 + − 符号进行展开或者合并操作。图 9-43 所示为 Xpedition 中的 3D View 环境。

① Options，3D 显示模式控制，包括强制不透明、透视法、显示内部层、放大因子、放弃小元素等。

② Objects，3D 元素的显示，包括基板、键合线、埋入式材料、布线、过孔、铜皮、网线等。

③ Assemblies，3D 装配元素的显示，显示从外部导入的 3D 装配件。

图 9-43　Xpedition 中的 3D View 环境

④ Components，3D 元器件的显示，左侧为显示颜色控制，右侧为可见性控制。

⑤ Mechanicals，3D 结构件的显示，左侧为显示颜色控制，右侧为可见性控制。

⑥ PCBs，3D PCB 元素的显示，例如，拼版设计中的多个 PCB 的显示控制。

6. 三个重要提示

上面讲述了 Display Control 的设置，内容比较多，超过 29 个大项，数百个小项目，设计师开始很难记住具体的显示位置，一个个去找的话，会严重影响设计效率，好在有一个便捷的方法，就是下面提到的第一个重要提示。

（1）单击 Display Control 窗口后，敲击键盘，Display Control 窗口上会自动出现文本框，设计师只需要输入想要查找的元素的部分关键字，例如，在文本框中输入 Meter，按回车键后，软件自动搜索到 Tuning Meter，勾选后就可以在调整高速布线长度时，显示调线标尺了，如图 9-44 所示。

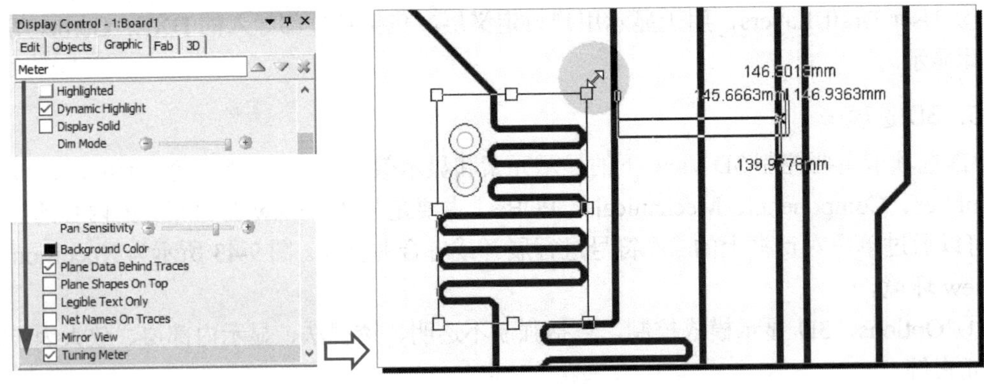

图 9-44　通过关键字搜索查找显示元素

（2）窗口或者菜单的动态变化，这也是新版本 Xpedition 的一个特点。以往的工具，如果某些功能不可用，则显示为灰色，而在 Xpedition 中，不可用的功能会自动隐藏，在窗口或者菜单中不出现，而如果由于 License 的启用，可用的功能则会自动出现在窗口或者菜单上。比如我们前面描述的“29+”个大项，之所以采用“29+”的名称就是因为实际的项目要更多，如在 Rigid-Flex 设计中，所显示的内容就会包含刚柔结合版设计的内容，而前面的描述并没有相关的内容，所以没有显示。这样的好处就是菜单和窗口始终处于比较简洁的状态。因为随着设计复杂程度的提升，需要显示的内容实在太多了。这种模式会给初学者带来一些困惑，让人感觉菜单变化莫测，需要逐渐适应。

（3）可将常用的显示方案保存，方便后续调用，单击 Display Control 最下方的保存按钮，出现保存对话框，可保存在本地、软件系统或者用户指定文件和位置，保存后在下类表中可直接调用保存的显示方案，方便快捷。保存显示方案并重新调用如图 9-45 所示。

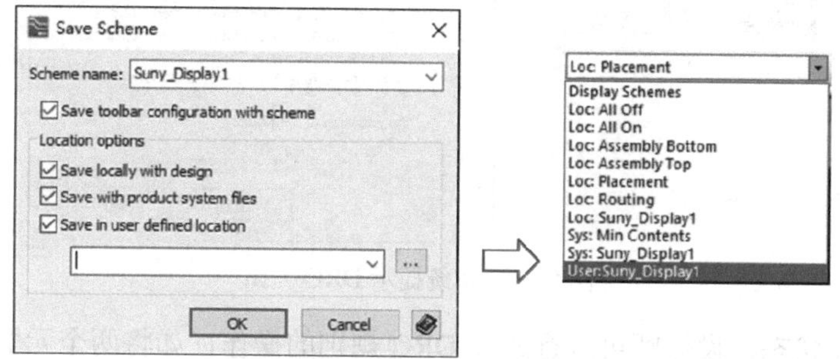

图 9-45 保存显示方案并重新调用

Display Control 到此就介绍完毕，需要设计师在使用过程中逐渐熟悉，从而提高设计效率。

9.3.5 编辑控制（Editor Control）

Editor Control（编辑控制）对话框中包含 Common Settings（通用设置）和 3 个选项卡，分别是 Place、Route 和 Grids，下面逐一介绍。

图 9-46 所示为 Editor Control 对话框中的 Place 、Route 、Grids 选项卡界面截图。

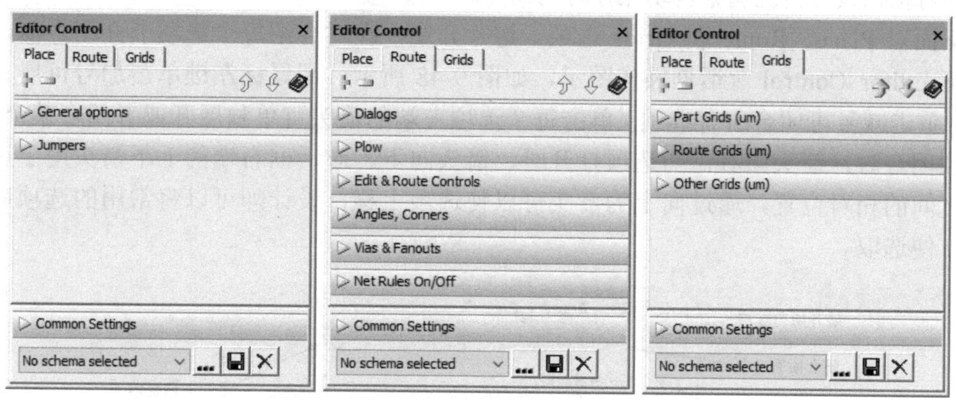

图 9-46 Editor Control 对话框中的 Place、Route、Grids 选项卡界面截图

1. Common Settings

在 Editor Control 的几个选项卡之间进行切换时，对话框下方的 Common Settings 选项始终保持不变，Common Settings 选项中包含对实时 DRC 的设置，以及对自动保存时间间隔的设置。

（1）实时 DRC 设置。

在默认情况下，实时 DRC 是始终打开的，即 Interactive Place/Route DRC 前面的勾选项始终是选中状态，确保在版图设计中布局、布线等操作不会发生 DRC 错误。如果在设计过程中需要关闭实时 DRC，则取消选择 Interactive Place/Route DRC 前面的勾选项。此时，系统弹出提示对话框，提示有些功能会被关闭，单击“是”按钮进行确认后，系统自动弹出 DRC 关闭警告对话框，提示设计师此时处于 DRC 关闭状态，如图 9-47 所示。

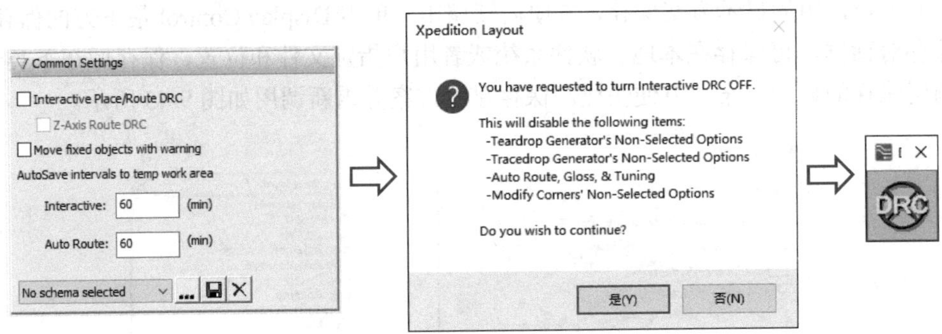

图 9-47　系统提示 DRC 关闭

在 DRC 关闭状态，设计师可进行违反 DRC 规则的操作，如将两个元器件的焊盘重叠放置，这在某些射频电路设计中是经常使用的。需要提醒设计师的是，在完成这些违反 DRC 规则的操作后，不要忘记重新将 DRC 打开，操作方法非常简单，只需要关掉 DRC 关闭警告对话框即可。此时系统会自动弹出窗口，提示 DRC 将会被打开，并建议设计师进行 Batch DRC 检查。在通常情况下，单击 No 按钮即可，因为在设计完成后，会统一进行 Batch DRC 检查。

（2）自动保存间隔设置。

在 Interactive 文本框中输入的值是交互式布线时系统自动保存的时间间隔，默认为 60 分钟，Auto Route 文本框中的输入值是自动布线时系统自动保存的时间间隔，默认也为 60 分钟，设计师可根据设计情况调整自动保存时间间隔。

下面对 Place、Route 和 Grids 选项卡进行介绍，在对介绍每个选项卡介绍之前，先了解一下 Editor Control 对话框操作图示，如图 9-48 所示。用鼠标左键单击加号可展开所有选项，单击减号可闭合所有选项。单击每个选项左端的箭头可单独展开或者闭合某个选项，当选项闭合时，箭头向右，当选项打开时，箭头向下。对话框右端的上下箭头用于调整各选项之间的相对位置，通过向上的箭头可以使选项上移，设计师可以将常用的选项向上移动，方便选取。

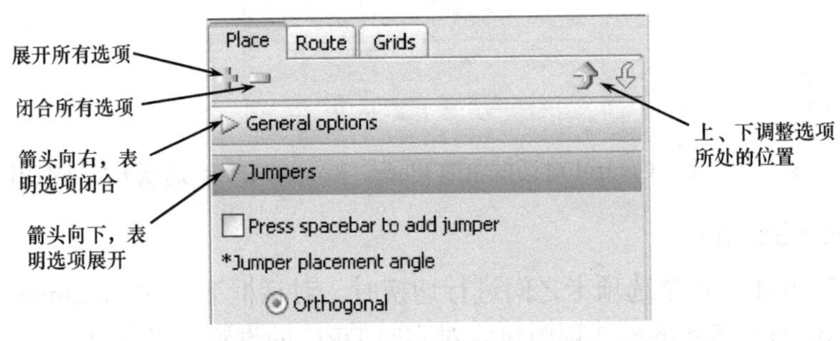

图 9-48　Editor Control 对话框操作图示

2. Place 选项卡

Place 选项卡中主要包含 General options 和 Jumper 两个下拉列表。

（1）General options 下拉列表。

General options 主要包括与布局相关的一些设置，如在布局时的 Online 2D Placement DRC 检查规则。如果设置成 Warning，则在布局时出现元器件的冲突，系统只做警告处理；如果设置成 Preventative，则会禁止元器件冲突的发生；如果附加上 Shove Parts 选项，则会在元器件发生冲突时自动进行推挤。

选择何种方式要根据实际情况来定。例如，如果需要将某些元器件部分放置在基板板框以外，则需要选择 Warning，这样即使有警告，系统也允许放置元器件；如果设置成 Preventative，则元器件始终无法放置，因为有元器件冲突产生，而系统设置是禁止冲突的。

Online 3D Placement DRC 规则也是相似的道理。需要注意的是，一般 Bond Wire DRC 规则设置为 3D DRC 并且允许同网络的键合指重叠；另外如果需要编辑元器件边框和文字，则需要勾选 Allow Cell Text Edits 和 Allow Cell Graphics Edits 选项（默认这两个选项是不勾选的）如图 9-49 所示。

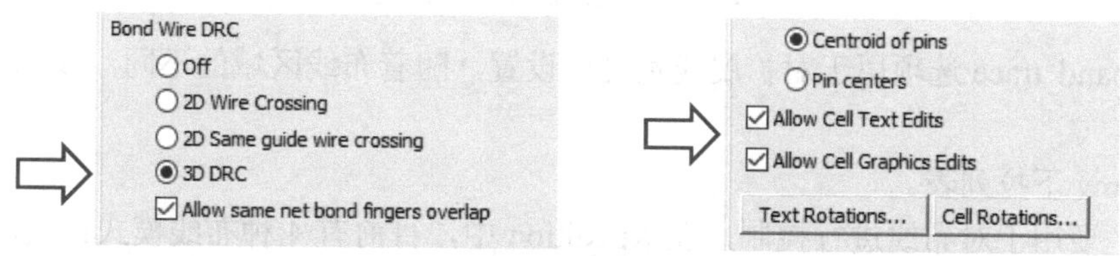

图 9-49　Bond Wire DRC 选项及编辑元器件外框和文字选项

其他的选项，如在移动元器件时网线的显示模式、元器件的对齐方式、文字的旋转方式、元器件的旋转方式设置在此不做详述。

（2）Jumpers 下拉列表。

Jumpers 主要设置关于跳线的规则，这里也不做详细阐述，可参考相关资料。

3. Route 选项卡

Route 选项卡中主要包含 6 个下拉列表，分别是 Dialogs、Plow、Edit & Route Controls、Angel，Corners、Vias & Fanouts 和 Net Rules On/Off。每个下拉列表所处的具体位置可通过右端的上、下箭头进行切换，设计师可以将最常用的项放置到对话框的顶端，方便选取。

（1）Dialogs 下拉列表。

① Layer Settings 选项，主要用于设置允许在哪些层进行布线，每一层布线的默认方向及层对（即布线过程中放置过孔时自动切换的层）的设置。

② Tuning 选项，主要用于设置绕线规则，包括绕线的形状、方式、物理参数等。

③ Diff Pairs 选项，主要用于对差分对的选项进行设置，包括是同一层的差分对还是相邻层的差分对，以及差分布线的物理参数设置等。

④ Pad Entry 选项，主要用于对 Pad 出线的方位以及是否允许在焊盘上打孔进行设置。在 SiP 或者 Package 设计中，经常需要在焊盘上打孔，在某个 6 层的 SiP 基板设计中，需要在长方形封装引脚 Pad 上打孔，则选中 Pad 为 Rectangle 2×35，然后勾选 Allow via under pad 选项，并勾选 Layer Range 5-6 选项，如图 9-50 所示，表明允许在该焊盘上打孔，并且打的是从第 5 层穿越到第 6 层的孔，Allow off pad origin 表明孔可以偏离 Pad 的中心，Align on long axis 表明孔需要沿着焊盘长轴对齐。

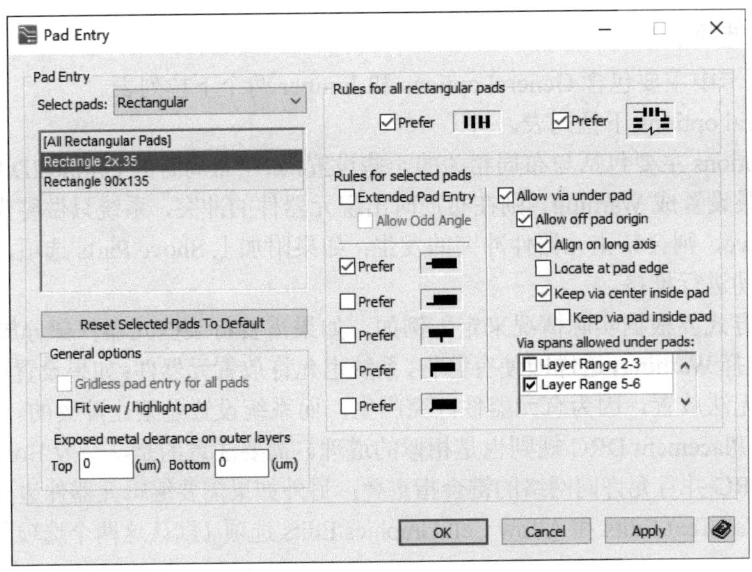

图 9-50 允许在焊盘上打孔

⑤ Expand trace 选项用于对扩展线宽进行设置，随着布线区域的不同，线宽可根据设置自动调整。

（2）Plow 下拉列表。

Plow 主要用于对布线进行控制，在 Xpedition 中，目前有 4 种布线模式：实时布线/延迟模式（Real Trace/ Delayed）、实时布线/动态模式（Real Trace/ Dynamic）、曲棍球棒/单击模式（Hockey Stick/On Click）、分段/单击模式（Segment/On Click）。有 2 种鼠标操作方式：鼠标移动模式（Mouse up style）和鼠标拖动模式（Mouse drag style）。

鼠标移动模式（Mouse up style）是指当鼠标左键没有按下时的鼠标移动，支持以上 4 种布线模式；鼠标拖动模式（Mouse drag style）是指当鼠标左键按下时的鼠标移动，支持前 2 种布线模式，组合起来总共有 6 种布线模式。鼠标操作方式及布线模式选择如图 9-51 所示。

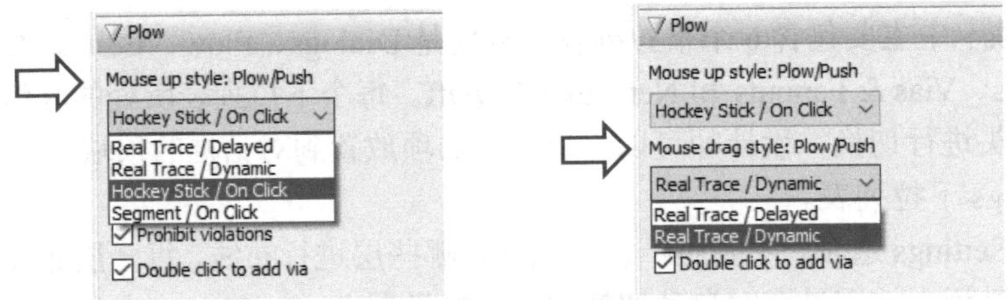

图 9-51 鼠标操作方式及布线模式选择

Plow 下拉列表中的 Prohibit violations 和 Double click to add via 选项一般都需要勾选，此时布线 DRC 打开，双击鼠标自动添加过孔。

（3）Edit & Route Controls 下拉列表。

Edit & Route Controls 主要用于对布线过程中的平滑控制（Gloss）和推挤控制（Push & Shove）进行设置，如图 9-52 所示。

① Gloss 平滑控制。

Gloss mode（平滑控制模式）包括 On（打开平滑）、Local（局部平滑）、Off（关闭平滑），在布线过程中也可通过按键盘<F10>键切换三种平滑模式。

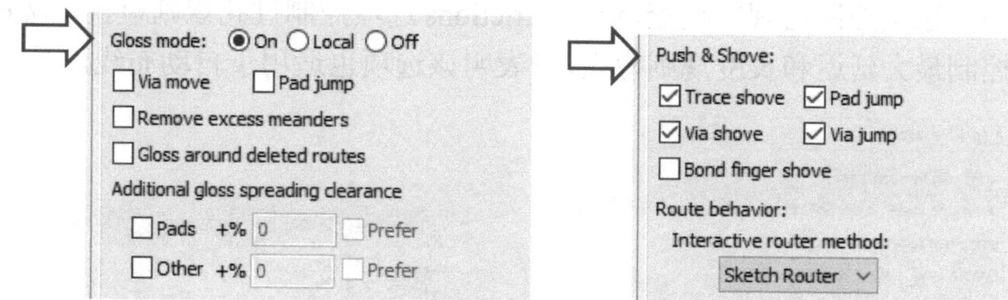

图 9-52　平滑控制和推挤控制设置

Via move、Pad jump 表示在平滑操作时，允许移动过孔、允许布线跳过焊盘；Remove excess meanders 表示在平滑操作时去除额外的绕线；Gloss around deleted routes 表示在删除布线或过孔时周围布线自动平滑。

② Push & Shove 推挤控制。

Trace shove 选项控制是否对导线进行推挤；Via shove 选项控制是否对过孔进行推挤；Pad jump 选项控制布线在推挤过程中是否允许跳过焊盘；Via jump 选项控制布线在推挤过程中是否允许跳过过孔；Bond finger shove 选项控制是否对 Bond finger 进行推挤。

（4）Angel，Corners 下拉列表。

Angel，Corners 主要用于设置布线角度和拐角，包括弧线布线和 45° 布线，同时还可以设置弧度的半径，Variable 为半径自适应变化，也可输入固定的弧度半径，如图 9-53 所示。

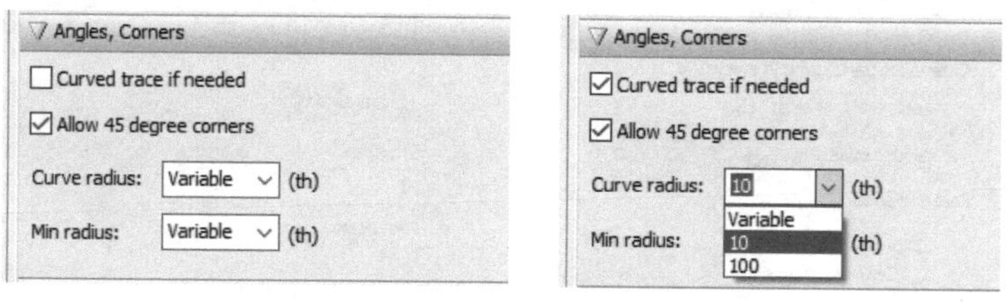

图 9-53　布线角度和拐角设置选项

（5）Via & Fanouts 下拉列表。

Via & Fanouts 主要用于设置布线过程中过孔和扇出的规则，如图 9-54 所示。

① Auto trim through vias，设置是否根据过孔两端布线所处的层的情况，自动截取通孔为盲孔或者埋孔，当然前提是该设计允许使用盲埋孔。

② Allow one more via per SMD pin，设置是否可在 Pad 上打多个过孔，有些元器件的散热焊盘需要放置多个过孔。

③ Use place outlines as via obstructs，设置是否允许在元器件底部放置过孔，通常是允许的，即不勾选此选项。

④ Enable fanout of single pin nets，设置是否对单点网络进行扇出。如果不选择，则单点网络不会进行扇出和布线。

⑤ Max pins/plane fanout via，定义共享同一扇出过孔的元器件引脚的最大数目。如果不定义，则不做限制。

⑥ Max traced length on restricted layers，定义在限制布线层允许布线的最大长度，包括外部层设置和内部层设置。

（6）Net Rules On/Off 下拉列表。

Net Rules On/Off 下拉列表如图 9-55 所示，其中 Stub lengths 选项控制端接长度规则检查，

Layer restrictions 选项控制层规则检查，Via restrictions 选项控制过孔规则检查，*Max delays and lengths 选项控制最大延迟和长度规则检查，*表明该选项也适用于自动布线。

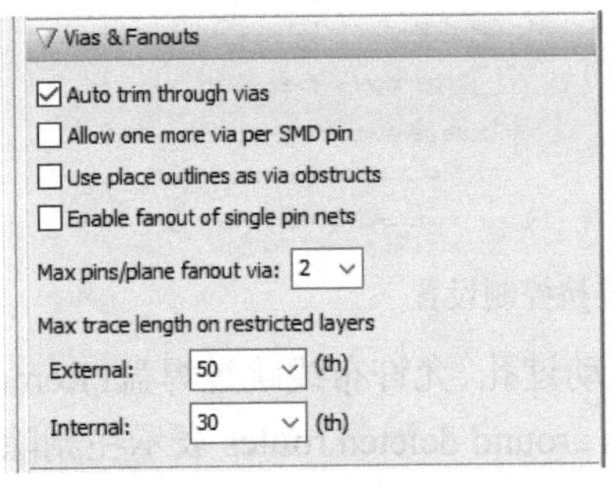

图 9-54 过孔和扇出的规则设置

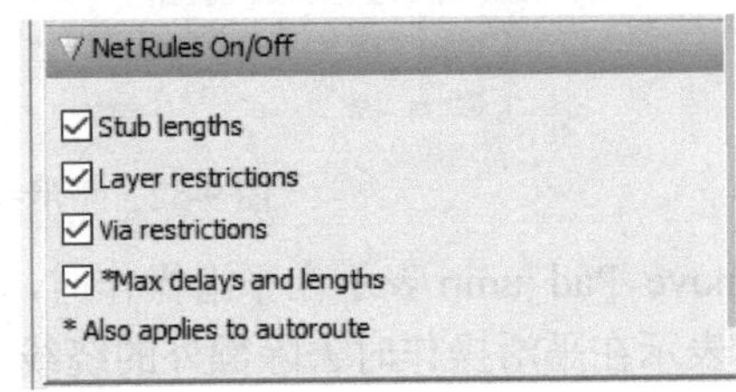

图 9-55 Net Rules On/Off 下拉列表

4. Grid 选项卡

Grid 选项卡主要用于对 Grid（栅格）进行设置，包括 Part Grids、Route Grids 和 Other Grids 设置，如图 9-56 所示。

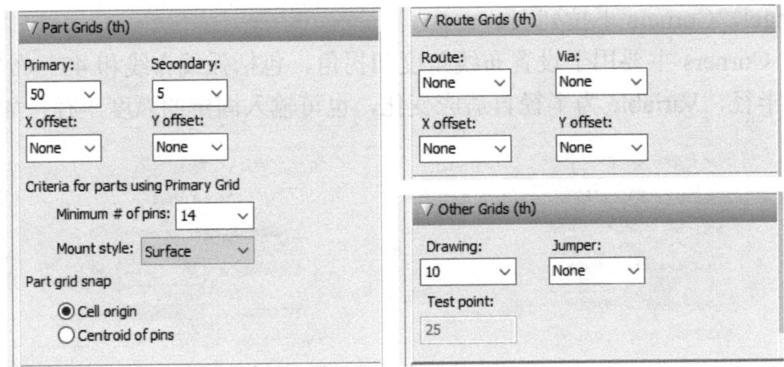

图 9-56 Part Grids，Route Grid 和 Other Grids 设置

（1）Part Grids（th）下拉列表。

可设置两种元器件栅格，分别是主栅格（Primary Grid）和次栅格（Secondary Grid），并且可以引脚的数目为基准来判定不同的元器件适用不同的栅格。这样，将引脚数目多的大元器件快速找到定位点，而对于一些引脚数目比较少的小元器件，如电阻、电容等能以较小的栅格移动，将其围绕大元器件进行布局。Offset 用于设置偏移量，通常都设置为 None。Criteria for parts using Primary Grid 用于判断元器件适用那种栅格的基准，例如，引脚数量大于等于 14 的元器件适用 Primary Grid，引脚数量小于 14 的元器件适用 Secondary Grid。

（2）Rout Grids（th）下拉列表。

Rout Grids（th）可设置布线（Route）的栅格和过孔（Via）的栅格。Xpedition 支持无网格布线器，可以设置 Route 和 Via Grid 均为 None，这样便于在布线中进行推挤。如果需要准确定位，如 BGA 的出线，可以选择合适的栅格进行设置，从而使得布线位于两个 Pad 的正中位置。或者陶瓷封装中多层过孔的堆叠，可设置合理的 Via Grid，便于过孔对准。

（3）Other Grids 下拉列表。

Other Grids 主要设置 Drawing、Jumper 及 Test point 的栅格。

9.3.6 智能光标提示

随着软件智能程度的不断提高，Xpedition 也增加了很多智能的功能，例如，前面提到的软件菜单会随着软件功能启用情况的不同而有相应的变化，从而达到最精简的菜单模式。此外，当设计师在 Xpedition Layout 中移动鼠标时，鼠标的光标会显示成不同的形状来提示设计师当前的操作状态，如图 9-57 所示，总共 5 状态，10 种样式，下面分别介绍。

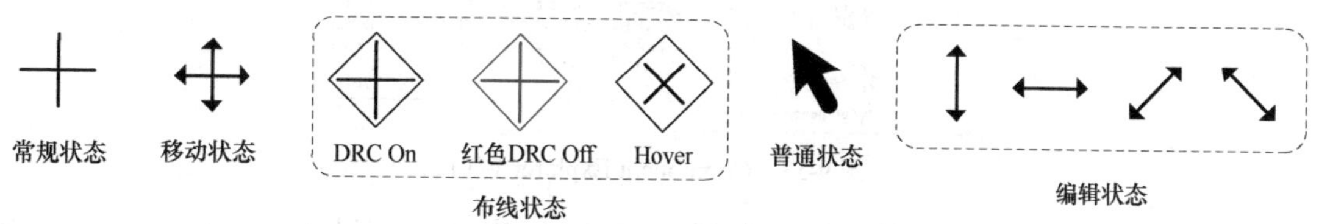

图 9-57　Xpedition Layout 不同操作状态下鼠标光标显示样式

① 常规状态，光标显示为小十字，这是 Xpedition 中鼠标光标最常见的样式，一般表明此时鼠标处于空闲状态。

② 移动状态，当光标显示为带四个小箭头的十字形状时，表示鼠标现在处于移动状态，此时按下鼠标左键，则可以移动被选中的元素。

③ 布线状态，在选择模式或者布线模式，当鼠标光标移动到可以布线的元素，如焊盘上方时，有两种情况：a）Dynamic Highlight 被勾选，焊盘高亮显示，光标变为带外框的小十字，表示进入布线状态，此时按下鼠标左键即可进行布线。b）当 Dynamic Highlight 没有被勾选时，焊盘不高亮显示，光标为常规状态，此时按下鼠标并拖动，同样可以进入布线状态，光标变为带外框的小十字；在 DRC On 的情况下，带外框小十字正常显示，在 DRC Off 的情况下，带外框小十字显示红色。在没有选中任何元素的情况下，进入布线模式，光标显示为，此时只要选择可以布线的元素，即可开始布线，光标也变为。

④ 普通状态，在绘图模式，光标一般显示为，此外，在当光标位于设置窗口时也显示为该样式，当选中相关元素时，光标切换为其他样式并进入相应状态。

⑤ 编辑状态，当光标变为双向箭头时，具体包括以下四种样式，表明进入编辑状态，一般在此状态下操作，图形的形状会发生相应变化。

9.4 版图布局

在布局前，可根据项目的具体情况将基板尺寸进行调整，例如，将板框尺寸由 30 mm×30 mm 扩展为 31.5 mm×31.5 mm，并将 Board 原点位置移动到（15750 um，15750 um），使其位于整个 SiP 基板的中心位置。

9.4.1 元器件布局

在 Xpedition 工具栏单击 Place Mode 工具按钮，切换到布局模式下，选择 View→Toolbars→Place，打开布局工具栏，单击工具栏第一个按钮，弹出 Component Explorer 窗口，如图 9-58 所示。

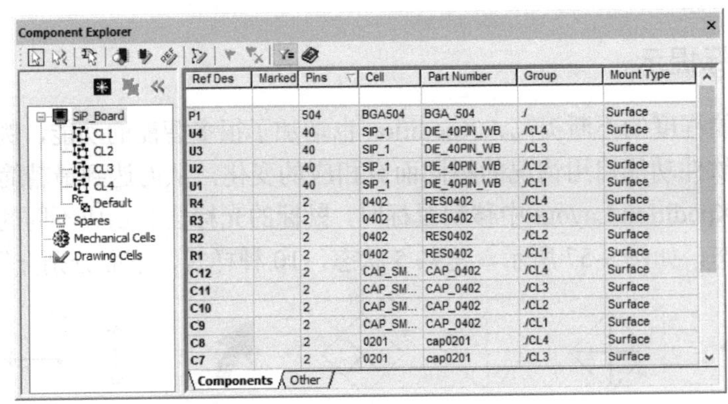

图 9-58　Component Explorer 窗口

Component Explorer 窗口是布局元器件的管理窗口，窗口左侧是导航栏，右侧为元器件列表，上方为系列工具栏。

在左侧的导航栏列出可布局的元素，最顶端为整个版图设计，如图 9-58 中的 SiP_Board，其下方为 Group 列表，如图中的 CL1、CL2、CL3、CL4，Group 需要事先在原理图或者版图中定义才能显示。RF 代表相关元素；Spares 代表在原理图中不存在但版图中没有删除的元器件；Mechanical Cells 代表结构件；Drawing Cells 代表绘图元素，如板框，标注等。

右侧的元器件列表，黑体字代表元器件还未被放置到版图中，已放置到版图中的元器件则正常字体显示，如图中的 P1。在列表最上方的空白行可以选择关键字对内容进行过滤显示，例如，在第一列上方选择 U*，则只显示以 U 开头的元器件列表。

在工具栏中有 11 个图标，分别对应不同的功能。将光标放在图标上会提示相应的图标名称，例如第 3 个图标提示为 Place by schematic，读者可以尝试，这里不做详述。

1．通过原理图布局

Xpedition 有多种布局方式可选，对于比较复杂的 SiP 设计，常常需要通过原理图指导布局，可以通过原理图交互的方式进行布局，在 Component Explorer 窗口单击 Place by schematic 按钮，在原理图中选择需要布局的元器件。当光标移动到版图窗口上方时，所选元器件的 Cell 会自动粘在光标上，设计师只需要找到合适的位置放置元器件即可。原理图版图交互式布局如图 9-59 所示。

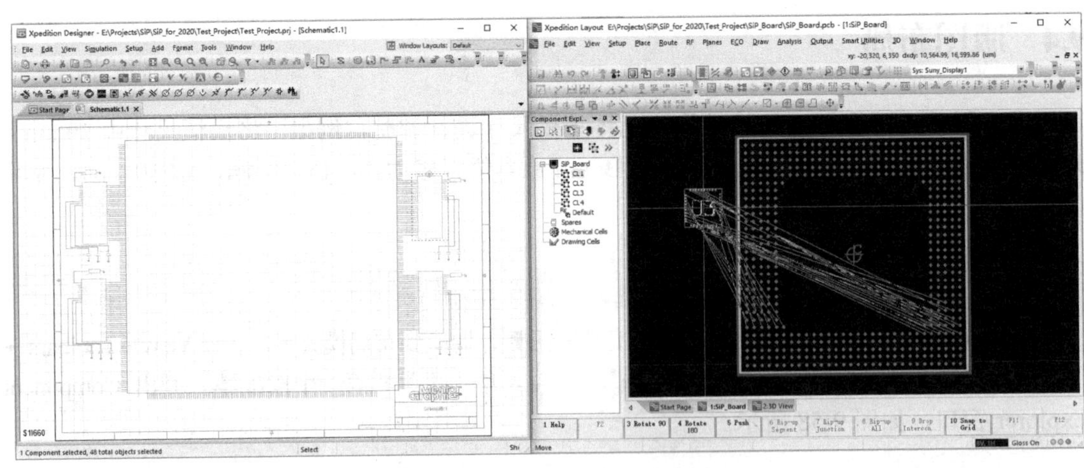

图 9-59　原理图版图交互式布局

在原理图中，可通过颜色实时变化情况监测元器件是否放置到版图上。如果一个元器件没有放置到版图上，则显示为浅灰色；如果放置到版图上，则显示正常颜色，颜色的变化就发生在将元器件放置到版图的一瞬间，具有很强的实时性。

2．通过 Group 布局

Xpedition 采用了先进的分组层次化布局方式，设计师先在原理图中根据逻辑关系分组定义功能模块，在版图设计中分组放置各个功能模块，然后再细化每个模块内部的布局。软件会根据模块内所含元器件的尺寸之和计算组所需的布局空间，然后在组内优化布局。层次化分组布局是版图设计思路上的巨大创新，大大提高了原理图设计对版图设计的指导作用。

在原理图工具 Xpedition Designer 中，元器件都有 Cluster 属性，Cluster 属性值相同的元器件被划分为一组，当数据传输到版图工具 Xpedition Layout 时，自动划分为相同的 Group，如图 9-60 左侧导航栏列出的 CL1、CL2 、CL3、CL4。

在布局时，用鼠标分别选中 CL1、CL2 、CL3、CL4 并拖动到版图环境中，我们发现只有四个圆圈，并没有出现元器件，与此同时，Component Explorer 窗口左侧导航栏的对应图标也变成了小圆圈，如图 9-60 所示。

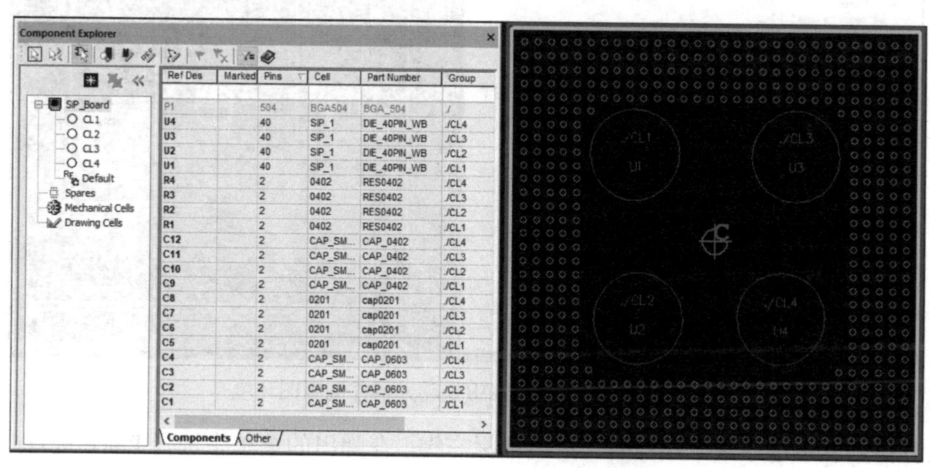

图 9-60　将 CL1~ CL4 组布局到版图窗口

选中每一个圆圈，单击鼠标右键，在弹出的菜单中选择 Arrange→Arrange One level，可以看到此时 Component Explorer 窗口左侧导航栏的小圆圈也变成了元器件的样式，每个组的元器件都被自动放置在一个线框之内，设计师可以调整组内元器件的相对位置，也可以选中线框移动整组。通过 Arrange 命令布局组内元器件，如图 9-61 所示，如果组内元器件位置调整合适，可以单击鼠标右键，在弹出的菜单中选择 Freeze（冻结）命令，冻结后组内元器件相对位置不能移动，但元器件整组是可以移动的。

3．通用布局方法

虽然通过原理图布局和通过 Group 布局的方法都有其便利性，但也存在一些设计没有原理图（通过网表驱动）或者设计中并没有定义 Group，这时就可以采用通用布局方法。

通用布局方法最为简便，只需要在元器件列表中选择需要布局的元器件并直接拖动到版图环境即可，如图 9-62 所示。放置到版图中的元器件其 Ref Des 列变为正常的字体显示，未放置的元器件仍为黑体显示，便于区分是否放置。

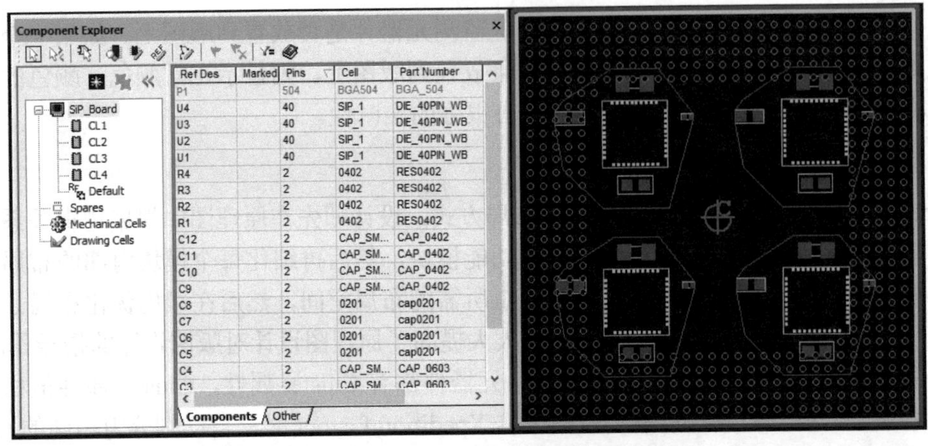

图 9-61　通过 Arrange 命令布局组内元器件

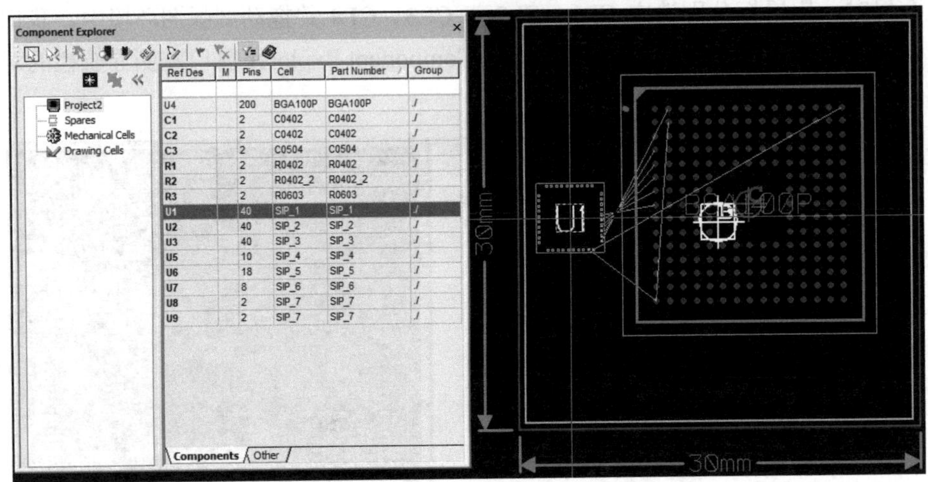

图 9-62　直接从列表中拖动元器件到版图环境

或者在列表中选中某个元器件，单击鼠标右键，在弹出的菜单中选择 Place 进行布局；也可在列表中选中多个元器件，单击鼠标右键，在弹出的菜单中选择 Place Parts Sequentially 进行元器件布局如图 9-63 所示。

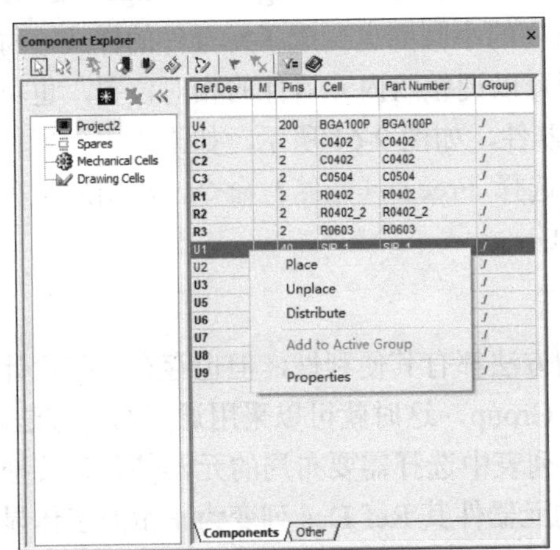

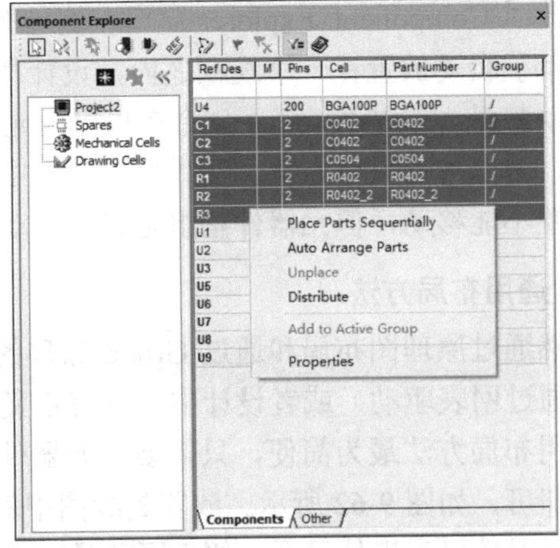

图 9-63　采用右键菜单进行元器件布局

这里介绍下 Auto Arrange Parts 功能和 Distribute 功能，前者是将元器件紧凑地放置在一起，由设计师选择放置的位置，并根据设计情况进行调整；后者是将元器件自动散开并放置到板框之外，由设计师再逐个选择拖动到板框内进行布局。设计师根据设计情况可灵活选择。

9.4.2　查看原理图

Xpedition Layout 支持在版图设计工具中直接查看原理图，并且不需要额外的原理图 License 支持。这样版图设计师在查看原理图或者使用原理图与版图交互检查时，不需要占用原理图的 License 即可实现原理图与版图的实时交互。

生成 Schematic View 和 eExp View 数据的配置方法如图 9-64 所示。要在版图环境中查看原理图，Foward Additional Options 窗口勾选 Create Schematic View during Forward Annotation 选项。此操作是将原理图的镜像数据在前标时传递到版图，可在版图中打开直接查看原理图。同理，如果要在原理图中查看版图设计 eExp，则需要勾选 Create eExp View during Back Annotation 选项，然后做反标（Back Annotation）。反标成功后，才可在原理图中查看 eExp，查看方法见本书前面章节的相关内容。

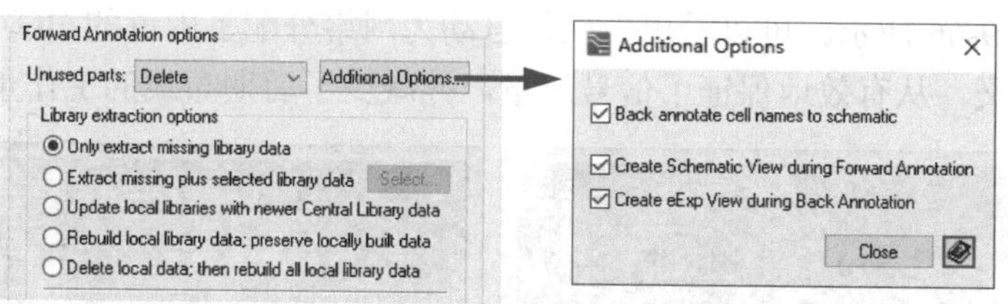

图 9-64　生成 Schematic View 和 eExp View 数据的配置方法

勾选 Create Schematic View during Forward Annotation 选项，并成功前标后，在 Xpedition Layout 窗口的工具栏中选择 Window→Add Schematic View，即可在版图设计中打开原理图窗口，并进行交互检查，指导版图布局。在版图中查看原理图设计如图 9-65 所示。

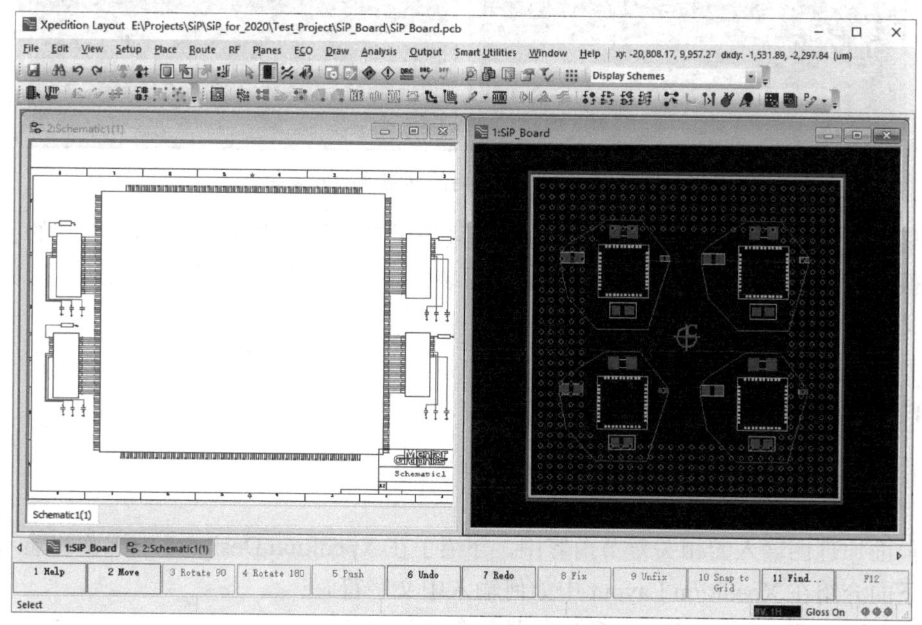

图 9-65　在版图中查看原理图设计

9.5 封装引脚定义优化

在 SiP 设计中，封装引脚定义优化是一个非常重要的环节。因为与 PCB 设计不同，SiP 对外界的数据接口是通过封装引脚来完成的，除某些信号定义固定的封装之外，SiP 封装的引脚通常由设计师来定义，这就给了设计师很大的灵活度。引脚的定义首先要照顾到 SiP 内部元器件的连接关系，如何给不同的网络分配最合适的封装引脚位置是设计师首先需要考虑的问题。

元器件布局完成后，根据实际的连接关系进行封装引脚定义优化，优化的原则是连线最短、交叉最少，一般通过交换封装引脚（BGA 的 IO）实现，但对预先定义好的电源或者接地的固定位置引脚则需要保留。

封装引脚定义优化环节会自动优化网络和手工交换引脚，在实际设计中通常需要将两者结合起来。

关于优化的具体操作方法详见本书第 13 章的具体介绍，这里只列出自动优化后的网络连接效果图，如图 9-66 所示。可以看出，软件自动为网络分配了附近的 BGA 引脚，并尽可能地减少了网络交叉，从有效地保证了信号质量，并减少了后期布线的工作量。

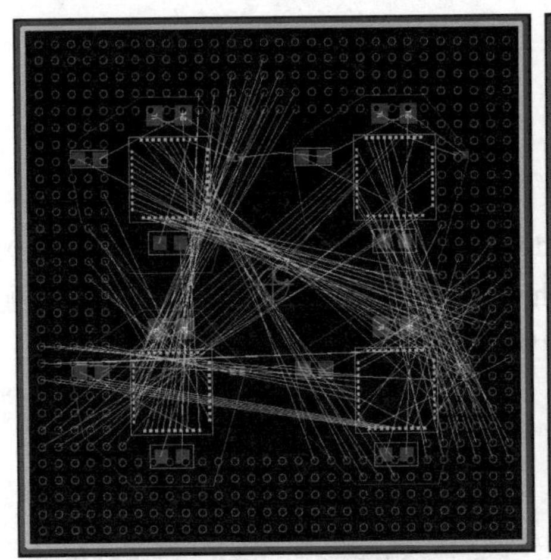
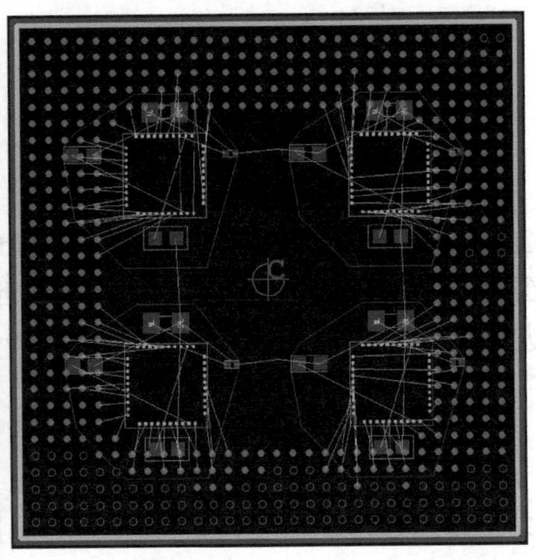

图 9-66 自动优化后的网络连接效果图

如果对自动优化的结果不是很满意，还可采用手工优化的方法，对 BGA 封装的引脚进行手工交换，从而达到最优的网络连接效果。封装引脚定义优化完成后，可以通过反标将封装引脚定义的变化反标回原理图。

9.6 版图中文输入

1. 手工输入中文字符

在前面原理图输入的相关章节内容中，介绍了在 Xpedition Designer 中配置和输入中文的方法，下面介绍在 Xpedition Layout 中如何输入中文字符。

选择 View→Toolbars→Draw Create 菜单命令，打开工具

栏，单击 Add Text 按钮A，在弹出窗口的 String 栏直接输入需要的文字。文字可放在设计的任何层，并支持 Windows 的各种字体。

设计师可以定义文字高度、笔触宽度，文字的旋转角度，还可定义文字的原点位置（文本对齐方式），以及是否对文字做镜像处理等，版图中文输入效果如图 9-67 所示。

如果需要对输入的文字进行再次编辑，先用鼠标单击文字，再在属性栏修改即可。

图 9-67　版图中文输入效果

2. 从 DXF 文件中导入中文

除了可以手工输入中文字符，Xpedition 还支持从 DXF 等外部数据文件导入中文字符。选择 File→Import→DXF 菜单命令，在弹出的 DXF Import 窗口选择需要导入的文件，并按照如图 9-68 所示进行设置。单击 OK 按钮，正确导入中文字符后会有提示窗口弹出，提示导入无错误后打开用户定义层（User Draft Layer）中的对应层，即可看到导入的 DXF 数据格式。

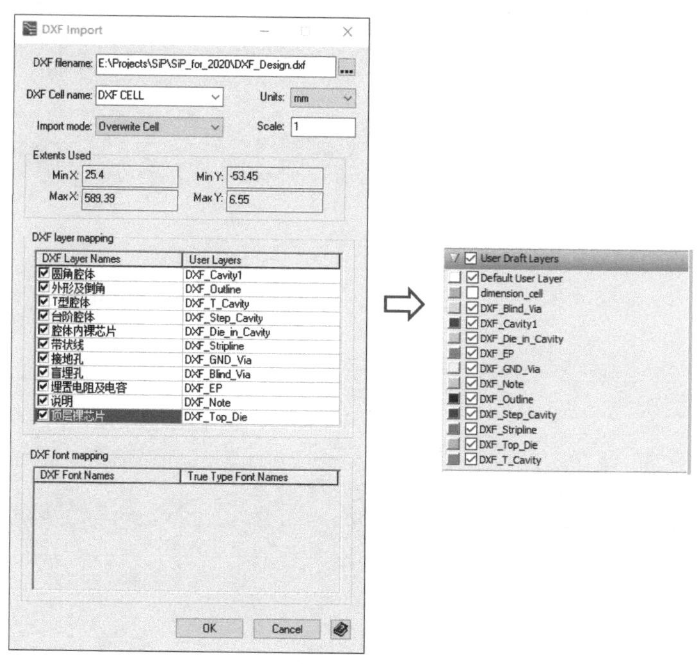

图 9-68　导入 DXF 文件

导入的 DXF 文件包含图形和文字两种格式，其文字字符保持可编辑状态，并非单一的图形格式。

设计师可对图形的类型进行转换，如转换成 Board Outline 或者 Cavity 等类型，这样在结构软件中设计好的版图外形等元素就不需要重新在 Xpedition 中绘制了。

设计师对文字字符可进行更改或编辑。单击文字字符，在弹出的属性窗口中可看到文字内容已经自动放在 String 文本框中，设计师只需要在 String 文本框中编辑即可，如图 9-69 所示。

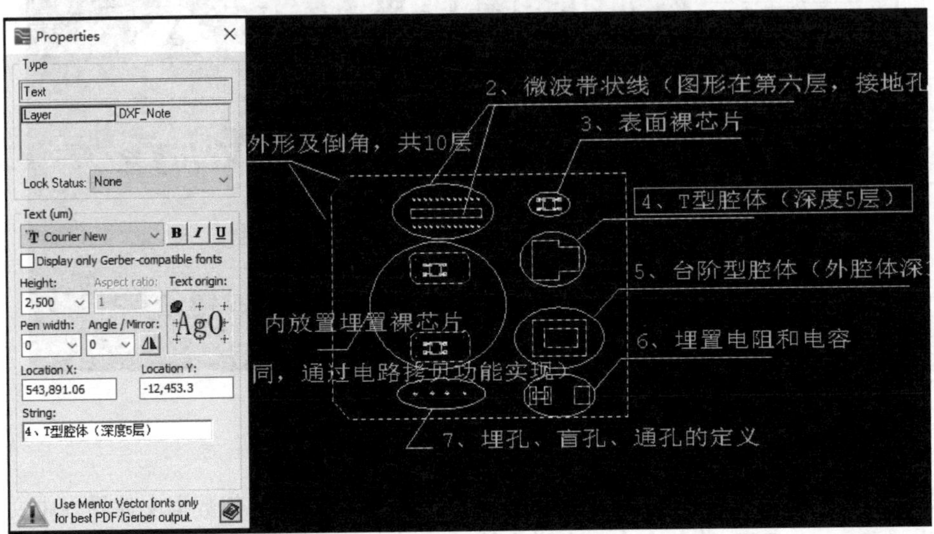

图 9-69　在 String 文本框中编辑中文字符

第 10 章　约束规则管理

关键词：约束管理器（Constraint Manager），约束编辑器（Constraint Editor），约束（Constraint）、方案（Scheme）、区域规则（Rule Area）、网络类（Net Class）、约束类（Constraint Class）、间距规则（Clearance），主方案（Master），最小方案（Minimum），Constraint Manager 和版图数据交互，规则设置实例，等长约束设置，匹配等长，Pin Pair 等长，公式等长，差分约束设置，Z 轴间距设置，网络类到网络类的间距

10.1　约束管理器（Constraint Manager）

约束管理器（Constraint Manager，CM）是对设计规则进行统一设置和管理的集成环境，可以通过原理图工具 Xpedition Designer 或版图工具 Xpedition Layout 进行访问，并保持数据同步。

在设计前向标注时，原理图中新的约束规则会自动更新到版图；在设计反向标注时，版图中新的约束规则同样会更新到原理图，从而实现了约束规则的双向传递。

图 10-1 所示为约束规则传递流程图。

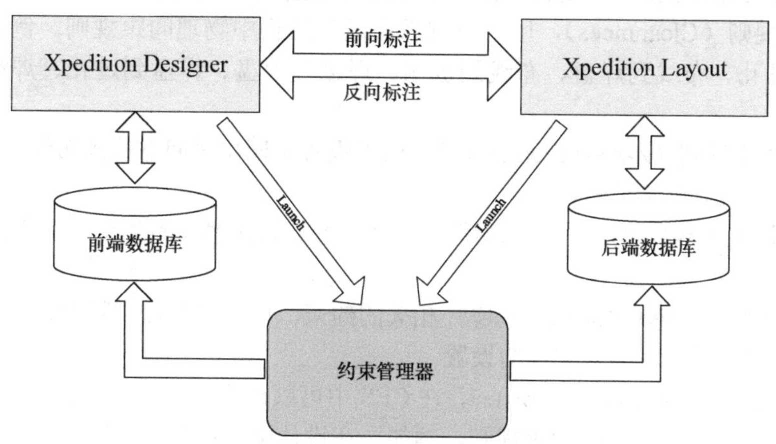

图 10-1　约束规则传递流程图

从原理图环境和版图环境均可启动约束管理器，在原理图或者版图工具栏中，单击图标即可方便地进入约束管理器。也可在原理图菜单中选择 Tools→Constraint Manager 启动约束管理器，或者在版图工具菜单中选择 Setup→Constraint Manager 来启动。

Constraint Manager 编辑环境界面如图 10-2 所示。

Constraint Manager 是基于电子表格的工作环境，其基本操作方法与 Excel 类似，用户在 Constraint Manager 环境中可非常方便地定义和编辑各种设计规则。

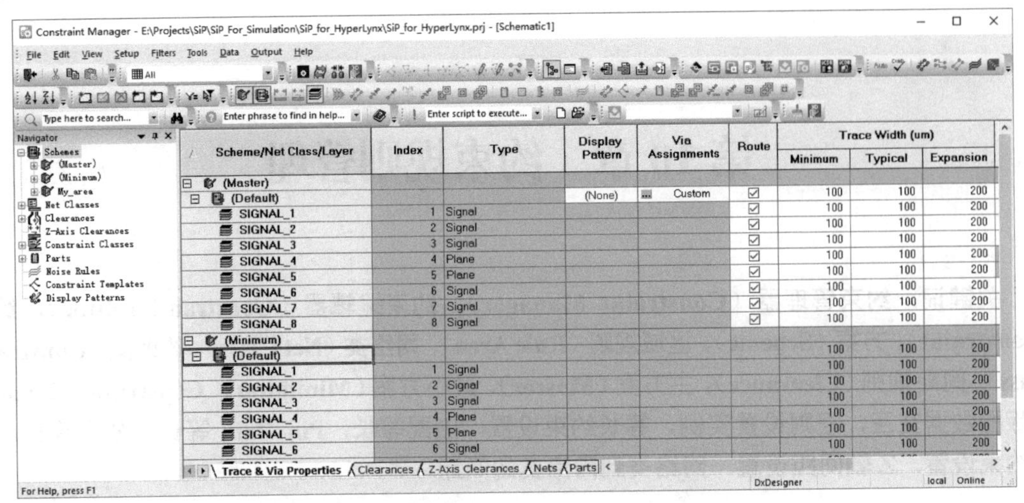

图 10-2　Constraint Manager 编辑环境界面

我们先来了解 Constraint Manager 中的以下概念。

① 约束（Constraint），是一种规则、要求或属性。在设计中通常被指定到相关的网络或元器件，控制布局、布线以满足设计目标。

② 方案（Schemes），设计规则的集合，可应用到整个设计或特定的区域（如区域规则）。

③ 网络类（Net Classes），一组具有相同网络规则的网络。通常具有同样的物理约束条件，如线宽、过孔指定、差分线间距，以及在特定层是否布线等。

④ 约束类（Constraint Classes），一组具有相同约束规则的网络。通常具有同样的电气约束条件，如最大/最小延迟、匹配长度、自定义的布线拓扑结构等。

⑤ 间距规则（Clearances），用于设置版图设计过程中物理间距规则。例如，布线到布线，布线到过孔、布线到焊盘、布线到敷铜、焊盘到焊盘、焊盘到过孔、焊盘到敷铜等的间距规则。

⑥ Z 轴间距规则（Z-Axis Clearances），用于设置不同层之间布线到布线、布线到焊盘、布线到过孔、布线到敷铜的规则。

⑦ 元器件（Parts），用于设置元器件的一些属性。如元器件的类型、工艺、模型、功耗、温度限制等参数。

⑧ 噪声规则（Noise Rules），和噪声相关的约束，可以有效控制版图设计中的串扰和噪声，如串扰控制中的平行布线规则的设置。

⑨ 约束模板（Constraint Template），在 CES 中可以设置多个约束模板，以便具有相同约束的网络可以快速复用相同的约束规则。例如，在设计中存在具有相同的拓扑结构定义的网络时，就可以先创建约束模板，然后快速地应用约束模板到相关的网络。

Constraint Editor（约束编辑器）可以理解为是简化版的 Constraint Manager，可以在版图环境中直接操作，由于篇幅关系，本书不做详细介绍。

10.2　方案（Scheme）

方案是物理设计规则的集合，可应用到整个设计或特定的区域，这里的物理设计规则主要包括网络类规则和间距规则。

在 Constraint Manager 中有两个默认的方案，Master 和 Minimum，同时，用户也可自定义方案。

① 主方案（Master），应用到整个设计的物理规则集合。

② 最小方案（Minimum），非编辑的方案，仅用来显示设计中所有方案的最小线宽或最小间距规则，供设计师方便地检查该设计中最小的物理规则。

③ 用户自定义方案，在设计的一些特定区域，如 BGA 布线区域，布线规则和主方案规定的规则会有所不同，这时，可通过用户定义的方案实现。用户定义的方案自动继承主方案中所有的网络类定义和板层定义，但是网络类规则和间距规则可以设置与主方案不同。根据设计需要，用户可创建多个用户自定义的方案。

10.2.1　创建方案

在 Scheme 上单击鼠标右键，选择 New Scheme 选项，然后根据其功能特点进行命名，即可创建一个新方案。如图 10-3 所示。

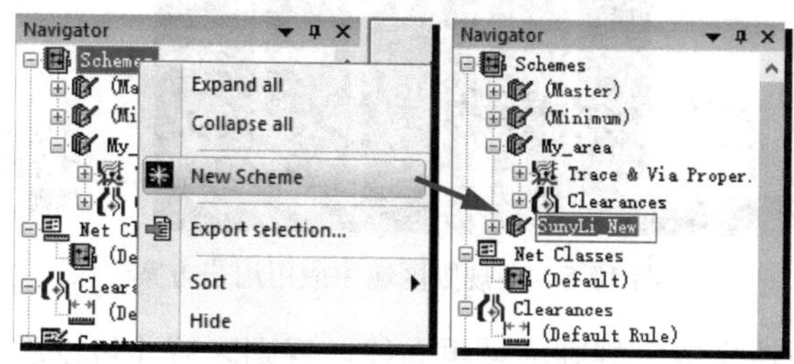

图 10-3　创建一个新方案

新创建的方案自动继承了主方案（Master）的规则定义，设计师可根据设计需求修改用户自定义方案中的规则，并应用到不同的区域，如图 10-4 所示。

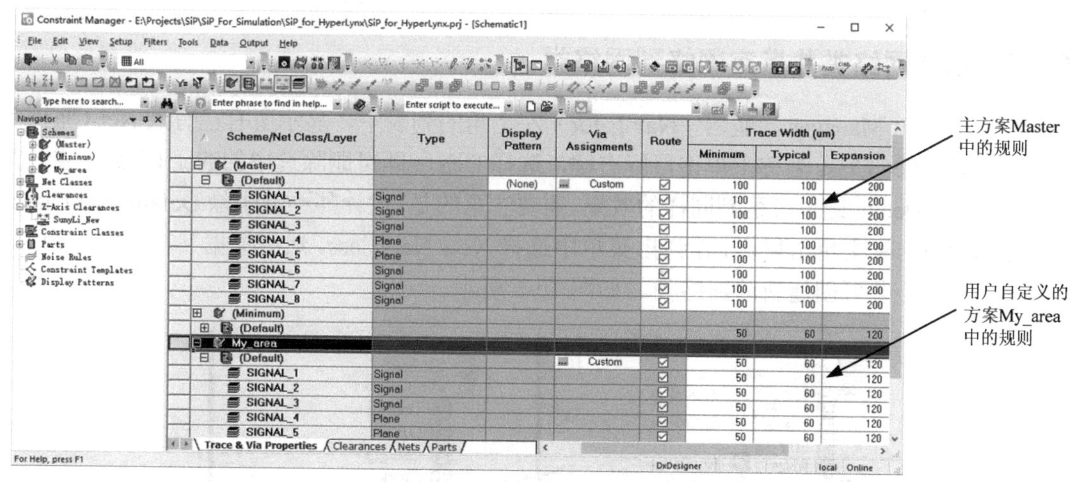

图 10-4　修改用户自定义方案中的规则

10.2.2　在版图设计中应用 Scheme

修改完用户自定义方案中的规则后，关闭 Constraint Manager 窗口（数据自动更新到

Xpedition)。进入 Xpedition 设计环境，在版图上，绘制封闭图形并定义其类型为规则区域(Rule Area)，选择用户定义的方案名 My_area 指定给这个规则区域。在规则区域内，遵循用户定义方案中的规则，而在其他区域，则遵循主方案定义的规则。

用户定义方案中的规则通常由版图设计师定义，因为规则区域通常要在版图上绘制出来，并指定用户定义的方案命名才可以起作用。在规则区域中应用用户方案如图 10-5 所示。

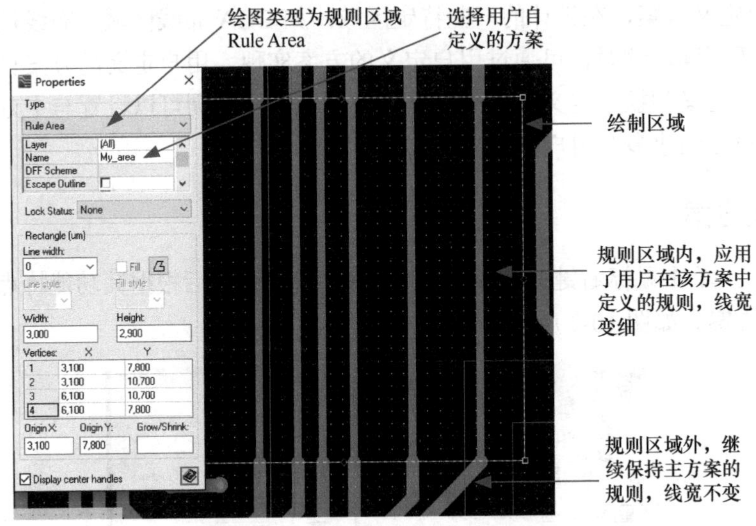

图 10-5　在规则区域中应用用户方案

需要注意的是，应该先定义规则区域再布线，规则区域才可以起作用，如果是布完线后再定义规则区域，则需要重新编辑或移动布线，规则区域中的规则才能起作用。

10.3　网络类规则（Net Class）

10.3.1　创建网络类并指定网络到网络类

在 Constraint Manager 导航器（Navigator）左上角的列表中，显示所有已有的 Net Class 名称。在已有的 Net Class 名称上单击鼠标右键，选择 Delete 即可删除选中的 Net Class，或者直接按键盘上的 Delete 键也可达到同样的效果。需要注意的是，设计师不能删除 Default Net Class。

在 Net Classes 上单击鼠标，在弹出菜单中选择 New Net Class，然后根据其功能特点命名，如 High_Speed，即可创建新的网络类。如图 10-6 所示。

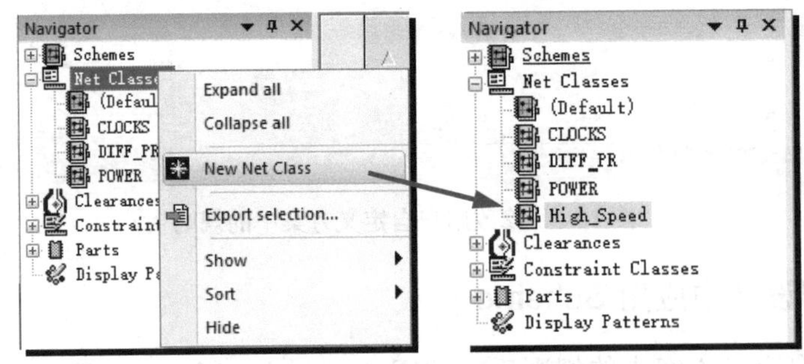

图 10-6　创建新的网络类

定义好网络类后，需要指定相应的网络到网络类，指定到此网络类中的网络将会遵循网络类中定义的规则。在网络类名称上单击鼠标右键，选择 Assign Nets，在弹出的窗口中选择需要指定的网络，单击向右的单箭头 > 即可添加所选网络到目标网络类，如果单击双箭头 »，则添加所有的网络到目标网络类，如图 10-7 所示。

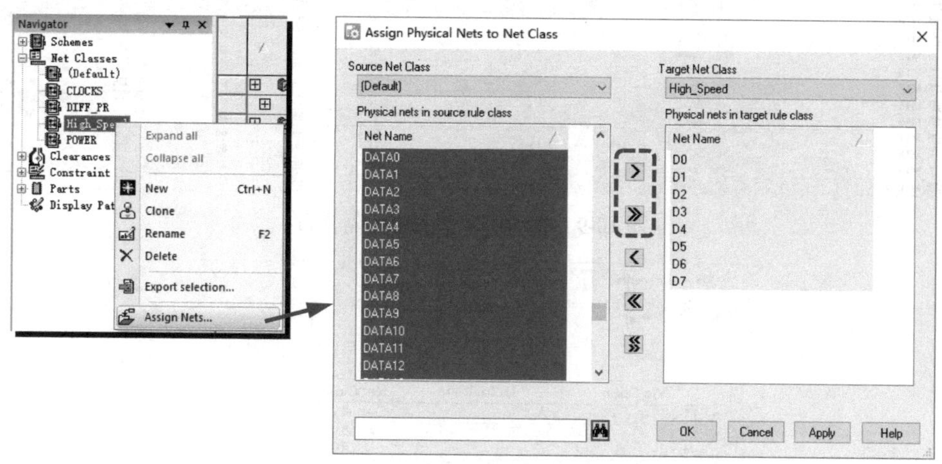

图 10-7　添加网络到目标网络类

10.3.2　定义网络类规则

创建好网络类并指定相应的网络到此网络类后，需要定义网络类规则，该规则将适用于添加到此网络类中的所有网络。

定义网络类线宽规则如图 10-8 所示。首先在 Trace Width 栏设置网络类的 Typical（典型）、Minimum（最小）和 Expansion（扩展）线宽分别为 100 um、80 um 和 200 um。在 Typical Impedance 栏，软件会自动计算出以 Typical 线宽为基准的阻抗，在差分间距设定的情况下，软件也会自动计算差分阻抗。可以看出，在线宽相同的情况下，由于距离平面层的距离不同，各层的单端阻抗和差分阻抗是不同的，距离平面层越近，阻抗相对越小。

Scheme/Net Class/Layer	Display Pattern	Via Assignments	Route	Trace Width (um)			Typical Impedance (Ohm)	Differential	
				Minimum	Typical	Expansion		Typical Impedance (Ohm)	Spacing (um)
⊞ (Master)									
⊟ High_Speed	(None)	(default)	☐	80	100	200			100
SIGNAL_1			☑	80	100	200	110.539..	129.581..	100
SIGNAL_2			☑	80	100	200	63.405..	87.987..	100
PLANE_3			☐	80	100	200			100
PLANE_4			☐	80	100	200			100
SIGNAL_5			☑	80	100	200	63.405..	87.987..	100
SIGNAL_6			☑	80	100	200	110.539..	129.581..	100

图 10-8　定义网络类线宽规则

要保持不同层之间的阻抗一致，不同的层应该设置不同的线宽。或者采用平面层和布线层间隔设置的方法，使得每一个布线层都有临近的平面层作为参考平面，如图 10-9 所示。布线层和平面层间隔分布，这样既有利于阻抗控制，也能提高信号完整性，并抑制串扰的发生，但这种设置会增加基板层数，需要结合成本综合考虑。

Via Assignments 栏用于定义网络类过孔（Net Class Via），单击图 10-8 中 Via Assignments 栏（default）前的按钮，在弹出窗口中的 Net Class Via 下拉列表中选择需要的过孔，如图 10-10 所示，通常选择默认过孔 Default Via。

Scheme/Net Class/Layer	Index	Type	Display Pattern	Via Assignments	Route	Trace Width (um)			Typical Impedance (Ohm)	Differential	
						Minimum	Typical	Expansion		Typical Impedance (Ohm)	Spacing (um)
M3	3	Plane			☑	52	55	60			128
M4	4	Signal			☑	52	55	60	51.035..	94.905..	128
M5	5	Plane			☑	52	55	60			128
M6	6	Signal			☑	52	55	60	51.035..	94.905..	128
M7	7	Plane			☑	52	55	60			128
M8	8	Signal			☑	52	55	60	51.035..	94.905..	128
M9	9	Plane			☑	52	55	60			128
M10	10	Signal			☑	52	55	60	51.035..	94.905..	128
M11	11	Plane			☑	52	55	60			128
M12	12	Signal			☑	52	55	60	51.035..	94.905..	128
M13	13	Plane			☑	52	55	60			128
M14	14	Signal			☑	52	55	60	51.035..	94.905..	128
M15	15	Plane			☑	52	55	60			128
M16	16	Signal			☑	52	55	60	51.035..	94.905..	128
M17	17	Plane			☑	52	55	60			128
M18	18	Signal			☑	52	55	60	51.035..	94.905..	128
M19	19	Plane			☑	52	55	60			128
M20	20	Signal			☑	52	55	60	51.035..	94.905..	128

图 10-9　布线层和平面层间隔分布

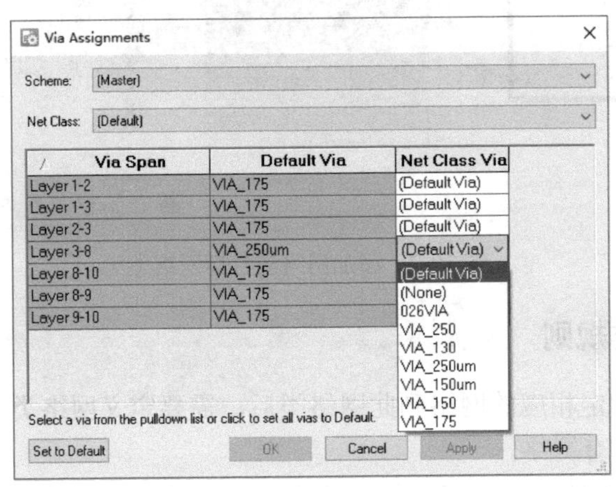

图 10-10　定义网络类过孔

Route 栏中的勾选项表明是否允许在此层进行布线操作。在通常情况下，如果对平面层不做布线操作，则平面层所在的 Route 栏不勾选，如图 10-8 所示，如果需要在平面层布线，则可勾选此项，如图 10-9 所示。

Differential Spacing 栏用于定义差分间距，差分间距和其他因素一起影响差分阻抗。

10.4　间距规则（Clearance）

10.4.1　间距规则的创建与设置

在 Constraint Manager 导航器（Navigator）列表中，网络类（Net Classes）的下方是间距规则（Clearances）。同 Net Classes 一样，在 Clearances 上单击鼠标右键，在弹出菜单中选择 New Clearance Rule，新建间距规则，如图 10-11 所示。

图 10-11　新建间距规则

间距规则中可设置的选项非常全面，包括 Trace to Trace、Trace to Pad、Trace to Via，以及 Pad to Pad、Pad to Via、Pad to Plane 等，并且对每一层都可单独设置。Default Rules 指的是默认的间距规则。间距规则设置如图 10-12 所示。

Scheme/Clearance Rule/Layer	Index	Type	Trace To (um)					Pad To (um)			Via To (um)			Plane To (um)
			Trace (um)	Pad (um)	Via (um)	Plane (um)	SMD Pad (um)	Pad (um)	Via (um)	Plane (um)	Via (um)	Plane (um)	SMD Pad (um)	Plane (um)
(Master)														
(Default Rule)			50	50	50	50	50	100	100	50	50	50	50	50
SIGNAL_2	2	Signal	50	50	50	50	50	50	100	50	50	50	50	50
SIGNAL_9	9	Signal	50	50	50	50	50	50	50	50	50	50	50	50
SIGNAL_10	10	Signal	50	50	50	50	50	50	50	50	50	50	50	50
TOP	1	Signal	50	50	50	50	50	75	100	50	50	50	50	50
GND1	3	Plane	50	50	50	100	50	100	100	100	50	100	50	200
GND2	8	Plane	50	50	50	100	50	100	100	100	50	100	50	200
SIGNAL_4	4	Signal	50	50	50	100	50	100	100	100	100	100	50	200
VCC1	5	Plane	50	50	50	100	50	100	100	100	100	100	50	200
VCC2	6	Plane	50	50	50	100	50	100	100	100	100	100	50	200
SIGNAL_7	7	Signal	50	50	50	100	50	100	100	100	100	100	50	200

图 10-12　间距规则设置

在设置间距规则时，由于列（Column）非常多，经常需要调整。Constraint Manager 中每个 Column 的宽度可由设计师调整，选中 Column 的边线并左右拖动，当向左拖动使得 Column 的宽度为零时，此 Column 会自动隐藏，设计师也可通过这种方法隐藏不经常查看或设置的项目，如图 10-13 所示。同样方法可用于调整行（Row）的高度和隐藏 Row。

Scheme/Clearance Rule/Layer	Index	Type	Trace To (um)	Pad To (um)	Via To (um)	Plane To (um)	Embedded Resistor To	EP Mask To (um)
			Trace (um)	Pad (um)	Via (um)	Plane (um)	Trace (um)	Trace (um)
(Master)								
Suny_New			50	100	50	50	50	50
TOP	1	Signal	50	75	50	50	50	50
SIGNAL_2	2	Signal	50	50	50	50	50	50
GND1	3	Plane	50	100	50	200	50	50
SIGNAL_4	4	Signal	50	100	100	200	50	50
VCC1	5	Plane	50	100	100	200	50	50
VCC2	6	Plane	50	100	100	200	50	50
SIGNAL_7	7	Signal	50	100	100	200	50	50
GND2	8	Plane	50	100	50	200	50	50
SIGNAL_9	9	Signal	50	50	50	50	50	50
SIGNAL_10	10	Signal	50	50	50	50	50	50

图 10-13　间距规则设置及 Column 栏调整

如果设计师需要重新查看被隐藏的 Column，可通过选择 View→Reset Colum Widths 命令来实现，对于 Row 也是同样的方法，选择 View→Reset Row Heights 命令，如图 10-14 所示。

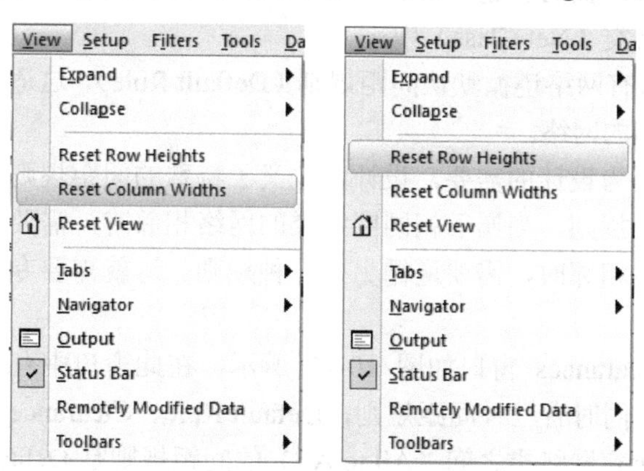

图 10-14　重新查看被隐藏的 Column 和 Row

10.4.2　通用间距规则

选择 Edit→Clearances→General Clearance 命令，或者单击工具栏中的 General Clearance 图标，可打开通用间距规则定义窗口，如图 10-15 所示。

通用间距规则定义的是一些通用组件的间距规则，包括腔体内沿到元器件、腔体外沿到铜皮、腔体到腔体之间的间距，以及元器件之间、安装孔之间、测试点之间的间距，元器件距板边缘、禁止布局区的间距等，可根据工艺的要求进行设置。

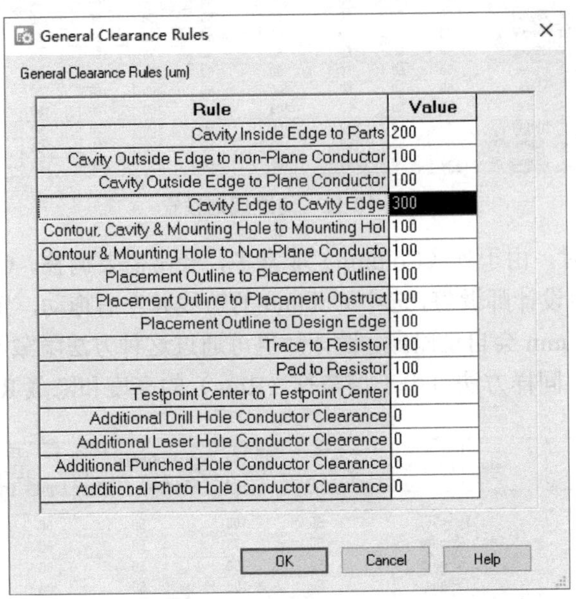

图 10-15　通用间距规则定义窗口

10.4.3　网络类到网络类间距规则

选择 Edit→Clearances→Class to Class Clearance Rule 菜单命令，或者单击工具栏中的图标，即可启动 Class to Class Clearances（网络类到网络类间距规则）窗口，网络类到网络类的间距规则定义的是各种网络类之间的间距规则。

在本书 10.4.1 节中，我们创建了新的 Clearances Rule 并进行了相关设置，但这些规则并没有应用到相应的网络类（Net Class）中。

在默认情况下，所有网络遵循默认间距规则（Default Rule），这适用于同一网络类内部的网络和不同网络类之间的网络。

在很多情况下，因为设计的需要，设计师定义了特殊的间距规则，并且要求不同的网络类之间遵循不同的间距规则。当属于相同网络类的网络相邻时，需要遵循一种规则；当属于不同网络类之间的网络相邻时，需要遵循另外一种规则。这就需要专门定义网络类到网络类的间距规则。

Class to Class Clearances 窗口如图 10-16 所示，在此窗口中有三种网络类，Default、High_Speed 和 power；同时有三种间距规则，Default Rule、Clearance_1 和 Clearance_2。

在默认情况下，所有网络类之间（All to All）的间距规则是 Default Rule，如果没有设定规则，例如保持空白状态，则自动按照 Default Rule 来定义；如果设定了规则，则按照设定的规则来定义，存在一定的优先级关系。

在图 10-16 中，Default 和 Default 网络类之间遵循 Clearance_1 间距规则；Default 和 High_Speed 网络类之间遵循 Clearance_2 间距规则；Default 和 power 网络类之间遵循 Clearance_1 间距规则；High_Speed 和 High_Speed 网络类之间遵循 Clearance_2 间距规则；

High_Speed 和 power 网络类之间的间距规则待设定；power 和 power 网络类之间的间距规则保留空白，则按照 Default Rule 来定义。

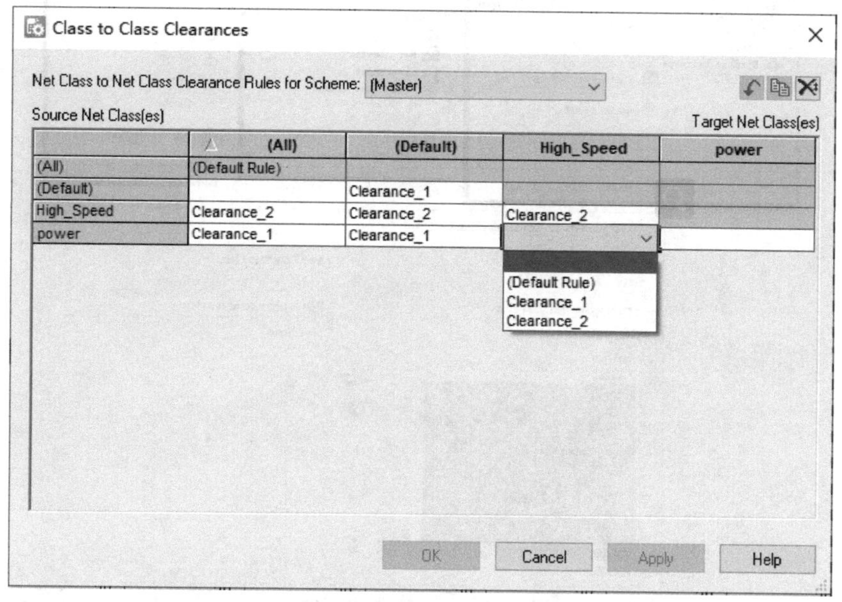

图 10-16　Class to Class Clearances 窗口

定义的原则是：如果没有设定规则，则继承通用规则；如果设定了规则，则按照设定的规则来定义。

定义网络类到网络类的间距规则非常方便，只需单击表格中的下拉箭头，选择列表中的间距规则即可。要定义网络类中的网络遵循一个特定的间距规则，定义的顺序如下。

① 新建一个间距规则，如 Clearance_1。

② 在间距规则 Clearance_1 中定义各项的间距参数。

③ 打开网络类到网络类间距规则窗口，在右上角选择所属的 Scheme，如 Master。

④ 在 Source Net Class 和 Target Net Class 中选择相关的网络类，在 Clearance Rules 的下拉列表中选择 Clearance_1 间距规则。

⑤ 将 Clearance_1 间距规则应用到 Source Net Class 和 Target Net Class 的网络之间，Source Net Class 和 Target Net Class 可以是同一个网络类。

10.5　约束类（Constraint Class）

约束类定义的是设计中网络的电气约束，包括网络长度、时延、拓扑结构、串扰、过冲、振铃等。

10.5.1　新建约束类并指定网络到约束类

新建约束类的方法和前面提到的新建网络类方法相同，在 Constraint Classes 上单击鼠标右键，选择 New Constraint Class 并输入约束类名称。在该约束类上单击鼠标右键并选择 Assign Nets，指定网络到该约束类，如图 10-17 所示。

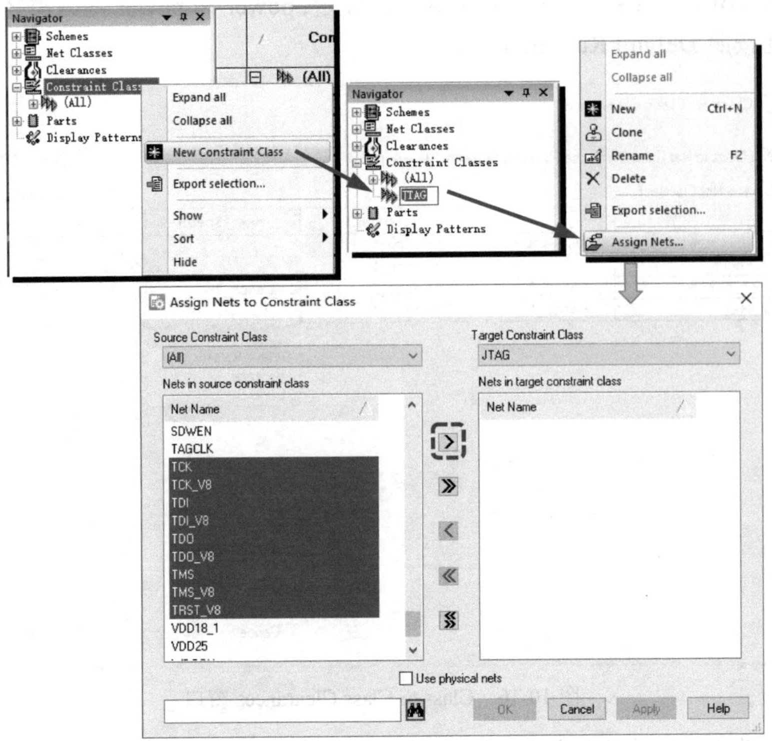

图 10-17　新建约束类并指定网络到约束类

10.5.2　电气约束分类

电气约束通常在 Constraint Manager 中显示为 ALL。为了方便设计师查看和设置，电气约束在 Constraint Manager 中被分为以下子类（或者称为 Group）：延迟和长度（Delays and Lengths）、差分对属性（Differential Pair Properties）、I/O 标准（I/O）、网络属性（Net Properties）、过冲和振铃（Overshoot/Ringback）、电源网络（Power Nets），仿真延迟（Simulated Delays）、约束模板（Template）等，如图 10-18 所示。

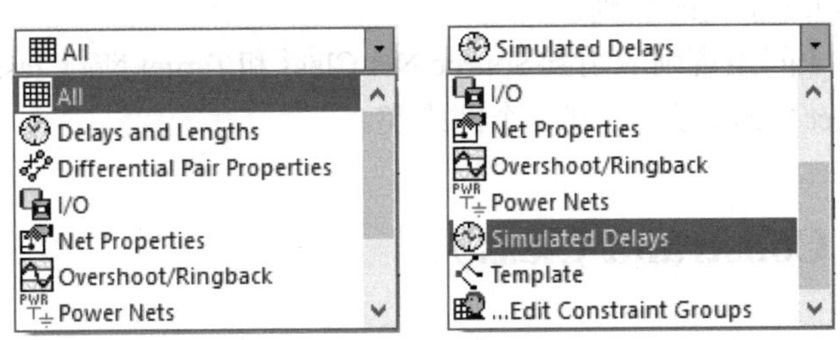

图 10-18　电气约束分类

如果选择 ALL，则所有的设置内容都会在电子表格中出现，不方便进行设置和查找，如果只选择相应的子选项，则只显示相关的内容，便于设置和查找，下面对各选项逐一介绍。

（1）Delays and Lengths 选项。

该选项主要用于对网络的延迟和长度进行设置，其中包括最大/最小长度，一组网络长度匹配（Match）及允许的误差（Tol）。同时，可通过公式 Formulas 对不同网络之间的复杂长度或者时序关系进行设定。在 Delays and Lengths 选项中，还可以导入版图设计中实际的网络的长度，并与 Constraint Manager 中设定的长度进行比较。

（2）Differential Pair Properties 选项。

该选项主要用于对差分对中的参数进行设置，包括差分对之间允许的长度误差、差分对汇聚和分开的参数设置、最大允许的分开距离，以及差分间距、差分阻抗等设置项。

（3）I/O 选项。

该选项主要用于对网络的 I/O 标准进行设置，设计师可从下拉列表中选择相应的 I/O 标准。

（4）Net properties 选项。

该选项主要用于对网络的属性参数进行设置，包括网络的拓扑结构（包含 MST、Chained、TShape、HTree、Star、Custom 等）；Analog 选项，对于模拟网络需勾选，对那些不需要 Constraint Manager 将其自动识别为 Electrical Net 的网络也要勾选；以及对网络的 Stub Length、最大允许的过孔数目等进行设置。

（5）Overshoot/Ringback 选项。

该选项主要对过冲和振铃等选项进行设置，包括静态低电平最大允许过冲、静态高电平最大允许过冲、动态低电平最大允许过冲、动态高电平最大允许过冲、高电平振铃边界、低电平振铃边界以及非单调沿等。

（6）Power Nets 选项。

该选项主要对电源网络进行设置，在 Power Nets 栏被勾选的网络被系统识别为电源网络，可在该选项下设定供电电压（Supply Voltage）、最大电压降（Max Voltage Drop）、最大电流密度（Max Current Density）和最大过孔电流（Max Via Current）。

（7）Simulated Delays 选项。

该选项主要对与仿真相关的延迟进行设置，包括最大/最小延迟时间、延迟的最大允许范围，以及和其他网络的延迟匹配关系等。

（8）Template 选项。

该选项主要用于选择和应用网络约束模板。对某一类网络中的一个网络进行设置（如拓扑结构，延迟、过冲等）后，单击鼠标右键，在弹出菜单中选择 Create Constraint Template 生成约束模板，然后对同一类网络应用其模板即可，这样可以提高设置的效率和准确性。同时，在 Hyperlynx SI 仿真中可以根据信号完整性仿真结果生成约束模板 Template，在 Constraint Manager 窗口中选择 File→Import→Constraint Template 导入约束模板并应用到相应的网络，从而将仿真结果直接应用到设计规则，实现仿真对设计的指导。

10.5.3　编辑约束组

编辑约束组（Edit Constraint Groups）可对现有的约束分组（Constraint Group）进行重新划分和调整，并且可以创建新的约束组来管理约束类。

启动 Edit Constraint Groups 窗口，如图 10-19 所示。在此窗口中，左侧列表是所有的约束（All constraints），右侧列表是加入相应约束组中的约束，除了可以对约束进行重新划分和调整外还可以创建新的约束组（New Constraint Group），并为其指定相应的约束，从而实现个性化的约束设置和管理。

新建约束组并指定相应的约束类，如图 10-20 所示。在 Edit Constraint Groups 窗口单击新建按钮，在弹出的 New Constraint Group 对话框中输入新的约束组名称，单击 OK 按钮，然后在 All constraints 列表中选择相关约束并通过向右的箭头将其加入新约束组中，从而实现自定义约束组的管理。

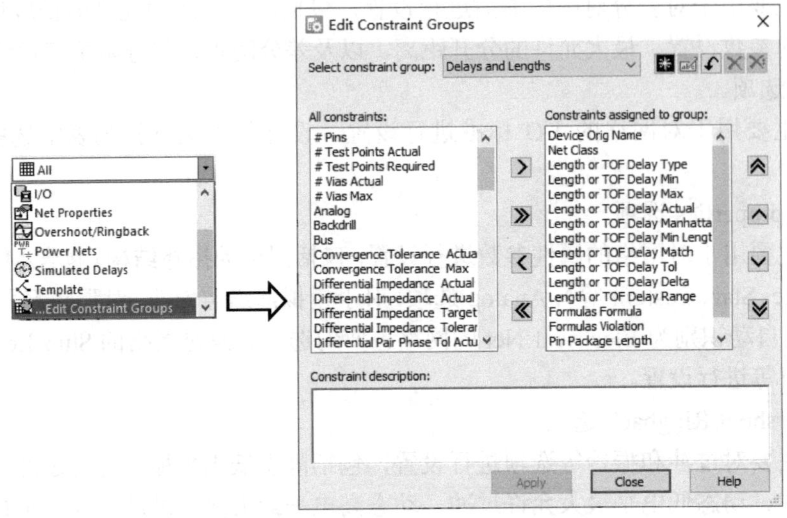

图 10-19　启动 Edit Constraint Groups 窗口

在选择 Constraints 时，在 Edit Constraint Groups 窗口下方的 Constraints description 窗格中有该约束规则的描述，设计师可根据描述选择同类型的规则组成自定义约束组。

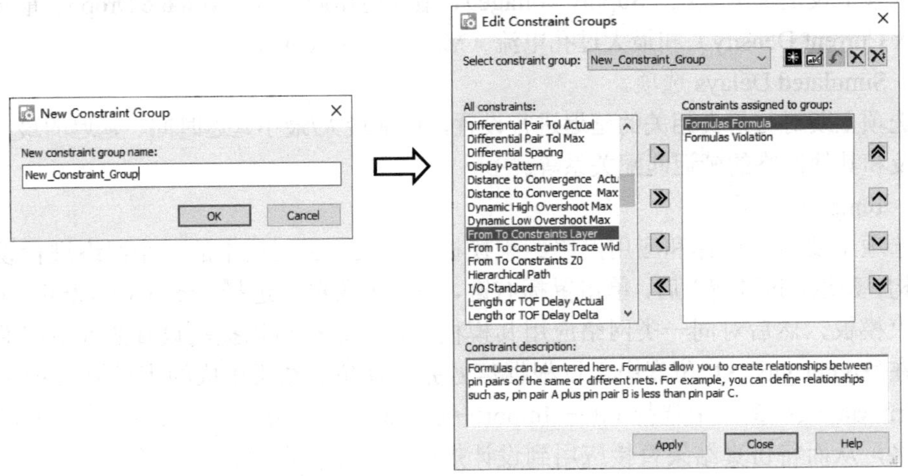

图 10-20　新建约束组并指定相应的约束类

10.6　Constraint Manager 和版图数据交互

10.6.1　更新版图数据

在 Constraint Manager 窗口中，选择 Data→Actuals→Update All，即可将版图中的实际布线长度更新到 Constraint Manager 中，并且与 Constraint Manager 中设置的长度约束进行比较，在安全范围内的网络显示为灰色；超出约束设定的网络显示为红色，表明有错误产生；接近约束设定的网络显示为黄色，表明警告，如图 10-21 所示。

Constraint Class/Net	Net Class	Length or TOF Delay					
		Type	Min (um)|(ns)	Max (um)|(ns)	Actual (um)|(ns)	Manhattan (um)	Min Length (um)
⊟ CLKE	(Default)	Length					
⊞ CLKE0	(Default)	Length	4,000	4,500	4,207.716	4,218.252	
⊞ CLKE1	(Default)	Length	4,000	4,500	4,038.127	6,745.276	
⊞ CLKE2	(Default)	Length	4,000	4,500	4,648.055	7,021.562	
⊞ CLKE3	(Default)	Length	4,000	4,500	4,264.451	5,581.462	
⊞ CLKE4	(Default)	Length	4,000	4,500	4,456.544	7,199.447	
⊞ CLKE5	(Default)	Length	12,000	20,000	13,105.138	16,842.092	
⊞ CLKE6	(Default)	Length	12,000	20,000	18,531.638	20,453.658	
⊞ CLKE7	(Default)	Length	12,000	20,000	19,344.894	21,086.818	
⊞ CLKE8	(Default)	Length	12,000	20,000	14,788.624	18,220.028	
⊞ CLKE9	(Default)	Length	12,000	20,000	14,269.286	14,811.688	

错误（CLKE2）　警告（CLKE4）　安全（CLKE8）

设定范围　实际长度

图 10-21　Constraint Manager 导入版图中实际的布线长度进行检查

10.6.2　与版图数据交互

在 Constraint Manager 窗口中，选择 Setup→Cross Probing 命令，在电子表格最左侧会出现空白栏，在此栏的单元格上单击鼠标可以选中整行，与此同时，如果在 Xpedition Layout 窗口中选择了 Setup→Cross Probe→Connect 命令，则 Constraint Manager 与 Xpedition Layout 可实时进行数据交互。如图 10-22 所示。

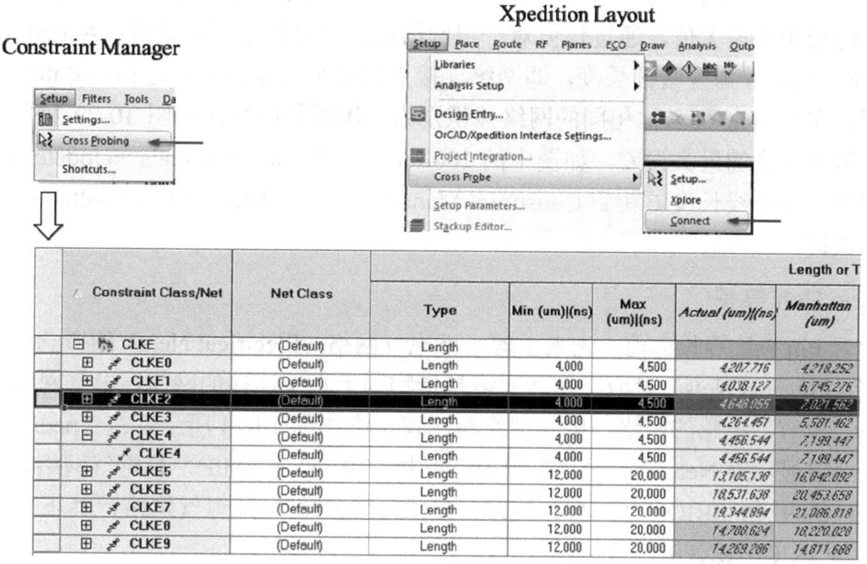

图 10-22　设置 Constraint Manager 与 Xpedition Layout 实时数据交互

在 Cross Probe 打开的情况下，在 Constraint Manager 中选择任何网络或者元器件，在 Xpedition Layout 中会自动选中并高亮，同理，在 Xpedition Layout 中选择任何网络或者元器件，在 Constraint Manager 中也会自动选中并切换到相应的内容项，这样就更方便进行规则设置了。

10.7　规则设置实例

10.7.1　等长约束设置

在 SiP 或封装高速基板设计中，同一组高速信号线等长是一项基本的设计要求，此外对时间延迟有要求的信号也会要求等长匹配。在 Xpedition 设计环境中，有三种常用的等长方式：匹配等长、Pin Pair 等长和公式等长，下面分别介绍。

1．匹配等长

使用匹配等长需要将一组等长的信号放置到一个匹配组（Match）内，并规定信号线的长度范围或者允许的长度误差，在 Constraint Class 中，通过下拉列表选择 Delays and Lengths 选项，Constraint Manager 会列出与延迟和长度相关的设置项，匹配等长设置如图 10-23 所示。

Constraint Class/Net	Length or TOF Delay							
	Type	Min (um)|(ns)	Max (um)|(ns)	Actual (um)|(ns)	Manhattan (um)	Min Length (um)	Match	Tol (um)|(ns)
⊞ PCIE_RXN0,PCIE_RXP0	Length						PCIE	100
⊞ PCIE_RXN1,PCIE_RXP1	Length						PCIE	100
⊞ PCIE_RXN2,PCIE_RXP2	Length						PCIE	100
⊞ PCIE_RXN3,PCIE_RXP3	Length						PCIE	100
⊞ PCIE_TXN0,PCIE_TXP0	Length						PCIE	100
⊞ PCIE_TXN1,PCIE_TXP1	Length						PCIE	100
⊞ PCIE_TXN2,PCIE_TXP2	Length						PCIE	100
⊞ PCIE_TXN3,PCIE_TXP3	Length						PCIE	100

图 10-23　匹配等长设置

图 10-23 中第一列为网络名称；Type 列可在 Length 和 ToF（Time of Fly）中下拉选择，根据选择的不同，右侧参数栏会自动采用不同的单位（um 或 ns）；Min 和 Max 列设置网络长度或延时的最小和最大值，通过该值对一组网络进行绝对长度等长设置；Actual 列为实际布线长度；Manhattan 为曼哈顿长度，即网络连接点的水平与垂直距离之和；Match 列为匹配组名称设置，在 Match 列名称相同的网络被识别为一组等长网络，如图 10-22 种的 PCIE；Tol 列可设置组内允许的最大误差，如图中的 100 um。选择 Data→Actuals→Update All 即可将版图设计中的实际布线长度更新到 Constraint Manager 中，在 Actual 和 Manhattan 中可显示版图上的实际数据。

2．Pin Pair 等长

在学习 Pin Pair 等长之前，先来了解一下电气网络（Electrical Nets）的概念。电气网络和物理网络（Physical Nets）对应，物理网络是指物理上直接连接的网络，电气网络则是指中间串联电阻、电容、电感的网络。电气网络与物理网络如图 10-24 所示，在 Xpedition 设计环境中，电气网络显示为 Netname^^^，在图 10-24 中，SRIO0_RXM0^^^是电气网络，其下包含物理网络$1N4209 和 SRIO0_RXM0，同理，SRIO0_RXP0^^^是电气网络，其下包含物理网络$1N4208 和 SRIO0_RXP0。

Constraint Class/Net	Length or TOF Delay							
	Type	Min (um)|(ns)	Max (um)|(ns)	Actual (um)|(ns)	Manhattan (um)	Min Length (um)	Match	Tol (um)|(ns)
⊟ SRIO0_RXM0^^^	Length		65,600	65,521.173	33,911.73		SRIO0	100
$1N4209	Length			14,568.475	14,344.209			
SRIO0_RXM0	Length			50,952.698	19,567.521			
⊟ SRIO0_RXP0^^^	Length		65,600	65,521.244	33,925.873		SRIO0	100
$1N4208	Length			15,058.992	16,598.77			
SRIO0_RXP0	Length			50,462.252	17,327.103			

图 10-24　电气网络与物理网络

了解电气网络的概念后，我们就可以对那些中间串联电阻或者电容的网络设置等长了，如图 10-24 中的 SRIO0_RXM0^^^和 SRIO0_RXP0^^^位于同一个 Match 组，组内允许的最大误差为 100 um。

当一个网络连接了多个引脚时，在对网络的局部设置等长时采用 Pin Pair 等长。Pin Pair 与电气网络并没有相关性，它们的相似之处在于同一个网络连接了多个元器件引脚，请读者不要混淆。

Pin Pair 的概念如图 10-25 所示。有 2 个网络 Net001 和 Net002，每个网络分别连接了多个引脚，每 2 个引脚可组成一对，称为一个 Pin Pair。如果设计师需要图中的 A、B、C 等长，则需要先创建 Pin Pair，然后才能设置它们之间的等长关系。

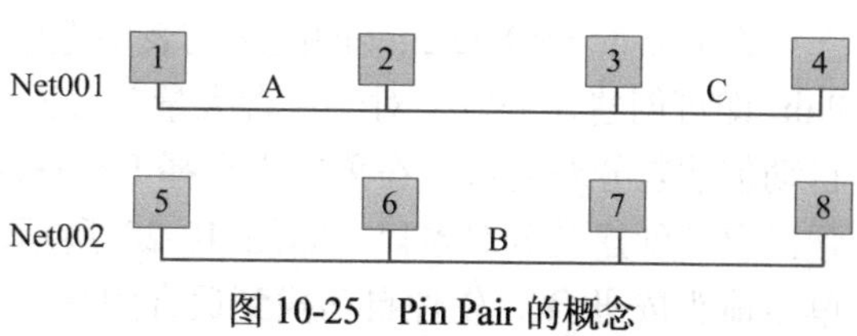

图 10-25 Pin Pair 的概念

通常情况下，Constraint Manager 中的 Pin Pair 是不显示的，所以无法直接进行设置。设置方法是：首先，在下拉列表选择 Net Properties 选项，在 Topology 下的 Type 列中将网络类型更改为 Custom，然后选中该网络，单击鼠标右键，在弹出菜单中选择 Auto Pin Pair Generation，即可自动生成 Pin Pair，如图 10-26 所示。之后就可以参考前面的 Match 等长进行设置了。

Constraint Class/Net	Net Class	Display Pattern	# Pins	Topology	
				Type	Ordered
⊟ HSPEED_IO0	50_OM	(None)	3	Custom	No
L:U1-797,L:U2-303					
L:P1-L21,L:U2-303					
L:P1-L21,L:U1-797					
HSPEED_IO0	50_OM	(None)	3	Custom	No
⊟ HSPEED_IO1	50_OM	(None)	3	Custom	No
L:U1-717,L:U2-310					
L:P1-K21,L:U2-310					
L:P1-K21,L:U1-717					
HSPEED_IO1	50_OM	(None)	3	Custom	No
⊞ HSPEED_IO2	50_OM	(None)	3	MST	No
⊞ HSPEED_IO3	50_OM	(None)	3	MST	No

图 10-26 自动生成 Pin Pair

3. 公式等长

公式等长是重要的等长设置方式，可以设置不同网络之间的长度关系，这种方式更加灵活。

所有的公式需要以“=”“>”“<”开头，公式中可带单位也可以不带单位，如果公式不带单位则以 Constraint Manager 中的设置单位为准。公式中常用的计算符号有“+”“-”、如果需要输入±，可以输入“+/-”。在 Formulas 栏输入“=”“>”“<”后，单击其他任意网络名称，软件会自动调入该网络并应用到公式中。在 Constraint Manager 中设置公式等长如图 10-27 所示。

Constraint Class/Net	Length or TOF Delay		Formulas	
	Actual (um)/(ns)	*Manhattan (um)*	Formula	*Violation*
⊟ HSPEED_IO0				
HSPEED_IO0				
L:U1-797,L:U2-303			=1000+/-50um	
L:P1-L21,L:U2-303			=800+/-50um	
L:P1-L21,L:U1-797			=1200+/-50um	
⊞ HSPEED_IO1			={\HSPEED_IO2\}+500um	
⊞ HSPEED_IO2				
⊞ HSPEED_IO3				

图 10-27 在 Constraint Manager 中设置公式等长

10.7.2 差分约束设置

差分电路在高速电路设计中很常见，差分对的设置也是很常用的功能。

在 Constraint Manager 的网络列表中选中两个网络，单击鼠标右键，选择 Create Differential Pair 即可创建差分对。对于包含大量差分网络的设计，手工创建效率低且容易出错，可采用自动创建差分对窗口。在菜单中选择 Edit→Differential Pairs→Auto Assign Differential Pairs，弹出自动创建差分对窗口，如图 10-28 所示。在文本框中输入带通配符的网络关键字，然后单击箭头按钮，软件自动找到适合的网络并配对。可输入不同的关键字，继续单击箭头按钮，软件将每次符合条件的网络都列在下方，单击 Auto Assign Differential Pairs 窗口下方的 Apply 按钮即可自动生成差分对。

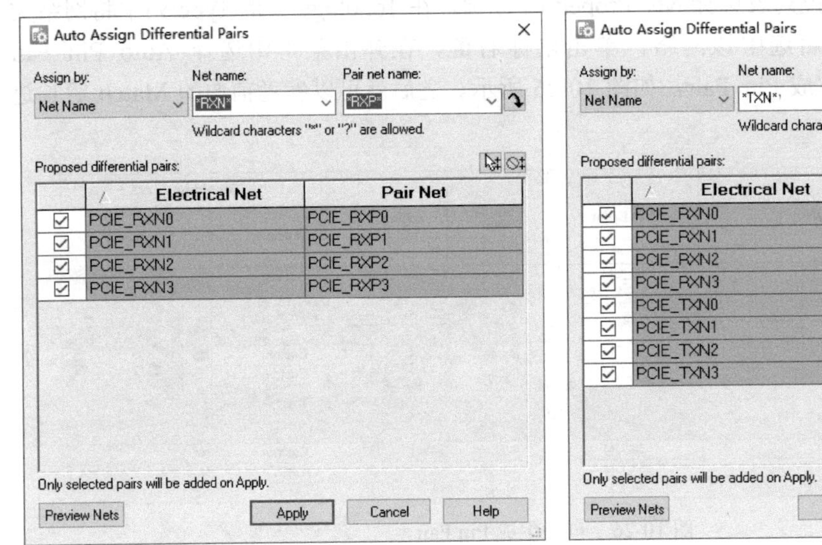

图 10-28　自动创建差分对窗口

自动创建完成的差分对及其相关参数如图 10-29 所示，其中，Differential Pair Tol 设置差分对中两根线的长度最大误差；Distance to Convergence 设置差分对收敛前的距离，即从布线引脚处到差分收敛点的布线距离；Separation Distance 设置差分对在布线过程中分离后再次汇聚的距离；Differential Spacing 设置差分线之间的距离，这里为只读模式，不能设置，需要在 Netclass 中进行设置。

Constraint Class/Net	Differential Pair Tol		Convergence Tolerance (um)	Distance to Convergence (um)		Separation Distance (um)		Differential Spacing (um)
	Max (um)|(ns)	Actual	Actual	Max	Actual	Max	Actual	
(All)				500				
PCIE_RXN0,PCIE_RXP0	100	No Violation	0	500	422.617	0	0	128
PCIE_RXN0								
PCIE_RXP0								
PCIE_RXN1,PCIE_RXP1	100	No Violation	0	500	422.617	0	0	128
PCIE_RXN1								
PCIE_RXP1								
PCIE_RXN2,PCIE_RXP2	100	No Violation	0	500	422.617	0	0	128
PCIE_RXN2								
PCIE_RXP2								
PCIE_RXN3,PCIE_RXP3	100	No Violation	0	500	422.617	0	0	128
PCIE_RXN3								
PCIE_RXP3								

图 10-29　自动创建完成的差分对及其相关参数

10.7.3　*Z* 轴间距设置

前面提到的间距都为同一个 *XY* 平面的间距，Xpedition 提供了 *Z* 轴间距，即对基板不同层之间的对象的间距规则。*Z* 轴间距通常用于对重要信号线的保护，例如，有些信号线下方不允许有平面层铜皮的存在，需要相邻层的铜皮自动避让，这时就可以采用 *Z* 轴间距来处理。

图 10-30 所示为 *Z* 轴间距的定义，从某一层金属到其他层金属的最近距离，被定义为 *Z* 轴间距（Z-Axis Clearances）。

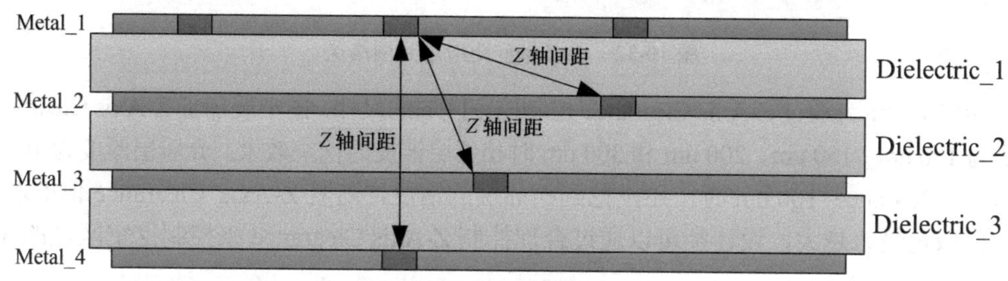

图 10-30　*Z* 轴间距的定义

因为 *Z* 轴间距默认是隐藏的，所以需要先让其显示出来，在菜单中选择 View→Navigator→Z-Axis Clearances，单击导航栏出现的 Z-Axis Clearances，打开 *Z* 轴间距设置界面，窗口下方都也现了 Z-Axis Clearances 选项卡。

在导航栏选中 Z-Axis Clearances，单击鼠标右键，选择 New Z-Axis Clearance Rule，新建 *Z* 轴间距规则，该设计中 M3 和 M5 是平面层，M4 是布线层，在 M4 的 Plane 列输入 200，表明 M4 到其他层铜皮的间距为 200 um，如图 10-31 所示。

Z-Axis Clearance Rule/Layer	Index	Trace To (um)				
		Trace (um)	Pad (um)	Via (um)	Plane (um)	SMD Pad (um)
SunyLi_Z-Axis						
M1	1					
M2	2					
M3	3					
M4	4				200	
M5	5					
M6	6					

图 10-31　设置 *Z* 轴间距

设置完成后，需要将此 Z-Axis Clearance Rule 应用到不同的网络类，单击工具栏中的 Class to Class Clearance Rules 图标，弹出 Z-Axis Class to Class Clearances 窗口，在该窗口中进行设置。

在本例中，我们需要为 40_OM 网络类进行相邻平面层的挖空操作，而其他网络则无须挖空。单击 40_OM 行和 All 列对应的单元格 ... 图标，在弹出的 Setup Z-Axis Clearance 对话框中选择刚才创建的 SunyLi_Z-Axis，单击 Ok 按钮，回到 Z-Axis Class to Class Clearances 窗口，可以看到，*Z* 轴间距已经被应用到该网络类，如图 10-32 所示。

根据 Z-Axis Clearance Rule 值的不同，会得到不同的铜皮挖空效果，在本例中，介质层厚度为 100 um。

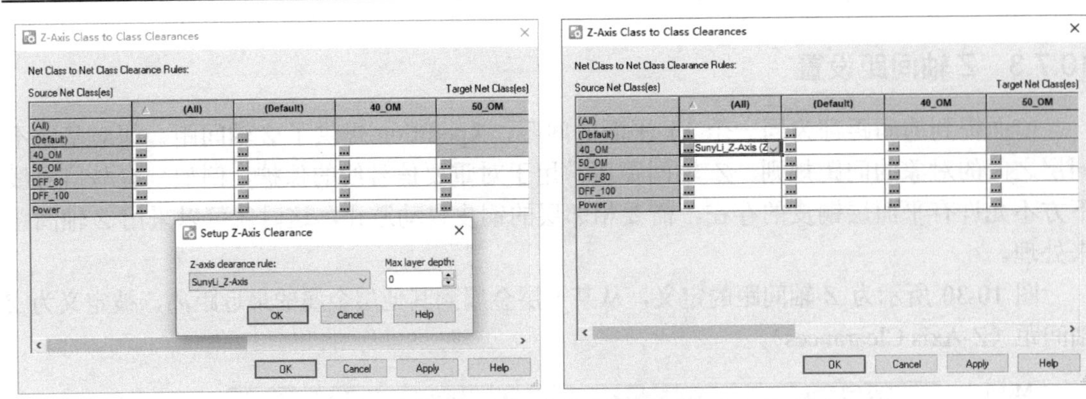

图 10-32　将 Z 轴间距应用到网络类

图 10-33 所示为通过 Z-Axis Clearance 控制挖空区域的尺寸，图中展示了 Z-Axis Clearance 分别设置为 100 um、150 um、200 um 和 300 um 时相邻层铜皮的挖空效果，介质层厚度为 100 um，当 Z-Axis Clearance=100 um 时，还没挖到相邻层的铜皮，随着 Z-Axis Clearance 值的增大，挖空的区域也越来越大，设计师可以通过合理控制 Z-Axis Clearance 来控制挖空区域的尺寸。

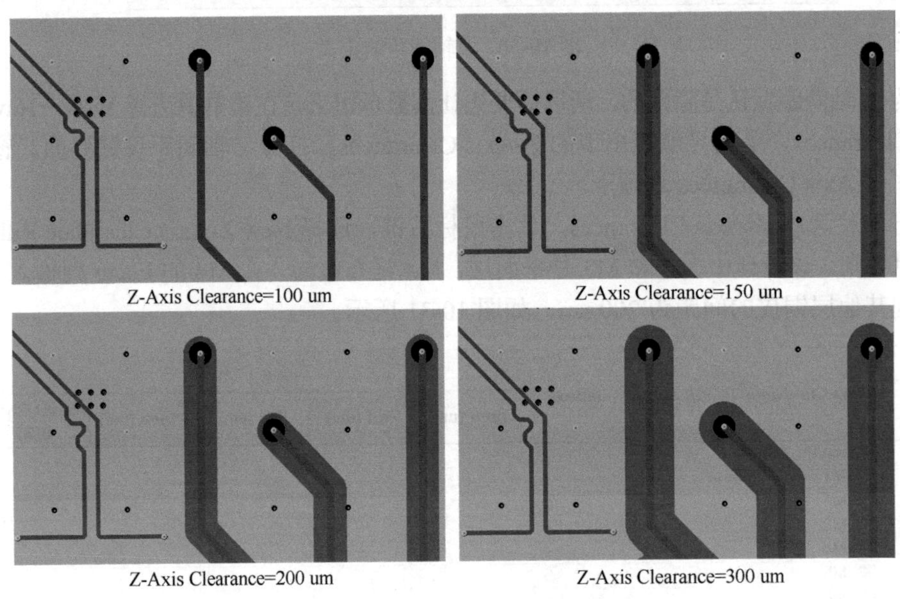

图 10-33　通过 Z-Axis Clearance 控制挖空区域的尺寸

第 11 章　Wire Bonding 设计详解

关键词：**Wire Bonding（引线键合），Bond Wire（键合线），Bond Wire 模型，球形端点 Ball，楔形端点（Wedge），Bond Finger（键合指），Die Pin，Corner，Round，Spline，Bond Wire 控制点，JEDEC 标准 5 点控制模型，Bond Pattern，Wirebond Guides（键合导引线），Power Ring，Multi-Bonding，Die to Die Bonding，Wire Model Editor，Wire Instance Editor**

11.1　Wire Bonding 概述

Wire Bonding（引线键合）有时也被称为 Bond Wire（键合线或丝焊）。Wire Bonding 强调键合的整个过程，而 Bond Wire 则多指键合线本身，在本书中以此区分两者，而在实际使用中通常并不做严格的区分。

目前，Wire Bonding 仍是 Package 和 SiP 组装的主导方法。其优点主要在于工艺相对简单，可采购到的芯片也较多；但也有其局限性，如存在寄生电感、工艺进度比较缓慢、需要按序进行等。

Wire Bonding 在 Package 或 SiP 的互连上起着关键的作用，通过 Wire Bonding 将芯片引脚、基板上的焊盘和布线等用电气方法连接起来，Wire Bonding 设计的合理性和准确性对产品的成品率和可靠性也至关重要。图 11-1 所示为 Xpedition 中的 Wire Bonding 设计截图，其芯片堆叠位于多级腔体中，通过多层键合线与基板相连。

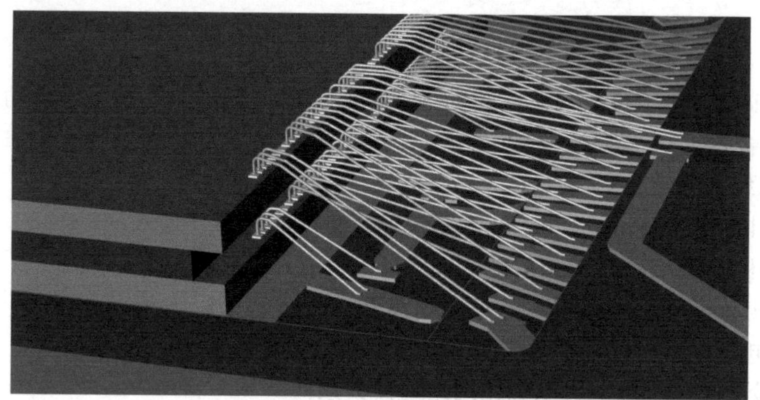

图 11-1　Xpedition 中的 Wire Bonding 设计截图

因为 Bond Wire 本身是一个三维的设计元素，所以其模型的定义和规则管理也需要在三维环境中进行。

Xpedition 具有最先进的 Bond Wire 模型，可满足当今最复杂的 Wire Bonding 设计的要求，支持连续线、弧形曲线和样条曲线等多种形式的 Wire Bonding 弯曲，支持复杂多层 Wire Bonding 设计，如图 11-2 所示。

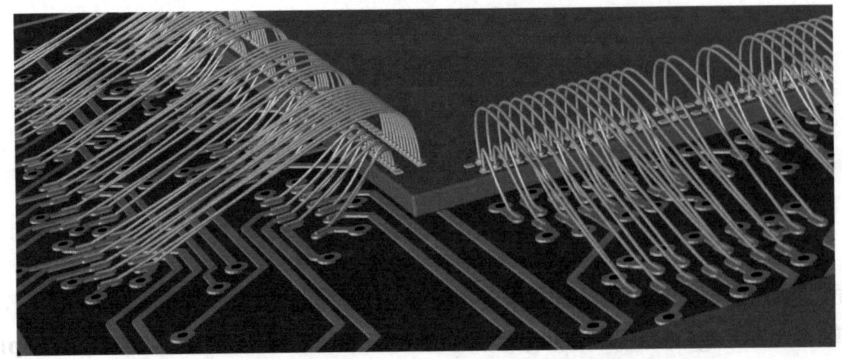

图 11-2　Xpedition 具有先进的 Bond Wire 模型

在 Xpedition Layout 环境中设计 Wire Bonding，需要 Xpedition Layout 301 的 License 支持，或者在 Xpedition Layout 201 之外附加 Xpedition Advanced Technologies 的 License，如图 11-3 所示。

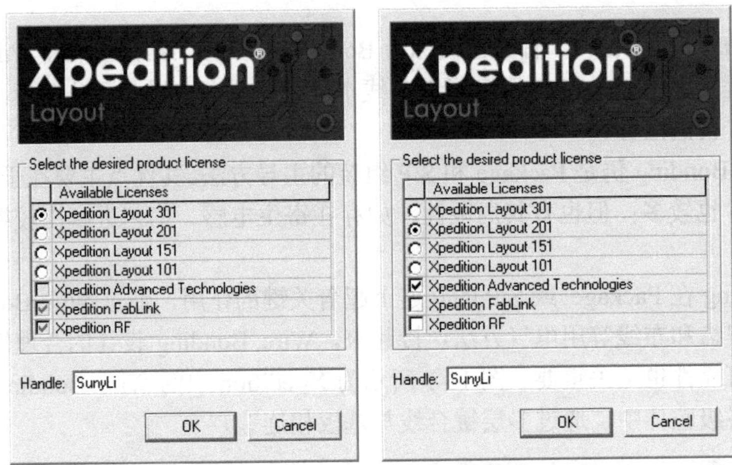

图 11-3　Wire Bonding 设计需要的 License 支持

在 Xpedition Layout 301 License 的支持下，Xpedition 软件具有以下设计功能。

① 3D 键合线、3D 腔体、3D 芯片堆叠设计；

② SiP 系统级封装、MCM、IC Package 设计；

③ Embedded Components into Inner Layers，分立式元器件埋入；

④ Embedded Passive Design，平面式电阻电容埋入基板；

⑤ RigidFlex 刚柔结合基板设计及规则检查；

⑥ 射频电路设计及仿真数据传递；

⑦ 自动交换 Package 引脚以优化网络连接关系；

⑧ 版图多人协同设计，支持多人同时设计一块基板。

11.2　Bond Wire 模型

通过 Bond Wire 将芯片和基板电气连接，与 Bond Wire 相关的元素包括 Die Pin、Bond Finger、Bare Die 等，这些相关元素和 Bond Wire 模型一起影响了 Bond Wire 的实际曲线形状，无论是在设计中还是在实际生产加工中均是如此。图 11-4 所示为 Bond Wire 及相关元素定义。

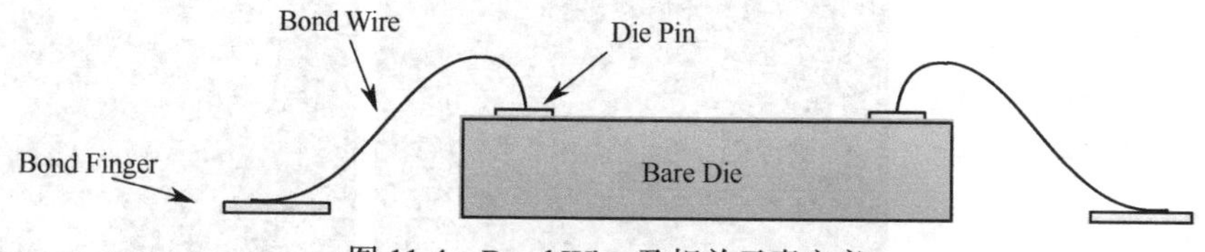

图 11-4　Bond Wire 及相关元素定义

在 Bond Wire 键合的过程中，通常有两种类型的键合连接端点可供选择，分别是球形端点（Ball）和楔形端点（Wedge）。球形和楔形均可作为 Wire Bonding 的起始点或者终止点，最常见的键合方法是以球形端点作为起始点，以楔形端点作为终止点。Bond Wire 的球形端点和楔形端点如图 11-5 所示。

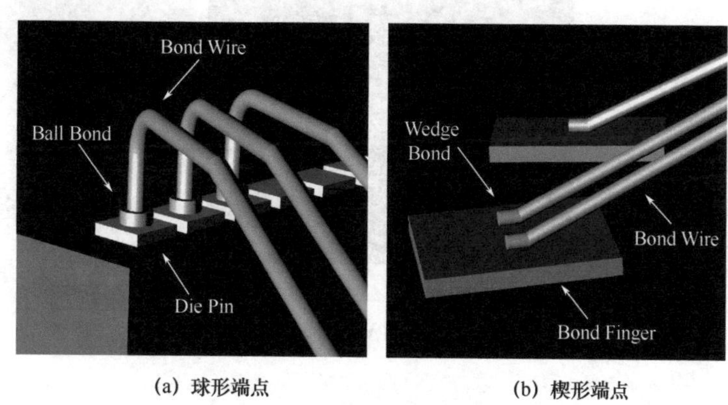

(a) 球形端点　　(b) 楔形端点

图 11-5　Bond Wire 的球形端点和楔形端点

11.2.1　Bond Wire 模型定义

Xpedition 可支持精确的 Bond Wire 模型创建，以满足复杂的 Wire Bonding 设计和加工的要求。Xpedition 支持连续线、弧形曲线和样条曲线 3 种形式的 Wire Bonding 弯曲，并可通过多种参数来控制 Bond Wire 模型的精确性。

启动 Xpedition 后打开任意 SiP 版图设计，选择 Setup→Libraries→Wire Model Editor，启动 Bond Wire 模型编辑器。

Bond Wire 模型编辑器如图 11-6 所示。模型编辑器窗口左侧包含模型的名称列表和模型参数设置区，右侧是模型的预览图，包括三视图（前视图 Front、左视图 Left 和俯视图 Top）和三维立体模型视图。

（1）Wire model 区主要进行 Bond Wire 模型的创建、复制、排序、删除等操作。Wire model list 文本框的主要作用是模型名称过滤，如在文本框中输入 MGC，则下面列表中只会列出以 MGC 开头的模型，如图 11-7 所示。

（2）Points 区的主要功能是设置 Bond Wire 模型的控制点、每个点的 X、Y、Z 的坐标，每个拐点的类型和相应的参数。白色区域参数可由设计师修改，灰色区域为保留区域，不可更改。设计师可插入新的控制点，并且可删除除起始点（Start）和终止点（End）之外的任何点，如图 11-8 所示。

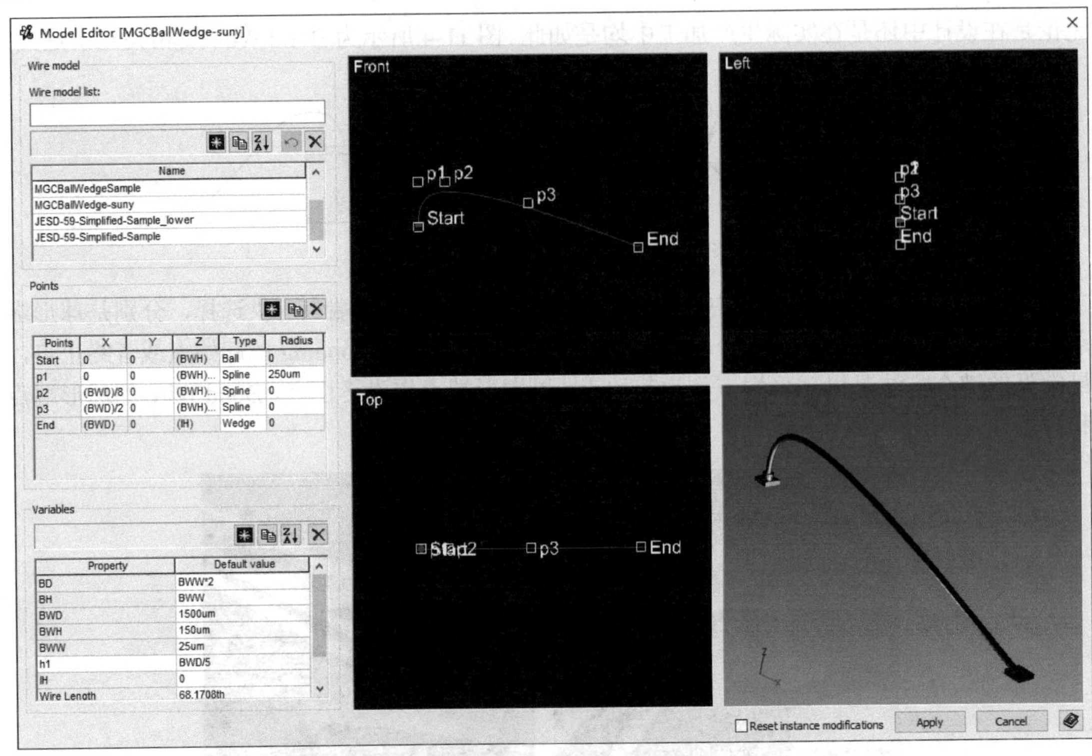

图 11-6　Bond Wire 模型编辑器

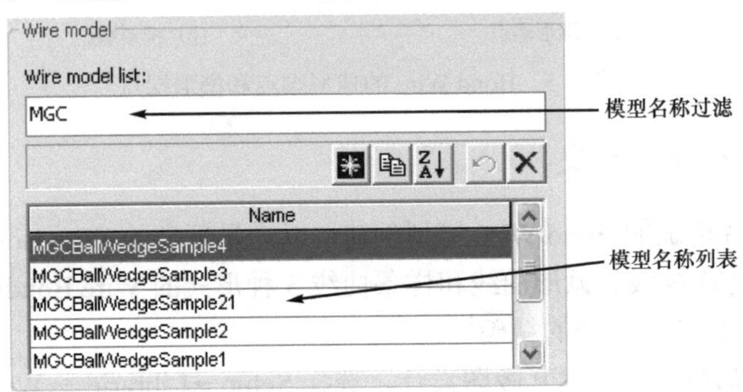

图 11-7　模型名称过滤

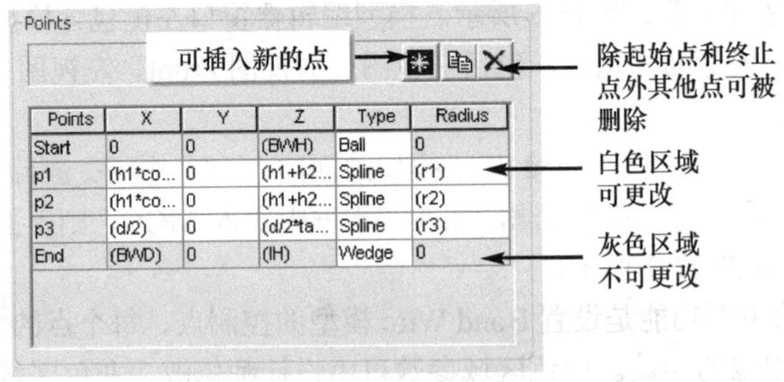

图 11-8　设置 Bond Wire 模型的控制点

JEDEC 标准的 Bond Wire 是通过 5 个点来控制的，分别是 Start→p1→p2→p3→End 5 点。JEDEC 标准的 5 点控制模型如图 11-9 所示。

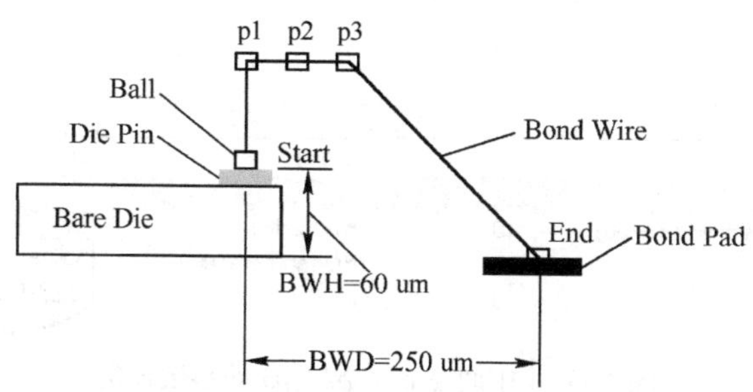

图 11-9　JEDEC 标准的 5 点控制模型

（3）Start 点的（X，Y）的坐标为（0，0），其含义为相对于 Die Pin 中心的偏离值，Z 值为 BWH。

（4）BWH（Bond Wire Height）定义 Bond Wire 起始点的高度，其值为裸芯片（Bare Die）高度和芯片引脚（Die Pin）高度之和，BWH=(Part height±die pin delta)。

（5）Start 点的 Type 下拉列表中包含两种类型，Ball 和 Wedge。Start 点的两种类型及相关参数如图 11-10 所示。

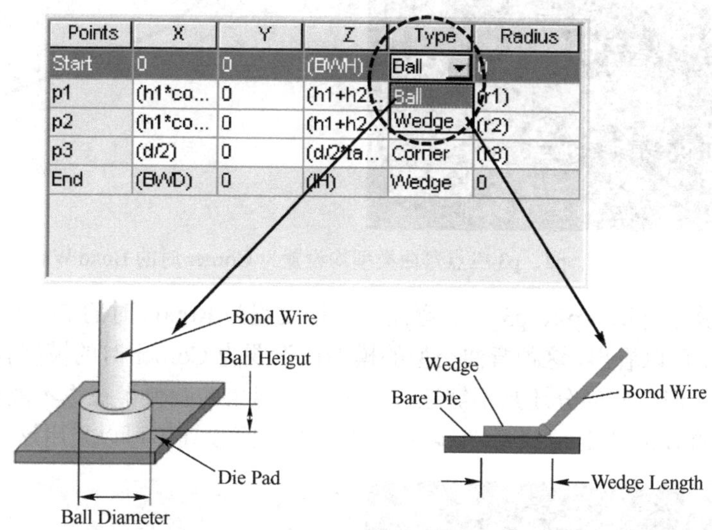

图 11-10　Start 点的两种类型及相关参数

（6）Ball 的主要参数包括球的直径（Ball Diameter）和球的高度（Ball Height），Wedge 的主要参数为楔形的长度（Wedge Length）。

（7）中间点 p1、p2、p3 的参数设定如图 11-11 所示。

① X 坐标表示 Bond Wire 在该点径向跨过的距离，p1 的 X 坐标=(h1*cos(alpha)/sin (alpha))，其中 h1 为设计师定义值，代表 p1 相对起始点 Start 抬高的位置，alpha 代表起始点的倾角。

② Y 坐标表示是否有 Y 方向的偏移，p1 的 Y 坐标=0，表明横侧方向的偏移为 0。

③ Z 表明 p1 点所处的高度，p1 的 Z 坐标=(h1+h2+IH)，h2 为裸芯片的高度，IH 为芯片引脚相对于芯片的高度。

④ 在操作过程中，如果某个操作点被选中，则该点会变为绿色。这时，设计师可通过鼠标拖动此操作点，其相应的坐标值会跟着变化。

每个中间点的 Type 栏弯曲属性有三种，分别是 Round、Spline 和 Corner，如图 11-11 中虚线所示。

Points	X	Y	Z	Type	Radius
Start	0	0	(BWH)	Ball	0
p1	(h1*cos(alpha)/sin(alpha))	0	(h1+h2+lH)	Round	(r1)
p2	(h1*cos(alpha)/sin(alpha)+d/8)	0	(h1+h2+lH)	Round	(r2)
p3	(d/2)	0	(d/2*tan(beta)+lH)	Spline	(r3)
End	(BWD)	0	(lH)	Corner	0

图 11-11 中间点 p1、p2、p3 的参数设定

图 11-12 所示为当 p1、p2、p3 三点弯曲类型均设置为 Corner 时的 Bond Wire 形状（包括前视图和 3D 图）。可以看出，这种类型的模型是比较粗糙的模型，拐角处完全为直角，不能模拟真实的 Bond Wire 形状，有较大的误差，在实际设计中应该避免设置这种弯曲类型。

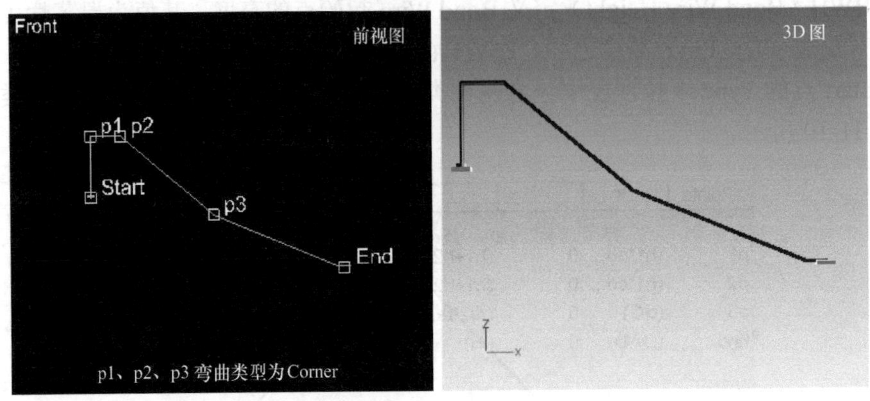

图 11-12 当 p1、p2、p3 三点弯曲类型均设置为 Corner 时的 Bond Wire 形状

图 11-13 所示为当 p1、p2、p3 三点弯曲类型均设置为 Round 时的 Bond Wire 形状（包括前视图和 3D 图）。可以看出，这种弯曲类型的模型比设置为 Corner 时的模型有了很大的改善，拐角处比较圆滑，但有些部分还是不够连续。另外，拐角的圆弧半径也不能自适应变化，同样不能模拟真实的 Bond Wire 形状，但误差不大，在实际设计中可以采用这种弯曲类型。

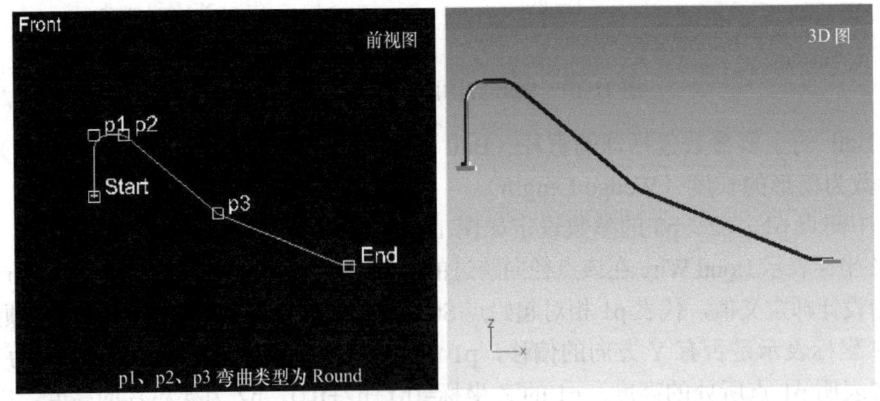

图 11-13 当 p1、p2、p3 三点弯曲类型均设置为 Round 时的 Bond Wire 形状

图 11-14 所示为当 p1、p2、p3 三点弯曲类型均设置为 Spline 时的 Bond Wire 形状（包括前视图和 3D 图）。可以看出，这种弯曲类型的模型比设置为 Round 时又有了很大的改善，拐角处比较圆滑，整个曲线连续，能模拟真实的 Bond Wire 形状，在实际设计中可以采用这种

弯曲类型。需要设计师注意的是，这种圆滑的弯曲是由很多细小的线段连接而成的，3D 显示对显卡的要求较高，可能造成画面卡顿或者刷新较慢的情况。

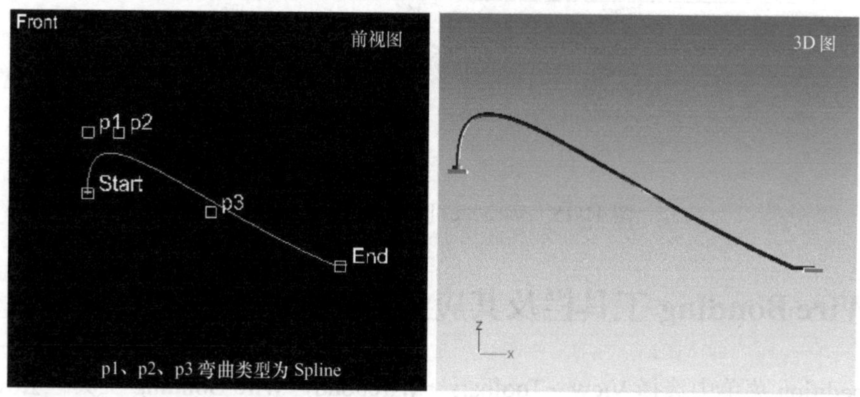

图 11-14　当 p1、p2、p3 三点弯曲类型均设置为 Spline 时的 Bond Wire 形状

采用精确的 Bond Wire 模型才能有效地考虑 DFM（Design For Manufacture，面向制造的设计），从而达到设计与生产的完美统一。

11.2.2　Bond Wire 模型参数

Variables 区主要包括变量和参数值的设定，如图 11-15 所示，分别介绍如下。

① BD（Ball Diameter）：定义起始点球的直径，默认为 Bond Wire 直径的 2.5 倍。

② BH（Ball Height）：定义起始点球的高度。

③ BWD（Bond Wire Distance）：定义 Bond Wire 的跨距，即从起始点到终止点 X 坐标的变化，这个值会随设计中 Bond Finger 位置的移动而变化。

④ BWH（Bond Wire Height）：定义起始点的高度，这个高度通常和设计本身有关，如设计中芯片的厚度及 Die Pin 的高度。

⑤ BWW（Bond Wire Width）：定义 Bond Wire 直径，默认直径为 25 um。

⑥ WL（Wedge Length）：定义楔形连接的长度。

⑦ Wire Length；定义 3D 的 Bond Wire 的长度，即 Bond Wire 的实际物理长度，由软件根据其他设定综合计算得到。

⑧ IH（Inherit Height）：继承高度，即从设计或库中继承的高度信息。

⑨ alpha：起始点的倾角。

⑩ beta：终止点的倾角。

⑪ d：Bond Wire 的跨距。

⑫ h1：p1 相对于起始点的高度。

⑬ h2：起始点的高度。

⑭ r1、r2、r3：当 p1、p2、p3 点 Type 参数选择为 Round 时的弧度半径。

注意，Bond Wire 模型中定义的参数并非一成不变，有些参数是随着设计的变化而变化的，所以在进行模型定义时，并不需要对所有参数进行详细的量化，设计师只需要给出曲线的类型（Corner、Round、Spline），然后根据设计需要（如在多层键合时需要创建不同高度和长度的 Bond Wire 模型），对 p1、p2、p3 三个操作点进行拖动，通过 3D 视图得到相应的线型即可，这一点对于芯片堆叠中 Bond Wire 模型的创建比较重要。

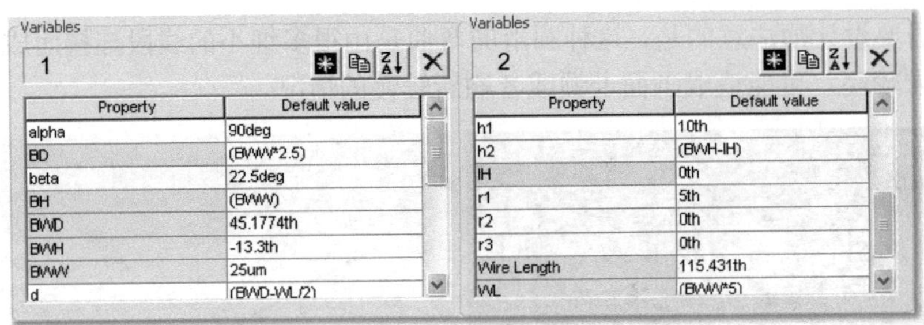

图 11-15　Variables 区变量和参数值设定

11.3　Wire Bonding 工具栏及其应用

在 Xpedition 菜单中选择 View→Toolbars→Wirebond，Wire Bonding 工具栏会显示到用户界面。同样，可在菜单中选择 Route→Wirebonds 启动 Wire Bonding 菜单，进行 Bond Wire 的各种编辑操作，Wire Bonding 工具栏和菜单如图 11-16 所示。

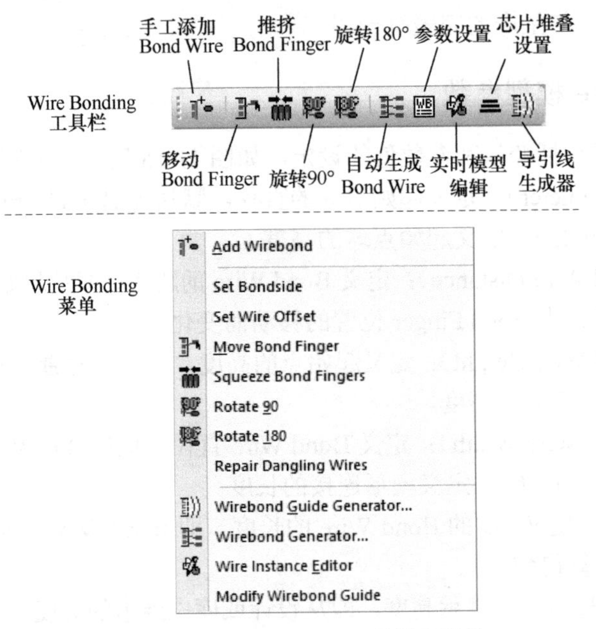

图 11-16　Wire Bonding 工具栏和菜单

11.3.1　手动添加 Bond Wire

手动添加 Bond Wire 的按钮图标是。单击此按钮后，单击需要键合的 Die Pin，即可手动添加 Bond Wire。

在添加时会自动显示 Bond Wire 的长度和偏转角度。注意，这里的长度是指跨距，而 Bond Wire 的实际长度需要在 3D 参数中进行查看。在添加 Bond Wire 的过程中，如果键合线上出现红色箭头，表明长度不在设定的范围内。如果箭头朝向芯片，则表明当前长度太长，应向芯片方向移动；如果箭头背向芯片，则表明当前长度太短，应向与芯片相反的方向移动。这两种情况下，设计师只需按照箭头提示的方向拖动鼠标移动 Bond Finger 即可，如图 11-17 所示。

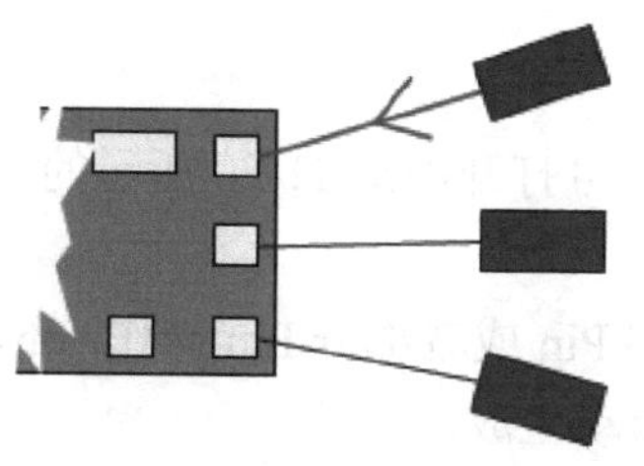

(a) Bond Wire 太长，应向芯片方向移动 Bond Finger

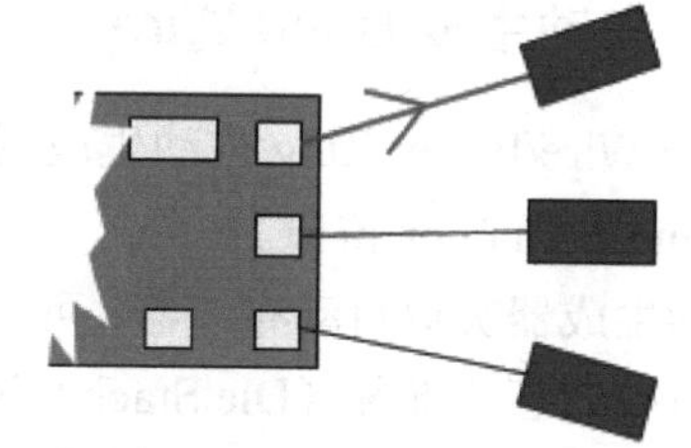

(b) Bond Wire 太短，应向芯片相反方向移动 Bond Finger

图 11-17　按照箭头提示方向移动 Bond Finger

11.3.2　移动、推挤及旋转 Bond Finger

1. 移动 Bond Finger 按钮

单击按钮，然后单击需要移动的 Bond Finger。

在移动 Bond Finger 的过程中，可以实时查看 Bond Wire 的跨距和角度信息。当移动的范围超出规则设置的允许长度范围时，实时长度（Length）会自动显示为红色；当移动的范围超出规则设置的允许角度范围时，实时角度（Angle）会自动显示为红色；当两者均超出范围时，则两者均变红，提示设计师此时超出规则设置的允许范围，应予以修正，如图 11-18 所示。

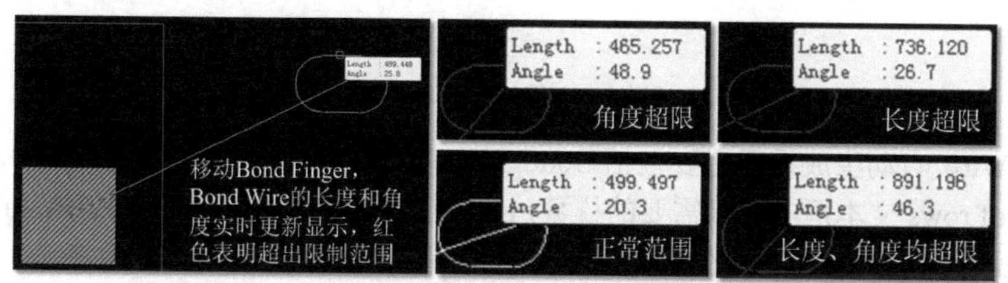

图 11-18　添加 Bond Wire 和移动 Bond Finger 时能实时显示跨距和角度信息

2. 推挤 Bond Finger 按钮

选中多个 Bond Finger 并单击按钮，然后单击其中某个 Bond Finger，其他的 Bond Finger 会自动以最小间距规则向此 Bond Finger 靠近。

需要注意的是，此命令需要将 Bond Finger 放置到导引线上才有效。

3. 旋转 Bond Finger 按钮 90° 和 180°

选中需要旋转的 Bond Finger，然后单击旋转 90° 或 180° 按钮，即可旋转相应的角度，图 11-19 所示为将 Bond Finger 旋转 90°。

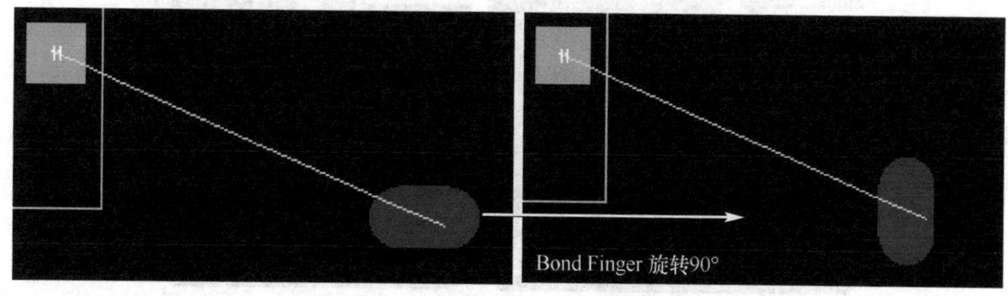

图 11-19　将 Bond Finger 旋转 90°

11.3.3 自动生成 Bond Wire

Bond Wire/Power Ring 自动生成器按钮为 ，启动后可打开如图 11-20 所示的 Wirebond/Power Ring Generator 窗口。

自动生成器类似自动布线器，可针对某个芯片的全部 Pin 或者部分 Pin 操作，还可对由多个芯片组成的芯片堆叠（Die Stack）进行 Bond Wire 的自动生成。

单击 Wirebonds 选项卡，可进行 Bond Wire 自动生成设置。

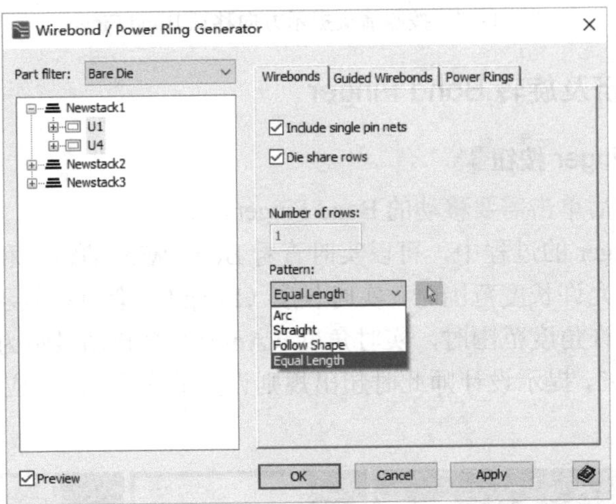

图 11-20 Wirebond/Power Ring Generator 窗口

Bond Wire 自动生成设置主要包括 Bond Finger 的排数及排列方式（Pattern）。设计师可在 Number of rows 文本框中输入需要的排数，Pattern 下拉列表中包括 4 个选项：Arc、Straight、Follow Shape 和 Equal Length。图 11-21 显示了 4 种不同排列方式的效果。

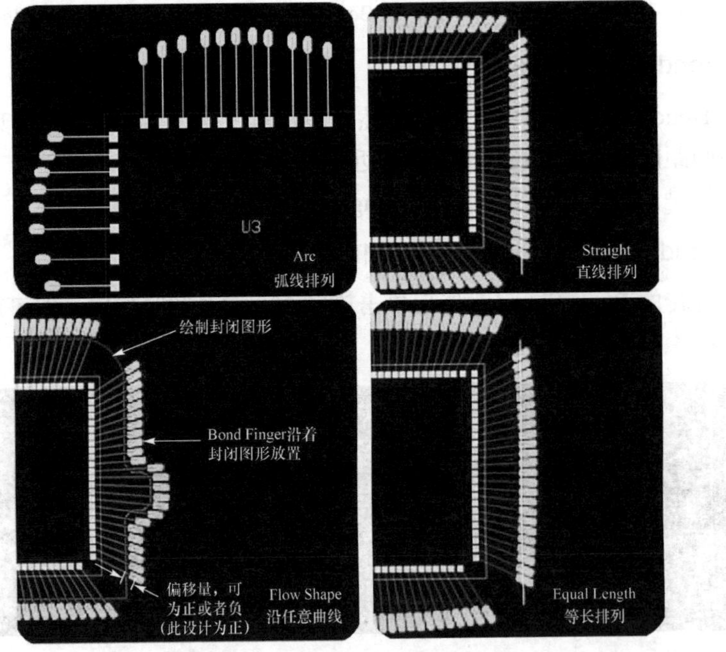

图 11-21 4 种不同排列方式的效果

11.3.4　通过导引线添加 Bond Wire

切换到 Guided Wirebonds 选项卡，如图 11-22 所示。为所选择的裸芯片或者 Die Pin 按照事先定义的导引线自动添加 Bond Wire。

此选项卡中的 Bond finger pitch 选项用于定义 Bond finger 的间距，可按照其位于芯片不同的方位单独定义不同的间距；Evenly spreadout 选项则是沿着导引线等间距排列 Bond finger。

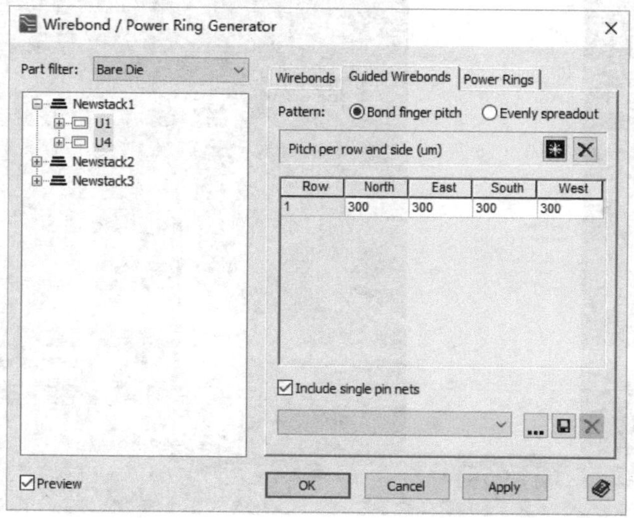

图 11-22　Guided Wirebonds 选项卡

键合导引线（Wirebond Guides）用于导引 Bond Finger 的放置，Wirebond Guides 可定义网络，如果 Wirebond Guides 定义的网络类型与 Bond Finger 网络类型相同，或者 Wirebond Guides 定义为 Any 类型网络，Bond Finger 可吸附在导引线上并沿着导引线自由滑动，也可脱离导引线自由移动，如图 11-23 所示。对于电源、接地网络，其 Wirebond Guides 定义的网络类型通常与该电源或者接地网络相同。

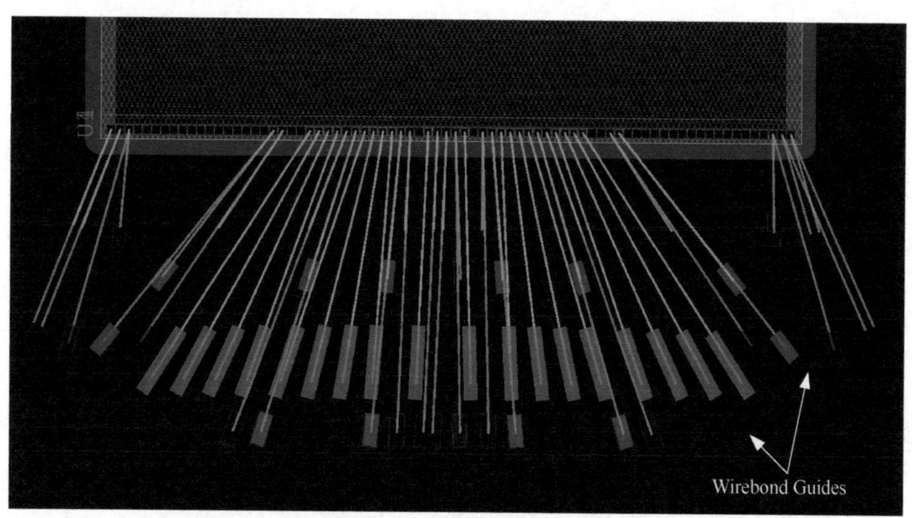

图 11-23　Wirebond Guides

Wirebond Guides 的生成方法有两种：软件自动生成和手动绘制。单击导引线生成器图标即可启动 Wirebond Guide Generator，设置芯片、距离、类型等相应参数后即可自动生成导引线，操作方法十分简单，在此不做详述，读者可自行实践。

下面介绍 Wirebond Guides 的手动绘制和应用方法。

首先，在绘图模式下绘制 Wirebond Guides，如图 11-24 所示。

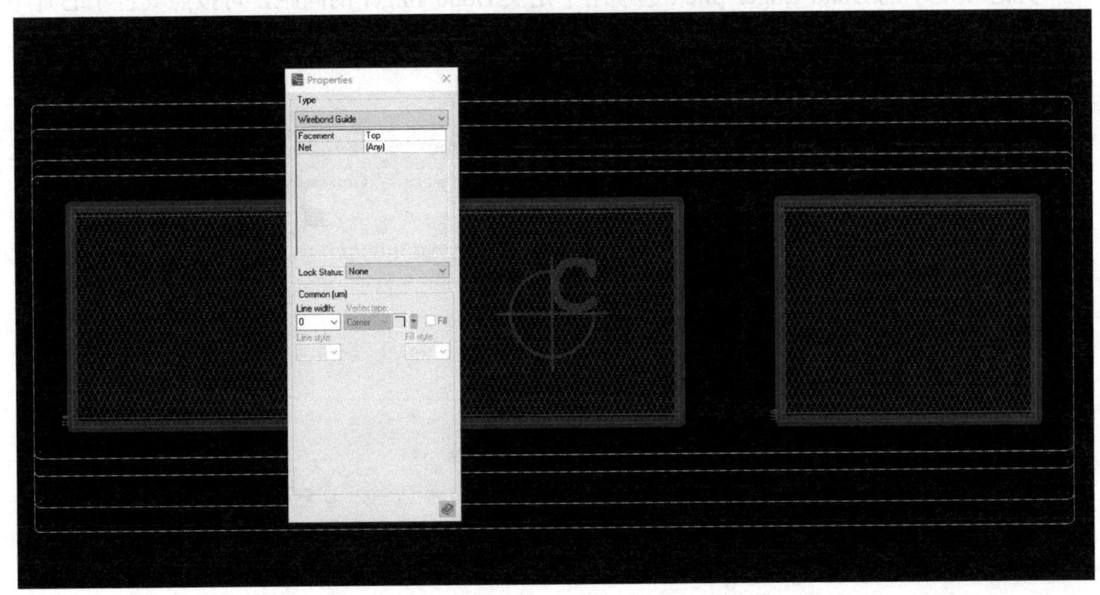

图 11-24　在绘图模式下绘制 Wirebond Guides

然后，在 Pattern 中定义键合指沿预定义的键合导引线之间的间距。选择下列两个选项中的一个来定义：① Bond finger pitch 选项，手动定义键合指沿键合导引线的间距，可以按照“每行和不同的方位”来设置不同的间距，如图 11-25 所示。② Evenly spreadout 选项，指沿着键合导引线，均匀地展开键合指和键合线。

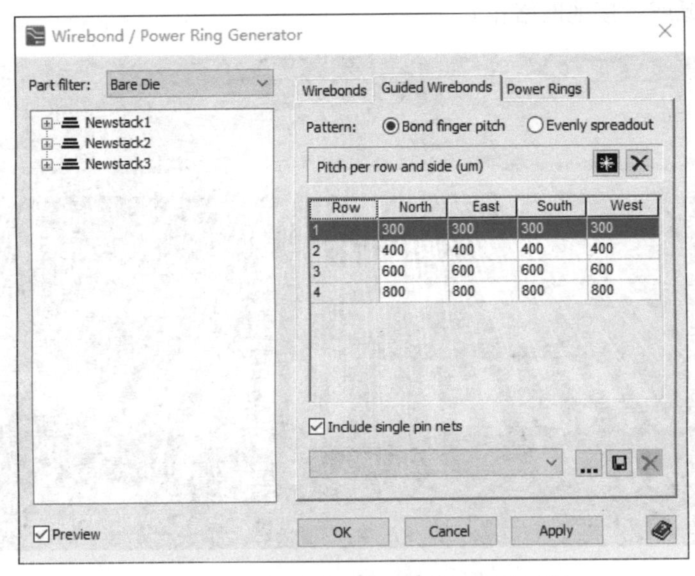

图 11-25　定义键合指沿键合导引线的间距

设计师也可沿着导引线手动键合，如图 11-26 所示，并根据设计需要进行键合指的排列。

在手动键合时，键合指可以放置在导引线上，键合指在导引线上滑动时支持自动推挤功能。键合指也可以脱离导引线，放置在合适的地方。

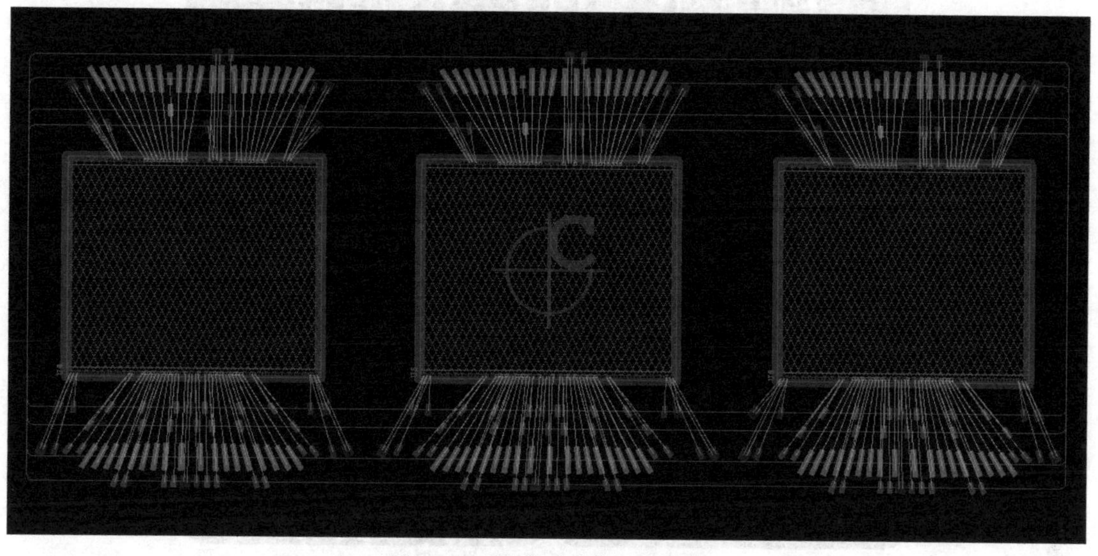

图 11-26　沿着引导线手动键合

11.3.5　添加 Power Ring

切换到 Power Ring 选项卡，用于自动生成 Power Ring（电源环）。

电源环参数设置界面主要设置以下参数：电源环的类型、距离芯片的间距、环宽、弧度的高、所连接的网络及添加到的层。电源环的类型有四种可选，分别是：Arc- Conductive Shape、Arc-Plane Shape、Rectangle-Conductive Shape 和 Rectangle-Plane Shape。电源环参数设置界面如图 11-27 所示。

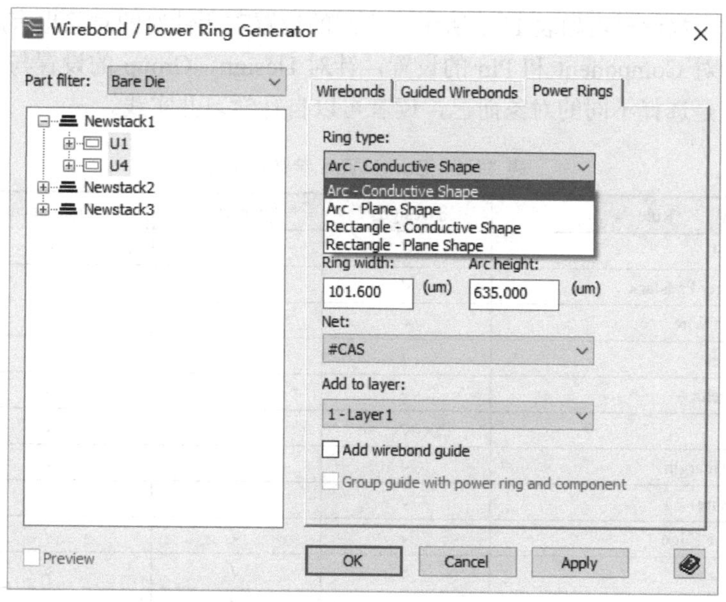

图 11-27　电源环参数设置界面

图 11-28 所示为不同形式的 Power Ring。

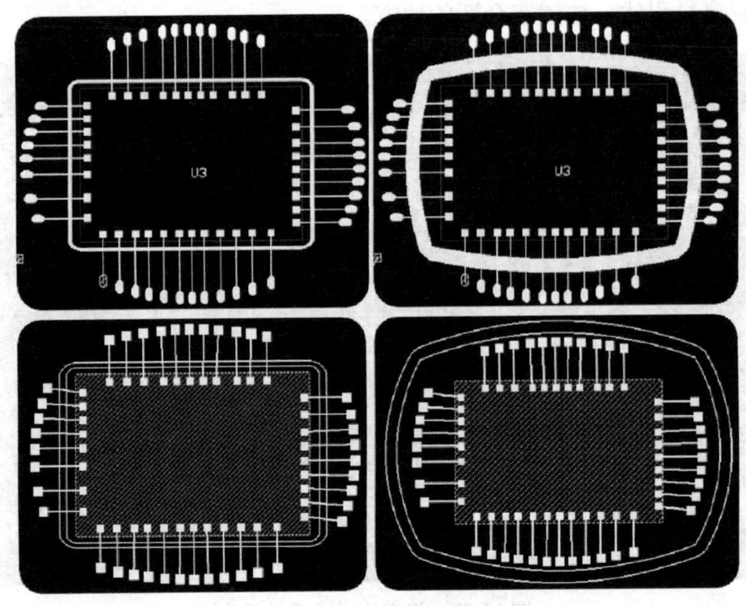

图 11-28　不同形式的 Power Ring

11.4　Bond Wire 规则设置

下面介绍 Bond Wire 规则设置，可通过单击工具栏按钮启动 Bond Wire 规则设置。Bond Wire 规则设置项分别针对以下 4 个层次进行设置：Design、Group、Component 和 Pin。

Design 规则应用于整个设计，Group 规则应用于多个元器件，Component 规则应用于单个芯片，Pin 的规则应用于单个或者多个 Die Pin。

Bond Wire 参数设置项如表 11-1 所示，不同的设置项所针对的对象也有所不同，在本书中，着重讲述针对 Component 和 Pin 的设置，针对 Design、Group 的设置与针对 Component 的设置类似，只是选择不同的对象而已，读者可以自行学习并实践。

表 11-1　Bond Wire 参数设置项

	Rules	Design	Group	Component	Pin
1	Wiremodel	√	√	√	√
2	Bond Finger Padstack	√	√	√	√
3	Align with Wire	√	√	√	√
4	Wire Offset	√	√	√	√
5	Die Pin Delta	√	√	√	
6	Angle	√	√	√	
7	Bond site margin	√	√	√	
8	Wire to Wire	√	√	√	
9	Wire to Die Edge	√	√	√	
10	Wire to Part	√	√	√	
11	Wire to Metal	√	√	√	
12	Wire to Cavity	√	√	√	

（续表）

	Rules	Design	Group	Component	Pin
13	Min/Max Length	√	√	√	
14	Bond Side				√
15	Row				√
16	Shared （display）				√
注：表中√项表示可设置，空白表示不可设置					

11.4.1　针对 Component 的设置

启动 Bond Wire Parameters & Rules 窗口，可针对 Component 进行 Bond Wire 规则设置，如图 11-29 所示。在 Part Filter 下拉列表中选择 Bare Die，在其下方列表框中选择某个元器件，如 U1。

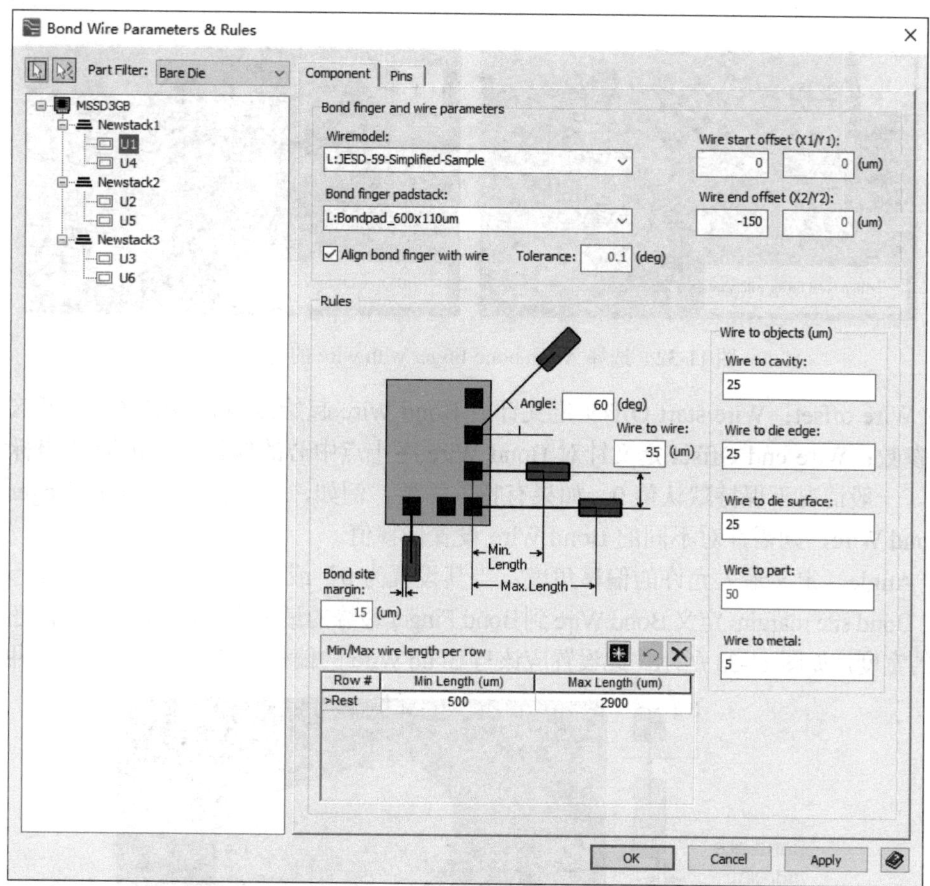

图 11-29　针对 Component 进行 Bond Wire 规则设置

下面对不同的设置项逐一介绍。

① Wiremodel，模型选择，可在下拉列表中选择在 Wire Model Editor 中创建的模型，如图 11-30 所示。

② Bond finger padstack，打开下拉列表，选择在 Padstack Editor 中创建的 Bond Finger，如图 11-31 所示。

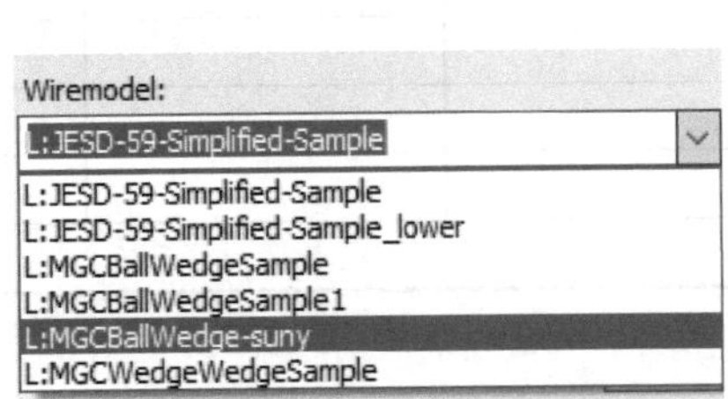

图 11-30 Wiremodel 下拉列表

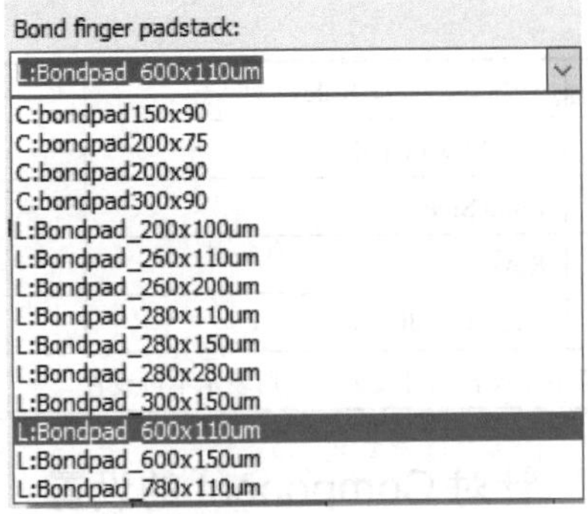

图 11-31 Bond finger padstack 下拉列表

③ Align bond finger with wire 选项，设定 Bond Finger 的方向与 Bond Wire 相一致，选择 Align bond finger with wire 的前后对比如图 11-32 所示。在 Tolerance 数据框中可定义允许的误差角度。

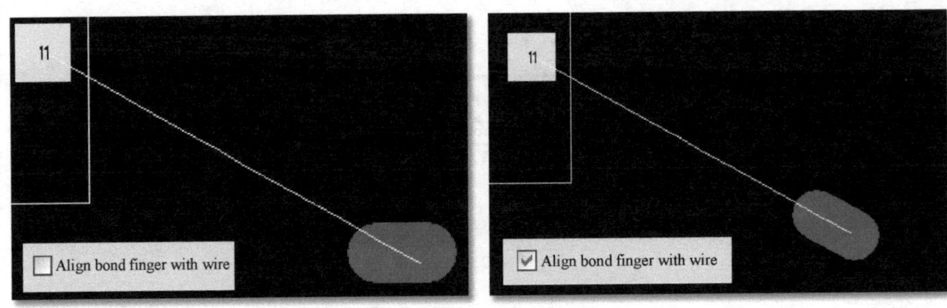

图 11-32 选择 Align bond finger with wire 的前后对比

④ Wire offset：Wire start Offset 定义针对 Bond Wire 起始点中心的偏移，包括 X 坐标和 Y 坐标参数；Wire end Offset 定义针对 Bond Wire 终止点中心的偏移，也包括 X 坐标和 Y 坐标参数。一般情况下保持默认值 0。如果有特殊需要，例如，需要在一个 Bond Finger 上键合多根 Bond Wire，则需针对不同的 Bond Wire 设置偏移值。

⑤ Angle，定义最大允许的偏移角度，当其设置为 0° 或 360° 时可任意偏移，无限制。

⑥ Bond site margin，定义 Bond Wire 到 Bond Finger 边缘的最大距离，其最大值不能超过 Bond Finger 的宽度，如图 11-33 所示。此设置应该与 Bond Wire 的偏移量 Wire Offset 配合使用。

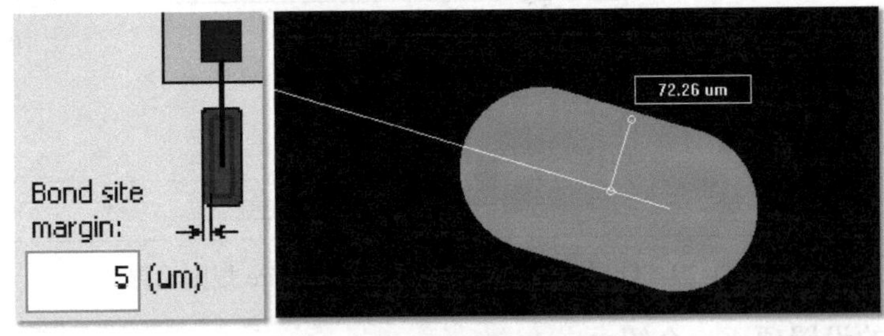

图 11-33 Bond site margin 定义

⑦ Wire to wire，定义键合线之间允许的最小距离，软件依照设定的参数，在 3D 空间做实时 DRC 检查，如图 11-34 所示。在 2D 空间无法判断 Wire to wire 是否满足安全间距（存在交叉线条），但从 3D 空间可以看到 Wire 之间存在安全距离，软件自动按照 3D 规则进行检查。

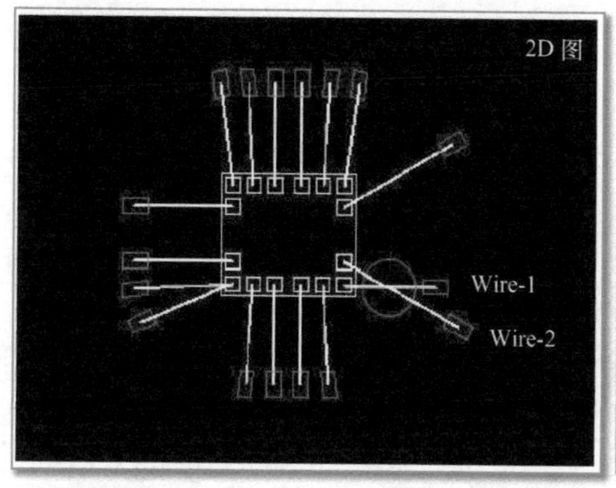

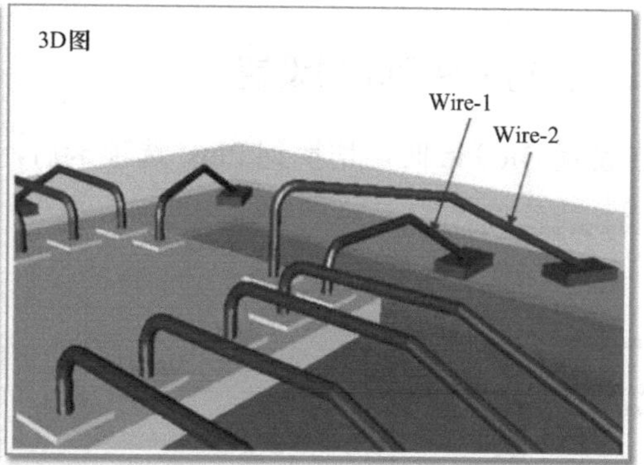

图 11-34 在 3D 空间做实时 DRC 检查

⑧ Wire to die edge，定义 Bond Wire 到芯片边沿的最小距离，如图 11-35 所示。

⑨ Wire to die surface，定义 Bond Wire 到同一芯片堆叠其他芯片表面的最小距离。

⑩ Wire to part，定义 Bond Wire 到其他元器件的最小距离，如图 11-36 所示。

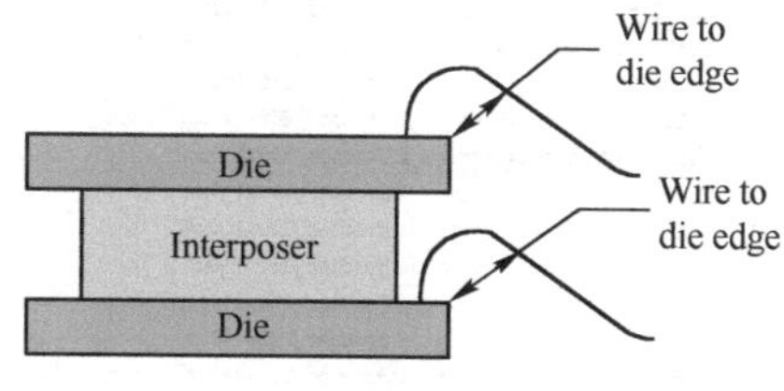

图 11-35 Wire to die edge 定义

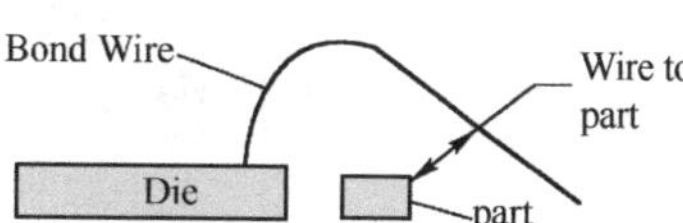

图 11-36 Wire to part 定义

⑪ Wire to metal，定义 Bond Wire 到金属（布线、敷铜或焊盘）的最小距离，如图 11-37 所示。

⑫ Wire to cavity，定义 Bond Wire 到腔体的距离，如图 11-38 所示。

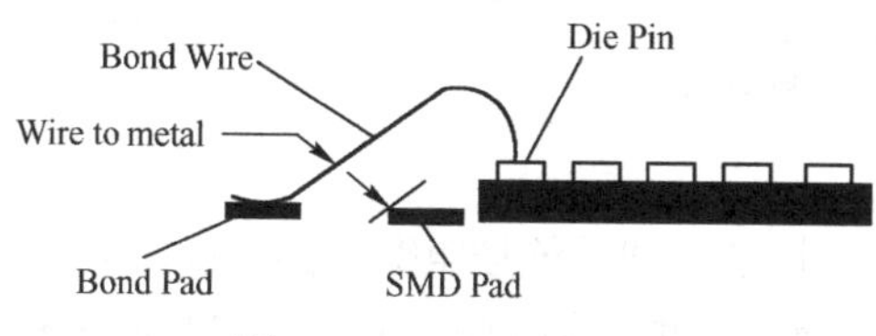

图 11-37 Wire to metal 定义

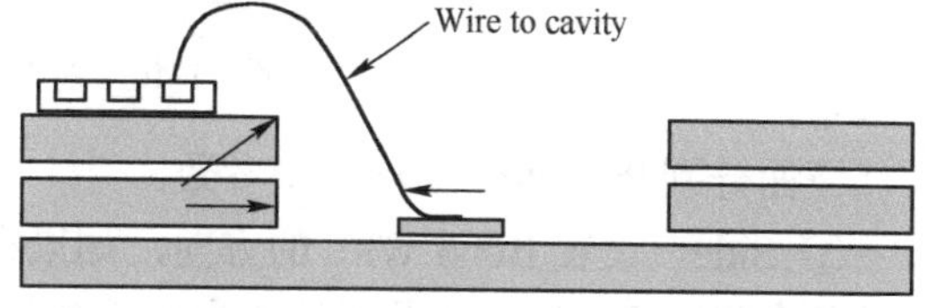

图 11-38 Wire to cavity 定义

⑬ Min/Max wire length per row，定义在自动键合时每一列 Bond Wire 的最大和最小跨距。图 11-39 中定义了 3 列 Bond Wire 的长度参数，>Rest 表示未在前面定义的列中的键合线所遵循的长度规则。如果是手工键合，则允许在所有列所规定的长度范围的并集内键合。

Min/Max wire length per row

Row #	Min Length (um)	Max Length (um)
1	500	1000
2	1200	1800
3	2000	3000
>Rest	3200	3600

图 11-39 Min/Max wire length 设置

11.4.2 针对 Die Pin 的设置

在设置 Die Pin 时，切换到 Pins 选项卡后，在如图 11-40 所示的窗口中进行设置。

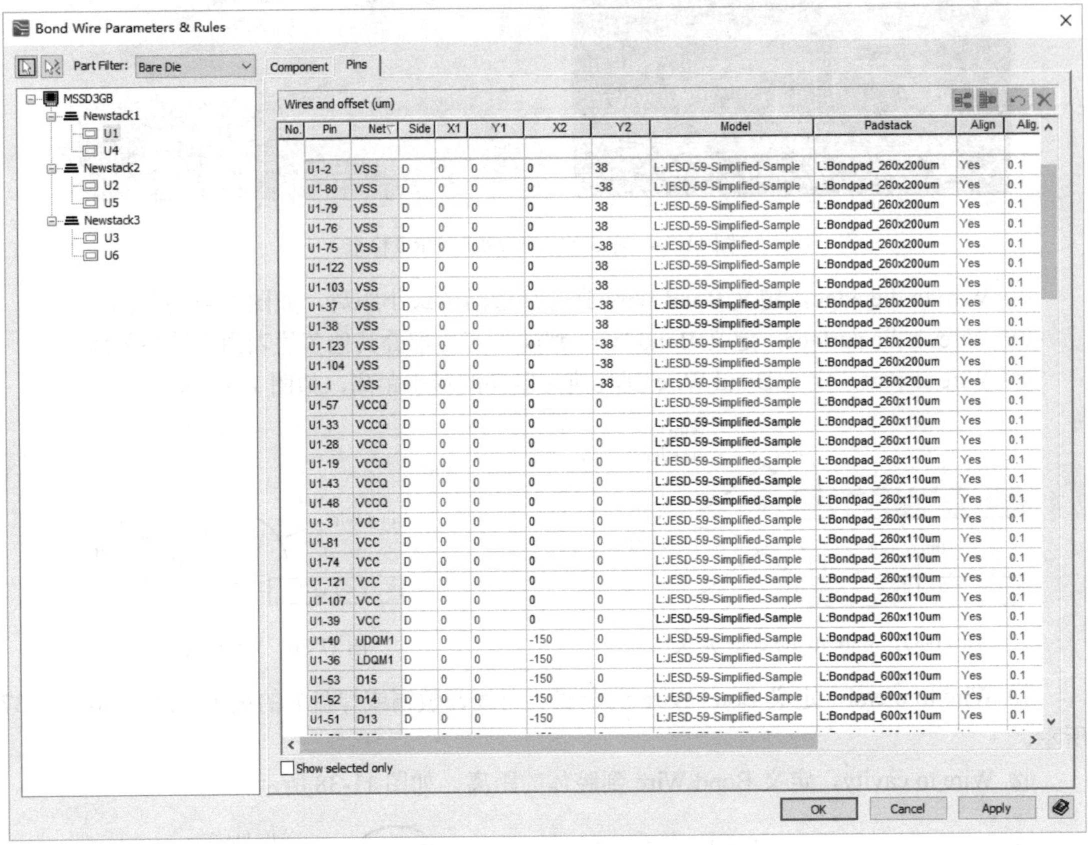

Bond Wire Parameters & Rules
Part Filter: Bare Die
Component
Pins
MSSD3GB
Newstack1
U1
U4
Newstack2
U2
U5
Newstack3
U3
U6
Wires and offset (um)
No. Pin Net Side X1 Y1 X2 Y2 Model Padstack Align Alig.
U1-2 VSS D 0 0 0 38 L:JESD-59-Simplified-Sample L:Bondpad_260x200um Yes 0.1
U1-80 VSS D 0 0 0 -38 L:JESD-59-Simplified-Sample L:Bondpad_260x200um Yes 0.1
U1-79 VSS D 0 0 0 38 L:JESD-59-Simplified-Sample L:Bondpad_260x200um Yes 0.1
U1-76 VSS D 0 0 0 38 L:JESD-59-Simplified-Sample L:Bondpad_260x200um Yes 0.1
U1-75 VSS D 0 0 0 -38 L:JESD-59-Simplified-Sample L:Bondpad_260x200um Yes 0.1
U1-122 VSS D 0 0 0 38 L:JESD-59-Simplified-Sample L:Bondpad_260x200um Yes 0.1
U1-103 VSS D 0 0 0 38 L:JESD-59-Simplified-Sample L:Bondpad_260x200um Yes 0.1
U1-37 VSS D 0 0 0 -38 L:JESD-59-Simplified-Sample L:Bondpad_260x200um Yes 0.1
U1-38 VSS D 0 0 0 38 L:JESD-59-Simplified-Sample L:Bondpad_260x200um Yes 0.1
U1-123 VSS D 0 0 0 -38 L:JESD-59-Simplified-Sample L:Bondpad_260x200um Yes 0.1
U1-104 VSS D 0 0 0 -38 L:JESD-59-Simplified-Sample L:Bondpad_260x200um Yes 0.1
U1-1 VSS D 0 0 0 -38 L:JESD-59-Simplified-Sample L:Bondpad_260x200um Yes 0.1
U1-57 VCCQ D 0 0 0 0 L:JESD-59-Simplified-Sample L:Bondpad_260x110um Yes 0.1
U1-33 VCCQ D 0 0 0 0 L:JESD-59-Simplified-Sample L:Bondpad_260x110um Yes 0.1
U1-28 VCCQ D 0 0 0 0 L:JESD-59-Simplified-Sample L:Bondpad_260x110um Yes 0.1
U1-19 VCCQ D 0 0 0 0 L:JESD-59-Simplified-Sample L:Bondpad_260x110um Yes 0.1
U1-43 VCCQ D 0 0 0 0 L:JESD-59-Simplified-Sample L:Bondpad_260x110um Yes 0.1
U1-48 VCCQ D 0 0 0 0 L:JESD-59-Simplified-Sample L:Bondpad_260x110um Yes 0.1
U1-3 VCC D 0 0 0 0 L:JESD-59-Simplified-Sample L:Bondpad_260x110um Yes 0.1
U1-81 VCC D 0 0 0 0 L:JESD-59-Simplified-Sample L:Bondpad_260x110um Yes 0.1
U1-74 VCC D 0 0 0 0 L:JESD-59-Simplified-Sample L:Bondpad_260x110um Yes 0.1
U1-121 VCC D 0 0 0 0 L:JESD-59-Simplified-Sample L:Bondpad_260x110um Yes 0.1
U1-107 VCC D 0 0 0 0 L:JESD-59-Simplified-Sample L:Bondpad_260x110um Yes 0.1
U1-39 VCC D 0 0 0 0 L:JESD-59-Simplified-Sample L:Bondpad_260x110um Yes 0.1
U1-40 UDQM1 D 0 0 -150 0 L:JESD-59-Simplified-Sample L:Bondpad_600x110um Yes 0.1
U1-36 LDQM1 D 0 0 -150 0 L:JESD-59-Simplified-Sample L:Bondpad_600x110um Yes 0.1
U1-53 D15 D 0 0 -150 0 L:JESD-59-Simplified-Sample L:Bondpad_600x110um Yes 0.1
U1-52 D14 D 0 0 -150 0 L:JESD-59-Simplified-Sample L:Bondpad_600x110um Yes 0.1
U1-51 D13 D 0 0 -150 0 L:JESD-59-Simplified-Sample L:Bondpad_600x110um Yes 0.1
Show selected only
OK
Cancel
Apply

图 11-40　对 Die Pin 的规则设置

下面分别介绍 Pins 选项卡中参数。

① Side，设置 Bond Wire 的方向，如果在此栏选择 D，则系统按照默认的出线方向，通常软件会将距离 Die Pad 最近的边为作为默认出线方向。如果选择 E(East)/N(North)/W(West)/S(South)中的任意一项，则按照图 11-41 中对应箭头的方向出线。注意，此定义是参照在芯片建库时库中的方位定义的，在具体设计中，如果芯片进行了旋转，则方位也会相应旋转。

Side
D
D
E
N
W
S
North
West
East
South

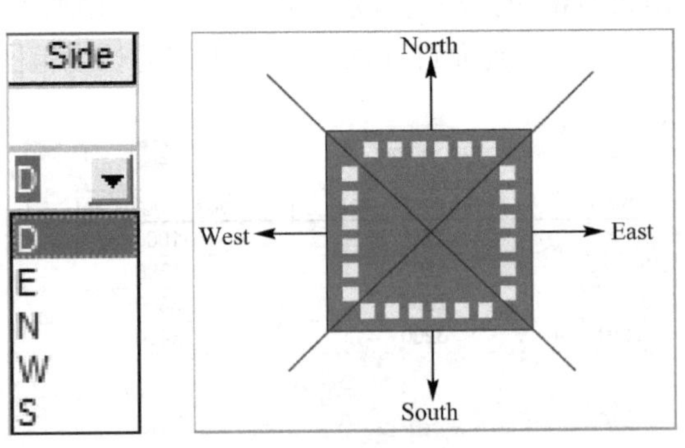

图 11-41　Bond Wire 出线方向设置

② X1、Y1、X2、Y2，分别用于设置起始点、终止点相对于中心点的偏移值的 X 和 Y 坐标，如果多个相同网络的 Bond Wire 键合到同一个 Bond Finger 上，则需要设置偏移值。图 11-42 所示为共享 Bond Finger 时 X2 坐标偏移，图中展示了两个 Bond Wire 键合到同一个 Bond Finger 上，分别在 X2 坐标上偏移了−150 um 和 150 um，其起始点分别来自不同的芯片的引脚 U1-23 和 U4-23。

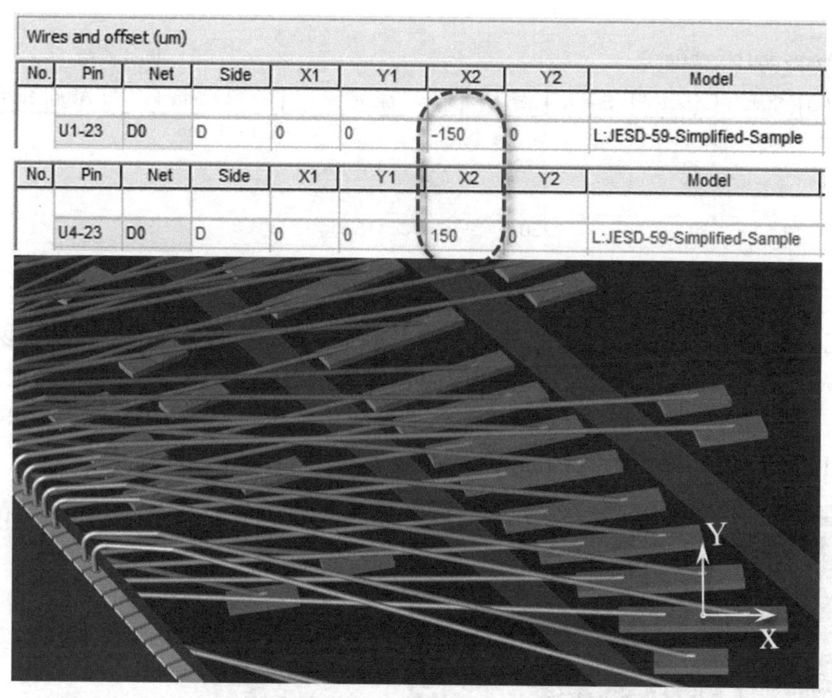

图 11-42　共享 Bond Finger 时的 X2 坐标偏移

共享 Bond Finger 时的 Y2 坐标偏移如图 11-43 所示，图中展示了两个 Bond Wire 键合到同一个 Bond Finger 上，分别在 Y2 坐标上偏移了−38 um 和 38 um。其中起始点来自相同芯片的引脚 U1-1 和 U1-2。

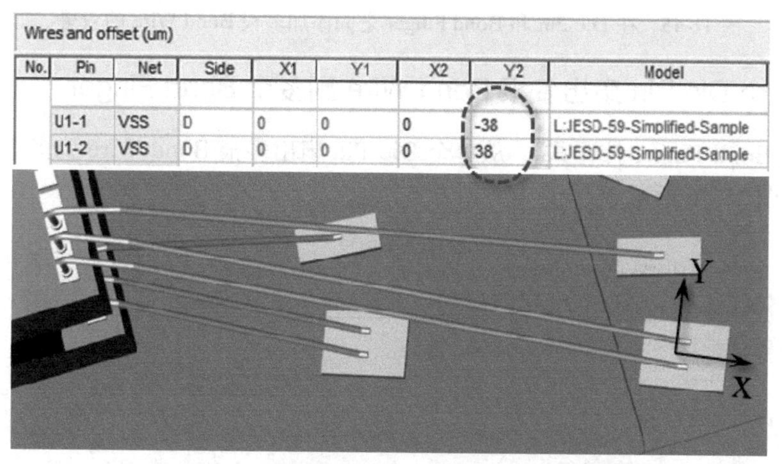

图 11-43　共享 Bond Finger 时的 Y2 坐标偏移

③ Model，选择 Bond Wire 的模型；Padstack，选择 Bond Finger 的类型；

④ Align 定义 Bond Finger 的方向是否与 Bond Wire 方向一致，Align tol 控制允许的误差；Row 设定该 Bond Finger 属于哪一列，如果是单列，则不需要考虑。

11.4.3 在 Die Pin 和 Bond Finger 之间添加多根 Bond Wire

单击 Add wire 按钮，在 Die Pin 上添加多根 Bond Wire，具体规则设置如图 11-44 所示。

Wires and offset (um)

No.	Start X	Start Y	End X	End Y	Model	Padstack	Align	Row
⊟						L:bond_pad	No	
	0	-30	0	-30	L:MGCBallWedge...			
	0	0	0	0	L:MGCBallWedge...			
	0	30	0	30	L:MGCBallWedge...			

图 11-44 在 Die Pin 上添加多根 Bond Wire 规则设置

设置完成后，单击设置好规则的 Die Pin，并添加 Bond Wire，系统会自动出现 3 根 Bond Wire 同时从 1 个 Die Pin 上扇出，并按照前面设定每个 Bond Wire 起始点和终止点都有相对应的偏移值，设计师只需要指定 Bond Finger 的位置，将其放置到基板上。最终得到的在 Die Pin 和 Bond Finger 之间添加多根 Bond Wire 的效果如图 11-45 所示。

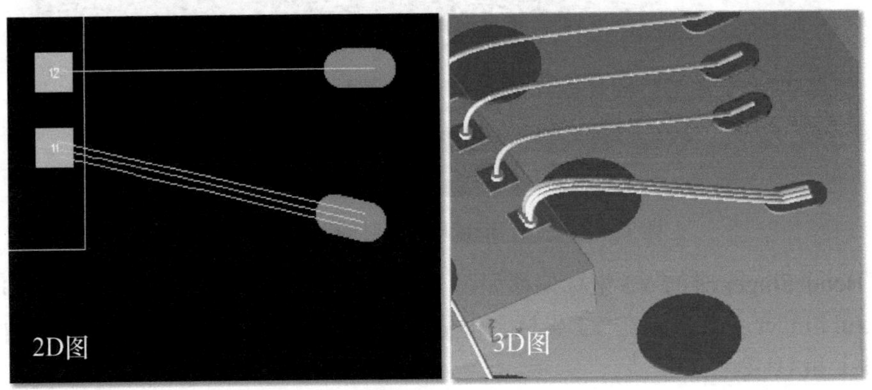

图 11-45 在 Die Pin 和 Bond Finger 之间添加多根 Bond Wire 的效果

11.4.4 从单个 Die Pin 扇出多根 Bond Wire 到多个 Bond Finger

单击 Add Bond Finger 按钮，从单个 Die Pin 扇出多根 Bond Wire 到多个 Bond Finger 的规则设置如图 11-46 所示。

Wires and offset (um)

No.	Start X	Start Y	End X	End Y	Model	Padstack	Align	Row
⊟						L:bond_pad	Yes	
	0	0	0	0	L:MGCBallWedge...			
⊟						L:bond_pad	Yes	
	0	25	0	0	L:MGCBallWedge...			
⊟						L:bond_pad	Yes	
	0	-25	0	0	L:MGCBallWedge...			

图 11-46 从单个 Die Pin 扇出多根 Bond Wire 到多个 Bond Finger 的规则设置

设置完成后，单击设置好规则的 Die Pin 并添加 Bond Wire，系统会依次扇出 3 根 Bond Wire，并具有各自的 Bond Finger，设计师只需要指定 Bond Finger 的位置，将其放置到基板上，最终得到的从单个 Die Pin 扇出多个 Bond Finger 的效果如图 11-47 所示。

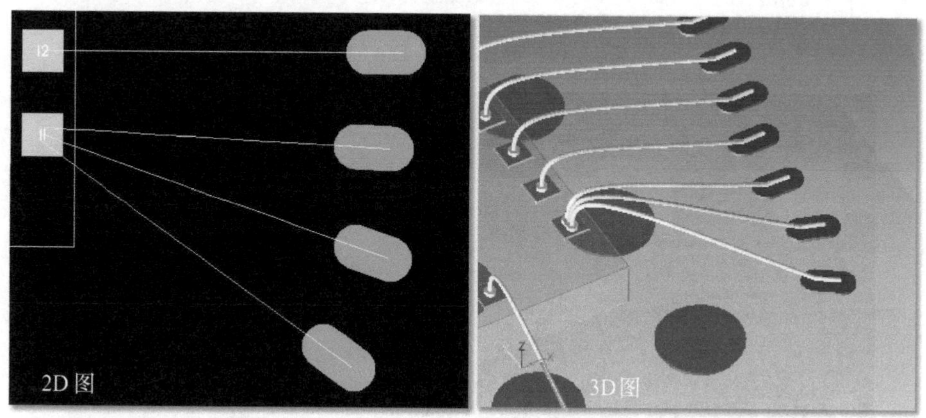

图 11-47　从单个 Die Pin 扇出多个 Bond Finger 的效果

11.4.5　多个 Die Pin 同时键合到一个 Bond Finger 上

在 Wire Bonding 设计中还有一种情况，就是将两个或多个相同网络的 Die Pin 键合到同一个 Bond Finger 上。这时，需要设置每个 Die Pin 上的 Bond Wire 终止点的偏移值(参考图 11-42，图 11-43 中的参数)，分别设置 X、Y 的偏移量。设置完成后，按正常模式键合第一根 Bond Wire，第二根 Bond Wire 的键合步骤如下：先按住 <Ctrl> 键分别单击 Die Pin 和 Bond Finger，然后执行 Add Bond Wire 命令，可得如图 11-48 所示效果。

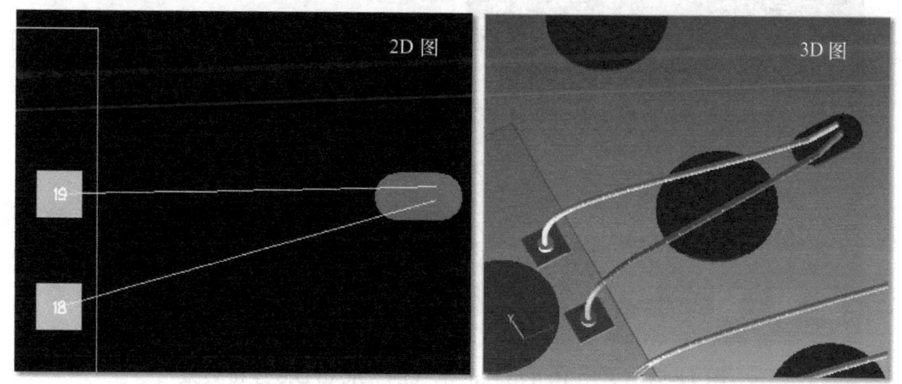

图 11-48　两个相同网络的 Die Pin 键合到同一个 Bond Finger 上

11.4.6　Die to Die Bonding

在 SiP 设计中，除了将 Die Pin 键合到 Bond Finger 上，还有一种情况就是将 Die Pin 直接键合到 Die Pin 上，在 Padstack 栏选择 DieToDie，如图 11-49 所示，设置一个 Die Pin 扇出两根 Bond Wire，其中一根键合到另一个 Die Pin 上，另外一根键合到 Bond Finger 上。

设置完成后，按正常模式键合第一根 Bond Wire，第二根 Bond Wire 会自动弹出，设计师只需将第二根连接到对应的 Die Pin 即可，采用 Ball to Wedge 形式的 Die to Die 连接效果如图 11-50 所示。

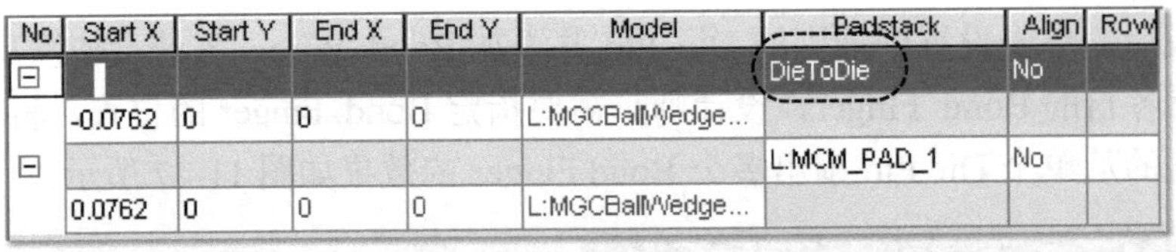

No.	Start X	Start Y	End X	End Y	Model	Padstack	Align	Row
⊟						DieToDie	No	
	-0.0762	0	0	0	L:MGCBallWedge...			
⊟						L:MCM_PAD_1	No	
	0.0762	0	0	0	L:MGCBallWedge...			

图 11-49　设置 Die to Die 的键合

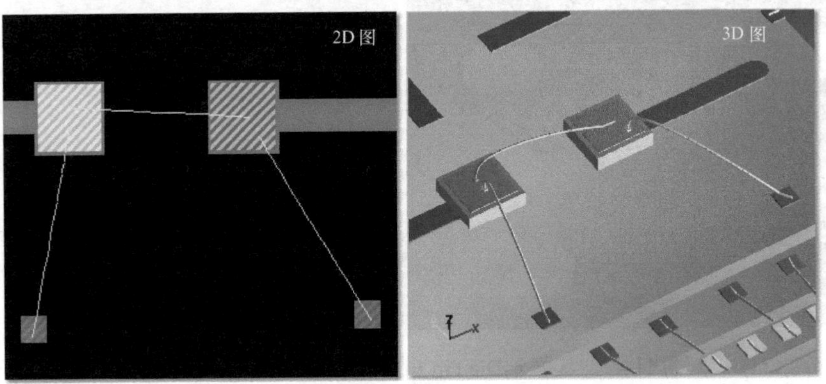

图 11-50　采用 Ball to Wedge 形式的 Die to Die 连接效果

对于 Die to Die 的键合连接，键合线两端选择球形键合还是楔形键合，主要与所选择的 Bond Wire 模型有关。例如，图 11-50 中选择的是采用 Ball to Wedge 形式的 Bond Wire 模型；图 11-51 中选择的是采用 Ball to Ball 形式的 Bond Wire 模型；图 11-52 左侧是 Ball to Wedge 形式的 Bond Wire 模型，右侧是采用 Wedge to Wedge 形式的 Bond Wire 模型。图 11-50 至图 11-52 中展示了 3 种不同的 Die to Die 连接效果。

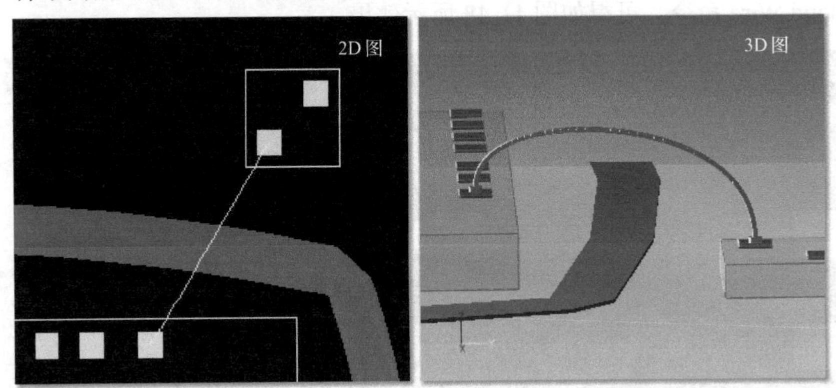

图 11-51　采用 Ball to Ball 形式的 Die to Die 连接效果

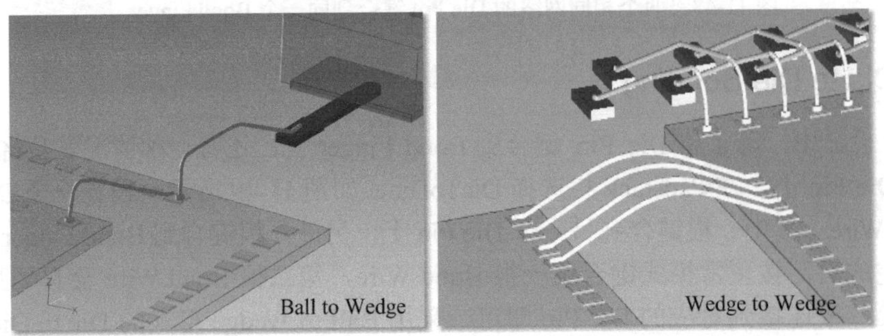

图 11-52　采用 Ball to Wedge 和 Wedge to Wedge 形式的 Die to Die 连接效果

11.5　Wire Model Editor 和 Wire Instance Editor

选择 Setup→Library→Wire Model Editor，打开 Wire Model Editor（Wire Model 编辑器），可创建 Wire 模型并设置参数。

Wire Instance Editor 是 Bond Wire 模型实时编辑和调整工具，在工具栏和 Route 菜单中均可启动 Wire Instance Editor。

它们的主要区别在于：Wire Model Editor 对本地库中的 Wirebond 模型进行创建和参数定义；Wire Instance Editor 对设计中已经使用的 Bond wire 进行检查、实时编辑和调整。

Wire Model Editor 与 Wire Instance Editor 的功能区分如图 11-53 所示。

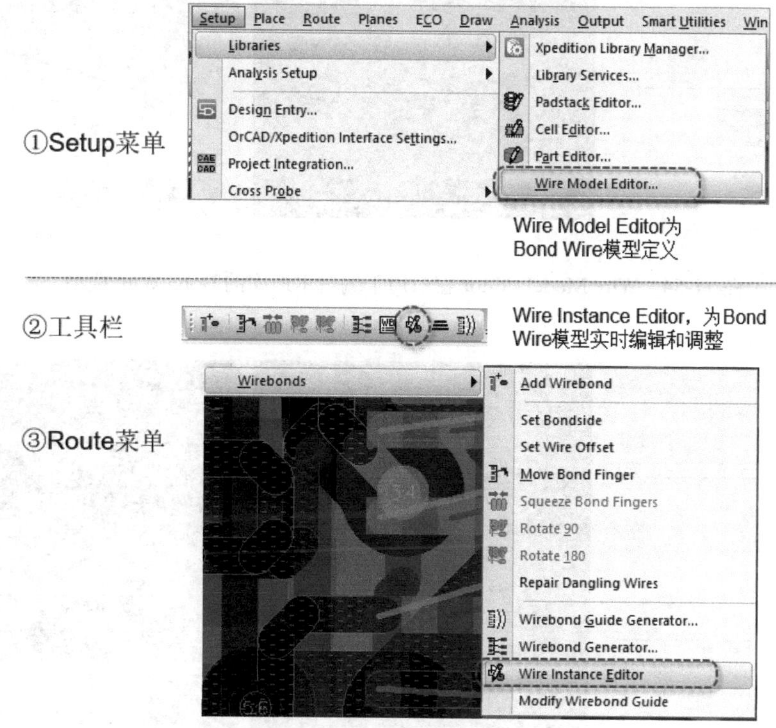

图 11-53　Wire Model Editor 与 Wire Instance Editor 的功能区分

启动 Wire Model Editor 窗口，无须选择任何实体，本地库中的 Bond Wire 就会在列表中出现，可以进行检查、参数编辑和调整等操作，如图 11-54 所示。

在启动 Wire Instance Editor 之前，需要先选中某个 Bond Wire 所连接的 Bond Finger 或者 Die Pin，才可以在浏览窗口中看到 Bond Wire 及其周围的 3D 图形，否则窗口显示为空白。此界面的结构与 Wire Model Editor 是相同的，不过在 3D 窗口显示的图形除了 Bond Wire 还包含其他临近设计元素的 3D 图形，在其模型列表栏只有此 Bond Wire 对应的模型，如图 11-55 所示。

在选中某个 Bond Wire 的前提下（实际操作中常常选中与此 Bond Wire 相连接的 Bond Finger 或者 Die Pin），单击工具按钮，在打开的 Wire Model Editor 窗口中，设计师可以通过拖动中间操作点 p1、p2、p3 来调整 Bond Wire 的形状，实现对 Bond Wire 的调整，并且可通过 3D 窗口实时查看调整的效果。

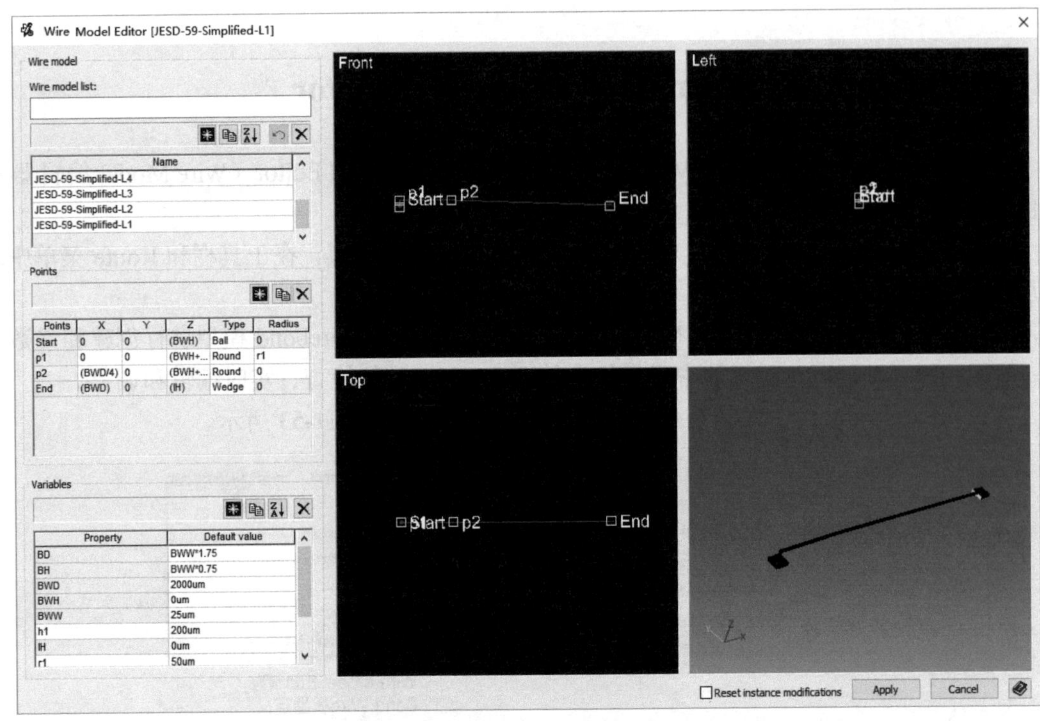

图 11-54 Wire Model Editor 窗口用于编辑本地库的 Bond Wire 模型

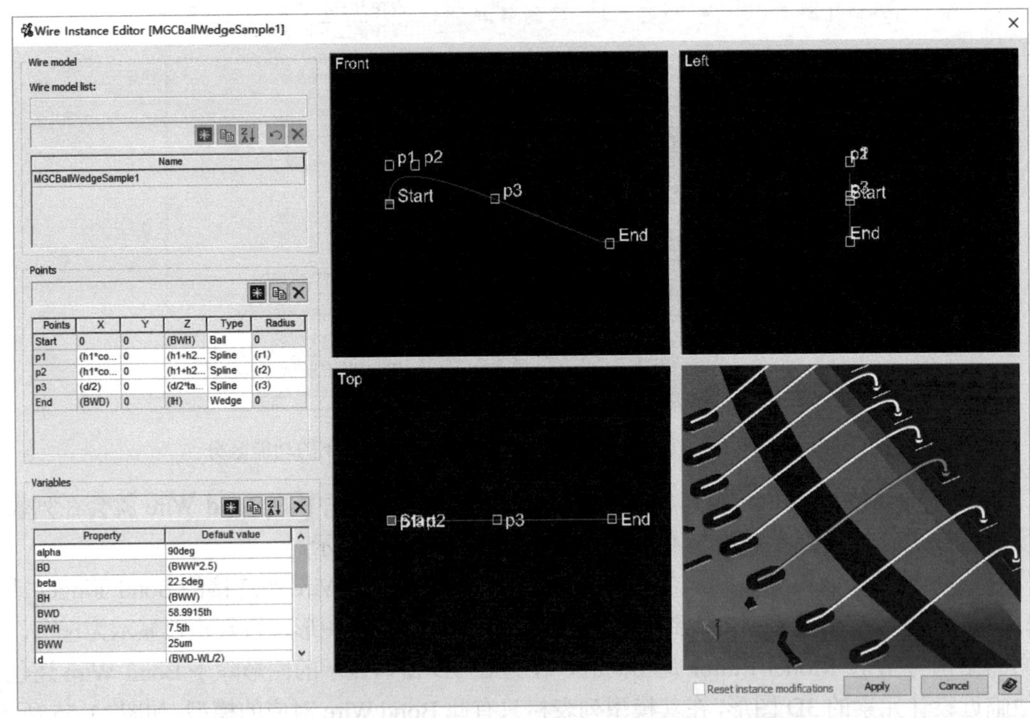

图 11-55 Wire Instance Editor 3D 窗口显示 Bond Wire 及其他元素

如图 11-56 所示为对 Bond Wire 曲线高度（Z 坐标）的调整。在调整过程中，可实时查看 3D 效果，单击 Apply 按钮将其直接应用到版图设计中。这种纵向调整对于多重键合线，以及键合线跨过元器件等情况是适用的。

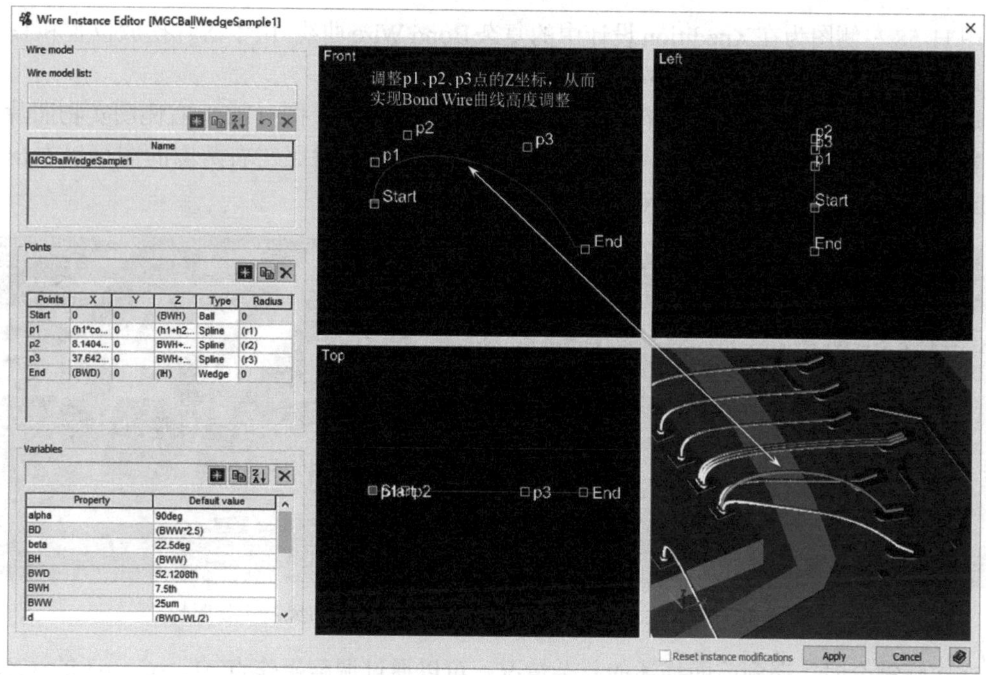

图 11-56　对 Bond Wire 曲线高度（Z 坐标）的调整

图 11-57 所示为调整 Y 坐标使 Bond Wire 曲线横向偏移。在调整过程中，可实时查看 3D 结果，然后单击 Apply 按钮将其直接应用到版图设计中。这种横向调整对于键合线交错，以及键合线绕过某些元器件等情况是适用的。

通过对 Bond Wire 操作点 p1、p2、p3 的（X，Y，Z）坐标的调整，可设计出任意复杂形状曲线的 Bond Wire，这种复杂曲线在实际设计中也经常会遇到。

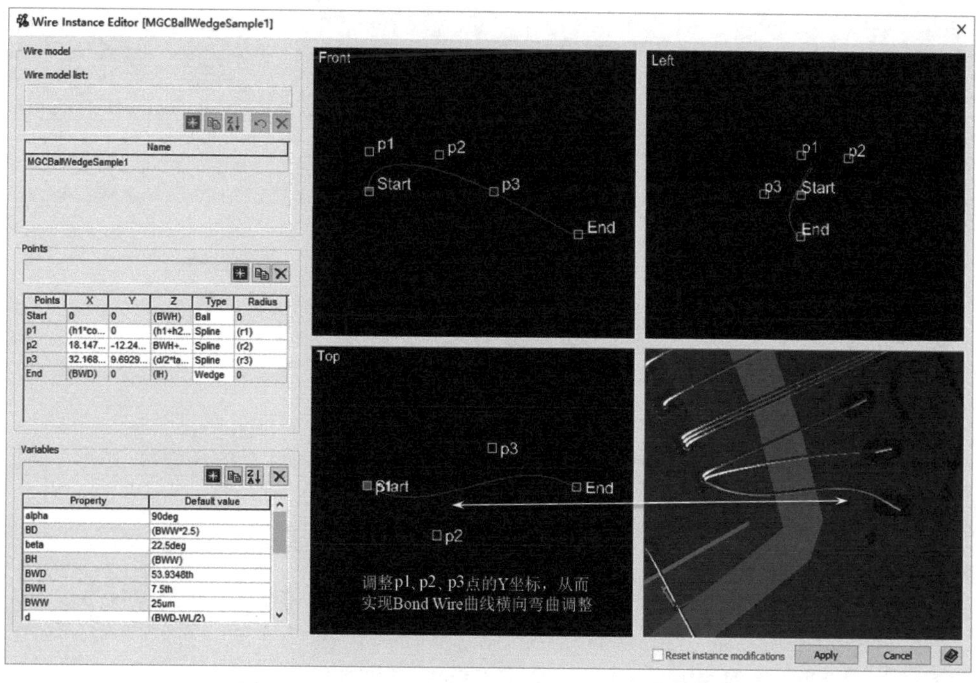

图 11-57　调整 Y 坐标使 Bond Wire 曲线横向偏移

图 11-58 左侧图为在 Xpedition 设计中的复杂 Bond Wire 曲线，由于芯片摆放位置和 Die Pin 的位置关系，所以曲线弯曲结构复杂。

这种复杂的弯曲结构在实际的设计中经常会遇到。例如，图 11-58 右侧图实物照片显示了在特殊的布局情况和 Die Pin 分布下的复杂键合曲线。对比左右两侧的图可以看出，在 Xpedition 中设计复杂的 Bond Wire 曲线是切实而有效的。

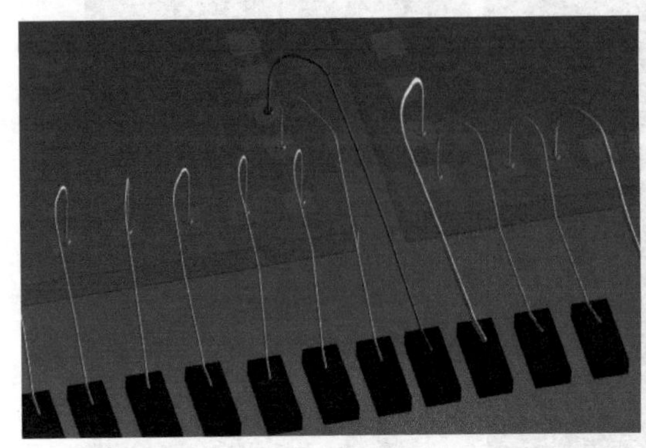

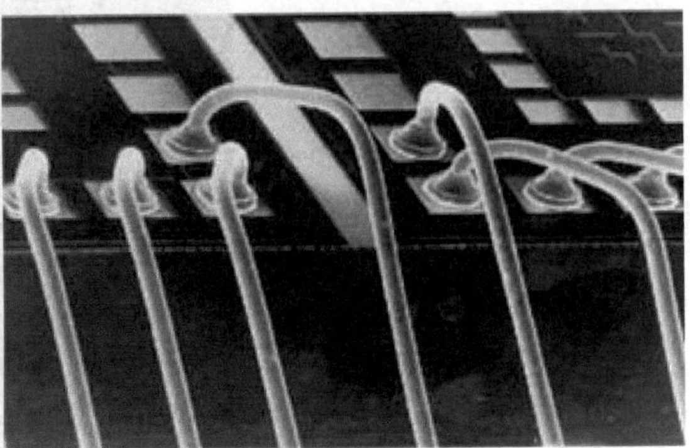

图 11-58 在 Xpedition 设计中的复杂 Bond Wire 曲线及实物照片

在实际键合时，遇到前面描述的复杂情况，可以通过调整操作点 p1、p2、p3 的（X，Y，Z）坐标来避免产生冲突。

通过在 Wire Instance Editor 中的精确模拟，可以有效地预测在实际生产中是否会出现问题，从而提高产品的可制造性，达到 DFM 的目的。

第 12 章　腔体、芯片堆叠及 TSV 设计

关键词：腔体（Cavity），单级腔体，多级腔体，埋入式腔体，双面腔体，芯片堆叠（Stacked Dies），金字塔型堆叠，悬臂型堆叠，并排堆叠，TSV，2.5D TSV，3D TSV，3D TSV Cell，RDL，引脚对齐原则，堆叠并互联，3D 引脚模型，网络优化，DRC 检查

12.1　腔体设计

腔体（Cavity）作为陶瓷封装中最常见的一种基板工艺，由于其在 3D 结构上的诸多优点，受到越来越多的重视，腔体在 HTCC、LTCC 基板上的应用日益普遍。目前，随着技术的改进，在许多有机基板中也开始使用腔体，如最新的龙芯 CPU 塑封基板就采用了腔体结构。

腔体是一种基板上的 3D 立体结构，为了真实地模拟腔体，需要软件对 3D 基板立体结构有良好的支持。

12.1.1　腔体的定义

腔体是在基板上开的一个孔槽，通常不会穿越所有的层（在特殊情况下也有通腔，在 Xpedition 中称之为 Contour）。腔体可以是开放式的腔体，也可以是密闭在内层空间的腔体，腔体可以是单层腔体也可以是多级腔体，所谓多级腔体就是在一个腔体的内部再挖腔体，图 12-1 所示为开放式多级腔体。

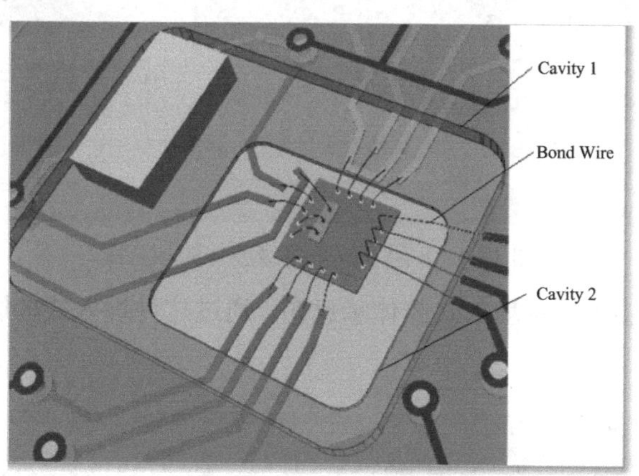

图 12-1　开放式多级腔体

上图中 Cavity 2 位于 Cavity 1 之中，芯片放置在 Cavity 2 内部。部分 Bond Wire 从芯片键合到基板表面，部分 Bond Wire 从芯片键合到 Cavity 2 与 Cavity 1 之间的台阶上，还有部分 Bond Wire 从芯片键合到 Cavity 2 内部，通过各自的 Bond Finger 分别连接到不同层的布线上。

下面介绍几种典型的腔体结构。

图 12-2 所示为 8 层基板结构的侧面截图，由金属层（Metal）和介质层（Dielectric）组成。

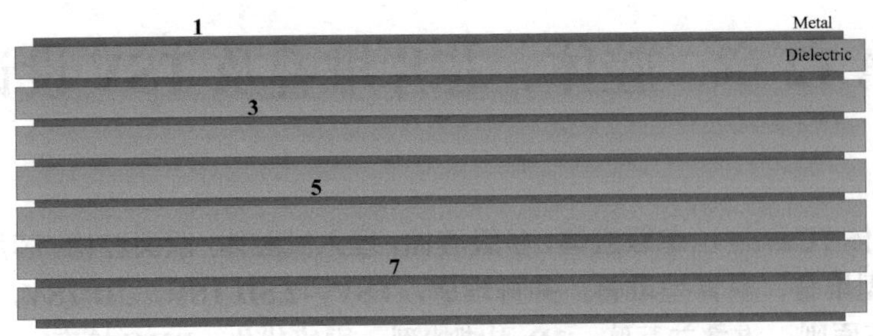

图 12-2　8 层基板结构的侧面截图

图 12-3 所示为 8 层基板带 1-3 层腔体的示意图，腔体的起始层为 Layer1，终止层为 Layer3，Layer3 层位于腔体的底部，裸露于外部空间，可以安装元器件。

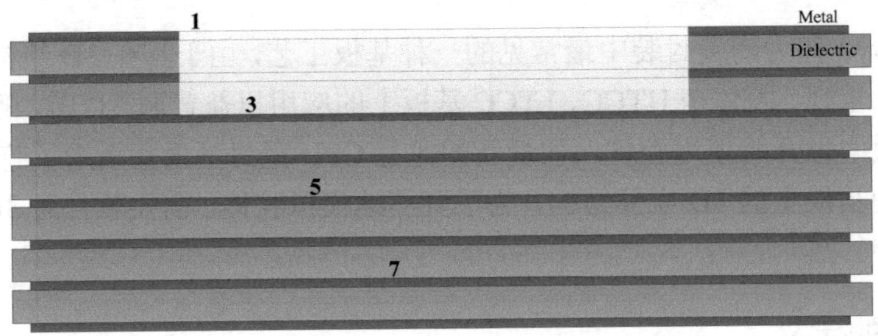

图 12-3　8 层基板带 1-3 层腔体的示意图

图 12-4 所示为 8 层基板带多级腔体的示意图，分别是 1～3 层、3～5 层、5～7 层，这种台阶式多级腔体在陶瓷封装中比较常见，台阶上可以放置键合指。

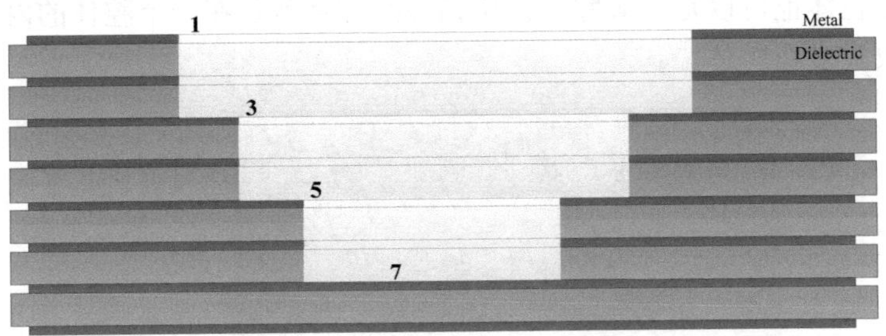

图 12-4　8 层基板带多级腔体的示意图

图 12-5 所示为 8 层基板带埋入式腔体示意图，通过这种埋入式的腔体可以实现分立式元器件在基板内的嵌埋。

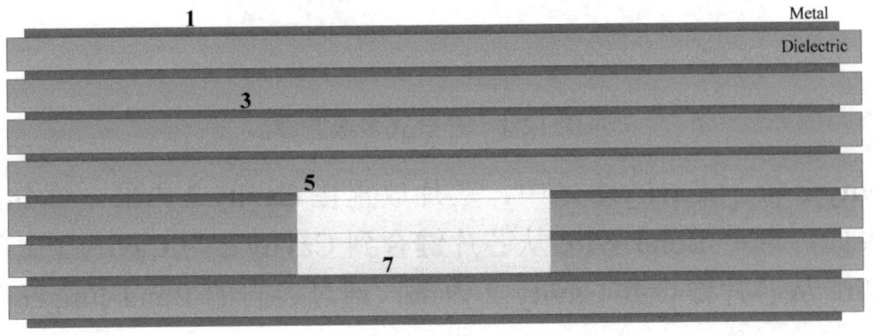

图 12-5　8 层基板带埋入式腔体示意图

12.1.2　腔体的创建

单击绘图按钮，切换到绘图模式。单击属性按钮，在 Type 下拉列表中选择类型为 Cavity，设置参数 Start Layer=1、Allow Metal=No、End Layer=2、Allow Metal=Yes，如图 12-6 所示。

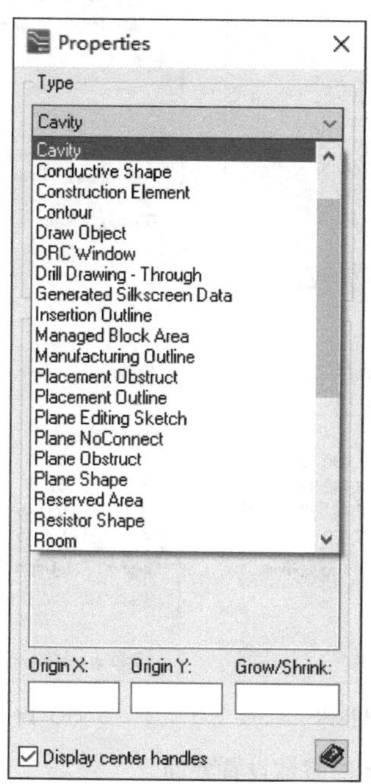

图 12-6　绘制腔体时的参数设置

绘制腔体图形，并在显示控制（Display Control）窗口的 Fab 选项卡中，选中 Board Objects 下的 Board Elements 中的 Cavity 选项，即可看到如图 12-7 所示的 1～2 层的腔体结构。

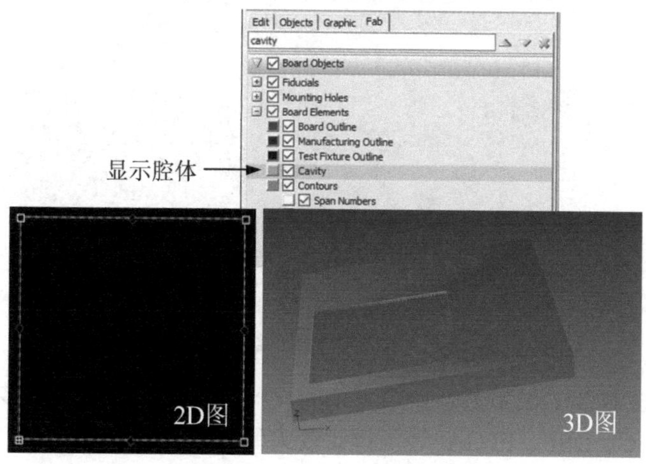

图 12-7　1～2 层的腔体结构

绘制一个多重腔体，分别从 2～3 层、3～4 层添加 2～3 层和 3～4 层的腔体，可继续在刚才绘制的腔体内部添加。此外，可以在多级腔体的旁边再绘制一个 1～4 层的腔体，用于进行参照和比较。绘制不同腔体的参数设置界面如图 12-8 所示。

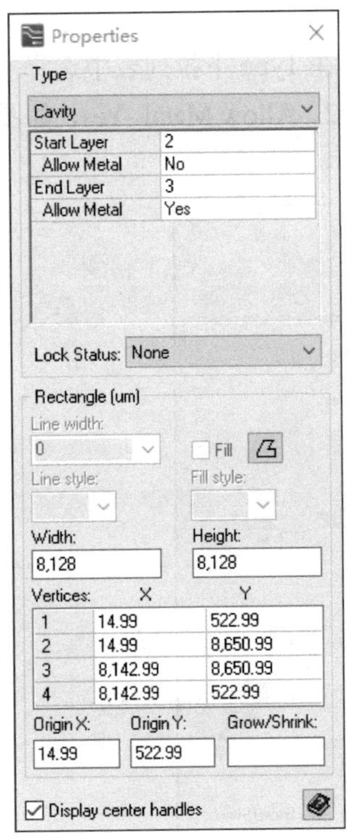

（a）2～3 层腔体

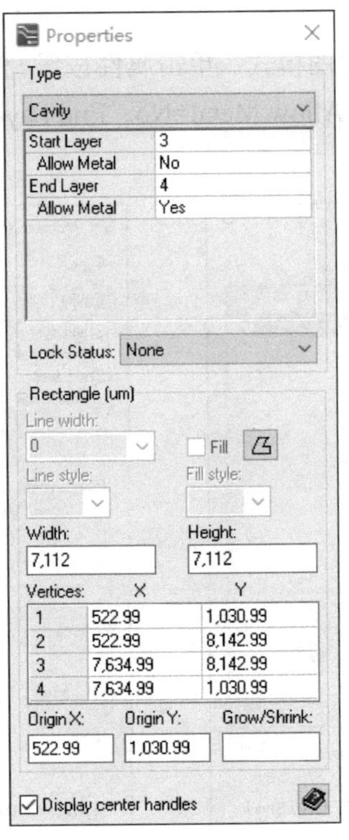

（b）3～4 层腔体

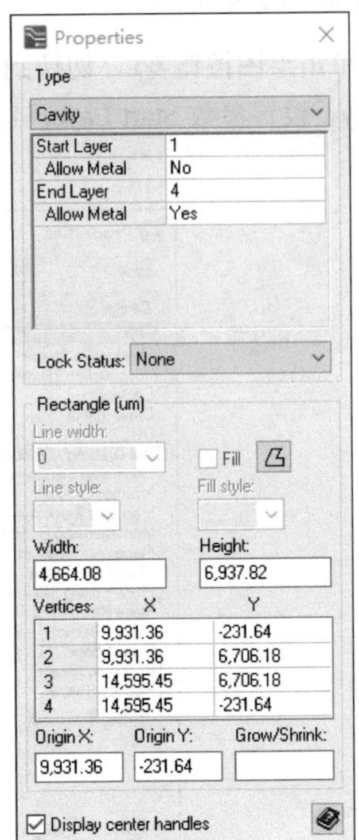

（c）1～4 层腔体

图 12-8　绘制不同腔体的参数设置界面

绘制完成后，打开 3D View 窗口，可得如图 12-9 所示的多级腔体和单级腔体结构。

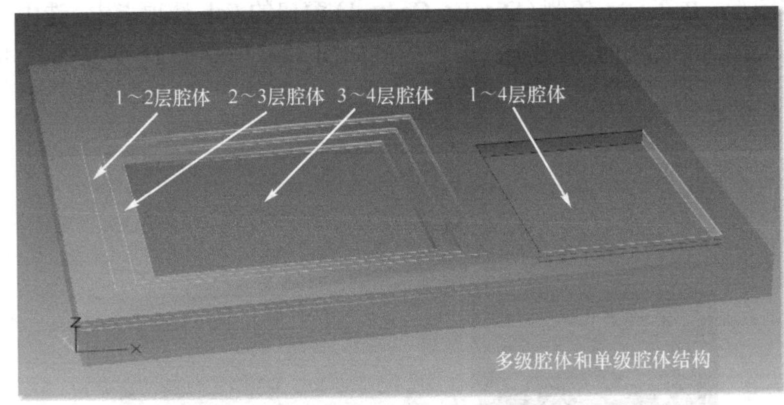

图 12-9　多级腔体和单级腔体结构

腔体结构在陶瓷封装中很常见。一般复杂的元器件，尤其当其需要多层键合时，都要放置到腔体里，如 SoC、DSP、FPGA 等规模比较大的芯片，都需要多级腔体的支持，并且将 Bond Finger 放置到腔体的台阶上。

复杂元器件放到腔体中键合主要有三个优势：① 可以有效地降低键合线的高度，从而减小封装体的厚度；② 可以有效地缩短多层键合最外圈键合线的长度；③ 可以利用腔体在封装底面安装元器件。

12.1.3　将芯片放置到腔体中

腔体设计好后，在布局元器件时，可将元器件放置到腔体中。通常分为两步：① 按住鼠标左键拖动元器件，将其移动到腔体上方；② 松开鼠标左键，在满足 DRC 规则的前提下，则元器件会自动落入腔体内部，如图 12-10 所示。

在 Xpedition 中，2D 设计环境中最明显可以看出元器件落入腔体的信息就是元器件 Pad 颜色发生了变化，从顶层定义的 Pad 颜色变成腔体底部所在层定义的 Pad 颜色。

在将元器件放置到腔体的过程中，如果遇到规则冲突，则不能将元器件正常放置到腔体中，这时需要检查相关的规则设置。

有一种情况例外，设计者的本意是要将元器件跨在腔体上方。在这种情况下，元器件通常会比腔体更大。在满足 DRC 规则的前提下，元器件不会落入腔体，而是跨在腔体上方，如图 12-11 所示。

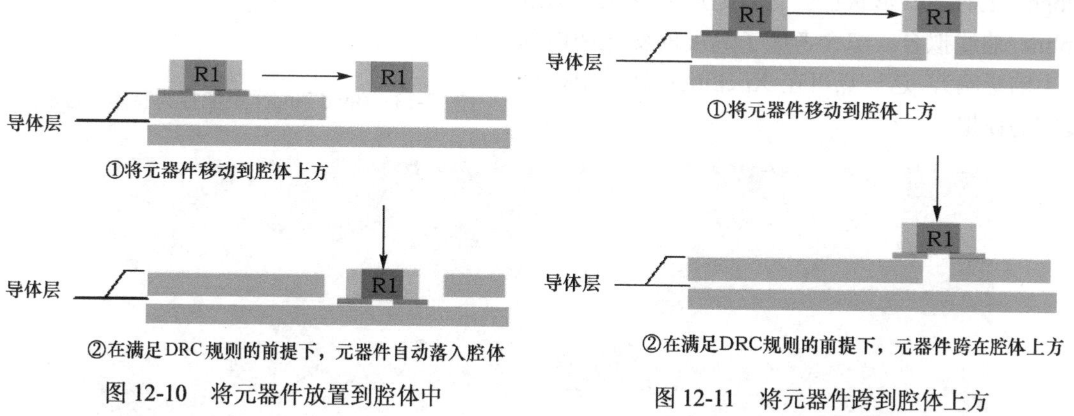

图 12-10　将元器件放置到腔体中　　图 12-11　将元器件跨到腔体上方

将元器件放入腔体，等芯片布局完成后，打开 3D View 窗口，可得到如图 12-12 所示的元器件和腔体 3D 效果图。

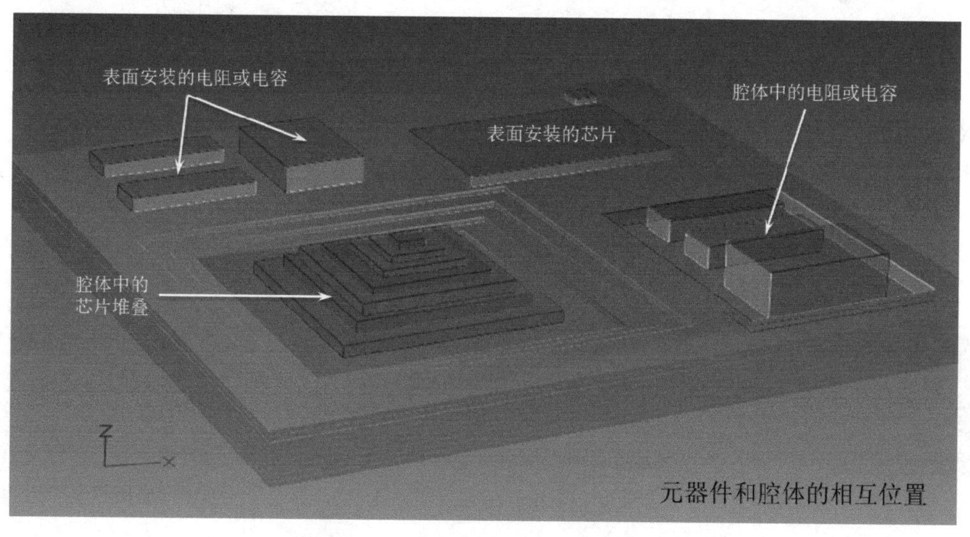

图 12-12　元器件和腔体 3D 效果图

12.1.4 在腔体中键合

芯片布局完成后，下一步是键合，Bond Wire 键合线和腔体之间也需要设置规则，如 Wire to Cavity 间距规则，请参考本书 11.4 节的内容。在 Constraint Manager 中也有关于腔体规则的设置，请参考本书 10.4.2 节通用间距规则的内容。

需要注意的是，Bond Finger 不能打到腔体的边沿上（这在生产工艺上是不允许的），Bond Finger 可以位于腔体之外或者腔体的内部，如图 12-13 所示。

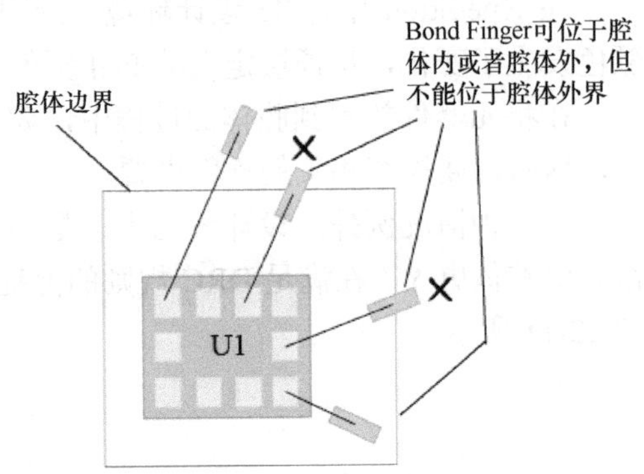

图 12-13 Bond Finger 不能打到腔体的边沿上

对于多级腔体，Bond Finger 可打到多级腔体的台阶上。在满足 DRC 规则的前提下，Bond Finger 可以打到多级腔体的任何台阶上，如图 12-14 所示。当同一根 Bond Wire 键合到位于不同台阶的 Bond Finger 上时，其形状也会有自适应的变化（通过 Spline 曲线拟合，综合考虑了高度的变化和内部应力的影响），这一点可在 Xpedition 软件中得到真实的模拟。

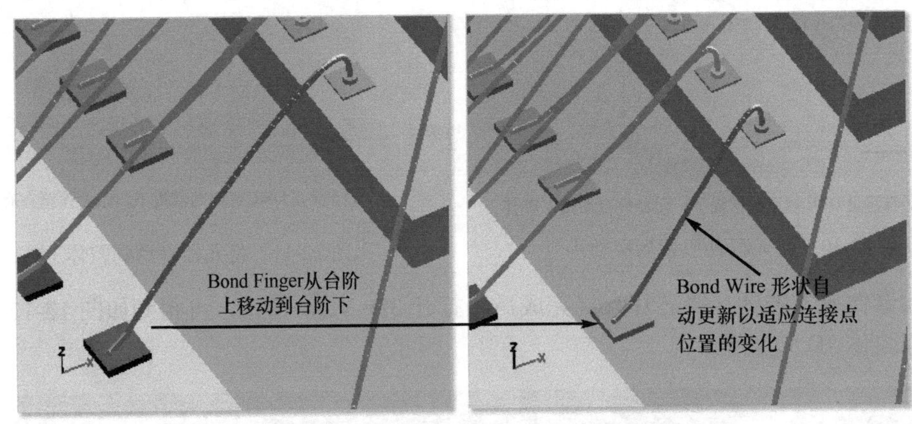

图 12-14 Bond Finger 可以打到多级腔体的台阶上

Xpedition 可以支持双面多级腔体，即在基板的顶层和底层都可以创建多级腔体，并且将芯片放置到多级腔体中进行键合，图 12-15 所示为双面多级腔体及芯片键合设计实例的剖面图。

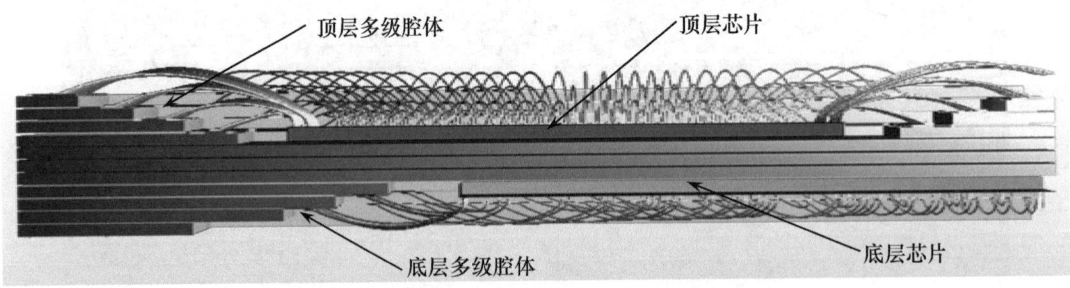

图 12-15 双面多级腔体及芯片键合设计实例的剖面图

从图 12-15 中可以看出，在基板的顶层和底层都有多级腔体，芯片放置在腔体内进行键合，键合线多达 4 层，分别键合到多级腔体的不同台阶上，这就大大减小了封装体的厚度，同时也有效地缩短了外层键合线的长度。此外，这种腔体结构也有利于陶瓷封装体的密封。

12.1.5　通过腔体将分立式元器件埋入基板

随着系统设计的复杂程度的提高、系统功能的不断增强，系统中集成了越来越多的元器件以满足不同的功能需求。同时，由于小型化设计的需求日益突出，基板表面可供元器件安装的面积也越来越小。将越来越多的元器件安装在越来越小的基板表面，这本身就是一个矛盾的问题。要解决这个问题，除了不断缩小元器件的体积，另一种方法就是将元器件埋入基板内层，从而节省基板表面安装空间。

将元器件埋入基板内层一般有两种技术方法：分立式埋入技术和平面式埋入技术。

分立式埋入技术是指在基板生产时直接将分立式元器件嵌入基板内层，这里的分立式元器件包括裸芯片和电阻、电容、电感等无源元器件。

分立式埋入技术受到基板厚度及分立式元器件的尺寸等因素的影响，通常只能埋入尺寸和厚度较小的芯片和无源元器件。其优势是分立式元器件的精度相对较高，同时可以提供较高数值的电阻、电容和电感。

平面式埋入技术通过浆料印刷，或者通过压入电介质薄膜材料等方法来制作埋入式电阻、电容等无源元器件。平面式埋入技术在厚度上对基板几乎没有影响，但是它也有一定的局限性。例如，对于电容来说，受到电介质材料本身的和电容面积的限制，可以提供的电容容值较小。对于电阻，也会受尺寸的影响而不能有太大的功耗。同时，平面式埋入的无源元器件精度也不如分立式元器件，所以平面式埋入元器件通常需要采用激光调整的方式来辅助控制无源元器件的精度。

Xpedition 同时支持两种埋入方式，本节主要讨论分立式埋入技术，关于平面式埋入技术请参考本书第 15 章内容。

下面通过具体的操作步骤介绍如何在 Xpedition 中将分立式元器件埋入基板。

第一步，确定将芯片埋入基板的哪些层。在这里需要注意的是，在埋入时需要考虑芯片或无源元器件的高度及基板每一层的厚度，从而计算出埋入元器件所占的基板内层空间。在本例中，计划将一个裸芯片埋入基板的 4～6 层。

规划完成后，在基板上绘制开放式腔体，如图 12-16 所示。

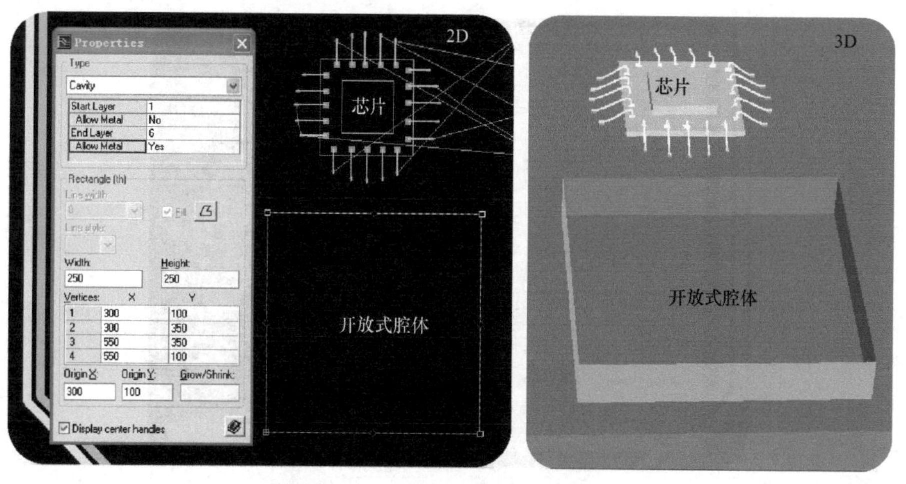

图 12-16　在基板上绘制开放式腔体

绘制 1-6 层的腔体，腔体的大小尺寸以可将芯片放入为宜，并考虑 Constraint Manager 的规则设置中，腔体到芯片以及腔体到金属的距离，留出相应的余地，避免由于 DRC 冲突而导致芯片不能放入腔体。

为了更加形象地看到腔体的 3D 效果，可通过在菜单中选择 Window→Add 3D Viewer 打开 3D View 窗口。在图 12-16 的右侧，可以看到开放式腔体及芯片的 3D 效果图。

第二步，切换到布局模式，将需要埋入基板的元器件，如裸芯片，移动到开放式腔体中。在满足 DRC 规则的前提下，只要芯片位于开放式腔体的顶部，芯片会自动落入腔体。将元器件放入开放式腔体如图 12-17 所示。

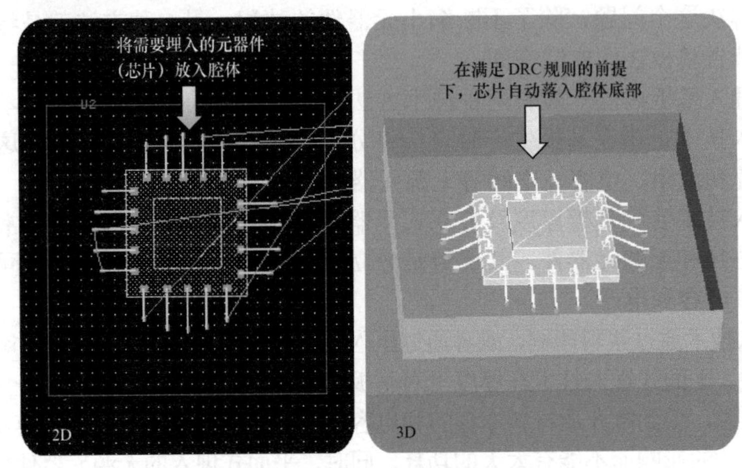

图 12-17　将元器件放入开放式腔体

在 Xpedition 中移动芯片时，默认情况下已经设计完成的键合线（Bond Wire）及键合指（Bond Finger）会跟着芯片一起移动。除非设计者在移动芯片之前，通过鼠标右键菜单勾选了 Move Chip Only，则只可单独移动芯片，此时键合指保持不动，键合线会自动调整形状以适应芯片位置的变化，但必须以满足 DRC 规则为前提。

第三步，将元器件放入腔体中后，重新切换到绘图模式，选中腔体并双击鼠标左键打开属性窗口，更改腔体起始层属性，如图 12-18 所示。将腔体属性中的起始层（Start Layer）更改为 4，即前面选择的埋置腔体（4-6 层）的起始层。

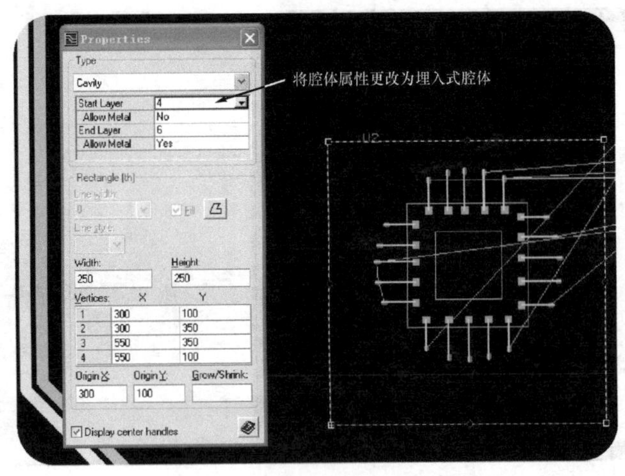

图 12-18　更改腔体起始层属性

第四步，重新打开 3D View 窗口，可以看出腔体已经封闭，腔体位于基板 4～6 层，芯片埋入基板内层，如图 12-19 所示。芯片底部位于基板的第 6 层，键合指也位于基板第 6 层，从键合指上引出的布线也将位于第 6 层。图 12-19（a）所示为将基板设置为半透明的显示效果，图 12-19（b）为将基板设置为不透明的显示效果。

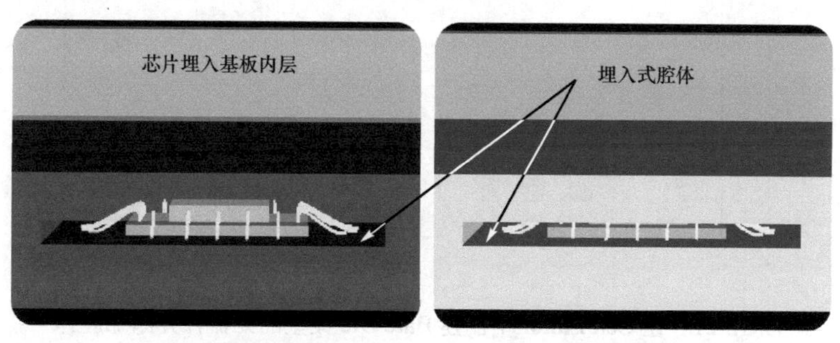

（a）基板半透明显示效果　　（b）基板不透明显示效果

图 12-19　芯片埋入基板内层

第五步，芯片埋入基板后，可在埋入基板的芯片周围布线。因为芯片所占的层数为 4～6 层，所以在芯片的上方（1、2、3 层）均可布线。键合指位于第 6 层，从键合指上引出的布线位于基板的第 6 层。图 12-20 所示为埋入基板的芯片与各层布线的位置关系。至此，就完成了在 Xpedition 中将分立式元器件埋入基板。

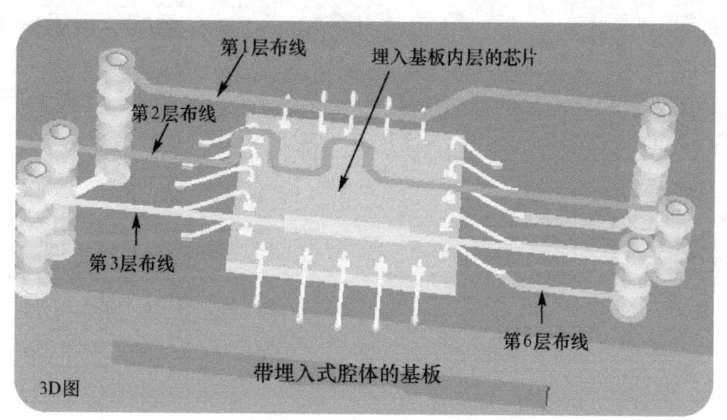

图 12-20　埋入基板的芯片与各层布线的位置关系

12.1.6　在 Die Cell 中添加腔体实现元器件埋入

前面介绍的通过腔体将分立式元器件埋入基板的方法支持所有类型的元器件，也比较灵活，但是如果元器件埋入后需要换层，则会比较麻烦，需要更改腔体的定义，并且重新放置元器件。

下面介绍的方法是直接将腔体绘制在 Die Cell 中，这时候腔体会跟随元器件，元器件无论移动到哪里，腔体都会跟着移动，在切换埋入层的时候也比较方便。但这种方法目前只支持 Bare Die 类型的元器件，并且其引脚是 SMD 类型的引脚，即一般放置在芯片底部的引脚。

在 Cell Editor 中创建 Bare Die 类型的元器件后，在元器件外围添加腔体，如图 12-21 所示。腔体和元器件 Placement Outline 的距离应符合相应的工艺标准。注意，这里腔体 Start Layer 和 End Layer 参数值均为 1，Allow Metal 参数为 Yes，且属性不可编辑，保存后退出。

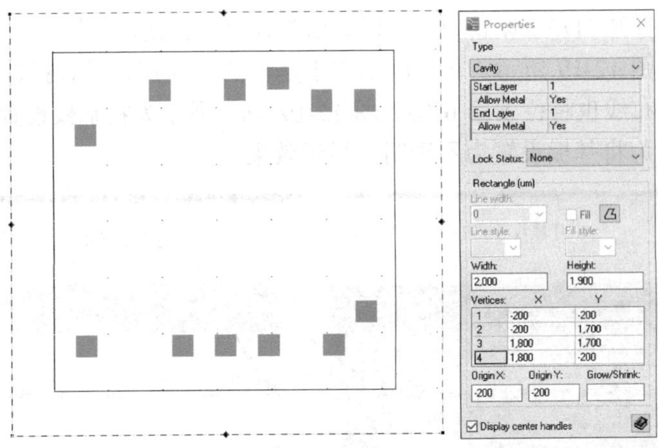

图 12-21　在 Cell Editor 中创建 Bare Die 类型的元器件并添加腔体

在 Xpedition Layout 中，将此元器件进行布局，可以在 3D View 窗口进行布局，或者在 2D 窗口进行布局时通过 3D View 窗口查看芯片所处的位置，芯片先布局在基板表面，如图 12-22（a）所示。移动元器件，在移动模式中单击鼠标右键，在弹出菜单中选择 Change Layer，打开如图 12-22（b）所示对话框，在 After 栏设置芯片切换埋入层后需要放置的层，如图中的“5”。

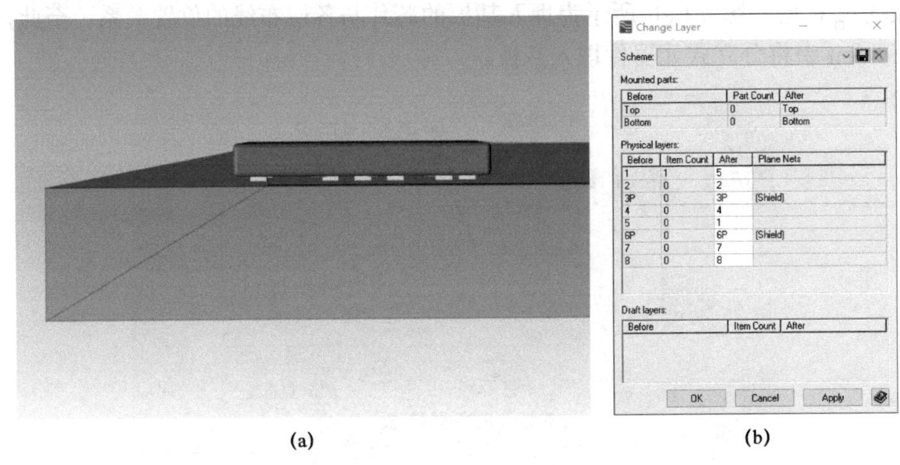

(a)　　　　(b)

图 12-22　在 Cell Editor 中为 Bare Die 类型元器件添加腔体

单击 Apply 按钮之后，芯片就会被放置在第 5 层，如图 12-23（a）所示，此时选中芯片可以通过 Push 命令切换芯片在腔体中的安装方式，从如图 12-23（a）所示的腔体底部安装切换到如图 12-23（b）所示的腔体顶部安装，安装层也从第 5 层切换到第 4 层。

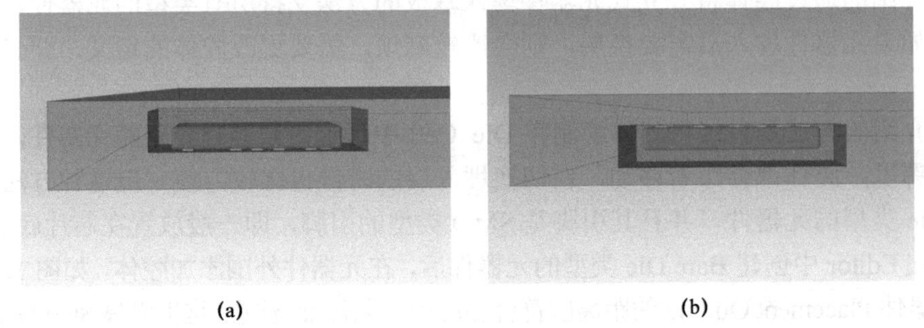

(a)　　　　(b)

图 12-23　通过 Push 命令切换芯片在腔体中的安装方式

从以上描述中可以看出，在 Cell 中添加腔体，后期处理比较灵活，但对 Cell 类型有限定，如果需要埋入 Bare Die 类型的芯片，可以采用这种方式。对其他类型的芯片，只要其引脚是 SMD 类型的，也可以将其芯片类型人为设置为 Bare Die，再通过这种方式进行埋入，这也是一种变通的设计方法。

12.2　芯片堆叠设计

12.2.1　芯片堆叠的概念

在 SiP 设计中，为了最大范围地节省空间、缩小基板的面积，经常采用芯片堆叠设计，将多层芯片堆叠在一起，中间插入介质或采用特殊工艺进行电气隔离。图 12-24 所示为芯片堆叠的实物照片，在芯片堆叠中插入介质以抬高上层芯片，避免与下层的键合线发生冲突。

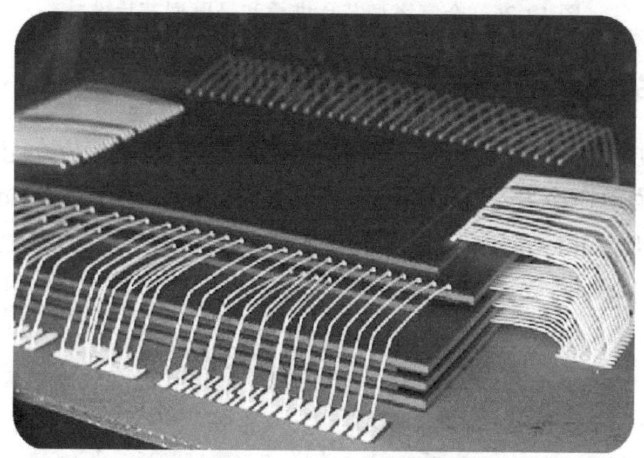

图 12-24　芯片堆叠的实物照片

图 12-25 所示为芯片堆叠中的裸芯片和插入介质在 Xpedition 设计中的 3D 截图。

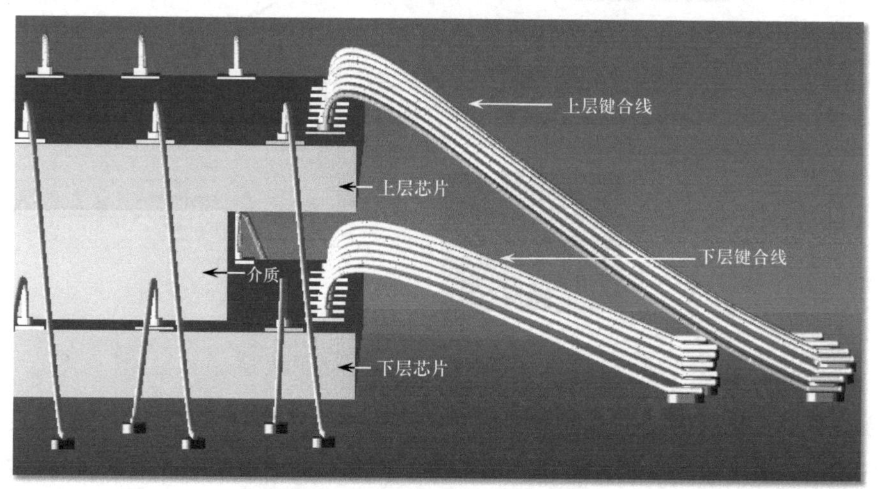

图 12-25　芯片堆叠中的裸芯片和介质在 Xpedition 设计中的 3D 截图

芯片堆叠通常分为金字塔型芯片堆叠和悬臂型芯片堆叠两种类型，如图 12-26 所示，这两种芯片堆叠对插入介质的要求不同。金字塔型芯片堆叠可以不插入介质或者插入薄的介质；

而悬臂型芯片堆叠则必须插入一定厚度的介质，用以垫高上层芯片，避免影响下层芯片的键合线。

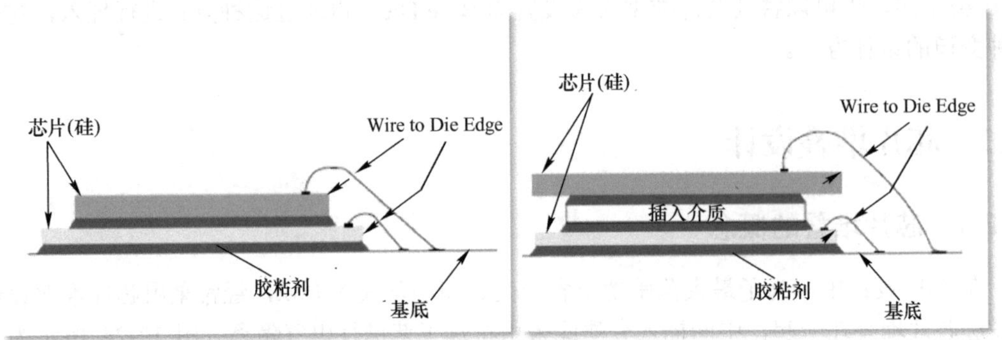

（a）金字塔型芯片堆叠　　（b）悬臂型芯片堆叠

图 12-26　金字塔型芯片堆叠和悬臂型芯片堆叠

12.2.2　芯片堆叠的创建

因为在芯片堆叠中可能需要用到插入介质（interposer），所以在创建芯片堆叠时，要先进行介质的创建。选择菜单命令 Setup→Libraries→Cell Editor，打开 Cell Editor。选择 Mechanical 选项卡，创建插入介质（interposer）并设置其参数，其中最主要的参数是高度（厚度）和尺寸大小，如图 12-27 所示。

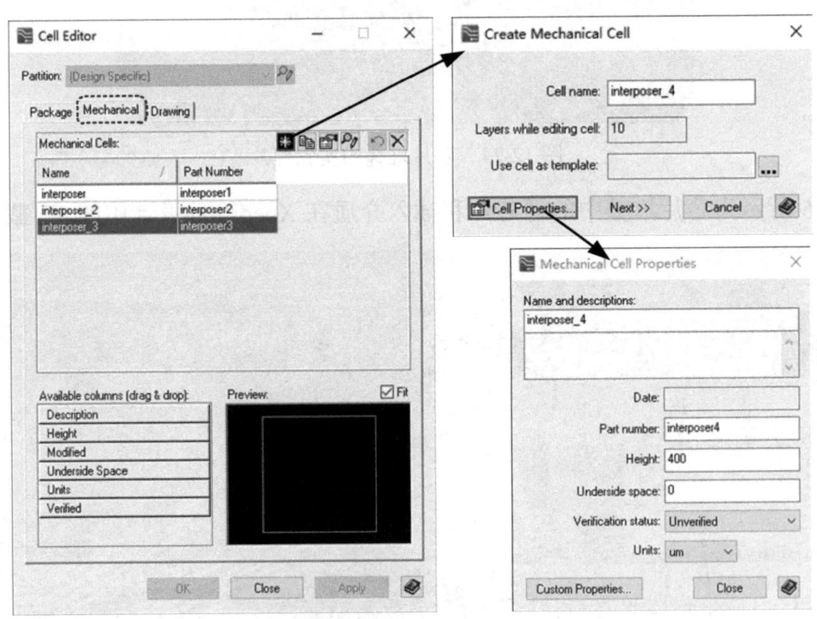

图 12-27　创建插入介质 interposer 并设置其参数

设置 interposer 尺寸大小的方法是，单击 Cell Editor 窗口内的 Editor Graphics 按钮，进入 Cell Editor 工作界面，按照实际需要的尺寸大小绘制 interposer 的 Placement Outline，保存并关闭 Cell Editor 窗口。

完成 interposer 的创建后，单击 Wire Bond 工具栏中的 Part Stack Configuration 按钮，

进行芯片堆叠的创建和设置。

新建芯片堆叠（Stack），如 Newstack2。在 Criterion 下拉列表中选择 Parts with Die Pins，选择所有裸芯片，可以看到所有的裸芯片排列在下方的列表中，选中其中某个元器件，单击向下的单箭头按钮，则此元器件被放置到 Stack 中，也可以通过单击双箭头按钮将所有的裸芯片添加到 Stack 中。

芯片堆叠最左侧栏的 0、1、2 表示的是该芯片在堆叠中所处的层数，通常 0 表示底层，1 表示从底层向上数一层，依次类推。芯片所处的层可通过向上箭头或者向下箭头进行调整，芯片堆叠的设置和操作如图 12-28 所示。

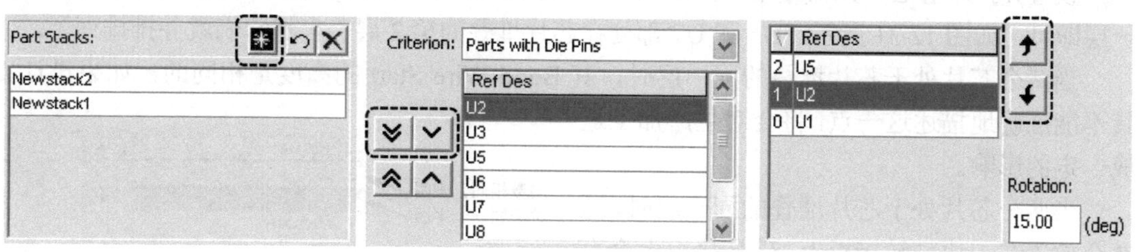

（a）新建芯片堆叠　　（b）添加芯片到堆叠　　（c）调整芯片上下位置

图 12-28　芯片堆叠的设置和操作

Rotation 表示被选中的芯片在堆叠中的旋转角度，在同一个芯片堆叠中，不同的芯片可以有不同的旋转角度，如图 12-29 所示。

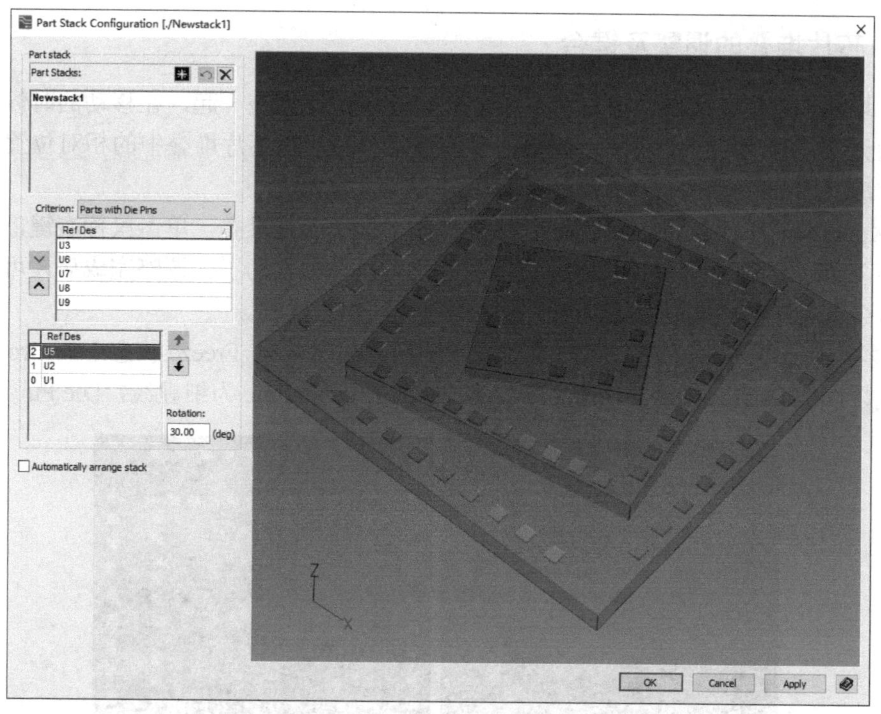

图 12-29　芯片堆叠中不同旋转角度的芯片

12.2.3　并排堆叠芯片

在芯片堆叠设计中，有一种情况是两个或者多个小的芯片并排排列在某个大芯片的上方，即多个芯片位于堆叠的同一平面，我们称之为并排堆叠芯片（Stacking Parts Side-by-Side），如图 12-30 所示。

图 12-30　并排堆叠芯片

设置并排堆叠芯片只需使用向上箭头或者向下箭头，使得需要并排堆叠的芯片位于同一层即可，如图 12-31 所示，U5 和 U7 都处在芯片堆叠的第 2 层，自然它们就并排排列了。

当两个芯片处于芯片堆叠的同一层时，其 Bond Wire Start 的高度是相同的，如果设计工具不能准确地描述这一点，将会对生产加工造成一定的影响。

当两个芯片处于芯片堆叠的同一层时，通常会放置在一块硅转接板上，硅转接板上会有布线和硅通孔。芯片可通过 Bond Wire 或者 Flip Chip 的形式与硅转接板进行电气连接，然后硅转接板再以 Bond Wire 或者 Bump 的形式与下层芯片或者封装基板相连接。

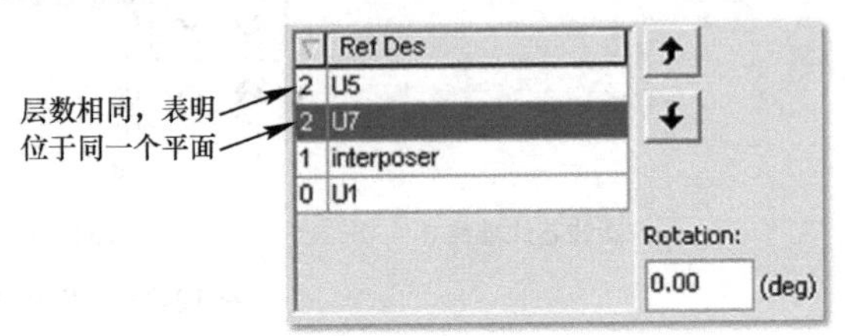

图 12-31　并排堆叠芯片设置，使芯片位于同一层

12.2.4　芯片堆叠的调整及键合

芯片堆叠在创建完成后，会自动组成一个 Group 并冻结在一起，在移动的时候只能整体移动，而无法只移动某一个芯片。如果需要调整某个芯片在芯片堆叠中的相对位置，则需要先进行解冻（Unfreeze Group）。

在 Xpedition 工作界面，切换到布局模式，选中芯片堆叠，单击鼠标右键，在弹出菜单中选择 Unfreeze 命令解冻 Group，这样芯片就可以单独移动了。调整完成后，可右键选择 Freeze 命令重新冻结 Group，避免误操作移动芯片的相对位置。

图 12-32 所示为 Freeze 和 Unfreeze 状态下的芯片显示效果，Freeze 状态下的 Group Outline 为粗实线，Die Pin 空心显示；Unfreeze 状态下的 Group Outline 为细虚线，Die Pin 正常显示。

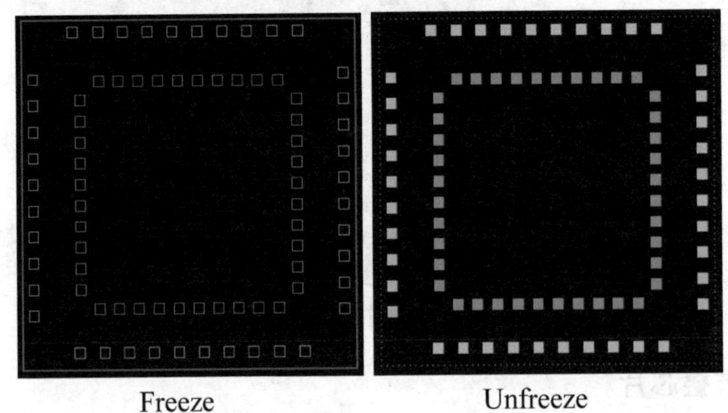

图 12-32　Freeze 和 Unfreeze 状态下的芯片显示效果

图 12-33 所示为并排堆叠芯片相对位置调整完成后的 3D 显示效果。

图 12-33　并排堆叠芯片相对位置调整完成后的 3D 显示效果

芯片堆叠的键合方式与普通芯片的键合方式相同，只是在键合时需要考虑键合线的高度和跨度。在 Wire Bond/Power Ring Generator 窗口中选中芯片堆叠，如 Newstack1，设置相应的键合规则后即可进行自动键合。芯片堆叠自动键合设置如图 12-34 所示。堆叠中的 3D 关系比较复杂，芯片堆叠自动键合所需要的时间要比单芯片键合时间长一些。

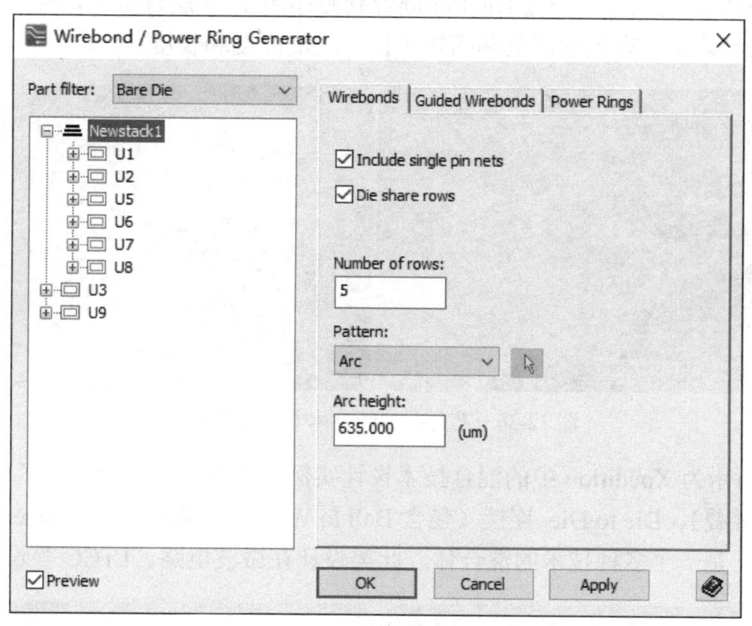

图 12-34　芯片堆叠自动键合设置

如果对自动键合的结果不满意，或者某些情况下由于空间 DRC 规则太复杂，软件不能完成自动键合，则需要设计者进行手工键合。手工键合的优点是具有灵活性，设计者可以根据芯片的位置、高度等具体因素灵活地调整键合线的高度、跨度和线形，从而符合生产加工的需求。

12.2.5　芯片和腔体组合设计

芯片堆叠有效地缩小了基板的面积，同时也增加了芯片的总高度，并且顶层芯片的键合线也会因此跨度过大。

为了有效减小封装后的 SiP 厚度并缩减上层芯片键合线的长度，通常会把芯片堆叠放置在腔体中进行键合，如图 12-35 所示。多数情况下，放置芯片堆叠的腔体是多级腔体，不同层芯片的 Bond Finger 位于腔体的不同台阶上。

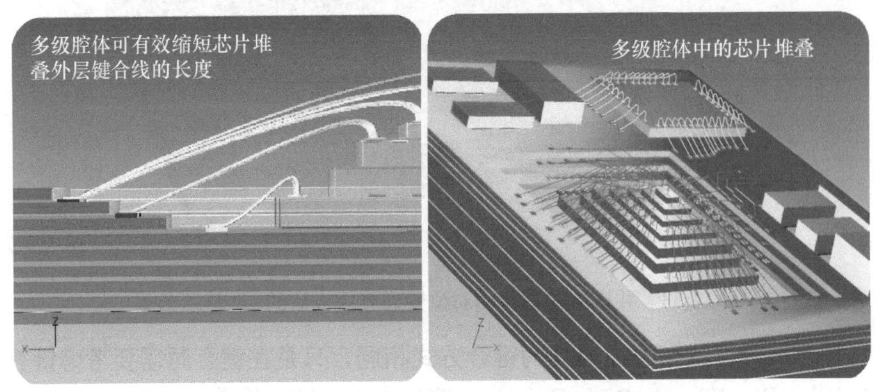

图 12-35　把芯片堆叠放置在腔体中进行键合

图 12-36 所示为芯片在多级腔体中的键合实例。腔体有 4 层台阶，芯片放置在腔体中，芯片引脚（Die Pin）为两排，外侧 Die Pin 键合到腔体的 3、4 层台阶上，内侧 Die Pin 键合到腔体的 1、2 层台阶上，有效地降低和缩短了键合线的高度和长度。

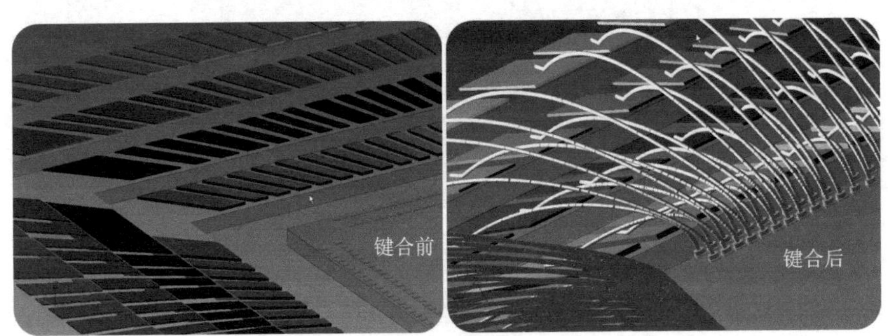

图 12-36　芯片在多级腔体中的键合实例

图 12-37 所示为 Xpedition 中的混合技术设计实例，该设计实例中包含了台阶形腔体、芯片堆叠（并排堆叠）、Die to Die 连接（包含 Ball to Wedge 和 Wedge to Wedge 两种连接方式）和射频电路等，是一个多种技术的混合体。此类设计在微波电路、LTCC 等设计中比较常见。

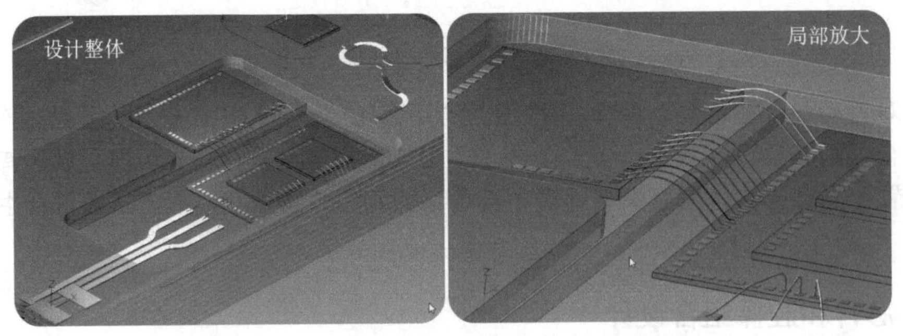

图 12-37　Xpedition 中的混合技术设计实例

12.3　2.5D TSV 的概念和设计

在 SiP 基板与裸芯片之间放置一个硅转接板（Silicon Interposer）作为中介层，中介层具备硅通孔（TSV），通过 TSV 连接硅转接板上方与下方表面的金属层，这种 TSV 被称为 2.5D TSV，作为中介层的硅转接板是被动元器件，TSV 并没有打在芯片本身上。

这种 2.5D TSV 目前应用比较广泛，例如，TSMC 的 CoWos（Chip-on-Wafer-on-Substrate）封装采用的就是 2.5D TSV 技术。CoWos 封装技术把芯片安装到硅转接板上，并使用硅转接板上的高密度走线进行互连。

图 12-38 所示为以 CoWos 封装为例的 2.5D TSV 结构示意图。

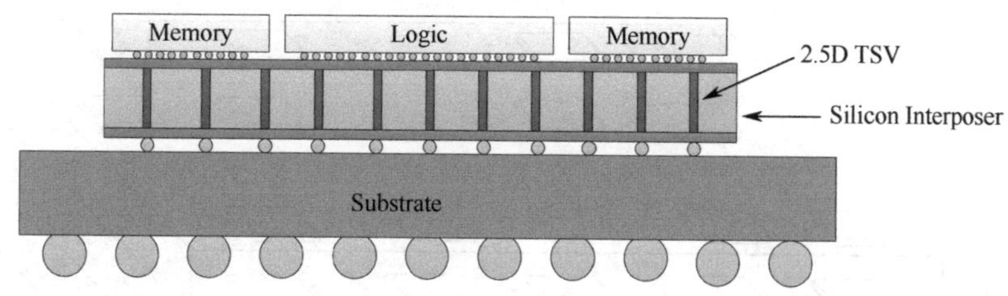

图 12-38　以 CoWos 封装为例的 2.5D TSV 结构示意图

从图中可以看出，2.5D TSV 需要两块基板：硅转接板和封装基板，因此在设计过程中需要有两个版图设计。在设计硅转接板时，其模板可采用第 9 章中介绍的硅基板的版图模板，封装基板的模板可采用第 9 章中介绍的有机基板或陶瓷基板的版图模板。

12.4　3D TSV 的概念和设计

12.4.1　3D TSV 的概念

3D TSV 是指 IC 芯片本体上的 TSV，通过 3D TSV 进行电气互连，至少有一个裸芯片与另一个裸芯片叠放在一起，并且芯片本体有 TSV，通过 TSV 让上方的裸芯片与下方裸芯片以及基板进行电气互连和通信。如 HBM、HMC 采用的就是 3D TSV 集成技术。

3D TSV 根据连接上下芯片的空间关系可以分为两类：① 堆叠中上下芯片完全相同；② 堆叠中上下芯片不相同。

此外，TSV 根据生成的时间不同也可以分为两类：一类 TSV 是在芯片设计时就预留好的，这些 TSV 会引起芯片额外的面积开销，我们称之为 A 类；另一类 TSV 不是在芯片设计时就考虑好的，而是后期在芯片外围生成 TSV 并通过 TSV 进行电气互连，我们称之为 B 类。这样就形成了四种组合类型：①A、①B、②A、②B。

以①B 类型（即堆叠中上下芯片完全相同，并且是后期在芯片外围生成 TSV）为例进行介绍。TSV 穿透了芯片，并在芯片上下表面形成金属接触点，我们可以将其看成芯片上下表面的 Pad，中间通过 TSV 连接。3D TSV Cell 结构示意图如图 12-39 所示。

将芯片堆叠在一起，只要上下芯片相互对准，则堆叠中芯片电气互连，从最底层的芯片（Layer0）下表面的 Pad 出线，就可以将整个芯片堆叠和基板电气互连。芯片堆叠通过 3D TSV

结构互连如图 12-40 所示。

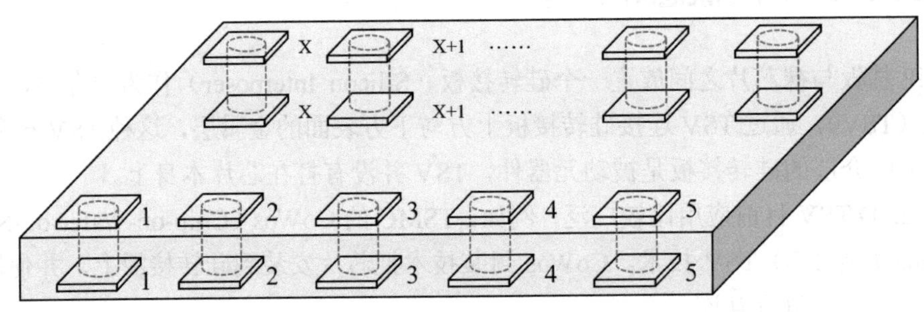

图 12-39　3D TSV Cell 结构示意图

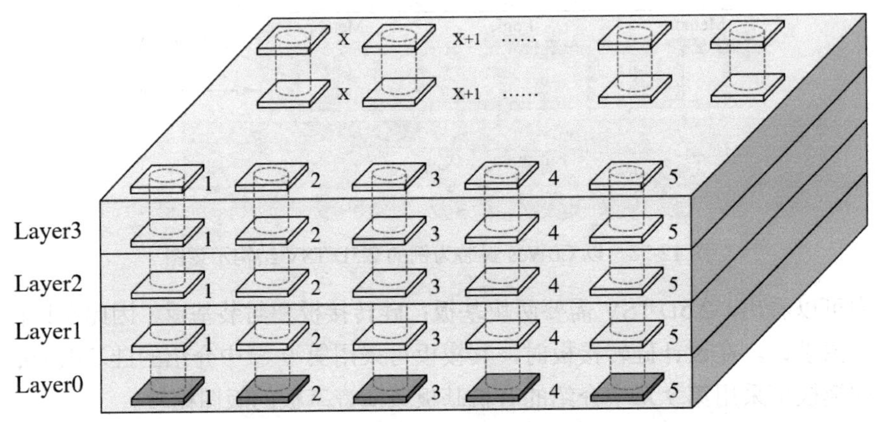

图 12-40　芯片堆叠通过 3D TSV 结构互连

①A 类型的设计方法和①B 类型相似，只是 TSV 的数量会更多并且会以面阵列的形式分布在芯片的表面；对于②A 和②B 类型，因为堆叠芯片上下是不同类型的芯片，其 TSV 通常也不可能完全对准，所以需要通过 RDL 重新分布引脚位置，使得上层芯片下表面的 Pad 与下层芯片上表面的 Pad 对准并进行电气互连，从而进行 3D TSV 结构互连，如图 12-41 所示。其中 RDL 可以在上层芯片下表面生成，也可以在下层芯片上表面生成，尽量选择工艺简单并且具有成本优势的工艺即可。

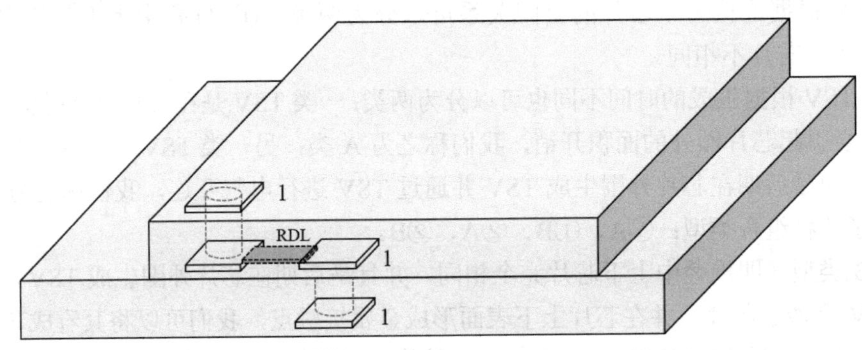

图 12-41　通过 RDL 重新分布引脚位置并进行 3D TSV 结构互连

12.4.2　3D TSV Cell 创建

在进行 3D TSV 设计时，首先要创建支持 3D TSV 的 Cell，我们称之为 TSV Cell。

在通过 TSV 进行芯片堆叠并进行电气互连的过程中，有一个经常被提及的概念是对准，即上下层的 TSV 对准后垂直互连，TSV Cell 的创建也基于这样的概念。

在创建 3D TSV Cell 时，需要在芯片的上表面的下表面分别放置 Die Pad，上表面和下表面的 Die Pad 引脚号相同并且对齐，软件会自动认为两者通过 TSV 电气相连，如图 12-42 所示。

在 Xpedition 软件中，TSV Cell 的创建基于普通的 Bare Die Cell，并做如下变化：① Pin#两两相同，并且相同的 Pin#一个放在顶层（Top），一个放在底层（Bottom），如图 12-42（a）所示；对于相同的 Pin#，系统会自动认为是相同网络，中间会有网线相连，如图 12-42（b）所示。

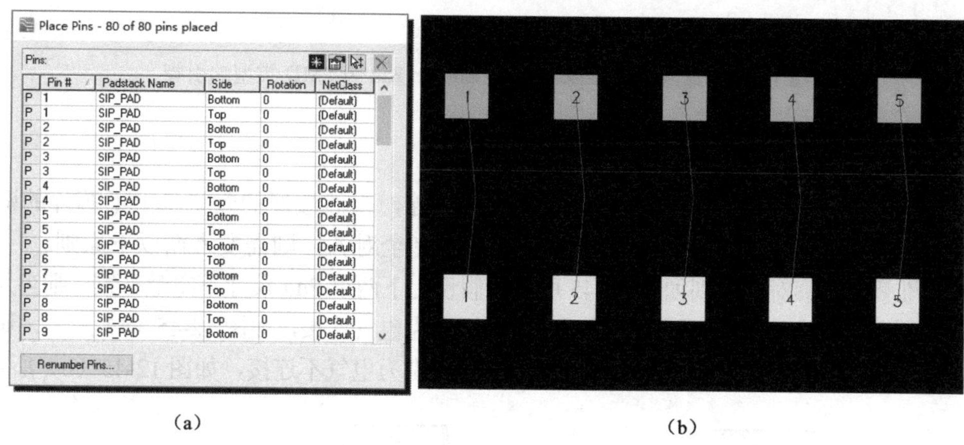

（a）　　　　　　　　　　　　（b）

图 12-42　3D TSV Cell 创建方法

将上下引脚对齐放置，Xpedition 软件默认芯片上下表面的 Die Pad 通过 TSV 进行电气互连，如图 12-43 所示。

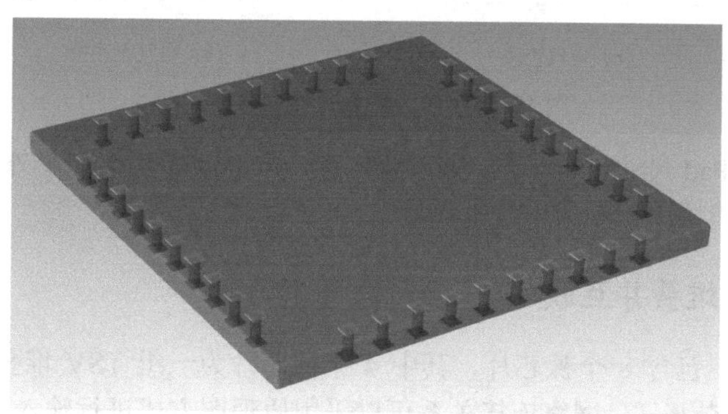

图 12-43　通过 TSV 将芯片上下表面的 Die Pad 电气互连

此外，TSV 最底层的 Bare Die 的 Bottom Pad 为 SMD 类型的引脚，如图 12-44（a）所示，Bottom 层对应的 Padstack Name 变为 SIP_PAD_160_SMD。堆叠完成后，整个 TSV 堆叠就可以像 SMD 类型元器件一样和基板进行互连了。当 Bare Die Top 层和 Bottom 层相同网络的 Pad 上下对齐时，Pad 上会显示出连接对角线的叉号，表明上下 Pad 的电气连接关系，如图 12-44（b）中所示。

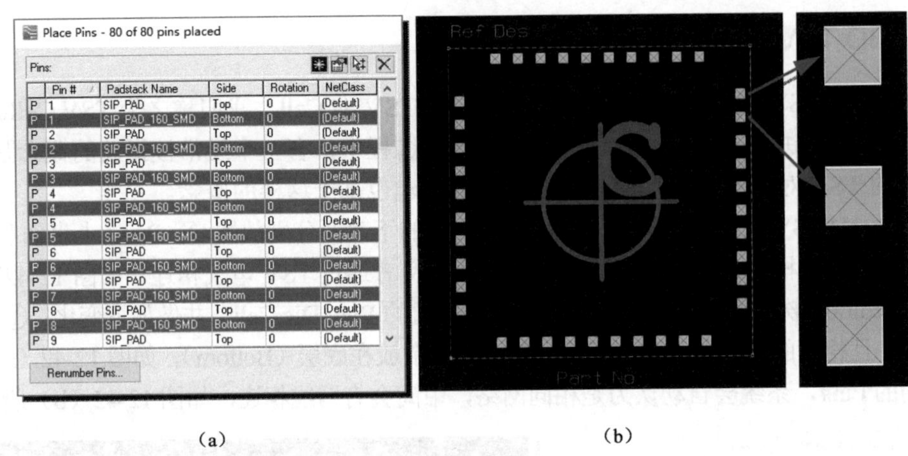

(a) (b)

图 12-44　最底层的 Bare Die 的 Bottom Pad 为 SMD 类型的引脚

12.4.3　芯片堆叠间引脚对齐原则

只有上下层芯片的引脚对齐才可以进行电气互连，当然最好的效果是上下芯片的引脚完全对齐，如果由于工艺不同或引脚尺寸不同而无法完全对齐，则需要遵循以下原则。

芯片堆叠间引脚对齐原则如图 12-45 所示。假设上下两个 Pad 尺寸不完全一致，则当尺寸小的 Pad 中心落在尺寸大的 Pad 面积之内时，软件识别为电气连接，如图 12-45（a）所示，则当尺寸小的 Pad 中心落在尺寸大的 Pad 面积之外，软件识别为电气不连接，如图 12-45（b）所示。

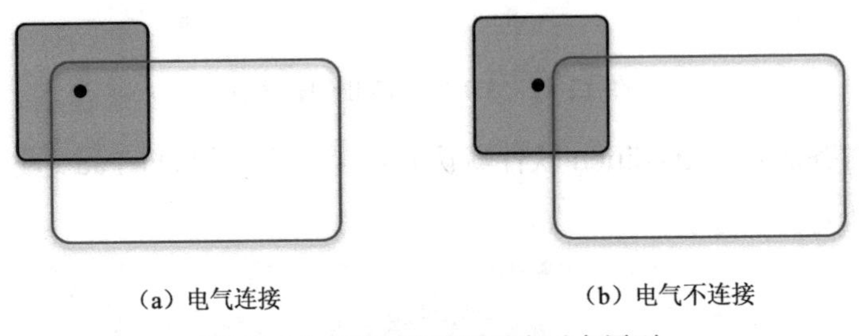

（a）电气连接　　（b）电气不连接

图 12-45　芯片堆叠间引脚对齐原则

如果上下两个 Pad 尺寸完全一致，则只要任意一个 Pad 中心落在另外一个 Pad 面积之内，则软件识别为电气连接，否则为电气不连接。

12.4.4　3D TSV 堆叠并互联

创建一个项目，包含 8 个裸芯片，其中 4 个裸芯片为一组 TSV 堆叠，共组成两组 TSV 堆叠，采用 BGA 封装形式。网络连接关系可以采用原理图方式进行输入，也可以采用网表输入的方式，具体可以参考本书第 8 章内容。

在本例中，8 个裸芯片分别命名为 U0～U7，其中 U0～U3 为 A 组芯片堆叠 StackA，U4～U7 为 B 组芯片堆叠 StackB，如图 12-46 所示。这里需要注意的是，每组芯片堆叠最下层的芯片其 Bottom 层的 Pad 应为 SMD 类型，需要在指定 Cell 时给该芯片指定与其他 3 个芯片不同的 Cell，或者为其创建不同的 Part，这样就可以与其他芯片区别开来。

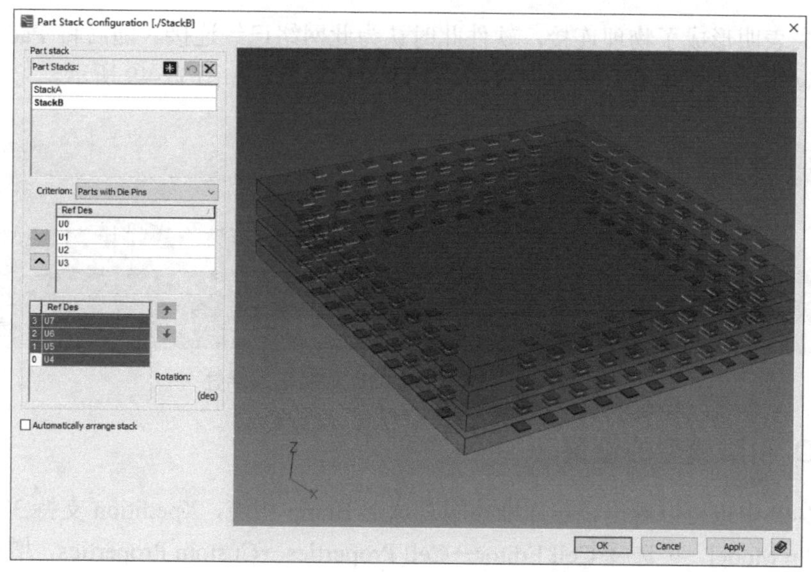

图 12-46　创建芯片堆叠 StackA 和 StackB

创建完芯片堆叠后，检查芯片之间的连接关系。将芯片堆叠解冻，使每个芯片都可以单独移动。将芯片移开后，可以看到引脚之间的电气连接关系用网线连接表示，表明该网络目前还没有物理上的连接，如图 12-47 所示。

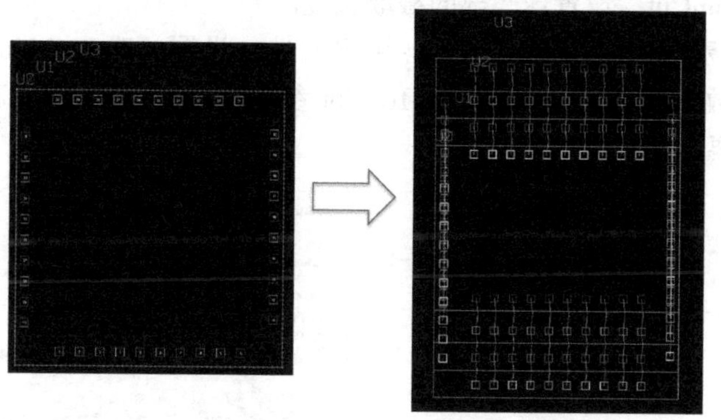

图 12-47　用网线表明引脚之间的电气连接关系

移动芯片改变两个芯片之间的相对位置关系，如 U2 和 U3 的相对位置，并观察两者引脚连接关系的变化，当引脚接触甚至有部分重叠时，网线依然存在，只有当重叠超过一半，即一个 Pad 的中心点落到另一个 Pad 的范围内时，网线消失，如图 12-48 所示。

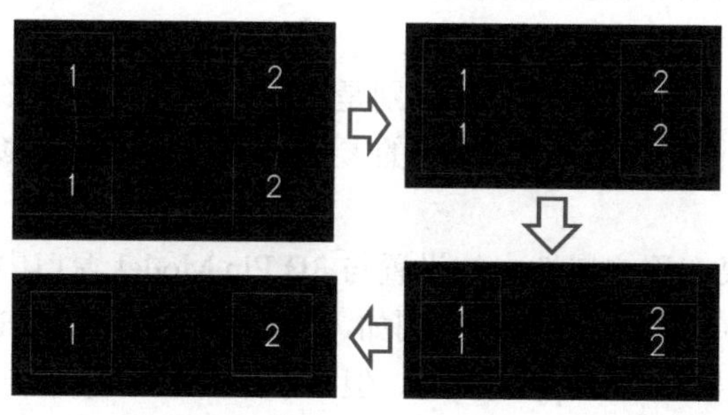

图 12-48　当一个 Pad 的中心点落到另一个 Pad 的范围内时，网线消失

网线消失表明形成了物理连接，软件此时认为此网络已经连接。随后将 Pad 完全对准，打开 3D View 窗口，可以看到设置完成的 3D TSV 芯片堆叠如图 12-49 所示。

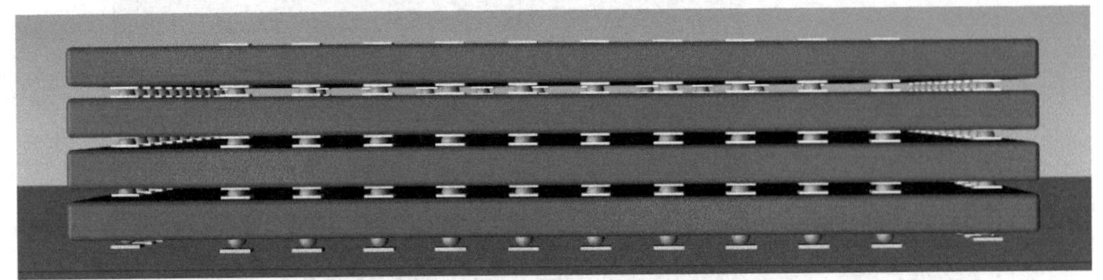

图 12-49　设置完成的 3D TSV 芯片堆叠

12.4.5　3D 引脚模型的设置

从图 12-49 中也可以看出，芯片堆叠间有球形 Bump 相连，Xpedition 支持 3D Pin Model，要设置 3D Pin Model，可选择 Cell Editor→Cell Properties→Custom Properties，增加相关属性。

- 3D_PinModel：可设置类型为 Ball、CopperPillar、CappedCopperPillar；
- 3D_PinDiameter：设置球的直径或者铜柱的直径；
- 3D_PinLength：设置铜柱的长度；
- 3D_PinTopCut：设置球顶部的截取长度；
- 3D_PinBottomCut：设置球底部的截取长度。

如图 12-50 所示设置 3D Pin Model 用户属性。设置 3D_PinModel 参数值为 Ball，3D_PinDiameter 参数值为 100 um，3D_PinTopCut 参数值为 20 um，底层芯片和顶层芯片属于不同的 Cell，均需要设置。

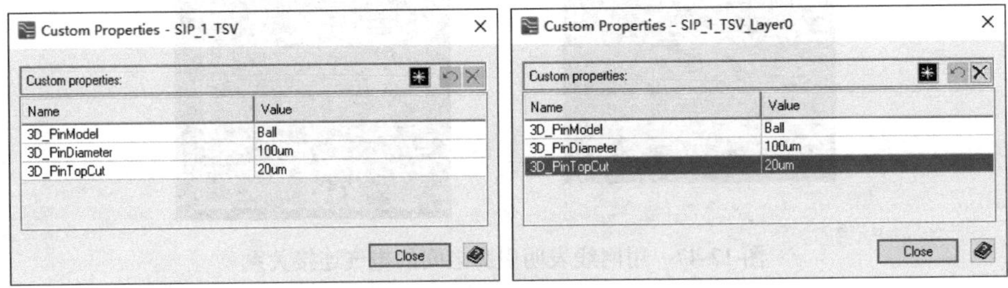

图 12-50　设置 3D Pin Model 用户属性

属性设置完成后，在 Package Utilities 中单击 Edit→3D Pin Model，进行具体参数设置。Package Utilities 是一个插件，需要单独安装，里面有很多和先进封装相关的设置项和功能项，建议 SiP 和 Package 设计者安装。

3D Pin Model 窗口中有 3 个选项，分别是球（Ball）、铜柱（CopperPillar）和戴帽铜柱（CappedCopperPillar），每个选项都有不同的参数，3D Pin Model 窗口参数设置如图 12-51 所示。

需要注意的是，如果在用户属性中的设置与 3D Pin Model 窗口中定义的不一致，3D View 窗口会以 3D Pin Model 中的定义来显示。例如，用户属性中定义为 Ball，3D Pin Model 中定义为 CopperPillar，则会显示为 CopperPillar，但一般不建议这样做，建议前后保持一致。

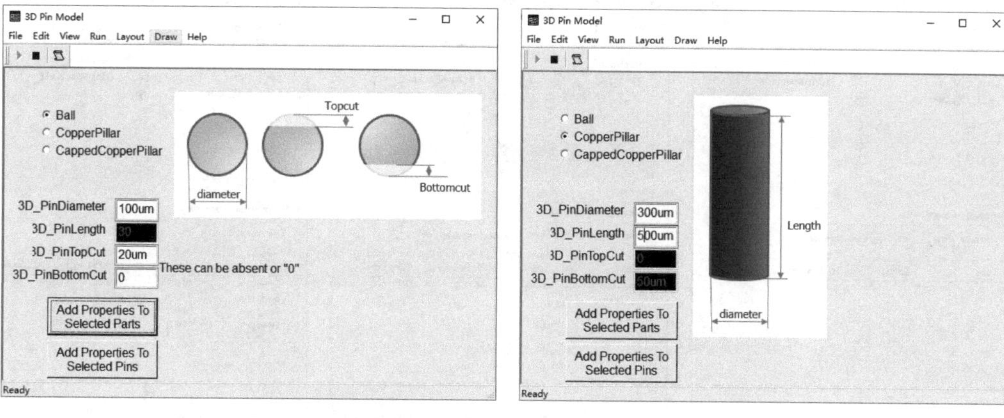

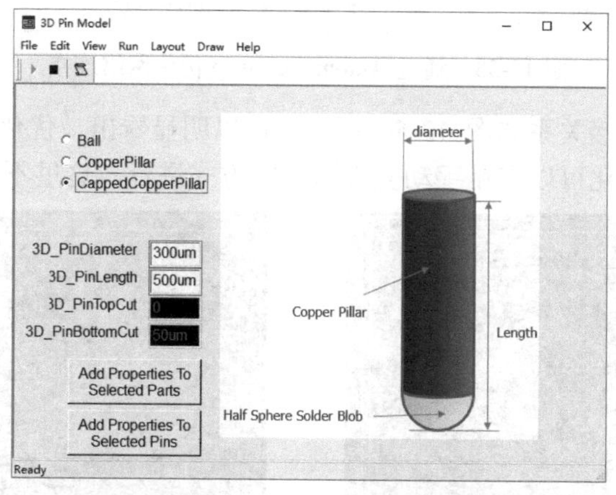

图 12-51　3D Pin Model 窗口参数设置

采用同样的方法也可以给 BGA 封装定义 3D Pin Model，然后将两组 TSV 芯片堆叠布局到合理的位置，如图 12-52 所示。图 12-52 左侧为 2D 视图，右侧为 3D 视图。

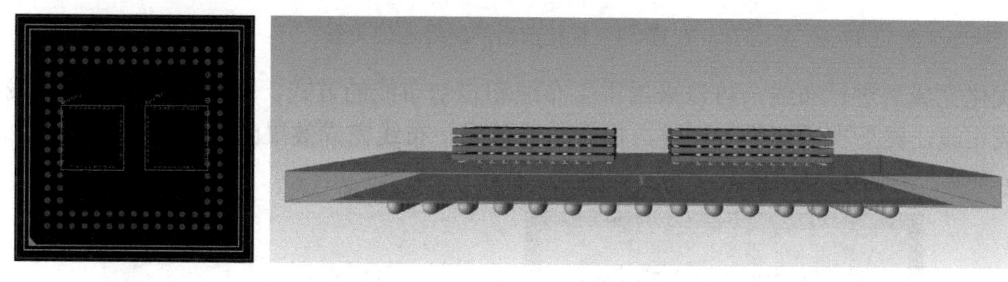

图 12-52　布局 TSV 芯片堆叠

12.4.6　网络优化并布线

选择 Place→Automatic Swap→Swap by Part Number 菜单命令，并将 BGA 放到右侧的 Include 栏，在 Swap items 下拉列表中选择 Pins，并勾选 Exhausive swap 选项，单击 Apply 按钮。Swap（交换）过程中，软件会有短暂的停顿，如果设计比较复杂，停顿的时间会较长。Swap 完成后，可在下方看到交换的引脚数和节省的布线空间估算。如果希望重新优化，可再次单击 Apply 按钮直到 Swap Count 和 Total Savings 的值均为 0，整个过程如图 12-53 所示。

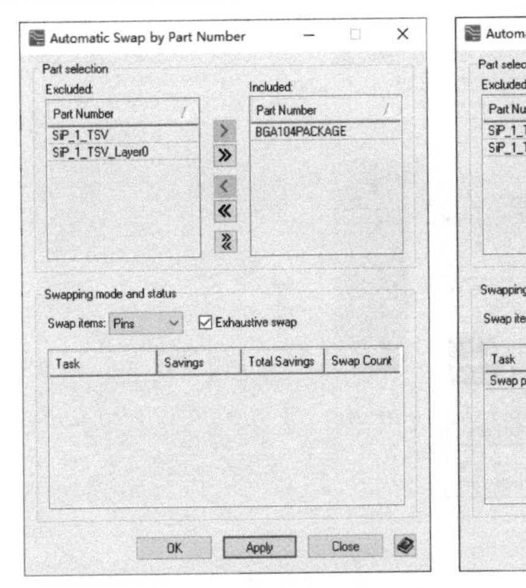

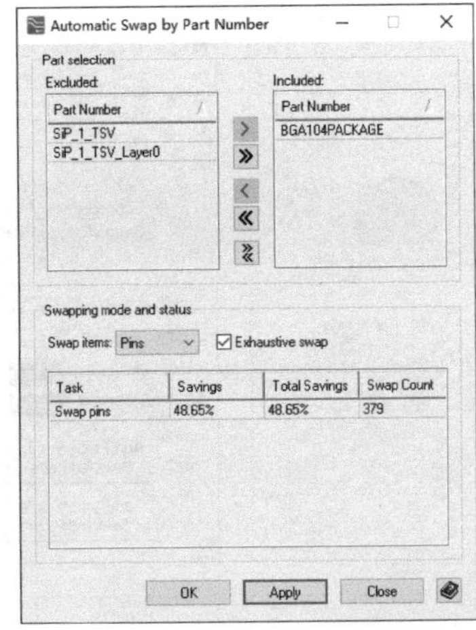

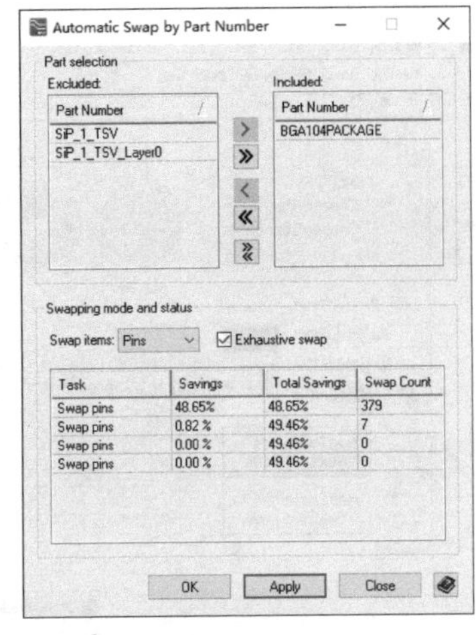

图 12-53　通过 Automatic Swap 优化网络连接

优化前后的网络连接关系如图 12-54 所示，可以明显看出，优化后，网络交叉更少，连接更短了。进一步的优化可以采用手动交换引脚的方式进行，这里不再详述。

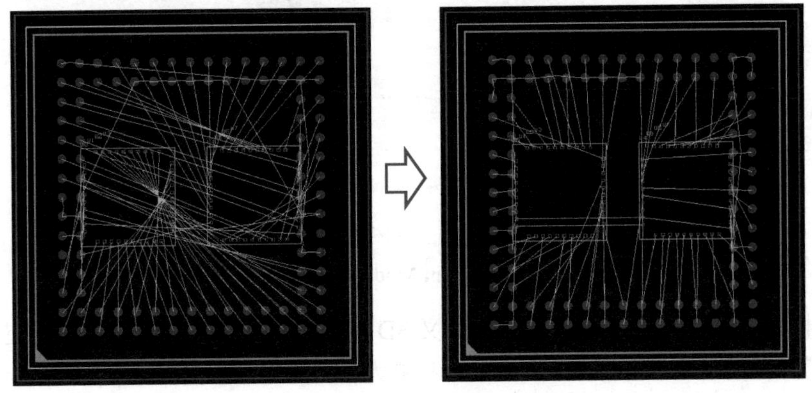

图 12-54　优化前后的网络连接关系

优化完成后进行布线，可以采用手工布线和自动布线的方式，这里选择先自动布线，快速完成布线，然后在后期手工调整，提升布线效果。布线完成效果图如图 12-55 所示，左侧为 2D 视图，右侧为 3D 视图。

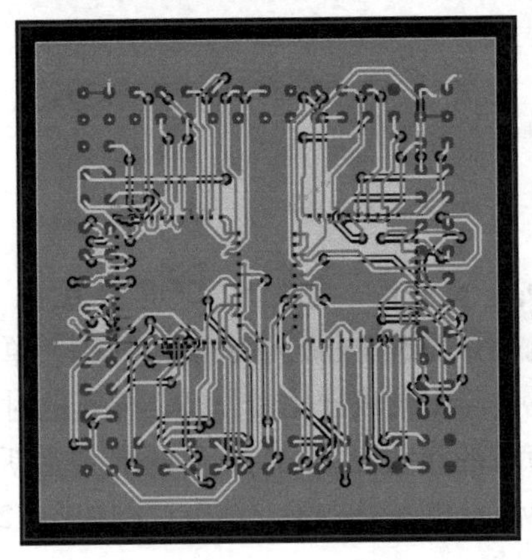

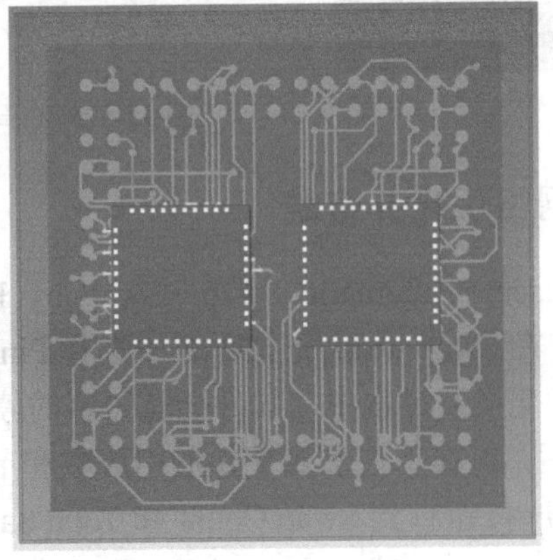

图 12-55　布线完成效果图

12.4.7　DRC 检查并完成 3D TSV 设计

设计完成后，通过 DRC 检查确保设计正确无误，在本例中，主要检查网络的连接性，重点关注通过 3D TSV 的网络连接能否通过 DRC 检查。经过检查发现 Hazard Explorer 窗口（如图 12-56 所示）显示存在 3 个问题，均为 Dangling Via & Jumpers 项的问题，单击该项后，可看到具体问题均为 VCC 网络的过孔，这是自动布线造成的冗余过孔，一般删除即可。

我们关注的 Unrouted & Partial Nets 项的问题数为 0，即所有的网络都已经正确连接。

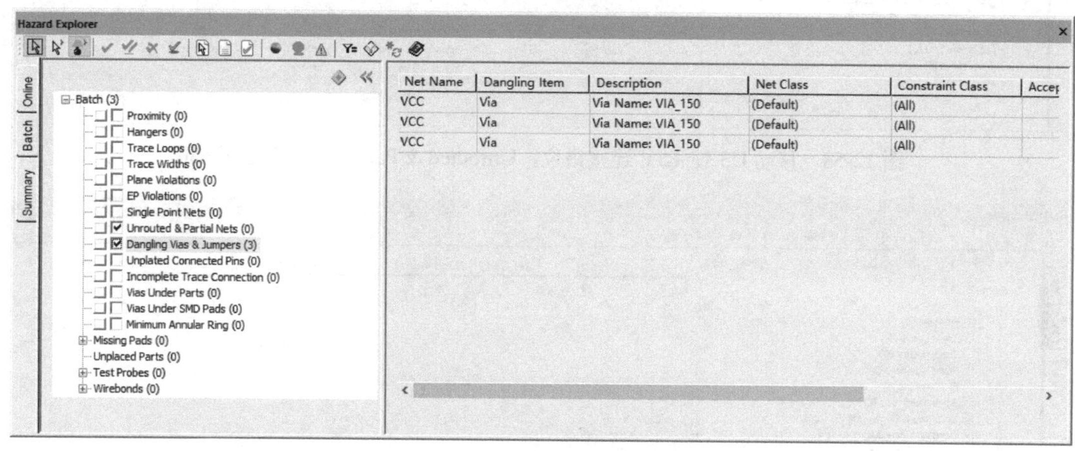

图 12-56　Hazard Explorer 窗口

如果人为移动堆叠中的某个芯片，如移动 U3 使 TSV 偏离对准的位置，可以看到网线已经显示出来，表明物理连接断开，如图 12-57 所示。

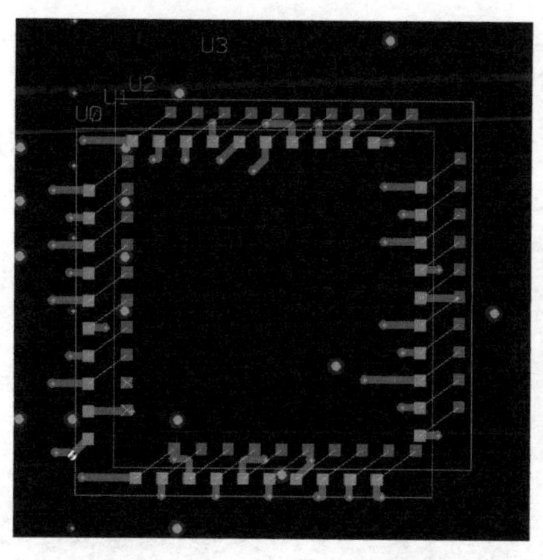

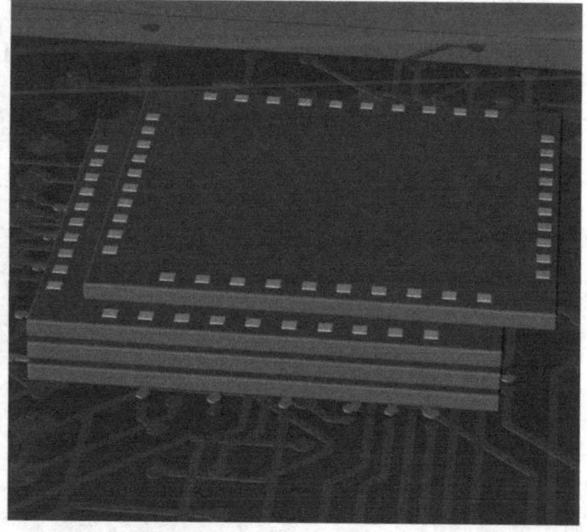

图 12-57　移动芯片，物理连接断开

此时，重新运行 DRC 检查，Hazard Explorer 窗口显示增加了 80 个问题，均为 Unrouted & Partial Nets 项的问题，单击该项可以看出均为 U2 和 U3 之间的连接问题，和我们之前的操作吻合，如图 12-58 所示。

将 U3 重新放到正确的位置上，再次运行 DRC，Unrouted & Partial Nets 项的问题数重新为 0，如图 12-59 所示。

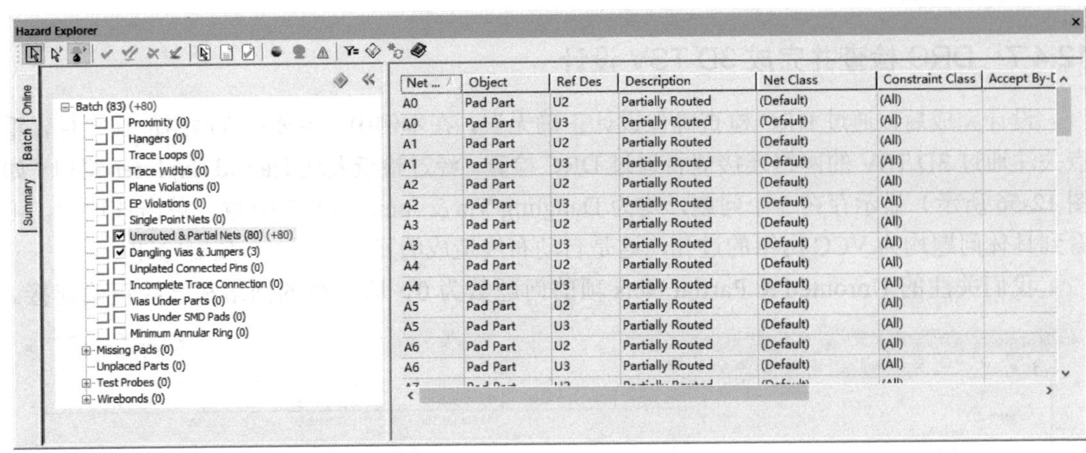

图 12-58 移动 U3 使 TSV 连接错位，Unrouted & Partial Nets 问题数+80

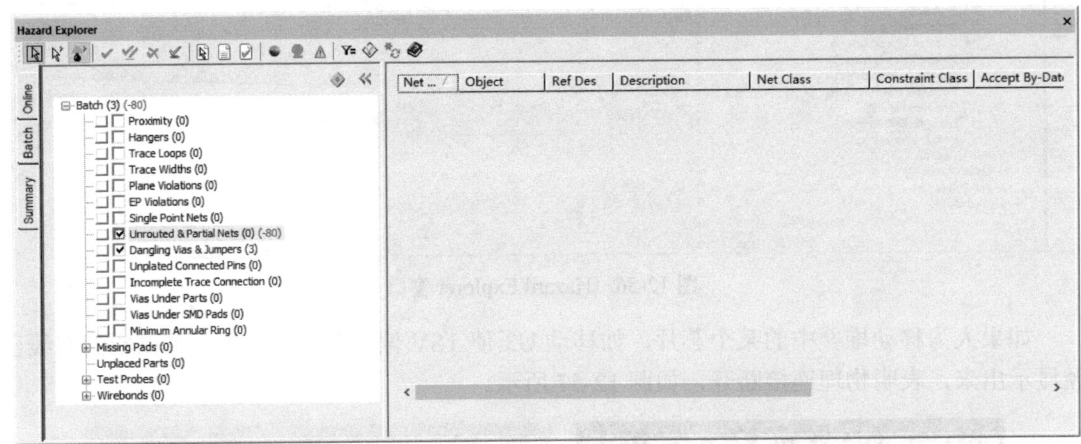

图 12-59 Unrouted & Partial Nets 项的问题数重新为 0

在 3D View 窗中可以查看完成的 3D TSV 堆叠封装设计，如图 12-60 所示。8 个芯片分为 2 组，各 4 层通过 3D TSV 堆叠进行连接，并通过 BGA 引脚进行网络扇出。

图 12-60 完成的 3D TSV 堆叠封装设计

第 13 章　RDL 及 Flip Chip 设计

关键词：RDL（Redistribution Layer），Fan-In，Fan-Out，Fan-In Pad，Fan-Out Pad，Chip Body，Molding Area，Die Cell、RDL Cell、BGA Cell，Die Pad、RDL Pad、UBM、BGA Pad，倒装焊（Flip Chip），网络自动优化，网络手工优化，信号通路

13.1　RDL 的概念和应用

Redistribution Layer，简称 RDL，中文可称作重新分布层，即在芯片上重新制作一层或多层金属，使芯片的引脚重新分布。

绝大多数的芯片引脚都分布在芯片的边沿，这是比较适合键合工艺的，只有极少数芯片的引脚以面阵形式分布，在进行先进封装的时候，就需要通过 RDL 技术进行重新分布。

按照 RDL Pad 分布位置的不同，RDL 可以分为 Fan-In 和 Fan-Out 两种类型，如图 13-1 所示。Fan-In 的中文名称为扇入或者向内扇出，是指 RDL Pad 位于芯片体（Chip Body）之上，Fan-Out 的中文名称为扇出，是指 RDL Pad 位于芯片体之外的模封区（Molding Area）。

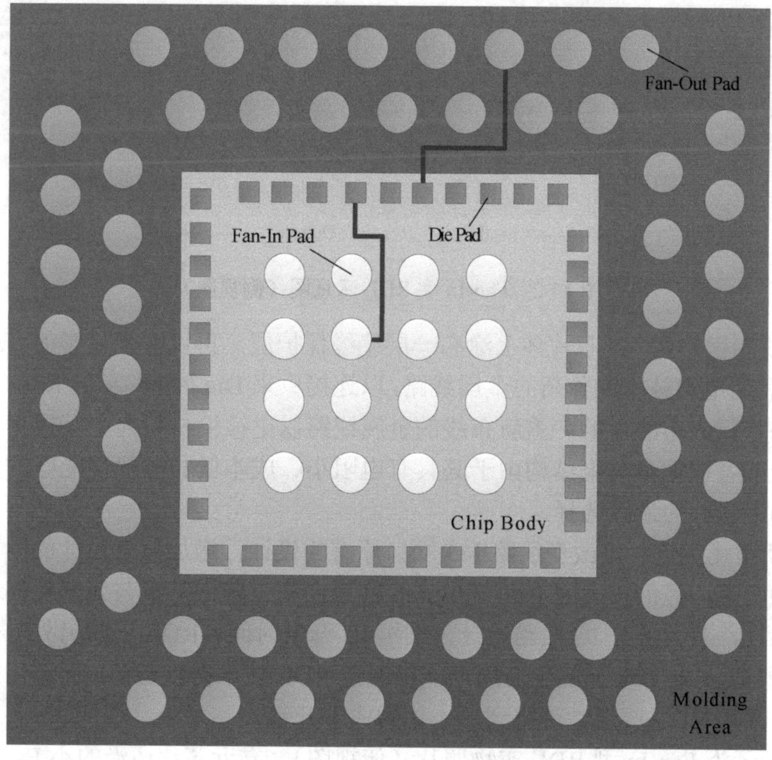

图 13-1　RDL 分为 Fan-In 和 Fan-Out 两种类型（顶视图）

13.1.1 Fan-In 型 RDL

RDL 开始以 Fan-In 类型为主，通过 RDL 技术可以重新将芯片引脚安排到芯片表面上任何合理的位置。采用 RDL 技术，位于芯片边沿支持传统 Bond Wire 的 Die Pad 可以被重新分配到芯片整个面的 RDL Pad 上。RDL Pad 从工艺角度上也被称为 UBM（Under Bump Metal），是指位于焊球下方的金属区域，从设计角度来讲，我们将其称为 RDL Pad 更为方便。

RDL 在晶圆表面沉积金属层和介质层，并形成相应的金属布线图形，对芯片的 I/O 端口（引脚）进行重新布局，将其分布到新的、节距和占位更为宽松的区域，并形成面阵分布。

通过这种重新分配，引脚的位置发生了变化，封装或 SiP 设计师可以更加灵活地考虑 SiP 设计中芯片的布局，用于进行倒装芯片形式的封装或 SiP 设计。

传统的 Fan-In 型 RDL 必须将所有的 I/O 端口都安置在芯片尺寸范围内，所以其布线均由靠近芯片边沿的 Die Pad 向内布线到 RDL Pad。通常，RDL 的设计方案选择单层铝、单层铜或多层铜。对于大多数设计来说，选择单层设计即可。Fan-In 型 RDL 示意图（侧视图）如图 13-2 所示，图中 Insulating Layer 为绝缘层，Active circuits 为有源电路。

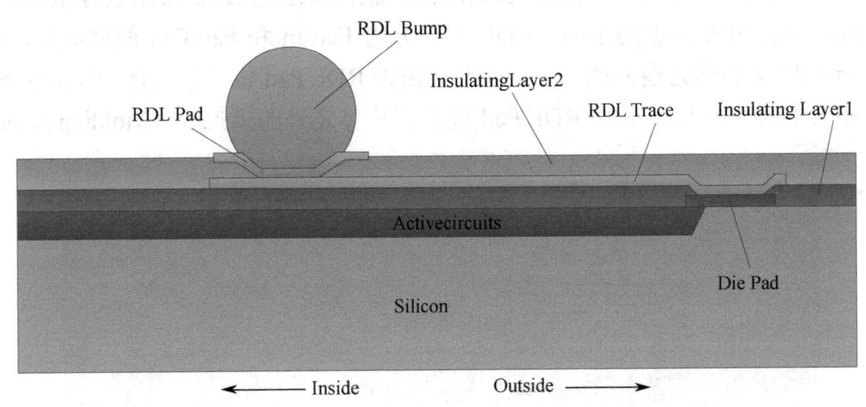

图 13-2　Fan-In 型 RDL 示意图（侧视图）

RDL 布线制程是在 IC 芯片体上涂布一层绝缘保护层，再以曝光显影的方式定义新的导线图案，然后利用电镀技术制作新的金属线路，以连接原来 Die Pad 和新的 RDL Pad 或 Bump，从而达到线路重新分布的目的。重新布线的金属线路以电镀铜材料为主，根据需要也可在铜线路上镀镍金或者镍钯金。铜结构由于其具有电阻小、成本低和散热性能好的优点，成为大电流以及大功率器件的最佳选择。

RDL 重新布线优点：可改变线路 I/O 端口原有的设计，增加原有设计的附加价值；可加大 I/O 端口的间距，提供较大的 Pad 或 Bump 接触面积，降低基板与元器件间的应力，增加元器件的可靠性，取代部分 IC 线路设计，缩短 IC 开发时间。RDL 层的另外一个优势来源于芯片成本控制方面，芯片设计的生命周期能够通过 RDL 技术得以延伸，而不用进行高成本的芯片重设计。采用 RDL 层通常可得到最小化的成本开销。

图 13-3 所示为 Fan-In 型 RDL 实物照片（俯视图），靠近芯片边沿的小 Pad 为 Die Pad，靠近芯片中心的大 Pad 为 RDL Pad。

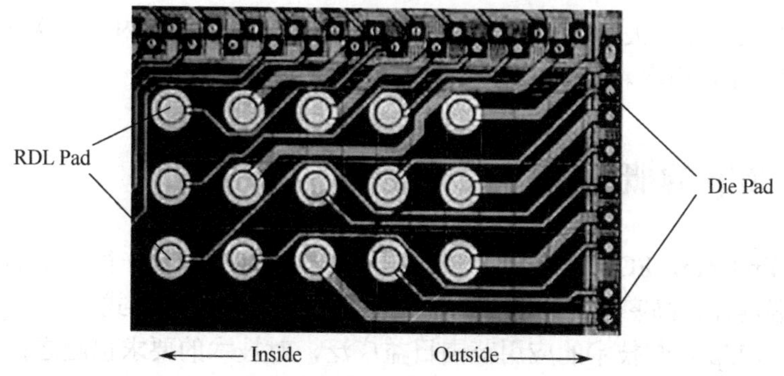

图 13-3　Fan-In 型 RDL 实物照片（俯视图）

13.1.2　Fan-Out 型 RDL

Fan-Out 技术与 Fan-In 技术相对应，在芯片具有更多的 I/O 端口数量，但在芯片尺寸并没有明显增大甚至尺寸缩小时，如何容纳更多的 I/O 端口并保持间距呢？Fan-Out 技术可以解决这一问题。

传统的 Fan-In 型 RDL 必须将所有的 I/O 端口都安置在芯片尺寸范围内，Fan-Out 则可以将 I/O 端口安置在芯片尺寸范围之外的区域。在 Fan-Out 典型工艺中，先将一个薄载体晶圆粘结在划片胶带上，将 KGD 晶片面朝下放置，形成一个“重新配置的晶圆”，随后对这个晶圆进行压模塑封，并移去载体晶圆和胶带。压膜塑封的作用有两个：承载扇出区 Fan-Out 和保护芯片背面。

随后就可以在暴露的芯片表面进行重新布线工艺，重新布置 I/O 焊盘，制作焊球，最后切割形成单独封装体。

图 13-4 所示为 Fan-Out 型 RDL 示意图（侧视图），Fan-Out 的 RDL Pad 位于芯片体之外的 Molding 区域。

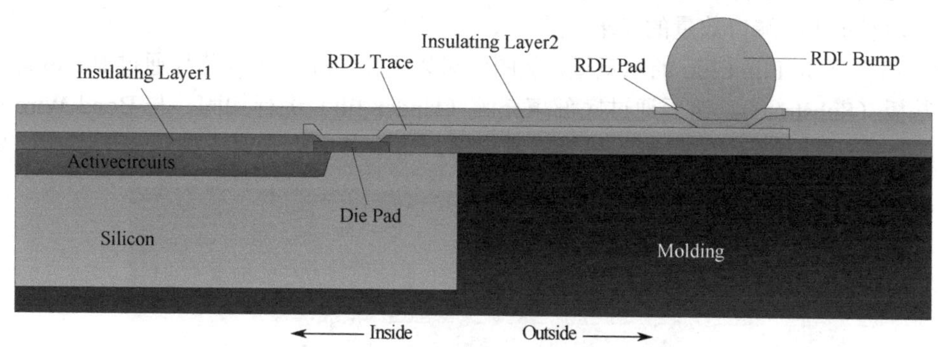

图 13-4　Fan-Out 型 RDL 示意图（侧视图）

有一点需要注意，在现在通用的 Fan-Out 概念中，RDL Pad 除了分布在芯片体之外的 Molding 区，也会分布在芯片体之内的区域，这两种分布方式被统称为 Fan-Out，Fan-In 的概念反倒是较少有人提及了。相当于 Fan-Out 封装的概念中包含了 Fan-Out 和 Fan-In 两个方向的 RDL Pad 重新分布。

RDL 的主要应用领域除了前面介绍的 Fan-In 和 Fan-Out，还包括 3D TSV 的背面 Pad 的重新分布（Via Last Backside）、2.5D TSV 集成中的硅中介层等。此外，RDL 也是先进封装不可缺少的重要组成部分。关于 3D TSV 的设计可参考本书第 12 章内容，关于 2.5D TSV 的设计可参考本书第 24 章内容。

13.2 Flip Chip 的概念及特点

倒装焊（Flip Chip，FC）也称倒扣焊。Flip Chip 封装技术是一种新型的微组装技术，近年来已成为高端器件、高密度封装和 SiP 领域中经常采用的封装形式。

今天，Flip Chip 封装技术的应用范围日益广泛，对技术的要求也随之提高，对设计和生产提出了一系列新的严峻挑战，设计师需要面对这些挑战并解决相关的难题，为这项复杂的技术提供设计、封装及测试全流程的可靠支持。

传统的封装技术都是将芯片的有源面朝上，背对基板进行粘片，然后通过引线键合（Wire Bonding）和载带自动焊（Tape Automated Bonding，TAB）技术进行电气互连。而 Flip Chip 则将芯片有源区面对基板，通过芯片上呈阵列排列的焊料凸点实现芯片与基板的互连，硅片直接以倒扣的方式安装到封装或 SiP 基板上。

一方面，Flip Chip 技术使得信号互连的长度大大缩短，减小了延迟，有效地提高了电性能，这对于高速设计非常有利；另一方面，因为采用面阵列连接，这种芯片互连方式能提供更高的 I/O 端口密度。同时，Flip Chip 占有的面积非常小，几乎与芯片大小一致，相比引线键合和载带自动焊，Flip Chip 芯片可以实现最小、最薄的封装。

Flip Chip 已经成为高性能 CPU、GPU、FPGA 及 Chipset 等多 I/O 端口数量芯片的主流封装技术，由于 Flip Chip I/O 引出端分布于整个芯片表面，故其在封装密度和信号处理速度上有更大的优势，它可以采用类似表面贴装 SMT 技术的手段来加工，是 SiP 封装及高密度封装发展的方向。

Flip Chip 具有以下优点：① Flip Chip 引脚长度短，具有最小的寄生参数。② Flip Chip 采用面阵连接，大大改善了电性能，缩小了封装面积。③ Flip Chip 可以支持更多的引脚数量，满足不断增长的 I/O 端口数量的需求。

图 13-5 所示为 Flip Chip 的示意图。从图中可以看出，Flip Chip 芯片通过 Bump 焊球连接到封装基板（Substrate），然后通过底部填充胶（Under fill）进行加固。与 Bond Wire 连接相比较，Flip Chip 没有悬空的引线，其连接线更短，寄生效应小，可支持更高频率的信号。

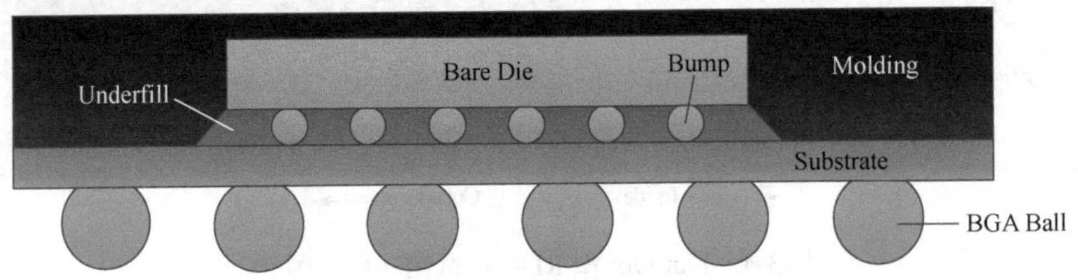

图 13-5　Flip Chip 示意图

当然，Flip Chip 倒装焊也具有其局限性：① Flip Chip 需要在圆片上制造凸点，工艺相对复杂。② 如果芯片不是专门为 Flip Chip 设计的，还需要设计和加工 RDL 层。③ Flip Chip 更易受温度变化的影响，需要更多地考虑芯片和 SiP 基板热膨胀系数的良好匹配，对热分析有更高的要求。

综上所述，Flip Chip 的优点给我们带来了更大的机遇，使得封装的体积可以更小、速率更快、功能更强；但它的缺点也给我们提出了更大的挑战，需要更复杂的工艺、更匹配的材料结合及对热分析方面要求更高。

从前面的描述我们知道，如果芯片本身是为 Wire Bonding 工艺设计的，要进行 Flip Chip 方式的封装，则需要设计和加工 RDL 层，这种 RDL 层通常是以 Fan-In 形式存在的，即只在芯片表面做 RDL。而对于 Fan-Out 形式的 RDL，因为其面积较大，Bump 也可以做得更大，芯片背面又有 Molding 的保护，一般无须进行再次封装，直接在 PCB 上安装即可。虽然 Fan-In 和 Fan-Out 类型的 RDL 在工艺上有较大的区别，但是从设计方法和设计工具的角度来讲，它们基本是相同的。

下面主要介绍 Fan-In 型 RDL，并以此将芯片通过 Flip Chip 的形式进行封装。

13.3　RDL 设计

从 SiP 或者封装设计的角度考虑，如果 IC 芯片是专门为 Flip Chip 研发的，则不需要设计及加工 RDL 层。这时，设计师只需要设计 Flip Chip 的基板即可。如果 IC 芯片并非专门为 Flip Chip 研发的，而仅支持 Wire Bonding 工艺，则需要设计和加工 RDL 层。

本章通过一个实际的设计案例，介绍在 Xpedition 设计环境中的 RDL 层及 Flip Chip 的设计方法。

13.3.1　Bare Die 及 RDL 库的建立

首先要说明的是，在 Xpedition 环境中，Bare Die、RDL 层和最后封装的 BGA Package 都要创建相应的 Cell。从封装结构上看，Bare Die Cell 和 RDL Cell 要放置在基板顶面，而 BGA Cell 则放置在基板的底面，信号通路为 Die Pad→RDL Cell→RDL Pad→封装基板→BGA Pad，Bare Die Cell、RDL Cell 及 BGA Cell 在基板中的位置（侧视图）如图 13-6 所示。

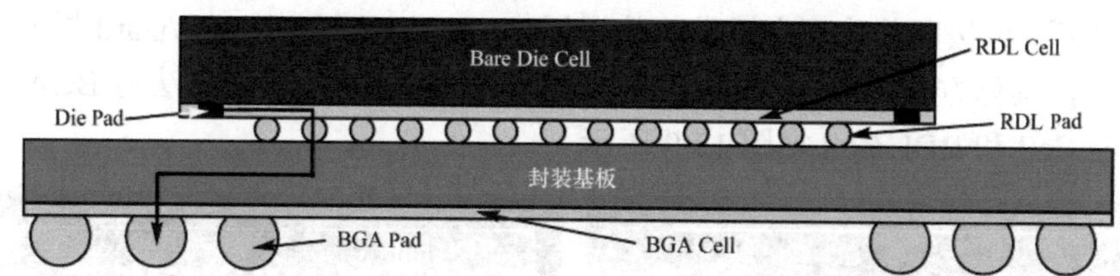

图 13-6　Bare Die Cell、RDL Cell 及 BGA Cell 在基板中的位置（侧视图）

Bare Die Cell、RDL Cell 及 BGA Cell 在基板中位置（3D 视图）如图 13-7 所示。

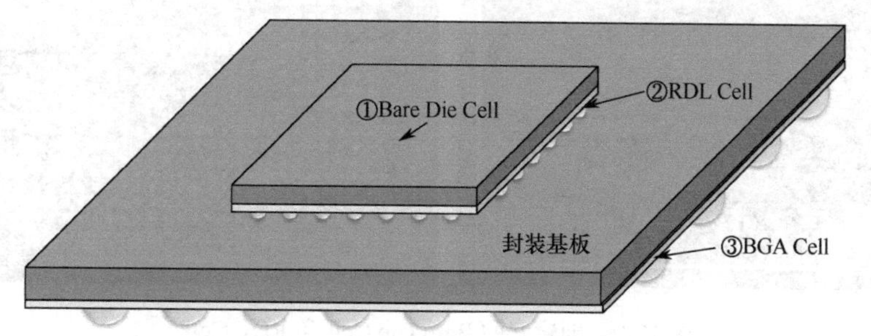

图 13-7　Bare Die Cell、RDL Cell 及 BGA Cell 在基板中的位置（3D 视图）

确定完需要创建的 Cell 及其相互的位置后，需要确定 RDL Padstack 的形状和尺寸，这要根据 Die Pad 的数量、芯片的面积及 Flip Chip 工艺的支持能力等因素来综合确定。在本例中，选择 150 um 的方形 Pad 作为 RDL Pad，将其命名为 DIE150um_FC，Pin 的类型选择 Pin-SMD。

对于 IC Die 本身，也需要创建 Pin-SMD 类型的 Padstack。本例中，创建 DIE62um_FC 作为 IC Die Padstack。

创建完 RDL Padstack 和 IC Die Padstack 后，创建 Bare Die Cell 和 RDL Cell，Bare Die Cell 和 RDL Cell 的参数设置如图 13-8 所示。在这里需要注意的是，Bare Die Cell 的 Underside space 参数值要大于 RDL Cell 的 Height 参数值。这样，在元器件布局时，Bare Die Cell 和 RDL Cell 可以放置在同一层，并且不会有 DRC 冲突产生。

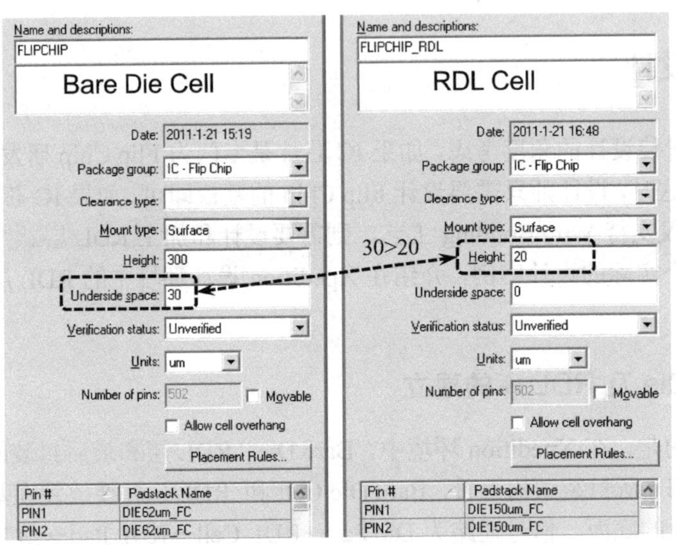

图 13-8　Bare Die Cell 和 RDL Cell 的参数设置

设置完成后，可按照芯片厂商提供的数据创建 Die Cell，通过 Die Wizard 导入厂商提供的数据文件即可，具体方法可参考本书第 7 章内容。RDL Cell 的创建方法与 BGA 类似。创建好的 Bare Die Cell 和 RDL Cell 如图 13-9 所示。

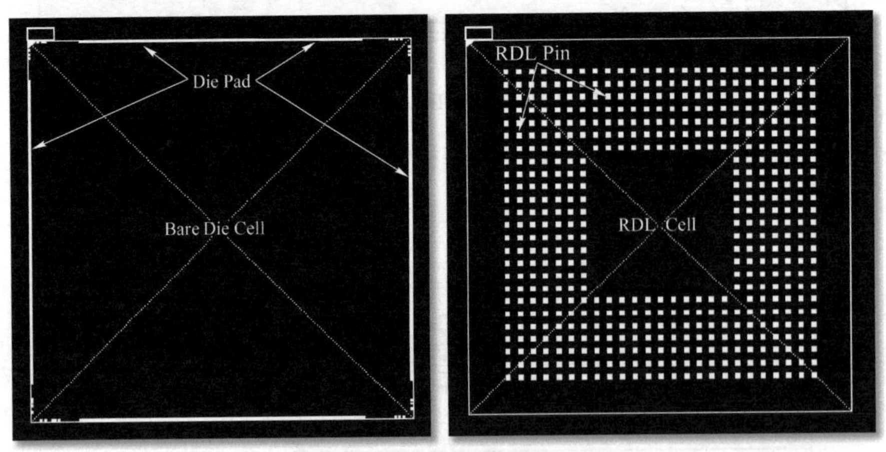

图 13-9　创建好的 Bare Die Cell 和 RDL Cell

创建好 Cell 后需要创建原理图符号 Symbol，如果 Bare Die Cell 和 RDL Cell 的引脚数目完全一致，则可以采用相同的 Symbol，Symbol 的创建同样参考本书第 7 章。

Symbol 创建完成后，即可创建 IC DIE Part 和 RDL Part，并将相应的 Symbol 和 Cell 进行映射，完成映射的 Part 就可以应用到 RDL 设计中了。

13.3.2　RDL 原理图设计

RDL 原理图设计非常简单，只需要选取 RDL Part 和 IC DIE Part 并放置到原理图中即可。在本例中，由于 RDL Part 和 IC Die Part 的引脚数目完全一致，所以采用了同一个 Symbol，这样两个 Symbol 的引脚名称是完全一致的。在原理图设计时，只需要在选中 Add Nets 和 Add Net Names 选项的前提下将 RDL Part 和 IC DIE Part 放置到原理图中即可，按照引脚名生成的网络名完全一致，自动连接，无须手动连接。设计完成的 RDL 原理图如图 13-10 所示。

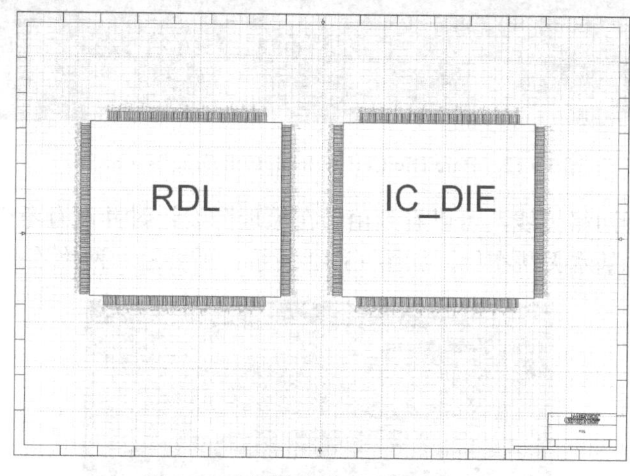

图 13-10　设计完成的 RDL 原理图

原理图设计完成后，进行设计检查和 Package 打包，打包通过后可进入 RDL 版图设计。

13.3.3　RDL 版图设计

进入版图设计环境后，需要先设置 RDL 层叠结构，RDL 层叠结构设置如图 13-11 所示。

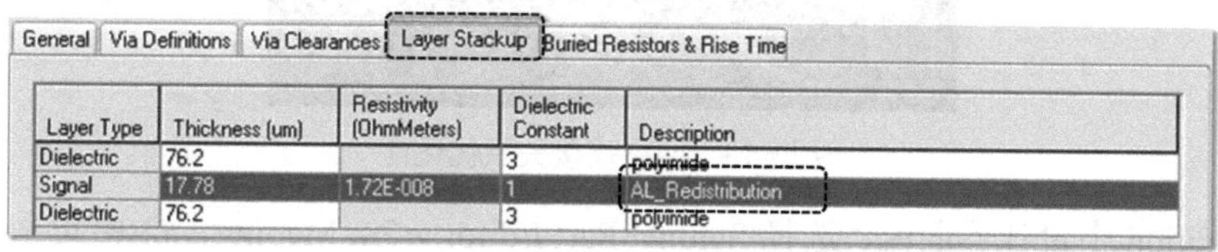

图 13-11　RDL 层叠结构设置

具体层的厚度和参数可根据实际情况调整，此处的设置对生产加工并不会产生影响，但会影响到传输线阻抗等参数的计算，也会影响软件仿真的结果。

之后，进行器件布局，Bare Die Cell 和 RDL Cell 均放置在顶层，因为在创建 Cell 时设置了 Bare Die Cell 的 Underside space 参数值（30 um）大于 RDL Cell 的 Height 参数值（20 um），所以可以布局在同一层，即使 Cell 重叠在一起，也不会有冲突。Bare Die Cell 和 RDL Cell 布局图（局部）如图 13-12 所示。

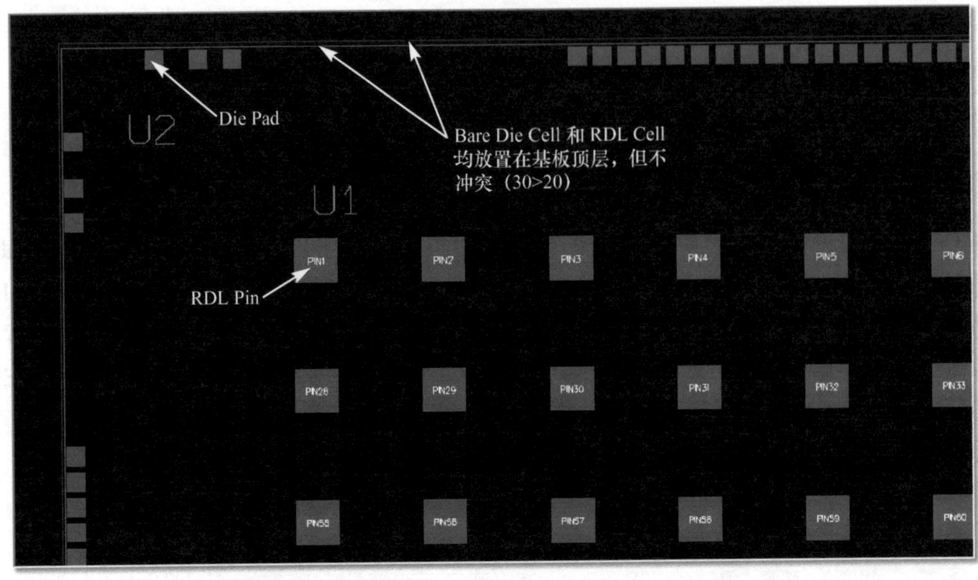

图 13-12　Bare Die Cell 和 RDL Cell 布局图（局部）

布局完成后打开网络飞线，可以看到由于在原理图设计时并没有考虑引脚的位置信息，所以网络错综相连，基本无法布线，如图 13-13 所示，需要进行网络连接关系的优化。

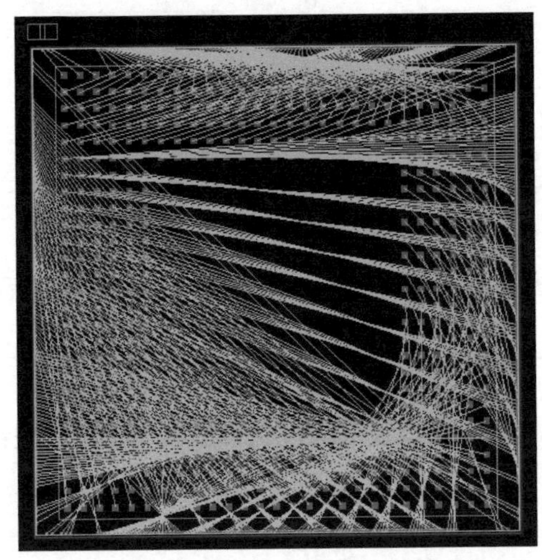

图 13-13　网络连接关系优化前

在 Xpedition 中设计界面时，选择 Setup→Part Editor→Pin Maping，将 RDL Part 的所有引脚设置为可交换。

具体操作方法如下：选中需要交换的引脚，可通过<Shift>键选择相邻的多个引脚，或按住<Ctrl>键选择非相邻的多个引脚；单击设置可交换按钮，同一组可交换的引脚显示为同一形状，如图 13-14 所示。

在本例中，将 RDL Part 的所有引脚设置为同一组可交换引脚，在主界面窗口选择 Place→Automatic Swap→Swap by Part Number，出现如图 13-15 所示的网络自动优化界面。将需要进行引脚优化的元器件选中，然后单击向右的箭头将其放置到右侧的 Included 栏，在 Swap items 下拉列表中选择 Pins 选项，单击窗口下方的 Apply 按钮，软件开始进行引脚的自动优化。

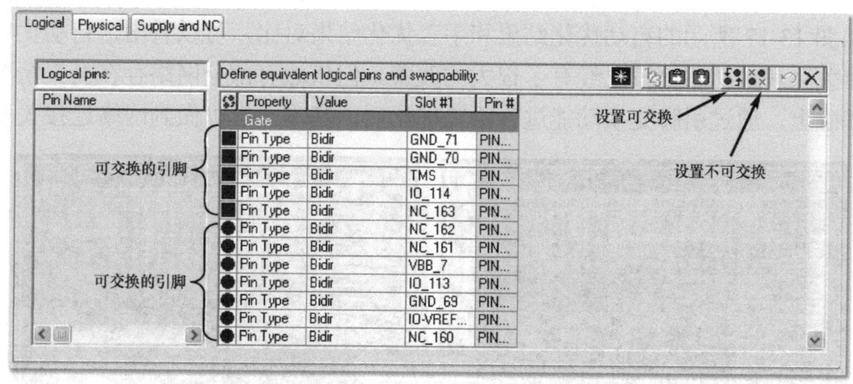

图 13-14　设置 RDL Part 所有引脚可交换

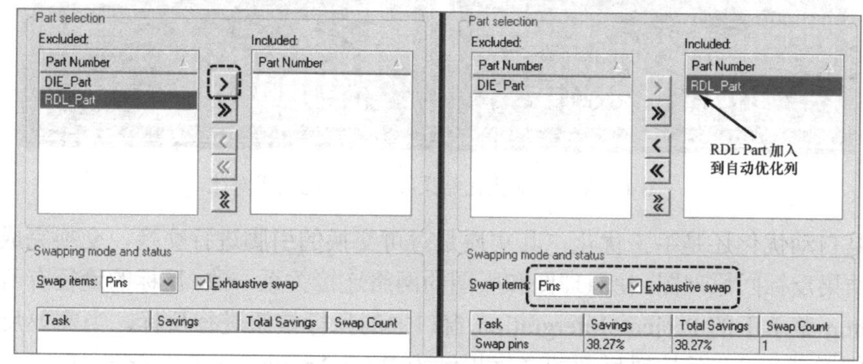

图 13-15　网络自动优化界面

根据芯片的规模大小及引脚数的多少，网络自动优化的时间也会有所不同，通常几分钟即可完成。优化完成后在 Savings 栏及 Total Savings 栏可查看总的网线长度节省的百分比，可理解为节省的布线空间，本例中节省 38.27%，如图 13-15 所示。

通常，经过自动优化，网络的连接关系基本比较顺畅，但还很难达到完美的境界，剩余的部分需要设计人员根据设计的实际情况进行手工优化。

在布线模式下单击 Swap Pins 按钮，进行手工交换引脚，并按照窗口左下方状态栏的提示进行操作。最初，状态栏提示 Select first pin to Swap. ，选中 RDL Cell 的某个需要调整的引脚，所有可交换的引脚都会被高亮显示，状态栏的提示变成 Select second pin to Swap. ，按照提示选中其中某个适合的引脚，此时提示信息变成 Confirm Swap. 。这时只需要在窗口任意位置单击鼠标左键，即可完成引脚交换功能，如图 13-16 所示，网线由交叉变为平行。

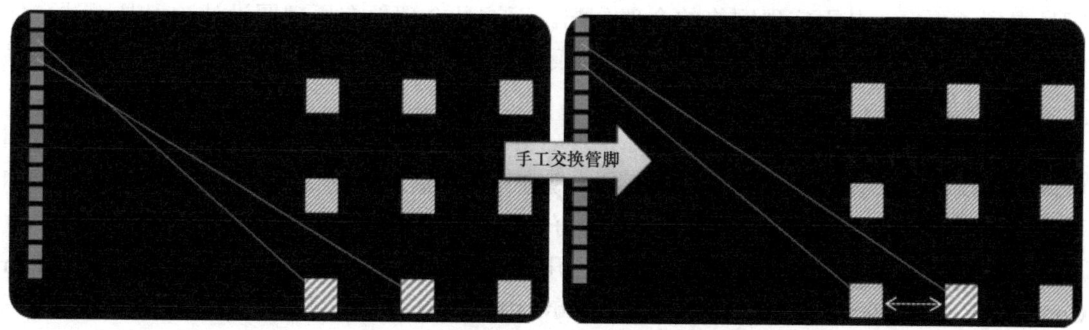

图 13-16　对 RDL Cell 引脚手工交换优化网络连接

通过如图 13-17 所示的自动优化结果和手工优化结果对比，可以看出，自动优化完成后，网络的连接关系和最初相比较已经有了很大的改善，但依然有部分网络存在交叉情况。在自动优化完的基础上，通过引脚交换功能进行手工优化后，基本上可以做到网络连接关系的最优。

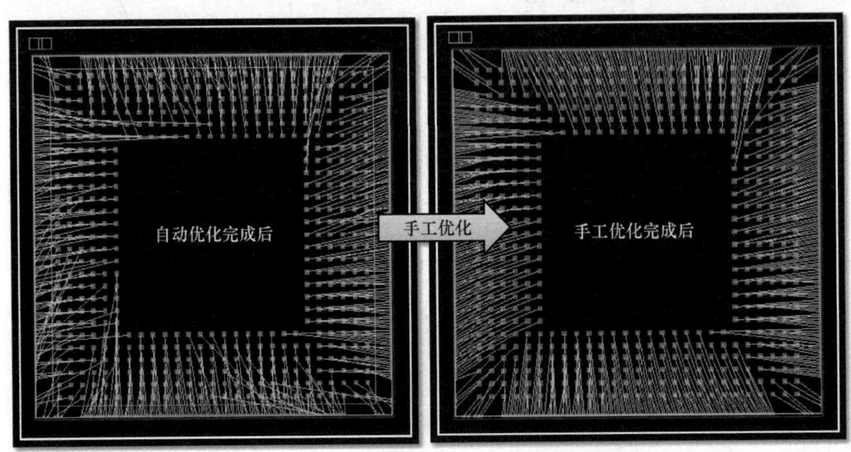

图 13-17　自动优化结果和手工优化结果对比

无论是自动优化还是手工优化，其实质是对可交换的引脚进行交换，交换完成后，需要将交换的结果反标回原理图，使原理图和版图的网络连接关系一致。反标的途径有两种：① 通过位于 Setup 菜单下的 Project Intergration 窗口中的反标按钮进行反标，当需要反标时，此按钮会变成橙黄色，并且按钮后面的文字提示为 Back Annotation Required，单击此按钮即可进行反标；② 选择 ECO→Back Annotate 菜单命令进行反标。通过两种途径执行反标命令如图 13-18 所示。反标完成后会出现反标成功提示窗口。

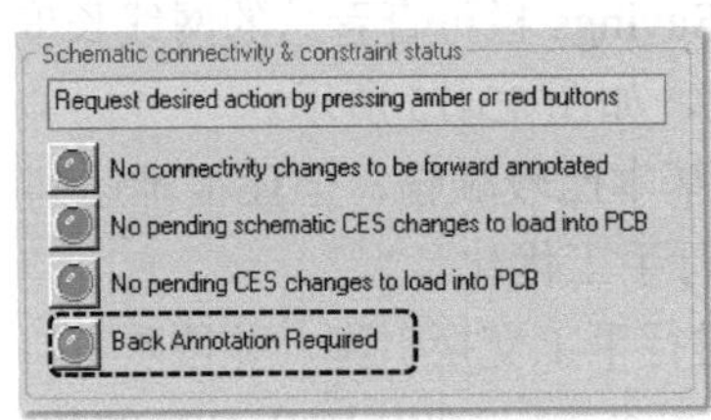

（a）通过反标按钮反标

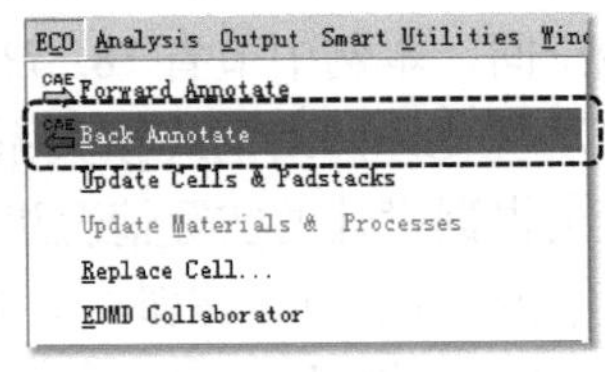

（b）通过 ECO 菜单反标

图 13-18　两种途径执行反标命令

对比反标前后的原理图，可以看出引脚的映射关系发生了变化，引脚名称保持不变而引脚号得到了更新，从而实现网络的合理分配。而这种合理性在原理图设计阶段是无法预知的，只能通过版图的物理连接关系优化后再反标回原理图。反标前后的原理图引脚映射关系如图 13-19 所示。

完成网络优化后，进入 Constraint Manager 中设置布线规则，主要包括 RDL 层的线宽和线间距（设置方法参考本书第 10 章内容）。规则设置好后即可进行布线，可选用自动布线和手工布线两种方式，通常手工布线会得到更好、更合理的效果。

无论是手工布线还是自动布线，均可打开或者关闭 45° 布线功能，选择 Setup→Editor Control→Route→Plow→Angle for Segment Plow style 菜单命令，可选择 90°、45° 或者任意角度布线功能。选择 90° 和 45° 可得到两种不同的布线结果，如图 13-20 所示。

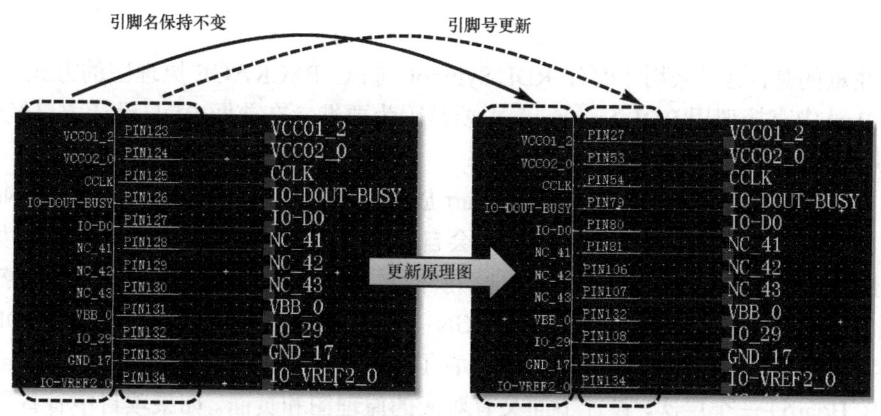

图 13-19　反标前后的原理图引脚映射关系

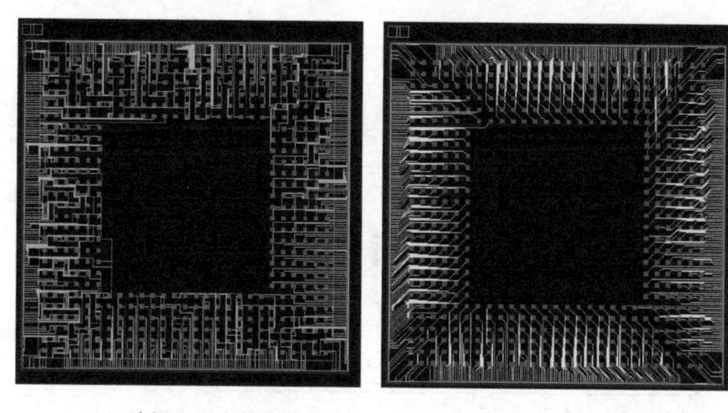

（a）选择 90° 布线结果　　（b）选择 45° 布线结果

图 13-20　两种布线结果对比

完成布线后，需要进行版图 DRC 检查，DRC 检查的详细方法参看本书第 20 章内容。DRC 检查通过后，即可输出用于 RDL 层的加工生产文件，Xpedition 支持的生产文件格式包括 GDSII、DXF、Gerber、ODB++和 Neutral File 等。

13.4　Flip Chip 设计

RDL 设计完成之后即可开始 Flip Chip 设计。

在设计 RDL 层时，已经将 Bare Die 的引脚引出到 RDL Cell 了，在 Flip Chip 设计时则需要将 RDL Cell 的引脚引出到 BGA Cell。

需要注意的是，如果 IC 芯片厂商已经将 IC 引脚定义成适合 Flip Chip 的面阵，则不需要设计和加工 RDL 层。此时，可忽略本书第 13.3 节介绍的 RDL 设计过程，直接从本节开始设计 Flip Chip 即可。本章论述的流程是从 IC Die→RDL→Flip Chip 的完整设计流程。

13.4.1　Flip Chip 原理图设计

在 RDL 设计的同一个 Project 中，选择 File→New board 菜单，单击鼠标右键选择 Rename，更改 Board 名称为 FC_PACKAGE，原理图也重命名为 FC_PACKAGE。直接从 RDL 原理图中将 RDL Symbol 连同其连接关系复制到 FC_PACKAGE 原理图页面，为了更直观可将其更名为 FC。

需要注意的是，这里采用了复制 RDL Symbol 到 FC_PACKAGE 原理图的方式，而并非从中心库的 Part 中直接调用 RDL Symbol，主要是因为要继承在前面 RDL 设计中已经优化完成的 RDL 引脚映射关系。

从中心库中调用相应的 BGA Package Part 放置到原理图中，同样要勾选 Add Net 和 Add Net name 选项。如果网络名称相同，其网络会自动与 FC Symbol 上的网络相连接。如果 BGA Package 上有新添加的网络，如电源和接地引脚的重新定义等，则需要手工添加网络并命名。

如图 13-21 所示，在 FLIPCHIP_DESIGN 项目中包含 3 个设计，分别是 RDL 设计、FC_PACKAGE 设计和 PCB_Board 设计，代表了从芯片（RDL）到封装（FC+Package）再到 PCB（PCB_Board）三个层次，设计下面又有对应的原理图和页面。如果项目中有备用的设计，可放在 Block 中，需要时可复制其内容到原理图中，或者通过鼠标右键命令 Create Board 转换成新的设计。

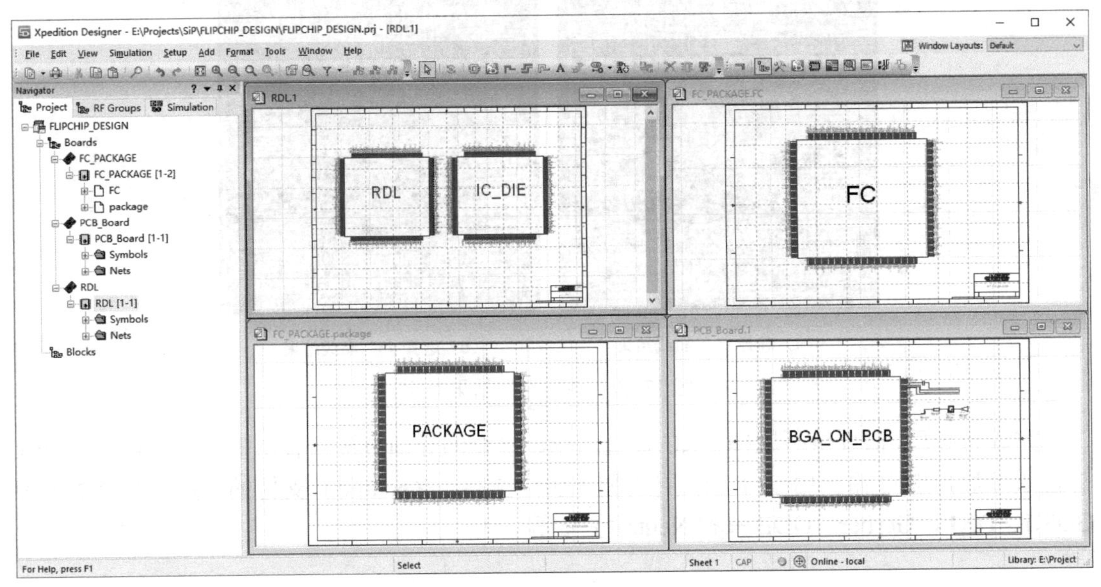

图 13-21　项目中包含 3 个设计及其对应的原理图

注意，和前面 RDL 设计相同，在原理图中只是做了从 FC 到 BGA Package 的连接，其连接关系同样需要到 Xpedition 中进行优化。原理图设计完成后，进行设计检查和 Package 打包，打包成功后进入版图设计环境 Xpedition。

13.4.2　Flip Chip 版图设计

进入 Xpedition 后，首先进行基板层叠结构和过孔的设置，该 BGA 基板为 4 层，采用 1+2+1 的层叠结构，中间层采用 Laminate（层压法）工艺，表面层采用 Buildup（积层法）工艺，基板过孔设置如图 13-22（a）所示。

设置完成后，调整板框尺寸使其与 BGA Cell 尺寸相同，并将 Board Original（原点）设置到基板中心，然后进行元器件布局。因为只有两个元器件，所以比较简单，将 FC Cell 放置到基板顶层，BGA Cell 放置到基板底层，原点均设置为（0，0），布局完成图如图 13-22（b）所示。

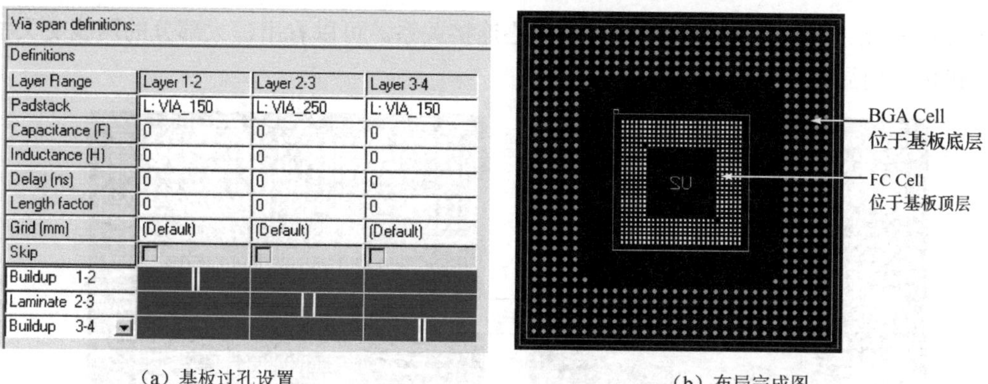

（a）基板过孔设置　　　　（b）布局完成图

图 13-22　基板过孔设置及布局完成图

布局完成后需要设置布线规则，在 Constraint Manager 中进行布线规则的设置，如设置线宽、间距等物理规则，以及等长、差分等电气规则，如图 13-23 所示。具体的设置方法请见本书第 10 章的相关内容。

Scheme/Net Class/Layer	Via Assignments	Route	Trace Width (um) Minimum	Trace Width (um) Typical	Trace Width (um) Expansion	Typical Impedance (Ohm)	Differential Typical	Differential Spacing
⊞ (Master)								
⊟ (Default)	... (default)	☑	50	75	100			100
SIGNAL_1		☑	50	75	100	50		100
SIGNAL_2	线宽设置	☑	50	75	100	50		100
SIGNAL_3		☑	50	75	100	50		100
SIGNAL_4		☑	50	75	100	50		100
⊞ (Minimum)								
⊟ (Default)	... (default)	☑	50	75	100	0		100
SIGNAL_1		☑	50	75	100	50		100
SIGNAL_2		☑	50	75	100	50		100
SIGNAL_3		☑	50	75	100	50		100
SIGNAL_4		☑	50	75	100	50		100

Scheme/Clearance Rule/Layer	Index	Type	Trace To (um) Trac	Pad	Via (um	Plane (	SMD	Pad To (um) Pad	Via (u	Plan	Via To (um) Via	Pla	SM	Plane To Plan	Emb Trac
⊟ (Master)															
⊟ (Default Rule)			75	75	75	100	75	75	75	75	75	75	75	100	75
SIGNAL_1	1	Signal	75	75	75	100	75	75	75	75	75	75	75	100	75
SIGNAL_2 间距设置	2	Signal	75	75	75	100	75	75	75	75	75	75	75	100	75
SIGNAL_3	3	Signal	75	75	75	100	75	75	75	75	75	75	75	100	75
SIGNAL_4	4	Signal	75	75	75	100	75	75	75	75	75	75	75	100	75
⊟ (Minimum)															
⊟ (Default Rule)			75	75	75	100	75	75	75	75	75	75	75	100	75
SIGNAL_1	1	Signal	75	75	75	100	75	75	75	75	75	75	75	100	75
SIGNAL_2	2	Signal	75	75	75	100	75	75	75	75	75	75	75	100	75
SIGNAL_3	3	Signal	75	75	75	100	75	75	75	75	75	75	75	100	75
SIGNAL_4	4	Signal	75	75	75	100	75	75	75	75	75	75	75	100	75

图 13-23　在 Constraint Manager 中进行布线规则的设置

规则设置完成后即可进入布线环节。在布线之前，同样要进行网络优化，网络优化与本章前面介绍的 RDL 版图设计相同。

选择 Setup→Libraries→Part Editor→Pin Maping 菜单命令，将 BGA 的所有引脚设置为可交换引脚。注意，此时的 Flip Chip 引脚为不可交换引脚。

在主界面启动 Place→Automatic Swap→Swap by Part Number，将需要进行引脚优化的 BGA Part 放置到窗口右侧，并将 Swap items 设置为 Pins，单击 Apply 按钮，软件开始进行引脚的自动优化。

根据引脚数目的多少，以及计算机性能的强弱，网络自动优化的时间也会有所不同。自动优化完成后，网络的连接关系基本比较顺畅，但还很难达到完美的境界，剩余的部分需要根据设计的实际情况进行手工优化。

图 13-24 所示为网络自动优化前后的网络连接关系。可以看出，大部分的网线交叉情况得到了优化，但局部地方还有改善的余地。

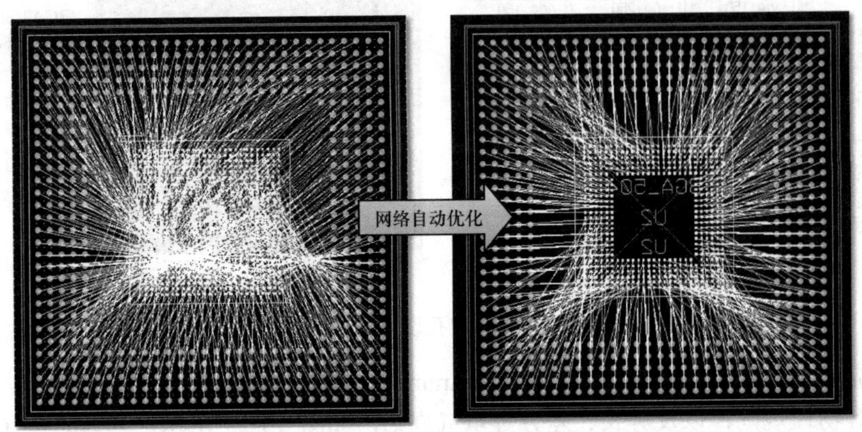

图 13-24　网络自动优化前后的网络连接

如果对优化结果不满意，可进行手工优化，设计人员可根据局部网络的连接关系和手工布线策略等前提条件进行 BGA 的引脚交换。

完成网络优化后开始进行布线工作，可选用自动布线和手工布线两种方式，通常手工布线会得到更好、更合理的效果。无论是手工还是自动布线，均可选择 90° 或者 45° 布线功能，操作方法和前面介绍的 RDL 设计中相同。本例采用自动布线方法并且选择 45° 布线。

选择 Route→Auto Route 菜单命令弹出 Auto Route 窗口，选中相应的自动布线选项后，单击 Route 按钮，启动自动布线功能。在自动布线过程中，未连接的网络数目、布线百分比及使用的过孔数目等均会实时更新，自动布线开始状态如图 13-25 所示。

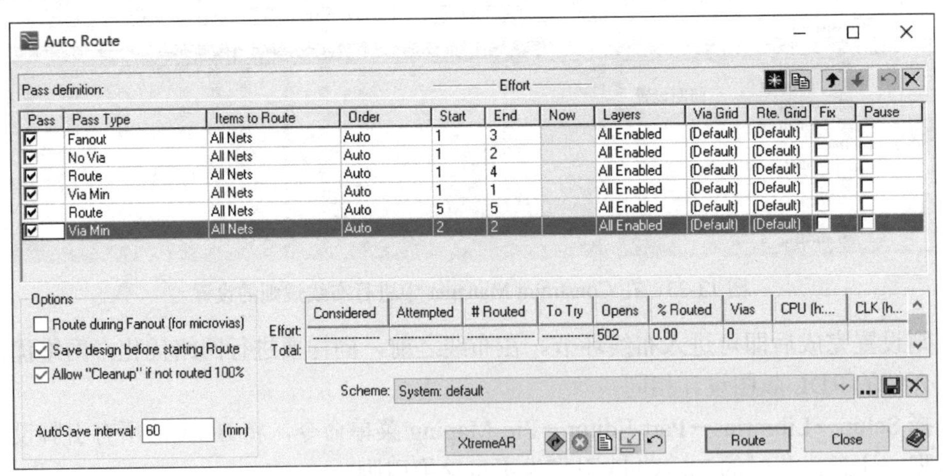

图 13-25　自动布线开始状态

自动布线每完成一项，前面的勾选框会自动去除，当自动布线完成后，未连接的网络数目、布线百分比及使用的过孔数目不再更新，如果自动布线没有完成 100%，说明网络连接关系还需要进一步优化，或者通过手工布线来完成。图 13-26 所示为自动布线结束状态，本例中自动布线完成率为 99.2%，剩余 4 个网络没有连通，可通过手工布线完成。

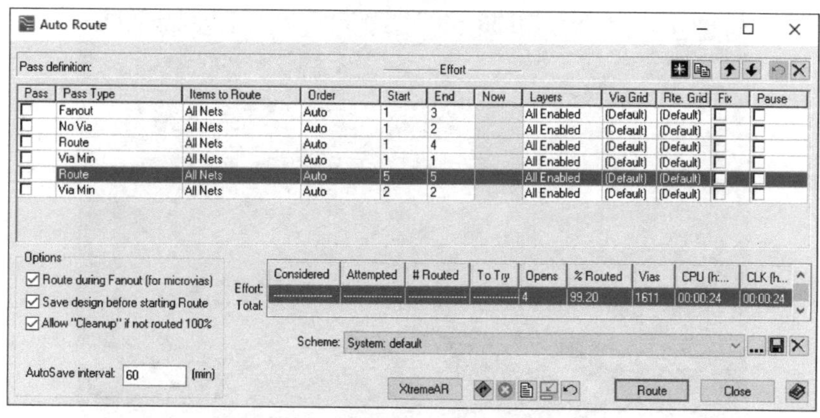

图 13-26　自动布线结束状态

图 13-27 所示为自动布线完成后的 2D 图和 3D 图。

图 13-27　自动布线完成后的 2D 图和 3D 图

图 13-28（a）显示了 Flip Chip 区域布线的 3D 图，可以看到的元素有 FC Pad、表层布线、内层布线、1-2Via、2-3Via 等。从 3D 图中可以很直观地看到布线是如何穿越过孔到达其他层的，同时可直观地检查过孔的设置、尺寸以及层叠结构的设置是否和预期的一致。图 13-28（b）显示了 BGA 区域布线的 3D 图，此图是旋转到基板底面查看的，可查看 BGA Pad、底层布线、内层布线，以及打在 BGA Pad 上的过孔 Via in Pad。

至此，Flip Chip 设计基本完成。后续还需要进行版图 DRC 检查和生产文件的输出，详见本书后面的章节内容。

由于篇幅关系，本例中并没有阐述平面层的设计，因为本章着重介绍 Flip Chip 设计流程，所以平面层敷铜和生产文件输出不在本章阐述。

因为最终的 BGA 封装会应用到实际 PCB 设计中，或者放到用于封装测试的 PCB 测试板上。所以可在同一个项目中创建 PCB_Board，并将 BGA Package 连同其网络连接复制到 PCB_Board 原理图中，并添加相关测试电路，进行 PCB 测试板的设计。

同一个项目中的多个版图可以共享设计资源，如图 13-29 所示。

最终，我们可得到本章设计的系统结构示意图，如图 13-30 所示，图中信号通路为 Die Pad→RDL 层布线→RDL Pad→封装基板布线→BGA Pad→系统 PCB 板。

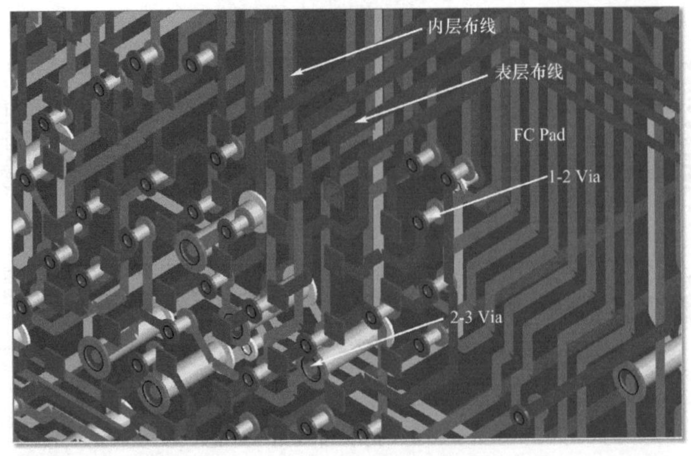

(a)

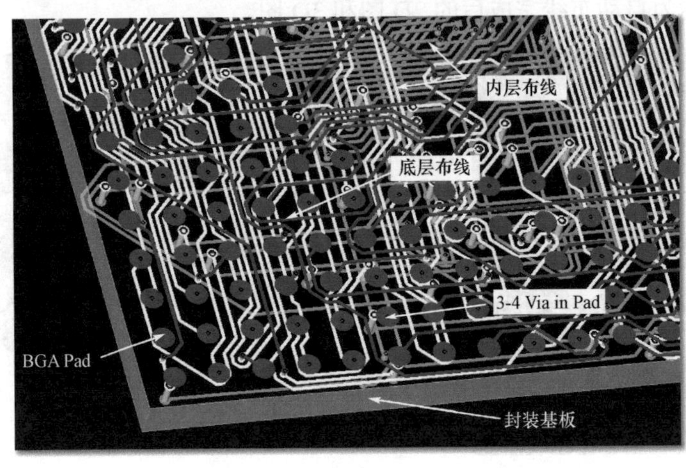

(b)

图 13-28　Flip Chip 区域和 BGA 区域布线的 3D 图

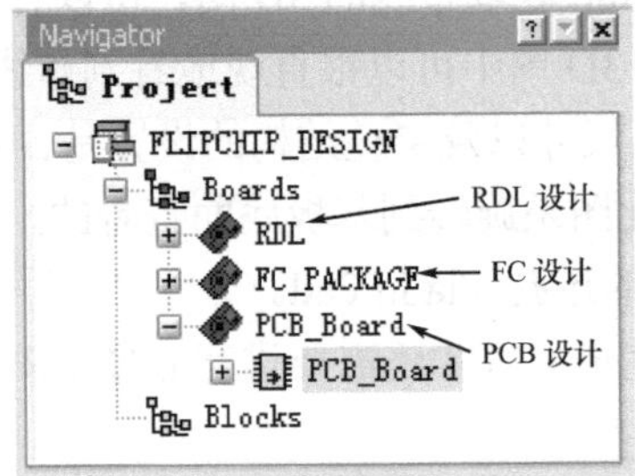

图 13-29　同一个项目中的多个版图可以共享设计资源

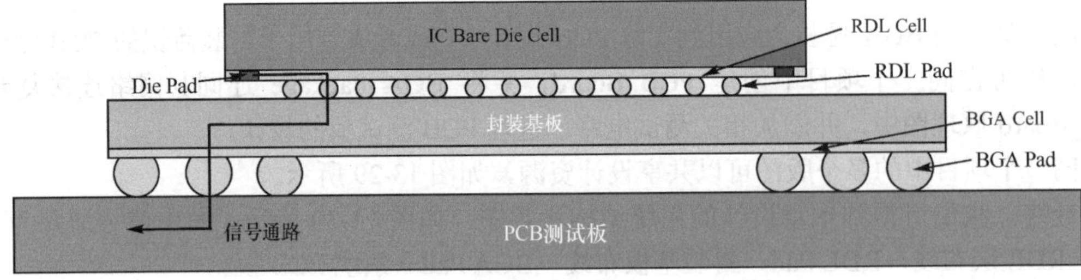

图 13-30　本章设计的系统结构示意图

第 14 章　版图布线与敷铜

关键词：手工布线、半自动布线、自动布线、Plow（布线），Multi-Plow，Real Trace/Delayed，Real Trace/Dynamic，Gloss（平滑），Gloss On、Gloss Local、Gloss Off，Fix，Semi-fix，Unfix，Lock，Unlock，Hug Route，Sketch Route，Hug Trace，Multi Hug Trace，Teardrops，电路复制，敷铜类，敷铜指定，敷铜形状，正片敷铜、负片敷铜，敷铜排气孔，检验敷铜数据

14.1　版图布线

14.1.1　布线综述

在 Xpedition 中，布线通常可分为手工布线、半自动布线和自动布线 3 种，其中手工布线也称交互式布线。

① 手工布线（Manual Route）是指当需要布线时人工拉出导线（Plow）、放置过孔及连接到相应 Pad 的布线方式。

② 半自动布线（Semi-auto Route）是指使用部分自动布线功能，半自动布线操作主要包括 Fanout、Hug Route、Sketch Route、Reroute、Tune、Auto Finish 和 Gloss 等。

③ 自动布线（Auto Route）是指通过 Auto Route 对话框建立一个自动的布线方案，然后由软件自动完成布线。自动布线可用于整个设计或部分设计。

在 SiP 版图设计中，最佳的解决方案是把手工布线、半自动布线和自动布线结合起来。例如，用手工布线完成最关键的导线布局，同时可以使用一些半自动布线命令来辅助手工布线，以加速布线过程，接着采用自动布线功能完成剩余的导线布局。

在 Xpedition 中，单击 Route Mode 按钮切换到布线模式，选择 View→Toolbars→Route 菜单命令打开布线工具栏，选择 Toolbars→Edit 打开编辑工具栏，这两个工具栏都是布线和敷铜过程中经常用到的。工具栏可位于菜单下方，可以通过鼠标拖动其位置，或者使其悬浮于工作窗口的任意位置。图 14-1 所示为布线工具栏和编辑工具栏。

Route:

Edit:

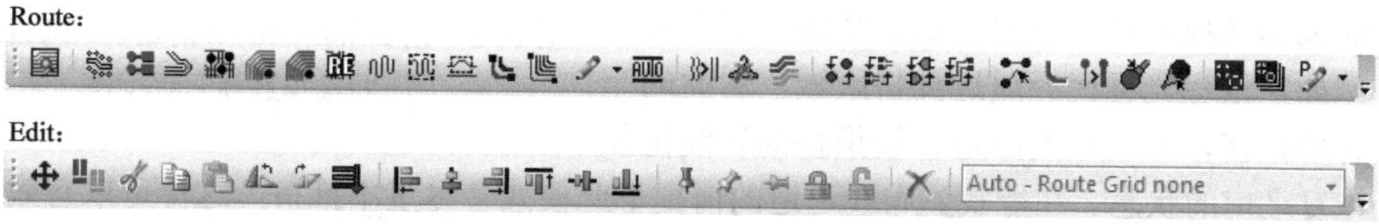

图 14-1　布线工具栏和编辑工具栏

14.1.2　手工布线

在布线窗口单击 Plow or Multi-Plow 按钮，可启动手工布线。当选中单个 Pad 时为单根布线（Plow），当选中多个 Pad 时为多重布线（Multi-Plow）。Plow 或者 Multi-Plow 均可从

Bond Finger、元器件的 Pad 开始，或者从一个已存在的导线或过孔的任何位置开始，单根布线模式和多重布线模式如图 14-2 所示。

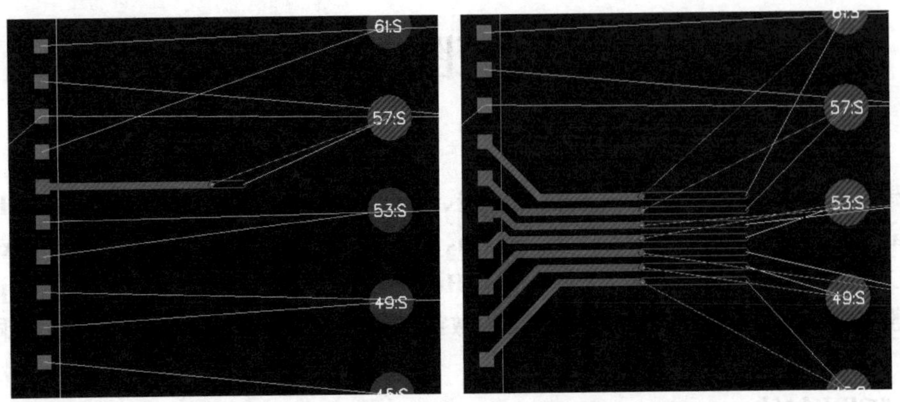

图 14-2　单根布线模式和多重布线模式

在多重布线时，可通过键盘上的<F6>和<F7>键或位于设计窗口下方的软键 6 Converge In 7 Converge Out 调整多重布线之间的相互间距。

除了使用工具栏中的工具按钮启动手工布线 Plow 命令，还可选择设计窗口下方的软键 3 Plow / Multi 或者按键盘上的<F3>键启动 Plow 命令，此外在可以布线的元素例如焊盘上，当鼠标变成带外框的小十字时，直接拖动鼠标即可布线。

1. Plow 布线模式

手工布线包括四种布线模式：实时布线/延迟模式（Real Trace/ Delayed）、实时布线/动态模式（Real Trace/ Dynamic）、曲棍球棒/单击模式（Hockey Stick/On Click）、分段/单击模式（Segment/On Click）；两种鼠标操作方式：鼠标移动模式（Mouse up style）和鼠标拖动模式（Mouse drag style）。鼠标移动模式是指在鼠标左键未按下时的鼠标移动，支持以上四种布线模式；鼠标拖动模式是指当鼠标左键按下时的鼠标移动，支持前两种布线模式，组合起来总共有 6 种布线模式。

可以通过选择<F3>键或者软键 3 Toggle Plow 来切换布线模式，或者在 Editor Control 对话框中通过 Plow 下拉菜单选择布线模式，如图 14-3 所示。

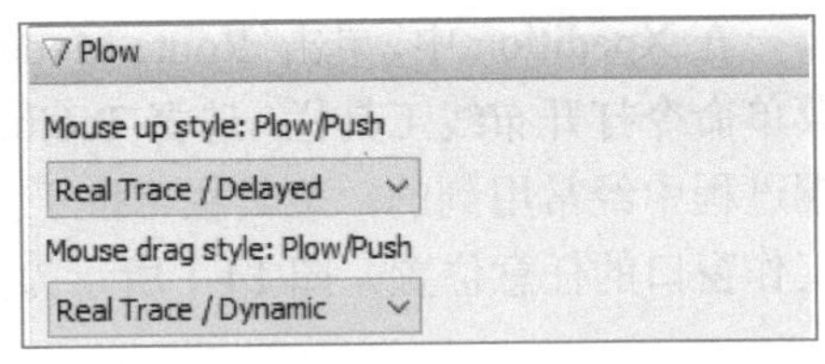

图 14-3　在 Editor Control 对话框中通过 Plow 下拉菜单选择布线模式

（1）Real Trace/Delayed 布线模式。

选择 Real Trace/Delayed 布线模式，导线 Trace 会跟随鼠标光标移动，虽然有推挤功能，但会有延迟，例如，鼠标光标已经通过拥挤区域，后面的布线才开始推挤，如果布线回退，被推挤的导线也能自动恢复之前的状态。在能找到布线通道的前提下此模式会尽量不推挤，这样可以有效保护已经布通的线。在到达目标焊盘时，导线会自动连接，无须单击鼠标，这种模式属于比较智能的布线模式。

（2）Real Trace/Dynamic 布线模式。

选择 Real Trace/Dynamic 布线模式，导线 Trace 会跟随鼠标光标移动并且实时推挤，推挤较强且无延迟，被推挤的导线也实时更新，如果布线回退，被推挤的导线也能自动恢复之前的状态。在到达目标焊盘时导线会自动连接，无须单击鼠标，这种模式也属于比较智能的布线模式。

（3）Hockey Stick/On Click 布线模式。

选择 Hockey Stick/On Click 布线模式，预期的导线（空心显示）会以曲棍球棒的形式显示，并跟随鼠标光标移动，单击鼠标后布线会放置预期的导线并推挤其他导线，在布线的过程中，每一步确认操作均需要单击鼠标，在导线到达目标焊盘时，需单击鼠标才能连接。

（4）Segment/On Click 布线模式。

选择 Segment /On Click 布线模式，预期的导线（空心显示）会以直线的形式显示，并跟随鼠标光标移动，单击鼠标后布线会放置预期的导线并推挤其他导线，在布线的过程中，每一步确认操作均需要单击鼠标，在到达目标焊盘时，需单击鼠标才能连接。此外，任意角度布线也需要在此模式下才能实现。图 14-4 所示为四种布线模式的对比，图中白色虚线圈均为提示可以放置过孔的位置。

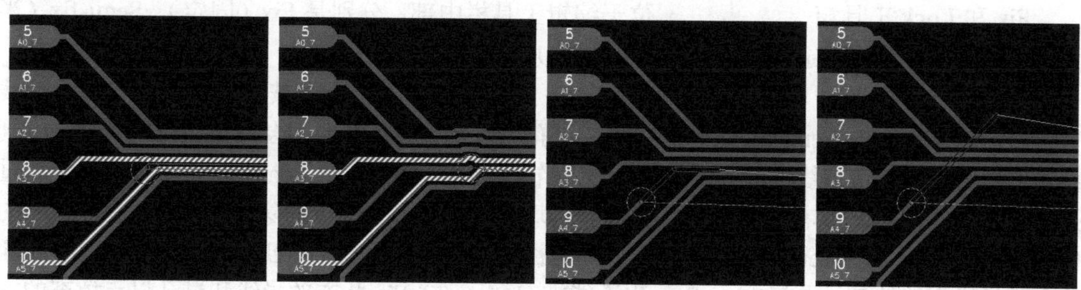

图 14-4　四种布线模式的对比

2．Gloss 平滑模式

在手工布线时，布线器会动态优化布线路径，移去不必要的弯曲，得到平滑的导线，这就是 Gloss 平滑。

Gloss 平滑有三种模式可供选择：Gloss On、Gloss Local、Gloss Off。每一种都有其特征，可切换使用。在布线过程中，可通过按<F10>键或者设计窗口下方的软键 10 Toggle Gloss 来切换三种平滑模式。

（1）Gloss On 模式。

Gloss On（平滑模式打开）可以自动移去布线过程中的尖角和弯曲等，并且会对导线到焊盘的进入方式进行自动优化，以保证与 Editor Control 对话框中设置的 Pad Entry 参数一致。

（2）Gloss Local 模式。

Gloss Local（本地平滑模式）是在保证平滑的前提下更为智能的模式。在此模式下，软件可以更好地理解设计者的意图，保留设计者需要的弯曲，如果感觉 Gloss On 过于灵活，可切换到 Gloss Local 模式下进行布线。

（3）Gloss Off 模式。

Gloss Off（关闭平滑模式），布线完全按照设计者的意图进行，并且没有任何推挤功能。在此模式下，Hockey Stick、Segment 布线模式布出的线是半固定的 Semi-fix，半固定的导线是不能被推挤的导线，但可以被设计者移动和调整。

三种平滑模式的对比如图 14-6 所示。

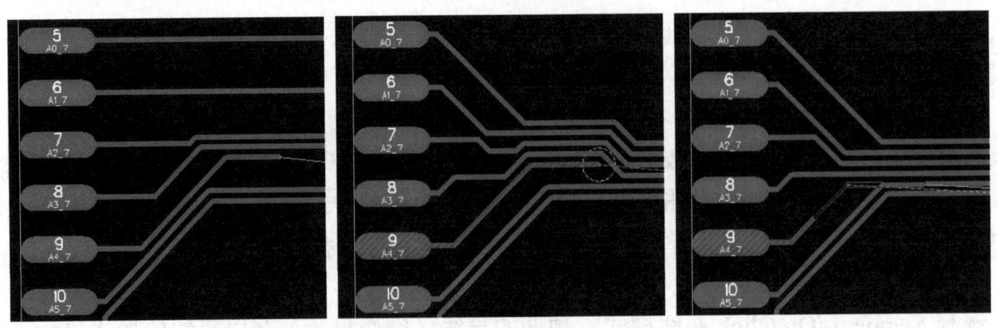

图 14-5　三种平滑模式的对比

3. Fix（固定）和 Lock（锁定）

在布线过程中，有时需要对关键的导线或者特殊的导线进行 Fix（固定）或者 Lock（锁定）保护，避免导线在后续的布线过程中被推挤或者被设计者误操作删除。

Fix 和 Lock 工具箱位于编辑工具栏中部，分别是 Fix（固定）、Semi-fix（半固定）、Unfix（解除固定）、Lock（锁定）和 Unlock（解除锁定）。

① Fix 状态的导线和过孔不能被推挤也不能被移动，并且不能被删除，从而起到对导线有效保护的作用。② Semi-fix 状态的导线和过孔可以手工移动，但不会被其他布线推挤，起到部分的固定作用。在布线过程中，其他布线动作所造成的推挤，对 Semi-fixed 状态的导线和过孔不起作用。③ Fix 或者 Semi-fix 状态的导线均可通过 Unfix 命令解除。④ Lock 具有最高的保护优先级。Fix 或者 Semi-fix 状态的导线均可被锁定，并且只能通过 Unlock 命令来解锁，Lock 状态的导线不能被 Fix 或者 Semi-fix，也不能被 Unfix。⑤ Fix 状态的导线和过孔以点填充的方式显示，Semi-fix 状态的导线以短线填充的方式显示，Lock 状态的导线和过孔以不填充的空心形式显示，如图 14-6 所示，图中对应关系为 1-Fix，2-Semi-fix，3-Unfix，4-Lock，5-Unlock。

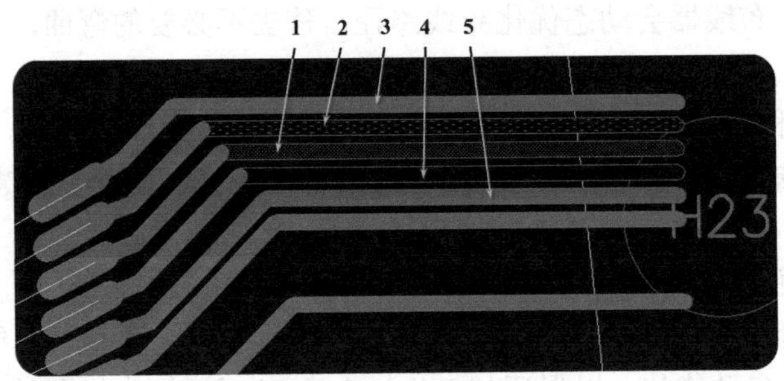

图 14-6　Fix、Semi-fix、Unfix、Lock、Unlock 的显示特征

4. 层的切换

在手工布线时有以下几种方法可切换布线层。

（1）通过层对（Layer Pair）切换。

在手工布线的过程中，如果出现过孔的白色虚线圈，则表明此处可以放置过孔，在此位置双击鼠标左键可放置过孔，布线通过过孔自动穿越到当前层对应的层，过孔放置前后对比如图 14-7 所示。

通过双击鼠标放置过孔有两个前提条件：① 在 Editor Control 中勾选了 ☑Double click to add via 选项，② 设置了层对。

层对是指在 Layer Pair 栏中设置了和当前层相对应的层。如果没有设置对应层，一般不会出现白色虚线圈，则不能通过双击鼠标的命令放置过孔。当前层和其对应层一起称为层对，在 Editor Control 中可设置层对，选择 Setup→Editor Control→Route→Dialogs→Layer Settings 启动 Layer Settings 设置界面，如图 14-8 所示，图中 1-4 组成一对层对，2P-3P 组成一对层对。

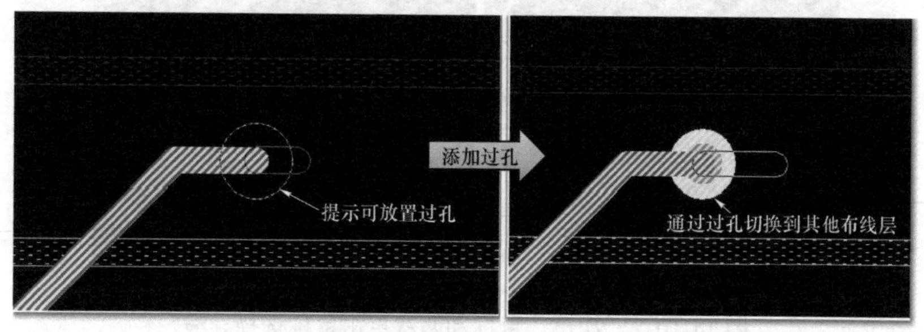

图 14-7　过孔放置前后对比

设置好层对后，可通过位于窗口右下角状态栏的层对显示状态查看，如 1H, 4V ，1H 表明当前层为 1，默认布线方式为水平方向（Horizontal）；4V 表明其对应层为 4，默认布线方向为垂直方向（Vertical）。

（2）通过上、下箭头切换。

在布线过程中，另外一种切换布线层的方法是通过键盘上的上、下箭头来切换。例如，在第一层布线，通过向下箭头可切换到第二层，再按向下箭头，则可切换到第三层。同理，通过向上箭头可从下方的层向上切换，以此类推。注意，在上、下切换时会自动避开设置为不允许布线的层。

（3）任意层切换。

如果设计者想在布线过程中随机切换到任意层（不包括不允许布线的层），可在布线时打开显示控制 Display Control 对话框。在布线过程中，通过鼠标单击 Display Control 中需要切换到的层，软件会自动放置过孔并切换到该层，在新的层中继续布线，如图 14-9 所示。这种切换方式不受层对的限制，并且有较强的过孔及导线推挤能力。

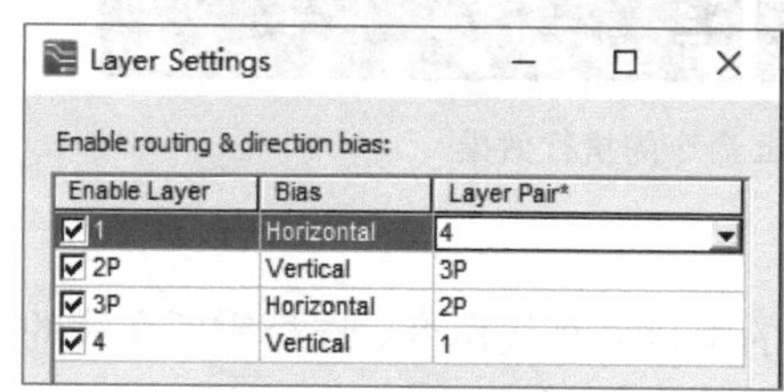

图 14-8　层对的设置

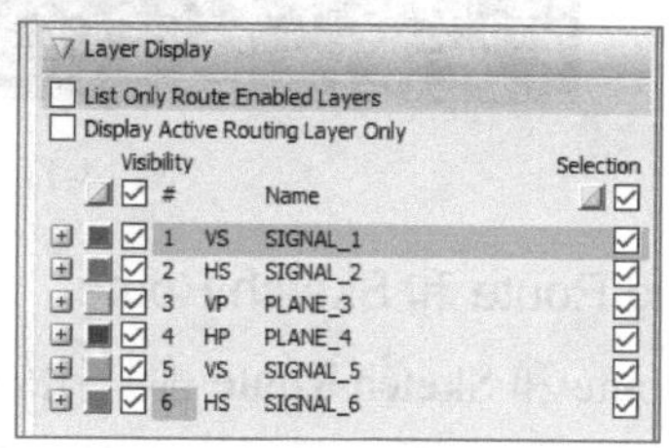

图 14-9　通过鼠标单击布线层进行切换

5. 移动导线和过孔

移动导线和过孔需要在布线模式下，但不是在布线命令下，而是在选择命令下，窗口左下角的状态栏显示为 Select，并且鼠标光标为不带外框的小十字。

选中导线或过孔并保持按下鼠标左键，然后移动鼠标，导线和过孔会被移动，处于 Fix 或 Lock 状态的导线和过孔除外。如果周边的导线或过孔不处于 Semi-fix、Fix 或 Lock 状态，则会被自动推开。

在移动导之前要先选择导线。通过鼠标单击导线，可选中与单击位置相连接的一段直线段。如果设计者要选择导线中的某一特定部分，可先在起始点的位置单击鼠标左键，然后在终止点的位置再次单击鼠标左键，则两点中间的线段被选中，如图 14-10 所示。

选中后即可拖动导线进行移动，只有被选中的部分会被移动，其他部分则保持不变。在移动的过程中鼠标光标为带箭头的小十字。

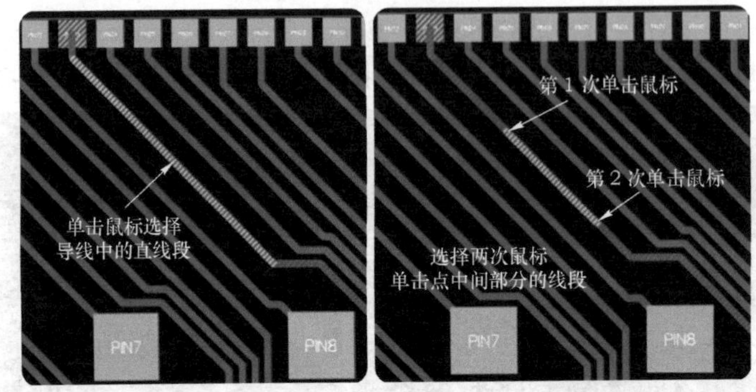

图 14-10 一次单击鼠标和两次单击鼠标选择导线

14.1.3 半自动布线

在手工布线和自动布线之间的一些命令或操作被称为半自动布线，如 Fanout、Hug Route、Sketch Route、Reroute、Tune、Auto Finish、Gloss 等命令被称为半自动布线命令。在采用半自动布线操作时，要先选择网络、引脚、过孔等元素，然后再通过工具栏上的按钮启动半自动布线。

1. Fanout

先选择一组 Pad，然后单击 Fanout 按钮，在满足规则的前提下，软件自动扇出并添加过孔。Fanout 命令的执行效果如图 14-11 所示，左侧为选择扇出的 Pad，右图为执行扇出的结果。

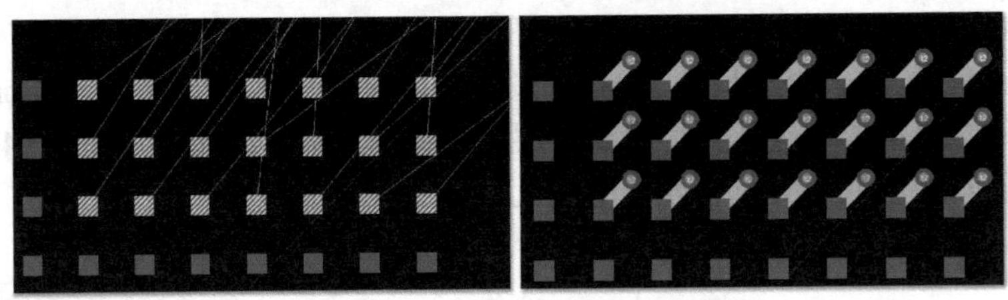

图 14-11 Fanout 命令的执行效果

2. Hug Route 和 Sketch Route

Hug Route 和 Sketch Route 都是比较智能的半自动布线命令。选择需要布线的网线，单击 Hug Route 图标，即可即可执行 Hug Route 命令；选择需要布线的网线，单击 Sketch Route 图标，即可执行 Sketch Route 命令，两者效果稍有差别。两个命令的执行效果如图 14-12 所示，图中左侧为 Hug Route 布线效果，右侧为 Sketch Route 布线效果。

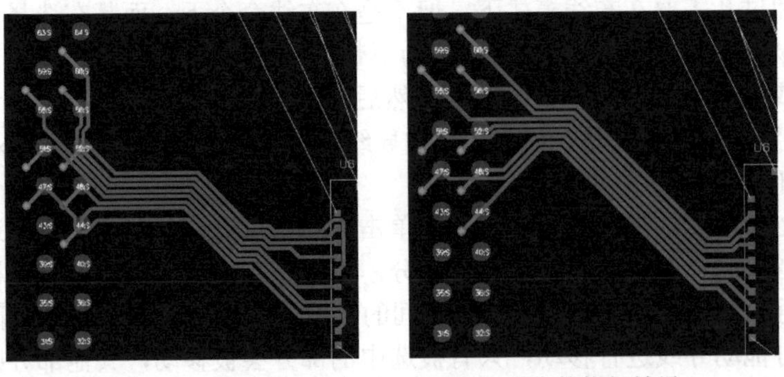

图 14-12 Hug Route 和 Sketch Route 命令的执行效果

此外，Sketch Route 可以通过 Sketch Route Style Packed 和 Unpacked 来定义布线路径，具体的操作方法如下。

Sketch Route Style Packed：选择网线后通过绘制草图布线路径，双击鼠标或者通过按<F9>键执行布线命令，图 14-13 所示为 Sketch Route Style Packed 路径绘制和布线效果。

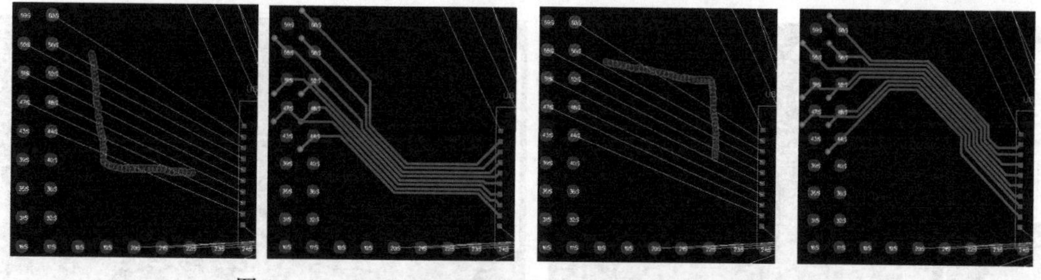

图 14-13　Sketch Route Style Packed 路径绘制和布线效果

UnPacked：选择网线，然后通过绘制草图布线路径，双击鼠标或者按<F9>键执行布线命令，图 14-14 所示为 Unpacked 路径绘制和布线效果。

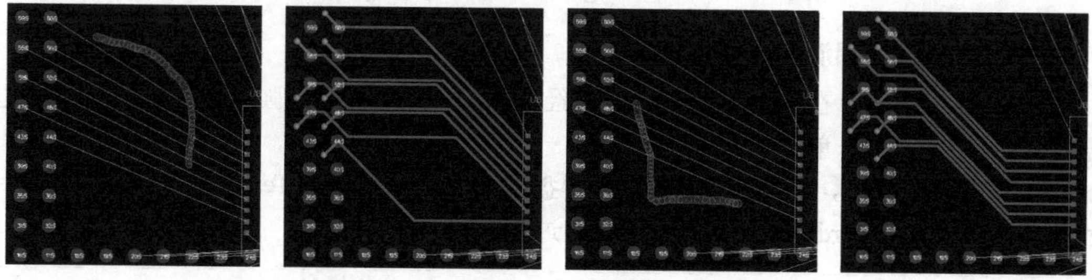

图 14-14　Unpacked 路径绘制和布线效果

另外需要注意的是，无论是 Hug Route 还是 Sketch Route，其默认的布线层都是当前层，如果需要更换层布线，则需要更改当前层。

3．Hug Trace 和 Multiple Hug Traces

Hug Trace 和 Multiple Hug Traces 功能均用于设置特殊类型的线。例如，在柔性电路设计中经常需要布线形状与结构外形保持一致，就可以采用这两种布线模式，Hug Trace 一次只能生成一根布线，Multiple Hug Traces 一次可生成多根布线，具体操作方法如下。

单击 Hug Trace 按钮选择网络，然后单击起始点位置，软件会标识 ╳ ，单击终止点位置，软件会再次标识 ╳ ，然后在参考线的一侧单击鼠标，Hug Trace 会放置在单击鼠标的一侧，并且以半保护状态存在。Hug Trace 参考路径指定和布线效果如图 14-15 所示。

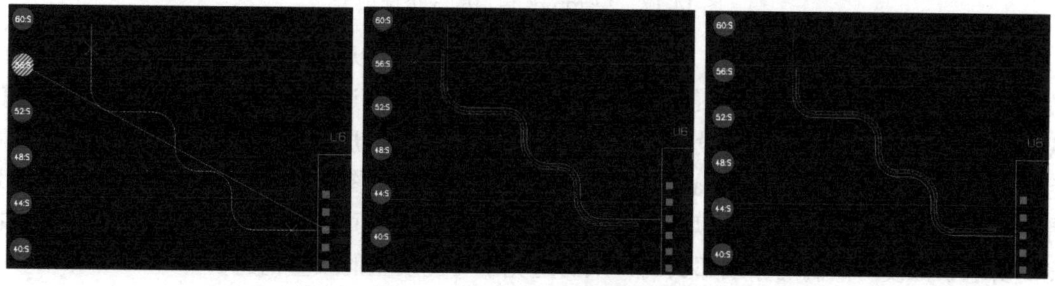

图 14-15　Hug Trace 参考路径指定和布线效果

单击 Multiple Hug Traces 按钮，弹出 Multiple Hug Traces 对话框，勾选 Graphical net name selection 选项，然后选择网络（通常被选择的网络其焊盘应该排列在一排），单击 Apply 按钮，接着单击起始点位置，软件会标识 × ，再单击终止点位置，软件会再次标识 × ，在参考线的一侧单击鼠标，Multiple Hug Traces 会放置在单击鼠标的一侧，并且以半保护状态存在，Multiple Hug Traces 网络的指定和布线效果如图 14-16 所示。

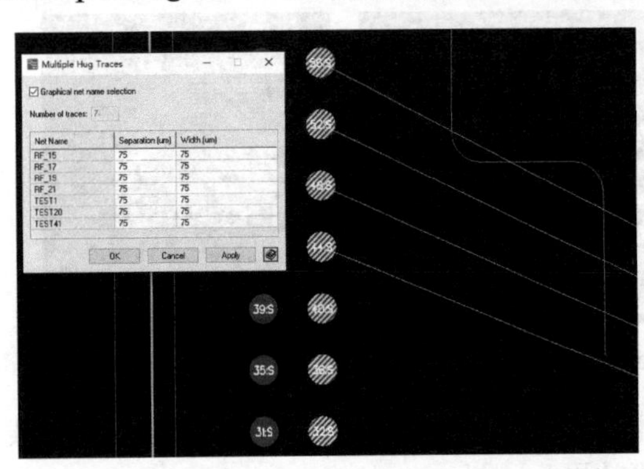

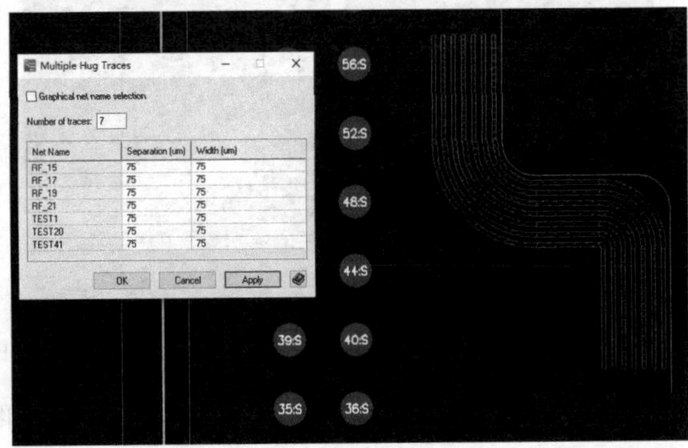

图 14-16　Multiple Hug Traces 网络的指定和布线效果

4．Teardrops（泪滴）的生成

Teardrops（泪滴）在 SiP 基板的设计中经常用到，可以起到加强焊盘的布线连接强度、减少应力集中的作用。单击 Teardrops 按钮，启动 Teardrops 窗口，该窗口有 3 个选项卡，如图 14-17 所示。其中，Pad Teardrops 控制焊盘的泪滴设置，Trace Teardrops 控制布线的泪滴设置，Multiple Via Teardrops 控制多个过孔和过孔之间的泪滴设置。

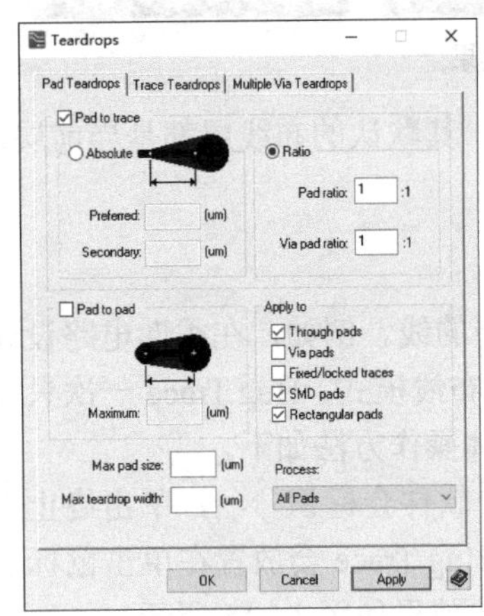

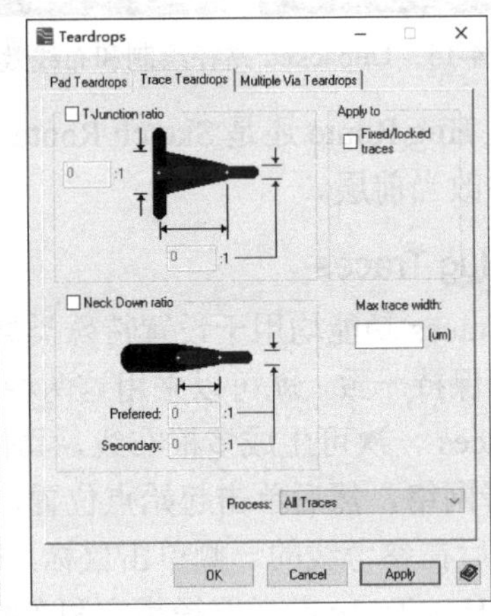

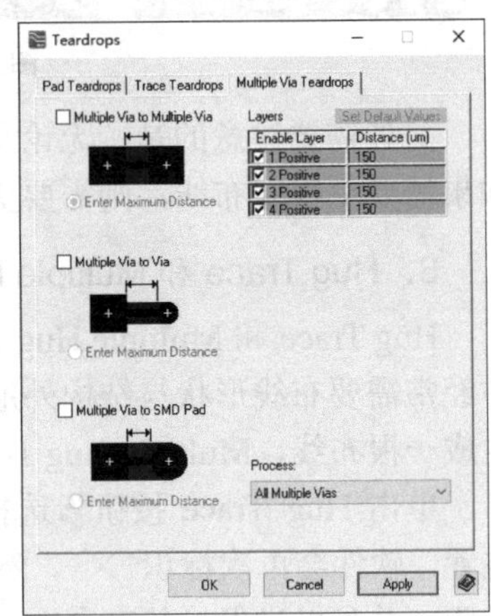

图 14-17　Teardrops 窗口的 3 个选项卡

在 Pad Teardrops 选项卡中，Pad to trace 参数最常用，可以按照 Teardrops 的长度设置或者按照比例设置，因为生成 Teardrops 速度非常快，所以可以通过尝试多种参数得到最为理想的 Teardrops，并逐渐形成自己的设计规则。例如，如图 14-18 所示为没有泪滴的布线和两种有泪滴的布线效果图，图 14-18（a）为没有泪滴的布线效果，图 14-18（b）和图 14-18（c）为有泪滴的布线效果。从图中可以看出，泪滴增强了连接点的可靠性，并且对打孔中心对准精度的要求不像没有泪滴的布线那么高，从而避免了可能发生的质量问题。

Trace Teardrops 选项卡主要用于加强分叉线之间的连接，以及边线、宽线之间的平滑过渡。没有泪滴的分叉线和有泪滴的分叉线效果图如图 14-19 所示，图 14-19（a）为没有泪滴的分叉线效果图，图 14-19（b）为生成 Trace Teardrops 的参数设置，图 14-19（c）为生成有泪滴的分叉线效果图。

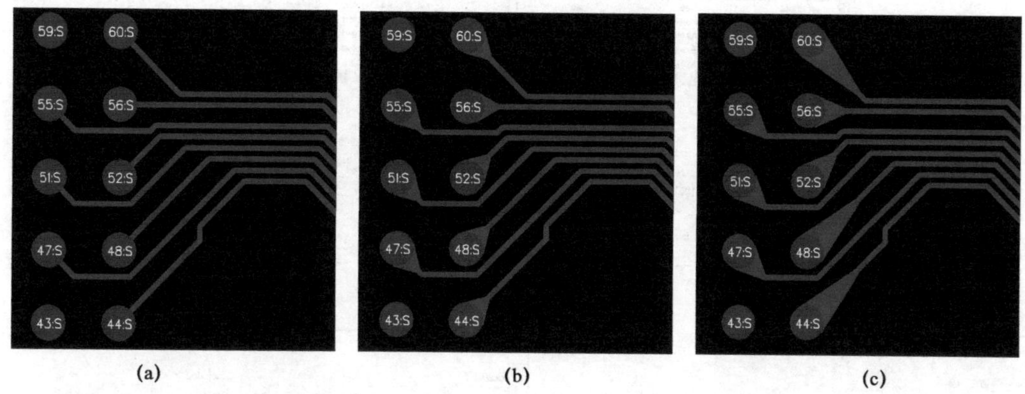

(a)　(b)　(c)

图 14-18　没有泪滴的布线和两种有泪滴的布线效果图

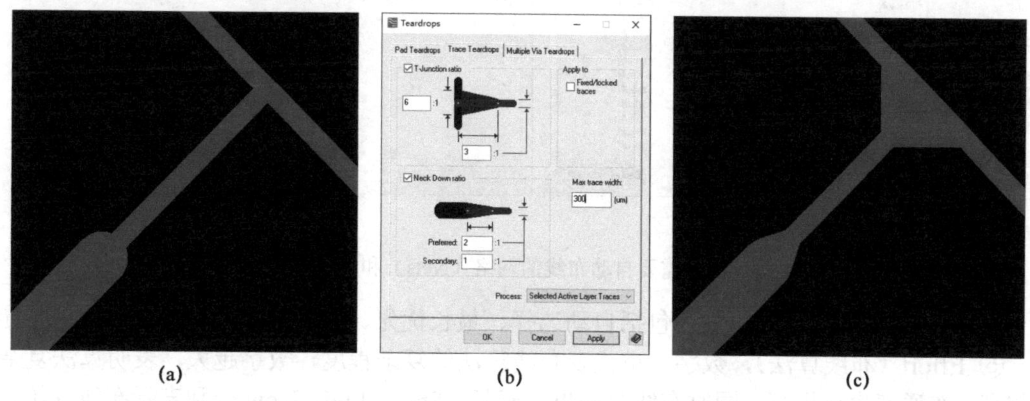

(a)　(b)　(c)

图 14-19　没有泪滴的分叉线和有泪滴的分叉线效果图

14.1.4　自动布线

Xpedition 能对整个设计、特定区域、部分网络、特殊网络等进行自动布线。在设计过程中的任何时刻都可以启动自动布线。自动布线既可单独使用也可与手工布线交互使用。

自动布线算法与半自动布线和手工布线命令中的算法基本相同。在自动布线时可设置不同的布线方法，用更少的时间达到更好的效果。

选择 Route→AutoRoute 菜单命令，或者单击自动布线工具按钮，均可启动自动布线（Auto Route）窗口，如图 14-20 所示。

下面分别介绍自动布线窗口中的各种参数。

① Pass 选择框，勾选时即可启动此布线类型。

② Pass Type（布线类型），包括 Fanout、No Via、Route、Via Min、Tune Delay、Tune Crosstalk、Smooth 等，可通过下拉列表进行选择，设计者可新建 Pass Type 或者删除已有的 Pass Type。

③ Items to Route（所选元素），可选择设计中的全部元素进行自动布线，也可选择部分元素进行自动布线，有多种类型可供选择。当设计者在第一个 Pass 中选择自动布线类型为 Nets 时，系统自动弹出如图 14-21（a）所示窗口，当设计者在第二个 Pass 中选择自动布线类型为 Parts 时，系统自动弹出如图 14-21（b）所示窗口，将需要自动布线的 Nets 或者 Parts 放置到窗口右侧的 Included 栏，自动布线器只对 Included 栏的元素进行布线。

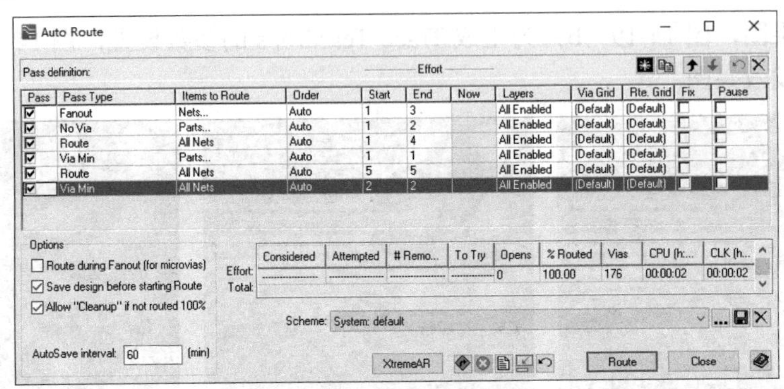

图 14-20　自动布线窗口

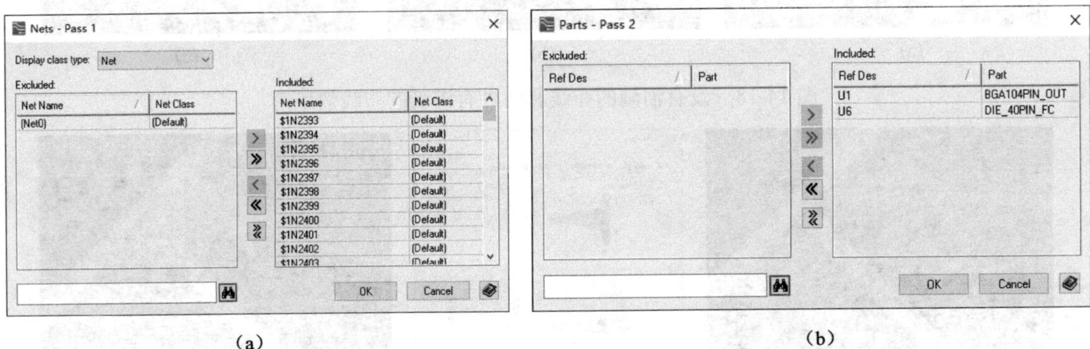

图 14-21　选择需要自动布线的网络（Nets）和元器件（Parts）

④ Order（布线顺序），主要包括自动选择、最长优先、最短优先，也可由设计者指定。

⑤ Effort（布线算法），数字大小代表布线算法的复杂程度，数字越大，表明算法复杂程度越高，布通率也会提高，同时布线时间也会延长，Start、End、Now 分别表示布线开始、布线终止以及当前布线算法的复杂程度。

⑥ Layers（布线层），可由设计者在弹出窗口中选择在所有层自动布线还是只在部分层自动布线。

⑦ Via Grid、Rte. Grid 代表过孔和布线所采用的网格。Default 表明与手工布线采用同样的 Grid，即在 Editor Control 中设置的 Grid；None 表明采用无网格自动布线。

⑧ Fix（固定）选项控制在当前布线类型完成后是否对布线进行自动 Fix 处理。此外，Fix 选项也可用于解除在当前布线类型开始前被固定的线。

⑨ Pause 选项控制在当前 Pass Type 自动布线完成后是否暂停。

设置完成后单击 Route 按钮，系统开始全自动布线，在布线过程中下方的状态栏也会实时显示布通率、开路数目、过孔数量等，直至所有的 Pass 布线完成。

目前全自动布线还不能达到令人满意的效果，但是可通过自动布线的布通率和布线结果来分析不同布线策略的效果，也可以用于评估布局和网络优化的效果。如果自动布通率比较低，说明布局和网络优化还不够，需要继续优化，或者增加布线层数。否则，即使全手工布线也无法最终布通，需要及时调整设计策略，避免不必要的人工浪费，确保项目的进度。

14.1.5 差分对布线

差分信号在高速电路设计中得到了广泛的应用。差分信号具有抗干扰能力强，能有效抑制电磁干扰和时序定位精确等技术特点，因此备受电路设计师的青睐。目前流行的低压差动信号（Low Voltage Differential Signal，LVDS）就采用了低电压差分信号技术。

在 SiP 基板的设计过程中，差分信号的布线也比较常见，通常将一对差分信号布线称为差分对（Differential Pair）。下面介绍如何在 Xpedition 中实现差分对的设置和布线。

首先，介绍如何在原理图中设置差分对。

在原理图设计环境 Designer 中，选中某个网络，如 DIFF1_N。在 Properties 窗格中，设置 Diff Pair 属性值为 DIFF1_P（可在下拉列表中选择 DIFF1_P 网络）后，切换到 DIFF_P 网络，可以看到 DIFF_P 网络的 Diff Pair 属性自动添加为 DIFF1_N。至此，原理图中差分对设置完成，如图 14-22 所示。

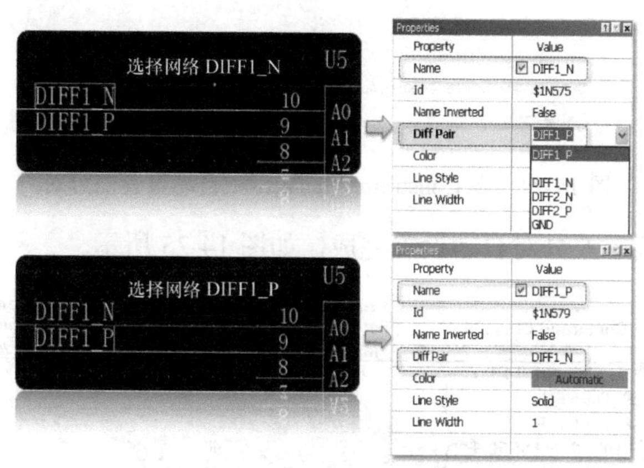

图 14-22　在原理图中设置差分对

然后，介绍如何在 Constraint Manager 中设置差分对。

Constraint Manager 支持手工或自动设置差分对，下面介绍两种差分对的设置方法。

（1）手工设置差分对。

在 Constraint Manager 中选中需要设置为差分对的一对网络后，单击工具栏中的 Selected Nets Diff Pair 按钮，即可设置差分对。如果要去除设置好的差分对，选中差分对名称后，单击工具栏的 Remove Diff Pair(s)按钮，系统自动弹出提示框，询问是否要去除差分对，单击 OK 按钮确认后，差分对被去除，如图 14-23 所示。

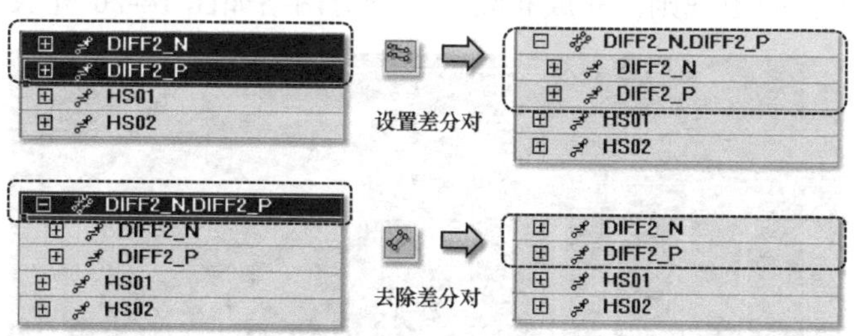

图 14-23　在 Constraint Manager 中手工设置及去除差分对

（2）自动设置差分对。

如果设计中的差分对数量比较多，可采用自动设置差分对的方法。在 Constraint Manager 工具栏中，单击 Auto Assign Diff Pairs 按钮，在弹出的窗口中输入差分对通配符，如*_N 和*_P，然后单击按钮，系统自动将满足条件的网络选择出来并放置到窗口下方的列表中，如图 14-24 所示。

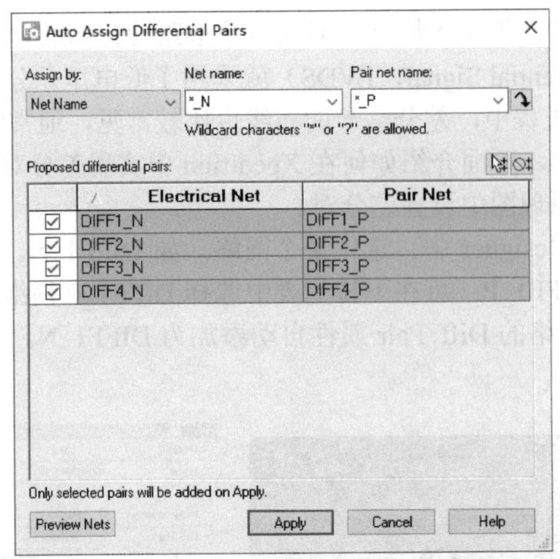

图 14-24 在 Constraint Manager 中自动设置差分对

单击 Apply 按钮后，差分对自动设置完成，如图 14-25 所示。

自动完成差分对的设置

Constraint Class/Net	Convergence Tolerance (um) Max	Convergence Tolerance (um) Actual	Distance to Convergence Max	Distance to Convergence Actual	Separation Distance (um) Max	Separation Distance (um) Actual	Differential Spacing (um)
DIFF1_N,DIFF1_P	635		2,540		0		100
DIFF1_N							
DIFF1_P							
DIFF2_N,DIFF2_P	635		2,540		0		100
DIFF2_N							
DIFF2_P							
DIFF3_N,DIFF3_P	635		2,540		0		100
DIFF3_N							
DIFF3_P							
DIFF4_N,DIFF4_P	635		2,540		0		100
DIFF4_N							
DIFF4_P							

图 14-25 差分对自动设置完成

差分对设置完成后即可在 Xpedition 版图设计环境中进行差分布线。选择差分对中的任意一个网络，系统自动选择其对应的差分网络，两个网络一起布线，其间距满足在 Constraint Manager 中设置的差分间距规则。完成布线的差分对网络如图 14-26 所示。

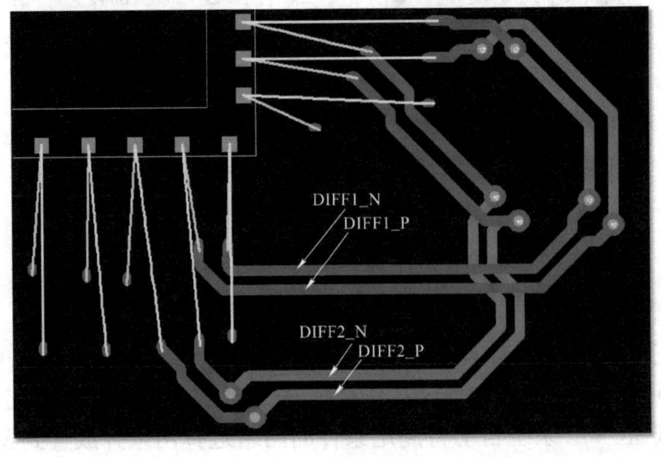

图 14-26 完成布线的差分对网络

本书仅对差分对布线进行了简单的描述，在 Xpedition 和 Constraint Manager 中，可对差分对布线进行更加详尽的设置。由于篇幅关系，本书不再赘述，关于差分对的相关设置，可参考 Xpedition 和 Constraint Manager 的帮助文件。

14.1.6　长度控制布线

在 SiP 版图设计中，如果涉及高速电路设计，经常需要对高速信号网络做长度控制布线。例如，一组信号布线需要尽可能长度相等，或者整组信号的布线长度需要限定在某个长度范围内，如 30000×（1±0.02）um，通常的做法如下。

第一步，在 Constraint Manager 中设置长度规则，如图 14-27 所示。在本例中，设定高速网络 HS01～HS06 的最小长度 Min(um)为 29400，最大长度 Max(um)为 30600。需要注意的是，因为所有的网络都已经被限定至最大和最小长度范围内，所以并不需要对这组网络设置匹配组（Match）属性。如果仅需要设置一组高速网络等长而无须限定长度范围，则可通过设定整组网络为同一个匹配组（Match 栏的值相同）来实现。

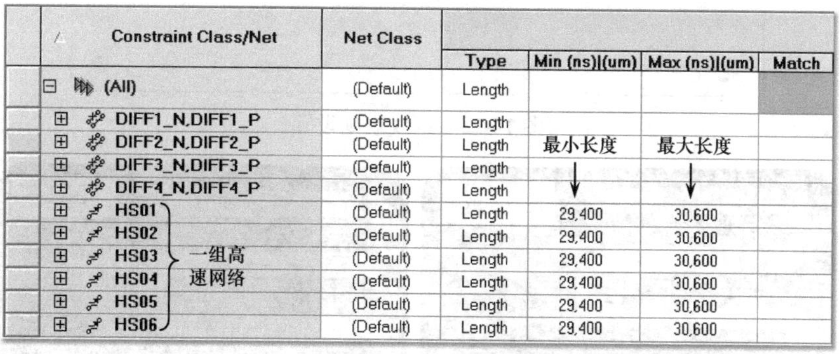

Constraint Class/Net	Net Class	Type	Min (ns)|(um)	Max (ns)|(um)	Match
⊟ (All)	(Default)	Length			
⊞ DIFF1_N,DIFF1_P	(Default)	Length			
⊞ DIFF2_N,DIFF2_P	(Default)	Length	最小长度	最大长度	
⊞ DIFF3_N,DIFF3_P	(Default)	Length	↓	↓	
⊞ DIFF4_N,DIFF4_P	(Default)	Length			
⊞ HS01	(Default)	Length	29,400	30,600	
⊞ HS02	(Default)	Length	29,400	30,600	
⊞ HS03　一组高速网络	(Default)	Length	29,400	30,600	
⊞ HS04	(Default)	Length	29,400	30,600	
⊞ HS05	(Default)	Length	29,400	30,600	
⊞ HS06	(Default)	Length	29,400	30,600	

图 14-27　在 Constraint Manager 中设置长度规则

第二步，设置完成后退出 Constraint Manager，设置的规则会自动更新到 Xpedition 中，然后在 Xpedition 环境中设置高速绕线规则。

在 Editor Control 中选择 Route→Dialogs→Tuning，弹出 Tuning Patterns 窗口，在此窗口中对绕线规则进行设置，如图 14-28 所示。

绕线规则主要分为 4 大类，分别是 Tuning pattern rules（绕线形状规则）、Diff pair balancing（差分对平衡）、Tuning iterations（重复绕线规则）和 AutoTune options（自动绕线选项），可对绕线的方式进行详细的设置。

每一项绕线规则设置都会对绕线的结果产生不同的影响。例如，当勾选 Use arcs 选项时，会自动采用圆弧拐角绕线；当不勾选 Use arcs 选项时，会自动采用 45° 拐角绕线（即不采用圆弧拐角），如图 14-29 所示。

通过不同设置的组合可得到不同的绕线效果。例如，对绕线间距、绕线高度、切角比例，以及是否采用圆弧等进行不同的设置，可得到如图 14-30 所示的各种绕线效果，图中包含了不同绕线间距、不同绕线高度、高度变化绕线、圆弧拐角绕线、差分对绕线等多种情况，设计者可根据需要进行相应的设置从而达到理想效果。

绕线规则设置完成后即可开始绕线，这里分为自动绕线、交互式绕线和手工绕线三种方法。

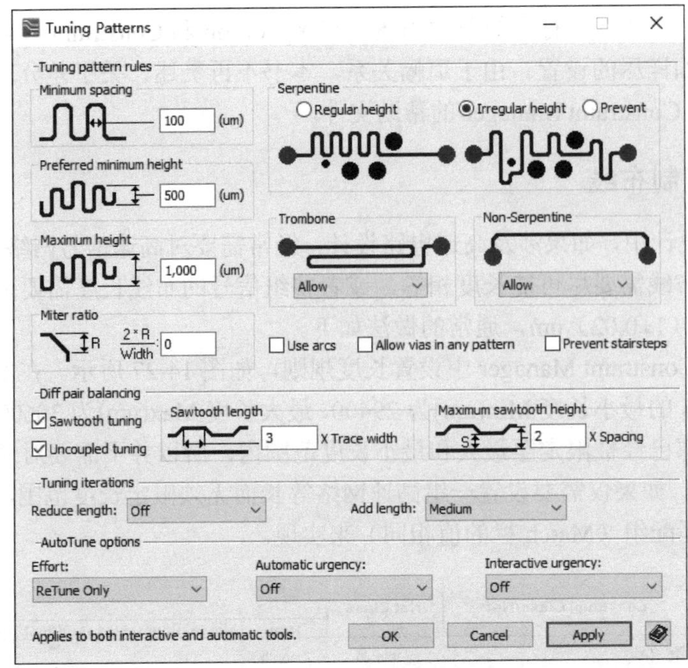

图 14-28　绕线规则设置

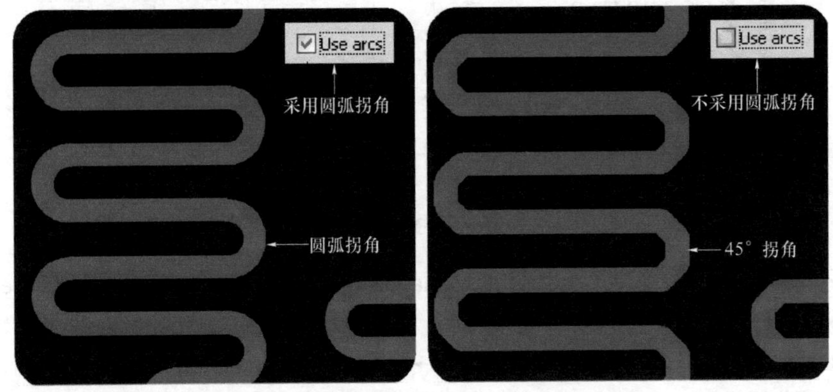

图 14-29　圆弧拐角绕线和非圆弧拐角绕线

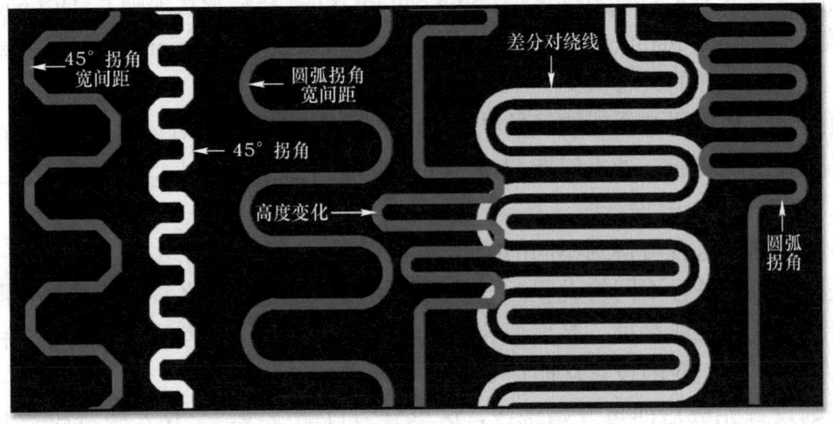

图 14-30　不同设置下的绕线效果

自动绕线：在 Auto Route 窗口的 Pass Type 参数栏勾选 Route 和 Tune Delay，并选择需要布线的网络，如 HS01～HS06。设置完成后，单击 Route 按钮，系统开始自动布线并自动绕线。根据绕线参数设置的不同，会有不同的绕线结果，图 14-31 所示为蜿蜒形和长号形自动绕线效果。

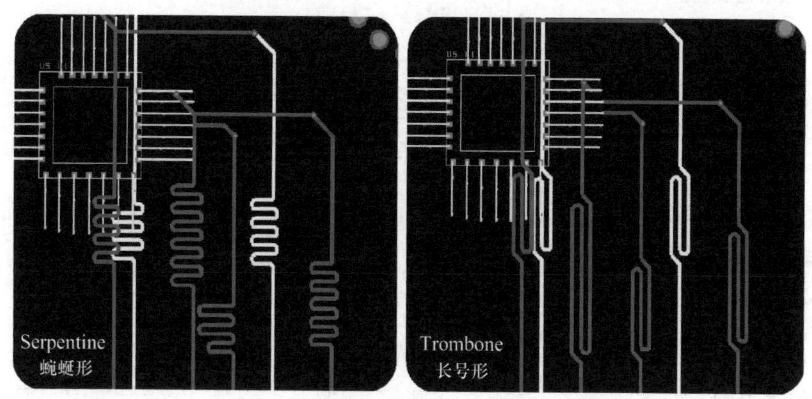

图 14-31　蜿蜒形和长号形自动绕线效果

交互式绕线：在选择已完成布线的网络的前提下（可选择单根或者同时选中多根导线），单击 Tune 按钮，系统进行交互式自动绕线，其绕线效果与自动绕线相同。

手工绕线：在选择某一个已经完成布线的网络的前提下，单击 Manual Tune 按钮，通过手工的方法进行绕线，如图 14-32 所示。

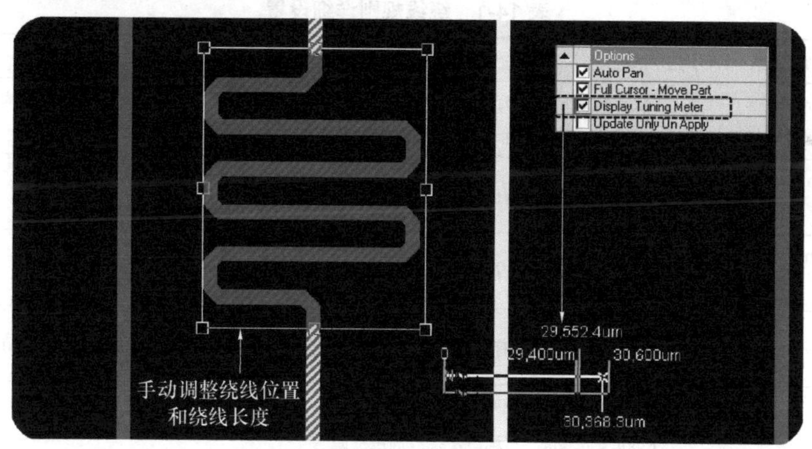

图 14-32　手工绕线

设计者通过手工控制绕线的位置和绕线长度，在打开绕线标尺（Tuning Meter）的情况下，窗口会自动显示 Constraint Manager 中设置的长度范围及当前的绕线长度供设计者参考。当长度在设定范围内时，绕线标尺显示为绿色；当长度小于设定范围时，绕线标尺显示为黄色警告；当长度大于设定范围时，绕线标尺显示为红色警告。

绕线完成后，为了将实际绕线长度和 Constraint Manager 中设置的长度进行比较，可在 Constraint Manager 中选择 Data→Actuals→Update All，将实际绕线长度导入 Constraint Manager 中，如图 14-33 所示。其中，Actual 栏显示的是该网络的实际长度，如果实际长度接近设置的范围边界，该栏的底色会显示为黄色，如果实际长度超出设置的范围则该栏的底色会显示为红色。在图 14-33 中，曼哈顿长度（Manhattan Length）是指该网络的各个连接点之间的 X

坐标差值 DX 与 Y 坐标差值 DY 的和。一般情况下，实际绕线长度不会超过曼哈顿长度，而对于长度限定的绕线，其情况可能恰恰相反。

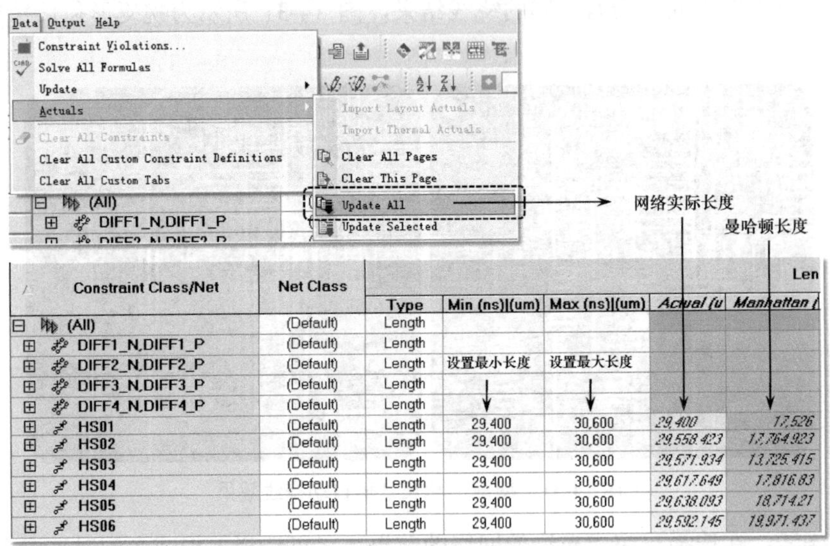

Constraint Class/Net	Net Class	Type	Min (ns)|(um)	Max (ns)|(um)	Actual (u	Manhattan (
(All)	(Default)	Length				
DIFF1_N,DIFF1_P	(Default)	Length				
DIFF2_N,DIFF2_P	(Default)	Length				
DIFF3_N,DIFF3_P	(Default)	Length				
DIFF4_N,DIFF4_P	(Default)	Length				
HS01	(Default)	Length	29,400	30,600	29,400	17,526
HS02	(Default)	Length	29,400	30,600	29,558.423	17,764.923
HS03	(Default)	Length	29,400	30,600	29,571.934	13,725.415
HS04	(Default)	Length	29,400	30,600	29,617.649	17,816.83
HS05	(Default)	Length	29,400	30,600	29,638.093	18,714.21
HS06	(Default)	Length	29,400	30,600	29,592.145	19,971.437

图 14-33　导入实际绕线长度

关于绕线规则详细设置的解释，请参考表 14-1。

表 14-1　绕线规则详细设置

◆ 绕线形状规则设置：主要用于对绕线形状，如绕线间距、高度、类型等进行设置	
Minimum spacing 最小间距设置	（仅对蜿蜒形绕线有效）定义沿到沿的最小间距，可设置为固定值，也可设置为线宽的倍数 *x*，如 2*x*，当线宽为 10 时，其最小间距为 20
Preferred minimum height 最小高度设置	（仅对蜿蜒形绕线有效）定义绕线的最小高度
Maximum height 最大高度设置	（仅对蜿蜒形绕线有效）定义绕线的最大高度
Miter ratio 切角比例	（仅对蜿蜒形绕线有效）定义拐角处的切角比例，输入 0 表明由软件自动计算切角的比例
Serpentine 蜿蜒形绕线	定义蜿蜒形绕线规则： Regular height，勾选后，绕线高度一致 Irregular height，勾选后，绕线高度可变化 Prevent，勾选后，禁止蜿蜒形绕线
Trombone 长号形绕线	定义是否允许长号形绕线 Allow，允许长号形绕线 Prevent，禁止长号形绕线
Non-Serpentine 非蜿蜒形绕线	定义非蜿蜒形布线是否允许： Allow，允许非蜿蜒形绕线 Prevent，禁止非蜿蜒形绕线 Prefer，优先选择非蜿蜒形绕线
Use Arc 圆弧绕线	勾选后，采用圆弧拐角取代 45° 切角形拐角

（续表）

◆ 绕线形状规则设置：主要用于对绕线形状，如绕线间距、高度、类型等进行设置	
Allow vias in any pattern 允许绕线中添加过孔	勾选后，允许在绕线过程中添加过孔
Prevent stairstep 禁止阶梯形绕线	勾选后，禁止采用阶梯形绕线
◆ 差分对平衡：主要用于设置两个差分对之间的长度补偿	
Sawtooth tuning 锯齿绕线	勾选后，可用于调整差分对两根线之间长度和相位的匹配
Uncoupled tuning 非耦合绕线	勾选后，将长度添加到差分对的较短网络的负载附近
Sawtooth length 锯齿长度	定义锯齿顶部长度为线宽度的倍数，建议设置值为 3
Maximum sawtooth height 最大锯齿高度	定义锯齿顶部偏离差分对间距为线宽度的倍数，建议设置值为 2
◆ 重复绕线规则设置：主要用于设置在执行自动布线 Tune Delay Pass Type 时的绕线规则	
Reduce length 缩短长度	通过减小长度使得一组匹配线中的最长线向最短线靠近： Off，禁止缩短绕线长度 Low、Medium and High，定义自动布线器花费在缩短长度上的时间
Add length 增加长度	通过增加长度使得一组匹配线中的最短线向最长线靠近： Off，禁止增加绕线长度 Low、Medium and High，定义自动布线器花费在增加长度上的时间
◆ 自动绕线选项：网络自动绕线时的规则选项	
Effort 绕线作用范围	定义自动绕线的适用范围： ReTune Only，仅对绕过的且不满足规则的线进行重新绕线 Tune & ReTune，对所有的线进行绕线，可对布线和过孔进行推挤
Automatic urgency 自动绕线响应时间	定义自动绕线和自动布线选项中的绕线选项 Tune 的相关性： Off，自动绕线关闭，需要用自动布线中的 Tune Pass 来绕线 At End of Pass，在自动布线 Route Pass 完成后进行自动绕线 At End of Effort，在目标区域布线完成后进行自动绕线 On Netline Routed，在某一个网络完成布线后进行自动绕线
Interactive urgency 交互绕线响应时间	定义交互式绕线相对交互布线选项的相关性： Off，交互绕线响应关闭 On Idle，当交互布线完成时自动开始交互绕线 On Netline Routed，在布线一开始就自动进行交互绕线 While Clicking，当布线一停止就自动进行交互绕线 On Drag，在布线时当鼠标移动即自动开始交互绕线

14.1.7　电路复制

在 SiP 设计中，如果存在多通道设计，或者在同一个设计中有相同或相近的电路，为了节省时间并保持相关电路的一致性，通常会采用电路复制的方法。

进行电路复制的前提条件是在原理图设计中有对应的电路，即在 Xpedition 中不可能凭空复制出电路来。可进行电路复制的元素包括元器件布局、布线、敷铜甚至是腔体等。

下面以一个包含 4 路电路设计的 SiP 为例讲述电路复制的操作方法。

先完成 1 路电路设计，包括腔体绘制、元器件布局、键合、布线等操作，如图 14-34 所示。

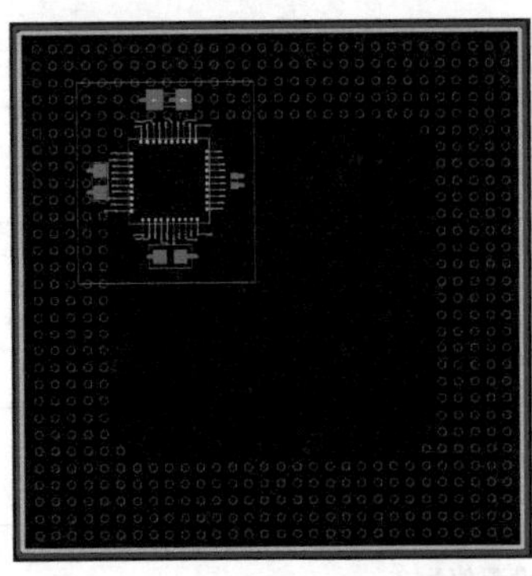

图 14-34　1 路电路设计

在选择模式下，用鼠标左键框选需要复制的电路，选择 Edit→Copy to Clipboard 菜单命令复制，接着选择 Edit→Paste from Clipboard，将复制的电路粘贴在鼠标光标上，选择合适的位置依次放置即可，直至 4 路电路放置完成。出现如图 14-35 所示窗口，系统提示没有对应电路可放置，单击 Cancel 按钮即可。

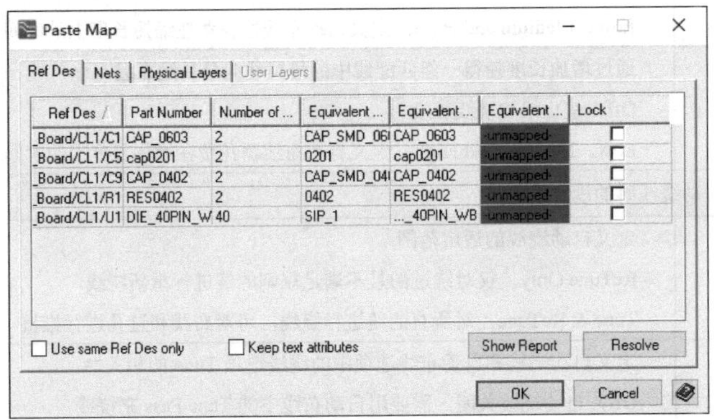

图 14-35　电路放置完成，系统提示没有对应电路可放置

通过电路复制功能实现的 4 路电路设计如图 14-36 所示，左侧为 2D 视图，右侧为 3D 视图。可以看出，包括基板腔体、元器件布局、键合线、布线、过孔等元素均可被复制。

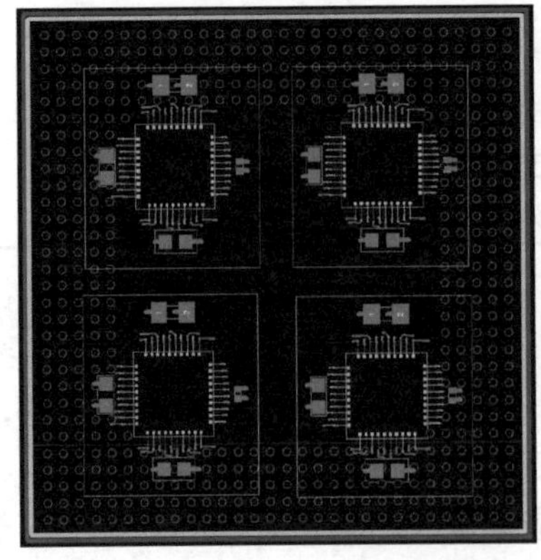

图 14-36　通过电路复制功能实现的 4 路电路设计

此外，也可以通过选择 Edit→Layout Circuit Clipboard 菜单命令进行复制，具体操作方法相似，同样比较简单易用，并且可控制的选项更多，例如，对参考位号、网络和物理层的调整等。读者可以自行尝试，这里不做赘述。

14.2　版图敷铜

14.2.1　敷铜定义

敷铜也称铺铜，是指通过铜皮或其他金属填充材料将相同的网络连到一起，多用于电源和地等连接点比较多的网络的连接。

在敷铜时可以设置一层为专门的敷铜层（Plane Layer），也可以在布线层（Signal Layer）绘制敷铜形状（Plane Shape），与敷铜相同网络的焊盘和过孔会自动连到敷铜上，与敷铜不同网络的焊盘和过孔会被自动隔离。

在 Xpedition 中敷铜分为正片敷铜和负片敷铜两种，如图 14-37 所示。

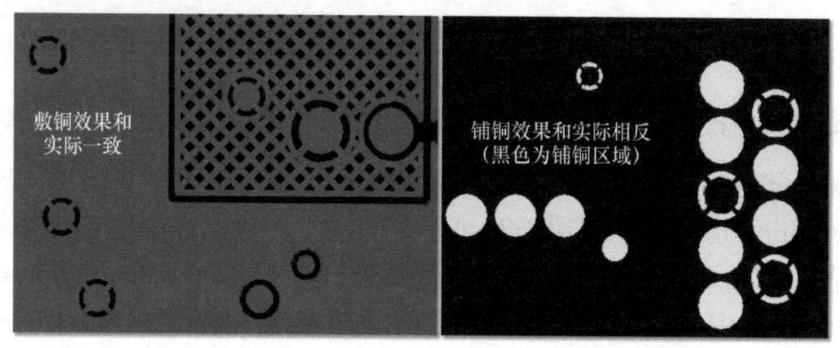

（a）正片敷铜　　（b）负片敷铜

图 14-37　正片敷铜和负片敷铜

正片敷铜（Positive Planes）在生成光绘 Gerber 文件后，显示敷铜的实际铜区域，当在导线和焊盘周围敷铜或需要网格状敷铜时，必须使用正片敷铜。

负片敷铜（Negative Planes）在生成光绘 Gerber 文件后，显示与敷铜相反的图像，即有铜的地方不显示，没有铜的地方显示，负片不支持网格状敷铜。

14.2.2　敷铜设置

在 Xpedition 中关于敷铜的设置主要包括两方面，对应布线模式工具栏右侧的两个按钮：Plane Classes Parameters 和 Plane Assignments 。

1. Plane Classes Parameters，敷铜类及其参数的设定

单击按钮可打开 Plane Classes and Parameters 窗口，在此窗口中可由设计者创建自定义敷铜类（Plane Class），并对每一个敷铜类的相关参数进行设置，如图 14-38 所示。

单击窗口中的新建按钮创建新的敷铜类，创建好后可对该敷铜类中的参数进行设置，在 Xpedition 中可以创建多个敷铜类，并对其设置不同的参数。在绘制敷铜形状（Plane Shape）时指定相应的敷铜类，从而实现敷铜的多样性。

每一个敷铜类参数设置窗口中包含 3 个选项卡，分别是 Thermal Definition 、Clearances/Discard/Negative 和 Hatch Options。

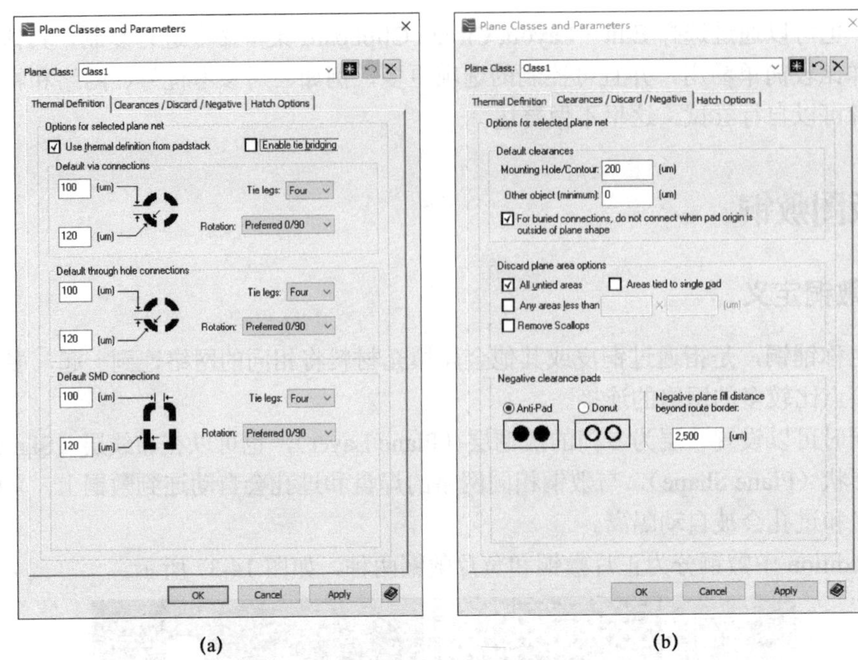

(a)　　　　　　　　　　　　(b)

图 14-38　在 Plane Classes and Parameters 窗口中自定义敷铜类并设置参数

（1）Thermal Definition。

Thermal Definition 选项卡主要用于对热焊盘的定义，包括热焊盘连接符的设置，可对过孔、通孔焊盘及表面装贴焊盘设置不同类型的连接方式。当 Use thermal definition from padstack 选项被勾选时，如果在中心库中定义了热焊盘的连接方式，则会优先选用中心库中的定义；如果在中心库中没有定义，则依然选择设计中的定义。如果不勾选此选项，则对所有属于该 Plane Class 的敷铜连接的 Padstack 应用此处定义的连接方式，如图 14-38（a）所示。

（2）Clearances/Discard/Negative。

Clearances/Discard/Negative 选项卡主要用于设置敷铜间距和敷铜孤岛等参数。在 Default clearances 区设置安装孔及其他元素和敷铜的间距，如果此处设置的间距与 Constraint Manager 中定义的间距不一致，应以两者之中数值大的为准。

敷铜孤岛的设置用于孤立铜皮处理，可以帮助设计者有效避免生成孤铜、只连接到一个焊盘的敷铜及面积小于某些限定面积的敷铜等，从而避免产生不可预期的 EMC 等问题。

负片焊盘的隔离方式有反焊盘（Anti-pad）和多纳圈（Donut）两种，可根据实际需要进行选择。负片板框边缘处理选项 Negative plane fill distance beyond route border 通常需要设置较大的值，其值应大于从 Route Border 到 Board Outline 之间的距离，如图 14-38（b）所示。

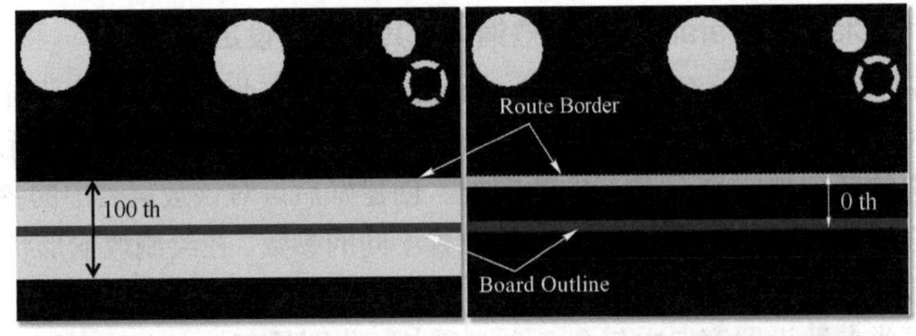

(a) 将负片板框边缘处理选项的值设置为100 th　(b) 将负片板框边缘处理选项的值设置为0 th

图 14-39　两种不同设置参数板框处理结果

如果将负片板框边缘处理选项的值设置为 0 th，负片的 Route Border 和 Board Outline 之间也会生成铜皮，铜皮一直铺到板子的边缘，容易造成短路现象，设计中应该避免这种情况。如果设置了合理的值，如图 14-39（a）所示，负片板框边缘处理选项的值设置为 100 th（2500 um），则不会出现这种情况。

（3）Hatch Options。

Hatch Options（敷铜网格定义）选项卡主要用于设置网格状正片敷铜。如果敷铜网格的 Width 和 Distance 参数值相同，或者 With > Distance，则敷铜为实心铜（Metal=100%）；当 Width < Distance 时，会铺出网格状铜皮。请注意，网格状铜皮只适用于正片，负片不能生成网格铜。图 14-40 所示为敷铜网格定义选项卡。

Plane Classes and Parameters 窗口的 3 个选项卡均设置完成后，单击 OK 按钮或者 Apply 按钮，将所有的设置应用到本设计中。

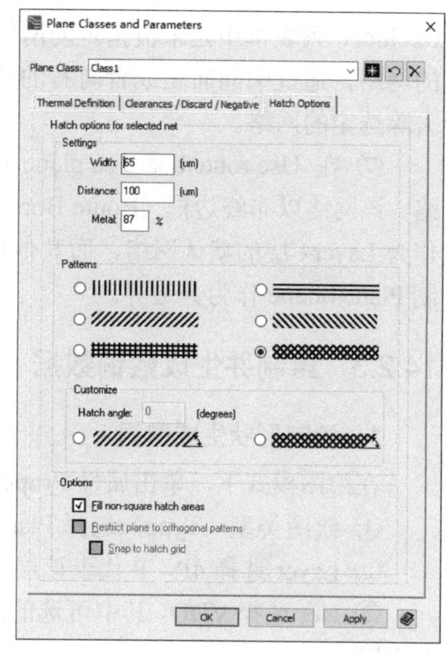

图 14-40　敷铜网格定义选项卡

2. Plane Assignments，敷铜指定

Plane Assignments（敷铜指定）窗口如图 14-41 所示，下面对每一栏进行详细解释。

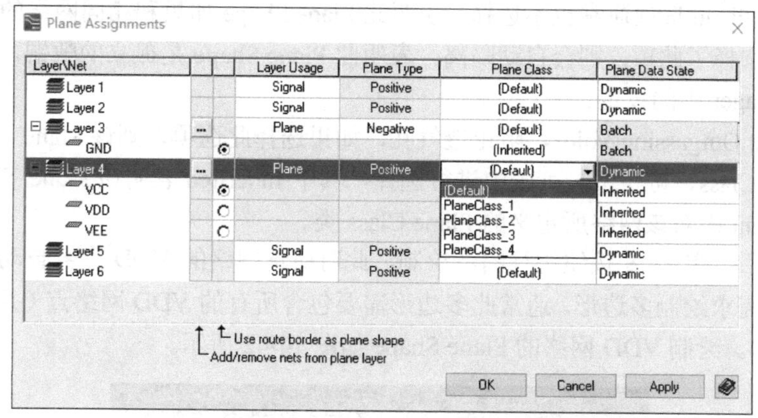

图 14-41　Plane Assignments（敷铜指定）窗口

① Layer\Net 栏列出该设计中所有的层及每层所包含的平面层敷铜网络。

② Layer Usage 栏用于设定层的类型，可选类型有 Signal 和 Plane 两种，Signal 层为布线层，Plane 层为平面层，需要指定相应的敷铜网络，如 GND 或 VCC。

③ Plane Type 栏用于设置平面层的类型，分为 Positive（正片）和 Negative（负片）两种类型。需要注意的是，Signal 层的类型只能为 Positive。

④ Plane Class 栏用于指定敷铜类，可选敷铜类是在 Plane Classes and Parameters 中创建的类，如图 14-41 中的{Default}类及 PlaneClass_1～ PlaneClass_4 类。

⑤ Plane Data State 栏用于设定敷铜状态，正片有 3 个选项可选，分别是 Draft、Dynamic 和 Static。建议选择 Dynamic，此时敷铜为动态铜，会实时自动更新，无须特别的敷铜命令。

⑥ 在 Add/remove nets from plane layer 栏，单击 ... 按钮弹出 Nets 对话框，窗口左侧的

Excluded 列表框中是未被指定的网络，窗口右侧的 Included 列表框中列出被指定给该平面层的网络，通过中间向左或者向右的箭头，可以将选中的网络指定给该平面层或者从该平面层去除选定的网络。

⑦ 在 Use route board as plane shape 栏，选项表明所对应的网络为该平面层的默认网络，该网络以布线边框（Route Border）作为其敷铜边框，不需要另外绘制边框。本例以 VCC 作为 Layer4 层的默认网络，而其他位于同一平面层的网络，如 VDD 和 VEE，则需要另外绘制 Plane Shape 作为其边界。

14.2.3 绘制并生成敷铜数据

1. 绘制形状生成敷铜

在绘图模式下，单击属性 Property 按钮，在弹出的 Property 窗口中进行下列选择。

① 绘图类型（Type）选择 Plane Shape。

② Layer 选择 4P，P 代表该层为 Plane 层。

③ Net 选择 VDD，其中可选的网络为 Plane Assignment 中指定给该层的网络 VCC、VDD 和 VEE。

④ Obstruct type 选择 None，如果选择 Trace 或者 Via，则在该 Plane Shape 区域中不允许布线或者放置过孔。

⑤ Lock 选项通常不选，若选中 Lock 选项则该 Plane Shape 被锁定。

⑥ Isolate Plane 选项通常也不选择，表明此 Plane Shape 如果和相同网络的敷铜重叠会自动合并；如果选择了此项，则会自动隔离，表明此 Plane Shape 是孤立的敷铜，隔离间距参照 Constraint Manager 中的设定。

⑦ Prevent Outgassing Voids，阻止透气孔，如果选择此选项，则该 Plane 不需要透气孔。

⑧ Plane Class，可在下拉列表中进行选择，其中 Inherited 表明该 Plane Shape 继承了在 Plane Assignment 中对该网络所定义的 Plane Class 类。

设置完成后，单击按钮进行图形绘制，此时所选网络的 VDD 点会自动高亮显示，然后按照设计的需求绘制多边形。通常此多边形需要包含所有的 VDD 网络点（并且避开其他平面层的网络点）。绘制 VDD 网络的 Plane Shape 如图 14-42 所示。

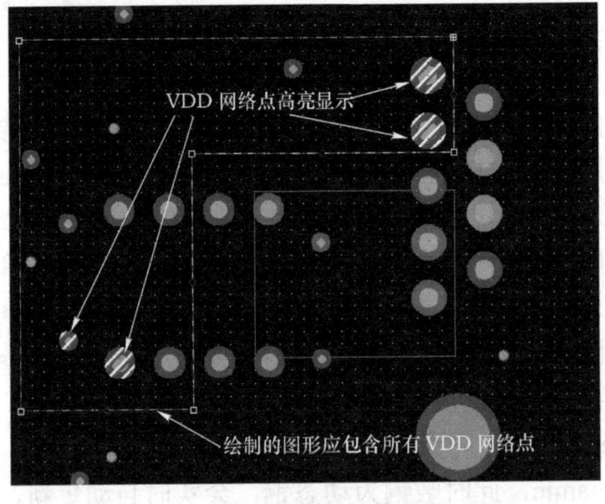

图 14-42　绘制 VDD 网络的 Plane Shape

VDD 网络的 Plane Shape 绘制完成后，按照同样的规则绘制 VEE 网络的 Plane Shape，如图 14-43 所示。同样，VEE 网络的 Plane Shape 需要包含所有的 VEE 网络点。VCC 网络由于被设定为默认网络，以 Route Border 作为其边界，不需要另外绘制 Plane Shape。

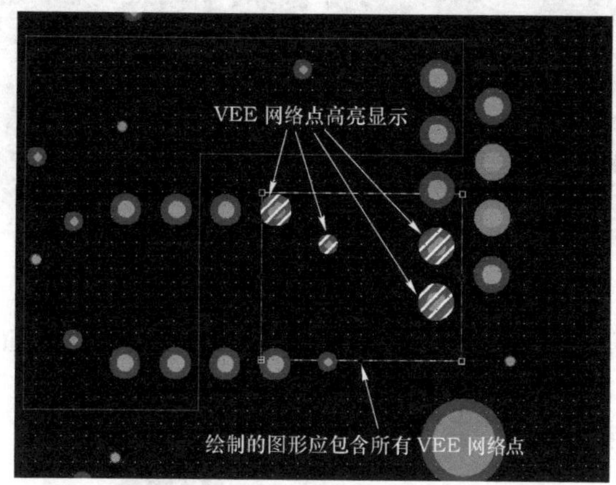

图 14-43　绘制 VEE 网络的 Plane Shape

绘制完成后，在 Display Control 中打开 Plane Data 并勾选 Fill/hatch 选项，即可看到实际的敷铜效果。由于 Plane Data State 敷铜状态被设置为 Dynamic（动态敷铜），在 Xpedition 中动态敷铜实时更新，无论移动元器件、布线或者放置过孔，动态敷铜均会实时自动更新。图 14-44 所示为 VCC/VDD/VEE 网络的实际敷铜效果。VCC 网络以布线边框（Route Border）为边界，为实心敷铜；VDD 和 VEE 的边框由设计者绘制，为网格状敷铜（基于不同的 Plane Class 定义）。

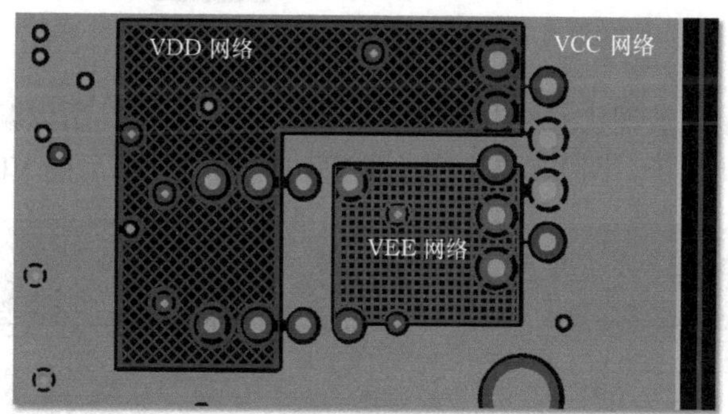

图 14-44　VCC\VDD\VEE 网络的实际敷铜效果

2．编辑形状更新敷铜

Plane Shape 绘制完成后，如果要修改，需要在绘图模式（Draw Mode）下进行。在 Dynamic 模式下修改 Plane Shape，敷铜数据（Plane Data）会自动更新。

修改 Plane Shape 通常有两种方法：第一种是拖动 Plane Shape 的边框或顶点；第二种方法是先绘制 Draw Object（绘图图形），然后通过⊞⊟加减运算对图形进行合并或者相减。

具体操作方法如下：先选择原始 Plane Shape，然后单击⊞或者⊟按钮，再选择需要合并或相减的图形（需要事先绘制好图形），系统自动对图形进行合并或相减，并赋予新图形与原始的 Plane Shape 相同的属性，通过加减运算修改 Plane Shape 如图 14-45 所示。

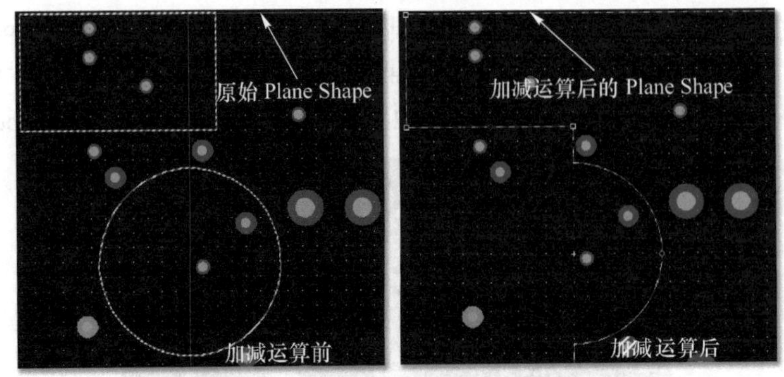

图 14-45　通过加减运算修改 Plane Shape

另外，设计中经常需要对敷铜形状的顶点 Vertex 进行修改，Xpedition 支持三种顶点类型：Corner（直角）、Round（圆角）和 Chamfer（切角）。选中顶点后，在 Vertex Type 下拉列表中切换即可，如图 14-46 所示。

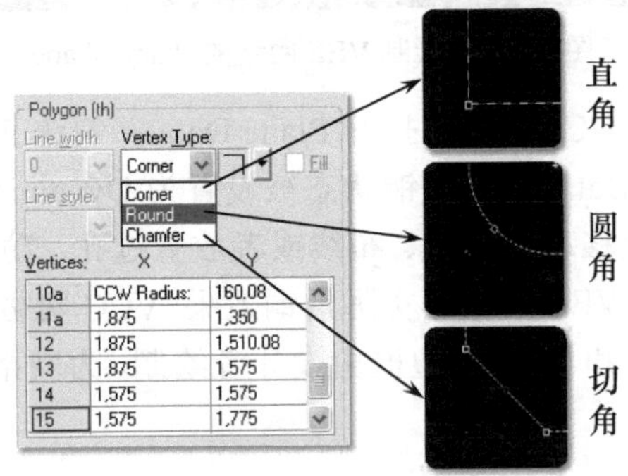

图 14-46　三种顶点类型

对于正片敷铜，由于敷铜状态被设置成动态敷铜—Dynamic，所以编辑完 Plane Shape 后，敷铜数据也会实时自动更新。图 14-47 所示为编辑 Plane Shape 前后的 VDD 网络敷铜效果。

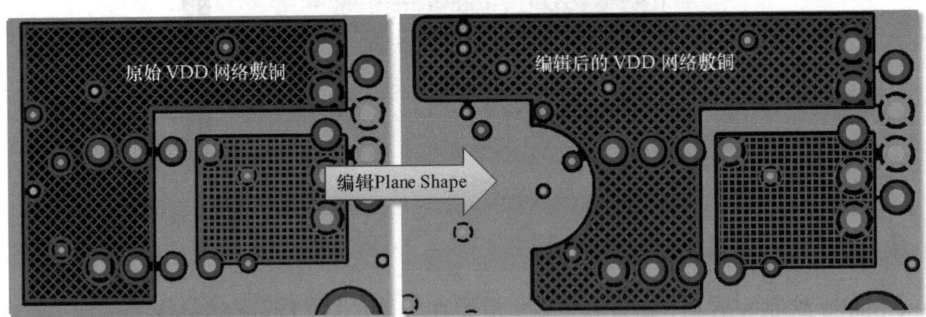

图 14-47　编辑 Plane Shape 前后的 VDD 网络敷铜效果

3. 生成负片敷铜数据

对于负片敷铜，由于敷铜状态只能被设置为 Batch，所以编辑完 Plane Shape 后，需要专门运行 Planes→Generate Negative Planes 命令才可以生成负片敷铜。

运行 Generate Negative Planes 命令后，如果没有错误提示（如部分网络无连接的错误等），则正常生成负片敷铜数据。图 14-48 所示为负片敷铜生成前后效果，花盘表明焊盘与敷铜数据连接，实心盘表明焊盘与敷铜数据隔离。

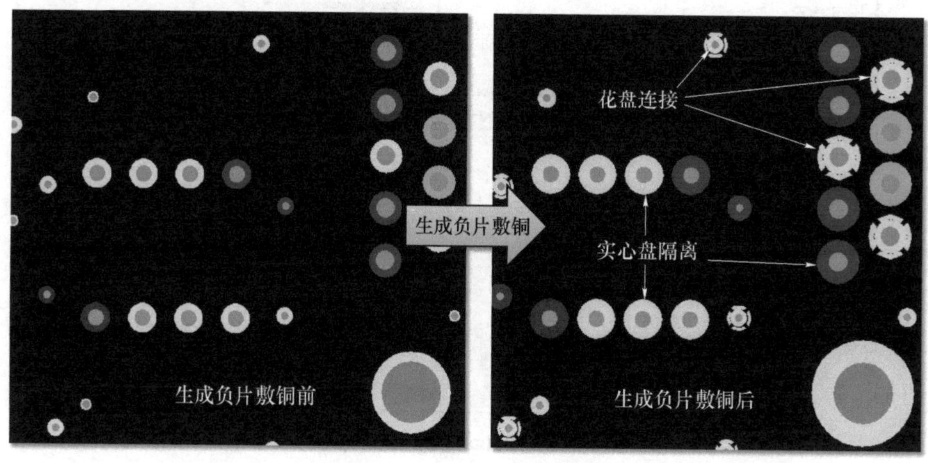

图 14-48　负片敷铜生成前后效果

4．删除敷铜数据

在删除正片敷铜数据时，可以在绘图模式下选中相关网络的 Plane Shape，直接按<Delete>键即可。

在删除负片敷铜数据时，需要选择 Plane→Delete Negative Plane Data 菜单命令，然后在绘图模式下删除 Plane Shape。

14.2.4　生成敷铜排气孔

敷铜排气孔（Outgassing Voids）是在封装或者 SiP 基板设计时，在平面层铜皮中创建开口，以使气体在层压（Laminate）过程中排出，避免由于气体无法正常排出而产生铜皮鼓包等影响质量的因素。

在 Xpedition 中，敷铜排气孔是一种特殊类型的 Plane Obstruct，因此，可以被手工修改或者删除。设计者如果手工修改了自动生成的排气孔，敷铜排气孔将成为常规 Plane Obstruct，并且不再受 Outgassing Voids 窗口的影响。此外，启动该功能需要有 Xpedition Layout 301 license 的支持。

选择 Plane→Outgassing Voids 菜单命令启动 Outgassing Voids 窗口，如图 14-49 所示。窗口包含两部分，左侧窗格为排气孔参数设置，右侧窗格为排气孔指定。下面介绍 Outgassing Voids 窗口中具体参数项。

- Outgassing voids setup（排气孔参数设置）

在 Active scheme name 栏可以新建 Scheme，如 VSS_Void，然后选择开孔形状，可选形状有 6 种，分别是 Circle、Square、Rectangle、Oblong、Octagon 和 Hexagon，每种形状都有相应的参数可以设置。

Alternate shape properties（替代形状的属性），是在主排气孔由于空间等原因无法生成时用于替代的排气孔，可以作为备选的排气孔，图 14-50 所示为主排气孔和主副排气孔组合的效果比较，其中左图未勾选 Alternate shape properties 选项，右图勾选了此选项并设置了参数。

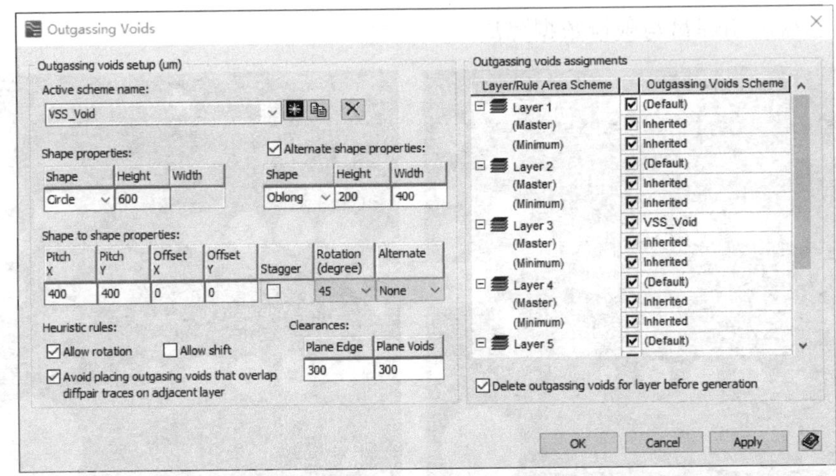

图 14-49 Outgassing Voids 窗口

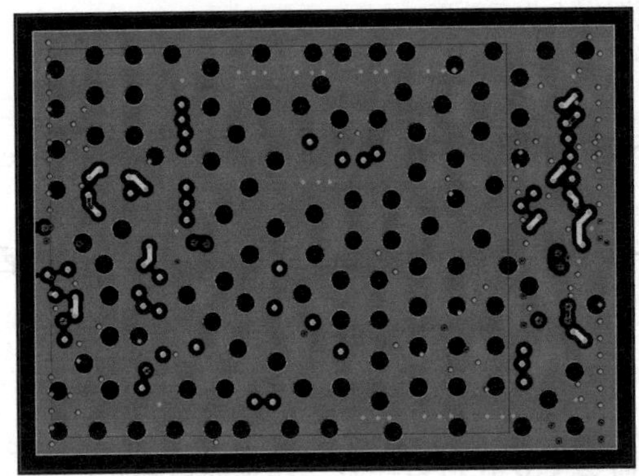

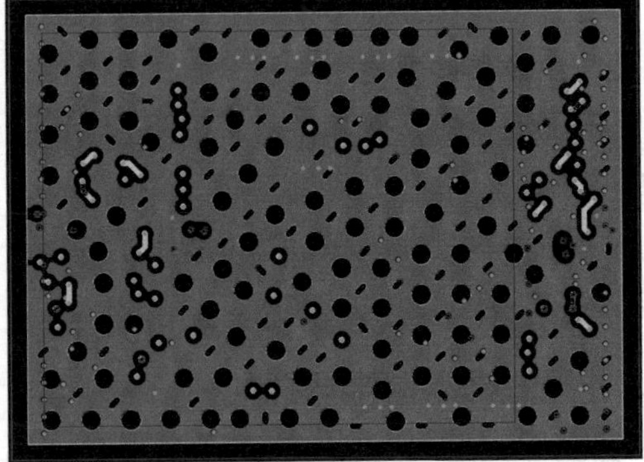

图 14-50 主排气孔和主副排气孔组合的效果比较

Shape to shape properties 用于定义排气孔在平面上的放置距离和位置，例如，水平和垂直的距离以及相对于其原点的水平和垂直偏移量。在不同的方案中使用此选项可以使得相邻平面图层上的排气孔错位排列，从而避免了多层基板堆叠导致的基板不平整。

Heuristic rules 定义软件如何修改排气孔以消除 DRC 违规行为的规则。Allow rotation 为允许旋转，选中此选项允许旋转放置排气孔以消除冲突；Allow shift 为允许偏移，选中此选项可使放置的排气孔移动以消除冲突。Avoid placing outgasing voids that overlap diff pair traces on adjacent layer，选中此选项，避免将排气孔放置在与相邻层上的差分对迹线重叠的空白区域。

Clearances 定义放置排气孔和敷铜平面的边沿和其他空心之间所需的间距。Plane Edge 定义排气孔与同一层上的敷铜平面的边沿的间距。Plane Voids 定义同一层上排气孔和平面其他空洞之间的间距。

- Outgassing voids assignments（排气孔指定）

可为每一层铜皮指定不同的排气孔类型，根据指定的默认或命名的方案设置，在选定图层或规则区域上创建排气孔。

Inherited（继承），根据为某层设置的方案，在 Master 或者 Minimum 中继承该层的设置，适用于规则区域，在层上的选定规则区域中生成排气孔。None，不在选定的规则区域或层中生成排气孔，如果不想在层的高密度规则区域中放置放气孔可选择 None。

当层下的规则区域选择与该层不同的其他方案时，规则区域方案将与该层不同。

Delete outgassing voids for layer before generation 选项，当该选项被选中时，每次生成排气孔都会先删除之前生成的排气孔，并重新生成。

14.2.5　检查敷铜数据

敷铜数据生成后，可通过 Batch DRC 来检查敷铜数据。

常见的敷铜问题及解决方法如下。

① 敷铜没有覆盖到所有的相关引脚。解决方法：修改 Plane Shape 使其包含所有必要的引脚，或者手工布线至没有被 Plane Shape 包含的引脚。

② 敷铜出现孤岛情形。解决方法：更改 Plane Classes and Parameters 中的孤铜处理选项，抛弃所有的孤铜。另外，出于工艺和可制造性设计的需要，需要删除只连接单个 Pad 的敷铜，或者对面积小于某个限定值的敷铜进行抛弃处理。还可以对敷铜形状进行优化，避免敷铜边沿曲线过于复杂。这些均可在 Plane Classes and Parameters 中针对孤铜的处理选项中进行设置，从而达到敷铜的最优化。Batch DRC 中针对敷铜的检查项和针对孤铜的处理选项设置如图 14-51 所示。

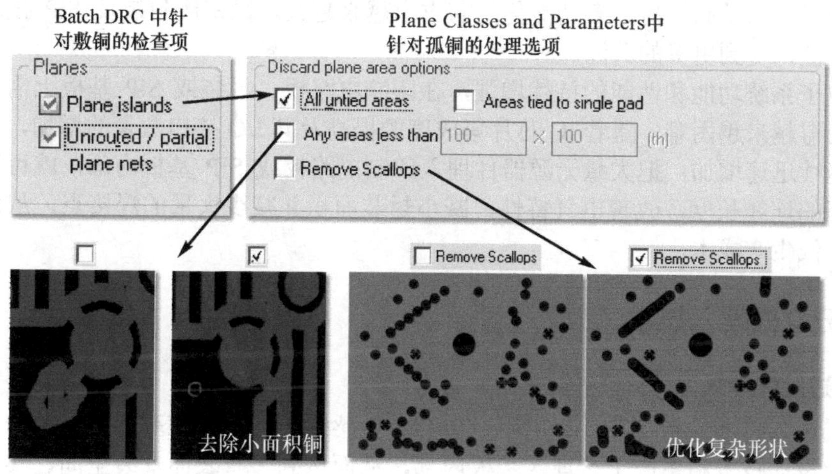

图 14-51　Batch DRC 中针对敷铜的检查项和针对孤铜的处理选项设置

第 15 章　埋入式无源器件设计

关键词：埋入式元器件，无源器件，分立式埋入技术、平面埋入式技术，埋入式电阻、埋入式电容、埋入式电感，埋入工艺 Processes，电阻加工艺、电阻减工艺、电容工艺，埋入材料 Materials、电阻材料、电容材料、导体材料、绝缘材料，非线性电阻材料，自动综合，电阻自动综合、电容自动综合，自动综合后版图原理图同步

15.1　埋入式元器件技术的发展

随着电子技术的发展，高速、高密度电子产品种类的快速增加，人们对于电子产品的小型化、低功耗，以及高性能、多功能化的需求也越来越大，高密度封装及 SiP 技术越来越显示出其重要性，受到更多的关注。

随着电子系统功能和性能的持续增强，在印制电路板、封装或 SiP 基板上需要布局大量的元器件变得越来越困难。随着 IC 芯片集成度的提高及其 I/O 接口数量的增加，无源器件的数量也会继续迅速增加，把大量无源器件埋入印制电路板或 SiP 基板内部，就可以缩短元器件相互之间的连线长度，改善电气特性，减小封装面积并减少大量的焊接点，从而提高可靠性并有效降低生产成本。

15.1.1　分立式埋入技术

1．通过腔体埋入

分立式埋入技术是指将芯片、电阻、电容、电感等通常安装在基板表面的分立元器件，通过特殊的设计技术和生产工艺埋入基板内部，从而达到节省表面安装空间、实现更短连线等设计目的的技术。

在 Xpedition 中，分立式埋入技术主要是通过腔体来实现的，如图 15-1 所示。通过封闭式腔体将元器件埋入基板内部，基板制作完成后，内部元器件不可见。这种技术可用于将特定的芯片埋入基板，并形成具有知识产权保护的基板或 PCB 板。

本章着重讲述的是平面埋入式技术，通过腔体进行分立式埋入元器件的设计方法可参考本书第 12 章的腔体及芯片堆叠设计相关内容。

2．通过参数设置埋入

在 Xpedition 中，也可以通过参数设置将无源器件和芯片埋入基板内部。

选择 Setup→Setup Parameters，打开 Setup Parameters 窗口，选择 Buried Resistors & Rise Time 选项卡，勾选 Allow buried resistors 选项后，下面的 Layer Stack Center 被激活，可以看到 3-4 层变为浅黄色，并且可通过鼠标单击移动位置。两层相邻的黄色代表镜像层，元器件在其交界处镜像放置，例如，图 15-2（a）中的镜像层为 3-4，当通过 Push 命令将元器件从第 3 层切换到第 4 层时，会做镜像反转，图 15-2（b）和图 15-2（c）中分别更改镜像层为 1-2 和 5-6，如图 15-2 所示。

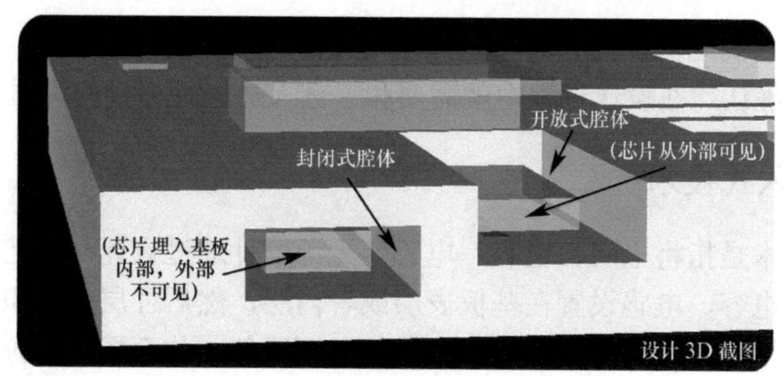

图 15-1　通过腔体实现分立式埋入技术

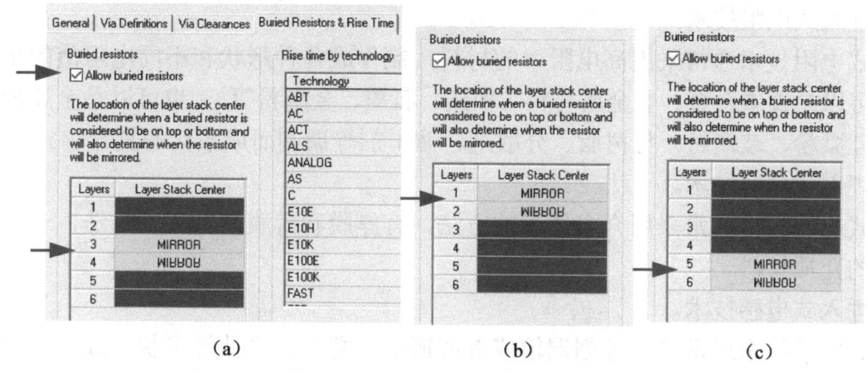

（a）　　　　（b）　　　　（c）

图 15-2　设置允许埋入元器件

选择 Setup→Libraries→Cell Editor 菜单命令，将需要埋入的元器件的 Package Group 属性设置为 Buried 类型，就可以通过 Push 命令将元器件埋入基板了。

Package Group 属性没有被设置为 Buried 类型的元器件，通过 Push 命令只能在顶层和底层进行切换，属性设置为 Buried 类型的元器件，则会在每一层之间依次切换，例如：1→2→3→镜像反转→4→5→6。

在 2D 设计环境中，可以通过执行 Push 命令时元器件焊盘颜色和相应层的颜色对应关系判断元器件所处的层，在 3D 设计环境中则可以直观地看到元器件在基板中所处的位置。通过 Push 命令将具有埋入属性的元器件放置到不同的层如图 15-3 所示，其中，图 15-3（a）展示了在 Push 命令执行前元器件均位于基板顶层，图 15-3（b）展示了在 Push 命令执行后，非 Buried 类型的元器件被 Push 到底层，Buried 类型的元器件则一层一层地移动，每 Push 一次，元器件向下移动一层，到镜像层会做镜像反转，然后被 Push 到底层，依次往复。

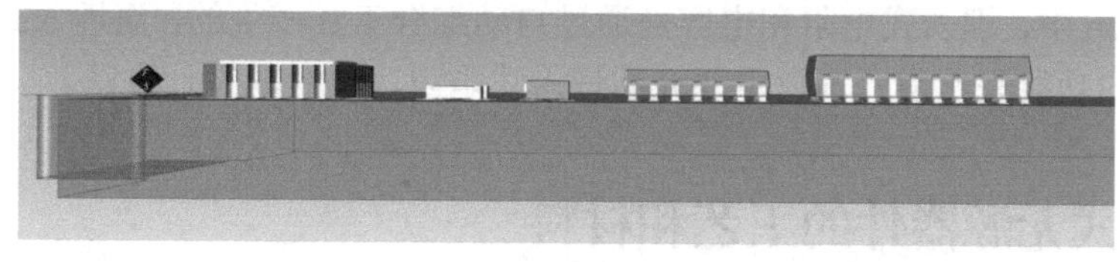

（a）Push 命令执行前

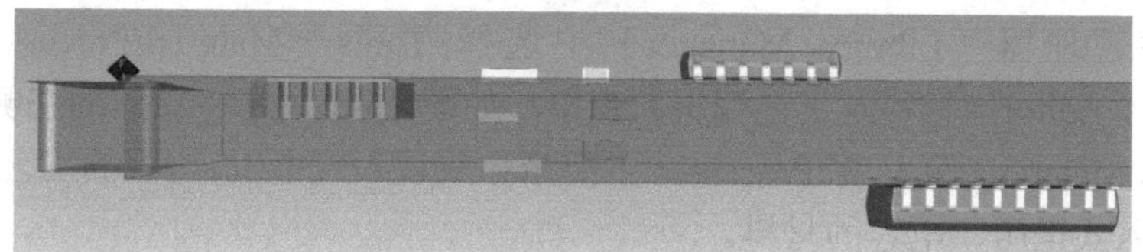

（b）Push 命令执行后

图 15-3　通过 Push 命令将具有埋入属性的元器件放置到不同的层

通过参数设置实现元器件埋入简单、方便快捷，具体到实际的项目，元器件能否埋入各层，还需工艺人员确认，在设计过程中就需要和工艺人员进行充分的沟通。

15.1.2 平面埋入式技术

平面埋入式技术是指将电阻、电容、电感等无源器件通过设计与工艺的结合，以蚀刻或印刷方法将电阻、电容、电感设置在基板表层或者内层，然后经层压或积层等多层板制作工艺埋入基板内部，用来取代基板表面需要焊接的无源器件，从而提高有源芯片的布局、布线自由度。

（1）埋入式电阻技术。

埋入式电阻技术通常采用高电阻率的材料，制作成各种形状和不同电阻值的平面电阻。电阻材料可以是镍磷合金、非金属材料（如碳、石墨、金刚粉等），也可以是金属粉和非金属填料（如硅微粉、玻璃粉）与树脂、分散剂、溜平剂等调制而成浆料的复合物。

（2）埋入式电容技术。

埋入式电容技术通常采用介电体膜的方法，有厚膜和薄膜两种工艺方法，一般采用较大介电常数的介质材料。

（3）埋入式电感技术。

埋入式电感技术通常采用蚀刻铜箔或者镀铜形成螺旋、弯曲等形状，或者利用层间过孔形成螺旋多层结构。其特性取决于基材参数和图形形状结构。目前能支持的电感值还比较小，仅有几十纳亨（nH）左右，主要以应用在高频模块中为主。

图 15-4 所示为位于基板中的平面埋入式电阻、电容和电感。

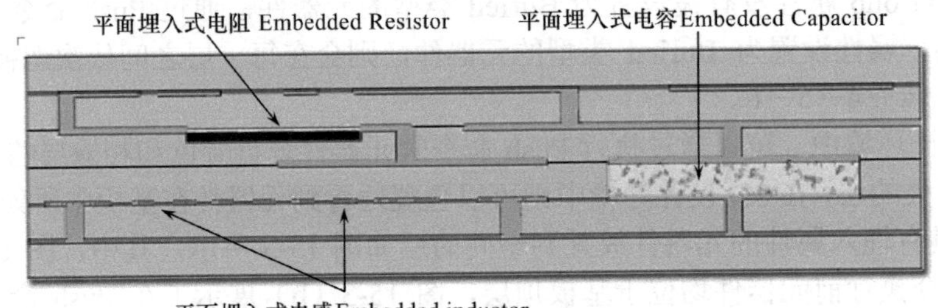

图 15-4 位于基板中的平面埋入式电阻、电容和电感

在 Xpedition 中，埋入式电阻和电容是通过自动综合工具产生的，而埋入式电感则通过射频设计模块中的功能来实现。本章主要介绍埋入式电阻、电容的设计方法。

15.2 埋入式无源器件的工艺和材料

在中心库管理器（Library Manager）中选择 Tools→Material/Process Editor，打开 Material/Process Editor（材料及工艺编辑）窗口，如图 15-5 所示。窗口的左侧为导航栏，包括 Processes 和 Materials 两大项。Processes 主要指生成埋入式电阻、电容的工艺流程，Materials 主要指生成埋入式电阻、电容的材料。

Processes 支持的工艺流程有以下几项。

① Additive Resistors 电阻加工艺，通常用于厚膜电阻的生成。

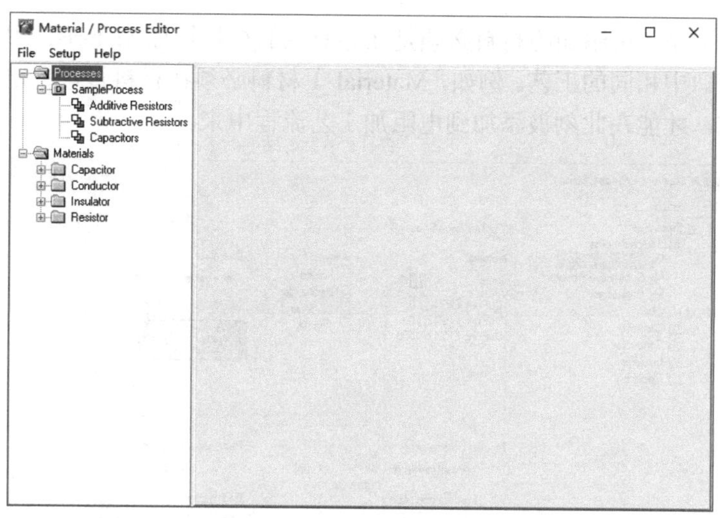

图 15-5　Material/Process Editor（材料及工艺编辑）窗口

② Subtractive Resistors 电阻减工艺，通常用于薄膜电阻的生成。

③ Capacitors 电容工艺，主要包括交叉指形电容、夹层式电容及印刷式电容等工艺。

设计人员也可以新建工艺流程，并设定不同的工艺参数来满足特殊的工艺要求，针对不同的工艺，设计人员可创建多种工艺流程以满足不同的需求。

Materials 中包含的材料有以下几种。

① Capacitor 电容材料，用于生成埋入式电容中的电容介质。

② Conductor 导体材料，用于生成埋入式电容中的金属导体。

③ Insulator 绝缘材料，用于生成绝缘介质，如基板材料 FR4 等。

④ Resistor 电阻材料，用于生成埋入式电阻。

在每种材料类型下面，设计人员都可新建材料并添加材料相关特性，如用户自制的电阻浆料等，从而灵活地对各种不同特性的材料进行编辑和控制。

15.2.1　埋入工艺 Processes

Processes 下面可以创建多个工艺流程，分别针对不同工艺能力的生产线或厂家，每个工艺流程下都包括电阻加工艺、电阻减工艺，以及电容的三种工艺（交叉指形、夹层式和印刷式），如图 15-6 所示。

通常，这些工艺流程中的规则定义需要工艺和生产等部门的参与，或者在进行设置前，设计人员需要和相关的工艺人员进行充分的沟通，做出符合工艺规范的设置。设置好的规则可应用到自动综合工具中。

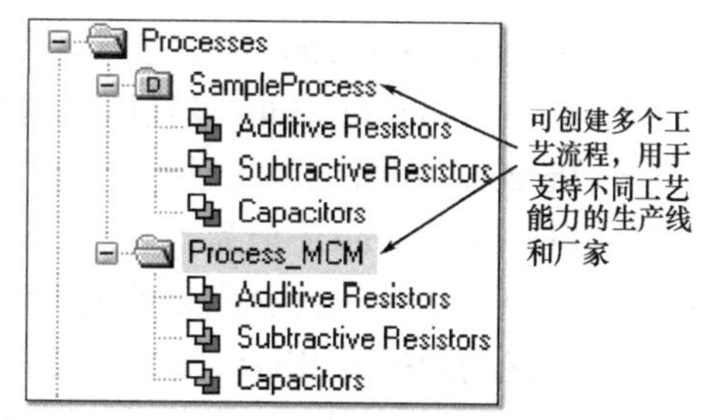

图 15-6　Processes 下面可创建多个工艺流程

1. Additive Resistors 电阻加工艺

图 15-7 所示为电阻加工艺通用参数设置窗口，下面分别介绍窗口中的具体参数。

（1）Common 选项卡。

① Materials 材料选择栏，软件默认包含了美国杜邦公司的几种材料，设计人员可自定义

添加。需要注意的是，可添加的材料必须是在导航栏的材料管理 Materials 中定义过的，且必须支持和当前窗口中相同的工艺。例如，Material_1 材料必须在材料管理中定义为电阻材料且支持电阻加工艺，才能在此刻被添加到电阻加工艺流程中来。

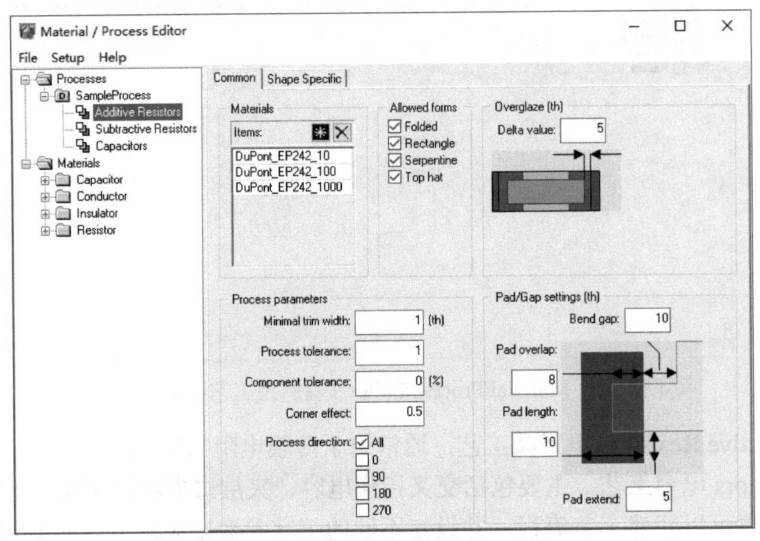

图 15-7　电阻加工艺通用参数设置窗口

② Allowed forms 支持的电阻形状，主要包含以下 4 种：矩形、大礼帽形、折叠形、蜿蜒形，如图 15-8 所示。

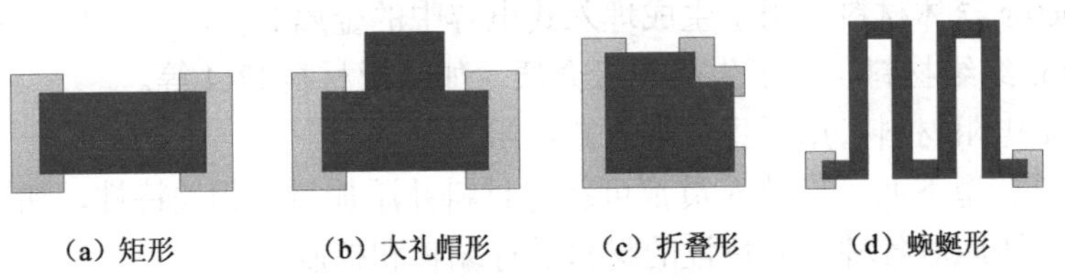

图 15-8　Xpedition 软件支持的 4 种电阻形状

③ Overglaze 保护釉涂层，主要设置保护釉涂层相对电阻材料的尺寸扩展的大小。

④ Process parameters 工艺参数，主要为支持激光调阻等工艺而设置。

✧ Minimum trim width 设置最小调整宽度，可理解为激光束的宽度。

✧ Process tolerance 工艺误差值，设置综合出来的电阻与实际电阻的误差。如果设置 Process tolerance 值为 1，则综合出来的电阻值与实际需要的电阻值完全相等；如果设置值为 0.8，则综合出来的电阻值为实际需要电阻值的 80%，然后再通过激光调阻（用激光切割掉多出的部分）将其调整为实际需要的阻值。

✧ Component tolerance 元器件误差值，通常默认值为 0%，在工艺流程中不做考虑。如果设计人员定义了非零值，则该项值和 Process tolerance 的值相乘一起定义激光调阻的范围，建议设计人员保持默认值。

✧ Corner effect 边角效应，主要定义了边角圆角对阻值所造成的影响。对于电阻加工艺，默认值为 0.5；对于电阻减工艺，默认值为 1。

✧ Process direction，工艺流程的角度，可设置为 all、0°、90°、180°或者 270°等几种角度。

⑤ Pad/Gap settings，主要设置金属 Pad 的大小，以及 Pad 和阻性材料的间距及外延参数等。

✧ Bend gap，设置弯曲部分与 Pad 之间的距离，主要针对大礼帽形和蜿蜒形两种形状有效。

✧ Pad overlap，设置电阻材料和 Pad 的重叠部分的尺寸大小。

✧ Pad length，设置 Pad 的纵向长度。

✧ Pad extend，设置 Pad 横向外延参数（相对阻性材料多出的距离）。

（2）Shape Specific 选项卡。

分别针对 Folded（折叠形）、Rectangle（矩形）、Serpentine（蜿蜒形）、Top Hat（大礼帽形）设置参数。图 15-9 所示为电阻加工艺形状参数设置窗口。

① Min aspect ratio，设置电阻长宽比的最小值。

② Max aspect ratio，设置电阻长宽比的最大值。

③ Serpentine gap，设置蜿蜒形电阻的内部间距。

④ Top hat percentage，设置大礼帽形电阻的突出部分在整个形状中所占的比例。

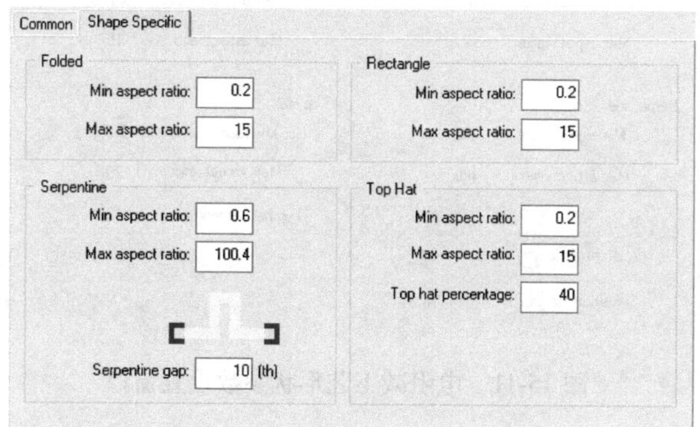

图 15-9　电阻加工艺形状参数设置窗口

2. Subtractive Resistor 电阻减工艺

图 15-10 所示为电阻减工艺通用参数设置窗口，下面分别介绍窗口中的具体参数。

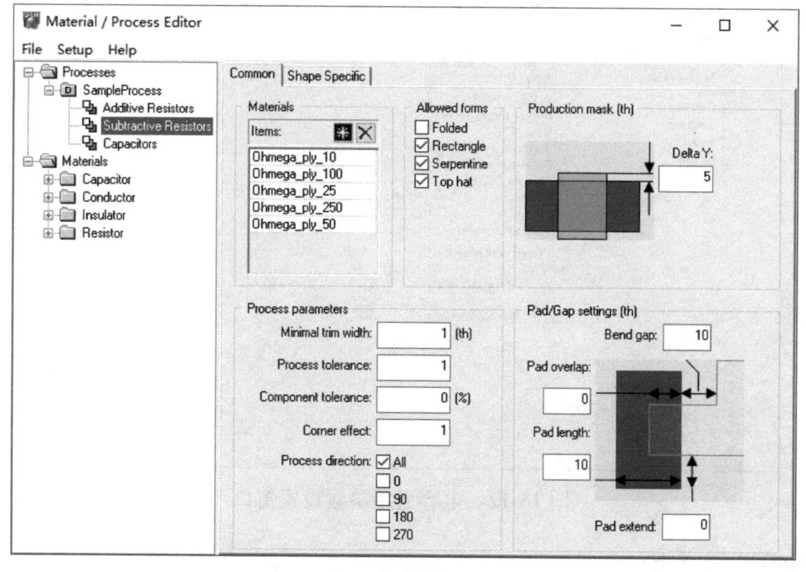

图 15-10　电阻减工艺通用参数设置窗口

（1）Common 选项卡。

① Materials 材料选择栏，与电阻加工艺所采用的材料不同，主要为 Ohmega 和 TICER 的阻性材料。设计人员也可自定义添加材料，同电阻加工艺一样，设计人员可添加的材料必须是在材料管理中定义过的，且必须支持电阻减工艺。

② Allowed forms 允许的电阻形状，和电阻加工艺一样，支持矩形、大礼帽形、折叠形和蜿蜒形四种。

③ Production mask，定义 mask（掩模）相对于 Pad 的横向尺寸扩展。

（2）Shape Specific 选项卡。

与电阻加工艺形状设置参数类型相同，但其参数值是独立设定的。由于工艺不同，参数设置和电阻加工艺的参数设定并不相同，电阻减工艺形状参数设置窗口如图 15-11 所示。

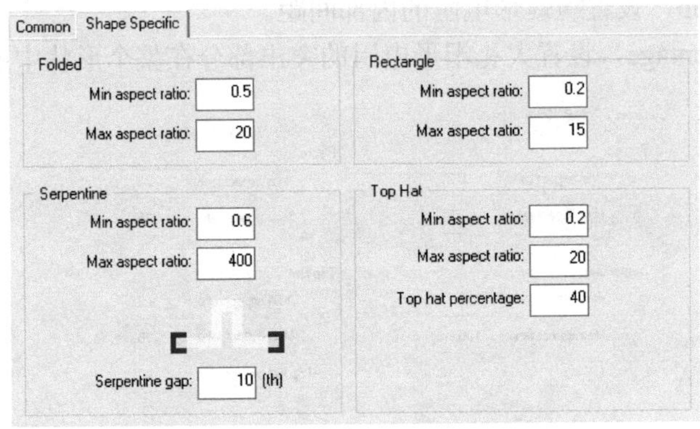

图 15-11　电阻减工艺形状参数设置窗口

3. Capacitors 电容工艺参数设置

图 15-12 所示为电容通用参数设置窗口，下面分别介绍窗口中的具体参数。

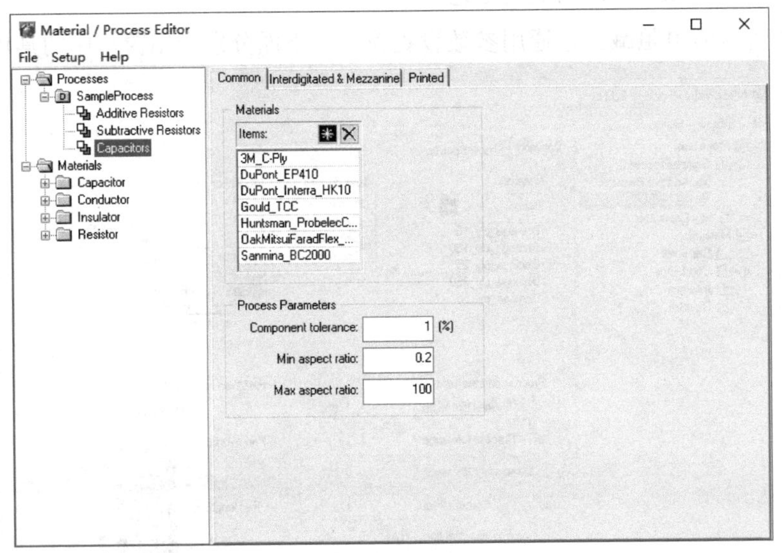

图 15-12　电容通用参数设置窗口

（1）Common 选项卡。

① Materials 材料选择栏，可选材料为电容材料，主要有 3M、DuPont、Gould 和 Huntsman

等多个厂家的容性材料。设计人员也可自定义添加材料，同电阻工艺一样，设计人员可添加的材料必须是在电容材料管理中定义过的。

② Process Parameters 工艺参数栏。

✧ Component tolerance 元器件误差，1% 表示元器件误差为±1%。

✧ Min aspect ratio，设置电容的最小长宽比。

✧ Max aspect ratio，设置电容的最大长宽比。

（2）Interdigitated & Mezzanine 选项卡。

图 15-13 所示为 Interdigitated & Mezzanine 型电容的参数设置窗口，在此窗口中可定义交叉指形电容和夹层式电容的各种参数。

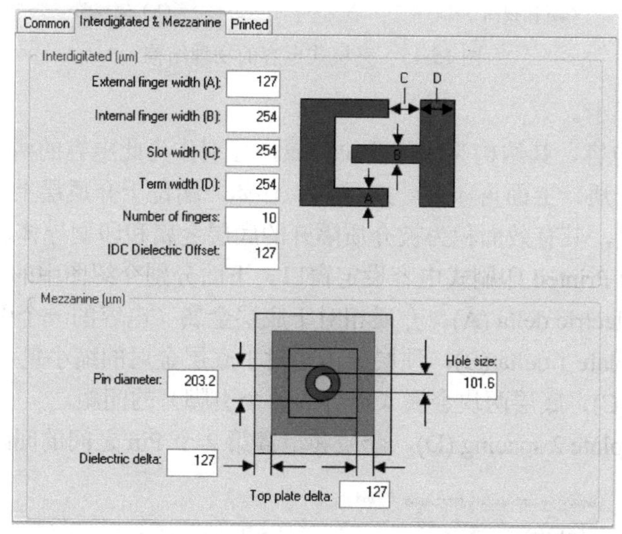

图 15-13　Interdigitated & Mezzanine 型电容的参数设置窗口

① Interdigitated 交叉指形电容，其形状如同交叉的手指一样，作为一个完整的元器件放置在一个电气层中，中间填充介质，其物理结构如图 15-14 所示。

✧ External finger width(A)外部指宽，A 金属指的宽度。

✧ Internal finger width(B)内部指宽，B 金属指的宽度。

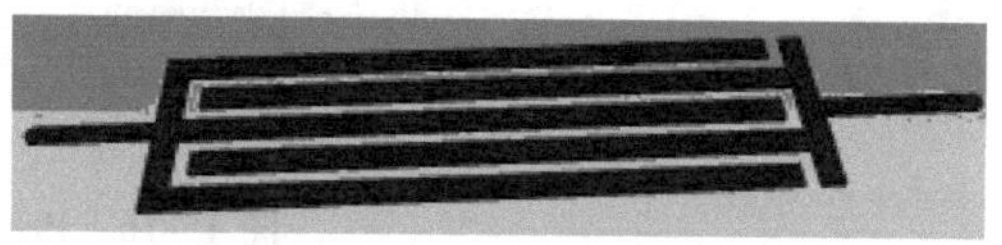

图 15-14　交叉指形电容物理结构

✧ Slot width(C)，金属中间空隙的宽度。

✧ Term width(D)，电容顶端金属的宽度。

✧ Number of fingers，金属指的数量。

✧ IDC Dielectric Offset 介质偏移量，指介质相对金属的放大量。

② Mezzanine 夹层式电容，其结构比较复杂，包含顶层金属、介质、底层金属以及一个过孔。图 15-15 从俯视图和侧视图两个方向展示了夹层式电容的物理结构。

✧ Pin diameter，过孔的金属盘大小。

✧ Hole size，过孔的孔径。

✧ Dielectric delta，介质相对于底层金属的放大量。

✧ Top plate delta，顶层金属相对于底层金属的缩小量。

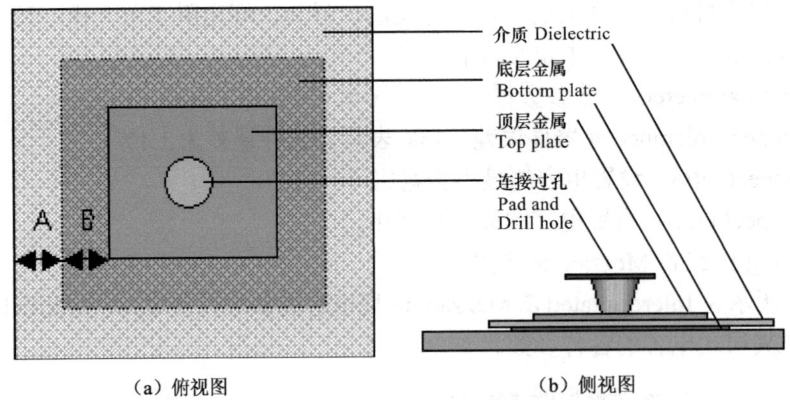

（a）俯视图　（b）侧视图

图 15-15　夹层式电容的物理结构

（3）Printed 选项卡。

Printed 印刷式电容，其结构为底部两块金属，分别作为此电容的两个引脚。其中一块面积较大，上面覆盖介质，上面再印刷一层导体，导体一端位于介质层上方，另外一端和面积较小的金属引脚搭接，其有效面积为被介质隔开的底层金属和印刷导体所重叠的面积。

图 15-16 所示为 Printed 印刷式电容设定窗口。下面分别介绍图中的具体参数。

✧ Plate 1 to dielectric delta (A)，介质相对于底层金属（电容的一个引脚）的放大量。

✧ Top plate to plate 1 delta (B)，顶层导体相对于底层金属的缩小量。

✧ Pad spacing (C)，底层两块金属（电容的两个引脚）的间距。

✧ Dielectric to plate 2 spacing (D)，介质和电容第 2 个 Pin 之间的间距。

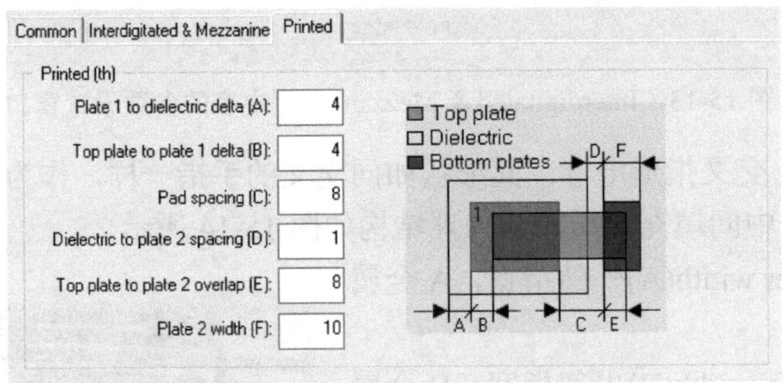

图 15-16　Printed 印刷式电容设定窗口

✧ Top plate to plate 2 overlap (E)，顶层导体和电容第 2 个 Pin 的搭接长度。

✧ Plate 2 width (F)，电容第 2 个 Pin 的长度。

15.2.2　埋入材料 Materials

Materials（埋入材料）主要包括以下四类：Capacitor（电容材料）、Conductor（导体材料）、Insulator（绝缘材料）、Resistor（电阻材料），如图 15-17 所示。

1. Capacitor 电容材料

电容材料需要定义的参数包括材料属性和允许形状两类。

（1）Material Properties（材料属性）。

✧ Manufacturer，生产厂家，如 DuPont 等。

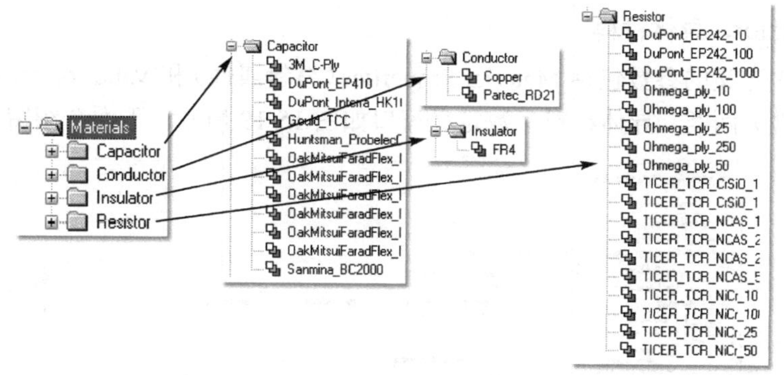

图 15-17　埋入材料列表

✧ Description，材料描述，对材料的特点进行描述。

✧ Cost，材料价格。

✧ Status，材料状态，表明材料是否通过验证，包含 Verified 和 Unverified 两项可选，设计人员可在设计的不同阶段对其进行调整。例如，在设计刚开始时，材料类型选择 Unverified；材料通过验证后，其类型可调整为 Verified。

✧ Weight，材料单位面积的质量。

✧ Thickness，材料厚度。

✧ Dielectric Constant，材料的介电常数。

✧ Loss tangent，材料的损耗因子。

对于平面电容来说，材料的厚度和介电常数这两个参数最为重要，它们共同决定了单位面积的电容值。

（2）Allowed Forms（允许形状）。

Allowed Forms 表明在进行软件综合计算时允许的电容类型，包括前面描述的 3 种类型（交叉指形、夹层式及印刷式电容），全选表明都允许。

图 15-18 所示为电容材料参数定义窗口。

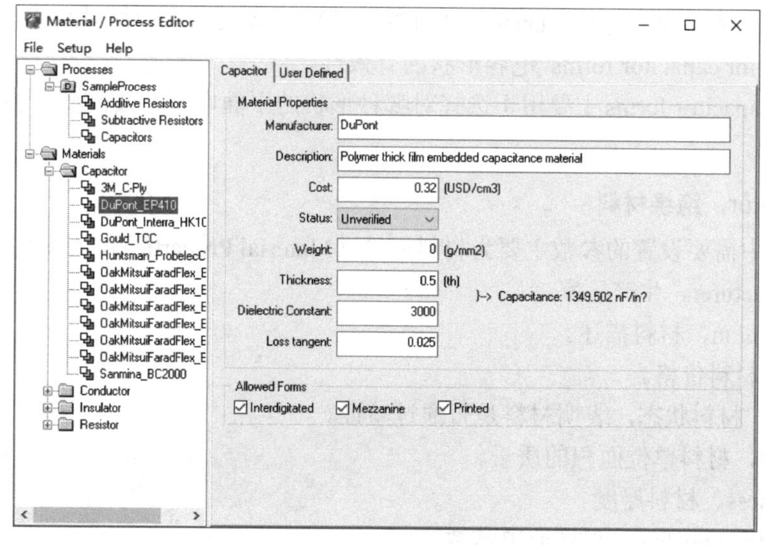

图 15-18　电容材料参数定义窗口

2. Conductor，导体材料

导体材料中定义的参数包括 Material Properties（材料属性）和 Valid for capacitor forms（电容形状的有效性）两类。导体材料参数定义窗口如图 15-19 所示。下面介绍窗口中具体参数。

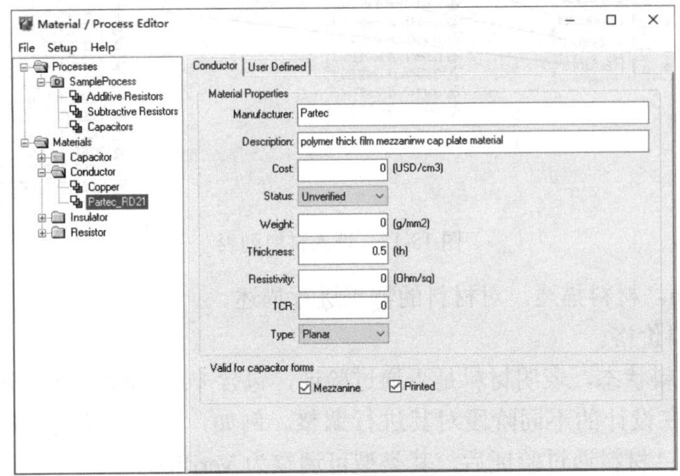

图 15-19 导体材料参数定义窗口

（1）Material Properties 材料属性。

✧ Manufacturer，生产厂家，如 Partec。

✧ Description，材料描述。

✧ Cost，材料价格。

✧ Status，材料状态，表明材料是否通过验证。

✧ Weight，材料单位面积的质量。

✧ Thickness，材料厚度。

✧ Resistivity，材料电阻率。

✧ TCR，Temperature Coefficient of Resistance，电阻温度系数。

✧ Type，材料类型，分为 Planar（平面型材料）和 Wire（线型材料）两类。

（2）Valid for capacitor forms 电容形状的有效性。

Valid for capacitor forms 主要用于选择对哪种形状的平面电容有效，可选类型为 Mezzanine 和 Printed 两种。

3. Insulator，绝缘材料

绝缘材料中需要设置的参数主要为材料属性（Material Properties），包括以下几项。

✧ Manufacturer，生产厂家。

✧ Description，材料描述。

✧ Cost，材料价格。

✧ Status，材料状态，表明材料是否通过验证。

✧ Weight，材料单位面积的质量。

✧ Thickness，材料厚度。

✧ Dielectric constant，材料介电常数。

✧ Loss tangent，材料损耗因子。

✧ Technology，工艺类型，可选的工艺类型有 Core、Substrate、Prepreg、Screened、Additive、Subtractive 6 种。

Xpedition 软件中默认的绝缘材料只有一种 FR4，设计人员可根据实际使用材料的类型进行添加。单击鼠标右键，并选中弹出的菜单项 New Insulator Material ，系统会自动创建新的材料类型，设计人员只需要将其改成便于识别的名称即可。之后可在绝缘材料参数设置窗口中设置各种参数，如图 15-20 所示。

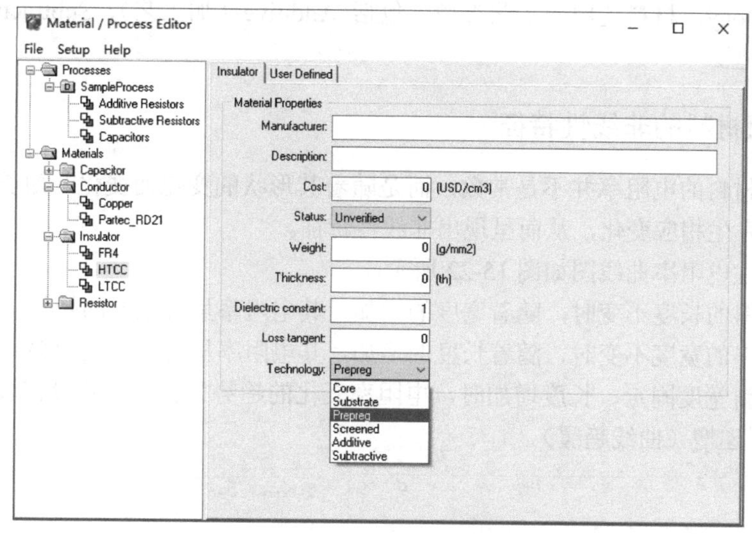

图 15-20　绝缘材料参数设置窗口

4. Resistor，电阻材料

电阻材料需要设置的参数主要为 Material Properties（材料属性）。电阻材料参数设置窗口如图 15-21 所示。

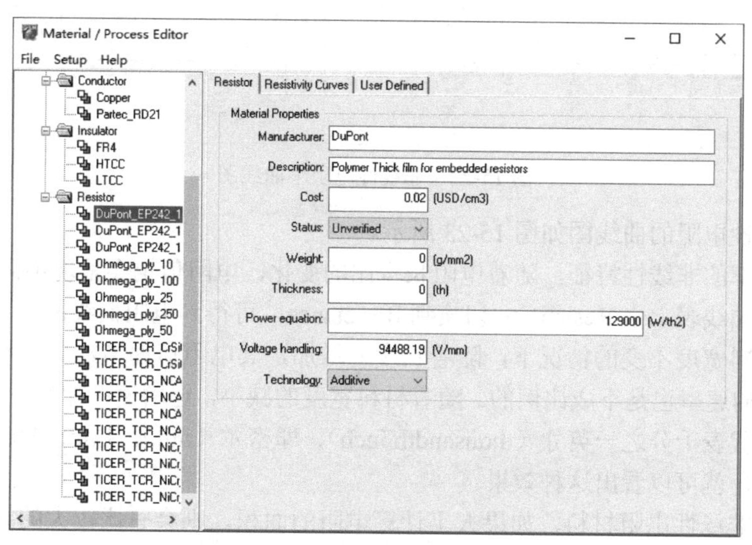

图 15-21　电阻材料参数设置窗口

✧ Manufacturer，生产厂家，如 DuPont 或 Ohmega。

✧ Description，材料描述，描述材料的特征。

- ✧ Cost，材料价格。
- ✧ Status，状态，表明材料是否通过验证。
- ✧ Weight，材料单位面积的质量。
- ✧ Thickness，材料厚度。
- ✧ Power equation，材料单位面积的功耗。
- ✧ Voltage handling，材料抗高电压能力。
- ✧ Technology，材料适用的工艺类型，包括 Additive（加工艺）、Subtractive（减工艺）两种类型。

15.2.3 电阻材料的非线性特征

某些电阻材料的电阻率并不是常数，而是随着其形状的变化而变化，如长宽比的变化会引起电阻率也发生相应变化，从而呈现出非线性特征。

（1）非线性电阻率曲线图如图 15-22 所示。

当电阻材料的长度不变时，随着宽度的增加，其电阻率呈现上升的趋势。

当电阻材料的宽度不变时，随着长度的增加，其电阻率呈现上升的趋势。

当电阻材料宽度固定、长度增加时，电阻率变化的趋势为在开始阶段较快递增（曲线较陡），随后缓慢递增（曲线趋缓）。

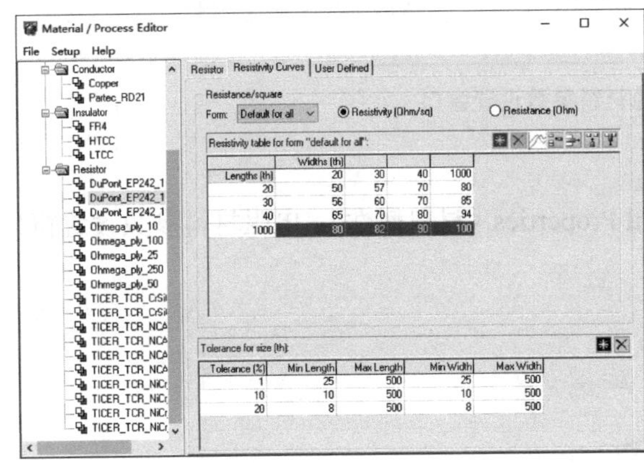

	Widths (th)			
Lengths (th)	20	30	40	1000
20	50	57	70	80
30	56	60	70	85
40	65	70	80	94
1000	80	82	90	100

Tolerance (%)	Min Length	Max Length	Min Width	Max Width
1	25	500	25	500
10	10	500	10	500
20	8	500	8	500

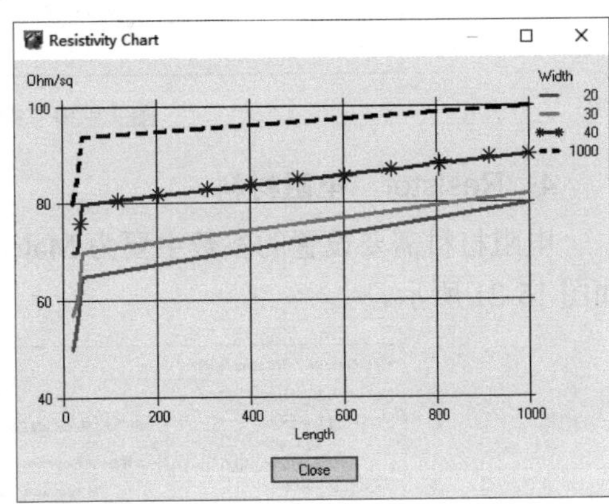

图 15-22 非线性电阻率曲线图

（2）非线性电阻的曲线图如图 15-23 所示。

由于电阻率的非线性特征，随着电阻长宽比的变化，电阻值也会呈现不同趋势的变化。

在电阻率曲线表上由 Resistivity 切换到 Resistance，可得到电阻曲线图。

在电阻材料宽度不变的情况下，随着长度的增加，其电阻值递增，对于不同宽度的电阻材料，其递增的速率也是不成比例的。随着材料宽度的减小，递增速率加快，从 40 th、30 th、20 th（注：th 代表千分之一英寸（thousandth inch），即密尔（mil），1 mil=0.0254 mm。）的曲线的斜率走势，就可以看出这种效果。

对于这种非线性电阻材料，如果人工计算电阻的面积，则会有比较大的误差，且工作量也将是非常大的。

采用软件的自动综合功能，工作将会变得异常轻松，软件在进行综合计算的时候充分考虑到这种材料特征的非线性因素，从而能够得到足够精确的结果。

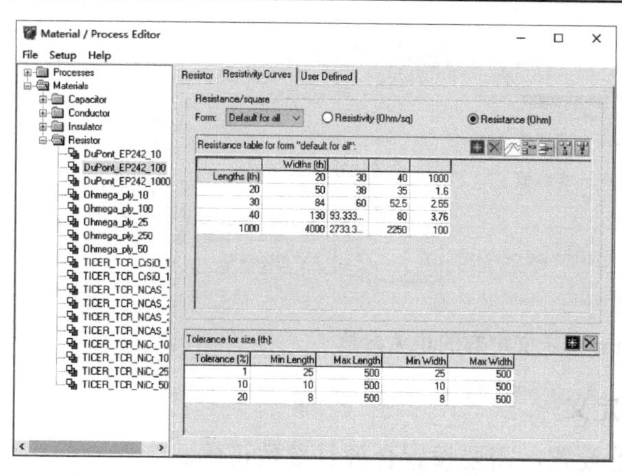

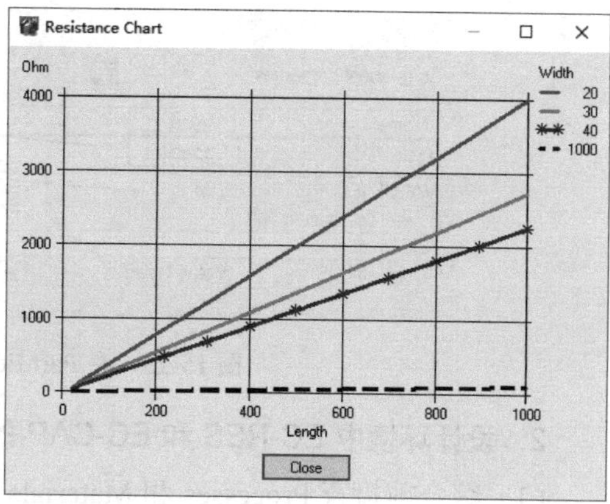

图 15-23　非线性电阻的曲线图

15.3　无源器件自动综合

15.3.1　自动综合前的准备

在中心库中定义好工艺流程和材料特性后，在 SiP 基板设计的过程中，可通过前向标注（Forward Annotation）将中心库中定义好的工艺流程和材料特性更新到设计的本地库中。

当然，设计人员也可在 Xpedition 环境中选择 Setup→Material/Processes Editor 进行 Processes 和 Material 的设定，设置方法和中心库一致。但 Xpedition 环境中的设置只对本设计有效，而中心库中的设置则可以应用到使用该中心库的所有设计中。

1．无源器件参数定义

在进行综合之前，对需要综合的电阻或电容的属性值进行确认，如元器件类型、阻值、功耗等参数，这些参数在元器件建库时可输入 Part 属性信息中，也可在本设计的 Part Editor 中进行编辑。

图 15-24 所示为在 Part Editor 中定义电阻的相关参数，需要定义的参数包括以下几种。

① Type（元器件类型），在下拉列表中选择 Resistor。② Power Dissipation（元器件功耗），填入电阻的实际功耗。③ VALUE（Ohm）（电阻值）。④ Reference des prefix 参考位号前缀，如电阻常用的“R”。

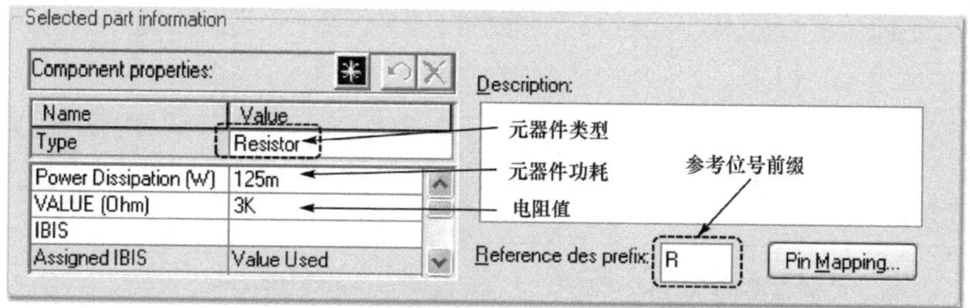

图 15-24　在 Part Editor 中定义电阻的相关参数

图 15-25 所示为在 Part Editor 中定义电容的相关参数，需要定义的参数包括以下几种。

① Type（元器件类型），在下拉列表中选择 Capacitor。② VALUE（F）（电容值）。③ Reference des prefix 参考位号前缀，如电容常用的“C”。

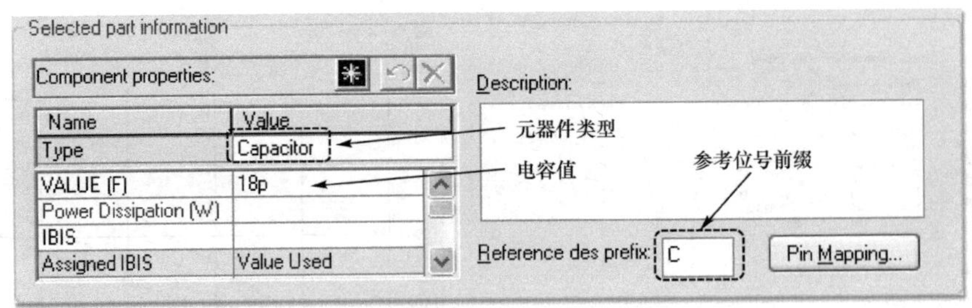

图 15-25　在 Part Editor 中定义电容的相关参数

2．设计环境中 EC-RES 和 EC-CAP 的定义

（1）综合前检查 Processes 和 Materials 的设置，需要设置合理且参数正确。

（2）创建 EC-RES 和 EC-CAP 的 Cell，可复制任意两个引脚的普通 Cell，如 0402 的电阻或电容，并将其 Package Group 属性设置为 Buried。

（3）创建 EC-RES 和 EC-CAP 的 Part，分别设置其 Type 为 Embedded Resistor 和 Embedded Capacitor，并映射 EC-RES 和 EC-CAP 的 Cell 到相应的 Part，EC-RES Part 的符号选择任意的电阻 Symbol，EC-CAP Part 的符号选择任意的电容 Symbol。

（4）以上元器件可以在中心库中创建，然后导入本地库，或者在设计本地库创建，这样，在原理图和版图同步的时候不会有错误报告，并且综合好的元器件不会被冲掉。

3．原理图准备和版图布局

在进行综合之前，先按照标准设计流程绘制原理图，在原理图中需要设定电阻、电容的参数（如电阻值、功耗参数、电容值），如图 15-26 所示，图中包括电容 C1～C4，电容值分别为：18 pF、56 pF、100 pF、360 pF；电阻 R1～R12，其中 R1～R3 为 1kΩ，R4～R6 为 3kΩ，R7～R9 为 4.7kΩ，R10～R12 为 10kΩ，每 3 个阻值相同的电阻，其功耗定义如下：包含 1 个 1/8 W 电阻、1 个 1/4 W 电阻和一个未定义功耗的电阻。

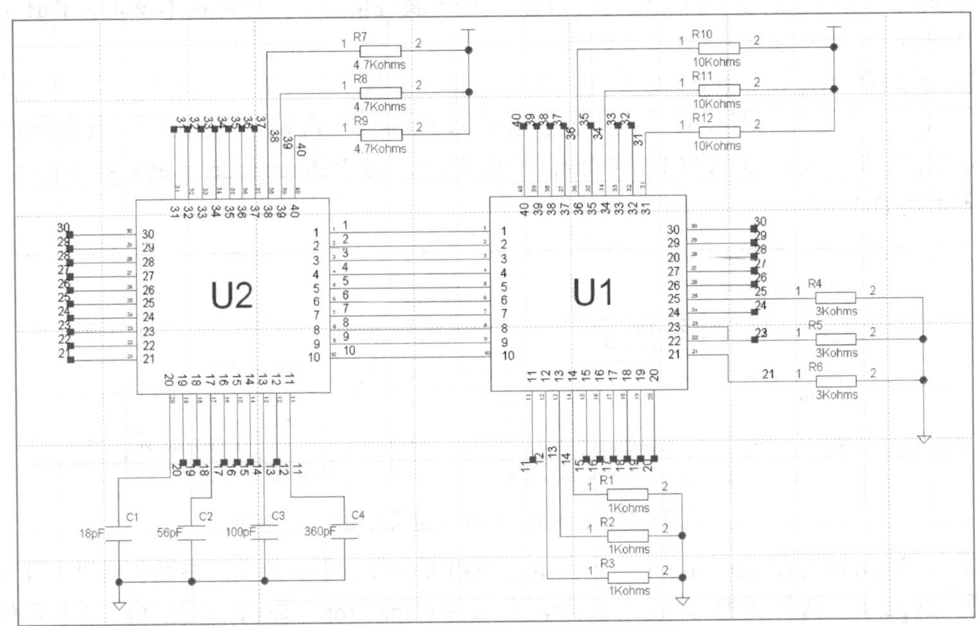

图 15-26　在原理图中设定电阻、电容的参数

将原理图 Package 前向标注到版图，进行版图布局，如图 15-27 所示，图中左侧为 2D 视图，右侧为 3D 视图。

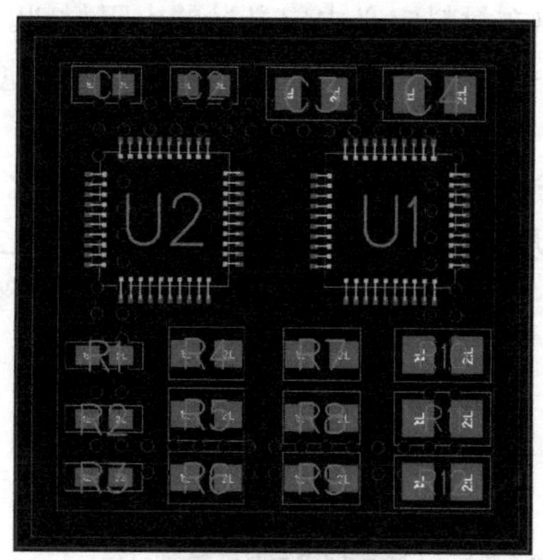

图 15-27　版图布局

数据准备完成后，就可以开始无源器件的自动综合了。

15.3.2　电阻自动综合

选择 Setup→Embedded Passives→Embedded Planner 菜单命令，启动 Planner 窗口，选择 Resistor Planner 选项卡，启动电阻自动综合主界面，如图 15-28 所示，界面中的主要参数介绍如下。

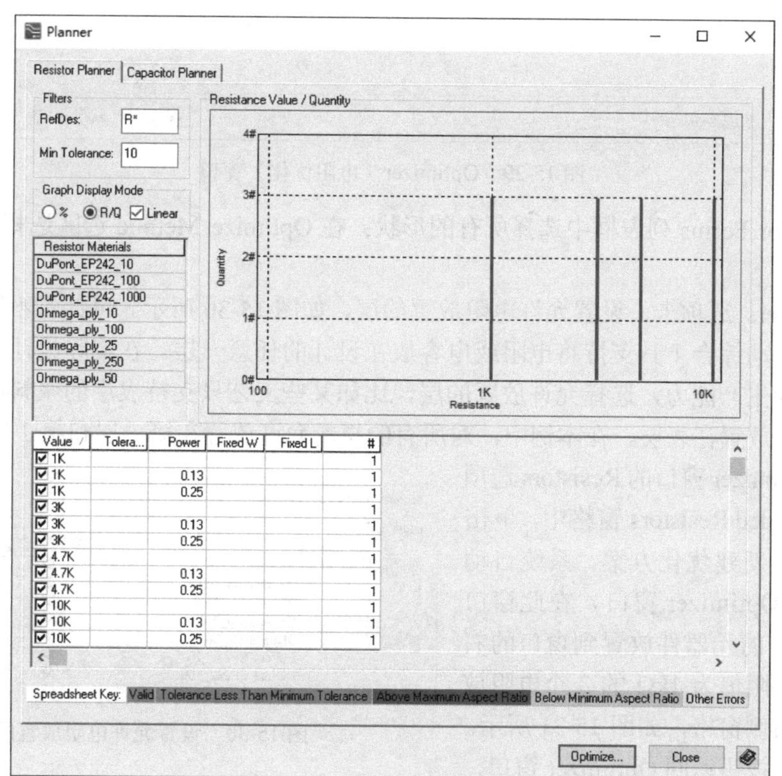

图 15-28　电阻自动综合主界面

① Graph Display Mode，选择图形的显示模式，统计设计中的电阻数量，可选百分比或者数值显示，本例中选择电阻数值显示。

② Resistor Materials，可选电阻材料列表，列出在材料定义中定义过的电阻材料。

③ Resistance Value/Quality，电阻值（横坐标）—数量（纵坐标）曲线，可直观地看到该设计中的不同阻值电阻的数量。

④ 在 Planner 窗口下面的窗格中可以看到需要进行综合的电阻，本例中为 1K、3K、4.7K、10K，每 3 个阻值一样的电阻其功耗不同，分别为功耗未定义、1/8W(0.13)和 1/4W(0.25)。

单击 Planner 窗口底部的 Optimize 按钮，启动 Optimizer（电阻优化）窗口，如图 15-29 所示。

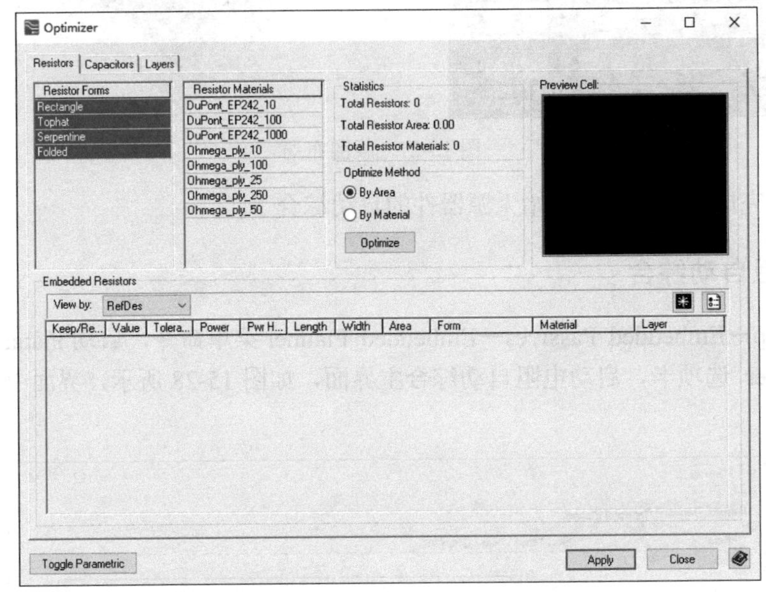

图 15-29　Optimizer（电阻优化）窗口

在 Resistor Forms 列表框中选择所有的形状；在 Optimize Method 选区选择 By Area，基于区域优化。

单击 Layers 选项卡，设置允许电阻放置的层，如图 15-30 所示。可针对不同的材料设置不同的层，自动综合工具支持将电阻或电容放在设计的任意一层。在实际设计中，设计人员要根据工艺和生产能力，选择允许放置的层，比如某些工艺只支持表层的浆料电阻，则只能选择允许电阻放置在表层。在本例中，对所有的材料允许放置在第 1 层和第 2 层。

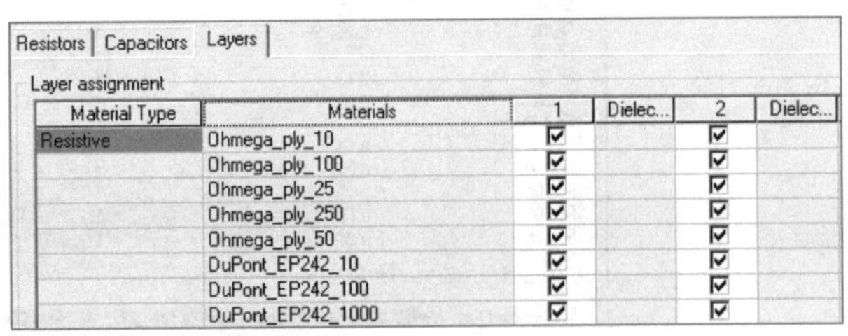

Material Type	Materials	1	Dielec...	2	Dielec...
Resistive	Ohmega_ply_10	☑		☑	
	Ohmega_ply_100	☑		☑	
	Ohmega_ply_25	☑		☑	
	Ohmega_ply_250	☑		☑	
	Ohmega_ply_50	☑		☑	
	DuPont_EP242_10	☑		☑	
	DuPont_EP242_100	☑		☑	
	DuPont_EP242_1000	☑		☑	

图 15-30　设置允许电阻放置的层

返回 Optimizer 窗口的 Resistors 选项卡，在 Embedded Resistors 窗格中，单击新建按钮，新建优化方案，系统自动打开 Toggle Optimizer 窗口，在此窗口中将需要综合的元器件放置到窗口的右侧窗格，现将阻值为 1kΩ 的 3 个电阻放置到窗口的右侧窗格，如图 15-31 所示。

单击 OK 按钮返回 Optimizer 窗口，对不同的材料进行选择。选择第一个材料，DuPont_EP242_10，下方 Embedded Resistors 区全部显示为黄色，Pwr Handing 栏出现 Failure，并且 Optimize 按钮为灰色，表明该材料在限定面积内无法生成 1K 电阻，如图 15-32 所示。

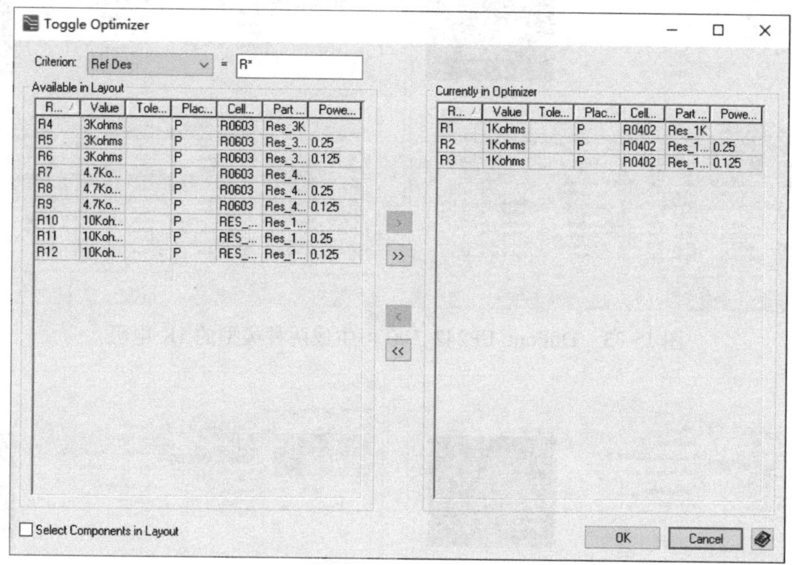

图 15-31　将需要综合的元器件放置到窗口的右侧窗格

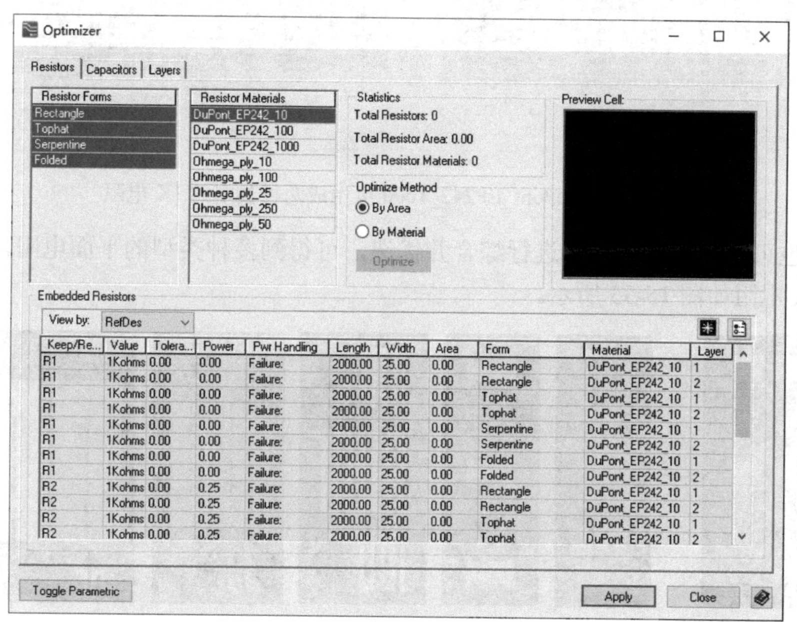

图 15-32　DuPont_EP242_10 材料在限定面积内无法生成 1K 电阻

选择 DuPont_EP242_100，该材料在 1、2 层均可生成 Rectangle 和 Serpentine 类型的电阻，并且其 Pwr Handing 值远远超过我们设定的功耗值，所以综合出来的不同功耗的电阻面积相同，生成界面如图 15-33 所示。这里选择 Serpentine 类型的电阻，并单击 Apply 按钮。

选择 DuPont_EP242_1000，该材料在 1、2 层均可生成 Rectangle 和 Folded 类型的电阻，并且其 Pwr Handing 值也远远超过我们设定的功耗值，所以综合出来的不同功耗的电阻面积相同，生成界面如图 15-34 所示。这里选择 Rectangle 类型的电阻，并单击 Apply 按钮。

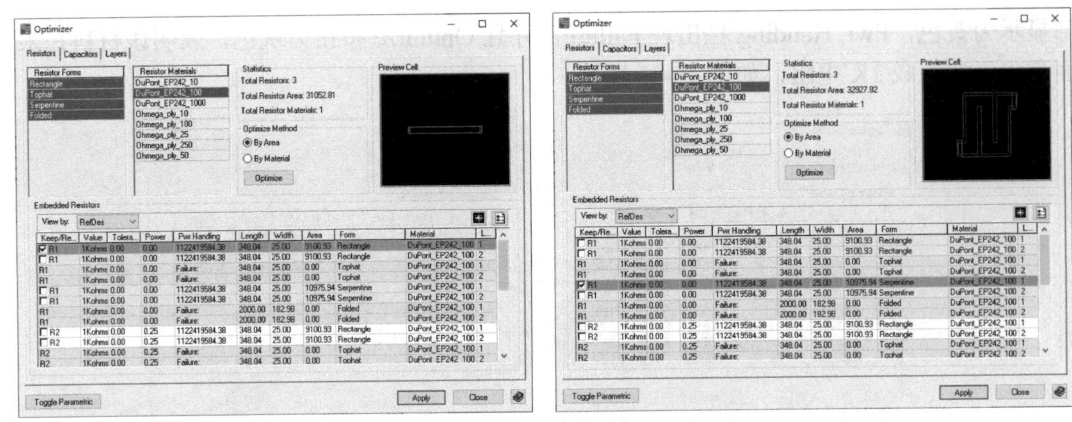

图 15-33　DuPont_EP242_100 可生成两种类型的 1K 电阻

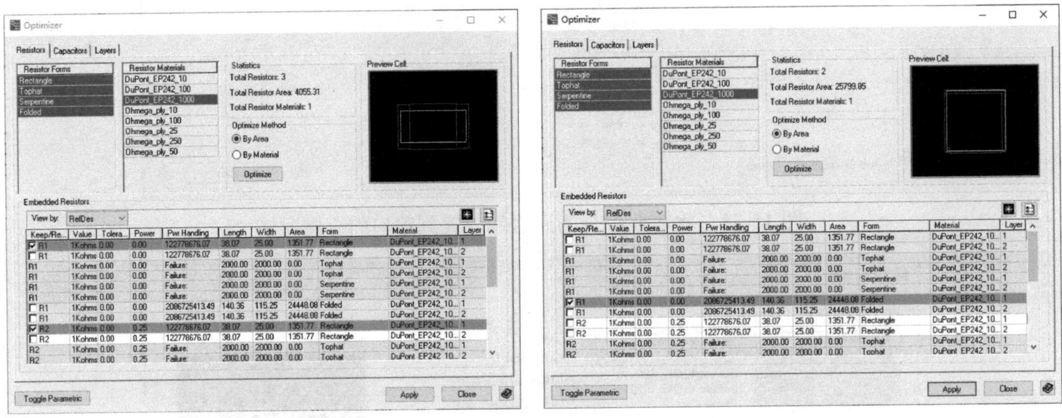

图 15-34　DuPont_EP242_1000 可生成两种类型的 1K 电阻

此外，也可以选择其他材料进行综合并优选，可得到多种类型的平面电阻，不同材料可综合出的 1K 电阻如图 15-35 所示。

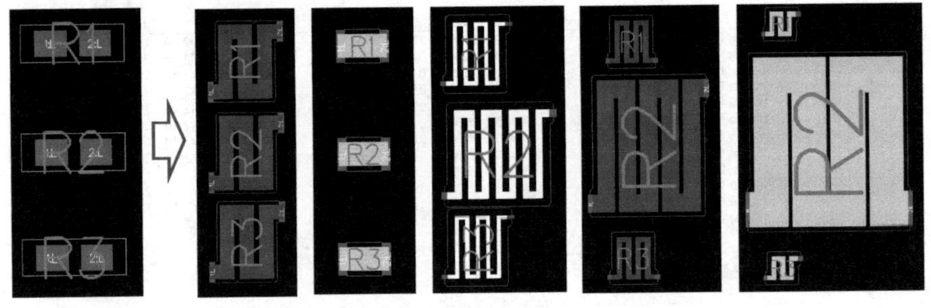

图 15-35　不同材料可综合出的 1K 电阻

对其他电阻进行综合并优选，最后得到如图 15-36 所示的电阻综合完成图，其中 R10、R11、R12 由于面积比较大，被放置到了第 2 层，综合出的平面电阻也可以通过 Push 命令在允许的层直接进行切换层操作。

由图 15-36 可知，不同材料所综合出的电阻的形状和大小均不相同。此外，有些材料的 Pwr Handing 值比较大，不同功耗的电阻综合出来的面积是相同的，有些材料的 Pwr Handing 值比较小，功耗的大的电阻综合出来的面积就相对比较大。如果所有的材料都是可用的，也可以一次选择所有的材料进行综合并优选。

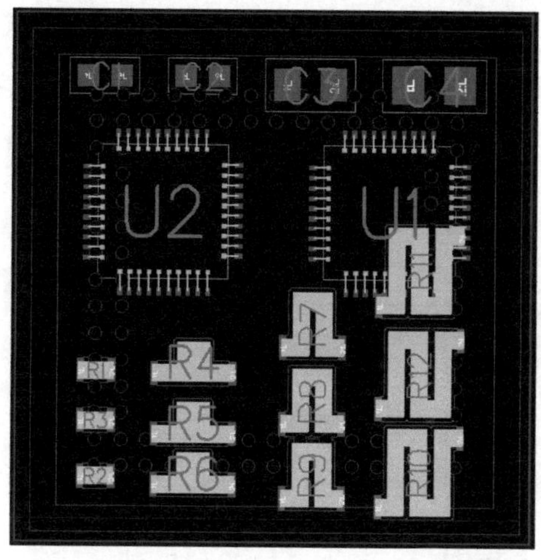

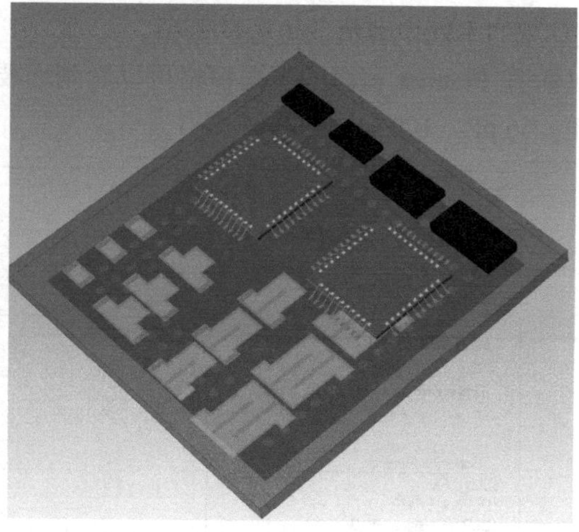

图 15-36　电阻综合完成图

在实际设计中有一种情况，自动综合完成后，设计人员需要重新将平面电阻返回到分立式电阻的状态，这时候单击 Optimizer 窗口左下角的 Toggle Parametric 按钮，在弹出的窗口选中需要返回分立式电阻的元器件，如图 15-37 所示。单击 Apply 按钮，重新查看版图即可看到被选中的平面电阻返回至最初的分立式电阻。

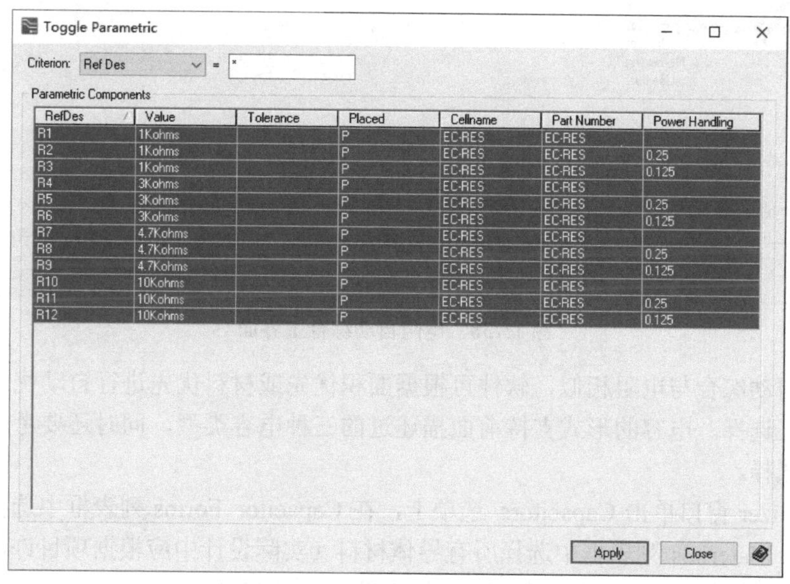

RefDes	Value	Tolerance	Placed	Cellname	Part Number	Power Handling
R1	1Kohms		P	EC-RES	EC-RES	
R2	1Kohms		P	EC-RES	EC-RES	0.25
R3	1Kohms		P	EC-RES	EC-RES	0.125
R4	3Kohms		P	EC-RES	EC-RES	
R5	3Kohms		P	EC-RES	EC-RES	0.25
R6	3Kohms		P	EC-RES	EC-RES	0.125
R7	4.7Kohms		P	EC-RES	EC-RES	
R8	4.7Kohms		P	EC-RES	EC-RES	0.25
R9	4.7Kohms		P	EC-RES	EC-RES	0.125
R10	10Kohms		P	EC-RES	EC-RES	
R11	10Kohms		P	EC-RES	EC-RES	0.25
R12	10Kohms		P	EC-RES	EC-RES	0.125

图 15-37　平面电阻返回到分立式电阻状态的操作窗口

15.3.3　电容自动综合

在 Planer 窗口中单击 Capacitor Planer 选项卡，启动电容自动综合主界面，如图 15-38 所示，界面中的主要参数介绍如下。

① Graph Display Mode，选择图形的显示模式，可选百分比或者数值显示，本例中对电容选择数值显示，并勾选线性显示选项。

② Capacitor Materials，可选电容材料列表，列出在材料定义中定义过的电容材料。

③ Capacitance Value/Quality，电容值（横坐标）—数量（纵坐标）曲线，可直观地看到

该设计中的不同电容值的电容的数量。

④ 在 Planner 窗口的下面窗格可以看到需要进行综合的电容，图 15-38 中有 4 个电容：18 pF、56 pF、100 pF、360 pF 各 1 个。

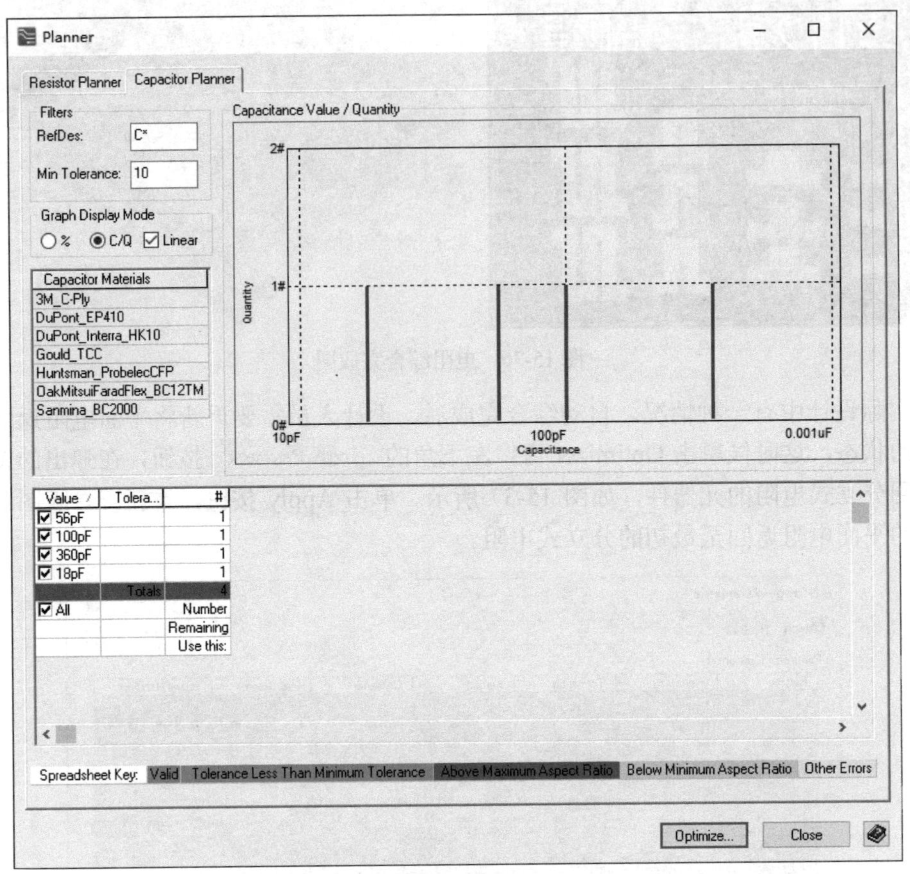

图 15-38　电阻自动综合主界面

电容的自动综合与电阻相似，软件可根据面积优先或材料优先进行自动优化选择，或由设计人员手工选择。电容的形式支持前面描述过的三种电容类型，同时还要考虑电容材料和导体材料的选择。

在 Optimizer 窗口单击 Capacitors 选项卡，在 Capacitor Forms 列表框中选择所有形状，在 Conductor Materials 列表框中选择所有导体材料（实际设计中应根据项目许可的材料进行选择），并选择基于区域的优化方式，电容优化界面如图 15-39 所示。

单击按钮，新建优化方案，在打开的 Toggle Optimizer 窗口中，将需要综合的电容放置到右侧窗格，如图 15-40 所示。

单击 OK 按钮返回 Optimizer 窗口。在 Capacitor Materials 列表框选择可用的电容材料，首先选择 3M_C-Ply 进行综合，如图 15-41 所示。可以看到综合出多种平面电容，其中包含印刷式电容、交叉指形电容以及夹层式电容。一般来说交叉指形电容的面积都很大，夹层式电容的结构比较复杂，所以推荐采用印刷式电容，可单击每种电容前面的勾选框进行预览，单击 Optimize 按钮进行优选后，单击 Apply 按钮进行应用。

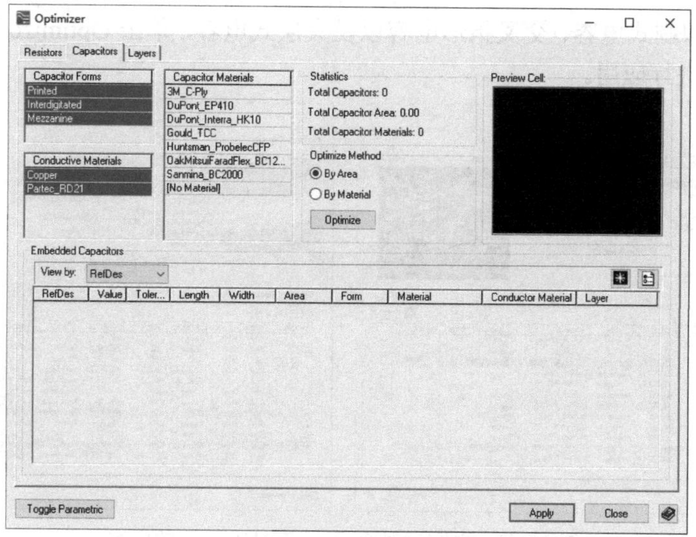

图 15-39　电容优化界面

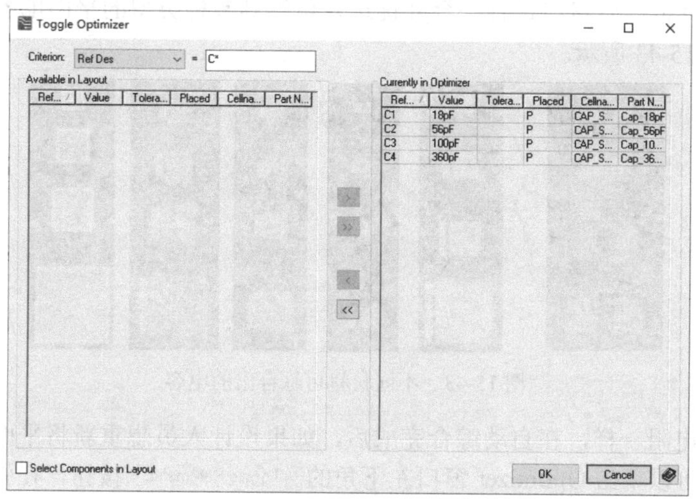

图 15-40　将需要综合的电容放置到右侧窗格

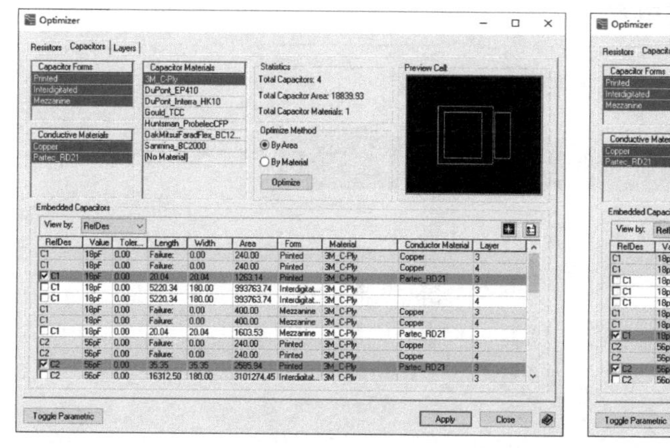

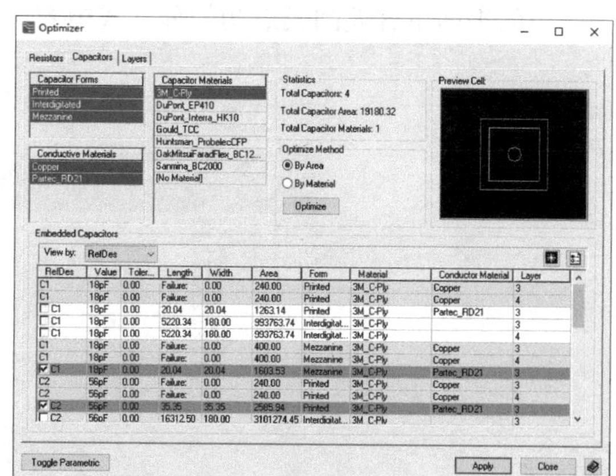

图 15-41　电容材料 3M_C-Ply 综合的电容

选择电容材料 DuPont_EP410 综合的电容如图 15-42 所示。同样可以看到综合出多种平面电容，其中包含印刷式电容、交叉指形电容以及夹层式电容，单击 Optimize 按钮进行优选后，单击 Apply 按钮进行应用。

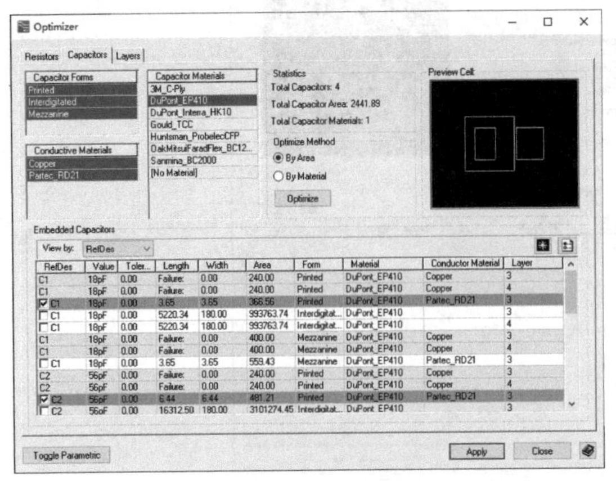

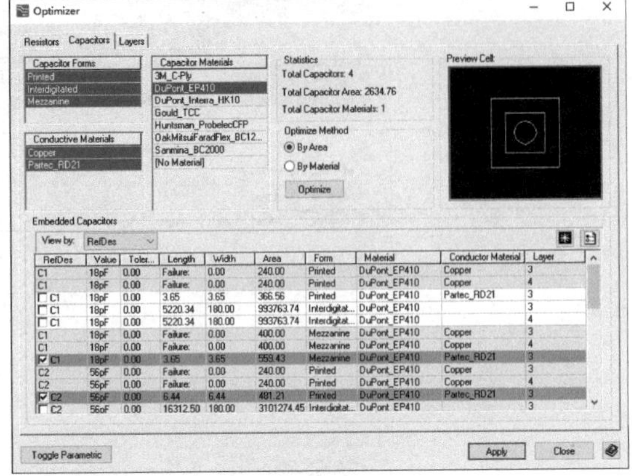

图 15-42　电容材料 DuPont_EP410 综合的电容

也可以选择其他电容材料进行综合并优选，可得到多种类型的平面电容。不同材料可综合出的电容如图 15-43 所示。

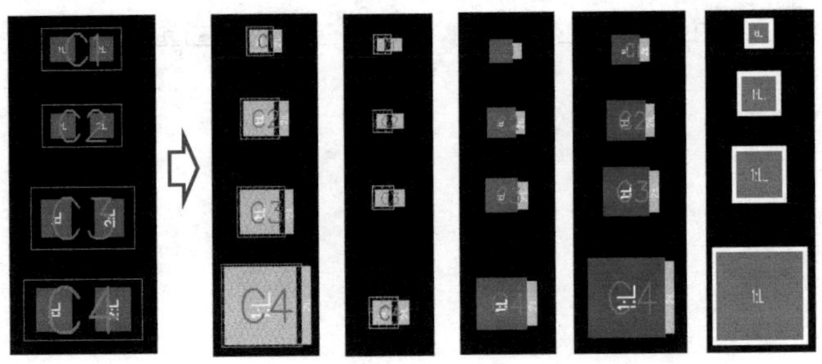

图 15-43　不同材料可综合出的电容

平面电容和电阻一样，在自动综合完成后，如果设计人员想重新将平面电容返回到分立式电容的状态，可以单击 Optimizer 窗口左下角的 Toggle Parametric 按钮，在弹出的操作窗口选中需要返回分立式电容的元器件，如图 15-44 所示。单击 Apply 按钮重新查看版图即可看到，被选中的平面电容返回成最初的分立式电容。

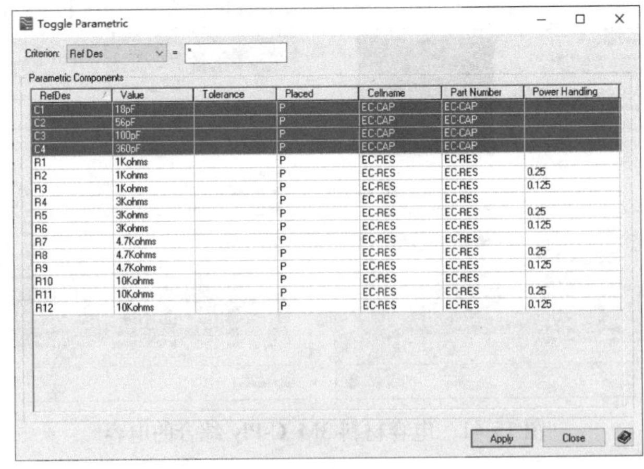

图 15-44　平面电容返回成分立式电容操作窗口

分立式电阻、电容和平面电阻、电容的效果图如图 15-45 所示。图 15-45（a）所示为分立式电阻、电容，图 15-45（b）所示为平面电阻、电容。可以看出，自动综合前的分立式电阻和电容所占体积较大且只能安装在基板表层，占据了大量的基板有效安装面积。同时，分立式电阻和电容需要通过焊接的方式与基板连接，增加了基板上的焊接点，从而使系统的可靠性降低。

（a）　　　　（b）

图 15-45　分立式电阻、电容和平面电阻、电容的效果图

自动综合后的平面电阻和电容，可以埋入基板的任意层，节省了基板表面的有效安装面积。同时，由于埋入式电阻和电容在基板生产时统一制作完成，直接连接到基板的布线或敷铜上，不需要焊接，减少了焊点，在一定程度上也提高了系统可靠性。

因此，可以根据项目的特点和要求合理选择平面电阻和电容，提高系统的可适应性。

15.3.4　自动综合后版图原理图同步

自动综合后的平面电阻、电容，其 Part Number 和 Cell 名称都变成了 EC-RES 和 EC-CAP，打开 Component Explore 可以看到列表中平面电阻、电容的 Cell 和 Part Number 名称的变化，如图 15-46 所示。

Ref Des	M	P	State	Cell	Part Number	Group	Mount Type
P1		104	P	BGA104P_123	BGA104PACKA...	/	Surface
U2		40	P	SIP_1	SIP_1	/	Surface
U1		40	P	SIP_1	SIP_1	/	Surface
R12		2	P	EC-RES	EC-RES	/	Surface
R11		2	P	EC-RES	EC-RES	/	Surface
R10		2	P	EC-RES	EC-RES	/	Surface
R9		2	P	EC-RES	EC-RES	/	Surface
R8		2	P	EC-RES	EC-RES	/	Surface
R7		2	P	EC-RES	EC-RES	/	Surface
R6		2	P	EC-RES	EC-RES	/	Surface
R5		2	P	EC-RES	EC-RES	/	Surface
R4		2	P	EC-RES	EC-RES	/	Surface
R3		2	P	EC-RES	EC-RES	/	Surface
R2		2	P	EC-RES	EC-RES	/	Surface
R1		2	P	EC-RES	EC-RES	/	Surface
C4		2	P	EC-CAP	EC-CAP	/	Surface
C3		2	P	EC-CAP	EC-CAP	/	Surface
C2		2	P	EC-CAP	EC-CAP	/	Surface
C1		2	P	EC-CAP	EC-CAP	/	Surface

图 15-46　平面电阻、电容的 Part Number 和 Cell 名称

电容的 Cell 和 Part Number 的名称变化可以被反向标注回原理图，注意在反向标注的时

候选择第一项：Only extract missing library data，这样本地的数据不会被中心库所更新。

重新打开原理图，可以看到所有被综合的电阻的 Cell 和 Part Number 属性都变成了 EC-RES，所有被综合的电容的 Cell 和 Part Number 属性都变成了 EC-CAP，自动综合后的原理图如图 15-47 所示。

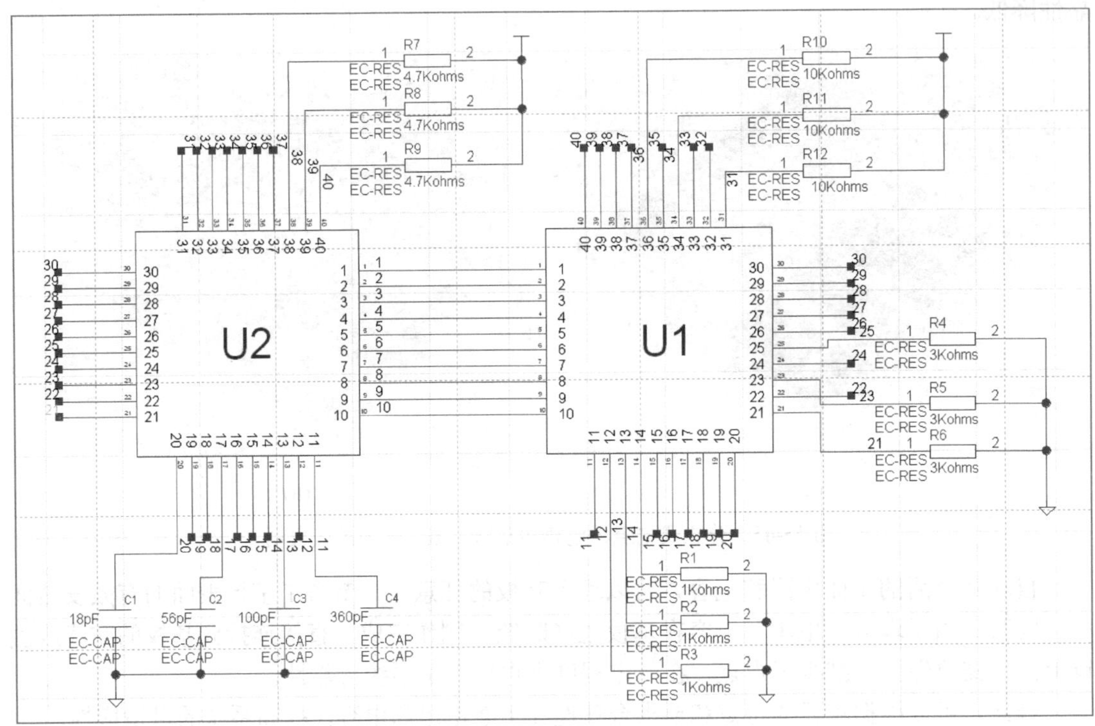

图 15-47　自动综合后的原理图

第 16 章　RF 电路设计

关键词：RF SiP，RF 原理图、RF 版图、RF 参数传递，RF Connect，ADS、AWR，RF 元器件库，RF Shape、Meander、RF Group、Segment、Node、Library Shape、User-defined Shape，RF Via，Parametics Properties，Clearance Rule、Entry Rules，连接 RF 仿真工具，RF 仿真工具传递数据

16.1　RF SiP 技术

RF SiP 技术，顾名思义是将射频（Radio Frequency，RF）技术和 SiP 技术结合起来一种技术。RF SiP 既包含了 RF 电路设计中常用的微带线、带状线、环形电感、交叉指形电容、滤波器、混频器等电路，又包含了 SiP 设计中常用的 Bond Wire、Flip Chip、Stacked Dies、Cavity、埋入式无源器件等技术。

RF SiP 技术广泛应用于电子信息产业的各个领域，目前研究和应用最具特色的是无线通信的物理层电路。商用 RF 芯片很难通过硅平面工艺实现，SoC 技术能实现的 RF 集成度相对较低，性能难以满足要求。同时由于物理层电路工作频率高，各种匹配与滤波网络含有大量的无源元器件，SiP 的技术优势在这些方面就凸显了出来。SiP 利用了更短的芯片互连线的优势，体积更小、功耗更低、速度更快、功能更多。例如，全功能的 SiP 将 RF、基带（Base Band）芯片和 Flash 芯片等都封装在一个模块内。这样，当无线前端模拟线路需要改变时，能迅速组成并提供相适应的功能线路。目前 RF SiP 技术已经逐渐成为无线设计的主流。

RF 电路设计可集成于不同的设计范畴中，包括将 RF 电路集成到硅片上、集成到 SiP 内部以及集成到 PCB 上。在本书中，RF SiP 技术特指将 RF 电路设计集成到 SiP 内部的技术。

一方面，使用 RF SiP 技术可以简化 RF IC 芯片设计，缩短产品研发周期和降低研发成本；另一方面，RF SiP 技术可以使 PCB 上 RF 单元的元器件数目比以往产品大大减少，简化 PCB 设计，减小 PCB 的面积，并提高其可靠性。

RF 工程师通常会选择 ADS、AWR 等专用工具进行 RF 电路设计和仿真。对于 Package 或者 SiP 设计者，则会选择专用的设计工具，如 Xpedition 或者 Cadence 的 APD/SiP。

但是如果需要在 SiP 基板设计中加入 RF 电路，或者要在同一块基板上设计 Bond Wire 以及数字、模拟、RF 混合的电路，ADS 等工具就不能满足要求。因为 ADS 本身并不能很好地支持复杂 SiP 或 Package 的设计，对于复杂的数字电路设计也并非其专长。

对于 RF SiP 设计，设计者需要寻找一个能将 RF 技术和 SiP 技术有机结合起来的设计环境，能够在统一的环境中进行 RF、数字、模拟混合电路原理图设计，并支持 RF、Bond Wire、Cavity 、Stacked Die、FlipChip，2.5DTSV，3D TSV 等功能的版图设工具，Xpedition 是目前唯一能够在同一环境中同时支持上述技术的设计平台。

16.2 RF 设计流程

Xpedition 能够同时支持 SiP、Package，以及数字、模拟和 RF 电路的混合设计，是 RF SiP 设计者的最佳选择。

在 Xpedition 中可实现灵活的 RF 电路设计，通过 RF Connect 接口可将 RF 设计数据输出到 Agilent ADS /AWR 进行仿真验证，同时也可通过 RF Connect 接口将 ADS / AWR 等 RF 设计的数据、仿真验证的结果导入 Xpedition Designer 和 Xpedition Layout，从而确保 RF 设计、RF 仿真数据的同步和完整性。

图 16-1 所示为 Xpedition 中 RF 电路设计与仿真流程。

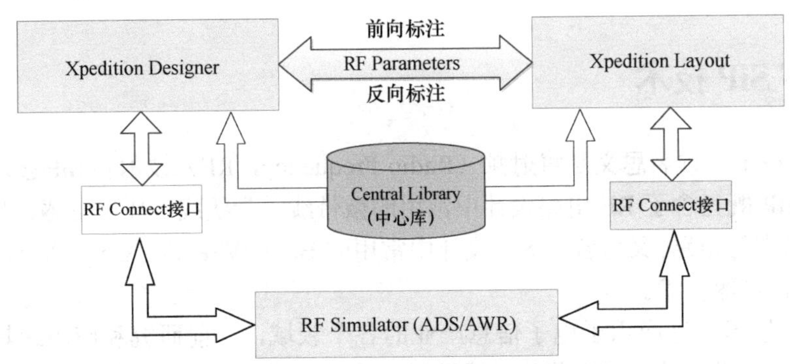

图 16-1　Xpedition 中 RF 电路设计与仿真流程

RF 原理图设计在 Xpedition Designer 中进行，RF 版图设计在 Xpedition Layout 中进行，RF Connect 可与 RF Simulator（仿真引擎）ADS/AWR 连接，相互传递设计数据。

16.3 RF 元器件库的配置

16.3.1 导入 RF 符号到设计中心库

在应用 RF 原理图输入功能之前，要先配置 RF 元器件库，将 RF 元器件从软件安装目录导入设计者指定的中心库。最简便的导入方法就是通过批处理命令将系统自带的 RF 元器件库导入设计人员当前使用的中心库。

编写如图 16-2 所示的用于配置 RF 元器件库的批处理文件内容，编写完成后将其保存成批处理文件 RFCL.bat。

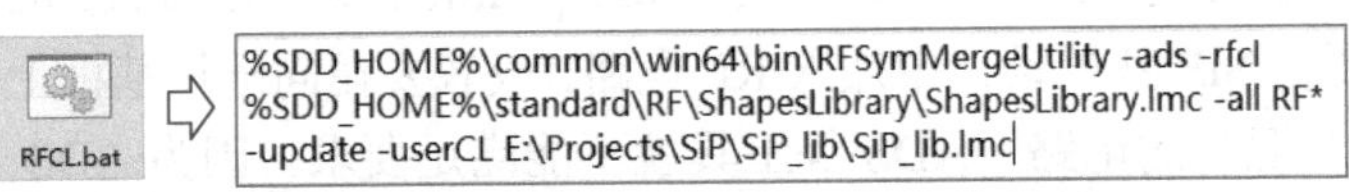

图 16-2　用于配置 RF 元器件库的批处理文件内容

此文件的功能就是将软件安装目录中的参数化 RF 元器件库复制到设计人员当前使用的中心库中。参数化 RF 元器件路径为%SDD_HOME%\ standard\RF\ShapesLibrary，这个路径和设计人员计算机中 Xpedition 的安装路径有关。例如，如果在本地磁盘(D)中安装了 Xpedition，则路径应更改到本地磁盘（D）中 Xpedition 下的 SDD_HOME 目录。

编写完批处理文件后保存，在 DOS 窗口运行 RFCL.bat 文件，系统会提示复制内容及复制进度。复制完成后，重新打开用户中心库，在 Symbols 列表下可看到有大量 RF 元器件符号，这些 RF 元器件符号是和 ADS 中的 RF 元器件完全兼容的。

图 16-3 所示为批处理命令 RFCL.bat 运行前后中心库的变化，可以看到在 Symbols 目录下添加了多个 RF_xxx 的分区。

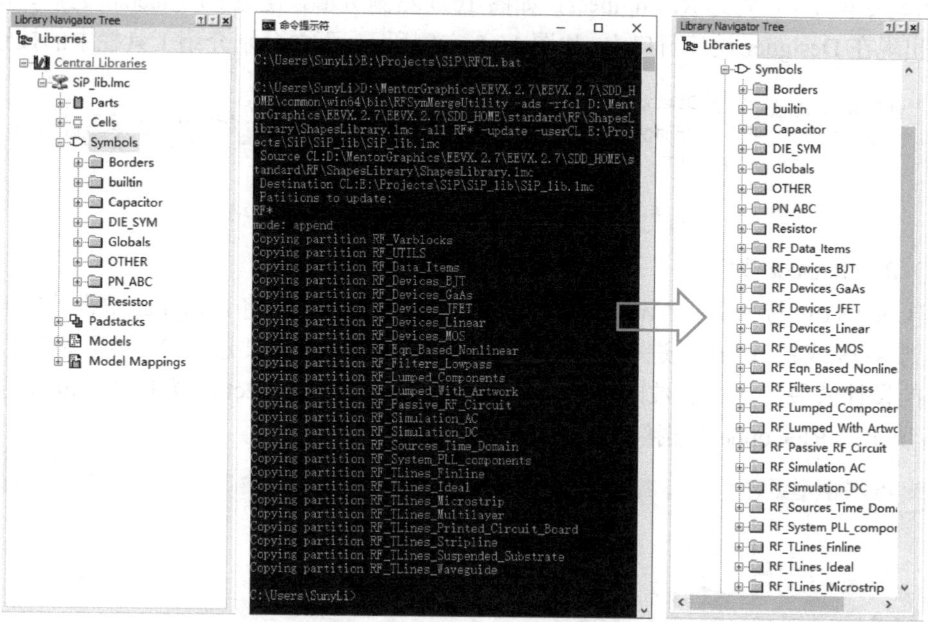

图 16-3　批处理命令 RFCL.bat 运行前后中心库的变化

16.3.2　中心库分区搜索路径设置

将 RF Symbol 通过批处理命令复制到用户的中心库后，在关联此中心库的设计中并不一定能看到 RF Symbol，需要检查中心库的分区搜索路径（Partition Search Paths）。

在 Library Manager 中选择 Setup→Partition Search Paths 菜单命令，打开 Partition Search Paths 窗口，在右侧的 Define search order 列表框中勾选需要在原理图中用到符号分区，如图 16-4 所示。只有被勾选的符号分区在原理图设计时才是可见的，才能被添加到原理图中。没有勾选的符号分区在原理图的 Databook 中不可见。

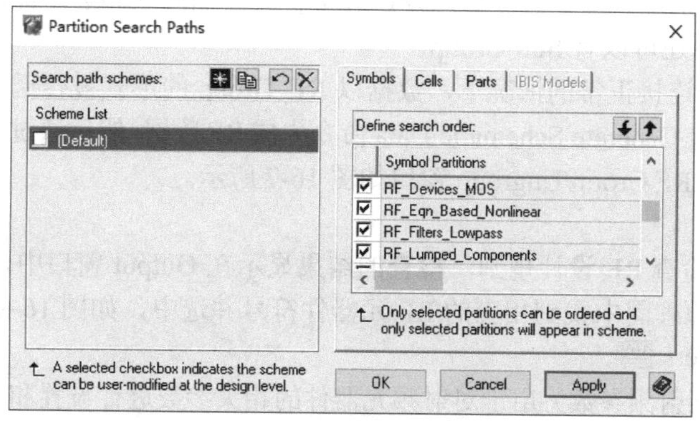

图 16-4　勾选需要在原理图中用到的符号分区

16.4 RF 原理图设计

16.4.1 RF 原理图工具栏

启动原理图工具Designer之后，需要在设置中使能RF设计的License，选择Setup→Settings→License 菜单命令，勾选 RFEngineer，如图 16-5 左侧所示。使能 RF License 之后，RF 工具栏自动出现在 Designer 设计窗口中，如图 16-5 右侧所示。下面分别介绍工具栏中的按钮功能。

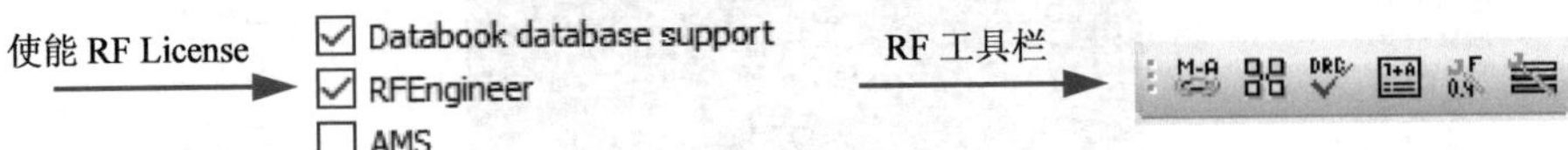

图 16-5　使能 RF License，RF 工具栏自动启动

（1）RF Connect 。

RF Connect 可与 ADS、AWR 等 RF 仿真工具动态连接，并将 Designer 中设计的 RF 原理图传递到 ADS 或者 AWR 中进行仿真。在仿真过程中，通常需要进行 RF 参数调整，从而达到最优的设计效果，这种参数的调整结果也可以通过 RF Connect 回传到 Designer 原理图。图 16-6 所示为 RF Connect 连接窗口和配置窗口。

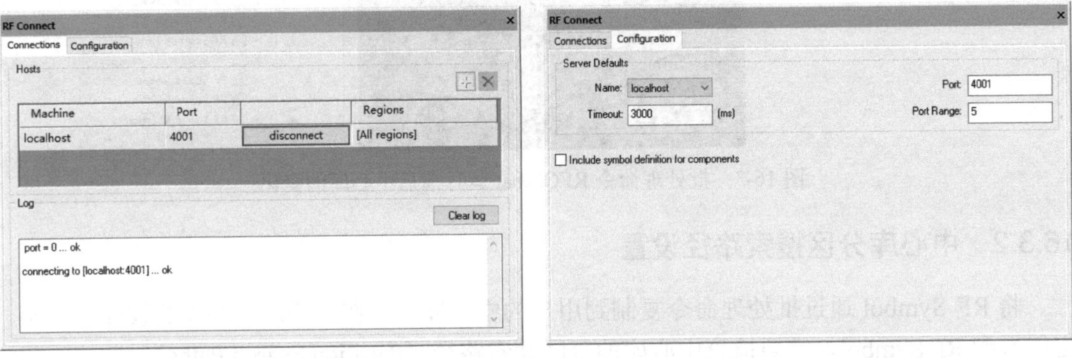

图 16-6　RF Connect 连接窗口和配置窗口

对于 Xpedition 软件和 RF 仿真工具都安装在本地电脑的情况，可选择默认的配置，需要注意的是，Port 4001、Port Range 5 的配置需要与 RF 仿真工具端的端口设置保持一致。

（2）RF Group 。

RF Group 用于创建和管理射频组，设计者可将具有相同或相近功能的 RF 符号组成一个 Group，RF Group 下还可以有 Sub-Group。

在 RF Connect 连接正常的情况下，数据以 RF Group 的形式被传送到 RF 仿真工具（如 ADS）中。一般先通过 Generate Schematic Data 命令生成 RF 数据，然后通过 Send Schematic Data 命令传递 RF 数据，RF Group/Ungroup 窗口如图 16-7 所示。

（3）RF DRC 。

RF DRC 用于检查 RF 设计规则，检查的结果显示在 Output 窗口中，通过鼠标单击提示信息，可以自动在原理图中找到相应的 RF 元器件符号并选中，如图 16-8 所示。

（4）RF Parameters 。

RF Parameters（射频参数）用于对射频元器件的相关参数进行设置和调整，RF Parameters 窗口如图 16-9 所示。

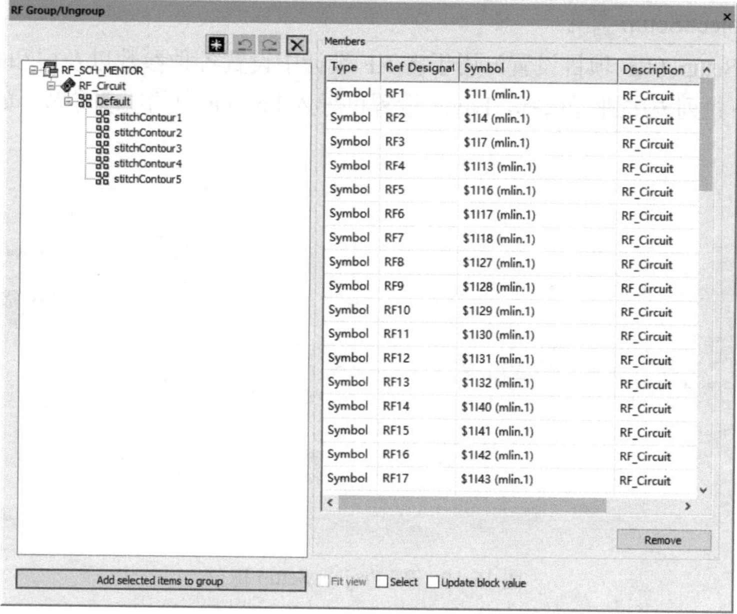

图 16-7　RF Group/Ungroup 窗口

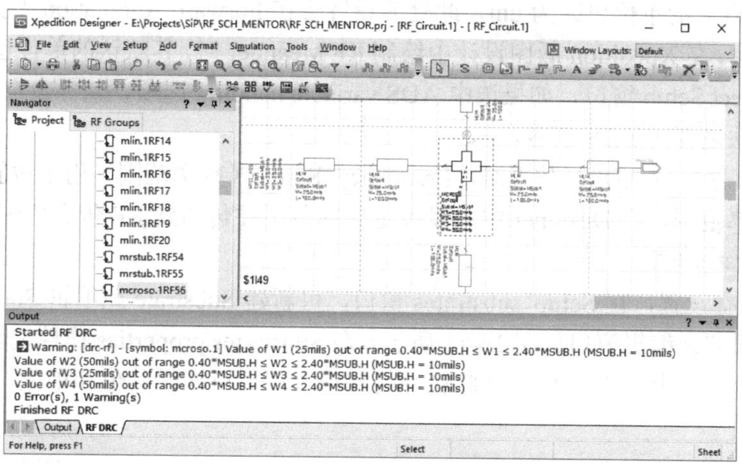

图 16-8　RF DRC 功能及通过提示信息找到 RF 元器件符号

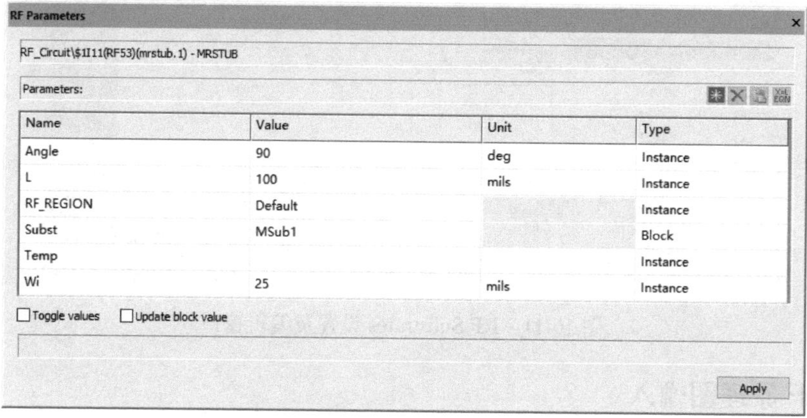

图 16-9　RF Parameters 窗口

（5）RF Project Setup 。

RF Project Setup（RF 项目设置）用于在 RF 设计中设置各种参数以及层和网络，所有参数的单位都可在下拉列表中进行选择，Layer 设置可导入 Layout 中的层叠参数，如图 16-10 所示。

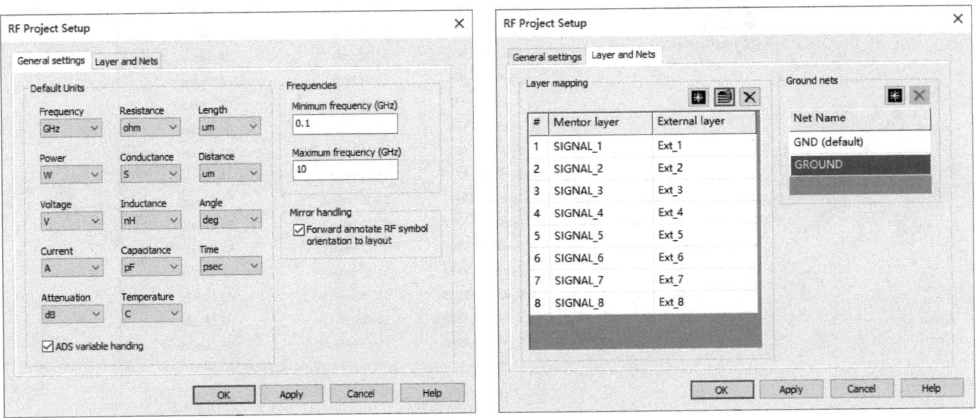

图 16-10　RF Project Setup 窗口

原理图中 RF 参数单位设置的改变会同步更新到 RF 版图设计中。例如，如果在此处将 RF Length（长度）的单位更改为 um，此处的设置会在 Forward Annotation（前向标注）时传递到版图设计中，在 Xpedition 版图设计中绘制 RF Meander 时，其默认的单位也会更新为 um。

在 RF Project Setup 窗口，如果选中 ADS variable handing 选项，软件会自动检查相关 RF 变量的处理方法是否与 ADS 兼容。

在 RF 仿真器（如 ADS）仿真时，Frequency Range（频率范围）用于设置 RF 电路模型支持的特定频率范围。在 Designer 中可以设定频率范围并传递到 RF 仿真器中。

（6）Substrates 。

RF 基板层叠设置，在 Setup substrates 窗口，可新建 Substrate 或编辑 Substrate 的属性，RF Substrates 设置及编辑窗口如图 16-11 所示。在 Substrates properties 属性编辑窗口，单击每一个属性，在下面的状态栏可以看到此属性的解释，然后可编辑其值和单位。

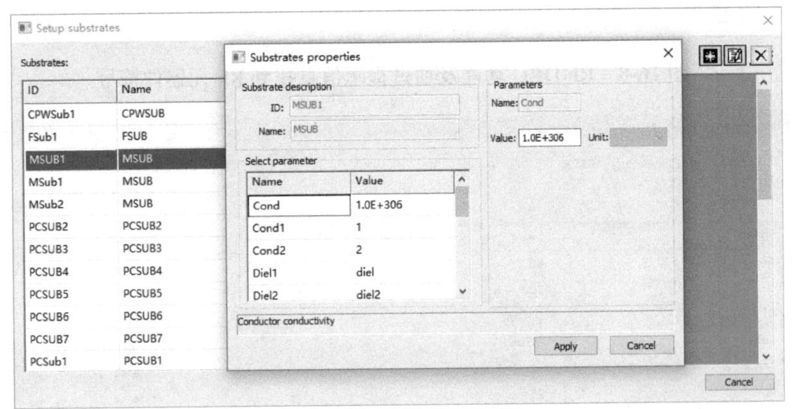

图 16-11　RF Substrates 设置及编辑窗口

16.4.2　RF 原理图输入

下面介绍在 Designer 中输入 RF 电路原理图。单击按钮，启动 Databook 窗口，如图 16-12

所示。单击窗口底部的 CL View 后，选择 Symbol View 选项卡，并在 RF_Tlines_Microstrip 分区中，选取 maclin3、mbend、mlin、mtee_ads、mrind、mrstub 等，放置到原理图中。

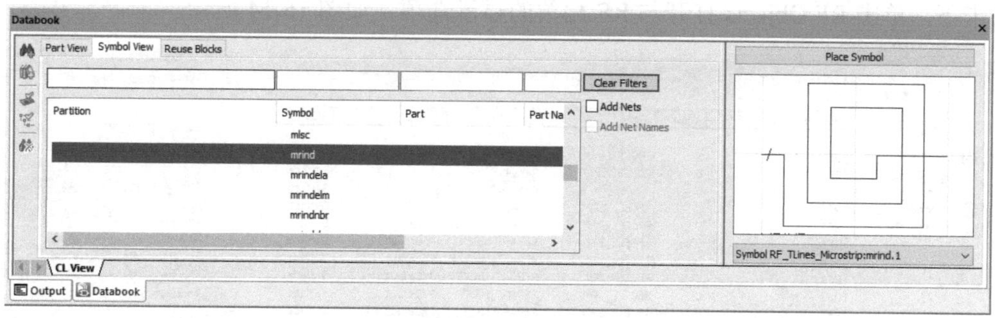

图 16-12　Databook 窗口

将放置到原理图中的几个 RF Symbol 进行复制、排列、网络连接操作，并连接到最左端的芯片引脚上，最右端串接 3 个电阻，可得到如图 16-13 所示的原理图。

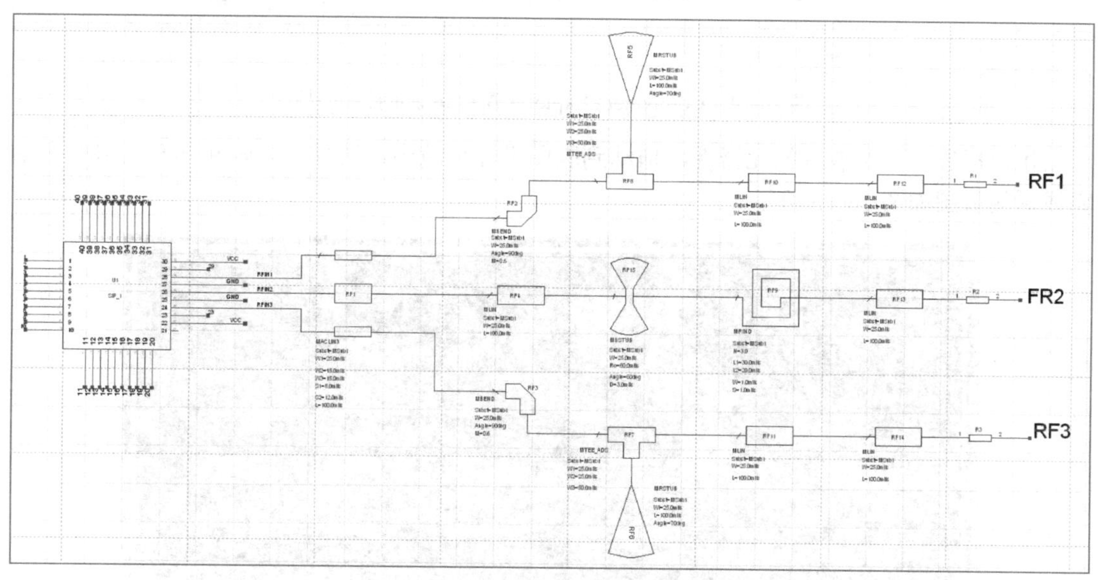

图 16-13　在原理图中输入 RF Symbol 并连接网络

由图 16-13 可知，每个 RF 元器件都有相应的参数控制。选中 RF 符号，单击 RF 工具栏的按钮，打开 RF parameters 窗口，可以设置或调整 RF 元器件的参数。

绘制好原理图后，该原理图包含 RF 参数化元器件和普通 IC 裸芯片、RF Symbol 和电阻，这时需要分别进行 RF DRC 检查和常规原理图检查 Verify ，检查通过后进行 Package。Package 成功后，单击 Xpedition Layout 按钮进入版图设计环境。

进入 Xpedition 界面后选择 Setup→Project integration 菜单命令，按照提示进行前向标注，前向标注完成后所有状态灯变绿，表明原理图和版图数据同步。

16.5　原理图与版图 RF 参数的相互传递

选择 View→Toolbars→Place 菜单命令，打开 Place 工具栏，单击 Component Explorer 按

钮，打开 Component Explorer 窗口，可以看到，窗口中列出了原理图中输入的全部的 3 个电阻、15 个 RF 元器件和 1 个芯片。在显示控制面板（Display Control-Board1）中的 Objects 选项卡下，单击 RF Objects 打开与 RF 相关的显示选项，如图 16-14 所示。

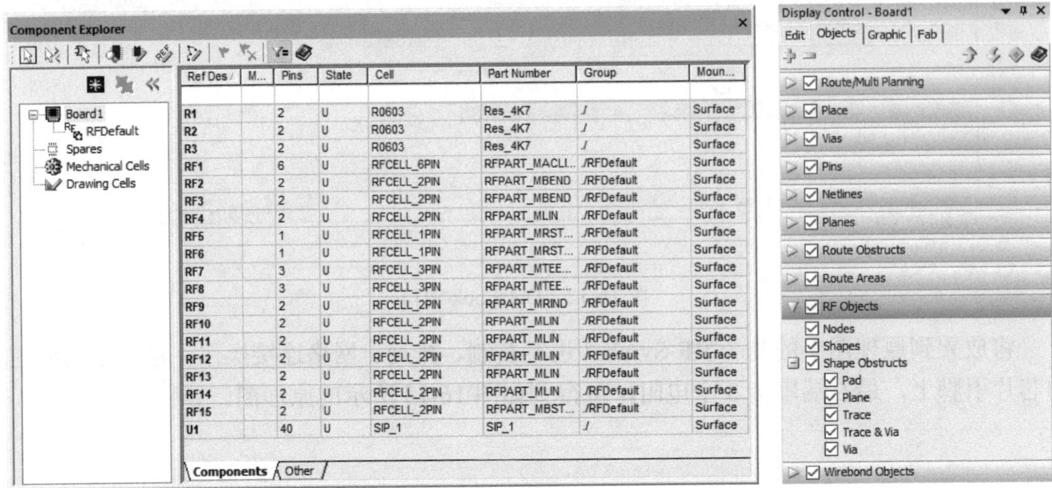

图 16-14 Component Explorer 窗口和显示控制面板

用鼠标选中需要放置的元器件，拖动到版图设计环境中，芯片、电阻和 RF 元器件放置完成后的版图如图 16-15 所示。

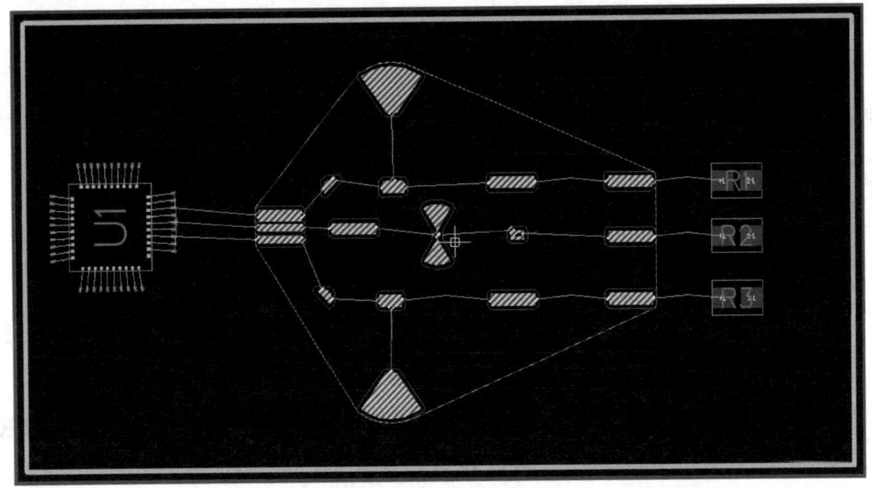

图 16-15 芯片、电阻和 RF 元器件放置完成后的版图

在原理图中设置的 RF 参数可以传递到版图中的 RF Cell 元器件中，RF Cell 由软件自动综合后保存在本地库中，其名称和原理图中的 RF Symbol 保持一致。

在 Package、前向标注过程中，根据参数化的 RF Symbol、RF 综合引擎自动综合出大小和形状都符合参数定义的 RF Cell，控制 RF Cell 形状和大小的参数来源于 RF Symbol 的参数，两者可以相互传递，如图 16-16 所示。

下面通过具体的案例来介绍 RF 参数相互传递的过程。

检查原理图中的 MRIND，（L1，L2）参数分别为（30 mils，20 mils），传递到版图中的 RF Cell 继承了 RF Symbol 中的参数，也为（30 mils，20 mils），如图 16-17 所示。

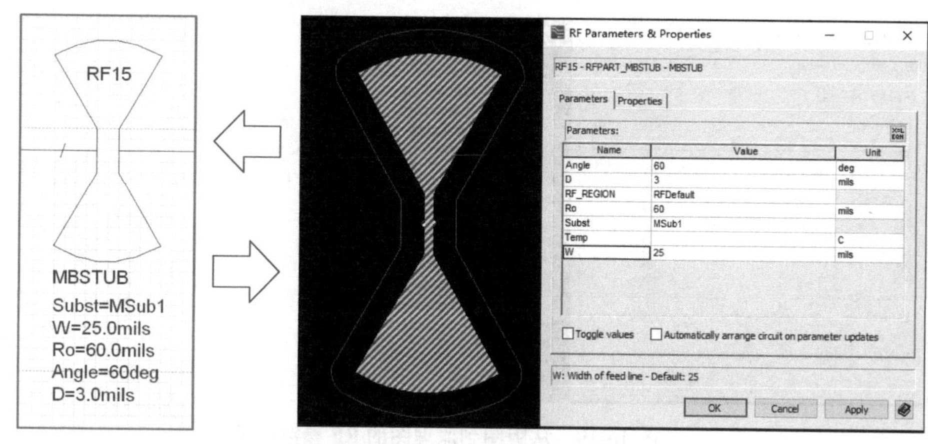

图 16-16　RF Symbol 和 RF Cell 可相互传递 RF 参数

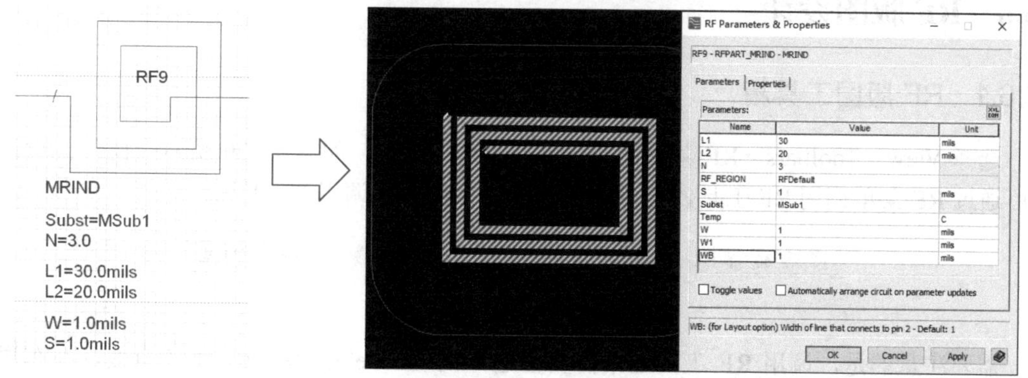

图 16-17　RF Symbol 传递 RF 参数到 RF Cell

在原理图中更改 MRIND 的（L1，L2，N）参数为（20mils，20mils，4），重新执行前向标注后，在版图中可以看到 RF Cell 的（L1，L2，N）参数也变为（20mils，20mils，4）。RF Cell 的外形也发生了相应的变化。原理图 RF 参数的变化传递到 RF Cell 如图 16-18 所示。

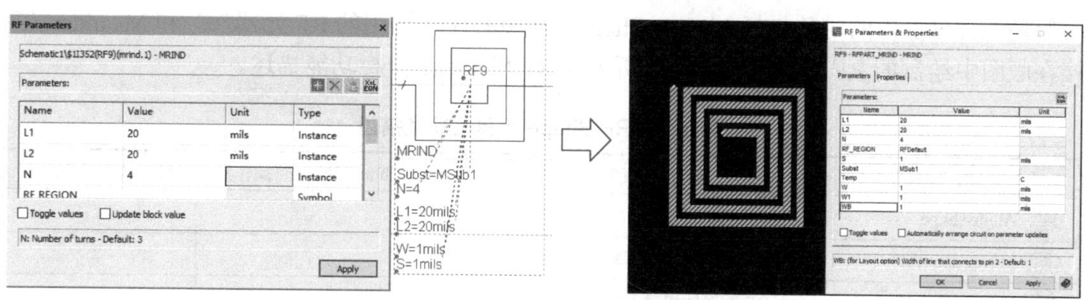

图 16-18　原理图 RF 参数的变化传递到 RF Cell

在版图中更改 MRIND RF Cell 的（L1，L2，N）参数为（20 mils，55 mils，5），并进行反向标注。检查原理图，可以看到 RF Symbol 的（L1，L2，N）参数也更新为（20 mils，25 mils，5），即实现了从版图到原理图的 RF 参数传递，如图 16-19 所示。

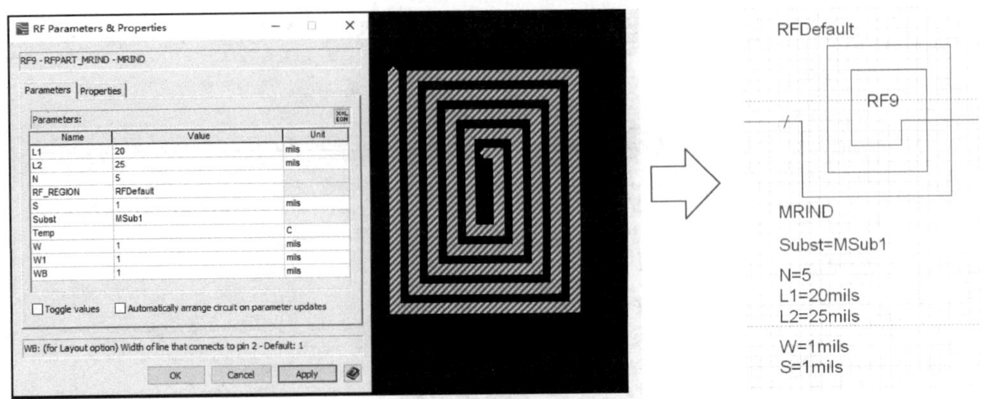

图 16-19　从版图到原理图的 RF 参数传递

16.6　RF 版图设计

16.6.1　RF 版图工具箱

选择 View→Toolbars→RF 菜单命令，打开 RF 工具箱，如图 16-20 所示。此外，设计者也可通过 RF 菜单调用 RF 工具，还可以通过单击鼠标右键调用 RF 工具。

图 16-20　RF 工具箱

需要注意的是，调用 RF 工具通常需要在选择模式（Select Mode）下才有效，在布局模式、布线模式和绘图模式下只有部分功能有效。

RF 工具箱按照功能主要分为三部分：RF Shape 工具栏、RF Node 和 Segment 工具栏、RF 通用工具栏，下面分别介绍。

（1）RF Shape 工具栏  。

这部分的 RF 工具主要用于 RF Shape 元器件的旋转、*X*/*Y* 轴镜像、Meander 复制、自动分布等功能，可操作的对象包括 Library Shape（从中心库中调用的 RF 元器件）和 Meander（直接在版图中绘制的 RF 导线），表 16-1 所列为 RF Shape 工具栏功能描述。

表 16-1　RF Shape 工具栏功能描述

RF Toolkit	功 能 描 述	Library Shape 可操作性	Meander 可操作性
Angle shape	旋转 RF 元器件	√	√
Mirror about X	RF 元器件相对 *X* 轴反转	√	√
Mirror about Y	RF 元器件相对 *Y* 轴反转	√	√
Copy Meander	Meander 复制功能	×	√
Auto Arranger	RF 元器件自动排列器	√	×

（2）RF Node 和 Segment 工具栏  。

这部分工具主要用于在 RF Shape 上放置节点（Node）以及对 Meander 的编辑功能，可操作的对象也包括 Library Shape 和 Meander。表 16-2 所列为 RF Node 和 Segment 工具栏功能描述。

表 16-2　RF Node 和 Segment 工具栏功能描述

RF Toolkit	功 能 描 述	Library shape 可操作性	Meander 可操作性
Add Edge Node	添加边沿节点	√	√
Add Floating Node	添加浮动节点	√	√
Add Bend	添加折弯	×	√
Add Segment	添加分段	×	√
Add Stub	添加分支	×	√

（3）RF 通用工具栏 。

这部分工具主要用于在版图中绘制和编辑 RF Meander，以及设置 RF 参数、RF via、RF Connect 的操作等。表 16-3 所列为 RF 通用工具栏功能描述。

表 16-3　RF 通用工具栏功能描述

RF Toolkit	功 能 描 述
Add Meander	添加 RF 导线
Route Meander	布置 RF 导线
Edit Meander	编辑 RF 导线
Convert RF shape	将 Conduct shape 铜皮转换成 RF Shape 元器件
Convert Trace to Meander	将普通布线转换成 RF 导线
Convert Meander to Trace	将 RF 导线转换成普通布线
RF Parameters & properties	RF 参数和属性
Clearance rules	RF 间距规则
Entry rules	RF 导线方向规则
Place Vias	参数化过孔的放置
RF Connect	RF 仿真器的连接

除了 RF 工具栏的工具，在设计窗口的下部还分布着功能软键，对应键盘上的 F1～F12，随着 RF 元器件被选中，软键的状态会随着设计者的操作而发生变化。当设计者对 RF 元器件进行操作的时候，软键变化成子软键供设计者进一步选择，从而完成相应的操作命令。

16.6.2　RF 单元的 3 种类型

在 RF 版图设计中，RF 单元分为 3 种类型：RF Standard Shape、Meander 和 User-Defined RF Shape，分别介绍如下。

（1）RF Standard Shape。

RF Standard Shape 是指从中心库的 RF 元器件库中调用的，在设计原理图时添加到原理图中，通过 Package、Forward Annotation 等操作从 RF 原理图传递到 RF 版图中的 RF 单元，即前面提到的 Library Shape，它是不可以在版图中直接添加的。

从中心库中调用并添加到原理图中的 RF Standard Shape，其参数可准确无误地传递到版图中。RF Standard Shape 参数的调整可在原理图中进行，并通过前向标注传递给版图，也可在版图中调整 RF 参数并通过反向标注传递给原理图，其 RF 参数的传递是双向的。

（2）Meander。

Meander 是指直接在版图中绘制的，与原理图无关的 RF 导线，Meander 的参数不会反向标注到原理图中，Meander 中的每一段都是一个多边形金属导体。

（3）User-Defined RF Shape。

User-Defined RF Shape 是指用户在版图中定义的 RF Shape，通常由多边形金属组成。一般由用户先绘制普通的图形，然后再通过命令转换成 RF Shape。

以上三种 RF 单元都是由 Node、Segment 和 Clearance 组成的。Node 是节点，其作用就像普通元器件的引脚；Segment 是导体或铜皮，就像普通元器件的器件体一样；Clearance 为器件体和其他导体的间距。Segment 之间的连接通过 Node 实现。RF 单元中的 Segment、Node 和 Clearance 如图 16-21 所示。

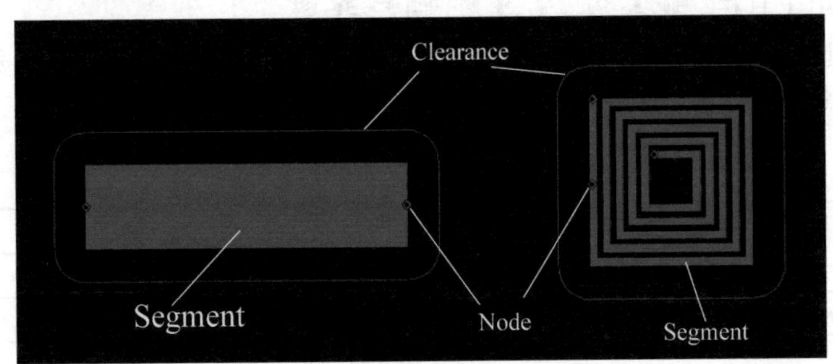

图 16-21　RF 单元中的 Segment、Node 和 Clearance

16.6.3　Meander 的绘制及编辑

下面介绍在版图中绘制及编辑 RF 导线 Meander 的方法。

（1）Add Meander 。

单击 Add Meander 按钮会自动弹出 Meander properties 窗口。鼠标光标也会转换成“大十字”，即可在设计窗口开始绘制 Meander，在绘制过程中可随时更改 Meander properties 中的参数，绘制出满足不同要求的 Meander。

Meander properties 窗口包含 3 个列表框，分别是 General、Shape specific 和 Serpentine specific，每个列表框中又包含多个参数，Meander 参数值及其含义如表 16-4 所示。

表 16-4　Meander 参数值及其含义

Meander 参数名称		参数值及其含义
General	Group	该 Meander 所属的 RF Group，可通过下拉箭头列出设计中所有的 RF Group 供设计者选择。此外，Inherit 继承，表明该 Meander 继承与之相连接的 RF Shape 的 Group；Mouse select，和鼠标选中的 Shape 具有同样的 Group
	Mode	模式选择，有 Segment 和 Serpentine 两种模式供选择
	Snap angle	定义角度，可偏移的角度为该角度的整数倍
	Strip type	类型选择，有微带线和带状线两种选择
	Meander name	Meander 名称，设计者可自定义
	Use smooth termination	自动平滑，以匹配终端的连接，减少反射的产生
	Inherit shape specifics	继承所选形状的属性（包括宽度、层叠等）
	Tape to target width	逐渐改变宽度到目标形状的宽度
	Merge co-linear segments	合并共线的 Segment

（续表）

Meander 属性名称		属性值及其含义
Shape specific	Width	定义 Meander 的宽度
	Corner type	定义 Meander 拐角的类型，包括 Free Radius、Corner、Miter、Radius 四种类型
	Miter%	当 Corner type 选择为 Miter 时，设置切角的比例值
	Radius	当 Corner type 选择为 Radius 时，设置半径的值
	Change scope	定义形状改变（Width、Corner 等）的范围 Local—形状改变仅应用于 Meander 后绘制的部分 Global—形状改变应用于 Meander 所有部分
	Change width	当 Change scope 选择为 Local 时可选，Taper 为逐渐变化，Step 为阶梯变化
Serpentine specific	Length	Serpentine Meanders 的长度
	Slope height	Serpentine Meanders 的高度
	Gap width	Serpentine Meanders 绕线的间距

在绘制 Meander 时，要先设置当前层，再关注 Meander 所属的 Group。在绘制的过程中，通过在 Meander properties 窗口更改绘制的参数，如导线宽度、拐角类型、切角比例等，可在版图中绘制出各种类型的 Meander，如图 16-22 所示。

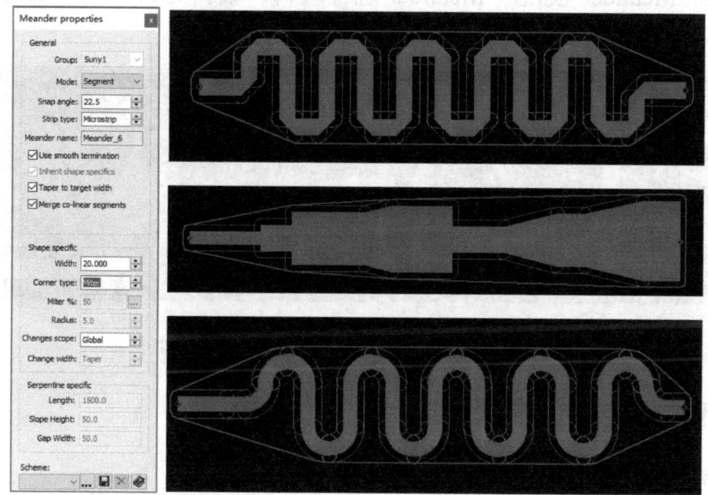

图 16-22　在版图中绘制出各种形状的 Meander

通过过孔可以切换 Meander 所处的层，如图 16-23 所示。可通过键盘的上、下箭头切换层，在切换层时自动添加过孔，也可通过 Display Control 中的 Layer Display 命令，直接用鼠标单击来切换当前层。

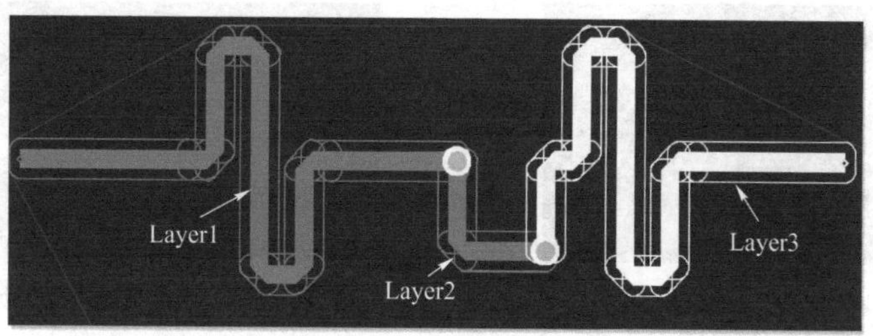

图 16-23　通过过孔可以切换 Meander 所处的层

（2）Route Meander 。

如果说 Add Meander 类似参数控制的纯手工布线，那么 Route Meander 可看作半自动布线，只需要选择起始点和终止点，系统会按照所选参数自动布线，如图 16-24 所示，Route Meander 有一定的智能性。

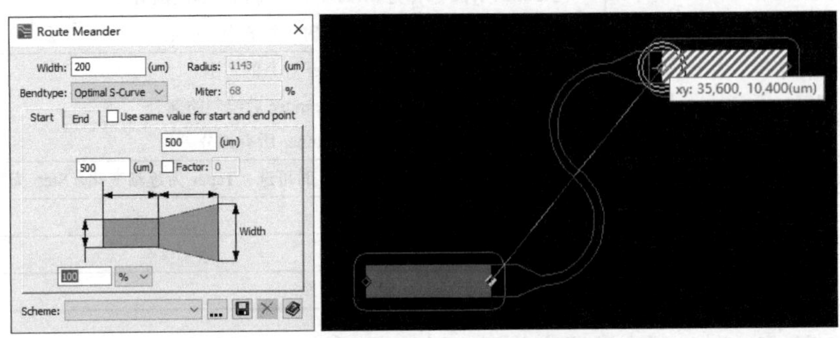

图 16-24 Route Meander 有一定的智能性

（3）Editor Meander 。

可采用 Editor Meander 按钮对 Meander 进行编辑，编辑时会出现虚线提示，按需要拖动鼠标即可。图 16-25 所示为 Meander 编辑前后的图形对比。

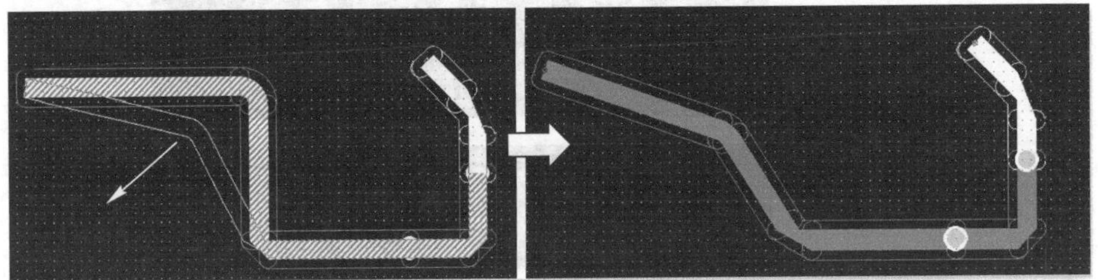

图 16-25 Meander 编辑前后的图形对比

16.6.4 创建用户自定义的 RF 单元

1. 绘制并转换 RF Shape

在 RF 电路设计中，如果需要创建特殊的 RF 形状，可以在绘图模式下绘制 Conductive Shape 后，选择 Convert RF Shape，即可将 Conductive Shape 转换成 RF Shape，如图 16-26 所示。转换后的 RF Shape 默认放置在 Active Group 中，如果需要改变 RF Shape 所属的 Group，可在 Component Explorer 窗口进行操作。

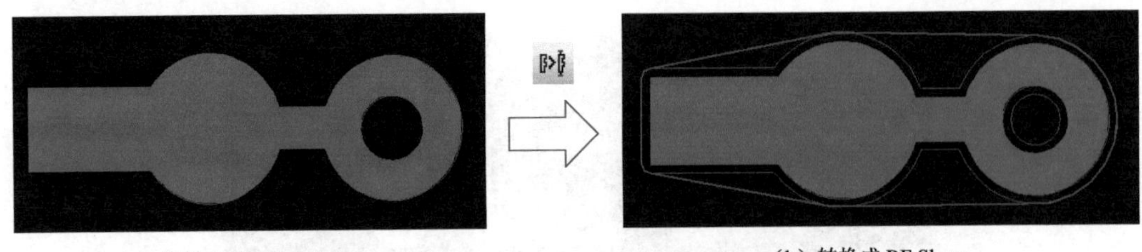

（a）绘制 Conductive Shape （b）转换成 RF Shape

图 16-26 将 Conductive Shape 转换成 RF Shape

2. 添加 Node 并生成 Symbol

因为 RF Shape 都是通过 Node 连接的，所以需要为新转换的 RF Shape 添加 Node。本例中为此 RF Shape 添加 4 个 Edge Node 和 1 个 Floating Node，然后在 Component Explorer 窗口中选中该 RF Shape 所属于的 RF Group Suny2，单击鼠标右键，在弹出菜单中选择 Generate Library Symbol，并在弹出的 Create Schematic Symbol 对话框中选择 In Central Library 选项。

有两个前提条件需要注意：① 先在此设计对应的 Central Library 根目录下创建 RF 文件夹，用于存放 RF Shape 的参数；② 在此设计对应的 Central Library 中创建符号分区，用于存放用户定义的 RF Symbol，二者缺一不可。

在 Create Schematic Symbol 对话框中，Central Library 的参数值保持<Project CL>（此设计对应的中心库），在 Partition 下拉列表中选择 User_RF，并设定 Designer settings 中的单位、引脚间距和长度，单击 OK 按钮，生成 RF Symbol 如图 16-27 所示。

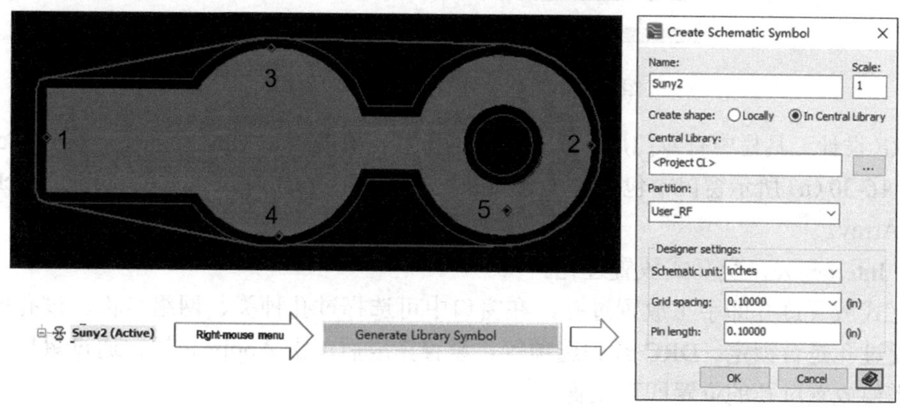

图 16-27　生成 RF Symbol

3. 在中心库中管理并应用 Symbol

创建完成后会弹出提示窗口，提示 Symbol 创建成功。打开项目对应的中心库，可以看到：① 设计根目录下的 RF 文件夹中有了文件 Suny2.library_element，② Symbol 的 User_RF 分区下面有了 Suny2 的符号，其形状与版图自定义的形状相似，并且有 5 个 Pin，如图 16-28 所示。

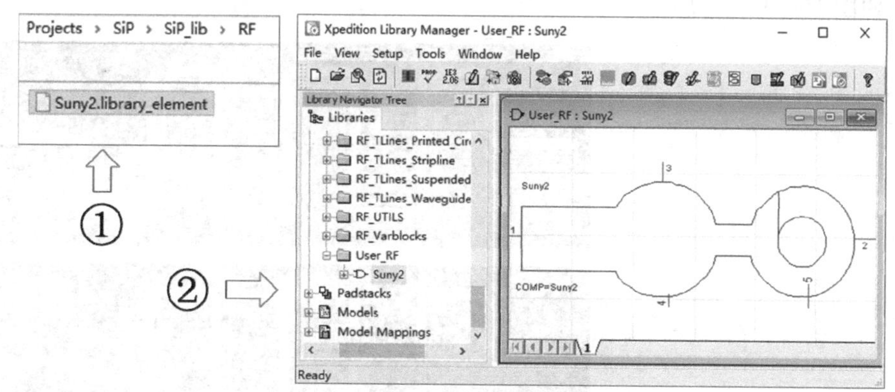

图 16-28　在中心库中查看 Symbol

单击鼠标右键，在弹出菜单中选择 Edit，对符号的引脚和外形进行调整后保存。

在新的设计中就可以使用该自定义的 Symbol 了，使用方法和普通的 RF Symbol 一样，将其添加到原理图中后，通过 Package 和前向标注就可将形状参数传递到版图设计中。

16.6.5 Via 添加功能

在传统电路和 RF 电路设计中，均需要添加各种类型的过孔（Via）连接不同的导体层，这些过孔有缝合过孔，也有添加在 RF Shape 上的过孔等。图 16-29 所示为通过 Via 连接不同的导体层。

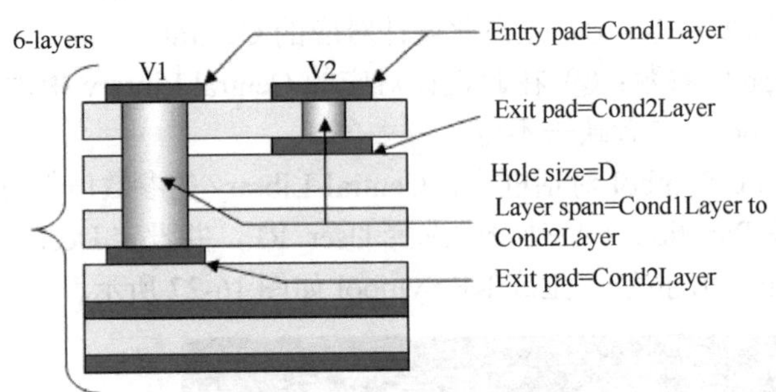

图 16-29 通过 Via 连接不同的导体层

在 RF 设计工具栏中有专门用于添加过孔的工具，单击 Add Vias 按钮，弹出 Add Via 窗口，如图 16-30（a）所示窗口中包含 5 个选项卡，分别是 Interactive、Stitch Contour、Stitch Shape、Radial、Array。

（1）Interactive，交互式放置过孔。

交互式放置过孔即手工放置过孔，在窗口中可选择过孔种类、网络名称、过孔所连接的导体层及过孔是否锁定、DRC 开关选项等。设置完成后单击 Apply 按钮，通过鼠标左键单击版图中需要放置过孔的位置即可放置。

（2）Stitch Contour，缝合过孔。

缝合过孔即沿着某个设计元素的边界自动放置过孔。此设计元素可以是 RF Meander、Trace、Plane 或 Cavity 腔体的边沿等。放置规则，如排列算法、距离、排数、过孔间距等。这里我们选择 Interactive start/end 算法，设置好后，选择需要放置缝合过孔的设计元素，如 RF Meander，单击 Apply 按钮，依次选择起始点和终止点，软件自动按设置好的规则放置缝合过孔，如图 16-30（b）所示。

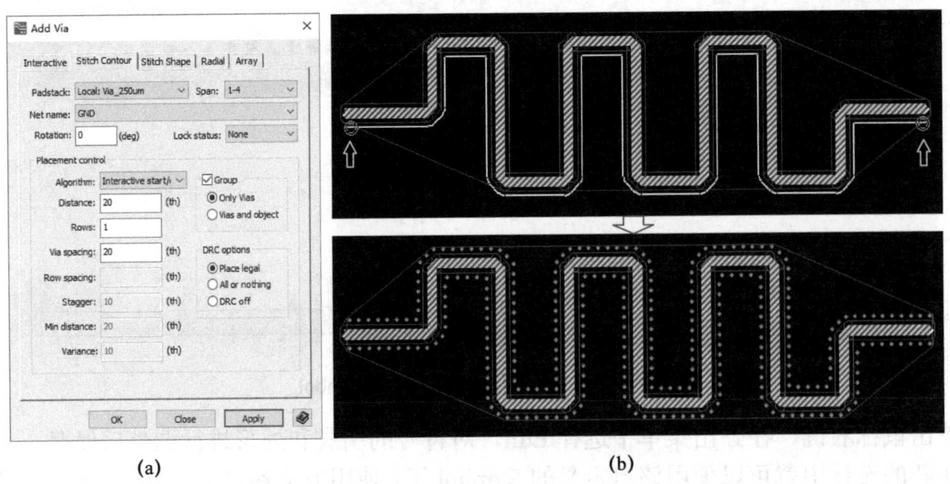

(a) (b)

图 16-30 Add Via 窗口和放置缝合过孔

（3）Stitch Shape，在铜皮上放置过孔。

在铜皮上放置过孔如图 16-31 所示。先在 Shape 参数框中选择形状、网络和过孔，然后在 Placement control 参数区设置过孔的放置规则，单击 Apply 按钮。

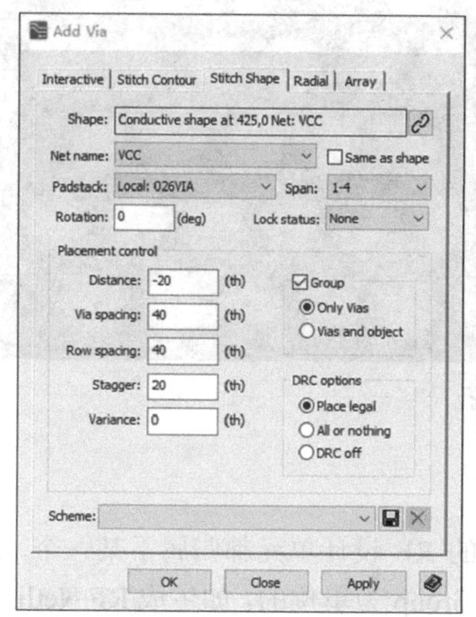

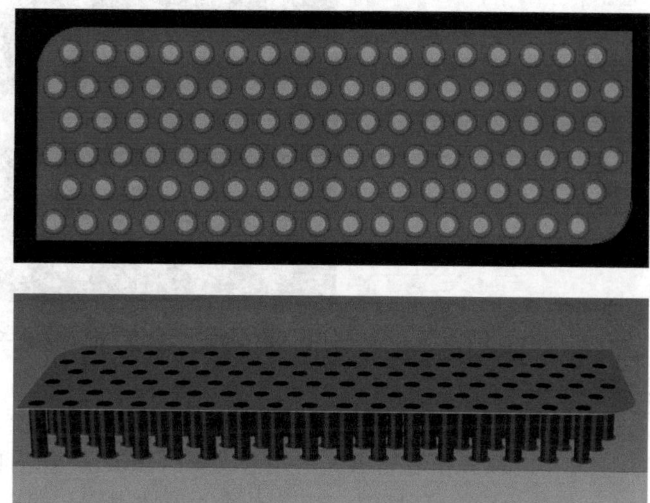

图 16-31　在铜皮上放置过孔

（4）Radial，以极坐标方式放置过孔。

按钮用于选择中心点的位置，单击此按钮后，用鼠标单击需要放置过孔的中心位置，然后在 Placement control 参数区设置规则，单击 Apply 按钮。保持圆心不变，变换半径和过孔数量可生成同心圆过孔阵列，如图 16-32 所示。

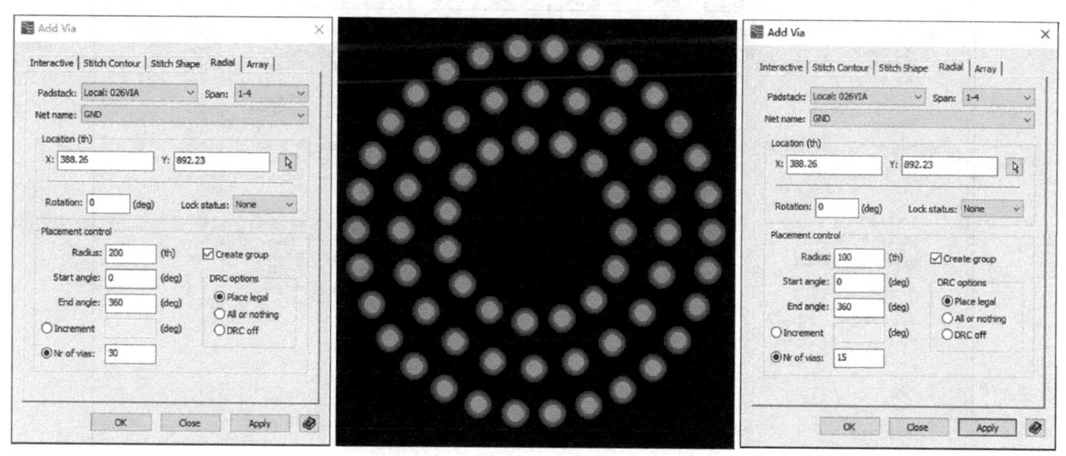

图 16-32　以极坐标方式放置过孔并生成同心圆过孔阵列

（5）Array，以阵列化方式放置过孔。

以阵列化方式放置过孔如图 16-33 所示。按钮用于选择阵列中第一个过孔放置的位置。单击此按钮后，用鼠标单击需要放置第一个过孔的位置，位置栏会自动更新为鼠标单击点的坐标值，然后在 Placement Control 中设置过孔放置规则，设置好后单击 Apply 按钮即可。

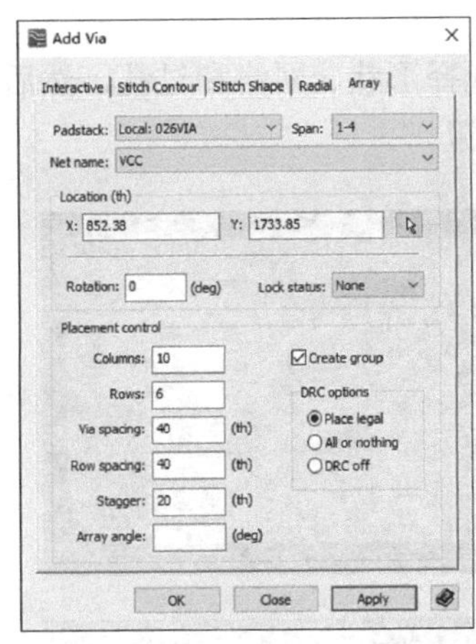

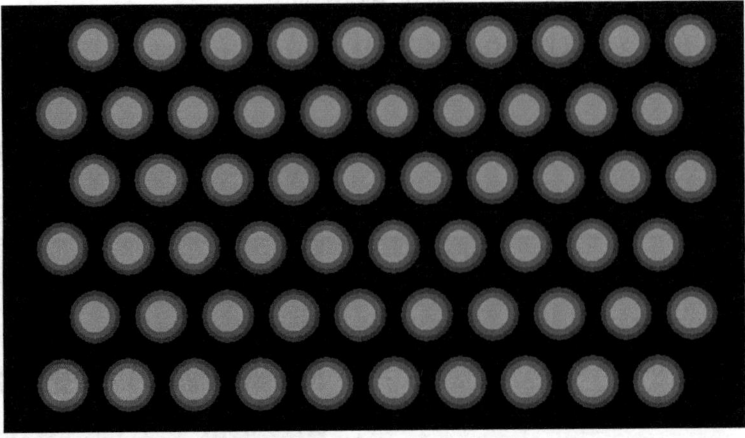

图 16-33　以阵列化放置过孔

16.6.6　RF Group 介绍

功能相同或者相近的 RF 单元组成 RF Group，所有的 RF 设计单元都归属于某一个 RF Group。在 Xpedition 环境中，RF 操作命令基本都是以 RF Group 为单位的，如生成 RF Netlist、RF Layout data 等。在 Component Explorer 中可通过鼠标右键菜单对 RF Group 进行操作，如图 16-34 所示。图中采用 Freeze 命令冻结 RF Group，冻结后 RF Group 不能被修改，且选中 Group 中的任何元素，整个 Group 被选中，设计者可移动、旋转整个 Group。冻结后的 Group 不能进行改变层、添加/删除元素或更改参数的操作。

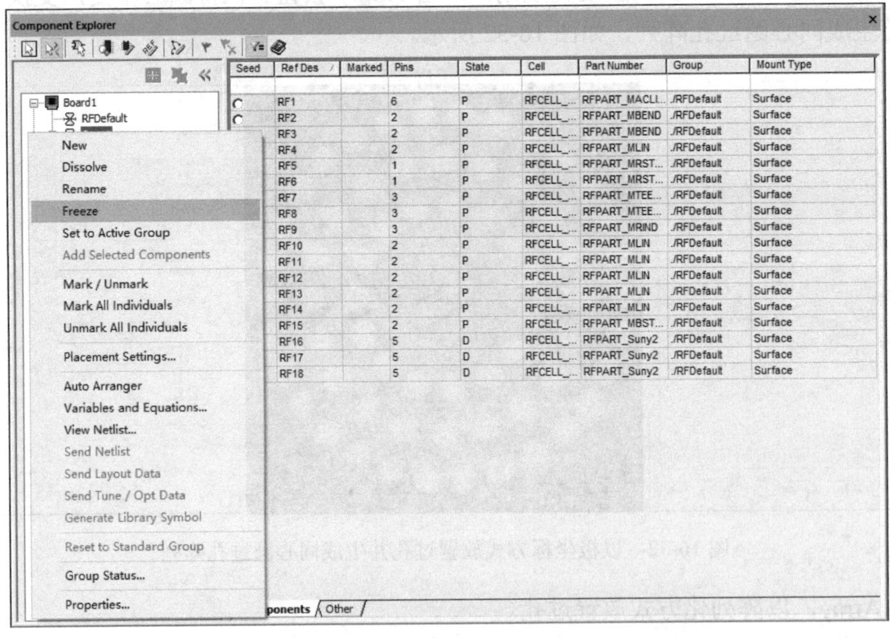

图 16-34　通过鼠标右键菜单对 RF Group 进行操作

在不同状态下，RF Group 的显示图标会发生变化，新建的 RF Group 中没有包含任何元素，其图标显示状态如图 16-35（a）所示；当 RF Group 中添加了新元素后，其显示状态变为如图 16-35（b）所示；当 RF Group 被冻结后，其显示状态如图 16-35（c）所示。

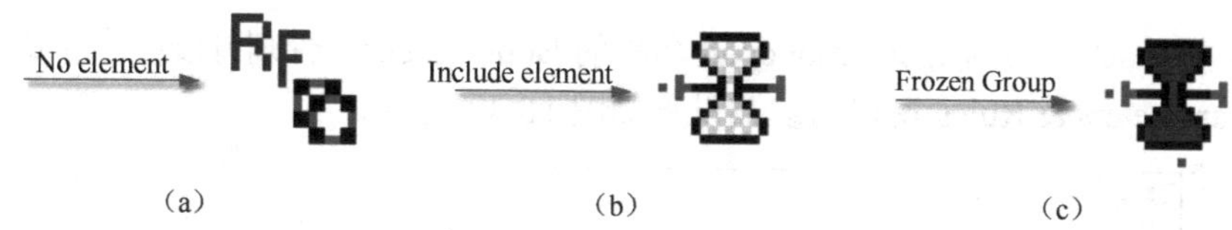

图 16-35　RF Group 的三种显示状态

在显示控制窗口中打开 Group Outline，可以看到属于同一个 RF Group 的所有 RF 单元都由一个线框环绕，该线框表示 RF Group 整体。

16.6.7　Auto Arrange 功能

Auto Arrange（自动排列）功能用于 RF 单元的自动排列和连接。设计者可以一次性选择整个 RF Group 后，运用 Auto Arrange 功能对整个 RF Group 内的单元进行自动排列和连接。设计者也可以选择需要连接的 RF 单元，按住<Ctrl>键，用鼠标依次选择需要连接的 RF 单元后，单击 Auto Arrange 按钮，状态栏会提示 Select seed to arrange selected shapes。用鼠标单击其中某个 RF 单元作为 seed（种子）单元后，系统会以此 seed 单元为中心，将选择的 RF 单元自动连接，如图 16-36 所示。

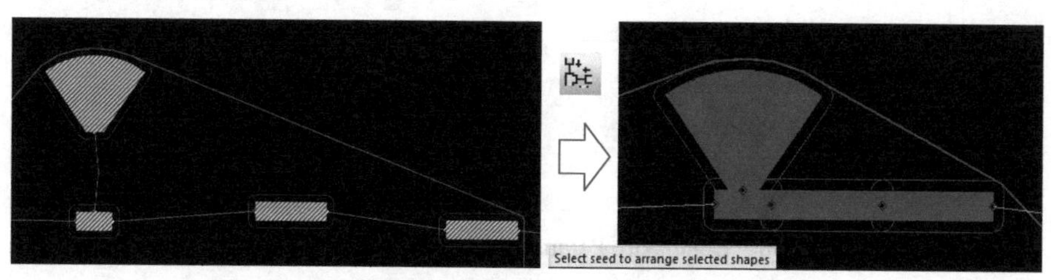

图 16-36　通过 Auto Arrange 功能自动排列和连接

16.6.8　通过键合线连接 RF 单元

在 RF 电路设计中，有时候需要用键合线（Bond Wire）对 RF 单元进行连接，增强 RF 设计的灵活性，下面介绍如何在 RF 单元中应用键合线进行连接。

1．创建 rfbondpad

需要创建名为 rfbondpad 的 Bond Finger，选择 Setup→Libraries→Padstack Editor 菜单命令。先创建直径为 50um 的 Pad（Round 50），再将 Round 50 指定到 rfbondpad。

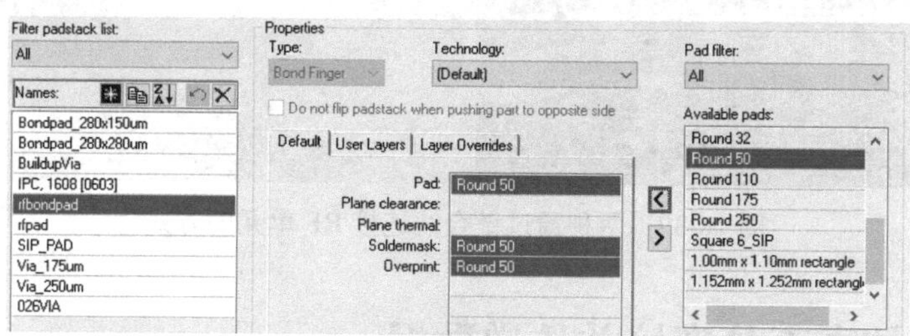

图 16-37　创建 rfbondpad

2．指定 Bond Wire 模型和 rfbondpad

在 Bond Wire Parameters & Rules 窗口的 Part Filter 下拉列表中选择 All Parts，在 Group 选项卡中，设定 Wiremodel 和 Bond finger padstack 参数，并设置相应的打线规则。需要注意的是，

Bond finger padstack 栏必需指定 rfbondpad 名称的 Bond finger，否则打线时会生成错误报告，Bond Wire Parameters & Rules 窗口的参数设置如图 16-38 所示。

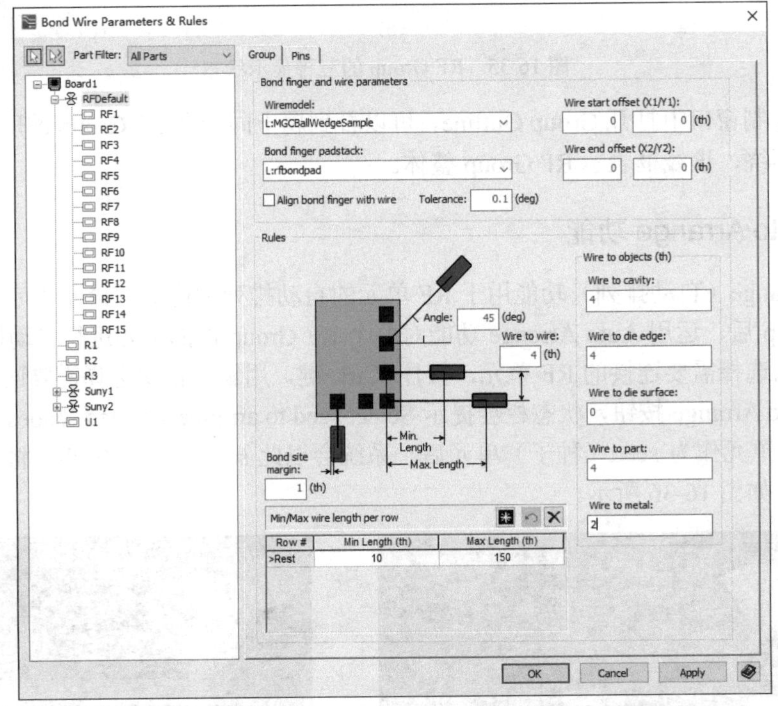

图 16-38 Bond Wire Parameters & Rules 窗口的参数设置

3. 通过键合线连接 RF 单元

设置完成后即可通过键合线连接 RF 单元，键合线可以直接连接 RF 单元的节点，也可以连接过孔或者 RF Meander，图 16-39 所示为两种通过键合线连接 RF 单元的方式。

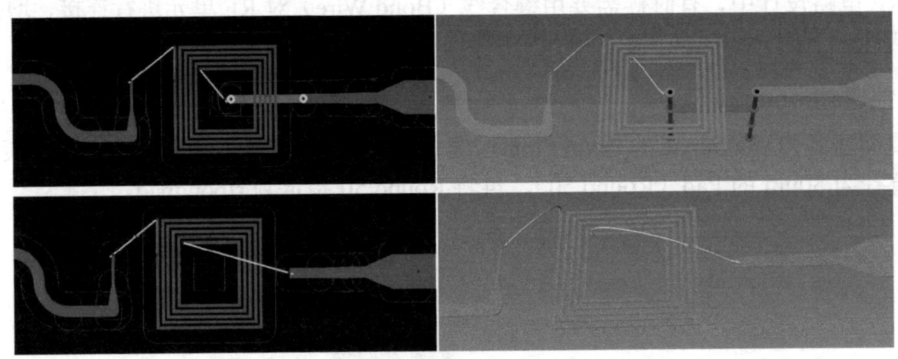

图 16-39 两种通过键合线连接 RF 单元的方式

16.7 与 RF 仿真工具连接并传递数据

16.7.1 连接 RF 仿真工具

通过 RF Connect 可将 RF 原理图数据或者 RF Layout 数据传递到 RF 仿真工具。目前

Xpedition 支持的仿真工具包括 ADS 和 AWR，本书中以 ADS 为例。

1．通过 mglaunch.exe 启动 ADS

Xpedition VX 支持多个版本的软件同时启动，例如，设计者可以同时安装 VX.2.5，VX.2.6，VX.2.7 等版本的 Xpedition 软件，并且可以同时启动，这给设计者带了很大便利，但同时也带来新的问题，如 ADS 启动后与那个版本的 Xpedition 连接的问题。为了解决这个问题，我们采用 mglaunch.exe 来启动 ADS，因为不同的 VX 版本均有自己的 mglaunch.exe 文件，通过 mglaunch.exe 启动 ADS，就能确定其与相应版本的连接关系。

mglaunch.exe 位于安装目录下的 bin 文件夹，最便利的方法是编写如图 16-14 所示的批处理文件，分别定义 Xpedition 的安装路径和 ADS 的安装路径，并用 Xpedition 安装路径下的 mglaunch.exe 启动 ADS，如图 16-40 所示。

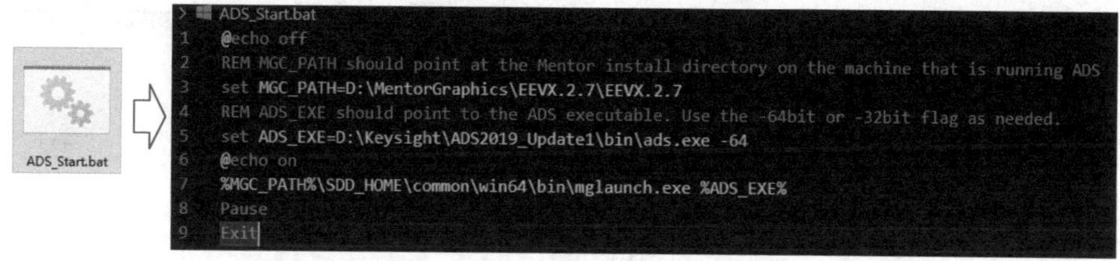

图 16-40　编写用于启动 ADS 的批处理文件

编写完成后运行批处理文件即可启动 ADS，并与 Xpedition 进行连接和数据传递。

2．ADS 配置和连接

ADS 启动后在 ADS 中配置 MentorDA_lib，在 ADS 中菜单选择 DesignKits→Manage Favorite Design Kits，在弹出的窗口中单击下方的 Add Library Definition File 按钮，在 ADS 安装目录下的 pcb_connect 子目录中，如$HPEEOF_DIR\pcb_connect\MentorDA_wdk 找到 lib.defs 文件并选择，如图 16-41 所示。

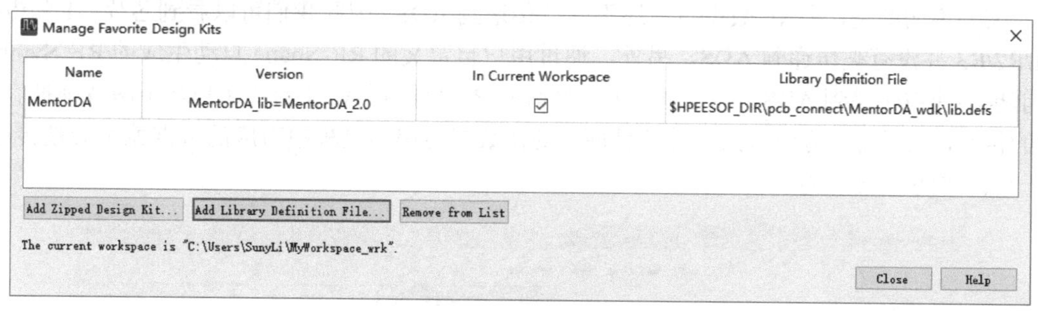

图 16-41　在 ADS 中配置 MentorDA_lib

配置完成后，在 ADS 中打开 Workspace 即可出现 Mentor DA 菜单选项，选择 Start MentorDA Server 启动动态链接，按照默认选项单击 OK 按钮，连接完成后会出现 MentorDA server started 提示窗口，表明连接成功，如图 16-42 所示。

ADS 连接成功后，在 Xpedition Designer 和 Xpedition Layout 设计环境中，均可以启动 RF Connect，单击 Connect 按钮进行连接，连接成功后 Log 栏会显示 Connecting to（localhost:4001）…ok，表明连接正常。图 16-43 所示为在原理图环境和版图环境中启动 RF Connect，图中左侧为原理图环境下的连接状态，右侧为版图环境下的连接状态。

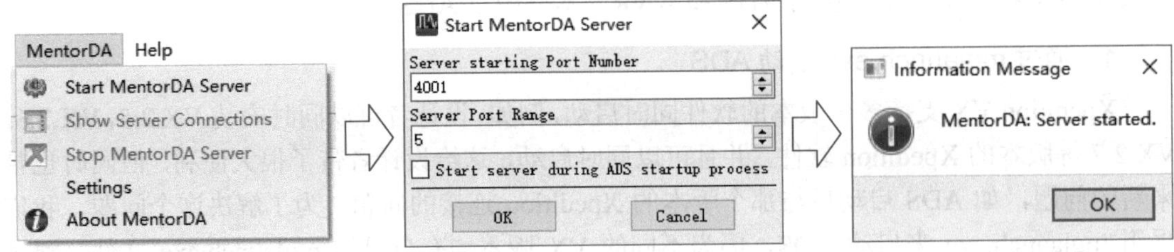

图 16-42　在 ADS 中启动 Mentor DA Server

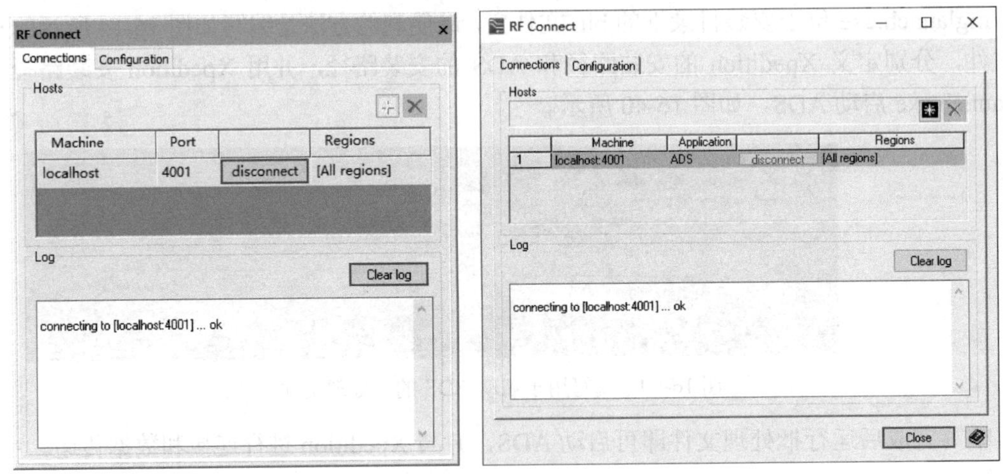

图 16-43　在原理图环境和版图环境中启动 RF Connect

16.7.2　原理图 RF 数据传递

RF Connect 与 ADS 连接成功后，在原理图的 RF Group 中，可通过鼠标右键菜单选择 Send Schematic Data 命令，传递 RF 设计数据到 ADS，如图 16-44 所示。

需要说明的是，非 RF 数据目前还不支持传递到 ADS，因此我们可以看到芯片 U1 和电阻 R1/R2/R3 并没有被传递到 ADS。另外，通过用户自定义的 RF Shape 自动生成的 RF Symbol 目前也不能被传递到 ADS 中。由此可知，目前的 RF 数据到 ADS 的传递是基于两者都拥有的库的传递，如果哪一方没有某个元器件库，则在数据传递的过程中对应的数据就不会被传递，这一点需要设计者注意。

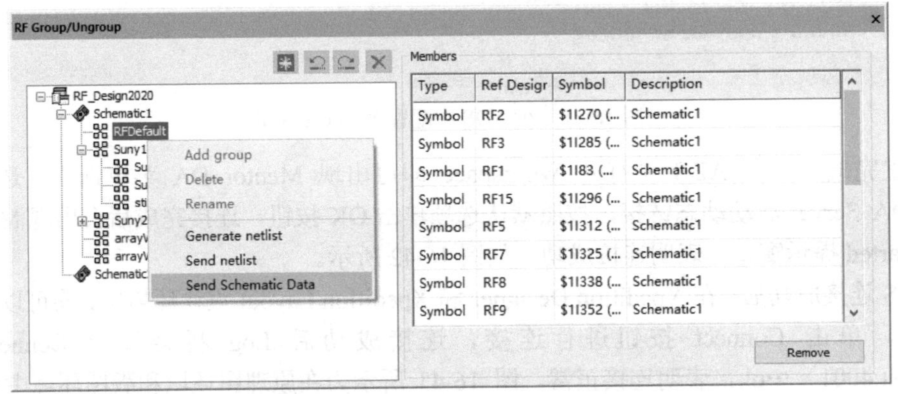

图 16-44　从原理图的 RF Group 中传递 RF 设计数据到 ADS

命令执行后，从 ADS 的原理图环境中可以看到 RF 设计数据被完整地从 Designer 中传递到 ADS，如图 16-45 所示。

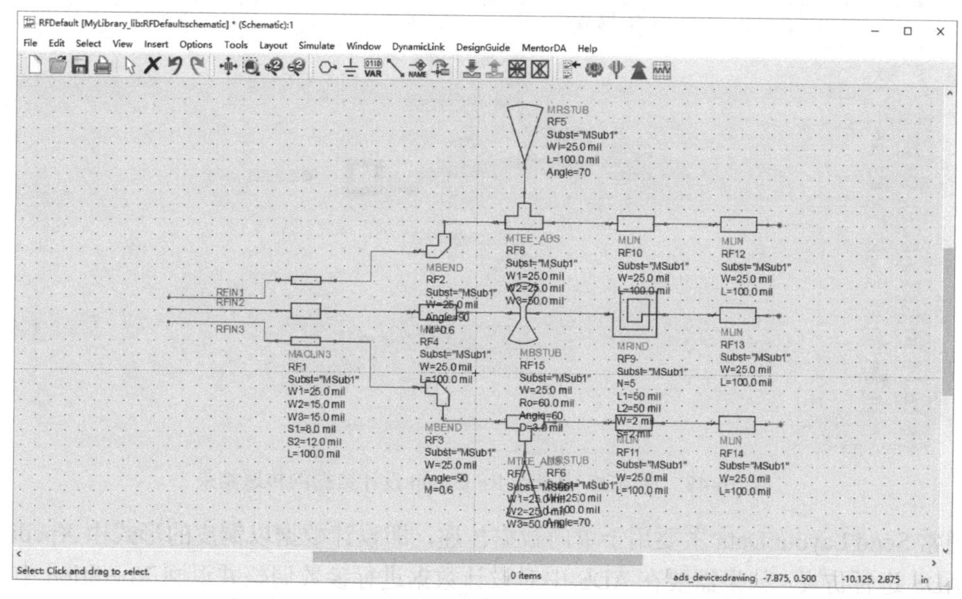

图 16-45　RF 设计数据从 Designer 中传递到 ADS

对比图 16-12 可以看到，原理图中 RF 元器件及其 RF 参数均会准确无误地从 Designer 中传递到 ADS 的 Schematic。

16.7.3　版图 RF 数据传递

在版图环境中，RF Connect 正常连接后可以将 RF 设计数据传递到 ADS。

在 Component Explore 窗口中，在需要传递的 RF Group 上单击鼠标右键，在弹出的菜单中选择 Send Layout Data，可将 RF 数据传递到 ADS，如图 16-46 所示。

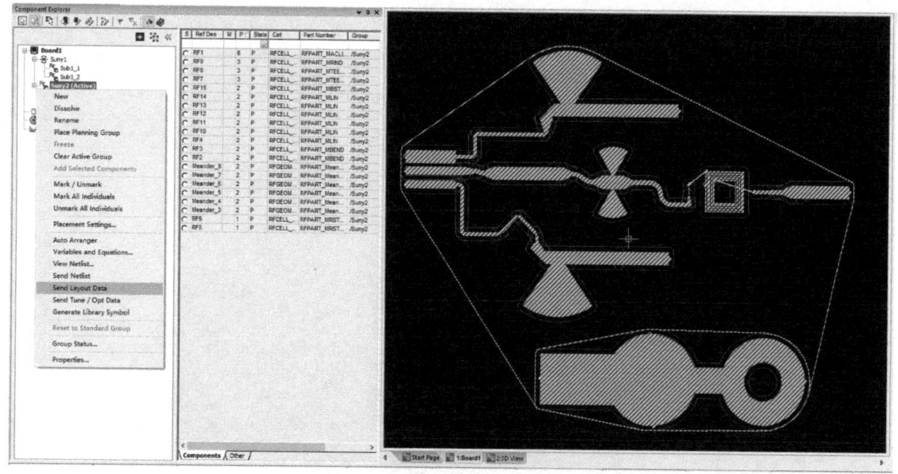

图 16-46　从 Xpedition Layout 中将 RF Group 设计数据传递到 ADS

在 ADS 中查看 RF Group 设计数据的传递结果如图 16-47 所示，可以看到除了 RF 库元素，用户自定义的 RF Shape 也被传递到 ADS。

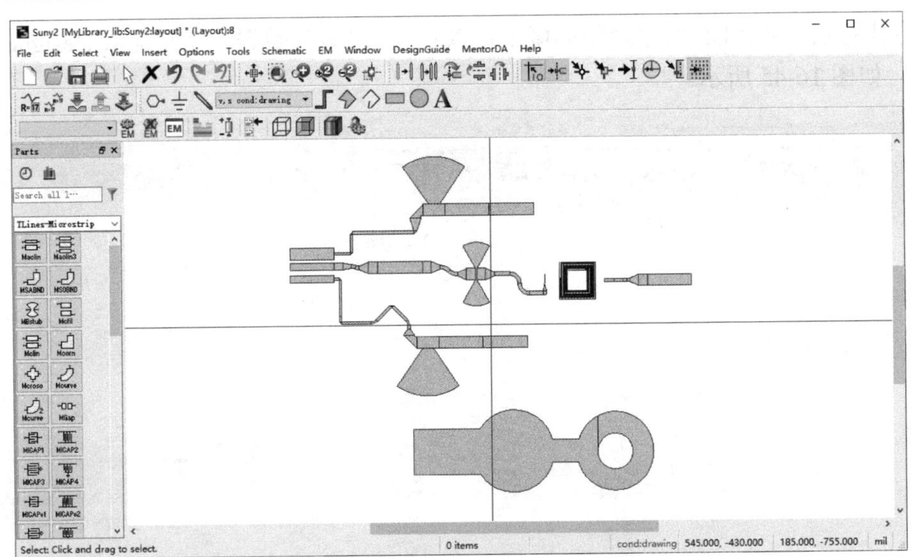

图 16-47　在 ADS 中查看 RF Group 设计数据的传递结果

通常 Send Layout Data 主要用于单向数据传递，即设计数据以铜皮的形式由 Xpedition 传递到 ADS 进行仿真，如果需要在 ADS 中对设计数据进行参数调整并返回 Xpedition 中，其参数保持可编辑状态，则需要采用 Send Tune/Opt Data 进行数据传递。

第 17 章　刚柔电路和 4D SiP 设计

关键词：刚柔电路，Rigid-Flex Circuit，PCB，FPC，Master Stackup，Sub-stackup，复杂基板 Complex Substrate，刚柔基板封装，PoP 封装，2.5D 硅转接板封装，4D SiP 基板定义，4D SiP 设计流程，4D SiP 数字化样机，4D SiP 设计的意义

17.1　刚柔电路介绍

刚柔电路（Rigid-Flex Circuit），顾名思义，既包括刚性电路（Rigid Circuit）又包括柔性电路（Flex Circuit），是两者之间的有机组合，并能充分发挥各自的优势。

一般来说刚性电路指的是普通的印制电路板（Printed Circuit Board，PCB），是电子系统集成重要的载体和部件。几乎每种电子设备，从智能手表、手机，到计算机、通信基站，只要有电子元器件，为了实现电气互连，都要使用 PCB。

柔性印刷电路（Flexible Print Circuit，FPC）又称挠性电路，其以质量小、厚度薄、可弯曲折叠等优良特性而备受关注。FPC 通常以聚酰亚胺为基材制成，体积小，质量小，可自由弯曲、散热性好，安装方便，在很多地方取代了传统的 PCB，图 17-1 所示为应用在手机中的 FPC。

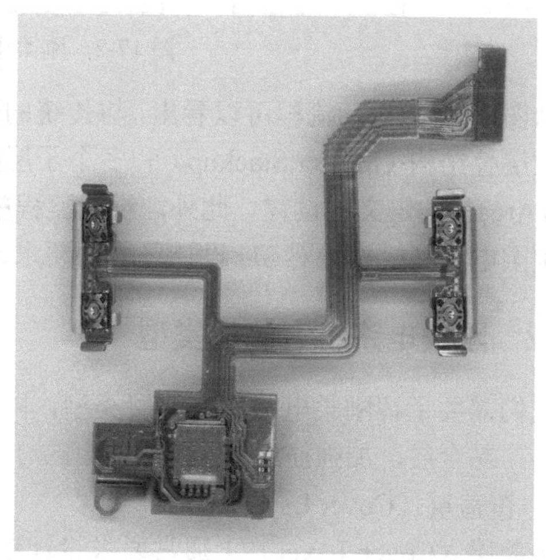

图 17-1　应用在手机中的 FPC

刚柔电路是 PCB 与 FPC 的组合，并能充分发挥两者各自的优势。通常将 FPC 作为 PCB 的一层或者多个电路层，再对 PCB 需要弯折的部分进行铣加工，只保留柔性部分。或者将 PCB 和 FPC 经过压合等工序，按相关工艺结合在一起，刚柔电路的生产设备应同时具备 FPC 生产设备与 PCB 生产设备的功能。

刚柔电路生产难度相对较大，细节问题多，价格也比一般的 PCB 要高，所以产品在出货之前要进行全面质量检查，如弯折次数测试和弯折半径及强度测试。

在刚柔电路设计时需要注意以下几点：

① 需要考虑柔性板的弯曲半径，弯曲半径过小会容易损坏；

② 要注意弯折区域的应力集中问题，尽量采用圆弧布线；

③ 需要考虑安装后立体空间的结构问题，最好能通过 3D 软件进行模拟；

④ 需要考虑柔性部分走线的最佳层数。

17.2 刚柔电路设计

17.2.1 刚柔电路设计流程

Xpedition 具备专门的刚柔电路设计模块，需要使能 Layout 301 或者 Layout 201+ Advanced Technologies 的 License。

首先，我们来了解一下刚柔电路的设计流程，如图 17-2 所示。

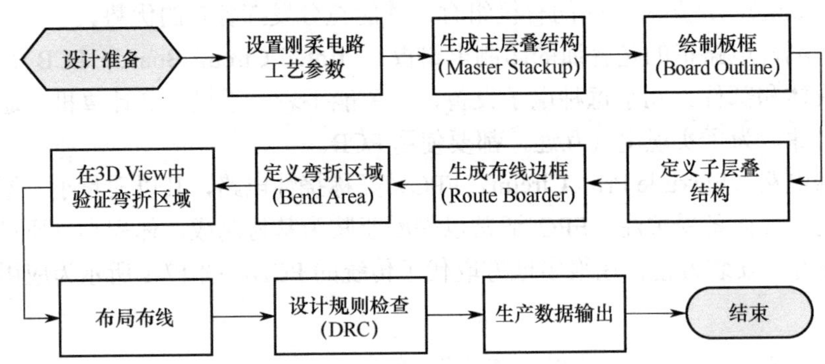

图 17-2 刚柔电路的设计流程

从图 17-2 的设计流程可以看出，与传统的硬质基板相比，刚柔电路基板有多个层叠设置，包含主层叠结构（Master Stackup）和多个子层叠结构（Sub-stackup），并且需要进行弯折区域（Bend Area）的定义和设置。此外，设计流程中需要借助 3D View 工具对弯折区域进行验证，因此刚柔电路基板设计对 3D 设计环境的要求比普通基板更高。

17.2.2 刚柔电路特有的层类型

我们需要了解刚柔电路特有的层类型，除了普通基板常见的层类型，刚柔结合板还包含覆盖层、黏合层、加强筋层等类型的层。

- 覆盖层（Cover Layer）

覆盖层（Cover Layer）上通常要求设计较大的焊盘和焊盘开窗，因为覆盖层的黏合剂容易渗出到焊盘上。创建焊盘堆栈（PadStack）时，可以专门为柔性设计定义更大的焊盘。当元器件被放置在包含覆盖层的区域时，软件使用柔性焊盘堆栈的定义，否则软件使用默认值焊盘堆栈定义。

设计者也可以为覆盖层创建自定义形状，可通过在 Customer Pad 上绘制图形来创建自定义的焊盘或者焊盘开窗。覆盖层可定义在主层叠结构中也可以仅定义在柔性区域的子层叠结构中。

- 黏合层（Adhesive Layer）

定义层叠结构（Layer Stackup）时，黏合层（Adhesive Layer）可以覆盖整个设计或者仅仅覆盖柔性部分。通过在黏合层上创建填充形状来指定黏合剂所处的位置，可以使用减法在黏合层挖去不需要的形状，也可以将黏合层与铜或覆盖层集成在一起，在这种情况下，在层叠结构中创建一层即可。

- 加强筋层（Stiffener Layer）

通过在加强筋层上的绘制形状来创建加强筋，可以使用减法在加强筋形状中创建开口，可在安装孔和通孔的焊盘堆栈中定义加强筋的开口形状。

- 特定的阻焊层（Soldermask）

对于传统的基板设计，软件只允许定义顶层和底层的阻焊层。对于具有多个刚性板、具有不同堆叠的刚柔电路设计，可以定义 Master Stackup 内部特定的阻焊层，其名称是可自定义的，这样就便于给不同的电气层附加阻焊层。

17.2.3　刚柔电路设计步骤

1. 刚柔电路层叠结构定义

刚柔电路的层叠结构（Layer Stackup）包含主层叠结构（Master Stackup）和多个子层叠结构（Sub-stackup）。

（1）Master Stackup 包含至少一个介质层和一个导电层；

（2）Master Stackup 和 Sub-stackup 中的所有导电层之间必须至少有一个介质层；

（3）所有的 Sub-stackup 的导电层必须是连续的。例如，不能设置仅包含 Signal Layer 1 和 Signal Layer 5 的 Sub-stackup，需要包括第 1 层至第 5 层连续的层定义。

图 17-3 所示为刚柔电路层叠结构示例，刚性基板部分包含了柔性基板所有层叠结构。（图中 Solder Mask 为阻焊层，Signal Layer 为信号层，Dielectic 为绝缘层，Cover Layer 为覆盖层）。

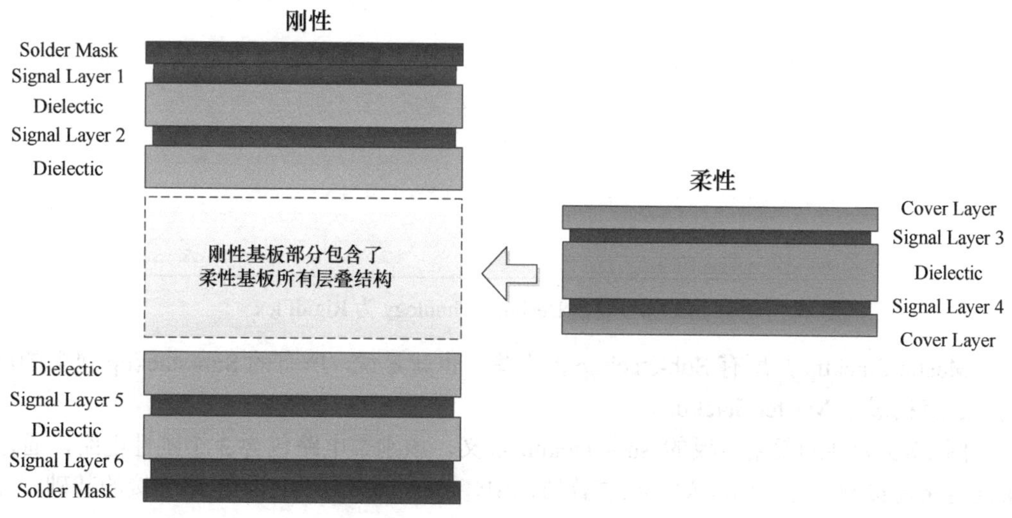

图 17-3　刚柔电路层叠结构示例

对于本例中刚柔电路的层叠结构，需要注意以下几点。

（1）Signal Layer1、Signal Layer 2、Signal Layer 5 和 Signal Layer 6 仅用于刚性电路段的布线。

（2）Signal Layer 3 和 Signal Layer 4 包含在柔性电路段以及柔性电路段和刚性电路段之间，因此也包含在刚性电路段的层叠结构中。

（3）覆盖层延伸穿过柔性和刚性部分，因此在两个层叠结构中均包括覆盖层。

2. Master Stackup 定义

刚柔电路通常包含多个电路板外框，每个电路板外框可能具有特定的层，或者具有共享层以管理不同板框之间的布线或简化制造过程。

主层叠结构（Master Stackup）是设计中所有电路板外框层叠结构的组合，需要按照正确的生产制造顺序进行设置。

如果设计者在布局或布线过程中修改 Master Stackup，现有的设计数据则可能会被删除或者使现有设计数据无效。例如，删除图层可能会无意间删除已经放置在该层的元器件，删除图层还可能删除现有的布线，并使现有的通孔范围无效，因此需要事先对层叠规划有妥善的安排，并在设计过程中尽可能不做更改。

只有在刚柔设计中才存在 Master Stackup，在 Xpedition Layout 环境中，选择 Setup→Settings，弹出如图 17-4 所示窗口，设置 Design Technology 为 RigidFlex。

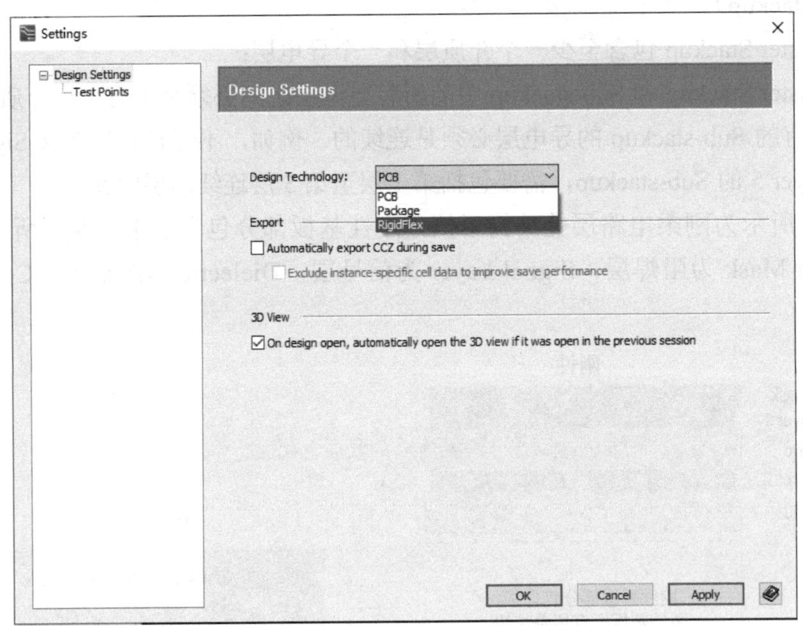

图 17-4 设置 Design Technology 为 RigidFlex

Master Stackup 是所有 Sub-stackup 的合集。也就是说，所有的 Sub-stackup 包含的层合并到一起就构成了 Master Stackup。

图 17-5 为某刚柔结合板的 Sub-stackup 定义，该刚柔电路包含 3 个刚性电路，通过 2 个柔性电路连接到一起。请注意，在层叠结构中，Flex base 层为刚柔电路连接的基础，在每个电路中都应该有。

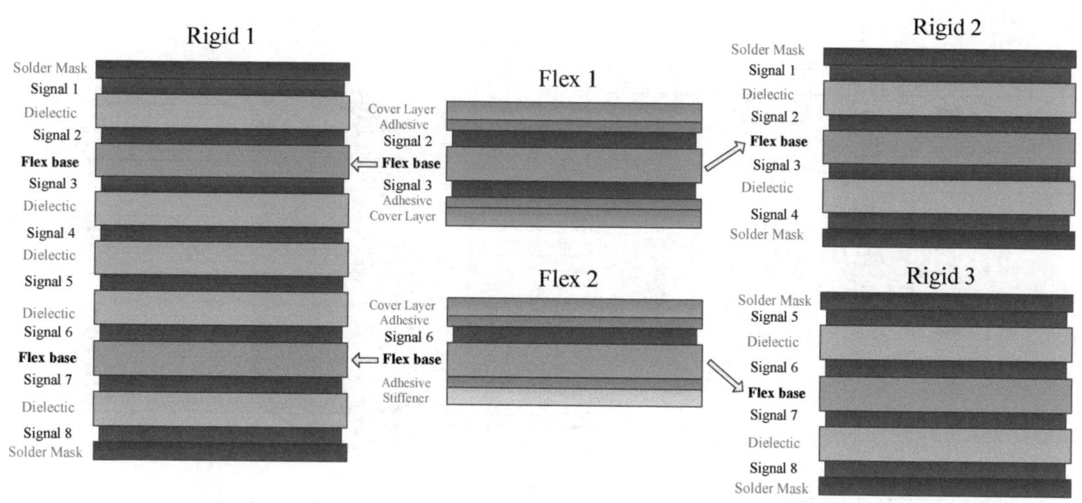

图 17-5　某刚柔结合板的 Sub-stackup 定义

通过观察可以发现 Rigid 电路的板层结构基本一致，在合并过程中不会增加新的层，而 Rigid 和 Flex 的层差别较大。所以在合并时只需要以 Flex base 层为基准，将 Flex 特有的层插入 Rigid 的层叠中，即可得到 Master Stackup。通过 Sub-stackup 板层合并形成 Master Stackup 如图 17-6 所示。

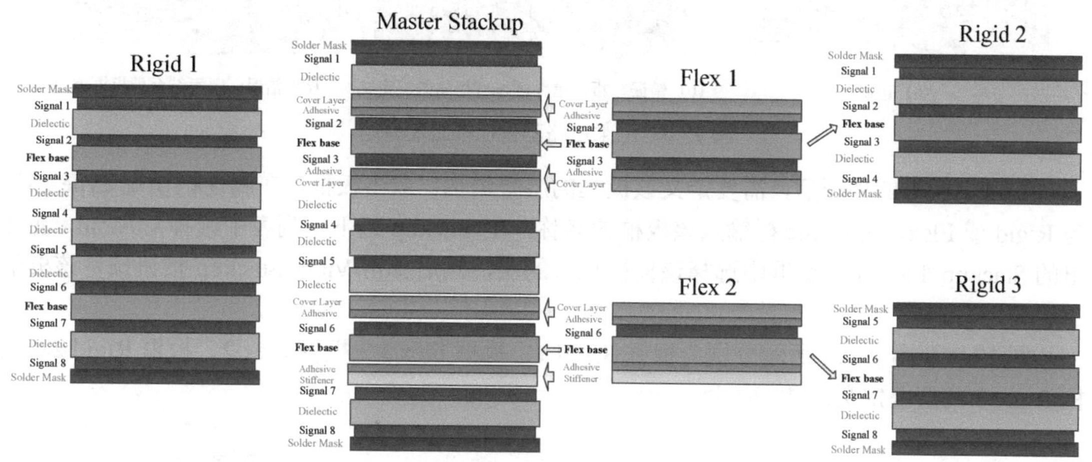

图 17-6　通过 Sub-stackup 板层合并形成 Master Stackup

Master Stackup 合并完成后就可以在 Xpedition 中定义 Master Stackup 了，选择 Setup→Stackup Editor，在 Stackup Editor 窗口中定义 Master Stackup，如图 17-7 所示。

3．绘制板框并设置 Sub-stackup

刚柔电路包含多个板框且板框之间可能重叠，因此在绘制板框时需要遵守以下规则。

（1）刚性电路板框不重叠。

（2）柔性电路板框可重叠，板框重叠区域不能有相同的层定义。

（3）在刚柔结合处，刚性和柔性电路板框相贴，但不要重叠。

图 17-8 所示为刚柔电路基板板框绘制原则。

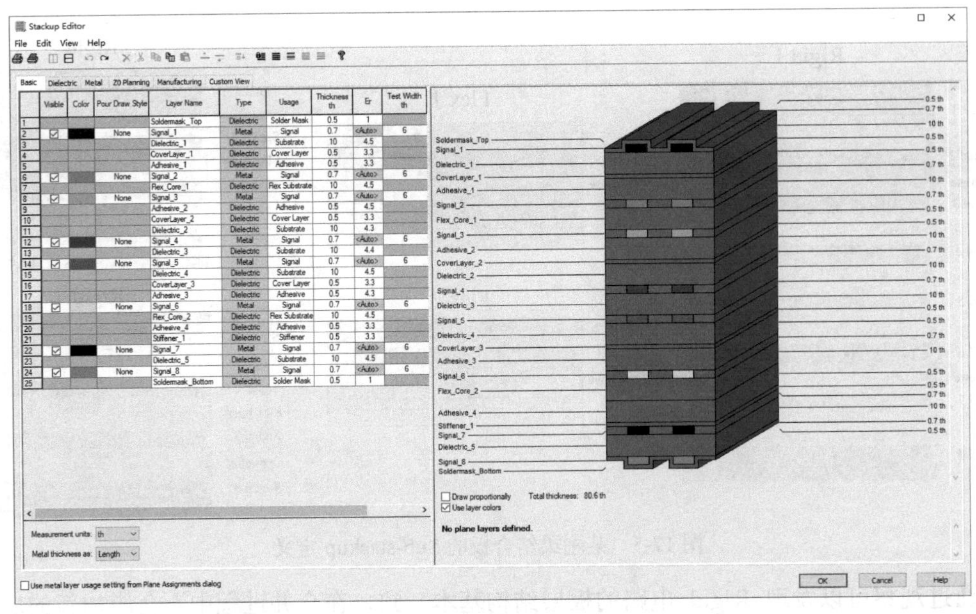

图 17-7 在 Stackup Editor 窗口中定义 Master Stackup

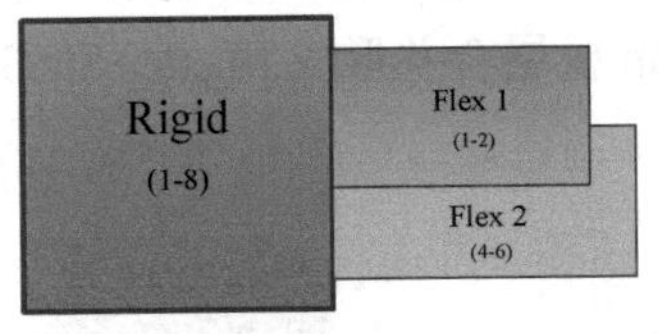

(a) 正确

(b) 错误：板框重叠区域有相同的层定义

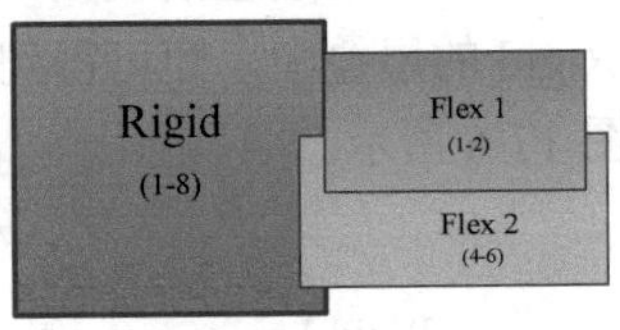

(c) 错误：刚柔结合处板框重叠

图 17-8 刚柔电路基板板框绘制原则

绘制完板框的外形后，需要定义该板框的层叠结构。双击板框，在属性栏设置 Type 属性为 Rigid 或 Flex，在 Name 栏输入该板框的名称，在 Stackup 栏下拉列表中选择 Custom，在弹出的 Stackup Layers 对话框中选择该板框包含的层，然后单击 View Stackup 按钮预览该板框的层叠定义。

图 17-9 至图 17-13 所示分别为板框 Rigid 1、板框 Flex 1、板框 Flex 2、板框 Rigid 2、板框 Rigid 3 的层叠定义。

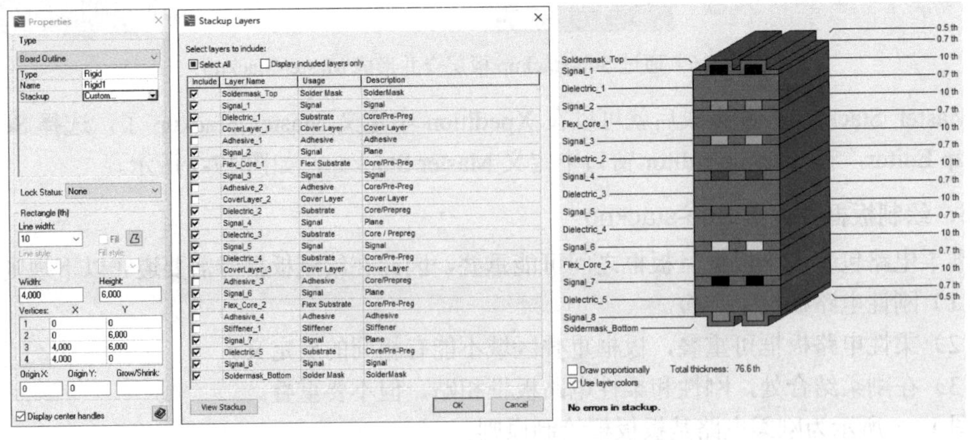

图 17-9 板框 Rigid 1 的层叠定义

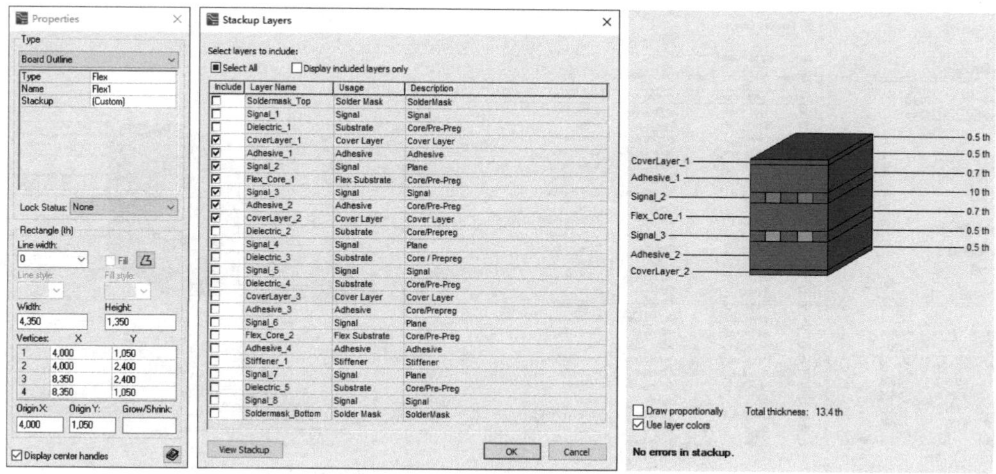

图 17-10　板框 Flex 1 的层叠定义

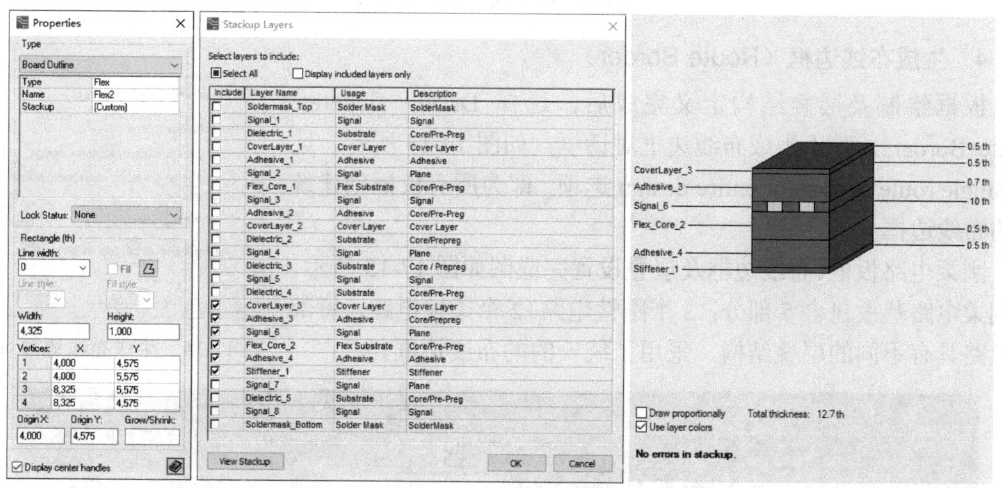

图 17-11　板框 Flex 2 的层叠定义

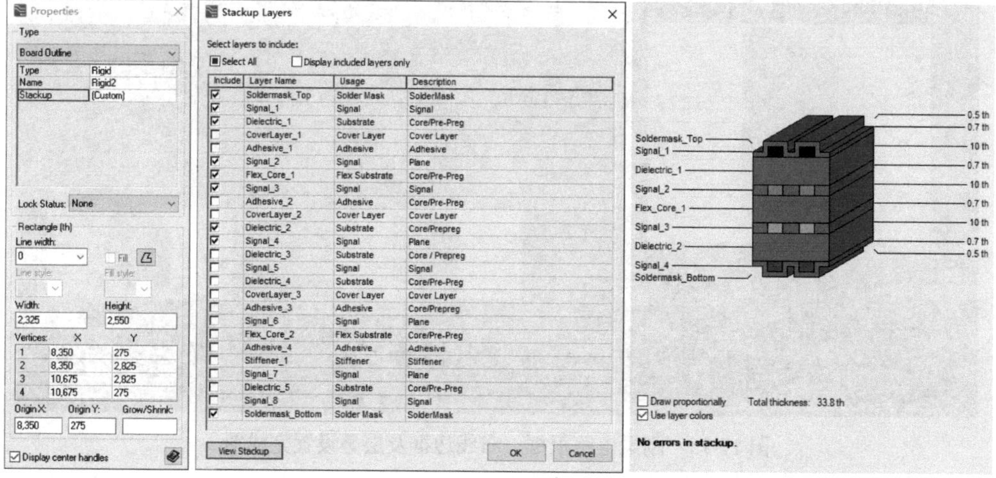

图 17-12　板框 Rigid 2 的层叠定义

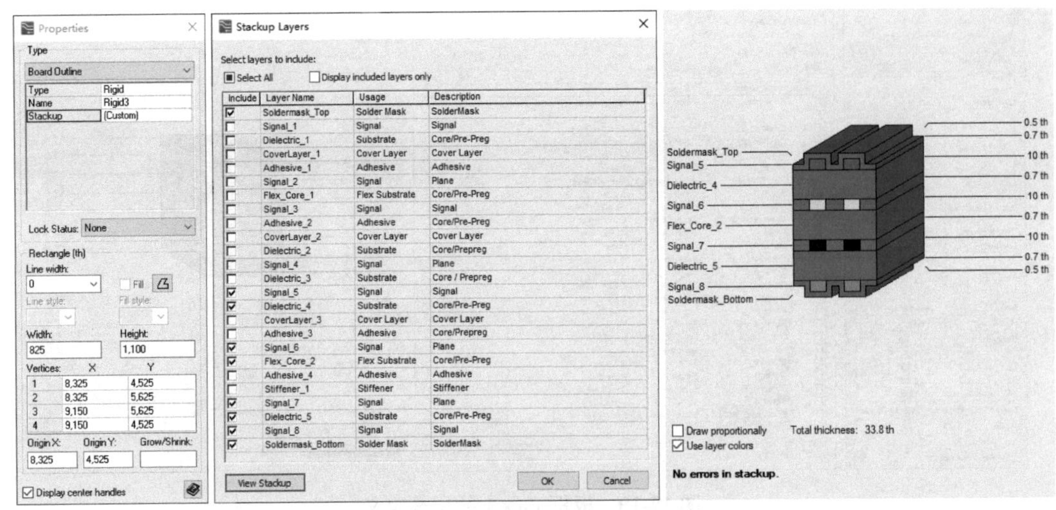

图 17-13　板框 Rigid 3 的层叠定义

4．生成布线边框（Route Border）

板框绘制及层叠结构定义完成后，选择 Draw→Generate Route Borders，弹出生成布线边框对话框，如图 17-14 所示。选择 Single route border for entire design 选项，即为所有板框创建统一的布线边框。

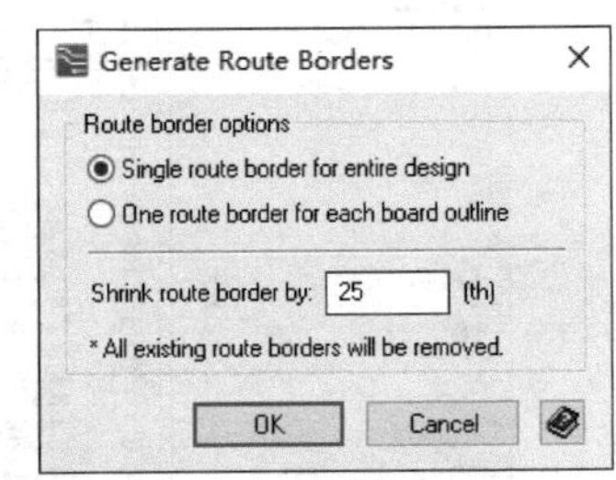

图 17-14　生成布线边框对话框

刚柔电路板框、布线边框及层叠设置完成图如图 17-15 所示，该刚柔电路基板包含 5 部分：3 个刚性电路+2 个柔性电路，每部分电路具有不同的层叠结构，采用了统一的的布线边框。

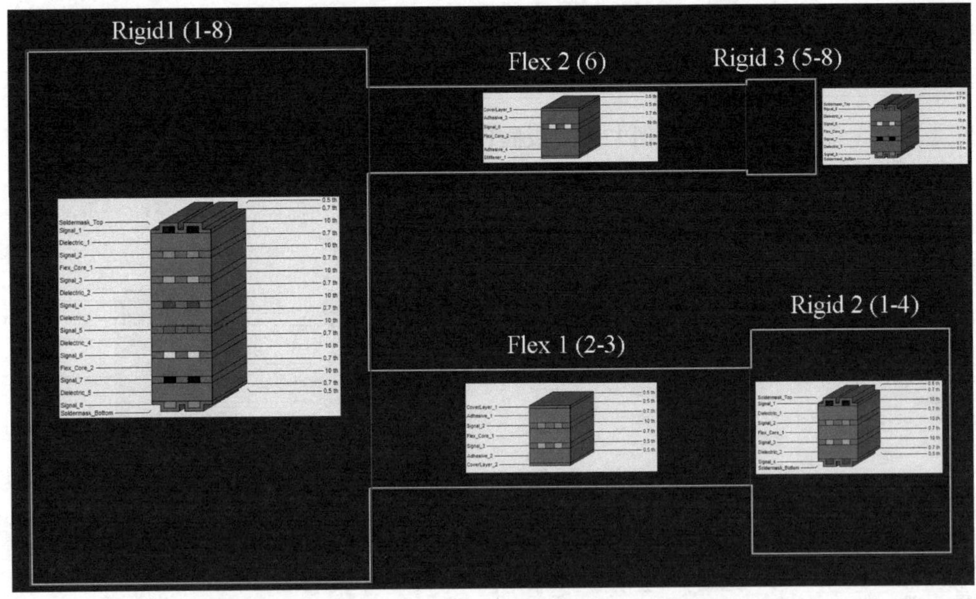

图 17-15　刚柔电路板框、布线边框及层叠设置完成图

5．定义弯折区域（Bend Area）

刚柔电路的特点在于其柔性电路部分可以弯折，但并非所有的柔性电路部分都可以弯折，

所以需要定义弯折区域。此外，弯折的半径、角度、方向等都需要定义，下面就对柔性电路的弯折区域进行定义。

选择 Draw→Bend Area 命令，在柔性电路区域跨越柔性板框绘制 Bend Area，编辑状态的 Bend Area 有曲线填充，边框可编辑，参数框可调整，绘制完成的 Bend Area 呈空心显示状态，并且在板框外的区域自动隐藏。Bend Area 参数设置及编辑如图 17-16 所示。

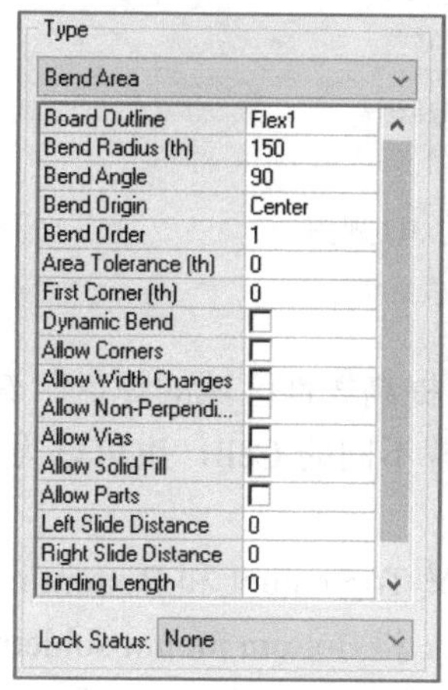

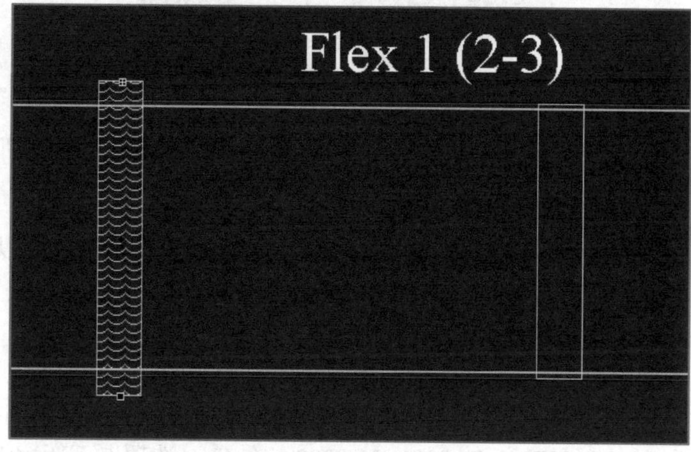

图 17-16　Bend Area 参数设置及编辑

下面对 Bend Area 的参数进行介绍。

- Board Outline：定义弯折区域属于哪个板框，只有 Flex 板框可定义；
- Bend Radius：定义弯折半径；
- Bend Angle：定义弯折角度，正值代表向上弯曲，负值代表向下弯曲；
- Bend Origin：弯折原点，定义弯折点位于弯折区域的左侧、右侧还是中心；
- Bend Order：弯折顺序，定义弯折顺序；
- Area Tolerance：面积公差，为 DRC 定义公差；
- First Corner：第一个弯曲点，定义布线的弯曲起始点；
- Dynamic Bend：动态弯折，定义是否动态弯折；
- Allow Corners：允许弯曲，定义在弯折区域是否允许布线有弯曲；
- Allow Width Changes：允许变线宽，定义布线是否可以在弯折区域内更改宽度；
- Allow Non-perpendicular：允许非垂直，定义布线是否可以非垂直穿越弯折区域；
- Allow Vias：允许过孔，定义在弯折区域是否可放置过孔；
- Allow Solid Fill：允许实体填充，定义在弯折区域是否可以实体填充；
- Allow Parts：允许放置器件，定义在弯折区域是否可以放置器件；
- Left Slide Distance：向左滑动距离，为 3D DRC 定义动态区域；
- Right Slide Distance：向右滑动距离，为 3D DRC 定义动态区域；
- Binding Length：约束长度，定义弯折区域的伸缩长度。

弯折区域绘制和设置完成后可打开 3D View 窗口，并在 Display Control 的 3D 选项卡下勾选 Flex Objects 相关选项，即可看到刚柔电路及其柔性电路弯曲效果的 3D 视图，如图 17-17 所示。

图 17-17　刚柔电路及其柔性电路弯曲效果的 3D 视图

6. 定义焊盘堆叠 Flex 层

在柔性区域的覆盖层上，通常会定义更大的焊盘和开孔，以提高柔性区域的焊盘附着力。在中心库中可定义替换单元 Cell 以在柔性区域和刚性区域中放置不同的 Cell，也可以为 Cell 的 Padstack 增加柔性区域的焊盘定义，本例采用后一种方法。

本例中以 Padstack 80x25R 为例，在其 Default 选项卡下定义 Top mount 和 Bottom mount 参数为 RECTANGLE 80.0000x25.0000，定义 Top mount soldermask 和 Bottom mount soldermask 参数为 RECTANGLE 86.0000x31.0000。在 Flex 选项卡下新增焊盘定义 Top mount 和 Bottom mount 为 Rectangle 82x27，Top mount cover layer 和 Bottom mount cover layer 参数为 Rectangle 90x35，如图 17-18 所示。

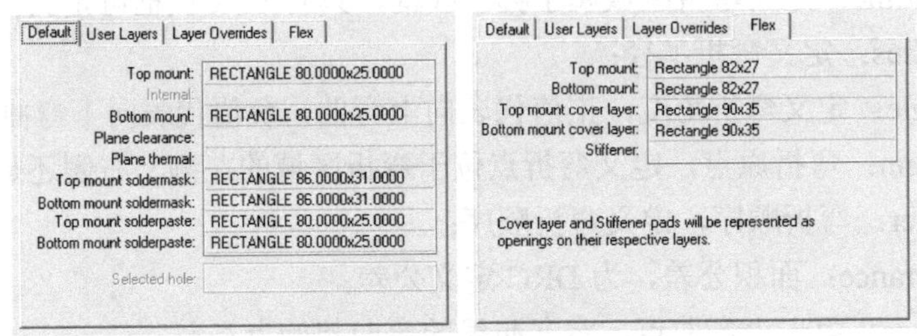

图 17-18　在 Flex 选项卡下新增焊盘定义

比较在 Flex 选项卡新增焊盘定义前后变化，如图 17-19 上方的元器件所示，可以看出：①焊盘尺寸扩大了；②在覆盖层有了开窗。图 17-19 下方所示元器件用于做对比，由于未在 Flex 选项卡中新增焊盘定义，所以左右图没有任何变化。

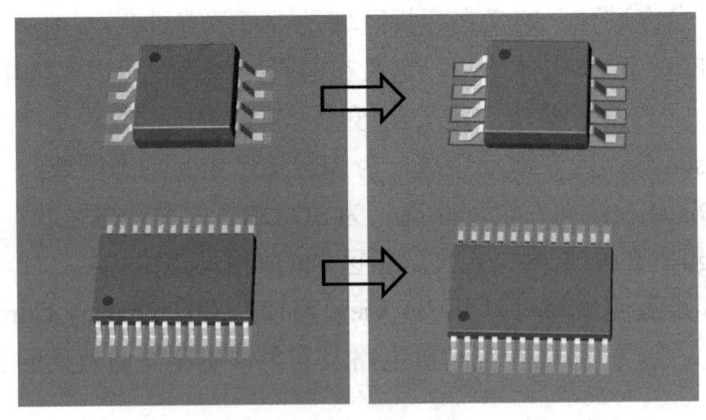

图 17-19　在 Flex 选项卡新增焊盘定义前后变化

7. 为器件焊接区增加加强区（Stiffener）

选择 Draw→Stiffener 菜单命令，在柔性电路焊接器件周围绘制加强区。由图 17-11 所示板框 Flex2 的层叠定义中可知，该柔性电路的 Stiffener 位于最底层，因此加强区会出现在柔性电路的底部。将 3D 视图旋转到柔性电路的底部，可以看出在加强区绘制完成后，在柔性电路底部出现了加强区，如图 17-20 所示。

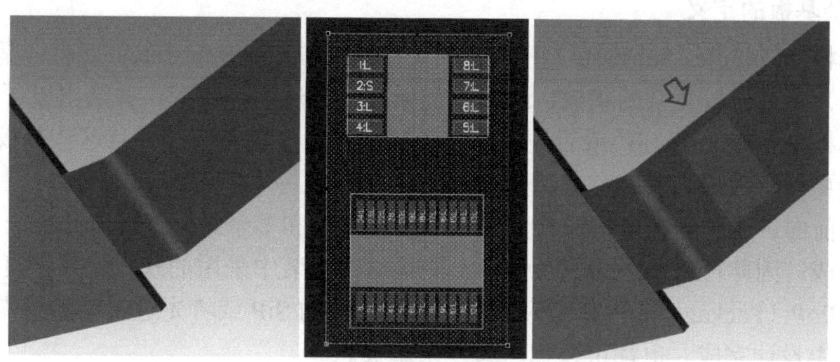

图 17-20　加强区绘制完成后，加强区出现在柔性电路底部

8. 柔性区域的布线与敷铜

柔性电路区域的布线与普通基板相似，需要注意的是布线时尽量走平行线，少拐弯，如果需要弯曲，也应以圆弧作为过度，减少应力集中，避免在弯折过程中失效或者弯折次数不达标。布线可采用 Hug trace 和 Multi Hug trace 等功能，使得布线按照柔性区域平行分布，图 17-21 所示为柔性电路的布线效果。

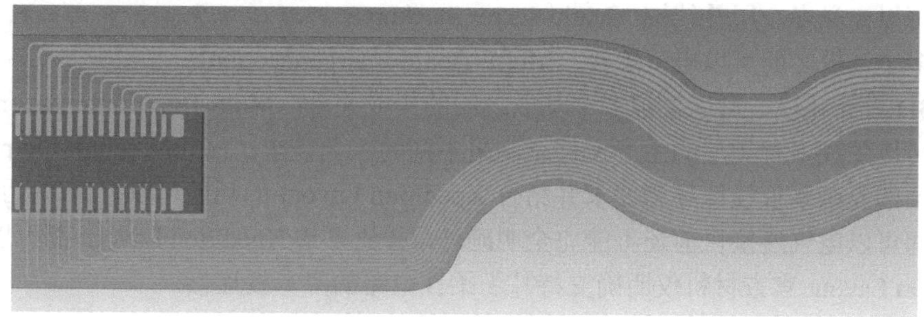

图 17-21　柔性电路布线效果

关于柔性电路区域的敷铜，通常建议采用网格敷铜，并且网格走向与柔性电路的弯折区域呈 45°夹角，图 17-22 所示为柔性电路的敷铜效果。

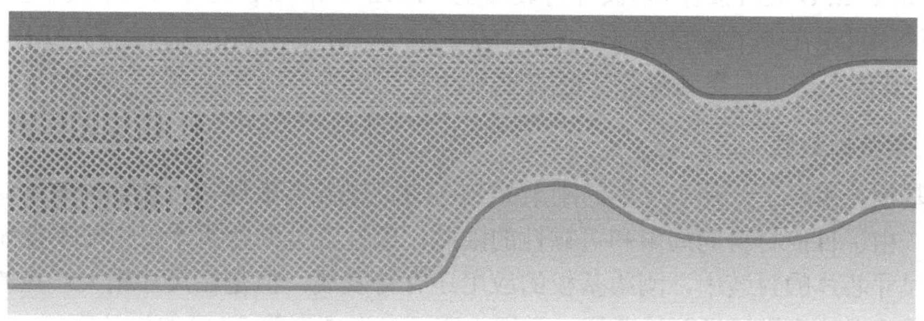

图 17-22　柔性电路的敷铜效果

17.3 复杂基板技术

17.3.1 复杂基板的定义

1. 复杂基板的定义

复杂基板（Complex Substrate）相对于简单基板（Simple Substrate）而言，是指在设计流程和生产工艺上都比较复杂的基板，这里我们偏重于关注设计流程，并给出以下定义。

复杂基板是指在一个 SiP 或者先进封装项目中包含多块基板，并且这些基板需要在一个 Layout 环境中设计完成，我们称之为复杂基板。

例如，前面讲述的刚柔电路通常包含多个刚性基板和多个柔性基板，并在一个 Layout 环境中设计完成，因此可以称之为复杂基板，刚柔结合封装中采用的基板就属于复杂基板。

此外，PoP（Package on Package）、带有硅转接板的 SiP 或者先进封装如果需要在单一的 Layout 环境中设计完成，也都可以称之为复杂基板。

当然，如果 PoP 中的上基板和下基板分别在不同的 Layout 中设计完成，SiP 或先进封装中的硅转接板和基板分别在不同的 Layout 中设计完成，我们则不将其称为复杂基板，而称之为多版图项目，关于多版图项目请参考本书第 18 章的内容。

2. 复杂基板设计环境要求

从上面的定义可以看出，要设计复杂基板，Layout 设计环境需要具备以下功能。

（1）可以定义多个板框：Multi-Board Outline。

（2）可以定义多个层叠结构：Multi-Layer Stackup。

（3）多个基板之间可以电气连接：Multi -Board Interconnection。

（4）3D 设计环境，可以模拟多个基板之间的集成关系：Multi-Board Integration。

（5）可以生成多种类型的生产文件以满足不同的工艺需求：Multi-Technics Support。

从上面的复杂基板设计环境要求并结合 Xpedition Layout 的功能可以得出，除了第 3 条多个基板之间可以电气连接目前还不能完全明确外，其他 4 条 Xpedition Layout 都可以支持，目前 Xpedition Layout 官方材料仅明确支持基于柔性电路的多基板连接。

17.3.2 复杂基板的应用

在 SiP 和先进封装领域，复杂基板的应用非常的普遍，复杂基板包括前面提到的刚柔结合封装、PoP、2.5D 硅转接板+基板等封装类型，RDL+FlipChip 也可以归于复杂基板的类型。

可以说，只要在一个封装内部包含多个基板或者多个非基板的布线结构（RDL，Fan-in、Fan-Out），其应用均可归类到复杂基板的应用。

1. 刚柔基板封装

刚柔基板技术属于一种小尺寸的刚柔 PCB 技术，刚柔基板通常也被称为软硬结合板或刚挠结合板。由于目前材料的局限和可靠性的限制，柔性部分的弯折半径暂时不能做到很小，因而在小尺寸芯片的封装中，刚柔基板的应用还有待发展。但是在尺寸稍大一点的多芯片模块中，刚柔基板的应用已经开始普及。详细内容可参考本书第 27 章的设计案例。

2. PoP 封装

PoP（Package on Package）是由两层或多层封装垂直堆叠而成的，不同层封装之间通过焊球、铜柱等方式实现垂直互连，可以提高电子产品的元器件密度，随着消费类便携式电子产品的快速发展，PoP 技术得到了广泛的应用。在实际应用中，通常将基带部分置于底层，将存储芯片放在上层封装中。目前苹果公司和高通公司最新的处理器均采用了 PoP 封装形式，在整体高度增加有限的同时大大减小了主板的尺寸，同时也缩短了处理器与存储器之间的距离。详细内容可参考本书第 29 章的设计案例。

3. 2.5D 硅转接板封装

2.5D 硅转接板可以实现高密度布线和 I/O 再分布，通过 I/O 再分布可以用大节距的焊球将硅转接板组装到有机基板上，硅转接板的应用可以减小微组装的工艺要求，提高产品可靠性。应用硅转接板能减小芯片与有机基板的 CTE 失配、缩短互连长度、提高电性能，并且金属填充的 TSV 同时可作为散热通道。

基于硅转接板的优势，这项技术得到了世界范围内各大公司和科研机构的广泛关注和重点研究，越来越多的高端产品通过硅转接板提供封装的解决方案。详细内容请参考本书第 24 章的设计案例。

17.4　基于 4D 集成的 SiP 设计

17.4.1　4D 集成 SiP 基板定义

1. 基板的结构和连接

下面以一款 4D 集成 SiP 基板的设计为例来介绍复杂基板的设计，通过刚柔电路实现 4D 集成，在底部增加焊球用于与 PCB 焊接。

该 SiP 采用了 4D 集成结构的封装体，其中包含 6 块刚性基板，中间通过 5 个柔性电路连接，在 6 块刚性基板上均可安装芯片等元器件，柔性电路主要起到电气互连和物理连接的作用。元器件安装完成后对柔性区域进行 90° 弯曲，将刚性基板弯折并拼接成一个开盖盒状体，并对其接缝处进行焊接，然后对封装体内部充胶加固，最后封盖、植球，形成完整的 4D 集成 SiP。在基板生产和加工以及芯片贴装过程中，整个刚柔结合基板位于同一个平面内，芯片贴装完成后，将柔性部分弯曲 90°，形成 4D 封装体。

图 17-23 所示为 4D 集成 SiP 俯视图和对应的侧视剖面图。其中 A、B、C、D、E、F 为刚性基板，总共 6 块，通过 5 个柔性电路连接起来，分别标识为 1、2、3、4、5。刚性基板在未与柔性电路连接的边做金属化处理，用于后期的焊接。图 17-23 中央为俯视图，其中 a-a，b-b 点划线表示剖面图的位置，a-a 剖面图位于俯视图下方，b-b 剖面图位于俯视图右侧。

2. 基板的层叠定义

对基板的整体结构和连接定义完成后，下一步是对每一块基板的层叠结构进行定义，在本例中，定义 A 基板为 6 层，BCDEF 基板为 4 层，柔性连接为 2 层，通过层叠叠加和合并得到 Master Stackup。4D 集成 SiP 基板层叠结构定义如图 17-24 所示。

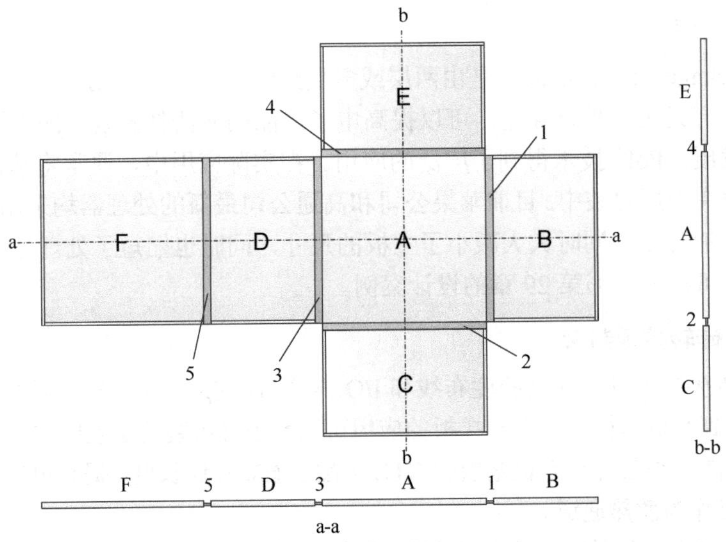

图 17-23 4D 集成 SiP 俯视图和对应的侧视剖面图

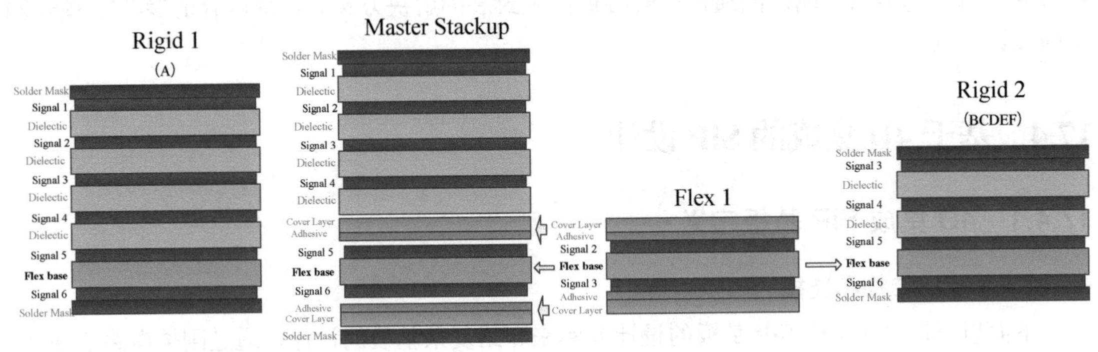

图 17-24 4D 集成 SiP 基板层叠结构定义

17.4.2 4D 集成 SiP 设计流程

1. 原理及方案设计

这一步主要定义需要放置的芯片数量、芯片之间的互连关系，以及规划的布局位置等。在本例中，我们规划了 19 个裸芯片，其中 8 个裸芯片采用 3D TSV 互连，每 4 个为一组，形成 2 组 3D TSV 互连堆叠，安装在 A 基板上，其他 11 个裸芯片分别安装在 BCDEF 基板上，安装方式包括平铺（2D）和芯片堆叠（2D+），其中 B 基板上 2 个芯片堆叠在一起，F 基板上 3 个芯片堆叠在一起。此外，设计中包含 12 个电容和 12 个电阻，分别安装在每块基板上，设计采用 BGA 作为引脚输出。

2. 板框绘制及层叠设置

按照图 17-23 进行板框绘制，并按照图 17-24 进行 Master Stackup 层叠定义，并以此给 ABCDEF 及柔性电路（Flex）设置层叠结构。该设计中 A 基板为 6 层结构，BCDEF 基板为 4 层结构，Flex 为两层结构。4D 集成 SiP 基板层叠设置如图 17-25 所示。

板框绘制及层叠设置完成后，还需要为每个柔性电路区域绘制弯折区域并设置其弯折角度为 90°，然后根据绘制的板框生成布线边框。

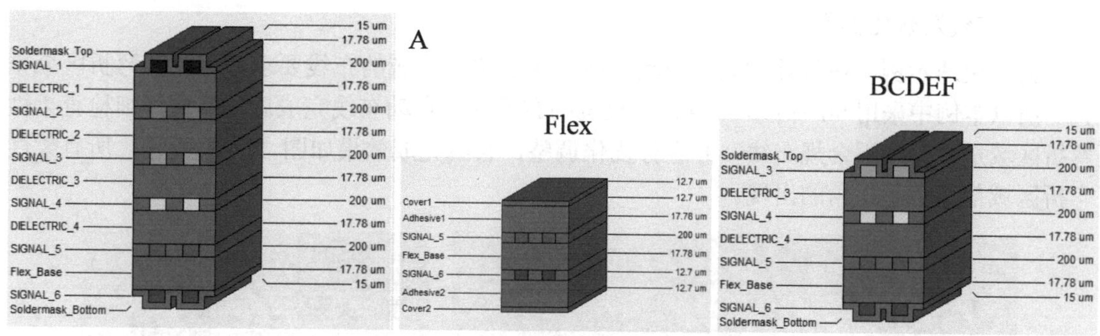

图 17-25　4D 集成 SiP 基板层叠设置

3. 芯片堆叠及布局

在布局之前要先设置芯片堆叠，本例中包含 4 个芯片堆叠：3DTSV-StackA、3DTSV-StackB、Stack1-2Chips 和 Stack2-3Chips，关于芯片堆叠的设计方法可参考本书第 12 章内容。

芯片堆叠设置完成后将芯片布局到基板的不同位置上。在本例中，所有芯片都需要布局到基板 Top 层，并在封装时通过基板折叠封装在 4D 封装的内部，BGA 封装需要放置 A 基板的底部，用于后续与 PCB 焊接。布局完成后进行芯片键合，对于芯片堆叠的键合，不同的芯片层需要设置不同的键合线模型，键合完成的芯片堆叠如图 17-26 所示。布局完成的总体效果图如图 17-27 所示，其中左侧为 2D 视图，右侧为 3D 视图。

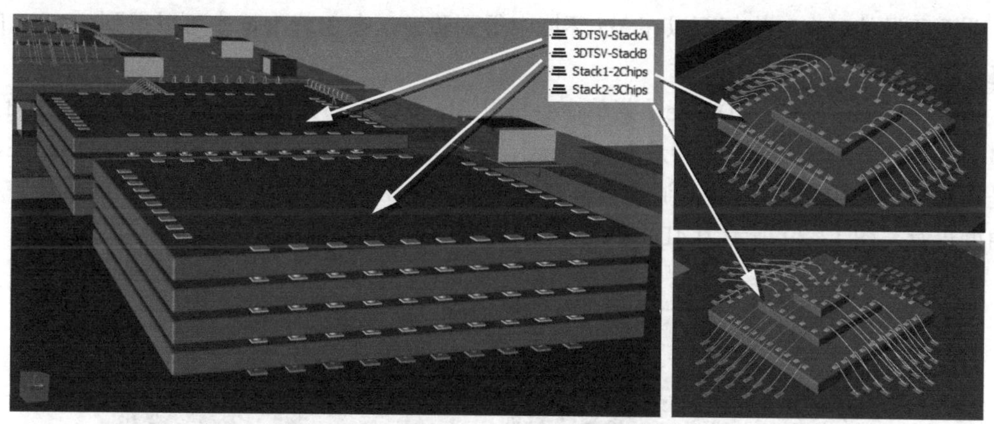

图 17-26　键合完成的芯片堆叠

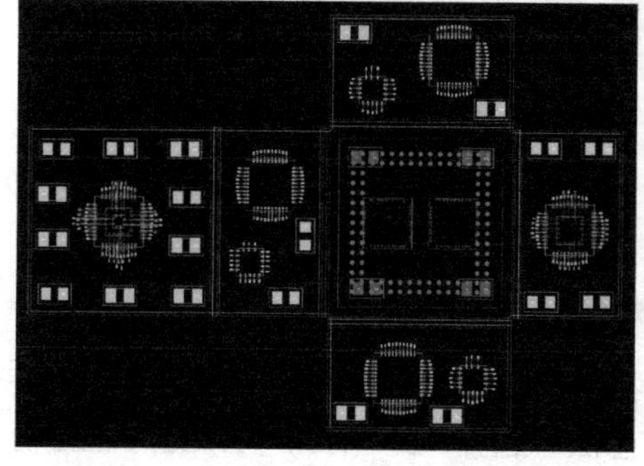

图 17-27　布局完成的总体效果图

4．布线及优化调整

为了快速示例，在设计中采用自动布线，由于柔性区域的布线要求尽可能和弯折区域垂直，所以本例中采用 90°布线，达到了 100%的布通率。自动布线完成后，需要仔细检查柔性弯折区域是否存在不合规布线，并进行优化调整，布线完成效果如图 17-28 所示，所有柔性弯折区域都避免了拐角的出现。

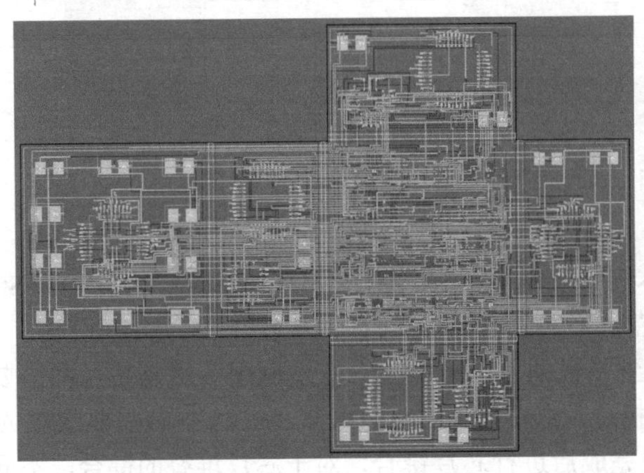
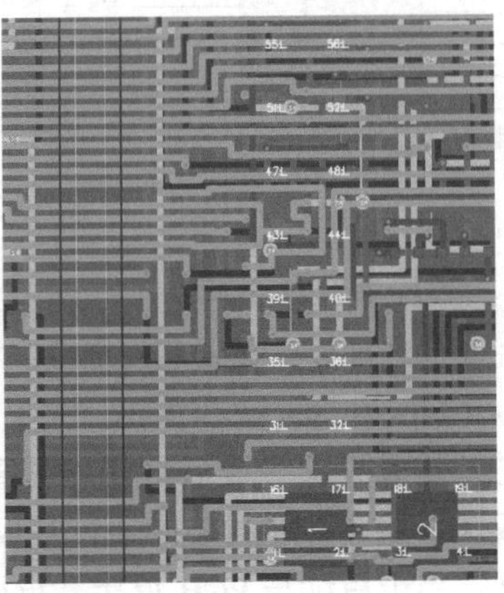

图 17-28　布线完成效果

5．4D SiP 数字化样机

前面所做的所有工作都可以在 3D 环境中得到验证，在 3D View 中可以得到 4D SiP 的数字化样机。

选择 Window→Add 3D View 菜单命令打开 3D 设计窗口，在 Display Control 窗口的 3D TAB 列表中的 Flex Objects 下勾选 Flex Bend，可以看到基板神奇地折叠成一个盒体封装，这正是我们要做的 4D SiP 封装，通过窗口左下角的旋转立方体图标，可以旋转 4D 封装并从各个角度查看。图 17-29 所示为 4D SiP 数字化样机的顶部和底部 3D 视图。

图 17-29　4D SiP 数字化样机顶部和底部 3D 视图

因为盒体是封闭的，无法看到其内部结构，我们可以想象用一把锋利的刀切开封装查看其内部结构，Xpedition 软件确实能够满足这样的想法。选择 3D→View→X Cut Plane 命令可以看到，盒体被切开了，我们可以移动和旋转 Cut Plane，从不同的位置和角度去查看封装的内部结构，图 17-30 所示为 4D SiP 数字化样机内部视图，可以看到芯片的准确安装位置。

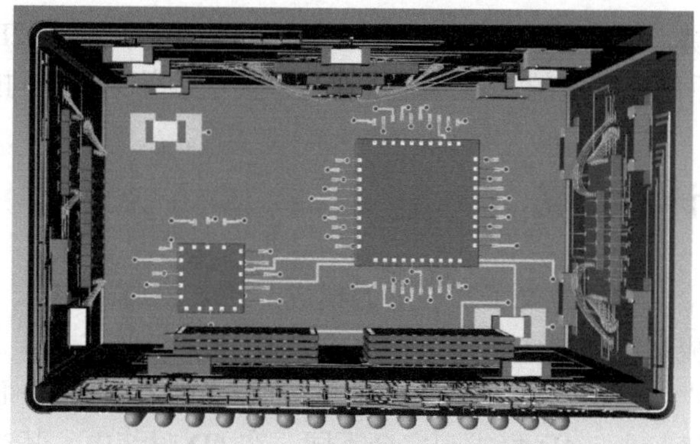

图 17-30　4D SiP 数字化样机内部视图

再来比较布线前后的芯片分布和网络互连情况。图 17-31 所示为 4D SiP 数字化样机元器件安装位置及网络连接图，可以看到芯片位于 3D 空间的不同位置，芯片之间的网络连线代表它们间的电气连接关系。下面需要在空间内布线将其连接起来。

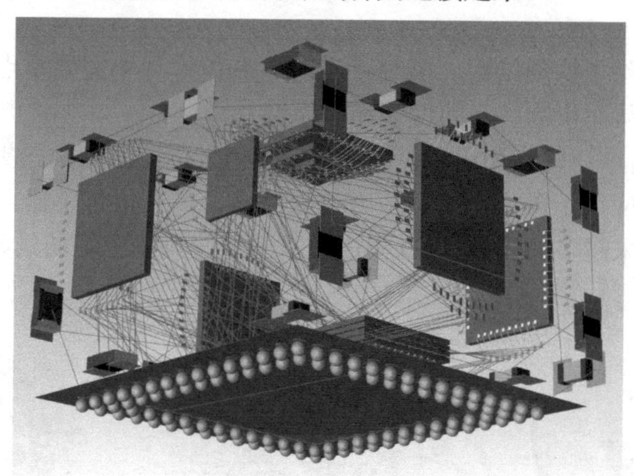

图 17-31　4D SiP 数字化样机元器件安装位置及网络连接图

与普通基板上基于平面形式的布线不同，4D 集成中的布线需要穿越不同的基板，并且在基板连接处拐弯，最后形成 3D 立体空间的布线。

在图 17-32 中可以看到通过真实的 3D 布线实现了芯片间电气信号的物理连接。

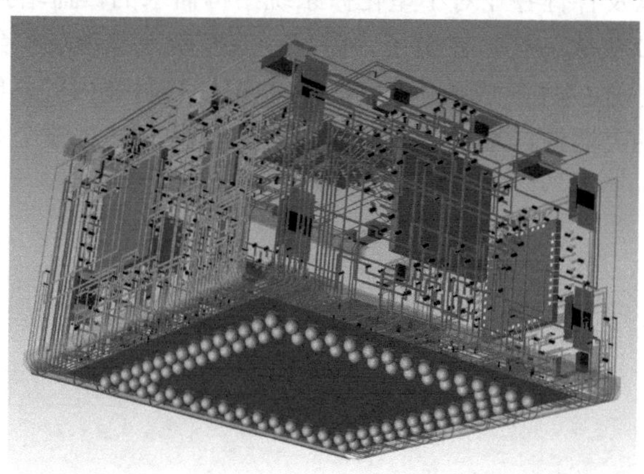

图 17-32　4D SiP 数字化样机的 3D 布线连接图

从布线的角度来讲，4D 集成的布线是 3D 的，而我们通常应用于 2D 或者 3D 设计中的电气连接都是在 2D 平面进行布线的，然后通过过孔将其连接并穿越不同的图层。

17.5　4D SiP 设计的意义

在本书的第 4 章中，我们定义了基板上的集成，2D、2D+、2.5D、3D 和 4D 这 5 种集成方式，再加上平面集成和腔体集成总共 7 种集成方式。

在这些集成方式中，除了 4D 集成，其他集成的布线均在一个平面内进行，然后通过过孔将不同层的布线连接起来。4D 集成则完全不同，在 4D 封装内，其布线是分布在整个封装的 3D 空间内的，正如我们从图 17-28 中看到的那样，在封装的 6 个面上都分布着布线。

可以这样理解，除 4D 集成外，其他的集成方式主要是基于物理结构上的区分，其布线也就是电气互连均是在 2D 平面完成的。4D 集成的不同在于，除了其物理结构上的 3D 特性，其电气互连也是 3D 的，在电气互连上比其他集成多了一个维度，这也是我们将其命名为 4D 集成的重要原因。

本书前面讲过，除了物理结构，电气互连也是 SiP 设计中需要重点关注的，电气互连直接影响信号的质量，从而影响产品的性能和可靠性。

4D 集成技术有着广泛的应用前景。例如，用于全方位监测的全景摄像头、用于医疗领域的胶囊内窥镜，以及应用于微小空间的多方位探测器、多方位传感器，等等，并且随着技术的发展，会应用到越来越多的领域。4D 集成技术的一些典型应用场景如图 17-33 所示。

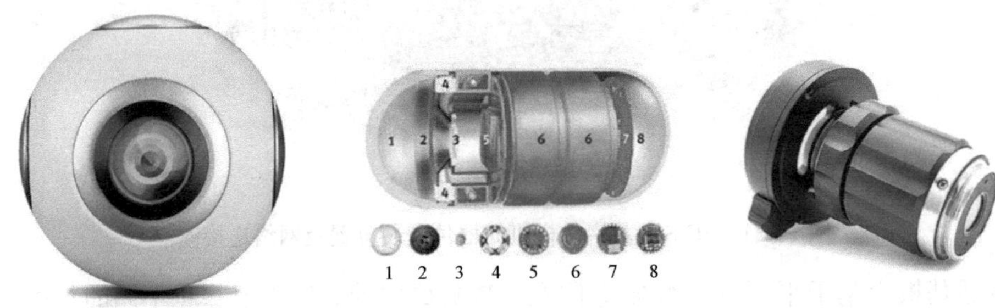

图 17-33　4D 集成技术的一些典型应用场景

随着科技的发展以及各行各业对小型化微系统结构需求的日益增强，4D 集成技术也将和目前的 2.5D 集成和 3D 集成一样，在电子、医疗、航空航天等领域得到越来越广泛的应用。

最后，我们需要明确，4D 集成技术并不一定能够提升封装内的功能密度，但却在很大程度上增加了系统集成的灵活性，增加了封装集成的多样性，并对整个系统功能密度的提升起到重要的作用。

第 18 章　多版图项目与多人协同设计

关键词：多版图项目，SiP 与 PCB 协同设计，Interposer、Substrate、PCB Board，层次化版图设计环境，原理图多人协同设计，页面操作权限，“先到先得”，页面编辑模式，页面只读模式，页面锁定，版图多人实时协同设计，RSCM，iCDB Server Manager，Team Server，Team Client，启动服务，启动客户端，iCDB 状态监测，数据保存

18.1　多版图项目

18.1.1　多版图项目设计需求

近年来，SiP 技术迅速发展并带来一个新的趋势，那就是传统上通常由芯片厂商考虑芯片封装，现在逐渐变为由系统用户来选择封装的设计和生产，当然这种封装基本上都是由多芯片组成的，并且能形成完整的系统，即 SiP 系统级封装。

1．SiP 与 PCB 的协同

以往芯片厂商通常是把芯片封装好后再卖给用户，用户拿到封装好的芯片直接应用在 PCB 设计中，以这种模式设计的封装绝大多数都是单芯片封装。

随着 SiP 技术的发展，越来越多的用户希望能够获得裸芯片，在裸芯片的基础上进行系统设计和封装。随之而来的是市场上对裸芯片的需求也会大大增加，一些传统芯片的代理商也会逐渐扩展裸芯片业务，以满足市场对裸芯片不断增长的需求。

目前，随着系统设计小型化和低功耗的要求越来越高，很多系统用户将目光转向了 SiP 和先进封装，这些用户既包括国际上一些大的跨国公司和科研机构，也包括国内众多的研究所，其中以航空航天、电子、兵器、船舶等领域尤为突出。

由于 SiP 和先进封装的设计逐渐由芯片厂商转为系统用户，而系统用户最关注的是系统设计，所以 SiP 设计和 PCB 系统设计的协同和统一管理也变得越来越重要。

SiP 本身也成为整个系统设计中关键的一环，需要在统一的平台下实现整个系统的功能。

以一个具体的例子来说明。设计者要设计一个系统，这个系统包含两个 SiP，这两个 SiP 会放到同一个 PCB 上，形成一个完整的系统，在这个设计中，芯片、SiP、PCB 的关系及信号通路如图 18-1 所示。

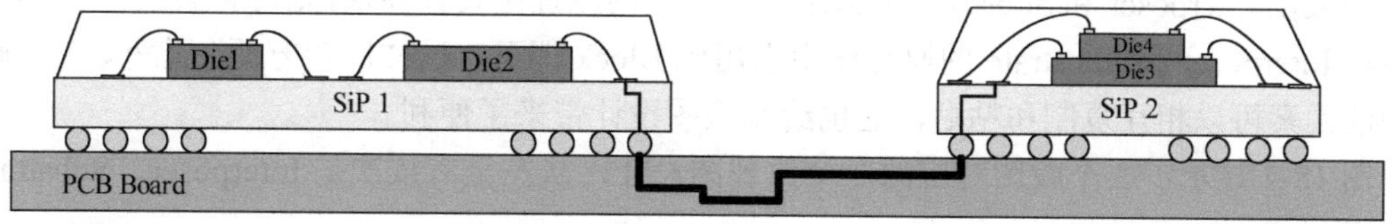

图 18-1　芯片、SiP、PCB 的关系及信号通路

此外，2.5D 集成中需要在基板和芯片之间插入硅转接板，PoP 设计中需要两个或者多个基板堆叠在一起，这些技术都需要在一个项目中管理多块基板，多版图项目管理就显得尤为重要了。

2. 包含多个基板的 SiP

我们在前一章曾介绍过复杂基板的定义。

例如，包含多个在一个 Layout 设计中完成的刚性基板和柔性基板的刚柔电路；PoP 封装、带有硅转接板的 SiP 或者先进封装，RDL+FlipChip 设计中的两个版图设计，如果在单一的 Layout 设计环境中设计完成，都可以称之为复杂基板。

如果 PoP 封装中的上基板和下基板分别在不同的 Layout 中设计完成，SiP 或先进封装中的硅转接板和基板分别在不同的 Layout 中设计完成，RDL 和 FlipChip 设计中的两个版图设计分别在不同的 Layout 中设计完成，则不属于复杂基板，我们称之为多版图项目。

由此看来，一个包含多个基板的 SiP 项目，由于设计方法的不同，可能属于复杂基板项目也可能属于多版图项目，具体需要看那种方式更方便，对项目的顺利准确完成更有效。

在 Xpedition 中合理地选择设计流程能起到事半功倍的效果。

图 18-2 所示为一个 2.5D TSV 的典型项目，包含 Interposer（硅转接板）、Substrate（封装基板）和 PCB Board（印制电路板）三个版图，这三个版图需要在一个项目中设计完成。图中 Memory 为存储芯片，Logic 为逻辑芯片。

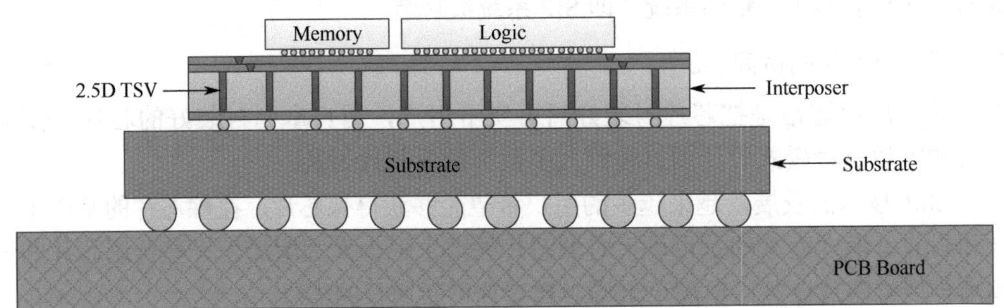

图 18-2　一个 2.5D TSV 的典型项目

18.1.2　多版图项目设计流程

下面，以前面描述的 2.5D TSV 典型项目为例，讲述多版图项目的设计流程。

在 Designer 环境中创建一个 Project 并命名为 ISB_Project，其中 I 代表 Interposer，S 代表 Substrate，B 代表 Board。

连续新建 3 个 Board，此时项目中有 3 个版图，将其分别命名为 Interposer、Substrate 和 PCB_Board，如图 18-3 所示，在一个项目中管理多个版图设计。3 个版图分别有自己对应的原理图，可单独进行设计也可共享数据设计。

如果在 Interposer 和 Substrate 中都用到了同样的原理图设计模块，则可将其设计成 Block，然后在 Interposer 和 Substrate 的原理图中引用此 Block 即可，这样比较方便。此外，3 个原理图中的元素可以相互复制和粘贴，这也给原理图设计带来了便利。

图 18-4 显示了 3 个版图对应的 3 个原理图设计，从左至右依次是 Interposer、Substrate、PCB_Board。

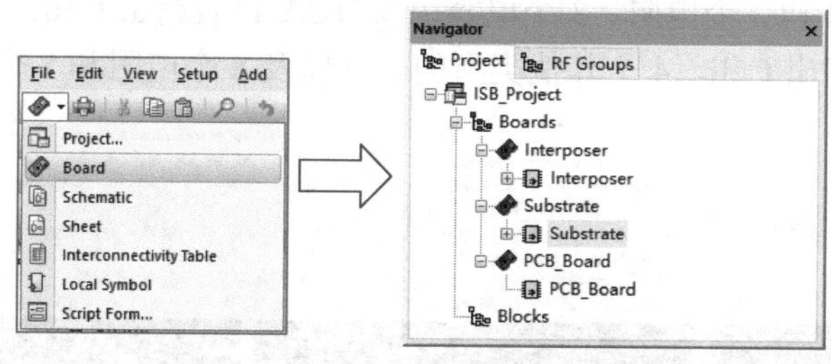

图 18-3　一个项目中管理多个版图设计

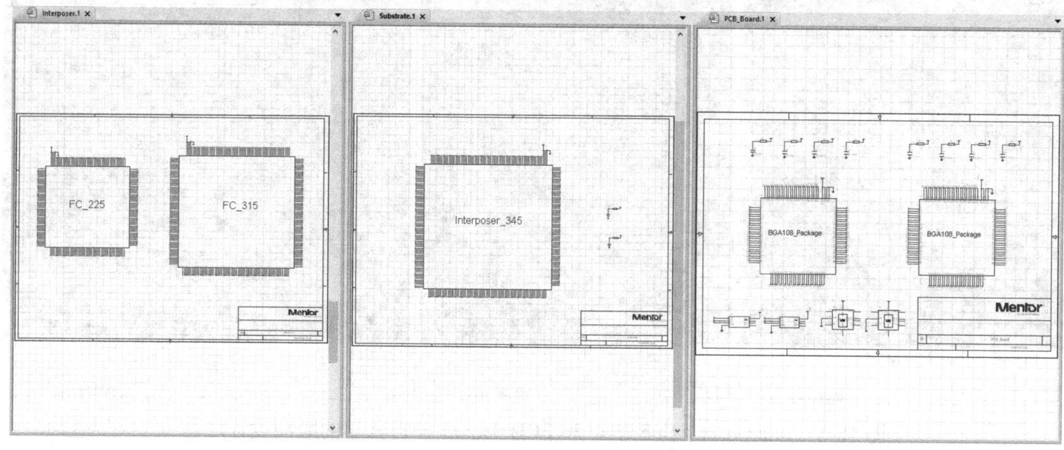

图 18-4　3 个版图对应的 3 个原理图设计

设计完成后，对每个原理图分别进行 DRC 检查，并分别打包。启动版图设计工具 Xpedition Layout，在启动 Xpedition Layout 时，首先给不同的版图选择不同的设计工艺（Design Technology），例如，Interposer、Substrate 的设计工艺均选择 Package，PCB_Board 的设计工艺选择 PCB；然后选择不同的模板（Template），为 Interposer 选择我们在本书第 9 章创建的 Si_Interposer 2+2+1 Template，为 Substrate 选择 HDI 2+4+2 Template，为 PCB_Board 选择 8 Layer Template；接着为每个版图选择不同的存储路径，如图 18-5 所示。

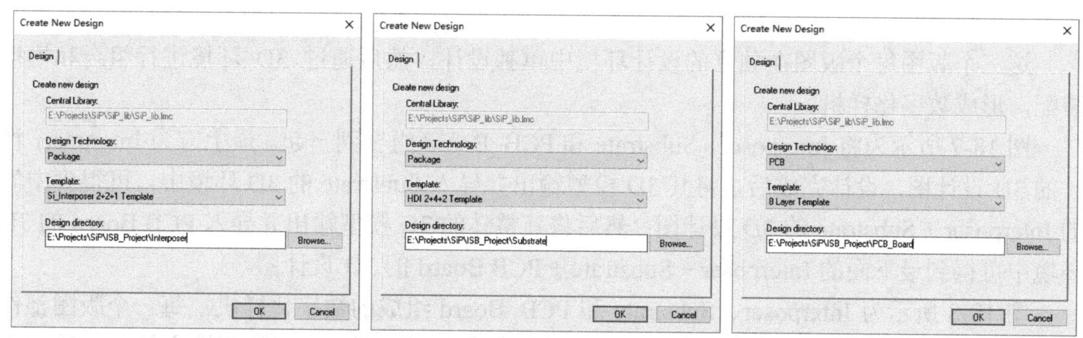

图 18-5　为 3 个版图选择不同的设计工艺、模板和存储路径

每个版图设置完成后，单击 OK 按钮可分别进入各自的版图设计环境，设计者可分别对每个版图进行设计，互不干涉。在实际设计中，应根据项目情况选择版图设计的先后顺序。

Interposer、Substrate 和 PCB_Board 各自独立的版图设计环境如图 18-6 所示，左侧为 Interposer 版图，包含 2 个 FlipChip 裸芯片和 Interposer 扇出 Cell；中间为 Substrate 版图，包

含 Interposer 扇出 Cell 和 2 个电阻、2 个电容以及 BGA 封装扇出 Cell；右侧为 PCB_Board 版图，包含 2 个 BGA 扇出 Cell，4 个其他类型的芯片以及 8 个电阻和 8 个电容。

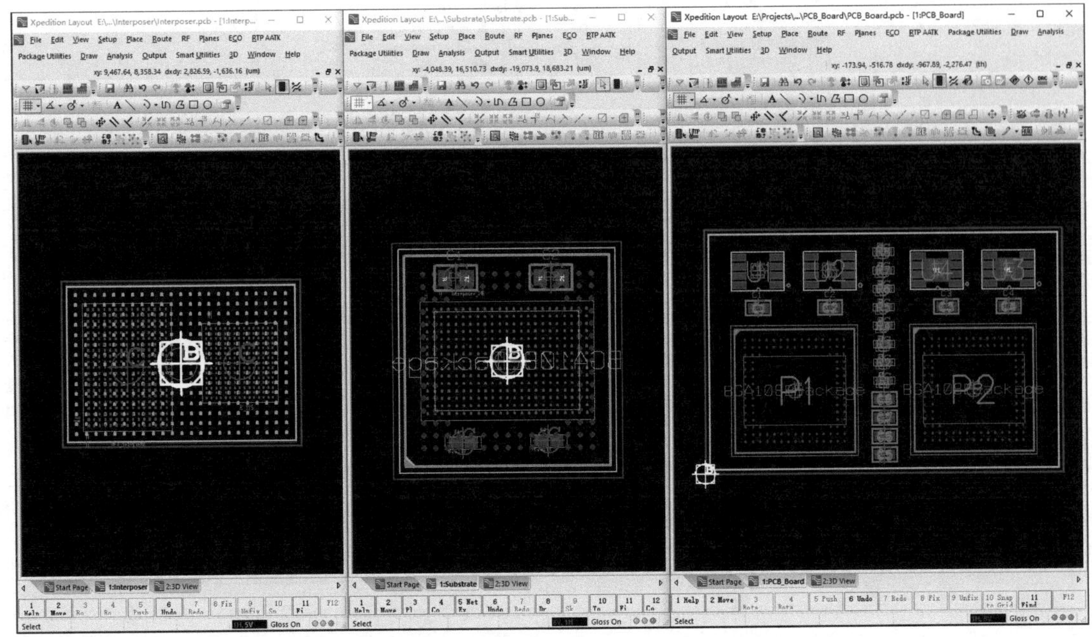

图 18-6　Interposer、Substrate 和 PCB_Board 各自独立的版图设计环境

通过一个项目将多个版图管理起来，这种设计方法从项目管理的角度来讲更加便利。同时，多个版图的原理图之间又互相关联，可以资源共享。

例如，Interposer 扇出 Cell 对 Interposer 来讲是对外接口，但在 Substrate 设计中，它又作为一个元器件的版图单元 Cell 出现，起着连接内部（FlipChip）和外部（BGA Package）的作用。

BGA 封装扇出 Cell 对于 Substrate 来讲是对外接口，但对于 PCB Board 来说，它又作为一个元器件的版图单元 Cell 出现，起着连接内部（Interposer Cell）和外部（PCB Board）的作用。

这三个版图每个版图在独立的设计环境中单独设计，然后通过 3D 环境进行组合和模拟装配，形成数字化样机。

图 18-7 所示为将 Interposer、Substrate 和 PCB_Board 组合到一起。最上方为 Interposer 设计的 3D 设计图，设计完成后，将其 3D 模型输出并导入 Substrate 的 3D 环境中，可得到中间的 Interposer + Substrate 的 3D 设计图；然后将其整体的 3D 模型输出并导入 PCB Board 的 3D 环境中可得到最下面的 Interposer + Substrate + PCB Board 的 3D 设计图。

图 18-8 所示为 Interposer、Substrate 和 PCB_Board 组成的数字化样机。每一个版图都作为更大版图中的单元而存在，像元器件一样安装在更大的版图中，三块版图之间是一种层次化的关系。

多版图项目之间的协同设计使得在调整 SiP 封装外壳的引脚分配时，既能考虑 SiP 内部的连接关系及网络优化，也能考虑 PCB 设计的连接关系和网络优化，做到内外兼顾，更全面地考虑整个系统的优化，而非片面地调整和局部优化，从而设计出更好、更先进的产品来。

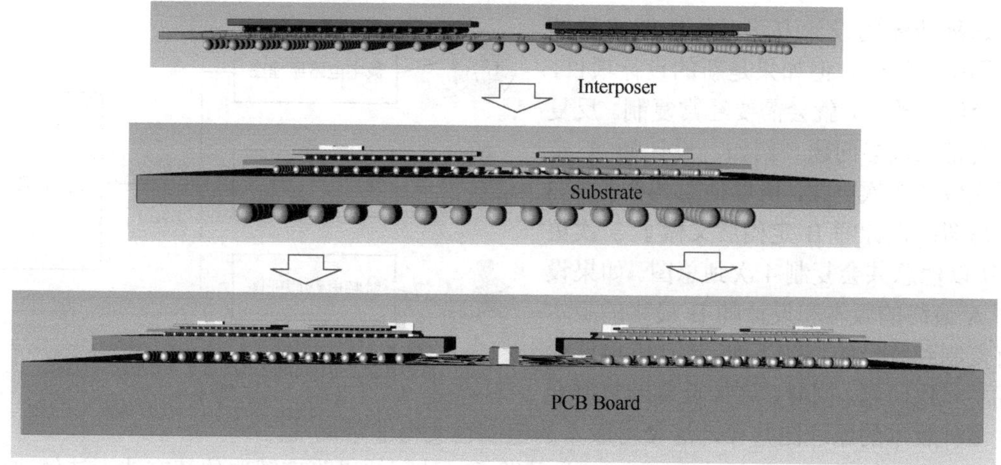

图 18-7　将 Interposer、Substrate 和 PCB Board 组合到一起

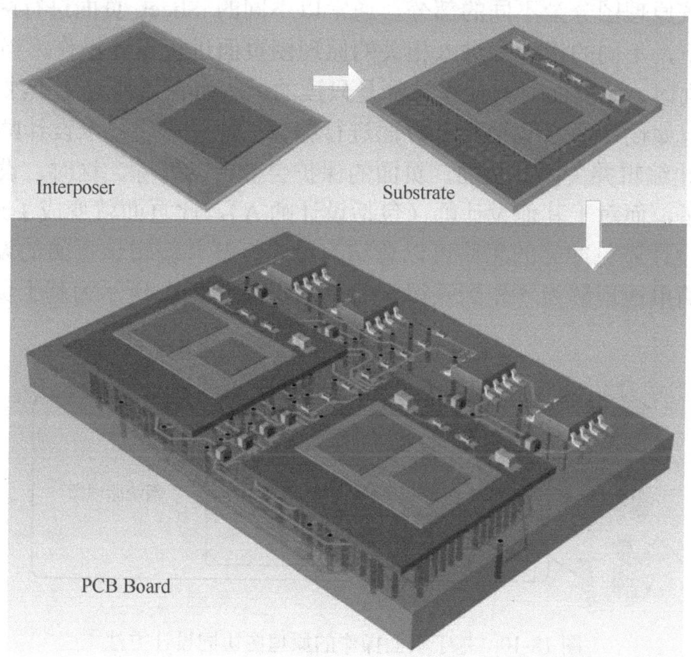

图 18-8　Interposer、Substrate 和 PCB Board 组成的数字化样机

18.2　原理图多人协同设计

18.2.1　原理图协同设计的思路

随着技术的发展和系统功能的增强，电子系统也变得越来越复杂，参与系统设计的人员也会相应增多。

在复杂电子系统的设计中，有些系统电路原理图包含数字部分、模拟部分、射频部分等不同的功能模块。传统的设计方法是这些不同功能模块的电路由不同的设计师设计，每个设计师设计完成后再将各自的原理图复制到一起，形成一份系统原理图，如图 18-9 所示。

这种传统的设计方法对于比较成熟的电路图是可行的。但如果是新的设计项目，设计会经常改动，就会需要经常复制。反复复制会带来很多问题。例如，设计师 A 定稿后又做了 2 次更改，所以他总共会复制 3 次到总图；设计师 B 定稿后又做了 3 次更改，所以他总共会复制 4 次到总图。如果设计师 A 最终的版本和设计师 B 最终的版本没有复制到统一的总图下面，设计就可能会出现不一致问题。同时，这种反复的复制会产生多种版本的原理图共存，这使得版本的控制也变得非常混乱。

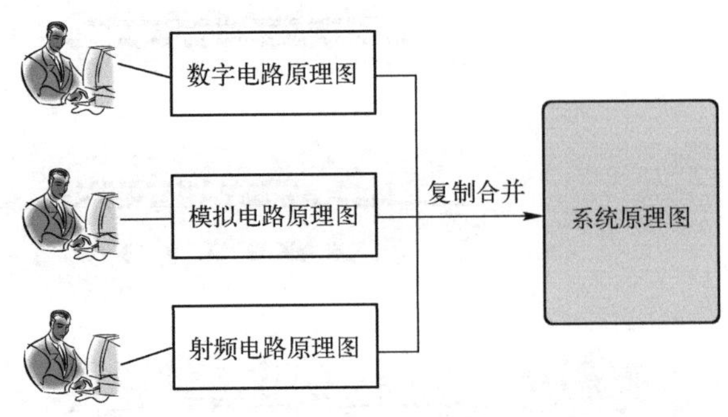

图 18-9　传统的复杂电子系统设计方法

原理图协同设计（Concurrent Design）提供了一种新的思路来解决传统方法无法解决的问题，并提供了具体的实现方法。

一份复杂系统原理图分为不同的部分，通常以不同的 Sheet 页面进行区分，在协同设计工具的统一管理下，不同的设计师进入相关的原理图页面进行设计操作。当设计师 A 编辑原理图中的某个页面时，此页面对其他设计师是只读的，从而有效地避免了冲突的发生。此时，如果其他设计师，如设计师 B 也要在此页面进行编辑，他只需要征求设计师 A 的同意，设计师 A 同意后，停止编辑并关闭此页面，页面的保护会被自动解除。这时，设计师 B 就可以打开并编辑此页面了，而对于其他设计师（包括设计师 A），此页面就变成了只读页面。

原理图协同设计避免冲突的思路可以总结为最先打开并编辑该页面的设计师享有对页面的操作权限，可简单地理解为“先到先得”的原则。图 18-10 所示为基于页面操作的原理图协同设计方法。

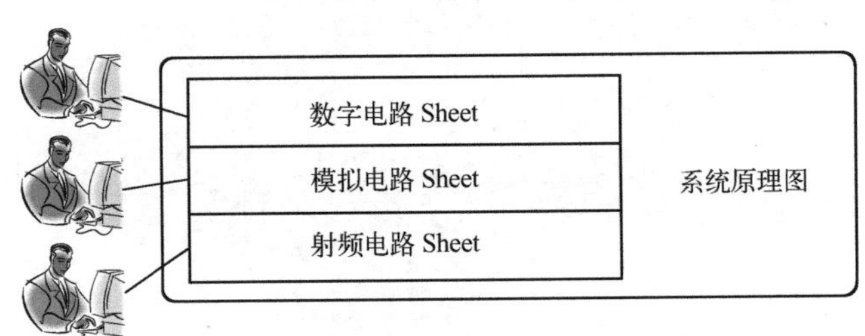

图 18-10　基于页面操作的原理图协同设计方法

18.2.2　原理图协同设计的操作方法

1. 硬件配置

在进行原理图多人协同设计时，首先要进行硬件环境的配置。其中有一台计算机作为文件服务器，Project 项目文件夹存放在该服务器上，并且项目文件对于所有参与该项目的设计人员都是可读写的。当然，文件服务器可以是参与设计的某一位设计师的个人计算机，他只需要将项目文件放在自己计算机的某个文件夹中，并开放此文件夹可读写权限给其他参与该项目的设计师即可。

2. RSCM 配置

硬件环境配置完成后，需要进行远程服务配置管理器（Remote Server Configuration

Manager，RSCM）的配置。

在软件安装目录下找到 RSCM 后，选择 Management→Install，安装 RSCM，安装完成后启动 RSCM Configurator，如图 18-11 所示。可以看到当前版本 MGC.SDD.RSCM.EEVX. 2.7 的 Config 栏为 √，Status 栏显示为绿色，表明安装和启动均正常。

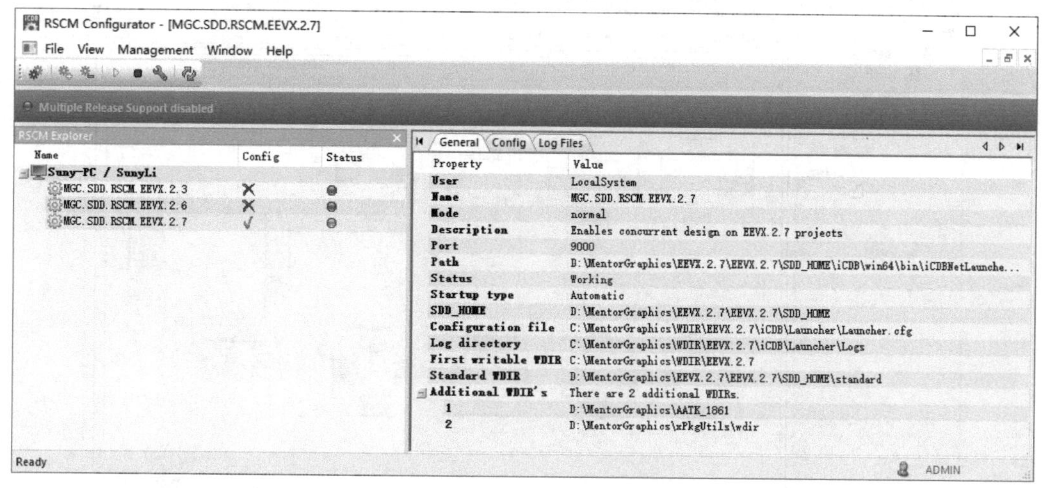

图 18-11　启动 RSCM Configurator

RSCM 安装和启动完成后，在 Windows 的服务器中也可以看到 RSCM 已经安装并处于正在运行状态。

3．软件启动与操作

在本例中，为了便于通过实例讲述协同设计的操作方法，构建如图 18-12 所示的操作环境。有两台计算机参与原理图协同设计，分别为 Suny-PC 和 Suny-PC2，设计数据（Project data）放在 Suny-PC 上的文件夹 Xtreme 中并开放共享，两台计算机通过网线直连。

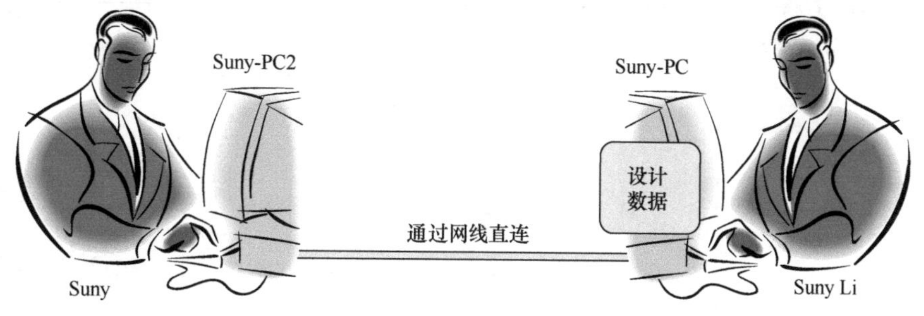

图 18-12　两人协同设计操作环境

由参与协同设计的任意一位设计师，如 Suny Li 打开放在共享目录下的 Project，为了避免两人由于文件夹存放路径不一致而造成的库指向问题。两人均通过网络路径打开项目，例如：\\SUNY-PC\Xtreme\TSV_4D_Integration\TSV_DESIGN.prj，打开后即可进入编辑环境，这时当第二位设计师 Suny 打开同样的原理图时，在原理图页面上方显示：Schematic is in readonly mode[Locked by SunyLi on computer: Suny-PC]，提示页面锁定状态，如图 18-13 所示。

虽然该页面处于锁定状态，但第一位设计师的任何操作，对第二位设计师都是实时可见的。对于该设计中的页面 2，由于第一位设计师没有打开过，所以第二位设计师可以直接打开并编辑。随后，如果第一位设计师打开页面 2，编辑窗口上方会显示：Schematic is in readonly mode[Locked by Suny on computer: Suny-PC2]，如图 18-14 所示。

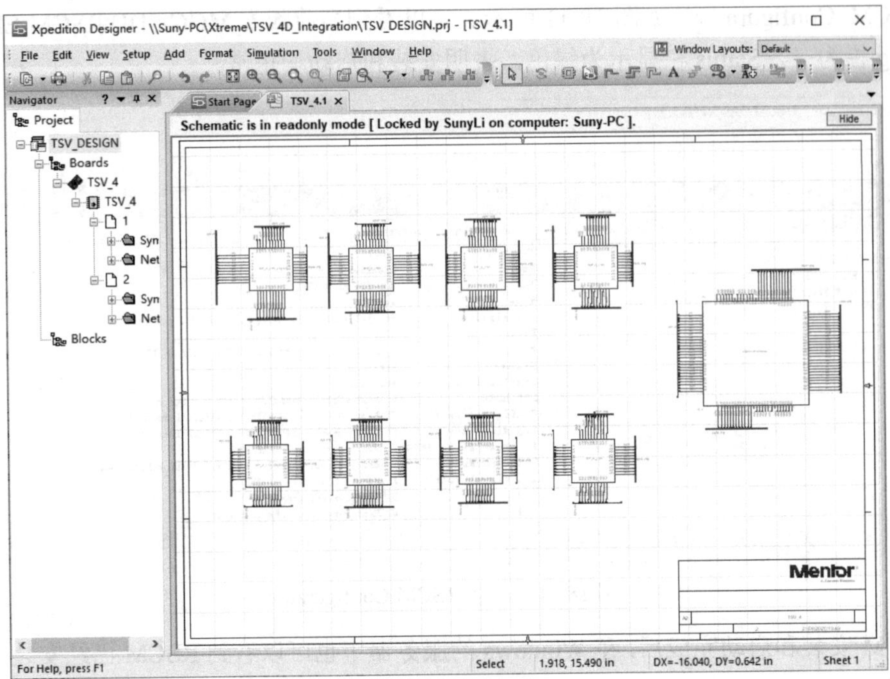

图 18-13　页面锁定状态

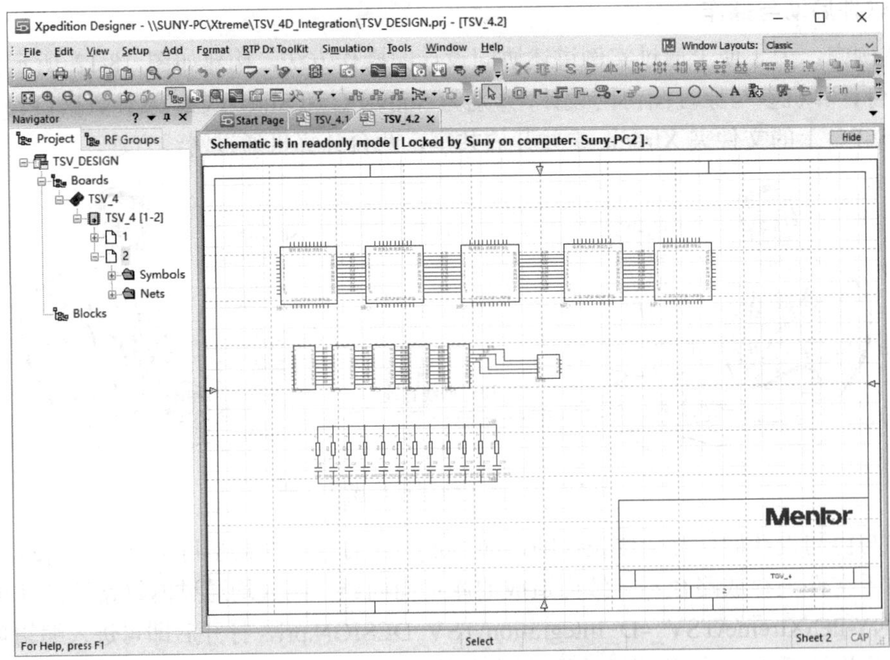

图 18-14　当第二位设计师首先打开某页面时第一位设计师的该页面处于锁定状态

在同一时刻，不同的设计师只能操作不同的页面，对某个页面的可写权限基于“先到先得”的原则。当一位设计师编辑某个页面时，其他设计师不能编辑，但是可以实时地看到原理图页面的变化。当该设计师不再编辑并且关闭此页面时，此页面的可写权限才会释放出来给其他设计师。例如，当第二位编辑设计师关闭页面 2，第一位设计师的页面 2 上的提示条发生了变化，锁定解除并且出现 Click to Edit 按钮，设计师此时只需要单击此按钮，即可进入编辑状态，锁定解除界面如图 18-15 所示。

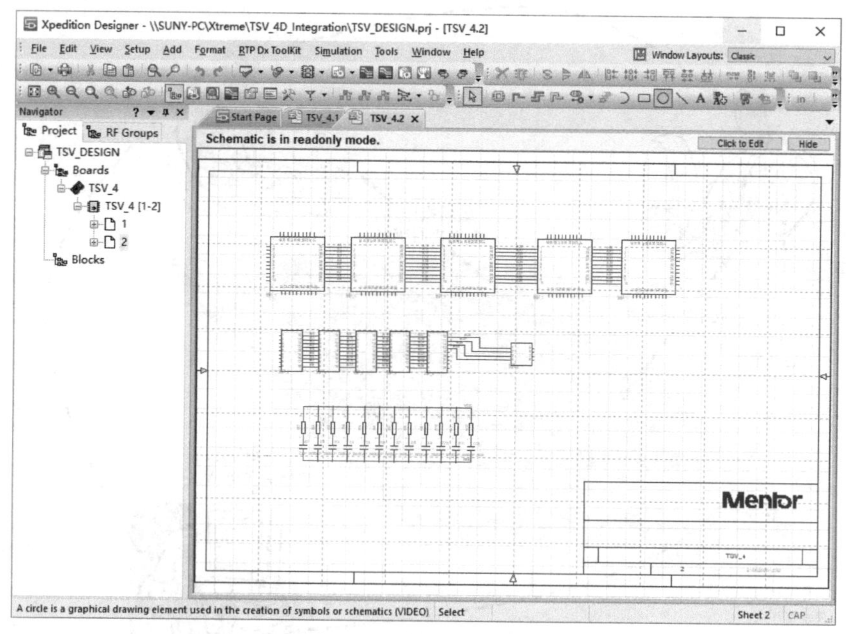

图 18-15　锁定解除界面

这时，同样基于“先到先得”的原则，打开该页面并最先单击 Click to Edit 按钮的设计师拥有对该页面的编辑权限。

在软件安装目录下找到 iCDB Server Manager 并启动，可以看到该项目的设计状态，该项目有两个设计师 Suny Li 和 Suny 参与，他们所用工具均为 Xpedition Designer。iCDB Server Manager 中的设计师状态显示界面如图 18-16 所示。

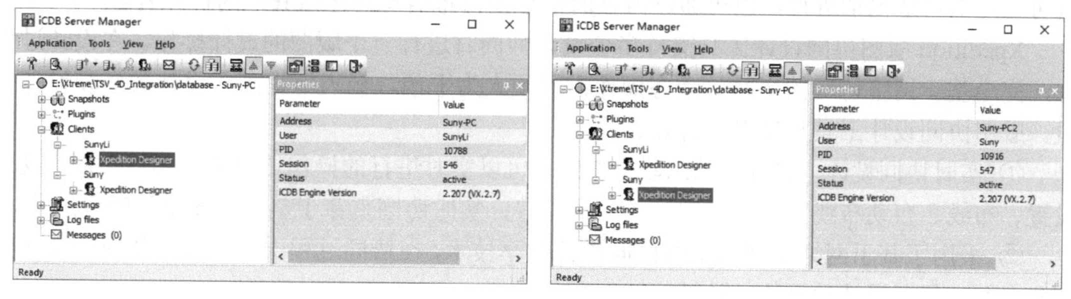

图 18-16　iCDB Server Manager 中的设计师状态显示界面

原理图多人协同设计建立在相互合作并信任的基础上，可大大提高设计效率，有效地维护了设计数据的一致性。协同设计的理念受到越来越多设计师的认可，对于大型复杂的项目，多人协同设计已经成为必然的趋势，它可以有效地加快项目进度，提高产品的竞争力。

18.3　版图多人实时协同设计

版图不同于原理图，版图是没有页面分割的。版图多人实时协同设计技术是指在不做任何设计分割的情况下，由多个设计者同时参与一个版图的设计。在 Xpedition Layout 中，版图实时协同设计已经流行多年，是一项成熟的技术，图 18-17 所示为版图多人实时协同设计示意图。

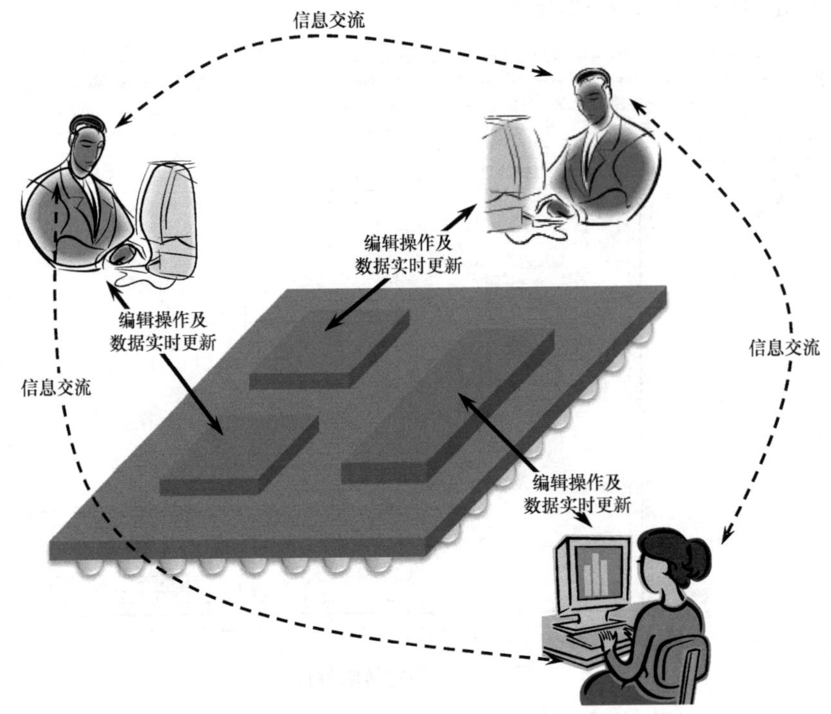

图 18-17　版图多人实时协同设计示意图

在协同设计中，每位参与的设计师都可进行全局的布局布线，同时每个人也可以设定临时的保护区域，避免在设计过程中由于其他设计师误操作而影响自己已经完成的设计部分。在设计过程中，设计者除了完成各自的编辑操作，相互之间还需要进行信息的交流，这种交流可通过语言或电话进行，也可通过内置的信息窗口将信息传达给其他的设计者。

Xpedition 版图协同设计工具支持多个设计师同时进行一个版图的设计操作。在设计过程中，完全基于网络访问的实时、动态操作，无须人为干预，极大地提高了设计效率和设计质量。版图协同设计工具具备以下特点。

① 实时协同设计，实时的动态联合布线，可以实时进行的操作还包括元器件布局、规则设置、布线、自动布线、铜皮处理、丝印调整等，实时协同贯穿了整个版图设计的全过程。

② 采用了基于网络访问的实时协同设计共享技术，在协同过程中无须进行任何的设计分割和合并，保证设计数据的一致性。

③ 支持多个用户同时在线的方式进行版图协同设计，设计人员可以根据项目进展情况和难度进行动态调整。

④ 设计数据在服务器或一个客户端（任何一个用户端都可以被设置为数据服务器），与其他进行协同设计的客户端共享数据。

传统的版图协同设计技术必须要对版图进行人为“分割”才能让多人来进行设计，由此带来的分割处的接口关系定义工作非常繁杂，遇到设计频繁更改的情况，所花费的时间远比一个人设计时间要长。在设计完成之后还需进行设计“合并”。而实际设计中，设计更改是不可避免的，并且可能会更改多次。这种通过“分割—合并”的任务分配方式无法通过动态调整设计人员的任务来调节整个项目的完成进度。设计人员只能看到自己分配的模块内的设计完成情况，如果一个设计人员想看到整个设计的状况，必须进行设计数据的下载、合并等操作，无法实现数据的实时性、动态性。目前这种协同设计技术已经被抛弃。

Xpedition 版图协同设计技术是实时动态的，无须分割，无须定义接口，无须合并数据。设计人员可以动态地进入和退出设计，也就是说现在可以 2 个人一起设计，当再加入 1 个人参与设计时，前 2 个人根本无须做任何改变和准备。到了后期只需要 1 个人的时候，另外 2 个人退出设计就可以了，无须任何设计合并过程。

自动同步技术让每个设计人员可以实时地看到所有其他人的操作。进程服务器通过优先权选择和设计规则检验来防止用户操作中的时间冲突和编辑冲突。此外，参与项目的成员还可以通过创建保护区域来临时锁定目标或在光标周围显示工作范围保护区域。当需要做出会影响其他用户的设计更改时，可对所有用户发出通知让其选择接受或是拒绝。

目前，Xpedition 版图实时协同设计技术已经发展和应用多年，技术非常成熟，在国内外各大公司和科研院所的版图设计中得到了广泛应用，并取得了巨大的社会和经济效益。根据行业内部统计，可提高设计效率高达 40%～70%，从而大大缩短了项目研发周期，提高了产品的竞争力，为缩短突发性设计任务的设计周期提供了最佳的解决方案，使企业和研究院在竞争中处于优势。

笔者从 2005 年就开始接触并积极应用版图多人实时协同设计技术，从实际项目的角度出发，版图实时协同设计可以节省的设计时间超过 50%，并能大大减轻设计师的压力，从而提高版图设计的质量。

18.3.1　版图实时协同软件的配置

表 18-1 所列为版图实时协同设计技术配置表，表中展示了版图实时协同设计技术包含的设计元素。

表 18-1　版图实时协同设计技术配置表

RSCM	远程服务配置管理器，对设计数据进行管理，允许多人同时访问同一个设计数据
iCDB Server Manager	集成通用数据库服务管理器，对协同设计环境进行管理和监测
Team Server	协同设计管理服务器，对多个用户的编辑进行管理和数据同步
Team Client	协同设计客户端，参与协同设计的计算机（用户）

版图实时协同设计中的数据传输关系如图 18-18 所示。在服务器的统一管理下，每一位设计师的设计数据实时传输到服务器端，服务器整合所有人的设计数据后再实时传输到每一位设计师的客户端。从设计师的角度来看，自己的操作和其他设计者的操作是同时进行的。

在软/硬件配置上有多种模式可以采用，这里介绍最常用的两种模式。

第一种模式是有独立的服务器，设计数据存放在服务器上，同时服务器上安装了 RSCM，用来对设计数据进行管理，参与设计的人员都为客户端模式，对服务器上的数据都有写权限。这种模式比较适合经常进行协同设计的公司或研究所，需要配置专门的服务器，同时可通过权限管理使得每个设计只对相关的人员开放，其他与项目无关的人员不可访问，或者只能以只读模式访问。

第二种模式是客户端文件夹共享模式，以某一个设计者的计算机作为设计数据服务器，设计数据放在该计算机上，同时该计算机上也安装了 RSCM，用来对设计数据进行管理。通过文件夹共享功能使得所有参与设计的人员对此文件夹都可写，这种模式配置比较灵活，适合偶尔进行协同设计的公司或研究所。这种模式不需要配置专门的服务器，对于某些时间紧急的项目，主要版图设计人员可在邀请其他同事给予协助时采用，在实际项目应用中，这种模式对突发紧急的项目起了很大的促进作用。

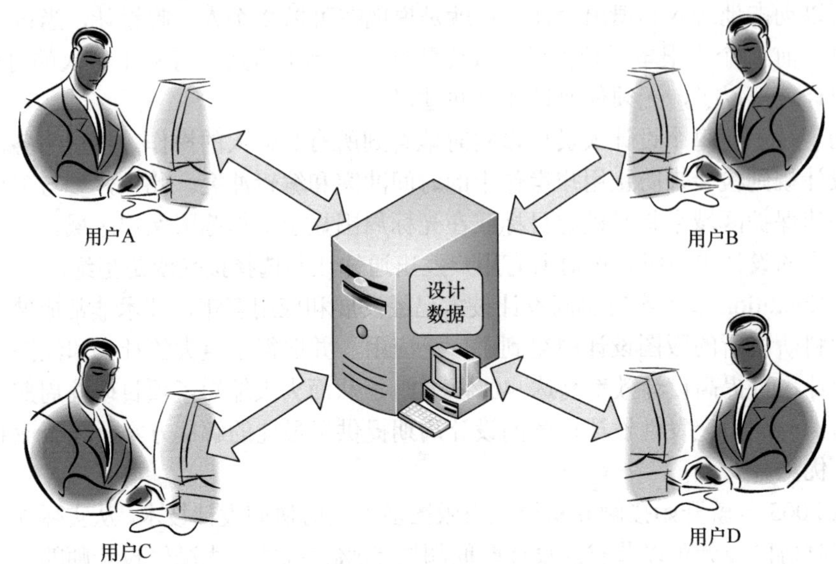

图 18-18 版图实时协同设计中的数据传输关系

18.3.2 启动并应用版图实时协同设计

1．启动服务

首先检查 RSCM 是否正常安装和启动，然后启动 Xpedition Layout Team Server，如图 18-19 所示。选择需要进行设计的 Project，如本例中的\\SUNY-PC\Xtreme\TSV_4D_Integration\TSV_PCB\TSV_4.pcb，单击 OK 按钮。在弹出的对话框中选择 Xpedition Layout 301，单击 OK 按钮。在启动的 XDS 窗口等待用户的加入。

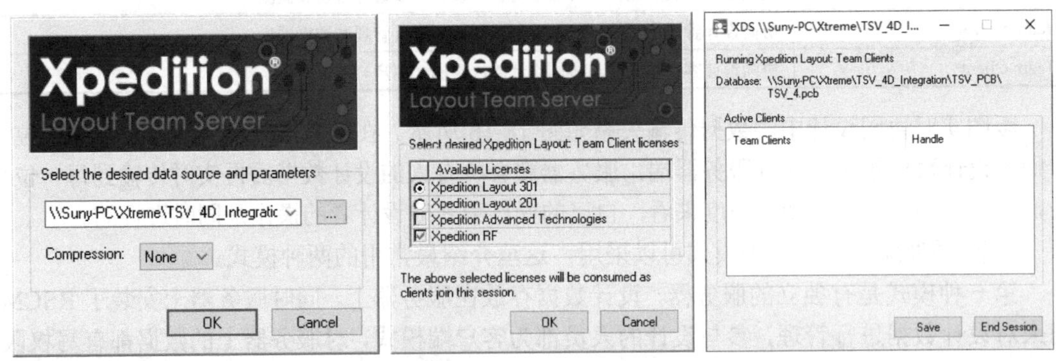

图 18-19 启动 Xpedition Layout Team Server

2．启动客户端

在参与协同设计的客户端启动 Xpedition Layout，并打开 XDS 指向的设计，随着设计者的加入，可以看到 XDS 窗口中用户列表的更新，如图 18-20 所示。

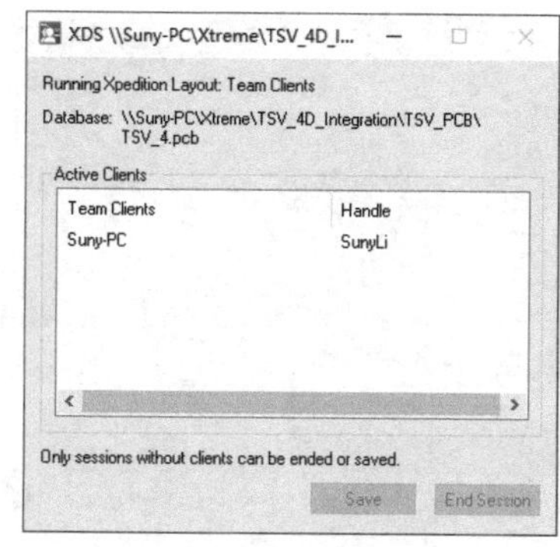

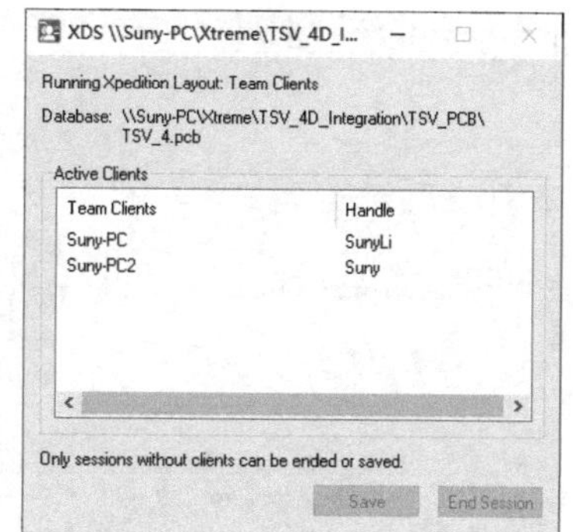

图 18-20　XDS 窗口中用户列表的更新

正常启动后，每个设计师可以实时地看到所有其他人的操作。参与协同设计项目的设计师可以通过创建保护区域来临时锁定保护目标或在光标周围显示工作范围保护区域。

图 18-21 所示为两个不同设计师的 Layout 窗口显示，其中左侧为 Suny 的窗口显示，两个圆圈中没有名称的代表自己，有名称的代表其他设计师，圆圈的大小代表工作范围保护区域，随着在同一个位置操作时间的增长，圆圈会逐渐变大；右侧为 Suny Li 的窗口显示。

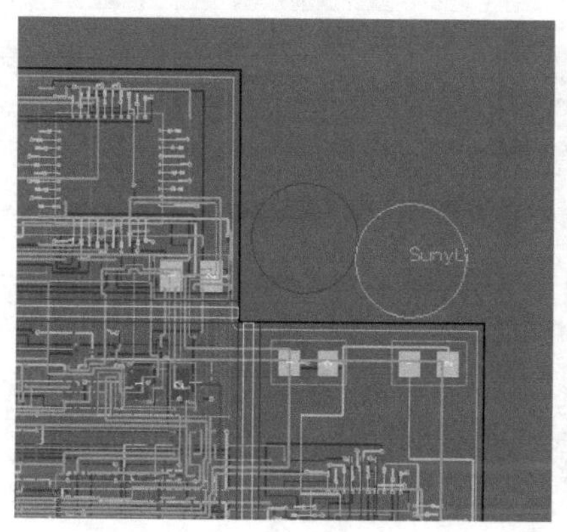

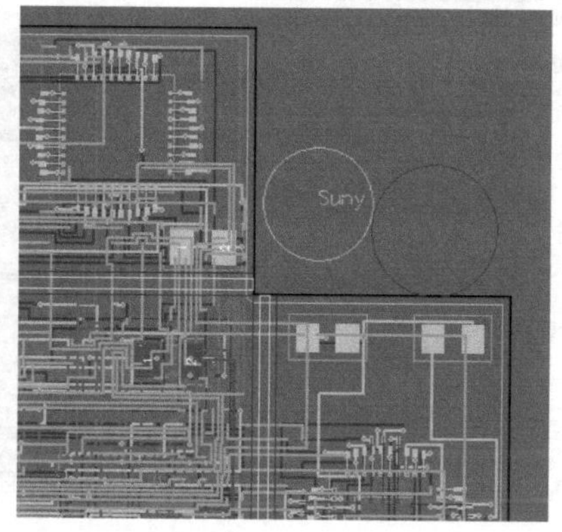

图 18-21　两个不同设计师的 Layout 窗口显示

设计师鼠标周围的圆圈属于保护区域，该区域内其他设计者是不能进入并进行任何编辑操作的，从而避免了误操作的产生。

此外，设计师也可以手工绘制自己的保护区，选择 Draw→Xtreme Protect Area 绘制自己的保护区域，如图 18-22 所示，每个保护区都会显示设计师的名字，并且保护区之内只有本设计师可以编辑。

需要注意，虽然保护区只能由设计师自己绘制，但却可以被其他设计师删除。因此，参与协同项目的设计师必须要有合作的精神才能提高设计效率。

协同设计环境下的布局和布线等操作和独立工作模式下基本相同，3D View 环境中的显示和操作也均可正常使用，这里不再详述。

3．iCDB 状态监测

在软件安装目录下找到 iCDB Server Manager 并启动，我们可以看到该项目的设计状态。iCDB Server Manager 状态监测窗口如图 18-23 所示，项目有两个设计师 Suny Li 和 Suny 参与，他们所用工具均为 Xpedition Layout。设计师 Suny Li 下方启动了两个 Xpedition Layout，其中一个为 XDS Server，一个为 Client；设计师 Suny 下方启动了一个 Client，和实际情况相符。

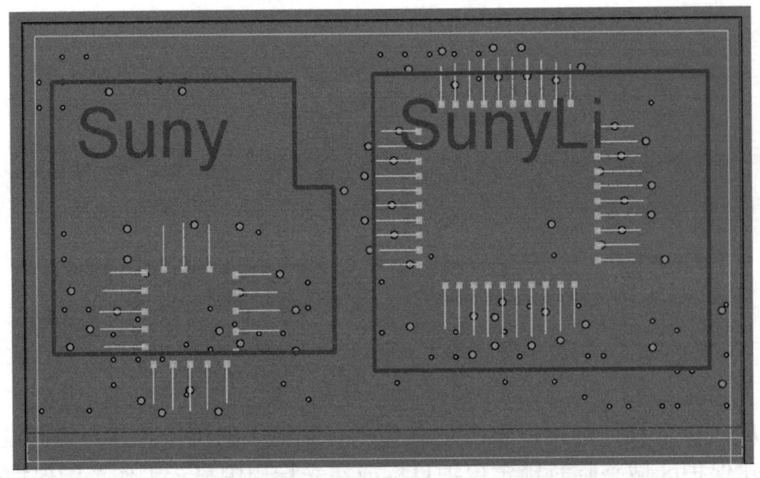

图 18-22　设计师手工绘制自己的保护区域

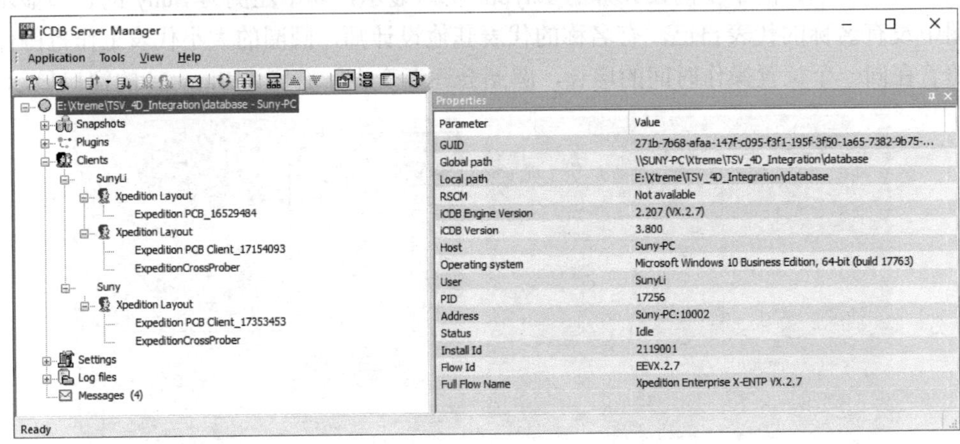

图 18-23　iCDB Server Manager 状态监测窗口

4．数据保存

协同设计完成后，或者在协同设计过程中，参与协同设计的设计师可以随时退出设计环境。在退出时系统会提示是否保存设计，通常单击“是”按钮即可。

当最后一个设计人员退出设计时，系统会弹出如图 18-24 左侧所示的提示对话框，提示设计者为最后一位退出人员，单击 End 按钮后，系统继续弹出是否保存提示对话框，单击“是”按钮即可。

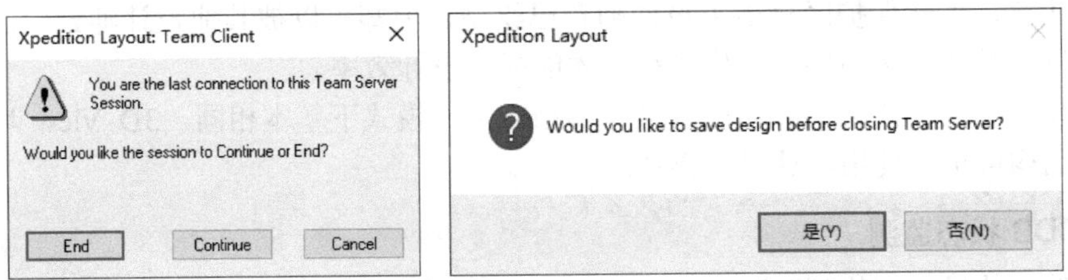

图 18-24　系统提示对话框

设计保存后，协同设计完成。保存的设计数据格式和普通版图设计完全一样，在后续的设计过程中，可以由单个设计师继续进行设计，也可由多人继续进行协同设计。

第 19 章　基于先进封装（HDAP）的 SiP 设计流程

关键词：先进封装，HDAP（High Density Advanced Package），XSI，XPD，Die，Interposer，Substrate，HBM，3D TSV，2.5D TSV，Project，Design，Device，Floorplan，MicroBump，Bump，BGA，Unravel，Template，数据同步，布局布线，3D 数字化样机，3D Viewer，3D 旋转，3D 测量，3D 模型构建，3D 模型组装

19.1　先进封装设计流程介绍

先进封装（High Density Advanced Package，HDAP）也称高密度先进封装，其包含的技术比较广泛，如 RDL、Fan-In、Fan-Out、FlipChip，TSV、2.5D、3D，WLP 等都属于先进封装的范畴，新兴技术如扇出式晶圆级封装（FOWLP）、硅中介层（SI Interposer）、芯片对晶圆（CoWoS）、晶圆对晶圆（WoW）等，都属于先进封装的范畴。

HDAP 更强调工艺的先进性，而 SiP 更强调系统的功能性。从范畴上来讲，绝大多数 HDAP 属于 SiP。系统级封装（SiP）及高密度先进封装（HDAP）正在推动传统 IC 设计和 IC 封装设计领域的逐渐融合。

单片 IC 扩展的局限性、费用和风险正在推动多芯片（异构和异质）先进集成电路封装解决方案的增长，在整个设计过程中创造了更多的机会。

SiP 和 HDAP 设计及验证提出了传统设计工具和方法无法解决的独特挑战。通过将封装和集成电路设计与可在集成电路和封装领域运行的工具结合在一起，使设计公司、OSAT、Foundry 和 Fabless 半导体厂商之间实现合作与协作。

图 19-1 所示为 HDAP 的典型结构示意图。

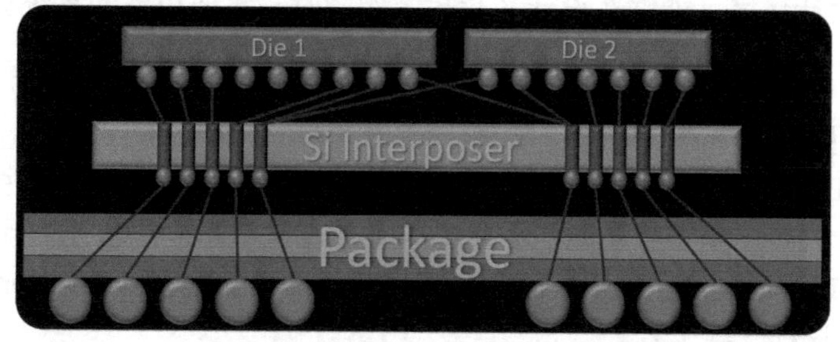

图 19-1　HDAP 的典型结构示意图

19.1.1　HDAP 设计环境需要的技术指标

在 HDAP 设计和生产过程中我们需要重点关注以下技术指标：

① 在一个环境中协调和管理多个版图设计。

② 支持不同封装技术或方案的快速评估。

③ 准确捕捉所有数据，快速定义芯片堆叠和基板的互连关系。

④ 跨基板边界规划和原型连接的需求，侧重于高性能接口。

⑤ 将设计意图在其他工具中实现的能力。

⑥ 能够处理不同的基板组合情况，如芯片、硅转接板、封装基板和 PCB 系统连接的规划、管理和可视化。

⑦ IC-Interposer-Package-PCB 四级优化。

⑧ 在完全集成的 3D 环境中实现设计。

⑨ 生成和管理分层系统网络列表。

⑩ 为极大的引脚数量提供设计容量和性能，至少能支持 250k+引脚。

⑪ 具有先进的区域填充算法，精确表示微米、纳米几何结构。

⑫ 支持分级排气、密度、锐角和应力消除检查和验证。

⑬ 始终如一地输出复杂且高质量的 GDSII。

⑭ SPG（Signal-Power-Ground）信号与电源接地比率和模式，以确保高质量的信号返回路径。

⑮ 路线规划、层分配和布线可行性评估。

⑯ PCB 上封装引脚优化或封装上芯片引脚优化。

⑰ 高速信号及差分对规则的设置和管理。

⑱ 电气性能和热性能的快速评估。

⑲ 简化跨地域、跨部门的协作和沟通。

⑳ 各种生产数据的输入和输出，丰富的输入、输出接口。

19.1.2 HDAP 设计流程

首先介绍 HDAP 设计流程中两个重要的工具：XSI 和 XPD。

1. 系统构建及网络优化工具 XSI

在设计 SiP 和 HDAP 时，最好在整个设计流程中对 Die、Interposer、Substrate 和 PCB 进行信息共享以及整个信号路径的整体优化。Xpedition Substrate Integrator（简称 XSI）基板集成器提供了集成设计环境，能够在设计芯片封装的同时与集成电路和系统设计关联。XSI 设计环境打开了 Die、Interposer、Substrate 以及 PCB 整体优化的可能性。

2. 封装版图设计工具 XPD

在进行 HDAP 设计时，除了需要有网络整体优化工具，还需要有功能强大的版图设计工具；除了要有强大的布局和布线功能，还需要有优秀的 3D 设计环境，使得设计人员能够对整体封装结构和细节有准确的把握，从而提高设计的效率和准确度。Xpedition Package Designer（简称 XPD）就是这样一款工具。

XPD 源于 Xpedition Layout，其功能和 Xpedition Layout 301 功能近似，但也由一些不同。XPD 专门针对先进封装设计，所以其在封装设计功能上有一定优化，例如，XPD 可导入 AIF、CSV Netlist 和 ODB++，可导出 AIF、Color Map、PCB library Data，而 Layout 301 则没有相应功能。XPD 具有的 External Component Wizard 也是 Layout 301 不具备的，当然 Layout 301 也有些功能 XPD 并不具备，Layout 301 可支持 Package、PCB 和 Rigid-Flex 的设计，而 XPD 只支持 Package 设计，Layout 301 可以以原理图和网表的方式驱动，而 XPD 只支持网表驱动，

而在其他方面两者就基本相同了。可以说 XPD 和 Layout 301 就如同一对孪生兄弟，基本功能相似，但也各有自己的特点。

如何选择合理的设计工具呢？如果只做 Package 设计，并且对原理图驱动无特别的喜好，则建议采用 XPD；如果既做 Package 设计也会涉及 PCB 和 Rigid-Flex 设计，同时习惯以原理图作为网络连接的输入方式，则建议采用 Layout 301。

3. HDAP 设计流程

在 HDAP 设计流程中会用到 XSI 和 XPD 两个工具，图 19-2 所示为通过 XSI + XPD 设计 HDAP 的流程图。

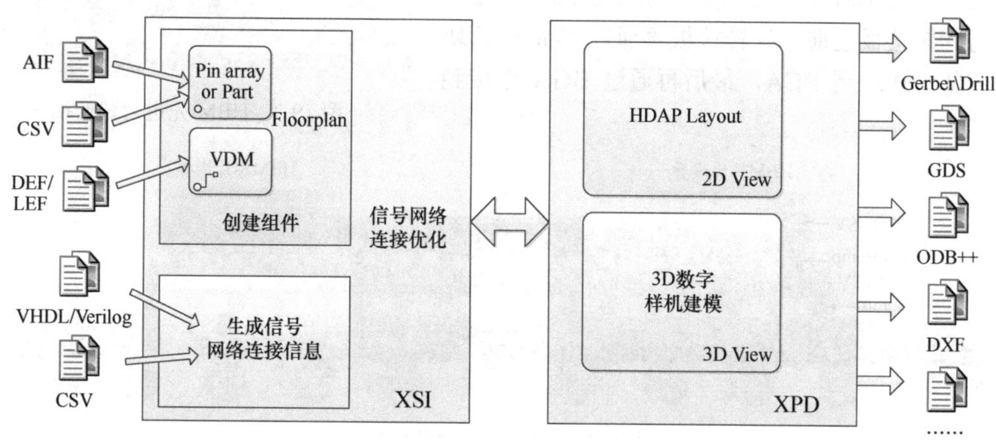

图 19-2　通过 XSI + XPD 设计 HDAP 的流程图

（1）通过导入 AIF、CSV、DEF\LEF 文件生成元器件信息，元器件有两种类型：① Pin array or Part，裸芯片（Bare Die）、FlipChip、BGA 都可以以这种类型创建，一般通过 AIF 和 CSV 文件导入生成；② VDM（Virtual Die Model），包含了更多芯片内部的信息，如芯片内部的金属层，以及芯片外部引脚和内部 I/O 缓冲区的连接关系，并对其进行优化和编辑，一般通过 DEF\LEF 文件导入创建。

（2）通过导入 VHDL\Verilog 或 CSV 文件生成信号网络连接信息，通过相同的网络名称将不同的元器件进行电气连接，同时可以给不同的网络设定不同的颜色，以便于区分。

（3）在 XSI 的 Floorplan 中进行元器件布局（包括芯片堆叠的设置）并进行网络优化，选择版图模板，设置层叠结构并传递设计数据到 XPD。

（4）在 XPD 2D 环境中进行设计，包括键合、腔体、芯片堆叠、布局布线、敷铜、DRC 等。

（5）在 XPD 3D 环境中进行 3D 数字化样机建模，结构模拟和 3D DRC。

（6）通过仿真接口输出各种仿真数据，用于电气仿真、热仿真和结构的仿真。

（7）输出生产所需的 Gerber、Drill、GDS、ODB++ 等格式的数据，用于生产加工。

19.1.3　设计任务 HBM（3D+2.5D）

下面，我们以一个包含 3D 和 2.5D 集成技术的高密度先进封装具体实例——HBM 设计，来讲述应用 XSI 和 XPD 实现 HDAP 的设计流程。

开始设计之前，先来了解一下什么是 HBM。HBM（High Bandwidth Memory，高带宽内存）是一款新型的 GPU/CPU 和内存芯片的先进封装，将多个 DRM 芯片堆叠在一起后和 GPU

封装在一起，实现大容量，高位宽的 HBM DRM 组合阵列。

图 19-3 和图 19-4 所示为 HBM 先进封装的俯视图和侧视图。从图中可以看出，中间的芯片是 GPU，左右 2 边共有 4 个 HBM DRM 颗粒的堆叠，每个堆叠包含 4 层 DRM 芯片，在最底层有一个 DRAM 逻辑控制芯片，对 DRAM 进行控制，HBM 堆叠中的芯片之间通过 3D TSV 连接。

GPU 和 HBM 芯片堆叠通过 microBump（微凸块）与硅转接板连通，硅转接板再通过 Bump 凸块和封装基板连通到 BGA，最后再通过 BGA 连接到 PCB 上。

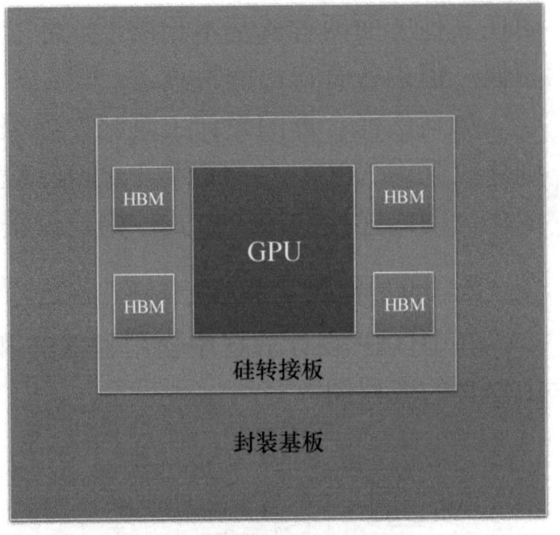

图 19-3　HBM 先进封装俯视图

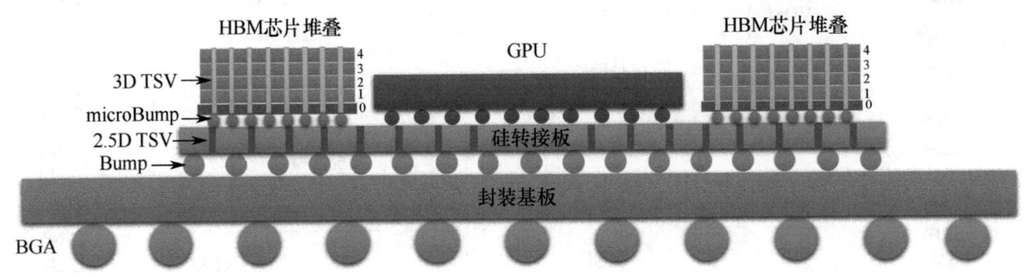

图 19-4　HBM 先进封装侧视图

综上所述，在 XSI + XPD 设计工具中，要实现 HBM 设计需要构建 4 组 HBM 芯片堆叠，每组芯片堆叠包含 4 个 HBM 芯片和 1 个逻辑芯片，通过 3D TSV 实现电气互连，这 4 组 HBM 芯片堆叠和 GPU 通过硅转接板进行集成，硅转接板上下表面通过 2.5D TSV 实现电气互连，然后通过 Bump 安装在封装基板上，进行布线互连，最后通过 BGA 扇出与 PCB 板上的其他元器件相连。

19.2　XSI 设计环境

19.2.1　设计数据准备

在前面讲述的基于 Xpedition Designer + Xpedition Layout 的 SiP 设计流程中，首先在 Library Manager 中创建所需的元器件库，并在原理图工具 Designer 中完成网络连接，然后传递网表到版图工具 Layout 中进行版图设计。

在 XSI + XPD 的设计流程中，也同样需要创建元器件库进行网络连接和网络优化，这些都可以在 XSI 中完成，然后将元器件信息和网络信息传递到版图工具 XPD 中进行版图设计。

在本书第 7 章中介绍了 SiP 设计中的所有元器件的属性信息都可以通过 Excel 文件电子表格化来管理，然后通过复制粘贴的方式创建 Symbol 库，或者 Die Wizard 导入的方式创建 Cell 库。

XSI 支持多种格式的文件，更加方便灵活。在 XSI 中，支持元器件库创建和网络连接的文件包含以下几种。

① CSV（Comma Separated Value，逗号分格值）文件，顾名思义，其参数值是通过逗号

分隔的，并且 CSV 可通过电子表格形式呈现，可方便地在 Excel 等软件中进行编辑。CSV 也是文本文件，可在文本编辑器中打开和编辑。在 XSI 中，CSV 文件可用作芯片信息的输入/输出或网络信息的输入/输出。

② AIF 文件，该文件是标准的 ASCII 格式文件，用于描述芯片和封装 BGA 信息。芯片已设计完成且不再进行平面规划，该文件中仅包含芯片和封装的引脚等信息。如果需要芯片内部更详细的信息可选择 LEF 和 DEF 文件。

③ LEF（Library Exchange Format，库交换格式）文件，是描述芯片单元抽象层、用来做芯片布局布线的文件，内部包含芯片单元大小、Blockage、引脚的位置等信息。

④ DEF（Design Exchange Format，设计交换格式）文件，是描述芯片设计信息的，比如某个 IC 设计里面多少 Cell、Pin、Net、连线等。LEF、DEF 文件格式导入的信息包含芯片内部的金属层，并对其进行微小调整，以适应最佳的芯片引脚到封装到整个系统的信号通路设计。

⑤ VHDL（Very-High-Speed Integrated Circuit Hardware Description Language，超高速集成电路硬件描述语言）是以文本形式来描述数字系统硬件的结构和行为的语言，主要应用在数字电路的设计中，在 XSI 中主要用于定义输入/输出信号和网络信息。

⑥ Verilog 文件，也称为 Verilog HDL，也是一种硬件描述语言（HDL），是以文本形式来描述数字系统硬件的结构和行为的语言，可以表示逻辑电路图、逻辑表达式、数字逻辑系统所完成的逻辑功能等，在 XSI 中主要用于定义输入/输出信号和网络信息。

虽然 XSI 支持多种格式的文件，但并非所有的文件都为必选项，主要根据设计的具体情况而定。如果芯片已经设计完成、引脚固定，则通过 CSV 或者 AIF 文件即可开始设计；如果芯片还没有设计完成，引脚可以继续优化，则需要通过包含芯片内部电路信息的 LEF、DEF 文件进行设计，从而实现芯片和封装的双向优化。

VHDL 和 Verilog 文件主要用于定义输入/输出信号和网络信息，也可以通过 CSV 文件实现信号和网络的定义。

下面结合具体的 EDA 软件应用方法，介绍包含 2.5D 和 3D 集成技术的高密度先进封装的设计流程和软件的应用。

19.2.2　XSI 常用工作窗口介绍

XSI 设计环境具有智能化风格，其窗口和菜单会根据设计者的选择而动态变化，这使得设计效率更高。

XSI 窗口中有 8～13 个窗格（数量根据选项不同而有所变化），每个窗格分别对应不同的功能，下面简单介绍 XSI 中最常用的 8 个窗格。

① Project 窗格，用于添加和管理项目中的元素，在 Project 窗格可添加 Design（设计）和元器件，并对元器件和设计的属性进行编辑。

② Properties 窗格，用于项目中元素的属性进行查看和编辑，选中不同的元素会显示不同的属性类型。

③ Signal\Connectivty 窗格，当元器件被选中时，窗格显示为 Signal；当设计被选中时，窗格显示为 Connectivty。

④ Pins 窗格，显示元器件或者设计中的引脚及相关属性。

⑤ Device\Floorplan\Die 窗格，当选中普通元器件时窗格名显示为 Device；当选中设计时，窗格名显示为 Floorplan；当选中 VDM 时，窗格名显示为 Die。该窗格为图形化窗格，用于编

辑元器件引脚、规划元器件布局，以及网络优化等。

⑥ System Connectivity 窗格，用于显示整个 Project 中的连接关系。

⑦ Display Control 窗格，用于控制设计中 Device\Floorplan\Die 窗格的显示。

⑧ Consoles 窗格，用于显示每一步操作是否正常执行，以及显示相应的信息报告。

图 19-5 所示为 XSI 常用工作窗口—Device 模式。

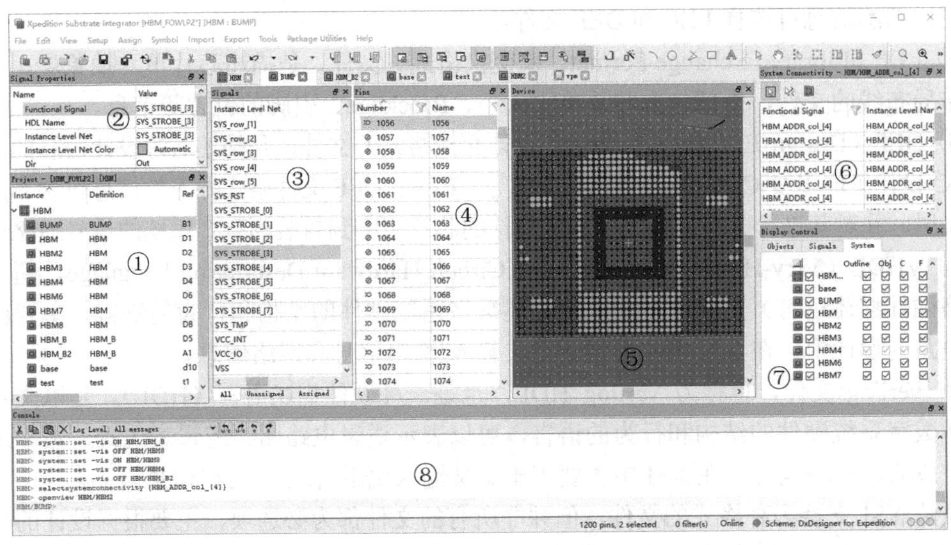

图 19-5 XSI 常用工作窗口—Device 模式

图 19-6 所示为 XSI 常用工作窗口—Floorplan 模式。

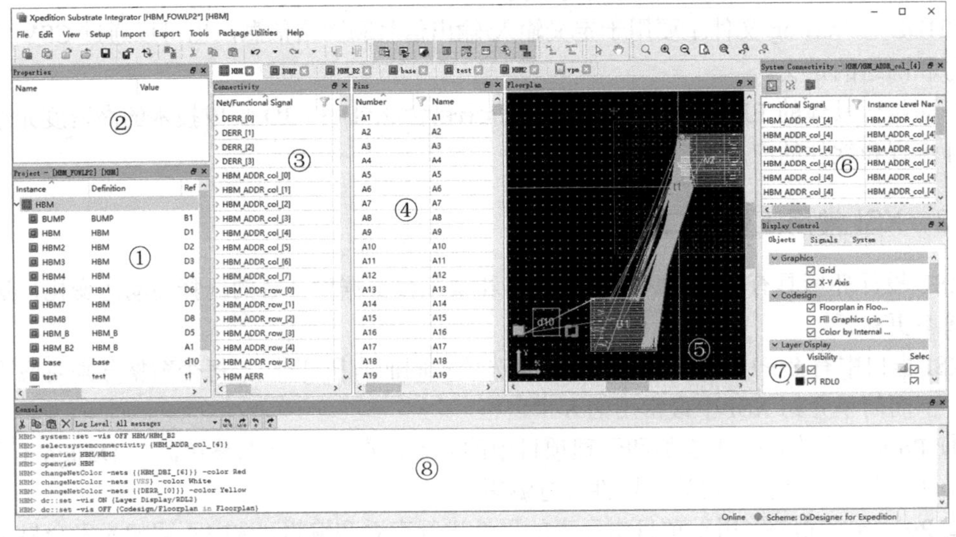

图 19-6 XSI 常用工作窗口—Floorplan 模式

19.2.3 创建项目和设计并添加元器件

1. 创建项目和设计

启动 XSI 设计工具，选择 File→New Project 菜单命令，在弹出的对话框中选择项目存储路径并输入项目名称，如 HBM_HDAP，单击 OK 按钮，创建新的项目。

在 Project 窗格单击鼠标右键，在弹出菜单中选择 Add Design→New，在弹出的对话框中输入设计名称“Interposer”，并选择对应的中心库后，单击 OK 按钮，创建设计 Interposer，如图 19-7（a）所示。

重复以上步骤，创建设计 Substrate，如图 19-7（b）所示。

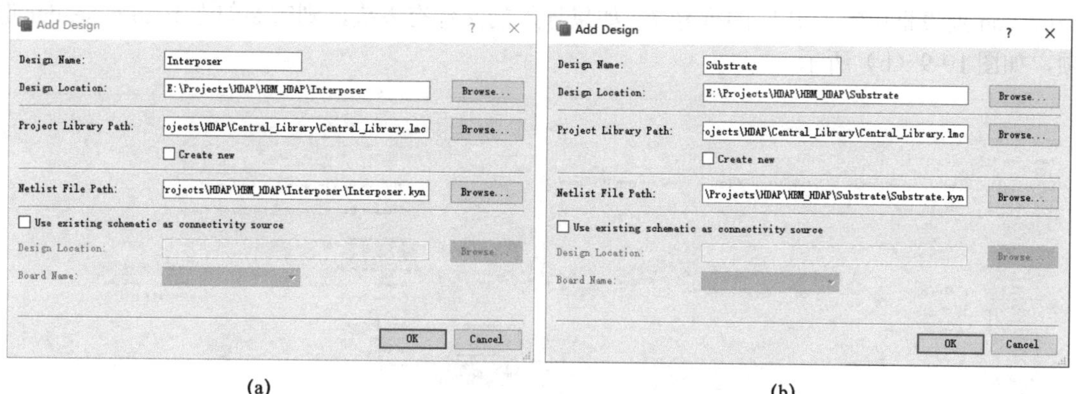

(a)　　　　　　　　　　　　(b)

图 19-7　创建设计 Interposer 和 Substrate

2．添加裸芯片元器件

创建完设计后，创建 HBM DRAM Die。选中设计 Interposer 单击鼠标右键，选择 Add to Design→New Pin Array or Part，并在弹出窗口的 Component Name 栏输入 HBM_A，在 Component RefDes 栏输入 A1。

单击 OK 按钮，在弹出的 Device properties 流程窗口中，单击左侧导航栏的 Device definition 按钮，在右侧窗格中选择 Text file 选项，并选择事先准备好的文件 HBM_die.csv，添加裸芯片如图 19-8（a）所示。

单击左侧导航栏的 Spreadsheet definition 按钮，可以看到文件内容已经导入，主要包含引脚号（Pin Number）和引脚坐标（X Coord）、（Y Coord），并在 Pad size 文本框中输入 35，在单位（Unit）下拉列表中选择 um，表明该芯片采用 35 um 的 MicroBump，设置参数如图 19-8（b）所示。

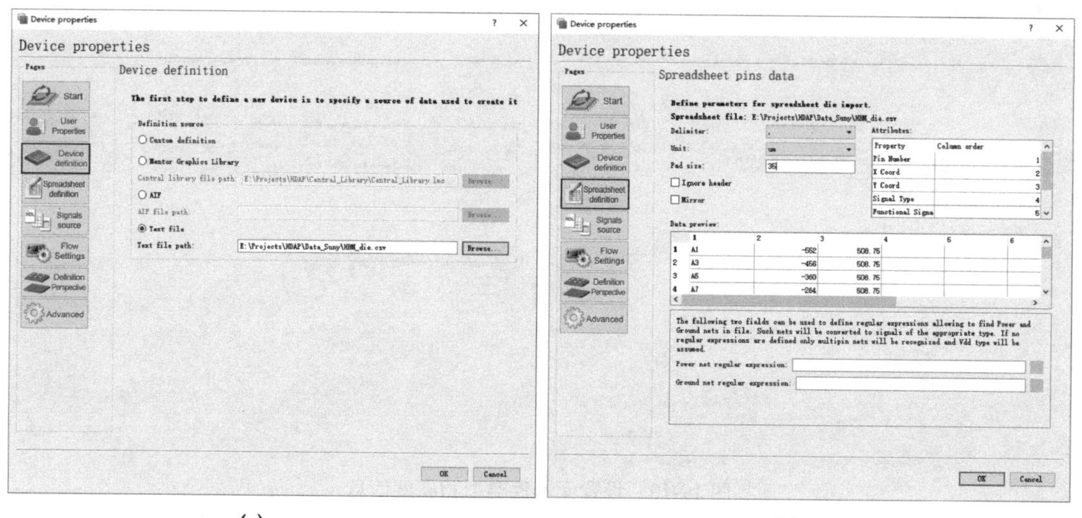

(a)　　　　　　　　　　　　(b)

图 19-8　添加裸芯片并设置参数

图 19-9 所示为导入 Signal 相关信息。单击 Device properties 窗口左侧导航栏的 Signal source 按钮，选择 Spreadsheet 选项，并选择提前准备好的文件 HBM_Signal_A.csv。单击导航栏的 Spreadsheet definition 按钮，可以看到 Signal 文件内容已经导入，这里需要重点关注的信息是第 1 列的 Function Signal 和第 7 的 ILN（Instance Level Net），并在 Instance Level Net definition 列表框中输入 ILN 的列号 7。如果导入的文件有表头，则需要勾选 Ignore header 选项，如图 19-9（b）所示。

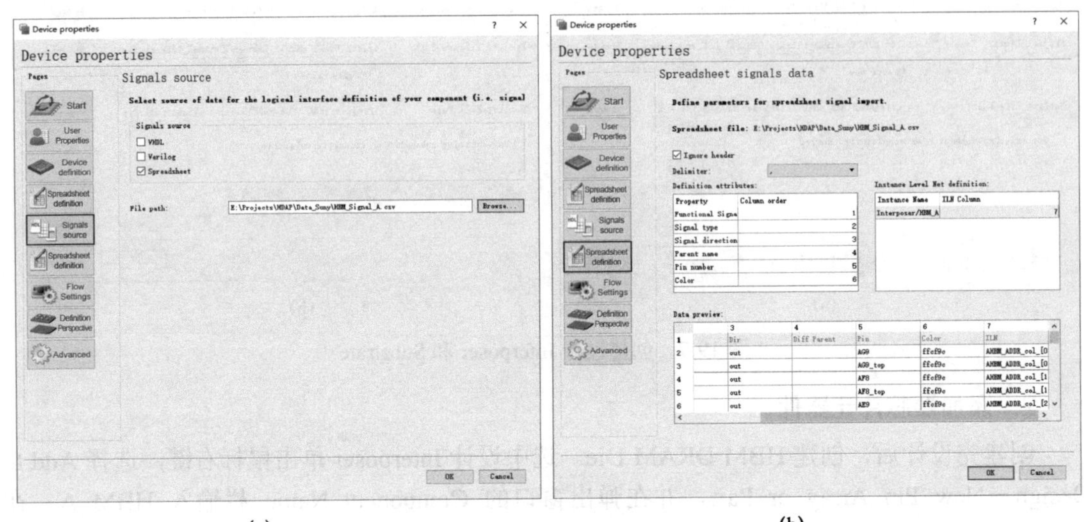

(a)　　　　(b)

图 19-9　导入 Signal 相关信息

单击左侧导航栏的 Flow Settings 选项，在 Flow Settings 界面设置芯片高度为 120 um，并在 Part Type 选区选择 IC-Bare Die 选项，在 Mount Style 选区选择 Surface 选项。单击左侧导航栏的 Definition Perspective 选项，选择 Live Bug “Pins Down” 选项。设置元器件类型和高度信息如图 19-10 所示。

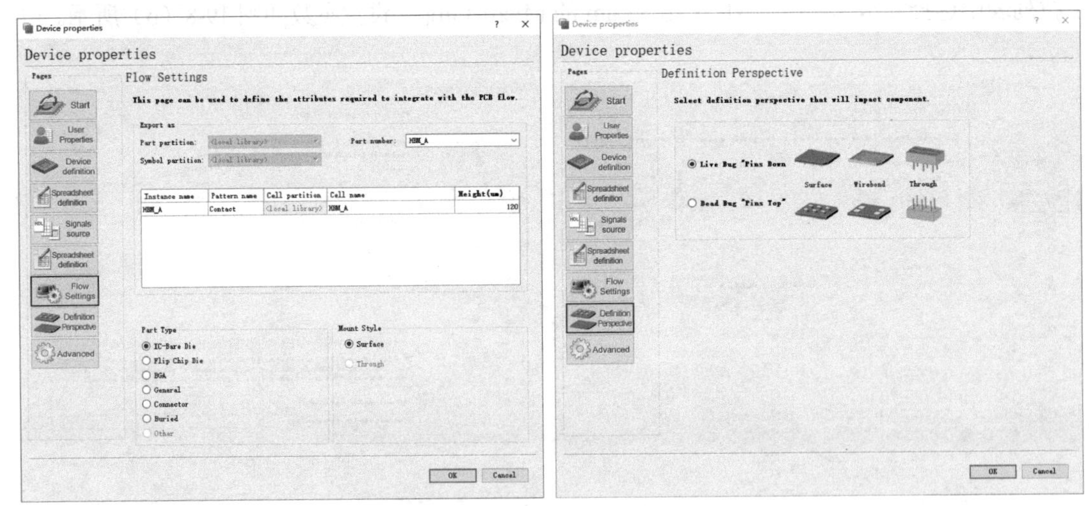

图 19-10　设置元器件类型和高度信息

最后，在 Advanced 界面设置合适的单位和格点即可，单击 OK 按钮，元器件添加完成。

在 Interposer 设计中创建完成的 HBM_A 如图 19-11 所示。在 Project 窗格的 Interposer 下可以看到添加的元器件 HBM_A；在 Device 窗格可以预览元器件图形；在 Signals 窗格可以看到 HBM_A 的信号分配情况；在 Pins 窗格可查看引脚定义；在 Pins Properties 窗格可以查看引脚的属性，并且可以通过 Display Control 窗格设置显示方式。

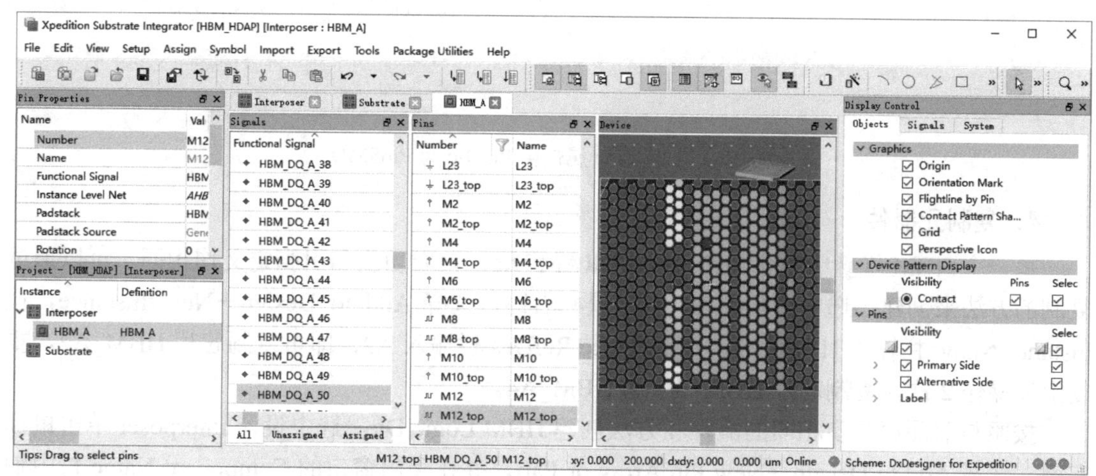

图 19-11　在 Interposer 设计中创建完成的 HBM_A

3. 设置芯片引脚位置

HBM 堆叠中的芯片是通过 3D TSV 进行连接的，关于 3D TSV 的定义可参考本书第 12 章相关内容。通过 3D TSV 连接的芯片上下表面都有芯片引脚，在添加元器件时并没有设置芯片引脚的位置，所以，这里需要专门设置。

在 Pins 列表中对芯片引脚进行过滤，单击 Number 右侧的过滤器按钮，在 Filter Mode 对话框内的文本框中输入“[^top]$”，表明仅列出没有 top 关键字的引脚号，如图 19-12 所示。

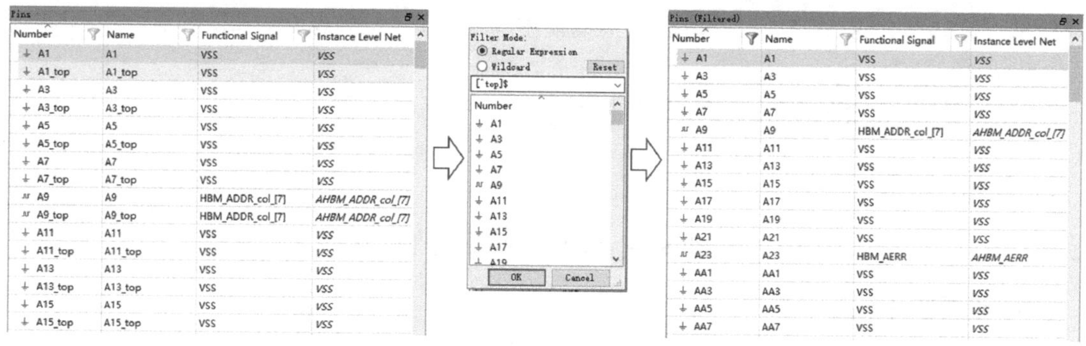

图 19-12　通过过滤器仅列出没有 top 关键字的引脚号

选中列表中的所有引脚，并在 Pin Properties 窗口，将 Side 属性由 PinDie 更改为 PinSMD，如图 9-13 所示。这里的属性更改意味着设计者将位于芯片上表面的引脚更改到了芯片的下表面，这样，上下层芯片就可以通过上下表面的引脚进行电气互连了。在后面芯片堆叠的过程中，除了最底层的芯片引脚定义不变外，系统会自动改变堆叠中其他层的芯片引脚定义，即 PinDie→PinDieTop，PinSMD→PinDieBottom。

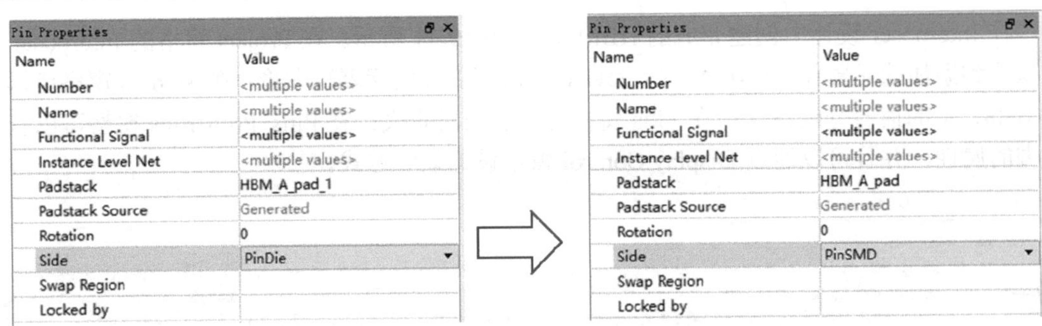

图 19-13　将 Side 属性由 PinDie 为 PinSMD

4. 复制元器件

每一个 HBM 堆叠中包含 4 个 HBM DRAM Die，它们功能和引脚定义均相同，可以通过复制的方法来创建。选中 HBM_A，单击鼠标右键，选择 Add to Design→New Instance，在 Instance Name 栏输入 HBM_A2，在 Instance RefDes 栏输入 A2，即可复制芯片 HBM_A2，重复上述操作 2 次，复制芯片 HBM_A3 和 HBM_A4。

按照与前面第 3 步相同的流程和方法创建 HBM Logic Die，选中设计 Interposer 单击鼠标右键，选择 Add to Design→New Pin Array or Part，并在弹出窗口的 Component Name 栏中输入 Logic_A，在 Component RefDes 栏输入 A0，创建芯片 Logic_A，设置 Logic_A 的下方引脚位置为 PinSMD。

需要特别注意的是，只有完全相同的芯片才可以采用复制的方法，即使信号定义和引脚位置完全相同，但工艺不同的芯片，也不能采用复制的方法。例如，堆叠最底层的芯片采用 PinSMD 和基板相连，而堆叠其他层的芯片采用 PinDieBottom 和下层芯片的 PinDieTop 相连，那么最底层的芯片需要单独创建，不能采用复制其他层芯片的方式创建。

至此，HBM_A 中的 5 个芯片创建完成，如图 19-14 所示。

Project - [HBM_HDAP] [Interposer]

Instance	Definition	Ref Des	Pattern	Interface	Layer Side	Layer
Interposer						
HBM_A4	HBM_A	A4	Contact		Top	1
HBM_A3	HBM_A	A3	Contact		Top	1
HBM_A2	HBM_A	A2	Contact		Top	1
HBM_A	HBM_A	A1	Contact		Top	1
Logic_A	Logic_A	A0	Contact		Top	1
Substrate						

图 19-14　HBM_A 中的 5 个芯片

5. 设置芯片堆叠

在 Project 窗口双击设计 Interposer，XSI 窗口切换到 Floorplan 模式。

选择 Setup→Part Stack Configuration，在弹出的 Part Stack Configuration 窗口中单击 Add 按钮添加新的堆叠，将其命名为 HBM_StackA。将芯片添加到堆叠中，并通过上下箭头调整堆叠中芯片的相对位置，最后得到的 HBM_StackA。该堆叠由 5 个芯片组成，从下到上依次是 A0、A1、A2、A3、A4，如图 19-15 所示。

需要注意，虽然我们在设置引脚时将芯片上下表面的引脚分别定义为 PinDie 和 PinSMD，在创建堆叠的过程中，除了最底层的芯片引脚定义不变外，上层的芯片引脚定义会自动改变，即 PinDie→PinDieTop，PinSMD→PinDieBottom。

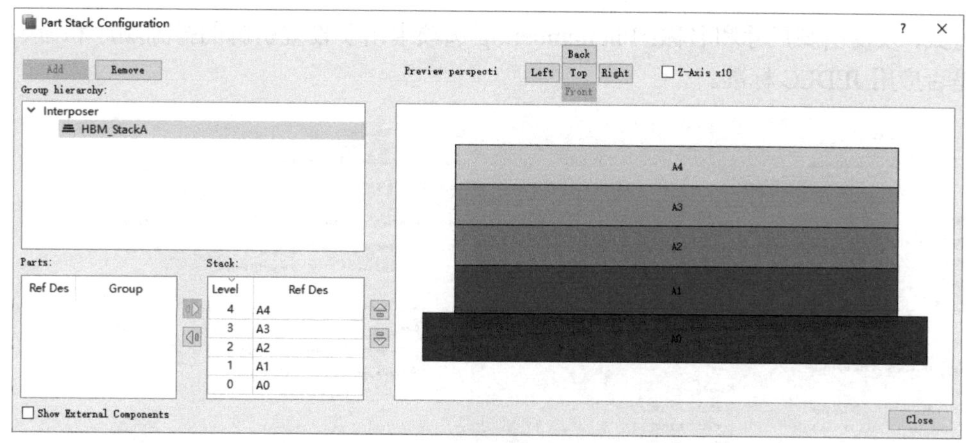

图 19-15　创建 HBM_StackA 并设置堆叠中芯片的相对位置

重复前面的 2-5 步，创建 HBM_StackB、HBM_StackC、HBM_StackD。

创建完成的 4 个芯片堆叠如图 19-16 所示。

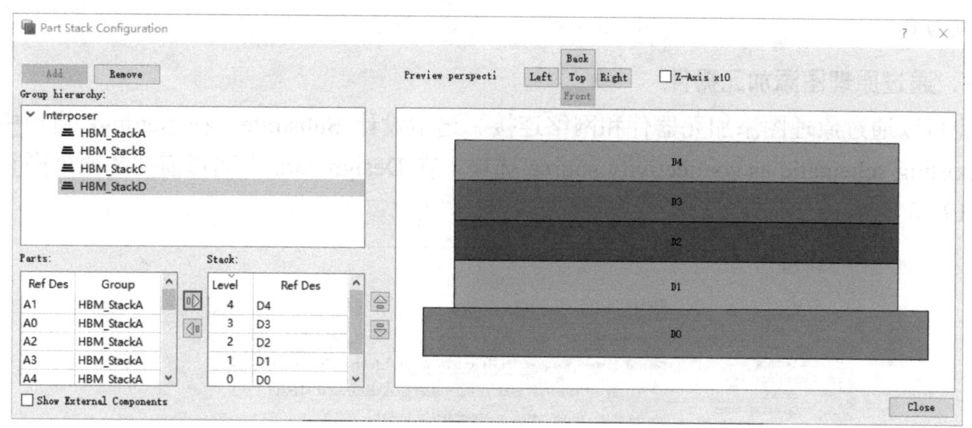

图 19-16　创建完成的 4 个芯片堆叠

6．添加其他元器件

在本例中，我们还需要为设计 Interposer 添加 GPU 和 Bump，如果采用和前面相同的 CSV 文件输入，其操作方法基本相同。需要注意的有两点：① 将 GPU 的类型 Part Type 设置为 Flip Chip Die，引脚尺寸和高度根据实际情况进行设置；② 将 Bump 的类型设置为 BGA，Bump 的 Pin Side 设置为 Opposite，引脚尺寸也按照实际情况进行设置，高度设置为 0。

同时，还需要为设计 Substrate 添加 BGA，BGA 的 Pin Side 需要设置为 Opposite，引脚尺寸按照实际情况进行设置，高度设置为 0。

因为 XSI 本身创建芯片或者封装库的功能也很强大，所以下面用 XSI 内嵌的建库功能创建 BGA 的库。

选中设计 Substrate，单击鼠标右键，在弹出菜单中选择 Add to Design→New Pin Array or Part，并在弹出窗口的 Component Name 栏输入 BGA，在 Component RefDes 栏输入 P2，Device definition 选择 Custom definition。

然后在 Custom definition 窗口进行设置，如图 19-17 所示。窗口中有三个选项卡，其中 General 选项卡用于设置引脚数量和间距、中心点位置等；Pin matrix 选项卡用于设置引脚的排列方式，以及引脚尺寸和名称；Pin numbering 选项卡用于设置引脚的排列顺序和命名方式，以及是否应用 JEDEC 标准。

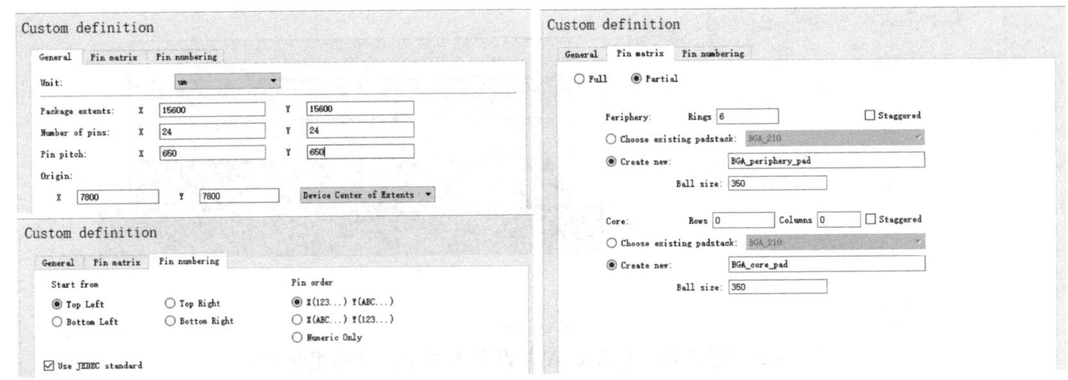

图 19-17 在 Custom definition 窗口进行设置

BGA 引脚网络的指定可以参考前面的步骤，将 BGA 的 Pin Side 属性设置为 Opposite，高度设置为 0。

7. 通过原理图添加元器件

也可以通过原理图添加元器件和网络连接。选中设计 Substrate，在 Settings 窗口中勾选 Use existing schematic as connectivity source 选项，在 Design path 中选择需要的原理图设计，如图 19-18 所示。

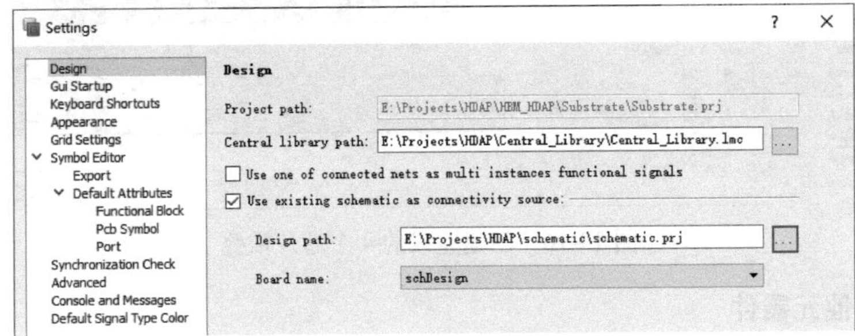

图 19-18 Settings 窗口的参数设置

选择 Import→Connectivity 菜单命令，导入原理图数据后，选择 Tools→External Components 菜单命令，在弹出的窗口中查看外部元器件信息，如图 19-19 所示。由图可知导入的电容列表 C1-C12，其位置均位于（0，0）。

External Components

Instance name	Partition	Cell	Position X(um)	Position Y(um)	Angle	Horizontal flip	Visibility	Group
C1		0402	0.000	0.000	0	☐	☑	
C2		0402	0.000	0.000	0	☐	☑	
C3		0402	0.000	0.000	0	☐	☑	
C4		0402	0.000	0.000	0	☐	☑	
C5		0402	0.000	0.000	0	☐	☑	
C6		0402	0.000	0.000	0	☐	☑	
C7		0402	0.000	0.000	0	☐	☑	
C8		0402	0.000	0.000	0	☐	☑	
C9		0402	0.000	0.000	0	☐	☑	
C10		0402	0.000	0.000	0	☐	☑	
C11		0402	0.000	0.000	0	☐	☑	
C12		0402	0.000	0.000	0	☐	☑	

OK　Cancel　Apply

图 19-19 查看外部元器件信息

可以在如图 19-20 所示的窗口中更改电容坐标位置，也可以在 Floorplan 窗口将电容拖动到相应的位置，从而完成布局。

External Components

Instance name	Partition	Cell	Position X(um)	Position Y(um)	Angle	Horizontal flip	Visibility	Group
C1		0402	-6000.000	6000.000	0	☐	☑	
C2		0402	-3000.000	6000.000	0	☐	☑	
C3		0402	0.000	6000.000	0	☐	☑	
C4		0402	3000.000	6000.000	0	☐	☑	
C5		0402	6000.000	6000.000	0	☐	☑	
C6		0402	-6000.000	4800.000	0	☐	☑	
C7		0402	6000.000	4800.000	0	☐	☑	
C8		0402	-6600.000	0.000	90	☐	☑	
C9		0402	6600.000	0.000	90	☐	☑	
C10		0402	-3000.000	4800.000	0	☐	☑	
C11		0402	0.000	4800.000	0	☐	☑	
C12		0402	3000.000	4800.000	0	☐	☑	

OK　Cancel　Apply

图 19-20　更改电容坐标信息

至此，我们完成了项目所有设计以及元器件的创建和导入。项目包含两个版图设计 Interposer 和 Subtrate，Interposer 中包含 22 个元器件，组成了 4 个 HBM 堆叠以及 GPU 和 Bump；Subtrate 中包含 BGA 和 12 个电容。

8. 关联设计

由于 Interposer 会通过 Bump 安装在 Subtrate 上，Bump 是 Interposer 和 Subtrate 的直接接口，所以需要将 Bump 添加到 Subtrate 设计中。在 Interposer 中选择 Bump 并拖动到 Subtrate 中，分别打开 Interposer 和 Subtrate 的 Floorplan，可以看到 Bump 连同其他位于 Interposer 中的元器件在 Subtrate 中均可见。通过 Bump 关联 Interposer 和 Subtrate 如图 19-21 所示。

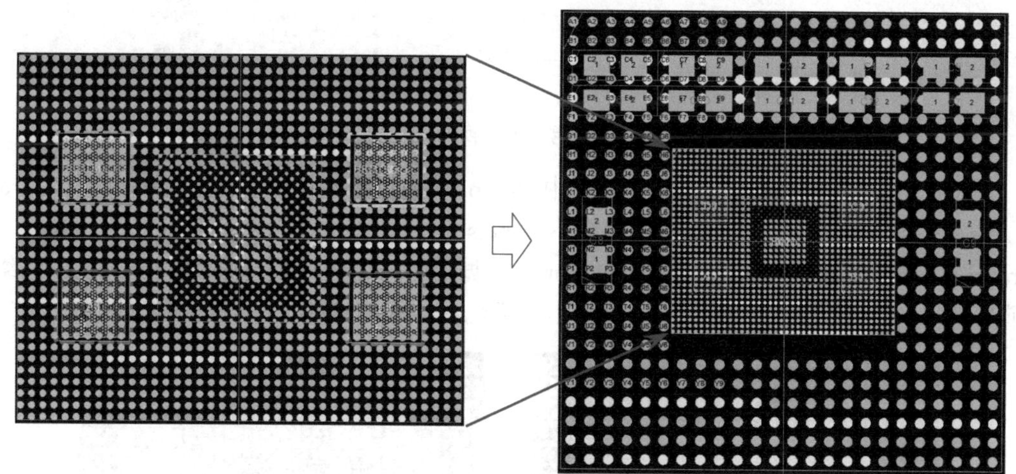

图 19-21　通过 Bump 关联 Interposer 和 Subtrate

9. 系统网络连接查看

本项目中包含了 2 个版图设计、多个元器件，如果要查看某个网络都连接到了哪个元器件的哪个引脚，可以选中该网络，单击鼠标右键选择 Track Net，在 System Connectivity 窗口可以查看网络的连接情况，包括网络连接的设计、元器件、引脚及坐标信息，如图 19-22 所示。

System Connectivity - Interposer/AHBM_ADDR_col_[0]

Functional Signal	Instance Level Name	Internal Net	Design Name	Definition	Instance Na	Pin Number	Ref Des	Pin Location	Pin Location
AHBM_ADDR_col_[0]	AHBM_ADDR_col_[0]		Interposer	Logic_A	Logic_A	AG9	A0	-2768000	-993750
AHBM_ADDR_col_[0]	AHBM_ADDR_col_[0]		Interposer	Logic_A	Logic_A	AG9_top	A0	-2768000	-993750
AHBM_ADDR_col_[0]	AHBM_ADDR_col_[0]		Interposer	HBM_A	HBM_A4	AG9	A4	-2768000	-993750
AHBM_ADDR_col_[0]	AHBM_ADDR_col_[0]		Interposer	HBM_A	HBM_A4	AG9_top	A4	-2768000	-993750
AHBM_ADDR_col_[0]	AHBM_ADDR_col_[0]		Interposer	HBM_A	HBM_A3	AG9	A3	-2768000	-993750
AHBM_ADDR_col_[0]	AHBM_ADDR_col_[0]		Interposer	HBM_A	HBM_A3	AG9_top	A3	-2768000	-993750
AHBM_ADDR_col_[0]	AHBM_ADDR_col_[0]		Interposer	HBM_A	HBM_A2	AG9	A2	-2768000	-993750
AHBM_ADDR_col_[0]	AHBM_ADDR_col_[0]		Interposer	HBM_A	HBM_A2	AG9_top	A2	-2768000	-993750
AHBM_ADDR_col_[0]	AHBM_ADDR_col_[0]		Interposer	HBM_A	HBM_A	AG9	A1	-2768000	-993750
AHBM_ADDR_col_[0]	AHBM_ADDR_col_[0]		Interposer	HBM_A	HBM_A	AG9_top	A1	-2768000	-993750
AHBM_ADDR_col_[0]	AHBM_ADDR_col_[0]		Interposer	Bump	Bump	AM1	P1	-3900000	-3100000
AHBM_ADDR_col_[0]	AHBM_ADDR_col_[0]		Substrate	Bump	Bump	AM1	Bump	-3900000	-3100000
AHBM_ADDR_col_[0]	AHBM_ADDR_col_[0]		Substrate	BGA	BGA	A1	P2	-7475000	7475000

图 19-22　在 System Connectivity 窗口查看网络的连接情况

19.2.4　通过 XSI 优化网络连接

网络优化是 XSI 的一大亮点，XSI 支持多级网络优化功能，即可以支持 Die→Interposer→Subtrate→PCB 的多级优化功能。

网络优化的本质就是通过交换可交换引脚上的网络定义来优化连接关系，优化的原则是网络交叉最少、连接最短。

本项目中芯片的引脚定义已经固定，因此不能交换引脚，为了避免误操作，可以将不能用于交换的芯片引脚锁定，如图 19-23 所示。锁定的引脚前面会出现小锁的标记。

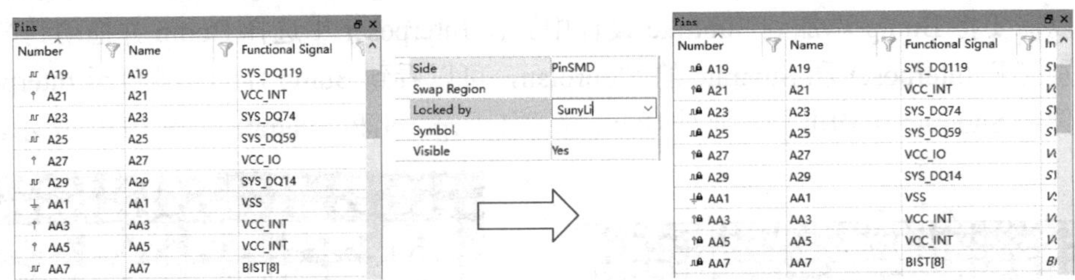

图 19-23　将不能用于交换的芯片引脚锁定

在设计 Interposer 的 Floorplan 界面选中 Bump，单击鼠标右键，在弹出菜单中选择 Unravel all nets for selected components，在 Unravel nets 窗口中将滑动条滑动到 Quality 端，单击 Unravel，系统会自动去除网络交叉，对 Bump 引脚上的网络进行重新分配。Interposer 网络优化前后效果对比如图 19-24 所示，可以看出，优化后网络的连接关系有了明显的改善。

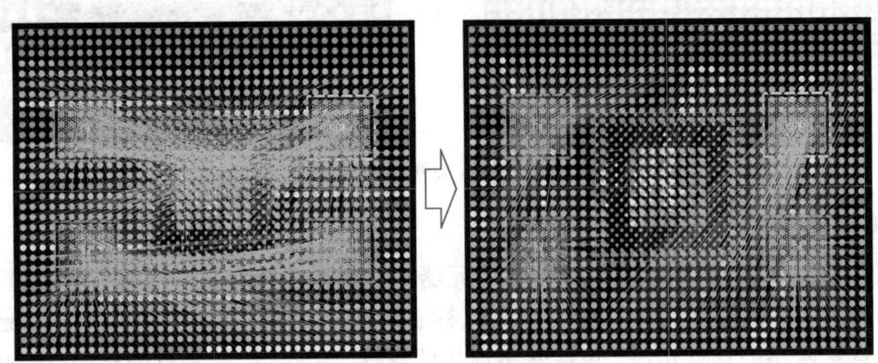

图 19-24　Interposer 网络优化前后效果对比

在设计 Subtrate 的 Floorplan 界面选中 BGA，采用和上面同样的方法，单击鼠标右键，选择 Unravel all nets for selected components 选项，在 Unravel nets 窗口中将滑动条滑动到 Quality 端，对几个可选项可分别选择，单击 Unravel，系统会自动去除网络交叉，对 BGA 引脚上的网络进行重新分配。Substrate 网络优化前后效果对比如图 19-25 所示。

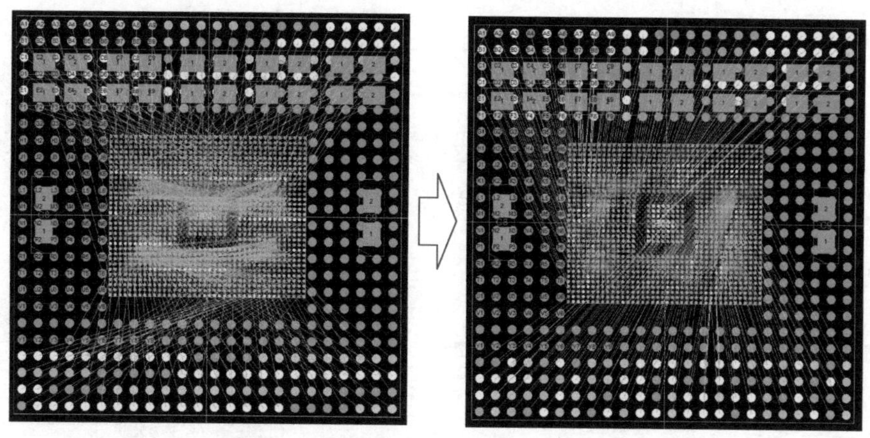

图 19-25　Substrate 网络优化前后效果对比

有一点需要明确，完全自动的优化不可能得到最佳的优化结果。如果需要得到好的优化结果，可以按照指定区域进行网络分配，并进行局部网络多次优化，这样往往能取得很好的优化效果。由于篇幅关系，本章就不展开介绍，读者可以参考相关的技术资料。

优化完成后，可以选中网络 AHBM_ADDR_col_[0]，单击鼠标右键，在弹出菜单中选择 Track Net，在 System Connectivity 窗口可以查看该网络连接到的版图设计、元器件、引脚及坐标信息，优化后的系统网络连接情况如图 19-26 所示。对比图 19-22 可以看出，Bump 和 BGA 上的引脚位置发生了变化，这是两次优化的结果。对于系统中的所有网络，都可以采用这种方式进行查看和对比。

System Connectivity - Interposer/AHBM_ADDR_col_[0]

Functional Signal	Instance Level Name	Internal Net	Design Name	Definition	Instance Na	Pin Number	Ref Des	Pin Locatior	Pin Locatior
AHBM_ADDR_col_[0]	AHBM_ADDR_col_[0]		Interposer	Logic_A	Logic_A	AG9	A0	-2768000	-993750
AHBM_ADDR_col_[0]	AHBM_ADDR_col_[0]		Interposer	Logic_A	Logic_A	AG9_top	A0	-2768000	-993750
AHBM_ADDR_col_[0]	AHBM_ADDR_col_[0]		Interposer	HBM_A	HBM_A	AG9	A1	-2768000	-993750
AHBM_ADDR_col_[0]	AHBM_ADDR_col_[0]		Interposer	HBM_A	HBM_A	AG9_top	A1	-2768000	-993750
AHBM_ADDR_col_[0]	AHBM_ADDR_col_[0]		Interposer	HBM_A	HBM_A2	AG9	A2	-2768000	-993750
AHBM_ADDR_col_[0]	AHBM_ADDR_col_[0]		Interposer	HBM_A	HBM_A2	AG9_top	A2	-2768000	-993750
AHBM_ADDR_col_[0]	AHBM_ADDR_col_[0]		Interposer	HBM_A	HBM_A3	AG9	A3	-2768000	-993750
AHBM_ADDR_col_[0]	AHBM_ADDR_col_[0]		Interposer	HBM_A	HBM_A3	AG9_top	A3	-2768000	-993750
AHBM_ADDR_col_[0]	AHBM_ADDR_col_[0]		Interposer	HBM_A	HBM_A4	AG9	A4	-2768000	-993750
AHBM_ADDR_col_[0]	AHBM_ADDR_col_[0]		Interposer	HBM_A	HBM_A4	AG9_top	A4	-2768000	-993750
AHBM_ADDR_col_[0]	AHBM_ADDR_col_[0]		Interposer	Bump	Bump	AE3	P1	-3500000	-1700000
AHBM_ADDR_col_[0]	AHBM_ADDR_col_[0]		Substrate	Bump	Bump	AE3	Bump	-3500000	-1700000
AHBM_ADDR_col_[0]	AHBM_ADDR_col_[0]		Substrate	BGA	BGA	C2	P2	-6825000	6175000

图 19-26　优化后的系统网络连接情况

19.2.5　版图模板选择

网络优化完成后，元器件布局也已经基本确定，可以进行后续的布线等工作了。在此之前可以为不同的设计指定相应的版图模板，版图模板通常是根据不同的工艺和材料专门创建的，为设计引用而做的前期准备，关于版图模板的创建和设置可参考本书第 9 章内容。

为 Interposer 选择版图模板如图 19-27 所示。选中 Interposer 后选择 Setup→Stackup Editor 菜单命令，在弹出的 Xpedition Substrate Integrator 对话框中单击 Yes 按钮保存，在 Select layout template 下拉列表中选择提前创建好的 PKG_Interposer_Template（Package）模板，单击 OK 按钮后，出现层叠编辑器。

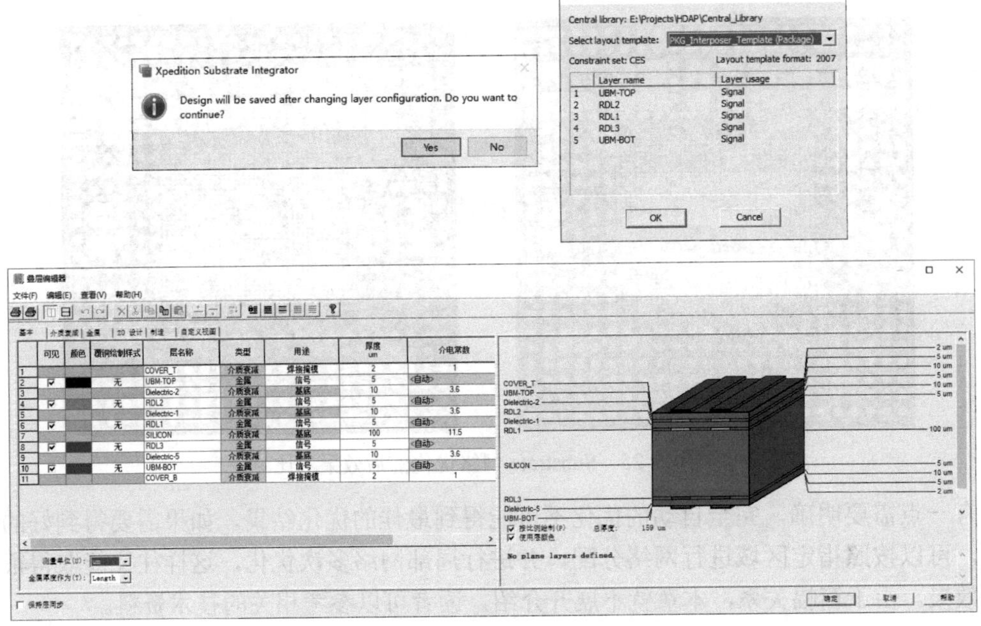

图 19-27　为 Interposer 选择版图模板

为 Substrate 选择版图模板如图 19-28 所示。选中 Substrate 后选择 Setup→Stackup Editor 菜单命令，在弹出的提示保存对话框中单击 Yes 按钮，然后在下拉列表中选择提前创建好的 PKG_HDI_2+4+2_Template_3（Package）模板，单击 OK 按钮后，出现层叠编辑器。

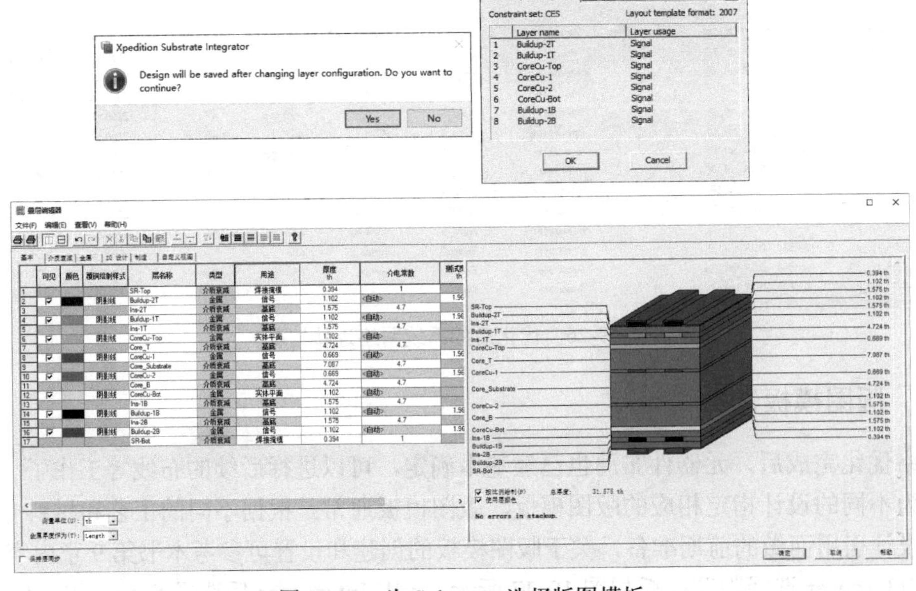

图 19-28　为 Substrate 选择版图模板

这里需要注意，版图模板的选择会影响 Layout 工具的调用，如果选择的是 Package 类型的模板，在调用 Layout 工具时会启动 XPD，如果选择的是 PCB 类型的模板，在调用 Layout 工具时会启动 Xpedition Layout。

19.2.6　设计传递

下面需要将设计数据从 XSI 中传递到 XPD，在 XPD 中完成后续的工作。

在 XPD 中导入 XSI 数据如图 19-29 所示。选中 Interposer 后选择 Export→Layout 菜单命令，软件会自动启动 Xpedition Package Designer（XPD），并调入事先指定的版图模板。在 XPD 中选择 Setup→Project intergration 菜单命令，然后单击 Project intergration 窗口第一个按钮，在弹出的窗口中，单击 Import 按钮。

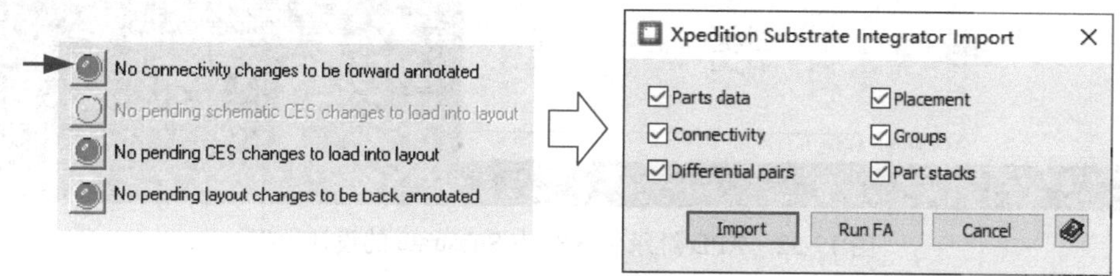

图 19-29　在 XPD 中导入 XSI 数据

数据导入后需要进行数据同步，先单击第 3 个按钮，将 CES 变化更新到 Layout。然后单击第 4 个按钮，将 XPD 数据更新到 XSI，即在 XPD 中同步设计数据，如图 19-30 所示。

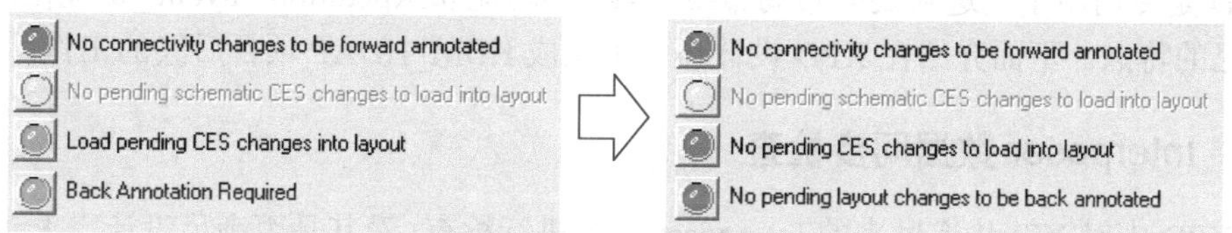

图 19-30　在 XPD 中同步设计数据

在 XPD 界面可以看到 XSI 中的设计元素，包括 4 个 HBM Stacks、GPU 和 Bump 都已经导入 XPD，并且继承了 XSI 中 Interposer 的设计数据，如图 19-31 所示。

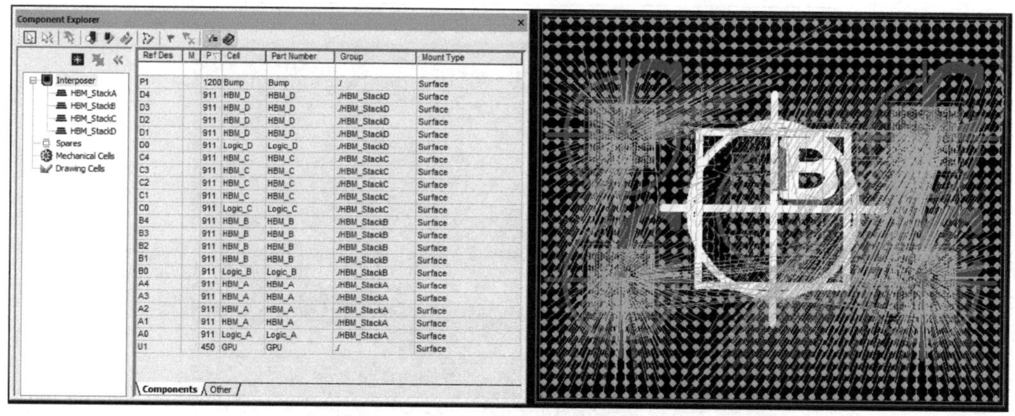

图 19-31　XPD 继承了 XSI 中 Interposer 的设计数据

回到 XSI 界面，在 Project 窗口选中 Substrate，选择 Export→Layout 菜单命令，软件会自

动启动 Xpedition Package Designer（XPD），并调入事先指定好的 Substrate 版图模板，在 XPD 中采用和前面同样的操作步骤，进行数据导入和数据同步。在 XPD 中可以看到 XSI 中的设计元素，包括 Bump、BGA 和 12 颗电容都已经导入 XPD，并且继承了 XSI 中的 Substrate 的设计数据，如图 19-32 所示。

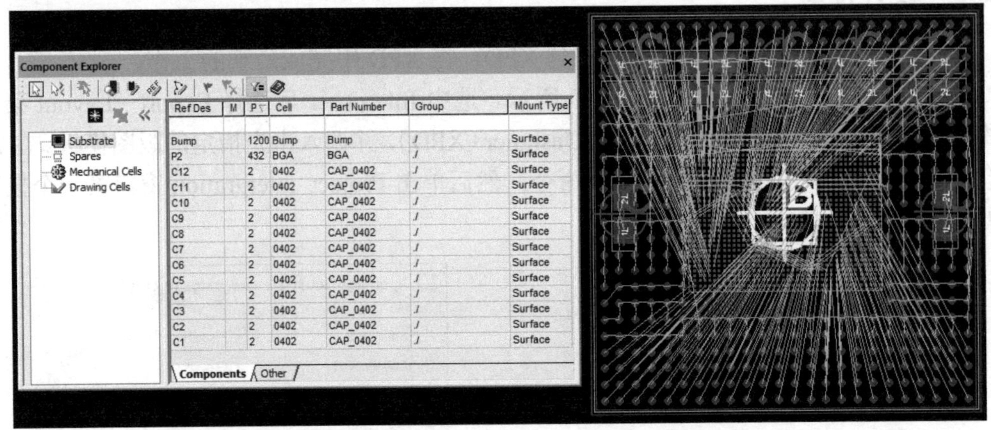

图 19-32　XPD 继承了 XSI 中 Substrate 的设计数据

19.3　XPD 设计环境

XPD 是专门用于先进封装的布局布线工具，其功能和 Xpedition Layout 301 相当，同时又具有自己的特点。下面介绍在 XPD 设计环境中完成 HBM_HDAP 项目后续的工作。

19.3.1　Interposer 数据同步检查

在 XPD 中对 XSI 传递过来的 Interposer 数据进行检查，看其是否满足设计需求，以及 XSI 的数据是否准确无误地传递到 XPD。

例如，打开 Part Stack Configuration 窗口，检查在 XSI 中创建的 4 个芯片堆叠是否正确，如图 19-33 所示，XPD 继承了 XSI 中的芯片堆叠数据。

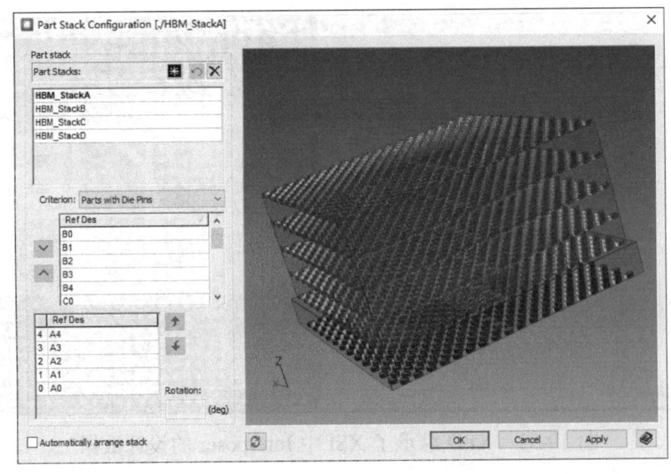

图 19-33　XPD 继承了 XSI 中的芯片堆叠数据

打开 Cell Editor 窗口检查在 XSI 中创建的芯片 Cell 是否正确，如图 19-34 所示，XPD 中 Interposer 设计的所有 Cell 均由 XSI 创建。

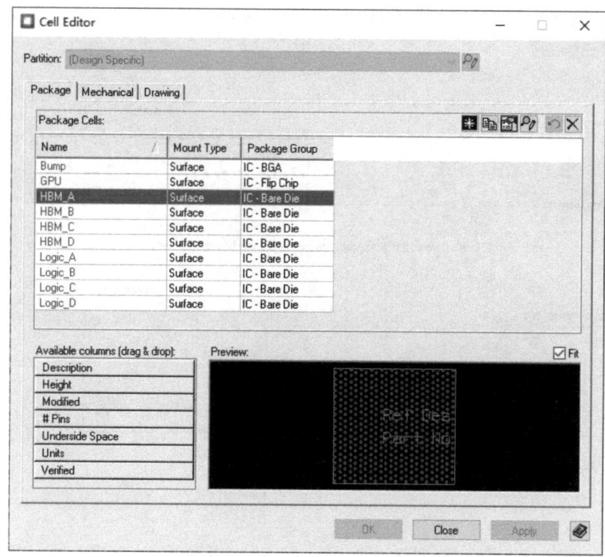

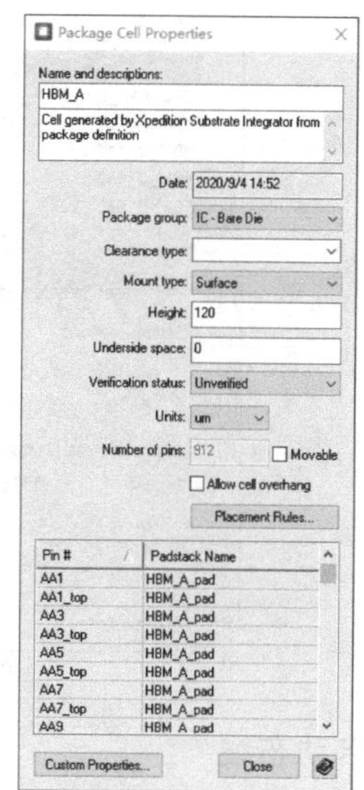

图 19-34　XPD 中 Interposer 设计的所有 Cell 均由 XSI 创建

此外，还需要检查层叠结构设置和过孔定义等。

19.3.2　Interposer 布局布线

1．规则设置

在 Constraint Manager 中将网络分为两类：Default 和 Power。将 VCC_INT、VCC_IO、VSS 网络加入 Power 类，并设置 Default 类典型线宽为 5 um，Power 类典型线宽为 10 um，在 Constraint Manager 中设置线宽规则如图 19-35 所示。

Scheme/Net Class/Layer	Index	Type	Display Pattern	Via Assignments	Route	Trace Width (um) Minimum	Typical	Expansion
(Master)								
(Default)			(None)	(default)	☑	5	5	10
UBM-TOP	1	Signal			☑	5	5	10
RDL2	2	Signal			☑	5	5	10
RDL1	3	Signal			☑	5	5	10
UBM-BOT	5	Signal			☑	5	5	10
RDL3	4	Signal			☑	5	5	10
Power			(None)	(default)	☑	5	10	20
UBM-TOP	1	Signal			☑	5	10	20
RDL2	2	Signal			☑	5	10	20
RDL1	3	Signal			☑	5	10	20
UBM-BOT	5	Signal			☑	5	10	20
RDL3	4	Signal			☑	5	10	20
(Minimum)								

图 19-35　在 Constraint Manager 中设置线宽规则

在 Constraint Manager 中设置间距规则为 5 um。在 Editor Control 中，关闭 45° 布线，对 Interposer 仅采用 90° 布线，然后在 Pad Entry 窗口勾选 Allow via under pad 选项，设置允许在 Pad 下方放置过孔，如图 19-36 所示。

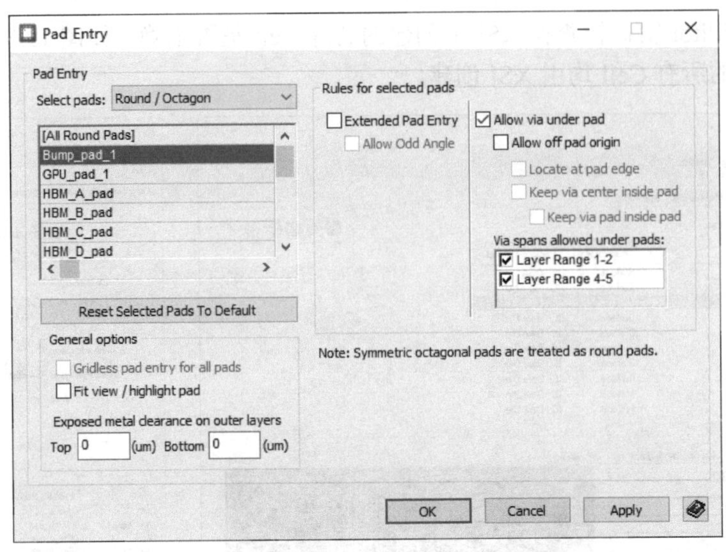

图 19-36　设置允许在 Pad 下方放置过孔

2. 自动布线

为了快速查看布线效果，此处采用自动布线功能，关于自动布线的设置可参考本书第 14 章内容。

在自动布线的过程中可实时查看布线状态，如果布通率比较低，则需要检查规则设置，必要时还需要对网络进行再次优化，以实现较高的布通率。图 19-37 所示为 Interposer 自动布线完成的效果图，左侧为整体截图，右侧为局部截图。此外，布线还可以导入 XSI 中进行检查。

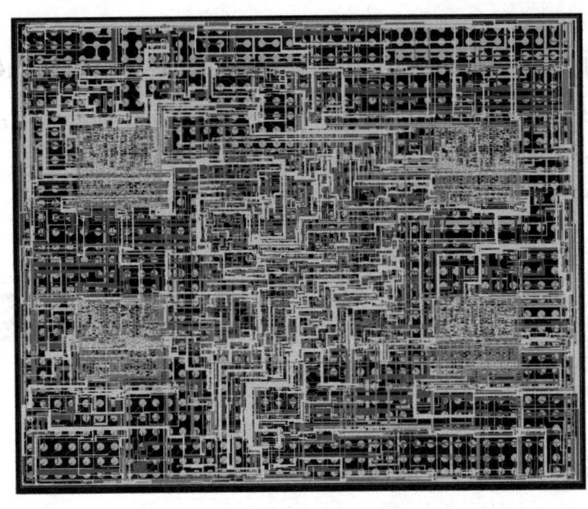
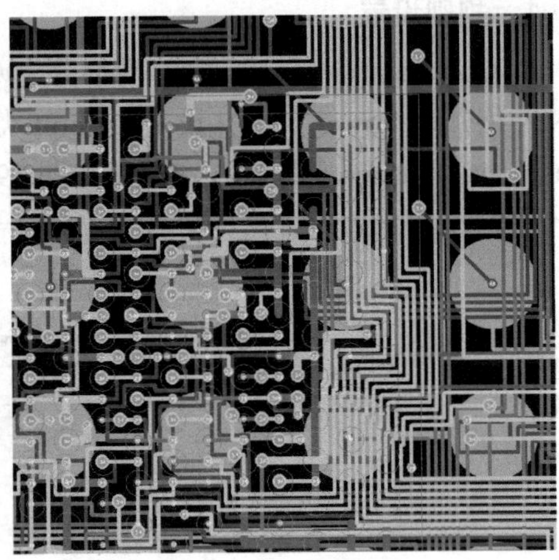

图 19-37　Interposer 自动布线完成的效果图

19.3.3　Substrate 数据同步检查

跟前面介绍的一样，我们需要在 XPD 中对 XSI 传递过来的 Substrate 数据进行检查，检查是否满足设计需求，以及 XSI 的数据是否准确无误地传递到 XPD。下面以 Cell 检查为例进行介绍。

打开 Cell Editor 窗口，检查在 XSI 中创建的芯片 Cell 是否正确，可以看到在 XPD 中 Substrate 设计的所有 Cell 均由 XSI 创建或导入，如图 19-38 所示。

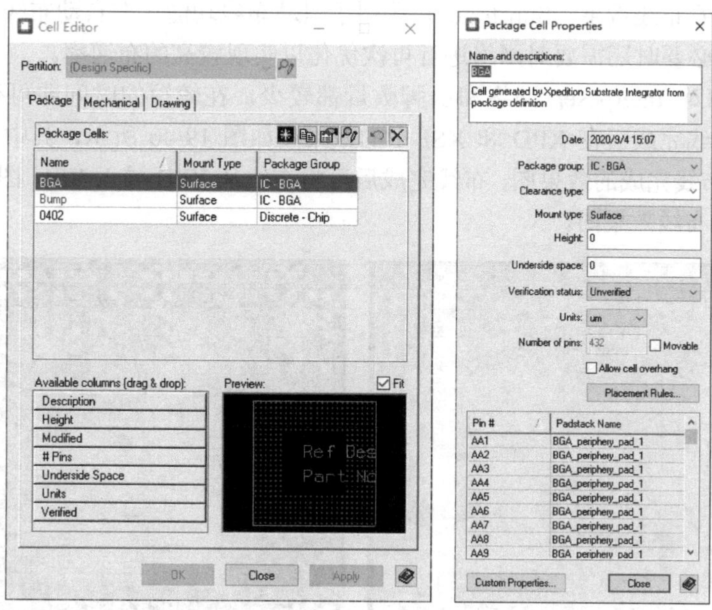

图 19-38　在 XPD 中 Substrate 设计的所有 Cell 均由 XSI 创建或导入

此外，还需要检查层叠结构的设置以及过孔的定义是否满足设计要求。

19.3.4　Substrate 布局布线

由于 Substrate 中的元器件布局在 XSI 中已经完成，所以在 XPD 中最主要的工作就是布线了。

在 Constraint Manager 中将网络分为两类：Default 和 Power。将 VCC_INT、VCC_IO、VSS 网络加入 Power 类，并设置 Default 类典型线宽为 30 um，Power 类典型线宽为 60 um，设置合理的最小线宽和扩展线宽。在 Constraint Manager 中设置间距规则为 30 um。此外，在 Editor Control 中允许 45° 布线，在 Pad Entry 窗口勾选 Allow via under pad 选项。

Substrate 设计通常会采用平面层敷铜，本例将 Layer 4、Layer 5、Layer 6 设置为平面层，并将 VSS、VCC_IO、VCC_INT 指定到相应的平面层。为 Substrate 设置平面层并分配相应的网络如图 19-39 所示。

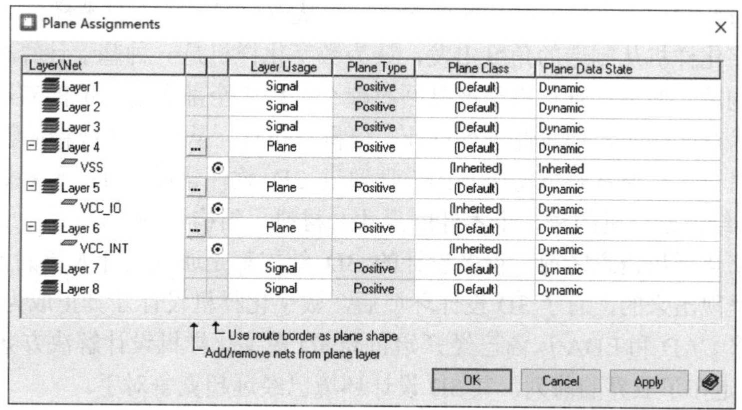

图 19-39　为 Substrate 设置平面层并分配相应的网络

为了快速查看布线效果，Substrate 也采用了自动布线功能，在自动布线的过程中可实时查看布线状态，必要时还需要对网络进行再次优化以实现较高的布通率。

Substrate 相对 Interposer 网络和引脚数量都较少，在较短的时间即可得到布线效果。Substrate 自动布线完成后在 XPD 和 XSI 中的效果图如图 19-40 所示，其中左侧为 Substrate 在 XPD 中自动布线完成的效果图，布线完成后可将布线从 XPD 导入 XSI，图 19-40 右侧所示为导入 XSI 中的布线效果图。

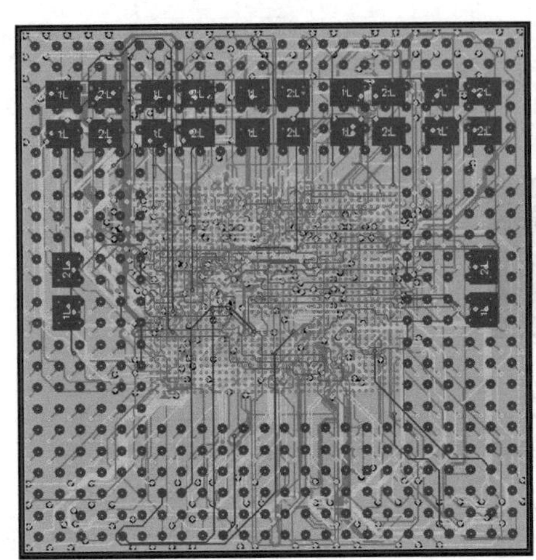
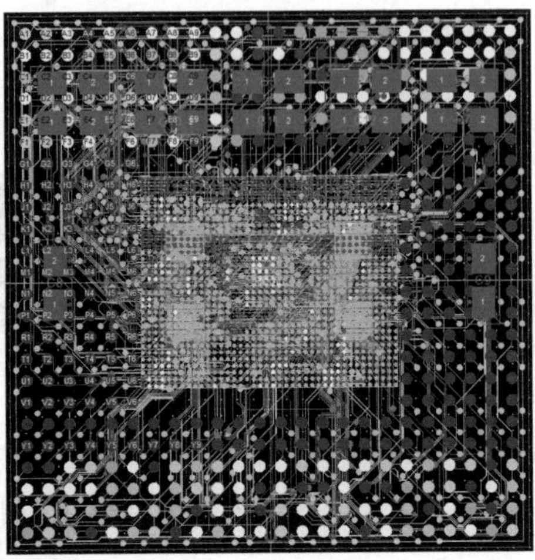

图 19-40　Substrate 自动布线完成后在 XPD 和 XSI 中的效果图

19.4　3D 数字化样机模拟

19.4.1　数字化样机的概念

数字化样机指在计算机上表达的电子或机械产品整机，或子系统的数字化模型，它与真实物理产品之间具有 1∶1 的比例和精确尺寸表达，可以用数字化样机来验证物理样机的结构、功能和性能。

狭义的数字化样机从计算机图形学 CAD 的角度出发，认为数字化样机是利用虚拟现实技术对产品模型的设计、制造、装配、使用、维护与回收利用等各种属性进行分析与和设计，在虚拟环境中逼真的分析与显示产品的全部特征，从而替代或精简物理样机。

广义的数字化样机从制造的角度出发，认为数字化样机是一种基于计算机的产品描述，从产品设计、制造、服务、维护直至产品回收整个过程中全部所需功能的实时计算机仿真，通过计算机技术对产品的各种属性进行设计、分析与仿真，从而取代或精简物理样机。

数字化样机设计，通常是指将所有的零件通过 3D 软件建模设计、分析、装配成整机，通过 3D 软件描绘清楚整机的每一个零件的尺寸、材料、结构等细节。

在没有数字化样机概念之前，很多设计的 3D 结构都是通过设计人员的大脑构思，然后以平面的形式呈现出来的，有了 3D 设计环境后，数字化样机设计才真正成为可能。

当前，很多 CAD 和 EDA 厂商已经开始布局 3D 数字化样机设计解决方案，Xpedition 在 3D 设计方面也走在了业界的前列，其 3D 设计环境已经远超竞争对手。

19.4.2　3D View 环境介绍

1．3D View 简介

3D View 是内嵌在 Xpedition Layout 或 XPD 中的 3D 设计环境，它具有一定的设计功能。例如，元器件布局就可以在 3D View 中完成。

XPD 中和 Xpedition Layout 中的 3D View 功能基本相同，下面以 XPD 为例进行介绍。

选择 Window→Add 3D View 菜单命令，打开 3D View 窗口。3D View 窗口打开后，在主菜单和 Display Control 栏都会多出 3D 选项，也可通过选择 View→Toolbars→3D general+3D View 菜单命令和打开 3D General + 3D View 工具栏，方便在 3D View 窗口进行操作，3D General + 3D View 工具栏如图 19-41 所示。

图 19-41　3D General + 3D View 工具栏

3D General 工具栏主要用于模型的导入、映射、导出以及 3D 元素间距离的测量等，还包括电子结构协同设计功能 MCAD Collabrator；3D View 工具栏主要用于从各个角度对 3D 设计进行查看，以及查看 X、Y、Z 三个方向的切面。

2．3D 旋转操作

3D View 窗口的基本操作与 2D 窗口相似，可以通过鼠标滚轮进行放大或缩小，也可以通过鼠标右键笔画进行放大或缩小。2D 窗口均是俯视图视角，无须旋转，而 3D View 需要从各个角度对设计进行查看，这就涉及旋转的问题。

在 3D View 中的旋转操作是通过窗口右下角的旋转操作立方体实现的，如图 19-42 所示。① 通常情况下，立方体以图 19-42（a）的状态显示，这时候无论鼠标怎样操作，设计都不会旋转，从而也避免了误操作；② 当鼠标靠近立方体时，图标变为图 19-42（b）的显示状态，立方体的 6 个面、8 个角、12 条棱都可以作为旋转的基准，用鼠标单击相应的元素（面、角、棱），就可以旋转到固定的位置；旁边的小房子和双向旋转箭头都可以用于旋转，单击小房子，设计以默认的角度显示，设计者还可以单击旋转箭头；③ 如果单击 FRONT 面，设计以 FRONT 面面向设计者，同时上下左右出现 4 个三角形符号，可单击三角形符号进行旋转，每单击 1 次三角形符号，设计旋转 90 度如图 19-42（c）所示；④ 设计者可以通过旋转立方体进行任意角度旋转，如图 19-42（d）所示。

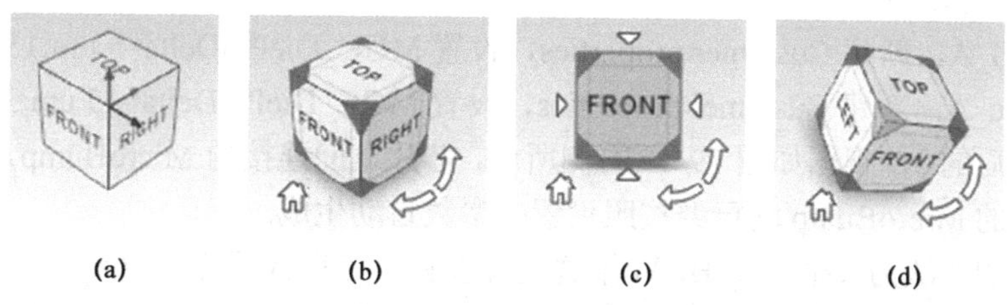

(a)　(b)　(c)　(d)

图 19-42　3D View 旋转操作立方体

3．3D 测量操作

单击测量按钮后，依次单击需要测量的元素即可进行 3D 元素间距离的测量，如图 19-43 所示。

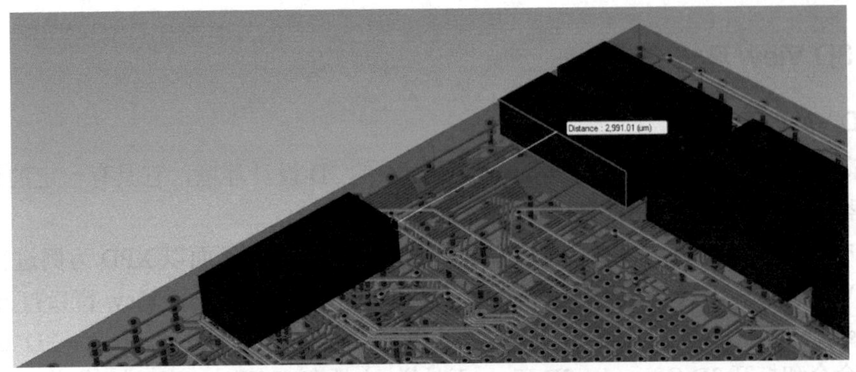

图 19-43　3D 元素间距离的测量

此外还可以设置 3D Clearance，并通过 3D DRC 检查元素间的距离是否满足设定的规则。

19.4.3　构建 HDAP 数字化样机模型

1. 构建 Interposer 模型

打开 Interposer 设计的 3D 视图（正反面），如图 19-44 所示，从图中可以看到 Interposer 正面放置 4 个 HBM 堆叠和 GPU，背面为 Bump 的 Pad。

图 19-44　Interposer 设计的 3D 视图（正反面）

为 HBM 芯片堆叠设置 MicroBump 前后对比图如图 19-45 所示。以 HBM_StackA 为例，4 个 DRAM 芯片堆叠在 Logic 芯片上方，通过 3D TSV 相连。设置前如图 19-45 左侧所示，在模型中看不到芯片之间连接的 MicroBump，以及 Logic 芯片和基板连接的 MicroBump。打开 Cell Editor 并进行以下设置。

选择 HMB_A，新建 Customer properties，设置 MGC_DiePinDelta=5 um;15 um。

选择 Logic_A，新建 Customer properties，设置 MGC_DiePinDelta=15 um;35 um。

设置完成后的 3D 视图如图 19-45 右侧所示，芯片之间连接的 MicroBump，以及 Logic 芯片和基板连接的 MicroBump 均已经按照设置的参数自动生成。

按照同样的方法为其他 3 个 HBM 堆叠进行设置，可得到同样的效果。

接着，为 GPU 设置 MicroBump，在 Cell Editor 中选中 GPU Cell，在 Cell Properties 中设置其 Underside space 参数为 60 um。在设计中(2D 或者 3D 环境均可)选中该 Cell，选择 Package Utilities→Edit→3D Pin Model 菜单命令，选择 Ball 并输入 3D_Pin Diameter=65 um。为 GPU 芯片设置 MicroBump 效果图如图 19-46 所示。

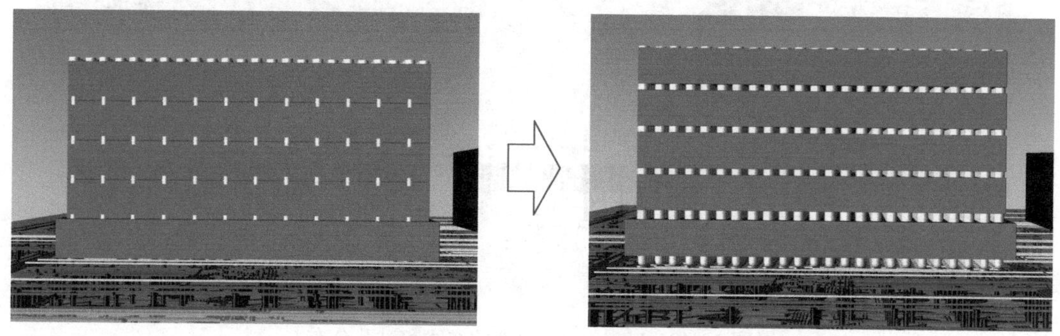

图 19-45　为 HBM 芯片堆叠设置 MicroBump 前后对比图

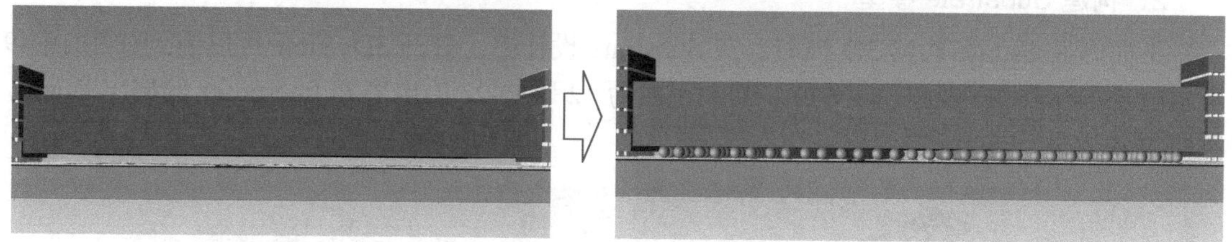

图 19-46　为 GPU 芯片设置 MicroBump 效果图

选中 Interposer 扇出 Bump，采用同样的方法，选择 Package Utilities→Edit→3D Pin Model 菜单命令，选择 Ball 并输入 3D_Pin Diameter=120 um，图 19-47 所示为设置完 Bump 的 Interposer 设计 3D 视图。

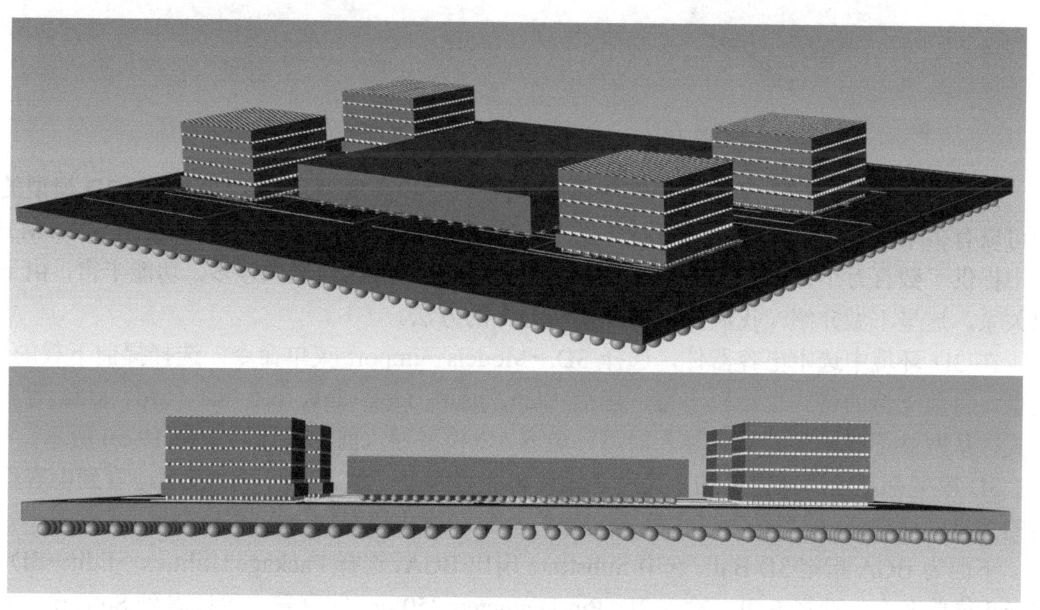

图 19-47　设置完 Bump 的 Interposer 设计 3D 视图

除此之外还可以在 3D 环境中查看 Interposer 中布线和过孔的 3D 视图。将基板设置为半透明状态或者关闭基板显示，选择 Include Internal Layers 并旋转视图，即可从不同的角度看到 Interposer 内部的布线和过孔分布，如图 19-48 所示。

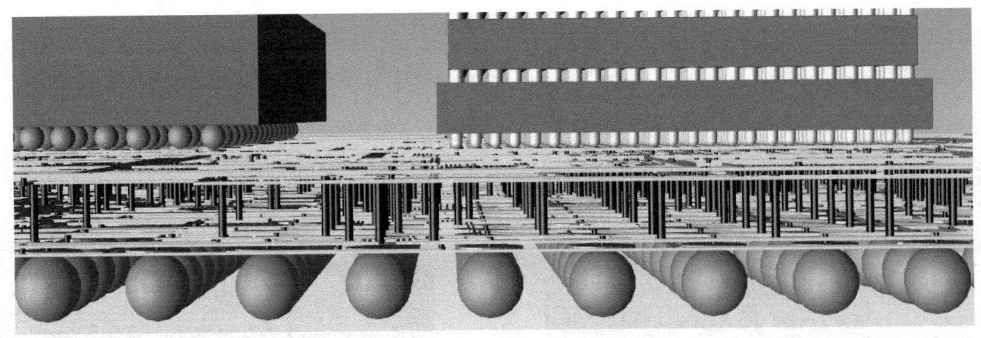

图 19-48　Interposer 内部的布线和过孔分布

2. 构建 Substrate 模型

下面为 Substrate 构建 3D 模型。在 Substrate 设计中，打开 3D View 可以看到如图 19-49 所示的 Substrate 3D 视图（正反面），其中正面为 12 颗 0402 的电容和 Interposer 的扇出 Bump，背面为 BGA。

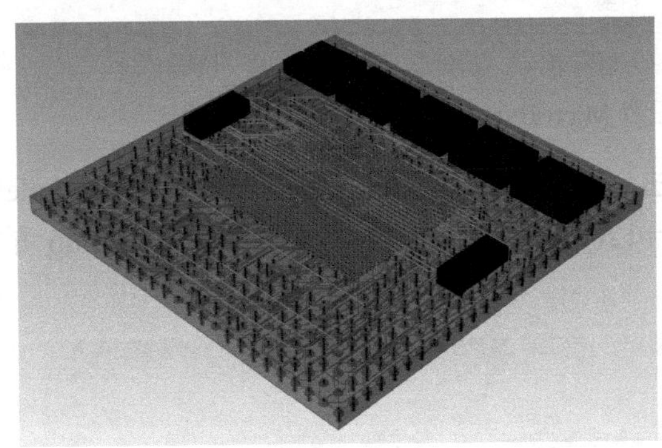

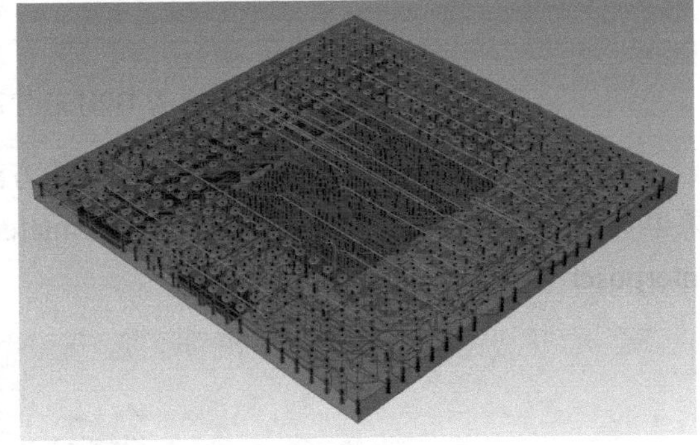

图 19-49　Substrate 3D 视图（正反面）

为电容指定 3D 模型，目前的电容模型是只有尺寸和高度信息的 2.5D 模型，3D 模型的来源可以有多个，可以采用 Xpedition 提供的 M3DL 中的模型，也可以采用外部模型导入，M3DL 库中提供了数百万个元器件 3D 模型，供设计人员使用，M3DL 选项较多，功能丰富，由于篇幅关系，这里不做介绍，我们采用外部模型导入的方法。

在 3D 环境中选中电容器件，选择 3D→Models→import 菜单命令，选择提前下载的 3D 模型，目前支持的格式也比较丰富，包括 Step、asat、iges、igs、prt、sat、xtd、xtda 等多种格式，从网站下载相应的格式导入即可。电容 3D 模型导入前后对比图如图 19-50 所示。

3D 模型都是由厂家提供的，其尺寸应该和实物完全一致，我们可以直观地看到电容焊接后的效果；而 2.5D 模型是为了占位而创建的，通常尺寸和实物出入较大。

下面为 BGA 指定 3D Ball。选中 Substrate 扇出 BGA，选择 Package Utilities→Edit→3D Pin Model 菜单命令，选择 Ball，输入 3D_Pin Diameter=350 um 并查看，可以看到 Substrate 扇出 BGA Ball 也已经设置好了，其 3D 模型如图 19-51 所示。

3. 3D 模型组装

项目中包含两个版图设计（Interposer 和 Substrate），他们之间的网络连接通过 XSI 进行协调和优化，两个版图在物理设计上是分开的，在生产加工上也是分开加工的，然后再组装在一起。

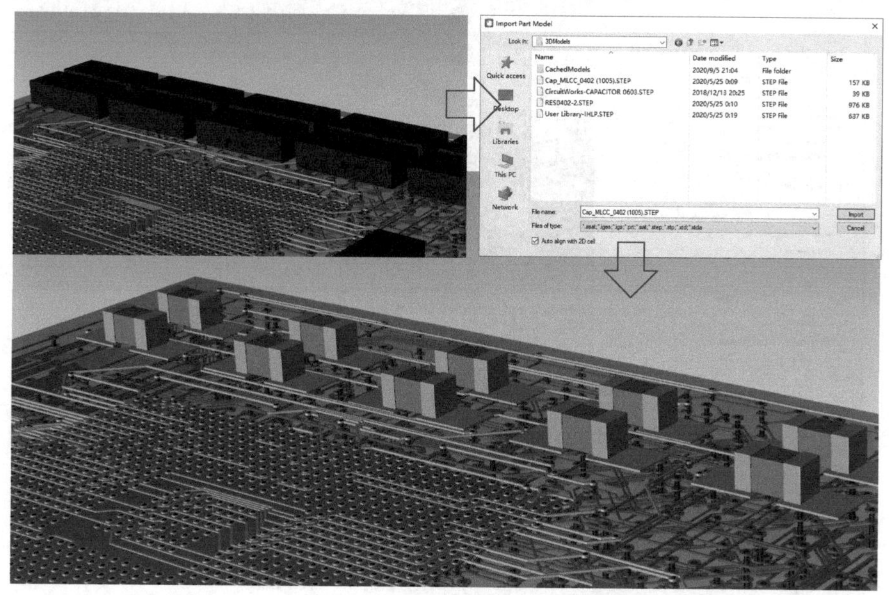

图 19-50　电容 3D 模型导入前后对比图

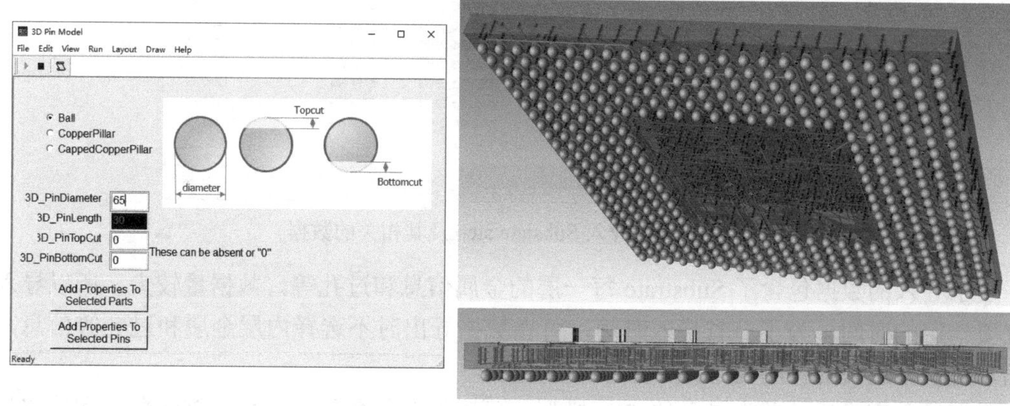

图 19-51　BGA Ball 的 3D 模型

下面在 3D 环境中模拟两个版图的组装过程。可以将 Interposer 的设计数据输出，然后导入 Substrate 中，也可以将 Substrate 中的设计数据输出，然后导入 Interposer 中。在实际操作时，建议将数据量小的设计导入数据量大的设计中，这样比较节省时间，能提高设计效率。本项目中因为 Interposer 的芯片多，细节更多，所以数据量大，我们将 Substrate 数据输出，然后导入 Interposer 中。

（1）设计数据输出，在 Substrate 设计环境中选择 3D→Export 菜单命令，在弹出的 Export 窗口中进行以下设置：设置导出数据类型为 STEP，保存在本地的输出文件夹内，并保持默认文件名 Substrate.step，如图 19-52 所示。Model Options 选区和 Medal Element Options 选区也可参照图 19-52 进行设置。

（2）设计数据导入，在 Interposer 设计环境中选择 3D→Import Mechanic Model 菜单命令，在 Substate 的 Output 文件夹选择 Substate.step，单击 Import 按钮，Substate.step 及其相关的数据一并导入，如图 19-53 所示。

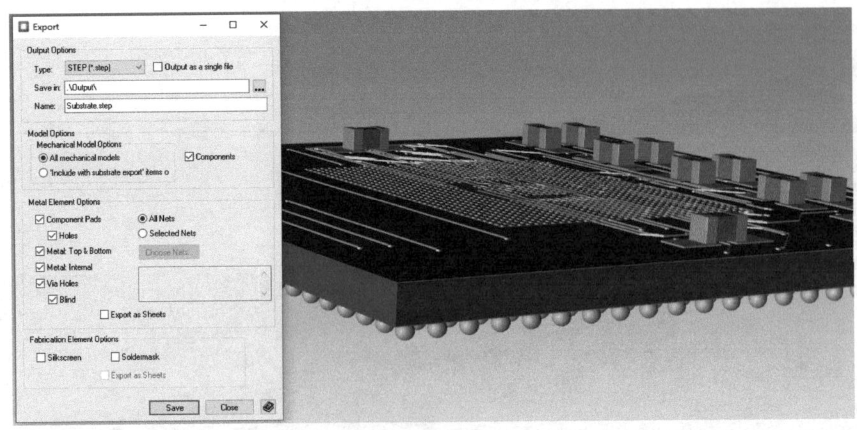

图 19-52　Export 窗口设置与输出的 3D 模型

Import Mechanical Model

Look in: Output

Name	Date modified	Type	Size
GDS	2020/9/4 15:07	File folder	
HLDRC	2020/9/4 15:07	File folder	
Substrate.step	2020/9/5 23:04	STEP File	14 KB
Substrate_BoardAndModels.step	2020/9/5 23:03	STEP File	4,746 KB
Substrate_Copper2.step	2020/9/5 23:03	STEP File	10,161 KB
Substrate_Copper3.step	2020/9/5 23:03	STEP File	15,387 KB
Substrate_Copper4.step	2020/9/5 23:03	STEP File	5,442 KB
Substrate_Copper5.step	2020/9/5 23:03	STEP File	7,642 KB
Substrate_Copper6.step	2020/9/5 23:04	STEP File	17,512 KB
Substrate_Copper7.step	2020/9/5 23:04	STEP File	4,215 KB
Substrate_CopperBottom.step	2020/9/5 23:04	STEP File	3,508 KB
Substrate_CopperTop.step	2020/9/5 23:03	STEP File	11,586 KB

File name: Substrate.step　Import

Files of type: *.asat;*.iges;*.igs;*.prt;*.sat;*.step;*.stp;*.xtd;*.xtda　Cancel

图 19-53　导入 Substate.step 及其相关的数据

由于导入的数据包含了 Substrate 每一层的金属信息和过孔等，数据量较大，所以导入需要耗费一定的时间。为了节省导入时间，可在数据导出时不选择内层金属和过孔等信息，这些信息对模型组装的影响较小。

数据导入完成后，单击导入的 3D 模型，可以设置其名称、类型、旋转角度和偏移量等属性，如图 19-54 所示。

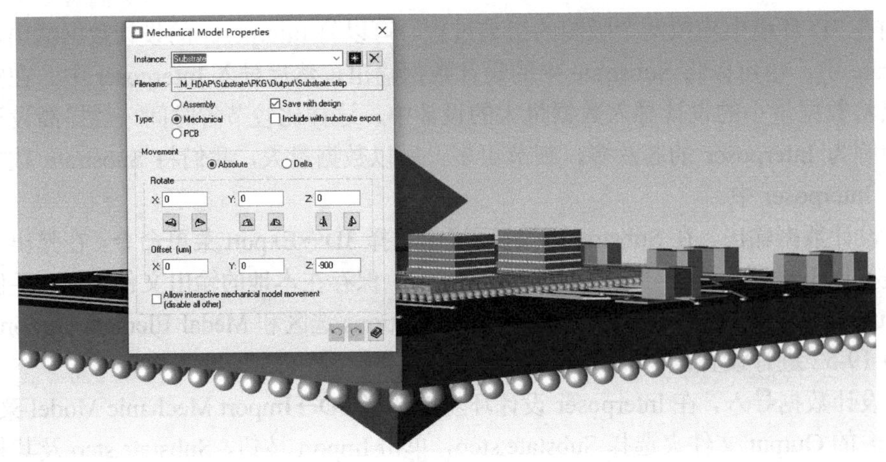

图 19-54　设置导入 3D 模型的属性

至此我们通过 XSI+XPD 完美地完成了 HBM_HDAP 先进封装的设计。

该设计中包含了两块版图：Interposer + Substrate，21 个裸芯片、1 个 GPU + 4G HBM Stacks 安装在 Interposer 上，Interposer 和 12 个电容一起安装 Substrate 上，该设计包含了 3D TSV 和 2.5D TSV 两种先进封装技术，工艺相对复杂，HMB_HDAP 项目完整的 3D 模型如图 19-55 所示。

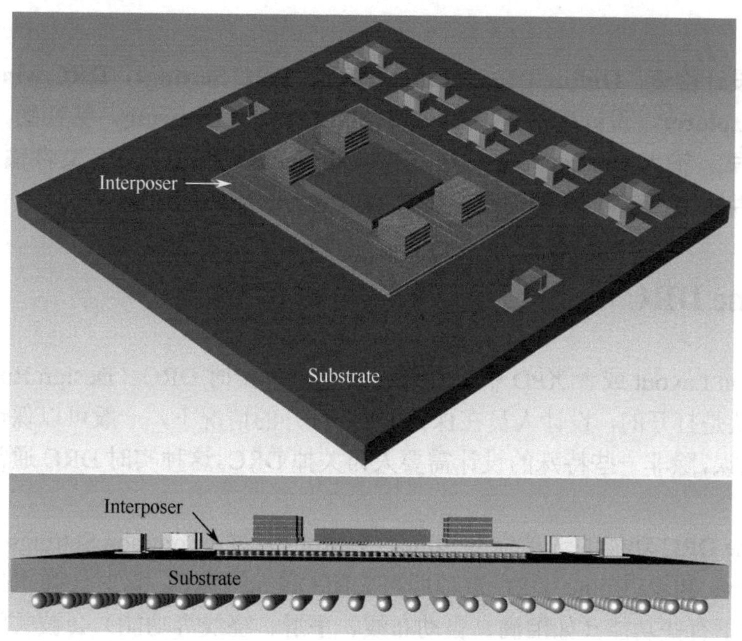

图 19-55　HMB_HDAP 项目完整的 3D 模型

可以通过 HMB_HDAP 项目剖面图查看电气通路，如图 19-56 所示。可以看到 HBM 堆叠中的信号通过 3D TSV 连接到 MicroBump，和 GPU 信号一起通过 MicroBump 连接到 Interposer 上的布线，然后通过 2.5D TSV 连接到 Bump，再通过 Substrate 上的布线和过孔连接到 BGA 的整个电气通路。

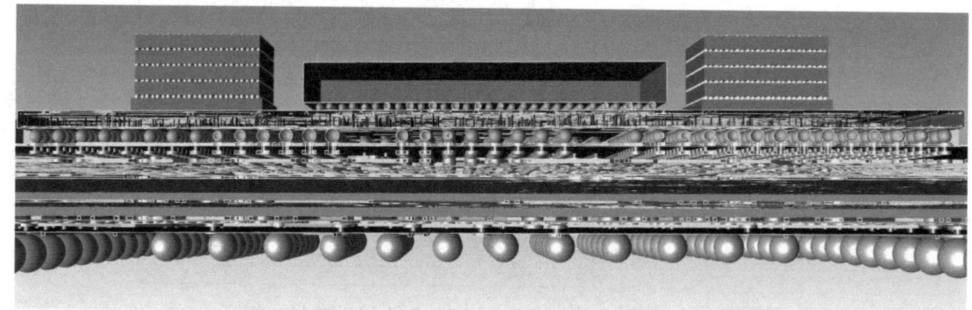

图 19-56　通过 HMB_HDAP 项目剖面图查看电气通路

目前，能在一个设计环境中如此完美地完成 HMB_HDAP 项目的也只有 XSI+XPD 了。

第 20 章　设计检查和生产数据输出

关键词：设计检查，Online DRC，Batch DRC，DRC Settings，DRC windows，DRC 方案，Hazard Explorer，设计库检查，Gerber，NC Drill，Drawing，钻孔图、钻孔表，设置 Gerber 文件格式，输出 Gerber 数据、导入并检查 Gerber 数据，GDS 文件输出，Color Map 输出，坐标文件输出，DXF 文件输出，设计状态输出，BOM 输出

20.1　Online DRC

在 Xpedition Layout 或者 XPD 中进行版图设计时，实时 DRC（Design Rule Check，设计规则检查）默认是打开的，设计人员在保持 DRC 打开的情况下，一般可以保证设计正确，不会出现 DRC 错误，除非一些特殊的设计需要人为关掉 DRC。这种实时 DRC 通常被称为 Online DRC。

关闭 Online DRC 功能的选项位于 Editor Control 窗口的 Common Settings 下拉列表中，取消勾选 Interactive Place/Route DRC 选项即可关闭 Online DRC，这时会弹出提示框，提示在 DRC OFF 情况下有些功能（如泪滴、自动布线、平滑、绕线等功能）会被关闭，并提示是否确认关闭。单击“是”按钮，确认关闭后，系统自动弹出 DRC 已经关闭的提示框，并始终显示在工作区的左上角，直到 Online DRC 被重新打开。图 20-1 所示为关闭 Online DRC 及 DRC 关闭后的状态提示。

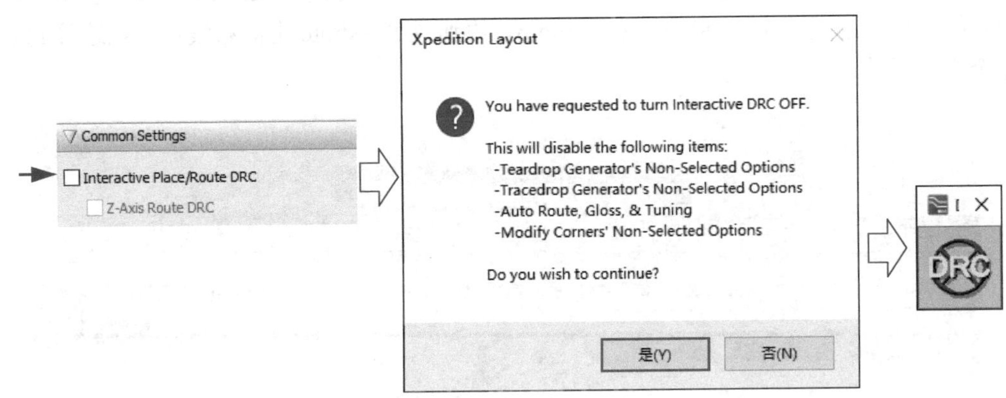

图 20-1　关闭 Online DRC 及 DRC 关闭后的状态提示

在 Online DRC 关闭的情况下设计人员可以进行任意操作，系统不做检查，在某些特殊的设计中可以采用这样的方法。例如，设计人员需要将两个电阻中的一个电阻的焊盘重叠放置，在真正焊接的时候选择焊接其中的某一个电阻，这种方法在 RF 电路设计时经常使用。

无论是否关闭了 Online DRC，在设计完成后通常对整个设计需要做全面的 DRC，即 Batch DRC。

20.2　Batch DRC

Batch DRC 起到详细检查的作用，以确保设计中的所有元素都处在规则定义的范围之内。Batch DRC 在设计过程中的任何阶段都可进行，但通常都被放在设计完成后进行。

Batch DRC 与 Online DRC 有着相似的检查项目，但是 Batch DRC 更全面，并且可以由设计人员进行配置。

通过菜单选择 Analysis→Batch DRC 启动 Batch DRC，或者单击工具栏图标启动 Batch DRC，Batch DRC 主界面包含两个选项卡，如图 20-2 所示，下面分别介绍。

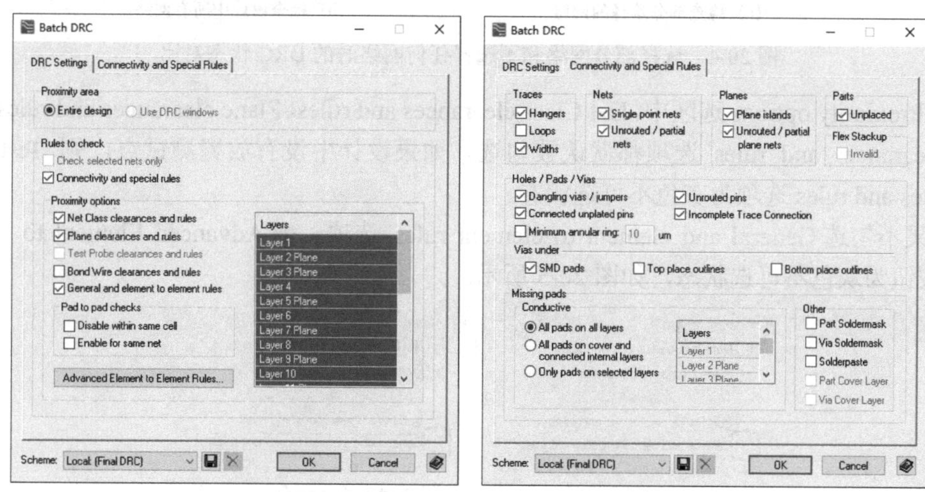

图 20-2　Batch DRC 主界面的两个选项卡

20.2.1　DRC Settings 选项卡

（1）检查区域（Proximity area）。

首先在 DRC Settings 选项卡中选择 Entire design 选项，即检查整个设计，如图 20-3 所示。如果要对局部设计进行检查，需要在设计中绘制 DRC windows。DRC windows 可在绘图模式中绘制，一个设计中仅存在一个 DRC windows，如果已经存在一个，则绘制新的 DRC windows 将会自动取代已存在的 DRC windows。选择 DRC windows 后，Batch DRC 仅在 DRC windows 包含的范围中进行设计规则检查，这对于复杂的设计会节省大量的时间，比较适合在设计过程中对不同的设计区域做检查。如果设计中没有 DRC windows，则 Use DRC windows 选项为灰色，不可选。

图 20-3　检查整个设计

（2）检查规则（Rules to check）。

如果设计中有某些网络被选中，则 Check selected nets only 选项自动被勾选，同时后面出现选取的网络数目，如果没有网络被选中，则此选项为灰色不可选，如图 20-4（b）所示。如果在设计检查中出现了没有任何设计改动但两次检查结果不一样的情况，请注意是否在两次检查中所选的网络不同，或者一次没有选择任何网络（检查整个设计），而另一次无意中选择了某些网络（只检查这些被选中的网络）。

Connectivity and special rules 选项通常默认被勾选，如果不选则 Connectivity and special rules 选项卡为灰色，不被使能。图 20-4 所示为选择部分网络和不选择任何网络时的 DRC 状态对比。

(a) 检查部分选择的网络　　(b) 检查设计中所有网络

图 20-4　选择部分网络和不选择任何网络时的 DRC 状态对比

在 Proximity options 选区中，Net Class clearances and rules、Plane clearances and rules、Bond Wire clearances and rules 选项都默认被勾选，如果设计中没有放置测试点，则 Test Probe clearances and rules 选项为灰色不可选状态。

如果不勾选 General and element to element rules 选项，则 Advanced Element to Element Rules 按钮为灰色不可选状态，如图 20-5 所示。

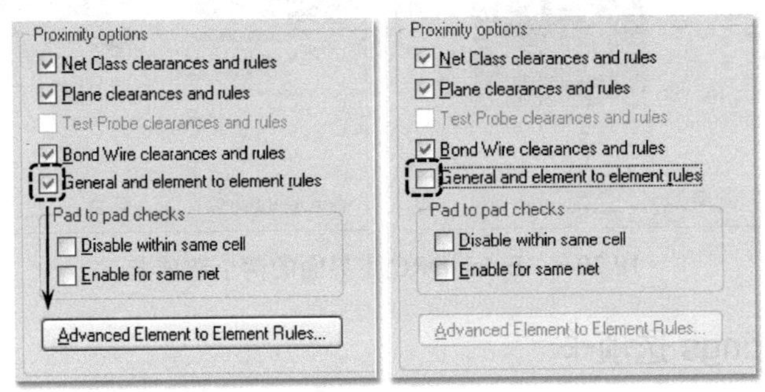

图 20-5　是否勾选 General and element to element rules 选项的状态对比

勾选 General and element to element rules 选项后，可单击 Advanced Element to Element rules 按钮，弹出 Element to Element 规则表格，如图 20-6 所示。

在默认情况下，该表格的内容是从 Constranit Manager 中的间距规则中继承的，用户可以更改其中的规则或者添加新的规则。默认的字体颜色为黑色，当默认规则被更改后，其字体的颜色会变为红色，如果设计人员新添加规则定义，则其字体为蓝色。通常情况下，如果没有特别的设计需求，该规则表格保持默认即可，保持和 Constranit Manager 中相同的定义，不做规则更改或添加。

假如设计人员在更改规则进行检查后想恢复 Constranit Manager 中的通用设置，可单击左下角的 Load Default rules 按钮，系统弹出如图 20-7 所示的警示对话框，提示用户自定义的规则将会被丢弃，单击“是”按钮后，系统自动加载 Constranit Manager 中的设置并替换掉用户更改的设置。

Pad to pad checks 主要用于选择是否忽略检查同一元器件内部或者相同网络间的焊盘到焊盘间距，如图 20-8 所示。如果勾选 Disable within same cell 选项，则可以不检查元器件内部的焊盘到焊盘间距；如果勾选 Enable for same net 选项，则 DRC 将检查同一个网络上的焊盘到焊盘、焊盘到过孔和过孔到过孔间距。

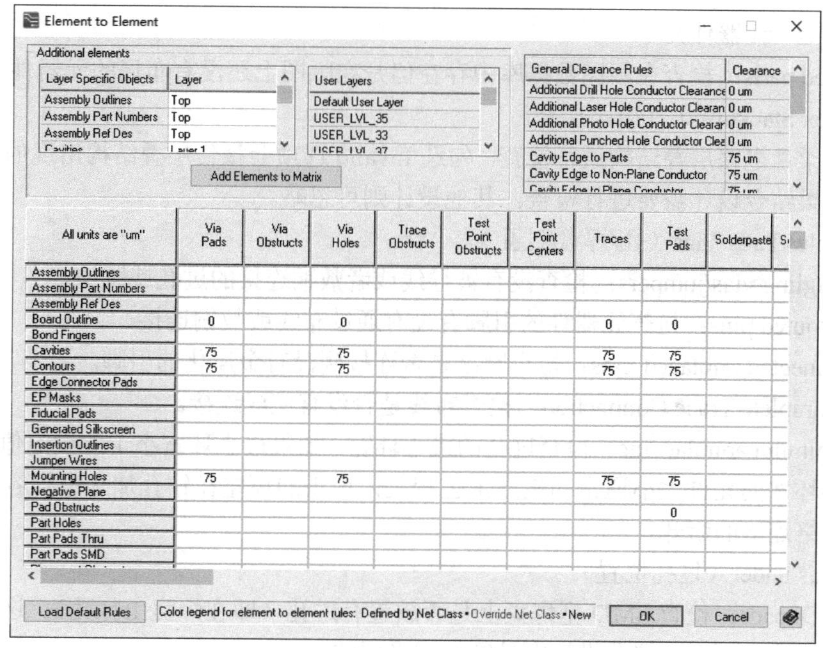

图 20-6　Element to Element 规则表格

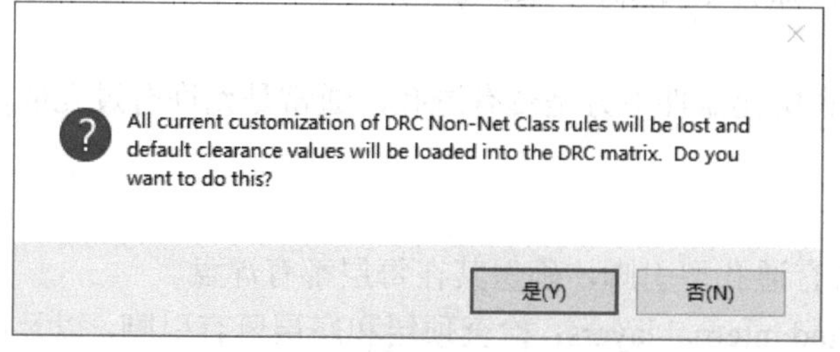

图 20-7　警示对话框

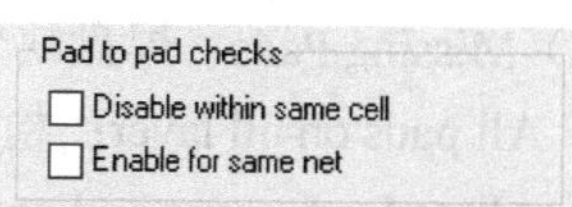

图 20-8　Pad to pad checks 选项

20.2.2　Connectivity and Special Rules 选项卡

下面介绍 Connectivity and Special Rules 选项卡中的具体参数。

（1）Trace（布线）。

① Hangers：悬空线，即线的一端没有连接到任何焊盘或者过孔。

② Loops：环线，即自我形成环路的导线，环路可能在一层上或者跨越多层。

③ Widths：线宽，检查导线的宽度以确保其宽度与在 Constranit Manager 中所定义的一致。

（2）Net（网络）。

① Single point net：单点网络，检查并报告设计中是否存在单点网络。

② Unrouted or partial nets：检查所有非平面层的网络连通性。

（3）Plane（敷铜）。

① Plane islands：平面层孤岛，检查敷铜是否存在孤岛。需要注意的是，屏蔽网络（Shield Area）和负片敷铜不做孤岛检查。

② Unrouted or partial plane nets：检查所有平面层网络的连通性，检查是否有平面层网络没有被敷铜连接或者仅有部分连接。

（4）Parts（元器件）。

Unplaced parts：检查在版图数据库中存在但是在版图上还没有布局的元器件。

（5）Flex Stackup 柔性电路层叠。

用于对柔性电路层叠结构进行检查，勾选 Invalid 选项会报告层叠结构出现的不连续等问题，对于刚柔结合设计需要进行检查，其他设计则可忽略。

（6）Holes/Pads/Vias（孔/焊盘/过孔）。

① Dangling vias/jumpers：检查没有被导线或者敷铜连接的过孔或跳线。

② Unrouted pins：检查元器件的引脚有没有通过布线或敷铜连接。

③ Connected unplaced pins：检查网络是否连接到没有金属化的引脚。

④ Incomplete Trace Connection：检查布线是否没有完成连接。

⑤ Minimum annular ring：检查过孔的最小环宽，如果最小环宽小于此设定值，则会产生警告。最小环宽的允许大小通常和生产工艺相关，过小的环宽在钻孔加工中很容易被切断，从而造成网络连接的断开。

（7）Vias under（过孔位置）。

① SMD pads：检查 SMD 型焊盘上是否放置有过孔（即在焊盘上打孔），这在通孔设计中通常不被允许，而在盲埋孔设计中是经常被采用的。

② Top place outline：检查顶层元器件下方是否有过孔，通常是允许有过孔的，可不做此项检查。

③ Bottom place outline：检查底层元器件下方是否有过孔，通常是允许有过孔的，可不做此项检查。

（8）Missing Pads（焊盘缺失）。

① All pads on all layer：检查所有通孔型引脚，确保其在每层都有焊盘。

② All pads on cover and connected internal layers：检查顶层和底层所有引脚，以及内层有导线或敷铜连接的引脚是否都有焊盘。

③ Only pads on selected layers：检查用户选择的层上是否有缺失的焊盘，用户可在后面的列表框中进行层选择。

（9）Others（其他）。

① Part Soldermask：检查所有的元器件焊盘引脚是否有阻焊层。

② Via Soldermask：检查所有的过孔是否有阻焊层。

③ Solderpaste：检查所有的 SMD 引脚是否有阻焊层。

④ Part Cover Layer：检查所有的元器件引脚是否有覆盖层，主要针对刚柔设计。

⑤ Via Cover Layer：检查所有过孔是否有覆盖层，主要针对刚柔设计。

20.2.3 Batch DRC 方案

Batch DRC 设置可以被保存成方案（Scheme），然后可被重用或编辑。在保存时可选择保存到本地或者和系统文件一起保存，如图 20-9 所示。

设置完成后即可运行 Batch DRC，检查完成后系统会弹出提示窗口，显示此设计有多少违反规则的错误（Hazards）发生，如果没有 Hazards 发生，则提示 DRC 成功。DRC 结果存放在 Drc.txt 文件中，可以通过 File Viewer 查看 Drc.txt 文件内容，如图 20-10 所示。

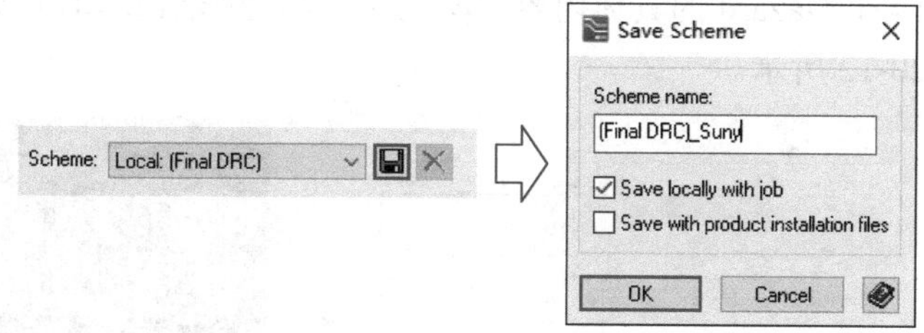

图 20-9　将 Batch DRC 设置保存成方案

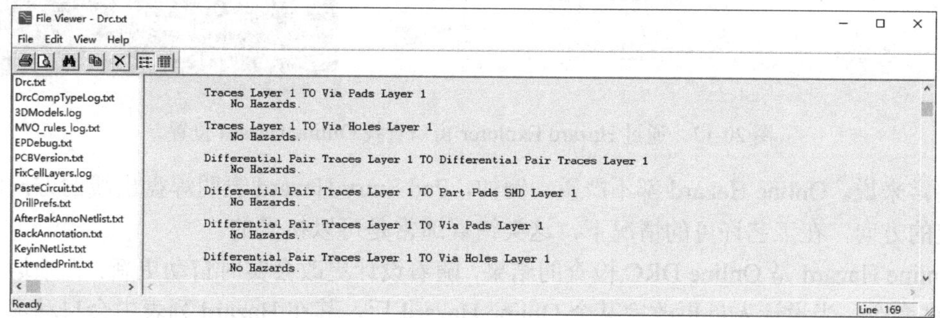

图 20-10　通过 File Viewer 查看 Drc.txt 文件内容

20.3　Hazard Explorer 介绍

除了查看 Drc.txt 文件内容，Xpedition 还提供了更为方便和智能的 DRC 查看方式——Hazard Explorer。选择 Analysis→Hazard Explorer 菜单命令或单击工具栏图标，打开 Hazard Explorer 窗口，如图 20-11 所示。在窗口的最左侧可以看到有多个选项卡，分别是 Online、Batch、Summary 和 3D Batch。

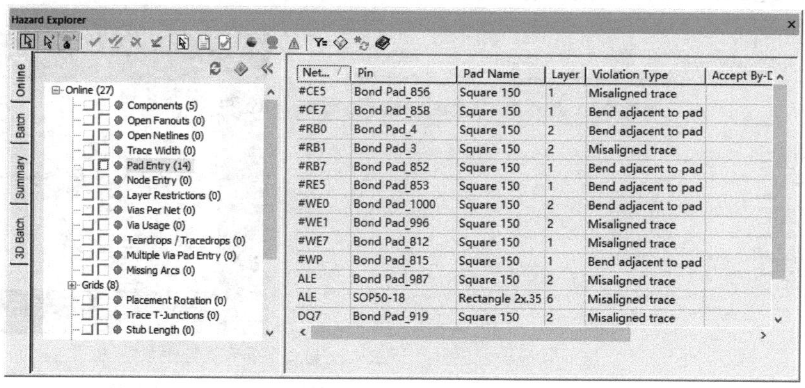

图 20-11　Hazard Explorer 窗口

1．Online 选项卡

通过 Hazard Explorer 窗口查找 Online Hazard 位置，如图 20-12 所示。切换到 Online 选项卡，单击窗口上方的更新按钮，查看检查结果。列表顶部显示 Online (27)，表明 Online DRC 共有 27 个 Hazard；Components (5)表示此项有 5 个 Hazard；Pad Entry (14)表明此项有 14 个 Hazard，括号内为 0 的选项表明此项没有 Hazard。单击 Pad Entry 选项，在 Hazard Explorer

窗口右侧窗格列出 14 个 Hazard 的具体内容，单击某一项，在设计窗口可以看到 Online Hazard 的具体位置，如图 20-12 所示。

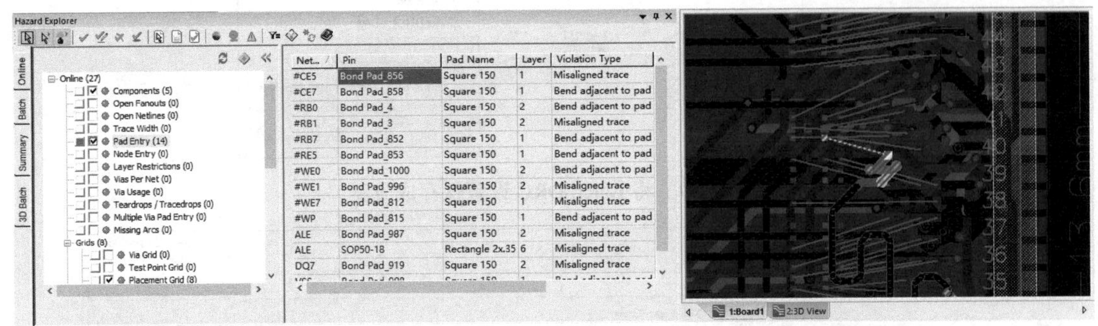

图 20-12　通过 Hazard Explorer 窗口查找 Online Hazard 位置

通常来说，Online Hazard 都不严重。例如，Pad Entry Hazard 表明焊盘出线的方向没有按照设定的方向，在工艺许可的情况下，这类错误通常是可以接受的。

Online Hazard 是 Online DRC 检查的结果，随着设计更改会实时自动更新，无须运行专门的 DRC 命令。当设计人员更改完某个 Online Hazard 后，其在 Hazard 列表中会自动消失，所有的 Online Hazard 都应该被检查更正或由设计人员确认接受。

2. Batch 选项卡

Batch Hazard 是执行 Batch DRC 命令后产生的违规结果，包括 Proximity（临近）、Hangers（悬空线）、Trace Loops（环线）、EP Violations（埋阻埋容）、Missing Pads（焊盘缺失）、Wirebonds（键合线）等 18 项检查结果。有些项目下面还有子项，可以通过单击前面的“+”展开子项。与前面相同，Proximity (5)表明该项有 5 个 Hazard，括号内为 0 的表明该项没有 Hazard。勾选 Proximity 项，在 Object in Violation 列表中列出所有错误的内容，单击其中某一项，在右侧设计窗口可以看到 Batch Hazard 的具体位置，如图 20-13 所示。

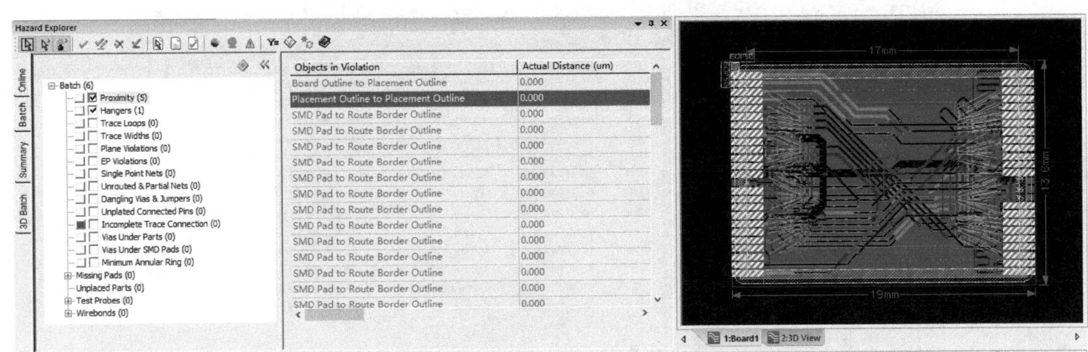

图 20-13　通过 Hazard Explorer 窗口查找 Batch Hazard 位置

通常来说，Batch Hazard 比 Online Hazard 要更严重，需要重点对待。例如，Proximity 通常表明设计元素和板框产生了冲突，需要修改或者确认。图 20-13 表明元器件焊盘和板框产生冲突，在这类设计中焊盘需要超出板框，所以这是不可避免的，因此在该设计中无须修改，只需确认即可，可单击窗口上方的 Accept Selected Hazards 按钮 ✓，接受该 Hazards，此时该 Hazard 的字会变为绿色，下次运行 Batch DRC 命令也不会再报告该 Hazard。对于其他的 Batch Hazard 也需要逐一进行检查和确认。

Hazard 被修改后需要重新运行 Batch DRC，确认该 Hazard 已经被成功修改，此时的检查可只针对该 Hazard 所属网络进行检查（Check selected nets only），从而节省检查时间。设计人员也可按照上面描述的方法找到并更改完此次检查所有的 Hazard 之后，重新运行 Batch DRC，检查整个设计（Entire design），确认所有的 Hazard 是否已经被成功修改。

有些 Hazard 是设计人员在设计过程中因为设计特殊需要而人为造成的。例如，某些接插件元器件的边框会放置到 Board outline 之外，这种 Hazard 只需要设计人员确认即可。当所有的 Hazard 都被检查更改或者确认后，重新运行 Batch DRC 对整个设计进行检查，直至 DRC 完全通过或由设计人员确认并接受。

3．Summary 选项卡

Summary 选项卡用于对设计元素进行统计和总结，包含 4 项内容：① Length Summary；② Estimated Delay Summary；③ Electrical Net Length Summary；④ Estimated Electrical Net Delay Summary。

① Length Summary，该总结列出了设计中所有物理网络的长度、弯曲和弯曲所占的百分比。在此列表中，可以查看每一个网络的长度，以及是否通过绕线增加其长度。在列表中单击某个网络名称，在设计窗口中该网络被选中并高亮显示，如图 20-14 所示。

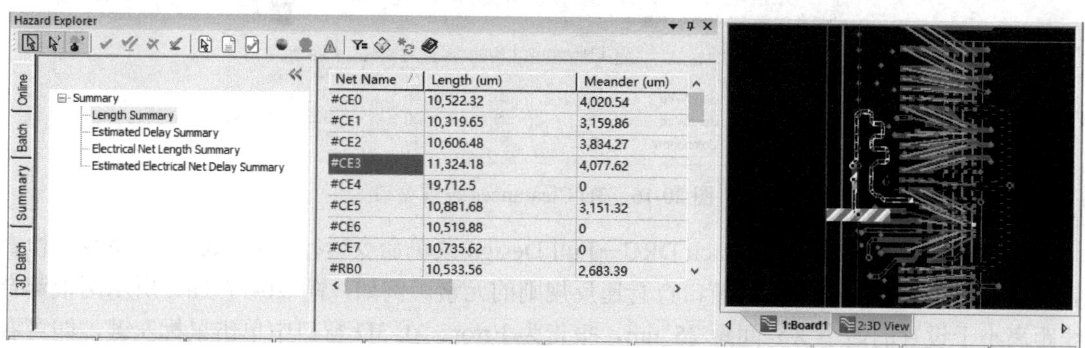

图 20-14　Length Summary 及网络高亮显示

② Estimated Delay Summary，该总结列出了设计中所有网络的延迟，包括开路的网络。对于开路网络，其延迟通过曼哈顿长度除以第一个内部信号层的传播速度来估算。

③ Electrical Net Length Summary，该总结列出了设计中的电气网络，以及构成每个电气网络的所有物理网络的长度、弯曲和弯曲百分比。电气网络和物理网络不同，通常不包含键合线的长度，但通过电阻前后的网络可能被识别为同一个电气网络。

④ Estimated Electrical Net Delay Summary，该总结列出了所有电气网络的延迟。

通过 Summary 选项卡窗口，可以对整个设计中的网络有一个详细的长度和延迟统计，对于有长度要求的设计非常重要。此外，该统计结果还可以输出文本，便于文档的编写，单击窗口上方的 Report all Hazards 图标，可将当前窗口的状态输出到文本文件中。

4．3D Batch 选项卡

3D Batch 选项卡用于显示 3D DRC 的检查结果，和前面一样，括号中显示的是 Hazard 的数量。这里需要注意的是，3D DRC 需要在 3D 环境中设置规则并运行 DRC，得到检查结果后在 Hazard Explorer 中进行查看，如图 20-15 所示。

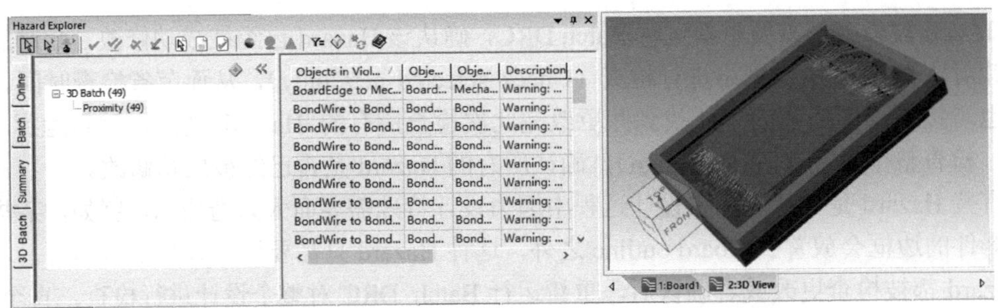

图 20-15　在 Hazard Explorer 中查看 3D Batch DRC 结果

下面介绍在 3D 环境中设置规则和检查的方法。选择 3D→Clearances 菜单命令，弹出 3D Clearances 设置窗口，如图 20-16 所示。窗口中第一列为默认项，目前不可更改，设计人员可增加设置项，其中 Minimum XY、Minimum Z 用于设置最小的 XY 间距和 Z 间距，如果违反规则报告为 Error；Optimal XY、Optimal Z 用于设置最佳的 XY 间距和 Z 间距，如果违反规则报告为 Warning。

3D Clearances

Note: Lengths are in 'um'

Specify clearances between objects:

From	To	Minimum XY	Minimum Z	Optimal XY	Optimal Z
Any	Any			254	127
Any	BondWire	30	30	50	50
BondWire	BondWire	25	25	30	30
BondWire	Component	5	5	10	10

图 20-16　3D Clearances 设置窗口

设置完成后，选择 3D→Batch DRC→Full Design 菜单命令运行 3D DRC 检查命令。检查完成后，单击列表即可在 3D 窗口查看违反规则的元素。例如，图 20-17（a）所示两根键合线距离小于设置的最小 XY 间距 25 um，报告为 Error。在 3D 窗口中单击鼠标左键，即可看到其他元素，从图 20-17（b）中可以看出这两根键合线键合到同一个键合指上，属于同一个网络，因此其距离规则可以放宽，在和工艺人员确认后，可以接受此 3D DRC 检查结果。按照同样的方法，对其他的报告条目进行浏览和确认，直到所有的问题被修改或者得到确认为止。图 20-17 所示为 3D DRC 检查结果浏览窗口。

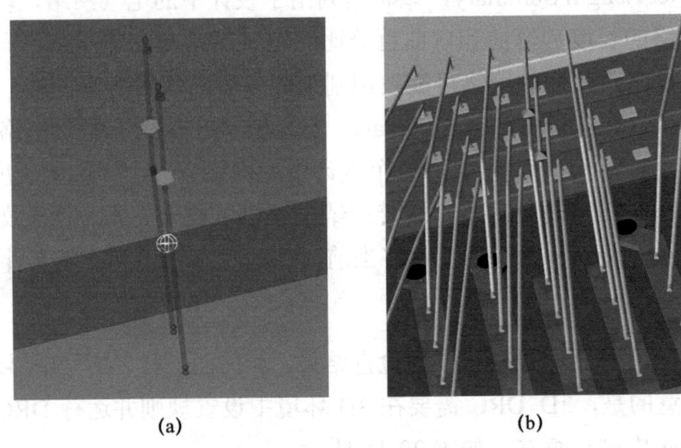

(a)　　(b)

图 20-17　3D DRC 检查结果浏览窗口

20.4　设计库检查

选择 Analysis→Compare Local Library to Central 菜单命令，比较当前本地库与项目中心库之间的元器件、焊盘、孔及焊盘通孔上的差异。

一般有以下情况：① 本地库比中心库旧；② 本地库比中心库新；③ 仅在本地库中存在库数据。检查完成后给出报告，VerifyLocal2CentralLibrary.txt 文件会自动打开，文件中报告 Pad、Padstack、Cell、Part 各项与中心库比对的结果，图 20-18 所示为本地库和中心库比对报告文件总结部分的内容。

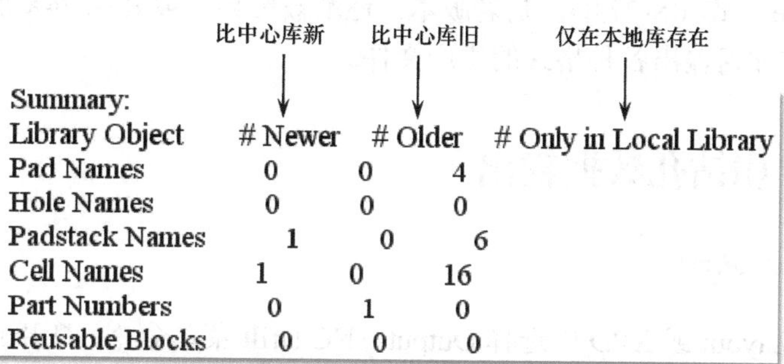

Summary:

Library Object	# Newer	# Older	# Only in Local Library
Pad Names	0	0	4
Hole Names	0	0	0
Padstack Names	1	0	6
Cell Names	1	0	16
Part Numbers	0	1	0
Reusable Blocks	0	0	0

图 20-18　本地库和中心库比对报告文件总结部分的内容

本地库不能完全与中心库相匹配的主要原因有：① 在设计过程中中心库数据有更新；② 在设计过程中设计人员对本地库数据进行了编辑。

本地库如果要和中心库保持一致，可通过 ECO→Update Cells & Padstacks 菜单命令，或者通过 ECO→Replace Cell 菜单命令实现本地库与中心库数据的同步。

一般情况下，Update Cells & Padstacks 命令主要用于对元器件的焊盘位置和形状等元素做同步更新。Replace Cell 命令中的 Reset 功能主要用于对元器件的外框、参考位号等文字元素做同步更新，如果需要保留在版图中已调整好的参考位号等文字的位置和大小等属性，则需要勾选 Keep text attribute during replace 选项，此时文字属性会被保留。

整个设计检查完后，即可准备 SiP 生产数据的输出了。

20.5　生产数据输出类型

SiP 生产数据主要分为以下几种：

① 用于 SiP 基板生产制造的 Gerber 及钻孔数据。

② 用于 SiP 装配（粘片、键合、焊接等）的 Drawing 文件和元器件坐标等数据。

③ 用于 SiP 和先进封装中 Interposer 或 RDL 生产的 GDS 文件。

④ 用于 SiP 设计检查和板级调试的 BGA Color Map 等文件。

⑤ 用于生产塑封模具、陶瓷、金属封装外壳的结构设计数据。

塑封模具、封装外壳等结构设计数据不属于本书讨论的内容，本章主要介绍如何在 Xpedition 中输出前 4 种生产数据。

有些设计师习惯于将 SiP 或者 PCB 版图设计文件直接发送到版图厂进行检查和生产加工，这种做法存在诸多的弊端。例如，严重影响知识产权的保护、容易造成设计数据的泄漏，也不利于设计师对生产工艺的学习和了解。标准的做法是将版图设计文件转换为 Gerber 文件和钻孔数据后交给版图厂家。

Gerber 文件格式是设计和制造的中间媒介，最初由美国 Gerber 公司研发制定，后成为行业标准的资料格式。Gerber 是描述 PCB 或封装基板版图（线路层、阻焊层、字符层等）图像的格式集合，是行业内图像转换的标准格式，现由比利时 Ucamco 公司所有。

现存 Gerber 有三个版本：

① Gerber X2，最新的 Gerber 格式，可以插入板的层叠信息及属性；

② 扩展 Gerber，即 RS-274X，目前被普遍使用；

③ 标准 Gerber，即 RS-274D，是老版本，逐渐被废弃并被 RS-274X 所取代。

下面分别介绍如何输出各种格式的生产文件。

20.6 Gerber 和钻孔数据输出

20.6.1 输出钻孔数据

在 Xpedition Layout 或 XPD 中选择 Output→NC Drill 菜单命令，打开 NC Drill Generation 窗口。

（1）Drill Options 选项卡，图 20-19（a）所示为 Drill Options 选项卡。

① NC drill machine format file，选择钻孔机的文件格式，有两种文件格式可供选择：DrillEnglish.dff（英制格式）和 DrillMetric.dff（公制格式）。

② NC drill output directory，选择钻孔文件输出路径，默认为版图设计目录中的 Output\NC Drill 子目录。

③ Drill generation option，Sweep axis 选择扫描轴的方向，分为水平和垂直两个方向。Band Width 扫描带宽，默认为英制单位 100 th 或公制单位 2500 um。设计人员可根据基板的设计密度进行合理调整，如果基板密度比较大，则选择较小的 Band Width，避免钻头来回移动影响钻孔效率；如果基板密度比较小，则可以选择较大的 Band Width 以提高扫描速度。

④ Predrill holes larger than，如果孔直径比较大，则可以选择预先钻一个小的定位孔，然后再进行精确钻孔，这有利于大孔的精确定位。

⑤ Drill file header 和 Drill file notes 由用户添加注释信息，添加的文字分别位于钻孔文件的开始和末尾。

（2）Drill Chart Options 选项卡，图 20-19（b）所示为 Drill Chart Options 选项卡。

① Columns，主要用于设置钻孔图中需要显示的内容项和每一项文字的排列方式，可由设计人员新建项或者删除已有的项。

② Text Setting，主要设置钻孔图中的字体、字号、文字笔画宽度、显示精度、默认误差范围等参数。

③ Auto assign drill symbols，系统自动选择钻孔符号（即用户未做指定）的选择方式。Character 表明自动选择以文字方式显示，Symbols 表明自动选择以符号方式显示。

④ All spans on single chart，如果勾选此选项，则表明所有的钻孔图位于同一张表格中；如果不勾选此选项，则不同穿越层定义的过孔（盲埋孔）分别位于不同的表格中分开显示。

⑤ Drill symbols on separate layers，勾选此选项可输出钻孔图到不同的用户定义层，方便进行查看和打印等。

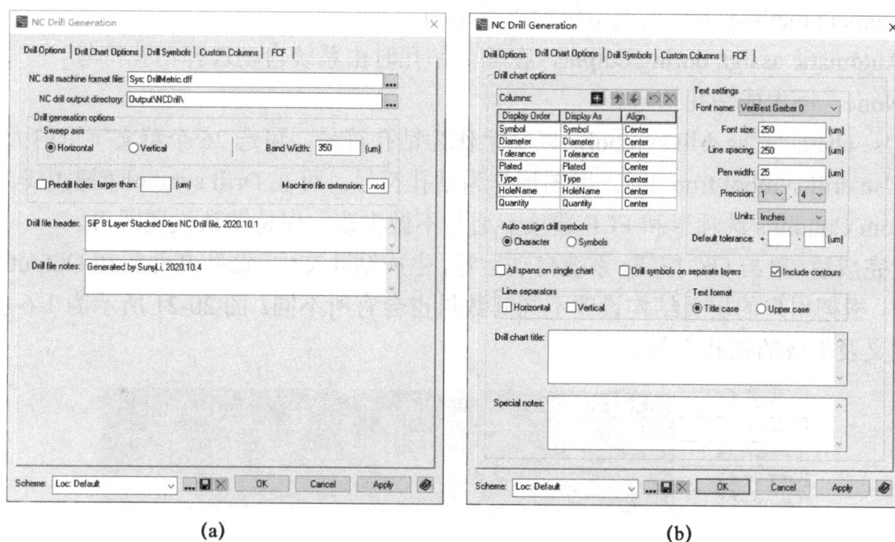

(a)　　　　(b)

图 20-19　Drill Options 与 Drill Chart Options 选项卡

⑥ Include contours，如果勾选此选项则钻孔图包含等高线。

⑦ Line separators，添加分割线到钻孔表中，包含 Horizontal（水平分割线）和 Vertical（垂直分割线）两种可选。

⑧ Text format，钻孔图表中的文字格式，可选首字母大写（Title case）或者全部字母大写（Upper case）两种格式。

⑨ Drill chart title，添加钻孔图表标题，位于钻孔图的顶端，一般居中显示。

⑩ Special notes，添加特殊标注，位于钻孔图的底部，一般左对齐显示。

（3）Drill Symbols 选项卡。

Drill Symbols 选项卡主要用于在设计层面定义钻孔的符号，对于不同的钻孔，可定义相应的符号或者字符来表示，设计人员也可选择由系统自动指定或者不生成钻孔符号。图 20-20 所示为 Drill Symbols 选项卡，图中分别展示了以字母 A 为钻孔符号和以符号⊕为钻孔符号。

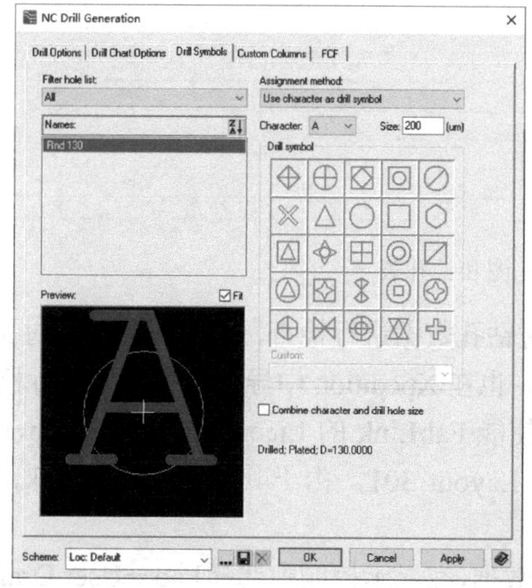

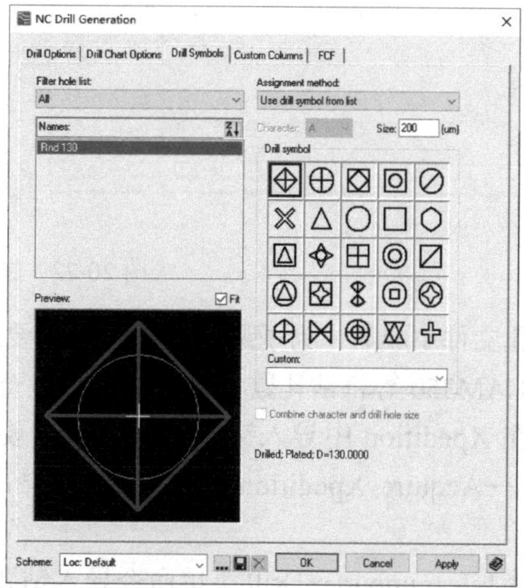

图 20-20　Drill Symbols 选项卡

Assignment method 下拉列表中包含以下选项。

① Automatic assign during output，在输出钻孔时由系统自动选择钻孔符号。

② None，不生成钻孔符号。

③ Use character as drill symbol，以文字作为钻孔符号，可选 26 个英文字母的大小写。

④ Use drill symbol from list，以图形作为钻孔符号，可在 Drill symbol 列表中选择图形。

Custom Columns 选项卡和 FCF 选项卡通常不做更改，保持默认设置即可。

设置完成后，单击 OK 按钮，系统自动运行，生成钻孔文件，钻孔文件放在 Output\NC Drill 文件夹中，根据用户的层叠结构设置不同其数量也会有所不同。图 20-21 所示为 1-6 层基板层叠结构定义及生成的钻孔文件。

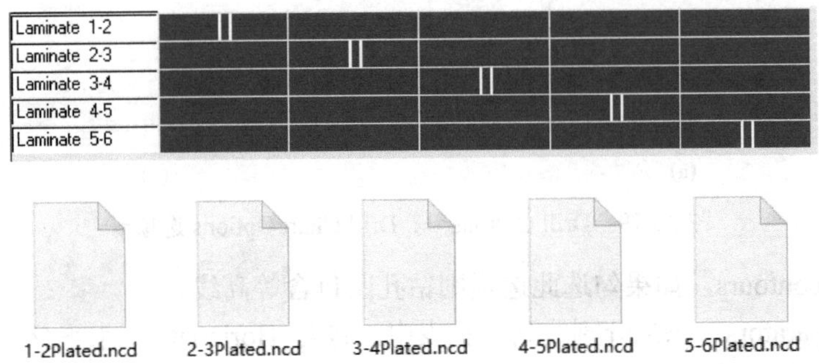

图 20-21　1-6 层基板层叠结构定义及生成的钻孔文件

在 Display Control 中打开 Drill Drawing 相关的显示选项，可以到如图 20-22 所示的钻孔图和钻孔表。

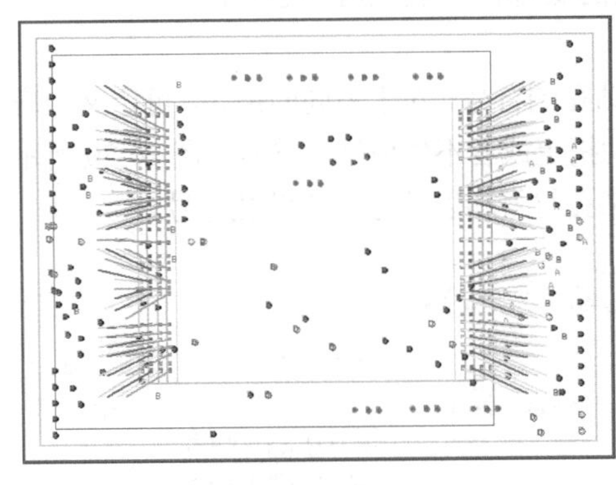

NC Drill Chart Span 1-2						
Symbol	Diameter	Tolerance	Plated	Type	HoleName	Quantity
A	0.0051		Yes	Drill	Rnd 130	32

NC Drill Chart Span 2-3						
Symbol	Diameter	Tolerance	Plated	Type	HoleName	Quantity
B	0.0051		Yes	Drill	Rnd 130	64

NC Drill Chart Span 3-4						
Symbol	Diameter	Tolerance	Plated	Type	HoleName	Quantity
C	0.0051		Yes	Drill	Rnd 130	64

NC Drill Chart Span 4-5						
Symbol	Diameter	Tolerance	Plated	Type	HoleName	Quantity
D	0.0051		Yes	Drill	Rnd 130	72

NC Drill Chart Span 5-6						
Symbol	Diameter	Tolerance	Plated	Type	HoleName	Quantity
E	0.0051		Yes	Drill	Rnd 130	54

图 20-22　钻孔图和钻孔表

钻孔文件生成后，为了避免发生错误需要对钻孔数据进行检查，设计人员可通过第三方工具，如 CAM350 等将钻孔数据导入并进行检查。也在 Xpedition 中导入钻孔数据进行检查。

要在 Xpedition 中导入钻孔数据，首先要使能 FabLink 的 License，选择 Setup→License Modules→Acquire Xpedition FabLink，如果是 Layout 301，由于其包含了 FabLink，则无须操作。

选择 File→import→Drill 菜单命令导入钻孔数据，在显示控制中选择 Fab→User Draft Layers 命令打开导入的钻孔层即可进行查看，如图 20-23 所示。

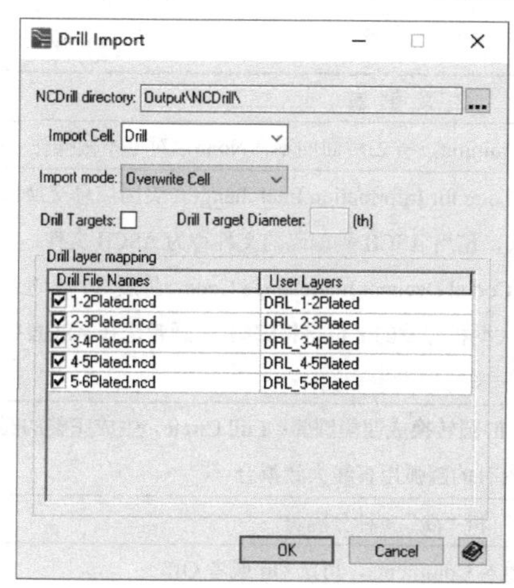

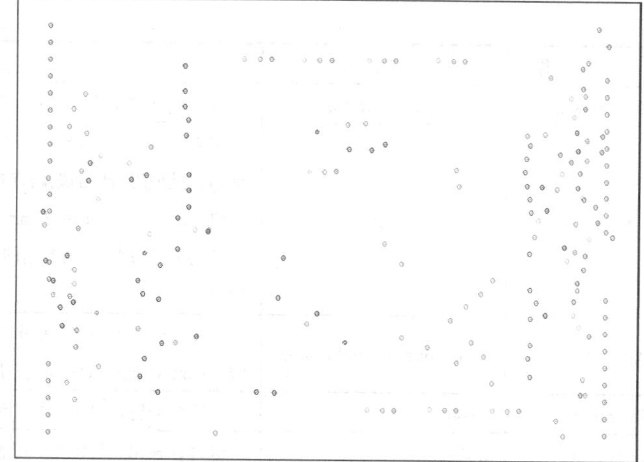

图 20-23　导入钻孔数据进行检查

20.6.2　设置 Gerber 文件格式

在输出 Gerber 文件之前要设置 Gerber 输出文件的格式。选择 Setup→Gerber Machine Format 菜单命令，弹出如图 20-24 所示的 Gerber 文件格式设置窗口。

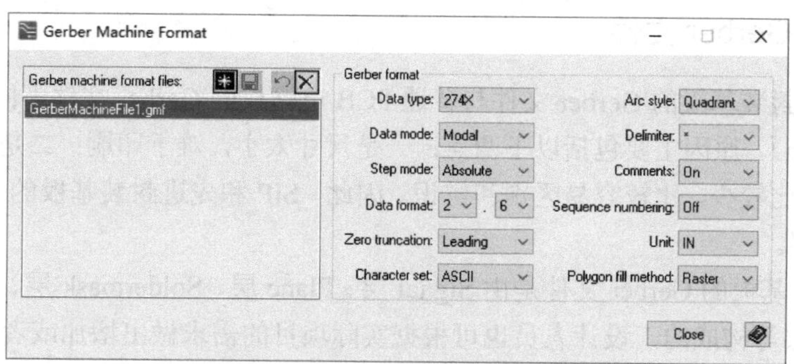

图 20-24　Gerber 文件格式设置窗口

通常情况下，保持如图 20-24 所示的默认选项即可。Gerber 文件格式设置窗口中参数的含义如表 20-1 所列。

表 20-1　Gerber 文件格式设置窗口中参数的含义

参数名称	可选项	含义解释
Data type	274X/274D	274X 格式包含所用的光圈表信息；274D 格式不包含光圈表信息，需要额外的光圈表来支持
Data mode	Modal/Non-modal	Modal，精简模式，前面出现过的数据只有在有变化时才会在后面的描述中出现。例如，在坐标描述中，如果 X 坐标没有变化，则 X 坐标在后面的描述中不出现，只有当其有变化时才重新出现； Non-Modal，非精简模式，所有的数据在每一个描述中都出现
Step mode	Absolute/Incremental	Absolute：位置信息中给出的是相对基板原点的绝对坐标； Incremental：位置信息中给出的是相对坐标
Data format	0～5，0～5	设置小数点前后的数据位数，可设置为 0～5； 默认是小数点前 2 位数字，小数点后 4 位数字

（续表）

参数名称	可选项	含义解释
Zero truncation	Leading/Training/None	Leading，省去前面的零；Training，省去后面的零；None，对零不做操作
Character set	ASCII/EBCDIC	ASCII（American Standard Code for Information Interchange，美国信息交换标准码）是使用最广的编码方式，使用 ASCII 码编码的文件称为 ASCII 文件； EBCDIC（Extended Binary-Coded Decimal Interchange Code，扩展二、十进制交换码）是 IBM 公司为它的大型机开发的 8 位字符编码。通常选择 ASCII 码即可
Arc style	Quadrant/Full Circle/None	Quadrant 圆弧格式，把所有的圆转换成四段圆弧；Full Circle，生成完整的圆弧；None，没有圆弧线段，所有的圆弧用直线大致拟合
Delimiter	*/#/@	设定分隔符，可选“*”“#”和“@”3 种分隔符
Comments	On/Off	选择在输出文件中是否要插入 Comments，可选 On 或者 Off
Sequence number	On/Off	文件中是否加入排序序号，可选 On 或者 Off
Unit	Inch/mm	单位，可选择英寸（inch）或毫米（mm）
Polygon fill method	Raster/Draw	多边形填充方法，可选 Raster（光栅）模式和 Draw（绘图）模式。其中，Raster 模式只有在选择 274X 格式时才可选

20.6.3 输出 Gerber 文件

SiP 和先进封装基板的 Gerber 文件与普通 PCB 电路板的 Gerber 文件不同，通常不需要丝印层（Silkscreen）。原因主要包括以下两点：一是尺寸太小，难于印刷；二是相对 PCB 设计，SiP 元器件数量比较少，比较容易区别和辨识。因此，SiP 和先进封装基板的 Gerber 数据中一般不包括丝印层。

典型的 SiP 基板的 Gerber 文件是由 Signal 层、Plane 层、Soldermask 层、Solderpaste 层和 Drill drawing 层等构成的，设计人员也可根据实际项目的需求做出增加或者删减。例如，在 SiP 的 Gerber 输出文件中通常会增加 Bond Wire 层等。

在 Xpedition 菜单栏单击 Output→Gerber，打开如图 20-25 所示的 Gerber Output 窗口。其中，Gerber Plot Setup file 用于保存用户的设置，Gerber output directory 用于设置 Gerber 文件的输出路径。Gerber Output 窗口中包含两个选项卡：Parameters 和 Contents。

（1）Parameters 选项卡。

① Output files 主要用于 Gerber 输出文件的创建和命名，用户根据所需要输出的层创建并给出带有相应含义的文件名称。其文件名通常以“.gdo”作为后缀，如图 20-25（a）所示。D-Code Mapping File 栏选择 Automatic 即可。

② Header text 和 Trailer text 用于在文件的开始和结尾添加注释文字。

③ Generate Macros，产生宏，用于通过形状和线条生成用户自定义的光圈。

④ Offset from origin，定义 Gerber 数据相对坐标原点的偏移量，通常设置为（0，0）。

⑤ Copy Options，用于生成多份复制文件，通常保持默认即可。

⑥ Space between origins，当选择生成多份复制文件时，设置文件之间的间距。

⑦ Data type，数据格式，与所选的 Gerber Machine Format 文件中的定义一致，用户只需选择定义好的文件即可。

（2）Contents 选项卡。

Contents 选项卡主要用于对设计人员定义的输出文件选择对应的输出内容，主要包含 5 个选项：Conductors、Design items、User-defined layers、Cell Types 和 Cell Items。

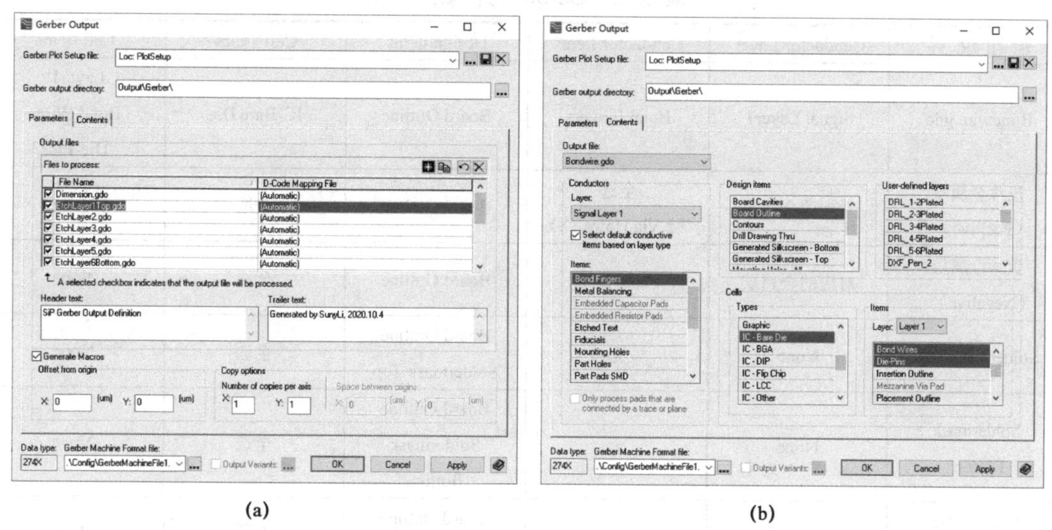

(a)　　　　　　　　　　(b)

图 20-25　Gerber Output 窗口

① Conductors，包含与基板中金属导体相关的内容，通常包含基板中导电层的相关元素，如 Bond Pad、焊盘、导线、过孔等。

② Design items，主要包含与基板相关的内容，如板框、腔体、安装孔、丝印、阻焊等。

③ User-defined layers，用户自定义层，包含所有用户自定的层和从外部导入层的内容。

④ Cell Types，包含本设计中所有的 Cell 类型，供设计人员选择。

⑤ Cell Items，包含与 Cell 相关的内容，如 Bond Wire、Die Pin、Placement Outline、Assembly Outline 等。在设置时先选择层，再选择该层中的元素。

在 Xpedition 中，Gerber 文件的内容定义非常灵活，用户可以将不同的选项组合在一起形成所需要的 Gerber 文件。例如，设计人员需要输出名为 Bondwire 的文件作为键合图，可以按照如图 20-25（b）所示进行设置，输出键合图的 Gerber 文件（局部），如图 20-26 所示。

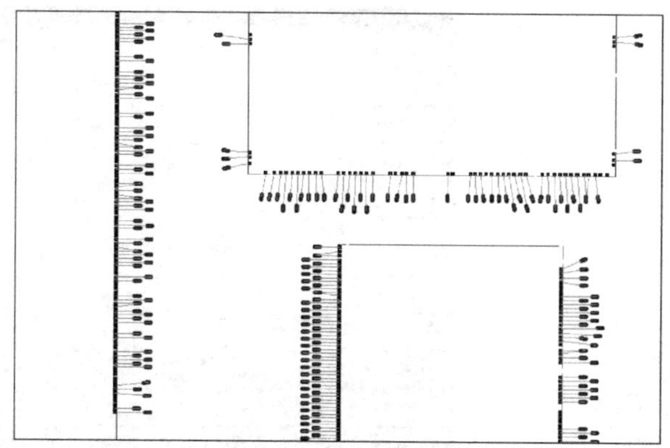

图 20-26　输出键合图的 Gerber 文件（局部）

对于 Gerber 文件的输出，设计人员可参考表 20-2 进行设置。对 User-defined layers 选项的设置并非所有的设计都会遇到，所以此表格并不涉及。如果设计需要，设计人员可定义相应的用户定义层并添加到对应的输出文件中即可。

表 20-2　Gerber 文件输出设置

输 出 文 件	Conductor Layer	Conductor Items	Design items	Cell Types	Cell Items
Bondwire.gdo	Signal Layer1	Bond Fingers	Board Outline	IC-Bare Die	Layer1: Bond Wires Die-Pins
正片金属层（Positive）	对应的金属层	全选（除 Via Holes 外）	Board Outline	全选	None
负片金属层（Negative）	对应的金属层	Plane Data	Board Outline	全选	None
Soldermask Top	None	无	Board Outline Soldermask Top	全选	None
Soldermask Bottom	None	无	Board Outline Soldermask Bottom	全选	None
Solderpaste Top	None	无	Board Outline Solderpaste Top	全选	None
Solderpaste Bottom	None	无	Board Outline Solderpaste Bottom	全选	None

所有所需要生成的层设置完成后，单击 OK 按钮即可生成 Gerber 文件。生成的 Gerber 数据文件存放在版图设计目录下的 Output\ Gerber 子目录中，每一层都是一个单独的文件。

20.6.4　导入并检查 Gerber 文件

生成 Gerber 文件后，为了避免错误的发生，需要对 Gerber 文件进行检查和验证。设计人员可通过第三方工具，如 CAM350 等对 Gerber 进行检查，也可在 Xpedition 中导入 Gerber 文件并进行检查，如图 20-27 所示。

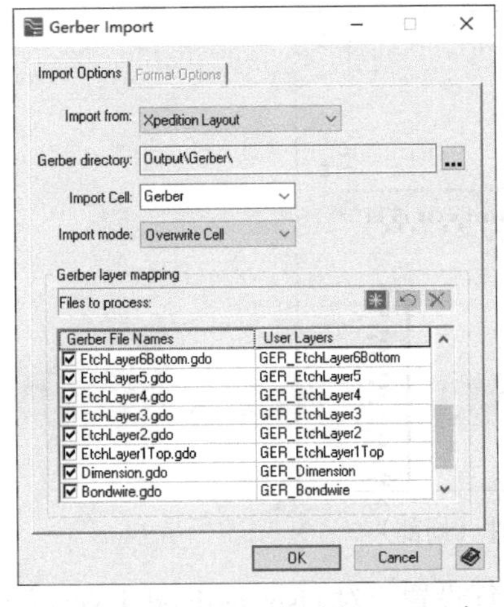

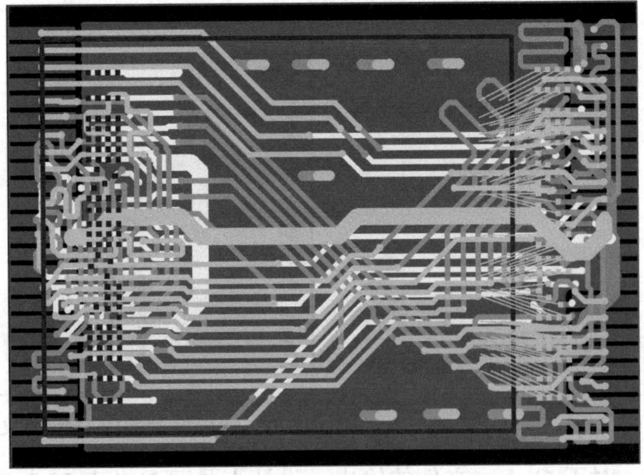

图 20-27　在 Xpedition 中导入 Gerber 文件并进行检查

和导入钻孔文件一样，首先要使能 FabLink XE 或者 FabLink XE Pro 的 License，在菜单栏选择 Setup→License Modules→Acquire Fablink XE 或 Acquire Fablink XE Pro。

然后，在菜单栏选择 File→import→Gerber，导入 Gerber 文件。

最后，在显示控制中打开相应的层即可进行查看。

20.7　GDS 文件和 Color Map 输出

在生产基板的时候，需要输出 NC Drill 和 Gerber 文件，对于硅基板和 Fan-In、Fan-Out 型 RDL，经常需要输出 GDS 文件。另外，为了对封装引脚进行快速检查，并方便下游 PCB 的设计和调试等工作，需要输出 BGA 的 Color Map。下面介绍这两种文件的输出方法。

20.7.1　GDS 文件输出

以 XPD 输出为例进行介绍，Layout 301 中的操作方法基本相同。

选择 File→Export→GDSII 菜单命令，打开 GDSII Export 窗口，如图 20-28 所示，GDSII Export 窗口中包含 File Setup 和 Contents 两个选项卡，分别介绍如下。

（1）File Setup 选项卡，如图 20-28（a）所示。

① GDSII Layers to process，选择需要输出的层，前面方框内被勾选的层会被输出。

② GDSII Layers，选择 GDSII 文件中允许的最大层数，可选 64 或者 256。

③ Output Options（输出选项）：Use strokes for text strings，用笔划代替文本字符；Use hierarchical structures 以层次化形式输出 GDSII 文件；Line segments per circle，模拟圆的线条数量，定义在 GDSII 文件中圆的精度；Units，定义输出的单位，通常和设计中的单位一致；Path type，定义线条端头的类型。

④ GDS file，定义 GDS 输出文件的保存路径。

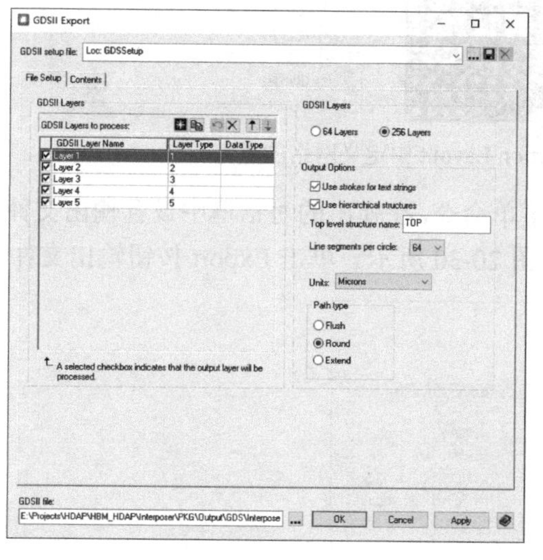

(a)

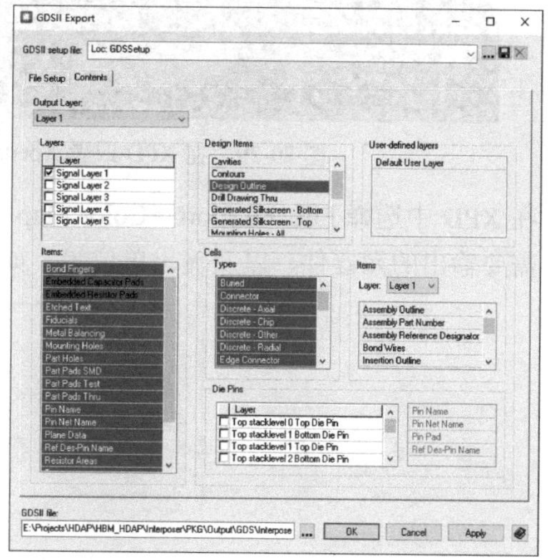

(b)

图 20-28　GDSII Export 窗口

（2）Contents 选项卡，如图 20-28（b）所示。

① GDSII setup file，GDS 配置文件，可保存用户的配置。

② Output Layer，输出层的名称，可在下拉列表中进行选择。

③ Layers 栏，选择所选输出层需要输出的内容，在 Items 栏可用 Ctrl 键和 Shift 键辅助选择多项。

④ Design Items，选择需要输出到 GDS 文件中的设计条目。

⑤ Cells，选择需要输出到 GDS 文件中的 Cell 类型、条目和对应层的不同元素。

⑥ Die Pins，选择需要输出到 GDS 文件中的 Die Pin。

所有的选项都设置完成后，单击 Ok 按钮者 Apply 按钮即可输出 GDS 文件，输出的 GDS 文件位于设定的路径下，可将其发送给厂家进行生产或技术沟通。此外，在 Package Utilities 也有输出 GDS 的选项，限于篇幅关系，这里不做详述，读者可自动尝试。

20.7.2 Color Map 输出

在输出 Color Map 时需要先定义网络的颜色，对于没有定义颜色的网络，输出的 Color Map 文件中该网络为也没有颜色。在 XPD 或者 Xpedition Layout 中，可通过 Display Control→Graphic→Nets 菜单命令定义网络的颜色，如图 20-29 所示。

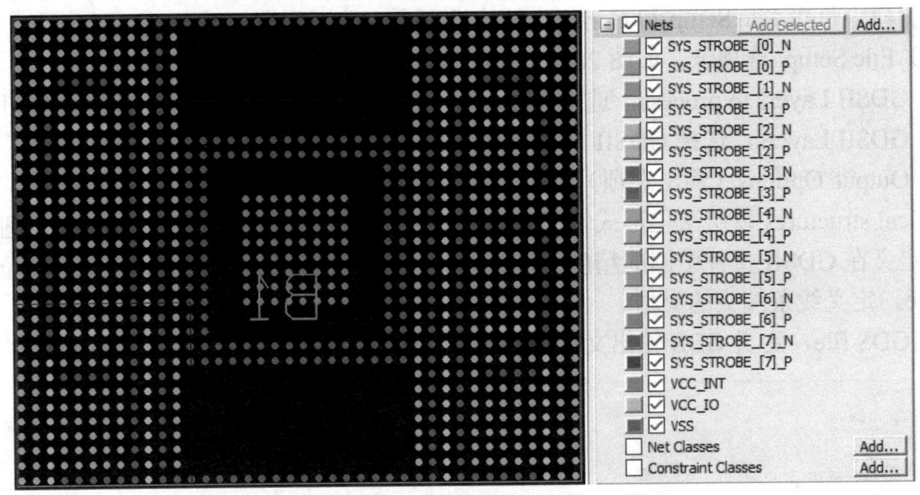

图 20-29　在 XPD 或者 Xpedition Layout 中定义网络的颜色

在 XPD 中选择 File→Export→Color Map 菜单命令，在弹出的对话框中设置输出文件的路径、需要输出的元器件，以及输出单位等，如图 20-30 所示。单击 Export 按钮输出文件。

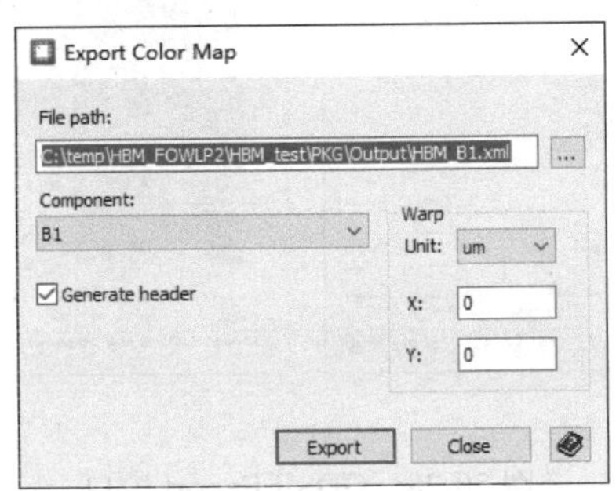

图 20-30　Export Color Map 对话框

输出完成后，在设定的路径下用 Excel 打开输出的 Color Map 文件，如图 20-31 所示。

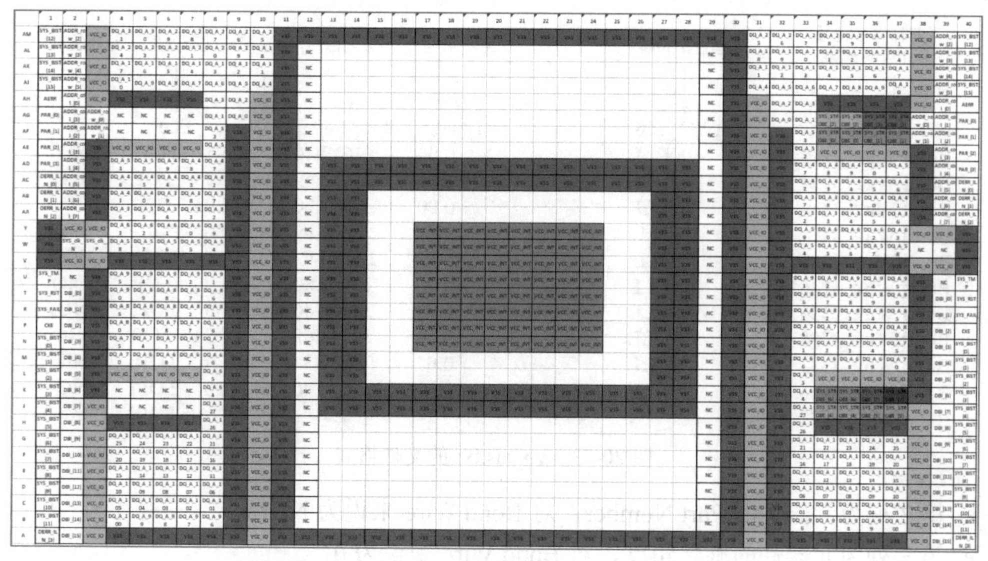

图 20-31　在 Excel 中打开输出的 Color Map 文件

在 Xpedition Layout 中，由于 File→Export 菜单中没有 Color Map 选项，可以采用另外一种方法，即通过 Package Utilities→Export→BallMap(xml)菜单命令达到同样的效果。

20.8　其他生产数据输出

20.8.1　元器件及 Bond Wire 坐标文件输出

SiP 基板加工完成后，下一步的工作就是将裸芯片和电阻、电容等元器件通过不同的工艺安装在基板上。无论采用何种工艺，都需要元器件的坐标信息。对于引线键合（Wire Bonding）工艺，还需要输出 Bond Wire 的坐标信息。

选择 File→Export→General Interfaces 菜单命令，在弹出的窗口中选择 Generic AIS，单击 OK 按钮，即可输出 Generic AIS 文件，如图 20-32 所示。

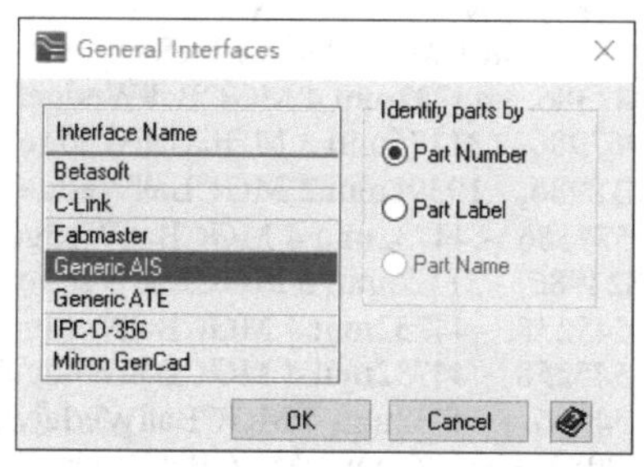

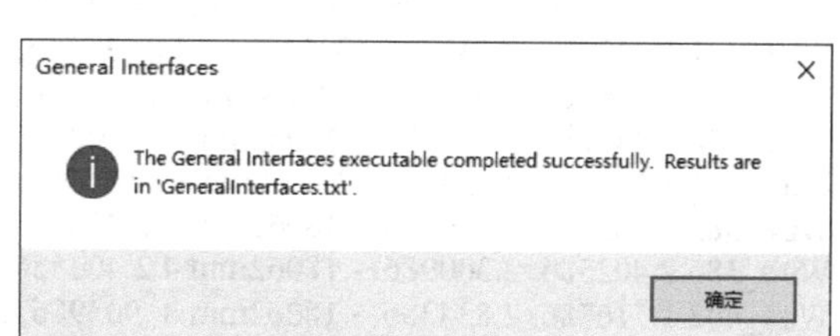

图 20-32　输出 Generic AIS 文件

文件生成后，软件会弹出提示窗口，表明文件已经成功生成。在版图设计目录下的 Output 子目录下可以找到“vb_ais.txt”文件，打开此文件可以查看 vb_ais.txt 的文件格式，如图 20-33 所示。

该文件包含 7 列内容，具体介绍如下。

➢ 第 1 列为元器件的参考位号或 Bond Wire 的名称。

元器件参考位号 Bond Wire 名称	Part Number	旋转角度	X坐标	Y坐标	所处层	是否镜像
U2	SRAM_256	180.00	23043.69	25388.33	TOP	NO
Bond Wire_2146	NULL	0.00	22617.46	8430.98	TOP	NO
Bond Wire_3254	NULL	0.00	23043.69	25388.33	TOP	NO
Bond Wire_3219	NULL	0.00	23491.80	18014.03	TOP	NO
Bond Wire_855	NULL	0.00	22617.46	8430.98	TOP	NO
Bond Wire_775	NULL	0.00	22617.46	8430.98	TOP	NO
Bond Wire_3146	NULL	0.00	23491.80	18014.03	TOP	NO
Bond Wire_2346	NULL	0.00	22617.46	8430.98	TOP	NO
Bond Wire_3258	NULL	0.00	23043.69	25388.33	TOP	NO
Bond Wire_2382	NULL	0.00	9155.33	21701.16	TOP	NO
Bond Wire_2106	NULL	0.00	22617.46	8430.98	TOP	NO

图 20-33　vb_ais.txt 的文件格式

- 第 2 列为元器件的 Part Number，对 Bond Wire 来说为 NULL。
- 第 3 列为元器件的旋转角度，对 Bond Wire 来说为 0°。
- 第 4、5 列为元器件的（X，Y）坐标，对 Bond Wire 来说，为该 Bond Wire 所连接的芯片的坐标。如果 Bond Wire 为芯片之间的 Die to Die 连接，则为起始芯片的坐标值。
- 第 6 列为元器件或者 Bond Wire 所处的位置，基板顶层或底层。
- 第 7 列为元器件或者 Bond Wire 是否镜像放置，通常为 NO。

如果生产加工需要，设计人员可生成精确的 Bond Wire 的起始点和终止点的坐标报告文件。该文件可通过运行 WireReport.vbs 文件得到。WireReport.vbs 文件位于安装目录下的 \SDD_HOME\standard\examples\pcb\Automation\Scripts 文件夹中，只需要将此文件选中并拖动到设计窗口即可。文件生成后系统自动弹出提示窗口，给出生成的报告文件的名称和路径，文件通常位于版图设计的 Output 文件夹。

打开位于 Output 文件夹内的 Wirebonds.txt 文本文件，其格式如图 20-34 所示。

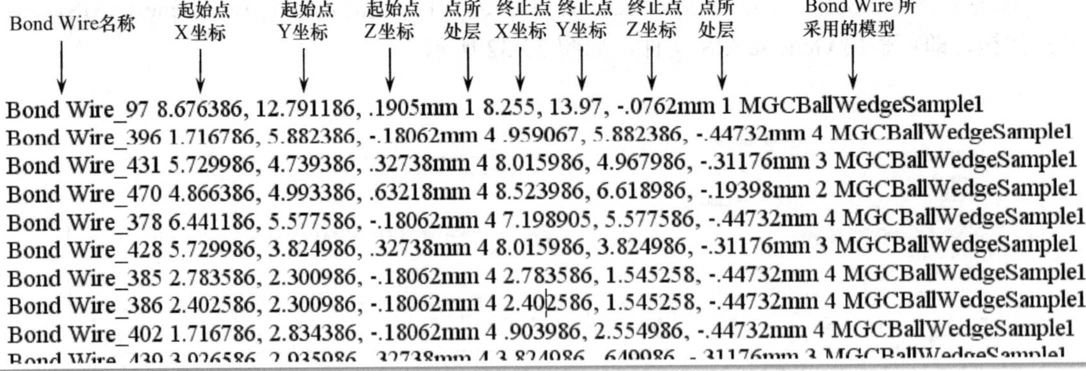

Bond Wire_97 8.676386, 12.791186, .1905mm 1 8.255, 13.97, -.0762mm 1 MGCBallWedgeSample1
Bond Wire_396 1.716786, 5.882386, -.18062mm 4 .959067, 5.882386, -.44732mm 4 MGCBallWedgeSample1
Bond Wire_431 5.729986, 4.739386, .32738mm 4 8.015986, 4.967986, -.31176mm 3 MGCBallWedgeSample1
Bond Wire_470 4.866386, 4.993386, .63218mm 4 8.523986, 6.618986, -.19398mm 2 MGCBallWedgeSample1
Bond Wire_378 6.441186, 5.577586, -.18062mm 4 7.198905, 5.577586, -.44732mm 4 MGCBallWedgeSample1
Bond Wire_428 5.729986, 3.824986, .32738mm 4 8.015986, 3.824986, -.31176mm 3 MGCBallWedgeSample1
Bond Wire_385 2.783586, 2.300986, -.18062mm 4 2.783586, 1.545258, -.44732mm 4 MGCBallWedgeSample1
Bond Wire_386 2.402586, 2.300986, -.18062mm 4 2.402586, 1.545258, -.44732mm 4 MGCBallWedgeSample1
Bond Wire_402 1.716786, 2.834386, -.18062mm 4 .903986, 2.554986, -.44732mm 4 MGCBallWedgeSample1

图 20-34　Wirebonds.txt 的文件格式

该文件包含 10 列内容，具体介绍如下。

- 第 1 列为 Bond Wire 名称。
- 第 2、3、4 列为 Bond Wire 起始点的（X，Y，Z）坐标。
- 第 5 列为起始点所处的层。

➢ 第 6、7、8 列为 Bond Wire 终止点的（X，Y，Z）坐标。
➢ 第 9 列为终止点所处的层。
➢ 第 10 列为该 Bond Wire 所采用的模型。

设计人员也可以参考 WireReport.vbs 的格式自行编写 Scripts 文件，用于非标准文件或者数据的输出。

20.8.2　DXF 文件输出

DXF 文件是由 Autodesk 公司开发的用于 AutoCAD 与其他软件之间进行 CAD 绘图数据交换的文件格式。

由于 AutoCAD 是现在最流行的 CAD 软件，所以 DXF 也被广泛使用。DXF 是一种开放的矢量数据格式，绝大多数 CAD 软件都能读入或输出 DXF 文件。

在 Xpedition 中选择 File→Export→DXF 菜单命令，打开如图 20-35（a）所示 DXE Export 窗口。选择需要输出的文件路径和文件名，并选定合适的单位（Units），勾选需要输出的层，单击 OK 按钮即可输出 DXF 文件。

如果设计人员在 AutoCAD 等工具中设计了 SiP 版图的芯片布局、腔体设计等方案，也可通过 DXF 文件格式传递到 Xpedition，用作芯片布局或腔体设计时的参考。在 Xpedition 中选择 File→Import→DXF 菜单命令，打开如图 20-35（b）所示 DXE Import 窗口，即可导入 DXF 文件。

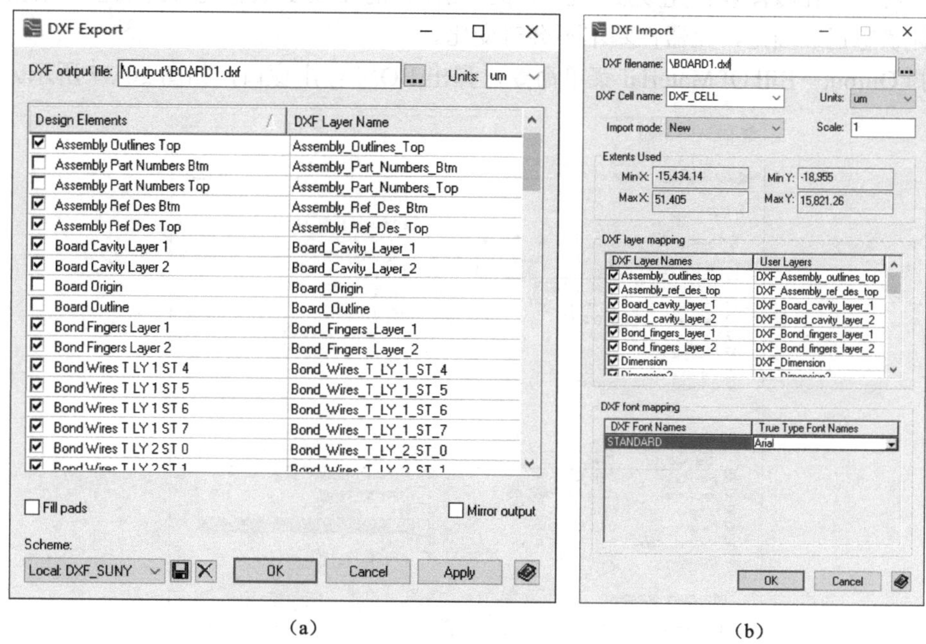

（a）　　　　　　　　　　　　（b）

图 20-35　DXF 文件输出和输入窗口

20.8.3　版图设计状态输出

为了对当前版图设计状态有全面的了解，可选择 Output→Design Status 菜单命令，输入设计状态（Design Status）文件。该文件包含基本信息、布局信息、引脚信息、板层信息等基本信息，Design Status 文件格式如图 20-36 所示。

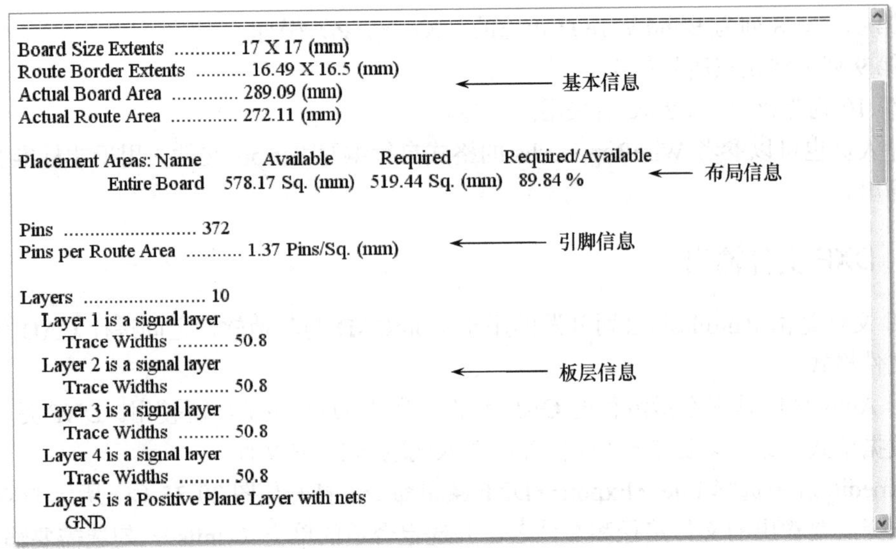

```
================================================================
Board Size Extents ............ 17 X 17 (mm)
Route Border Extents .......... 16.49 X 16.5 (mm)
Actual Board Area ............. 289.09 (mm)
Actual Route Area ............. 272.11 (mm)

Placement Areas: Name         Available         Required          Required/Available
             Entire Board   578.17 Sq. (mm)   519.44 Sq. (mm)    89.84 %

Pins .......................... 372
Pins per Route Area ........... 1.37 Pins/Sq. (mm)

Layers ........................ 10
   Layer 1 is a signal layer
      Trace Widths .......... 50.8
   Layer 2 is a signal layer
      Trace Widths .......... 50.8
   Layer 3 is a signal layer
      Trace Widths .......... 50.8
   Layer 4 is a signal layer
      Trace Widths .......... 50.8
   Layer 5 is a Positive Plane Layer with nets
      GND
```


图 20-36　Design Status 文件格式

20.8.4　BOM 输出

在原理图阶段可以输出 Partlist，作为生产和采购的元器件清单。

与此对应，在版图设计完成后，也可输出元器件的 BOM 表作为最终的生产依据，因为此时设计状态已经固定，元器件基本不会有变化。

选择 Output→Bill Of Material 菜单命令，弹出 BOM 输出窗口，如图 20-37 所示。

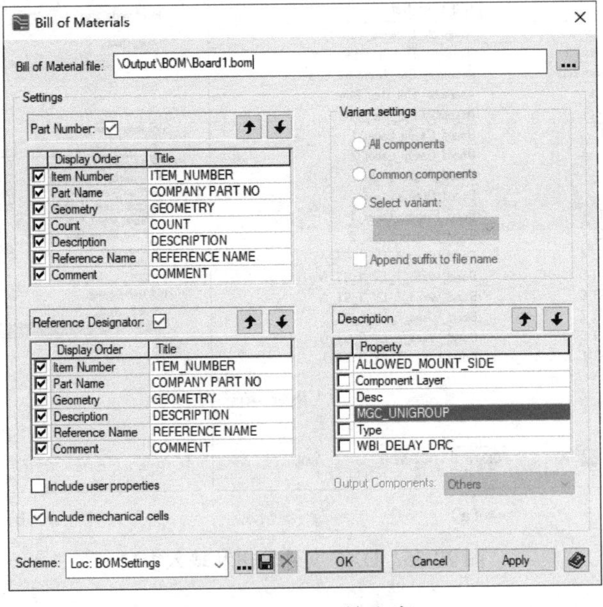

图 20-37　BOM 输出窗口

在 Bill Of Material file 文本框中设置输出文件的路径后，在 Setting 栏设计 BOM 中的各项配置。

① Part Number 选项代表在 BOM 中以 Part Number 作为分类基准。

② Reference Designator 选项代表在 BOM 中以 Reference Designator 作为分类基准。

两者至少选其一，也可两者都勾选。

③ 上下箭头控制 BOM 中条目的排列顺序。每个条目前面的勾选框表明该条目是否在 BOM 中出现，并且条目的 Title 可编辑，设计人员可更改成自己习惯的命名方式。

④ 在勾选 Include user properties 选项的情况下，BOM 中可包含用户自定义的属性，并在右侧的用户自定义属性区选择需要输出的条目。

⑤ 在勾选 Include mechanical cells 选项的情况下，BOM 中则会包含结构 Cell，如用于芯片堆叠中的垫片。

设置完成后，可单击保存按钮保存设置的方案，然后单击 OK 按钮或 Apply 按钮，即可输出 BOM。

在设定的路径下找到 BOM 文件，用文本编辑器打开，可以看到输出的 BOM 文件如图 20-38 所示。文件前半部分以 Part Number 作为分类基准的排序方式，后半部分以 Reference Designator 作为分类基准的排序方式。

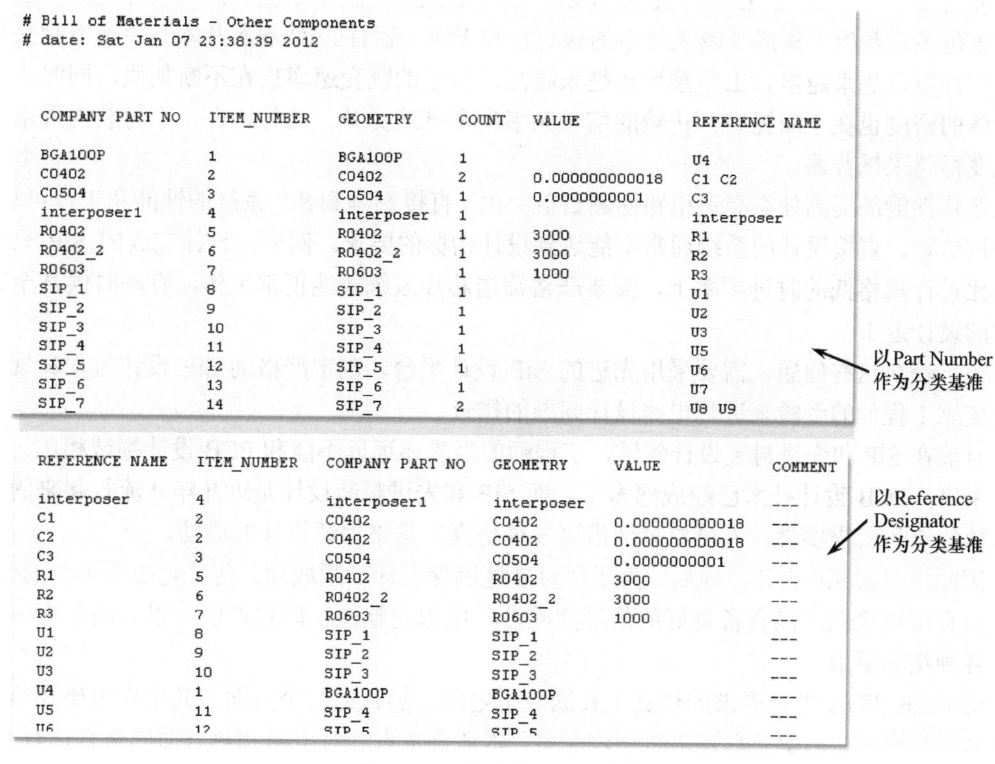

Bill of Materials - Other Components
date: Sat Jan 07 23:38:39 2012

COMPANY PART NO	ITEM_NUMBER	GEOMETRY	COUNT	VALUE	REFERENCE NAME
BGA100P	1	BGA100P	1		U4
C0402	2	C0402	2	0.000000000018	C1 C2
C0504	3	C0504	1	0.0000000001	C3
interposer1	4	interposer	1		interposer
R0402	5	R0402	1	3000	R1
R0402_2	6	R0402_2	1	3000	R2
R0603	7	R0603	1	1000	R3
SIP_1	8	SIP_1	1		U1
SIP_2	9	SIP_2	1		U2
SIP_3	10	SIP_3	1		U3
SIP_4	11	SIP_4	1		U5
SIP_5	12	SIP_5	1		U6
SIP_6	13	SIP_6	1		U7
SIP_7	14	SIP_7	2		U8 U9

以Part Number 作为分类基准

REFERENCE NAME	ITEM_NUMBER	COMPANY PART NO	GEOMETRY	VALUE	COMMENT
interposer	4	interposer1	interposer		---
C1	2	C0402	C0402	0.000000000018	---
C2	2	C0402	C0402	0.000000000018	---
C3	3	C0504	C0504	0.0000000001	---
R1	5	R0402	R0402	3000	---
R2	6	R0402_2	R0402_2	3000	---
R3	7	R0603	R0603	1000	---
U1	8	SIP_1	SIP_1		---
U2	9	SIP_2	SIP_2		---
U3	10	SIP_3	SIP_3		---
U4	1	BGA100P	BGA100P		---
U5	11	SIP_4	SIP_4		---
U6	12	SIP_5	SIP_5		---

以Reference Designator 作为分类基准

图 20-38　输出的 BOM 文件

BOM 中除了包含裸芯片、电阻、电容、BGA 封装，还包含用于芯片堆叠设计中作为结构支撑的 interposer。

第 21 章 SiP 仿真验证技术

关键词：信号完整性（SI）仿真，前仿真、后仿真，多版图分析，设计数据传递，关键信号仿真，模型提取，电源完整性（PI）仿真，直流压降仿真，电路密度仿真，热分析仿真，电热联合仿真，热阻测试，3D 解算器，混合电路仿真，电气规则验证，HDAP 物理验证

21.1 SiP 仿真验证技术概述

随着 SiP 和先进封装技术的快速发展，设计的复杂程度不断提高，突出体现为基板的层数越来越多，基板上集成了越来越多的裸芯片和无源元器件。IC 裸芯片本身也变得越来越复杂，引脚数目越来越多，工作频率也越来越高，信号的跳变速率也在不断加快。同时，基板上布线的密度也在不断提高，传输的信号频率也在迅速提升。此外，在一个封装内采用多基板也变得越来越普遍。

芯片性能的提高使得高速电路问题日益突出，直接影响到 SiP 系统的性能和工作可靠性。不经过仿真，直接设计的系统通常不能达到设计指标的要求。例如，设计完成的 SiP 只能工作在比设计规格低的时钟频率上，需要严格筛选芯片系统才能正常工作，有些时候甚至需要多次的设计返工。

为了解决这些问题，需要采用先进的 SiP 设计平台，制定严格的 SiP 设计流程和规范，以及依靠工程师的经验来进行电路设计问题的排查。

目前在 SiP 和先进封装设计领域，工程师的经验还远远不能和 PCB 设计领域相比，因为相对来讲，PCB 设计技术已经成熟多年，而 SiP 和先进封装设计是近几年才流行起来的。设计经验的不足就需要设计人员更多地借鉴各种仿真工具来保证设计的成功。

因此，一款 SiP 设计完成后，为了尽可能地确保设计一版成功，仿真是必不可少的手段。通过仿真可以确保产品具备良好的信号完整性、电源完整性、散热性能，以及满足电磁兼容性的各种指标要求。

Siemens EDA 平台提供的仿真工具涵盖了电磁、热、力三个方面，其中在电磁和热方面的仿真比较全面，力学仿真还需进一步完善，本章会重点针对电磁和热方面的仿真进行介绍，此外 Siemens EDA 平台还提供了电气规则验证和先进封装物理验证工具，本章也会做相应的阐述。

图 21-1 为 SiP 及先进封装仿真验证工具。

针对 SiP 仿真的需求，Siemens EDA 平台提供了针对信号完整性仿真的 HyperLynx SI、针对电源完整性仿真的 HyperLynx PI、针对 SiP 热仿真的 HyperLynx Thermal 和 FloTHERM。SiP 不同于 PCB，其集成方式多样化，对仿真工具的要求也不同，对于非平面的集成方式，需要 3D 解算器对网络进行分析提取相应的参数，对此 Siemens EDA 平台提供了先进 3D 解算器，包括全波解算器（Full-Wave Solver）、快速 3D 解算器（Fast 3D Solver）、混合解算器（Hybrid

Solver）；在原理图设计阶段，平台提供了针对数模混合电路仿真的 Xpedition AMS，可直接在基于 Designer 的原理图环境中仿真；除了仿真工具，平台还提供了验证工具，包括电气规则验证工具 HyperLynx DRC 和 HDAP 物理验证工具 Calibre 3DSTACK。

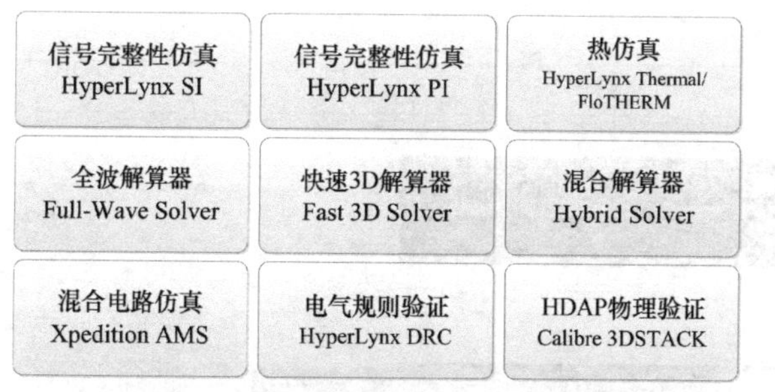

图 21-1　SiP 及先进封装仿真验证工具

限于篇幅关系，本章对上述部分工具会做较为详细的介绍，并通过例子讲述其仿真方法，部分工具则仅简单介绍其功能。

21.2　信号完整性（SI）仿真

信号完整性是指信号在接收端、发送端及传输路径上的波形质量如何，主要表现在延迟、反射、串扰、时序、振荡等几方面。

随着信号频率的不断攀升，信号完整性的问题也就越发突出。信号完整性已经成为高速设计必须关心的问题之一。裸芯片工作频率和特点、基板的物理参数、芯片在基板上的布局、高速信号的布线等因素，都会引起信号完整性问题，导致系统工作不稳定，最终导致系统设计失败。在 SiP 设计过程中充分考虑到信号完整性的因素并采取有效的控制措施，将大大改善 SiP 设计中的信号完整性问题。

21.2.1　HyperLynx SI 信号完整性仿真工具介绍

HyperLynx SI 是业界普遍应用的高速电路信号完整性仿真工具，包含前仿真环境 LineSim，后仿真环境 BoardSim 及多版图分析功能，内嵌 DDRx 和 SerDes 分析向导，可以帮助设计人员对网络进行信号完整性、串扰、电源感知的仿真，以及 DDRx 和 SerDes 分析和验证，消除设计隐患，提高设计的成功率。

HyperLynx SI 具有广泛的兼容性，兼容 Mentor、Cadence 等多个厂家的版图设计文件，从设计初期的网络拓扑结构规划、阻抗设计、高速规则定义与优化，到最终的版图验证等工作均可在 HyperLynx SI 中完成。图 21-2 所示为 HyperLynx SI 仿真截图。

（1）前仿真功能 LineSim。

前仿真功能 LineSim 可以在版图布局布线之前，对原理图中的高速信号进行“What-If”假定分析，考察信号在虚拟的层叠结构与布线参数下的传输效果，帮助设计人员优化出一套适合当前设计的版图层叠结构、布线阻抗和高速设计规则。

LineSim 可以和原理图设计工具 Designer 自动衔接，自动导入原理图中关键网络的拓扑结构模型，通过过冲/欠冲、延时、串扰等指标的考察，来验证 SiP 产品设计流程中的假定条件是否合理。经过仿真调试得出一套适合此类关键网络的层叠结构、拓扑结构和布线参数等约束，这些约束可以由 LineSim 回传给 Designer 形成布线规则，并传递给 Xpedition 版图设计环境，实现规则驱动布线。

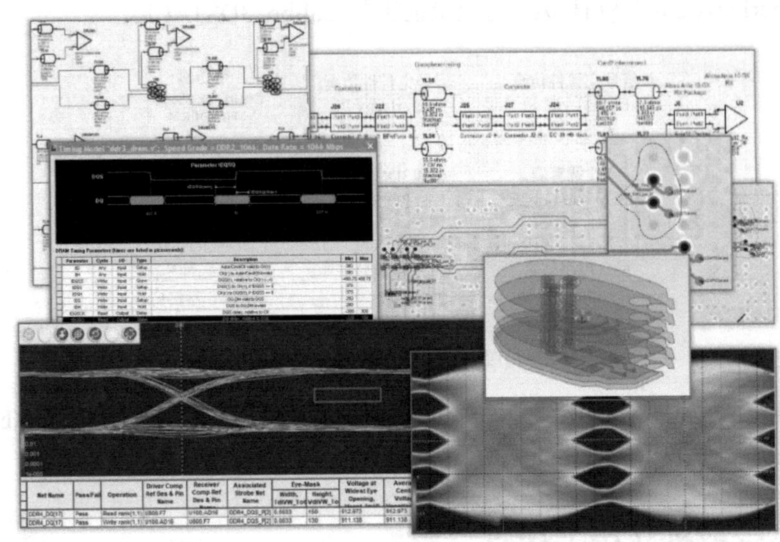

图 21-2　HyperLynx SI 仿真截图

（2）后仿真功能 BoardSim。

后仿真功能 BoardSim 可以导入 Xpedition 版图设计文件，提取层叠结构与层叠物理参数，计算传输线特征阻抗，进行信号完整性、串扰与电测兼容性分析。

BoardSim 可以对单个网络进行交互式仿真分析，输出精确的信号传输波形或信号眼图。设计人员可以在 BoardSim 中修改网络中的各种匹配、无源元器件参数等信息。

BoardSim 同时具备批量处理仿真（Batch Simulation）功能，对版图中的所有网络进行快速扫描，发现过冲、延迟、串扰及 EMI 辐射超出设计要求的网络，并给出详细的分析报告。

（3）多版图分析功能。

多版图分析功能可以对由多个 SiP 版图构成的系统进行信号完整性分析，同时也对目前比较流行的在一个 SiP 中包含多块基板（如 Interposer + Substrate）的先进封装系统有切实的解决方案，多版图分析功能也适用于用户将设计完成的 SiP 放置到 PCB 系统中进行联合仿真。通过多版图分析考察关键网络在多个版图上的传输效果，帮助设计人员量化跨版图传输对信号工作状态的影响。

（4）DDRx 和 SerDes 仿真功能。

DDRx 向导可指导设计人员一步步地分析整个 DDR 接口的信号完整性和时序分析，支持多种 DDR、LPDDR 和 NV-DDR 技术，设计人员可利用参数扫描分析功能确定最佳的 ODT 设置，支持 JEDEC 标准的 DRAM 控制器参数化建模，输出报告可提供设计裕度、眼图和测量波形等仿真结果。

SerDes 向导支持三十多个不同的标准协议，包括以太网、OIF-CEI，基于 PCIe、光纤通道、USB 和 JESD 的技术，内置 COM/JCOM 分析引擎，全面支持 IBIS-AMI 模型，集成专用 3D EM 解算器，可创建参数化 3D 通孔模型和任意结构的 PCB 截面建模。

（5）模型输出功能。

HyperLynx SI 支持 S-Parameter、SPICE 模型输出功能，可将版图上的网络，包含过孔、传输线、IC 引脚、匹配电路等，输出为 S-Parameter 或 SPICE 格式的仿真模型。

HyperLynx SI 兼容多种格式的仿真模型，如 IBIS、SPICE、S-Parameter 等。HyperLynx SI 为高速仿真提供了强大的 IBIS 模型库支持，包含 CMOS/TTL 等标准工艺的 IC 模型，CPU/DSP，FPGA/CPLD 等元器件的 IBIS 模型。除了强大的模型库支持，HyperLynx 提供了模型创建向导，设计人员只需要输入元器件引脚开关时间、寄生参数、工艺类型等信息，即可创建简易的 MOD 仿真模型或标准格式的 IBIS 模型。

21.2.2　HyperLynx SI 信号完整性仿真实例分析

下面以一个 SiP 的设计实例来对 HyperLynx SI 仿真流程进行简单的介绍。

1．设计数据传递

图 21-3 所示为 SiP 版图设计在 Xpedition 中的 3D 效果图，图中的 SiP 版图由两颗 SoC 组成。在 Xpedition 中选择 Analysis→Export to HyperLynx SI/PI/Thermal 菜单命令，系统自动传递数据到 HyperLynx SI/PI/Thermal 仿真环境并打开 HyperLynx。

图 21-3　SiP 版图设计在 Xpedition 中的 3D 效果图

在 HyperLynx SI 中可以自动导入 Dual-SoC SiP 设计，如图 21-4 所示。

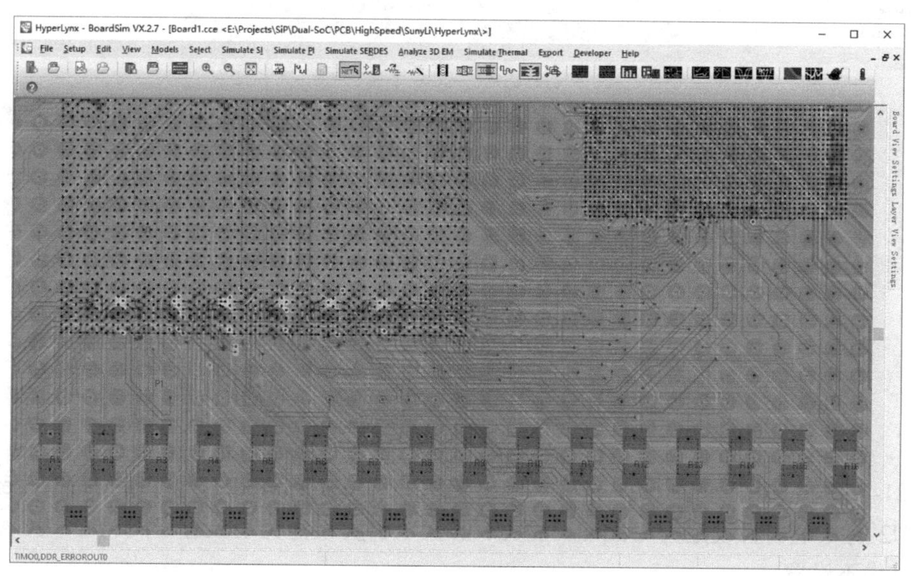

图 21-4　在 HyperLynx 中自动导入 Dual-SoC SiP 设计

2. 关键信号的 SI 仿真

在 HyperLynx SI 仿真窗口的工具栏中单击 Select Nets 按钮，在弹出的 Select Net by Name 对话框中，选择需要仿真的关键信号网络，如图 21-5 所示。HyperLynx 支持多个关键信号网络的同时仿真，软件对同时仿真的网络数量并无限制，但选择太多网络会影响仿真速度。在本例中，我们选择 HSPEED_IO4～HSPEED_IO7 四个网络。

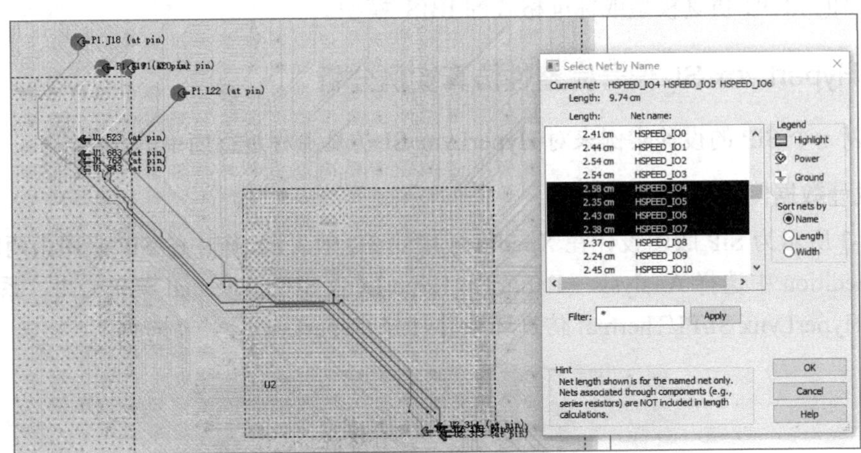

图 21-5　选择需要仿真的关键信号网络

选择网络后，除了被选中的 HSPEED_IO4～HSPEED_IO7 之外，其他网络被淡化显示。在工具栏中单击工具栏按钮，在弹出的模型指定窗口单击 Select 按钮，弹出 Select IC Model 窗口，为芯片指定模型。注意，在指定模型之前，如果是自行从网站下载的模型，可通过 Models→Edit Model Library Paths 菜单命令将模型路径添加到 Directories list 中。

给 U1 指定仿真模型 SiP_SoC1.ibs，并逐一选择对应的 Signal D3\D4\D5\D6；给 U2 指定仿真模型 SiP_SoC2.ibs，并选择对应的 Signal DATA3\DATA4\DATA5\DATA6，如图 21-6 所示。

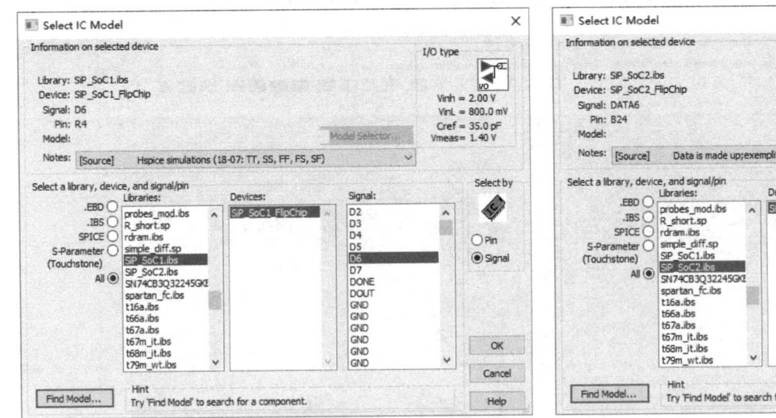

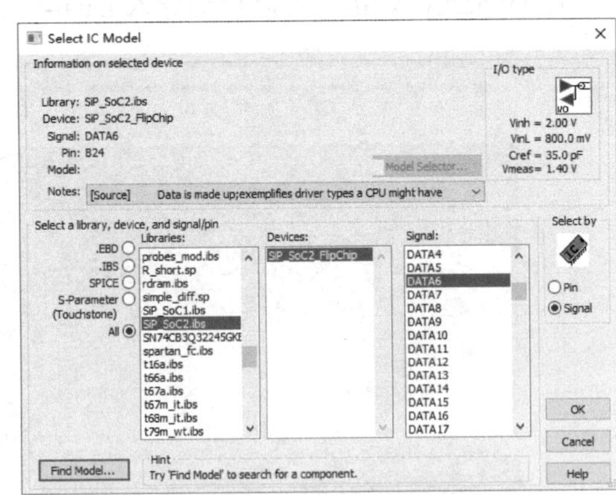

图 21-6　指定仿真模型

图 21-7 展示了指定仿真模型的输入输出类型。在 Assign Models 窗口的 Buffer settings 选区，将 U2 的 4 个引脚设定为 Output，将 U1 的 4 个引脚设定为 Input，对于 P1（BGA 封装引脚）可以先不设置。

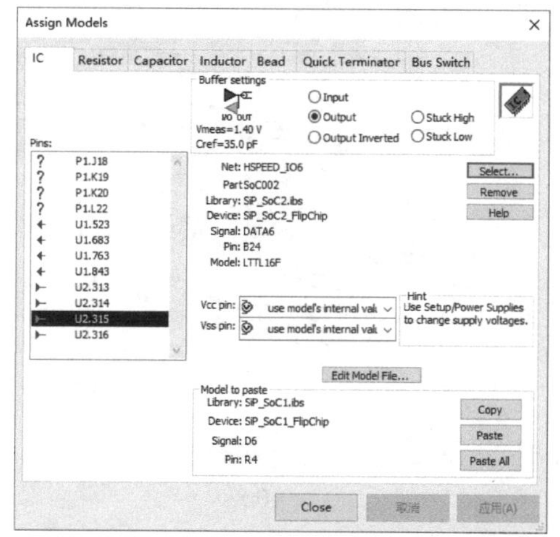
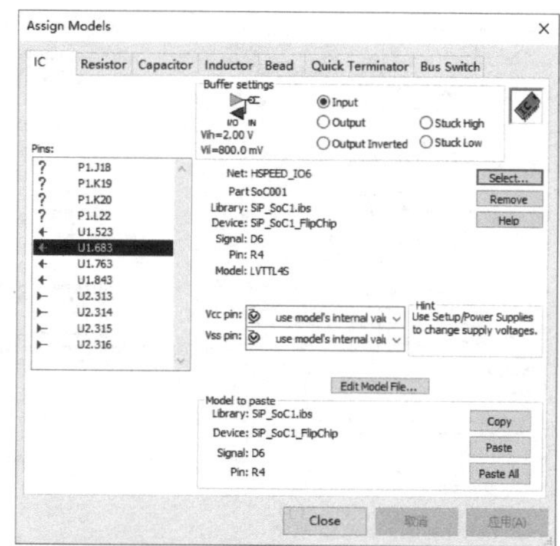

图 21-7 指定仿真模型的输入输出类型

设置完成后关闭指定仿真模型窗口，选择 Simulate SI→Run Interactive Simulation 菜单命令，或单击工具栏按钮，启动数字示波器，按照图 21-8 所示设置参数并进行仿真，可以看到数字示波器显示的仿真结果。图 21-8（a）所示为所有探测点的波形，图 21-8（b）所示为接收端波形，可以看出接收端信号质量一般，有明显的振荡和过冲。

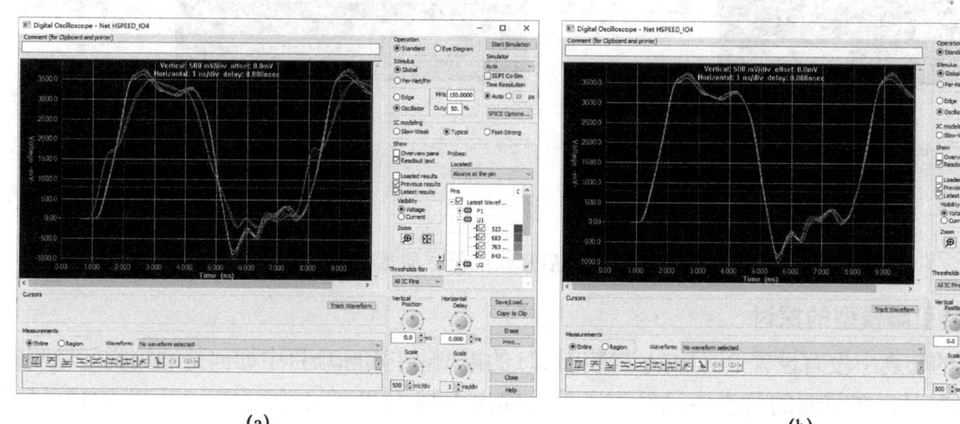

(a) (b)

图 21-8 数字示波器显示的仿真结果

为了改善信号质量，可以采用多种方法，如改变信号的驱动强度、更改设计的层叠结构、重新布线，以及进行终端匹配等。这里，我们尝试采用最后一种方法。

选择 Simulate SI→Optimize Termination 菜单命令或者单击工具栏按钮，启动 Terminator Wizard 窗口，如图 21-9（a）所示，自动对该网络进行分析并给出分析结果。软件建议选择串联电阻匹配，并给出推荐电阻值为 25.4 Ω，按照软件建议，我们在 Assign Models 窗口 Quick Terminator 选项卡中设置 R series 为 25.0 Ω（可以允许一定的误差），如 21-9（b）所示。

重新运行仿真，可得到如图 21-10（a）所示的接收端的仿真结果。为了在同一个窗口内将两次的仿真结果做比对，可选择 Previous Waveforms 复选框，如图 21-10（b）所示，对比两次仿真结果可以看出，添加匹配电阻后，波形上升沿和下降沿有所减缓，过冲和震荡得到明显抑制，信号质量改善非常明显。

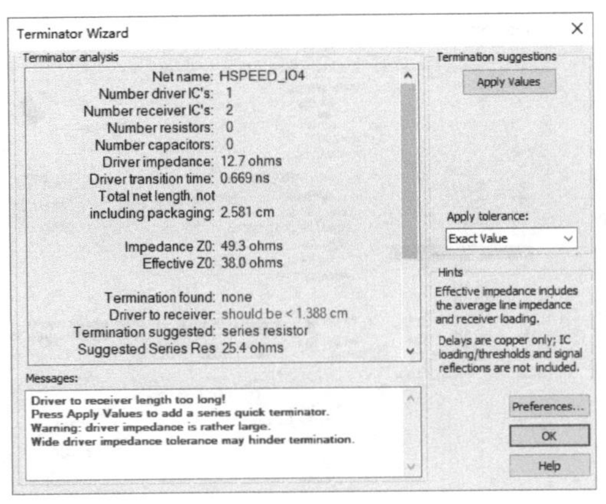

(a)

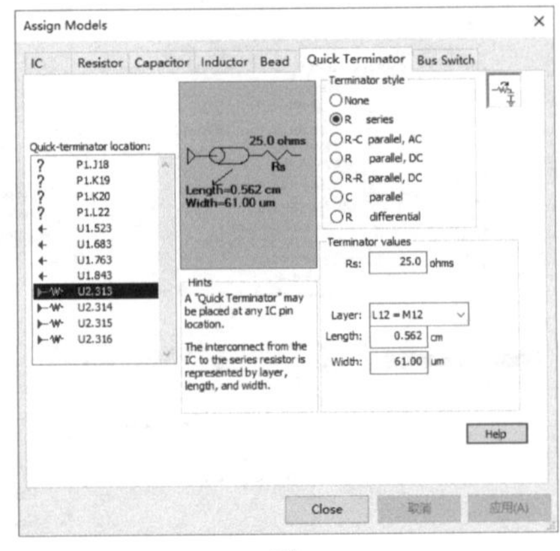

(b)

图 21-9　Terminator Wizard 及 Assign Models 窗口

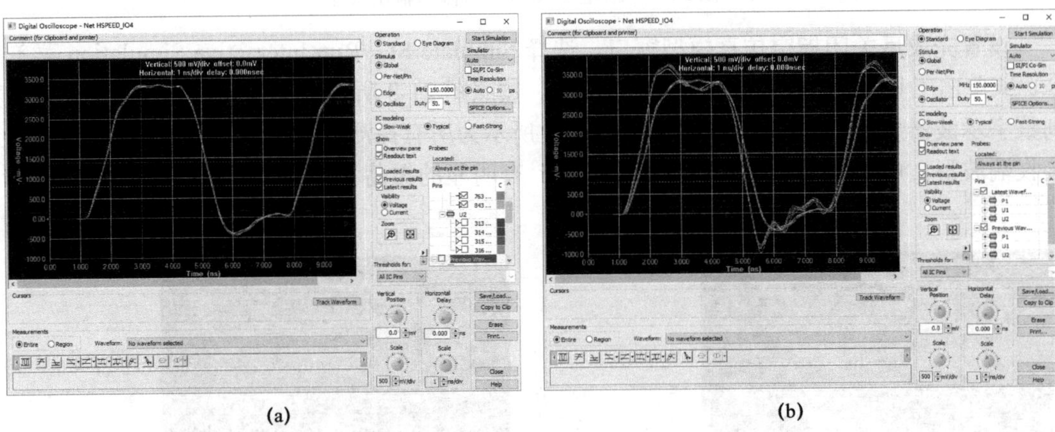

(a)　　　　　　　　　　(b)

图 21-10　添加匹配电阻后接收端信号质量明显改善

3．封装引脚模型的探讨

在前面的仿真中没有设置 P1（BGA 封装引脚）的模型，在实际项目中如何处理这类问题呢？

一种情况是，在前面的仿真中已经有了信号输出引脚（U2 的 4 个引脚），所以 BGA 封装引脚只能为输入类型。在 HyperLynx SI 仿真中，输入引脚可以没有模型，这种情况相当于当该 SiP 焊接到 PCB 上，这组网络并没有连接到其他的元器件上，如图 21-11（a）所示。

另一种情况是，当该 SiP 焊接到 PCB 上后，这组网络在 PCB 上连接到其他的元器件上，如图 21-11 中（b）显示，此时的仿真就需要考虑 PCB 上的布线和其他元器件造成的影响，同时需要采用多版图仿真功能连接 SiP Substrate 和 PCB Board。限于篇幅关系，本章不继续讨论，读者可以自行尝试。

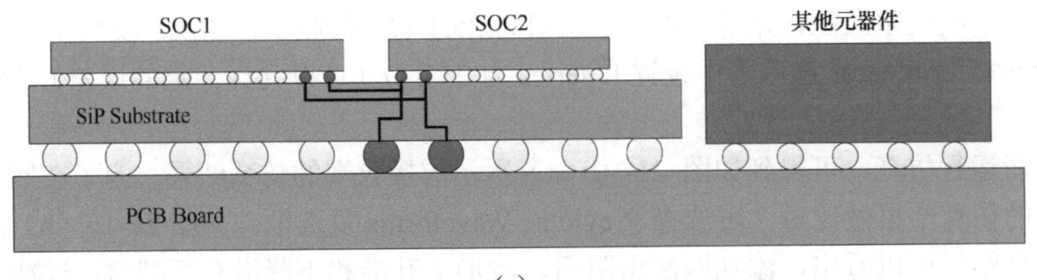

（a）

图 21-11　SiP 上的网络通过 BGA 引脚连的两种情况

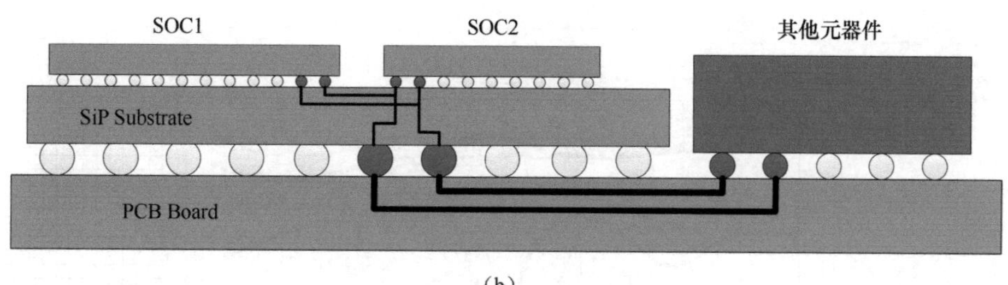

（b）

图 21-11　SiP 上的网络通过 BGA 引脚连的两种情况（续）

4. 传输路径模型提取

对于 SiP 或者 Package 的设计人员来说，提取信号传输路径的模型参数是非常重要的，这些参数表明了 SiP 或者 Package 基板布线对信号所产生的影响。

选择 Export→Net To→S-Parameter Model 菜单命令，在弹出的 Extract S-Parameter Model 窗口中，单击 Map Auto 按钮，S-Port 将会自动和网络中的元器件引脚相对应，如图 21-12（a）所示。可以看出，HSPEED_IO4 的三个端口被映射为 1、2、3；HSPEED_IO5 的三个端口被映射为 4、5、6；HSPEED_IO6 的三个端口被映射为 7、8、9；HSPEED_IO7 的三个端口被映射为 10、11、12。

在 Modeling parameters 栏输入频率范围，如 0.1～10000 MHz；在 Frequency-sweeping parameters 栏选择扫描方式，如 Adaptive（自适应），并勾选 Automatically display results 选项。设置完成后，单击窗口左下角的 Create Model 按钮，在弹出的窗口中输入需要创建的模型名称，如 HSPEED_IO4-7.s12p，单击 Save 按钮保存，即可生成 S-Parameter 模型，如图 21-12（b）所示。

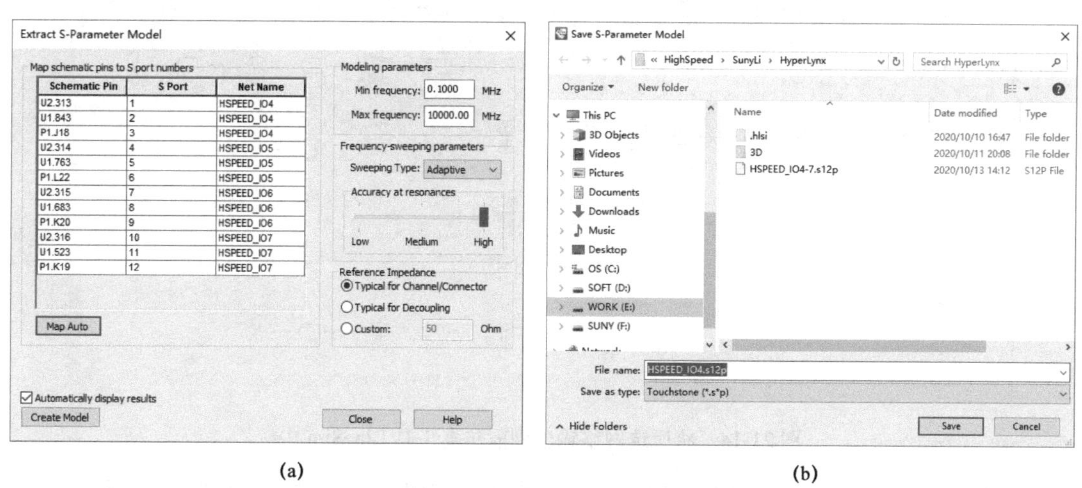

图 21-12　生成 S-Parameter 模型

软件自动打开 HyperLynx Touchstone and Fitted-Poles Viewer 窗口，在此可以查看不同通道的 S-Parameter 模型，如图 21-13 所示，该 S-Parameter 模型可用于后续的仿真。

此外，可以选择 Export→Net To→Free-Form Schematic 菜单命令，即可将所选网络输出到前仿真工具 LineSim 中，如图 21-14 所示。

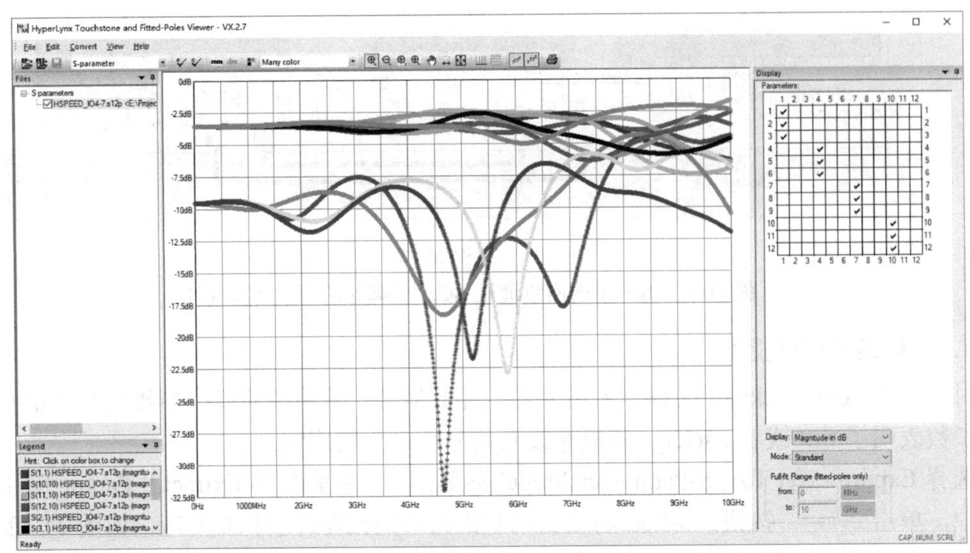

图 21-13　查看不同通道的 S-Parameter 模型

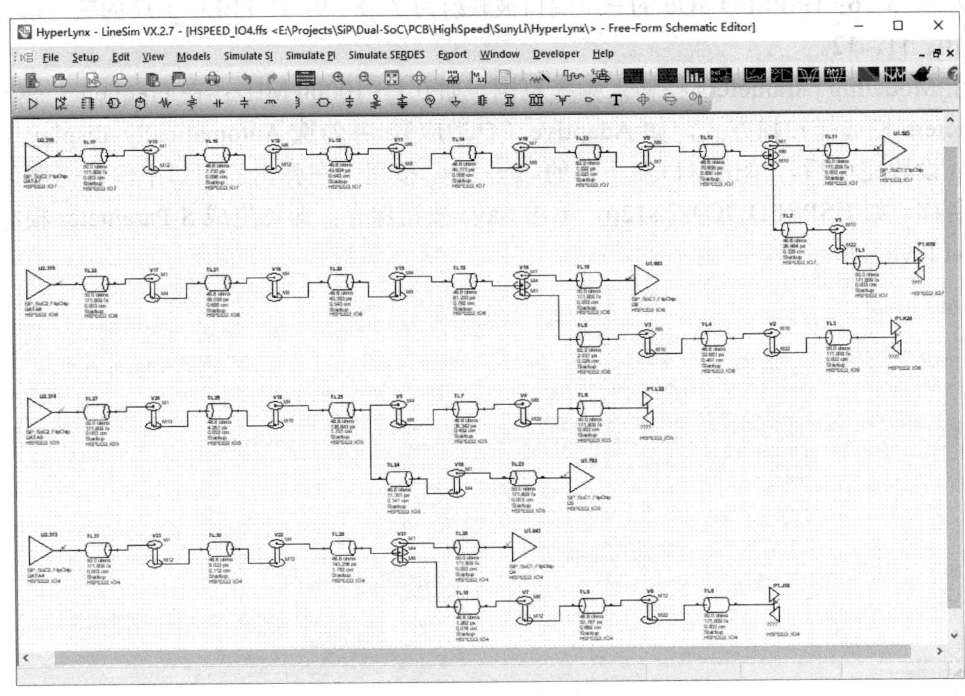

图 21-14　将所选网络输出到前仿真工具 LineSim 中

在 LineSim 中可以对网络的各种参数进行修改和编辑，方便进行各种假定分析，从而快速获取最佳的设计方案。

21.3　电源完整性（PI）仿真

随着人们对系统性能的不断追求，设计复杂度逐步提高，信号工作频率也越来越高。SiP 设计人员除了需要重视信号完整性的分析，反射、串扰，稳定可靠的电源供应也成为高速 SiP

设计的重点研究方向。

随着芯片数目不断增加、核心电压不断减小、电源的种类越来越多，经常需要多个电源共享同一个平面层，电源的波动往往会给系统带来严重的影响，于是人们提出了电源完整性（Power Integrity）的概念，简称 PI。

事实上，PI 和 SI 是紧密联系在一起的，只是以往的仿真工具在进行信号完整性分析时，一般都是简单地假设电源处于稳定状态，但随着系统设计对仿真精度的要求不断提高，这种假设显然越来越不能被接受，于是 PI 的研究分析也就应运而生。从某种意义上说，PI 属于 SI 研究范畴之内，而信号完整性仿真必须建立在可靠的电源完整性基础之上。

虽然电源完整性主要是讨论电源供给的稳定性问题，但由于地平面和电源平面在实际系统中总是密不可分的，通常把如何减少地平面的噪声也作为电源完整性的一部分内容进行讨论。

21.3.1　HyperLynx PI 电源完整性仿真工具介绍

随着 IC 供电种类的增多、功耗的增大、更小的噪声余量以及不断增加的工作频率，合理地设计电源供电系统变得非常困难，电源完整性分析成为电子设计中必不可少的部分。

运用 HyperLynx PI 在设计早期就可以识别电源分配的问题，同时可以在设计的初始阶段就发现在实验室测试中都很难定位的问题，并且立刻在易用的“What-if”环境下探测解决方案。Layout 完成后可以通过后仿真验证设计，从而确保设计的各项指标要求都得到满足。

图 21-15 所示为 HyperLynx PI 仿真截图。

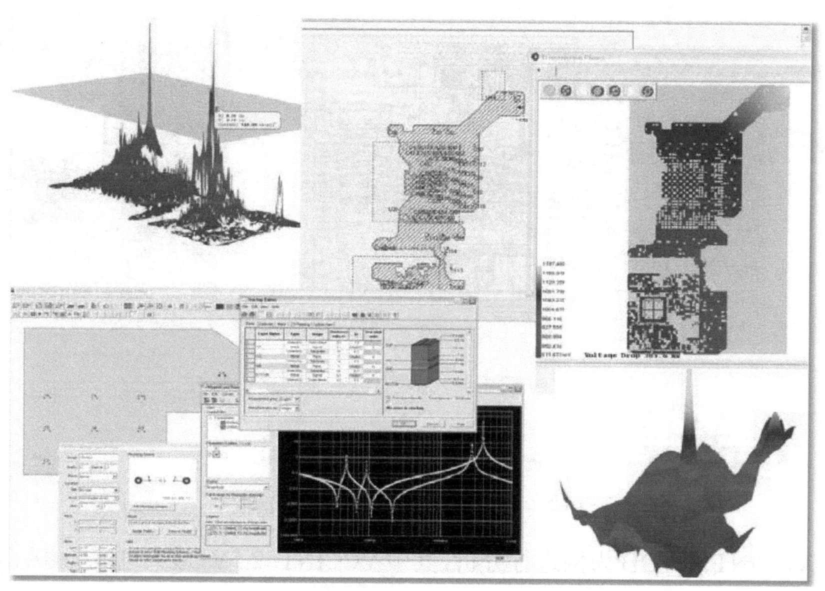

图 21-15　HyperLynx PI 仿真截图

（1）直流压降及电流密度分析。

HyperLynx PI 能够识别潜在的直流电源分配问题。例如，过多的压降将导致 IC 由于供电电压不足而无法正常工作；高密度电流或过量的过孔电流，将有可能产生过多的热量而导致连接中断或损坏整个电路基板。仿真的结果可以通过图形化的方式查看，也可以生成仿真结果报告，这样有助于快速地发现、定位 DC 电源分配的问题。

（2）PDN 阻抗优化仿真。

HyperLynx PI 能帮助设计人员优化电源分配网络（PDN）的阻抗，帮助设计人员确定最优的去耦电容分布方式，包括电容的数量、安装位置、安装方式，并在不同的电容分布情况下得到电源平面的阻抗曲线，从而确定最优的电容分配方式。

在此基础上，HyperLynx PI 还能帮助设计人员分析平面层阻抗对噪声在电源平面上传播的影响，并通过平面层的 3D 波形显示出噪声在平面层上传播。

（3）模型提取。

在 GHz 以上的领域，合理的参数化过孔对于 SerDes 总线来说非常重要。在 HyperLynx PI 中，可以产生高精度的过孔模型，包括整个基板的去耦网络、所有的电容和过孔及平面间谐振的影响。HyperLynx PI 允许 PDN 模型的提取，并且可在后续仿真中方便地应用。

21.3.2 HyperLynx PI 电源完整性仿真实例分析

下面同样以 Dual-SoC SiP 版图设计为例来对 HyperLynx PI 仿真流程进行简单的介绍。HyperLynx PI 和 HyperLynx SI 在同一个仿真环境，因此无须重新导入设计数据。

1. 直流压降仿真

选择 Simulate PI→Run DC Drop Simulation 菜单命令，或者单击工具栏按钮，弹出 DC Drop Analysis 对话框，如图 21-16 所示。设计中的电源网络都被列出，单击不同的电源网络可以看到其电源平面形状的预览图。选择不同的金属层，被选择的层会高亮显示。

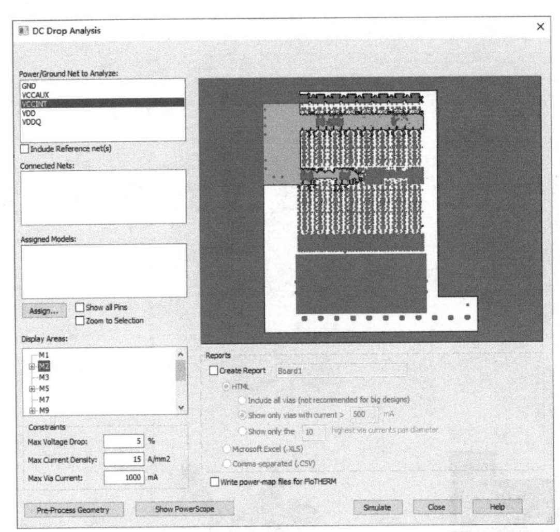

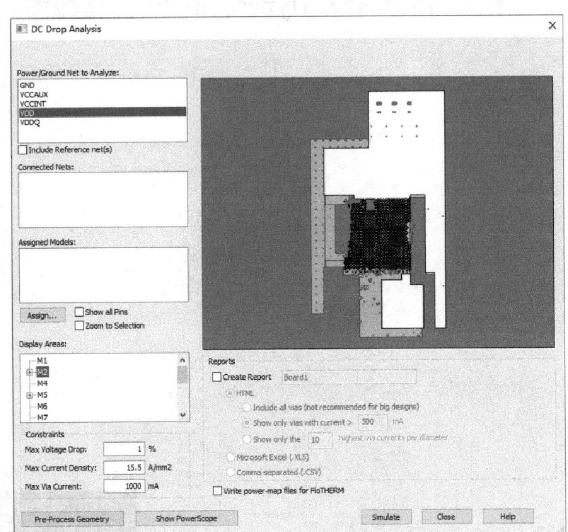

图 21-16 DC Drop Analysis 对话框

下面以 VCCINT 和 VDD 为例进行分析，其中 VCCINT=2.5V，最大电流为 8A；VDD =1.5V，最大电流为 10A。

在 DC Drop Analysis 窗口选择 VCCINT，单击 Assign 按钮，在弹出的设置电源完整性模型（Assign Power Integrity Models）窗口中设定 VRM Model 和 DC Sink Model，如图 21-17 所示。本例中，P1 为供电器件 VRM，U1 为 DC Sink。

按住 Shift 键，选中 U1 的所有引脚，单击 DC Sink Model 参数区的 Assign 按钮，弹出如图 21-18（a）所示对话框，参照图 21-18（a）设置参数，然后单击 Reference Net 下的 Assign 按钮，在 Reference Nets 下拉列表中选择 GND，如图 21-18（b）所示，单击 OK 按钮。

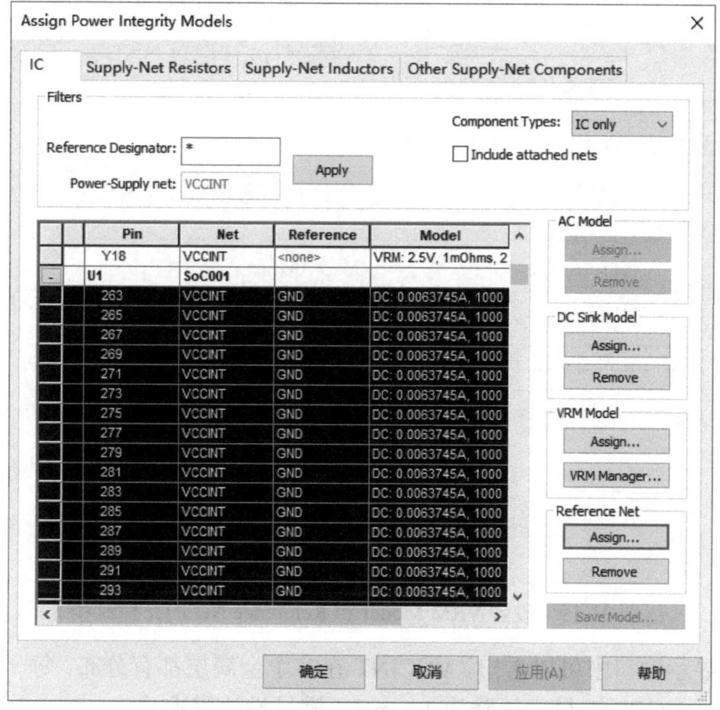

图 21-17　设置电源完整性模型窗口

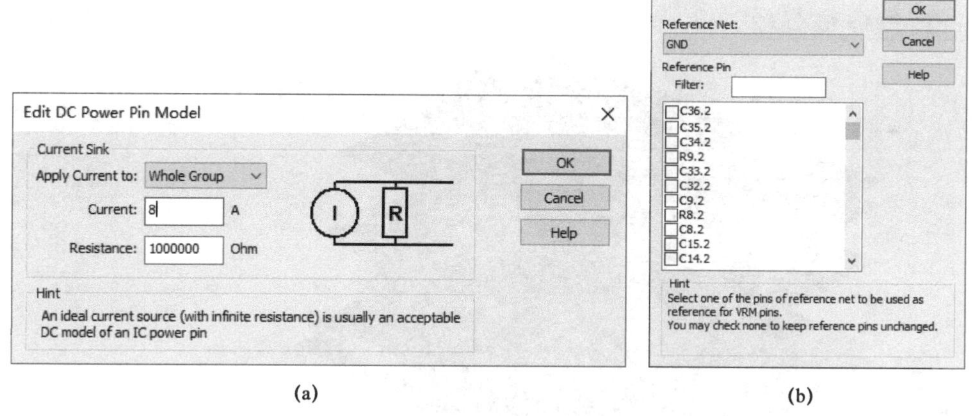

(a)　　(b)

图 21-18　设置 DC Sink Model 和 Reference Net

单击 VRM Model 下的 VRM Manager 按钮，在弹出的 VRM Manager 对话框中单击 New 按钮打开 Add/Edit VRM 对话框，参照图 21-19 左上角设置参数，并单击 Power Pins 单元格，选择 Browse，在弹出的 Dialog 对话框中选择 P1 属于 VCCINT 的所有引脚，然后单击 OK 按钮，回到 Add/Edit VRM 窗口，设置 Ref Net 为 GND，单击 OK 按钮，回到 VRM Manager 对话框，设置 VRM Model 和 Reference Net 的完整流程如图 21-19 所示。

模型指定完成后，在 DC Drop Analysis 对话框中，单击 Simulate 按钮进行仿真。根据设计的复杂程度不同，仿真所需的时间也会有所不同。仿真完成后可得到两个窗口：3D 图形显示窗口和报告窗口，其中 3D 图形显示窗口如图 21-20 所示，图中显示了 VCCINT 直流压降仿真结果。

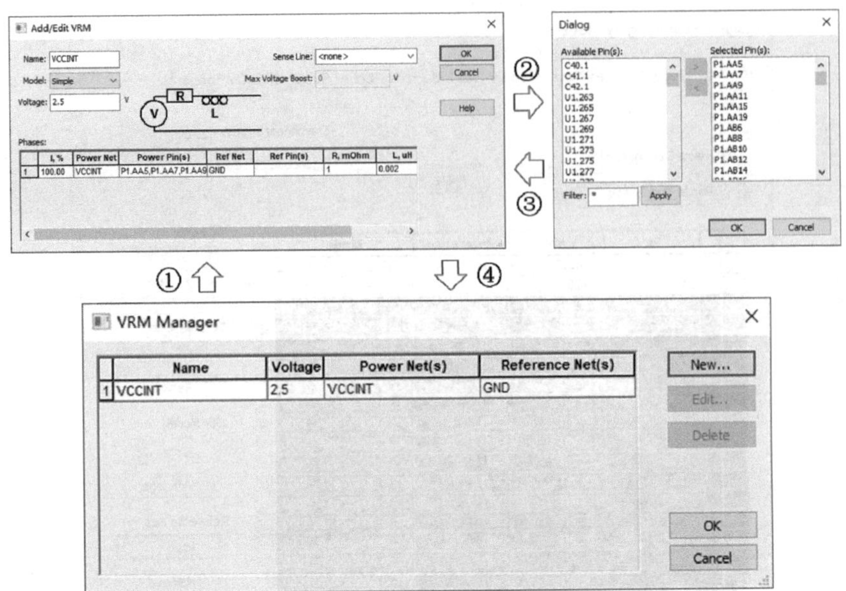

图 21-19 设置 VRM Model 和 Reference Net 的完整流程

从 3D 图形显示窗口中可以看出，VCCINT 在多个金属层都有分布，每一层铜皮上的电压都有微小的变化，VCCINT 最大压降为 1.1 mV，满足设计需求。

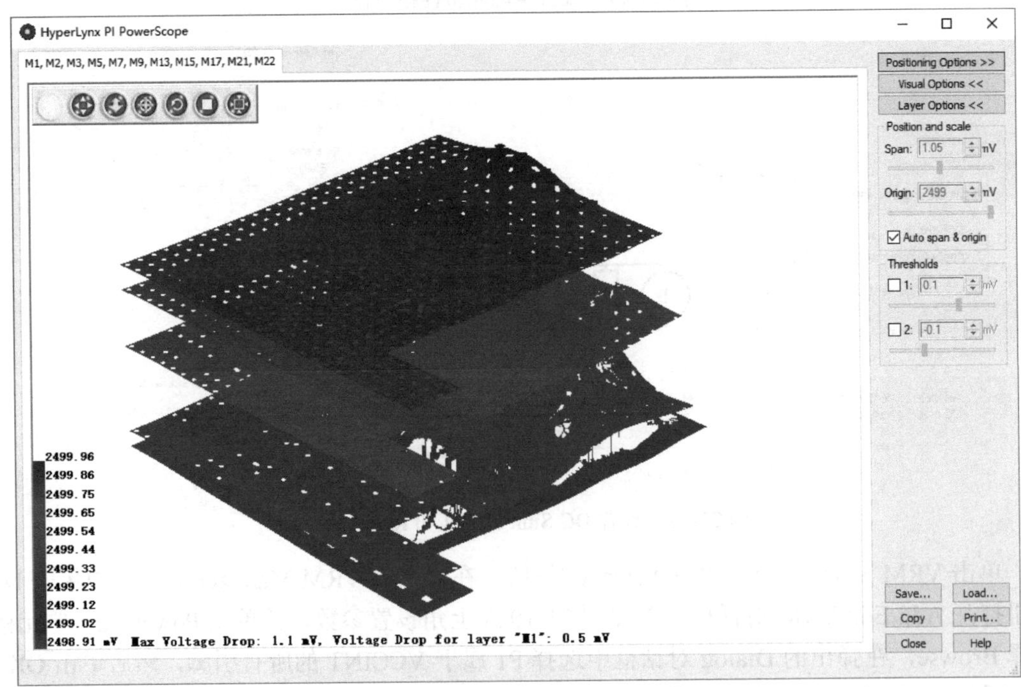

图 21-20 VCCINT 直流压降仿真结果

Reporter（报告）窗口列出了所有 Pin、Via 和 Trace 上的电压和电流值，并且所有的坐标点都和 DC Drop Analysis 窗口动态链接，用鼠标单击 Reporter 窗口中 Pin 列的选项后，鼠标会自动跳到 DC Drop Analysis 窗口相应的坐标点上，如图 21-21 所示。

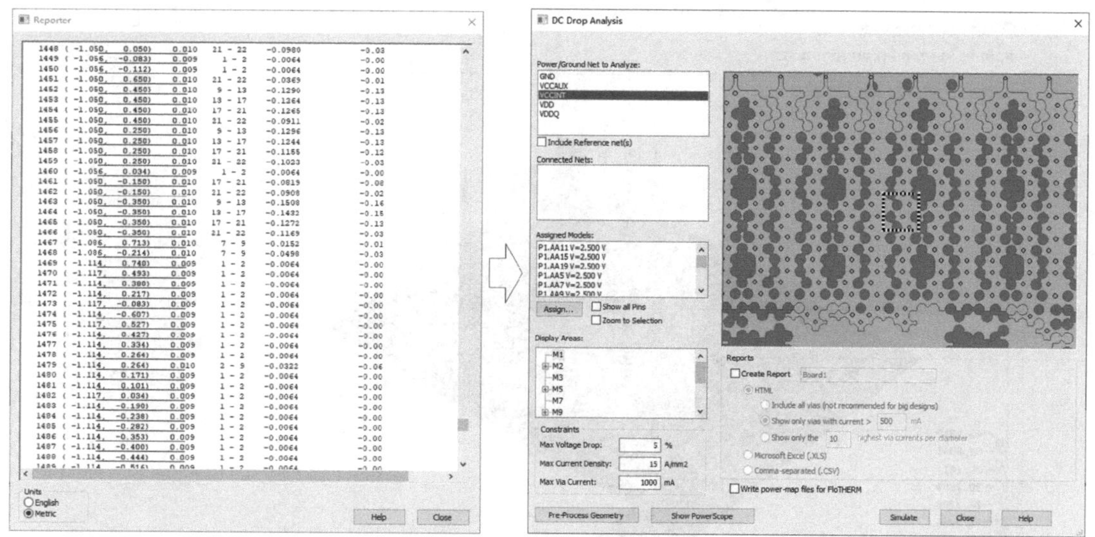

图 21-21　Reporter 窗口和 DC Drop Analysis 窗口动态链接

采用同样的方法对 VDD 进行直流仿真，可得到如图 21-22 所示的直流压降仿真结果，从 3D 图形显示窗口可以看出，VDD 在多个金属层都有分布，每一层铜皮上的电压都有微小的变化，VDD 最大压降为 3.5 mV，满足设计需求。

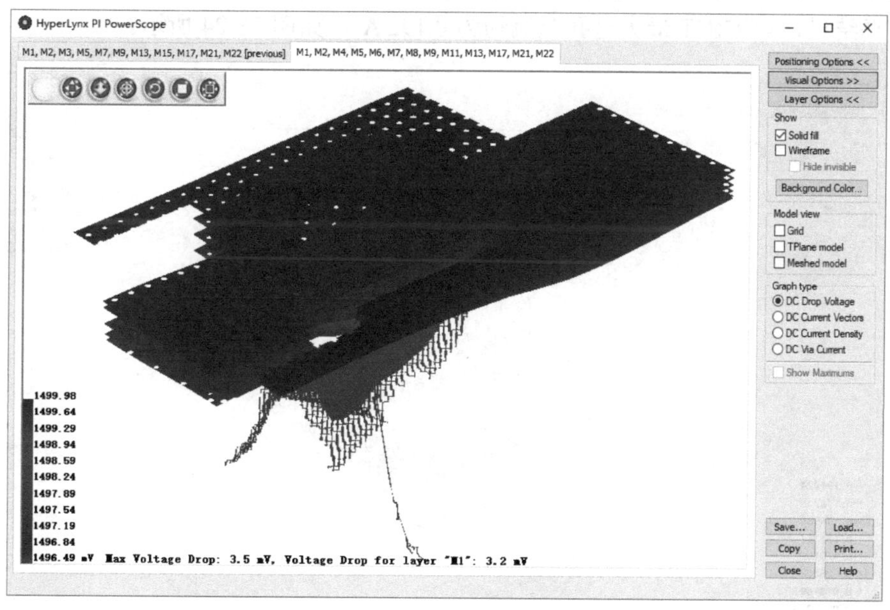

图 21-22　VDD 直流压降仿真结果

2．电流密度仿真

设置完参数后，在一次仿真中除了可以得到直流压降仿真结果，还可以得到电流密度仿真结果和过孔电流的仿真结果。

从 3D 图形显示窗口中选择切换 Graph type 到 DC Current Density 选项可查看 VCCINT 电流密度仿真结果，VCCINT 最大电流密度约为 44.0 A/mm^2，如图 21-23 所示。

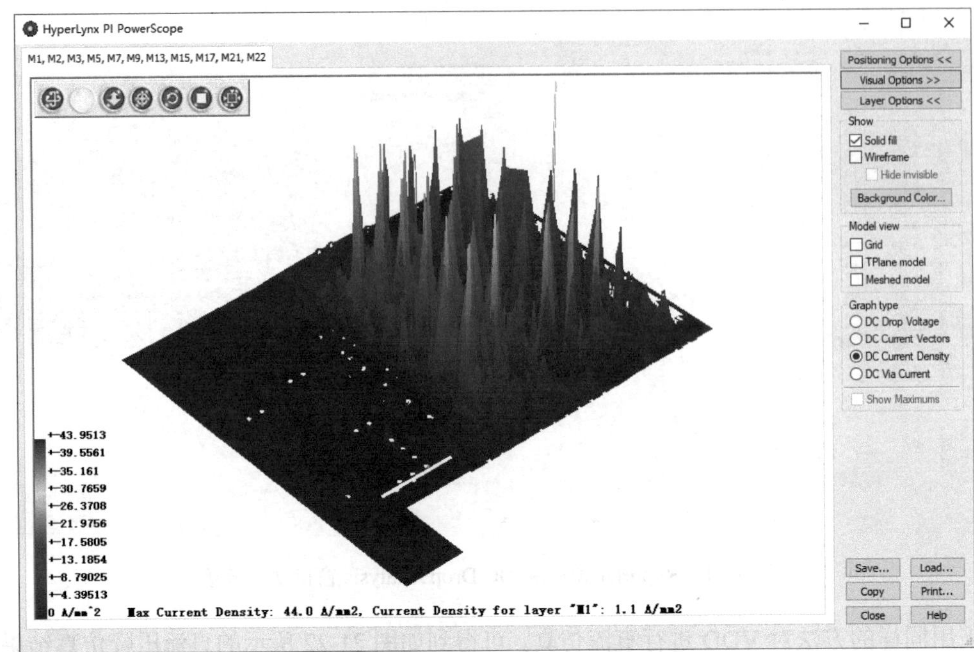

图 21-23　VCCINT 电流密度仿真结果

从 3D 图形显示窗口中选择切换 Graph type 到 DC Via Current 选项可查看 VCCINT 过孔电流仿真结果，VCCINT 最大过孔电流约为 0.192 A ，如图 21-24 所示。

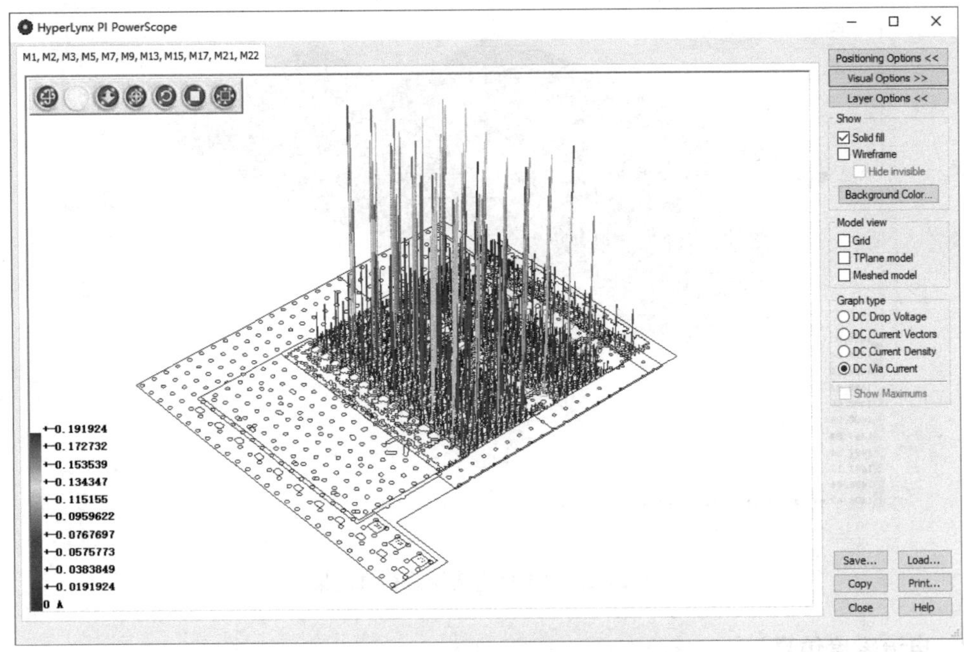

图 21-24　VCCINT 过孔电流仿真结果

对于 VDD 网络采用同样的方法，切换 Graph type 到 DC Current Density 选项可查看 VDD 电流密度仿真结果，VDD 最大电流密度约为 75.6 A/mm^2 ，如图 21-25 所示。

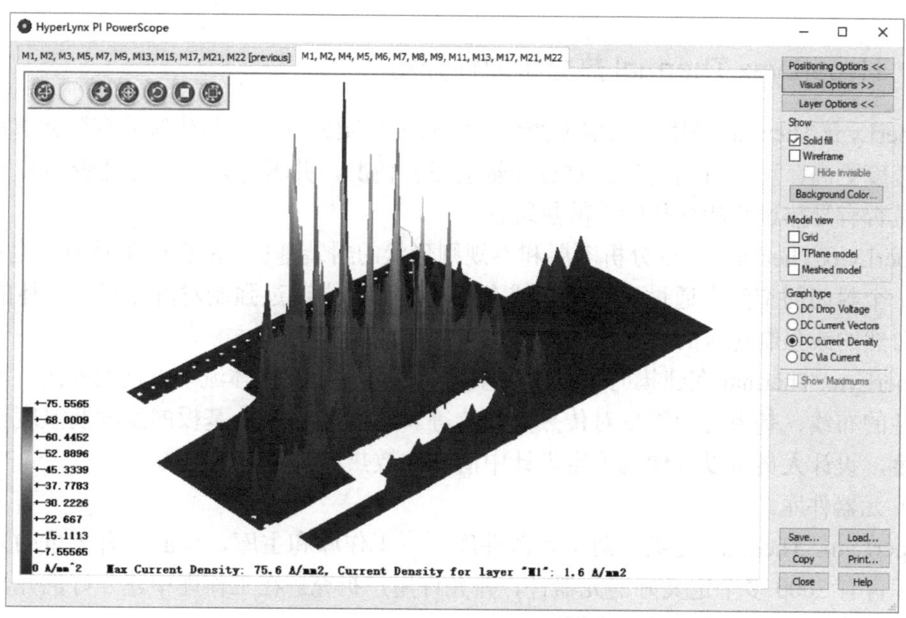

图 21-25 VDD 电流密度仿真结果

切换 Graph type 到 DC Via Current 选项可查看 VDD 过孔电流仿真结果，VDD 最大过孔电流为 0.5 A ，如图 21-26 所示。

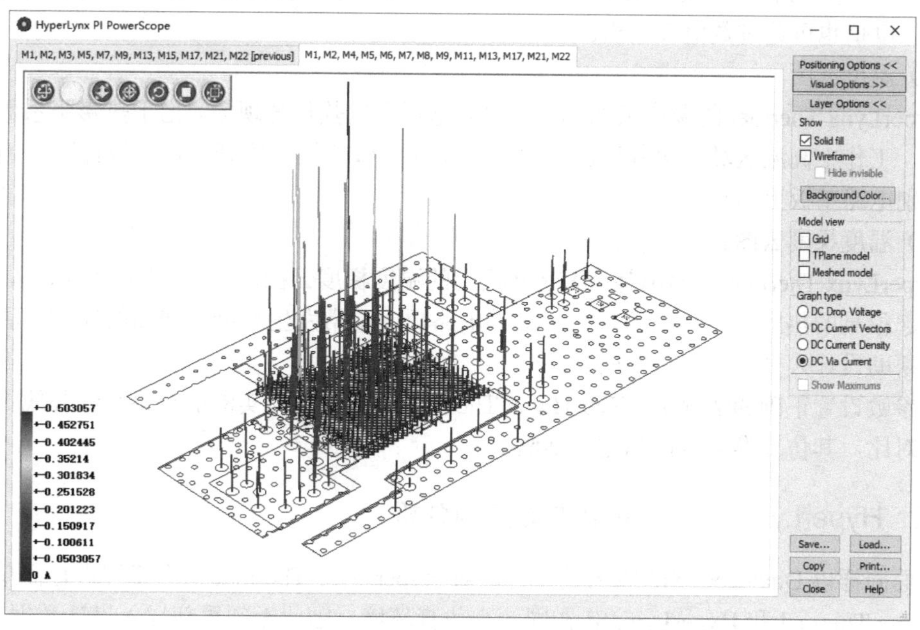

图 21-26 VDD 过孔电流仿真结果

21.4 热分析（Thermal）仿真

SiP 由于其体积小、芯片数量多且又集中在比较小的空间内，在同样的面积内 SiP 会比普通 Package 或者 PCB 消耗更大的功率，其功耗密度大，因此 SiP 的热分析变得尤为重要。

21.4.1 HyperLynx Thermal 热分析软件介绍

HyperLynx Thermal 采用了局部可变步长的有限元微分算法，与传统的有限元算法相比，其计算速度更高，可针对热传导、对流和辐射三种情况，并考虑元器件上是否加装了热沉、基板上是否有导热过孔和导热管等散热装置。

HyperLynx Thermal 可以分析多层和不规则形状的封装基板、混合电路板或子电路板。基板可在一个封闭的空间内通过边缘冷却或在开放的系统中通过强制对流冷却，气体的流动也可以是自然的或强制对流的，封闭的系统也可由热交换器冷却。

HyperLynx Thermal 在建模时可以考虑重力、气体压力及气体流动方向的作用，可以考虑各向异性的布线、基板上的铜皮对传热的影响等。通过确定 SiP 基板的温度及温度梯度、芯片的温度，设计人员可以方便地确定设计中潜在的散热和热可靠性问题。

（1）元器件库。

HyperLynx Thermal 提供了两个元器件库——工作库和主库，里面含有大量的元器件信息。主库含有 2000 多个定义好的元器件，并允许用户扩充。在工作库中建立好的元器件可方便地存入主库中，供热仿真设计重用。

（2）元器件温度。

热分析的目标是求得 IC 元器件及其结点温度，HyperLynx Thermal 可计算 IC 元器件的平均温度，可计算元器件结温，元器件温度用彩色云图显示，能方便快速地找到温度较高的元器件，温度值也可通过数值表输出。

（3）温度云图。

HyperLynx Thermal 的温度云图揭示了 SiP 基板上的热传导现象。由于热膨胀系数与温度成正比，工作中高温区域有可能膨胀、翘曲，从而导致连接部脱开，可在设计阶段通过仿真快速识别电路基板上的热点。

（4）温度梯度云图。

HyperLynx Thermal 可输出整个 SiP 基板上的温度梯度云图。由于热膨胀的原因，高梯度区域引起很高的热应力，高应力区通常又是电路板上常常发生裂缝、翘曲的地方。温度梯度云图可帮助设计人员找到潜在的问题。

在参数设置正确的情况下，HyperLynx Thermal 仿真结果与实测的结果和红外线扫描的结果进行对比，其仿真准确度都超过了 90%。

21.4.2 HyperLynx Thermal 热仿真实例分析

下面同样以 Dual-SoC SiP 版图设计为例对 HyperLynx Thermal 仿真流程进行简单介绍。HyperLynx Thermal 和 HyperLynx SI 在同一个仿真环境，因此无须重新导入设计数据。

1．热分析仿真

选择 Simulate Thermal→Run Thermal Simulation 菜单命令，可启动热分析流程并得到初始仿真结果（以系统默认的参数进行仿真），HyperLynx Thermal 初始仿真结果如图 21-27 所示。

在 HyperLynx Thermal 中，单击 View the next side/layer 按钮，或者通过工具栏右侧的下拉菜单，可以切换不同板层、查看不同板层的金属分布，如图 21-28 所示，其中深色表示铜皮或者金属布线。

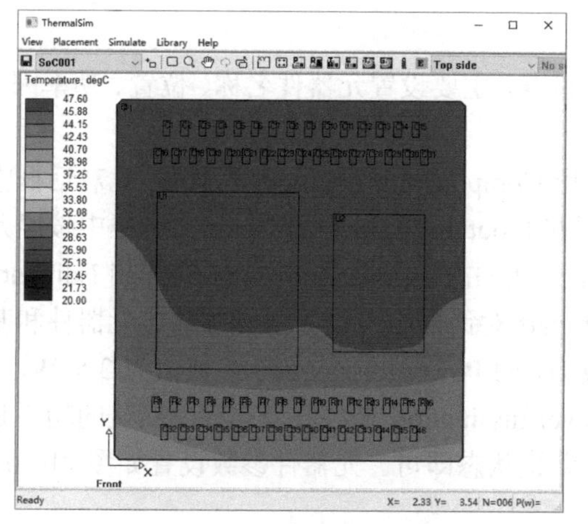

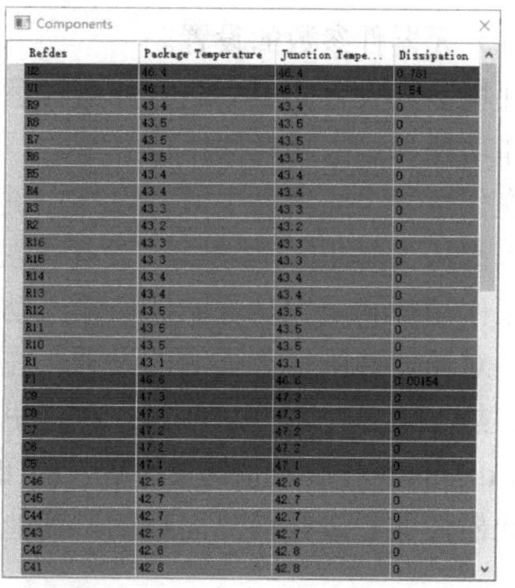

图 21-27　HyperLynx Thermal 初始仿真结果

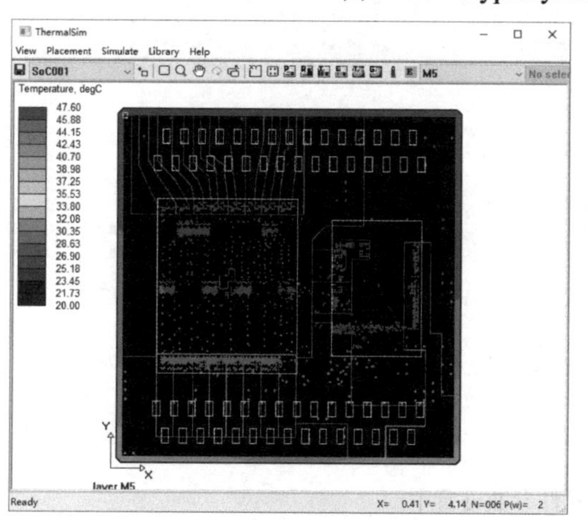

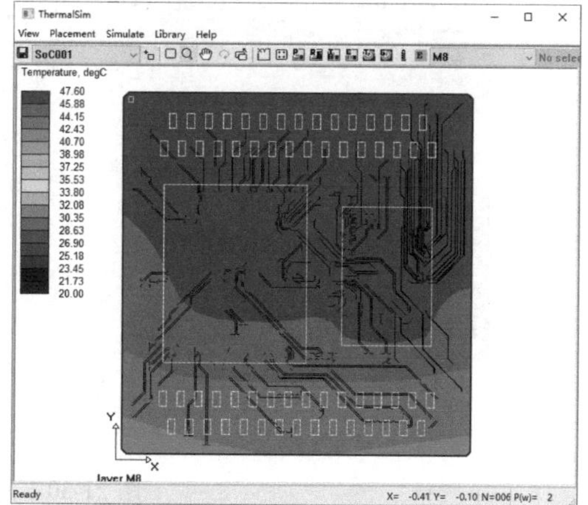

图 21-28　在 HyperLynx Thermal 中查看不同板层的金属分布

这些数据对于基板传热和散热相当重要，因为基板中的金属和介质两种材料的传热系数相差很大，金属在每一层的精确分布，以及金属所占比例会对热分析精度有很大的影响。

（1）环境参数的设置。

单击工具栏按钮 E 进行环境参数的设置，如对环境温度、气压、重力加速度、湿度、环境风向等进行设置，并对 Casing 状态进行设置。环境参数设置如图 21-29 所示。

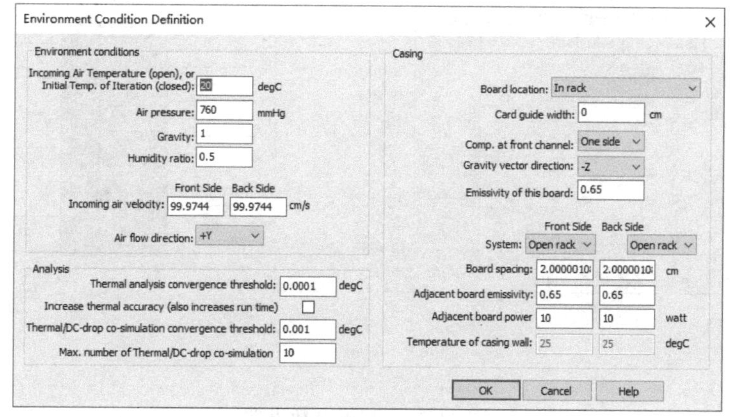

图 21-29　环境参数设置

（2）元器件参数的设置。

环境参数设置完成后进行元器件参数的设置，主要设置元器件名称、位置、功率因子（实际工作功耗和最大功耗的比值）等。

在任意一个元器件上双击鼠标左键，弹出 Component properties 对话框，此对话框中的参数基本都从 Xpedition 中继承，设计人员需要在 Input power scaling factor 文本框中按照元器件实际工作功耗和最大功耗的比值输入功率因子。单击 Edit this Part 按钮，在弹出 Edit part 对话框中，对元器件进行更详细的设置。在 Edit part 对话框中可设置引脚参数、元器件和基板的间距、热导率、元器件功耗等。在这里修改 U1 的 Power dissipation 参数值为 3.5 W，U2 的 Power dissipation 参数值为 2.5 W，P1 的 Power dissipation 参数值为 0 W，默认的功耗是软件根据元器件面积进行估算而得的，其他保持默认状态即可。元器件参数设置如图 21-30 所示。

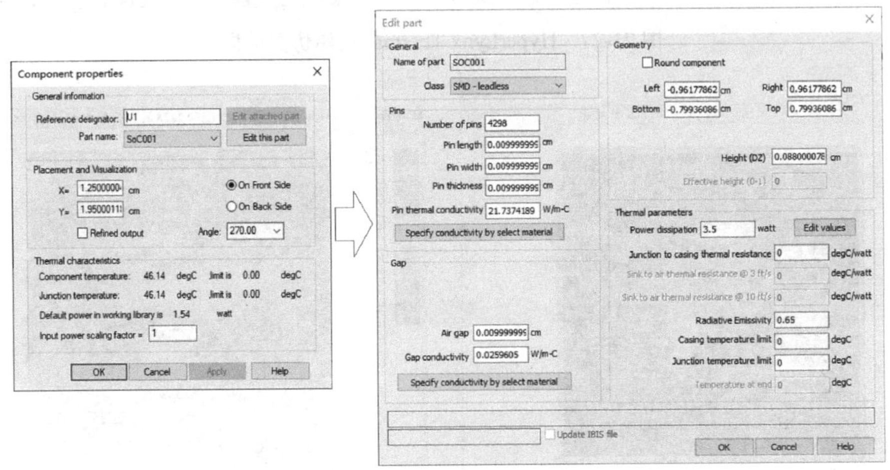

图 21-30　元器件参数设置

（3）基板参数的设置。

元器件参数设置完成后，在 HyperLynx 环境下单击 Stackup Editor 按钮进行基板参数的设置，如基板层数、厚度、导热率的设置，这些参数都是从 Xpedition 设计中继承的，如果在 Xpedition 中进行了正确的设置，这里无须修改，检查即可。基板参数设置如图 21-31 所示。

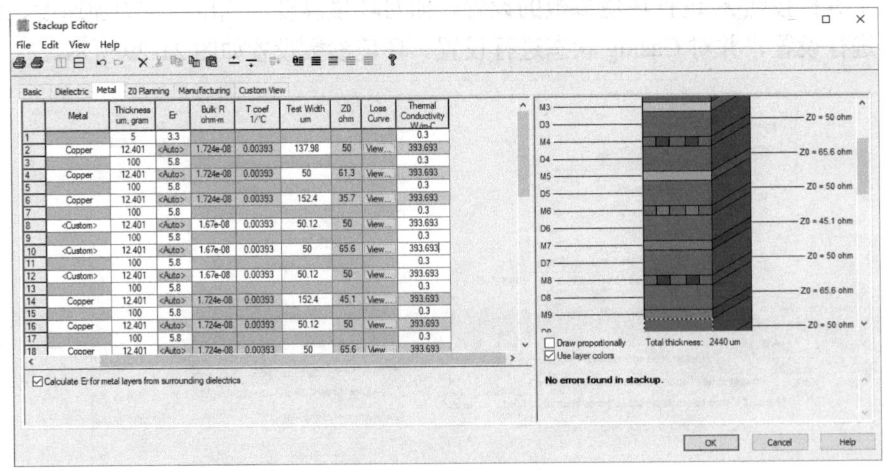

图 21-31　基板参数设置

设置好参数后，单击 Run Analysis 按钮 ，运行热分析仿真，重新运行仿真得到的温度云图和温度梯度云图如图 21-32 所示，基板最高温度为 92.9℃，最大温度梯度为 35.9℃/mm。

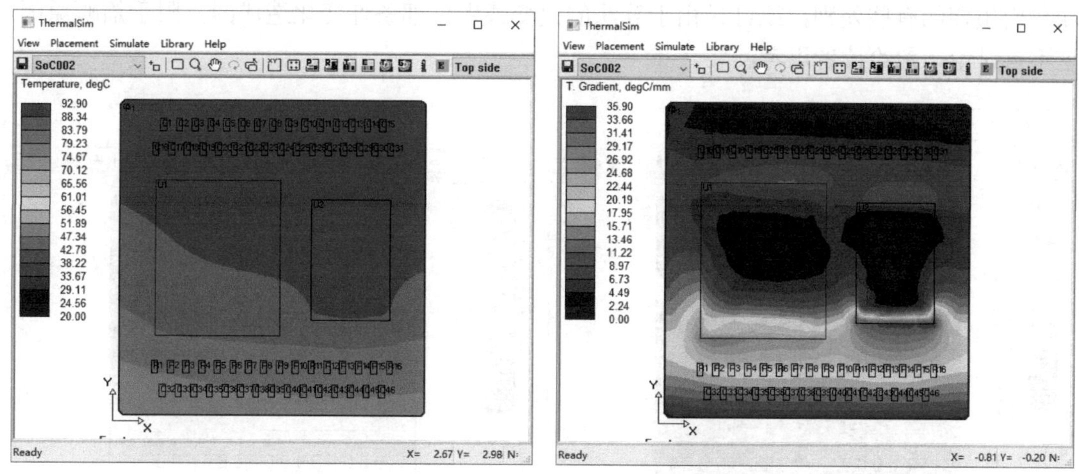

图 21-32　重新运行仿真得到的温度云图和温度梯度云图

如果此时温度不能满足设计要求，可以通过其他辅助的散热方法来降低基板和元器件的温度，如通过添加边界条件、热沉、热管或者散热螺钉等方式，并验证其可行性。由于篇幅关系，在此不再赘述，读者可自行通过实践来分析。

2．电热联合仿真

除了元器件本身发热，基板上布线中的大电流也会发热，在仿真过程中考虑这部分热量会提高热仿真的精度，因此需要进行电热联合仿真。

选择 Simulate Thermal→Run PI/Thermal Co-Simulation 菜单命令，在弹出的 Batch DC Drop Simulation 窗口选择需要进行仿真的网络，并设置其最大限制值。例如，最大电压降为 5%，最大电流密度为 100 A/mm^2，最大过孔电流为 1 A。电热协同仿真设置界面如图 21-33 所示。

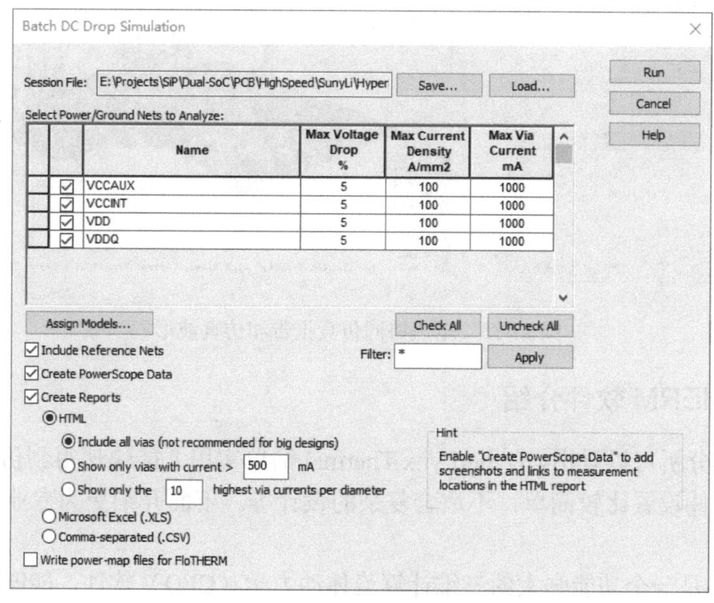

图 21-33　电热协同仿真设置界面

电热协同仿真需要进行多次迭代，仿真时间相对较长，仿真完成后可以得到如图 21-34 所示的电热协同仿真结果，最高温度和最大温度梯度都有不同程度的降低。这里的仿真结果和我们预期的有些差别，或许是由于算法的改变或者外部条件变化造成的，限于篇幅原因这里不再讨论，留给读者思考。

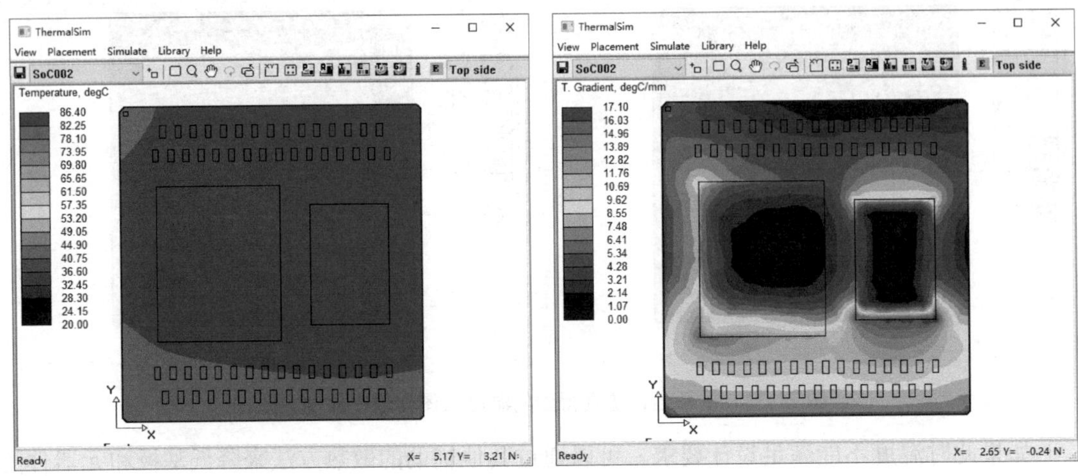

图 21-34　电热协同仿真结果

除了用图形显示仿真结果，还可以生成一份仿真报告，报告里列出电热协同的仿真结果，单击报告内部的链接文字，可以查看详细报告和电热协同的仿真波形。电热协同仿真报告和仿真波形如图 21-35 所示。

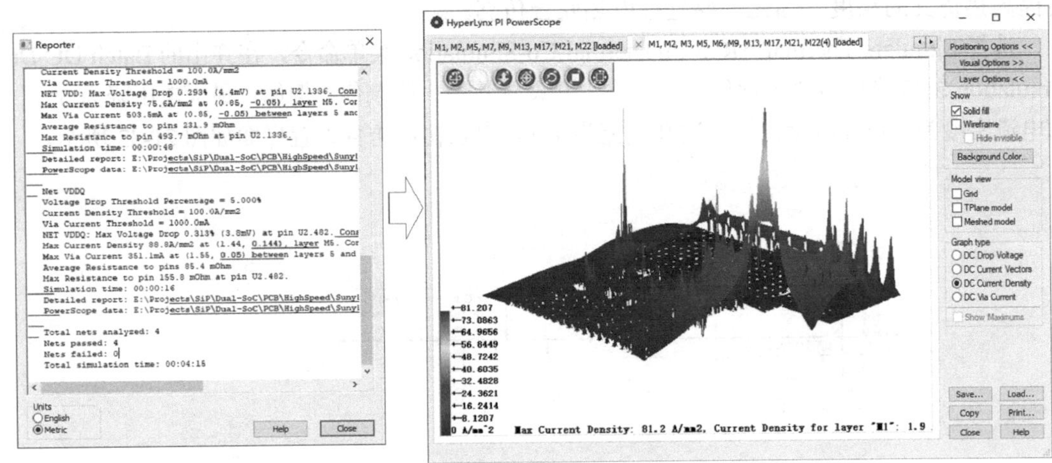

图 21-35　电热协同仿真报告和仿真波形

21.4.3　FloTHERM 软件介绍

从上面的热分析可以看出，HyperLynx Thermal 简单实用并能快速得到仿真结果，但也一些局限性，如条件设置比较简单，不适合复杂的设计等。下面介绍更为专业的热分析工具：FloTHERM。

FloTHERM 是一个功能强大的三维计算流体动力学（CFD）软件，能够准确预测电子元器件内部和周围的空气流动与热传递，包含传导、对流和辐射的综合效果。

应用 FloTHERM 可以在以上各种不同层次对系统散热、温度场及内部流体运动状态进行高效、准确、简便的定量分析。

FloTHERM 采用先进的有限体积法求解器，可以在三维结构模型中全面分析电子系统的热辐射、热传导、热对流以及流体温度、流体压力、流体速度和运动矢量等。

FloTHERM 具备稳态和瞬态分析能力，不但可以分析电子设备正常工作状况，还能对变化工作状况或突发故障的热可靠性进行分析，可以分析含多种冷却介质的散热系统，如对液冷、风冷同时存在的电子设备或冷板等的热分析。采用 FloTHERM 进行封装热分析如图 21-36 所示。

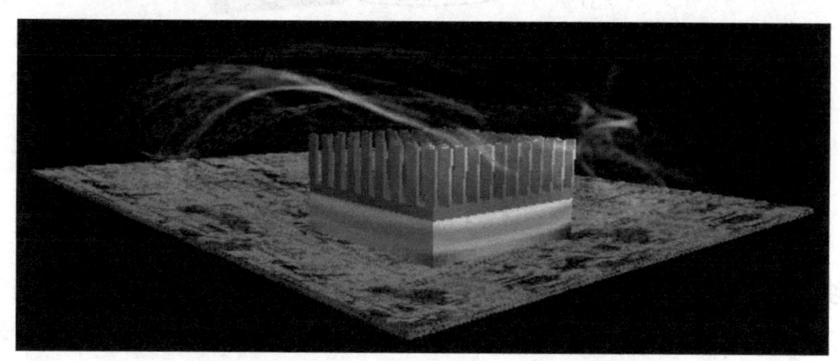

图 21-36 采用 FloTHERM 进行封装热分析

后处理模块可以将运算后的温度场、速度场、压力场等数据以平面云图、等势图、表面温度分布图和流体运动三维动画等形式直观方便地显示出来。灵活的多层嵌入式局部化网格技术在确保计算精度的同时大大提高了计算效率和处理复杂结构的能力。

FloTHERM 具备完善的热分析模型库、智能的 CAD 和 EDA 接口，全面兼容通用 CAD 和 EDA 软件，并可以通过 STEP、SAT、IGES、STL、IDF 等标准格式导入、导出分析模型。

FloTHERM 软件的应用范围包括：

- 芯片和元器件封装级热分析和热设计。
- PCB 板级和模块级热分析和热设计。
- 系统级热分析和热设计。
- 环境级热分析和热设计。

21.4.4 T3Ster 热测试设备介绍

要得到准确的热仿真结果，元器件模型的准确性至关重要，如何能得到准确的元器件热模型呢？通常需要通过测试手段，下面介绍 T3Ster 热测试设备。

T3Ster（Thermal Transient Tester）热瞬态测试仪，用于半导体元器件的先进热特性测试仪，同时用于测试 IC、SoC、SiP、散热器、热沉等的热特性的测试。

T3Ster 兼具 JESD51-1 定义的静态测试法（Static Mode）与动态测试法（Dynamic Mode），能够实时采集元器件瞬态温度响应曲线（包括升温曲线与降温曲线），其采样率高达 1 μs，测试延迟时间高达 1 μs，结温分辨率高达 0.01℃。

T3Ster 既能测试稳态热阻，也能测试瞬态热阻。

T3Ster 是 JEDEC 最新的结壳热阻（θ_{jc}）测试标准（JESD51-14）的制定者，T3Ster 制定

了全球第一个用于测试 LED 的国际标准 JESD51-51，以及 LED 光热一体化的测试标准 JESD51-52。图 21-37 所示为 T3Ster 最小测试环境，包括 T3Ster 主机、温控仪、测试计算机及安装在计算机上的测试软件，待测设备一般放置在温控仪内或者温度受控的环境中进行测试。

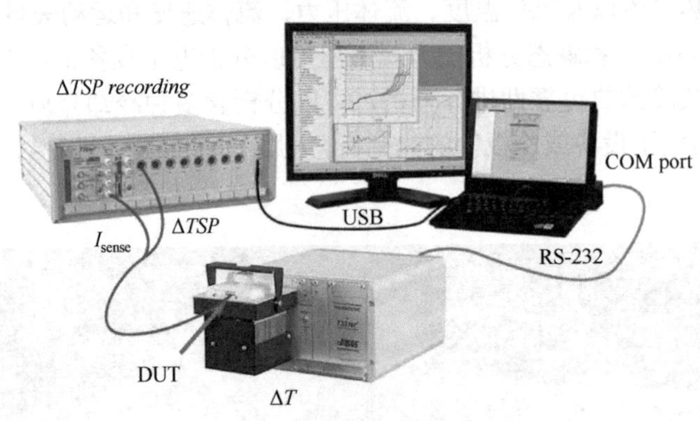

图 21-37　T3Ster 最小测试环境

T3Ster 独创的结构函数分析法能够分析元器件热传导路径上每层结构的热学性能（热阻和热容参数），构建元器件等效热学模型，是元器件封装工艺、可靠性试验、材料热特性以及接触热阻的强大支持工具，因此被誉为热测试设备中的“X 射线”。

T3Ster 可以和 FloTHERM 等专业热分析软件无缝链接，将实际测试得到的元器件热学参数导入热仿真软件进行后续仿真优化。图 21-38 所示为 T3Ster 和 FloTHERM 之间进行数据传递。

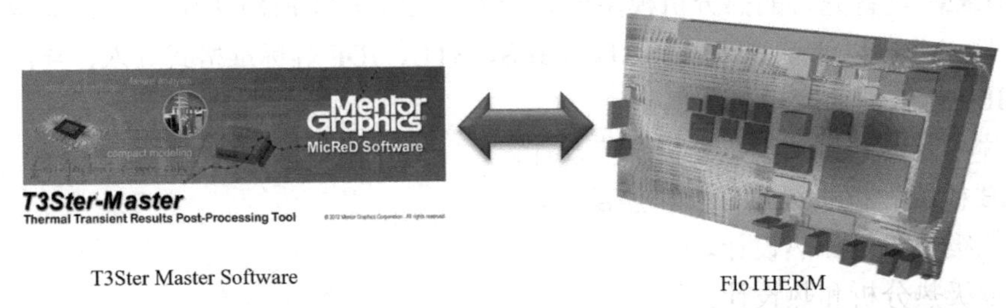

图 21-38　T3Ster 和 FloTHERM 之间进行数据传递

T3Ster 的功能包括：

- 芯片结温测定。

  芯片结温测定（无须破坏芯片结构，直接测试并得到芯片结温）；

  芯片表面温度测定（通过热电偶测试芯片表面温度）。

- 材料热阻测定。

  θ_{jc}（结到外壳的热阻）测定；

  θ_{ja}（结到空气的热阻）测定。

- 通过结构函数可进行芯片结构和缺陷分析，包括内部结构解析、工艺缺陷分析、可靠性测试、接触热阻评测。

21.5　先进 3D 解算器

21.5.1　全波解算器（Full-Wave Solver）介绍

HyperLynx Full-Wave Solver（全波解算器）是一款功能强大的 3D 宽带全波电磁场求解器。采用专有的加速边界元素技术以实现前所未有的求解速度和容量，同时保持仿真精度。求解器利用多核和混合架构技术使设计人员能够更快地获得结果，从而快速解决最具挑战的问题。在统一的环境中，设计人员可以解决信号完整性、电源完整性和 EMI 等复杂问题，全部采用宽带全波电磁场仿真技术。

Full-Wave Solver 支持三维全波电磁场仿真、边界元技术、宽带材料和损耗建模，可精确计算与频率相关损耗、电感、趋肤效应、辐射效应等。支持电流和电压源以及多种平面波激励源。支持封装布局编辑和创建、自动化 EM 分析、自动生成网络列表、灵活的模型裁剪选项、自动端口设置、自适应快速频率扫描功能。

可输出 S、Y、Z 参数，以及近场、远场图，噪声频谱图，电流密度图等。支持多种标准 EDA 文件格式。HyperLynx Full-Wave/Hybrid Solver 仿真截图如图 21-39 所示。

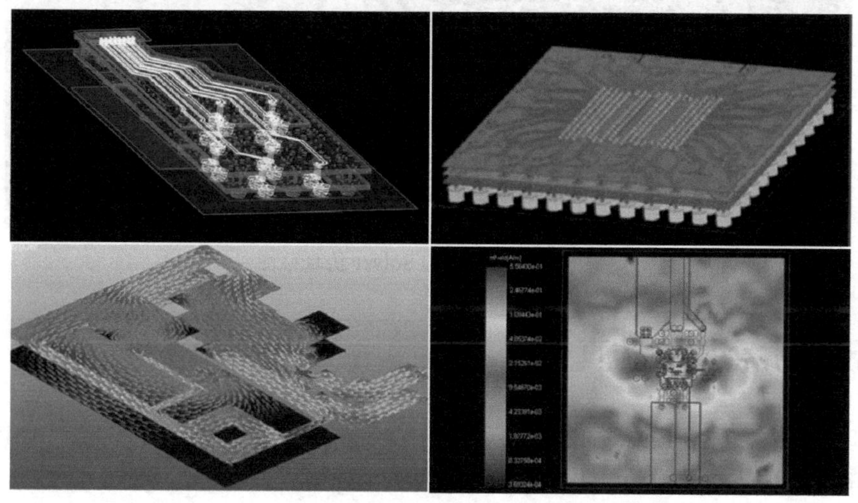

图 21-39　HyperLynx Full-Wave/Hybrid Solver 仿真截图

Full-Wave Solver 包含混合信号和电源完整性分析功能（Hybrid Signal and Power Integrity Analysis），提供加速的电源感知信号结果。并通过强大的多解算器混合技术保证了麦克斯韦精度。设计人员可以从频域分析信号完整性中的串扰、损耗、特征阻抗，以及电源完整性中的电流密度、去耦设计和交流分析。

设计人员不但可以优化设计以提高性能，还可以降低从芯片、封装到 PCB 的设计成本。

21.5.2　快速 3D 解算器（Fast 3D Solver）介绍

Fast 3D Solver（快速 3D 解算器）可实现 SiP 封装模型创建和处理，适用于电源完整性、低频 SSN/SSO 和完整系统 SPICE 模型的生成，同时考虑了趋肤效应对电阻和电感的影响。

Fast 3D Solver 具有准静态提取器，可解决电源完整性、信号完整性和同步开关噪声问题。它具有强大的 3D 功能、自动提取处理功率和信号网络的能力，用户可以选择多种类型的提取，包括阻抗、电阻、电导，电容、电感和完整的 SPICE 网络。在处理过程中可考虑趋肤效应造成的影响。Fast 3D Solver 支持 SiP、MCM、PoP 等类型的设计，能提取精确的 RLGC 模型。图 21-40 所示为 Fast 3D Solver 仿真截图。

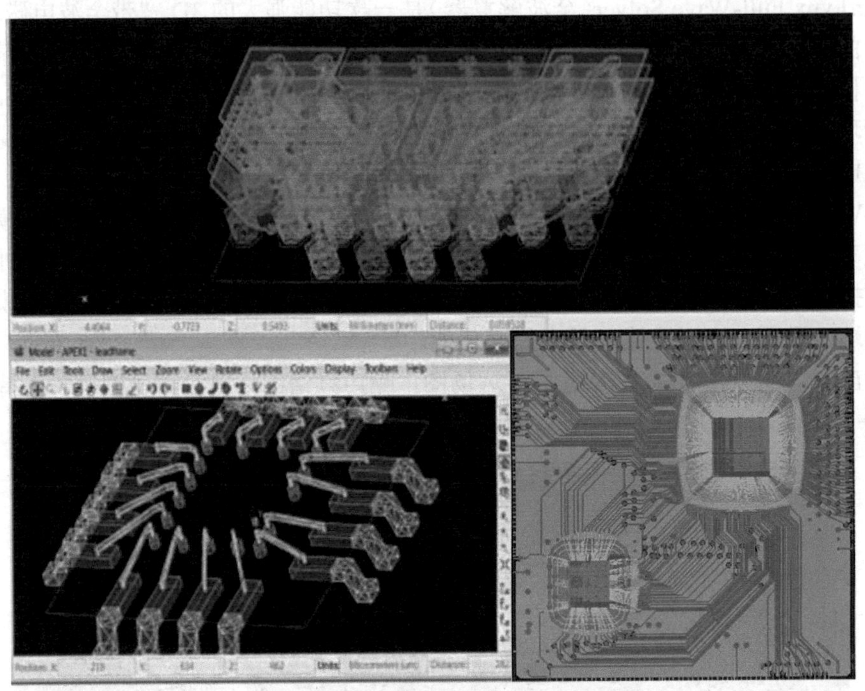

图 21-40　Fast 3D Solver 仿真截图

21.6　数/模混合电路仿真

在原理图设计阶段，EDA 平台提供了基于 Designer 的混合电路仿真工具 AMS，可进行电路功能的仿真分析，从设计一开始就确保“设计即正确”。

Xpedition AMS 基于 Designer 设计环境。在 Designer 中设计的原理图中的元器件如果附加了正确的模型，可直接启动 Xpedition AMS 进行仿真。

Xpedition AMS 支持多语言模型的混合仿真，其内嵌基于 ADMS 的混合仿真引擎，可以支持多种语言，包括工业标准的 Eldo/SPICE、Verilog、VHDL，以及最新标准的混合仿真语言 Verilog-AMS、VHDL-AMS 和 C 语言等多种混合语言的仿真模型。Xpedition AMS 具有独特的混合仿真功能，针对模拟电路，它可以使用 SPICE 模型；而对于数字电路，它也可以直接使用 VHDL 等语言，无须任何模型转换，使数/模混合仿真功能得以方便实现。

Xpedition AMS 具有各种分析手段，如交流（AC）分析、直流（DC）分析、瞬态分析（Transient Analysis）、频域（frequency-domain）分析、时域（time-domain）分析等，并可扩展到高级仿真，包括参数扫描（Parametric Sweep）、温度扫描（Temperature Sweep）、蒙特卡罗分析（Monte Carlo Analysis）、最坏情况分析（Worst-Case analysis）等，从而确保设计质量和设计稳定性。它充分考虑到电路及元器件的离散情况，保障了产品的可靠性。

Xpedition AMS 支持多工具联合仿真，如图 21-41 所示。在集成仿真环境中连接多个工具，充分发挥各自的优势。Xpedition AMS 和其他分析工具如 Simulink 和 LabVIEW 连接，并在 C/C++、java 和 SystemC 等语言中编写进程，将设计团队从一开始就连接到一起直到开发流程结束，这对分析复杂系统尤其有效。

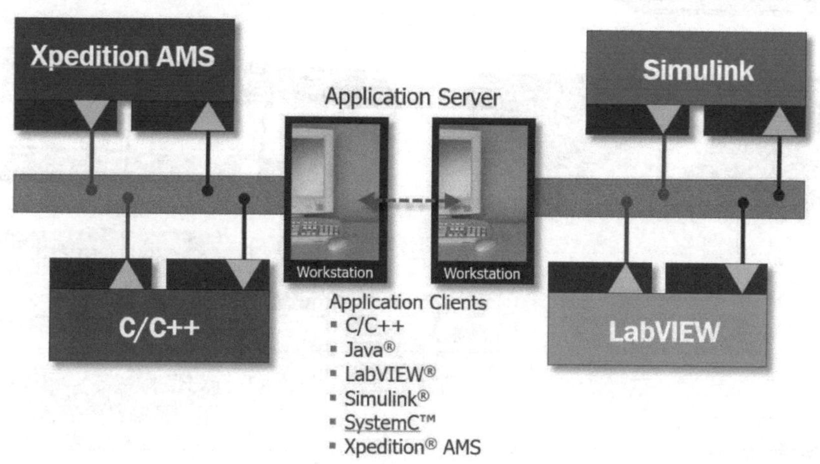

图 21-41　Xpedition AMS 支持多工具联合仿真

21.7　电气规则验证

电气规则验证是在版图设计完成后，通过电气规则检查工具对整个设计进行电气规则检查和验证，是设计质量的有效保证。尤其针对不易进行仿真的复杂电气规则，如跨越平面分割的走线、垂直参考平面的更改和 SI、PI、EMI/EMC 等方面的规则检查，从而帮助助设计人员快速、高效、高质量地完成设计。

21.7.1　HyperLynx DRC 工具介绍

HyperLynx DRC 是功能强大、快速的电气设计规则检查工具，通过自动化验证流程帮助设计人员执行电气规则检查。

与设计工具内置的基于物理规则的 DRC（设计规则检查）不同，HyperLynx DRC 主要针对电气规则，其中内嵌了 5 大类总共 82 条规则，随着软件不断升级，规则也会更加丰富。此外，HyperLynx DRC 允许用户将自己的设计经验规则加入，设计人员可以使用不同的电气标准对 SiP 基板设计进行电气设计规则检查。

HyperLynx DRC 当前版本内嵌的规则包括：信号完整性（SI）规则 43 条、电源完整性（PI）规则 10 条、电磁兼容性（EMI/EMC）规则 18 条、模拟电路（Analog）规则 3 条，以及安全（Safety）规则 8 条，全面地涵盖了电子设计中可能出现的各种问题。

开发人员可以采用 JavaScript 或 VBScript 编写自定义规则。

除了具备丰富且可以扩展的规则，HyperLynx DRC 提供给设计人员一个强有力的检查方法，软件不仅能够通过高亮的方法定位错误，还能够报告产生问题的原因及可供参考的解决方案。图 21-42 所示为 HyperLynx DRC 集成的多种类型的电气规则示例。

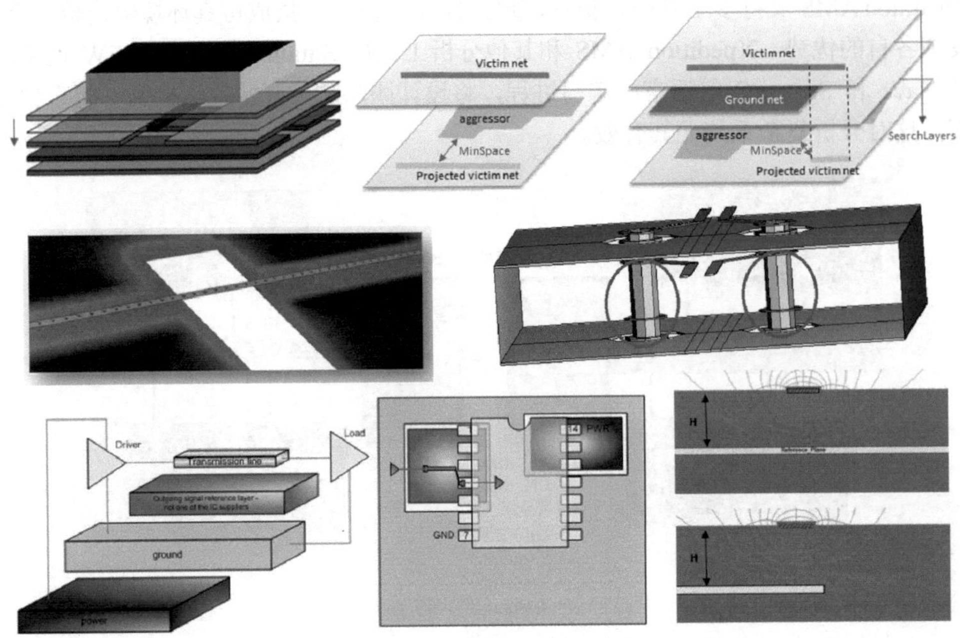

图 21-42　HyperLynx DRC 集成的多种类型的电气规则示例

21.7.2　电气规则验证实例

下面以一款 8 个芯片堆叠的 SiP 设计实例来对 HyperLynx DRC 电气规则验证流程进行简单的介绍。

该设计由 8 个芯片堆叠在陶瓷基板上，基板中有一个腔体，芯片堆叠整体放置在腔体内，芯片通过键合线与基板相连。基板为 6 层结构，其中 2 层为地平面，另外 4 层为布线层。Xpedition 中的设计截图如图 21-43 所示，其中左侧为 2D 视图，右侧为 3D 视图。

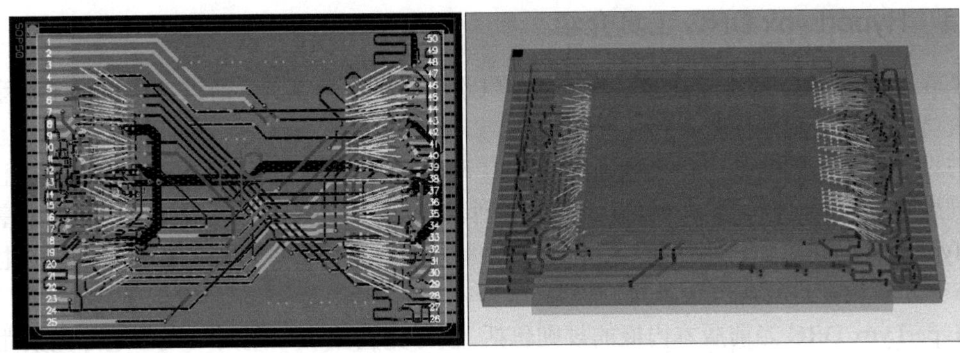

图 21-43　Xpedition 中的设计截图

在 Xpedition 中选择 Analysis→Export to HyperLynx DRC 菜单命令，系统自动传递数据并打开 HyperLynx DRC，出现 HyperLynx DRC 设置向导界面，如图 21-44 所示。

单击设置向导界面中的 Next 按钮，按照提示进行设置，表 21-1 为 HyperLynx DRC 参数设置表，表中列出了需要设置的条目和本例中的参考值。

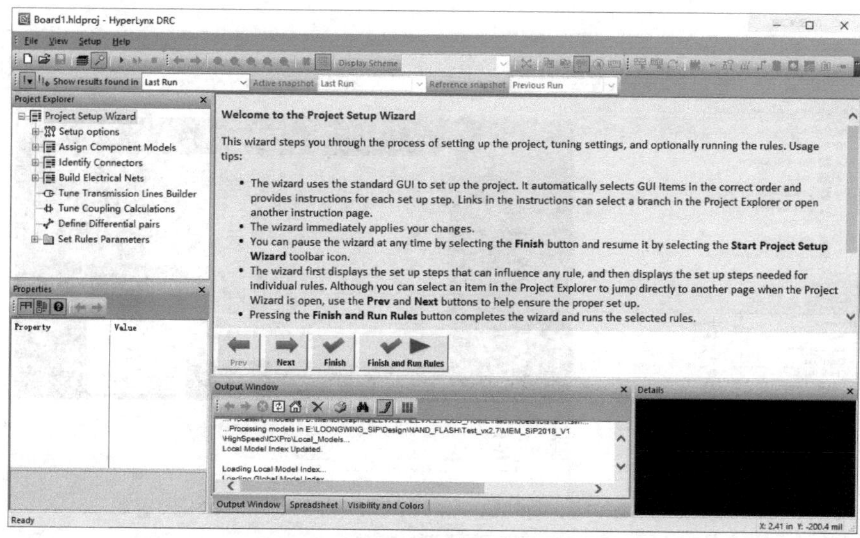

图 21-44　HyperLynx DRC 设置向导界面

表 21-1　HyperLynx DRC 参数设置表

	设置条目	设置位置	参考值	说明
1	Set Project units	Setup→Options→Units	Metric，Micron	其他保持默认值
2	Set Default Values	Setup→Options→Default values	Stackup()；Component()；Electrical Net(50M, 2ns, 100mA, 3.3V)；Physical Net	主要设置电气网络参数，其他可保持默认值
3	Set Project Paths	Setup→Options→Paths	Local Model Directory =E:\Project\Sim_Models	相关路径设置
4	Assign Component Models	Setup→Options→Models	Assign by part name	模型指定设置
5	Identify connector	/	/	本设计中没有
6	Build Electric Nets	Project Explorer	Frequency(50M) Voltage(3.3V)	主要设置网络频率和电压
7	Identify Constant Nets	Project Explorer	VCC,VSS	常量网络
8	Identify Series Components	/	/	本设计中没有
9	Tune Transmission Lines Builder	Setup→Options→Transmission line	Ground Search Distance on (100um)，Minimum TLine Length(50um)	设置距离及最小传输线尺寸
10	Tune Coupling Calculations	Setup→Options→Coupling	Coupling Distance(150um)	其他保持默认值
11	Define Differential Pairs	/	/	本设计中没有
12	Set Rule Parameters	Project Explorer	No Change	保持默认值

设置完成后单击 Finish 按钮，设计数据和相关参数导入 HyperLynx DRC，包括 Layers、Components、Electrical Nets、Physical Nets、Net Classes 等，如图 21-45 所示。

当前版本的 HyperLynx DRC 中包含 5 大类，总共 82 条规则，分别针对不同设计的各种复杂情况，需要根据设计的特点进行选择。

本例中的设计是数字电路，我们可以忽略 Analog 规则，在 SI、PI、EMI 和 Safety 中进行选择。在本例中共选择 11 个检查项目进行检查，检查项目情况如表 21-2 所示。设计人员可根据自己项目的实际情况选择相应的检查项。

图 21-45　设计数据和相关参数导入 HyperLynx DRC

表 21-2　本例中的检查项目情况

检查类别	检查项目	是否通过	问题分析	解决方法
SI	Termination Check	Pass	/	/
	Trace Shielding	Pass	/	/
	Many Vias	Error	过孔数量超出设定值	修改设计/更改设定值
PI	Power/Ground Width	Warning	部分线宽小于设定值	可以允许
	Ground Layer	Pass	/	/
	PDN Via Count	Pass	/	/
EMI	Net Crossing Gaps	Pass	/	/
	Return Path	Pass	/	/
	Via Sub Length	Pass	/	/
Safety	Multi-layers Creepage Distance	Setup Error	该设计被识别为 Rigid Flex，无法检查此项	Skip Check
	Same-layer Creepage Distance	Setup Error	同上	Skip Check

设置完成后单击 Execute Rules 按钮▶，运行规则检查和验证。检查完成后展开 Rules，可以看到 Check 复选框的底色有的变为红色，有的变为绿色，红色表明此项规则在设计规则检查中未通过，绿色表明此项规则通过设计规则检查。

下面对表 21-2 中的检查情况进行详细阐述。

（1）在 SI 类别中选择了 3 个检查项目，其中 Termination Check 和 Trace Shielding 检查通过，Many Vias 检查未通过，出现了错误，原因在于部分网络过孔数量超出设定值。在 Project Explorer 窗格中展开检查结果，并选择违反规则的网络，违反规则的网络会高亮显示，如图 21-46 所示，在窗口下方的 Spreadsheet 窗格中可以查看该网络的过孔数量。

解决此问题的方法如下：① 在 Xpedition 中修改问题网络，减少过孔数量；② 如果此网络并非高速网络，可以放宽检查条件。例如，将网络最大允许的过孔数量更改为 10，则此类网络可通过检查。读者可根据自己项目的实际情况进行选择。

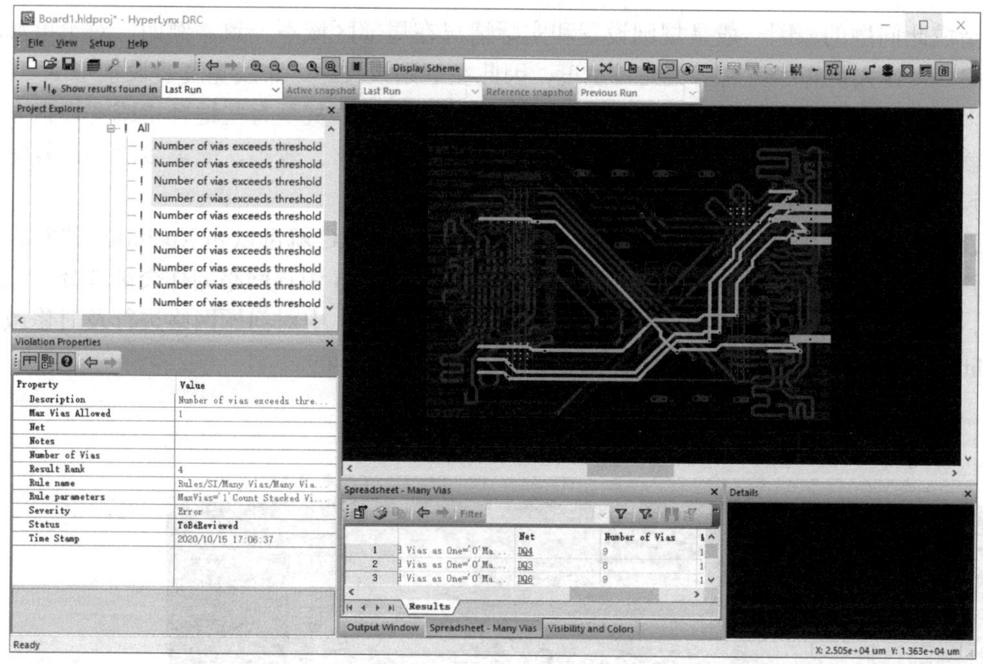

图 21-46　违反规则的网络高亮显示

（2）在 PI 类别中选择了 3 个检查项目，其中 Ground Layer 和 PDN Via Count 检查通过，Power/Ground Width 检查未通过，出现了警告，原因在于 VCC 和 VSS 的部分布线宽度小于设定值。

在 Project Explorer 窗格中展开检查结果，并选择相应的条目，被选择的网络会高亮显示，如图 21-47 所示的 VCC 网络布线宽度小于设定值的部分被高亮显示。

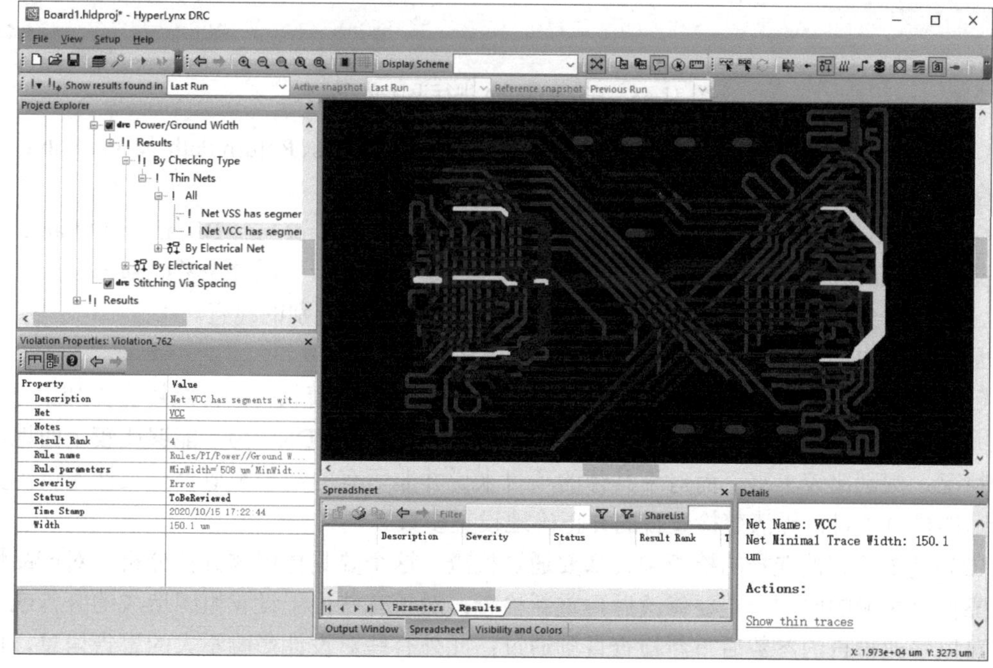

图 21-47　VCC 网络布线宽度小于设定值的部分被高亮显示

造成此问题的原因一般是规则设置和实际情况在局部区域不一致。例如，对于电源和接地网络，设计人员想尽可能增大布线宽度，因此在规则设置中，布线宽度要设置得尽可能宽，这在多数区域是可以满足的，但在有些密度比较大的区域，甚至有些键合指或者焊盘本身的宽度就小于设定值，就需要手动将线宽缩小。这些区域通常比较小，此类线段也比较短，不会对设计造成影响，通常是被允许的。

在 HyperLynx DRC 窗口中单击按钮，HyperLynx DRC 就可以和 Xpedition 进行设计交互检查。在 HyperLynx DRC 中选择任何网络，在 Xpedition 中该网络同样会被选择并且高亮显示，这就增加了交互检查的便利性，也便于在 Xpedition 中对问题网络进行及时修改。在 Xpedition 进行设计交互检查如图 21-48 所示。

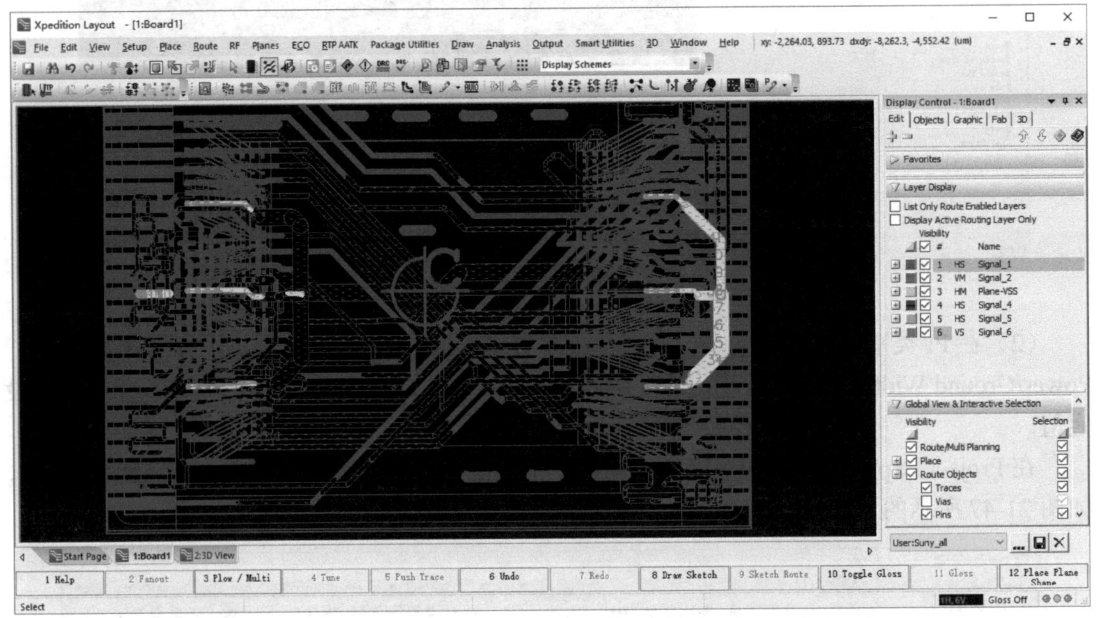

图 21-48　在 Xpedition 进行设计交互检查

（3）在 EMI 类别中选择了 3 个检查项目，Net Crossing Gaps、Return Path 和 Via Sub Length 3 个检查目项均通过。

（4）在 Safety 类别中选择了 2 个检查项目，Multi-layers Creepage Distance 和 Same-layer Creepage Distance，2 个检查项目均没有通过，原因是设计类型不适合。考虑到该设计电压比较低，一般不会出现违反安规的问题，也可以不进行 Safety 类别的检查。

最后总结如下。

（1）HyperLynx DRC 包含了 5 大类共 82 个规则，并且随着软件的升级还会更加丰富，此外还允许用户自定义规则。实际的设计千差万别，HyperLynx DRC 为了能够比较全面地覆盖各种情况，规则比较丰富。而对于具体的项目来说并非所有的规则都适合。设计人员需要选择合适的检查项目，弄清楚检查目的并正确地设置参数。

（2）是否所有被选择的检查项目都要通过检查，这个要具体问题具体分析，对产品性能和可靠性有影响的问题一定要修改后再重新检查；对于有些由于设置原因造成的警告或者报错，可以修改检查的参数后重新检查直到通过；此外有些对设计影响不大的警告信息，可以选择接受或者忽略，并在下一次设计中注意并逐步提升。

21.8　HDAP 物理验证

在进行高密度先进封装（HDAP）物理验证之前，很多人都会有一个疑问：设计完成后，我们已经在封装设计工具中执行了 DRC 操作，设置的规则也能够满足工艺的要求，为什么还需要专门进行物理验证呢？

这其实和 HDAP 的特点紧密相关，对于传统的封装，版图设计工具 Layout 301 和 XPD 内嵌的 DRC 工具已经足够可以帮助设计人员进行检查和验证。而对于 HDAP 中的 3D 和 2.5D 集成设计，因为用到硅工艺，而且其密度和复杂程度也越来越高，其生产工艺和 IC 工艺本身也有逐渐融合的趋势，传统的 DRC 工具已经难以满足其物理验证的需求，需要有专门的验证工具，这类工具通常是从 IC 验证工具中衍生并重新配置而来的，如 Calibre 3DSTACK。

21.8.1　Calibre 3DSTACK 工具介绍

Calibre 是业界最具影响力的 IC 版图验证工具，由于 IC 设计和 HDAP 设计的融合性，以及 3D 和 2.5D 集成都需要在硅材料上进行布线（RDL）和打孔（TSV），Calibre 专门针对 3D 和 2.5D 集成设计开发了 Calibre 3DSTACK。

Calibre 3DSTACK 扩展了 Calibre 芯片级别的物理验证，以实现对各种 2.5D 和 3D 堆叠芯片的完整签核验证。利用 Calibre 3DSTACK，设计人员可以在任何工艺节点对完整的多芯片系统进行设计规则检查（DRC）和单个芯片的布局与原理图（LVS）检查，而不必破坏当前的工具流程或需要新的数据格式，从而大大缩短了生产输出的时间。3DSTACK 使用标准 Calibre DRC、Calibre LVS 和 Calibre DESIGNrev 许可证功能，不需要新的许可证（License）。

尽管标准的 Calibre 支持晶圆厂认证的 DRC 和 LVS 比较，Calibre 3DSTACK 扩展了 Calibre 芯片级签核验证功能，以实现堆叠芯片组件的完整设计验证。Calibre 3DSTACK 可用于验证各种堆叠的芯片组件，如 3D 结构堆叠存储器、堆叠传感器阵列、基于中介层的 2.5D 结构或 WLP 晶圆级封装的布线。

Calibre 3DSTACK 基于规则组中的封装信息（芯片堆叠顺序、x/y 位置、旋转和方向等），对芯片设计之间的接口几何结构，包括凸点、BGA 焊球、硅通孔或铜对铜键合，执行所有 DRC 和 LVS 检查，并且可以支持不同工艺流程的芯片。

传统的 DRC 和 LVS 验证工具假设层是共面的，即位于同一个 GDSII 层上的多边形位于相同垂直平面上。2.5D 和 3D 集成结构包含多个芯片，可能在同一个 GDSII 层上的图形在不同的垂直深度上就代表了完全不同的几何体。当用传统工具验证 2.5D 和 3D 设计时，具有相同 GDSII 层的多个芯片之间可能会出现层冲突。

Calibre 3DSTACK 独特地标识了组件中每个芯片放置层的几何结构，允许在芯片之间进行精确检查。通过支持多个芯片的灵活堆叠配置，Calibre 3DSTACK 最大限度地减少了对现有验证流程的干扰，同时为设计人员提供了跨工艺节点和堆叠配置（基于中介层的 2.5D 和全 3D 堆叠）的最大灵活性。Calibre 3DSTACK 能够区分每个芯片放置的层，使设计人员能够验证每个芯片的物理属性（偏移、缩放、旋转等），同时还可以跟踪中介层或芯片对芯片接口的连接。Calibre 3DSTACK 提供了可扩展性，能够在将来集成新的提取和验证解决方案。

Calibre 3DSTACK 功能框图如图 21-49 所示。

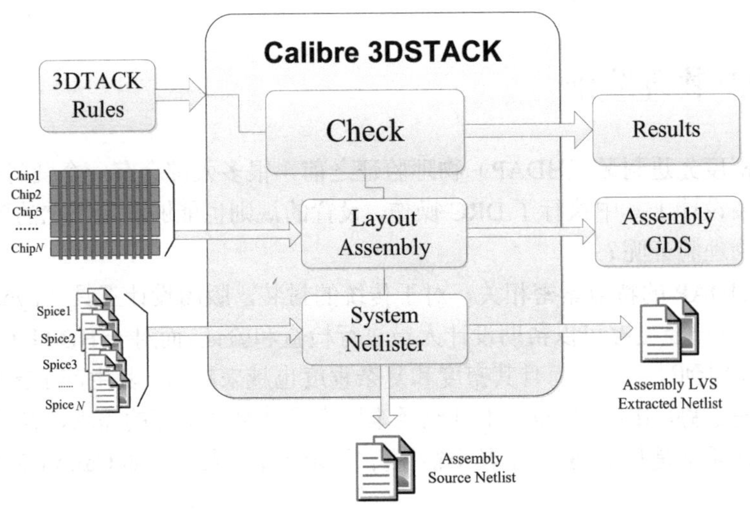

图 21-49　Calibre 3DSTACK 功能框图

21.8.2　HDAP 物理验证实例

本节通过 HDAP 设计实例对 Calibre 3DSTACK 物理验证流程进行简单的介绍。

需要说明的是，因为 Calibre 3DSTACK 目前只能运行在 Unix 或者 Linux 环境中，为了能和 XSI 或者 XPD 协同工作，最好能将 XSI/XPD 与 Calibre 3DSTACK 一同安装在 Linux 环境中，也可以在 Windows 环境中安装 XSI 或者 XPD，在 Linux 环境中安装 Calibre 3DSTACK 来解决。

下面，通过 Windows 环境配合在 RHEL7 虚拟机环境中进行 HDAP 物理验证实例的流程介绍。如果 Windows 环境支持就在 Windows 中进行操作，否则就在 RHEL7 Linux 环境中进行操作。

1. 配置 Calibre 3DSTACK 向导

以本书第 19 章设计完成的 HBM-HDAP 为例来配置 Calibre 3DSTACK，设计中有两个 Floorplan：Interposer 和 Substrate。图 21-50 所示为 XSI 中的 Interposer Floorplan。

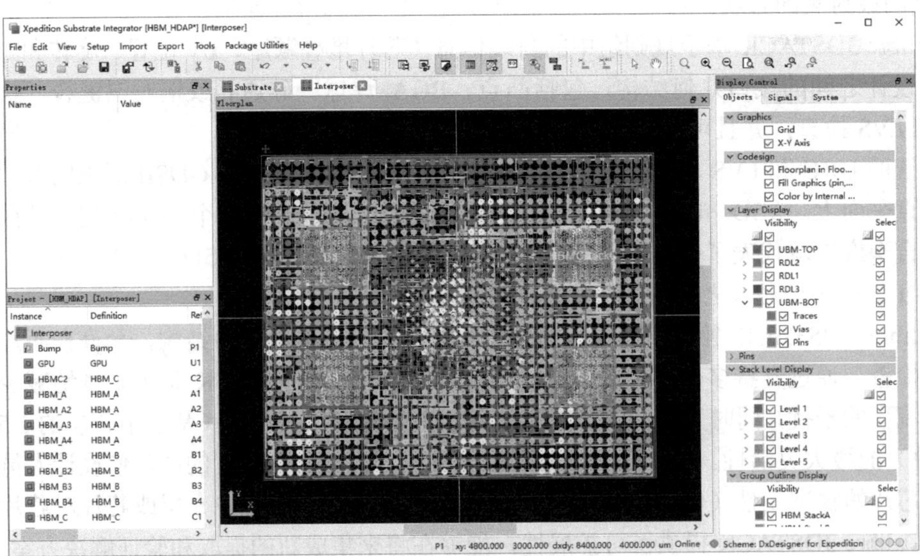

图 21-50　XSI 中的 Interposer Floorplan

在 XSI 中，选择 Package Utilities→Calibre 3DSTACK Wizard 菜单命令，启动 XSI Calibre 3DSTACK Wizard，如图 21-51 所示。

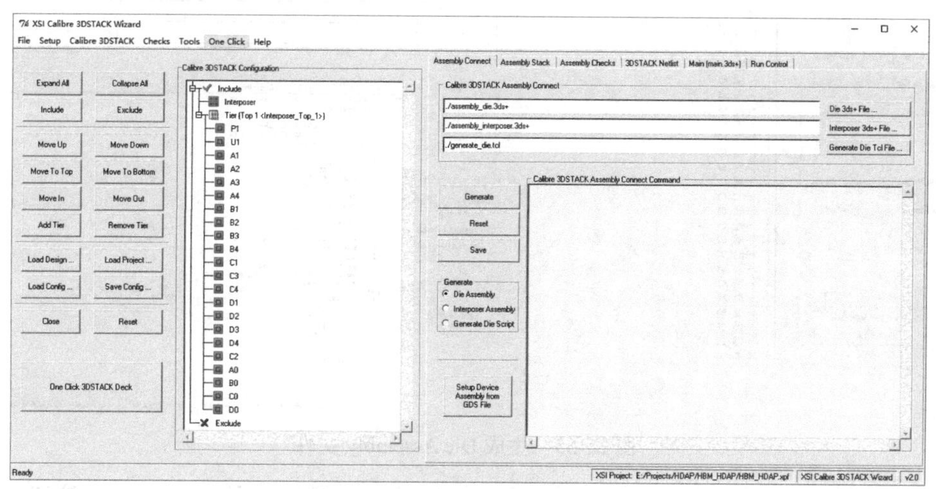

图 21-51　启动 XSI Calibre 3DSTACK Wizard

在 XSI Calibre 3DSTACK Wizard 窗口中，选择 Tools→Property Manager 菜单命令，弹出 Property Manager 窗口，选中 Interposer 并在菜单栏中选择 3DSTACK→Design 为 Interposer 添加属性和值，如图 21-52 所示。

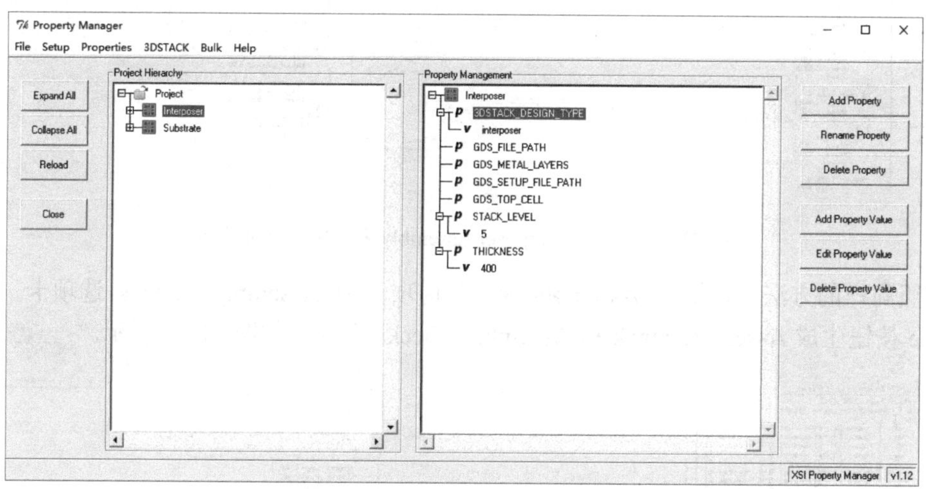

图 21-52　为 Interposer 添加属性和值

在 Property Manager 窗口中选中 Substrate 并在菜单栏选择 3DSTACK→Design→Exclude→Yes，将 Substrate 排除在此次验证之外。选中 Interposer 并在菜单栏选择 3DSTACK→Design→Exclude→No，将 Interposer 包含在此次验证之内。关闭 Property Manager 返回 XSI Calibre 3DSTACK Wizard 窗口。

2. 生成 Calibre 3DSTACK 文件

我们从装配连接开始配置，包含芯片装配文件、中介层装配文件和芯片 TCL 文件。在 3DSTACK 向导中，选择装配连接（Assemble Connect）选项卡，选择 Die Assembly 选项，单击 Generate 按钮可生成 Die Assembly 文件，如图 21-53 所示。

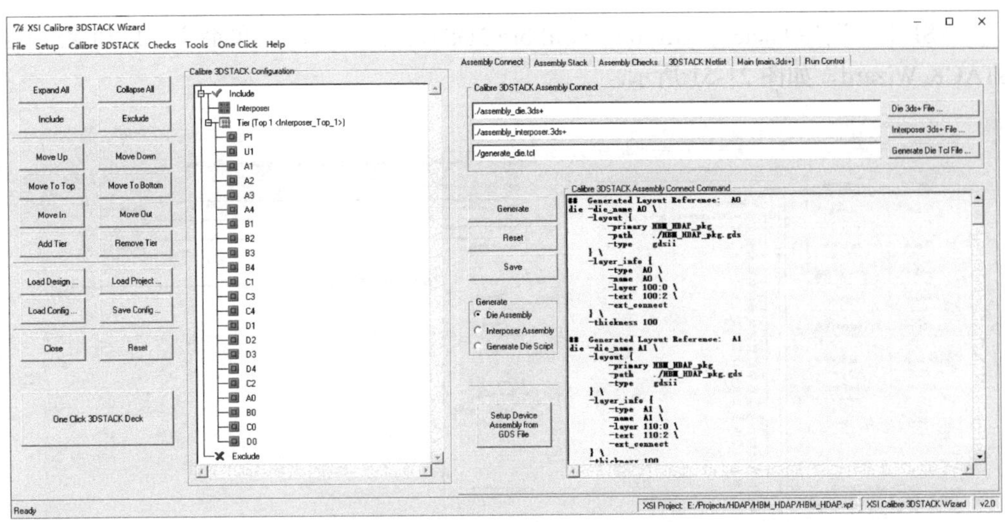

图 21-53　生成 Die Assembly 文件

分别选择 Interposer Assembly 和 Generate Die Script 选项，单击 Generate 按钮，可生成 Interposer Assembly 和 Die Script 文件，如图 21-54 所示。

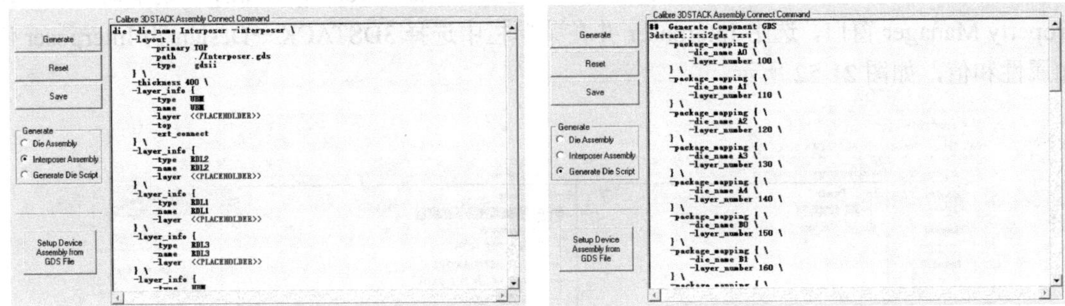

图 21-54　生成 Interposer Assembly 和 Die Script 文件

按照同样的方法，切换到 Assembly Stack 选项卡和 Assembly Checks 选项卡，并通过 Generate 按钮生成 Assembly Stack 和 Assembly Checks 文件，如图 21-55 所示。

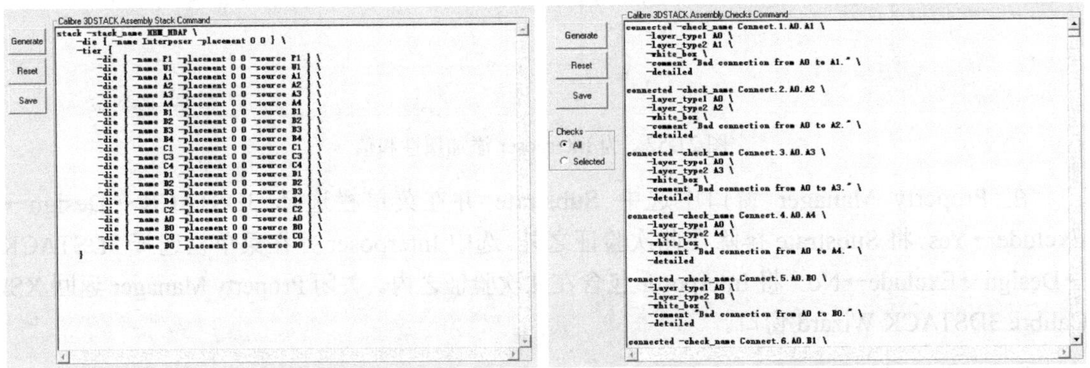

图 21-55　生成 Assembly Stack 和 Assembly Checks 文件

切换到 3DSTACK Netlist 选项卡，单击 Generate Calibre 3DSTACK Netlist 按钮，生成 Generate Calibre 3DSTACK Netlist 文件，如图 21-56 所示，该文件保存在设计的 3DSTACK 目录下。

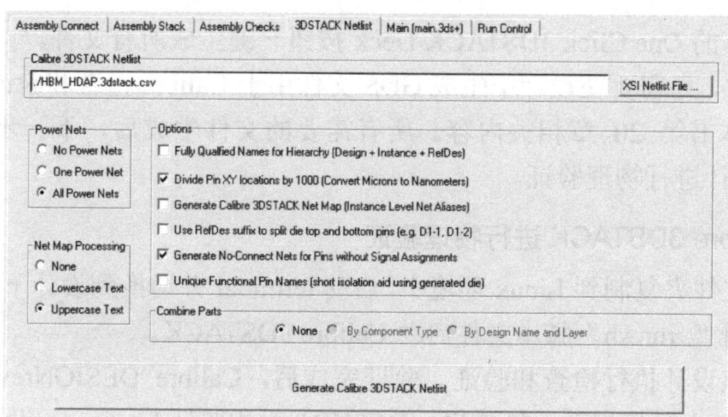

图 21-56　Generate Calibre 3DSTACK Netlist 文件

切换到 Main (main.3ds+) 选项卡，选择所有的 3ds+文件生成 3ds+ Main File 文件并保存，如图 21-57 所示。

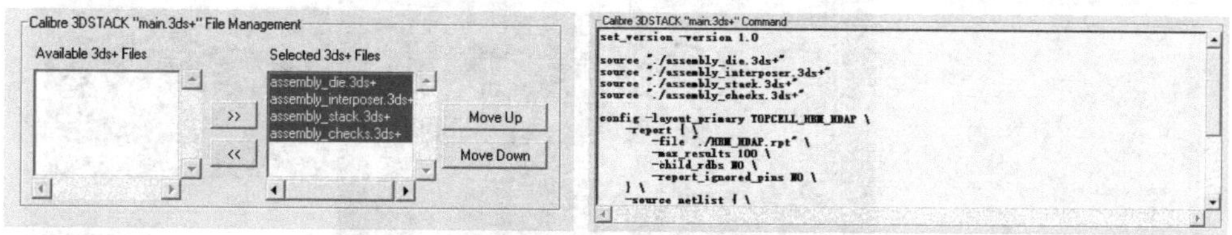

图 21-57　生成 3ds+ Main File 文件并保存

切换到 Run Control 选项卡，生成 run.sh、clean.sh、specs.svrf 文件并保存，如图 21-58 所示。

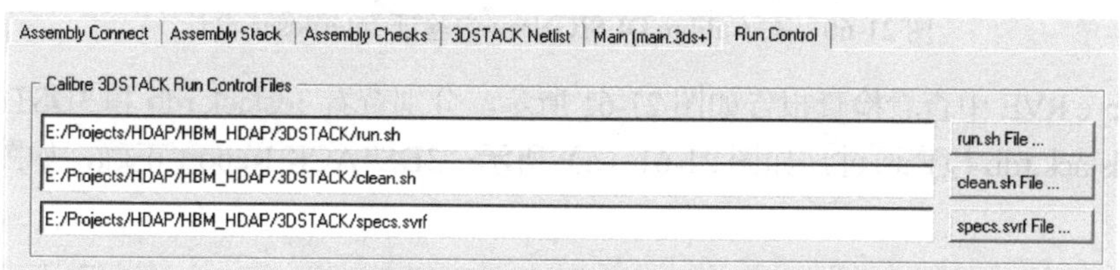

图 21-58　生成 run.sh、clean.sh、specs.svrf 文件并保存

至此，所有需要的文件都已经生成并保存在 3DSTACK 文件夹中，如图 21-59 所示。

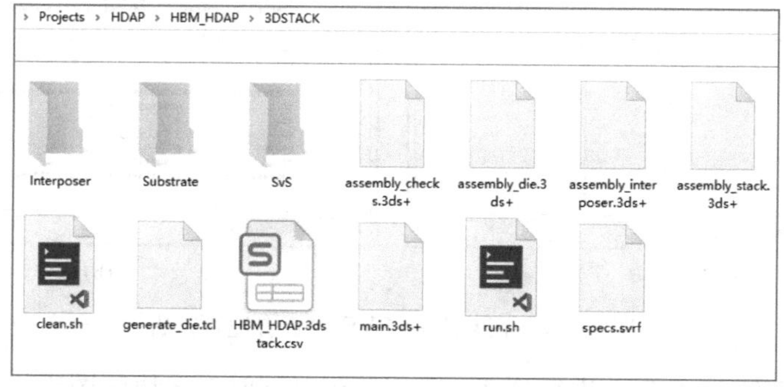

图 21-59　生成的文件都保存在 3DSTACK 文件夹中

前面介绍的都是手动生成所需文件，设计人员熟悉各文件的功能和流程后也可以通过单

击 XSI 窗口左下方的 One Click 3DSTACK Deck 按钮一键生成所有文件。

除了上述文件，还需要在设计中生成 GDS 文件用于 Calibre 检查和验证。关于 GDS 文件的生成，请参考本书第 20 章相关内容。所有需要的文件生成后，下一步就是通过 Calibre 3DSTACK 对该设计进行物理验证。

3. 通过 Calibre 3DSTACK 进行物理验证

将整个设计文件夹复制到 Linux 环境中，启动 terminal 并切换到设计下方的 3DSTACK 文件夹中，通过调用“./run.sh”脚本文件启动 Calibre 3DSTACK。

系统自动对该设计执行检查和验证。验证完成后，Calibre DESIGNrev 和 RVE（Results Viewing Environment）环境启动，在 Calibre DESIGNrev 中验证 Interposer 设计如图 21-60 所示。

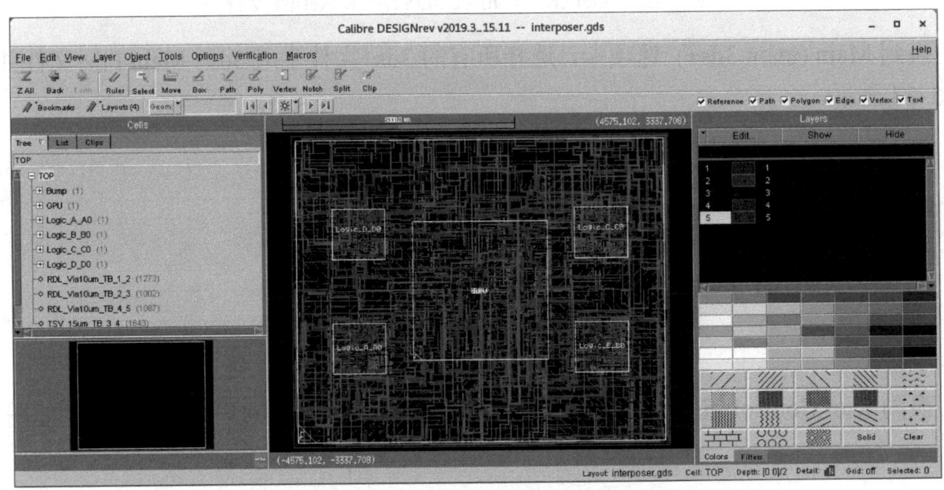

图 21-60　在 Calibre DESIGNrev 中验证 Interposer 设计

在 Calibre RVE 中查看检查报告如图 21-61 所示，分别查看 3dstack.rdb 和 3DSTACK Report，该设计中 3dstack.rdb 检查通过，如图 21-61（a）所示；3DSTACK Report 正确，如图 21-61（b）所示。

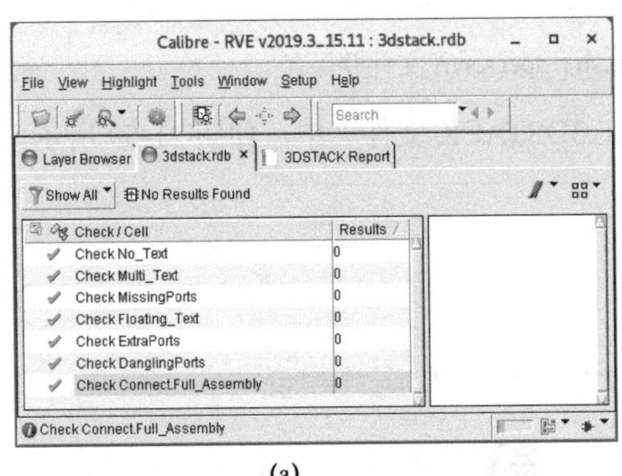

(a)

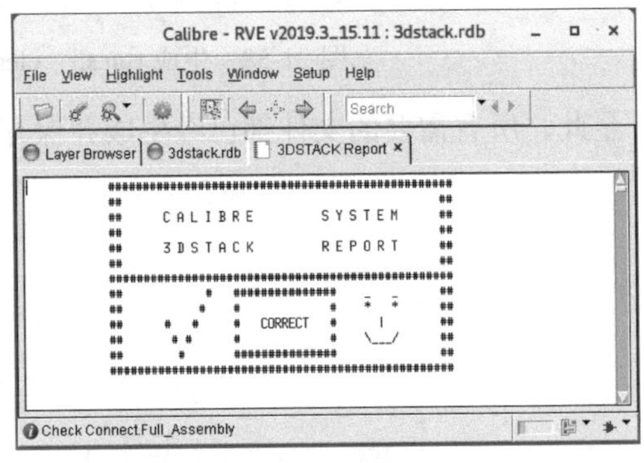

(b)

图 21-61　在 Calibre RVE 中查看检查报告

除了对单个版图用 Calibre 进行验证，我们还可以同时对多块版图进行验证。例如，设计中包含了 Interposer 和 Substrate 两块版图，在生成 3DSTACK 文件时，需要将两块版图数据都包含在内。

在 Property Manager 窗口中，选中 Interposer 并选择 3DSTACK→Design→Exclude→No 菜单命令，然后选中 Substrate 并选择 3DSTACK→Design→Exclude→No 菜单命令，将 Substrate 和 Interposer 都包含在此次验证之中。

关闭 Property Manager 窗口，返回 XSI Calibre 3DSTACK Wizard 窗口，单击 One Click 3DSTACK Deck 按钮一键生成所有文件，然后执行上面类似的检查。

在 3DSTACK 文件夹中，通过调用“./run.sh”脚本文件启动 Calibre 3DSTACK。

系统自动对该设计执行检查和验证，验证完成后启动 Calibre DESIGNrev 和 Calibre RVE 环境，在 Calibre DESIGNrev 中验证整体设计如图 21-62 所示。然后，在 Calibre RVE 环境中查看 3dstack.rdb 和 3DSTACK Report。

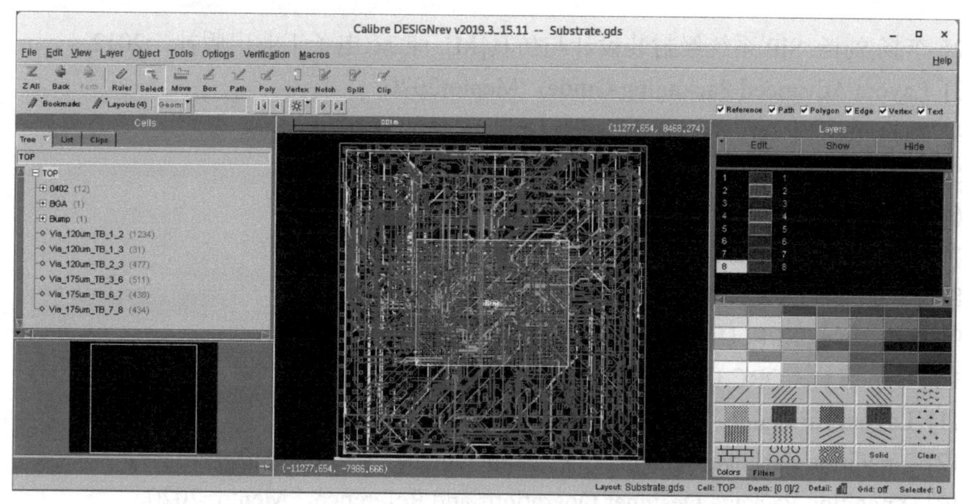

图 21-62　在 Calibre DESIGNrev 中验证整体设计

除了上述检查和验证，在 Calibre 中可执行的检查项目非常丰富。例如，布线锐角检查、布线密度检查、连接性检查、Pad 中心对准检查和 Pad 重叠检查等。由于篇幅关系，本书不一一介绍，读者可参考 Mentor Calibre 软件相关资料。

在某项目中，在 Calibre 中执行 Pad 重叠检查的结果如图 21-63 所示。通过此类检查，我们可以及时发现在 3D 设计中位于芯片堆叠中的元器件之间由于建库等原因造成的上下层错位现象，或者在 2.5D 设计中避免芯片引脚和 Interposer 焊盘之间的错位现象。

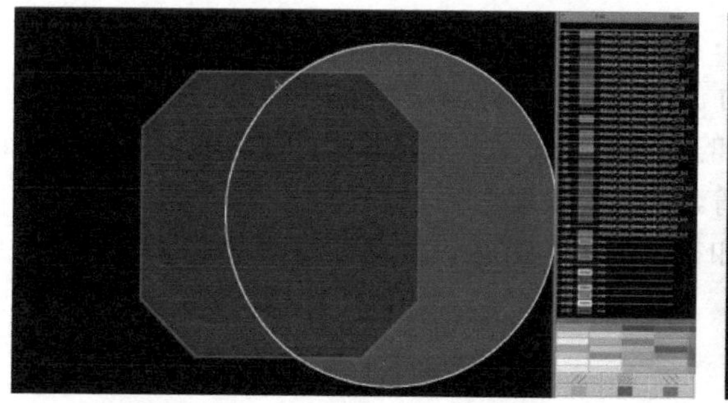
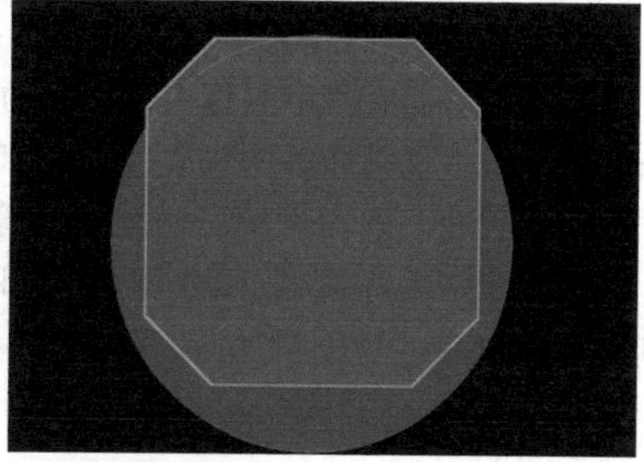

图 21-63　在 Calibre 中执行 Pad 重叠检查的结果

通过 Calibre 3DSTACK 完备的物理验证功能，可以有效地保证设计输出数据的正确性和可靠性，从而提升产品研制的一次成功率。

第 2 部分参考资料及说明

第 2 部分参考资料：

[1] Suny Li (Li Yang).SiP System-in-Package design and simulation[M]. New Jersey: WILEY, 2017.

[2] 李扬,刘杨. SiP 系统级封装设计与仿真[M]. 北京:电子工业出版社，2012.

[3] Layout Advanced Packaging Guide，Mentor2020.

[4] Xpedition Library Manager User’s Guide，Mentor 2020.

[5] Xpedition Designer User's Guide，Mentor 2020.

[6] Constraint Manager User's Manual，Mentor 2020.

[7] Layout Operations and Reference Guide，Mentor 2020.

[8] Layout 3D Design Guide，Mentor 2020.

[9] HyperLynx SI/PI User Guide，Mentor 2020.

[10] HyperLynx DRC User Guide，Mentor 2020.

[11] Layout RF Guide，Mentor 2020.

[12] Xpedition Package Designer 3D Design Guide，Mentor 2020.

[13] Xpedition Package Designer Operations and Reference，Mentor 2020.

[14] Xpedition Package Designer Quick Start Guide，Mentor 2020.

[15] Xpedition Substrate Integrator Quick Start Guide，Mentor 2020.

[16] Xpedition Substrate Integrator Guide，Mentor 2020 .

[17] Xpedition Substrate Integrator User's and Reference Manual，Mentor 2020.

[18] HyperLynx Advanced Solvers User Guide，Mentor 2020 .

[19] Concurrent Design Administrator's Guide，Mentor 2020.

[20] Xpedition Layout Team User's Guide，Mentor 2020.

第 2 部分说明：

Fan-In 在有的文献中写作 Fan-in，为了和 Fan-Out 对应，本书中 In 首字母也采用大写。此外，软件的半自动布线中也有 Fanout 的概念，是指从焊盘上引出布线并打孔，和 Fan-Out 的含义是不同的，读者需要注意不要混淆。

此外，有些工具菜单上的英语字符和标准的英语有少许出入，一般在文字中描述时以菜单中的字符为准。

第 3 部分

项目和案例

第 22 章　基于 SiP 技术的大容量存储芯片设计案例

作者：李扬，安军社

关键词：大容量存储器，大容量存储芯片，封装体堆叠，芯片堆叠，陶瓷管壳，设计仿真，兼容性，原理图设计，版图设计，多层键合，延时计算，结构设计，封装测试，晶圆减薄，划片，Mapping 图，KGD，机台测试，测试向量，系统测试，成本比例，技术参数比较

22.1　大容量存储器在航天产品中的应用现状

无论是在航空航天领域还是在其他技术领域，数据存储都是至关重要的环节。例如，应用在中国载人航天工程“神舟”系列飞船中的大容量存储器，承担着存储飞船上各种设备收集到的数据的重要任务。飞船上的微重力探测器、卷云探测器、电泳仪、成像光谱仪、空间相机、地球辐射收支仪、太阳紫外线光谱监视仪、太阳常数监测器、大气密度探测器、大气成分探测器、细胞生物反应器、多任务空间晶体生长炉、空间蛋白质结晶装置、固体径迹探测器、有效载荷公用设备等众多空间设备和仪器收集到数据都会通过飞船上的高速总线传递到大容量存储器中进行存储，然后在飞船过境时通过发射机传输到地面接收站。

当飞船位于地面接收站的接收范围之外进行环绕地球飞行时，所有的试验数据都需要存储在大容量存储器中，因此，大容量存储器的存储容量就显得至关重要。

由于飞船上的空间和承载能力有限，所以对所有设备的质量和体积都有严格的要求。如何在有限的体积和质量内实现最大容量的存储呢？工程技术人员想了很多办法，最终解决方法落实在提升大容量高存储芯片的存储容量上。由于飞船等航天器对设备可靠性、抗震能力、抗冲击能力等要求很高，所以航天器上的大容量存储器一般不采用磁盘、光盘等介质，而是采用基于 Nand Flash 的闪存芯片，闪存芯片的容量就显得非常重要了。

如今，3D IC 等新技术已经出现并被逐渐应用于闪存芯片上。例如，通过当前流行的 3D NAND 技术来提高存储容量相对容易，不过这些新技术目前还没有经过长时间的工程可靠性验证，所以对于航天设备的应用来说还为时尚早。另外，新的 3D NAND 闪存芯片在擦写次数上也难以满足航天设备数据的长期存储、高强度存储要求。

目前，为了提高航天器上存储芯片的存储容量，常用的技术方法是芯片堆叠封装技术，即将封装好的存储芯片垂直堆叠起来，并进行二次封装。这种技术的特点是实现方式相对简单、直接。首先需要对封装芯片进行筛选，然后对其进行引脚拉直、封装堆叠、塑封灌封、切割打磨、电镀、互连成型等工艺流程操作。目前采用芯片堆叠封装技术的厂家主要有 3D Plus、三菱等，国内有些公司和研究所也正在积极研究这种技术，开发基于此类技术的产品。图 22-1 所示为基于封装体堆叠技术的大容量存储芯片。

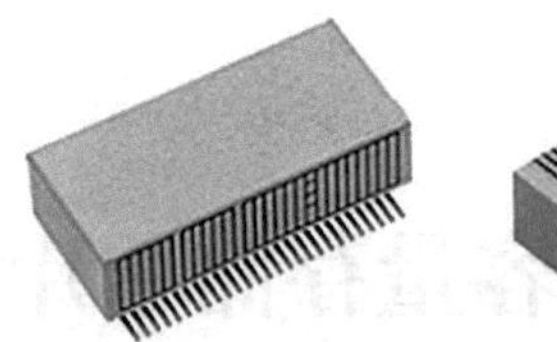
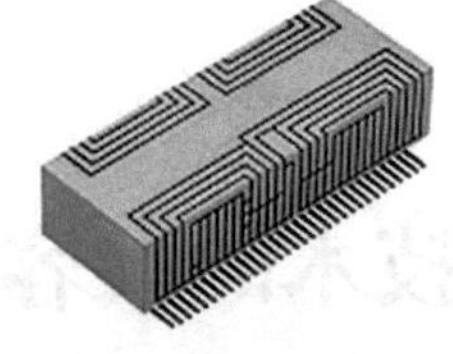

图 22-1　基于封装体堆叠技术的大容量存储芯片

芯片堆叠封装技术在很大程度上提高了存储颗粒的存储密度，解决了航天器应用器件需要在有限的体积和质量内实现最大存储容量的问题。但是，采用这种技术生产的存储器也有其固有问题，主要有以下三个问题。

① 由于存储器采用塑封器件进行堆叠二次封装，所以其本身是塑封器件，无法解决航天器应用中要求的气密性问题；

② 由于存储器采用封装体堆叠技术，所以一般厚度和质量都比较大（器件高度基本在 10 mm 以上），这就导致其惯性比较大，在震动和冲击试验中容易出现问题；

③ 由于存储器结构的限制，芯片之间以及芯片和封装引脚的电气互连通过封装体表面的电镀线进行连接，这类电镀线仅能起到简单的电气互连作用，而无法保证高速信号所需要的参考平面，以及高速数据总线等长的要求，所以这种存储器目前基本上只能应用在低速和对信号质量要求较低的领域。

要解决上述三个问题，必须寻找一种新的技术，减小大容量存储器的质量和体积，提升信号传输质量，解决气密性问题，从而提升航天产品的可靠性。

从当前技术的发展情况来看，SiP 技术是解决上述问题的首选技术。

22.2　SiP 技术应用的可行性分析

将 SiP 技术应用在大容量存储器上，要解决前面描述的传统封装体堆叠技术所存在的三个问题，才能提升产品质量，并取得市场的认可。具体的解决方法如下。

首先，在封装材质上选择陶瓷封装，可解决塑封无法解决的气密性问题。目前，陶瓷封装 SiP 技术在国内日渐成熟，能支持较为复杂的工艺，并已逐步应用在航天项目中。

其次，为解决由封装体堆叠导致的存储器体积和质量过大的问题，在封装技术上选择芯片堆叠的 3D SiP 技术，芯片堆叠技术在业界应用多年，目前属于比较成熟的技术。

最后，为了解决高速信号所需要的参考平面，以及高速数据总线等长的要求，在 SiP 基板设计时，需要合理设置地层或电源层作为参考平面，同时在布线时要考虑等长要求，合理分配封装引脚，并通过蛇形绕线等技术实现高速数据总线等长。

通过以上分析可以看出，采用 SiP 技术的确能解决传统封装体堆叠技术所存在的问题，从而使得产品在质量和性能上都取得巨大的提升。那么，将 SiP 技术应用在大容量存储器项目上能否取得成功呢？还需要具备以下三要素：裸芯片、设计仿真、生产测试。

22.2.1　裸芯片选型

1．裸芯片可能遇到的问题及解决方法

裸芯片（Bare Die 或 Bare Chip）通常指半导体元件在制造完成、封装之前的产品形式。裸芯片通常以晶圆形式（Wafer form）或单颗芯片（Die form）的形式存在，封装后成为半导体元

件、集成电路，或更复杂电路如 SiP 的组成部分。图 22-2 所示为晶圆或单颗芯片形式的裸芯片。

图 22-2　晶圆或单颗芯片形式的裸芯片

在国内，一些进口芯片难以购买，对于裸芯片更是如此。若一款 SiP 项目中所需要的部分裸芯片无法买到，往往会导致整个项目难以继续。根据以往的经验，通常的解决方法有以下四种。

① 采用国产芯片代替，目前国产芯片也是遍地开花，通常国际上比较著名的芯片厂商的产品在国内都可以找到对应的替代品，虽然在性能和容量等方面还无法达到国际同类产品的水准，但在很大程度上已经能够满足 SiP 项目的需要了。

② 采用同类芯片代替，例如 AD、DA、运算放大器等。这类裸芯片很多功能相近，可以通用，在满足设计指标的前提下，可以用能购买到的同类芯片替代。

③ 更改或者调整设计方案，对设计方案进行合理的裁剪。例如，一个完整的计算机系统并不一定要完全在一个 SiP 中实现，可以分成如系统主控 SiP、数据处理 SiP、接口管理 SiP 等模块，这样就比较容易设计出实现某一部分功能的 SiP 了，或者在 SiP 中采用 FPGA，通过软件编程实现相应的功能。

④ 如果实在找不到裸芯片但还必须在 SiP 项目中应用的芯片，可以采用小封装，如 CSP 封装、QFN 封装等工艺代替，这个需要项目组提前与生产厂家沟通工艺兼容性的问题。

以上四种方法在实际项目中都曾经有过实际应用案例，也取得了良好的效果，用户最终都做出了满意的 SiP 产品，实现了应有的功能。

2. 本案例中大容量存储器的裸芯片选型

本案例中所需的大容量存储器要求容量足够大，并且和前面提到的老产品有一定的兼容性，所以 Nand Flash 是首选。

Nand Flash 目前分为 SLC、MLC、TLC、QLC 等多种类型，具体介绍如下。

① SLC（Single Level Cell，单级单元），即 1 bit/cell，每个单元可存储 0 或 1 个二进制数，存储速度快，芯片寿命长，价格高（约为 MLC 价格的 3 倍以上），擦写次数为 60000～100000 次。

② MLC（Multi Level Cell，多级单元），即 2 bit/cell，每个单元可存储 4 个二进制数，存储速度一般，芯片寿命一般，价格一般，擦写次数为 8000～10000 次。

③ TLC（Trinary Level Cell，三级单元），即 3 bit/cell，每个单元可存储 8 个二进制数，也有 Flash 厂家称之为 8LC，存储速度慢，芯片寿命短，价格便宜，擦写次数约为 1000 次。

④ QLC（Quad Level Cell，四层单元），即 4 bit/cell，每个单元可存储 16 个二进制数，存储速度慢，芯片寿命短，价格便宜，擦写次数约为 1000 次。表 22-1 所示为四种类型的 Nand Flash 参数比较。

表 22-1　四种类型的 Nand Flash 参数比较

代号	全称	每个 Cell 存储位（可存储数值）	速度	寿命	价格	擦写次数
SLC	Single Level Cell	1bit (0, 1)	快	长	高	60000～100000 次
MLC	Multi Level Cell	2bit (00～11)	中	中	中	8000～10000 次
TLC	Triple Level Cell	3bit (000～111)	慢	短	低	约 1000 次
QLC	Quad Level Cell	4bit (0000～1111)	慢	短	低	约 1000 次

目前在 SSD（Solid State Disk，固态硬盘）中，采用 MLC 芯片的固态硬盘是主流，其价格适中，速度与寿命方面相对表现较好；而在低价 SSD 中普遍采用 TLC 芯片，如果正常使用，TLC 所谓的 1000 次擦写寿命也完全够用。目前多数智能手机主要采用 TLC 芯片存储，也有部分手机采用 MCL 芯片存储。新型闪存芯片 QLC 也已面世，QLC 每个 Cell 由四层单元组成，存储容量更大，价格也更便宜。

SLC 主要被用在一些高端应用中，对于可靠性要求高的领域，例如航天及卫星上的应用，SLC 是首选。本节介绍的案例中就选择了某型号的 SLC Nand Flash，目前，工艺比较成熟的 SLC 单颗裸芯片的最大存储容量为 16 Gbit，是本案例的最佳选择。

22.2.2　设计仿真工具选型

目前，SiP 设计软件主要由两家公司提供，Siemens EDA（Mentor）和 Cadence；SiP 仿真软件则有 Mentor、AnSys、Cadence、ADS 等多家公司提供。每款软件都有各自的特点和优势。

在选择 SiP 设计软件时，主要需要考虑其功能是否支持最新的 SiP 设计技术，如键合线（Wire Bonding）、芯片堆叠（Die Stacks）、腔体（Cavity）、倒装焊（Flip Chip）、重分布层（RDL）、扇入（Fan-in）、扇出（Fan-out）、2.5D/3D TSV、埋入式无源元器件（Embedded Passives）、参数化射频电路、多版图项目管理、多人实时协同设计、3D 实时 DRC 等。

在选择 SiP 仿真软件时，主要需要考虑能否方便地将设计数据导入，并正确识别各种设计元素；是否具备 SI、PI、EMI、热、电磁场等仿真功能，仿真精度及仿真速度能否满足项目要求等。

根据本案例中项目的特点，要求软件具有较强的 3D 设计能力，在芯片堆叠、复杂键合线，以及腔体结构方面较强的设计能力。综合比较而言，Siemens EDA 所提供软件的 3D 设计功能更加完善，对腔体和复杂键合线的支持也更好。

因此，本案例选择 Xpedition 作为 SiP 设计工具，仿真工具也根据项目需求选择相应的仿真工具。

22.2.3　生产测试厂家选择

一款 SiP 设计完成后，必须选择价格合理且质量可靠的生产和测试厂家进行生产和测试，才能够保证项目的最终成功。

一般情况下，塑料封装（简称塑封）、陶瓷封装（简称陶封）和金属封装的生产工艺完全不同，其设计规则的差别也很大，所以要根据项目情况提前选择不同类型的生产厂家。

在项目设计的过程中需要提前和相关厂家取得联系，了解厂家的工艺能力和生产制造要求，并以此为依据定义设计规则，这样设计出的产品才能满足生产制造的要求，即业内常说的可制造性设计（Design For Manufacture，DFM）。有时候，厂家为了争取更多项目，经常会将其极限生产能力报给用户，这时就需要合理地考核其常规生产能力和极限生产能力，尽量在其常规生产能力范围内进行设计，这样就避免了成品率过低或产品价格过高的问题。

另外，还需要了解厂家是否完全具备“基板 + 封装 + 测试”的能力，还是只具备其中某一项能力；需要和厂家协商好如何保证产品质量和生产进度，避免由于生产周期过长而导致项目延误。

因为本案例中项目的应用面向航天、卫星等高可靠性领域，因此，采用气密性的陶瓷封装是首选，并且应尽可能选择高等级的陶瓷管壳，以满足航天应用的特殊需求。陶瓷管壳一般由专门的生产厂家承制，厂家要有国家质量体系认证，并拥有航天产品生产资质。在设计产品时需要联系厂家，获取陶瓷基板设计规则，必要时要进行多次沟通确保产品设计与厂家生产能力相一致。

在选择封装和测试厂家时，同样需要选择有国家质量体系认证，并拥有航天产品生产资质的单位，单位选定后，需要就组装、键合、封装、测试等环节与厂家进行多次沟通。

22.3　基于 SiP 技术的大容量存储芯片设计

通过前面的描述可以得知，一个 SiP 项目成功的先决条件是能够获得所需要的裸芯片。在大容量存储器所需的 Nand Flash 裸芯片订货完成并拿到芯片资料后，选择设计仿真工具，选定生产测试厂家并进行过技术沟通，确认工艺可行后就可以进行基于 SiP 技术的大容量存储芯片设计工作了。

基于 SiP 技术的大容量存储芯片设计主要包括方案设计和详细设计等。

22.3.1　方案设计

1. 兼容性考虑

在方案设计时首先要考虑存储芯片的兼容性问题，包括尺寸兼容和功能兼容，即能够对现有产品进行原位替代。如果兼容性可以得到有效保证，客户只需用新的存储芯片直接替换原来的芯片，而无须对现有的产品做任何设计改动，这对客户来讲，自然是最理想的一种状态。

但是，由于新产品采用了气密性陶封，而原有产品采用塑封，两者在工艺上有很大的差别，所以未必能够做到完全兼容。

目前，从工艺能力上来说，塑封在线宽、线间距、过孔尺寸、过孔间距，以及键合指的尺寸和间距方面都比陶封要领先，再加上陶封经常需要特殊工艺和封装要求，所以同一款产品，如果分别设计为塑封和陶封，陶封尺寸一般都比塑封尺寸大，这就为兼容性设计带来挑战。

通过和生产工艺方反复沟通，不断优化设计，合理安排引脚焊接位置，新产品最终做到了和旧产品尺寸兼容和功能兼容。

2. 芯片堆叠方案

在方案设计中，由于要采用 3D 芯片堆叠的设计方案，所以选择何种堆叠方式则成为该 SiP 设计的关键。

在实际项目中，我们构思了多种方案，最终选定了在工艺实现上最简单实用的方案，从而也在一定程度上保证了后续产品的质量和可靠性。

下面对两种备选方案进行比较，讨论方案选择的思路。

首先，该 Nand Flash 芯片的 Die Pad 单边排列，客观上给芯片堆叠设计带来了一些便利。可以采用芯片交错的方式进行堆叠，具体堆叠方式则可以有多种选择。

图 22-3 显示的是基于芯片 1 阶交错堆叠的设计方案，该方案中，8 颗裸芯片依次交错堆叠。第 1 层芯片向左，第 2 层芯片向右，第 3 层芯片向左，依次类推，这种堆叠方式的好处是比较均衡，键合线之间的距离相对较远，不易出现搭丝等现象。

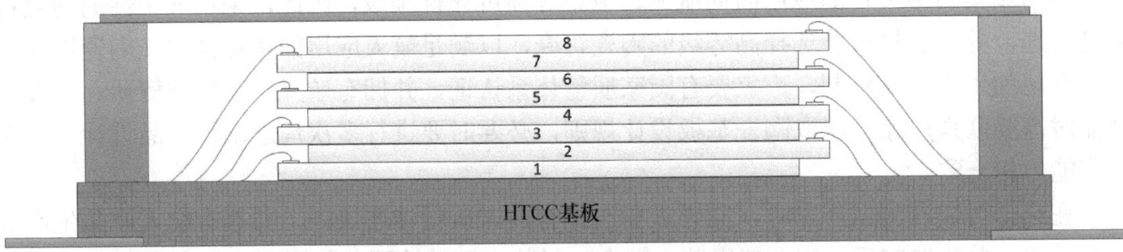

图 22-3　基于芯片 1 阶交错堆叠的设计方案

不过这种方案在工艺实现的时候会面临较大的问题，需要进行多达至少 4 次的热固化。每次芯片在键合前都需要加热固化，通过胶或者胶膜对芯片固定后才能够键合。由于其结构的原因，上层芯片遮挡了下层芯片的键合点位置，所以只能先键合 1-2 层芯片，然后再键合 3-4 层芯片，以此类推。每次键合前都需要进行热固化，多次热固化会对胶或胶膜的特性造成一定的影响，对可靠性造成一定的风险，另外，反复的热固化和键合也会导致工序复杂，影响工作效率。因此，从工艺角度考虑，图 22-3 并不是一个好的设计方案。

图 22-4 显示的是基于芯片 4 阶交错堆叠的设计方案，在该方案中，8 颗裸芯片的堆叠方式是：4 颗裸芯片键合点向左，错位向右堆叠在下方；另外 4 颗裸芯片键合点向右，错位向左堆叠在上方。裸芯片 1、2、3、4 位于下方，向左侧键合，裸芯片 5、6、7、8 位于上方，向右侧键合，为了右侧键合线不至于太长而影响稳定性，在基板上设计了腔体结构，腔体深度等于 4 颗芯片的厚度之和，左侧芯片键合在腔体底部，右侧芯片键合在腔体台阶之上，这样。两边的键合比较均衡，在工艺上也比较容易控制。

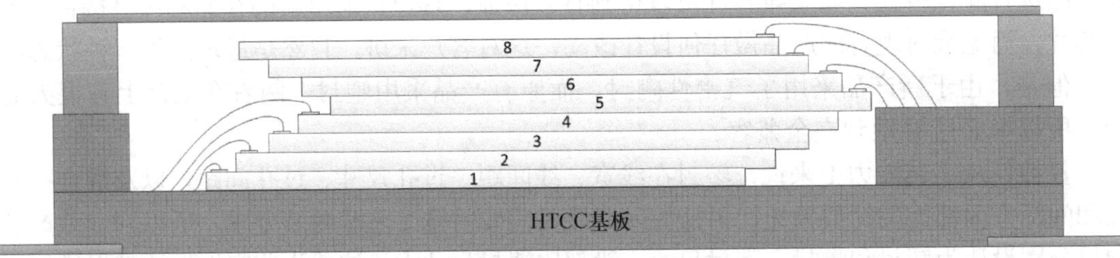

图 22-4　基于芯片 4 阶交错堆叠的设计方案

这种方案在工艺实现的时候需要两次热固化，大大降低了风险，加工效率也会有所提高。所以，图 22-4 所示的方案是我们最终选择的方案。方案设计完成后进入详细设计阶段。

22.3.2　详细设计

详细设计需要设计具体的封装尺寸、引脚定义、引脚间距、基板层叠规划、过孔定义、线宽/线间距设置，以及布局布线、等长设计、延时计算等，需要花费大量的时间与精力。

1．原理图设计

原理图设计主要定义芯片之间的连接关系，封装引脚的功能定义，以及芯片和封装引脚的连接。

数据总线 DQ0～DQ7 共享总线，命令锁存使能（CLE）、地址锁存使能（ALE）以及写保护（#WP）连接到一起并引出到封装引脚，统一进行操作；每个裸芯片的片选（#CE）、读使能（#RE）、写使能（#WE）以及“准备就绪/忙”状态信号（#RB）单独引出，可以单独控制和监测；封装引脚功能定义则参考传统的大容量存储芯片，并考虑功能的兼容性，部分大容量存储芯片原理图如图 22-5 所示。

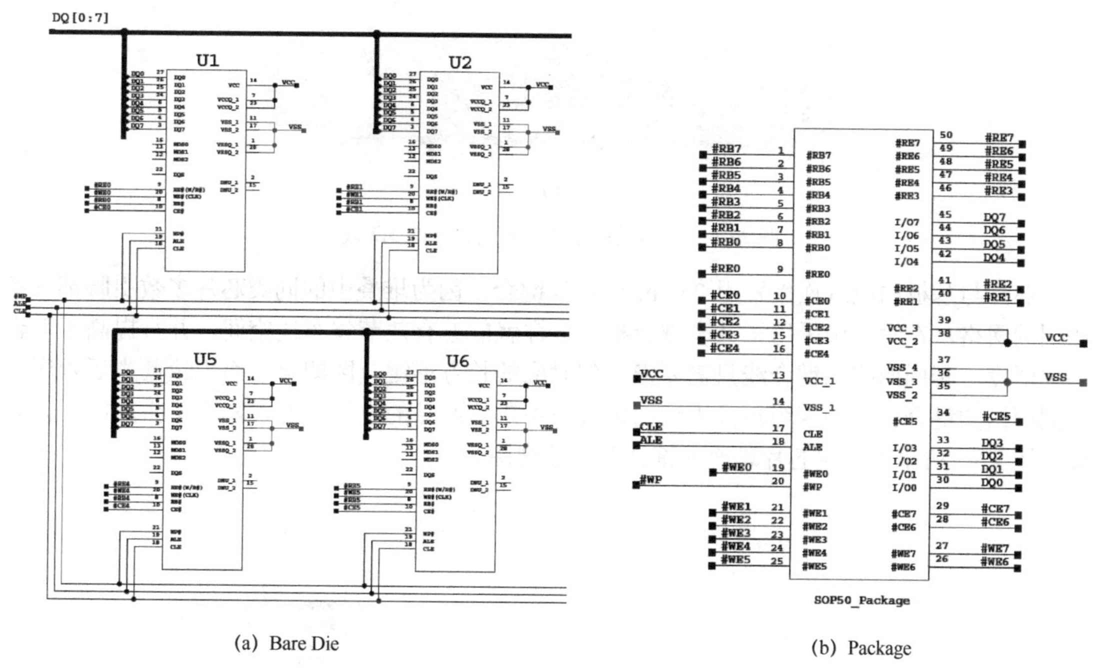

(a) Bare Die　　(b) Package

图 22-5　部分大容量存储芯片原理图

2．版图设计

考虑到尺寸和功能的兼容性，我们将封装尺寸定义为 19 mm×13.6 mm，其高度则需要根据基板层数、芯片堆叠厚度以及结构需要给出，开始可暂定为 3～4 mm。

根据网络的数量和交错程度、需要布线的层数，将该项目基板设置为 6 层，其中包括 2 层平面层均配给 GND 网络，4 层布线层将键合指和外部引脚互连，芯片引脚再通过键合线和键合指互连，从而实现了芯片和外部引脚的电气互连。

在版图详细设计阶段，采用 Xpedition Layout 301 作为 SiP 设计工具，这是目前 SiP 设计的主流工具，在 3D SiP 设计方面尤其具有优势，对腔体、芯片堆叠、复杂键合线有比较好的支持。

图 22-6 所示为大容量存储芯片版图设计的 3D 截图，其中图 22-6（a）为鸟瞰图，图 22-6（b）为侧视剖面图，从图中可清楚看出大容量存储芯片的立体结构。

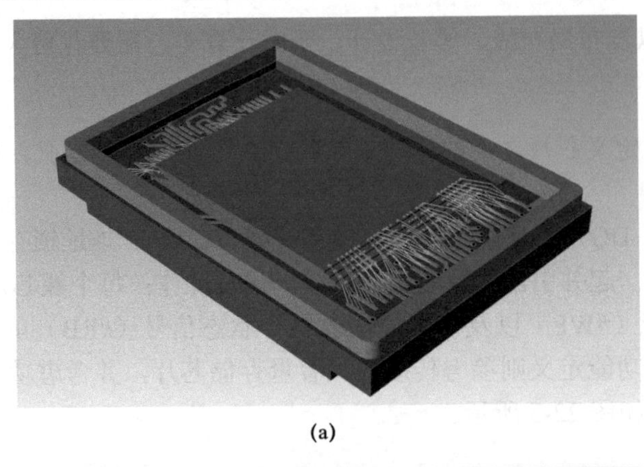

(a)

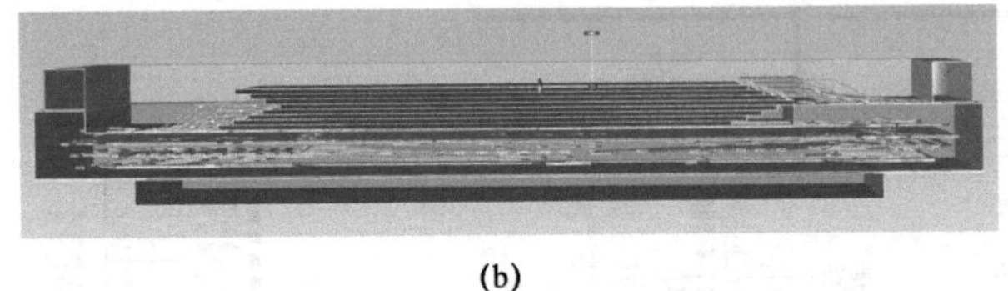

(b)

图 22-6　大容量存储芯片版图设计的 3D 截图

芯片与基板的电气连接采用 25 um 的金丝键合，因为堆叠中的同类芯片多数引脚都具备相同的网络，在设计中采用了共享键合指，这样就能够有效节省布线空间，并且提高了键合的灵活度，相同网络的键合线只需要键合到对应的长方形键合区即可，而无论其先后顺序，相同网络的键合丝即使因为距离太近而搭接也不影响产品的电气特性，降低了生产的工艺难度。图 22-7 所示为八层芯片堆叠的键合图（顶视图）。

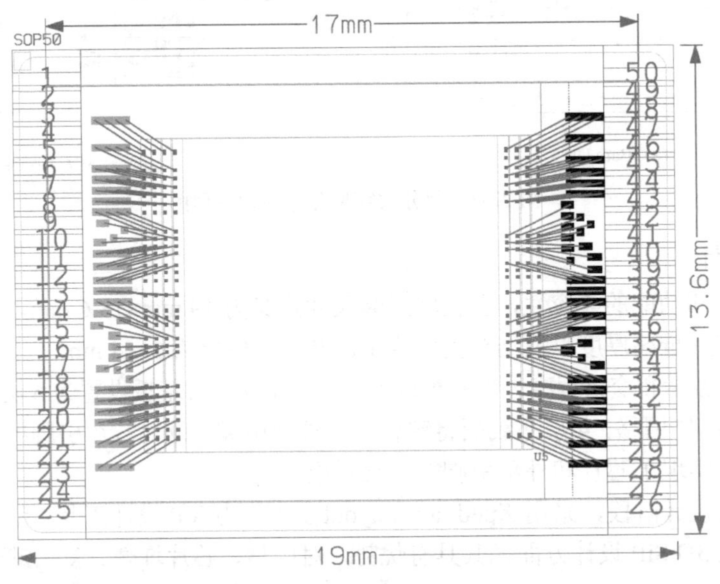

图 22-7　八层芯片堆叠的键合图（顶视图）

而对于独立的网络，则需要单独设计键合指，并且使其尽可能地远离其他网络，从而避免在震动或冲击试验中出现搭丝现象，造成瞬间短路，影响产品质量和可靠性。

另外，为了保证键合丝的稳定性，陶瓷封装工艺要求其跨距一般不超过 3 mm，该设计中，最长的键合丝跨距为 2.6 mm，低于工艺的限制，从而保证了键合丝的稳定性。

键合线设计完成后，需要通过基板上的布线将网络连接到陶瓷封装的外引脚。布线设计的一个重要原则是同一类型的网络尽可能做到等长设计，为此，该项目在布线时，通过蛇形绕线来实现网络等长。

图 22-8 所示为该陶瓷基板的第四层布线。从图中可以看出为了实现等长设计，很多网络都采用了蛇形绕线，在其他布线层，我们也同样做了相似的处理。

3．延时计算

即使通过蛇形绕线可以尽可能地减少同一类网络之间的长度差异，但由于空间和结构上的局限性，部分网络即使通过绕线也无法达到等长。这时候，就需要通过计算或软件仿真来确定延时的大小及其可能对信号造成的影响。图 22-9 所示为一组 DQ 信号的布线拓扑结构。

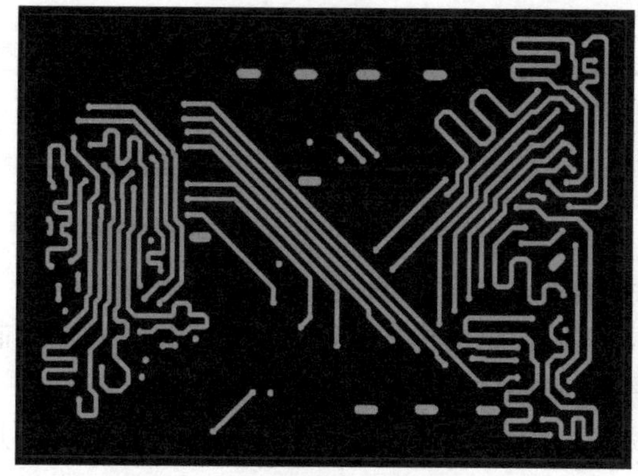

图 22-8　该陶瓷基板的第四层布线

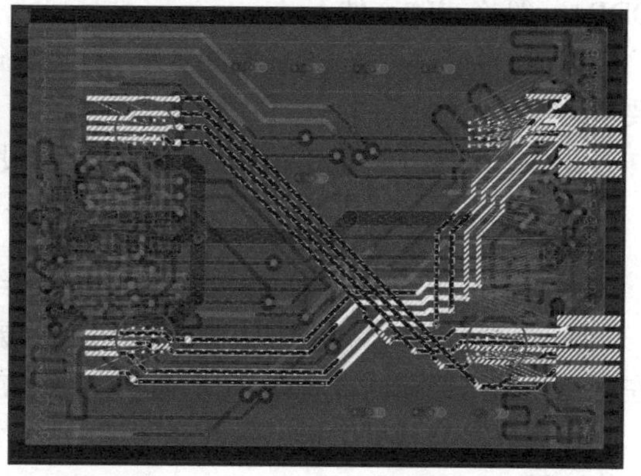

图 22-9　一组 DQ 信号的布线拓扑结构

由于裸芯片引脚分别位于左侧和右侧，而封装外引脚均位于右侧，这就导致左侧 DQ 信号到外引脚的距离大于右侧 DQ 信号到外引脚的距离，而且由于空间和结构的原因无法通过有效的绕线来完全弥补此问题。

为此，我们进行了以下计算和分析，首先找出长度差异最大的一根线，确认其长度差 L=15 mm，在该项目中，所选的 HTCC 陶瓷介质参数 DK=9.3，延时计算公式为

$$\mathrm{TD} = L \div C \times \sqrt{\mathrm{DK}}$$

其中 C 为光速，TD 为信号延时，将数值代入后可得：

$$\begin{aligned}\mathrm{TD} &= (15\times10^{-3}) \div (3\times10^{8}) \times \sqrt{9.3} \\ &= 5\times10^{-11} \times \sqrt{9.3} \\ &= 5\times10^{-11} \times 3.05 \\ &= 152.4\times10^{-12}\,(\mathrm{s})\end{aligned}$$

即信号延时为 152.4 ps。然后，确定在不同工作频率下可能造成的影响，当大容量存储器工作在 33 MHz 时，其信号周期为 30 ns，信号延时为 152.4 ps，占信号周期的 0.51%；当大容量存储器工作在 50 MHz 时，其信号周期为 20 ns，延时 152.4 ps，占信号周期的 0.76%。

一般来说，当信号延时小于信号周期 3%～5%的时候，不会因为延时而产生读写问题，该大容量存储芯片常规工作频率为 33 MHz，最高为 50 MHz，其延时仅占信号周期的 0.51%～0.76%，所以不会对信号质量产生影响。

设计完成后，可通过仿真工具将设计导入，进行信号完整性（SI）和电源完整性（PI）分析，通常的解决方法是通过 3D 场提取工具提取关键网络的 S 参数模型，然后在 2D 时域仿真工具里，加载器件模型和 S 参数模型，通过仿真得到时域波形和眼图，并判读信号的传输质量。由于篇幅关系这里不做详述，感兴趣的读者请参考本书第 21 章的内容。

4．生产数据输出

设计完成后，需要进行设计检查，调用软件的 DRC（Design Rule Check，设计规则检查）功能，检查版图设计中是否存在 DRC 错误并进行修正，确保设计的正确性。

也可以将设计文件输出到 HyperLynx DRC 中进行电气规则检查，确保设计不存在 SI、PI 或者 EMI 问题。

随后，进行生产文件输出，输出的内容一般包括 Gerber、Drill、BOM、DXF、IDF、GDSII、ODB++ 等格式的文件。

在该项目中，发送给厂家的数据为 Gerber、Drill、DXF 和网表文件，以及一份生产加工要求文件。

此外，为了让厂家进行陶瓷管壳的结构设计，需要输出一份详细的尺寸标注图。

5．结构设计

在本案例中，采用 Xpedition 的绘图功能绘制详细尺寸标注图。

首先创建用户自定义层，如 Dimension 层，然后在绘图模式下，在设计图纸的左侧绘制左视图，右侧绘制底面视图，在设计图纸下方绘制前视图。

采用软件自带的 Dimension 功能进行尺寸标注，图 22-10 所示为在 Xpedition 中绘制的尺寸标注图。

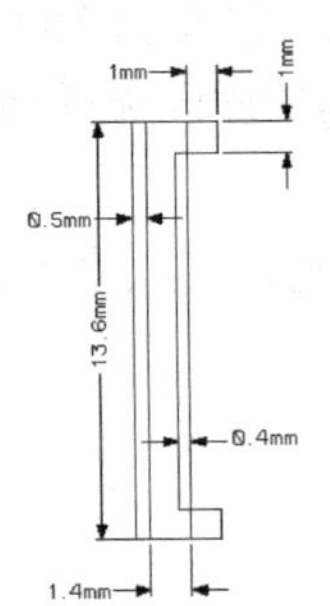

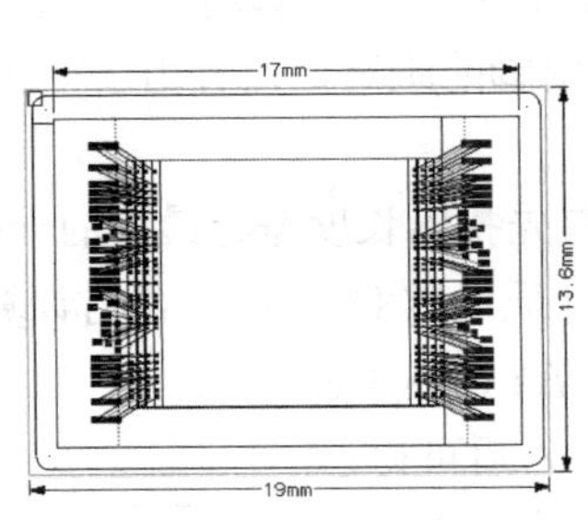

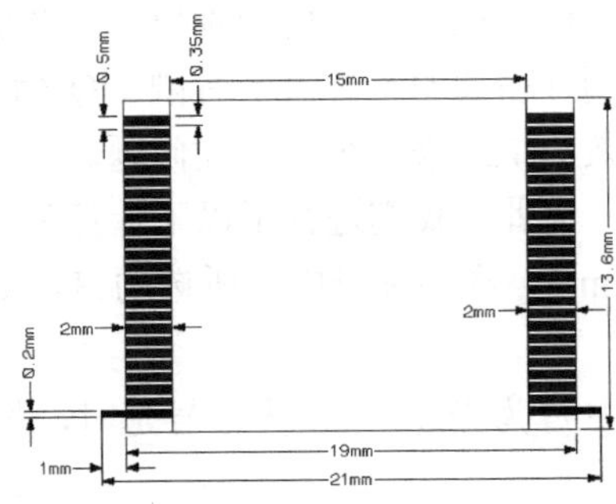

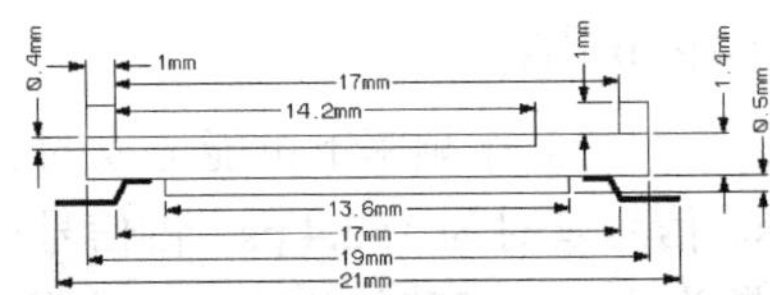

图 22-10　在 Xpedition 中绘制的尺寸标注图

此尺寸标注图需要以 DXF 或者 PDF 格式输出并发送给管壳生产厂家，厂家在此基础上根据工艺要求绘制详细的结构设计图纸，结构设计图纸包含详细的工艺控制参数，包括倒角、圆角、正负公差等，以及结构外框等。陶瓷管壳结构图纸（局部）如图 22-11 所示。

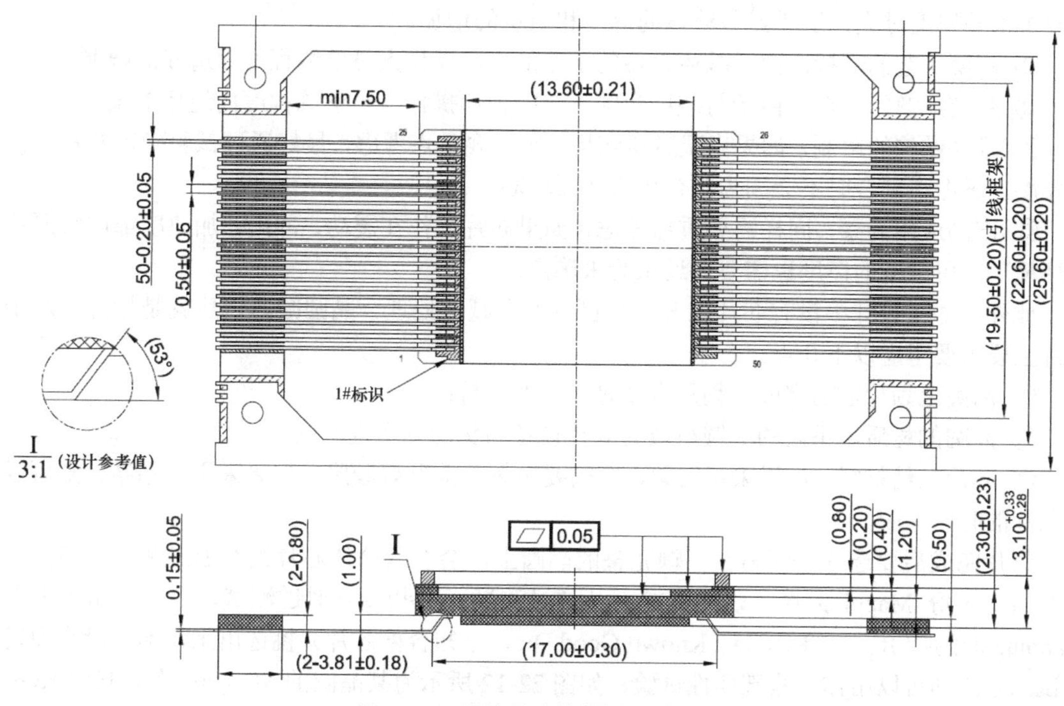

图 22-11　陶瓷管壳结构图纸（局部）

有了结构图纸和输出的 Gerber、Drill 数据，即可开始加工陶瓷管壳，陶瓷管壳生产厂家根据生产输出文件和生产加工要求文件，绘制详细的生产加工图纸，并同设计方、产品需求方以及封装厂家进行四方沟通并评审，确认技术参数无误后再开始陶瓷管壳的加工。

根据工艺难度不同，一般需要三到四个月完成陶瓷管壳加工，随后进行封装测试。

22.4　大容量存储芯片封装和测试

该大容量存储器的生产加工分为两个环节，第一个环节是陶瓷管壳的生产，第二个环节是产品封装和测试，两个环节同等重要。

在陶瓷管壳的加工周期内，产品封装厂家需要做封装前的准备工作，包括新工艺的可行性试验，芯片减薄、胶膜粘结性试验、芯片堆叠及键合试验等，并依据试验结果制定新的产品封装工艺规范，为新产品封装做好准备。

陶瓷管壳加工完成后，产品封装厂家即可开始新产品的封装，一般情况下会首先做几只样品，样品测试无问题后，再开始正样产品的生产加工。

所有的正样产品加工完成后，需要通过一系列测试，这些测试通常包括功能测试、电性能测试、高低温试验、老练试验、ESD 摸底试验、抗辐照试验、一致性鉴定检验等。

22.4.1　芯片封装

1．晶圆减薄划片

封装的第一步需要对晶圆进行减薄处理，影响减薄厚度的因素包括以下几方面。

① 芯片堆叠的层数，通常情况下，堆叠中芯片的数量越多，对减薄的要求越高，从而避免整个堆叠厚度过大，造成封装整体的厚度和质量的增加；

② 减薄工艺的支持，由于减薄设备的工艺能力和操作人员熟练程度而造成的限制；

③ 封装厂商的支持，由于封装厂商的工艺能力和操作人员熟练程度而造成的限制；

④ 堆叠结构的限制，如果出现悬臂结构，则需要重点考虑，最好通过试验确定芯片的安全厚度，确保在键合时不会因为键合压力而损坏芯片；

⑤ 产品应用场景，同样需要重点考虑，如果芯片工作在震动、冲击、加速度都比较严苛的环境下，可减薄的厚度也需要通过试验来确定。

此外，如果设计中没有芯片堆叠，也可以不做减薄处理。晶圆减薄以后就是划片，对于划片主要需要考虑以下几点。

① 晶圆上划片道的宽度，划片设备是否能够支持；

② 晶圆的材质，不同的晶圆材质对划片设备刀头的要求也不同；

③ 芯片粘结材料，如果采用胶膜，则需要在划片前贴好胶膜，如果采用胶粘结，则可以在贴片的时候涂胶。

划片完成后要选片，因为在一颗完整的晶圆上，会有部分的芯片没有通过测试，芯片厂商会给出一份 Mapping 图，表明哪些芯片通过测试，哪些没有通过测试，操作人员需要在 Mapping 图的指引下，将 KGD（Known Good Die，已知合格芯片）挑选出来，那些没有通过测试的芯片则可以用作一些破坏性试验，如图 22-12 所示为某晶圆的 Mapping 图，其中 KGD 用“1”表示，“X”则标识出没有通过测试的芯片。

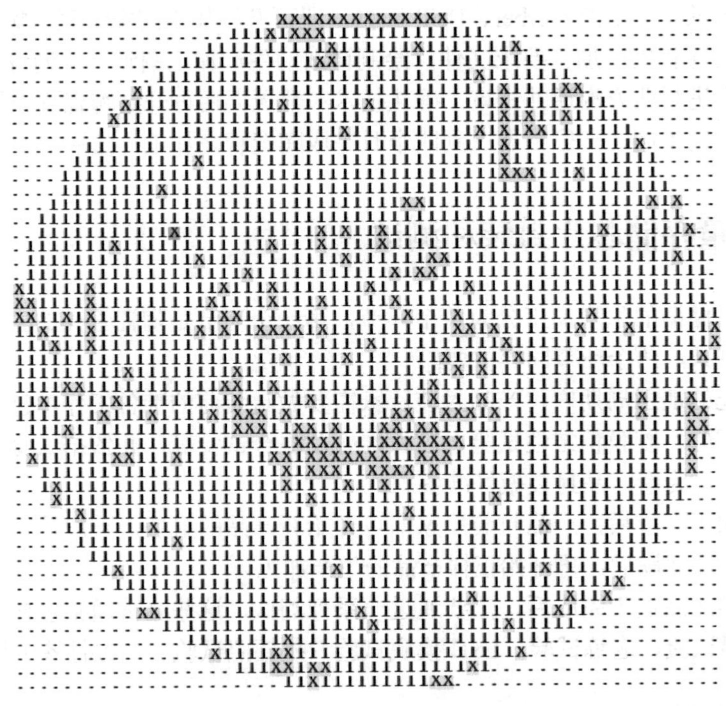

图 22-12　某晶圆的 Mapping 图

2. 粘片并键合

将 KGD 挑选出来后，按照既定的工序，将芯片粘结并进行键合，需要注意的是，每次键合前都需要进行热固化，将芯片固定在基板上以后才能进行键合操作，如果堆叠层数较多，需要进行多次热固化，则需要考虑多次热固化对粘片胶或者胶膜可靠性的影响。

键合工艺目前非常成熟，只需要按照正常工序操作即可，对于比较复杂的多层键合线，在设计时则需要遵循以下几点原则。

① 从顶视图看，键合线尽量不要有交叉现象；

② 键合线横向倾斜角度一般不要超过 45°，因为在同样的 Die pad 间距的情况下，横向倾斜角度越大，键合线的最小距离会越近；

③ 堆叠中最底层的芯片，其键合线在连接到基板时一般需要在最内圈，以此类推；

④ 同一个网络的键合线，在共享键合指的情况下，其位置可灵活调整。

在设计多层键合时，需要多次和工艺人员进行沟通，确认键合点的位置是否最佳，并及时进行调整，从而切实做到可制造性设计。

图 22-13 所示为键合线设计图和实际键合图的对比，其中上方为键合线设计图，下方为实际键合图，可以看出，两图基本一致，对于某些共享键合指的相同网络键合线，在实际键合时做了灵活处理。

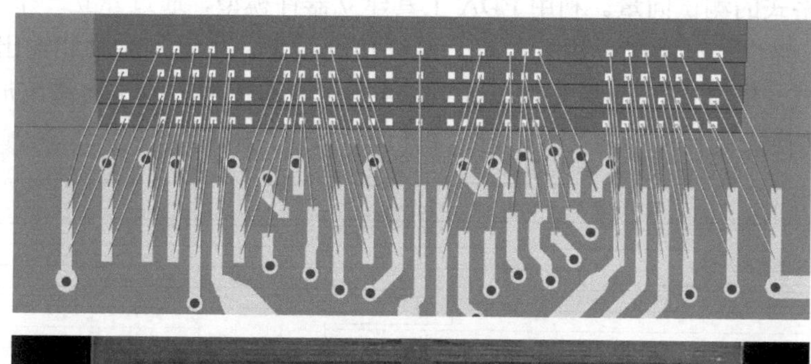

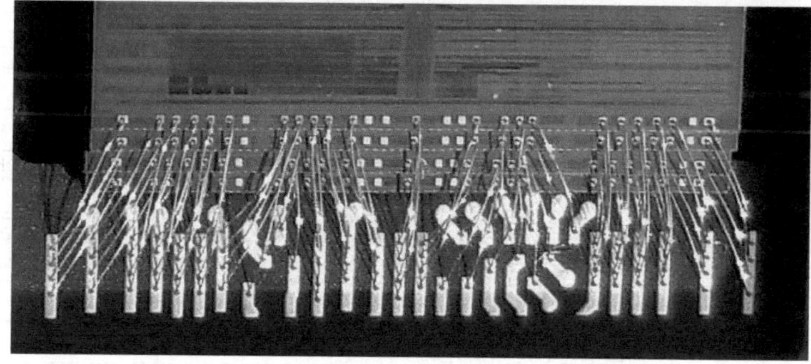

图 22-13　键合线设计图和实际键合图的对比

3. 焊接和密封

对于有气密性要求的陶瓷封装 SiP 产品，需要进行气密性焊接。

对于多层陶瓷封装结构，多数情况下采用平行缝焊，平行缝焊能对待封器件进行加热和抽真空处理，从而降低管腔内的湿度和氧分子的含量，封装后使得管腔内部的芯片不易氧化，使芯片不受外界因素的影响从而对芯片起到保护作用。

也可以在焊接过程中充以保护气体（如氮气），焊接完成后内外气密性隔离，同样有利于保护内部器件，不会因外部条件的变化而影响芯片的正常工作。该产品采用了平行缝焊+充氮气保护，有效地保证了大容量存储芯片在严苛条件下工作的可靠性。

22.4.2 机台测试

机台测试一般是指采用自动测试设备（Automatic Test Equipment，ATE）进行芯片测试，主要测试芯片的基本功能和相应的电参数。机台是一个集成电路测试系统，它可以提供待测器件（Device Under Test，DUT）所需的电源、不同周期和时序的波形、驱动电平等信息。

1. 测试向量

测试向量（Test Vector）是每个时钟周期应用于器件引脚的，用于测试或者操作的逻辑 1 和逻辑 0 数据。逻辑 1 和逻辑 0 是由带定时特性和电平特性的波形代表的，与波形形状、脉冲宽度、脉冲边缘或斜率，以及上升沿和下降沿的位置都有关系。

在 ATE 语言中，测试向量包含了输入激励和预期存储响应，通过把两者结合形成 ATE 的测试图形。这些图形在 ATE 中通过系统时钟上升沿和下降沿、器件引脚对建立时间和保持时间的要求和一定的格式化方式来表示。

测试向量可从基于 EDA 工具的仿真向量（包含输入信号和期望的输出），经过优化和转换，形成 ATE 格式的测试向量。利用 EDA 工具建立器件模型，通过建立一个 Testbench 仿真验证平台，对其提供测试激励，进行仿真，验证仿真结果，将输入激励和输出响应存储，按照 ATE 向量格式，生成 ATE 向量文件。图 22-14 所示为本案例的测试向量波形文件，将其按照特定的格式转换成机台可用的文件，导入机台即可进行测试了。

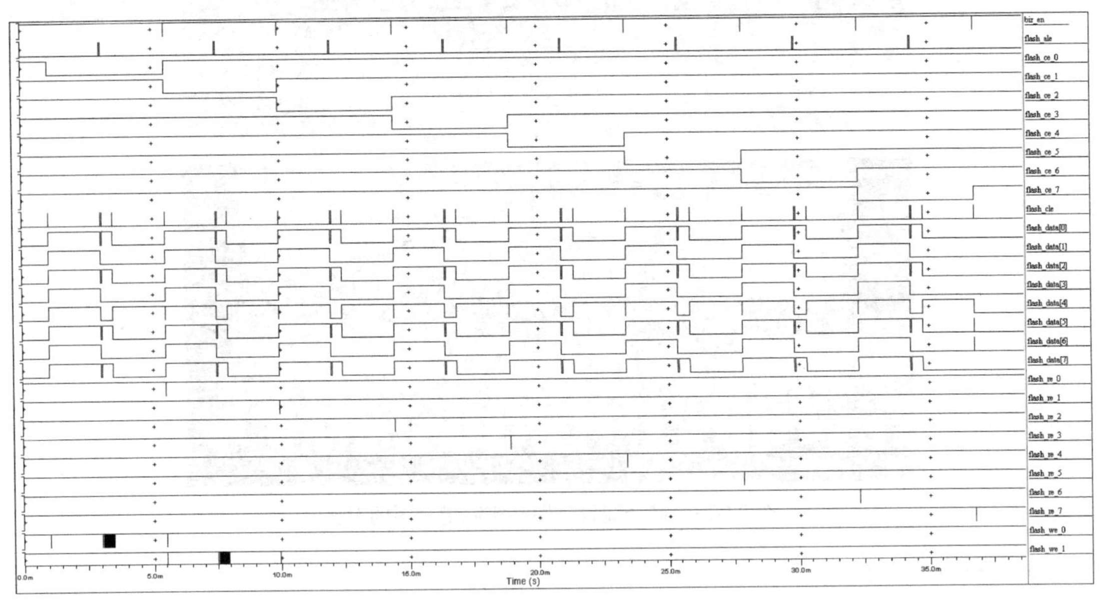

图 22-14 本案例的测试向量波形文件

2. 机台测试问题分析及注意事项

在机台测试过程中可能会遇到许多问题，尤其是对于第一次接触机台测试的工程师来说，这些问题很难避免。例如，在仿真环境中能正常跑通的向量在机台上运行时就无法通过。

机台工作模式与软件仿真环境的工作模式有很多不同，与芯片在实际工作时又有很多不同，这之间的差异会造成理解的偏差从而导致问题的出现。

例如，在实际工作中，芯片第一次上电会有复位动作，随后由于芯片一直保持在上电状态，则无须再进行复位操作，芯片可正常运行；在机台上运行时，每一次向量重新运行都意味着芯片重新上电，这时，如果在向量中没有复位操作，芯片就无法正常响应，从机台上看就是向量运行无法通过。

因此，除了要对芯片操作模式以及时序等参数正确把握，还需要搞清楚向量在机台上运行时的工作模式和芯片在实际工作时的差异，才能正确分析问题并解决问题。

22.4.3　系统测试

系统测试也称为板级系统测试，是指模拟真实的工作环境对大容量存储芯片进行读、写、擦除等操作，确认其工作是否正常。

本案例使用航天某卫星型号所有软硬件设备，对大容量存储芯片新产品进行测试，基本功能测试过程及测试结果如下：

① 上电全擦除，遥测参数显示擦除完成；

② 模拟数据源全部打开，以 554 Mbps 速率写入数据，遥测参数显示数据存储成功；

③ 启动数据回放，地面解帧解包软件显示帧、包均连续，包内数据为连续累加数，与预期结果完全吻合；

④ 第一次测试数据量 1.2 GB，数据判读完全正确；

⑤ 再次全擦除，重新写入数据，再进行回放，数据量 1.3 GB，数据判读完全正确；

⑥ 通过在模拟实际工作环境下的功能测试，可判断芯片功能工作完全正常。

通过航天某卫星型号测试板对芯片进行测试，系统测试板如图 22-15 所示，其中前方比较薄的芯片为大容量存储芯片新产品，后方比较厚的芯片为旧产品，新产品除了功能完全正常，在参数指标上也有一定提升。

图 22-15　系统测试板

22.4.4　后续测试及成本比例

除了以上测试，我们还对大容量存储芯片进行了一系列的摸底试验，内容包括热冲击、温度循环、机械冲击、扫频震动、恒定加速度、键合强度、芯片剪切强度、稳态寿命、密封、内部水汽含量、耐湿气等。

摸底试验确认没有问题后，即可按照现有工艺进行正样生产，否则需要对工艺进行改进，直至摸底试验完全通过。

所有的正样产品一般按照一个生产批进行加工，加工完成后，需要通过一系列测试，这些测试通常包括功能测试、电性能测试、高低温试验、老练试验、ESD 试验、抗辐照试验、一致性鉴定检验等。

与此同时，每一颗大容量存储芯片均需要通过板级系统测试，分别进行常温、高温、低温条件下的读、写、擦除功能测试，并标识出可能出现的坏块，并抽样部分产品进行性能测试，提高产品的工作频率，测试其功能，功耗等参数的变化。

为了测试是无损进行的，即客户拿到的是外观全新的产品，需要定制专门的测试插座，并设计制作专用测试板，图 22-16 所示为待测芯片和专用测试板，测试板上安装有 8 个测试插座，可一次测试 8 只产品。

图 22-16　待测芯片和专用测试板

只有上述所有的测试和试验都顺利通过，一颗基于 SiP 技术的大容量存储芯片才算合格，可以颁发合格证，准予上市，并提供给用户使用。

根据已经投入的资金，我们计算了一下各部分所占成本比例，按照 500 只产品进行成本计算，其中裸芯片占 27%，管壳占 11%，封装占 24%，测试占 38%，如图 22-17 所示，可以看出测试所占的比例最大，由此可见高等级产品测试的重要性。请注意，这里面仅包含了最基本的费用，SiP 设计环境及软件配置、板级测试环境及软件的开发并没有包含在内。

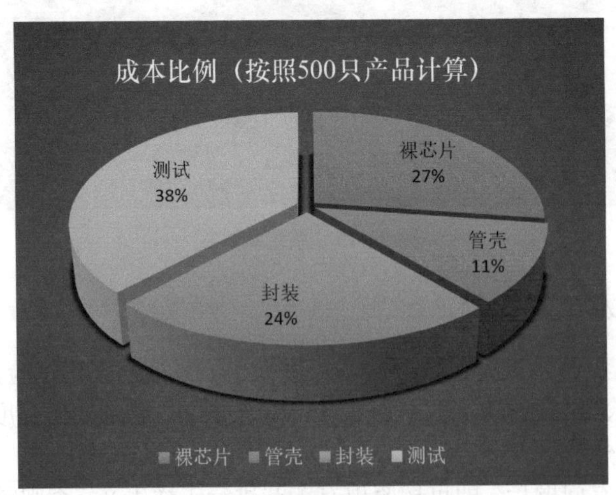

图 22-17　各部分所占成本比例

22.5　新旧产品技术参数比较

基于 SiP 技术的大容量存储芯片，解决了现有产品无法解决的三个核心问题，在产品体积、质量、性能和质量等级上都有很大的提升，而又能做到尺寸和功能的兼容，在产品升级过程中，可逐步替代现有产品，表 22-2 为新旧产品的技术参数比较。

表 22-2　新旧产品的技术参数比较

产品名称	产品图片	厚度	质量	质量等级	设计规则	性能	存储容量	兼容性
传统大容量存储芯片		12 mm	6.65 g	非气密性塑料封装	仅能完成电气互连	最高工作频率 40 MHz	128 Gbit	引脚功能均兼容
基于 SiP 技术的大容量存储芯片		3 mm	2.73 g	气密性陶瓷封装	布线规则严格控制	最高工作频率 50 MHz	128 Gbit	引脚功能均兼容原位替换

从表 22-2 中可以看出，基于 SiP 技术的大容量存储芯片（新产品）相对传统大容量存储芯片（旧产品）有以下优势。

（1）体积缩小为传统产品的 1/4；

（2）质量降低为传统产品的 41%；

（3）质量等级提升 1 倍以上；

（4）产品性能提升为 1.25 倍；

（5）存储容量的可扩展空间更大；

（6）引脚和功能完全兼容，可做原位替代。

此外，由于陶瓷材料的传热性能要远远好于塑封材料，因此新产品在散热方面也具有较大的优势。该产品成功上市后，由于其在体积、质量、性能、质量等级均比国外现有产品有较大的提升，因此，可完全取代国外同类产品，并创造出应有的市场价值。

第 23 章　SiP 项目规划及设计案例

作者：祝天瑞，王枭鸿

关键词：SiP，小型化，异质集成，异构集成，低功耗，高性能，知识产权保护，创新性，优势性，可行性，设计规则导入，项目要求，产品现状，方案分析，实现方案，核心器件，辅助器件，系统架构，版图规划，设计规则，符号和单元库，原理图，版图，塑封基板，陶瓷基板，腔体，电镀线，封装测试

23.1　SiP 项目规划

SiP 成为近年来微电子领域最热的词汇之一，因为其诸多优点，被许多微电子从业者视为延续或超越摩尔定律的一大法宝。

目前，SiP 项目的策划和实施也都处于一波汹涌的浪潮中，笔者经历过许多 SiP 项目的策划，在本章，笔者将从 SiP 的特征角度进行分析，明确具有什么需求或具有什么特质的电子系统更适合用 SiP 方法实现。然后，通过目前笔者身边典型的项目和产品，对实现 SiP 必需的因素进行阐述，最后，用笔者参与的实际项目作为 SiP 成功案例，供读者参考。

23.1.1　SiP 的特点和适用性

如果排除外在因素，将 SiP 仅仅当作一种电子系统的实现方式来说，那么具备了什么特质、遇到了什么问题的产品才适合用 SiP 方式实现呢？

首先需要明确 SiP 技术的几个最明显的、具有排他性的优势。

1．小型化

SiP 最基本的特点就是小型化，能够将原有电子系统的体积大幅度缩小。

SiP 产品可以将原有电子系统中的多个单独芯片、互连线、多个无源元器件等在一个封装内集成，即将元器件、封装、系统主板缩小到一个单系统封装里面。这种集成从二维和三维两个方面缩小了系统体积。从二维角度考虑，省去了各个单独芯片的封装体面积，将原来特征尺寸较大的 PCB 板上互连线、板间各种连接线缆、接插件等缩小集成到封装内；从三维角度考虑，将 PCB 上平面分布的器件，进行三维层叠分布，这样多个芯片总的占用面积也可以远远小于各个芯片面积的累加。

通常情况下，用 SiP 实现的电子系统体积只有板级原型系统的十分之一甚至更少，而质量也同样有大幅度缩减，去掉了多个芯片封装体、设备外壳、接插件、电缆、PCB 等的质量，SiP 将电子设备的质量锁定在“克”等级上，充分支持了移动通信、可穿戴设备、医疗植入、手持设备、无人装备的应用，也为空间应用提供了便利和成本上的优势。

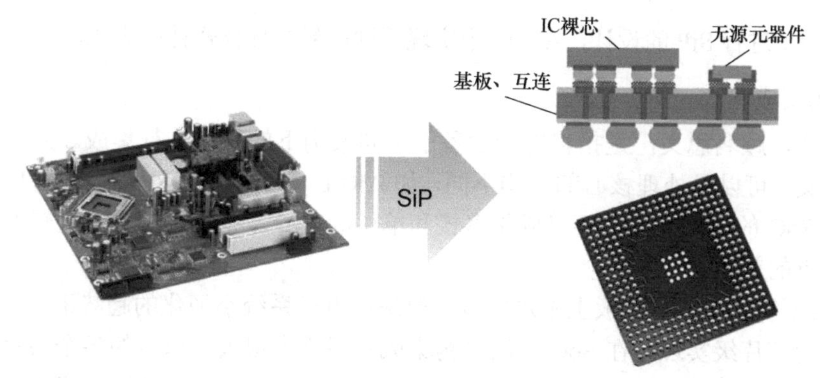

图 23-1　SiP 将电子系统集成在单一封装内

2. 异质集成

SiP 的实现可以类比于普通 PCB 电路板，将各个功能、各种材料、各种工艺生产的元器件组装在基板上，提供一个整体的系统。不同材料、不同工艺的可集成性高便是 SiP 技术的又一大特点，我们称之为异质集成。

半导体材料的种类很多，常用的半导体材料分为元素半导体和化合物半导体。元素半导体是由单一元素制成的半导体材料，主要有硅、锗、硒等，以硅、锗应用最广。化合物半导体分为二元系、三元系、多元系和有机化合物半导体。二元系化合物半导体有砷化镓（GaAs）、磷化铟（InP）、硫化镉（CdS）等；三元系和多元系化合物半导体有镓铝砷固溶体、镓锗砷磷固溶体等。有机化合物半导体有萘、蒽、聚丙烯腈等。

从半导体材料的发展历程上来说，可分为一、二、三代。如第一代半导体材料主要指硅（Si）、锗（Ge）元素半导体；第二代半导体材料指化合物半导体材料，如砷化镓、磷化铟；第三代半导体材料主要是以碳化硅（SiC）、氮化镓（GaN）、氧化锌（ZnO）为代表的宽禁带（禁带宽度 Eg>2.2eV）的半导体材料。部分半导体材料特性如表 23-1 所列。

表 23-1　部分半导体材料特性

半导体材料		带隙（eV）	熔点（K）	主要应用
第一代	硅（Si）	0.7	1687	低压、低频、中功率晶体管、光电探测器
	锗（Ge）	1.1	1221	
第二代	砷化镓（GaAs）	1.4	1511	微波、毫米波器件、发光器件
第三代	碳化硅（SiC）	3.05	2826	高温、高频、抗辐射、大功率器件；蓝、绿、紫发光二极管、半导体激光器
	氮化镓（GaN）	3.4	1973	
	氧化锌（ZnO）	3.37	2248	

不同的半导体材料有不同的特点。例如，锗的空穴迁移率是硅的 4 倍，其电子迁移率是硅的 2 倍；砷化镓可以制成电阻率比硅、锗高 3 个数量级以上的半绝缘高阻材料，且其电子迁移率比硅大 5～6 倍；第三代半导体材料具有禁带宽度宽、热导率高、击穿电场强、抗辐射能力高、电子饱和速率高等特点，适用于高温、高频、抗辐射及大功率器件的制作。

在一个完整的电子系统中，往往需要多种特点的组部件，这就意味着如果能将不同特点、不同材料、不同工艺的元器件集成在一起，将大大提高电子系统的完整性和适用性。目前不同材料还不能自由地在半导体芯片上统一制造，因此想要融合各种半导体材料的特性在一个系统中，无法在单片上实现。针对 SiP 的生产流程和特点，不同材料的半导体器件先各自流片，不进行封装，同步进行 SiP 的设计，在 SiP 中实现不同材料半导体器件的集成，即异质集成。

3．异构集成

异构集成，顾名思义，是指将电子设备中不同架构下的系统进行集成。此处的不同架构包含多层含义，可以是处理核心的架构不同，如 ARM、SPARC、DSP 等，也可以是通用的独立 MCU 和 SoC 的架构差异，还可以是多核和单核的差异、系统内部总线逻辑的差异、导体制造工艺节点的差异等。

异构系统的集成在 PCB 板上不难实现，但是在电子系统小型化的趋势下，业界也一直考虑异构系统的芯片级实现。在 SoC 上的异构集成实现难度很大，原有的各个芯片工艺特征尺寸可能不同，片上多时钟域也会给后端带来较大难度，另外，SoC 的试错成本很高，架构更改不灵活，相比之下 SiP 上的异构集成就要容易许多。首先以 PCB 板级的异构系统设计为基础做前期验证，然后在 SiP 中实现，也不存在因单片集成工艺或设计要求而出现壁垒。

美国国防部 20 世纪 90 年代率先提出异构集成技术，将微电子器件、光电子器件和 MEMS（微机电系统）器件整合，开发芯片级集成微系统，现在业界各大厂商都在进行异构集成 SiP 的设计和规划。安森美半导体（ON Semiconductor）推出的高性能 SiP 方案用于便携医疗设备精密感测，采用了集成 ARM+SRAM+FLASH+AD+温度传感器技术的方案；意法半导体（ST）同奥地利微电子(AMS)共同推出 NFC 设计，采用了集成 ARM+安全微控制器+FLASH+ AD+RF 技术的产品。英特尔（Intel）当年同阿尔特拉（Altera）合作推出了面向通信、高性能计算、广播和军事领域的 SOC+FPGA+DRAM+SRAM+ASIC+处理器+模拟组件的集成产品；在整合了阿尔特拉的相关资源后，目前英特尔正在进行更全面的异构 SiP 集成的策划，新产品将使用创新的嵌入式多管芯互连桥接（EMIB）技术，异构集成模拟器件、存储器、CPU、ASIC 以及单片 FPGA 架构。Intel 异构集成产品示意图如图 23-2 所示。

图 23-2　Intel 异构集成产品示意图

4．低功耗

在 SiP 系统中，所有裸芯片的布局相对比较集中，尤其是重点芯片的辅助电路可以尽可能靠近重点芯片放置，芯片之间的互连线非常短，在互连上消耗的功率大大降低，这就有效地降低了总功耗。

在高性能存储应用中，通常利用大量平行的 I/O 来降低功耗，实现高密度互连，而这种需求在 SiP 系统中，尤其是硅转接板中可以得到很好支持，以 DRAM 芯片为例，当其结温超过 80℃时，刷新频率升高，引起功耗和热量的增加。如果在 SiP 系统中进行集成，由于功耗相对降低，系统发热量降低，温度得到控制，刷新频率不再提升，从而进入良性循环，保证了整个系统的低功耗，这就是 SiP 的优势所在。

5．高性能

系统的性能通常会以其处理单元的最高频率为指标粗略估计，在相似条件下，最高频率越高，系统性能也就越高。而信号线长度则对最高频率有很大影响，离处理器内核越近，设备运行速度就越高。

在 SiP 设计中去掉封装体，去掉封装之间 PCB 板上的连线，取而代之的是单个裸芯之间的互连，其布线长度会比 PCB 板级的布线长度低 1～2 个数量级，传输线延时相应减少，势必带来访问延时减少、性能提高，会显著提高通信带宽和速率。

和 PCB 相比，SiP 系统内的互连线绝对长度较短，同时可以有效控制互连线的寄生效应参数，提高传输性能，从而满足高性能系统的要求。

6. 有利于知识产权保护

SiP 还有一个特点，就是保密性比较强。SiP 可以将电子系统的数据通路都“包”在封装内实现，外界无法直接接触探取。如果想获得，就必须进行去封装物理破坏，但是破坏后无法保障系统的完好，因此被窃密或抄袭的可能性较小。从另外一个角度来说，SiP 将核心芯片和其配套电路一同封装，比如 CPU 运行的程序文件、FPGA 配置的数据文件，等等，都不用从外围进行读取，这也避免了对于软件和数据的获取，可以对密钥等进行保护。这样便从软硬件两方面加强了对电子系统的知识产权保护。

23.1.2　SiP 项目需要明确的因素

新形势下，集成电路产业发展既面临巨大的挑战，又迎来难得的机遇，国家和地方政府不断出台相关政策支持集成电路的发展。近年来，以国务院发布实施的《国家集成电路产业发展推进纲要》为引领，以国家集成电路产业投资基金股份有限公司为代表，国家加大了对集成电路产业投入的力度。因此，在 SiP 发展和产业化进程中，各单位除了自行开展相应的研制，也在积极加入国家整体规划中，申请相关项目以推进 SiP 技术发展、支撑典型产品的研制。

面向项目研发和面向产品生产的 SiP 有许多区别，下面笔者将对研制 SiP 项目过程中必须明确的因素和注意事项展开一些讨论。

笔者对 SiP 项目进行了大概的分类和梳理，发现同样是 SiP 项目，目前大致也会有两种不同的类型：面向技术研究的项目和面向产品研制的项目。如果是技术类项目，更关系到研究的技术是不是整个 SiP 技术路线图上比较急需、对应用更有价值的；如果是产品类项目，更关系到研发的产品是否适合用 SiP 技术实现、是否有市场前景。

总的来说，SiP 项目的立项直接关系到研究方向的理论水平和应用价值，以及科研经费的投资收益。在进行 SiP 项目申请时，应充分考虑权衡各项原则，至少满足以下几项原则。

1. 创新性

创新性是现阶段 SiP 类项目策划中最重要的原则。SiP 相关项目投入的重点在于迅速发展主线，将技术和产业的框架先搭建起来，大部分的研究资源应该倾向于相关新技术的发展，因此创新性是目前的重中之重。

要大量查阅国内外文献资料，广泛调研，随时关注技术前沿动向，随时保持和业界同人的沟通，将国内外业界相关研究现状、水平、发展趋势和存在的问题进行综合分析，结合自己的项目，及时更新项目选题的方向和重点，从而保证论证过程中参考和引用的观点、资料是最新的，自己的研究方向在国内外处于领先水平。

2. 优势性

SiP 技术从狭义来说，是一种实现方法，但从广义来说，又涉及一个很长的产业链条，比如设计、仿真、封装、测试、工艺、材料、可靠性等。应该考虑自己的专业方向，重点放在本专业对口方向，在本领域内进行深入研究，从而对整个 SiP 技术的发展有所帮助。

SiP 技术本身源于元器件级和单板级（PCB）电子系统的结合面，所以先天具有元器件和单板两个层级的属性，而 SiP 技术的发展又将系统性定义为重要特征，因此又兼具系统层级的属性。

因此，要从不同的层级角度出发综合考虑，比如从元器件层级角度，多考虑工艺实现、结构设计等；从单板级层级角度，多考虑集成模块和功能的选择，以及集成效果评估、对比等；从系统层级角度，更专注于多种类型器件或模块在 SiP 中的融合和应用，以及系统架构定义，总线配置的定义等。真正将 SiP 技术、产品和市场对应起来，发挥自己的优势。

3. 可行性

SiP 项目需要真正把可行性分析落到实处。目前 SiP 产业还没有整体形成统一的技术发展路线，项目研发过程管理也没有更多成型的参考，项目的上下游产业链对 SiP 的认识参差不齐，也没有经过大量的实践证明，项目的评价没有形成体系，标准也不成熟，甚至项目的专家对于如何评价、是否可行也不一定有成型的思考。

因此，在进行项目策划时，需要仔细考虑 SiP 项目的可行性，需要广泛调研、全面分析、把握细节，才能提出真正可行的 SiP 项目策划方案。

23.2 设计规则导入

典型的 SiP 产品的策划方式，通常是由用户电子系统的小型化需求发起的。

用户的种较为成熟应用的电子系统，在性能和功能不断提高、应用范围不断扩大、多种应用平台不断统一的前提下，当 PCB 的设计已经达到了极限，无法满足电子系统小型化的要求之时，如果系统条件适合，可以进行 SiP 集成化处理，从而使系统中芯片占用的面积、PCB 板上互连占用的面积大大减小。当系统架构成熟时，因为性能、互连方式等带来的风险可控，SiP 是对尺寸敏感的电子系统最好的集成解决方案。

SiP 设计方通常会对用户的需求和目前成型的设计进行评估，在评估时，SiP 设计方就会结合可获得的资源对集成在 SiP 模块中的系统架构定义、裸芯片选型、封装形式、工艺方案、外形尺寸、研制周期和成本等进行初步的计划，并针对 SiP 同原型 PCB 设计中重大改动之处预警，同用户进行沟通确认方案。

下面以一款 SiP 项目作为实际案例，分享从用户意向要求开始，逐步分解、分析，直到形成具体 SiP 设计方案和规则的全过程，提供一个 SiP 项目导入的实例供读者参考。

23.2.1 项目要求及方案分析

本案例中，用户是一个任务承包单位，承担某个整机中一个子系统的研发任务。在整机研发中，用户介入比较早，在整机刚有了初步功能划分和定义的时候即开始了验证，并且搭建好了平台，开始了软件和算法设计。之后整机做好了整体规划，并且规定了所有子系统的尺寸和连接方式。此时，用户发现搭建的平台尺寸和国产化率不能满足整机需求，于是便寻求集成度更高的方式，综合考虑项目研发时间和风险评估结果后，发现 SiP 是比较理想的解决方案，于是期望基于已搭建的验证平台开始进行 SiP 项目的规划和设计。

1．产品现状

用户承担的系统主要完成通信及控制任务，分为 5 块单独的小系统板实现。5 块系统板可以组合使用，也可单独使用，5 块系统板的功能要求和外形尺寸如下。

① 控制板一。主要功能：网口的数据收发控制、键盘按键信息输入、液晶显示输出、串口数据的收发、调制解调单元的信号控制。外形尺寸约为 200 mm×80 mm，其中元器件可布局范围约为 190 mm×65 mm。

② 控制板二。主要功能：网口的数据收发控制、串口数据的收发、调制解调单元的信号控制。外形尺寸为 280 mm×140 mm，其中元器件可布局范围约为 265 mm×128 mm。

③ 控制板三。主要功能：通过网口接收主监控的控制信息，同时控制 6 腔电机转动，电机调谐状态指示灯，储滤波器设置的参数以及电机转动步数。外形尺寸为 120 mm×70 mm，其中元器件可布局范围约为 110 mm×55 mm。

④ 监控板一。主要功能：采集告警信号，温度告警、反射告警、输入功率告警、输出功率告警等，检测功放工作电流大小、控制机箱风扇的转速、检测机箱风扇的转速、上报给网管功放单元的告警和工作电流等相关信息。外形尺寸为 122 mm×101 mm，其中元器件可布局范围大概为 122 mm×70 mm。

⑤ 监控板二。主要功能：设置设备工作频率、设置发通道数控衰减器、监测综合器工作状态，失锁时告警、具备上电指示灯及工作指示灯、存储 SFXJ 工作频率及衰减的参数等信息。外形尺寸为 220 mm×80 mm，其中元器件可布局范围约为 210 mm×68 mm。

此外，5 块系统板的环境适应性要求如下。

工作温度为−30℃～+55℃；贮存温度为−45℃～+65℃；相对湿度为不高于 95%±3%；振动：设备能承受 2000～4000 km 公路运输的振动应力，振动时间每轴大于 75 min。

2．方案分析

下面，笔者将本案例设计过程中 SiP 设计方同用户共同分析的过程展开介绍，供读者参考。

（1）用户期望 5 块 PCB 板硬件平台尽量做到主要器件统一、开发环境统一，以降低使用难度，降低设计生产复杂度，降低产品生产采购风险。因此在 SiP 设计时，将 5 块系统板上核心器件进行统一，结合可以利用的资源考虑一个最小子集，可以满足全部 5 块板对功能性能的要求。

（2）在用户的原型验证系统中，多数控制功能和接口都是利用 FPGA 搭建实现的，用户平台选用 Xilinx 公司系列 FPGA，开发环境和流程比较统一，在 SiP 设计中尽量延用。

（3）用户本套通信系统，应用的环境为地面环境，并且没有太恶劣的环境要求，同时考虑到成本、时间和体积，SiP 设计方推荐用户用高密度有机基板+塑封的形式。

（4）整机都有国产化率的要求，本系统中核心芯片的选择一定要在国产器件范围内进行，另外需要增加保密性措施。

（5）采用 5 块板统一 SiP 设计的思路进行，则需要根据最小的板上横纵向可布线尺寸，再考虑板级 DFM 设计和留出裕量，进行 SiP 模块外形尺寸的限定。根据多方计算，本 SiP 外形尺寸限定在 35 mm×35 mm 以内。

（6）梳理上节中对于 5 块板具体的功能要求，个性化接口种类多样、逻辑不复杂、速度较低、考虑在 SiP 中集成一颗 FPGA 实现各种接口逻辑，且不用太高端的系列，以降低功耗。整个 5 块系统板的功能中，对控制类需求明显，因此可以选用一颗控制类 CPU，完成多数控制功能。综上，SiP 设计拟采用以 CPU+FPGA 为核心的架构实现，公共需求和控制需求尽量利用 CPU 完成，而个性化接口和扩展功能则利用 FPGA 实现，同时考虑目前板上其他资源或系统其他需求也可移植部分到 FPGA 上，以实现整体策划。

（7）项目时间比较紧张，因此 SiP 研制的周期首先要短，设计和生产的时间都要严格控制，其次 SiP 设计的成功率要高，无论是在设计上还是工艺上，都尽量一次成型，最后 SiP 的应用要简单，最好能把底层的开发都完成，用户只需在上层进行开发即可。

方案分析是一个比较发散的过程，每个人的角度和看法都可能不一样。笔者认为需要多征求用户意见，并且做好充分的沟通。

23.2.2 SiP 实现方案

有了具体技术方案后，就可以开始进行设计了。从这一步开始，用户的技术要求就尽量不做大的变动，如果有新的需求，尽量在小范围内变动，或者在 PCB 板级进行解决。

1．核心器件和架构

从架构设计开始，逐步明确 SiP 模块中各个器件的构成和使用方式，主要的与功能实现相关的互连关系也要确定，从 SiP 模块核心器件的选择和架构设计开始。

SiP 模块必然是面向某种功能或是应用场景而定义的，那么直接完成这种功能或应用场景核心要求的部分，就是这个 SiP 模块的核心。核心器件的选择和架构是 SiP 项目的根本，确认后便不再变动，其他器件的选择和架构都是为了服务于它们。

在本案例中，因为已经有了以 CPU+FPGA 为核心的架构意向，所以分别针对二者进行选择，同时兼顾二者之间的通信方式。先看 CPU，当时笔者有两个符合目标参数的备选 CPU，CPU 1 和 CPU 2，表 23-2 列出了两者的对比情况。

表 23-2　案例中备选 CPU 的对比情况

CPU	主频	架构	主要资源及接口	是否国产	成熟度
CPU 1	100 MHz	SPARC V8	4 路串口，2 路 I^2C，10 路 PWM，64 路 GPIO，32KB cache，2 路 AD	是	成熟应用
CPU 2	80 MHz	ARM	3 路串口，2 路 I^2C，1 路 PWM，51 路 GPIO，128KB FLASH，20KB SRAM，2 路 AD	是	仅有样片

在上述对比中可以看到，二者的主频相差不多，都能满足系统要求；从架构角度讲，ARM 架构的应用广泛度和支持资源都比 SPARC V8 更胜一筹；在主要资源及接口方面，CPU 1 的串口、PWM、GPIO 数量要多于 CPU 2，更能满足要求，而 CPU 2 内置的存储资源较为丰富，应用时较为方便；从产品成熟度上看，CPU 1 已经是成熟应用，而 CPU 2 仅可以提供样片，成熟度较低。用户系统中需求明显的网口，二者都没有。该设计项目周期紧急，成熟度会是很重要的考虑点，综上，CPU 1 是更好的选择。

在用户原有的原型验证系统中，多数控制功能和接口都是利用 FPGA 搭建实现的，用户平台选用 Xilinx 公司系列 FPGA。所以我们的目标也是选用 Xilinx 公司系列 FPGA 或同其兼容的 FPGA，接下来再对掌握的 FPGA 资源进行梳理。彼时我们能掌握全面兼容 Xilinx 公司 Virtex 和 Virtex II 系列的 FPGA，门数从 30 万门到 300 万门之间，其他参数也都可以满足用户需求。考虑到几款 FPGA 器件的功耗、芯片尺寸和成熟度，选择了 Virtex 系列的 30 万门

FPGA 进行设计，并且根据其主要用作低速接口扩展的用途特性，将其作为 CPU 的一个外设在总线上进行挂接，节省出更多资源。

至此，就完成了 SiP 模块核心器件的选择和互连架构设计，确定了本案例中 SiP 利用 CPU（SPARC V8 架构）+FPGA（兼容 Xilinx Virtex 系列 30 万门 FPGA）架构的设计方案。

2．外围辅助器件

首先，不要过度设计，SiP 受限于产品形式，切忌大而全。不过度设计可以避免核心器件对外围资源利用得不充分而浪费了成本、面积、功率等；其次，也要注意设计的核心指标要略微留有裕量，避免刚刚好满足眼前需求，而当用户稍加修改或者需要扩展应用时，外围辅助器件成了系统的瓶颈；再次，要学会取舍，当用户需求不能面面俱到完全实现时，要有所舍弃。笔者建议，上述原则的衡量范围以待替代的产品及后续应用为主，即将本产品目前和未来的应用为主线，在外围辅助器件的性能和数量上考虑留有少许余量。而期望的 SiP 产品在其他方案和领域的应用为辅，在没有确定需求之前，不以其他方案的应用为目标而增加过多资源，尤其是不同种类的外围辅助器件，避免过度设计。

在本案例中，数据量不大，应用环境不存在极端恶劣情况，但 SiP 自成系统，因此存储阵列考虑提供非易失性存储和易失性存储两种，数据和程序不单独划分，再综合 CPU 的性能要求，初步选定系统中集成 SRAM 和 FLASH 存储器。

那存储器容量如何选择？众所周知，在设计 CPU 时，一般对可支持的存储器空间留有极大的裕量，这样可以支持的用户和应用可能增加较多，更能满足一些较为特殊的应用方式，扩展性较好，而对 SiP 设计来说，过大容量的存储器带来的面积和功耗开销、成本浪费，会给整个设计带来风险，因此，选择合适的存储容量即可，不过度设计。

本设计中备选 CPU 存储空间映射如表 23-3 所列。

表 23-3　本设计中备选 CPU 存储空间映射

地址范围	大小	映 射
0X0000 0000 ～ 0X1FFF FFFF	512 MB	PROM
0X2000 0000 ～ 0X3FFF FFFF	256 MB	I/O
0X4000 0000 ～ 0X7FFF FFFF	1 GB	SRAM/SDRAM

该 CPU 的非易失性存储空间达到 512 MB，而易失性存储空间达到了 1 GB。我们对用户目前程序的大小、同种 CPU 其他用户应用时程序的大小进行了调研，也梳理了手上可获取的存储器资源，初步拟定了 SRAM 为 1 MB，而 FLASH 为 8 MB。

另外，考虑到用户对图像的临时存储要求，我们对存储器类型进行了扩展。最大的图像超过了 10 MB，需要至少满足其最大图像大小的易失性存储，但是 SRAM 类型存储器尺寸普遍较大，10 MB 已经不适合进行 SiP 集成，而同样容量的 SDRAM 尺寸较 SRAM 小很多，也可以满足我们的需求。最终，我们选择了 16 MB 的 SDRAM 集成到系统中，既满足了用户对图像临时存储的需求，也满足了未来用户可能对小型操作系统的需求。图 23-3 所示为 SiP 模块系统架构框图示例。

至此，SiP 模块中核心部分总体的架构就设计完成了。后面的设计会在此基础上根据用户的具体需求和应用的便利程度等进行小范围调整，但是这个主体架构基本不会变动。

3．版图规划和设计规则

（1）布局，将选定的裸芯片进行预布局，发现当其全部平铺时，SiP 模块尺寸也不会超过

32 mm×32 mm，距离系统 35 mm×35 mm 的限制还有一些裕量，因此拟定平铺布局芯片，将工艺实现尽量简化，以减小风险、降低成本。根据每个芯片的功耗情况，CPU 和 FPGA 发热量较大，且尺寸较大，则将二者进行对角放置，其余芯片则根据互连关系、走线方向等酌情布局。

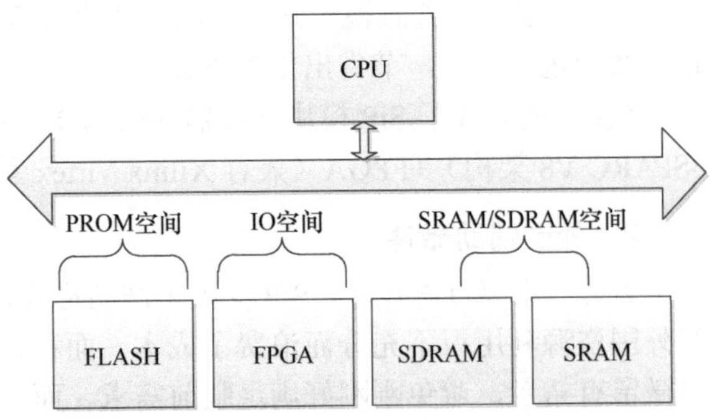

图 23-3　SiP 模块系统架构框图示例

（2）板层及线宽线距，该设计采用“HDI 有机基板+塑封”方式，按照 8 层（2+4+2）基板设计。版图设计原则，先保证充足的电源、地空间，在 8 层基板的情况下，拟定 4 层信号 4 层电源+地层，这样至少有 4 个完整平面可以参考，布线空间也够用，仅用有机基板即可实现，最小线宽 50 um，线间距 50 um。

（3）散热设计，此 SiP 正常工作时功耗不高于 2 W，极限情况不高于 2.5 W，结合用户对 SiP 的使用环境温度进行热仿真，无须增加热沉；为了提高可靠性，为未来扩展应用环境温度范围，设计中采用了增加导热通孔等方式加强散热能力，没有增加面积或者布线难度。

（4）封装工艺，选用的芯片都是基于 Bond Wire 工艺的，本身单芯片的封装设计中都已有成熟的键合和引出设计，可以为 SiP 设计提供参考。CPU 有两圈 Pad，且密度较大，需要 4 层键合指，不同层也需要指定不同的 Bond Wire 模型。

至此，读者可以看到一个 SiP 项目从最初的背景和要求到设计规则确定的整个过程。

23.3　SiP 产品设计

在 SiP 项目规划和设计规则导入完成后，即可进行 SiP 产品的具体设计工作。

一般在正式设计之前或者在设计过程中，需要先通过 PCB 板级功能验证。PCB 板级功能验证是对 SiP 方案正确性很好的支撑，方案落地后先设计并制作成 PCB 功能验证板，实际测试是否能够实现用户需求的功能。通过对功能验证板的实际测试，可以有效发现设计中可能存在的各种问题，不合适的地方可以再进行修改。

通过板级功能验证可更深入地了解模块功能与性能，为后面 SiP 的原理设计和版图设计打下基础。功能验证板的设计采用 SiP 中裸芯片对应的封装好的芯片，根据实际需求进行功能设计，它的优势就是可以实际测试，发现不足，修改方案，确保原理设计的正确性，板级功能验证越充分，后面在 SiP 设计和应用时出现问题就越小。

23.3.1　符号及单元库设计

本案例中的 SiP 设计采用了 Xpedition 设计流程，包括建库、原理图设计、版图设计、设计仿真等几个步骤，其他公司的设计流程大同小异。

设计的第一步是建立元器件库，包括原理图符号库（Symbol）和版图用的单元库（Cell），并将它们映射成为元器件库（Part）。原理图符号库和 PCB 的原理图符号库的设计方法基本相同，没有太多需要注意的地方，与 PCB 原理图符号库不同的是裸芯片的引脚数量和定义都与 PCB 上用到的不同，所以无法复用，需要重新按照裸芯片的定义来设计。在版图单元设计时需要考虑 Die 的外形尺寸和高度，一般 Die 的尺寸包含划片道的尺寸，Die 的高度根据设计要求及单位圆片减薄工艺能力进行设计，一般可设置为 200～300 um。

此外，还需要为封装外壳创建相应的符号和版图单元，封装外壳的原理图符号和芯片符号创建方法相同，版图单元则需要根据封装的类型，物理尺寸，引脚数量及引脚间距等因素来创建，封装外壳的版图单元 Cell 的高度一般可设置为 0。

原理图符号和版图单元设计好后，将它们映射为元器件库 Part，就可以进行 SiP 原理设计了。

23.3.2　原理设计

SiP 原理设计主要参考 PCB 板级原理验证及板级测试结果，调用裸芯片的原理图符号，并对板级原理设计图纸适当裁剪修改，可得出 SiP 原理图设计图纸。

在本案例的 SiP 原理设计时通过 PCB 板级验证板的多次验证与测试，原理方案得到了充分验证，得出了 SiP 的原理图，为后续 SiP 的设计和生产打下了坚实的基础。

本案例的 SiP 内部主要集成 CPU、FPGA、SDRAM、SRAM、FLASH 5 种芯片。

另外，需要注意的是，在设计 SiP 的原理图时，除了芯片之间的互连关系要保证正确，所有芯片和封装外壳的连接关系也要合理安排。因此，需要在库中创建封装外壳的原理图符号，为了方便引脚的交换，该原理图符号一般不拆分。这样，由于封装外壳的原理图符号引脚比较多，所以其尺寸也比较大，通常将其单独放置在一页，并通过网络名称和芯片相连接。将网络按照类型并参考在芯片上的排列顺序依次和封装外壳引脚相连接，在后面的版图设计软件中再通过引脚交换来优化连接关系。

23.3.3　版图设计

为了提高一款 SiP 产品的适用范围，我们在设计时会对产品进行评估。在本案例中，我们发现产品的架构通用性较强，除了可以满足用户定制的需求，还可以满足诸多控制类电子产品的核心需求。为了适合不同的应用场景，本案例在原有的塑封形式基础上，扩展了陶瓷封装的形式。

塑封面向常规的商业应用，陶瓷封装则主要面向高可靠应用。为了保持两种封装形式的兼容性，两种封装的外壳尺寸均设计为 31 mm × 31 mm，塑封采用 PBGA415 封装形式，陶瓷封装采用 CBGA415 封装形式，引脚定义也保持一致，这种设计便于用户自由选择，在预期到产品应用环境发生变化时可以进行灵活选择，以满足不同应用场合的需要。

1. 塑封基板设计

基板尺寸确定好后，首先进行裸芯片的布局，将裸芯片按照功能定义及连接关系摆放在版图设计中，并根据生产厂商提供的工艺要求，调整间距，需要预留出键合线的长度和布线扇出的距离，防止后期引线不能正常扇出的问题。

布局确定好后，接下来确定层叠结构设计，规划哪些层需要设计为信号层，哪些层需要设计成电源层或地层（GND 层），平面层怎么分割，具体根据实际设计要求进行调整。该塑封基板按照 8 层（2+4+2）层叠结构设计，其中分配 4 层为信号层，4 层为电源层+地层，这样有 4 个完整平面可以供高速布线参考，布线空间也够用，最小线宽设置为 50 um，线间距也设置为 50 um。

布线设计，SiP 的布线规则和 PCB 布线遵循的规则基本一致，交叉布线，电源线加粗，关键信号线尽量短或增加防串扰设计，布线尽量少过孔，因为在尺寸上 SiP 比 PCB 要紧凑，所以布线密度也比 PCB 要高很多，需要特别注意先走关键信号线。设计中整理出了所有差分信号线，并考虑信号串扰、干扰问题。使关键信号连线尽可能短。

热设计，整理好各个裸芯片的功耗和生产厂商所用的粘片胶、塑封材料、基板材料等材料的热导率等数据进行热分析。在热分析环境 FloTHERM 中建模、输入功耗材料等数据进行热仿真，并查看仿真结果热分布是否均匀，整个塑封基板温度梯度是否过大，局部温度是否过高，芯片结温是否超过最大值，根据仿真结果调整裸芯片布局和散热方案，该设计通过热仿真确认可以满足设计要求，所以无须修改方案。

此外，SiP 模块设计完成后最好进行信号完整性、电源完整性、电磁兼容性仿真测试，通过仿真查看电源、信号和电磁兼容是否存在问题，若存在问题可对信号线、电源平面等进行调整，将可能存在的问题在设计阶段完全解决。

图 23-4 所示为塑封基板设计图（正反面）。

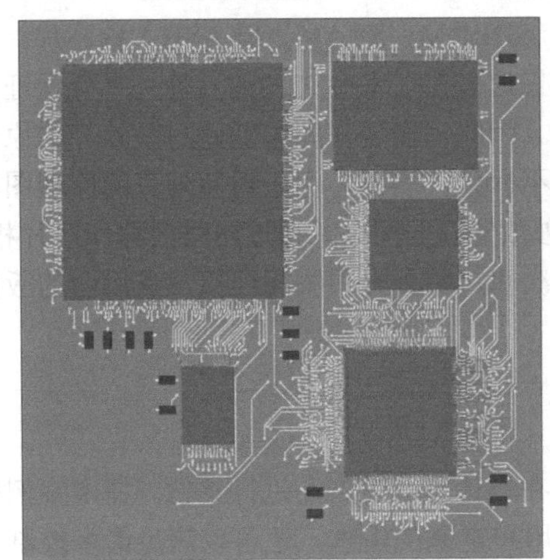
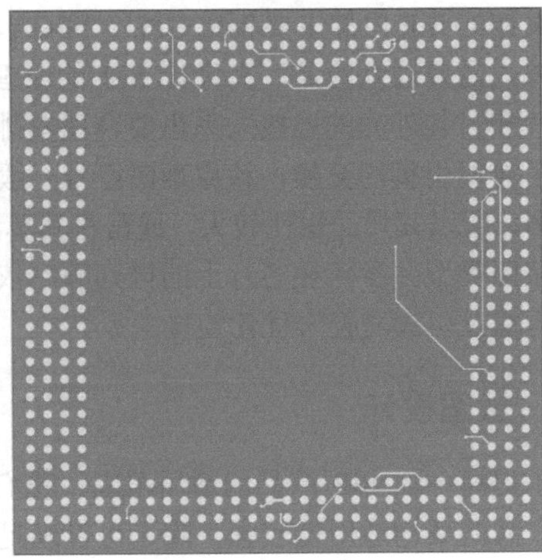

图 23-4　塑封基板设计图（正反面）

2．陶瓷基板设计

陶瓷基板和管壳为一体化结构，所以陶瓷基板设计也称为陶瓷管壳设计。

和塑封相比，陶瓷基板设计相对比较复杂，需要先在 CAD 软件中进行结构设计，为了保持兼容性，陶瓷基板外形尺寸和塑封基板相同。

根据管壳生产厂商工艺尺寸要求，在陶瓷基板边缘制作一圈焊料环，焊料环宽度根据生产厂家加工能力设计为 1.5～1.7 mm，然后将芯片布局在设计图纸中。

由于陶瓷基板工艺的原因，芯片布局不能像塑封基板那么紧凑，5 颗芯片在同一面放置不下，经过对加工能力和结构仿真多方面研究，最终在 SiP 基板正面放置 4 款裸芯，面积最大的 1 颗裸芯片则放置在基板的底面，同时通过腔体结构将芯片沉入基板内部，陶瓷基板芯片布局图（正反面）如图 23-5 所示。

模块布局完成，下一步需要考虑具体层叠结构怎样设计，哪一层设计为信号层，哪一层设计成电源层，哪一层设计成 GND 层，平面怎么切割，等等。该陶瓷基板设置为 22 层，其中 12 层为布线层，10 层为平面层，除 GND 层可占多个平面层外，每种电源都可以分配到一个平面层，所以无须进行平面层分割，每层布线都有一个完成的平面层参考，也有利于信号完整性的提升。

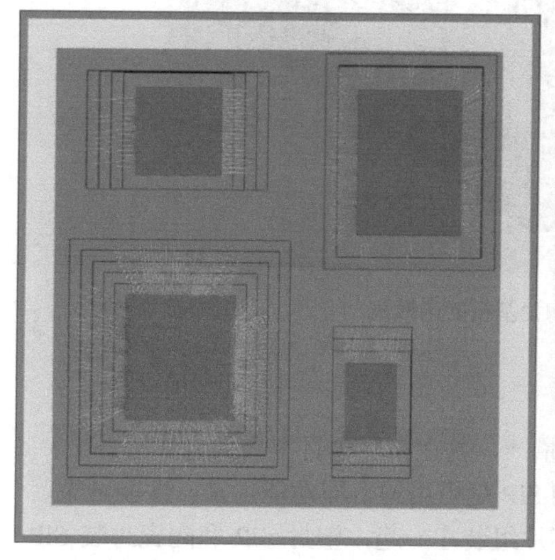

图 23-5　陶瓷基板芯片布局图（正反面）

陶瓷基板在设计中一般都需要设计腔体，也就是在基板的不同层切割出一个个类似的台阶，台阶的宽度和深度需要按照生产厂家的工艺进行设计，芯片放置在腔体的最下方，键合指则放置在腔体的台阶上，芯片引脚比较多的裸芯片，需要键合多排，这就需要设计多阶腔体。图 23-6 所示为陶瓷基板的腔体结构和芯片布局图。

图 23-6　陶瓷基板上的腔体结构和芯片布局图

在布线设计方面，陶瓷基板由于工艺的限制，目前其线宽线间距都比塑封基板要大，通常最小线宽设置为 100 um，线间距也设置为 100 um，过孔比塑封基板灵活，可以一层一层地叠加。陶瓷基板布线规则和塑封基板基本一致，交叉布线，电源线加粗，高速敏感信号线尽量短或增加防串扰设计，布线尽量少过孔，差分信号等长布线，布线时考虑信号串扰问题，关键信号连线尽可能短。此外，陶瓷基板表面一般不布线，线都走在内层，这样也便于后续的生产加工。

陶瓷基板由于生产加工工艺要求，设计时需要增加电镀线。电镀线设计的原则是：需要将所有裸露在外的金属环、金手指、引脚等需要电镀工艺处理的元素所在的网络添加电镀线，并将这些网络通过一根金属导线连接到模块边缘外部。金属连接到板外框以外即可，尽量不要太长，图 23-7 所示为陶瓷基板的电镀线。

图 23-7　陶瓷基板的电镀线

23.3.4　产品封装测试

SiP 设计的最终目的是成为产品，能够量产，并在实际项目中大批量使用。

设计完成后，如何才能保证我们设计的 SiP 是可用的，即功能正常，性能可靠？

首先，要进行产品的封装，将基板和芯片组装在一起，塑封 SiP 和陶瓷封装 SiP 工艺几乎完全不同，一般会在不同的厂家进行封装。

塑封工艺一般包括基板检查、芯片检查、粘片、键合、焊接、包封、清洗、植球、激光印标、切割、包装等流程。

陶瓷封装工艺一般包括基板检查、芯片检查、粘片、键合、焊接、封盖、气密性检查、植球、激光印标、包装等流程。

封装完成后，进行产品测试，测试内容有很多。首先需要在机台上通过测试向量进行测试，保证 SiP 功能正常。然后需要测试在不同温度环境中，SiP 的各项电参数是否正常。还需要进行老练和热循环测试，以及冲击、震动等结构方面的测试。

需要注意的是，SiP 原理图在设计时就需要考虑产品测试问题，首先需要了解单芯片在测试时哪些引脚必须进行向量测试，和芯片设计师沟通好，此类用于芯片内部测试的引脚必须在原理图设计时引出到封装引脚，否则在进行功能测试时有些功能就无法测试到，也就不能保证 SiP 模块功能的正确性。

测试完成后，如果 SiP 产品满足在各种环境下，功能和性能测试均正常，就可以成为产品并对外销售。

下面两幅图是封装测试完成后的实物样品，其中，图 23-8 是塑封样品实物图，图 23-9 是陶瓷封装样品实物图，可供读者参考。

图 23-8　塑封样品实物图

图 23-9　陶瓷封装样品实物图

第 24 章　2.5D TSV 技术及设计案例

作者：徐健

关键词：Silicon Interposer，2.5D，TSV，Flip Chip，Wire Bonding，Bump，焊球节距，Die Pin，RDL（Redistribute Layers），UBM（Under Bump Metal），玻璃基转接板，TGV，Underfill，FBGA（Fine-Pitch Ball Grid Array），TCB（Thermo-Compression-Bonding），掩模版，封装结构设计，层叠设置，Tape Out

24.1　2.5D 集成的需求

为了满足消费者对电子产品的小型化、多功能、高性能等方面的需求，为了在不改变封装体（Package）尺寸的前提下集成更多的功能，三维封装技术应运而生。

三维封装技术可以将多个芯片堆叠起来，常用于存储器件的封装，Memory 裸芯片在竖直方向上堆叠，通过引线键合（Wire Bonding）的方式与基板电气互连，这种技术成本低，工艺成熟，在 I/O 数小于 200 的情况下应用广泛，目前在封装产品上仍占据重要地位。

对于 I/O 数比较多的高性能器件，倒装焊（Flip Chip）技术可以缩短互连距离、提高封装密度，此时，有机基板成为倒装焊技术在高密度封装的瓶颈，在有机基板上实现高密度封装，技术难度大，成本增加很快，在产品应用上有很大困难。

硅转接板（Silicon Interposer）可以实现高密度布线和 I/O 再分布（Redistribution），通过 I/O 再分布可以用大节距的焊球将硅转接板组装到有机基板上，硅转接板的应用可以减小微组装的工艺要求，提高产品可靠性。应用硅转接板能减小芯片与有机基板的 CTE 失配、缩短互连长度、提高电性能，并且金属填充的硅通孔（Through Silicon Via，TSV）同时可作为散热通道。

基于硅转接板的优势，这项技术得到了世界范围内各大公司和科研机构的广泛关注和重点研究，越来越多的高端产品通过硅转接板提供封装的解决方案。

这种通过硅转接板的集成方式业界通常被称为 2.5D 集成。

24.2　传统封装工艺与 2.5D 集成的对比

24.2.1　倒装焊（Flip Chip）工艺

常规的倒装焊封装工艺包括倒装焊接和底部填充两个步骤，其中倒装焊接过程需要合适的助焊剂以增强焊料的润湿性，并且在转移的过程中能暂时固定芯片。基本的组装工艺流程包括圆片流片→制作凸点→切片→拾取→放置芯片→回流→填充等。根据芯片的情况，有三种倒装焊封装组装工艺，如表 24-1 所示。

表 24-1 三种倒装焊封装组装工艺

类型	工艺流程示意图	优点	缺点
有 Bump 芯片	Bump/Dice Wafer → Flux/Place Die → Reflow Solder → Underfill	可省去清洗步骤； 易于控制助焊剂残余； 焊接处空洞少	需要在芯片上制作 Bump； Bump 的共面性要求高； 存在基板的翘曲问题
无 Bump 芯片	Print Paste → Place Die → Reflow Solder → Underfill	无 Bump； 芯片也可倒装； 工艺简单	助焊剂残余应力难以消除； 产生空洞的概率大； 节距受限
高熔点 Bump 芯片	Bump/Coin Substrate → Flux/Place Die → Reflow Solder → Underfill	可省去清洗步骤； 助焊剂残余易控制； 焊接处空洞少	Bump 共面性要求高； 基板上需制作 Bump

倒装焊技术出现了不同的分支以适应不同的需求，在传统倒装焊技术的基础上出现了导电聚合物倒装焊技术（Conductive Polymer FCT）、各向异性导电倒装焊技术（Anisotropic Conductive FCT）等。

不管哪种倒装焊封装，都是将半导体芯片直接组装到封装基板之上，由于基板材料及工艺的限制，组装所用的焊球节距一般都在 120 um 以上，仅能满足 I/O 数较少的应用场合。这种封装由于仅需要一次组装，且组装所用焊球节距较大，对技术要求较低，所用设备价格较低，容易获得较高的成品率，因而封装成本较硅转接板封装要便宜得多。

24.2.2 引线键合（Wire Bonding）工艺

引线键合是将细小的金属引线的两端分别与芯片和基板或者封装引脚键合而形成电气连接。工艺可分为三种：热压键合、超声波键合与热压超声波键合。

热压键合是引线在热压头的压力下，高温加热（温度> 250℃）焊丝使其发生形变，通过对时间、温度和压力的调控进行键合；超声波键合不加热（通常是室温），在施加压力的同时，被焊件之间产生超声波频率的振动，破坏被焊件之间界面上的氧化层，并产生热量，使两固态金属牢固键合；热压超声波键合工艺是以上两种形式的组合，就是在超声波键合的基础上，采用对加热台和劈刀同时加热的方式，加热温度较低（约为 150 ℃），加热增强了金属间原始交界面的原子相互扩散和原子间作用力，实现高质量键合。热压超声波键合因其可降低加热温度、提高键合强度、有利于器件可靠性而成为目前的主流。图 24-1 为使用引线键合技术实现三维封装的显微图像。

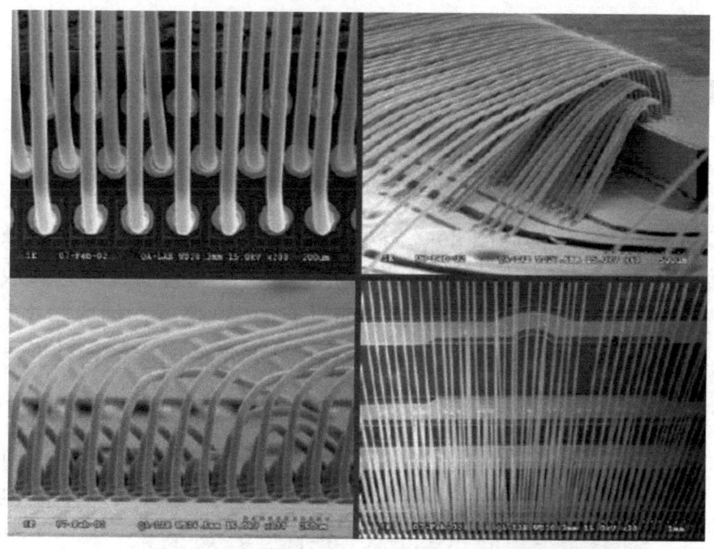

图 24-1　使用引线键合技术实现三维封装的显微图像

引线键合技术直接将芯片引脚通过引线连接到基板，与倒装焊相比，省去了焊球加工步骤，但由于普通芯片引脚都在芯片边缘分布，所能获得的 I/O 数比较低。此外，使用引线键合，芯片引脚与基板的连接线长达若干毫米，相比之下，倒装焊仅为几十微米量级，因而引线键合会限制芯片的高频应用。

24.2.3　传统工艺与 2.5D 集成的优劣势分析

传统的倒装焊技术、引线键合技术与 2.5D 集成相比较，对芯片引脚的要求要低得多，传统工艺在目前的技术前提下，无论在成本还是可靠性上都占优势，在封装产品中仍占据主导地位。但是由于采用晶圆级制成工艺，布线密度得到了大幅度的提高。与传统倒装焊 BGA 对比，2.5D 系统集成可实现更细线宽线距、更高密度、更高系统集成度封装，满足产品高性能和小型化的需求。

传统倒装焊BGA封装单位平方毫米面积内可以排布的I/O数量为85～120，而高密度2.5D TSV 转接板可达到单位平方毫米面积内可排布的 I/O 数量为 330～625，可以大大提高整体封装的布局密度。

基于转接板的 2.5D 集成技术代表着封装技术的发展趋势，相比于传统封装技术，除了实现封装的传统意义，还增加了一定的功能，表 24-2 对三类封装进行了简单的比较。

表 24-2　三类封装的简单比较

比较项目	2.5D TSV 封装	倒装焊封装	引线键合封装
I/O 密度	最高	中等	最低
设备配置价格	最高	中等	最低
芯片速度损耗	最低	中等	最高
封装成本	最高	中等	最低
封装周期	最长	中等	最短
技术成熟度	中等	高	高
目前市场占比	最低	中等	最高
发展趋势	快速发展	稳步发展	占比逐渐降低

24.3 2.5D TSV 转接板设计

24.3.1 2.5D TSV 转接板封装结构

典型的 2.5D TSV 封装结构如图 24-2 所示，单颗或多颗功能芯片通过微凸点焊接的方式安装在 TSV 转接板正面，TSV 转接板通过背面微焊球以传统的倒装焊方式放置于有机基板之上，有机基板内部具有通孔和多层布线层，背面具有 BGA 焊球，构成整个封装体。底填料 1 提供微凸点的保护，填充间隙高度低于 30 um，需要黏度很低的底填材料。底填料 2 提供 TSV 转接板面向有机基板的微焊球的保护，使用普通倒装焊封装所用的底填材料。

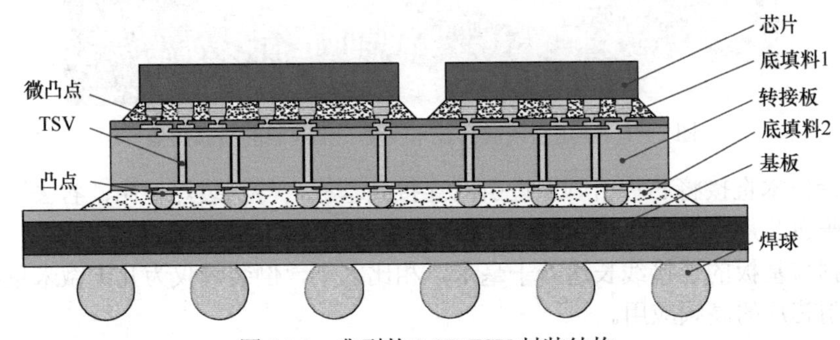

图 24-2 典型的 2.5D TSV 封装结构

2.5D 封装的核心部件是 TSV 转接板，其构成功能芯片与有机基板之间的互连桥梁，既解决了功能芯片 I/O 密度与有机基板焊盘密度不匹配的问题，又提供了功能芯片之间的高密度互连。

典型的 2.5D TSV 转接板层叠结构如图 24-3 所示，TSV 提供穿透转接板的互连通道，正面微凸点用于功能芯片焊接，正面重新分布层（Redistribute Layer，RDL）提供 TSV 及正面微凸点的连接，并提供多颗功能芯片间的互连。背面微焊球提供面向有机基板的焊接互连，背面 RDL 提供 TSV 与背面微焊球的互连，转接板衬底表面的介质层提供多层 RDL 间的隔离及 RDL 钝化保护。

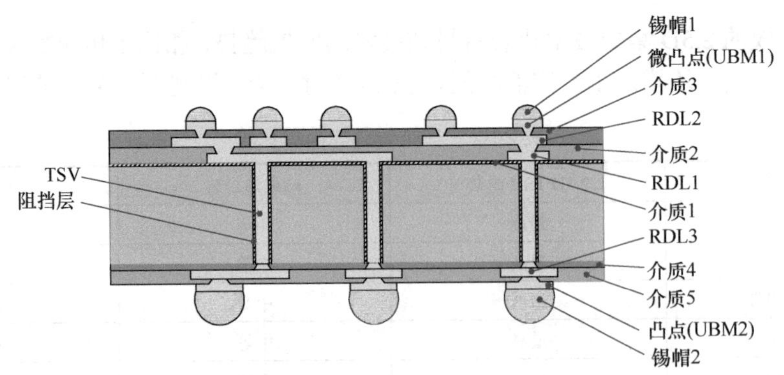

图 24-3 典型的 2.5D TSV 转接板层叠结构

TSV 提供穿透硅衬底的互连通道，首先需要有导电材料填充，其次需要与硅衬底绝缘。在典型情况下，导电材料为铜，一般通过电镀的方式实现填充，绝缘材料为氧化硅，为了防止铜材料扩散进入氧化层影响绝缘效果，在氧化硅和填充铜材料之间还包含一层扩散阻挡层，目前主要使用钛、钽金属或氮化物。2.5D 转接板各层定义如表 24-3 所示。

表 24-3　2.5D 转接板各层定义

层名	Mask 名称	定义
锡帽 1	UBM1	转接板上表面锡帽
微凸点（UBM1）	UBM1	转接板上表面微凸点或 UBM1 层
介质 3	PI3	上表面第三层介质层
RDL2	M2	上表面第二层金属层
介质 2	PI2	上表面第二层介质层
RDL1	M1	上表面第一层金属层
介质 1	PI1	上表面第一层介质层
阻挡层	NA	介质阻挡层
TSV	TSV	硅通孔
介质 4	PI4	下表面第一层介质层
RDL3	M3	下表面第一层金属层
介质 5	PI5	下表面第二层介质层
微凸点（UBM2）	UBM2	转接板下表面凸点或 UBM2 层
锡帽 2	UBM2	转接板下表面锡帽

需要指出，转接板正面各个信号层靠近中间基材的为 M1 层，向外依次为 M2、M3 层，转接板背面也是如此。此命名方式主要是基于晶圆加工工艺的先后顺序来制定的，与芯片各层的命名方法一样。而有机基板（PCB）各层都是自上而下命名的，还请设计人员注意。

24.3.2　2.5D 转接板封装设计实现

由于大多数 2.5D 转接板所涉及的工艺为前道晶圆工艺，因此大多数 2.5D 转接板由晶圆 FAB 工厂制作，其主要的设计思路是基于 FAB 工厂建立的 PDK（Process Design Kit，工艺设计工具包）模块来建立的。设计前必须先完成 PKD 模块的构建，且必须在指定的晶圆代工厂才能完成，设计思路相对固化。对于后端的先进封装企业，也有部分企业涉及 2.5D 转接板业务，如华进、长电先进等，本章节所涉及的设计思路，是基于先进封装级别考虑的，将 2.5D 转接板视为封装里面的一块基板来进行设计处理的，设计思路更为灵活。

不同于传统的封装，基于 2.5D 转接板封装的很大一部分工作量是转接板的设计。整体包括方案制定、封装结构布局、信号仿真、布线及 DRC 检查、后仿真验证等一系列的工作。

设计完成，设计方会进行数据 Tape Out（投片）。一般情况下，根据后续生产文件格式要求的不同，可分为两种数据格式：① Gerber 文件，是封装有机基板设计导出的文件，此文件主要用于基板制造，发送给相应的基板制造公司。② GDS 文件，是 2.5D 转接板设计所导出的文件，发送给相应的掩模版公司，用于掩模版设计及制造，完成掩模版制造后，进行转接板的流片。待基板、2.5D 转接板和芯片都具备后，进行总体的封装组装。

图 24-4 为 2.5D 转接板封装设计及实现的流程图。

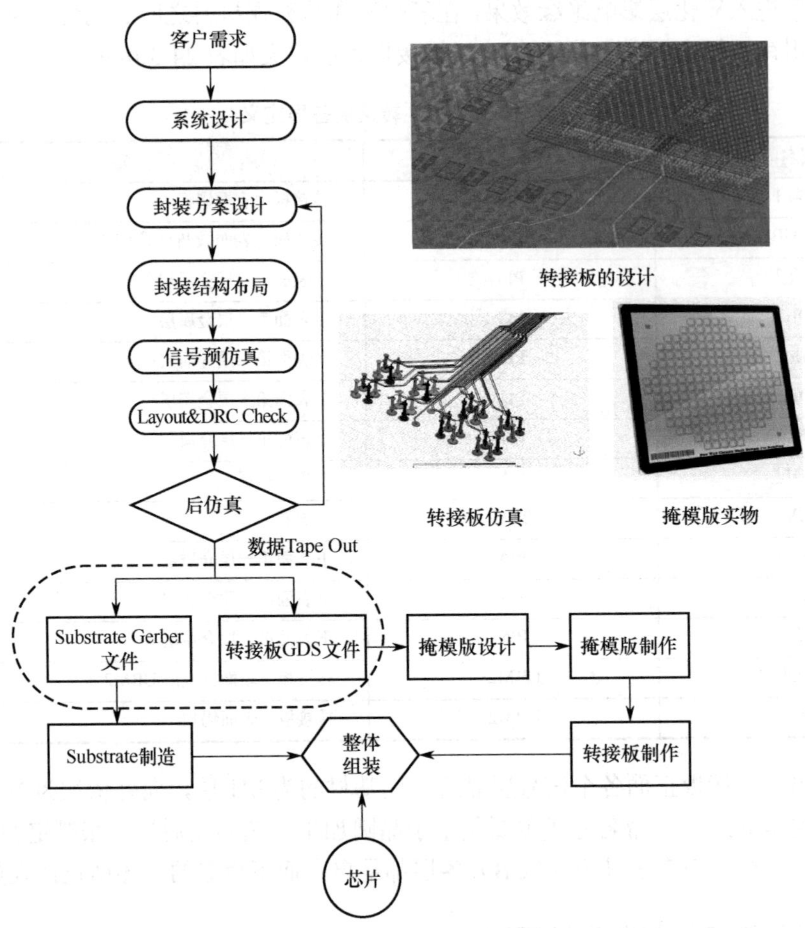

图 24-4　2.5D 转接板封装设计及实现的流程图

24.4　转接板、有机基板工艺流程比较

目前转接板制造主要使用硅作为衬底，也有些使用玻璃衬底，本节将针对这两种典型材料及工艺进行介绍，并和有机基板做比较。

24.4.1　硅基转接板

由于硅基工艺相对比较成熟，所需设备和材料都比较齐备，目前加工转接板主要使用硅衬底。典型的硅基转接板制造工艺流程示意图如图 24-5 所示。

①进行深孔刻蚀，定义 TSV 加工位置和尺寸；②进行绝缘层、阻挡层及种子层沉积；③进行铜电镀，完成 TSV 填充，之后进行 CMP 平坦化，去除表面多余的铜层；④加工正面 RDL；⑤制作用于芯片组装的 u-Bump 微焊盘；⑥经由临时键合保护；⑦对衬底进行减薄，在衬底背面露出 TSV；⑧在背面加工所需 RDL；⑨背面 Bump 制作；⑩进行解键合和切割，获得所需硅基转接板。

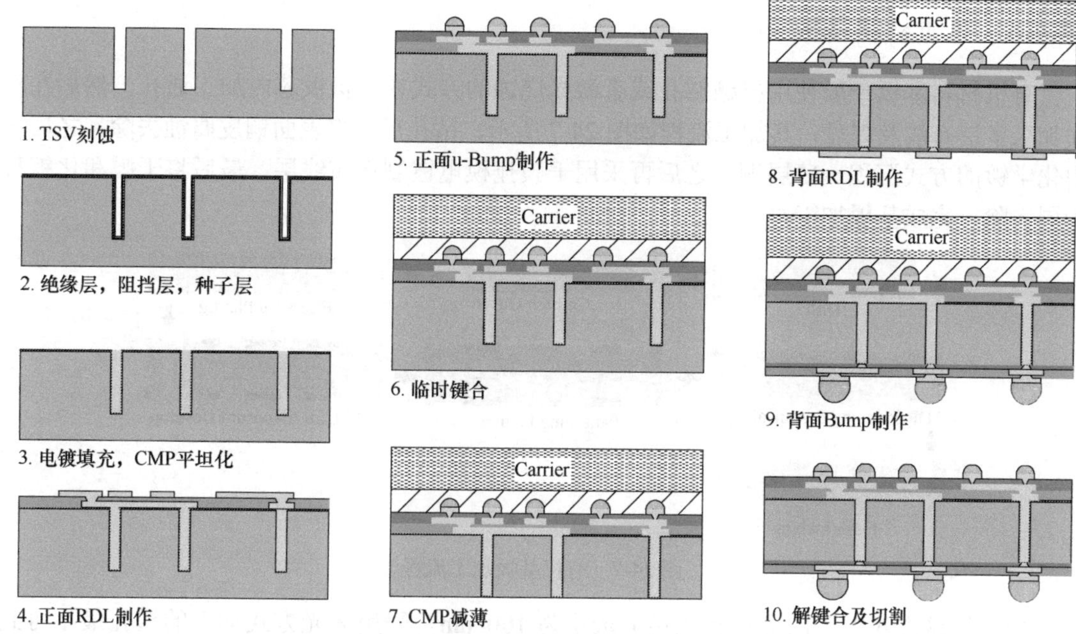

图 24-5　典型的硅基转接板制造工艺流程示意图

24.4.2　玻璃基转接板

玻璃可以提供更优的射频性能，且玻璃是透明材料，在一些应用场合有更好的表现。玻璃基转接板可以使用类似硅基转接板的制造流程。与硅基板上的 TSV 对应，在玻璃上制作的通孔通常称为 TGV（Through Glass Via），但在玻璃上刻蚀深孔要比在硅上困难得多，比如采用干法刻蚀，在玻璃上的刻蚀速率每分钟不到 1 um，而在硅上的刻蚀速率可以达到每分钟 10 um 以上，因此采用干法刻蚀的方式加工玻璃基转接板就变得非常昂贵。尽管有其他的刻蚀方式，如激光烧蚀、喷砂、机械钻孔等在玻璃上加工孔，但这些方式仅能加工孔径超过 100 um 的孔，无法满足高密度要求。

肖特（Schott）玻璃公司在 2010 年提出一种全新的玻璃基转接板加工思路，如图 24-6 所示，在玻璃内部嵌入钨丝，提供带有导电通孔的玻璃基底，具体加工方式还没有完全公开，可以根据要求向肖特玻璃公司购买具有特定导电通孔排列的玻璃衬底，然后在双面加工布线层及焊接凸点，获得玻璃基转接板。采用这种加工方式，钨丝的最小直径目前为 50 um。

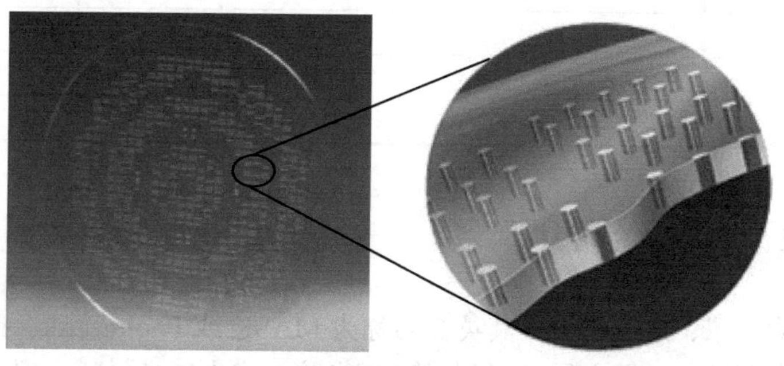

图 24-6　肖特公司推出的内嵌钨丝的玻璃基转接板

24.4.3 有机材料基板

有机材料基板一般使用机械钻孔或者激光烧蚀的方式在有机板芯内加工通孔，然后在双面加工多层布线及焊盘，其加工流程如图 24-7 所示。钻孔后，将表面铜皮腐蚀去除，之后采用化学镀的方式沉积一薄层铜，之后再采用干膜掩模电镀制作布线层，最后将干膜和化镀种子层去除，完成基板加工。

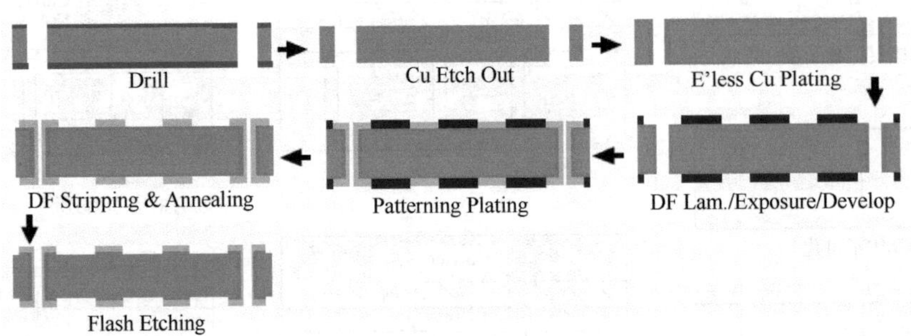

图 24-7 有机基板加工流程

采用机械方式加工的通孔孔径目前最小为 100 um，采用激光方式加工的通孔最小可到 50 um 孔径。为了提高布线密度，目前还有一类无芯基板，其直接使用多层布线加工实现转接板制造。

有机转基板受限于加工精度，组装芯片侧的焊盘节距目前最小约为 120 um，更细的节距将难以组装，而相对应的硅基转接板可以容许小于 50 um 节距凸点的组装。

24.4.4 两种转接板及有机基板工艺能力比较

因为硅转接板或者玻璃转接板通常都要安装在有机基板上。根据三种材料及工艺的特点和对应设备的成熟度，使用硅基转接板、玻璃基转接板、有机材料基板的工艺加工能力有很大不同，为了直观理解，表 24-4 对三类基板工艺能力进行了比较。

表 24-4 三类基板工艺能力比较

比较项目	硅基转接板	玻璃基转接板	有机材料基板
通孔直径	10～30 um	30～100 um	50～150 um
布线线宽/线距	5 um/5 um	10 um/10 um	25 um/25 um
焊盘节距	30～50 um	50～100 um	80～150 um
加工难度	低	高	低
工艺成熟度	高	低	高
制造成本	中等	高	低

24.5 掩模版工艺流程简介

掩模版，又称光罩、玻璃铬板，其英文名称为 MASK 或 PhotoMask。掩模版由石英或玻璃作为衬底，在上面镀上一层金属铬+氧化铬+感光胶，成为感光材料，把已设计好的电路图形通过电子束或激光设备曝光在感光胶上，通过显影、蚀刻等工序被曝光的区域会被显影出来，最后在金属铬上形成图案，成为具有与设计图形一样的光学掩模产品。主要应用行业为 IC 行业（Semiconductor）、平板行业（FPD）、线路板行业（PCB），以及微机械流体（MEMS）等其他行业。

铬版原材是在平整的、高光洁度的玻璃基版上通过直流磁控溅射（SP）沉积上铬–氧化铬薄膜而形成铬膜基版，再在其上涂敷一层光刻胶或电子束抗蚀剂，制成铬版原材，掩模版层叠结构示意图如图 24-8 所示。

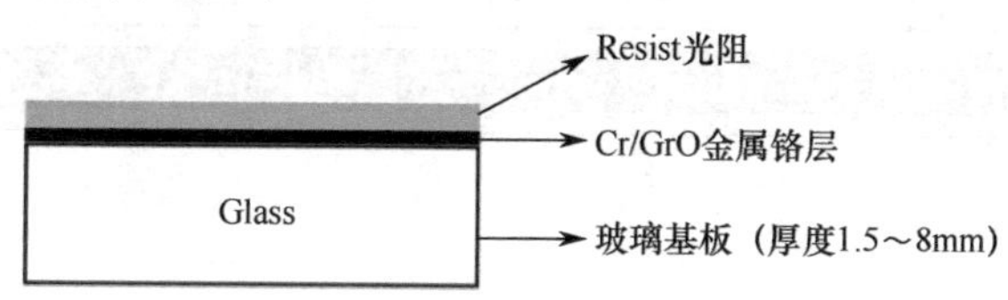

图 24-8 掩模版层叠结构示意图

PCB 企业的掩模版一般由自己加工制作完成，但是集成电路 IC 掩模版的加工是由专门的企业单位完成的。目前，对于高精密的掩模版，国际上只有少数几家单位可以制作，国内企业与国际上的差距比较大。图 24-9 为掩模版的制造工艺流程图。

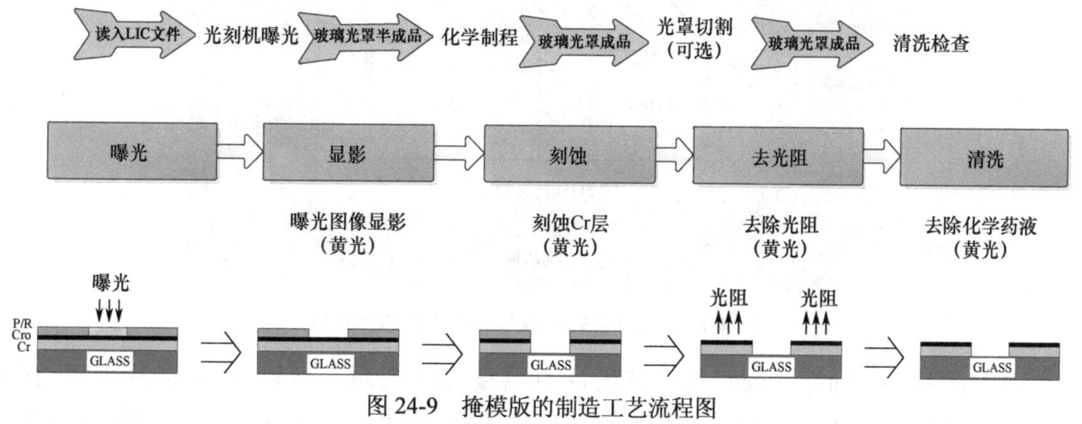

图 24-9 掩模版的制造工艺流程图

24.6 2.5D 硅转接板设计、仿真、制造案例

基于前面所介绍的 2.5D 转接板的设计及相关工艺流程，本节应用实际案例简要介绍基于硅基转接板的整个流程，包括设计、仿真、流片、组装及可靠性分析。

该项目包括 4 款功能、尺寸各不相同的裸芯片：Die1～Die4，都为 Flip Chip 芯片，芯片的 I/O 数量多，系统有高频信号要求，需要对信号网络进行阻抗匹配，并对关键信号网络进行 S 参数提取。由于系统芯片较多，且工艺复杂，需要进行工艺及结构翘曲的仿真分析。

24.6.1 封装结构设计

本项目由于芯片的 I/O 数量多，且 I/O Bump Pitch 较小。传统的有机基板的线宽线距无法满足其要求，因此采用 2.5D 硅转接板的方案，4 颗芯片贴装在转接板上进行信号互联并扇出，然后再将整个结构与下方的有机基板相连接，形成整体的封装结构。

图 24-10 为 2.5D 硅转接板封装结构及芯片布局，其中包含芯片的高度、排布、间距、Underfill 填充、板内布线，互连方式等多方面的分析内容，最终的封装形式采用 FBGA（Fine-Pitch Ball Grid Array）的结构。

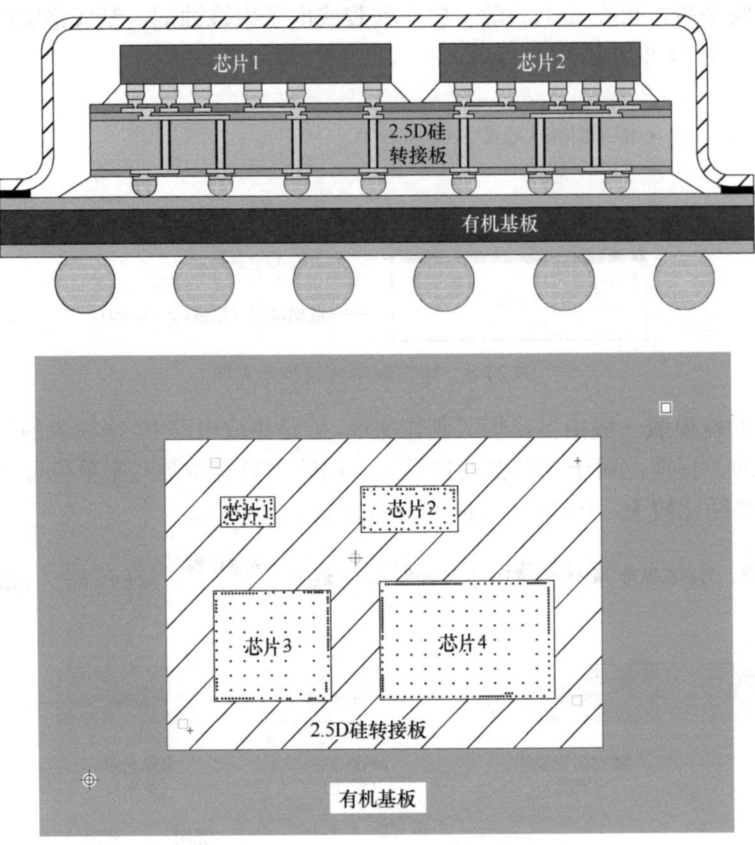

图 24-10　2.5D 硅转接板封装结构及芯片布局

由于芯片的 Bump Pitch 及焊球的回流温度梯度问题，所以 4 款芯片采用 TCB（Thermo-Compression-Bonding）的方式贴装在 2.5D 硅转接板上，硅转接板通过倒装焊方式贴装在封装基板上。

不同于传统的封装结构，2.5D 转接板在设计之前需要额外考虑很多工艺、组装、信号、结构等方面的因素，比如：① 转接板的尺寸，是否超过光刻机台的曝光区域大小？后期组装是否可以满足？电镀开口率是否满足等；② 转接板上下面的表面处理方式，采用 Bumping 工艺还是 NiAu 或 NiPdAu 等，这会直接影响后期组装工艺；③ 转接板上下面的 Bump 高度限制，由于转接板在制作中采用临时键合工艺，Bump 的高度有一定的限制；④ TSV 孔的深宽比要求，布线的线宽、线距，介质包边距离等；⑤ 芯片、转接板及封装焊球的温度梯度考虑，材料选择不合适可能导致结构的二次回流问题；⑥ 高频信号的处理，需要考虑 RDL 层、介质层厚度，阻抗匹配等，例如采用共面波导结构还是参考地层结构；⑦ 结构翘曲问题，如果转接板面积较大，设计时需要考虑封装的整体翘曲及转接板下面的 Underfill 点胶问题。

24.6.2　封装布线、信号及结构仿真

1．2.5D 硅转接板层叠设置及布线

依据上面的整体封装结构、芯片 I/O 数量及关键信号网络预仿真计算结果，设置 2.5D 硅转接板的结构如图 24-11（a）所示，转接板正面包含两层 RDL，背面包含一层 RDL；硅转接板层叠设置如图 24-11（b）所示。

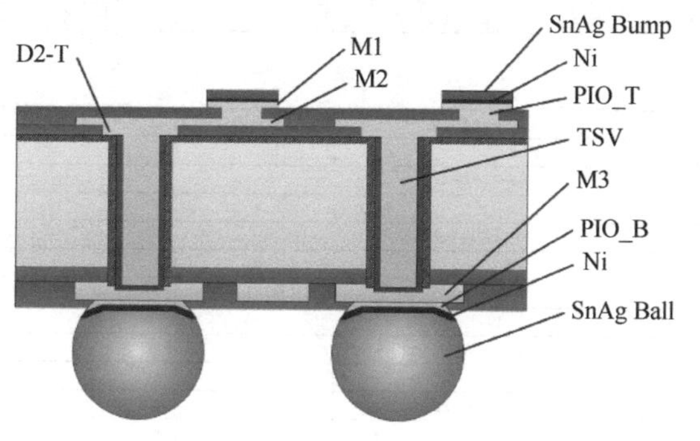

（a）2.5D 硅转接板结构示意图

Layer	Material	Thickness(um)	Tolerance
M1	SnAg	5 um	±0.5 um
	Ni	2 um	±0.2 um
	Cu	8.3 um	±0.8 um
PIO_T	PI	5.5 um	±0.5 um
M2	Cu	4 um	±0.5 um
D 2-T	Cu	5.5 um	±0.5 um
TSV	Cu	100 um	±10 um
M3	Cu	6 um	±0.5 um
PIO_BTM	PI	8.5 um	±0.5 um
Ball	Cu	5.3 um	±0.5 um
	Ni	2 um	±0.2 um
	SnAg	60 um	±10 um

（b）硅转接板层叠设置

图 24-11　硅转接板结构及层叠设置

该项目的硅转接板可使用传统的 SiP 封装版图设计软件，如 Xpedition Layout，进行设计，图 24-12 为 2.5D 硅转接板单层布线图，不同于有机基板工艺，转接板设计需要考虑后期 RDL 电镀工艺的均匀性与电流密度，在设计时需要考虑铜皮开口率与均匀性。

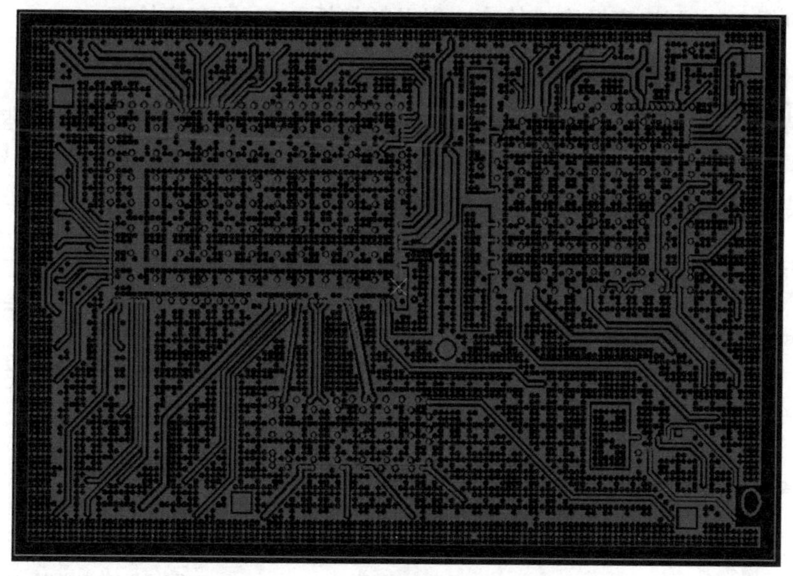

图 24-12　2.5D 硅转接板单层布线图

2．有机基板的层叠设置及布线

经过 2.5D 硅基转接板的信号互联及信号扇出，有机基板的布线压力大大减小。本设计采用 6 层 BT 基板设计方案。封装设计思路与普通 FC BGA 的基板设计思路基本一致，将硅转接板视为一颗普通的 Flip Chip 芯片即可。图 24-13 所示为有机基板层叠结构及材料列表。

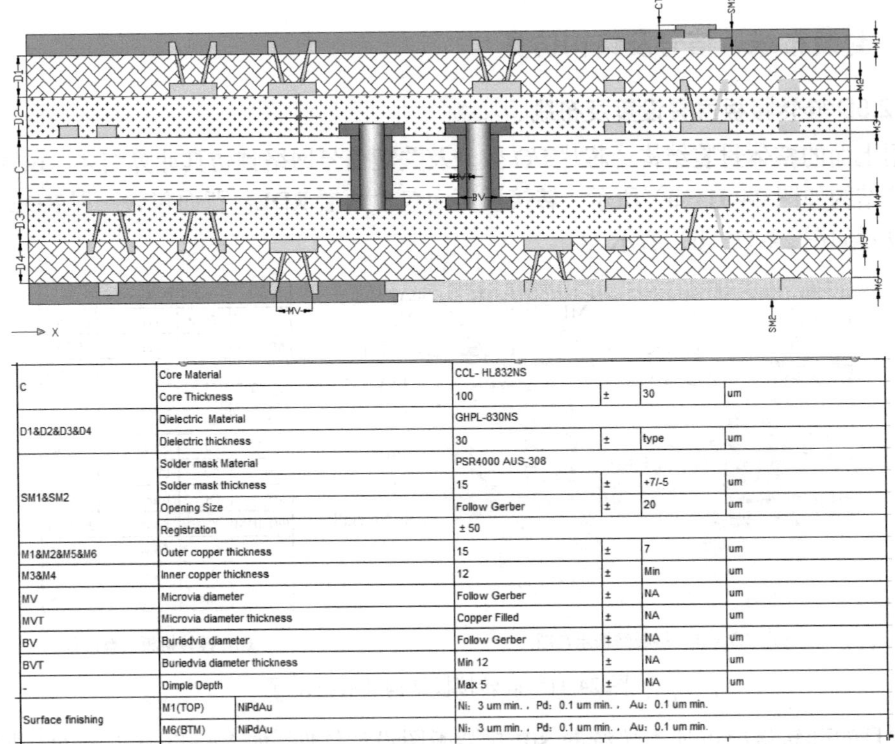

C	Core Material	CCL- HL832NS			
	Core Thickness	100	±	30	um
D1&D2&D3&D4	Dielectric Material	GHPL-830NS			
	Dielectric thickness	30	±	type	um
SM1&SM2	Solder mask Material	PSR4000 AUS-308			
	Solder mask thickness	15	±	+7/-5	um
	Opening Size	Follow Gerber	±	20	um
	Registration	± 50			
M1&M2&M5&M6	Outer copper thickness	15	±	7	um
M3&M4	Inner copper thickness	12	±	Min	um
MV	Microvia diameter	Follow Gerber	±	NA	um
MVT	Microvia diameter thickness	Copper Filled	±	NA	um
BV	Buriedvia diameter	Follow Gerber	±	NA	um
BVT	Buriedvia diameter thickness	Min 12	±	NA	um
-	Dimple Depth	Max 5	±	NA	um
Surface finishing	M1(TOP) NiPdAu	Ni：3 um min.，Pd：0.1 um min.，Au：0.1 um min.			
	M6(BTM) NiPdAu	Ni：3 um min.，Pd：0.1 um min.，Au：0.1 um min.			

图 24-13　有机基板层叠结构及材料列表

完成布线后，对系统进行 DRC 检查，与传统封装设计不同，2.5D 硅转接板需要进行额外的检查，包括 TSV 开口率及密度检查，以及转接板 RDL 层密度检查。

3．关键信号仿真

完成封装布线设计后，需要对关键信号进行仿真，验证其信号完整性能否满足设计要求。

图 24-14 所示为单端信号的回波损耗 S11 提取结果，图 24-15 所示为单端信号的插入损耗 S21 提取结果。整个结构包括芯片的 Bump，硅转接板与有机基板全链路结构。

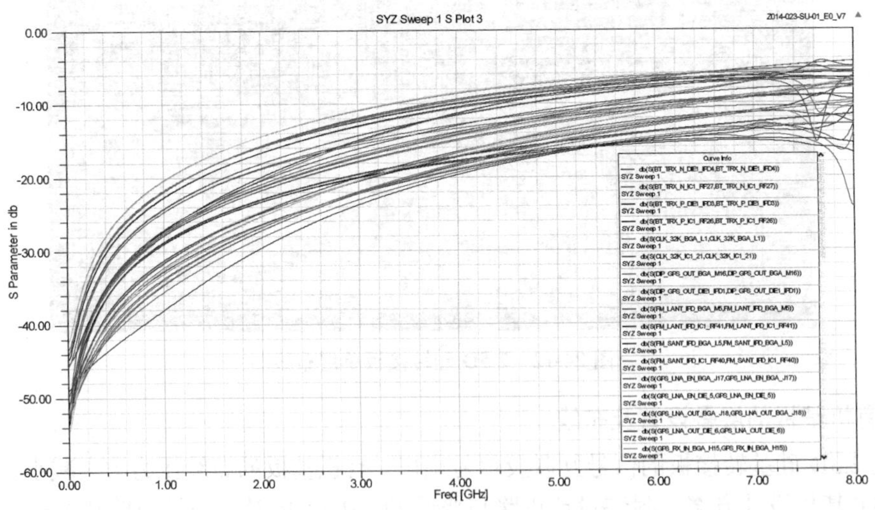

图 24-14　单端信号的回波损耗 S11 提取结果

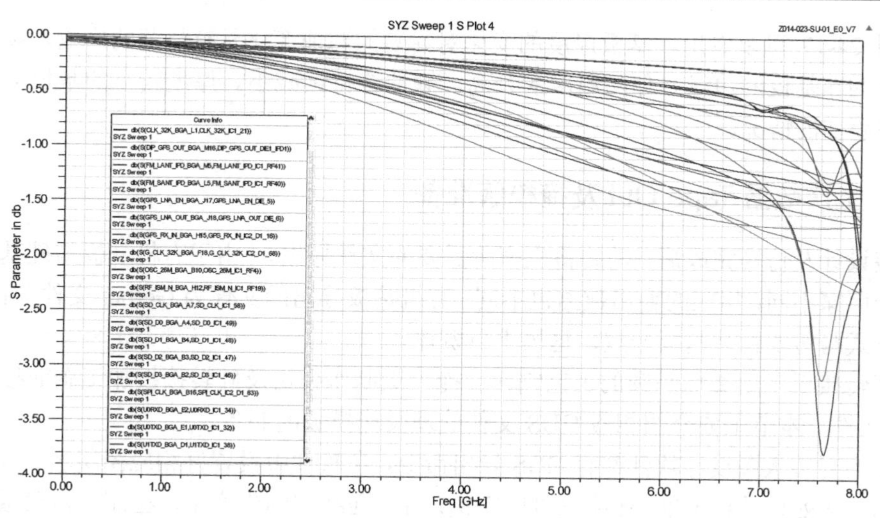

图 24-15　单端信号的插入损耗 S21 提取结果

4．结构仿真

完成封装布线设计后，需要对整个结构进行结构仿真，验证其翘曲是否满足设计要求。

由于转接板尺寸较大，且上面承载多款芯片，整体封装结构需要考虑翘曲的影响。本项目针对不同的基板厚度进行了封装翘曲的仿真工作。

图 24-16 为当有机基板厚度为 500 um 时的翘曲云图，图 24-17 为不同厚度有机基板翘曲随温度的变化曲线。

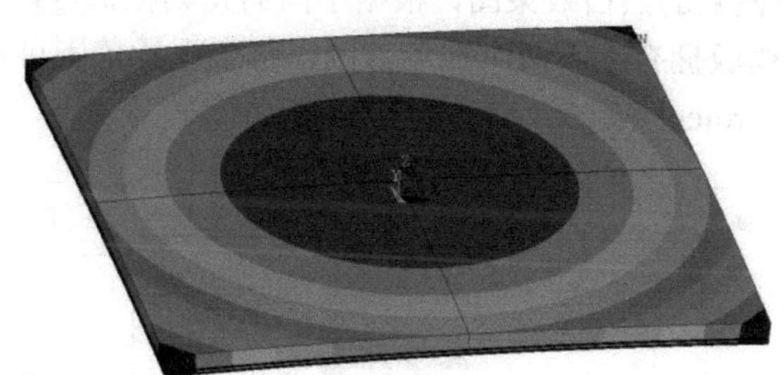

图 24-16　当有机基板厚度为 500 um 时的翘曲云图

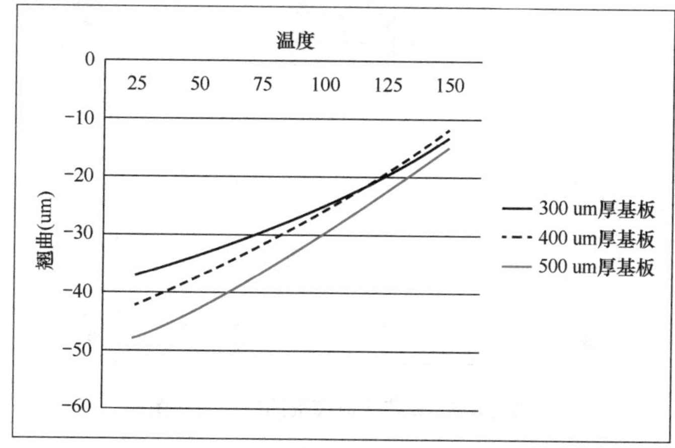

图 24-17　不同厚度有机基板翘曲随温度的变化曲线

由图 24-17 可以看出，基板厚度的变化对封装的翘曲变化具有显著的影响。翘曲变化最大的区域均在基板的边缘。伴随温度的升高，翘曲会持续减小。厚度较小的基板会改善在低温下封装翘曲的情况。

24.6.3 生产数据 Tape Out 及掩模版准备

封装设计及仿真完成后，需要将生产所需要的文件导出。 由于有机基板与硅基转接板面向的生产厂家不同，相应的输出数据也不同。有机基板导出的文件为 Gerber 文件及钻孔数据，其导出方式与传统封装基板一致，这里不再赘述。

硅基转接板采用类似晶圆的工艺制作，掩模版制作公司及硅转接板加工企业接收的文件为 GDS 文件。本节主要介绍相应 GDS 文件处理及掩模版的制备。

主流的封装版图设计软件都有 GDS 导出命令，在软件中设置好相应图层名、数据类型后即可导出。此处只是导出单个转接板的 GDS 文件，而在实际生产中，在制造掩模版之前，会进行以下编辑处理。

① 为了提高效率，在光刻机允许的范围内，会在一个曝光视场范围内进行拼版；

② 根据实际能力，添加切割道；

③ 在空白区域添加对位标记，方便上下层对位；

④ 添加 CD（标准尺寸结构）测量结构、信号测试结构；

⑤ 根据后期实际工艺要求，定义图形及切割道的掩模版的黑白效果图；

⑥ 根据产线工艺制程能力，添加线路补偿值。

图 24-18 为 6 寸[①]掩模版的黑白效果图，根据不同的光刻机机台，掩模版的尺寸、格式也有所不同。本项目的掩模版拥有上下两个视场范围，每个视场范围可排布一种图形，也可以采用多项目晶圆（Multi Project Wafer，MPW）的拼版方案。

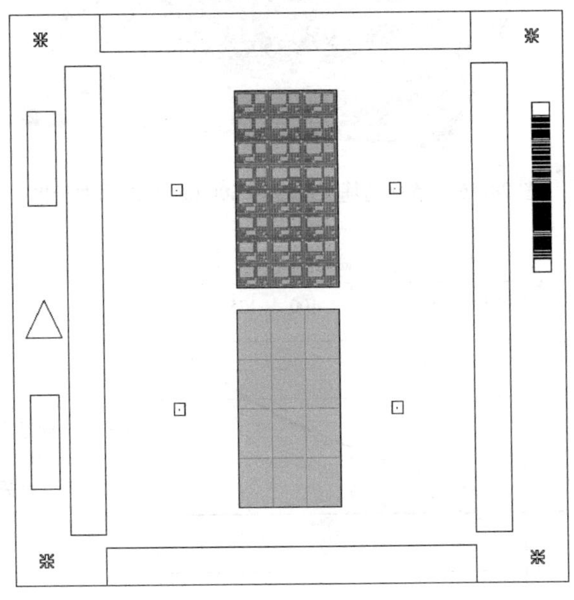

图 24-18　6 英寸掩模版的黑白效果图

① 注：1 英寸=0.0254 米。

24.6.4　转接板的加工及整体组装

完成掩模版制备后，即可开始进行转接板的制造，具体流程可参见图 24-5。本项目采用 12 英寸的晶圆制造，最终转接板的厚度为 200 um，TSV 的孔直径为 30 um。2.5D 硅转接板的最终晶圆样品如图 24-19（a）所示，切片电镜图如图 24-19（b）所示。

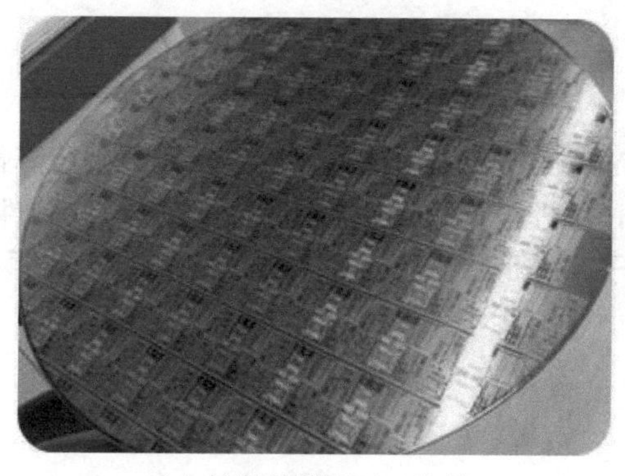

(a) 最终晶圆样品（12 英寸）

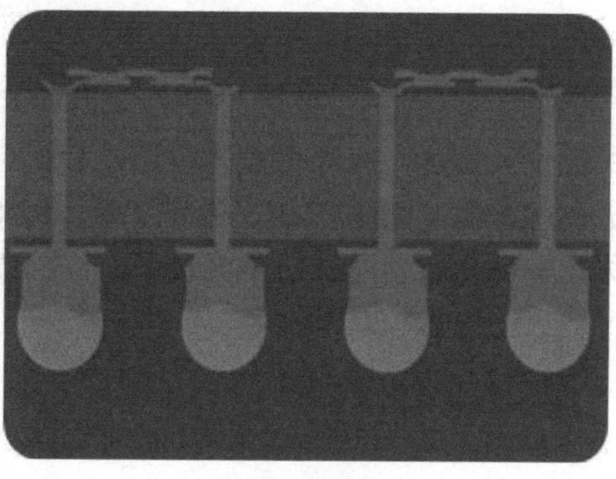

(b) 切片电镜图

图 24-19　2.5D 硅转接板最终晶圆样品和切片电镜图

组装工艺基于传统的 Flip Chip 工艺，将转接板先焊接在有机基板上，然后将裸芯片依次贴装在转接板上。2.5D 硅转接板封装主要组装工艺流程图如图 24-20 所示。

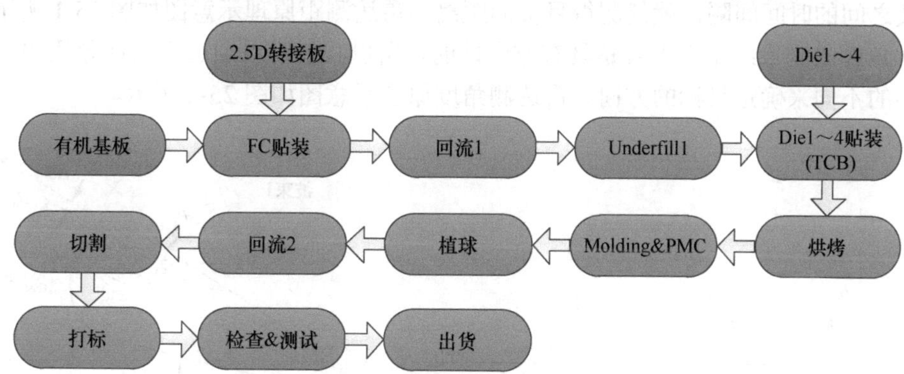

图 24-20　2.5D 硅转接板封装主要组装工艺流程图

第 25 章　数字 T/R 组件 SiP 设计案例

作者：包孟兼，李培，陆文斌

关键词：雷达，有源相控阵雷达，T/R（Transmitor/ Receiver）组件，无源相控阵雷达，SiP 技术，LTCC，模拟 T/R，数字 T/R，DDS，原理设计，SiP 版图设计，SiP 设计软件，金属壳体，一体化封装设计，低频端子，高频端子，球形焊，楔形焊，热导率，热膨胀系数

25.1　雷达系统简介

雷达是一种无线电探测设备，其通过发射电磁波，并接收电磁波在物体上产生的回波，来测定相关目标的距离、方向、速度等状态参数。

雷达的回波中包含了物体的许多信息，我们可以利用相应的方法将信息提取出来。

（1）距离的测量：因为电磁能量是以光速 C 在空间中传播的，所以只要知道了发射和接收电磁波之间的时间间隔，就能测得目标的距离。雷达测距原理示意图如图 25-1 所示。

（2）角度的测量：由于天线是具有方向性的，所以我们可以通过方向性导致的回波信号功率大小的不同来确定目标的方向。雷达测角度原理示意图如图 25-2 所示。

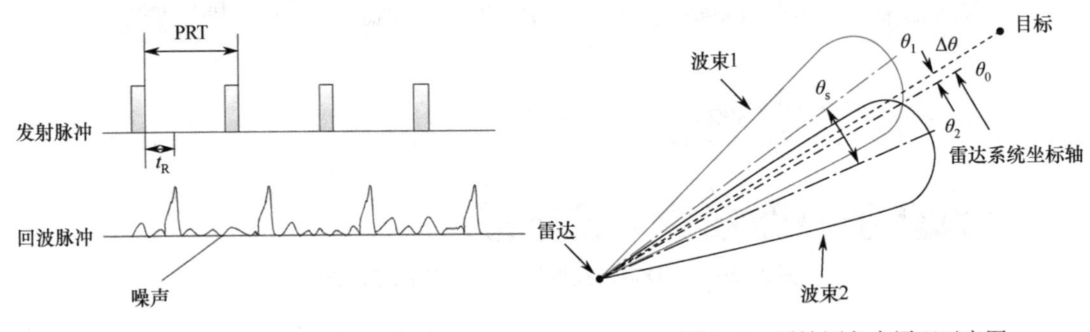

图 25-1　雷达测距原理示意图　　　　图 25-2　雷达测角度原理示意图

（3）速度的测量：当目标与雷达之间存在相对速度的时候，接收到的回波信号的载频相对于发射信号的载频产生一个频移，这就是我们所熟知的多普勒频移。多普勒频移的公式为

$$f_d = \frac{2v_r}{\lambda}$$

式中，f_d 是多普勒频移，v_r 是目标与雷达之间的径向速度，λ 为载波波长。

按照不同的参数来划分，雷达可以被分为很多不同的种类。

① 按照功能分：可以分为警戒雷达，引导雷达，气象雷达等；

② 按照工作体制分：可以分为数字相控阵雷达，合成孔径雷达，脉冲压缩雷达等；

③ 按照目标的坐标参数分：可以分为测高雷达、二坐标雷达、三坐标雷达等。

第一代雷达的波束扫描是依靠雷达天线的机械转动来实现的，这就是最初的机械扫描雷达。由于机械扫描的不方便性，在此基础上，相控阵雷达应运而生。相控阵雷达是通过电扫描的方式来实现波束合成的，相控阵雷达具有以下几个优点。

（1）波束指向灵活，能实现快速扫描，数据率高；

（2）一个雷达可以同时形成多个独立波束，分别实现不同参数的测试功能；

（3）目标容量大，可以跟踪多个目标。

相控阵雷达又可分为有源相控阵雷达和无源相控阵雷达。

有源相控阵雷达的天线采用的是一种称为 T/R（Transmitor/ Receiver）组件的发射与接收装置，每一块 T/R 组件都能传输电磁波，因为天线阵面是由大量的 T/R 组件组合而成的，所以故障率较低，即使几个 T/R 组件损坏了，也不会影响到整个雷达的工作。图 25-3 所示为有源相控阵雷达原理示意图。

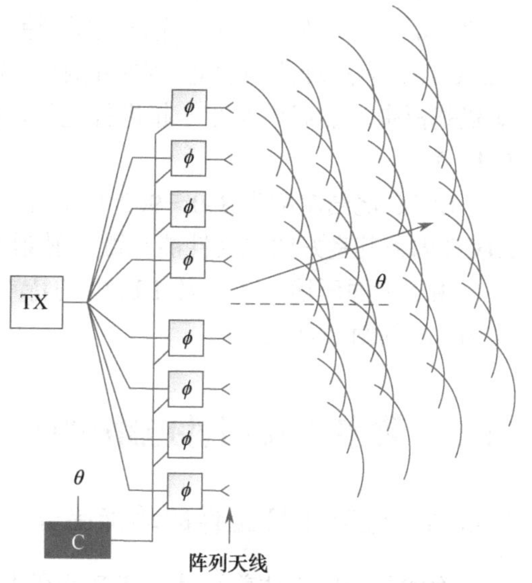

图 25-3　有源相控阵雷达原理示意图

无源相控阵雷达则由统一的发射机和接收机，外加具有相位控制能力的相控阵天线组成。无源相控阵雷达因为没有独立的 T/R 组件，技术难度要小得多，在功率、效率、波束控制及可靠性等方面不如有源相控阵雷达。

25.2　SiP 技术的采用

随着无线设备对于更小体积的追求，SiP 技术和 SoC 技术为产品小型化提供了新的思路，并为实际项目提供了很好的解决方法。

SoC 技术是将原本不同功能的 IC，整合在一颗芯片中，通过 SoC 技术，不仅可以缩小体积，还可以缩短不同 IC 之间的距离，提升芯片的计算速度。

SiP 技术是一种先进封装技术，它是将多个具有不同功能的有源和无源元器件通过并排或堆叠组装在一起，实现一定功能的单个标准封装件，形成一个系统或子系统。

SoC 技术与 SiP 技术的主要区别是解决小型化方法的出发点不同，SoC 以芯片设计为出发点，将组件高度集成在一块芯片上，而 SiP 以封装设计为出发点，对不同的芯片进行组合排列，集成在一个封装体内。相比 SoC 技术，SiP 具有灵活度高、成本低、周期短的特点。并且 SiP 对异构集成和异质集成提供了很好的支持，特别适合射频微波系统的小型化集成，因此，本设计采用 SiP 技术作为集成手段，实现数字 T/R 组件的设计。

构成 SiP 技术的要素是封装载体与组装工艺，封装载体包括印制电路板（PCB）、低温共烧陶瓷（LTCC）、硅基板（Silicon Substrate），组装工艺包括键合（Wire bonding）、倒装焊（Flip Chip）和表面贴装技术（SMT）。

低温共烧陶瓷（Low Temperature Cofired Ceramic，LTCC）是一种多层陶瓷电路基板技术，因其具备优异的电子、机械、热力特性，在航天航空、计算机等对可靠性要求较高的领域都有着广泛的应用。

LTCC 的原理是将低温烧结陶瓷粉制成厚度精确且致密的生瓷带，然后利用激光打孔、微孔注浆、浆料印刷等精密加工工艺，在生瓷片上印制出具有导电性、绝缘性或是电阻性的材料，根据设计要求制作出所需要的电路图。

对于多层板 LTCC 来说，每张生瓷片在堆叠前都可通过显微镜对其尺寸和图形进行检查，当遇到错误时能及时改正，无须重新制板，这样就可以大大缩短生产周期，同时降低成本了。LTCC 还具有层埋置的功能，它还能够将电阻、电容、滤波器、耦合器等无源元器件埋入多层陶瓷基板中，然后堆叠在一起进行烧结，使该技术具备了电路体积小型化和版图设计方便化的优点。

LTCC 烧结温度为 850～900 ℃左右，可以采用类似金、银或铜这样的低阻材料作为导体。LTCC 因为其良好的电气性能在微波射频电路设计中也得到了广泛应用。

由于上面所述的 SiP 及 LTCC 的特点和优点，该设计方案采用了 SiP 技术，并以 LTCC 作为 SiP 的封装基板。

25.3 数字 T/R 组件电路设计

25.3.1 数字 T/R 组件的功能简介

有源相控阵雷达前端是由 T/R 组件与对应的射频天线构成的功能相对独立的微型系统阵列，相比于无源相控阵雷达一个总体发射机与接收机的结构，有源相控阵雷达在波形产生控制、分布式数据处理以及设备可靠性方面都具有巨大优势。

T/R 组件更是有源相控阵雷达前端中最核心的器件，按照功能实现的方式来划分，可以分为模拟 T/R 组件和数字 T/R 组件两种类型。

模拟 T/R 组件处于有源相控阵雷达的天线后端，其主要实现的功能是根据外部控制信号来对雷达的收发信号进行放大、移相、衰减等操作。

数字 T/R 组件的主要特点是采用数字技术实现收发通道的功能。例如，将直接数字式频率合成器（Direct Digital Synthesizer，DDS）运用到雷达信号的产生通道，在发射通道中，将射频上需要做的移相和幅度加权等操作在数字基带上完成，而接收通道中一般采用数字波束形成技术将雷达回波放大变频之后在数字基带上对信号做加权形成接收波束，数字 T/R 组件原理框图如图 25-4 所示。

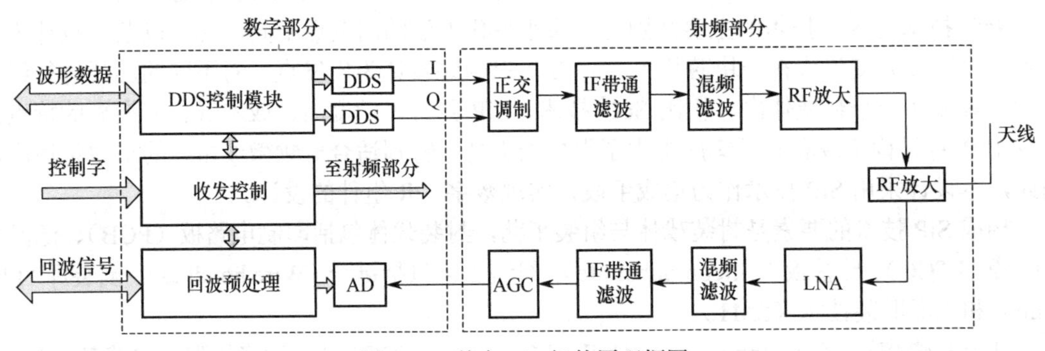

图 25-4 数字 T/R 组件原理框图

数字技术的引入使得 T/R 组件可以达到更好的性能，与模拟 T/R 组件相比，数字 T/R 组件具有很大的优势，主要体现在以下两个方面。

（1）结构上的优势。

- 降低了复杂馈线系统的要求。每个数字 T/R 组件直接对应着天线阵列中的一个小单元，简化了雷达系统的结构，使得雷达更加趋于小型化。
- 可以省去移相器。在数字 T/R 组件中，发射波形的移相是通过数字技术来实现的，省去了模拟 T/R 组件中的移相器，对雷达的结构简化有很大帮助。

（2）性能上的优势。

- 器件内部收发通道采用数字电路来实现，提高了系统的精度。
- 在发射端，信号的相位连续性和频率分辨率更有优势。发射信号的产生采用 DDS 技术，其频率、相位和幅度参数控制灵活，易于实现多个复杂雷达波形。由于采用数字方式来实现雷达波形的产生，所以可按时间顺序产生不同频率的多种复杂雷达波形，若将这些雷达波形发送至不同的空间方向，则可实现跟踪多个方向的目标，并提高雷达抗干扰的能力。
- 在接收端，接收通道中信号的正交解调和滤波等处理流程通过软件实现，结构修改方便，设计灵活性大。

25.3.2 数字 T/R 组件的结构及原理设计

数字 T/R 组件按照功能分为发射支路和接收支路，其结构框图如图 25-5 所示。

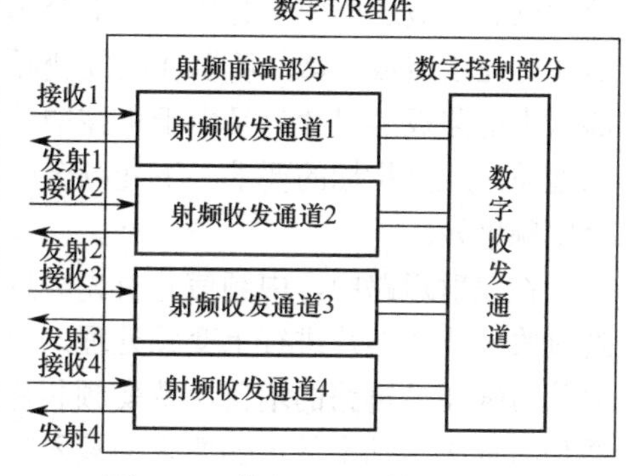

图 25-5 数字 T/R 组件结构框图

发射支路用于控制发射波束的相位，将波形产生模块产生的基带波形进行配相，经上变频调制、放大等，形成发射射频信号。接收支路对接收信号进行放大、下变频、滤波、中频采样与数字正交处理，形成数字接收信号。

按照组成来分，数字 T/R 组件又分为射频收发通道和数字收发通道两部分，这两部分的功能分别介绍如下。

射频收发通道主要完成收/发微波信号的放大与传输，收/发转换，配合阵面天线进行收/发通道的监测校准等功能，由驱放、限幅器、低噪放、滤波器、上下混频器等组成。

数字收发通道功能主要包括本振/时钟产生、上/下变频、开关滤波和增益控制，等等，由 DDS、AD、混频器、频综、电源模块和光接口等组成。

该项目中，使用 SiP 技术设计的产品就是数字 T/R 组件的射频前端部分。在架构上，射频收发通道采用的是一次变频的方式，该射频收发通道结构框图如图 25-6 所示。

射频收发通道是由低噪声放大器、功率放大器、开关、变频器和滤波器等射频元器件组成的。接收支路的功能是将天线接收到的信号进行放大，然后下变频到中频后送给后面的中频单元进行处理；发射支路的功能是将中频单元送过来的信号上变频至射频段，然后放大送至天线进行发射。

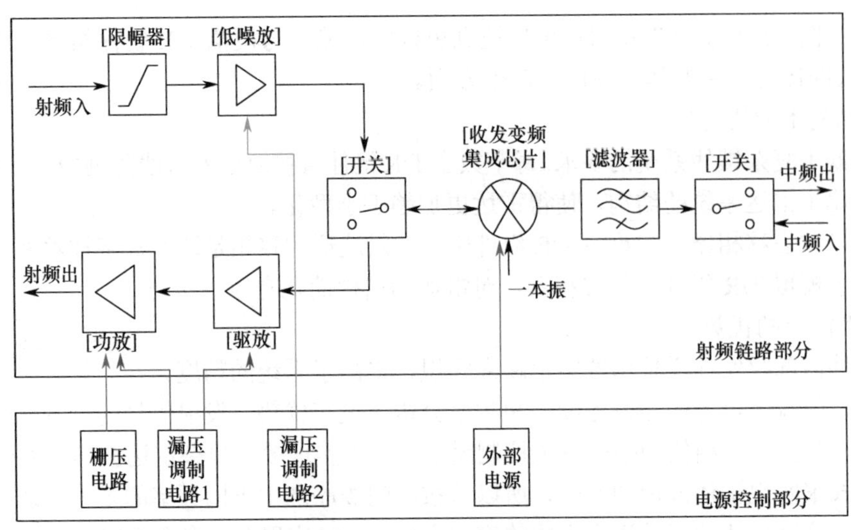

图 25-6　射频收发通道结构框图

在接收支路中，输入端首先连接的是限幅器，其作用是为了防止外界过大的杂波信号进入模块后将后面的低噪声放大器烧毁，对接收支路起到保护的作用，不过由于它处于支路的最前端，自身的噪声系数会对整个链路的噪声系数有较大的影响，所以在选择器件的时候，应尽可能选择插损较小的器件。限幅器后面连接的是低噪声放大器，其作用是将输入的微弱信号进行放大，并将整个接收链路的噪声系数控制在较低的水平。信号通过低噪声放大器的放大以后，被送至变频芯片进行下变频处理，由于此收发变频芯片里面包含有镜像抑制混频器和可控增益放大器，所以在收发变频芯片之前就无须额外再添加镜频抑制滤波器，这就能够减小电路板的尺寸，又由于可控增益放大器的存在，我们就可以根据实际的情况调节链路的增益，达到指标的要求。下变频至中频的信号通过声表滤波器，将带外的杂波滤除后输出至中频单元。

在发射通路中，中频信号首先经过声表滤波器，将一些可能存在的带外杂散滤除，然后通过收发变频芯片进行上变频处理，变频芯片里面含有可变增益放大器，可以通过外部的控制信号来调节链路的增益，从变频芯片里面出来的信号首先经过一级驱动放大器将较小的射频信号放大至功率放大器要求的输入功率范围内，再通过末级功率放大器将信号放大至输出要求的功率范围。

收发两路的切换是通过两个单刀双掷开关来实现的，为了实现较高的供电效率，当组件处于接收状态的时候，供电电路只对低噪声放大器实现供电。当组件处于发射状态的时候，供电电路对驱动放大器和末级功放实现供电，这部分的功能是通过电源控制部分来实现的。

漏压调制电路采用的是较为成熟的 MOS 驱动芯片驱动 PMOS 管的方案，由于发射通道的末级功放和驱放的输出功率都比较大，它们的供电电压是 8V。而在接收支路中，低噪放的供电电压是 5V，所以要用到两个漏压调制电路，漏压调制电路的原理图如图 25-7 所示。

在 8V 漏压调制电路中，驱动芯片采用的是反向驱动器 MIC4429，当选通脉冲 TRR2 为高电平时，驱动芯片输出低电平，此时开关 MOS 管的 VGS 为−8 V，开关 MOS 管导通，源级电压为 8 V，功放芯片工作在放大状态，组件工作在发射状态。当选通脉冲 TRR2 为低电平时，开关 MOS 管截止，组件发射状态关断。当 TRR2 悬空时，由于连接了下拉电阻，TRR2 为低电平，此时开关 MOS 管截止，组件发射仍为关断状态。

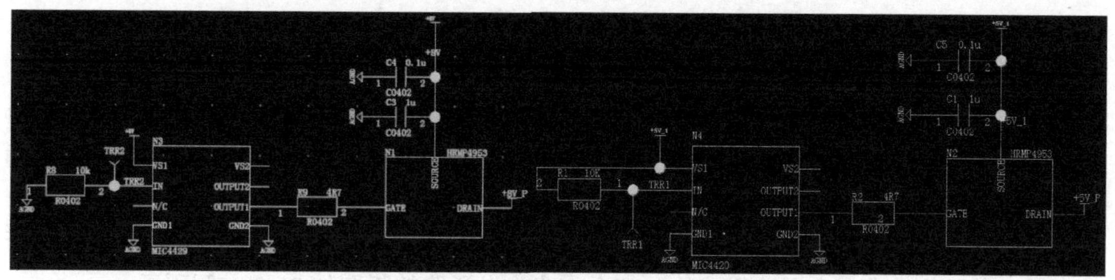

图 25-7　漏压调制电路的原理图

在 5 V 漏压调制电路中，驱动芯片采用的是正向驱动器 MIC4420，当选通脉冲 TRR1 为低电平时，驱动芯片输出低电平，此时开关 MOS 管的 VGS 为−5 V，开关 MOS 管导通，源级电压为 5 V，低噪放芯片工作在放大状态，组件工作在接收状态。当选通脉冲 TRR1 为高电平时，开关 MOS 管截止，组件接收状态关断。当 TRR1 悬空时，由于连接了上拉电阻，TRR1 为高电平，此时开关 MOS 管截止，组件接收状态仍为关断。

25.3.3　数字 T/R 组件的 SiP 版图设计

该项目的版图设计是通过 SiP 设计软件 Xpedition Layout 301 设计完成的。

由于电路在功能上可以分为射频通路和电源控制两部分，所以在版图布局的时候，我们将这两部分分开布置在不同的区域，避免两部分电路之间互相干扰。

整个模块包含 4 路收发通路，其单路版图布局如图 25-8 所示。在设计的时候，首先要考虑的是射频和中频对外接口的位置，由于此模块是数字 T/R 组件的一部分，所以经过对整体结构的考虑，我们将射频输入和输出端口放置于电路的左侧，而将中频输入和输出端口放置于电路的右侧。

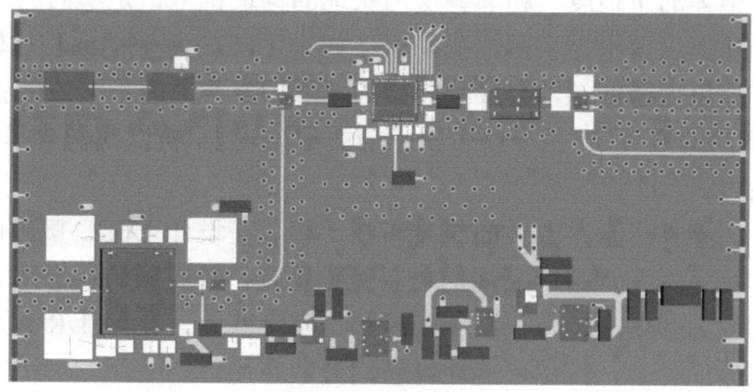

图 25-8　单路版图布局

在确定了对外接口的位置以后，便可进行射频器件的排布。为了保持信号在传输过程中的连续性，射频传输线应尽量保持较直的走线，按照这个目标，我们对器件进行了合理的排布，让器件尽可能一字形排列。并且为了减少射频信号辐射对板上其他信号的影响，在传输线的两边打上大量的接地过孔。

由于末级功放的效率较低，所以在工作时会产生大量的热耗散，由于版图的结构比较紧密，所以如何将热量高效地传导出去是一个必须考虑的问题。在设计版图的时候，对功放区域进行了挖腔处理，使得功放的底部直接与结构体的金属表面焊接在一起，这样就达到了快速散热的效果。考虑到末级功放的电流较大，考虑到走线的耐电流能力以及方阻效应，功放的供电线也要设置得较宽。

由于组件中含有较多的控制信号线和电源线，为了合理布线，本案例设计了 8 层基板。射频信号走在第 1 层，第 2 层采用大面积铺地，将射频走线层和其他各层隔离开，避免一些不必要的干扰。控制信号线和电源线走在内层。第 8 层采用大面积铺地，将整个板子的地和外部壳体连接起来。

按照前面的描述进行 SiP 版图设计，每一个接收通路的版图（即单路）如图 25-9 左侧所示，每一个组件是由 4 个通路组成的，整个 4 路收发通路的版图如 25-9 右侧所示。

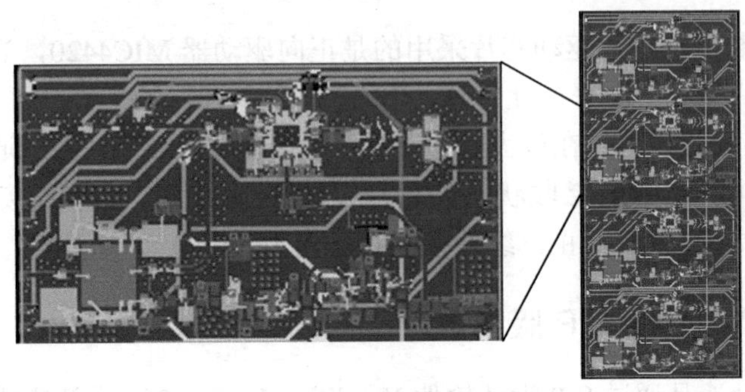

图 25-9　SiP 版图设计（单路和 4 路）

在设计版图的过程中，有许多实际的加工问题也是需要事先考虑的。如果没有注意，就会导致 LTCC 基板在加工的过程出现坏损或者工艺无法实现等问题。下面是在本次设计过程中遇到的几个需要注意的事项，供读者参考。

（1）相邻层的地要铺设为不同的网格状，在 LTCC 加工过程中，烧结会导致热膨胀，如果每一层都铺设实地的话，就会出现开裂和凹凸现象，所以内层的地一般都设置为网状结构。并且为了保证板子整体的平坦度，相邻各层网状地的构造也应该是不同的。

（2）板层的介质厚度要根据实际情况确定，如果 LTCC 基板的面积比较大，那么基板的厚度就不宜过薄，如果太薄的话，会导致焊接的过程中发生断裂，一般的 LTCC 基板单层厚度是 96 um，在本产品的设计中，由于整个板子的面积比较大，所以我们选择了 192 um（96+96）作为单层基板厚度。

（3）需焊接的元器件尽量不要大面积排布在一起，在设计 LTCC 版图时，焊接区域尽量不要布置得过为密集，因为焊接区采用的材料是铂钯金，该材料方阻较大，如果区域面积越大，烧结过程中的应力会增大，使得板子的局部平整度变差。在该 T/R 组件中，焊接区的元器件主要是电源部分的阻容，应尽可能地将它们分散布局。

（4）元器件布局的时候，要考虑贴装工艺对元器件布局的要求，T/R 组件中的大部分元器件都是通过键合线来连接的。在工艺加工中，焊球的直径在 80 um 到 125 um 之间，对应的金丝直径是 25 um（焊球直径一般为线径的 3～5 倍），为了使焊球能够顺利打在元器件上，焊球中心应距离芯片 0.8 mm 以上。所以在元器件排布的时候，要注意合理地安排元器件之间的间距，避免设计好的板子出现工艺无法焊接的现象。

25.4　金属壳体及一体化封装设计

该 SiP 项目的功耗比较大，总功率为 120 W，T/R 模块的输出功率是 40 W，由于末级功放的效率只有 30%，所以还将会有 80 W 左右的功耗以热量的形式散发。因此，在选择壳体的时候，散热是必须仔细考虑的问题，基于此出发点，下底板选择了钨铜（W-Cu）材料，钨铜的热导率为 200 W/（m·K），散热性能在常用的材料中属于比较好的，但是质量会比较大，由于该产品是用于地面设备的，所以质量问题暂时可以不用考虑。

考虑到热膨胀系数的问题，侧面框选择了可伐材料，它的热膨胀系数与 LTCC 基板的热膨胀系数都是 5.8 ppm/℃，所以在焊接的时候就不会造成挤压破裂。

由于功放的热耗散很大，所以在设计的时候，我们选择将功放所在的位置挖空，在壳体上设置金属凸台，然后把功放直接放置在金属凸台上，这样有利于散热。表 25-1 列出了产品所用材料的特性参数。

表 25-1　产品所用材料的特性参数

结构	材料	参数		
		密度（g/cm^3）	热导率 W/（m·K）	热膨胀系数（ppm/℃）
下底板	钨铜　（W-Cu）	16.4	200	7.2
侧面框	可伐　（4J29）	8.2	17	5.8
上表面盖板	铁镍合金（4J42）	8.1	14.5	7
基板	LTCC	3.1	3.3	5.8

在此产品的设计中，对外接口都是通过侧面环框的引针来实现的。对外接口共有三类，分别是射频接口、低频接口和大电流接口，由于功能不同，这三类接口的直径和引针之间的间距都是不同的。

- 低频引针的直径 Φ=0.45 mm，与隔板熔封时引针周边玻璃的直径Φ=1 mm。
- 射频引针的直径Φ=0.3 mm，引针周边射频焊料槽的直径Φ=2.75 mm。
- 大电流引线的引针要稍微加粗，直径Φ=1 mm 的引针，最大电流可以达到 5 A，直径Φ=1.5 mm 的引针，最大电流可以达到 10 A，考虑到末级功放要消耗较大的电流，所以我们选择了直径Φ=1.5 mm 的引针。

引针之间的间距在布板的时候也是需要事先考虑好的，根据加工工艺的要求，低频引针与低频引针之间的间距要大于或等于 1.4 mm，射频引针与低频引针之间的间距要大于或等于 2.5 mm，射频引针与射频引针之间的间距要大于或等于 3.2 mm，图 25-10 所示为 T/R 组件侧面端子设计示意图。

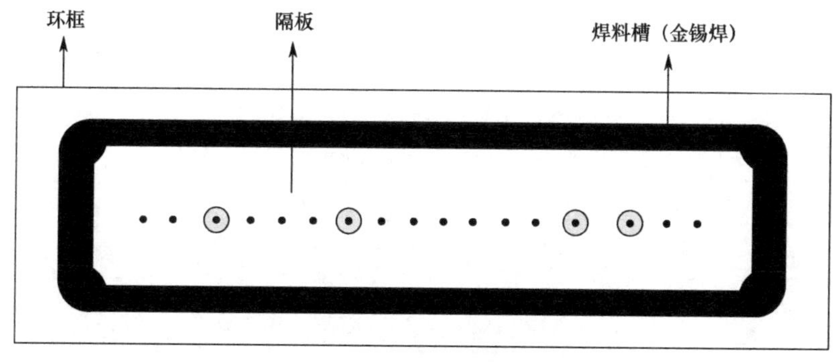

图 25-10　T/R 组件侧面端子设计示意图

在壳体加工完以后，需要将基板与壳体进行一体化封装，基板与壳体的连接是通过焊接来完成的。末级功放的底部需要直接与壳体进行连接，一般这样的连接有锡焊和导电胶黏接两种方式可供选择，如果芯片采用导电胶黏接，壳体上的突台可以使用金来实现，这样，空腔底部易平整。如果芯片采用锡焊接，则材料需要采用同顶层焊接区域一样的铂钯金材料，该材料本身方阻较大，由于面积越大，烧结过程中应力变大，板子局部平整度变差，因此本设计采用了导电胶连接。

在元器件的贴装和壳体加工完成以后，就要通过金丝将器件键合在一起，金丝键合有球形焊和楔形焊两种方式，射频信号的通路一般选择球形焊，并且键合的金丝要尽量短，在版图设计的时候，使用球形焊的器件要注意它们之间的相互间距，因为焊球的直径一般在 80 um 至 125 um 之间，球中心距离芯片 0.8 mm 以上，需要根据这些工艺要求来合理设计版图。

其他的部分如控制电路、电源、接地都用楔形焊。如果是大电流的部分，考虑到单根金丝的过电流能力，可以选择多打几根金丝或者选择铝丝键合。

一体化封装与壳体盖板封装完成以后，还需进行真空烘烤去除氢气。因为在有些产品中，GaAs 器件会出现氢气中毒现象（氢气使芯片失效）。而我们此次设计的产品使用的芯片大部分都是 GaAs 器件，为了避免此类产品风险，我们进行了去氢气的工序。

该项目的射频收发通路的外形尺寸为 91.9 mm×43.8 mm，质量约为 500 g。

数字 T/R 组件产品实物图如图 25-11 所示。

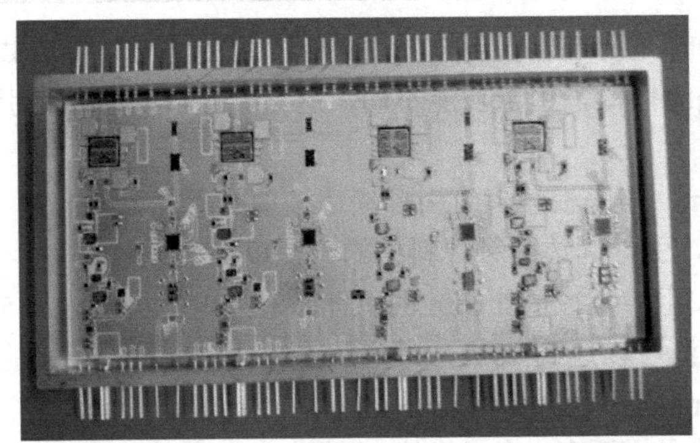
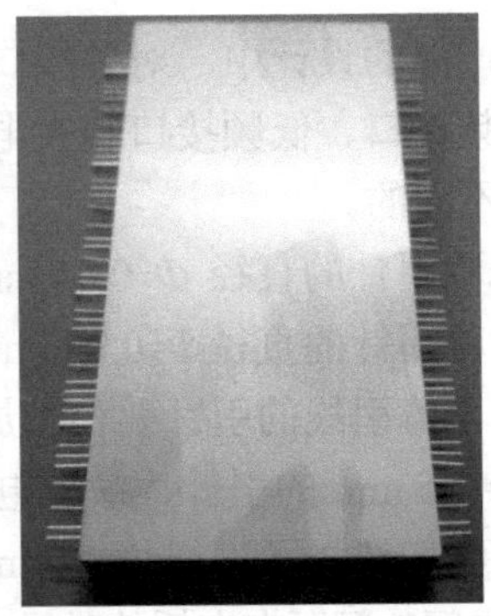

图 25-11　数字 T/R 组件产品实物图

第 26 章　MEMS 验证 SiP 设计案例

作者：周博远

关键词：MEMS，IMU，陀螺仪，加速度计，方案设计，电路设计，版图设计，腔体设计，Bonding Cavity，Insert Cavity，键合线设计，半孔设计，板框外设计，产品组装测试

26.1　项目介绍

微机电系统（Micro-Electro-Mechanical System，MEMS）也称微电子机械系统、微系统等，是指尺寸在毫米量级乃至更小尺度的系统。

MEMS 是一个独立的智能系统，其内部的结构一般在微米甚至纳米量级。MEMS 是集成了微传感器、微执行器、微机械结构、信号处理和控制电路、高性能电子集成器件、接口、通信等于一体的微型器件或系统。MEMS 是在半导体制造技术基础上发展起来的，融合了多种技术的高科技电子机械器件。

常见的产品包括 MEMS 传感器、MEMS 麦克风、加速度计、微马达、微泵、微振子、陀螺仪、谐振器等以及其集成的产品。

近些年来，由于 MEMS 传感器具有低功耗、低成本、体积小和轻量化的特点，其应用领域越来越广，遍布工业生产、科研、航空航天等各个方面；另外，随着 MEMS 陀螺的精度越来越高，越来越接近光纤陀螺，其在飞行器、无人机等领域也得到越来越多的应用。

惯性测量单元（Inertial Measurement Unit，IMU）是测量物体三轴角速度及加速度的装置，一个 IMU 通常包含 3 个单轴的陀螺和 3 个单轴加速度计，测量物体在三维空间中的角速度和加速度，并以此解算出物体的姿态。陀螺用于检测角速度信号，加速度计用于检测加速度信号。3 轴陀螺和 3 轴加速度计结合构成 6 自由度 IMU，可完成完整的航行状态监测。

本项目基于 MEMS 陀螺和加速度计，完成了单轴陀螺和单轴加速度计的混合集成。利用陀螺 ASIC 中的 AD 整合了加速度计，构成简化的 IMU 系统，减小了单个 MEMS 传感器占用的空间。

由于本项目中采用的 MEMS 模块是全定制模块，管壳尺寸没有可直接购买的成品，为减少陶瓷封装工艺的开模成本，缩短研制周期，先通过有机基板集成的方式进行前期的试验验证，以及功能和性能测试。

26.2　SiP 方案设计

本项目原有板级系统方案由陀螺、加速度计、AD 和 CPU（MCU3）四部分组成。

其中陀螺电路由传感器（GYRO）、ASIC1 和 MCU1 组成，（其中 ASIC1 具有 1 路 AD 输入，在实际封装中未引出），MCU1 用于 ASIC 的上电配置和进行上位机通信；加速度计同样由传感器（ACC）、ASIC2 和 MCU2 组成，MCU2 仅用于 ASIC 的上电配置，且 ASIC2 为模拟输出，因此需要使用通过 AD 转化后向 CPU（MCU3）输出数据；CPU 用于陀螺、加速度数据组帧和上位机通信。分立器件板级系统方案如图 26-1 所示。

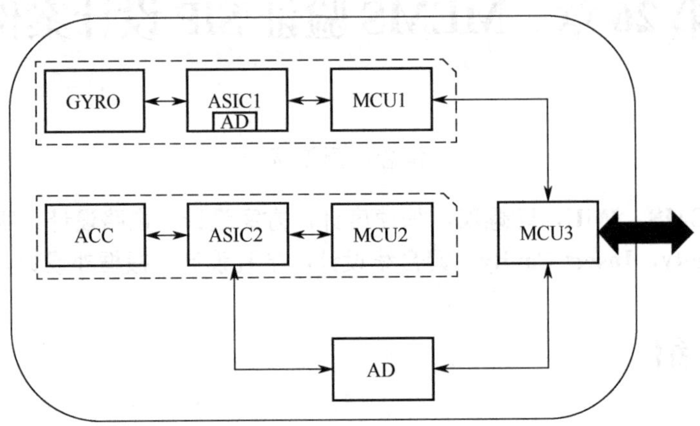

图 26-1　分立器件板级系统方案

通过分析系统，发现 MCU1 具有足够的剩余空间，可以用于写入加速度计 ASIC2 的上电配置数据和上位机通信程序。通过简化系统，移除 AD、MCU2、MCU3。加速度计 ASIC2 的上电配置由 MEMS 陀螺模块 MCU1 的 GPIO 完成，ASIC2 向 ASIC1 的 AD 接口以模拟信号的形式输出数据，MCU1 完成 ASIC1 和 ASIC2 的上电配置以及整个系统的上位机通信。基于 SiP 简化后的系统方案如图 26-2 所示。

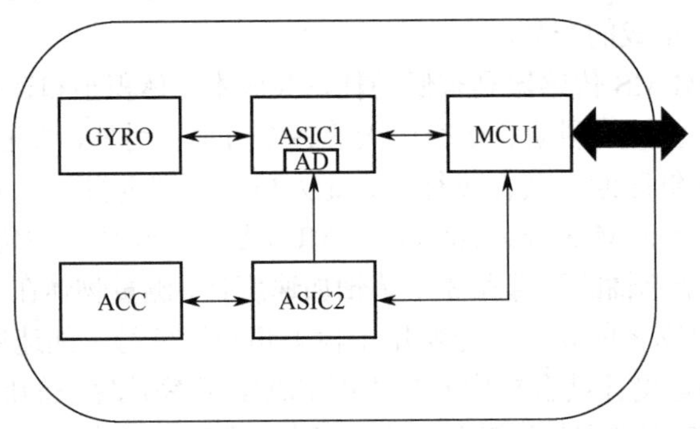

图 26-2　基于 SiP 简化后的系统方案

26.3　SiP 电路设计

本项目基于 SiP 设计工具 Xpedition 设计流程。SiP 设计流程一般包括元器件建库、原理图设计、SiP 版图设计、生产文件输出等。下面根据本项目相关内容逐一介绍，Xpedition 可进行精确的键合线模型创建和复杂的腔体设计，并可借助 3D View 工具直观地检查设计，有利于发现问题，提高设计效率。

此外，在一些设计细节上，不能完全拘泥于设计规则的限制，为了适应工艺工序的需要，可以进行少量的“规则外”设计，但是在这些部分需要做好备忘，最后通过人工检查确认。

26.3.1　建库及原理图设计

在 SiP 项目准备阶段，主要进行元器件建库和原理图设计工作，其流程与一般的 PCB 板级项目的流程相同。

1．元器件建库

对于单个项目，在建库时要结合原理图设计的需要，根据原理图给出的要求，创建相应芯片、电阻、电容以及等封装引出端所需要的库。

在库管理工具（Library Manager）中，为所需元器件创建原理图符号库（Symbol）和版图单元库（Cell），并将它们映射成为元器件库（Part）。SiP 的原理图符号库与 PCB 的原理图符号库的创建方法相同，所不同的是裸芯片的引脚数量和定义，需要重新按照裸芯片的定义来设计。在设计版图单元时需要考虑 Die Pin 的尺寸、坐标和芯片的外形尺寸和高度，一般裸芯片可设置其高度为 200～400 um。本项目所采用的芯片中传感器厚度为 450 um 和 800 um，ASIC 芯片为常见的 300 um。

此外，SiP 封装外壳也需要创建相应的原理图符号和版图单元，SiP 封装外壳需要根据该项目封装的类型、物理尺寸、引出端数量及间距等因素来创建，其版图单元的高度一般设置为 0。

原理图符号库和版图单元库分别创建好后，将它们映射为元器件库，就可以进行 SiP 原理设计了。图 26-3 所示为该项目创建的裸芯片 Cell 及对应的符号库。

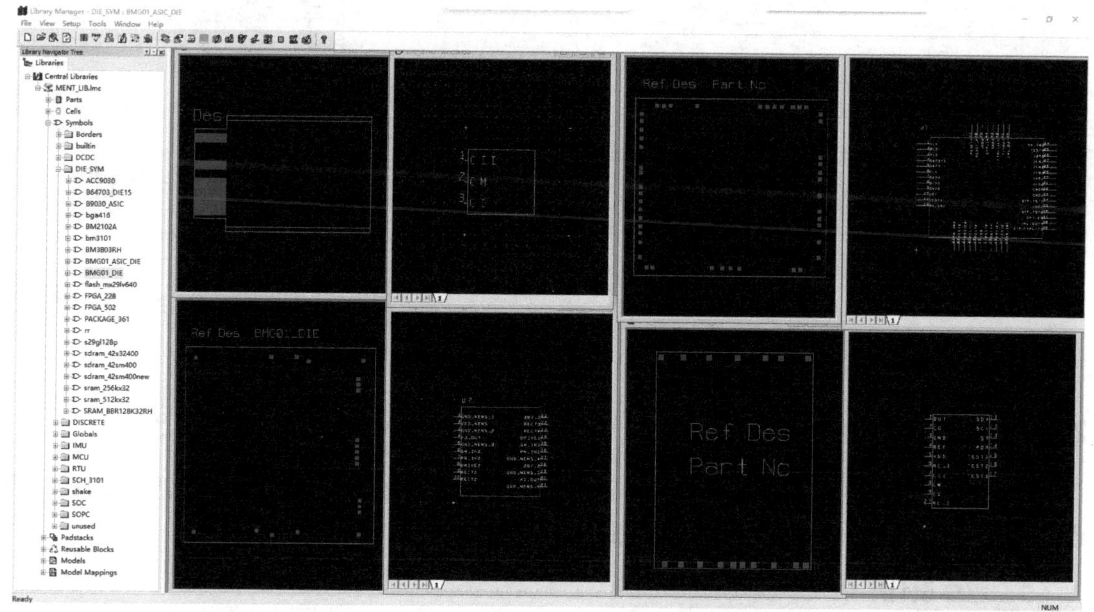

图 26-3　该项目创建的裸芯片 Cell 及对应的符号库

2．原理图设计

SiP 原理图按照方案进行细化设计，并且可参考原型 PCB 板级原理图，通过对板级原理设计图纸适当修改，将带封装的元器件替换成裸芯片，并对连接关系做出相应的更新，即可得出 SiP 的原理图。

需要注意的是，在设计 SiP 原理图时，除了要保证芯片之间的互连关系正确，所有芯片和 SiP 封装引出端的连接关系也要合理安排。该项目对 SiP 模块的信号引出端进行了特殊的分配，在 SiP 模块的左右两侧分配测试引脚，在上下两侧分配工作信号输入/输出引脚，并尽量将模块的主要信号分配在下方，如此分配有利于将模块侧向装焊，这样在不借助刚挠板或 PCB 支架的条件下，可以方便地构成 3 个轴向。该 SiP 模块总共设计的封装引出端为 36 个。

在原理图设计环境启动 Constraint Manager 制定版图的设计规则后，通过前向标注（Forward Annotation）将设计规则传递到版图设计，也可以在版图环境中进行设置，然后通过反向标注（Back Annotation）传递到原理图。图 26-4 为 SiP 原理图设计截图。

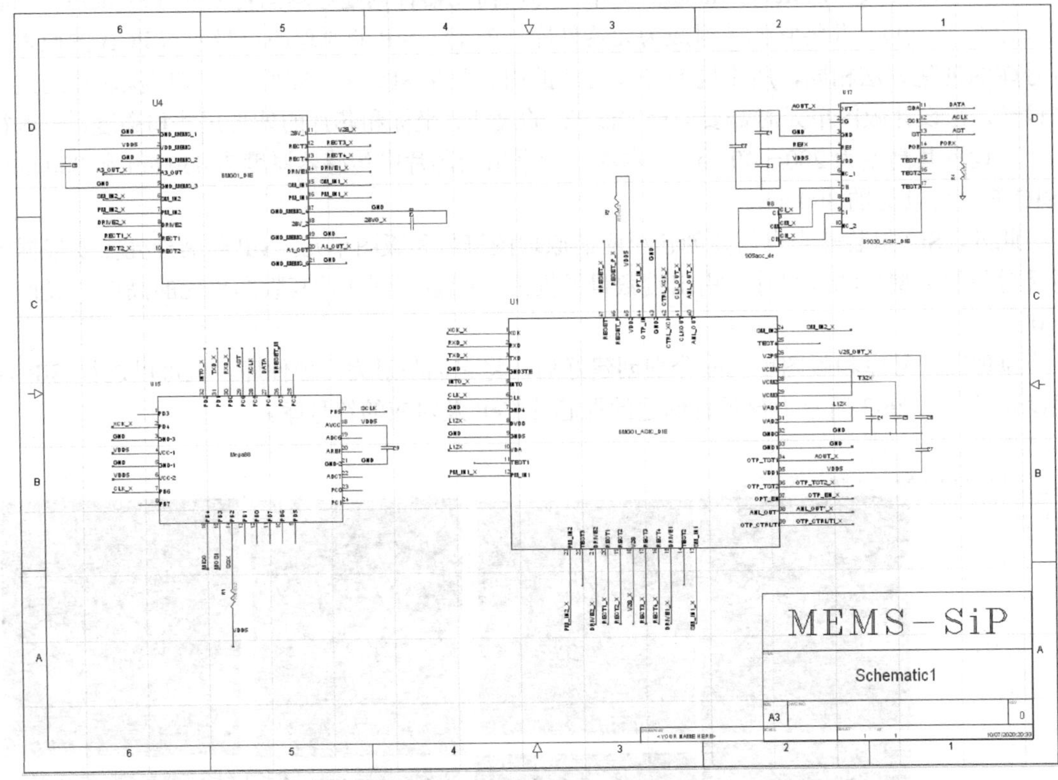

图 26-4　SiP 原理图设计截图

26.3.2　SiP 版图设计

本 SiP 项目的主要目的在于功能验证，设计的特殊之处在于，采用一般陶瓷封装的管壳设计要求进行设计，但采用塑封基板的加工方式进行制造。

1．腔体设计

根据本项目的特殊要求，SiP 设计为上下双腔体（Double Cavity）形式的基板，并结合键合工艺要求，完成基板平面布局。

因为 MEMS 传感器器件较厚，为减小 Die Pad 到 Bonding Finger 的落差，在上腔体中嵌入一个 1 mm 深度的腔体内 Cavity，并将 MEMS 传感器沉入该 Cavity 内部，SiP 基板剖面示意图如图 26-5 所示。

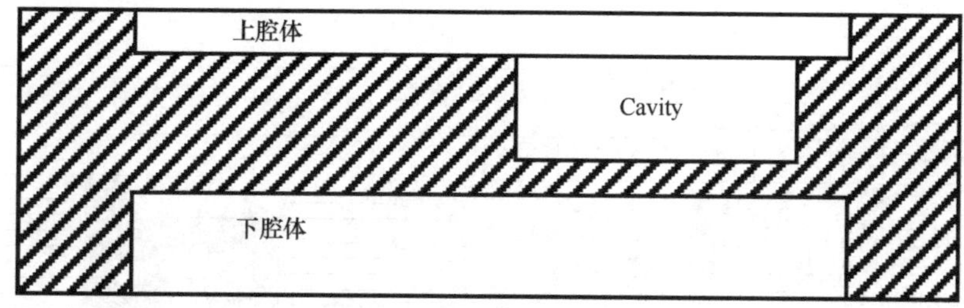

图 26-5　SiP 基板剖面示意图

为缩短加速度计输出到陀螺 ASIC 的走线距离，将加速度计和陀螺及两片 ASIC 置于上腔体，MCU 和其余分立器件置于下腔体，SiP 基板布局图（正反面）如图 26-6 所示。

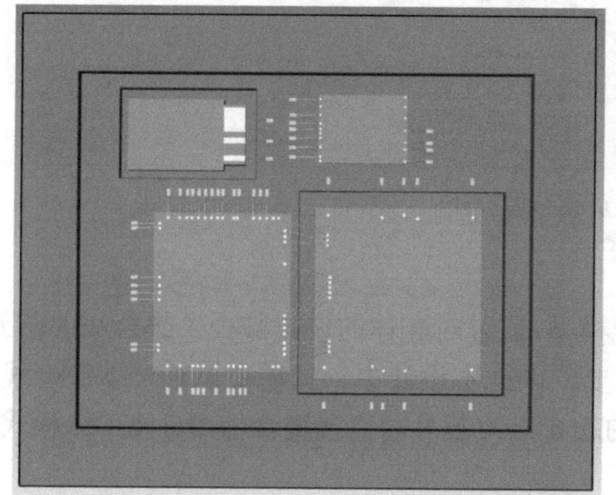

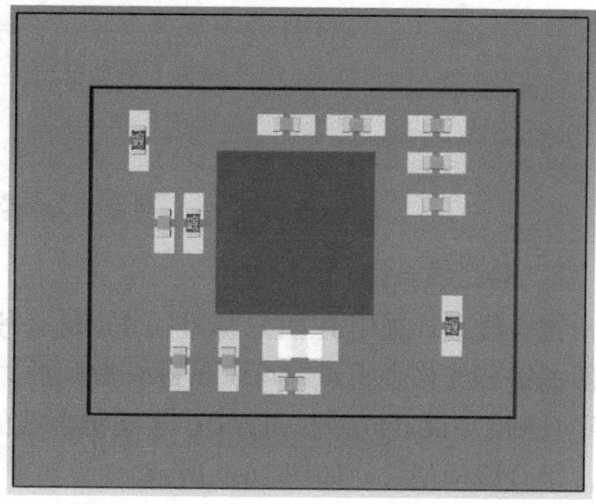

图 26-6　SiP 基板布局图（正反面）

上腔体 MEMS 器件在贴片时贴在腔体底部，有比较明确的贴片区域，根据 MEMS 电气要求，需要去除贴片区的 GND，去除区域使用与 Cavity 相同的图形即可，而 ASIC 贴在第二层的开阔区，需要设计光学对准标记，在设计中使用对角放置的 L 形金属，ASIC 贴片区和光学对准标记如图 26-7 所示。

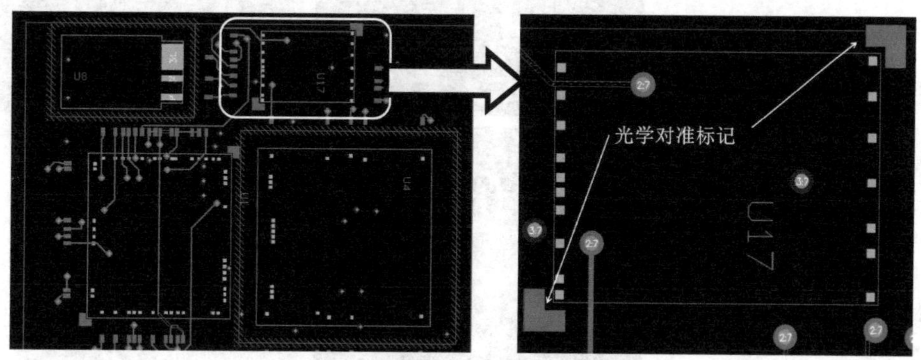

图 26-7　ASIC 贴片区和光学对准标记

层叠设置需要根据传感器芯片的厚度设定适当的介质层厚度。上腔体（Top Side Cavity）由 Bonding Cavity（1250 um）和器件下沉 Insert Cavity（1000 um）组成，用于装焊背面的 MCU 和阻容器件的下腔体由背面设计的 Bottom Cavity（1500 um）形成，基板层叠结构设计如图 26-8 所示。

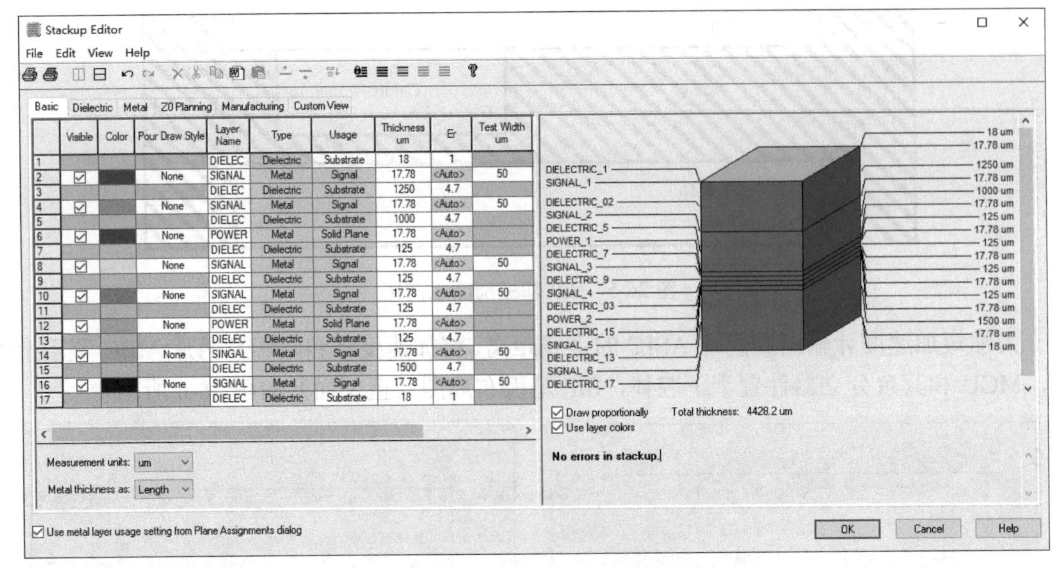

图 26-8　基板层叠结构设计

2. 键合线设计

键合线设计采用JEDEC标准的5点键合线模型，通过对腔体的设置减少了键合线的落差，一般的键合线模型拐点即可满足键合规则的需要，因此本设计中，只需要调整一下键合线的间距规则，并设定传感器到ASIC之间键合线的起止点为芯片间直接键合的Die-to-Die模式即可。键合线模型设计如图 26-9 所示。

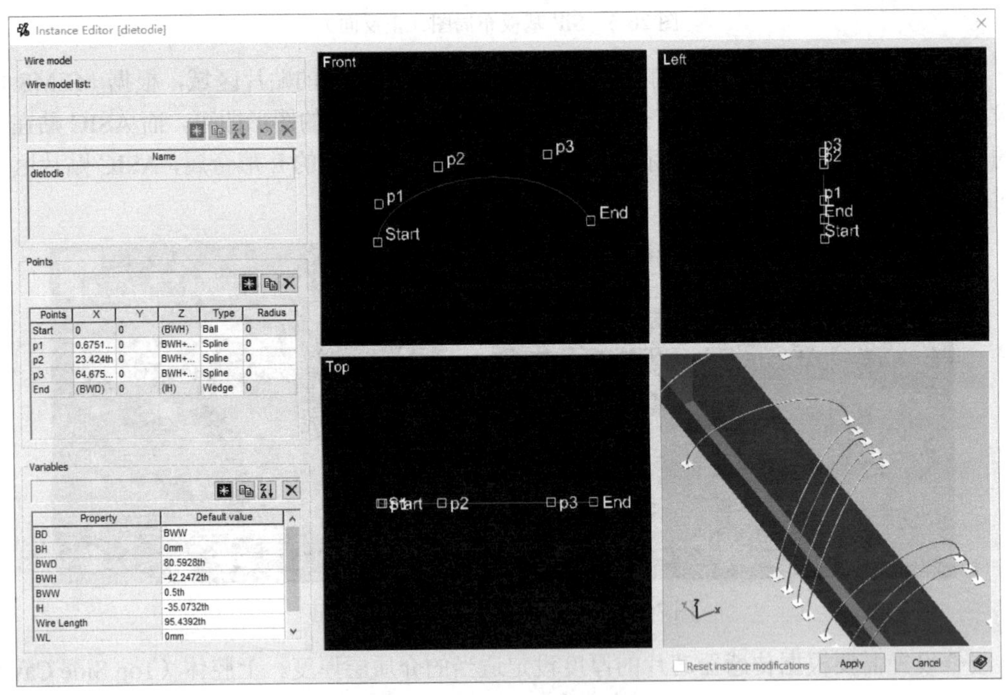

图 26-9　键合线模型设计

元器件布局完成后进行键合，键合完成后可通过三维视图进行浏览和检查，布局及键合完成后的基板 3D 视图如图 26-10 所示。

3．封盖设计

产品设计时，在上腔体的顶部边沿留有 1.8 mm 宽的金属边，可作为焊接区（对应陶瓷封装的金属化区，用于焊接平行缝焊的可伐环），上方可以焊接一块金属盖板，由于本项目中使用的传感器本身已进行了真空封装（玻璃—硅键合），对于气密性本身没有需求，盖板主要起到保护键合线的作用，顶层盖板焊接框如图 26-11 所示。

图 26-10　布局及键合完成后的基板 3D 视图

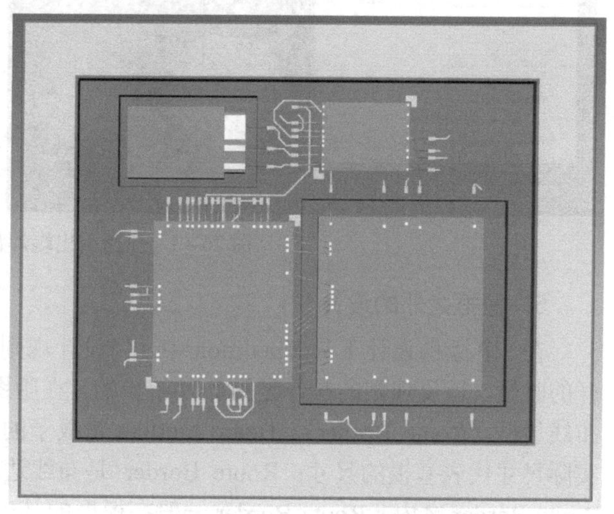

图 26-11　顶层盖板焊接框

项目验证完成后，进入实施阶段，可在陶瓷封装的管壳上制作相同尺寸的可伐合金框，上腔体内充氮气，并使用金属盖板进行平行缝焊，下腔体根据需要进行密封焊接，或者使用树脂材料进行灌封。图 26-12 为在 3D View 环境中模拟上腔体封盖前后效果图。

图 26-12　在 3D View 环境中模拟上腔体封盖前后效果图

4．半孔及背钻设计

本项目中 SiP 模块的最终封装形态为 36 脚 QFN 封装，通过在管壳周围设计半孔来实现。由于在版图设计工具中没有专门的半孔设计工具，需要先在管壳边沿放置通孔，再按照计划的引脚分布给通孔赋予相应的网络名。为了便于焊接，在底层制作与通孔 Pad 直径同宽度的导体铜皮（Conductive Shape），并做阻焊开窗；为了避免顶层盖板在焊接时与通孔相连短路，可从顶层对通孔进行背钻处理，去除孔壁上半部分的金属，此工艺可向工厂单独说明。作为引出端焊盘的导体铜皮如图 26-13 所示。

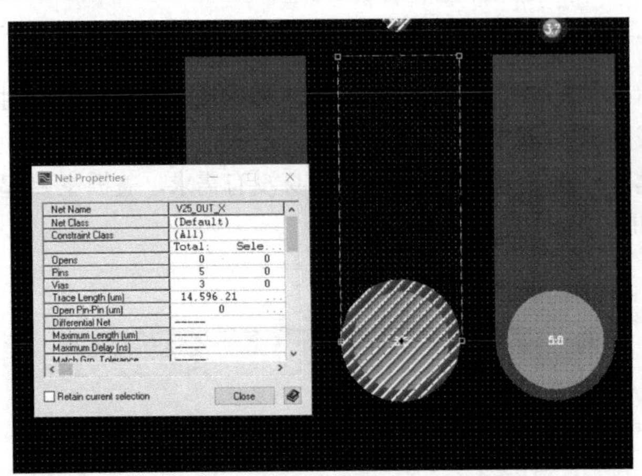

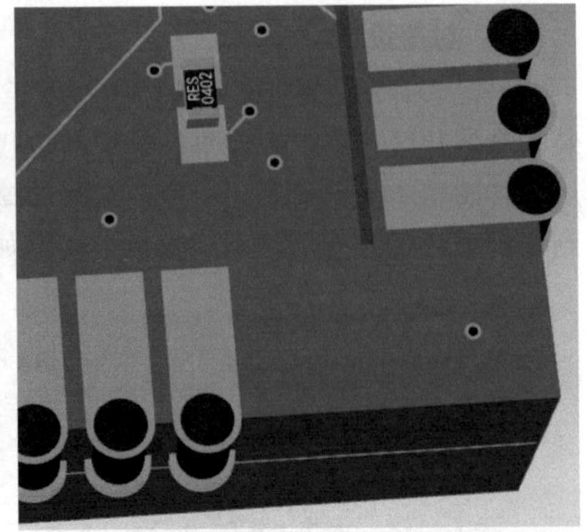

图 26-13　作为引出端焊盘的导体铜皮

5. 板框之外的设计

在 SiP 版图设计工具 Xpedition 中，当设计规则检查（Design Rules Check，DRC）功能打开的时候，违反规则的操作是被软件禁止的。在版图中有两个外框：板框（Board Outline）和布线边框（Route Border）。Board Outline 是板子的外框，进行基板切割时以此板框为准，其实际尺寸代表基板的尺寸；Route Border 是布线边框，焊盘、过孔、布线、敷铜都需要位于 Route Border 之内，Route Border 一般在板框的基础上内缩 0.3～0.5 mm，除了能减小制造过程中的瑕疵对电路可靠性的影响，还有利于保证内部走线的信号完整性。

在本设计中，由于 QFN 的焊盘和引脚是通过半孔实现的，半孔的物理位置位于板框上，一半在板框外，一半在板框内。为了避免违反设计规则造成的影响，这里采用了一种“变通”的设计方法。在版图设计环境中，先将板框和布线边框放大一定的尺寸，使得半孔位于版图之内，在 DRC 打开下进行设计，确保设计即正确。

在设计完成后，将板框和布线边框“强行”改回到基板实际的尺寸大小，此时靠近板边的所有元素都需要人工检查，或者在 DRC 报错的情况下，一条一条确认。设计完成后，提前和加工厂沟通，确认在切割单块基板的时候沿板框进行切割，这样就可以形成半孔了。图 26-14 为半孔设计的 3D 效果图及产品细节图。在设计时按照盲孔设计，由于测试方案不需要进行盖板焊接，在制版时为了减少压合次数，直接使用背钻的方式将半孔和表层金属分离，因此在 3D View 环境中概念图和实际成品存在一些差异。

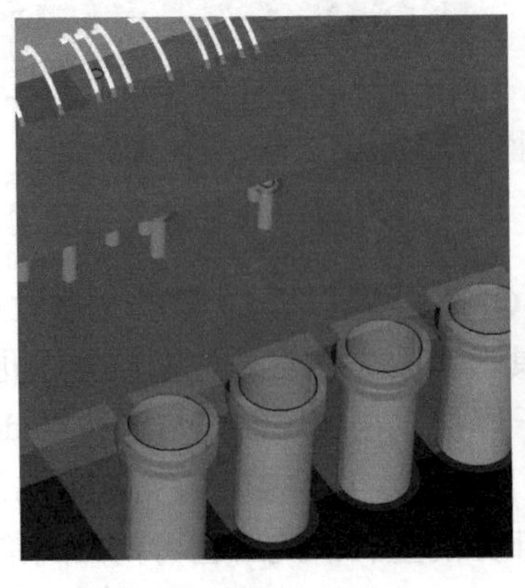

图 26-14　半孔设计的 3D 效果图及产品细节图

26.4　产品组装及测试

为了使模块制造完成后易于测试和使用，对模块的信号引出端进行了特殊的分配，在模块的东西边分配测试引脚，在南北边分配工作信号输出引脚，并尽量将模块的主要信号分配在南边。如此分配有利于将模块侧向装焊，构成 3 个轴向。

为了提高模块可焊性，使用镀金半孔+背钻的方式配合底层焊盘形成模块引脚。而在进行陶瓷 LCC 封装时由于陶瓷基板工艺的灵活性，不需要通过背钻处理即可形成这种引出端形式。模块共引出 36 个引脚，基板实物图（正反面）如图 26-15 所示，实物尺寸和一元硬币大小相当。

图 26-15　基板实物图（正反面）

制版完成后，先通过高温焊料/粘片胶进行下腔体的阻容器件和 MCU 的装焊，之后使用低温粘片胶进行上腔体的粘片和键合。

由于模块为非标准封装，制作夹具的成本太高，所以直接将模块焊接在测试板上进行测试，产品测试状态图如图 26-16 所示。为了在测试时观察上腔体器件，产品没有焊接盖板。

图 26-16　产品测试状态图

对产品进行了测试和调试后，发现 ASIC 和 MCU 功能正常。粘片胶性能良好，考虑到 MEMS 器件一般为应力敏感器件，使用导电或非导电的硅酮基粘片胶对传感器芯片进行粘片，使用普通环氧粘片胶对 ASIC 粘片。

MEMS 器件的温度特性和陶瓷管壳的相当，达到了工艺验证的目的。由于非气密性产品无法保证长期使用的性能稳定性，所以需要在正式产品阶段采用陶瓷封装，并在后期的工作中会对设计进一步优化。

第 27 章　基于刚柔基板的 SiP 设计案例

作者：曹立强，吴鹏，刘丰满，何慧敏

关键词：刚柔基板，有机基板，RF SiP，射频前端，微基站，封装选型，层叠设计，信号完整性，插入损耗，回波损耗，电源完整性，PDN，热管理仿真，热阻网络，结温，热孔，功率密度，自然对流，强制风冷，液冷，工艺组装

27.1　刚柔基板技术概述

基板从可弯折性的角度来分类，主要可以分为刚性基板、柔性基板和刚柔基板。

刚性基板的特点是层数多、密度高、强度大、器件焊接可靠性好；柔性基板的特点是可弯折、灵活性高；刚柔基板将刚性和柔性融为一体，因此能结合两者的优点，在保证刚性基板特点的同时，整体具有可弯折的灵活性。

刚柔基板技术，属于一种小尺寸的刚柔 PCB 技术，后者通常被称为软硬结合板或刚挠结合板。在如今架构形态多元化的整机系统中，这种技术得到广泛应用，已经成为 PCB 的一个新增长点。由于目前材料的局限性和可靠性的限制，柔性部分的弯折半径暂时不能做到很小，因而在小尺寸芯片的封装中，刚柔基板的应用还有待发展。但是在尺寸稍大一点的多芯片模块中，刚柔基板的应用已经开始普及。

图 27-1 为从 2D 射频系统向 3D 刚柔射频 SiP 的集成示意图，基于刚柔基板的射频 SiP 可以进一步提高射频系统的集成度。

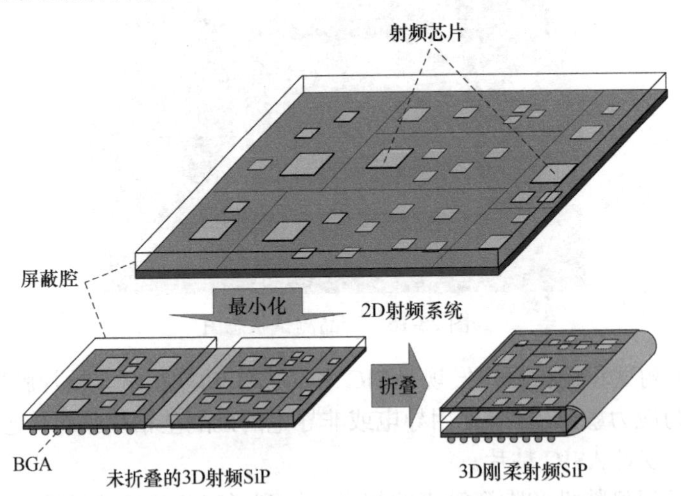

图 27-1　从 2D 射频系统向 3D 刚柔射频 SiP 的集成示意图

本章主要介绍一款基于刚柔基板的 RF（射频）SiP 设计和实现案例，主要针对微基站的射频前端系统的集成。

27.2　射频前端系统架构和 RF SiP 方案

本节主要介绍微基站射频前端系统的架构，并针对其中适合集成的射频部分，介绍一种基于刚柔基板的堆叠式 RF SiP 的设计方案，这种 RF SiP 的应用可以减小射频系统面积，有利于整个微基站系统的小型化。

27.2.1　微基站系统射频前端架构

当大功率的无线通信系统被集成到较小的空间内时，如果散热问题解决不好会严重影响系统的性能，如传统宏基站覆盖范围超过几千米，功率一般超过几百瓦，难以将某部分系统集成为一颗 SiP；但是作为另一类无线通信系统，微基站一般应用于小范围的应急通信，因而功率相对较低，将射频系统做成 RF SiP，有助于整个系统的小型化，实现微基站便于移动的目的。

图 27-2 所示为一种微基站系统的射频前端系统架构框图，图中包括射频和数字两部分。

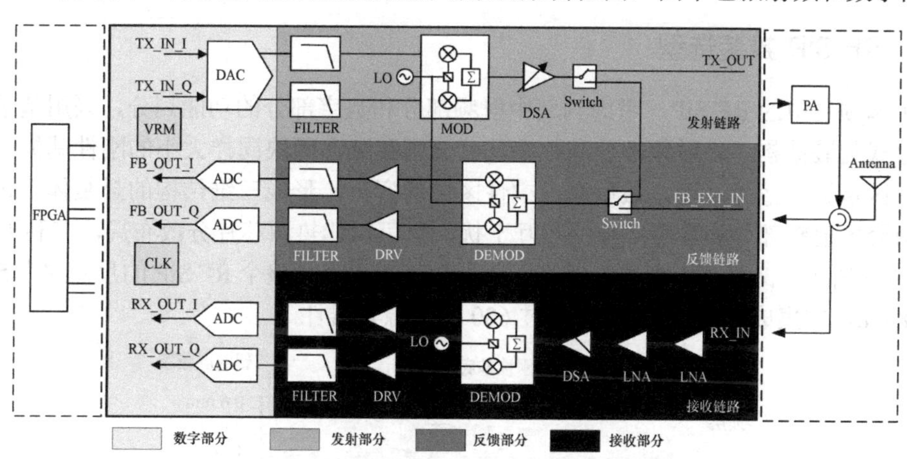

图 27-2　一种微基站系统的射频前端系统架构框图

射频包括“一发一收一反馈”三条链路：① 在发射链路（TX）中，从数字后端系统中合成的基带信号，在数模转换芯片（DAC）中进行数模转换，再通过滤波后，在调制芯片中被上变频到发射频段，经过初步放大之后射频信号会进一步传输到外置的功率放大器芯片（PA）中，最后通过天线发射出去；② 在接收链路（RX）中，射频信号从天线端接收后，进入两级低噪声放大器（LNA）中，经过一级放大（DSA）后被解调为 IQ 两路信号，在经过驱动芯片（DRV）放大信号和滤波器（FILTER）选择滤波之后，传输到数字系统部分，分别经过模数转换芯片（ADC）转换之后输出到数字后端系统中进行处理；③ 另外一条反馈链路（FB），将发射或者外接的射频信号反馈到基带部分，通过数字信号处理来校准偏差和控制发射链路的增益，这条反馈链路的架构和接收链路基本一致，仅其中的本振信号源（LO）和发射链路共用。

相比于超外差式收发机，这种零中频的收发机没有中频滤波器部分，因而更加适合于做小型化系统集成。在射频前端系统中还包括数字时钟（CLK）芯片、数模/模数转换（DAC/ADC）

芯片，以及给整个系统供电的线性稳压电源芯片。除了虚线框内的天线收发部分，其余整个微基站的射频前端系统，都将被集成在一个小型化的 RF SiP 中。

微基站射频前端系统的功耗相对不高。整个系统可以被分为四部分：接收部分、发射部分、反馈部分和数字部分。RF SiP 中主要有源芯片的符号、尺寸和功率被列在表 27-1 中，整个射频前端系统总共包含 33 颗芯片，功耗约为 20.1 W，这样的功率大小对于小尺寸的 RF SiP 来说，还是比较高的，因此整个 RF SiP 的热管理需要良好的设计。

表 27-1　RF SiP 中主要有源芯片的符号、尺寸和功率

元器件	符号	尺寸/mm	功率/mW	元器件	符号	尺寸/mm	功率/mW
Digital（～6.9W/13pcs）	RX_ADC	8×8×1.35	1080	RX（～6.1W/9pcs）	LNA	3×3×0.85	600
	FB_ADC	8×8×0.85	747		DSA	5×5×0.85	1150
	TX_DAC	8×8×0.85	1722.6		DEMOD	4×4×0.85	1250
	CLK	10×10×0.85	870		DRV	4×4×0.85	210
TX（～3.3W/5pcs）	MOD	7×7×0.9	1765		LO	6×6×0.85	1761.6
	DSA	5×5×0.85	1150	FB（～3.8W/6pcs）	DEMOD	4×4×0.85	1250
	LO	6×6×0.85	1761.6		DRV	4×4×0.85	210

27.2.2 RF SiP 封装选型

对于本项目中的 RF SiP，考虑到其中射频部分和数字部分的功能划分，采用基于刚柔基板的堆叠式封装结构。将射频部分和数字部分分别贴装在两块同样大小的刚性基板上，中间通过柔性区域进行信号互连，最后通过柔性区域的弯折，形成三维结构的封装体。这种结构可以有效降低射频部分和数字部分的相互干扰，也可以让热源芯片分散布局，有利于散热。

图 27-3 所示为两种基于刚柔基板的堆叠式 RF SiP 结构，整个 RF SiP 的尺寸约为 5.25 cm×5 cm×0.8 cm，共集成了 33 颗芯片和超过 600 颗无源元器件。

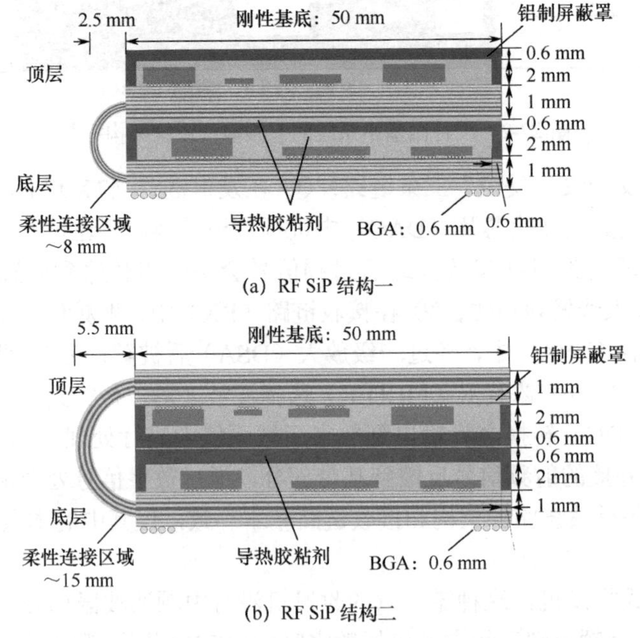

(a) RF SiP 结构一

(b) RF SiP 结构二

图 27-3　两种基于刚柔基板的堆叠式 RF SiP 结构

刚柔基板整体尺寸约为 11 cm×5 cm，厚度为 1 mm，在将芯片贴装在基板上之后，采用 2 mm 厚的铝制屏蔽罩进行电磁屏蔽，在主要芯片的下方，设计有热孔进行导热。另外，在芯片与屏蔽罩之间涂布导热树脂加强散热，而在上下两层模块间，涂有导电胶并通过加热固定，同时起到导热效果。

根据芯片在基板两侧刚性部分组装面上的差异，可以形成两种不同结构的 RF SiP。其中图 27-3（a）所示的 RF SiP 结构一，上层模块基板的底面贴着下层模块的屏蔽罩顶部，两层刚性基板间距较近，柔性连接区域较短；图 27-3（b）所示的 RF SiP 结构二，上下层模块屏蔽罩的顶部紧贴，两层刚性基板的间距较远，柔性连接区域较长。

结构上的差异使这两种 RF SiP 具有不同的特点，因而对应不同的应用场景。对于图 27-3（a）所示 RF SiP，在电性能方面，具有较短的柔性板，当有高频信号通过时，同等条件下信号插入损耗会较低；从生产制造的角度出发，刚柔基板较短，在拼版制作成本上有优势；另外，从最终封装体占用面积来看，由于柔性连接区域较短，因而带来的额外面积相对较小。因此该结构更适合成本、电性能、面积要求更高的应用场景。

对于图 27-3（b）所示的 RF SiP，从可靠性角度来看，由于柔性连接区域更长，所以在堆叠时弯折半径较大，弯折后的可靠性更高一些。由于弯折半径受到刚柔基板材料和加工技术的限制，所能够支持的 RF SiP 的厚度可以更小；从散热的角度来看，如果在 RF SiP 上表面设计有散热方式，芯片的热量可通过热孔传递到上表面被带走，当采用液冷方式散热时尤其明显（具体内容详见本书 27.4.1 节）。因此该结构更适合于可靠性高、厚度小和散热要求高的应用场景。

27.2.3　RF SiP 基板层叠设计

刚柔基板是本案例中 RF SiP 的载体，该刚柔基板包含两个 8 层的刚性基板和一个 4 层的柔性基板。以 RF SiP 结构一为例，图 27-4 展示的是刚柔基板的层叠设计和层功能规划图。整个刚柔基板主要由普通芯板、PI 膜（Polyimide Film，聚酰亚胺膜）、半固化片、胶、铜箔等材料经过多次压合而成，其中 PI 膜横穿整个基板区域。这种刚柔基板技术成熟，多次弯折的可靠性较好。

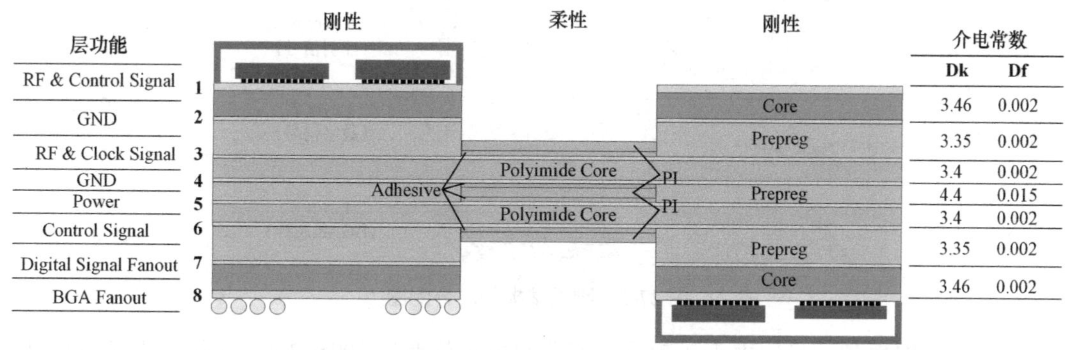

图 27-4　刚柔基板的层叠设计和层功能规划图

在图 27-4 中，对刚柔基板每一层布线的功能进行了规划：第 1 层主要用于所有器件的信号扇出；第 3 层用于重要射频线和所有数字时钟信号布线，由于相邻两层为完整地平面，因此可以有效提升重要信号线的信号完整性；频率较低的数字信号和控制信号则被安排在第 7 层和第 6 层；而电源层主要集中在第 5 层，其他层均为完整地平面；另外，第 8 层设计有圆形焊盘阵列，并进行绿油开窗，便于后续形成焊球阵列（BGA），用于 RF SiP 和 PCB 板的连接。在层叠设计中，表层和次表层采用了 Low Dk 和 Low Df 的介质材料，可以降低穿越其中信号传输线的插入损耗，从而提高射频前端系统的性能。

27.3 基于刚柔基板 RF SiP 电学设计仿真

电互连是功能实现的基础，整个电互连设计主要包含传输线的信号完整性（SI）和电源分配网络的电源完整性（PI）设计与仿真。在 27.3.1 节中，重点对穿过刚柔性结合区域的单端射频信号和差分时钟信号进行研究，给出设计和仿真结果。而对于其他完全处于刚性基板区域的敏感布线，根据经验规则设计基本可以保证其性能；在 27.3.2 节中，重点对各种电源分配网络的直流压降和电流密度进行了仿真研究，这两个参数受到封装基板面积的约束，需要重点仿真保证各种电源的性能。

27.3.1 信号完整性设计和仿真

对于射频前端系统来说，射频信号和数字信号需要分开设计并隔离，避免噪声耦合。由于信号和电源的种类繁多，将刚柔基板的层叠进行功规划，并在重要信号线层的两侧增加地回流平面，有助于提升高频和高速信号的质量。图 27-5 所示为刚柔基板的层分配图。部分信号线是对阻抗匹配非常敏感的射频和时钟信号，需要仔细设计并且结合仿真确认信号质量是否满足要求。

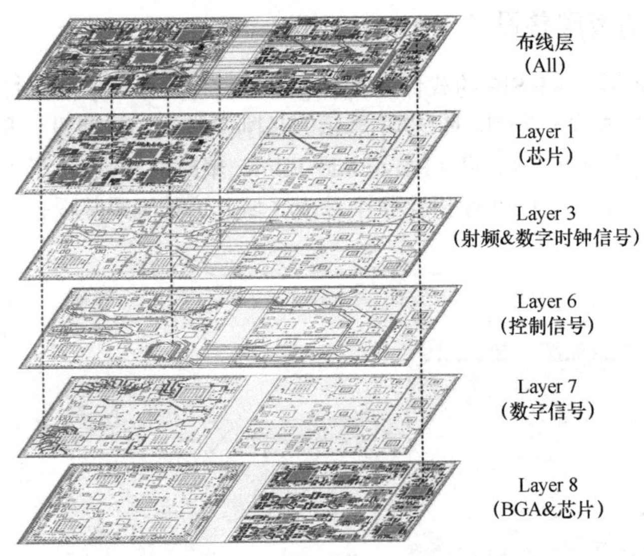

图 27-5 刚柔基板的层分配图

对于单端的射频信号，由于射频系统前端的频段范围为 700～2600 MHz，对应传输线的波长只有几厘米，封装基板中传输线的阻抗不连续可能造成信号完整性的问题。在这个系统中，RX_IN，FB_IN，TX_OUT 都是比较敏感的射频信号，而在 RF SiP 中，焊球、过孔、刚柔结合处都是一些阻抗不连续的点，需要对其进行信号完整性仿真研究。

1．射频信号仿真

在刚柔结合处，由于刚性区域是带状传输线，柔性区域是微带线，为了让阻抗连续，需要分别采用不同的线宽，并在结合处渐变处理。图 27-6 是射频传输线的仿真模型，图中展示了刚柔基板上几根敏感射频线的模型，在采用三维电磁场仿真软件建模之后，利用有限元的方法可以仿真得到这几根传输线的插入损耗（Insert Loss）和回波损耗（Return Loss），刚柔基板上三种射频信号的 S 参数如图 27-7 所示。

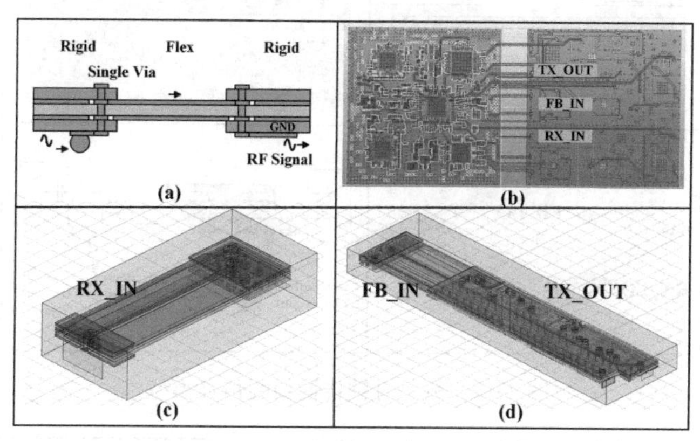

图 27-6　射频传输线的仿真模型

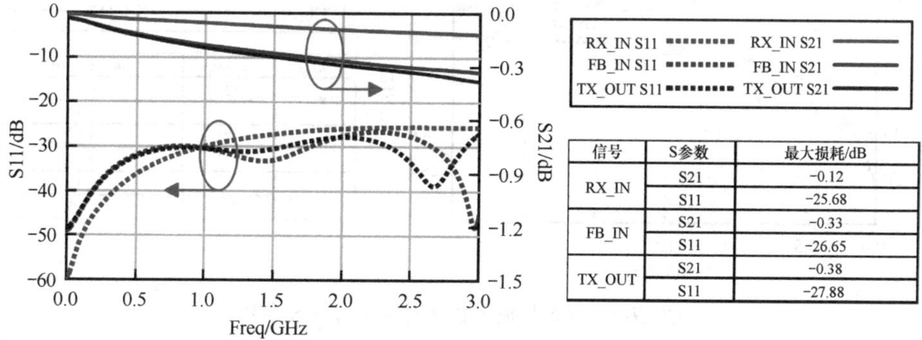

信号	S参数	最大损耗/dB
RX_IN	S21	−0.12
	S11	−25.68
FB_IN	S21	−0.33
	S11	−26.65
TX_OUT	S21	−0.38
	S11	−27.88

图 27-7　刚柔基板上三种射频信号的 S 参数

可以看出，作为低噪声放大器（LNA）的前级信号，RX_IN 输入链路的插入损耗在 3 GHz 的范围内小于 0.12 dB；而稍微长一些的 TX_OUT 和 FB_IN 信号，插入损耗分别为 0.33 dB 和 0.38 dB，并且这几个射频信号的回波损耗都大于−25 dB，因此都可以比较好地满足（S21<−0.5 dB 和 S11>−15 dB）的系统要求。

2．数字信号仿真

对于差分数字时钟信号，出于对功能模块划分和数字射频信号隔离的考虑，在该 RF SiP 中，数字和射频模块处于两块刚性基板上，中间通过柔性基板相连接。系统中的几个 122.88 MHz 时钟信号由下层基板上的时钟芯片产生，穿过刚柔性区域，到达上层基板的几个本振信号芯片中，主要包括 RX_LO、FB_LO 和 TX_LO 信号。数字时钟传输线的仿真模型如图 27-8 所示，RF SiP 中这几个差分信号通过三维电磁场仿真软件建立模型，提取 S 参数，并结合 IBIS 模型和无源元器件模型，在电路仿真器中进行时域仿真，并以此判定时钟信号是否满足要求。

刚柔基板上数字时钟信号的 S 参数如图 27-9 所示，差分对的插入损耗和回波损耗标识在图中。可以看出损耗与长度相关，FB_LO 具有最大的损耗，在 3 GHz 频点处的插损达到 0.71 dB。另外，在 3 GHz 范围内，三组差分线的回波损耗都小于−15 dB，满足系统时钟芯片要求。

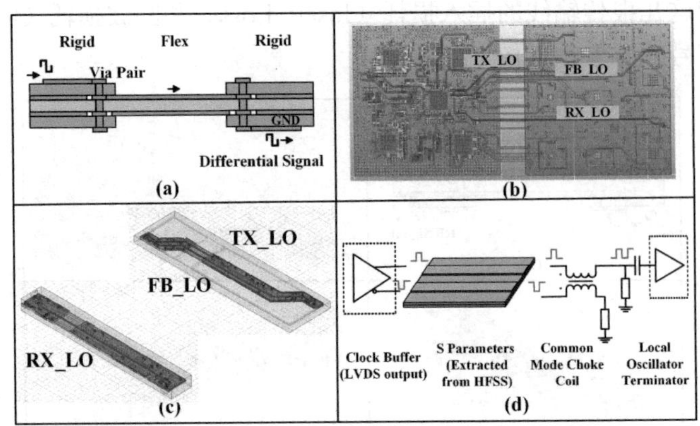

图 27-8　数字时钟传输线的仿真模型

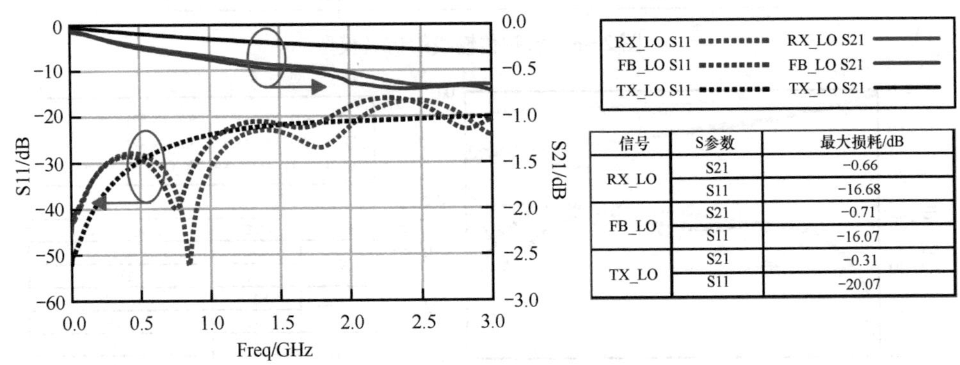

信号	S参数	最大损耗/dB
RX_LO	S21	−0.66
	S11	−16.68
FB_LO	S21	−0.71
	S11	−16.07
TX_LO	S21	−0.31
	S11	−20.07

图 27-9　刚柔基板上数字时钟信号的 S 参数

为了进一步评估差分时钟信号的质量，可以通过建立如图 27-8（d）所示的链路进行时域仿真，将眼图与 LVDS 差分信号的标准相比，判定质量是否满足要求。

刚柔基板上的时钟信号眼图和仿真波形如图 27-10 所示，越长的差分传输线，时钟信号的波动越大。通过与信号标准相比，可以发现这几对差分线的眼图波动均在可节省范围内。从时域波形来看，由于长度不同带来的 FB_LO 和 TX_LO 之间的延迟差别在几百 ps，对于这个系统来说，这个量级的参考时钟延迟不会带来链路间时钟同步的问题。因此差分时钟信号的设计满足射频前端系统的要求。

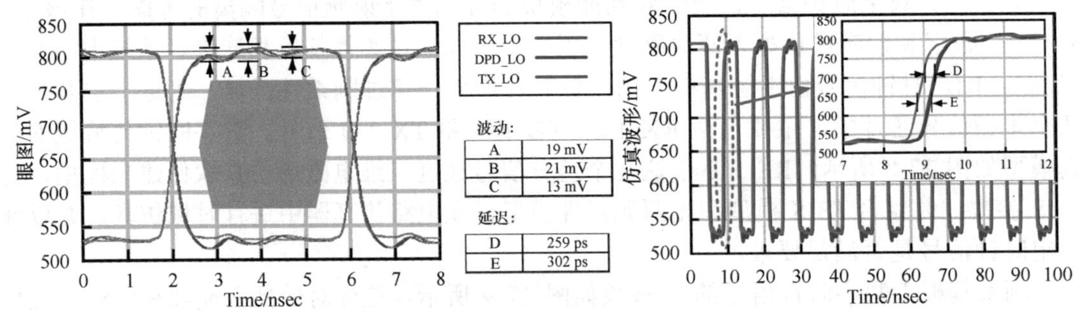

波动：

A	19 mV
B	21 mV
C	13 mV

延迟：

D	259 ps
E	302 ps

图 27-10　刚柔基板上的时钟信号眼图和仿真波形

27.3.2　电源完整性设计与仿真

在该 RF SiP 中，电源的种类繁多，电源电压有 5.5V、5V、3.3V、2.8V、2.5V、1.8V，等等。因此在刚柔基板中，采用了多层平面来布设电源，基板上的电源分配网络设计如图 27-11 所示。由于基板面积有限，电源种类繁多，并且电源分配网络（PDN）还包含不同数量的过孔，所以 RF SiP 的电源完整性需要重点设计和仿真，防止由于电源分配网络设计的不理想而影响整个电源系统供电电压的稳定性和可靠性。

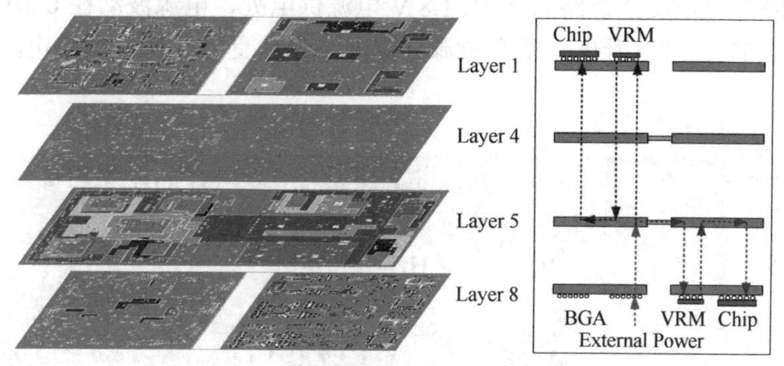

图 27-11　基板上的电源分配网络设计

直流压降和电流密度是该 RF SiP 电源完整性设计需要重点考虑的两方面。

通过在电磁场仿真软件中建立电源分配网络的模型，并加上 Source 和 Sink 端口，可以仿真整个刚柔基板上的电压分布和电流密度分布情况。由于整个电源分配网络的模型较大，为了平衡计算量和仿真精度，通常采用 2.5D 的电磁场求解器进行仿真，可以在保证一定求解精度的基础上提升仿真效率。

对这个 RF SiP 的电源分配网络进行电源完整性直流仿真，得到的仿真模型如图 27-12 所示。首先将刚柔基板的设计文件和无源器件的模型一起导入建模，然后在电源分配网络的入口加上低阻抗的 Voltage Source 端口，如 BGA 焊球或者 VRM（电压调节模块）的输出引脚；再在电源分配网络的出口处加上高阻抗的 Current Sink 端口，如 VRM 的输入引脚或者芯片电源引脚。通过这种方法在电源上加上端口，就可以实现整个电源分配网络的建模。

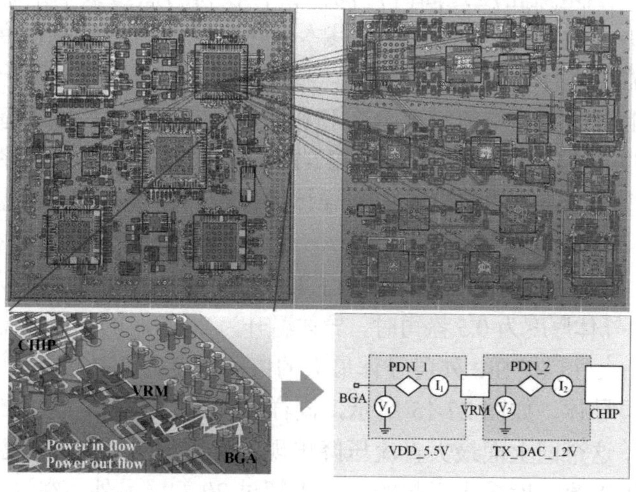

图 27-12　电源完整性直流仿真模型

1．直流压降仿真

电源完整性直流仿真一方面是直流压降的仿真。不同芯片的电压需求不一样，一般来说，供电电压的直流压降需要控制在标准电压的 5%以内。为了将每个供电电源连接到所有目标芯片上，通常采用电源平面连接，这种方法比通过电源线连接有更低的直流电阻。通过图 27-12 所示模型，进行电磁场求解之后，可以得到每个电源平面在电源分配网络的输入/输出位置的电压值。刚柔基板直流压降云图和典型电源压降值（L5 层）如图 27-13 所示，最大的直流压降出现在反馈链路的 ADC 1.8 V 电源供电处，电源波动在 6 mV，大概占据整个供电电压的 0.3%。可以看出，整个电源分配网络设计良好，保证每个电源都具有较低的直流压降。

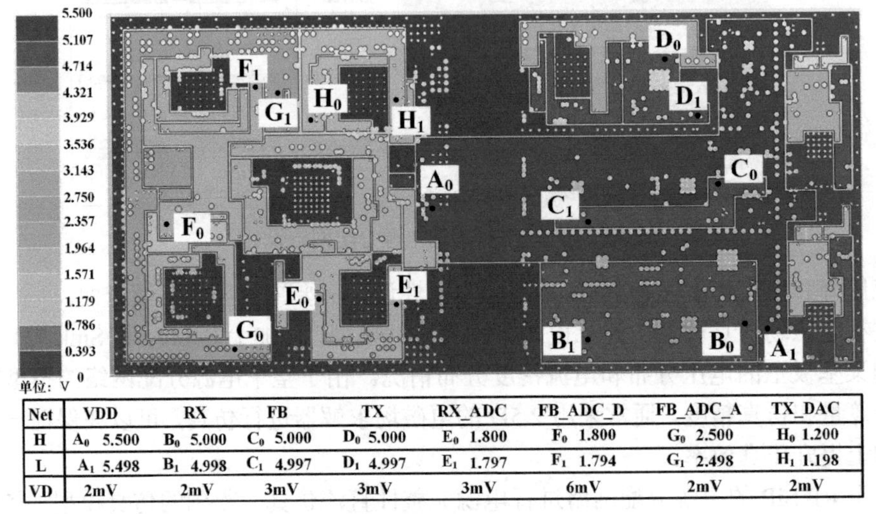

Net	VDD	RX	FB	TX	RX_ADC	FB_ADC_D	FB_ADC_A	TX_DAC
H	A_0 5.500	B_0 5.000	C_0 5.000	D_0 5.000	E_0 1.800	F_0 1.800	G_0 2.500	H_0 1.200
L	A_1 5.498	B_1 4.998	C_1 4.997	D_1 4.997	E_1 1.797	F_1 1.794	G_1 2.498	H_1 1.198
VD	2mV	2mV	3mV	3mV	3mV	6mV	2mV	2mV

图 27-13　刚柔基板直流压降云图和典型电源压降值（L5 层）

2．电流密度仿真

电源完整性直流仿真的另一方面是电流密度的仿真。通常电流密度大的地方存在较大的电阻和直流压降。当电流密度过高时，局部会有较高的热量聚积，容易使基板的表层铜箔损坏。对于这种有一定功率的 RF SiP，其本身热功耗较高，电流密度引起的热可靠性问题风险更大，因此需要进行电流密度的仿真。通过对图 27-12 中的电源分配网络的建模和计算，得到刚柔基板上不同层的电流密度分布和典型值。图 27-14 是刚柔基板外层的电流密度分布和典型电流密度值（L1 层&L8 层），图 27-15 是刚柔基板内层电流密度分布和典型电流密度值（L5 层）。基板上导体的载流能力和导体的厚度、宽度、允许的温度升高都相关，最好的评估办法是采用多物理场仿真软件，将电、热结合起来进行仿真评估。

为了较快地评估电流密度分布，我们参考了 IPC 关于 PCB 导体载流能力标准，在 PCB 外导体厚度为 1 盎司而内导体厚度为 0.5 盎司时，导体温升为 20 ℃时的允许电流密度为 12916 A/cm^2（外层）和 6458 A/cm^2。该 RF SiP 外层导体最大的电流密度为 3370 A/cm^2，如图 27-14 中的 B 点所示。而对于内层导体，如图 27-15 所示，同样出现 B 点位置，为 3051 A/cm^2，都是出现在 FB_ADC 的位置，这个同上面最大直流压降出现的位置相一致。该电流密度满足 IPC 标准，意味着局部位置由于电流密度较大引起的温升不超过 20 ℃。另外，在这个基板上，局部过孔的位置，出现了 5000 A/cm^2 的极大值，但是这对整体的温升不会有太大影响，因为热量会在整个电源平面上迅速扩散。

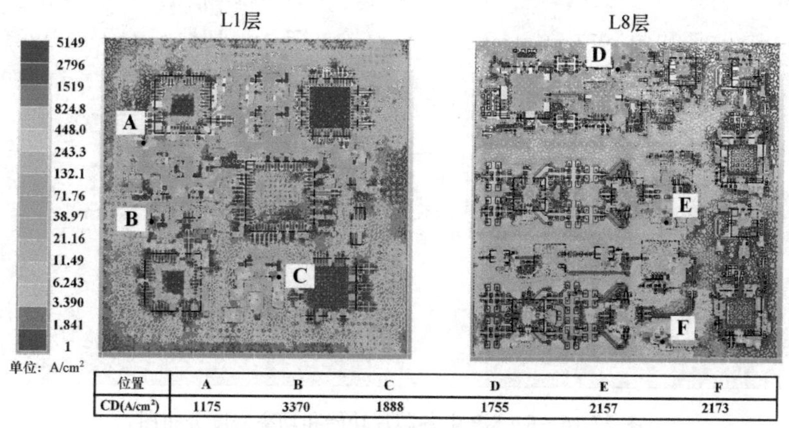

位置	A	B	C	D	E	F
CD(A/cm^2)	1175	3370	1888	1755	2157	2173

图 27-14　刚柔基板外层电流密度分布和典型电流密度值（L1 层&L8 层）

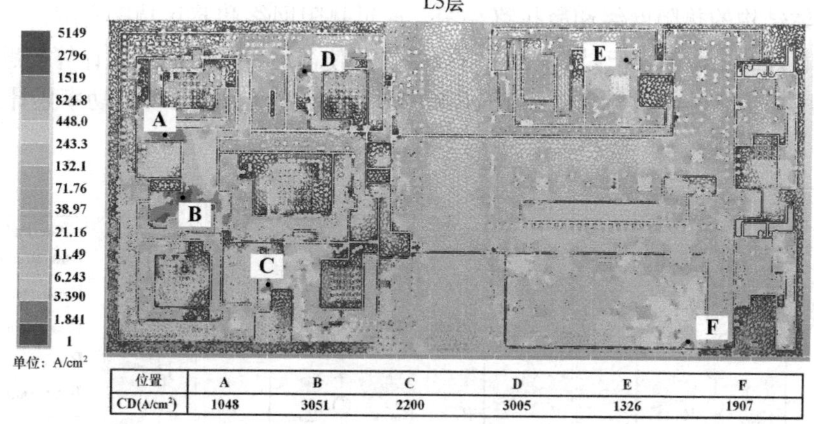

位置	A	B	C	D	E	F
CD(A/cm^2)	1048	3051	2200	3005	1326	1907

图 27-15　刚柔基板内层电流密度分布和典型电流密度值（L5 层）

27.4　基于刚柔基板 RF SiP 的热设计仿真

在 SiP 设计过程中，热设计是性能实现的重要保证。整个封装热设计主要包含热阻网络的分析和散热性能仿真研究。下面，先从热阻网络的角度出发，对两种不同结构的 RF SiP 封装结构给出了定性的散热特性的对比结果；接着，对散热性能更好的结构二，利用基于有限体方法的仿真软件，对封装的散热性能进行仿真研究。

27.4.1　封装结构的热阻网络分析

RF SiP 封装结构的散热特性与其内芯片的功率密度相关，其中芯片功率和尺寸如表 27-1 所示，芯片发热源一般为内部 Die 的有源面，但是由于其尺寸厚度不一，因此通常将整个 Die 视为发热体，功率密度采用体密度来表示。通过计算，得到 RF SiP 中各芯片功能和功率密度分布图，如图 27-16 所示。对于结构一和结构二，功率密度最大的都是调制解调器芯片，该芯片的结温一般也比较高。

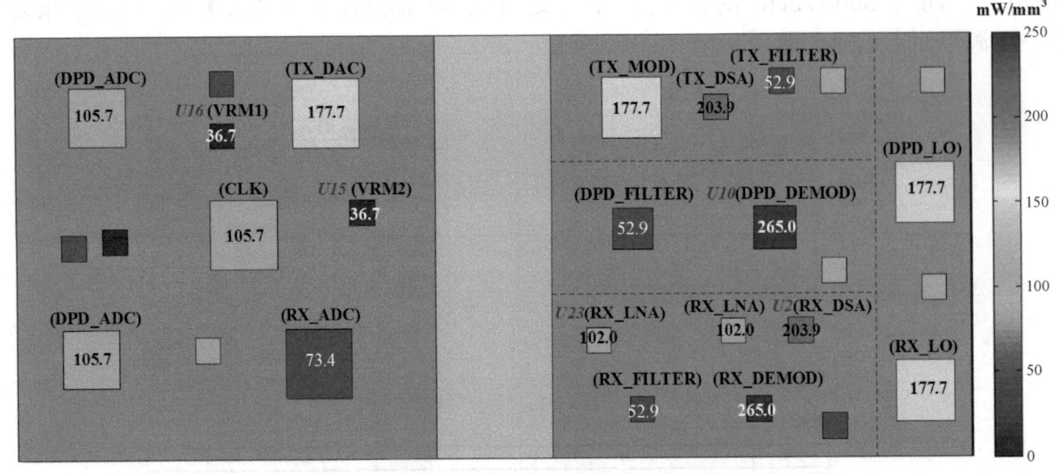

图 27-16　RF SiP 中各芯片功能和功率密度分布图

由于结构一和结构二芯片位置不同，上层芯片的主要散热路径也不一样。图 27-17 所示为整个封装体结构的热阻网络和散热路径图。通过热阻网络和芯片功率密度，可以计算出封装体内每个芯片的结温值。但是 RF SiP 中众多热源使得这种热阻网络的计算问题变得非常复杂，在这个应用于微基站射频前端的 RF SiP 中，存在 33 个有源芯片，功率累计达 20.1 W，芯片分为上下两层排布。

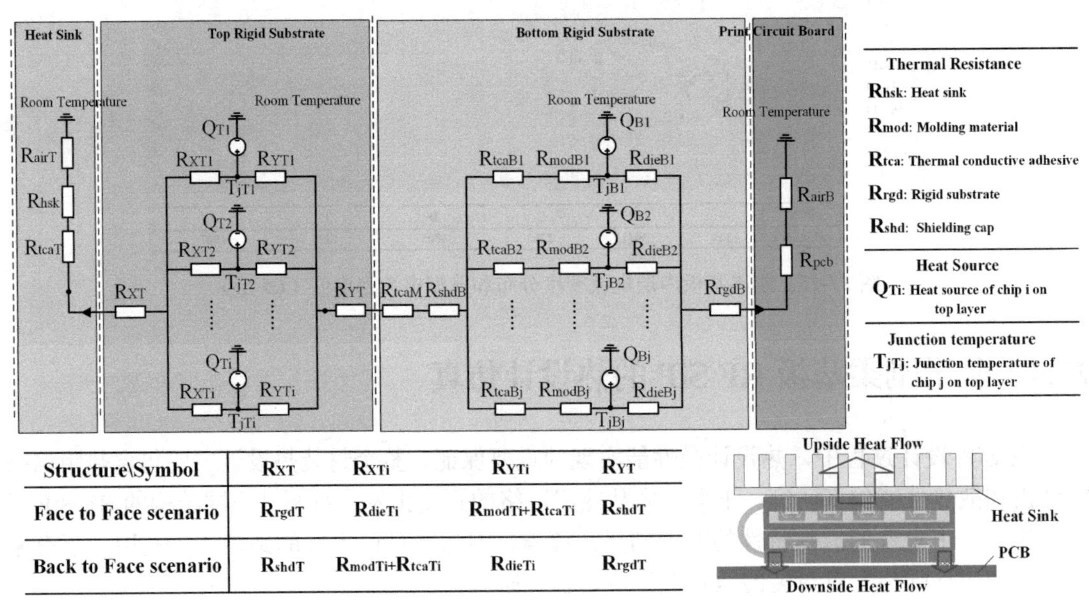

Structure\Symbol	R_{XT}	R_{XTi}	R_{YTi}	R_{YT}
Face to Face scenario	R_{rgdT}	R_{dieTi}	$R_{modTi}+R_{tcaTi}$	R_{shdT}
Back to Face scenario	R_{shdT}	$R_{modTi}+R_{tcaTi}$	R_{dieTi}	R_{rgdT}

图 27-17　整个封装体结构的热阻网络和散热路径图

下面我们重点构建封装体的热阻网络，定性分析两种结构 RF SiP 的散热特性，为之后通过有限体软件仿真，更精确地分析封装体散热特性奠定基础。

通过叠加原理可以构建这个多热源 RF SiP 的热阻网络模型。上层各芯片的结温和下层芯片的结温可以通过下式计算得到。

$$\begin{cases} T_{\mathrm{j}\mathrm{T}k} = T_{\mathrm{ambient}} + \left[\sum_{m=1}^{i} A_m Q_{Tm} + \sum_{n=1}^{j} B_n Q_{\mathrm{T}n}\right] \times R_{\mathrm{upper}} + \left[\sum_{n=1}^{i} C_n Q_{\mathrm{T}n} + \sum_{m \neq k}^{i} D_m Q_{\mathrm{T}m}\right] \times R_{\mathrm{XT}k} & \text{(a)} \\ T_{\mathrm{jB}k} = T_{\mathrm{ambient}} + \left[\sum_{n=1}^{i} E_n Q_{Tn} + \sum_{m=1}^{j} F_m Q_{\mathrm{T}m}\right] \times R_{\mathrm{down}} + \left[\sum_{m=1}^{i} G_m Q_{\mathrm{T}m} + \sum_{n \neq k}^{i} H_n Q_{\mathrm{T}n}\right] \times R_{\mathrm{dieB}k} & \text{(b)} \\ R_{\mathrm{upper}} = R_{\mathrm{air}T} + R_{\mathrm{hsk}} + R_{\mathrm{tcaT}} + R_{\mathrm{XT}} & \text{(c)} \\ R_{\mathrm{down}} = R_{\mathrm{air}B} + R_{\mathrm{pcb}} + R_{\mathrm{rgdB}} & \text{(d)} \end{cases}$$

式中的系数（$A_m,B_n,C_n,D_m,E_n,F_m,G_m,H_n$）是图 27-17 中各种热阻值的线性组合。如式（a）所示，上层结构中的第 k 个芯片的结温（$T_{\mathrm{jT}k}$）和环境温度（T_{ambient}）、上侧散热路径的热阻（R_{upper}）、芯片上表面的材料热阻（$R_{\mathrm{XT}k}$）和所有热源的功耗（Q_{Tn}）都相关。式（b）表示的是下层结构中第 k 个芯片的结温。式（c）、式（d）分别表示的是封装体向上散热路径和向下散热路径的热阻大小。

从 RF SiP 的热阻模型中，可以得到整个封装体热管理设计的一些优化方法：首先，R_{upper} 和 $R_{\mathrm{XT}k}$ 可以从封装结构的角度进行优化。如对于结构一和结构二来说，R_{XT} 和 $R_{\mathrm{XT}k}$ 是不一样的，如果在刚柔板上上层芯片的正下方设计有热孔，则结构二提供了一条更好的向上散热路径，提升散热效果；其次，热源功率 $Q_{\mathrm{T}n}$ 同样会影响封装体的热性能，对比式（c）和式（d）可以发现，刚柔基板上的热孔可以给上层芯片提供一条低热阻的通道，因此在整个封装体中，将功率更高、对热敏感度更高的芯片放在上层是一个比较好的选择；最后，环境温度也是一个重要的因素，它不仅直接影响芯片的结温，也影响封装体和环境之间的热阻。直接改变环境温度通常比较困难，但是降低与环境接触的界面热阻是一个行之有效的措施，比如采用强制风冷或者冷板散热。

27.4.2　RF SiP 的热性能仿真研究

对于 RF SiP 采用有限体方法（FVM）进行热管理仿真，需要对多个热源、非常多的热孔、复杂的线路层进行建模。仿真模型非常复杂，会占用大量的仿真资源，因此，需要在不影响精度的基础上对仿真模型进行精简，从而减少网格数量，提升网格剖分质量，提升仿真速度。一些简化方法和假设如下：

① 将封装体中的 BGA 焊球等效为具有相同热导率的等大长方体；

② 芯片焊接采用的薄层焊锡由于具有较高的热导率和较薄的厚度，在仿真时可忽略；

③ 将所有的有源芯片都假设为长方体，并具有均一的发热功率；

④ 将刚柔基板中具有热孔的局部区域等效成具有相同热导率的长方体；

⑤ 将具有复杂铜线路层的刚柔基板被等效为具有一定覆铜率的有机基板；

⑥ 将封装体放置在满足 JEDEC 标准的环境中进行仿真。

采用基于三维有限体方法的仿真软件，可以得到封装体的热仿真模型图，如图 27-18 所示，并赋予其如表 27-2 所列的封装体建模各部分尺寸和材料参数，进行求解，得到在一定环境下封装体内各个芯片的结温。

为了做对比，首先对于结构二，仿真了基板中没有热孔情况下的散热特性，整个封装体处于自然对流的条件下。基板无热孔的结构二封装体温度云图如图 27-19 所示。可以看出，封装体中最高的芯片结温高达 98.44 ℃，这个温度有可能导致部分射频芯片工作的失效。因此，如上一节热阻网络分析中得到的几个方法需要进行尝试，来降低芯片的结温。

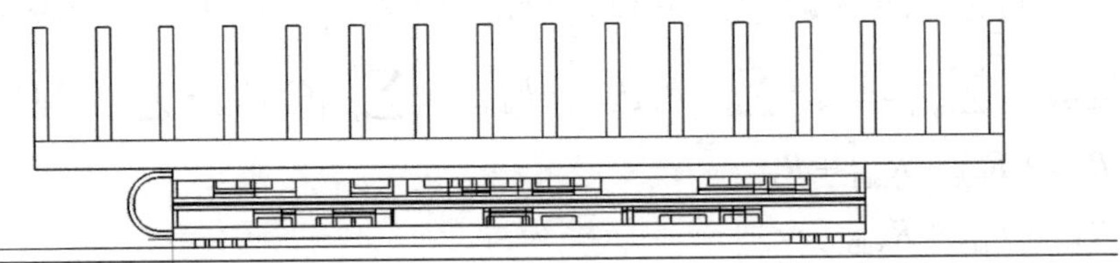

图 27-18　封装体的热仿真模型图

表 27-2　封装体建模各部分尺寸和材料参数

组成部分	材料	尺寸（mm）	热导率 W/（m·K）
TTD	硅	—	148
导热胶粘剂	混合材料	—	3
Molding	环氧树脂	—	0.8
BGA	铅锡（63/37）	0.6	51
屏蔽罩	铝	50×50×2	240
基板	BT/Cu	50×50×1	53.5,53.5,0.435
PCB	FR4/Cu	150×120×1	53.5,53.5,0.435
散热器	铝	60×60×10	240

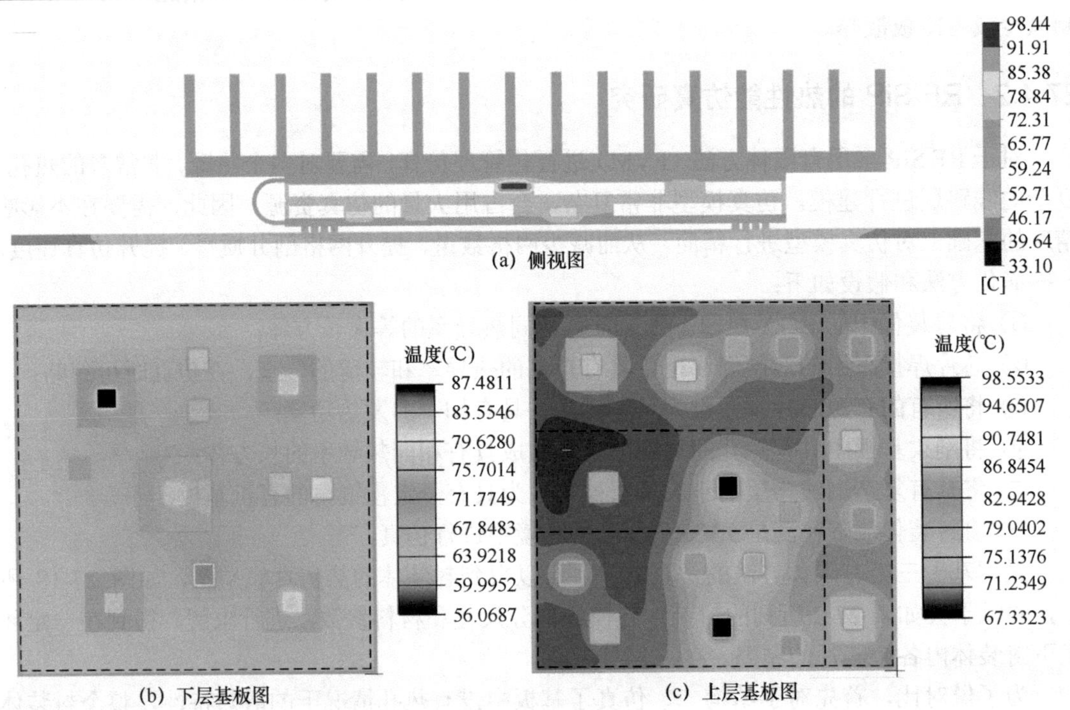

图 27-19　基板无热孔的结构二封装体温度云图

1. 封装结构热优化

第一个优化点是从封装结构的角度进行优化。这种优化既包括封装基板上热孔设计（有/

无热孔），也包括芯片组装结构（如结构一和结构二）的优化。对于前者，由于有机基板垂直方向的热导率［0.435 W/（m・K)］明显低于其他基板材料，如 LTCC、硅、氮化铝等。但是在有机基板热源下方增加热孔可以明显提高其热性能。基板有/无热孔的结构二封装体上层芯片温度云图如图 27-20 所示，可以看出，热孔的存在，让不同芯片之间的结温差明显降低，最大结温差从无热孔时的 31.2℃降低到有热孔时的 5.3℃。热孔让芯片下方积聚的热量迅速扩散到整个基板上。另外，对于结构二，热孔的存在可以将芯片热量迅速传递到顶部的铝热沉上，提升散热效果。

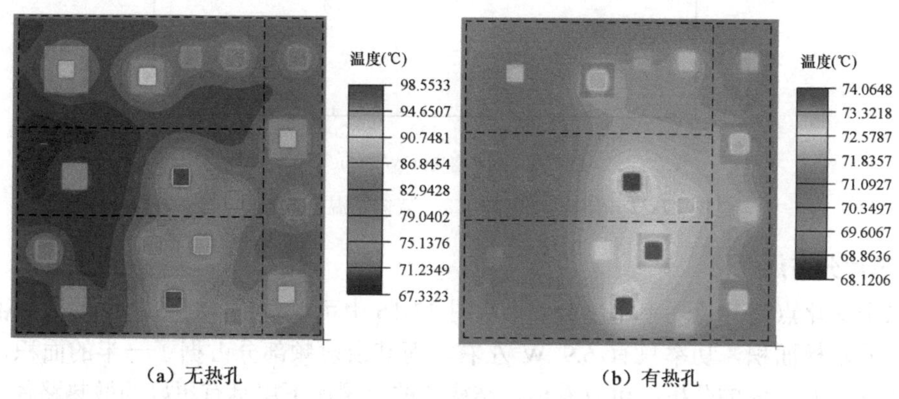

图 27-20　基板有/无热孔的结构二封装体上层芯片温度云图

结构二封装体基板有无热孔结温仿真结果对比如图 27-21 所示，图中展示了芯片结温随功率密度的分布散点图，热孔的存在极大地提升了封装体中上层芯片的散热效果。在后面的散热特性优化研究中，都将采用有热孔的基板方案。

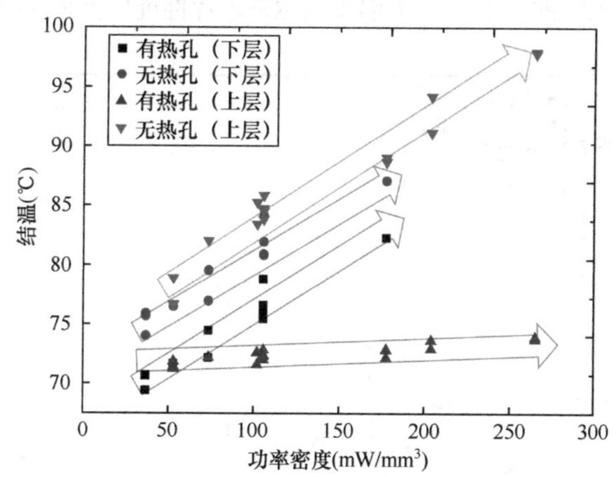

图 27-21　结构二封装体基板有无热孔结温仿真结果对比

前面提到，结构一的电性能、成本、面积特性较好，而结构二的可靠性和热性能更高。这里两种结构中都设计有热孔，并具有同样的芯片分布和环境条件。结构一和结构二封装体结温仿真结果对比如图 27-22 所示。结构二的芯片结温明显低于结构一，这是由于结构二上层芯片具有更好的向上的散热路径。在这种结构中，在自然对流条件下，最高结温也只有 82 ℃，可以看出结构二的 RF SiP 具有良好的散热性能。

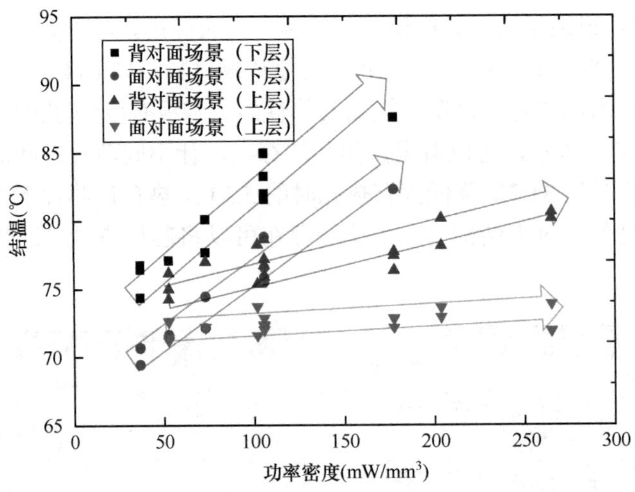

图 27-22 结构一和结构二封装体结温仿真结果对比

2. 芯片分布热优化

第二个优化点是芯片功率密度分布。从图 27-16 中可以看出，RF SiP 中的数字部分占据了近一半的基板面积，功率只有 6.9 W 左右，而其余射频部分占据了一半的面积，功率为 13.2 W 左右。从上面的分析中可以看出，结构二的上层比下层具有更好的散热路径，因此将功率密度更高的射频芯片放置在上层是一个更好的选择。图 27-23 所示为结构二封装体在芯片功率密度分布优化前后的结温仿真结果对比（RF 芯片在下层为优化前，RF 芯片在上层为优化后）。结果显示，通过芯片功率密度分布的优化，当把功率密度更高的 RF 芯片从下层放置到上层，最高的结温从 96.7 ℃降低到 82.3 ℃，整个 RF SiP 中的最高结温从 RF 芯片变成数字芯片，这有助于提升射频前端系统的性能，因为温度对 RF 芯片性能的影响要大于数字芯片。

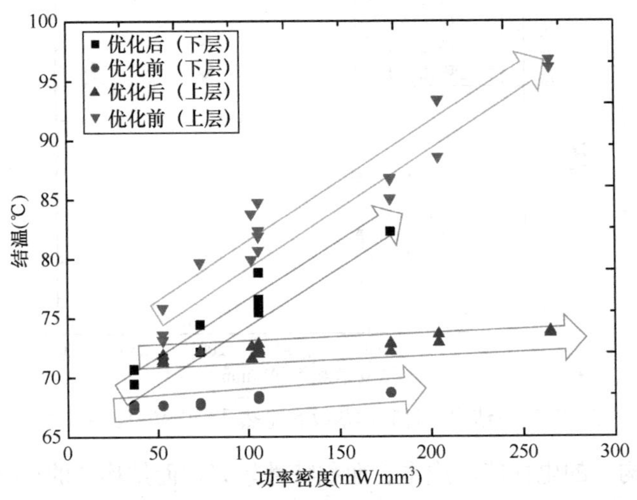

图 27-23 结构二封装体在芯片功率密度分布优化前后的结温仿真结果对比

3. 散热方式热优化

第三个优化点是散热方式。如果 RF SiP 在自然对流下的热性能不能满足要求，优化封装体和环境接触界面的热传递速度，也是一种提升散热性能的方法。强制风冷和强制液冷是两种比较有效的方法。基于结构二封装体和优化后的芯片功率密度分布，仿真分析了在三种不同散热方式下的温度云图和结温仿真结果，分别如图 27-24 和图 27-25 所示。相比于自然对流的情况，强制风冷和强制液冷都可以有效提升上层模块与环境的热交换能力，从而明显降低上层芯片的结温。结果显示，在强制风冷的情况下，RF 芯片的温升不超过 30 ℃，而在强制液冷的情况下，RF 芯片的温升不超过 4 ℃。由此可见，结构二的 RF SiP 配合强制风冷或者液冷具有良好的散热特性，可应用在一些极度严苛的条件下，如环境温度超过 60 ℃等。

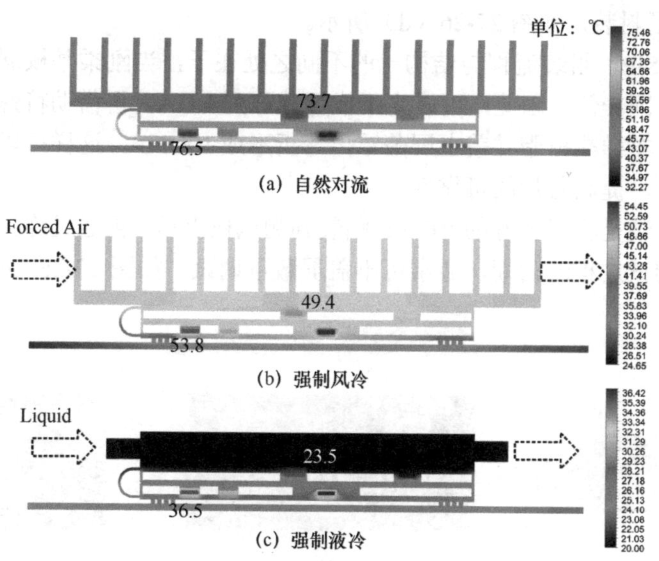

图 27-24　结构二封装体在不同散热方式下的温度云图

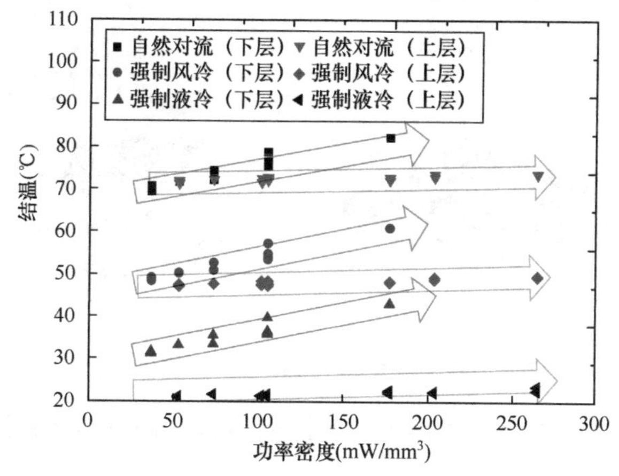

图 27-25　结构二封装体在不同散热方式下结温仿真结果对比

27.5　基于刚柔基板 RF SiP 的工艺组装实现

基于刚柔基板的 RF SiP 工艺组装相对比较简单和可靠。图 27-26 以结构一的 RF SiP 为例，展示了基于刚柔基板的 RF SiP 封装和测试流程。

基于刚柔基板的 RF SiP 封装流程如下。

① 将刚柔基板进行清洗，如图 27-26（a）所示。为了保证焊接的可靠性，刚柔基板可以

保留辅助边，以保证基板的平整度。

② 将一侧的元器件进行表贴焊接，如图 27-26（b）所示。

③ 在元器件表面涂布高热导率的导热树脂，再将屏蔽罩盖上，屏蔽罩需要良好接地，保证不同链路间足够的隔离度；将另一面的元器件进行焊接，同时形成焊球阵列 BGA，涂布导热树脂并盖上屏蔽罩，如图 27-26（c）所示。

④ 将刚柔基板弯折，并在屏蔽罩上涂布导电银浆或者导热树脂，经过加热固化之后，整个 RF SiP 就完成了封装，如图 27-26（d）所示。

结构二的 RF SiP，组装流程与结构一的不同之处在于，当刚柔基板展开时，所有的元器件都组装在基板的同一侧。因此，可以先形成焊球阵列 BGA，再借助特殊治具，一次性贴装所有芯片，然后涂布导热树脂并盖上屏蔽罩，弯折形成 RF SiP。这样可以让所有芯片少经过一次回流焊的高温，提高芯片的可靠性。

测试系统的组装是将组装好的 RF SiP 贴装到测试板上后，再通过连接器插接到母板上进行调试。在实际调试过程的初期，通常可不盖屏蔽罩调试，如图 27-26（e）所示。

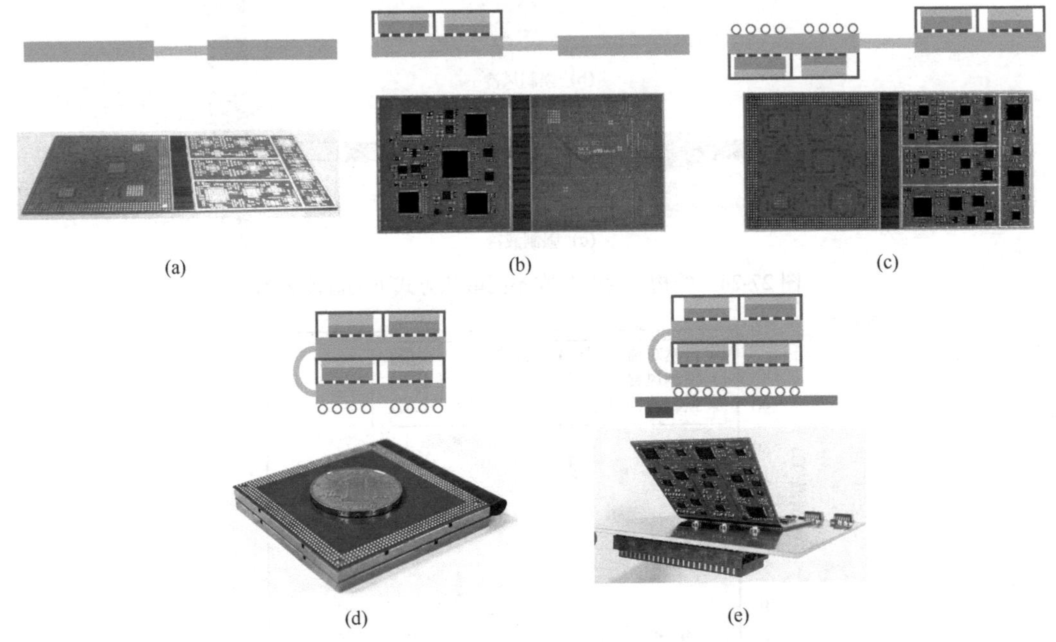

图 27-26　基于刚柔基板的 RF SiP 封装和测试流程

当经过调试的 RF SiP 功能和性能满足要求时，可以将 RF SiP 直接焊接到母板上，形成小尺寸的微基站系统。

第 28 章　射频系统集成 SiP 设计案例

作者：曹立强，田更新

关键词：射频系统集成，RF SiP、RF SoC，IPD，封装结构设计，电学设计与仿真，插入损耗，回波损耗，电磁隔离度，散热管理，SiP 组装技术，射频模块测试

28.1　射频系统集成技术

28.1.1　射频系统简介

一个完整的无线通信系统包括基带部分、射频部分和天线系统，如图 28-1 所示。基带部分通常包含一个数字信号处理器（DSP），用于物理层所有通信算法的处理，包括信息的信道编码、加密、信道均衡、语音编码/解码、调制解调等。

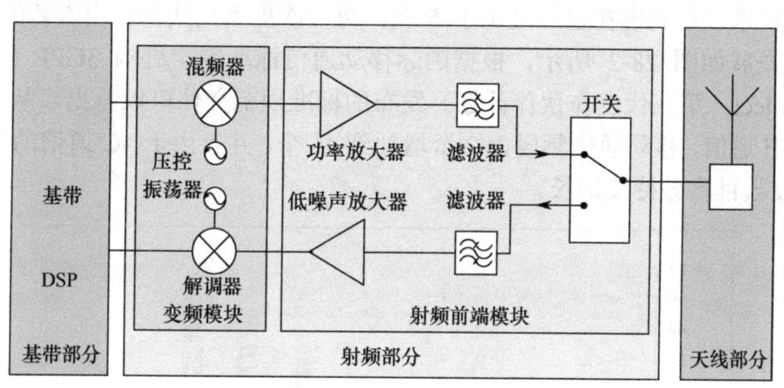

图 28-1　无线通信系统架构

射频部分包括变频模块和射频前端模块，变频模块为基带信号与射频信号相互转换的模块，射频前端模块为传输射频信号的模块。射频部分包含一条或者多条接收链路和发射链路。接收链路由射频带通滤波器、低噪声放大器、混频器、中频滤波器和中频放大器等组成，主要功能是将天线接收到的射频信号经过下变频转变成为中频信号或者直接转变为基带信号。发射链路由中频带通滤波器、混频器、功率放大器、射频滤波器等组成，主要功能为将基带模块编码调制后的基带信号上变频为射频信号。另外，射频前端模块还包含数量众多的分立无源器件，主要用于电源滤波、去耦、直流偏置、调谐和阻抗匹配等。

射频链路的主要指标包括输出功率、链路增益、线性度、噪声系数以及链路之间隔离度。每个射频链路的性能是由其中的有源和无源组件的性能决定的，因此射频链路的指标也与其中射频组件的指标息息相关。

随着无线通信技术的发展，射频系统架构也随之变化。首先，频段数目的增多会导致射频系统中器件的增多；其次，新的通信技术的出现会使射频系统架构变的复杂。

28.1.2 射频系统集成的小型化趋势

1. 无线通信频谱的发展

频谱是自然界存在的物理量，无法增加也不会减少。根据国际电信联盟的定义，人类目前可以识别使用的电磁波频率范围为 3 kHz～300 GHz。为了方便表述，这些频段根据频率高低被分成了 VLH（甚低频）、LF（低频）、MF（中频）、HF（高频）、VHF（甚高频）、UHF（超高频）、EHF（极高频）和 THF（太赫兹辐射），共 8 个部分。为防止不同通信应用之间的干扰，无线电波的人工生成和使用受到法律的严格管制，由国际电信联盟（ITU）协调，无线电频谱根据频率划分为多个无线电频段，分配给不同的通信应用。

在一般情况下，频率越高穿透力越差，而频率越低所能提供的带宽越小。在特定频段下，所能实现的传输速率也不是无限的，它同样受到包括信噪比、信道带宽等客观物理条件的制约。香农定理描述了信道宽度（B）与信道最大数据传输速率（C）之间的关系，如公式（28-1）所示。它表明频段越宽，数据传输速率越大。根据通信原理，无线通信的最大信道带宽大约是载波频率的 5%，因此载波频率越高，可实现的信号带宽也越大，而带宽则进一步决定了数据的最高传输速率。因此，为了实现更高的数据传输速率以及更优的性能，现代无线通信技术一直向着更高的频段发展。

$$C = B\ln(1+S/N) \tag{28-1}$$

移动通信技术发展到现在已经经历了 5 代，每一次更新换代都会引入新的频段。移动通信频段数目的发展如图 28-2 所示，根据国际移动通信标准制定机构 3GPP（3rd Generation Partnership Project，第三代合作伙伴计划）发布的标准规范文件可以看出，从 2G 的 GSM 通信到 4G 的 LTE 通信，移动通信频段由 2 个增加到 41 个，并且由于 4G 通信的长期演进特性，4G 通信的频段数目将会持续增长。

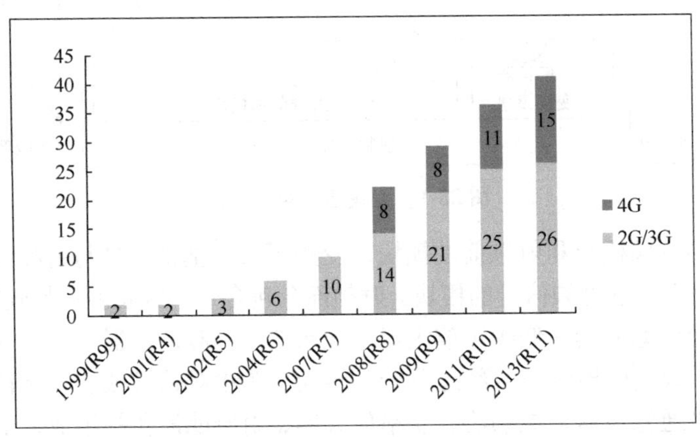

图 28-2 移动通信频段数目的发展

5G 通信将频率扩展到毫米波频段。2019 年为 5G 元年，5G 通信在这一年实现商用，并开始大规模架设。到 2020 年，5G 通信新增 50 个以上通信频段，全球 2G/3G/4G/5G 合计支持的频段达到 91 个以上。

5G 通信包括 Sub-6GHz 频段和毫米波频段。在 Sub-6GHz 频段，除了兼容 4G 通信的部分频段之外，还增加了 3 GHz 之内的若干频段，以及 N77\N78\N79 这 3 个 3～6 GHz 之间的宽带频段（带宽大于 500 MHz）。另外，在毫米波频段，增加了 N257～N261 频段，带宽均在

1 GHz 以上。频段数目以及带宽的增加不仅提升了无线通信的数据传输速率，还降低了数据传输的延迟。

2．射频系统架构的发展

由于近年来移动通信技术的快速发展，移动终端设备中的射频系统架构发生了很大的变化。正如前文所述，为了提升信号传输速率、提高频谱利用率，每一代移动通信技术都会增加很多新的频段。相对于 3G 通信，4G 通信增加了 30 多个新的频段。目前的通信频段都分布在 6 GHz 以下，而 5G 通信则将移动通信频段引入更高的毫米波频段。随着这些新增加的通信频段而来的是移动终端设备中射频链路的增多，以及射频器件数目的增多。

图 28-3 所示分别为 2G、3G、4G 移动终端设备中射频前端的系统架构。

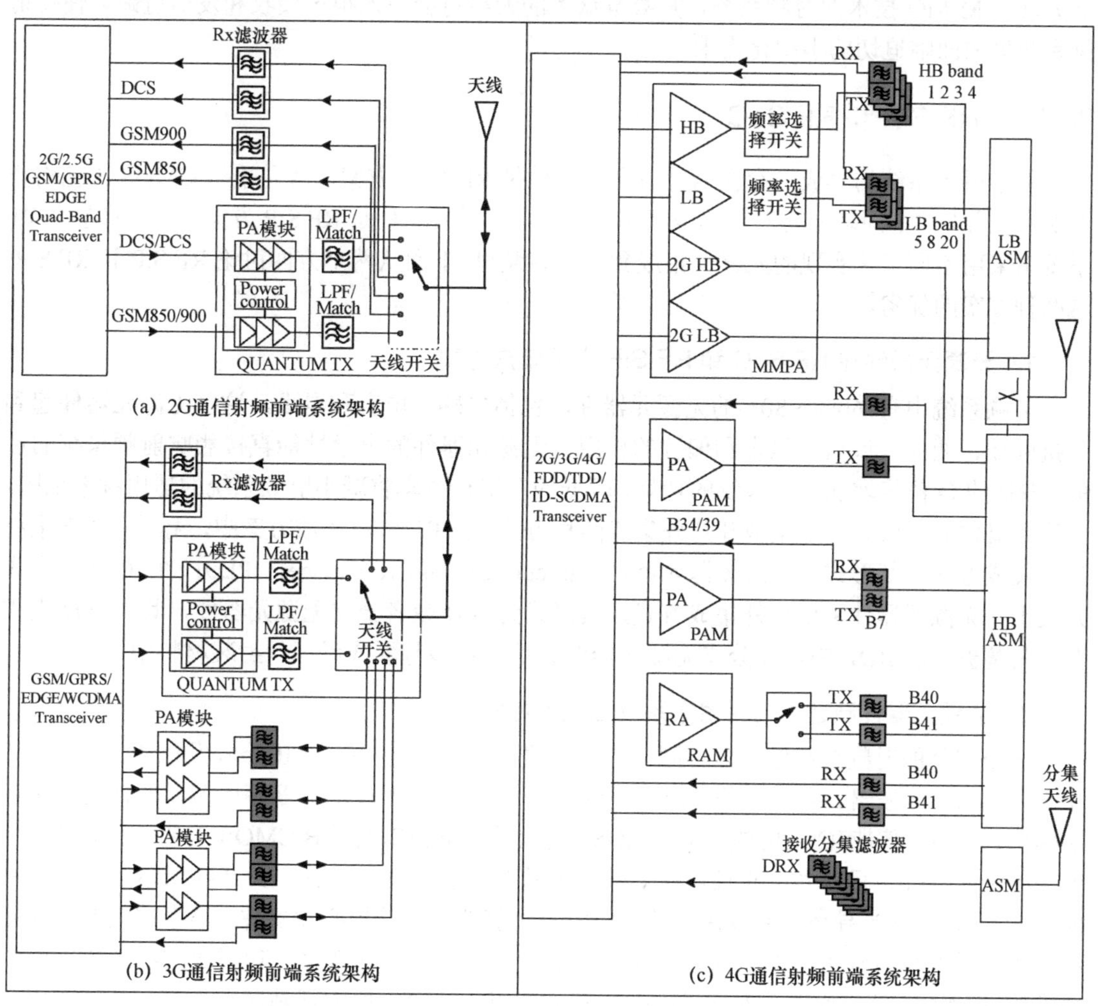

图 28-3　2G、3G、4G 移动终端设备中射频前端的系统架构

可以看出 2G 通信只有 4 个频段，射频前端系统比较简单，只包含了 1 个集成了功率放大器、滤波器和天线开关的功率放大器（PA）模块，以及 2 个滤波器组。3G 通信中频段达到了 10 个，相应的射频前端系统在 2G 的基础上增加了 2 个 PA 模块和 4 组双工器组。在 4G 通信中，射频前端系统不仅在器件数量上产生指数级增长，在设计复杂度上也大大提高。其中包含的射频芯片有：1 个集成了频率选择开关的多模多频功率放大器（MMPA）、4 个 PA 模块、

3 个双工器/多工器、6 个接收/发射滤波器、1 个射频开关，分别用于高频、低频和分集电路的 3 个天线开关模块，以及 1 个接收分集滤波器组。对比分析 2G、3G、4G 通信的射频前端系统架构，可以得到两个观点：射频前端器件数量不断增长；射频前端系统复杂度不断提高。从这两个观点可以得出一个结论，移动终端设备中的射频前端系统集成面临迫切的小型化问题。

另外，新的通信技术的出现会使射频系统架构变得复杂，比如 5G 通信中的大规模 MIMO 技术，是指将多用户 MIMO 系统中的基站天线数增大一个数量级，使其达到 100 或更多，由于发送端天线数足够多，可以消除传播信道中快衰落的影响。大规模 MIMO 技术对系统频谱效率和能量效率带来了突破性提升和发展，因此迅速成为 5G 移动通信关键技术之一。应用于大规模 MIMO 技术的射频系统，其数量众多的天线将会引入很多接收和发射链路，使得射频系统集成面临迫切的小型化需求。

28.1.3 RF SiP 和 RF SoC

关于射频系统的集成，存在两种方案：一种是 RF SoC 方案，就是采用 CMOS 工艺将整个 RF 系统中的不同功能元器件集成到单个芯片上；另外一种是 RF SiP 方案，就是将整个 RF 系统中采用不同工艺实现的元器件集成到一个封装里。下面从两个方面讨论 RF SiP 和 RF SoC 这两种方案的优劣。

1. 无源元器件在 RF SoC 和 RF SiP 中的集成方案

射频系统中有 60%～80%的无源元器件，包括电感、电容和电阻，这些无源元器件起到阻抗匹配、滤波、调试、隔直和偏置的作用。无源元器件的电学性能直接影响射频系统的性能，较低的 Q 值将增加整个系统的功耗，较低的自谐振频率将减小射频系统的适用频率范围。无源元器件的集成有片上集成和片外集成两种方式。在 RF SoC 集成方案中，无源元器件采用片上集成方式，其形式为集总无源元器件（Integrated Passive Device，IPD）；在 RF SiP 集成方案中，无源元器件采用片外集成方式，其形式为 IPD 或者分立无源元器件，其中 IPD 集成在封装基板或者 RDL 中，而分立无源元器件表贴在封装基板或者埋入封装材料中。

2. 射频元器件制造工艺对射频系统性能的影响

一个完整的射频系统由很多不同功能的元器件组成，包括基带 IC、收发机 IC 和包含了功率放大器、滤波器、射频开关、低噪声放大器（LNA）、天线调谐器等诸多元器件的射频前端模块。其中，基带 IC 采用传统的 CMOS 工艺，收发机 IC 采用 BiCMOS 工艺。而射频前端模块由于元器件数目较多，并且功能多样，实现工艺也有很大差别。图 28-4 所示为射频前端模块 IC 所采用的半导体工艺发展趋势。作为射频前端模块的核心元器件，功率放大器的性能对整个射频系统有较大影响。为了实现较大的增益和功率附加效率，功率放大器一般采用宽禁带的 GaAs 工艺，而对于发射功率要求较高的射频系统，比如基站射频系统，其功率放大器一般采用禁带宽度更大的 GaN 工艺。虽然基于 CMOS 工艺的功率放大器也一直在发展，但是其性能依然不能和 GaAs 功率放大器以及 GaN 功率放大器相比。

目前，占据功率放大器市场主导地位的依然是 GaAs 功率放大器。为了实现较高的 Q 值以及更好的滤波特性，滤波器一般基于面声波（SAW）或体声波（BAW）技术，采用 MEMS 工艺实现。射频开关和 LNA 最开始采用传统的 GaAs 工艺，随着技术的发展，近些年来开始采用成本较低、性能可以满足要求的 RF SOI 工艺。为了实现射频系统最好的性能，需要其中的每个器件都工作在最佳性能状态下。因此，若要采用基于 CMOS 工艺的 RF SoC 技术实现射频系统的集成，将要在系统性能和工艺兼容性上做出妥协。射频前端模块 IC 所采用半导体工艺发展趋势如图 28-4 所示。

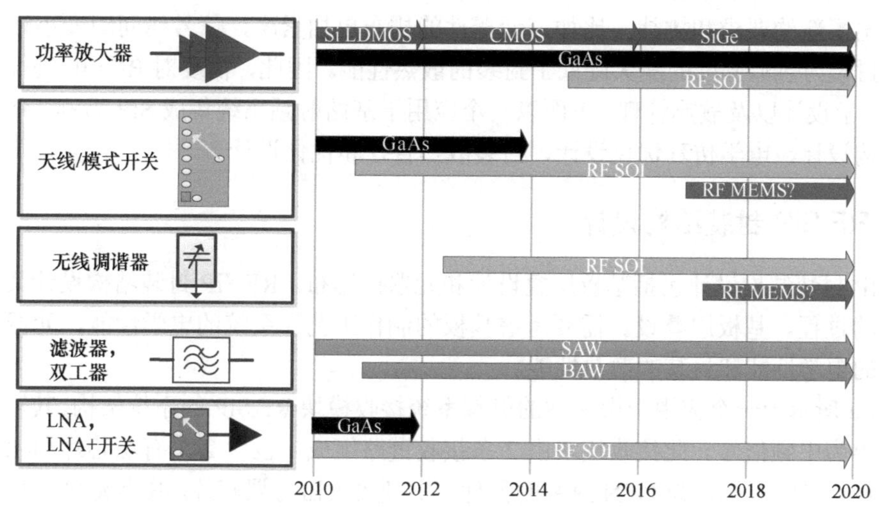

图 28-4　射频前端模块 IC 所采用半导体工艺发展趋势

3．无线通信系统集成方案

目前无线通信系统的集成方案一般采用 SoC 与 SiP 相结合的方法，如图 28-5 所示。对数字基带部分（基带 IC）和射频收发变频模块（射频收发机 IC），可以采用 SoC 技术实现单片集成。而对功能多样、实现工艺多样的射频前端模块，采用 RF SiP 技术进行集成是一个比较合理的方法。

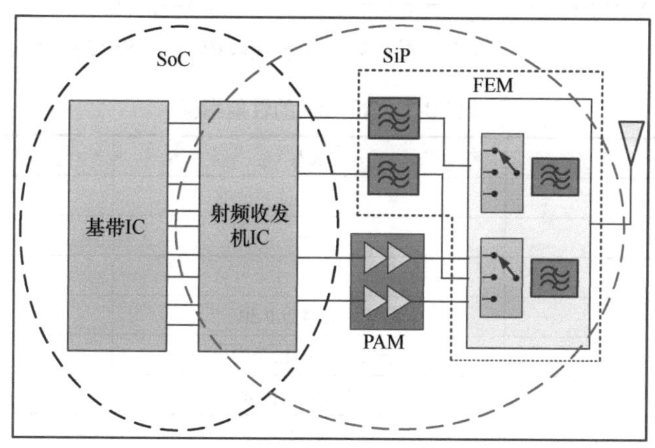

图 28-5　无线通信系统集成方案

RF SiP 方案可以采用多种方法实现高 Q 值无源元器件的集成。目前，无源表贴器件的尺寸持续缩小，由原来常见的 0402 缩小到现在 RF SiP 中常见的 01005。封装尺寸减小使得寄生效应减小，可以使器件应用到更高的频段。可以通过选择电学性能较好的介质材料和导体材料获得良好电学性能的 IPD。此外，由于 RF SiP 异质集成的优点，可以采用性能最好的 RFIC 进行系统集成，从而实现最优的系统性能。RF SiP 直接采用已经商用的元器件进行集成，大大缩短了设计和调试的时间。蓬勃发展的先进封装技术、灵活多变的封装结构以及向三维集成的可实现性使得 RF SiP 成为射频系统小型化最佳选择。

28.2 射频系统集成 SiP 的设计与仿真

RF SiP 的出现和发展也有效缓解了射频系统集成的小型化需求，小型化本身也对 RF SiP 的设计提出了新的要求和挑战。比如，元器件的排布更加紧凑，信号线间距变小使得电磁干扰变强，封装内热流密度的变大降低了封装的散热性能。因此，需要对 RF SiP 进行合理的结构设计、电学设计以及散热管理。下面以一个应用于基站射频系统集成 SiP 为例，介绍 RF SiP 的封装结构设计、电学仿真优化设计、封装散热管理和优化设计。

28.2.1 RF SiP 封装结构设计

RF SiP 封装结构设计包括基板层叠设计和元器件排布。RF SiP 封装结构设计其实是一个协同设计的过程。基板层叠设计需要考虑基板的制作工艺和系统的电学性能，元器件排布会影响系统的电学性能和封装的散热性能。

图 28-6 所示为一个应用于微基站的射频系统接收模块 RF SiP 的系统架构，其输入为射频信号，输出为中频信号。此接收模块由 2 条接收链路组成，包含 2 个有源芯片和 125 个表贴无源元器件，其中混频器为 QFN 封装的器件，中频放大器为裸芯片，中频滤波器由分立无源元器件搭建而成。此 RF SiP 的性能指标如表 28-1 所示。

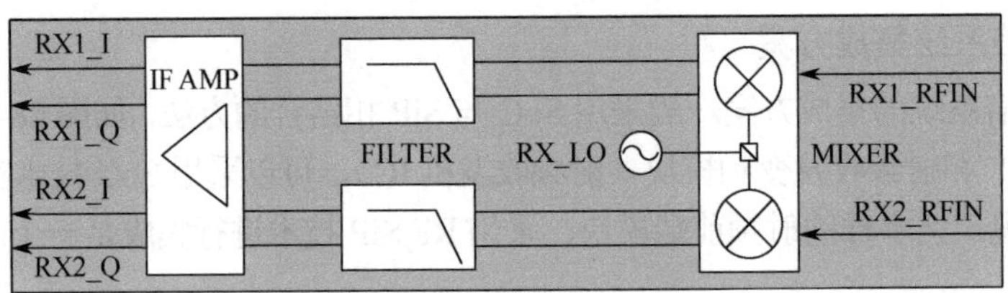

图 28-6 一个应用于微基站的射频系统接收模块 RF SiP 的系统架构

表 28-1 RF SiP 的性能指标

参数	状态	典型值
射频频带	—	700～2900 MHz
中频频带	—	20～500 MHz
本振频带	—	700～2900 MHz
链路增益	射频衰减为 0 dB	25 dB
增益平坦度	连续的 80 MHz 带宽内	<1 dB
OIP3	5 MHz 双音间隔	40 dBm
射频输入 S11	单端	<−15 dB
本振输入 S11	单端	<−15 dB
中频输出 S22	差分	<−15 dB
RX1 与 RX2 隔离度	—	60 dB

对于高密度的系统集成，为了改善封装的散热性能，需要将发热的有源芯片均匀分布，从而降低封装的局部热流密度，减小发热芯片之间的热耦合。同时，为了提高封装结构的机械性能，需要将所有的元器件均匀排布在封装基板上，从而减小封装基板的翘曲。另外，考虑到信号在 PCB 主板上插损较大，应使封装引脚排布在封装边缘位置，从而减小信号线在 PCB 板上的长度。考虑上述三点，封装元器件排布和引脚分布示意图如图 28-7（a）所示。

此射频模块的应用频率范围为 700～2900 MHz，采用普通的有机基板材料就能满足要求，本设计中采用 BT 材料 HL832NX。封装基板可采用积层（build-up）工艺制作而成。另外，此射频模块有 15 个信号输入输出接口和 2 个电源接口，考虑到信号布线密度和电源走线，封装基板采用四层板。由于表层元器件密度较大，不适合高密度布线，所以将第三层作为布线层。封装结构示意图及层叠信息如图 28-7（b）所示。

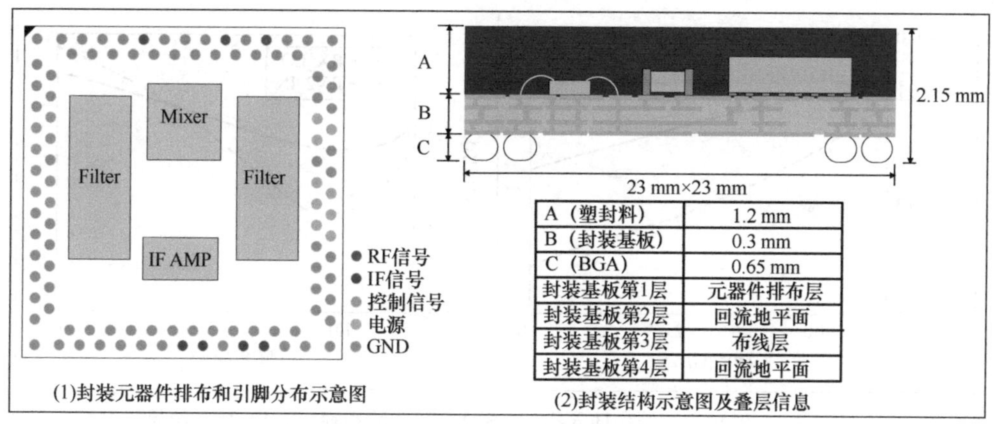

A（塑封料）	1.2 mm
B（封装基板）	0.3 mm
C（BGA）	0.65 mm
封装基板第1层	元器件排布层
封装基板第2层	回流地平面
封装基板第3层	布线层
封装基板第4层	回流地平面

图 28-7　RF-SiP 封装结构设计示意图

28.2.2　RF SiP 电学互连设计与仿真

对于 RF SiP 来说，封装基板将实现系统内元器件与元器件之间的互连以及系统与外部的互连。互连结构的优良设计对系统实现良好性能具有关键的作用。本节将对此 RF SiP 内的射频信号互连结构和链路间的电磁隔离度进行优化设计。

射频互连的电学性能受互连线的长度影响较大，因此在布线过程中需要尽量减小互连线的长度。互连线的长度主要受射频芯片布局以及相应的射频I/O焊球布局的影响。

如前面所述，为了方便PCB主板的布线，应使RF SiP的输入/输出引脚靠近封装边缘放置。另外，对互连线长度的优化应遵循以下原则：射频芯片的射频 I/O 引脚尽量接近封装基板上相应的 I/O 引脚，从而减小互连线的长度。最终的射频互连线布线图如图 28-8 所示。

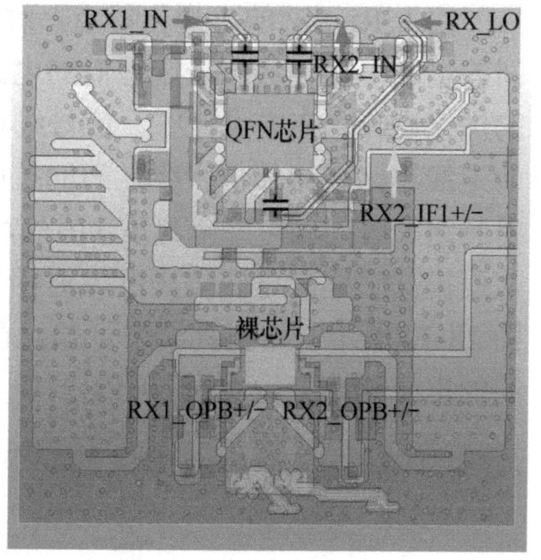

图 28-8　射频互连线布线图

1．射频传输性能优化仿真

对射频链路来说，互连结构的射频传输性能包括插入损耗（S21）和回波损耗（S11）。其中，较大的 S21 将降低链路的增益，从而增加系统功耗；较大的 S11 使射频芯片的工作效率降低，影响整个系统的性能；平滑的 S21 和 S11 频率响应曲线将会优化链路的增益平坦度，改善系统的性能。

影响射频传输性能的因素有三个：互连线的长度、互连线的阻抗匹配和阻抗连续性。较长的互连线将会导致较大的插入损耗；互连线的阻抗不匹配或者阻抗不连续将引起较大的回波损耗，进而导致较大的插入损耗。

互连结构一般由水平传输线和 3D 互连结构组成。水平传输线一般有微带线、带状线、共面波导、接地共面波导；3D 互连结构一般有键合线、过孔、焊球。对水平传输线，需要做好阻抗匹配，并尽量减小传输线的长度；对于 3D 互连结构，尽量减小键合线的长度，对过孔进行仿真优化设计，尽量在信号过孔附近添加接地回流过孔，尽量选用尺寸较小的焊球，在信号焊球附近添加接地回流焊球。

图 28-9 所示为射频互连结构插入损耗（S21）和回波损耗（S11）仿真结果。

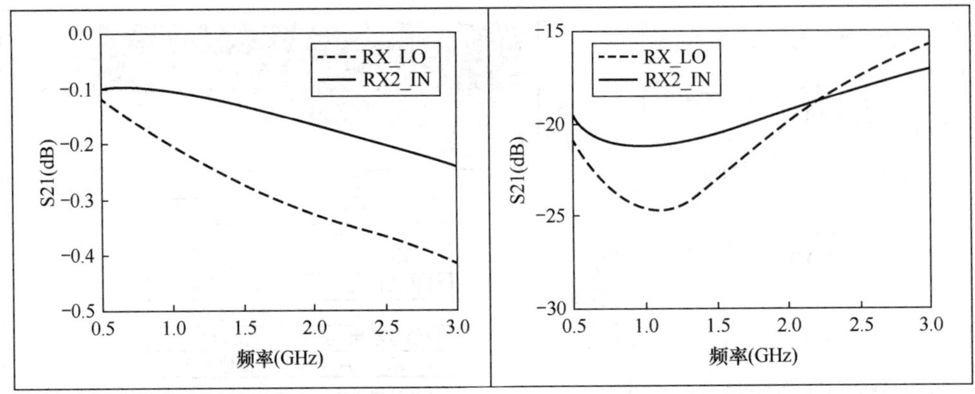

图 28-9 射频互连结构插入损耗（S21）和回波损耗（S11）仿真结果

由于 RX1_IN 和 RX2_IN 为对称结构，所以只选择其中一条（RF2_IN）进行仿真。由仿真结果可知，RX2_IN 和 RX_LO 的插入损耗均小于 0.5 dB，回波损耗均小于−15 dB。另外，由于 RX_LO 的长度大于 RX2_IN，所以 RX_LO 的插入损耗大于 RX2_IN。

2．电磁隔离度仿真

由于 RF SiP 的小型化特点，射频信号线的布线会比较紧凑，这会增强不同射频信号线之间的电磁干扰，从而降低它们的电磁隔离度。因此，需要对相邻的射频信号线进行电磁隔离的优化设计。在本设计中，信号线布置在第 3 层，为带状线结构。与微带线、共面波导等表面走线相比，相邻带状线之间的抗电磁干扰能力最强。因此，采用带状线结构可以提高两条射频路径之间的电磁隔离度。另外，在 RF SiP 中，一般在不同射频信号线之间添加接地过孔，从而提高它们的电磁隔离度。对相邻射频信号线进行电磁干扰仿真，电磁隔离度仿真结果如图 28-10 所示。由仿真结果可知，在整个工作频率范围内（700～2900 MHz），射频信号线之间的电磁隔离度均大于 60 dB。

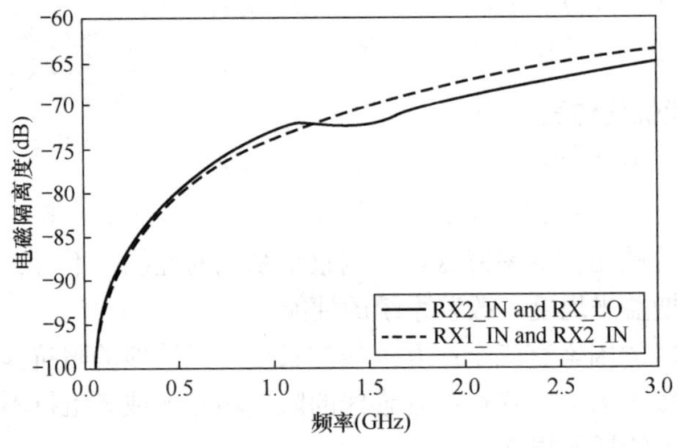

图 28-10 电磁隔离度仿真结果

28.2.3　RF SiP 的散热管理与仿真

本设计中的RF SiP在23 mm×23 mm的尺寸内集成了2个有源发热芯片，总功率接近2 W。有机基板材料较低的热导率以及紧凑的封装外形都增大了芯片到外部环境的热阻。另外，由于此射频模块应用于基站，基站内不稳定的环境温度（20℃～50℃范围内变化）会影响芯片正常工作时的结温。硅芯片正常工作的最大结温为 120℃，为了使芯片正常工作，必须对此RF SiP进行散热评估和优化。

芯片在正常工作时，发出的热量一部分通过封装传递到环境中，另一部分通过封装传递到主板。在封装外部，热沉是基站主板上常见的散热措施，通过增大封装与环境的接触面积减小对流热阻，改善封装的散热性能；在封装内部，在芯片下方的基板上布置热孔阵列是一个有效的散热措施，通过垂直方向的散热通道来减小芯片到主板的热阻。

为了缩短仿真时间、优化网格质量，同时保持仿真精度，在建立热仿真模型时需要采取一些简化和等效方法。① 裸芯片等效为方块，同时尺寸和材料保持不变，QFN 芯片采用仿真软件内部的 QFN 封装模型，内部包含了一个尺寸为 2 mm×2 mm 的裸芯片。② 忽略无源元器件对封装散热的影响，因此没有建立无源元器件的模型。③ 将 4 层的铜/BT 材料封装基板等效为一个方块，热导率通过公式计算得到的各向异性等效热导率，并且考虑覆铜率的因素。④ 将焊球简化为圆柱体。散热评估仿真模型如图 28-11 所示。

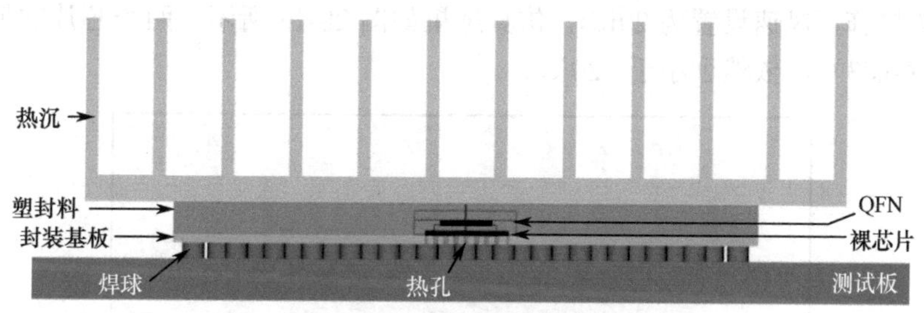

图 28-11　散热评估仿真模型

热仿真模型中各等效模块参数如表 28-2 所列。

表 28-2　热仿真模型中各等效模块参数

结构	功耗（W）	尺寸（mm）	热导率（W/m·K）
MIXER（QFN）	0.875	4×4×1	内部模型
IF AMP（bare die）	1	1.703×2.552×0.2	180
封装基板	—	23×23×0.31	72.2/0.45
Molding	—	23×23×1.2	0.8
焊球	—	h/r: 0.62/0.45	56.9
热孔	—	r: 0.075	387.6
热沉	—	30×30×7	240
导热垫	—	23×23×0.05	4
测试板	—	76.2×114.3×1.6	18.98/0.38

图 28-12 所示为在 20℃环境、自然对流情况下的散热仿真温度分布图。

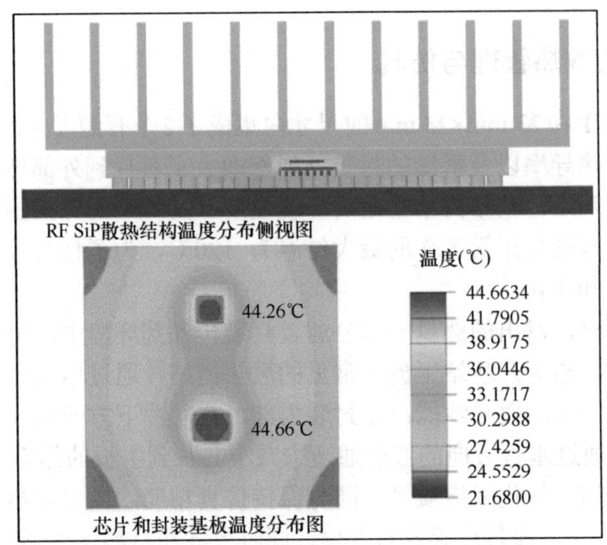

图 28-12　在 20℃环境、自然对流情况下的散热仿真温度分布图

由仿真结果可知，两个芯片的最大结温分别为 44.66℃和 44.26℃，相差不大，并且远小于芯片工作允许的最大结温（120℃）。在某些情况下，基站可能工作在高温环境中。因此，在本设计中评估了此 RF SiP 在 50℃环境下的散热性能，并且为了改善散热性能，添加了强制风冷散热措施，风速设置为 2 m/s，仿真结果如图 28-13 所示，两个芯片的最大结温分别为 66.55℃和 66.83℃，依然远小于 120℃。

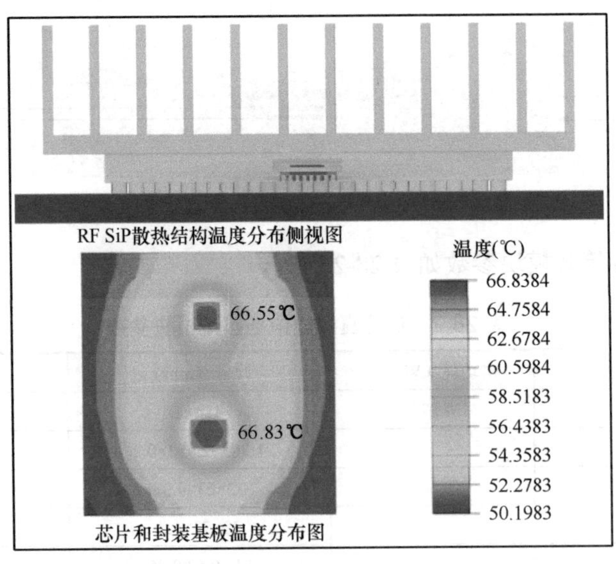

图 28-13　在 50℃环境、强制风冷（风速 2m/s）情况下的散热仿真温度分布图

28.4　射频系统集成 SiP 的组装与测试

28.4.1　RF SiP 的组装

RF SiP 的组装流程如图 28-14 所示。步骤①为表贴元器件的组装，包括元器件贴装和第

一次回流；步骤②为裸芯片的组装，本设计采用的是引线键合技术，组装过程包括贴片和引线键合；步骤③为塑封，对整个基板进行整体塑封；步骤④为植球，通过第二次回流在封装基板底部植球。

最终的 RF SiP 样品照片如图 28-15 所示，其中，图 28-15（a）为 RF SiP 正面，即未塑封的上层封装，可以用来进行 RF SiP 的调试，为了保护裸芯片，进行了局部点胶工艺；图 28-15（b）为 RF SiP 背面，展示了封装基板底部的 BGA。

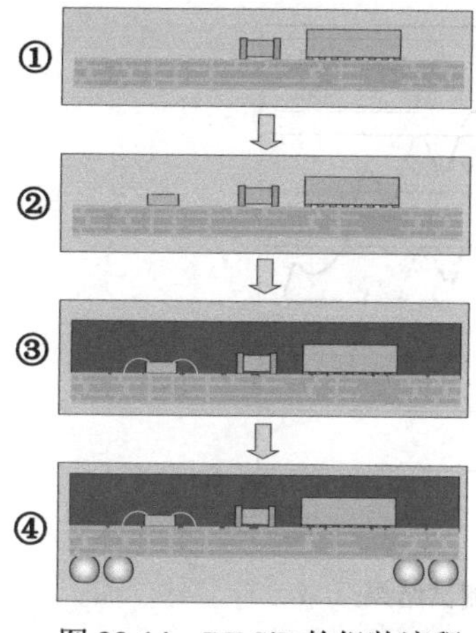

图 28-14　RF SiP 的组装流程

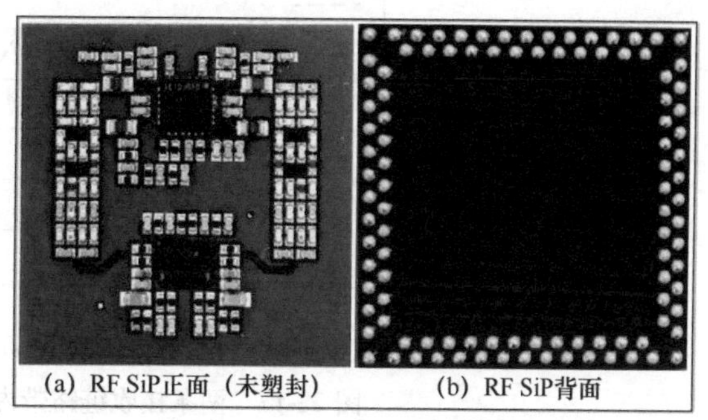

(a) RF SiP正面（未塑封）　(b) RF SiP背面

图 28-15　最终的 RF SiP 样品照片

28.4.2　RF SiP 的测试

本项目的 RF SiP 包括 2 条接收链路。对每条链路都要测试其链路增益和三阶截断点；对不同的链路，需要测试它们之间的电磁隔离度。

RF SiP 的测试系统如图 28-16 所示。其输入为射频信号（700～2900 MHz），输出为中频信号（20～500 MHz），另外还有本振信号（700～2900 MHz）。对单条链路的测试需要 2 台信号源分别提供射频输入信号和本振信号，以及 1 台频谱仪用来接收中频输出信号。

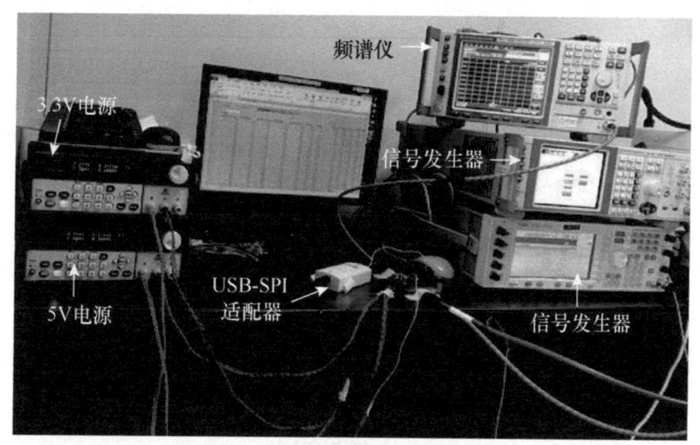

图 28-16　RF SiP 的测试系统

本测试中采用的 2 台信号发生器分别是 R&S 的 SMF100A 和 Agilent 的 E4438C，频谱仪采用的是 R&S 的 FSV40。由于 RX 部分的 2 条链路共用两个有源芯片（混频器和中频放大器），并且 2 个有源芯片的电源是不同的，因此需要 2 台直流电压源。USB-SPI 适配器用于调整链路中中频可变增益放大器的增益，从而控制衰减值。

接收链路带内增益的测试过程如下：① 给待测射频链路上电；② 接入射频输入信号和本振信号，功率分别设置为−15 dBm 和 0 dBm，并保持不变；③ 调整输入信号和本振信号的频率，使它们的频率差值保持为所关注的输出中频频率，从频谱仪上记录对应的中频输出信号的功率，与输入信号的功率相减便可得到带内各个频点的增益。图 28-17 所示为两条接收链路带内增益测试结果，所关注的输出中频频率为 184 MHz。

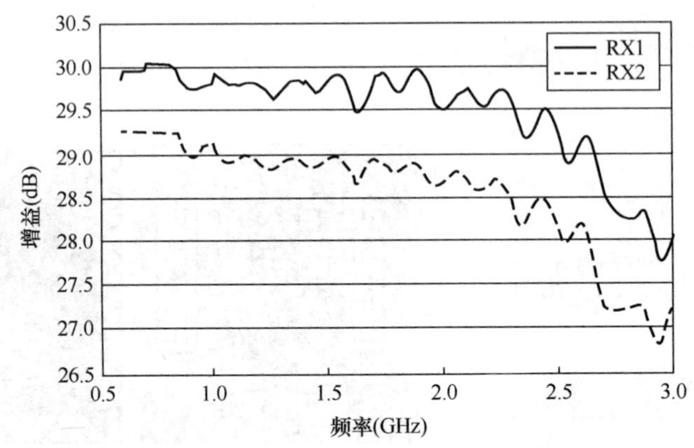

图 28-17　两条接收链路带内增益测试结果

测试结果表明，在链路的射频通带（700～2900 MHz）内，增益大于 26.5 dB，满足指标要求；另外，射频增益平坦度满足在连续的 80 MHz 内小于 1 dB 的指标要求。

两条接收链路之间的电磁隔离度测试过程如下：① 两条链路均上电；② 对 RX1 链路施加射频输入信号（功率为−5 dBm）和本振信号（功率为 0 dBm）；③ 调节 RX1 链路中射频输入信号的频率和本振频率，并保持频率差值不变，分别测得两个链路的中频输出功率，它们的差便是两条接收链路之间的电磁隔离度。本测试中保持输出中频频率为 184 MHz。测试结果如图 28-18 所示，在整个射频通带内，两条接收链路之间的电磁隔离度大于 60 dB，满足设计指标要求。

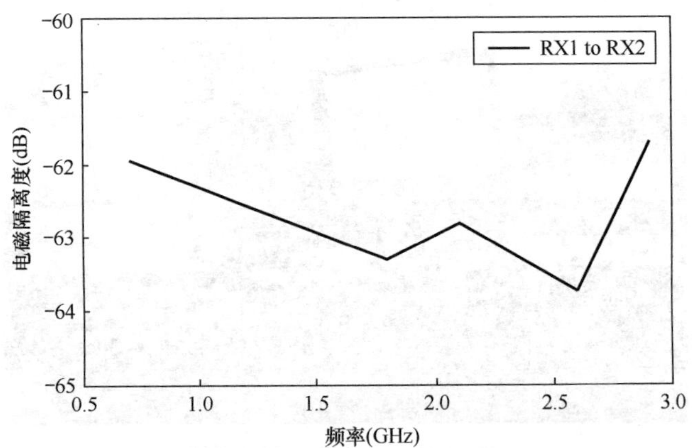

图 28-18　两条接收链路之间电磁隔离度测试结果

为了验证接收链路的线性度，对两条接收链路进行了三阶截断点的测试。测试过程如下：① 给待测射频链路上电；② 射频输入端口接入双音信号，双音间隔 5 MHz，功率设置为−15 dBm；③ 本振端口接入本振信号，功率设置为 0 dBm；④ 调节输入射频频率和本振频率，并且保持频率差值不变，在频谱仪中记录对应的输出基频功率以及其与三阶互调分量的差值（IMD3），从而计算出 IIP3 和 OIP3。

最后计算出 RX1 和 RX2 两条接收链路的 IIP3 和 OIP3 测试结果，记录在表 28-3 和表 28-4 中，本测试关注的输出中频频率为 184 MHz。测试结果表明，在整个射频通带内，两条接收链路的 OIP3 值均大于 40 dBm，满足设计指标要求。

表 28-3　RX1 链路的 IIP3 和 OIP3 测试结果

RF1（MHz）	RF2（MHz）	RF（dBm）	Gain（dB）（ATT=0）	IF（dBm）	IMD3（dBc）	IIP3（dBm）	OIP3（dBm）
700	705	−15	29.2	13.72	111.41	40.23	69.43
1800	1805	−15	28.93	13.19	110.13	39.33	68.26
2100	2105	−15	28.95	13.21	109.39	38.96	67.91
2600	2605	−15	28.06	12.18	114.06	41.15	69.21
2900	2905	−15	26.99	11.11	110.82	39.52	66.51

表 28-4　RX2 链路的 IIP3 和 OIP3 测试结果

RF1（MHz）	RF2（MHz）	RF（dBm）	Gain（dB）（ATT=0）	IF（dBm）	IMD3（dBc）	IIP3（dBm）	OIP3（dBm）
700	705	−15	29.49	14.01	113.66	41.35	70.84
1800	1805	−15	29.54	13.8	111.38	39.95	69.49
2100	2105	−15	29.61	13.87	111	39.75	69.36
2600	2605	−15	29.08	13.2	111.07	39.65	68.73
2900	2905	−15	28.2	12.32	113	40.63	68.83

第 29 章　基于 PoP 的 RF SiP 设计案例

作者：曹立强，何毅

关键词：RF SiP，PoP，射频链路指标，隔离度，结构设计，基板设计，信号完整性（SI）仿真，电源完整性（PI）仿真，热设计仿真，RF SiP 组装与测试

29.1　PoP 技术简介

小尺寸、高性能、多功能、低成本、低功耗是未来无线产品的通用要求，这些基本要求驱使射频（RF）系统朝着更高的集成度发展，而 SiP 技术被认为是实现射频系统集成的主流解决方案。通过应用灵活的系统设计和成熟的封装技术，SiP 技术将采取不同工艺的不同功能的芯片和无源元器件集成到单个封装体中。只有将射频系统设计、封装材料、封装结构、组装工艺协同考虑，才能生产一个优秀的 RF SiP 产品。

叠层封装（Package on Package，PoP）作为 SiP 技术的一种集成方式，最早出现于 2003 年在美国召开的电子元器件与技术会议（Electronic Components and Technology Conference）上，由 Amkor 和 NOKIA 公司联合发布。PoP 由两层或多层封装垂直堆叠而成，不同层封装之间通过焊球、铜柱等方式实现垂直互连，可以提高电子产品的元器件密度，图 29-1 所示为 PoP 结构示意图。

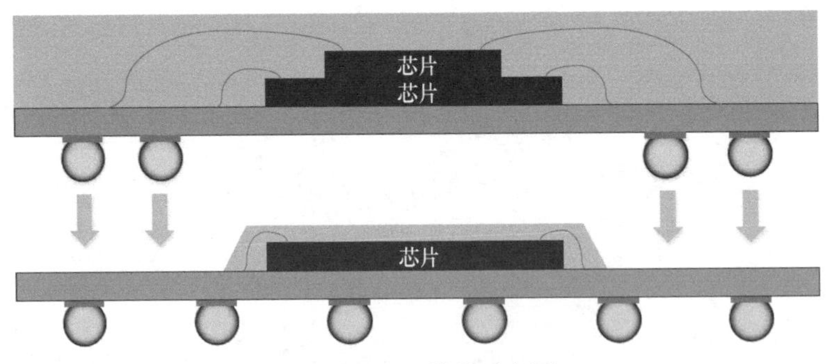

图 29-1　PoP 结构示意图

随着消费类便携式电子产品的快速发展，PoP 技术得到了广泛的应用。在实际应用中，通常将基带部分置于底层，存储芯片放在上层封装中。目前苹果公司和高通公司最新的处理器均采用了 PoP 封装形式，在整体高度增加有限的同时大大缩小主板的尺寸，同时也缩短了处理器与存储器之间的距离。

各大半导体存储器厂商如 Micron、Sandisk、TOSHIBA、SAMSUNG 等均能直接提供专门用于 PoP 封装的标准器件。电子产品厂商只需将存储器标准件与封装好的处理器叠加便能实现 PoP 封装。不仅降低了成本、增加了功能的灵活性，还大大缩短了产品的上市时间。目前，ASE、Amkor 等世界先进封装厂商也都能提供完整的 PoP 解决方案，未来 PoP 封装将向着更小节距、更轻薄、更高可靠性发展。

本章基于 RF SiP 技术，通过 PoP 方式对微基站超宽多频带射频系统进行集成设计与实现。传统的宏基站即便可以达到理论极限也不过百兆速率，如果承载用户过多，人均值将很低，这显然不符合发展 4G/5G 技术的初衷。因此，将基站建设的更多、更深入是必然趋势，微基站形态应运而生。

目前基站设备的现状是射频单元均采用分立器件实现，器件离散性很大，如果采用 RF SiP 技术开发出超宽多频带射频单元模块，不仅通用性强，占用面积和可靠性也大大优于分立元件的组合，还能推动基站设备的体积小型化和设计标准化，提高基站设备的可靠性。从目前基站射频设备的发射、接收、反馈电路分析中，可以发现器件是宽带的，通用性很强，在不同的频段应用上，电路的形式不用改变，甚至器件都不用改变，就可以适用不同的制式、不同频段。所以基站系统可以进行高度集成，形成通用模块，应用于多种频段和制式。

29.2　射频系统架构与指标

本研究与某通信设备厂商合作，研究基于 RF SiP 技术的 AD/DA+RF 前端集成设计与实现。图 29-2 所示为基站系统原理框图。其中整个基站系统包含三部分：数字部分（CPU 和数字接口）、模拟 RF 部分（发射链路、接收链路和反馈链路）、功率放大器（PA）。最终目标是实现整个基站系统三大部分的集成，但考虑到实现难度，采用 RF SiP 技术实现模拟 RF 部分。

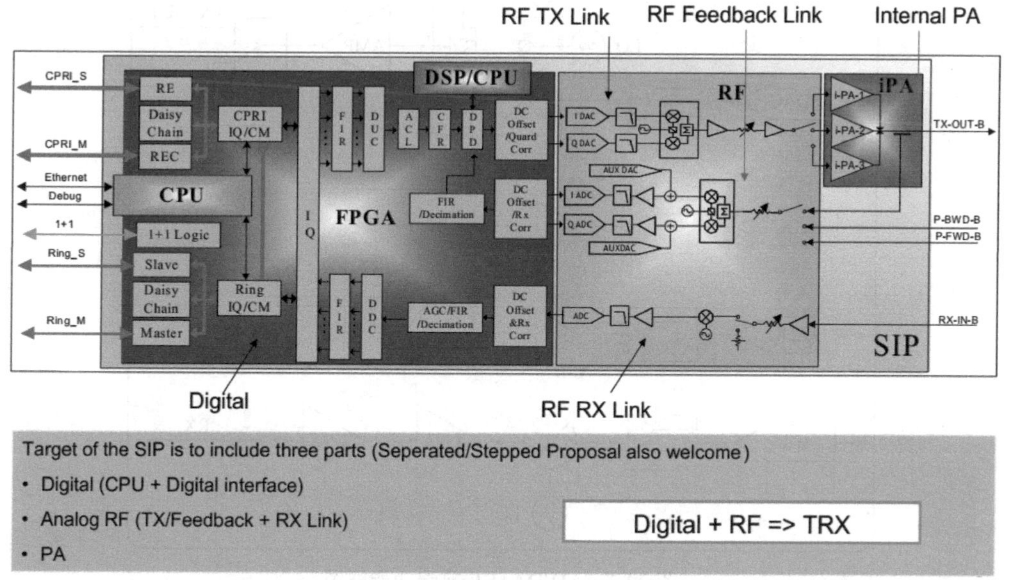

图 29-2　基站系统原理框图

本研究将实现 AD/DA 与 RF 前端发射（TX）链路、接收（RX）链路和反馈（FB）链路的集成。

图 29-3 所示为基站系统原型板，与图 29-2 所示基站系统原理框图相对应。左侧为数字部

分，右侧为模拟 RF 部分，不包含功率放大器。该原型板采用 14 层有机基板，经过测试验证，系统指标满足要求。本研究目标在于集成右侧 AD/DA+RF 前端部分，实现系统小型化。

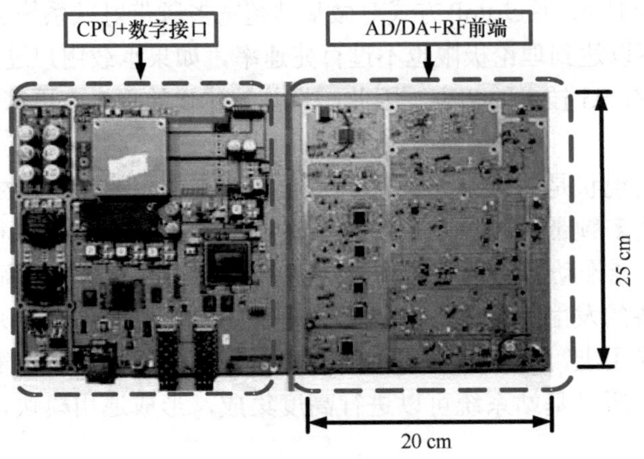

图 29-3 基站系统原型板

右侧 AD/DA+RF 前端部分在原型板上尺寸为 20 cm×25 cm，共包含 33 个有源元器件和 572 个无源元器件。

图 29-4 所示为 AD/DA+RF 前端功能框图，包含 RX 链路、TX 链路和 FB 链路，3 条链路均为零中频架构。该射频系统基于 3GPP GSM/WCDMA/LTE 协议，支持频带范围为 700～2600 MHz，工作温度范围为−40～+70℃，总功耗约为 20 W。

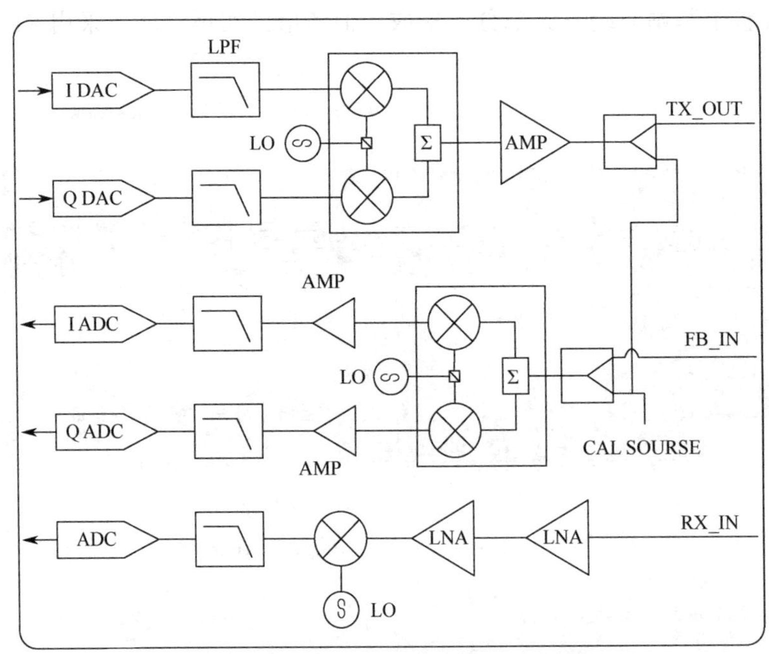

图 29-4 AD/DA+RF 前端功能框图

RX 链路包含两级低噪声放大器、可控增益放大器、解调器、低通滤波器和模数装换器（ADC），链路总增益预算为 55.4 dB，RX 链路指标分配如图 29-5 所示。

	LNA TQP3M9035	LNA TQP3M9035	SWITCH	DSA TQM8M9077	DEMOD ADL5380	FILTER HMC900	ADC ADC1443	Cascade Total
NF (dB)	0.66	0.66	0.4	4	10.9	17	25	0.68
Gain (dB)	16.5	16.5	-0.6	13	7	3	0	55.40
OIP3 (dBm)	37.5	37.5	100	39	29.7	20	36	19.67
Pout (dBm)	-23.5	-7.0	-7.6	5.4	12.4	15.4	15.4	
NF+ (dB)		0.01	0.00	0.00	0.00	0.00	0.00	
OIP3+ (dB)	0.00	0.00	0.00	0.01	0.22	11.29		

Input Power (dBm)	-40.00			Input IM (dBc)	
S/N (dB, Required)	4	S/N (dB, Actual)	88.52	Input IP3 (dBm)	-35.73
BER (Required)		Sensitivity (dBm)	-124.52	Output IM Level (dBm)	6.87
Losses (dB)	0	MDS (dBm)	-128.52	Output IM Level (dBc)	-8.53
System BW (MHz)	.03	Noise Temp (K)	49.37	SFDR (dB)	61.86
Source Temp (K)	290				

图 29-5　RX 链路指标分配

图 29-6 所示为 TX 链路指标分配，总增益预算为 24.9 dB，包含数模转换器（DAC）、调制器和可控增益放大器。

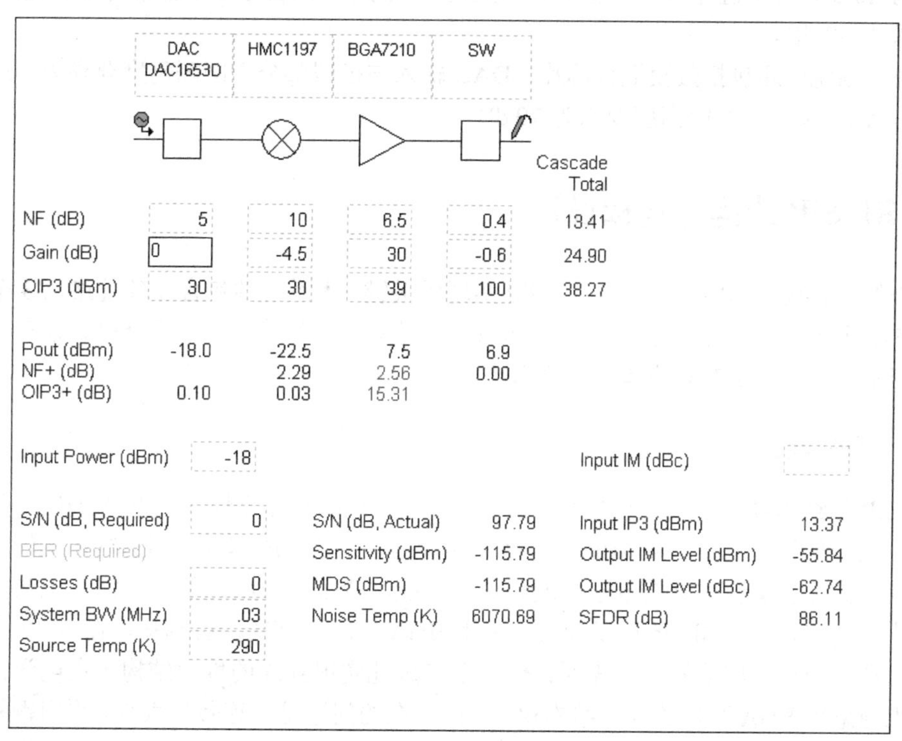

图 29-6　TX 链路指标分配

FB 链路包含解调器、放大器和模数转换器，总增益预算为 9.4 dB，具体指标分配如图 29-7 所示。

	SW	DEMOD ADL5380	ADA4938	AD9434	Cascade Total
NF (dB)	0.4	10.9	12	25	17.30
Gain (dB)	-0.6	7	3	0	9.40
OIP3 (dBm)	100	29.7	40	36	30.51
Pout (dBm)	-0.6	6.4	9.4	9.4	
NF+ (dB)		1.20	0.28	4.87	
OIP3+ (dB)	0.00	4.03	0.52		

Input Power (dBm)	0			Input IM (dBc)	
S/N (dB, Required)	0	S/N (dB, Actual)	111.91	Input IP3 (dBm)	21.11
BER (Required)		Sensitivity (dBm)	-111.91	Output IM Level (dBm)	-32.83
Losses (dB)	0	MDS (dBm)	-111.91	Output IM Level (dBc)	-42.23
System BW (MHz)	.03	Noise Temp (K)	15273.83	SFDR (dB)	88.68
Source Temp (K)	290				

图 29-7　FB 链路指标分配

在射频系统中，链路之间的隔离度也必须满足要求。TX 链路与 RX 链路之间的隔离度要求为 40 dB，TX 链路与 FB 链路之间隔离度要求为 60 dB，FB 链路与 RX 链路之间隔离度要求为 40 dB。

此外，系统中还包括数模混合芯片，DAC 输入与模拟部分之间隔离度要求为 70 dB，模拟部分与 ADC 输出之间隔离度要求为 70 dB。

29.3　RF SiP 结构与基板设计

合理的结构选择与版图设计是 RF SiP 实现的关键。本系统共包含 3 条链路，33 个有源元器件和 572 个无源元器件，总功耗约为 20 W。在进行 SiP 结构与版图设计时，需要对尺寸、散热、屏蔽、互连、工艺和成本等综合考虑。

29.3.1　结构设计

RF SiP 的结构设计会直接影响产品最终的成本、性能和可靠性。表 29-1 列出了目前常用的 PoP 连接结构设计方案，从 SI/PI、屏蔽、热管理、工艺、成本等方面进行了比较。局部嵌入铜基的结构可以实现良好的电学性能和热学性能，特别是屏蔽性能，但铜基工艺加工难度较大、成本高，且最终 SiP 的质量较大。采用 BGA 实现互连的堆叠结构，在 SI/PI 上能满足要求，但在热管理和屏蔽性能上需要评估。以半过孔实现互连的堆叠结构，在电学性能与热学性能上与采用 BGA 互连的堆叠结构相当，但存在的问题是互连数目太少。采用铜柱引脚实现互连的堆叠结构，工艺简单，成本较低，但互连损耗太大。刚柔基板结合的三维结构通过柔性基板实现上下刚性基板之间的互连，在电学性能和热学性能上都能较好地满足，成本较低，但当柔性基板层数较多时，工艺控制困难，尺寸难以控制。

表 29-1　目前常用的 PoP 连接结构设计方案

性能参数	铜基	BGA	半过孔	Pin	柔性基板
SI	好	满足	满足	未知	满足
PI	好	满足	满足	满足	满足
屏蔽	好	未知	满足	未知	满足
热管理	好	一般	一般	一般	一般
工艺	困难	容易	容易	容易	困难
成本	高	一般	一般	一般	一般
存在问题	质量大	屏蔽性能未知	互连	SI、屏蔽性能未知	工艺及尺寸

综合考虑，我们选择了双层基板堆叠并通过 BGA 互连的 PoP 结构，如图 29-8 所示。整个结构的尺寸为 5.25 cm×5.25 cm×0.7 cm，由上下两层基板堆叠而成，上下两层信号通过 BGA 互连。上层基板采用 10 层有机基板设计，下层基板采用 8 层有机基板设计。为给下层基板正面贴装元器件提供空间，在上层基板的背面设计了腔体，腔体尺寸为 44.5 mm×44.5 mm× 1 mm。为提高各链路之间的隔离度，在上层基板正面设计了屏蔽罩。

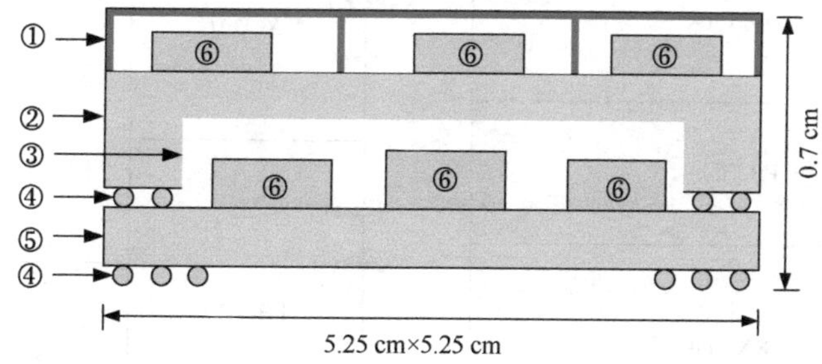

①屏蔽罩；②上层基板；③腔体；④BGA；⑤下层基板；⑥元器件

图 29-8　双层基板堆叠并通过 BGA 互连的 PoP 结构

29.3.2　基板设计

1．层叠设计

在 RF SiP 设计中，基板材料的选择关系着信号的质量和产品的可靠性。通常可选择的基板材料有高温共烧陶瓷（HTCC）、低温共烧陶瓷（LTCC）和有机材料等。HTCC 成本相对 LTCC 较低，但信号损耗较大；LTCC 成本高且工艺难以控制；有机基板成本最低且设计灵活，适合批量生产。基于此前提出的 PoP 堆叠结构，本 RF SiP 项目的上层和下层基板分别采用 10 层和 8 层有机基板，其层叠结构如图 29-9 所示。

对于上层基板，为了提高射频信号的质量，层叠的 L1/L2、L9/L10 采用 Panasonic Megtron6 作为芯板，实际布线层为 L1-L6，L7-L10 为腔体设计提供所需的深度，整体层叠厚度为 2.78 mm。对于下层基板，L1/L2、L7/L8 同样采用 Panasonic Megtron6 作为芯板，因为没有腔体设计需求，所以整体层叠厚度较小，为 1.3 mm。

2．布局设计

在 RF SiP 版图设计中，紧凑的结构、数模混合设计、众多的元器件等都会增加设计的复杂度。合理的布局布线有助于提升系统性能和可靠性，包括 SI/PI、EMI 和散热性能等。

Finish Board Thickness: 2.780 +/-.278mm

Image	Layer	Thickness(mil/mm)	Finish Cu Thick(oz)
	L1	5.91(0.150mm)	1 oz
	L2		0.5 oz
		12.06(0.306mm)	
	L3	14.57(0.370mm)	0.5 oz
	L4		0.5 oz
		17.55(0.446mm)	
	L5	4.33(0.110mm)	0.5 oz
	L6		0.5 oz
		17.20(0.437mm)	
	L7	14.57(0.370mm)	0.5 oz
	L8		0.5 oz
		11.30(0.287mm)	
	L9	5.91(0.150mm)	0.5 oz
	L10		1 oz

Finish Board Thickness: 1.300 +/-.130mm

Image	Layer	Thickness(mil/mm)	Finish Cu Thick(oz)
	L1	3.94(0.100mm)	1 oz
	L2		0.5 oz
		7.74(0.197mm)	
	L3	5.91(0.150mm)	0.5 oz
	L4		0.5 oz
		7.72(0.196mm)	
	L5	5.91(0.150mm)	0.5 oz
	L6		0.5 oz
		7.67(0.195mm)	
	L7	3.94(0.100mm)	0.5 oz
	L8		1 oz

图 29-9　上层基板（左）、下层基板（右）层叠结构

在本设计中既包括 RF 前端，又包括 ADC/DAC 数模混合部分，还包括时钟芯片（CLK）等数字部分。考虑到混合信号设计，我们将 ADC/DAC、CLK 放在底层，将 TX、RX、FB 放在顶层，用屏蔽罩实现各链路的屏蔽。同时上、下层基板上元器件总功率接近一致，热分布均匀。上、下层基板布局设计如图 29-10 所示，左侧为上层基板布局，右侧为下层基板布局，箭头代表信号扇入、扇出方向。

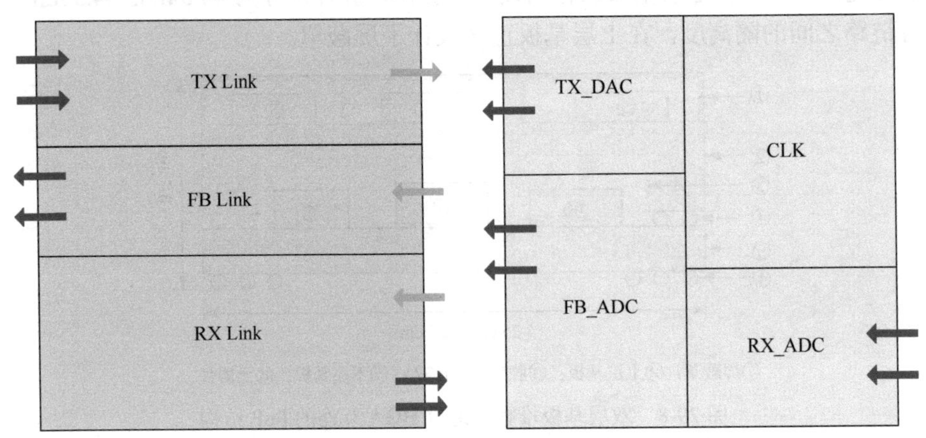

图 29-10　上、下层基板布局设计

3. 互连设计

图 29-11 所示为系统全局互连架构，包含六部分：RX、TX、FB、CLK、SENSER、CS_LO。其中 SENSER 用于检测 SiP 工作时内部的局部温度，CS_LO 为 LO 校准电路。

所有信号均通过 BGA 实现扇入、扇出。图 29-12 所示为 BGA 引脚排布情况。其中，BGA 1 为上层与下层基板间的 BGA 排布，焊球直径为 760 um，在实现互连的同时，也最大化下层基板上元器件贴装的空间。BGA 2 为下层基板对外扇出的 BGA 排布，焊球直径为 600 um。

考虑到本设计中扇入、扇出信号数目较多，而 BGA 引脚数量较少（采用通孔工艺，不能满盘排布 BGA），在组装过程中，可能会由于 SiP 质量较大而导致 BGA 塌陷。为了提高可靠性，控制焊球塌陷的高度，在 BGA 1 和 BGA 2 的 4 个角落分别添加了 4 个 500 um 高的垫片（Spacer），如图 29-12 所示。此外，若不使用垫片，也可采用硬核的焊球，这样就能大大提高焊球的支撑能力。

按照前文所述的结构、基板、布局和互连设计，采用 Xpedition Layout 设计版图，设计完成后的 RF SiP 版图截图如图 29-13 所示。其中图 29-13（a）为上层基板正面版图，包含 RX、TX、FB 链路的 RF 部分；图 29-13（b）为下层基板正面版图，包含 ADC/DAC、CLK、SENSOR 和 CS_LO 部分。

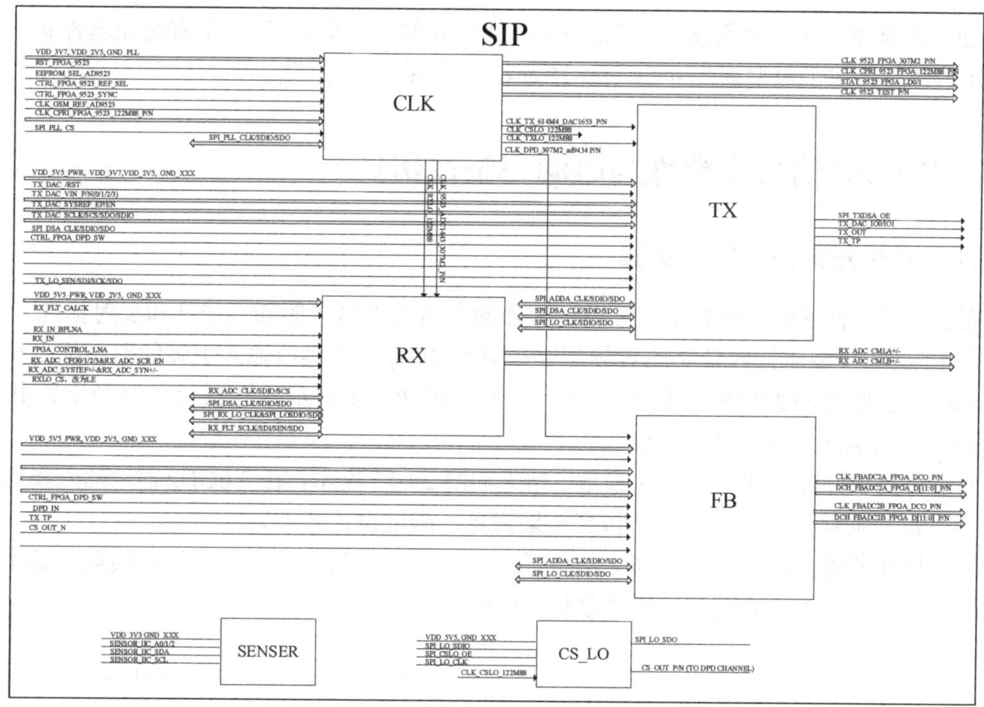

图 29-11　系统全局互连架构

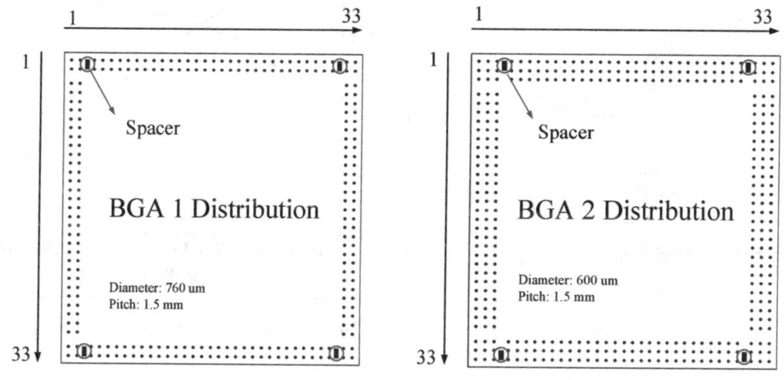

图 29-12　BGA 引脚排布情况

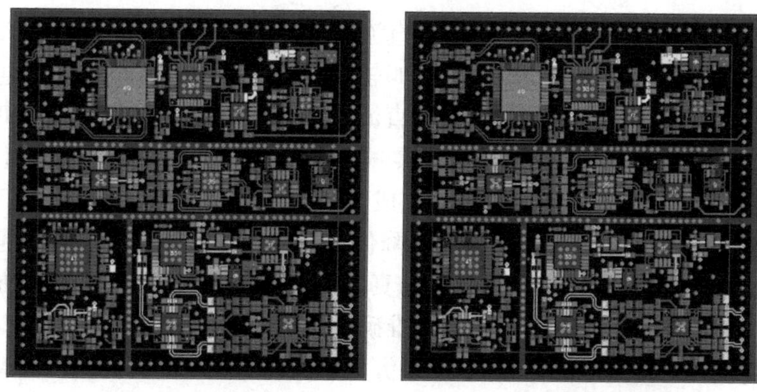

(a) 上层基板正面版图　　　(b) 下层基板正面版图

图 29-13　RF SiP 版图设计截图

RF SiP 整体设计非常紧凑，在 5.25 cm×5.25 cm 的板上集成了 33 个有源元器件和 572 个无源元器件。相对于原型板尺寸 20 cm×25 cm，面积缩小了 18 倍。

29.4 RF SiP 信号完整性与电源完整性仿真

29.4.1 信号完整性（SI）仿真

在信号完整性（SI）仿真中主要通过 S 参数分析关键网络的插入损耗和反射损耗。

在本设计中，要求接收链路的射频信号从扇入 BGA 到低噪放输入引脚的路径插入损耗低于 0.5 dB。接收链路射频输入信号路径示意图如图 29-14 所示，在该信号路径上，共经历 2 个焊球、2 个通孔，以及约 2 mm 长的传输线。

通过仿真软件建模并仿真其 S 参数，结果如图 29-15 所示，在 2.6GHz 时，插入损耗小于 0.34 dB，反射损耗低于−14 dB。从仿真结果来看，满足设计要求。

因为尺寸的缩小，级联器件间无源损耗降低，且考虑到增益预算余量，损耗不是本设计关键问题。隔离度主要通过金属屏蔽罩和布局设计来实现。

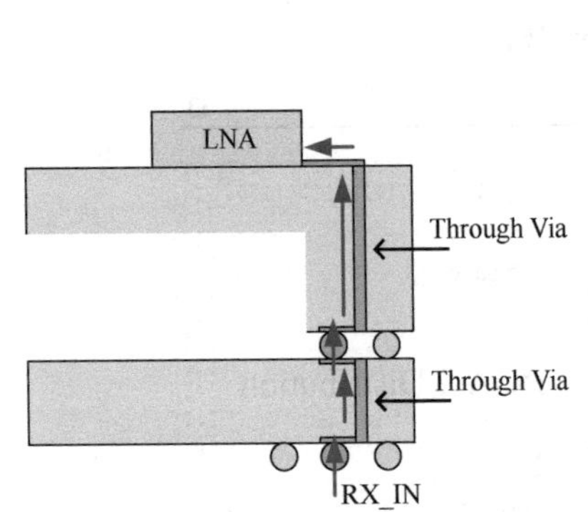

图 29-14 接收链路射频输入信号路径示意图

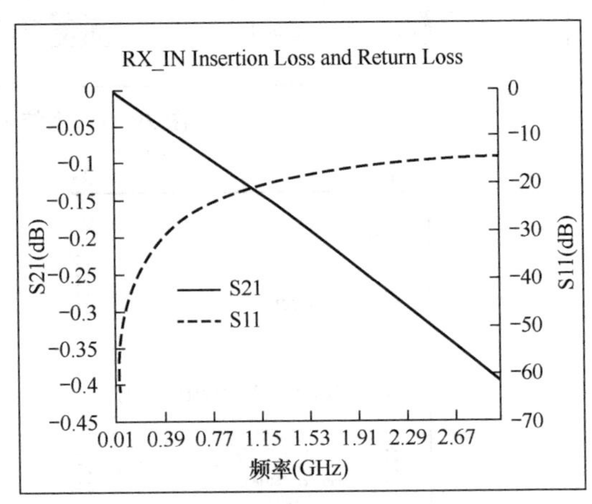

图 29-15 接收链路射频输入信号 S 参数仿真结果

29.4.2 电源完整性（PI）仿真

在电源完整性（PI）方面，我们进行了直流压降的仿真。对于电源网络来说，直流压降是一个非常重要的指标。过大的直流压降也叫轨道塌陷，会导致有源芯片供电不足，从而导致芯片性能降低或者逻辑错误。通常而言，直流压降仿真主要关注直流压降和电流密度。线条或者过孔的电流密度过大会导致其失效，影响电路功能，一般电流密度限值为 60 A/mm^2。

本设计的版图采用 Xpedition 软件设计完成，其与 PI 仿真软件 Hyperlynx 有良好的接口，因此采用 Hyperlynx 对本 RF SiP 进行直流压降仿真。由于本设计为上下两层基板堆叠，而目前的仿真工具并不支持堆叠结构整体的 PI 仿真，所以对上下层分别进行 PI 仿真。考虑上下层各电源等级相关性较小，所以单独仿真对准确性影响较小，可以忽略。

综合实际情况，对不同电源网络完成 PI 仿真，完成电源平面的优化。以 VDD_5V5 电源为例，其网络版图如图 29-16 所示。

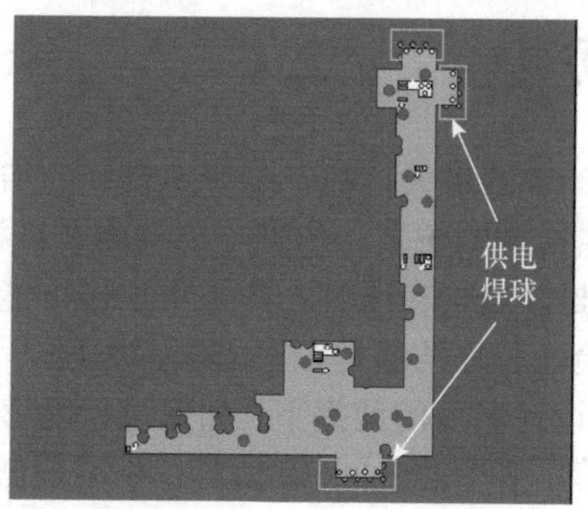

图 29-16　VDD_5V5 电源网络版图

根据元器件实际供电需求设置仿真，可得仿真结果。图 29-17 所示为 VDD_5V5 直流压降仿真结果，整个电源平面最大压降为 3.1 mV，满足设计要求。

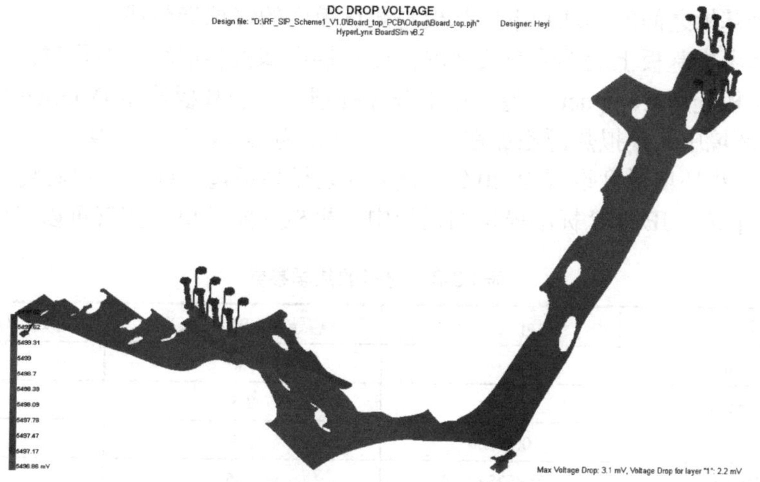

图 29-17　VDD_5V5 直流压降仿真结果

图 29-18 所示为 VDD_5V5 电流密度仿真结果，最大电流密度为 28.3 A/mm^2，最大过孔电流为 336.1 mA，均在合理范围内。说明 VDD_5V5 电源网络版图结构合理。

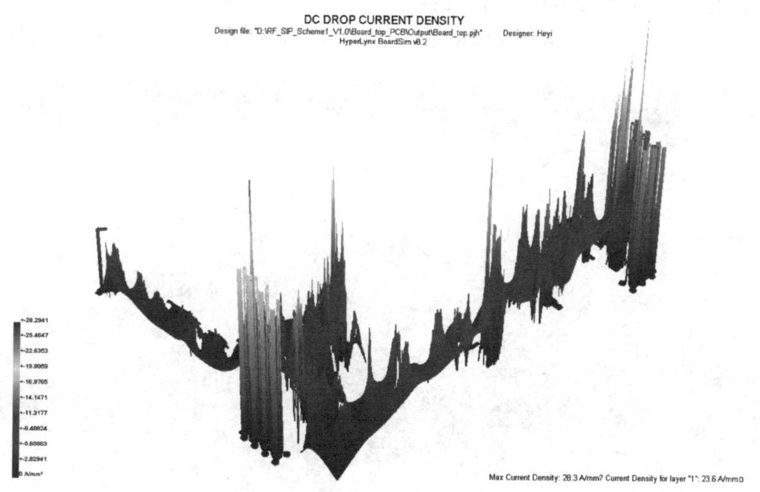

图 29-18　VDD_5V5 电流密度仿真结果

29.5 RF SiP 热设计仿真

热设计仿真是 RF SiP 设计中的最大挑战。基于本设计的结构和布局，采用热分析软件，在自然对流的环境下进行散热模型的仿真。仿真主要有两个目标。

① 通过仿真估计该 SiP 封装结构在所有芯片正常工作下能够达到的温度；并且在尽可能接近真实情况下建立模型，验证芯片结温是否在 125℃以下。

② 在满足芯片结温低于设计温度的前提下，如何设计能够在满足现实生产的条件下，实现整体温度分布均匀化（尤其是多个芯片间），使芯片结温最低。

为减少网格数目，提高网格质量，加快收敛速度，节省计算时间，在保证对仿真结果的准确性影响很小的情况下，对模型进行了以下简化。

① 忽略无源元器件的热传导作用；

② 忽略基板普通过孔的热传导作用；

③ 把两个基板之间的焊球和下层基板与测试板间的焊球等效成圆柱；

④ 不具体考虑基板上的铜线布线情况，而直接由基板各层覆铜率代替；

⑤ 上层基板选用 Compact 模型，便于开腔处理，下层基板选用 Detailed 模型，共 8 层。

在热分析环境中，模拟热源施加在芯片上，功率为芯片满载工作功率。表 29-3 列出了材料的热学参数。将环境温度设置为 20℃，整个封装模型通过 BGA 阵列贴装在 20 cm×20 cm 的测试板上，并置于 JEDEC 标准模拟的机柜中，机柜六面开口，空气可以自由流动。

表 29-3　材料的热学参数

材料	尺寸（mm）	热导率（W/m·K）	等效热导率（W/m·K）
Die/Silicon	—	180	—
Die_attach_material	—	2.5	—
BGA 焊球	0.76/0.6	109	—
下层基板（Detailed）	525×525×2.78	0.35	—
上层基板（Compact）	525×525×1.3	—	Keq, z=0.375 Keq, xy=18.422

热学仿真结果展示在图 29-19 和图 29-20 中，其中，图 29-19 所示为芯片温度分布等轴视图（已隐去 20 cm×20 cm×2 mm 散热板），图 29-20 所示为芯片温度分布侧视图。由仿真

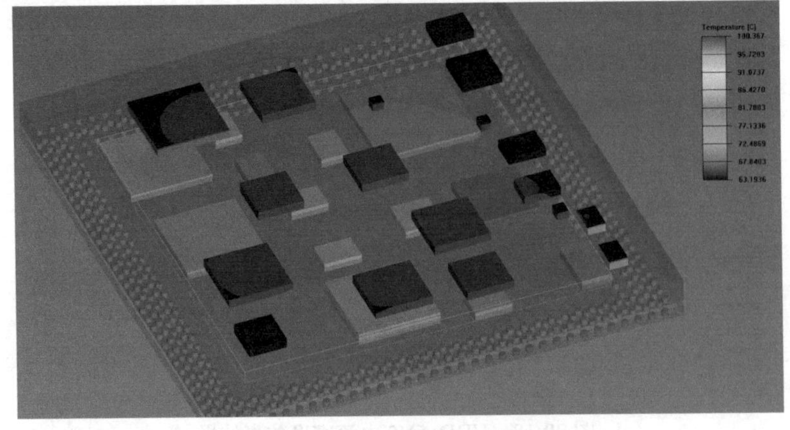

图 29-19　芯片温度分布等轴视图

结果可知，当环境温度为 20℃时，芯片结温控制在 125℃以下，满足设计要求。其中，上层芯片由于上表面贴装的大面积散热片的作用，散热效果十分明显，温度分布均匀。但是，由于底部焊球数量较少，导致下层芯片在散热途径上遇到瓶颈，部分热量积聚在一些发热源上，也影响到与其相邻的其他芯片的温度，可考虑在下层芯片表面贴装均温板，缓解局部热负荷。

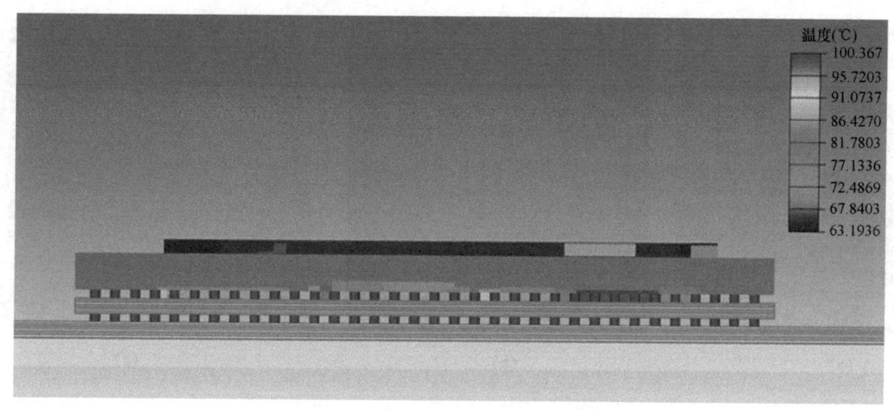

图 29-20　芯片温度分布侧视图

29.6　RF SiP 组装与测试

典型的 PoP 结构的 SiP 组装工艺包括植球、表贴、回流、绑线、塑封等。本项目所采用的 RF SiP 组装流程如图 29-21 所示，共包括 3 个步骤。

步骤 1：分别给上层基板和下层基板底部印锡、植球，同时贴装 0402 限位电容，回流焊接。

步骤 2：上、下层基板正面印锡，贴片，回流焊接，检查。

步骤 3：将上层基板通过边缘定位的方式放置于下层基板上，将屏蔽罩置于上层基板上方，回流焊接，完成组装。

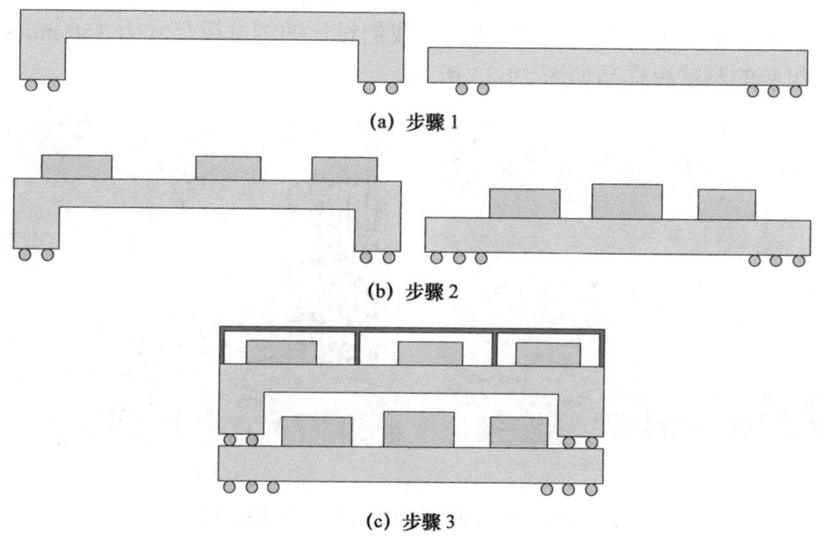

图 29-21　RF SiP 组装流程

图 29-22 所示为基板和样品组装后的照片。图 29-22（a）和图 29-22（b）分别是上层基板和下层基板，上层基板为 10 层有机基板，厚度约为 2.78 mm，在背面有一个 1 mm 深的腔体，上层基板背面如图 29-22（c）所示；下层基板为 8 层有机基板，厚度约为 1.3 mm。图 29-22（d）所示为组装完成后的样品侧视图，可以看到两层 PCB 之间的焊球无塌陷，高度控制在 0.5 mm 左右。图 29-22（e）所示为样品整体图样。

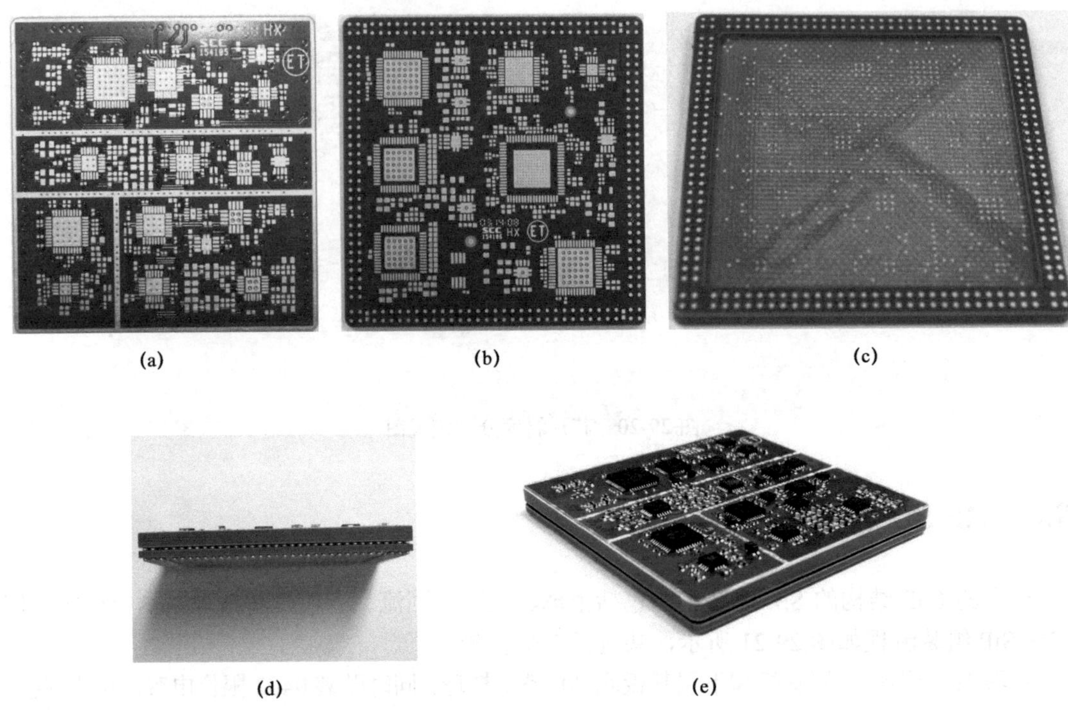

(a) (b) (c)

(d) (e)

图 29-22　基板和样品组装后的照片

完成 RF SiP 设计加工之后，用其代替原型板上右侧 AD/DA+RF 前端部分。为方便调试，当 RF SiP 扇出改变时不改变基站母板的设计，设计测试板来连接 RF SiP 与母板，测试板与母板的连接通过连接器实现。为满足组装要求，我们设计的测试板尺寸为 150 mm×9.5 mm。已完成 RF SiP 组装的测试板样品如图 29-23 所示。

(a) 正面　　(b) 反面

图 29-23　已完成 RF SiP 组装的测试板样品

测试板上除了 RF SiP 模块，还包括本振发生器、电源管理芯片、测试接口、连接器等。

图 29-24 所示为完成 RF SiP、测试板、母板组装的待测基站系统。整个测试环境包括信号源、电源、示波器、频谱仪、待测样品、测试板、系统母板等。这个 RF SiP 整体功能满足设计要求，达到了预期的目的，有效地实现了产品的小型化设计。

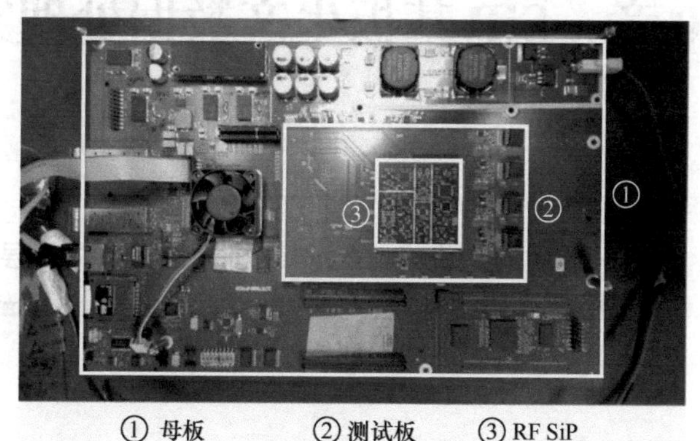

① 母板　　② 测试板　　③ RF SiP

图 29-24　完成 RF SiP、测试板、母板组装的待测基站系统

第 30 章　SiP 基板生产数据处理案例

作者：何汉波

关键词：LTCC，厚膜，异质异构集成，Gerber 机器格式，文件层命名，Gerber 数据，钻孔数据，NC Drill、版图拼版，掩模生成，文件配置，Xpedition Layout 301，Fablink，Mask Generator

30.1　LTCC、厚膜及异质异构集成技术介绍

LTCC 和厚膜基板是 SiP 基板的常见类型，下面基于 LTCC 和厚膜基板，对 SiP 基板生产数据处理进行详细介绍。首先，我们了解一下 LTCC、厚膜及异质异构集成技术。

30.1.1　LTCC 技术

低温共烧陶瓷（Low Temperature Co-fired Ceramic，LTCC）技术是 20 世纪 80 年代发展起来的多层陶瓷基板技术，是美国休斯公司于 1982 年最先研发成功的。

将低温烧结陶瓷粉制成厚度精确且致密的生瓷带后，在生瓷带上利用激光打孔、微孔注浆、精密导体浆料印刷等工艺制出所需要的电路图形，并将多个被动组件（如低容值电容、电阻、滤波器、阻抗转换器、耦合器等）埋入多层陶瓷基板中，叠压在一起，在 800～900℃下烧结，制成多层高密度基板。在设计中，可以采用腔体将分立的无源元器件埋入 LTCC 基板，也可采用浆料印刷的形式通过电阻和电容材料将元器件印刷在基板上，为了支持激光调整，一般多印刷在基板的表面。图 30-1 所示为 LTCC 基板示意图。

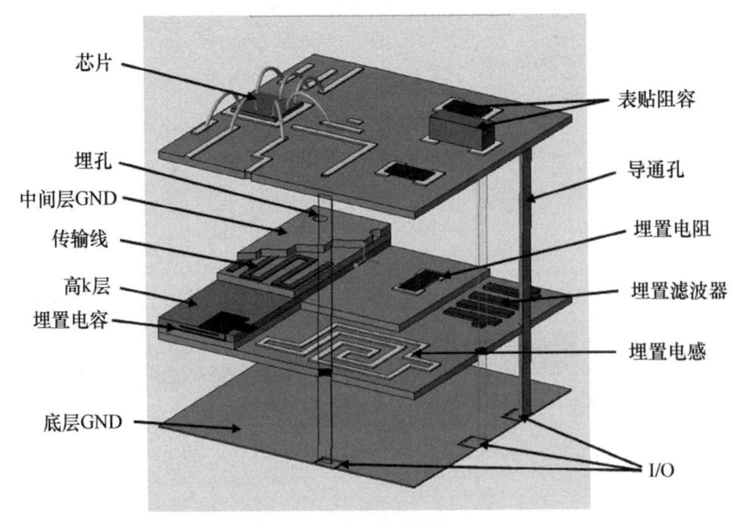

图 30-1　LTCC 基板示意图

LTCC 表面可以贴装 IC、有源元器件和无源元器件，制成无源/有源集成的功能模块，进一步实现电路小型化与高密度化，LTCC 适用于高频通信用组件、模拟电路，电源模块等。

30.1.2　厚膜技术

厚膜（Thick Film）电路也称厚膜混合集成电路，与薄膜（Thin Film）电路相对应。厚膜混合集成电路通过丝网印刷和烧结等厚膜工艺在同一基片上制作无源网络，并在上面组装分立的半导体芯片、单片集成电路或微型元件，再外加封装而成。厚膜混合集成电路属于一种微型电子功能部件，在金属封装的 SiP 中应用比较普遍。随着技术的发展，厚膜混合集成电路的使用范围日益扩大，主要应用于航天电子设备、卫星通信设备、电子计算机、通信系统、汽车工业、音响设备、微波设备和家用电器等。

LTCC 和厚膜基板的设计包含方案设计、原理图设计、版图设计等，其设计方法本书前面都有相关的描述。本章主要内容是基于 LTCC 和厚膜版图设计，对各种生产数据进行处理，以满足 LTCC 基板和厚膜电路生产的需要。对于其他类型的基板，如 HTCC 和有机基板，其处理方法也大致相同，所以本章的内容也适合其他类型基板的生产数据处理。

本章所述的流程均基于 Xpedition Layout 301 版图设计工具，在 Xpedition Package Designer 设计环境中，操作流程和菜单基本一致。

30.1.3　异质异构集成技术

晶体管密度的增长成就了今天我们随处可见的电子应用，但随着晶体管尺寸接近原子尺度，摩尔定律放缓已成为产业共识。

异构集成可解决异构组件、系统互连和系统集成三个层次中的集成制造问题，被认为是后摩尔时代的关键技术方向。三维异质异构集成是指通过跨学科、多专业融合，通过协同设计和微纳集成制造工艺，实现不同材料、不同结构和不同功能单元的一体化三维集成。

三维异质异构集成技术可分为两类：晶圆级异质集成和系统级异构集成。

晶圆级异质集成技术包含转接板上集成（Die to Interposer，D2I）、晶圆上集成（Die to Wafer，D2W）、晶圆堆叠集成（Wafer to Wafer，W2W）等。

系统级异构集成技术包括系统级封装（System in Package，SiP）和封装上系统（System on Package，SoP）两种典型形态。SiP 通过基片和芯片的三维集成封装，构建高性能功能核心单元，实现芯片互连、散热和环境适应性防护。SoP 是实现各核心单元和辅助元器件的互连与集成技术，提供系统对外接口，加载算法和软件后形成系统功能。

在微系统集成中，三维异质异构集成是从芯片到系统的技术桥梁。在整个微系统的集成产业链中，在系统架构设计的基础上，整合不同材料、不同功能的单专业晶圆、芯片或元器件，通过晶圆级集成和系统级集成等多种方式输出面向用户的终端产品，实现成本和性能最优的系统。

异构集成技术常用到的 RDL 设计、BGA 设计、基板设计等，生产数据的处理大同小异，可以借鉴本章介绍的生产数据处理方法。

30.2 Gerber 数据和钻孔数据

LTCC 基板加工数据主要包括 Gerber 数据和钻孔数据，Gerber 数据用于图形的输出，包含多层数据，当直接输出的数据不能满足要求时，需要进行图形的运算并生成新的图形数据。

钻孔（Drill）数据同样是 LTCC 基板加工不可缺少的数据，用来精确控制钻孔机打出的通孔、埋孔、盲孔等，文件内容包含钻孔的位置和尺寸等。

30.2.1 Gerber 数据的生成及检查

在生成 Gerber 数据之前，要先设置 Gerber 机器格式，在 Xpedition Layout 环境中，选择 Setup→ Gerber Machine Format 菜单命令打开设置界面，详细设计方法请参考本书第 20 章的相关内容。在一般情况下，保持该软件设置的默认选项即可，需要注意的是，在 Xpedition Layout 中的参数设置需要与 Gerber 数据处理软件（如 Cam350 等）中的设置一致。

1. 生成 Gerber 数据

由于软件自带的 Gerber 设置文件一般不能满足对版图设计中所有层的设置，调用后需要补充修改，使用起来比较麻烦。可以新建并编写一个 Gerber 设置文件代替软件自带的 Gerber 设置文件。自编的 Gerber 设置文件可以保存在设计本地设置文件目录下，或者保存在软件系统内，也可以自行指定存储位置，在新的版图设计生成 Gerber 数据时可直接调用。

Gerber 数据文件创建后，可以新建 Gerber 层，Gerber 层的名称建议反映该层的含义，如第一信号层，材料为金，可以取名为“Au1.gdo”，表 30-1 所示为某产品 LTCC/厚膜基板的 Gerber 层文件命名方式。一般 D-code Mapping File 选择 Automatic 就可以了。

表 30-1　某产品 LTCC/厚膜基板的 Gerber 层文件命名方式

输出文件	名　称
Plane 层	Ag1、Ag2…，Au1、Au2…（正版或反版）
信号导体层	Ag1、Ag2…，Au1、Au2…（与 Plane 层结合起命名）（正版）
介质层	全介质 Dielectric1、Dielectric2…（过孔层的反版）
	局部介质 Dielectric1、Dielectric2…（正版）
过孔层	Via1、Via2…（正版）
膜电阻层	10、100、10k、30k（根据使用的电阻浆料型号来命名）（正版）
阻焊层	Glass（反版）
定位角层	Mark1、Mark2
焊膏层	Solderpaste

LTCC/厚膜 Gerber 数据文件一般包含 Plane 层（电源、地、大电流导体、背面金属化层）、信号导体层、介质层（过孔层的反版，厚膜工艺需要，HTCC 和 LTCC 等不需要）、过孔层（过孔层可以通过 NC Drill Generation 生成，也可以通过定义 Gerber 数据生成）、膜电阻层、阻焊层等。

另外，设计人员可以根据版图的特殊性定义特殊图层。例如，背面金属化层、厚膜工艺中局部介质用的正版介质层等，用于基板制作定位和自动化组装设备定位的定位角层。如果在创建元器件库时加入了焊膏层，则在需要的时候也要生成相应的 Gerber 数据。

此外，Gerber 层定义名称中必须带有扩展名“.gdo”，名称中也不能出现非法字符。不带扩展名的 Gerber 层，或者带有非法字符的文件名，都不能正常生成 Gerber 数据。建议编写一套 Gerber 层命名规则，在部门内统一起来，这样会给工作带来很多便利。

在 Gerber Output 窗口，除了可以生成单板的 Gerber 图形外，还可以生产拼版的 Gerber，在 Copy options 栏可设置生成文件份数。在 Number of copies per axis 下分别设置 X 方向和 Y 方向的复制份数。比如要生成一个 3×3 的拼版，可以设置 Number of copies per axis 的 X 值为 3，Y 值为 3。在 Space between origins 下设置基板原点之间的距离，X 和 Y 以 SiP 基片的尺寸为基准适当放大，3×3 拼版参数设置如图 30-2 所示。

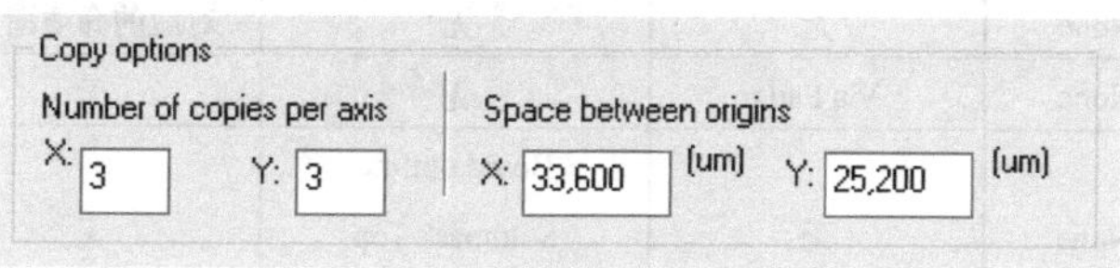

图 30-2　3×3 拼版参数设置

图 30-3 为设置后生成的拼版 Gerber 图形。注意，Board outline 外的图形将会在拼版的时候自动丢失，且丢失的图形包含延伸到 Board outline 内的同一块几何图形。所以，在版图设计时，如没有特殊需求，图形尽量不要超出 SiP 基板的尺寸范围以外。

图 30-3　设置后生成的拼版 Gerber 图形

Contents 选项卡用来配置每一个 Gerber 输出文件所包含的内容，通常情况下的 Gerber 输出文件配置表如表 30-2 所示。

表 30-2 Gerber 输出文件配置表

输出文件		Conductors		Board items	User-defined layers	Cell	
		Layer	Items			types	items
信号导体层		对应的导体层	除 Via Hole 和 Resistor Areas 外全选	无	无	全选	None
Plane 层	正版	对应的导体层	Plane Data	无	无	全选	None
	反版			Board outline			
介质层		None	Via Pads	Board outline	无	全选	None
		None	无	无	对应的介质图形	全选	None
过孔层		None	Via Pads	无	无	全选	None
阻焊层		None	无	Board outline Soldmask Top Soldmask Bottom	无	全选	None
膜电阻层	画图模式	None	无	无	对应的方阻层	全选	None
	EP 技术	对应的导体层	Resistor Areas	无	无	全选	对应的方阻层
定位角层		None	无	无	对应的画图层	全选	None
焊膏层		None	无	无	对应的画图层	全选	None

- 过孔生成：对于 LTCC 和厚膜电路，有两种方法可以生成过孔。一方面，我们可以采用 NC Drill 来生成过孔；另一方面，我们也可以通过 Gerber Out 输出过孔，在 Items 栏选择 Via Hole 和 Via Pads，在 Cell 栏选择所有类型即可。
- 介质生成：厚膜的全介质层可以用过孔层的反版来生成，在过孔层设置的基础上加上 Board outline 层即可；局部介质层则需要专门增加一层用户定义层来设置。
- 膜电阻生成：膜电阻的设置要根据膜电阻的设计方法来确定如何设置。如果膜电阻图形是采用画图模式设计的，需要通过用户定义层来输出；如果膜电阻是采用 EP（Embedded Passive）软件自动生成的，在 Items 栏选择对应的层即可。

2. 检查 Gerber 数据

在 Xpedition 中导入 Gerber 数据，检查其正确性。在导入 Gerber 数据时，需要有 Xpedition Fablink 的 License。

选择 File→Import→Gerber 菜单命令，在弹出窗口中勾选想导入的 Gerber 层。导入的 Gerber 数据文件名会出现用户定义层中，在 Display control 中可以选择打开任意一个 Gerber 数据层来进行检查。如图 30-4 所示为导入 Xpedition 的 Gerber 层图形。

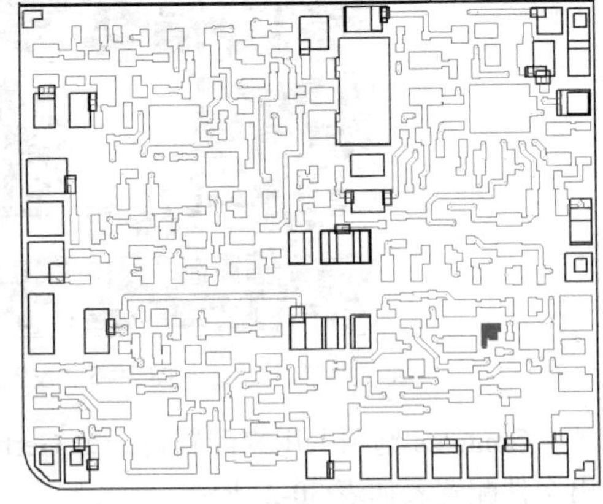

图 30-4　导入 Xpedition 的 Gerber 层图形

30.2.2　钻孔数据的生成及比较

1. 生成及检查钻孔数据

钻孔数据是 LTCC 基板加工不可缺少的数据，用来精确控制钻孔机打出的通孔、埋孔、盲孔等的位置和尺寸等。

在 Xpedition Layout 软件中，选择 Output→NC Drill，打开 NC Drill Generation 菜单命令，具体设置方法请参考本书第 20 章。

需要注意的是，钻孔和 Gerber 设置中的部分设置项，如精度、单位等，不仅需要尽量与所用的 Gerber 处理软件保持一致，同时也需要与 Xpedition Layout 软件中 Gerber Machine Foramt 的格式设置保持一致，否则在出胶片的时候，钻孔文件的图形和 Gerber 文件图形可能会产生误差。

钻孔符号用于标识不同类型的钻孔，对每种不同的钻孔应该设置不同的钻孔符号，可以设置为文字钻孔符号或者图形钻孔符号，两者的输出结果如图 30-5 所示。

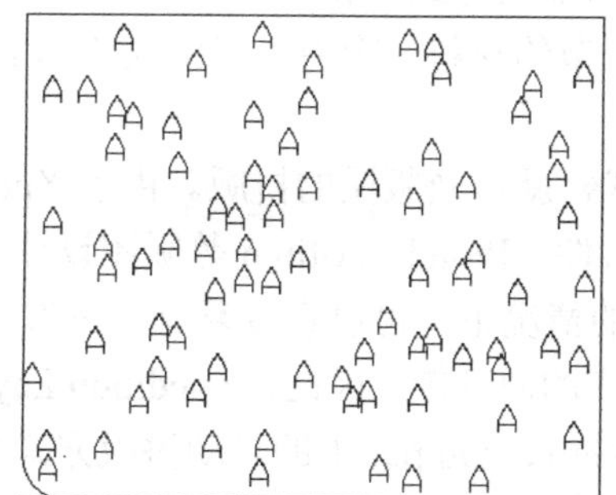
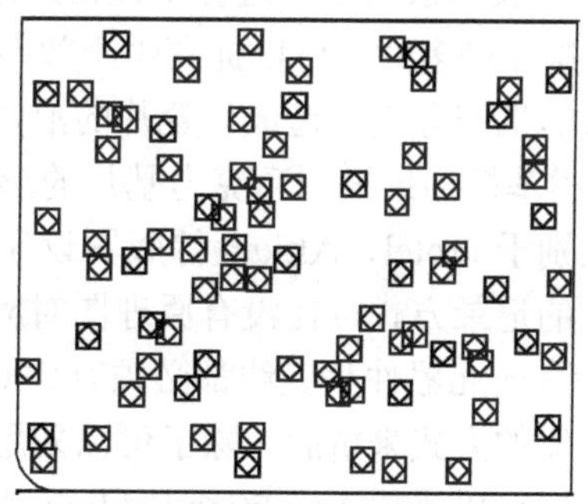

图 30-5　分别设置为文字钻孔符号和图形钻孔符号的输出结果

可以在 Xpedition Layout 软件中导入钻孔数据，同样需要有需要有 Xpedition Fablink 的 License。选择 File→Import→Drill 菜单命令后弹出导入窗口。一般来说勾选全部选项即可。

导入的钻孔数据文件名同样会出现用户定义层中，在 Display Control 窗口中可以选择打开任意一个钻孔数据层来进行检查。

2. 两种方式生成的钻孔数据比较

采用 Gerber Output 方式生成的钻孔与采用 NC Drill 方式生成的钻孔效果可以做到完全一样。两种方法各有优缺点，适用于不同的工艺。

采用 Gerber Output 方式生成的钻孔更加灵活方便。比如在厚膜工艺中，设计人员根据需要可以加入一些图形，如 Mark 点、大电流所需要的大钻孔等。设计人员只需要把这些图形画出来，在编辑 Gerber 图层文件的时候把这些图形在 User-defined layers 栏添加进去即可。

当采用 NC Drill 方式生成钻孔时，如果要生产上述图形，需要分别设置很多不同的过孔形式。采用 NC Drill 方式会自动生成文件数据文件，该文件定义了每个钻孔的坐标，可以通过记事本打开，直接导入打孔机，帮打孔机精确地确定钻孔的位置，这对于 LTCC 工艺、HTCC 工艺等钻孔的处理很有好处。图 30-6 为两种方式生成的钻孔效果，左侧为采用 Gerber 方式生成的钻孔，右侧为采用 NC Drill 方式生成的钻孔。

设计人员可以根据 SiP 基板的不同工艺或设计习惯自行选择这两种方式生成钻孔文件。一般来说厚膜多采用通过 Gerber Output 方式生成的钻孔，LTCC、HTCC 多采用通过 NC Drill 方式生成的钻孔。

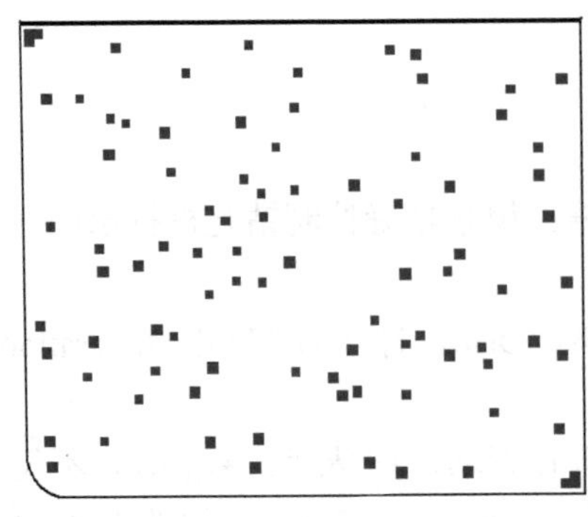
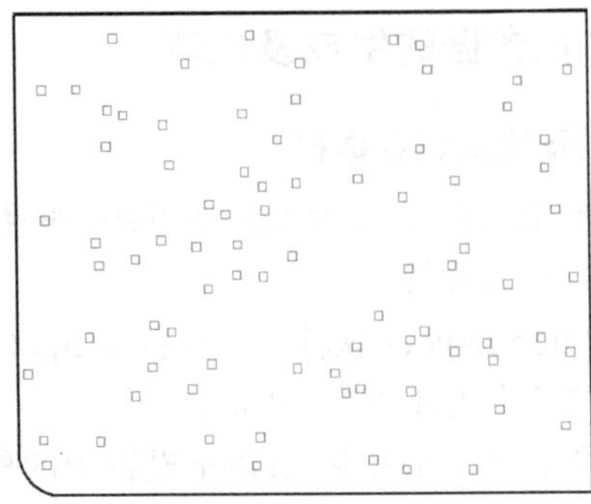

图 30-6　两种方式生成的钻孔效果

30.3　版图拼版

在 LTCC/厚膜基板的生产过程中经常采用拼版的方式。相对于单片生产的方式，拼版有以下优点：一次印刷多片，可以提高生产效率，节约材料，因为很多生瓷片都是固定的尺寸，采用单个图形的生产方式会造成生瓷片的浪费。

LTCC/厚膜基板如果采用巧克力基片的形式，就涉及版图的拼版。由于 Xpedition Layout 软件的版图区别于 Protel、Altium 等版图设计软件。Protel、Altium 等版图设计软件所有的图形都采用文本的记录方式，在没有原理图对应的情况下，可以直接复制、拼版。而 Xpedition Layout 软件所有的元器件和走线都必须有相对应的原理图，因此，Xpedition Layout 软件的版图不能采用复制的方式来拼版。除了可以采用 Gerber Output 中的自动拼版方式来生成 Gerber 数据的拼版，还可以采用 Xpedition Fablink 功能实现版图拼版。

相比较而言，Protel、Altium 等版图设计软件拼版比较随意，直接复制即可，但由于拼版以人工操作为主，容易出现错误，当版图需要修改时，需要重新拼版。而 Xpedition Fablink 软件拼版是软件自带的特有功能，有一定的自动性，只要设置正确，出错的概率很小，版图如果做过修改，只要在 Xpedition Fablink 中更新一下数据即可，不需要再次拼版。

1. Xpedition Fablink 拼版操作

在 Xpedition Layout 中，选择 Output→Xpedition Fablink 菜单命令，弹出 Panel Design Wizard 窗口，窗口中主要有以下三个选项：① New panel design filename，选择或键入新的在制板存放的位置，一般不用修改，会自动保存到原设计的子目录下；② Central library filename，选择或键入版图设计所使用的中心库，一般自动调用本设计对应的中心库；③ Panel design template，从可用的在制板模板列表中选择一个模板，该模板位于所属的中心库。

进入 Xpedition Fablink 后，选择 Place→Board 菜单命令，弹出 Board Placement 对话框（拼版布局设置界面），如图 30-7 所示。

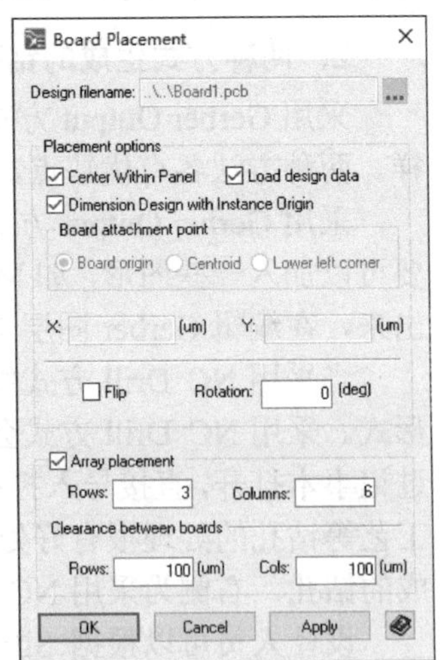

图 30-7　拼版布局设置界面

Board Placement 对话框中各参数项介绍如下。

- Center Within Panel：拼版图形配置在 Panel 的中心。
- Load design date：加载设计数据。
- Dimension Design with Instance Qrigin：以实例设计的尺寸

标注，当选中此选项时，显示与原始基板关联的坐标尺寸，未选此选项中，显示相对于 Panel 原点的坐标标注。

- Board attachment point：选择 SiP 基板的依附参考点，当 Center Within Panel 选项被选中时，该项不可选。该参考点有三种选择方式，Board origin（原始基板的原点）、Centroid（原始基板的中心点）、Lower left corner（原始基板的左下角）（有时 SiP 基板的原点不一定与 SiP 基板的 X 轴和 Y 轴对齐）。X 和 Y 分别表示原始基板参考点相对于 Xpedition FabLink 中的 Panel 原点位置 X 方向和 Y 方向的位移。X 和 Y 的值必须填写，否则在制板 Panel 中不能定位，X 和 Y 的值可以都设置为 0。
- Flip：倒装。
- Rotation：旋转角度。
- Array placement：排列布局。Rows 和 Columns 分别设置需要拼版的行数和列数，如 3×6。
- Clearance between Boards：设置拼板之间的间距。该参数要根据 SiP 基板采用的工艺和激光切割或者砂轮切割的参数值来设置。

设置完成后，点击 Apply 按钮即可拼版，图 30-8 所示为在 Xpedition FabLink 中完成的拼版，图 30-9 所示为采用拼版印刷的基板。

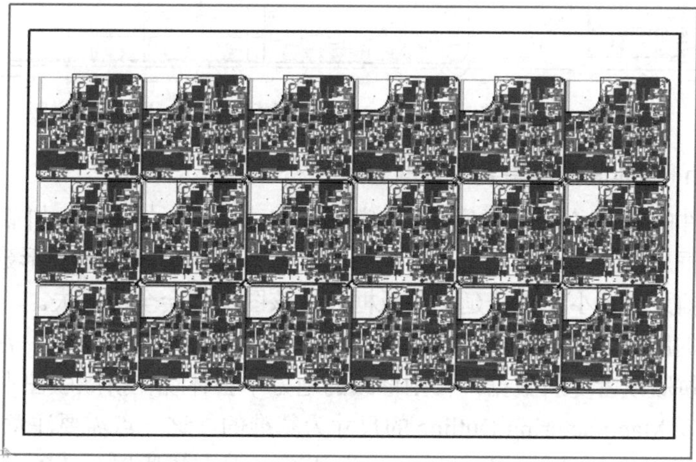

图 30-8　在 Xpedition FabLink 中完成的拼版

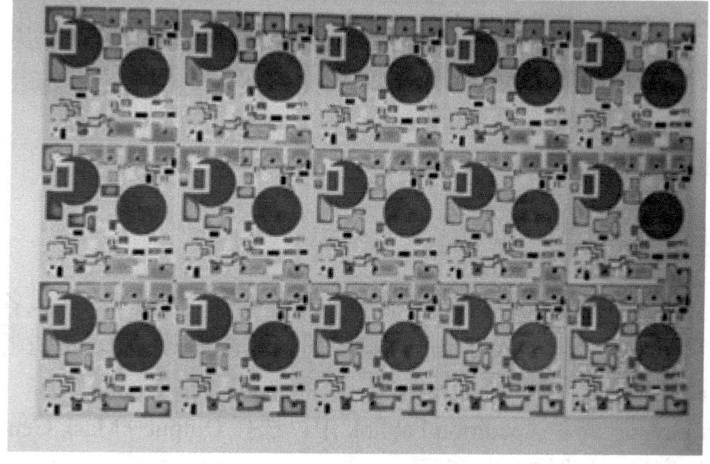

图 30-9　采用拼版印刷的基板

以上导入的是同一个 Board 拼版，在 Xpedition FabLink 中也可以导入不同的 Board 文件进行拼版，这个功能对于多人设计或者不同项目组合成一个新的项目是非常实用的。图 30-10 所示为在 Xpedition FabLink 中完成的不同 Board 文件的拼版。

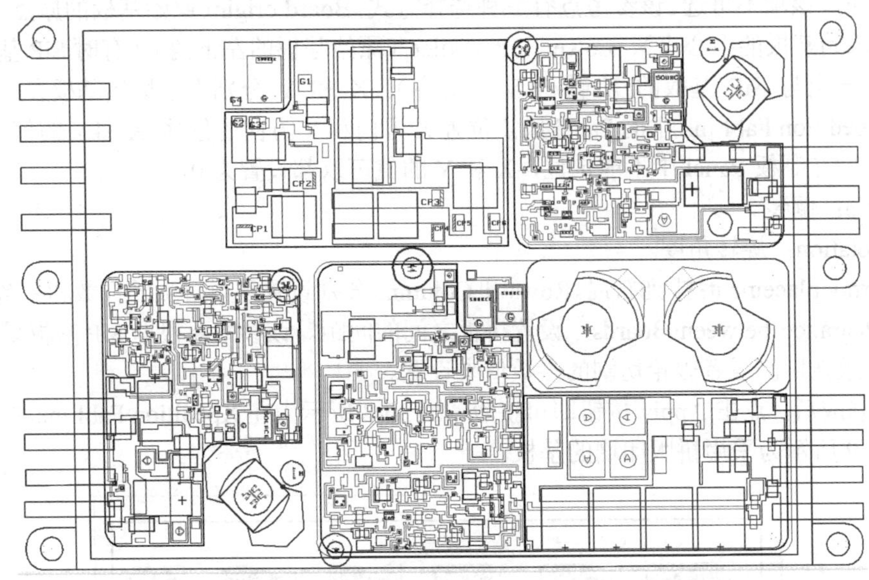

图 30-10　在 Xpedition FabLink 中完成的不同 Board 文件的拼版

2. Xpedition Fablink 拼版需要注意的问题

（1）存放文件的文件夹路径中不能有汉字或者非法字符。如果有，拼版可能不会成功。

（2）基板板框外的图形会自动丢失，需要特别注意是否有重要的图形延伸到板框外，一个整体图形，哪怕只有极小的部分延伸到板框外，该图形都会全部丢失。

（3）拼版后的版图不能进行修改，版图修改只能在原始版图上进行。注意原始版图修改后需要存盘，再拼版或者更新数据，否则修改的地方不会体现在拼版版图中。

（4）拼版是以 Manufacturing Outline 的尺寸为基准的，这一点需要注意。因为在设计时，SiP 基板尺寸一般以 Board Outline 的尺寸为基准，但在拼版时，SiP 基板尺寸要改为以 Manufacturing Outline 的尺寸为基准。

（5）在进行不同 Board 文件的拼版时，每个 Board 的图层、通孔、埋孔、盲孔和 CES 的设置必须保持一致。

30.4　多种掩模生成

30.4.1　掩模生成器

掩模生成器（Mask Generator）对已有的图形采用各种组合方式，生成各种符合需要的新的图层。利用这项功能，可以生成导电胶印刷版图、焊膏印刷版图、更清晰的版图轮廓图。此外，还可以剪除图形中不需要的部分。

在 Xpedition Layout 或者 Xpedition Fablink 中，选择 Output→Mask Generator 菜单命令，可弹出掩模生成器窗口，如图 30-11 所示。

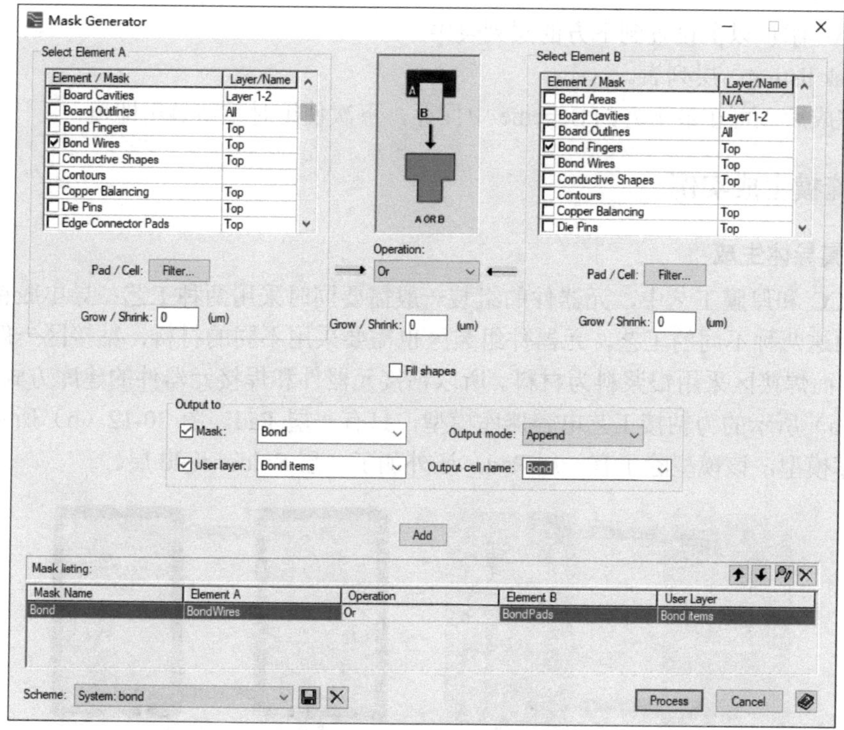

图 30-11　掩模生成器窗口

掩模生成器窗口中的具体参数介绍如下。

- Select Element A：选择要素 A；Select Element B：选择要素 B。为元素选择对象、嵌入形状或其他遮罩及其关联层。
- Operation：操作方式。包含 12 种操作方式，常用的有 And（与）/Minus（减）/Or（或）。操作后形成的新的图层形状显示在 Operation 上方的图例中。
- Pad/Cell：Filter，Pad/Cell 过滤器。注意，在过滤器表格中，勾选需要使用的 Pad/Cell，而不是勾选要过滤掉的 Pad/Cell。
- Grow/Shrink：增大图形/缩小图形。对图形进行增大/缩小操作，左侧是对要素 A 的图形进行增大/缩小操作，右侧是对要素 B 中的图形进行增大/缩小操作，中间是对生成的新图形进行增大/缩小操作。这项功能的应用比较广泛，比如在生成焊膏印制板和导电胶印制板的时候，可以根据工艺的实际情况统一缩小图形，以满足要求工艺要求（在下面的实例中会介绍）；有些工艺，比如于 LTCC 工艺，在烧结的过程中会收缩，这时，可以根据工艺参数采用此功能对图形扩大，最终满足 LTCC 工艺烧结特性的要求。
- Fill shapes：填充形状。
- Output to Mask：定义输出掩模的名称。
- Output to User layer：选用即将生成的层的文件名。
- Output mode：输出模式。Append，附加模式输出，将数据添加到对应的层，选用该模式每一次生成图层，原图层保留，一般不选用该模式；OverWriteCell，重写 Cell 的模式输出；OverWriteLayersOnly，只重写对应 Layers 的模式输出，选用此模式，只保留最新的图层，建议选用此模式。
- Output cell name：输出 Cell 的名称。

- Add：添加以上设置到下方的层列表中。
- Mask listing：层列表。

设置完成后，可在最下方的 Scheme 中保存，下次使用时重新调用即可。

30.4.2 掩模生成实例

1. 金属导体生成

在 LTCC 和厚膜工艺中，元器件的组装一般需要同时采用两种工艺：导电胶粘接和焊膏焊接。采用这两种不同的工艺，元器件组装区也需要采用不同的材料，粘接区一般采用金浆料为材料，而焊接区采用银浆料为材料。所以粘接元器件和焊接元器件的建库方式是不同的。图 30-12（a）所示的为粘接工艺电容器库模型，只有一层 Pad。图 30-12（b）所示为焊接工艺电容器库模型，该模型除了有一层 Pad，还外加了一层 Solder-field 层。

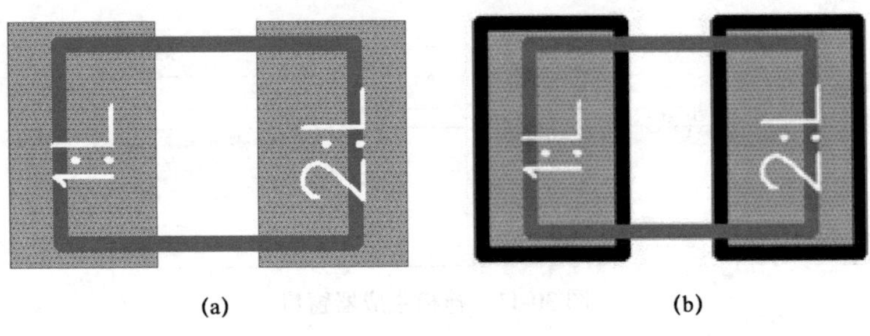

图 30-12 粘接工艺电容器库模型和焊接工艺电容器库模型

由于元器件组装区采用不同的方式来设计，加之电气连接的 Signal 是从元器件 Pad 的中心点开始连接的，造成版图中银图层内有金图层。最终的版图设计如图 30-13 所示，图中 Pad 和 Solderfield 层重叠。

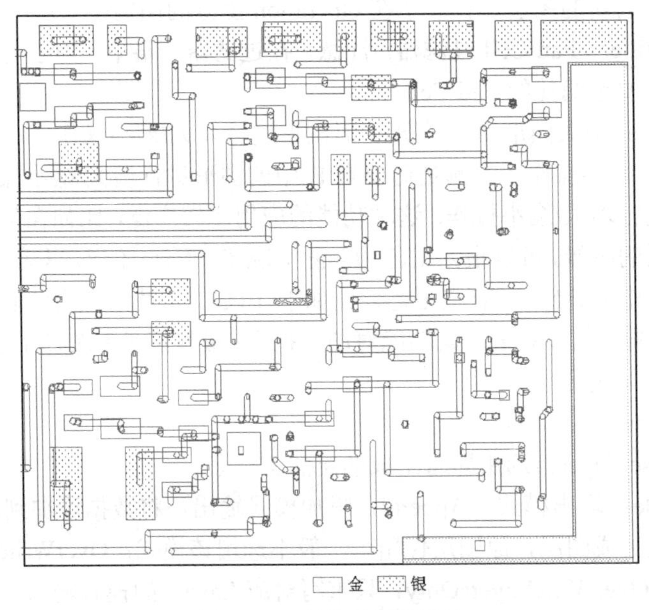

图 30-13 最终的版图设计

可以采用掩模生成器来生成新的图层，要素 A 选择所有组合成金图层的要素，操作方法为 Minus（减），在要素 B 里面选择银图层，焊接区域内的 Pad 或 Signal 等金图层都被剪除了，生成了新的金图层。

由于建库的时候 Pad 图形尺寸可能大于 Solderfield 图形，大的部分会造成新的金图层有多余的边框线，如图 30-11（a）所示。利用 Grow/Shrink 功能，加大需要剪除的要素 B 图形，使要素 B 的图形稍微大于或等于 Pad 图形，可以消除边框线，如图 30-14（b）所示。

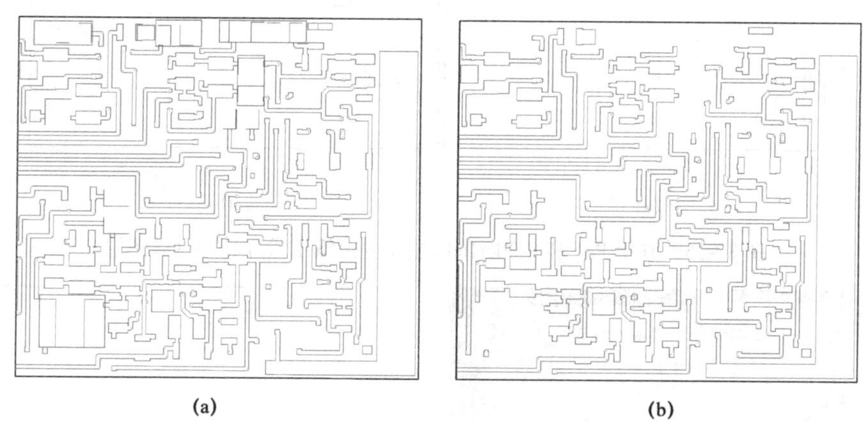

图 30-14 利用掩模生成器生成新的金图层

灵活运用 Grow/Shrink 功能、Pad/Cell Filter 功能等，会带来很多意想不到的效果。

2. 焊膏印刷版图的生成

SiP 基板在组装的时候，焊膏可以采用印刷的方式印制到 SiP 基板的焊接组装区，这需要生成焊膏印刷版图形。

一般来说，在建立元器件库的时候，专门建立一层 Solderpaste 层作为焊膏印刷版层，这种方式是可行的，但是一旦建库完成，焊膏印刷版图修改起来就比较麻烦，而焊膏版图跟工艺有很大的关系，修改的可能性很大。在建元器件库的时候，如果没有预先建立焊膏印刷版图层，或者需要根据工艺要求新建合适的焊膏印刷版图层，就可以使用掩模生成器来实现。

在建中心库的时候，为了实现电气连接，不管是粘接还是焊接元器件的组装区一般都有 Pad 区域，同时在焊接材料区加一层 Solderfield（自定义的焊接层名称）层，所以，元器件的焊接区域同时包含 Pad 层和 Solderfield 层，如图 30-15（a）所示。利用 Solderfield 层与 Pad 重叠的区域，使用掩模生成器的 And（与运算）功能生成新的层，作为焊膏印刷版图层，如图 30-15（b）所示。根据软件生成的焊膏层制作的焊膏印制网板，如图 30-16 所示。

新的图层中包含了所有的焊接组装区，原版图中有些采用非焊接材料的图形是用来实现电气连接的，不是组装区域，这类图形也在新图层中被剪除。新生成的图层根据焊膏印制网板的特性和工艺要求，可以设置 Grow/Shrink 的参数，来修改焊膏印刷版图焊盘的尺寸。

3. 导电胶印刷版图的生成

前面利用 Solderfield 层与 Pad 的区域使用生成新的层，作为焊膏印刷版图层。同样，可以利用掩模生成器中的 Minus 功能剪除 Solderfield 层与 Pad 重叠区域，利用剩余的 Pad 作为导电胶印刷版图层。只需要把 Pad 剪除 Solderfield 层即可，生成的导电胶印刷版图层如图 30-17 所示。

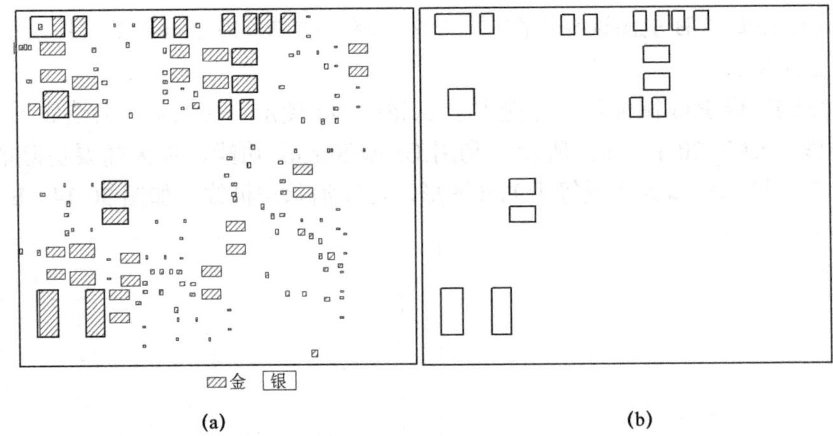

图 30-15　利用 Pad 和 Solderfield 层重叠区域生成焊膏印刷版图层

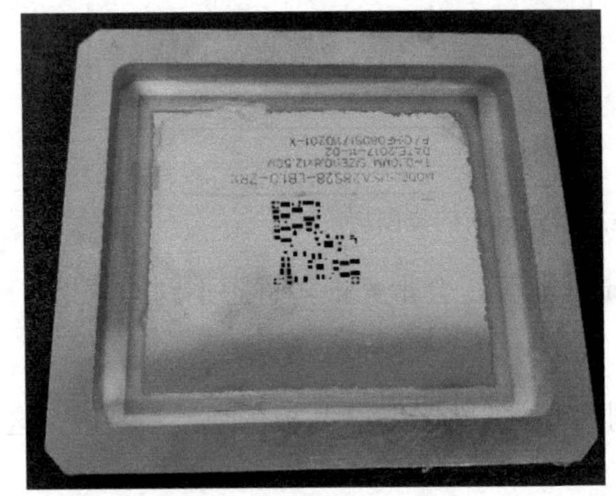

图 30-16　焊膏印刷网板

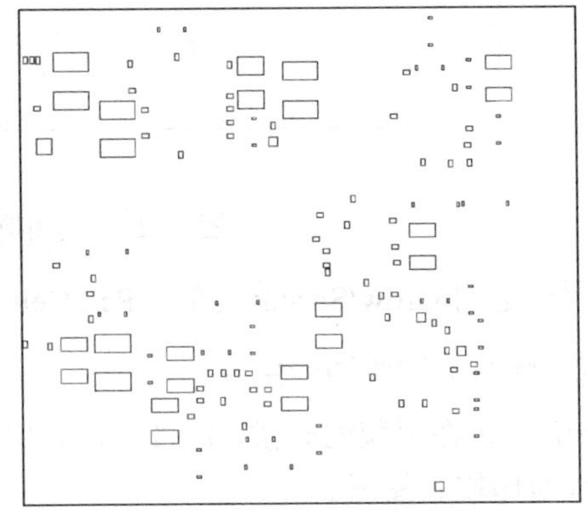

图 30-17　生成的导电胶印刷版图层

在生成导电胶印刷版图层时需要注意，很多 Pad 不是用来粘接的，比如金丝、铝丝键合点和成膜电阻的端头等，这些不需要的 Pad 可以通过 Pad/Cell Filter 过滤器滤除。例如，滤除键合丝 Pad（Rectangle 0.30×0.20）和电阻端头的 Pad（Rectangle 0.20×0.10），生成的导电胶印刷版图层，如图 30-18 所示。

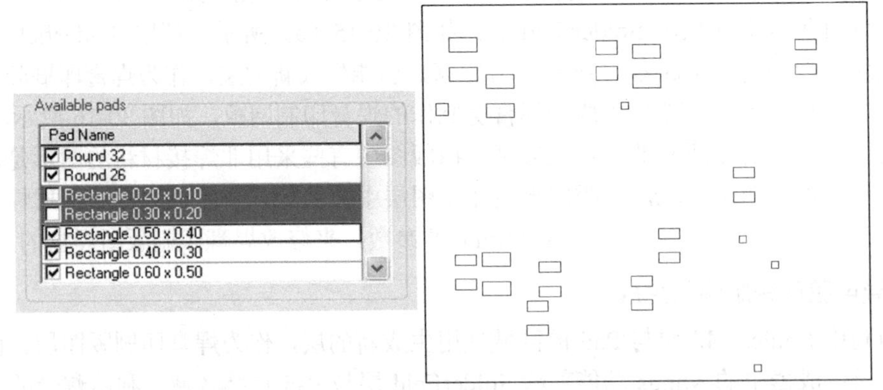

图 30-18　滤除不需要的 Pad 后生成的导电胶印刷版图层

根据导电胶印制网板的特性不同，导电胶印刷版图层中图形的尺寸可以通过 Grow/Shrink 来设置。

4．轮廓图的生成

使用 Xpedition 设计的版图，直接输出的图形可能存在图纸可读性不强的问题，操作人员不容易理解，容易引起误会，特别是厚膜工艺和 LTCC 工艺之类既有焊接、又有粘接的复杂基板加工工艺图纸。

例如，Trace 和 Pad 图形与 Solderfield 等焊接区域图形重叠，重叠图形在实际印刷板上并不存在。这会造成文、图、物不一致；Trace 在转弯或停顿时会留下痕迹，Trace 在与 Pad 相连接时，是从 Pad 的中心开始连接的，这样设计出来的图形显得比较杂乱；在版图设计时，即使同一图层，在某一区域的图形可能由很多个图形组合而成，每个图形都会显示出轮廓图，导致图形看起来比较杂乱，如图 30-19 所示。

把这些杂乱的图形重新组合，利用掩模生成器生成新的图层，可以看到，新生成的图层轮廓清晰明了，如图 30-20 所示。

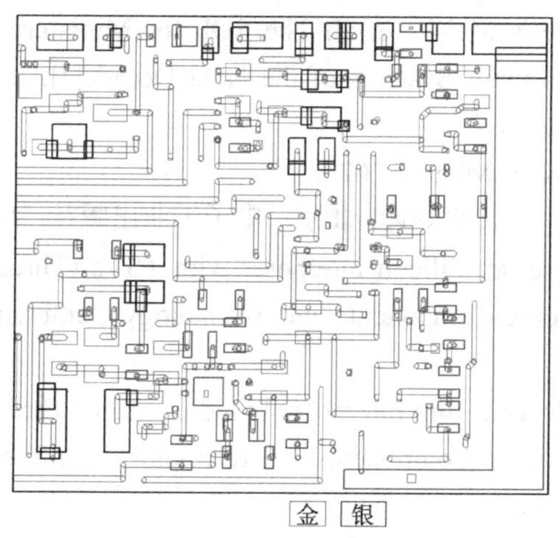

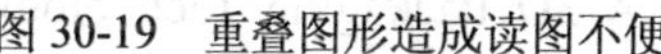

图 30-19　重叠图形造成读图不便

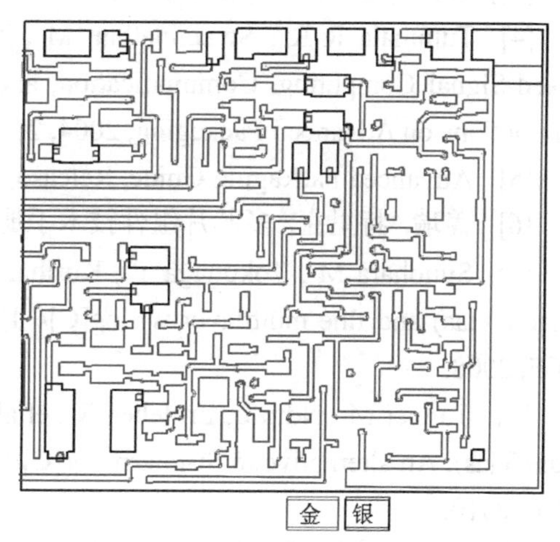

图 30-20　新生成的图层轮廓清晰明了

新图层的图形解决了前面提到的问题，按照此图形出的图纸非常简洁、整齐，文、图、物也保持了一致。生成方式也很简单，只需要选取合适的要素 A 和要素 B，灵活充分利用 OR、Minus、And 等运算法则即可。

第3部分参考资料

[1] 李扬. SiP 系统级封装设计仿真技术 [J].电子技术应用，2017，43(7)：47-50，54.

[2] Suny Li (Li Yang)，SiP System-in-package design and simulation Mentor EE Flow advanced design guide[M]. New Jersey: WILEY, 2017.

[3] 李扬, 刘杨. SiP 系统级封装设计与仿真:Mentor Expedition Enterprise Flow 高级应用指南[M].北京：电子工业出版社, 2012.

[4] Tummala R R , Swaminathan M , Tentzeris M M , et al. The SOP for Miniaturized, Mixed-Signal Computing, Communication, and Consumer Systems of the Next Decade[J]. IEEE Transactions on Advanced Packaging, 2004, 27(2):250-267.

[5] Advanced Packaging Guide, Release, X-ENTP, Mentor, 2020.

[6] 盖瑞, 特里克. 多芯片组件技术手册[M]. 王传声等译. 北京：电子工业出版社, 2006.

[7] Sunohara M , Tokunaga T , Kurihara T , et al. Silicon interposer with TSVs (Through Silicon Vias) and fine multilayer wiring[C]// Electronic Components and Technology Conference, IEEE, 2008.

[8] Topper M , Ndip I , Erxleben R , et al. 3-D Thin film interposer based on TGV (Through Glass Vias): An alternative to Si-interposer[C]// Electronic Components and Technology Conference, IEEE, 2010.

[9] Kawano M , Uchiyama S , Egawa Y , et al. A 3D Packaging Technology for 4 Gbit Stacked DRAM with 3 Gbps Data Transfer[C]// International Electron Devices Meeting Technical Digest. 2006.

[10] Motohashi N , Kurita Y , Soejima K , et al. SMAFTI Package with Planarized Multilayer Interconnects[C]// Electronic Components and Technology Conference, IEEE, 2009.

[11] P. Wu, F. Liu, J. Li, et al. Design and implementation of a rigid-flex RF front-end system-in-package[J]. Microsystem Technologies, 2017.

[12] P. Wu, F.Hou, C.Chen, et al. Optimization and validation of thermal management for a RF front-end SiP based on rigid-flex substrate[J]. Microelectronics Reliability, 2016.

[13] D. N. Light, J. S. Kresge, C. R. Davis, Integrated Flex: Rigid-Flex Capability in a High Performance Mcm,[C]//IEEE Transactions on Components Packaging & Manufacturing Technology Part B, 1994，18：430-442.

[14] James, Keating. Transition of MCM-C applications to MCM-L using rigid flex substrates[J]. Microelectronics Reliability, 1999, 39(9):1399-1406.

[15] Moore L , Barrett J . Board-Folding Method for Fabrication of 3-D System in Package Devices[J]. IEEE Transactions on Components Packaging & Manufacturing Technology, 2012, 2(7):1209-1216.

[16] Geise A , Jacob A F . Flex-rigid architecture for active millimeter-wave antenna arrays[C]// 2009 IEEE MTT-S International Microwave Symposium Digest. IEEE, 2009.

[17] Huang S H , Lee C H , Hu H L , et al. A low cost rigid-flex opto-electrical link for mobile devices[J]. 2010.

[18] Karisson, M. Circular Dipole Antenna for Mode 1 UWB Radio With Integrated Balun Utilizing a Flex-Rigid Structure.[J]. IEEE Transactions on Antennas & Propagation, 2009.

[19] Isaac J . RIGID-FLEX TECHNOLOGY: Mainstream Use but More Complex Designs[J]. Circuitree, 2007.

[20] Altunyurt N , Rieske R , Swaminathan M , et al. Conformal Antennas on Liquid Crystalline Polymer Based Rigid-Flex Substrates Integrated With the Front-End Module[J]. IEEE Transactions on Advanced Packaging, 2009, 32(4):797-808.

[21] Baldwin K R , Landy P J , Webster M A , et al. Calibrated DC compensation system for a wireless communication device configured in a zero intermediate frequency architecture[P].US: 6735422, 2004.

[22] He Y , Liu F , Hou F , et al. Design and implementation of a 700－2,600MHz RF SiP module for micro base station[J]. Microsystem Technologies, 2014, 20(12):2301-2301.

[23] Salahouelhadj A , Martiny M , Mercier S , et al. Reliability of thermally stressed rigid－flex printed circuit boards for High Density Interconnect applications[J].Microelectronics Reliability, 2014, 54(1):204-213.

[24] TIA-644-A-2001.Electrical Characteristics of Low Voltage Differential Signalling (LVDS) Interface Circuits[S].Telecommunications Industry Association, 1996.

[25] Hou F , Liu F , He Y , et al. Thermal management of 3D RF PoP based on ceramic substrate[C]// IEEE Electronic Components & Technology Conference. IEEE, 2014.

[26] Salahouelhadj A , Martiny M , Mercier S , et al. Reliability of thermally stressed rigid－flex printed circuit boards for High Density Interconnect applications[J]. Microelectronics Reliability, 2014, 54(1):204-213.

[27] Lau J H , Yue T G . Thermal Management of 3D IC Integration with TSV (Through Silicon Via)[C]// Electronic Components & Technology Conference. IEEE, 2009.

[28] BRUDER, J. A. IEEE Standard for Letter Designations for Radar-Frequency Bands[C]//IEEE Aerospace & Electronic Systems Society, 2003, 1-3.

[29] 樊昌信. 通信原理(第 5 版)[M]. 北京：国防工业出版社, 2001.

[30] 张琦. 面向 5G 的大规模 MIMO 无线传输技术研究[D]. 南京：南京邮电大学,2015.

[31] Krenik W , Buss D D , Rickert P . Cellular handset integration - SIP versus SOC[J]. IEEE Journal of Solid-State Circuits, 2005, 40(9):1839-1846.

[32] 邓仕阳，刘俐，杨珊等. 堆叠封装技术进展[J]，半导体技术, 2012.

后记和致谢

《基于 SiP 技术的微系统》一书从 2018 年初就开始筹划，在本书的编写过程中，我曾邀请有过 SiP 项目合作的用户和朋友一起来参与编写工作，力图给读者呈现一本全面且实用的 SiP 技术书籍。他们中有业内资深的专家学者，也有经验丰富的一线工程师，我的提议得到了很多人的响应。最后，有些朋友因为工作繁忙等原因没能参与，有十几位朋友参与了本书第 3 部分内容的编写工作。

本书第 1 部分中的原创概念，如功能密度定律、Si^3 P 和 4D 集成等，有些源于我在工作中积累的经验，有些是头脑中灵光乍现，最初我将这些想法写在 SiPTechnology 微信公众号中，后来不断思考并逐渐完善，将其编纂成了本书最前面的几章内容。先进封装（HDAP）是当今的热门技术，自然不会缺席，因此本书第 5 章专门介绍了先进封装技术并对其特点进行了整理和比较。

本书编写工作量最大的是第 2 部分内容，在这部分中，源于 EDA 工具这些年的长足进步，针对目前 SiP 和 HDAP 中的热点技术，我都构建了设计案例并进行了详细的讲解，希望读者能够从中受益。

我平时工作比较繁忙，书籍的编写几乎占用了我所有的业余时间。写书的过程是艰苦的，我常常跟孩子们说，爸爸真的 1 分钟的空闲时间都没有。在最终把书稿交到出版社之前，无论是周末还是十一长假，无论是平时的休息时间还是深夜，我几乎把所有的事情都排在了书稿编写工作的后面。

本书能够编写完成并顺利出版，感谢所有给予我支持的人。

首先感谢一同参与编写工作的各位朋友，他们为本书提供了部分丰富翔实的案例，他们的辛勤工作使得本书的内容更加充实。

感谢奥肯思（北京）科技有限公司，在公司领导和同事们的大力支持下，本书才得以顺利完成。同时要感谢 Siemens EDA（Mentor）公司的同事 Per Viklund 和 Alex Roos 提供的技术支持，在他们的帮助下，我解决了很多 SiP 和 HDAP 设计中的难题，并拓宽了设计思路。

感谢我的夫人杨艳女士和两个可爱的孩子，因为编写工作很辛苦，常常工作到深夜，影响了家人的休息，周末也没有时间带着孩子们出门，但他们却毫无怨言，在精神上给予了我很大的支持和鼓舞。

最后，感谢电子工业出版社赵丽松副总编一直以来的支持和鼓励、满美希编辑的辛勤工作，本书能顺利出版和她们是分不开的。

李扬
Suny Li

2020 年 10 月 于北京